实例名称 【练习2-9】用"选择并移动"工具制作酒杯塔
所在页码 63

实例名称 【练习2-11】用"角度捕捉切换"工具制作挂钟刻度
所在页码 69

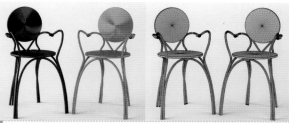

实例名称 【练习2-12】用"镜像"工具镜像椅子
所在页码 72

实例名称 【练习2-13】用"对齐"工具对齐办公椅
所在页码 73

实例名称 【练习2-15】制作一个变形的茶壶
所在页码 82

实例名称 【练习4-1】用"长方体"制作电视柜
所在页码 107

实例名称 【练习4-2】用"长方体"制作简约书架
所在页码 110

实例名称 【练习4-3】用"球体"制作简约吊灯
所在页码 113

实例名称 【练习4-4】用"圆柱体"制作圆桌
所在页码 116

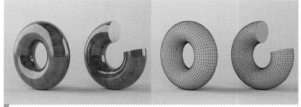

实例名称 【练习4-5】用"圆环"创建木质饰品
所在页码 118

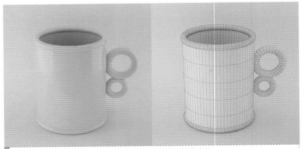

实例名称 【练习4-6】用"管状体"和"圆环"制作水杯
所在页码 119

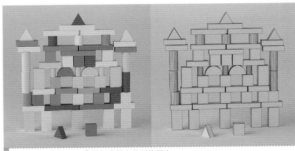

实例名称 【练习4-8】用标准基本体制作积木
所在页码 123

实例名称 【练习4-9】用"异面体"制作风铃
所在页码 127

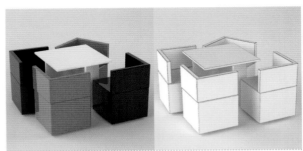

实例名称 【练习4-10】用"切角长方体"制作餐桌椅
所在页码 128

实例名称 【练习4-12】用mental ray代理物体制作会议室座椅
所在页码 145

实例名称 【练习4-13】用"植物"制作垂柳
所在页码 148

实例名称 【练习4-15】用"散布"制作遍山野花
所在页码 159

实例名称 【练习4-16】用"图形合并"制作创意钟表
所在页码 162

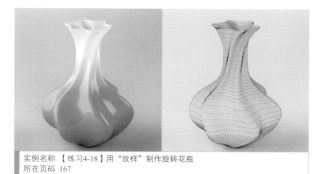

实例名称 【练习4-18】用"放样"制作旋转花瓶
所在页码 167

实例名称 【练习4-19】用VRay代理物体创建剧场
所在页码 171

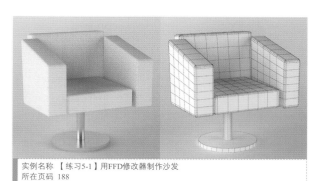

实例名称 【练习5-1】用FFD修改器制作沙发
所在页码 188

实例名称 【练习5-2】用"弯曲"修改器制作花朵
所在页码 191

实例名称 【练习5-3】用"弯曲"修改器制作水龙头
所在页码 192

实例名称 【练习5-4】用"扭曲"修改器制作大厦
所在页码 195

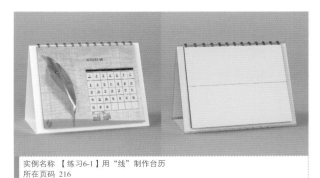

实例名称 【练习6-1】用"线"制作台历
所在页码 216

实例名称 【练习6-4】用"文本"制作创意字母
所在页码 224

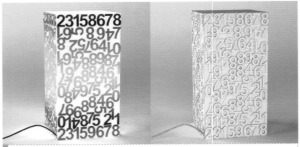

实例名称 【练习6-5】用"文本"制作数字灯箱
所在页码 225

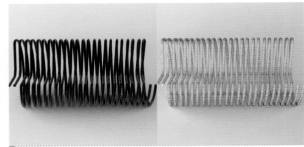

实例名称 【练习6-6】用"螺旋线"制作现代沙发
所在页码 228

实例名称 【练习6-7】用"多种样条线"制作糖果
所在页码 232

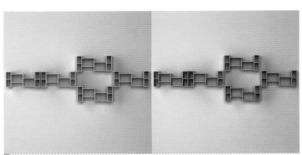

实例名称 【练习6-8】用"扩展样条线"制作置物架
所在页码 236

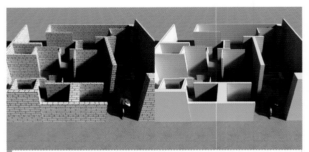

实例名称 【练习6-9】用"扩展样条线"创建迷宫
所在页码 237

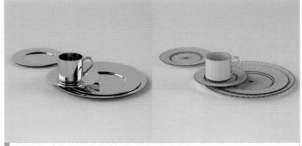

实例名称 【练习6-10】用"车削"修改器制作餐具
所在页码 246

实例名称 【练习6-11】用"车削"修改器制作高脚杯
所在页码 248

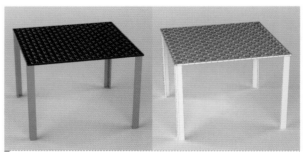

实例名称 【练习6-12】用"样条线"制作创意桌子
所在页码 256

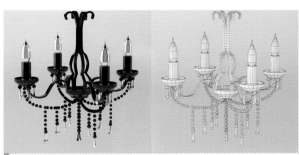

实例名称 【练习6-13】用"样条线"制作水晶灯
所在页码 260

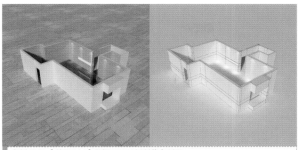

实例名称 【练习6-14】根据CAD图纸制作户型图
所在页码 264

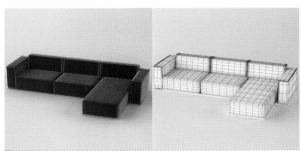

实例名称 【练习7-1】用网格建模制作沙发
所在页码 280

实例名称 【练习7-2】用网格建模制作大檐帽
所在页码 285

实例名称 【练习7-3】用"挤出"修改器制作花朵吊灯
所在页码 288

实例名称 【练习7-4】用"倒角"修改器制作牌匾
所在页码 292

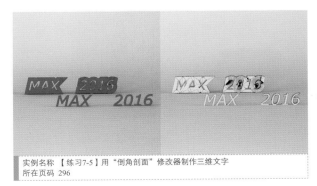

实例名称 【练习7-5】用"倒角剖面"修改器制作三维文字
所在页码 296

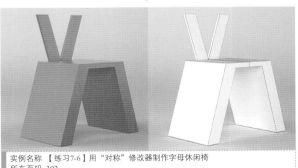

实例名称 【练习7-6】用"对称"修改器制作字母休闲椅
所在页码 302

实例名称 【练习7-7】用"优化"与"专业优化"修改器优化模型
所在页码 306

实例名称 【练习7-8】用"网格平滑"修改器制作樱桃
所在页码 312

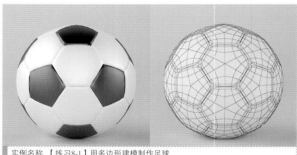

实例名称 【练习8-1】用多边形建模制作足球
所在页码 330

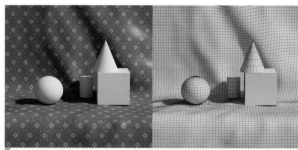

实例名称 【练习8-2】用多边形建模制作布料
所在页码 332

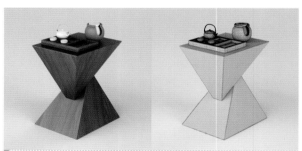

实例名称 【练习8-3】用多边形建模制作简约茶几
所在页码 334

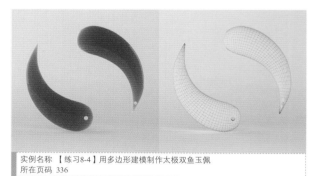

实例名称 【练习8-4】用多边形建模制作太极双鱼玉佩
所在页码 336

实例名称 【练习8-5】用多边形建模制作向日葵
所在页码 340

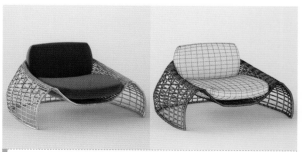

实例名称 【练习8-6】用多边形建模制作藤椅
所在页码 344

实例名称 【练习8-7】用多边形建模制作苹果手机
所在页码 350

实例名称 【练习8-8】用多边形建模制作商业大厦
所在页码 364

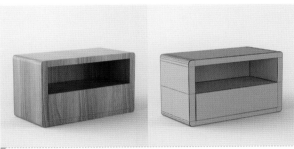

实例名称 【练习9-1】用Ribbon建模工具制作床头柜
所在页码 383

实例名称 【练习9-2】用Ribbon建模工具制作保温杯
所在页码 385

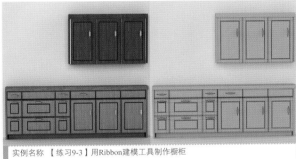
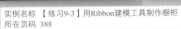

实例名称 【练习9-3】用Ribbon建模工具制作橱柜
所在页码 388

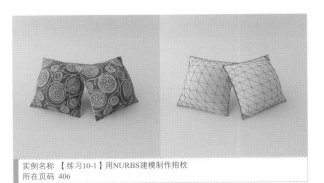

实例名称 【练习10-1】用NURBS建模制作抱枕
所在页码 406

实例名称 【练习10-2】用NURBS建模制作植物叶片
所在页码 407

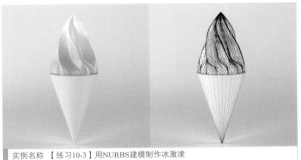

实例名称 【练习10-3】用NURBS建模制作冰激凌
所在页码 409

实例名称 【练习10-4】用NURBS建模制作花瓶
所在页码 411

实例名称 【练习11-1】用目标摄影机制作景深效果
所在页码 421

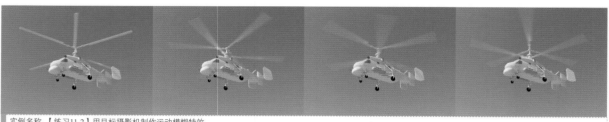

实例名称 【练习11-2】用目标摄影机制作运动模糊特效
所在页码 423

实例名称 【练习11-3】用物理摄影机制作景深效果图
所在页码 429

实例名称 【练习11-4】用VRay物理摄影机制作景深效果
所在页码 434

实例名称 【练习11-6】表现三角形构图的方法
所在页码 439

实例名称 【练习11-7】表现平衡稳定构图的方法
所在页码 440

实例名称 【练习11-9】表现竖向构图的方法
所在页码 443

实例名称 【练习11-10】表现方形构图的方法
所在页码 444

实例名称 【练习12-1】用目标灯光制作餐厅夜晚灯光
所在页码 458

实例名称 【练习12-3】用目标平行光制作卧室日光
所在页码 469

实例名称 【练习12-8】用VRay灯光制作工业产品灯光
所在页码 482

实例名称 【练习12-9】用VRay灯光制作客厅灯光
所在页码 484

实例名称 【练习12-10】用VRay太阳制作室内阳光
所在页码 488

实例名称 【练习13-4】用VRayMtl材质制作陶瓷材质
所在页码 534

实例名称 【练习13-7】用VRayMtl材质制作卫生间材质
所在页码 536

实例名称 【练习13-8】用VRayMtl材质制作钢琴烤漆材质
所在页码 538

实例名称 【练习13-9】用VRayMtl材质制作红酒材质
所在页码 539

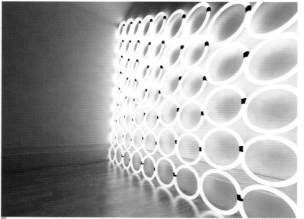

实例名称 【练习13-11】用VRay灯光材质制作灯管材质
所在页码 543

实例名称 【练习13-14】用渐变贴图制作渐变花瓶材质
所在页码 559

实例名称 【练习13-18】用混合贴图制作颓废材质
所在页码 568

实例名称 【练习14-1】为效果图添加室外环境贴图
所在页码 581

实例名称 【练习14-3】用"火效果"制作壁炉火焰
所在页码 584

实例名称 【练习14-4】用"雾效果"制作海底烟雾
所在页码 586

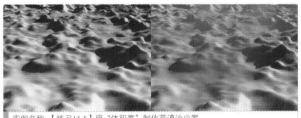

实例名称 【练习14-5】用"体积雾"制作荒漠沙尘雾
所在页码 588

实例名称 【练习14-6】用"体积光"为场景添加体积光
所在页码 589

实例名称 【练习14-8】用"模糊效果"制作奇幻太空飞船特效
所在页码 596

实例名称 【练习14-9】用"亮度/对比度效果"调整场景的亮度与对比度
所在页码 598

实例名称 【练习14-11】用"胶片颗粒效果"制作老电影画面
所在页码 601

实例名称 15.5 综合练习：现代客厅日光表现
所在页码 631

实例名称 15.6 综合练习：创意酒吧柔光表现
所在页码 641

实例名称 15.7 综合练习：地中海风格别墅多角度日光表现

所在页码 648

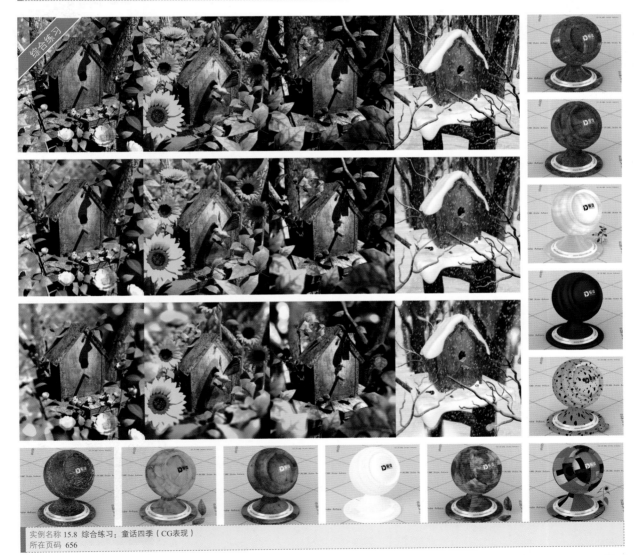

实例名称 15.8 综合练习：童话四季（CG表现）

所在页码 656

实例名称 【练习16-1】用粒子流源制作影视包装文字动画
所在页码 681

实例名称 【练习16-6】用喷射粒子制作下雨动画
所在页码 693

实例名称 【练习16-7】用雪粒子制作雪花飘落动画
所在页码 695

实例名称 【练习16-9】用超级喷射粒子制作喷泉动画
所在页码 703

实例名称 【练习16-10】用粒子阵列制作星球爆炸动画
所在页码 705

实例名称 【练习16-12】用"漩涡力"制作蝴蝶飞舞动画
所在页码 711

实例名称 【练习16-15】用爆炸变形制作汽车爆炸动画
所在页码 717

实例名称 【练习17-4】制作苹果下落动力学刚体动画
所在页码 740

实例名称 【练习18-3】用Hair和Fur（WSN）修改器制作油画笔
所在页码 777

实例名称 【练习18-5】用Hair和Fur（WSN）修改器制作蒲公英
所在页码 780

实例名称 【练习18-8】用"VRay毛皮"制作地毯
所在页码 786

实例名称 【练习18-9】用"VRay毛皮"制作毛毛兔
所在页码 787

实例名称 【练习19-3】用"曲线编辑器"制作蝴蝶飞舞动画
所在页码 800

实例名称 【练习19-9】用"变形器"修改器制作露珠变形动画
所在页码 815

实例名称 20.5 综合实例1：制作人物打斗动画
所在页码 878

实例名称 20.6 综合实例2：制作飞龙爬树动画
所在页码 879

实例名称 20.7 综合实例3：制作守门员救球动画
所在页码 882

中文版**3ds Max** 2016
# 技术大全

时代印象 编著

人 民 邮 电 出 版 社
北 京

**图书在版编目（CIP）数据**

中文版3ds Max 2016技术大全 / 时代印象编著. --
北京 ：人民邮电出版社，2018.5
ISBN 978-7-115-47833-7

Ⅰ. ①中… Ⅱ. ①时… Ⅲ. ①三维动画软件 Ⅳ.
①TP391.414

中国版本图书馆CIP数据核字(2018)第017167号

## 内 容 提 要

这是一本全面、透彻地解析 3ds Max 2016 功能的书。

本书从 3ds Max 2016 基本操作入手，结合大量的可操作性实例，全面、深入地阐述 3ds Max 的建模、材质、灯光、渲染、粒子、动力学、毛发、动画等方面的技术。同时，本书还介绍当前流行的 VRay 渲染器，向读者展示如何运用 VRay 在 3ds Max 中进行室内、建筑、产品、动画等设计的渲染表现。本书内容涵盖 3ds Max 2016 的大部分功能，针对某些特定功能和操作，作者总结成"技术专题"，方便读者快速掌握。

本书共 20 章，每章分别介绍一个或多个技术板块的内容，讲解过程细腻，实例丰富。通过大量的练习，读者可以轻松、有效地掌握软件技术。

本书附赠学习资源，内容包括本书所有练习的实例文件、场景文件和贴图文件，以及赠送的 500 套常用单体模型、5 套 CG 场景、15 套效果图场景、5000 多张经典位图贴图和 180 个高动态 HDRI 贴图，读者可以通过网络下载的方式获取，具体方法请参看本书前言。

本书非常适合作为 3ds Max 初、中级读者的入门及提高参考书，也可以作为案头功能速查手册。书中内容均采用中文版 3ds Max 2016、VRay 3.0 for 3ds Max 2016 编写。

◆ 编　　著　　时代印象
责任编辑　张丹丹
责任印制　陈　犇

◆ 人民邮电出版社出版发行　　北京市丰台区成寿寺路 11 号
邮编　100164　　电子邮件　315@ptpress.com.cn
网址　http://www.ptpress.com.cn
大厂聚鑫印刷有限责任公司印刷

◆ 开本：787×1092　1/16　　　　　彩插：8
印张：56.5　　　　　　　　　　2018 年 5 月第 1 版
字数：1764 千字　　　　　　　　2018 年 5 月河北第 1 次印刷

定价：128.80 元

读者服务热线：(010)81055410　印装质量热线：(010)81055316
反盗版热线：(010)81055315
广告经营许可证：京东工商广登字 20170147 号

Autodesk的3ds Max是一款三维制作软件，其功能强大，从诞生以来就一直受到CG艺术家的喜爱。3ds Max可用于模型塑造、场景渲染、动画制作及特效处理等方面，这使其在室内设计、建筑表现、影视与游戏制作等领域中占据重要地位，成为全球非常受欢迎的三维制作软件。

本书是初学者自学中文版3ds Max 2016的经典畅销图书。全书从实用角度出发，全面、系统地讲解了中文版3ds Max 2016的应用功能，基本上涵盖了中文版3ds Max 2016的全部工具、面板、对话框和菜单命令。书中在介绍软件功能的同时，还精心安排了数百个具有针对性的练习案例，帮助读者轻松掌握软件的使用技巧和具体应用，以做到学用结合。

## 图书结构与内容

本书共20章，从3ds Max 2016应用领域和基础知识开始讲起，先介绍软件的界面和操作方法，然后讲解软件的功能，包含3ds Max 2016的基本操作、4大建模技术、灯光技术、摄影机技术、材质与贴图技术、环境和效果技术等基础功能、渲染技术，再到粒子系统与空间扭曲、动力学、毛发系统和动画技术等高级功能。

本书内容非常全面，涉及各种实用模型制作、场景布光、摄影机景深和运动模糊、场景材质与贴图设置、场景环境和效果设置、VRay渲染参数设置、粒子动画、动力学刚体动画、场景毛发、关键帧动画、约束动画、变形动画、角色动画（骨骼与蒙皮）等。

## 学习资源说明

本书附赠一套学习资源，内容包括书中所有实例的实例文件、场景文件和贴图文件，同时作者还准备了500套常用单体模型、5套CG场景、15套效果图场景、5000多张经典位图贴图和180个高动态HDRI贴图赠送读者。读者在学完本书内容以后，可以调用这些资源进行深入练习。

## 图书售后服务

**本书所有的学习资源文件均可在线下载（或在线观看视频教程），扫描"资源下载"二维码，关注我们的微信公众号，即可获得资源文件的下载方式。** 在资源下载过程中如有疑问，可通过我们的在线客服或客服电话与我们联系。在学习的过程中，如果遇到问题，也欢迎您与我们交流，我们将竭诚为您服务。

资源下载

您可以通过以下方式来联系我们。

客服邮箱：press@iread360.com

客服电话：028-69182687、028-69182657

编者

2018年3月

# 目录

第1章 进入3ds Max 2016的世界 ......15

1.1 认识3ds Max .................................. 16
　　1.1.1 3ds Max的发展历史 ................. 16
　　1.1.2 3ds Max的功能特点 ................. 16
　　1.1.3 3ds Max的应用领域 ................. 18
　　1.1.4 学习3ds Max的一些建议 ......... 20
1.2 3ds Max 2016软硬件配置需求 ......... 21
1.3 3ds Max 2016的项目工作流 ............ 21
　　1.3.1 构建模型 ............................. 22
　　1.3.2 赋予材质 ............................. 22
　　1.3.3 布置灯光 ............................. 22
　　1.3.4 设置动画 ............................. 22
　　1.3.5 制作特效 ............................. 22
　　1.3.6 渲染输出 ............................. 22

第2章 掌握3ds Max 2016的基本操作 ....23

2.1 3ds Max 2016的使用 ..................... 24
　　2.1.1 启动3ds Max 2016 .................24
　　技术专题：如何使用教学影片 ............ 24
　　2.1.2 3ds Max 2016的工作界面 ........ 25
2.2 标题栏 ........................................ 26
　　2.2.1 应用程序 ............................. 26
　　【练习2-1】用归档功能保存场景 ........ 32
　　2.2.2 快速访问工具栏 ..................... 33
　　2.2.3 信息中心 ............................. 34
2.3 菜单栏 ........................................ 34
　　2.3.1 编辑菜单 ............................. 35
　　技术专题：克隆的3种方式 ............... 36
　　2.3.2 工具菜单 ............................. 39
　　2.3.3 组菜单 ............................... 42
　　技术专题：解组与炸开的区别 ............ 43
　　2.3.4 视图菜单 ............................. 43
　　【练习2-2】加载背景图像 ................. 46
　　2.3.5 创建菜单 ............................. 46
　　2.3.6 修改器菜单 .......................... 47

　　2.3.7 动画菜单 ............................. 47
　　2.3.8 图形编辑器菜单 ..................... 47
　　2.3.9 渲染菜单 ............................. 48
　　2.3.10 Civil View菜单 ..................... 48
　　2.3.11 自定义菜单 ......................... 48
　　技术专题：更改用户界面方案 ............ 49
　　【练习2-3】设置快捷键 ................... 50
　　【练习2-4】设置场景与系统单位 ........ 52
　　【练习2-5】设置文件自动备份 ........... 53
　　2.3.12 脚本菜单 ........................... 54
　　2.3.13 帮助菜单 ........................... 54
2.4 主工具栏 ..................................... 54
　　2.4.1 撤销 .................................. 55
　　2.4.2 重做 .................................. 56
　　2.4.3 选择并链接 .......................... 56
　　2.4.4 断开当前选择链接 .................. 57
　　2.4.5 绑定到空间扭曲 ..................... 57
　　2.4.6 过滤器 ............................... 58
　　【练习2-6】用过滤器选择场景中的灯光 ...58
　　2.4.7 选择对象 ............................. 58
　　技术专题：选择对象的5种方法 ........... 59
　　2.4.8 按名称选择 .......................... 60
　　【练习2-7】按名称选择对象 .............. 60
　　2.4.9 选择区域 ............................. 61
　　【练习2-8】用"套索选择区域"工具选择对象 ...62
　　2.4.10 窗口/交叉 .......................... 62
　　2.4.11 选择并移动 ......................... 62
　　【练习2-9】用"选择并移动"工具制作酒杯塔 ...63
　　2.4.12 选择并旋转 ......................... 65
　　2.4.13 选择并缩放 ......................... 65
　　【练习2-10】用"选择并缩放"工具调整花瓶形状 ....66
　　2.4.14 选择并放置 ......................... 66
　　2.4.15 参考坐标系 ......................... 66
　　2.4.16 使用轴点中心 ...................... 67
　　2.4.17 选择并操纵 ......................... 67
　　2.4.18 键盘快捷键覆盖切换 .............. 68
　　2.4.19 捕捉开关 ........................... 68

2.4.20 角度捕捉切换 ............................ 68

【练习2-11】用"角度捕捉切换"工具制作挂钟刻度 ......... 69

2.4.21 百分比捕捉切换 ........................ 70

2.4.22 微调器捕捉切换 ........................ 70

2.4.23 编辑命名选择集 ........................ 71

2.4.24 创建选择集 ............................ 71

2.4.25 镜像 .................................. 71

【练习2-12】用"镜像"工具镜像椅子 ............... 72

2.4.26 对齐 .................................. 72

【练习2-13】用"对齐"工具对齐办公椅 ............. 73

技术专题：对齐参数详解 ........................ 73

2.4.27 切换场景资源管理器 .................... 74

2.4.28 切换层资源管理器 ...................... 74

2.4.29 切换功能区 ............................ 75

2.4.30 曲线编辑器 ............................ 75

2.4.31 图解视图 .............................. 75

2.4.32 材质编辑器 ............................ 76

2.4.33 渲染设置 .............................. 76

2.4.34 渲染帧窗口 ............................ 76

2.4.35 渲染工具 .............................. 77

2.4.36 在Autodesk A360中渲染 ................ 77

2.4.37 打开Autodesk A360库 ................. 78

2.5 视口区域 ................................... 78

2.5.1 视口快捷菜单 ........................... 78

【练习2-14】视口布局设置 ....................... 79

2.5.2 视口布局选项卡 ......................... 80

2.5.3 切换透视图的背景色 ..................... 80

2.5.4 切换栅格的显示 ......................... 80

2.6 命令面板 ................................... 81

2.6.1 创建面板 ............................... 81

2.6.2 修改面板 ............................... 82

【练习2-15】制作一个变形的茶壶 ................. 82

2.6.3 层次面板 ............................... 84

2.6.4 运动面板 ............................... 85

2.6.5 显示面板 ............................... 85

2.6.6 实用程序面板 ........................... 85

2.7 动画控件 ................................... 86

2.7.1 时间尺 ................................. 86

【练习2-16】用时间线滑块预览动画效果 ........... 86

2.7.2 时间控制按钮 ........................... 87

2.8 状态栏 ..................................... 87

2.9 视图导航控制按钮 ........................... 87

2.9.1 所有视图可用控件 ....................... 88

【练习2-17】使用所有视图可用控件 ............... 88

2.9.2 透视图和正交视图可用控件 ............... 89

【练习2-18】使用透视图和正交视图可用控件 ....... 90

2.9.3 摄影机视图可用控件 ..................... 90

【练习2-19】使用摄影机视图可用控件 ............. 91

2.10 加载VRay渲染器 ........................... 92

技术分享 ....................................... 93

Autodesk公司的其他常见软件 ................. 93

3ds Max通常与哪些软件进行交互 .............. 94

# 第3章 3ds Max建模功能概述 ........95

3.1 为什么要建模 .............................. 96

3.2 建模思路解析 .............................. 96

3.3 参数化对象与可编辑对象 .................... 97

3.3.1 参数化对象 ............................. 97

【练习3-1】修改参数化对象 ...................... 97

3.3.2 可编辑对象 ............................. 98

【练习3-2】通过改变球体形状创建苹果 ........... 98

3.4 常用的建模方法 ............................ 100

技术专题：多边形建模与网格建模的区别 ......... 102

技术分享 ...................................... 104

其他常见的建模软件 ........................ 104

如何理解建模思路 .......................... 104

# 第4章 内置几何体建模 ...............105

4.1 内置几何体建模思路分析 ................... 106

4.2 标准基本体 ............................... 106

4.2.1 长方体 ................................ 107

【练习4-1】用"长方体"制作电视柜 .............. 107

【练习4-2】用"长方体"制作简约书架 ............ 110

4.2.2 圆锥体 ................................ 111

4.2.3 球体 .................................. 112

【练习4-3】用"球体"制作简约吊灯 .............. 113

4.2.4 几何球体 .............................. 114

4.2.5 圆柱体 ................................ 115

【练习4-4】用"圆柱体"制作圆桌 ................ 116

4.2.6 管状体 ................................ 117

4.2.7 圆环 .................................. 118

【练习4-5】用"圆环"创建木质饰品 .............. 118

【练习4-6】用"管状体"和"圆环"制作水杯 ........... 119
    4.2.8 四棱锥 ................................................. 120
    4.2.9 茶壶 ..................................................... 121
    4.2.10 平面 ................................................... 121
技术专题：为平面添加厚度 ................................. 122
【练习4-7】用标准基本体制作一组石膏几何体 ....... 122
【练习4-8】用标准基本体制作积木 ....................... 123
技术专题：修改对象的颜色 ................................. 124

**4.3 扩展基本体** ...................................... **126**
    4.3.1 异面体 ................................................. 126
【练习4-9】用"异面体"制作风铃 ....................... 127
    4.3.2 切角长方体 ......................................... 128
【练习4-10】用"切角长方体"制作餐桌椅 ........... 128
    4.3.3 切角圆柱体 ......................................... 130
【练习4-11】用"切角圆柱体"制作简约茶几 ........ 131
    4.3.4 环形结 ................................................. 132
    4.3.5 油罐 ..................................................... 133
    4.3.6 胶囊 ..................................................... 133
    4.3.7 纺锤 ..................................................... 134
    4.3.8 L-Ext/C-Ext ....................................... 134
    4.3.9 球棱柱 ................................................. 135
    4.3.10 环形波 ............................................... 135
    4.3.11 软管 ................................................... 136
    4.3.12 棱柱 ................................................... 138

**4.4 门** .................................................... **139**
    4.4.1 枢轴门 ................................................. 140
    4.4.2 推拉门 ................................................. 140
    4.4.3 折叠门 ................................................. 141

**4.5 窗** .................................................... **141**
    4.5.1 窗的分类 ............................................. 141
    4.5.2 窗的公共参数 ..................................... 142

**4.6 mental ray代理对象** ...................... **143**
技术专题：加载mental ray渲染器 ....................... 143
【练习4-12】用mental ray代理物体制作会议室座椅 ........... 145

**4.7 AEC扩展** ...................................... **147**
    4.7.1 植物 ..................................................... 147
【练习4-13】用"植物"制作垂柳 ....................... 148
    4.7.2 栏杆 ..................................................... 149
    4.7.3 墙 ......................................................... 151

**4.8 楼梯** ................................................ **151**
    4.8.1 L型楼梯 ............................................... 152

    4.8.2 螺旋楼梯 ............................................. 154
【练习4-14】创建螺旋楼梯 ................................. 154
    4.8.3 直线楼梯 ............................................. 156
    4.8.4 U型楼梯 ............................................... 156

**4.9 复合对象** ...................................... **156**
    4.9.1 散布 ..................................................... 157
【练习4-15】用"散布"制作遍山野花 ................ 159
    4.9.2 图形合并 ............................................. 161
【练习4-16】用"图形合并"制作创意钟表 ........ 162
    4.9.3 布尔 ..................................................... 164
【练习4-17】用"布尔"运算制作垃圾桶 ............ 165
    4.9.4 放样 ..................................................... 167
【练习4-18】用"放样"制作旋转花瓶 ................ 167
技术专题：调节曲线的形状 ................................. 169
    4.9.5 ProBoolean ....................................... 170

**4.10 创建VRay对象** ............................ **170**
    4.10.1 VRay代理 ......................................... 170
【练习4-19】用VRay代理物体创建剧场 ............ 171
    4.10.2 VRay毛皮 ......................................... 172
    4.10.3 VRay平面 ......................................... 173

**技术分享** .............................................. **174**
内置几何体在商业建模中承担的角色 ........... 174

**第5章 3ds Max的修改器 ............175**

**5.1 修改器的基础知识** ...................... **176**
    5.1.1 修改面板 ............................................. 176
技术专题：配置修改器 ....................................... 178
    5.1.2 为对象加载修改器 ............................. 178
    5.1.3 修改器的排序 ..................................... 178
    5.1.4 启用与禁用修改器 ............................. 179
    5.1.5 编辑修改器 ......................................... 180
    5.1.6 塌陷修改器堆栈 ................................. 181
技术专题：塌陷到与塌陷全部命令的区别 ........... 181

**5.2 选择修改器** ...................................... **182**
    5.2.1 网格选择 ............................................. 182
    5.2.2 面片选择 ............................................. 184
    5.2.3 样条线选择 ......................................... 184
    5.2.4 多边形选择 ......................................... 185

**5.3 自由形式变形** ................................ **186**
    5.3.1 什么是自由形式变形 ......................... 186
    5.3.2 FFD修改 ............................................. 186

5.3.3 FFD长方体/圆柱体 ........................ 187
【练习5-1】用FFD修改器制作沙发 ...................... 188

**5.4 参数化修改器** ........................ **191**
5.4.1 弯曲 ........................ 191
【练习5-2】用"弯曲"修改器制作花朵 ..................... 191
【练习5-3】用"弯曲"修改器制作水龙头 .................. 192
5.4.2 锥化 ........................ 194
5.4.3 扭曲 ........................ 194
【练习5-4】用"扭曲"修改器制作大厦 ..................... 195
5.4.4 噪波 ........................ 198
5.4.5 拉伸 ........................ 198
5.4.6 挤压 ........................ 199
5.4.7 推力 ........................ 199
5.4.8 松弛 ........................ 200
5.4.9 涟漪 ........................ 200
5.4.10 波浪 ........................ 201
5.4.11 倾斜 ........................ 201
5.4.12 切片 ........................ 202
5.4.13 球形化 ........................ 202
5.4.14 影响区域 ........................ 203
5.4.15 晶格 ........................ 203
【练习5-5】用"晶格"修改器制作笔筒 ..................... 204
5.4.16 镜像 ........................ 206
5.4.17 置换 ........................ 206
【练习5-6】用"置换"修改器制作海面 ..................... 207
5.4.18 替换 ........................ 209
5.4.19 保留 ........................ 209
5.4.20 壳 ........................ 210

**技术分享** ........................ **212**
如何理解修改器的定位 ........................ 212
使用修改器应注意哪些问题 ........................ 212
认识Gizmo的强大作用 ........................ 212

**第6章 样条线建模** ........................ **213**

**6.1 样条线** ........................ **214**
6.1.1 线 ........................ 214
【练习6-1】用"线"制作台历 ........................ 216
【练习6-2】用"线"制作咖啡桌 ........................ 218
【练习6-3】用"线"制作烛台 ........................ 221
技术专题：调节样条线的形状 ........................ 222
6.1.2 文本 ........................ 223

【练习6-4】用"文本"制作创意字母 ..................... 224
【练习6-5】用"文本"制作数字灯箱 ..................... 225
6.1.3 螺旋线 ........................ 228
【练习6-6】用"螺旋线"制作现代沙发 .................. 228
6.1.4 其他样条线 ........................ 231
【练习6-7】用"多种样条线"制作糖果 .................. 232

**6.2 扩展样条线** ........................ **233**
6.2.1 墙矩形 ........................ 233
6.2.2 通道 ........................ 234
6.2.3 角度 ........................ 234
6.2.4 T形 ........................ 235
6.2.5 宽法兰 ........................ 235
【练习6-8】用"扩展样条线"制作置物架 ................ 236
【练习6-9】用"扩展样条线"创建迷宫 .................. 237

**6.3 对样条线进行编辑** ........................ **239**
6.3.1 把样条线转换为可编辑样条线 ................ 239
6.3.2 编辑样条线 ........................ 240
6.3.3 横截面 ........................ 244
6.3.4 曲面 ........................ 245
6.3.5 删除样条线 ........................ 245
6.3.6 车削 ........................ 246
【练习6-10】用"车削"修改器制作餐具 ................ 246
【练习6-11】用"车削"修改器制作高脚杯 .............. 248
6.3.7 规格化样条线 ........................ 249
6.3.8 圆角/切角 ........................ 249
6.3.9 修剪/延伸 ........................ 250
6.3.10 可渲染样条线 ........................ 250
6.3.11 扫描 ........................ 251
【练习6-12】用"样条线"制作创意桌子 ................ 256
【练习6-13】用"样条线"制作水晶灯 .................. 260
技术专题："仅影响轴"技术解析 ..................... 260
【练习6-14】根据CAD图纸制作户型图 .................. 264

**6.4 对面片进行编辑** ........................ **266**
6.4.1 把对象转化为可编辑面片 .................. 266
6.4.2 编辑面片 ........................ 267
6.4.3 删除面片 ........................ 270

**技术分享** ........................ **271**
样条线建模需要注意的问题 ........................ 271
二维图形软件与3ds Max的交互 .................. 271
样条线在实际工作中可以建哪些模型 ........ 272

**第7章 网格建模** ........................ **273**

7.1 转换网格对象 ......................... 274

7.2 网格编辑 .............................. 275

    7.2.1 删除网格 ...........................275

    7.2.2 编辑网格 ...........................275

【练习7-1】用网格建模制作沙发 .............280

技术专题：由边创建图形 ....................281

【练习7-2】用网格建模制作大檐帽 ...........285

    7.2.3 挤出 ...............................287

【练习7-3】用"挤出"修改器制作花朵吊灯 ...288

    7.2.4 面挤出 ............................290

    7.2.5 法线 ..............................290

    7.2.6 平滑 ..............................291

    7.2.7 倒角 ..............................291

【练习7-4】用"倒角"修改器制作牌匾 .......292

技术专题：字体的安装方法 ..................294

    7.2.8 倒角剖面 ..........................295

【练习7-5】用"倒角剖面"修改器制作三维文字 ...296

    7.2.9 细化 ..............................297

    7.2.10 STL检查 .........................298

    7.2.11 补洞 .............................299

    7.2.12 优化 .............................299

    7.2.13 MultiRes（多分辨率）..............300

    7.2.14 顶点焊接 .........................301

    7.2.15 对称 .............................302

【练习7-6】用"对称"修改器制作字母休闲椅 ...302

    7.2.16 编辑法线 .........................303

    7.2.17 四边形网格化 .....................305

    7.2.18 专业优化器 .......................305

【练习7-7】用"优化"与"专业优化"修改器优化模型 ...306

    7.2.19 顶点绘制 .........................307

7.3 细分曲面 .............................. 307

    7.3.1 HSDS ..............................307

    7.3.2 网格平滑 ..........................308

【练习7-8】用"网格平滑"修改器制作樱桃 ...312

    7.3.3 涡轮平滑 ..........................314

技术分享 ................................. 316

细说网格建模与多边形建模 ..................316

给读者学习网格建模的建议 ..................316

### 第8章 多边形建模 ................. 317

8.1 转换多边形对象 ........................ 318

8.2 编辑多边形对象 ........................ 318

    8.2.1 "选择"卷展栏 ....................319

    8.2.2 "软选择"卷展栏 ..................320

技术专题：软选择的颜色显示 ................321

    8.2.3 "编辑几何体"卷展栏 ..............322

    8.2.4 "编辑顶点"卷展栏 ................323

技术专题：移除顶点与删除顶点的区别 ........324

    8.2.5 "编辑边"卷展栏 ..................325

技术专题：边的四边形切角、边张力和平滑功能 ...326

    8.2.6 "编辑多边形"卷展栏 ..............329

【练习8-1】用多边形建模制作足球 ...........330

【练习8-2】用多边形建模制作布料 ...........332

技术专题：绘制变形的技巧 ..................333

【练习8-3】用多边形建模制作简约茶几 .......334

技术专题：顶点的焊接条件 ..................335

【练习8-4】用多边形建模制作太极双鱼玉佩 ...336

技术专题：二维视图中的整体缩放 ............339

【练习8-5】用多边形建模制作向日葵 .........340

技术专题：将边的选择转换为面的选择 ........342

【练习8-6】用多边形建模制作藤椅 ...........344

【练习8-7】用多边形建模制作苹果手机 .......350

技术专题：巧用用户视图（正交视图）选择细节对象 ...354

技术专题：附加样条线 ......................363

【练习8-8】用多边形建模制作商业大厦 .......364

技术专题：边界封口 ........................369

技术专题：桥接多边形（面）................369

技术分享 ................................. 373

给读者学习多边形建模的建议 ................373

将非四边形转为四边形的方法 ................373

### 第9章 Ribbon建模 ................. 375

9.1 调出Ribbon工具栏 ..................... 376

9.2 切换Ribbon工具栏的显示状态 ......... 376

9.3 建模选项卡 ............................ 376

    9.3.1 多边形建模面板 .....................377

    9.3.2 修改选择面板 .......................378

    9.3.3 编辑面板 ...........................379

    9.3.4 几何体（全部）面板 ................379

    9.3.5 子对象面板 .........................380

    9.3.6 循环面板 ...........................381

    9.3.7 细分面板 ...........................381

    9.3.8 三角剖分面板 .......................382

9.3.9 对齐面板 ............................ 382
9.3.10 可见性面板 ....................... 382
9.3.11 属性面板 .......................... 383
【练习9-1】用Ribbon建模工具制作床头柜 ............ 383
【练习9-2】用Ribbon建模工具制作保温杯 ............ 385
【练习9-3】用Ribbon建模工具制作橱柜 ............. 388
【练习9-4】用Ribbon建模工具制作麦克风 ............ 391
技术专题：将选定对象的显示设置为外框 ........ 392
**技术分享** ............................... **396**
如何学习Ribbon建模技术 ................. 396

## 第10章 NURBS建模 ............... 397

**10.1 创建NURBS对象** ............. **398**
10.1.1 NURBS对象类型 ............... 398
10.1.2 创建NURBS对象 ............... 399
10.1.3 转换NURBS对象 ............... 401
**10.2 编辑NURBS对象** ............. **401**
10.2.1 "常规"卷展栏 ................ 401
10.2.2 "显示线参数"卷展栏 ......... 402
10.2.3 "曲面/曲线近似"卷展栏 ...... 403
10.2.4 "创建点/曲线/曲面"卷展栏 ... 404
**10.3 NURBS创建工具箱** ........... **404**
【练习10-1】用NURBS建模制作抱枕 ......... 406
【练习10-2】用NURBS建模制作植物叶片 ...... 407
【练习10-3】用NURBS建模制作冰激凌 ........ 409
【练习10-4】用NURBS建模制作花瓶 ......... 411
**技术分享** ............................... **412**
3ds Max与Maya中的NURBS模块 ........... 412
给读者学习NURBS建模技术的建议 ......... 412

## 第11章 摄影机与构图技术 ...... 413

**11.1 真实摄影机的结构** ........... **414**
**11.2 摄影机的相关术语** ........... **414**
11.2.1 镜头 ........................... 414
11.2.2 焦平面 ......................... 416
11.2.3 光圈 ........................... 416
11.2.4 快门 ........................... 416
11.2.5 胶片感光度 ..................... 417
**11.3 3ds Max标准摄影机** .......... **417**
11.3.1 目标摄影机 ..................... 418
技术专题：景深形成原理解析 ............ 420

【练习11-1】用目标摄影机制作景深效果 ......... 421
【练习11-2】用目标摄影机制作运动模糊特效 ...... 423
11.3.2 自由摄影机 ..................... 424
11.3.3 物理摄影机 ..................... 425
【练习11-3】用物理摄影机制作景深效果图 ........ 429
**11.4 VRay摄影机** ................ **431**
11.4.1 VRay物理摄影机 ............... 431
【练习11-4】用VRay物理摄影机制作景深效果 ...... 434
【练习11-5】用VRay物理摄影机调整图像的曝光 ..... 435
11.4.2 VRay穹顶摄影机 ............... 435
**11.5 构图** ...................... **436**
11.5.1 构图原理 ...................... 436
11.5.2 安全框 ........................ 437
11.5.3 图像纵横比 .................... 438
【练习11-6】表现三角形构图的方法 ........... 439
【练习11-7】表现平衡稳定构图的方法 ......... 440
技术专题：手动剪切的使用方法 ............ 441
【练习11-8】表现横向构图的方法 ............ 442
【练习11-9】表现竖向构图的方法 ............ 443
【练习11-10】表现方形构图的方法 ........... 444
**技术分享** ............................... **446**
根据不同的目的选择合适的摄影机 ......... 446
摄影机校正修改器 ...................... 446
用VRay物理摄影机制作散景的条件 ....... 447

## 第12章 灯光技术 ............... 449

**12.1 灯光的应用** ................ **450**
12.1.1 灯光的作用 .................... 450
12.1.2 3ds Max灯光的照明原则 ......... 452
12.1.3 3ds Max灯光的分类 ............ 454
**12.2 光度学灯光** ................ **454**
12.2.1 目标灯光 ...................... 454
【练习12-1】用目标灯光制作餐厅夜晚灯光 ....... 458
技术专题：光域网 ...................... 459
12.2.2 自由灯光 ...................... 461
12.2.3 mr天空入口 .................... 462
**12.3 标准灯光** .................. **462**
12.3.1 目标聚光灯 .................... 462
【练习12-2】用目标聚光灯制作餐厅日光 ........ 465
技术专题：冻结与过滤对象 .............. 465
12.3.2 自由聚光灯 .................... 468
12.3.3 目标平行光 .................... 468

【练习12-3】用目标平行光制作卧室日光 ............ 469
技术专题：重新链接场景缺失资源 ............ 469
【练习12-4】用目标平行光制作阴影场景 ............ 470
技术专题：柔化阴影贴图 ............ 471
  12.3.4 自由平行光 ............ 472
  12.3.5 泛光灯 ............ 472
【练习12-5】用泛光灯制作星空特效 ............ 473
  12.3.6 天光 ............ 475
  12.3.7 mr Area Omni ............ 475
【练习12-6】用mr Area Omni制作荧光管 ............ 476
  12.3.8 mr Area Spot ............ 477
【练习12-7】用mr Area Spot制作焦散特效 ............ 478
**12.4 VRay灯光 ............ 479**
  12.4.1 VRay灯光 ............ 479
【练习12-8】用VRay灯光制作工业产品灯光 ............ 482
技术专题：三点照明 ............ 483
【练习12-9】用VRay灯光制作客厅灯光 ............ 484
  12.4.2 VRay太阳 ............ 486
  12.4.3 VRay天空 ............ 487
【练习12-10】用VRay太阳制作室内阳光 ............ 488
【练习12-11】用VRay太阳制作室外阳光 ............ 490
技术专题：在Photoshop中制作光晕特效 ............ 491
**技术分享 ............ 493**
  常见空间的布光思路与方法 ............ 493
  素模场景、材质场景与灯光的关系 ............ 496

# 第13章 材质与贴图 ............ 497

**13.1 初识材质 ............ 498**
  13.1.1 材质属性 ............ 498
  13.1.2 制作材质的基本流程 ............ 499
**13.2 材质编辑器 ............ 500**
  13.2.1 菜单栏 ............ 500
  13.2.2 材质球示例窗 ............ 503
技术专题：材质球示例窗的基本知识 ............ 504
  13.2.3 工具栏 ............ 504
技术专题：从对象获取材质 ............ 505
  13.2.4 参数控制区 ............ 505
**13.3 材质管理器 ............ 506**
  13.3.1 场景面板 ............ 506
  13.3.2 材质面板 ............ 510
**13.4 材质/贴图浏览器 ............ 510**
  13.4.1 材质/贴图浏览器的基本功能 ............ 511

  13.4.2 材质/贴图浏览器的构成 ............ 511
**13.5 3ds Max标准材质 ............ 512**
  13.5.1 标准材质 ............ 512
【练习13-1】用标准材质制作发光材质 ............ 519
  13.5.2 混合材质 ............ 520
【练习13-2】用混合材质制作雕花玻璃效果 ............ 520
  13.5.3 Ink'n Paint（墨水油漆）材质 ............ 522
【练习13-3】用墨水油漆材质制作卡通效果 ............ 523
  13.5.4 多维/子对象材质 ............ 524
技术专题：多维/子对象材质的用法及原理解析 ............ 525
  13.5.5 虫漆材质 ............ 525
  13.5.6 顶/底材质 ............ 526
  13.5.7 壳材质 ............ 526
  13.5.8 双面材质 ............ 527
  13.5.9 合成材质 ............ 527
**13.6 VRay材质 ............ 528**
  13.6.1 VRayMtl材质 ............ 528
【练习13-4】用VRayMtl材质制作陶瓷材质 ............ 534
技术专题：制作白色陶瓷材质 ............ 534
【练习13-5】用VRayMtl材质制作银材质 ............ 535
【练习13-6】用VRayMtl材质制作镜子材质 ............ 535
【练习13-7】用VRayMtl材质制作卫生间材质 ............ 536
【练习13-8】用VRayMtl材质制作钢琴烤漆材质 ............ 538
【练习13-9】用VRayMtl材质制作红酒材质 ............ 539
【练习13-10】用VRayMtl材质制作窗纱材质 ............ 540
  13.6.2 VRay材质包裹器 ............ 541
  13.6.3 VRay覆盖材质 ............ 542
  13.6.4 VRay灯光材质 ............ 543
【练习13-11】用VRay灯光材质制作灯管材质 ............ 543
  13.6.5 VRay2SidedMtl材质（VRay双面材质）... 544
  13.6.6 VRay混合材质 ............ 545
【练习13-12】用VRay混合材质制作钻戒材质 ............ 546
**13.7 3ds Max程序贴图 ............ 547**
  13.7.1 认识程序贴图 ............ 548
技术专题：用VRayHDRI贴图模拟环境 ............ 550
  13.7.2 位图 ............ 552
技术专题：位图贴图的使用方法 ............ 556
  13.7.3 棋盘格 ............ 557
技术专题：棋盘格贴图的使用方法 ............ 557
【练习13-13】用位图贴图制作书本材质 ............ 558
  13.7.4 渐变 ............ 558
【练习13-14】用渐变贴图制作渐变花瓶材质 ............ 559

13.7.5 平铺 .................................................. 560

【练习13-15】用平铺贴图制作地砖材质 ..................... 562

13.7.6 细胞 .................................................. 563

13.7.7 衰减 .................................................. 564

【练习13-16】用衰减贴图制作水墨材质 ..................... 564

13.7.8 噪波 .................................................. 565

【练习13-17】用噪波贴图制作皮材质 ....................... 566

13.7.9 斑点 .................................................. 567

13.7.10 泼溅（3D贴图） ..................................... 568

13.7.11 混合 ................................................. 568

【练习13-18】用混合贴图制作颓废材质 ..................... 568

13.7.12 颜色校正 ............................................ 569

13.7.13 法线凹凸 ............................................ 570

**13.8 VRay程序贴图** .......................................... **570**

13.8.1 VRayHDRI ............................................ 570

13.8.2 VRay位图过滤器 ..................................... 571

13.8.3 VRay合成贴图 ........................................ 572

13.8.4 VRay污垢 ............................................. 572

13.8.5 VRay边纹理 .......................................... 573

13.8.6 VRay颜色 ............................................. 574

13.8.7 VRay贴图 ............................................. 574

**技术分享** ...................................................... **576**

菲涅耳反射现象 ............................................. 576

在反射通道加载衰减贴图的作用 .............................. 576

UVW贴图修改器 ............................................ 577

给读者学习材质技术的建议 .................................. 577

**第14章 环境和效果** ............................... **579**

**14.1 环境** ...................................................... **580**

14.1.1 背景与全局照明 ...................................... 580

【练习14-1】为效果图添加室外环境贴图 ..................... 581

【练习14-2】测试全局照明 ................................... 581

14.1.2 曝光控制 ............................................. 582

14.1.3 大气 .................................................. 583

【练习14-3】用"火效果"制作壁炉火焰 ..................... 584

【练习14-4】用"雾效果"制作海底烟雾 ..................... 586

【练习14-5】用"体积雾"制作荒漠沙尘雾 ................... 588

【练习14-6】用"体积光"为场景添加体积光 ............... 589

**14.2 效果** ...................................................... **592**

14.2.1 镜头效果 ............................................. 592

【练习14-7】用"镜头效果"制作镜头特效 ................... 593

14.2.2 模糊 .................................................. 595

【练习14-8】用"模糊效果"制作太空飞船特效 ........ 596

14.2.3 亮度和对比度 ........................................ 597

【练习14-9】用"亮度/对比度效果"调整场景的亮度
与对比度 ...................................................... 598

技术专题：在Photoshop中调整亮度与对比度 ........ 598

14.2.4 色彩平衡 ............................................. 599

【练习14-10】用"色彩平衡效果"调整场景的色调 ........... 599

技术专题：在Photoshop中调整色彩平衡 ........ 600

14.2.5 胶片颗粒 ............................................. 601

【练习14-11】用"胶片颗粒效果"制作老电影画面 ........... 601

**技术分享** ...................................................... **602**

为材质添加环境（产品渲染） .............................. 602

用环境和效果调整场景明暗对比和色调的弊端...603

**第15章 VRay渲染器** ..................... **605**

**15.1 显示器的校色** ........................................... **606**

15.1.1 调节显示器的对比度 .................................. 606

15.1.2 调节显示器的亮度 .................................... 606

15.1.3 调节显示器的伽玛值 .................................. 607

**15.2 渲染常识** ................................................ **607**

15.2.1 渲染输出的作用 ...................................... 607

15.2.2 常用渲染器的类型 .................................... 607

15.2.3 渲染工具 ............................................. 608

技术专题：详解"渲染帧窗口"对话框 ........ 608

**15.3 默认扫描线渲染器** ...................................... **610**

【练习15-1】用默认扫描线渲染器渲染水墨画 ................ 610

**15.4 VRay渲染器** ............................................. **611**

15.4.1 VRay选项卡 .......................................... 612

技术专题：详解"VRay帧缓冲区"对话框 ........ 613

15.4.2 GI选项卡 ............................................. 621

技术专题：首次引擎与二次引擎 ........ 622

15.4.3 设置选项卡 .......................................... 628

**15.5 综合练习：现代客厅日光表现** ....... **631**

15.5.1 材质制作 ............................................. 632

技术专题：控制材质的色溢 ........ 633

15.5.2 设置测试渲染参数 .................................... 636

15.5.3 场景布光 ............................................. 636

15.5.4 设置灯光细分 ........................................ 639

15.5.5 控制场景曝光 ........................................ 639

15.5.6 设置最终渲染参数 .................................... 640

15.6 综合练习：创意酒吧柔光表现 ....... 641
 15.6.1 材质制作 ...................................... 641
 15.6.2 设置测试参数 .............................. 644
 15.6.3 场景布光 ...................................... 645
 15.6.4 设置灯光细分 .............................. 647
 15.6.5 控制场景曝光 .............................. 647
 15.6.6 设置最终渲染参数 ...................... 647

15.7 综合练习：地中海风格别墅多角度日光表现 ....................................... 648
 15.7.1 创建摄影机 .................................. 649
 15.7.2 检测模型 ...................................... 650
 15.7.3 材质制作 ...................................... 651
 15.7.4 灯光设置 ...................................... 654
 15.7.5 渲染设置 ...................................... 654

15.8 综合练习：童话四季（CG表现） ....... 656
 15.8.1 春 ................................................ 657
 15.8.2 夏 ................................................ 663
 技术专题：灯光排除技术 ...................... 666
 15.8.3 秋 ................................................ 667
 15.8.4 冬 ................................................ 669

技术分享 ...................................................... 673
 用光子图快速渲染成品图 ...................... 673
 区域渲染的好处 ...................................... 674
 推荐测试渲染参数 .................................. 675
 推荐最终渲染参数 .................................. 676

# 第16章 粒子系统与空间扭曲 ....... 677

16.1 粒子系统 .............................................. 678
 16.1.1 PF Source（粒子流源） .............. 678
 【练习16-1】用粒子流源制作影视包装文字动画 .... 681
 技术专题：事件/操作符的基本操作 ........ 681
 【练习16-2】用粒子流源制作粒子吹散动画 .... 684
 【练习16-3】用粒子流源制作烟花爆炸动画 .... 686
 技术专题：绑定到空间扭曲 .................. 688
 【练习16-4】用粒子流源制作放箭动画 .... 689
 【练习16-5】用粒子流源制作手写字动画 .... 690
 16.1.2 喷射 ............................................ 692
 【练习16-6】用喷射粒子制作下雨动画 .... 693
 16.1.3 雪 ................................................ 694
 【练习16-7】用雪粒子制作雪花飘落动画 ........ 695
 16.1.4 超级喷射 ...................................... 696

【练习16-8】用超级喷射粒子制作烟雾动画 .... 701
【练习16-9】用超级喷射粒子制作喷泉动画 .... 703
 16.1.5 暴风雪 ...................................... 705
 16.1.6 粒子阵列 .................................. 705
【练习16-10】用粒子阵列制作星球爆炸动画 .... 705
 16.1.7 粒子云 ...................................... 708

16.2 空间扭曲 .......................................... 708
 16.2.1 力 ............................................ 708
【练习16-11】用"推力"制作冒泡泡动画 .... 709
【练习16-12】用"漩涡力"制作蝴蝶飞舞动画 .... 711
【练习16-13】用"路径跟随"制作树叶飞舞动画 .... 712
【练习16-14】用"风力"制作海面波动动画 .... 714
 16.2.2 导向器 ...................................... 715
 16.2.3 几何/可变形 ............................ 716
【练习16-15】用爆炸变形制作汽车爆炸动画 ........717
 16.2.4 基于修改器 .............................. 718

技术分享 .................................................. 719
 自然环境中的常见粒子材质 .................. 719
 表现真实的自然粒子环境 ...................... 720

# 第17章 动力学 ............................ 723

17.1 动力学MassFX概述 ..................... 724
17.2 创建动力学MassFX ..................... 725
 17.2.1 MassFX工具 ............................ 725
 17.2.2 模拟工具 .................................. 733
 17.2.3 刚体创建工具 .......................... 733
 技术专题：刚体模拟类型的区别 .......... 734
【练习17-1】制作足球动力学刚体动画 .... 736
【练习17-2】制作硬币散落动力学刚体动画 .... 738
【练习17-3】制作多米诺骨牌动力学刚体动画 .... 739
【练习17-4】制作苹果下落动力学刚体动画 .... 740
【练习17-5】制作球体撞墙运动学刚体动画 ........741
【练习17-6】制作汽车碰撞运动学刚体动画 .... 742

17.3 约束工具 .......................................... 744
 17.3.1 "常规"卷展栏 ...................... 744
 17.3.2 "平移限制"卷展栏 .............. 745
 17.3.3 "摆动和扭曲限制"卷展栏 .... 746
 17.3.4 "弹力"卷展栏 ...................... 746
 17.3.5 高级卷展栏 .............................. 747

17.4 Cloth（布料）修改器 ................... 748
 17.4.1 Cloth（布料）修改器默认参数 ........ 748
 技术专题：详解对象属性对话框 .......... 748

17.4.2 Cloth（布料）修改器的子对象参数....753

【练习17-7】用Cloth（布料）修改器制作毛巾动画....755

【练习17-8】用Cloth（布料）修改器制作床单下落动画....756

【练习17-9】用Cloth（布料）修改器制作布料下落动画....758

【练习17-10】用Cloth（布料）修改器制作旗帜飘扬动画....759

**技术分享**....**761**

用动力学制作逼真的布料....761

给读者学习动力学的建议....762

## 第18章 毛发系统....763

**18.1 毛发系统概述**....**764**

**18.2 Hair和Fur（WSM）修改器**....**764**

18.2.1 选择卷展栏....764

18.2.2 工具卷展栏....765

18.2.3 设计卷展栏....766

18.2.4 常规参数卷展栏....767

18.2.5 材质参数卷展栏....768

18.2.6 mr参数卷展栏....769

18.2.7 海市蜃楼参数卷展栏....769

18.2.8 成束参数卷展栏....770

18.2.9 卷发参数卷展栏....770

18.2.10 纽结参数卷展栏....771

18.2.11 多股参数卷展栏....771

18.2.12 动力学卷展栏....772

18.2.13 显示卷展栏....772

18.2.14 随机化参数卷展栏....773

【练习18-1】用Hair和Fur（WSN）修改器制作海葵....773

技术专题：制作海葵材质....775

【练习18-2】用Hair和Fur（WSN）修改器制作仙人球....775

技术专题：毛发和毛皮的作用....777

【练习18-3】用Hair和Fur（WSN）修改器制作油画笔....777

【练习18-4】用Hair和Fur（WSM）修改器制作牙刷....778

【练习18-5】用Hair和Fur（WSN）修改器制作蒲公英....780

**18.3 VRay毛皮**....**781**

18.3.1 参数卷展栏....781

18.3.2 贴图卷展栏....782

18.3.3 视口显示卷展栏....783

【练习18-6】用"VRay毛皮"制作毛巾....783

【练习18-7】用"VRay毛皮"制作草地....784

【练习18-8】用"VRay毛皮"制作地毯....786

【练习18-9】用"VRay毛皮"制作毛毛兔....787

**技术分享**....**789**

如何解决VRay毛皮渲染错误的问题....789

VRay置换模式与VRay毛发的区别....790

## 第19章 基础动画....791

**19.1 动画概述**....**792**

**19.2 动画制作工具**....**792**

19.2.1 关键帧设置....792

技术专题：自动/手动设置关键点....793

【练习19-1】用"自动关键点"制作风车旋转动画....793

【练习19-2】用"自动关键点"制作池水波纹动画....794

19.2.2 播放控制器....795

19.2.3 时间配置....796

**19.3 曲线编辑器**....**797**

技术专题：不同动画曲线所代表的含义....797

19.3.1 "关键点控制：轨迹视图"工具栏....797

19.3.2 "关键点切线：轨迹视图"工具栏....798

19.3.3 "切线动作：轨迹视图"工具栏....799

19.3.4 "关键点输入：轨迹视图"工具栏....799

19.3.5 "导航：轨迹视图"工具栏....799

【练习19-3】用"曲线编辑器"制作蝴蝶飞舞动画....800

**19.4 约束**....**801**

19.4.1 附着约束....801

19.4.2 曲面约束....802

19.4.3 路径约束....803

【练习19-4】用"路径约束"制作热气球漂浮动画....803

【练习19-5】用"路径约束"制作写字动画....805

【练习19-6】用"路径约束"制作摄影机动画....806

【练习19-7】用"路径约束"制作星形发光圈....808

19.4.4 位置约束....809

19.4.5 链接约束....809

19.4.6 注视约束....810

【练习19-8】用"注视约束"制作人物眼神动画....810

19.4.7 方向约束....812

**19.5 变形器**....**812**

19.5.1 "变形器"修改器....812

【练习19-9】用"变形器"修改器制作露珠变形动画....815

【练习19-10】用"变形器"修改器制作人物面部表情动画....816

19.5.2 "路径变形（WSM）"修改器....818

【练习19-11】用"路径变形（WSM）"修改器制作植物生长动画....818

**技术分享**....**820**

如何制作多种运动状态的动画 .............. 820

给读者学习基础动画的建议 .............. 822

# 第20章 高级动画 .......................... 823

**20.1 骨骼与蒙皮** .......................... 824

　20.1.1 骨骼 .............................. 824

技术专题：父子骨骼之间的关系 .............. 828

【练习20-1】为变形金刚创建骨骼 .............. 829

　20.1.2 IK解算器 .......................... 831

【练习20-2】用"样条线IK解算器"制作爬行动画 .. 835

　20.1.3 Biped .............................. 836

【练习20-3】用Biped制作人体行走动画 .......... 848

【练习20-4】用Biped制作搬箱子动画 .......... 850

　20.1.4 蒙皮 .............................. 851

**20.2 群组对象** .......................... 856

　20.2.1 "设置"卷展栏 .................. 856

　20.2.2 "解算"卷展栏 .................. 857

　20.2.3 "优先级"卷展栏 .................. 858

　20.2.4 "平滑"卷展栏 .................. 859

　20.2.5 "碰撞"卷展栏 .................. 859

　20.2.6 "几何体"卷展栏 .................. 860

　20.2.7 "全局剪辑控制器"卷展栏 .......... 860

【练习20-5】用群组和代理辅助对象制作群集动画 .. 860

**20.3 CAT对象** .......................... 864

　20.3.1 CAT肌肉 .......................... 864

　20.3.2 肌肉股 .......................... 865

　20.3.3 CAT父对象 .......................... 866

【练习20-6】用"CAT父对象"制作动物行走动画 .. 868

【练习20-7】用"CAT父对象"制作恐龙动画 .. 869

**20.4 人群流动画** .......................... 872

　20.4.1 填充选项卡 .......................... 872

　20.4.2 修改人群流 .......................... 875

　20.4.3 修改空闲区域 .......................... 875

【练习20-8】用"填充"制作人群动画 .......... 876

**20.5 综合实例1：制作人物打斗动画** ..... 878

　20.5.1 创建骨骼与蒙皮 .................. 878

　20.5.2 制作打斗动画 .................. 878

**20.6 综合实例2：制作飞龙爬树动画** ..... 879

　20.6.1 创建骨骼与蒙皮 .................. 880

技术专题：透明显示对象 .................. 880

　20.6.2 制作爬树动画 .................. 881

**20.7 综合实例3：制作守门员救球动画** .. 882

　20.7.1 创建骨骼系统 .................. 882

　20.7.2 为人物蒙皮 .................. 882

　20.7.3 制作救球动画 .................. 883

**技术分享** .......................... 885

　Biped与骨骼的区别 .......................... 885

　给读者学习高级动画的建议 .................. 886

**附录A 常用快捷键一览表** .................. 887

**附录B 材质物理属性表** .................. 890

　一、常见物体折射率 .......................... 890

　二、常用家具尺寸 .......................... 891

　三、室内物体常用尺寸 .................. 891

**附录C 常见材质参数设置表** .................. 894

　一、玻璃材质 .......................... 894

　二、金属材质 .......................... 895

　三、布料材质 .......................... 896

　四、木纹材质 .......................... 897

　五、石材材质 .......................... 897

　六、陶瓷材质 .......................... 898

　七、漆类材质 .......................... 899

　八、皮革材质 .......................... 899

　九、壁纸材质 .......................... 899

　十、塑料材质 .......................... 900

　十一、液体材质 .......................... 900

　十二、自发光材质 .......................... 901

　十三、其他材质 .......................... 901

**附录D 3ds Max 2016优化与常见问题解答** ..... 903

　一、软件的安装环境 .......................... 903

　二、软件的流畅性优化 .................. 903

　三、打开文件时的问题 .................. 903

　四、自动备份文件 .......................... 904

　五、贴图重新链接的问题 .................. 904

　六、在渲染时让软件不满负荷运行 .......... 904

　七、无法使用填充的问题 .................. 904

第**1**章

# 进入3ds Max 2016的世界

　　3ds Max是一款综合性很强的三维制作软件，在学习它的操作技术之前，我们先来了解一下该软件的发展历史，认知它的功能特色。本章主要讲解了软件的起源及发展史、软件的功能特点、软件的应用领域、软件对计算机配置的需求、项目工作流和如何学习该软件等方面的内容。通过学习本章的知识，读者将会对3ds Max有一个宏观的认识，基本知道3ds Max是什么、3ds Max可以做什么以及如何学习3ds Max。

※ 什么是3ds Max
※ 3ds Max的发展历史
※ 3ds Max的功能特点
※ 3ds Max的应用领域

※ 学习3ds Max的一些建议
※ 3ds Max 2016对软件环境的需求
※ 3ds Max 2016对硬件环境的需求
※ 3ds Max 2016的项目工作流

# 1.1 认识3ds Max

3ds Max是Autodesk公司开发的基于PC系统的三维动画渲染和制作软件，其前身是基于DOS操作系统的3D Studio系列软件，本书使用的版本是中文版3ds Max 2016，如图1-1所示。

图1-1

3ds Max是一款常用的基于PC平台的三维制作软件，它为用户提供了一个"集三维建模、动画、渲染和合成于一体"的综合解决方案。3ds Max的功能强大，操作方式简单快捷，深受广大用户的喜爱，在很多新兴行业都可以看到该软件的应用。

> **提示**
>
> 3ds Max 2016已经实现了多种语言间的切换，用户不必担心软件的语种问题。

## 1.1.1 3ds Max的发展历史

3D Studio Max，业界称为3ds Max，是Discreet公司开发的（后被Autodesk公司合并）基于PC系统的三维动画渲染和制作软件。在Windows NT出现以前，工业级的CG制作被SGI图形工作站所垄断，而3D Studio Max + Windows NT组合的出现一下子降低了CG制作的门槛。

关于3ds Max的产生，可以追溯到1990年，Discreet公司推出了第一个动画工作的3D Studio软件，而此时的3D Studio只是基于DOS的。Windows 9X操作系统的进步，使DOS下的设计软件暴露出了颜色深度、内存和渲染速度不足等严重问题。

1996年4月，经过开发人员的努力，诞生了第1个基于Windows操作系统的3D Studio软件——3D Studio Max 1.0，此时的3D Studio MAX 1.0只能说是一个试验性的产品。

1999年，Autodesk公司收购了Discreet Logic公司，并与Kinetix合并成立了新的Discreet分部，这一年后，我们所见到的3ds Max就不再带有Kinetix标志了。

2000年，此时软件版本已经更新到了4.0，名称正式更改为Discreet 3ds max 4，此时的Discreet 3ds max 4在动画制作方面有了较大的提高。有意思的是，从这一年开始，3ds max使用的是小写字母。

从2000年开始，Discreet 3ds max每年更新一次版本，在动画制作、材质纹理、灯光、场景管理等方面都有所提高。2005年10月，Autodesk宣布的新版本为3ds Max 8。此后，3ds Max的软件前缀由Discreet变成了Autodesk，如Autodesk 3ds Max 8。

从2005年至今，Autodesk公司对3ds Max每年进行一次更新。从3D Studio到今天，3ds Max一路发展过来已经快30年了，这款软件已经成为世界上主流的三维动画制作软件。

## 1.1.2 3ds Max的功能特点

随着3ds Max的不断更新和完善，其功能也越来越强大。下面来了解一下3ds Max的特点。

### 1.功能强大，扩展性好

3ds Max的功能、应用领域和使用人群在业内可以说是首屈一指。首先它的建模功能很强大，对于建筑模型、工业产品模型和生物模型等，使用3ds Max都可以轻松做出最逼真的模型效果；其次是它的动画功能，3ds Max几乎可以用来制作任何领域的三维动画，最常见的就是建筑动画、产品动画、影视动画和游戏动画；最后就是它的渲染功能，虽然3ds Max本身的渲染功能极为一般，但是它的扩展性好，可以很好地配合其他渲染插件来进行工作，如VRay、mental ray等。

图1-2所示的就是当今主流的渲染软件VRay和mental ray，它们能够与3ds Max无缝衔接，工作起来非常流畅。

图1-2

## 2.操作简单，容易上手

相较于其强大的功能，3ds Max的上手很简单，不需要很高的学历，只需要一本3ds Max操作手册，零基础的用户就可以很快跨入3ds Max的殿堂。

图1-3所示的就是3ds Max 2016的工作界面，看起来很简洁，功能区域划分都非常清楚。

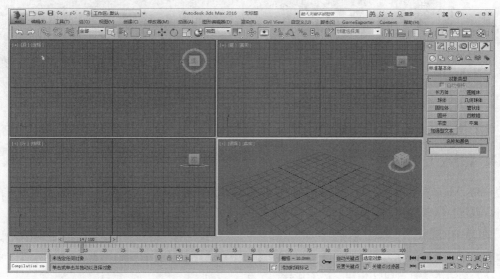

图1-3

## 3.和其他相关软件配合流畅

在建筑可视化、影视制作、游戏开发和工业设计等领域，3ds Max是铁打的主力军，牢牢占据着三维实现这个环节。在实际工作中，3ds Max往往要配合AutoCAD、Photoshop、After Effects等软件来使用，这样才能组成完整的工作流。

在效果图领域，用户一般用AutoCAD绘制施工图，然后使用3ds Max根据施工图建模并渲染，最后使用Photoshop进行后期处理，完成制作。

在电视包装领域，用户一般用Photoshop进行前期创意构思（如绘制分镜、草稿等），然后使用3ds Max制作需要的模型并渲染动画，最后使用After Effects进行后期合成输出，完成制作。

由此可见，在数字多媒体领域，靠一个软件走天下基本不太现实，绝大部分实际工作都需要多软件配合，而3ds Max在这些工作流中都扮演着至关重要的角色，是不可或缺的软件工具。

### 4.做出来的效果非常逼真

3ds Max作为一款三维制作软件，它具备很强的建模、渲染和动画功能，能够做出完全满足物理真实要求的3D作品。

在效果图领域，3ds Max配合VRay或mental ray可以制作出照片级的效果图，如图1-4所示。

在工业设计领域，3ds Max可以制作出真实的产品模型，如图1-5所示。

图1-4 图1-5

在影视动画领域，3ds Max可以制作出逼真的动画和电影特效，如图1-6所示。

图1-6

## 1.1.3 3ds Max的应用领域

随着3ds Max的不断更新和完善，越来越多的实用功能使其更加强大起来，更能够满足客户在可视化设计、游戏开发和影视特效等方面的应用需求。

### 1.建筑可视化

建筑可视化主要包括室内效果图、室外效果图以及建筑动画等方面，3ds Max提供的建模、动画、灯光、材质和渲染工具可以让用户轻松完成这些工作。

在这个领域，3ds Max主要用于创建模型、制作材质和设置动画，渲染一般靠其他GI渲染器来完成，如前面讲到的VRay、mental ray等，尤其是VRay的大量普及，极大地促进了建筑可视化领域的发展。

—— 提示

VRay是以插件的形式安装到3ds Max中的，它与3ds Max的兼容性很好，使用起来非常顺畅，主要在建筑可视化领域应用较多；mental ray是集成在3ds Max中的，也就是说3ds Max自带该渲染器，它一般在影视渲染中使用较多。

目前，建筑可视化已经在全球形成产业化，国内从事这个行业的公司、工作室非常多，并涌现出了一些实力强劲的大型制作公司。如图1-7所示，这就是常见的室内效果图、建筑效果图和建筑动画。

图1-7

## 2.电视包装

在电视包装领域，3ds Max也是当仁不让的主角。从制作角度讲，电视包装要用到平面设计软件、三维制作软件、后期合成软件，分别就是Photoshop、3ds Max和After Effects。当然这也不是绝对的，不同的用户也会用到其他软件，但是这3个软件基本上是必备的。

图1-8所示的就是使用3ds Max制作模型和动画的电视包装栏目。

图1-8

## 3.影视动画与特效

随着数字特效在电影中越来越广泛的应用，各类三维软件在影视动画与特效领域都得到了广泛的应用和长足的发展。3ds Max以其强大的功能吸引了众多电影制作者的目光，使许多电影公司在特效和动画方面都使用3ds Max来进行制作。一大批耳熟能详的经典影片，如《后天》《2012》《功夫》《罪恶之城》《最后的武士》等，其中都有使用3ds Max制作的特效或动画，如图1-9所示。

图1-9

### 4.游戏设计开发

3ds Max在全球游戏市场扮演领导角色已经多年,它是非常具有生产力的动画制作系统,广泛应用于游戏资源的创建和编辑任务。在网络游戏飞速发展的今天,3ds Max为游戏开发商实现最高生产力提供了可靠的保障。3ds Max与游戏引擎的出色结合能力,极大地满足了游戏开发商的众多需求,使设计师可以充分发挥自己的创造潜能,集中精力来创作最受欢迎的艺术作品。图1-10所示的就是使用3ds Max制作的一些游戏场景。

图1-10

### 5.工业设计及可视化

随着社会的发展,各种生活需求的极大增长,以及人们对产品精密度、视觉效果需求的提升,工业设计已经逐步成为一个成熟的应用领域。在早期,设计师一般使用Rhino、Cinema 4D、Alias等软件从事设计工作。随着3ds Max在建模工具、格式兼容性、渲染效果与速度等方面的不断提升,很多设计师也慢慢开始选用3ds Max作为自己的设计工具,并取得了许多优秀的成果。图1-11所示的就是使用3ds Max建模并渲染的工业产品。

图1-11

## 1.1.4 学习3ds Max的一些建议

虽然3ds Max的"块头"相对比较大,但是并不复杂和混乱,它的功能划分都非常明晰,学习起来也较为便捷,这里结合该软件的功能特点,给读者提供一些学习建议。

### 1.三维空间能力

三维空间能力的锻炼非常关键,必须要熟练掌握视图、坐标与物体的位置关系。应该要做到放眼过去就可以判断物体的空间位置关系,可以随心所欲地控制物体的位置。

这是需要掌握的基本内容,如果掌握不好,下面的所有内容都会受到影响。

有了设计基础和空间能力的朋友,掌握起来其实很简单;没有基础的朋友,只要有科学的学习和锻炼方法,也可以很快掌握。

### 2.基本操作命令

熟练掌握几个基本操作命令:选择、移动、旋转、缩放、镜像、对齐、阵列、视图工具。这些命令是常用也是基本的,几乎所有制作都会用到。

另外,几个常用的三维和二维几何体的创建及参数也必须要非常熟悉,这样就掌握了3ds Max的基本操作习惯。

### 3.二维图形编辑

二维图形的编辑是非常重要的一部分内容，很多三维物体的生成和效果都是取决于二维图形。编辑二维图形主要通过"编辑样条线"来实现，对于曲线图形的点、段、线编辑主要涉及几个常用的命令：焊接、连接、相交、圆角、切角、轮廓等。只有熟练掌握这些命令，才可以自如地编辑各类图形。

### 4.常用编辑命令

在3ds Max中，多边形是比较核心的建模功能，尤其是多边形的编辑命令，这是工作中常用的一些功能命令，如挤出、分割、切角、连接等命令。多边形的子对象包括顶点、边、边界、多边形，它们分别都有对应的编辑命令。熟练掌握这些命令，基本上就可以应付大部分模型的制作工作了。

### 5.材质和灯光

材质和灯光是不可分割的，材质效果是靠灯光来体现的，材质也应该影响灯光效果表现，没有灯光的世界都是黑的。如何掌握好材质和灯光，大概也有以下4个途径和方法。

（1）掌握常用的材质参数、贴图的原理和应用。

（2）熟悉灯光的参数及与材质效果的关系。

（3）灯光和材质效果的表现主要是物理方面的体现，应该加强实际常识的认识。

（4）想掌握好材质和灯光效果，除了以上的几方面，感觉也是很重要的，也是突破境界的一个瓶颈。所谓的感觉，就是艺术方面的修养，这就需要我们不断加强美术方面的修养，多注意观察实际生活中的效果，加强色彩方面的知识等。

# 1.2 3ds Max 2016软硬件配置需求

自从3ds Max 2014开始，3ds Max只适用于64位的操作系统。另外，从3ds Max 2016开始，Autodesk公司已经将3ds Max和3ds Max Design合并在3ds Max 2016中，大家现在只需要安装3ds Max 2016即可，不用再为安哪个系列而感到烦恼。下面介绍3ds Max 2016的最低运行环境和硬件配置的需求。

- ✧ Microsoft Windows 7 x64操作系统
- ✧ Intel I7处理器
- ✧ 8GB内存
- ✧ 支持Direct3D 10、Direct3D 11的显卡
- ✧ 2GB显卡内存
- ✧ 配有鼠标驱动程序的三键鼠标
- ✧ 10 GB可用硬盘安装空间

---
提示
---

对于硬件环境的需求，除了软件本身之外，还要看用户的工作要求。如果是普通动画与渲染（通常少于1000个对象或100000个多边形），那么可以参考以上的硬件配置（预算在4500元人民币）。在实际工作和生活中，如经济条件允许，硬件配置当然是越高越好。

# 1.3 3ds Max 2016的项目工作流

使用3ds Max进行工作时，基本上有一套固定的操作流程，虽然在细节上可以灵活运用，但是整体的操作流程是固定不变的，因为这是由软件功能决定的，而且绝大部分三维软件也都遵循这个工作流。

### 1.3.1　构建模型

建模是三维制作的第一步，也是所有工作的源头。在制作模型之前，一般要设置好单位，同时设置一些辅助绘图功能（如捕捉、栅格等），以方便制作。

### 1.3.2　赋予材质

材质是3ds Max中一个比较独立的概念，它可以给模型表面添加色彩、光泽和纹理。材质通过"材质编辑器"窗口进行指定和编辑。

### 1.3.3　布置灯光

灯光是三维制作中的重要组成部分，在表现场景、气氛等方面发挥着至关重要的作用。它是3ds Max中的一种特殊对象，它本身不能被渲染显示，只能在视图操作时被看到，但它却可以影响周围物体表面的光泽、色彩和亮度。通常灯光与材质、环境是共同作用的，它们的结合可以生成真实的3D效果。

─ 提示 ─

在3ds Max的工作流中还有一个重要的环节就是"设置摄影机"，这个环节的处理比较灵活，不同的人有完全不同的习惯，如可以在建模阶段设置摄影机，也可以在材质阶段设置摄影机，还可以在灯光阶段设置摄影机，实际上用户完全可以根据项目制作需要来确定。

### 1.3.4　设置动画

动画是3ds Max软件中比较难掌握的技术，并且在制作过程中又增加了一个时间维度的概念。在3ds Max中，用户几乎可以给任何对象或参数进行动画设置。3ds Max给用户提供了众多的动画解决方案，并且提供大量的实用工具来编辑这些动画。例如，为游戏制作提供各种角色动画功能、为建筑动画制作提供摄像机动画功能、为影视制作提供各种特效功能等。

### 1.3.5　制作特效

特效这个定义很难划分工作流，跟摄影机的处理方式一样，可以灵活把握，用户可以根据实际制作需要在不同的阶段设置特效。

### 1.3.6　渲染输出

渲染输出是整个工作流的最后环节，完成3D作品的各项制作后，需要通过渲染输出把作品呈现出来，这个阶段相对比较简单。3ds Max自带了两种渲染器，分别是扫描线渲染器和mental ray渲染器，扫描线渲染器在实际制作中基本上已经被淘汰了，mental ray渲染器的发展空间比较大。另外，3ds Max还有很多渲染插件，如VRay、FinalRender、Maxwell等，其中VRay的普及率非常高。

第 **2** 章

# 掌握3ds Max 2016的基本操作

从本章开始，我们正式进入3ds Max的软件技术学习阶段，虽然3ds Max 2016将3ds Max 2016和3ds Max 2016 Design合并在了一起，但是我们在第一次打开3ds Max 2016时，还是需要选择的，本书选择3ds Max 2016进行教学。本章主要带领读者认识3ds Max 2016的工作界面，以及学习软件的基本操作。

※ 3ds Max 2016的工作界面　　※ 命令面板

※ 标题栏　　　　　　　　　　　※ 时间尺

※ 菜单栏　　　　　　　　　　　※ 状态栏

※ 主工具栏　　　　　　　　　　※ 时间控制按钮

※ 视口区域　　　　　　　　　　※ 视图导航控制按钮

# 2.1 3ds Max 2016的使用

本节将进入3ds Max的工作界面，通过学习本节知识，大家可以对3ds Max 2016的工作界面组成有一个基本认识，以便于后续学习。

## 2.1.1 启动3ds Max 2016

安装好3ds Max 2016后，可以通过以下两种方法来启动3ds Max 2016。

第1种：双击桌面上的快捷图标 。

第2种：执行"开始>所有程序>Autodesk 3ds Max 2016>3ds Max 2016 Simplified Chinese"命令，如图2-1所示。

在启动3ds Max 2016的过程中，可以观察到3ds Max 2016的启动画面，如图2-2所示，启动完成后可以看到其工作界面，如图2-3所示。3ds Max 2016的视口显示是四视图显示，如果要切换到单一的视图显示，可以单击界面右下角的"最大化视口切换"按钮 或按Alt+W组合键，如图2-4所示。

图2-1

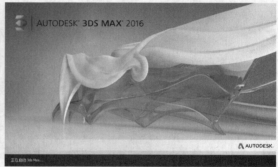

图2-2

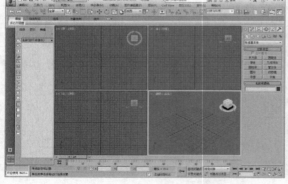

图2-3

图2-4

## 技术专题：如何使用教学影片

在初次启动3ds Max 2016时，系统会自动弹出欢迎屏幕，其中包括"学习""开始""扩展"3个选项卡，如图2-5所示。"学习"选项卡提供了"1分钟启动影片"列表和其他学习资源，如图2-6所示；在"开始"选项卡中，不仅可以在"最近使用的文件"中打开最近使用过的文件，还可以在"启动模板"中选择对应的场景类型，并新建场景，如图2-7所示；在"扩展"选项卡中，提供了扩展3ds Max功能的途径，可以搜寻Autodesk Exchange商店提供的精选应用和Autodesk资源的列表，包括Autodesk 360和The Area，并且可以通过单击"Autodesk动画商店"链接和"下载植物"链接将资源添加到场景中，如图2-8所示。

## 技术专题：如何使用教学影片（续）

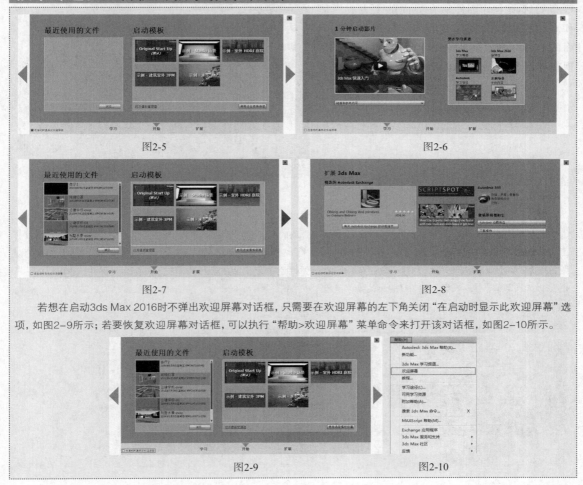

图2-5　　　　　　　　　　　　　　　　　　　图2-6

图2-7　　　　　　　　　　　　　　　　　　　图2-8

若想在启动3ds Max 2016时不弹出欢迎屏幕对话框，只需要在欢迎屏幕的左下角关闭"在启动时显示此欢迎屏幕"选项，如图2-9所示；若要恢复欢迎屏幕对话框，可以执行"帮助>欢迎屏幕"菜单命令来打开该对话框，如图2-10所示。

图2-9　　　　　　　　　图2-10

## 2.1.2　3ds Max 2016的工作界面

3ds Max 2016的工作界面分为标题栏、菜单栏、主工具栏、视口区域、视口布局选项卡、场景资源管理器、Ribbon工具栏、命令面板、时间尺、状态栏、时间控制按钮和视口导航控制按钮12大部分，如图2-11所示。

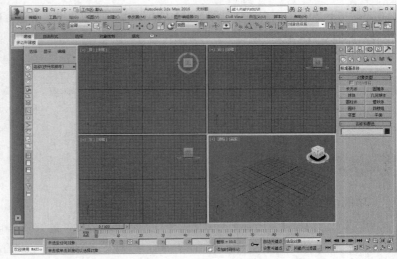

图2-11

默认状态下的主工具栏、命令面板和视口布局选项卡分别停靠在界面的上方、右侧和左侧，可以通过拖曳的方式将其移动到界面的其他位置，这时将以浮动的面板形态呈现在界面中，如图2-12所示。

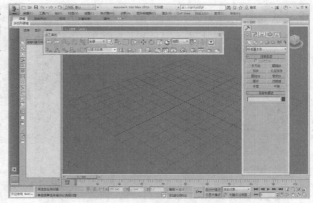

图2-12

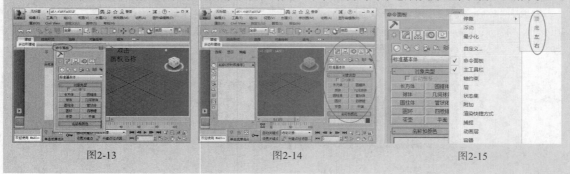
# 2.2　标题栏

3ds Max 2016的"标题栏"位于界面的最顶部。"标题栏"上包含当前编辑的文件名称和软件版本信息，同时还有软件图标（这个图标也称为"应用程序"图标）、快速访问工具栏和信息中心3个非常人性化的工具栏，如图2-16所示。

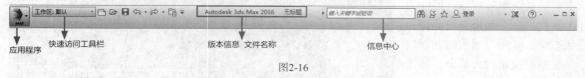

图2-16

## 2.2.1　应用程序

### 功能介绍

单击"应用程序"图标 会弹出一个用于管理场景文件的下拉菜单。这个菜单与之前版本的"文件"菜单类似，主要包括"新建""重置""打开""保存""另存为""导入""导出""发送到""参考""管理""属性"等常用命令以及一个"最近使用的文档"列表，如图2-17所示。

图2-17

**命令详解**

❖ 新建 : 该命令用于新建场景，包含4种方式，如图2-18所示。

图2-18

❖ 新建全部 : 新建一个场景，并清除当前场景中的所有内容。
❖ 保留对象 : 保留场景中的对象，但是删除它们之间的任意链接以及任意动画键。
❖ 保留对象和层次 : 保留对象以及它们之间的层次链接，但是删除任意动画键。
❖ 从模板新建 : 从"创建新场景"对话框中选择场景模板进行创建，如图2-19所示。

图2-19

---

**提示**

在一般情况下，新建场景都用快捷键来完成。按Ctrl+N组合键可以打开"新建场景"对话框，在该对话框中也可以选择新建方式，如图2-20所示。这种方式是非常快捷的新建方式。

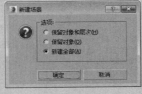

图2-20

❖ 重置🔄：执行该命令可以清除所有数据，并重置3ds Max设置（包括视口配置、捕捉设置、材质编辑器和视口背景图像等）。重置可以还原启动软件时的默认设置，并且可以移除当前所做的任何自定义设置。

❖ 打开📂：该命令用于打开场景，包含两种方式，如图2-21所示。

◇ 打开📂：执行该命令或按Ctrl+O组合键可以打开"打开文件"对话框，在该对话框中可以选择要打开的3ds Max场景文件，如图2-22所示。

图2-21　　　　　　　　　　　　　　　　　图2-22

---

**提示**

　　除了可以用"打开"命令打开场景以外，还有一种更为简便的方法。在文件夹中选择要打开的场景文件，然后使用鼠标左键将其直接拖曳到3ds Max的操作界面即可将其打开，如图2-23所示。

图2-23

---

◇ 从Vault中打开▼：执行该命令可以直接从 Autodesk Vault（3ds Max附带的数据管理提供程序）中打开3ds Max文件，如图2-24所示。

❖ 保存💾：执行该命令可以保存当前场景。如果先前没有保存场景，执行该命令则会打开"文件另存为"对话框，在该对话框中可以设置文件的保存位置、文件名以及保存的类型，如图2-25所示。

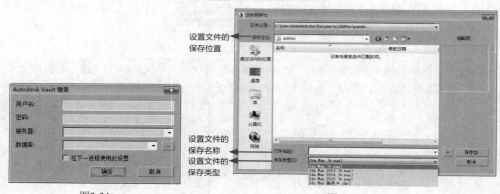

图2-24　　　　　　　　　　　　　　　　　图2-25

❖ 另存为▣：执行该命令可以将当前场景文件另存一份，包含4种方式，如图2-26所示。

◇ 另存为▣：执行该命令可以打开"文件另存为"对话框，在该对话框中可以设置文件的保存位置、文件名以及保存的类型，如图2-27所示。

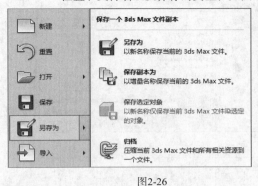

图2-26　　　　　　　　　　　　　　　　图2-27

提示

问："保存"命令与"另存为"命令有何区别？

答：对于"保存"命令，如果事先已经保存了场景文件，也就是计算机硬盘中已经有这个场景文件，那么执行该命令可以直接覆盖掉这个文件；如果计算机硬盘中没有场景文件，那么执行该命令会打开"文件另存为"对话框，设置好文件的保存位置、保存命令和保存类型后才能保存文件，这种情况与"另存为"命令的工作原理是一样的。

对于"另存为"命令，如果硬盘中已经存在场景文件，执行该命令同样会打开"文件另存为"对话框，可以选择另存为一个文件，也可以选择覆盖掉原来的文件；如果硬盘中没有场景文件，执行该命令还是会打开"文件另存为"对话框。

◇ 保存副本为▣：执行该命令可以用一个不同的文件名来保存当前场景的副本。

◇ 保存选定对象▣：在视口中选择一个或多个几何体对象以后，执行该命令可以保存选定的几何体。注意，只有在选择了几何体的情况下，该命令才可用。

◇ 归档▣：这是一个比较实用的功能。执行该命令可以将创建好的场景、场景位图保存为一个zip压缩包。对于复杂的场景，使用该命令进行保存是一种很好的保存方法，因为这样不会丢失任何文件。

❖ 导入▣：该命令可以加载或合并当前3ds Max场景文件以外的几何体文件，包含6种方式，如图2-28所示。

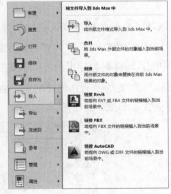

图2-28

◇ 导入▣：执行该命令可以打开"选择要导入的文件"对话框，在该对话框中可以选择要导入的文件，如图2-29所示。

◇ 合并▣：执行该命令可以打开"合并文件"对话框，在该对话框中可以将保存的场景文件中的对象加载到当前场景中，如图2-30所示。

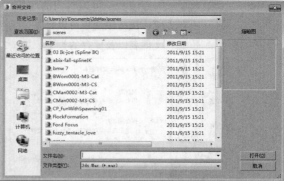

图2-29　　　　　　　　　　　　　　　　图2-30

— 提示 —

　　选择要合并的文件后，在"合并文件"对话框中单击"打开"按钮 打开(O)，3ds Max会弹出"合并"对话框，在该对话框中可以选择要合并的文件类型，如图2-31所示。

图2-31

- ◇　替换⬚：执行该命令可以替换场景中的一个或多个几何体对象。
- ◇　链接Revit⬚：该命令不只是用于简单的导入文件，还可以保留从Revit和3ds Max中导出的DWG文件之间的"实时链接"。如果决定在Revit文件中做出更改，则可以很轻松地在3ds Max中更新该更改。
- ◇　链接FBX⬚：将指向FBX格式文件的链接插入到当前场景中。
- ◇　链接AutoCAD⬚：将指向DWG或DXF格式文件的链接插入到当前场景中。
- ❖　导出⬚：该命令可以将场景中的几何体对象导出为各种格式的文件，包含3种方式，如图2-32所示。
- ◇　导出⬚：执行该命令可以导出场景中的几何体对象，在弹出的"选择要导出的文件"对话框中可以选择导出的文件格式，如图2-33所示。

图2-32　　　　　　　　　　　　　　　　图2-33

◇ 导出选定对象🔧：在场景中选择几何体对象以后，执行该命令可以用各种格式导出选定的几何体。

◇ 导出到DWF🔧：执行该命令可以将场景中的几何体对象导出成DWF格式的文件。这种格式的文件可以在AutoCAD中打开。

❖ 发送到🔧：该命令可以将当前场景发送到其他软件中，以实现交互式操作，可发送的软件有Maya、MotionBuilder和Mudbox，如图2-34所示。

图2-34

---

**提示**

Maya（Autodesk公司的软件）是世界顶级的三维动画软件，应用对象是专业的影视广告、角色动画和电影特技等。Maya功能完善、工作灵活、易学易用，制作效率极高，渲染真实感极强，是电影级别的高端制作软件，《星球大战前传》《X-MEN》《魔比斯环》等电影中都有Maya完成的画面效果。

MotionBuilder（Autodesk公司的软件）是业界非常重要的3D角色动画制作软件。它集成了众多优秀的工具，为制作高质量的动画作品提供了保证。

Mudbox（Autodesk公司的软件）是一款用于数字雕刻与纹理绘画的软件，其基本操作方式与Maya相似。

---

❖ 参考🔧：该命令用于将外部的参考文件插入到3ds Max中，以供用户进行参考，可供参考的对象包含5种，如图2-35所示。其中比较常用的是"资源追踪"。

◇ 资源追踪🔧：执行该命令可以打开"资源追踪"对话框，在该对话框中可以检入和检出文件、将文件添加到资源追踪系统（ATS）以及获取文件的不同版本等，如图2-36所示。

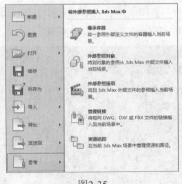

图2-35

图2-36

❖ 管理🔧：该命令用于对3ds Max的相关资源进行管理，如图2-37所示。

◇ 设置项目文件夹🔧：执行该命令可以打开"浏览文件夹"对话框，在该对话框中可以选择一个文件夹作为3ds Max当前项目的根文件夹，如图2-38所示。

图2-37

图2-38

❖ 属性▤：该命令用于显示当前场景的详细摘要信息和文件属性信息，如图2-39所示。

❖ 选项▤：单击该按钮可以打开"首选项设置"对话框，在该对话框中几乎可以设置3ds Max所有的首选项，如图2-40所示。

图2-39

图2-40

❖ 退出3ds Max 退出3ds Max：单击该按钮可以退出3ds Max，快捷键为Alt+F4。

---

**提示**

如果当前场景中有编辑过的对象，那么在退出时会弹出一个3ds Max对话框，提示"场景已修改。保存更改？"，用户可根据实际情况来进行操作，如图2-41所示。

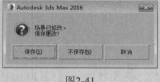
图2-41

---

## 【练习2-1】用归档功能保存场景

**01** 按Ctrl+O组合键打开"打开文件"对话框，然后选择学习资源中的"练习文件>第2章>2-1.max"文件，接着单击"打开"按钮 打开(O)，如图2-42所示，打开的场景效果如图2-43所示。

图2-42

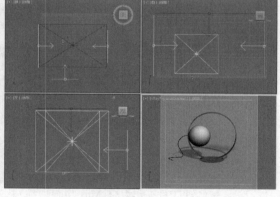
图2-43

---

**提示**

观察图2-43所示的摄影机效果，发现里面有杂点，这是3ds Max 2016的实时照明和阴影显示效果（默认情况下，在3ds Max 2016中打开的场景都有实时照明和阴影），如图2-44所示。如果要关闭实时照明和阴影，可以执行"视图>视口背景>配置视口背景"菜单命令，打开"视口配置"对话框，然后在"照明和阴影"选项组下关闭"高光""天光作为环境光颜色""阴影""环境光阻挡""环境反射"选项，接着单击"应用到活动视图"按钮 应用到活动视图，如图2-45所示，这样在活动视图中就不会显示出实时照明和阴影，如图2-46所示。注意，开启实时照明和阴影会占用一定的系统资源，建议计算机配置比较低的用户关闭这个功能。

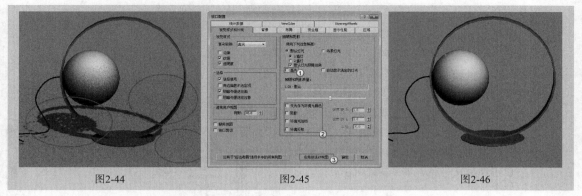

图2-44　　　　　　　　　　图2-45　　　　　　　　　　图2-46

**02** 单击界面左上角的"应用程序"图标，然后在弹出的菜单中执行"另存为>归档"菜单命令，如
图2-47所示，接着在弹
出的"文件归档"对话
框中选择好保存位置和
文件名，最后单击"保
存"按钮，如图
2-48所示。

图2-47　　　　　　　　　　图2-48

**提示**

　　归档场景以后，在保存位置会出现一个zip格式压缩包，如图2-49所示，这个压缩包中会包含这个场景的所有文件
以及一个归档信息文本，如图2-50所示。

图2-49　　　　　　　　　　图2-50

## 2.2.2　快速访问工具栏

### 功能介绍

　　"快速访问工具栏"集合了用于管理场景文件的常用命令，便于用户快速管理场景文件，包括"新建场
景"、"打开文件"、"保存文件"、"撤销场景操作"、
"重做场景操作"和"项目文件夹"6个常用命令，同时用户
也可以根据个人喜好对"快速访问工具栏"进行设置，如图2-51
所示。

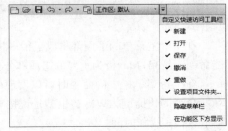

图2-51

**命令详解**

❖ 新建场景▢：单击该按钮开始一个新的场景。

❖ 打开文件▣：单击该按钮打开以前保存的场景。

❖ 保存文件▣：单击该按钮保存当前打开的场景。

❖ 撤销场景操作▣：取消上一步的操作。

❖ 重做场景操作▣：用于取消上一次"撤销"命令的操作，恢复到撤销之前的状态。

❖ 项目文件夹▣：单击该按钮可以打开"浏览文件夹"对话框，在该对话框中可以为当前场景设置项目文件夹，如图2-52所示。

图2-52

**提示**

　　"快速访问工具栏"集中的图标可以进行自定义设置，如可以控制显示哪些图标不显示哪些图标。在图2-51中，右边的弹出式下拉菜单就是用来控制图标的显示与否。例如，在菜单中选择"新建"命令（前面出现√符号表示被选中），那么"快速访问工具栏"中将显示▢图标，反之亦然。

### 2.2.3 信息中心

　　"信息中心"用于访问有关3ds Max 2016和Autodesk其他产品的信息，如图2-53所示。

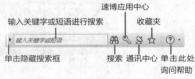

图2-53

# 2.3 菜单栏

　　"菜单栏"位于工作界面的顶端，包含"编辑"、"工具"、"组"、"视图"、"创建"、"修改器"、"动画"、"图形编辑器"、"渲染"、Civil View、"自定义"、"脚本"和"帮助"13个主菜单，如图2-54所示。

| 编辑(E) | 工具(T) | 组(G) | 视图(V) | 创建(C) | 修改器(M) | 动画(A) | 图形编辑器(D) | 渲染(R) | Civil View | 自定义(U) | 脚本(S) | 帮助(H) |

图2-54

　　在每个主菜单的下面都集成了很多相应的功能命令，这里面基本包含了3ds Max的绝大部分常用功能命令，是3ds Max极为重要的组成部分。

　　在执行菜单栏中的命令时可以发现，某些命令后面有与之对应的快捷键，如图2-55所示。如"移动"命令的快捷键为W键，也就是说按W键就可以切换到"选择并移动"工具▣。牢记这些快捷键能够节省很多操作时间。

若下拉菜单命令的后面带有省略号，则表示执行该命令后会弹出一个独立的对话框，如图2-56所示。

若下拉菜单命令的后面带有小箭头图标，则表示该命令还含有子命令，如图2-57所示。

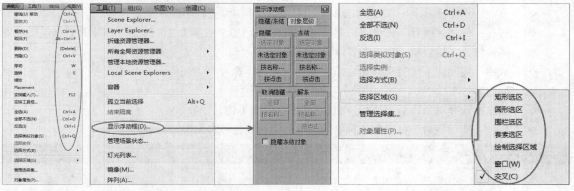

图2-55　　　　　　　　　　　图2-56　　　　　　　　　　　　　　　　　图2-57

每个主菜单后面均有一个括号，且括号内有一个字母，例如，"编辑"菜单后面的（E），这就表示可以利用E键来执行该菜单下的命令，下面以"编辑>撤销"菜单命令为例来介绍一下这种快捷方式的操作方法。按住Alt键（在执行相应命令之前不要松开该键），然后按E键，此时字母E下面会出现下划线（E），表示该菜单被激活，同时将弹出下面的子命令，如图2-58所示，接着按U键即可撤销当前操作，返回到上一步（按Ctrl+Z组合键也可以达到相同的效果）。

仔细观察菜单命令，会发现某些命令显示为灰色，这表示这些命令不可用，这是因为在当前操作中该命令没有合适的操作对象。例如，在没有选择任何对象的情况下，"组"菜单下的命令只有一个"集合"命令处于可用状态，如图2-59所示，而在选择了对象以后，"组"命令和"集合"命令都可用，如图2-60所示。

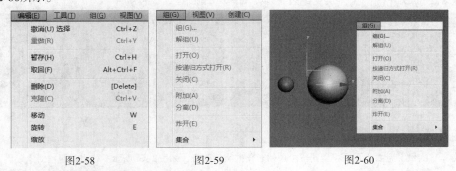

图2-58　　　　　　　　　　　图2-59　　　　　　　　　　　　图2-60

## 2.3.1　编辑菜单

### 功能介绍

顾名思义，"编辑"菜单就是集成了一些常用于文件编辑的命令，例如，"移动""缩放""旋转"等，这些都是使用频率极高的功能命令。"编辑"菜单下的常用命令基本都配有快捷键，如图2-61所示。

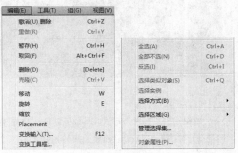

图2-61

**命令详解**

❖ 撤销：用于撤销上一次操作，可以连续使用，撤销的次数可以控制。

❖ 重做：用于恢复上一次撤销的操作，可以连续使用，直到不能恢复为止。

❖ 暂存：使用"暂存"命令可以将场景设置保存到基于磁盘的缓冲区，可存储的信息包括几何体、灯光、摄影机、视口配置以及选择集。

❖ 取回：当使用了"暂存"命令后，使用"取回"命令可以还原上一个"暂存"命令存储的缓冲内容。

❖ 删除：选择对象以后，执行该命令或按Delete键可将其删除。

❖ 克隆：使用该命令可以创建对象的副本、实例或参考对象。

## 技术专题：克隆的3种方式

选择一个对象以后，执行"编辑>克隆"菜单命令或按Ctrl+V组合键可以打开"克隆选项"对话框，在该对话框中有3种克隆方式，分别是"复制""实例""参考"，如图2-62所示。

图2-62

**1. 复制**

如果选择"复制"方式，那么将创建一个原始对象的副本对象，如图2-63所示。如果对原始对象或副本对象中的一个进行编辑，那么另外一个对象不会受到任何影响，如图2-64所示。

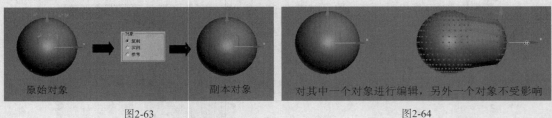

原始对象　　　　　　　　副本对象　　　　　对其中一个对象进行编辑，另外一个对象不受影响

图2-63　　　　　　　　　　　　　　　　图2-64

**2. 实例**

如果选择"实例"方式，那么将创建一个原始对象的实例对象，如图2-65所示。如果对原始对象或副本对象中的一个进行编辑，那么另外一个对象也会跟着发生变化，如图2-66所示。这种复制方式很实用，在一个场景中创建一盏目标灯光，调节好参数以后，用"实例"方式将其复制若干盏到其他位置，这时如果修改其中一盏目标灯光的参数，所有目标灯光的参数都会跟着发生变化。

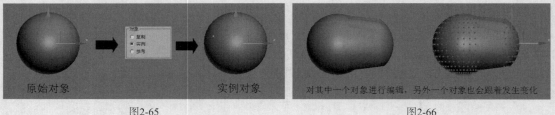

原始对象　　　　　　　　实例对象　　　　对其中一个对象进行编辑，另外一个对象也会跟着发生变化

图2-65　　　　　　　　　　　　　　　　图2-66

**3. 参考**

如果选择"参考"方式，那么将创建一个原始对象的参考对象。如果对参考对象进行编辑，那么原始对象不会发生任何变化，如图2-67所示；如果为原始对象加载一个FFD 4×4×4修改器，那么参考对象也会被加载一个相同的修改器，此时对原始对象进行编辑，那么参考对象也会跟着发生变化，如图2-68所示。注意，在一般情况下都不会用到这种克隆方式。

技术专题：**克隆的3种方式（续）**

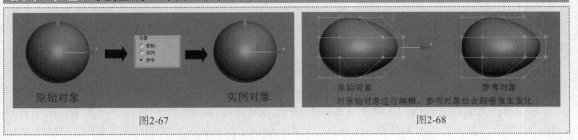

图2-67                  图2-68

❖ 移动：该命令用于选择并移动对象，选择该命令将激活主工具栏中的 ⊕ 按钮。

❖ 旋转：该命令用于选择并旋转对象，选择该命令将激活主工具栏中的 ⟲ 按钮。

❖ 缩放：该命令用于选择并缩放对象，选择该命令将激活主工具栏中的 ⊡ 按钮。

---
**提示**

这里暂时先不详细介绍"移动""旋转""缩放"命令的使用方法，笔者将在后面的"主工具栏"内容中进行详细介绍。

---

❖ 变换输入：该命令可以用于精确设置移动、旋转和缩放变换的数值。例如，当前选择的是"选择并移动"工具 ⊕，那么执行"编辑>变换输入"菜单命令可以打开"移动变换输入"对话框，在该对话框中可以精确设置对象的 $x$、$y$、$z$ 坐标值，如图2-69所示。

图2-69

---
**提示**

如果当前选择的是"选择并旋转"工具 ⟲，执行"编辑>变换输入"菜单命令将打开"旋转变换输入"对话框，如图2-70所示；如果当前选择的是"选择并均匀缩放"工具 ⊡，执行"编辑>变换输入"菜单命令将打开"缩放变换输入"对话框，如图2-71所示。

图2-70              图2-71

---

❖ 变换工具框：执行该命令可以打开"变换工具框"对话框，如图2-72所示。在该对话框中可以调整对象的旋转、缩放、定位以及对象的轴。

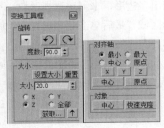

图2-72

❖ 全选：执行该命令或按Ctrl+A组合键可以选择场景中的所有对象。

- ❖ 全部不选：执行该命令或按Ctrl+D组合键可以取消对任何对象的选择。
- ❖ 反选：执行该命令或按Ctrl+I组合键可以反向选择对象。
- ❖ 选择类似对象：执行该命令或按Ctrl+Q组合键可以自动选择与当前选择对象类似的所有对象。注意，类似对象是指这些对象位于同一层中，并且应用了相同的材质或不应用材质。
- ❖ 选择实例：执行该命令可以选择选定对象的所有实例化对象。如果对象没有实例或者选定了多个对象，则该命令不可用。
- ❖ 选择方式：该命令包含3个子命令，如图2-73所示。
  - ❖ 名称：执行该命令或按H键可以打开"从场景选择"对话框，如图2-74所示。

图2-73          图2-74

  - ❖ 层：执行该命令可以打开"按层选择"对话框，如图2-75所示。在该对话框中选择一个或多个层以后，那么这些层中的所有对象都会被选择。
  - ❖ 颜色：执行该命令可以选择与选定对象具有相同颜色的所有对象。
- ❖ 选择区域：该命令包含7个子命令，如图2-76所示。

图2-75          图2-76

  - ❖ 矩形选区：以矩形区域拉出选择框选择对象。
  - ❖ 圆形选区：以圆形区域拉出选择框，常用于放射状区域的选择。
  - ❖ 围栏选区：用鼠标绘制出多边形框来围出选择区域。不断单击鼠标左键拉出直线段（类似绘制样条线）围成多边形区域，最后单击起点进行区域闭合，或者在末端双击鼠标左键，完成区域选择。如果中途要放弃选择，可单击鼠标右键。
  - ❖ 套索选区：通过按住鼠标左键不放来自由圈出选择区域。
  - ❖ 绘制选择区域：用于将鼠标在对象上方拖动以将其选中。
  - ❖ 窗口：框选对象时，使用"窗口"设定，即只有完全被包围在方框内的对象才能被选中，仅局部被框选的对象不能被选择。在"主工具栏"中对应的按钮是 。
  - ❖ 交叉：框选对象时，使用"交叉"设定，只要有部分区域被框选的对象都会被选择（当然也包含全部都在框选区域内的对象）。在"主工具栏"中对应的按钮是 。

❖ 管理选择集：3ds Max可以对当前的选择集合指定名称，以方便对它们操作。例如，在效果图制作中，把将要使用同一材质的物件都选择，为了方便以后再回来对它们进行操作，可以对它们的选择集合命名，这样下一次就不用再一个一个去选择了。具体的方法将在后面的"主工具栏"中进行介绍。

❖ 对象属性：选择一个或多个对象以后，执行该命令可以打开"对象属性"对话框，如图2-77所示。在该对话框中可以查看和编辑对象的"常规""高级照明"和mental ray参数。

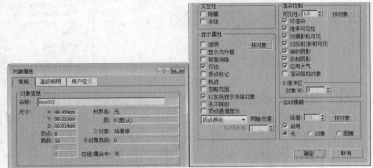

图2-77

## 2.3.2 工具菜单

### 功能介绍

"工具"菜单主要包括对物体进行基本操作的命令，如图2-78所示。这些命令一般在"主工具栏"中都有相对应的命令按钮，直接使用命令按钮更方便一些，部分不太常用的需要使用菜单命令来执行。

图2-78

### 命令详解

❖ Scene Explorer（场景资源管理器）：选择该命令，系统会打开"场景资源管理器-场景资源管理器"列表面板，场景中所有的活动对象都会显示在面板中，用户可以通过该列表来查找对象、排序以及属性编辑等，如重命名、删除、隐藏和冻结等，如图2-79所示。

❖ Layer Explorer（层资源管理器）：选择该命令，可以打开"层资源管理器"对话框，在该对话框中可以设置对象的名称、可见性、渲染性、颜色以及对象和层的包含关系等，如图2-80所示。同时，还可以创建和删除层，也可以用来查看和编辑场景中所有层的设置以及与其相关联的对象。

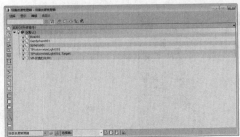

图2-79

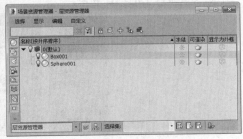

图2-80

❖ 折缝资源管理器：与前面的资源管理器类似，主要用于管理场景中的折缝对象，如图2-81所示。

❖ 所有全局资源管理器：该命令下包含各种对象的资源管理器，选择它们可以打开对应类别的管理器，如选择"灯光资源管理器"，可以打开用于管理灯光的管理器面板，如图2-82所示。

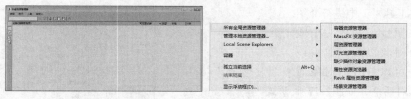

图2-81                           图2-82

❖ 管理本地资源管理器：所有活动的场景资源管理器都使用场景来保存和加载，要单独保存和加载场景资源管理器，以及删除和重命名它们，可以执行该命令打开"管理本地场景资源管理器"对话框，如图2-83所示。通过该对话框，用户可以保存和加载自定义的场景资源管理器，删除和重命名现在的实例，以及将喜好的场景资源管理器设置为默认值。

❖ Local Scene Explorer：执行该命令可以打开已经保存的场景资源管理器，已经保存的场景资源管理器会出现在该命令的子菜单中，选择即可打开。

❖ 容器：该命令的子菜单和容器资源管理器中的"容器"工具栏功能是相同的，如图2-84所示。

图2-83                           图2-84

❖ 孤立当前选择：这是一个相当重要的命令，也是一种特殊选择对象的方法，可以将选择的对象单独显示出来，以方便对其进行编辑。

❖ 结束隔离：当使用了"孤立当前选择"命令后，该命令才会被激活，用于取消"孤立当前选择"命令。

❖ 显示浮动框：执行该命令将打开"显示浮动框"面板，里面包含了许多用于对象显示、隐藏和冻结的命令设置，这与显示命令面板内的控制项目大致相同，如图2-85所示。它的优点是可以浮动在屏幕上，不必为显示操作而频繁在修改命令和显示命令面板之间切换，这对于提高工作效率是很有帮助的。

❖ 管理场景状态：执行该命令可以打开"管理场景状态"对话框，如图2-86所示，该功能可以让用户快速保存和恢复场景中元素的特定属性，其最主要的用途是可以创建同一场景的不同版本内容而不用实际创建出独立的场景。它可以在不复制新文件的情况下来改变场景中的灯光、摄影机、材质、环境等元素，并可以随时调出用户保存的场景库，这样非常便于比较在不同参数条件下的场景效果。

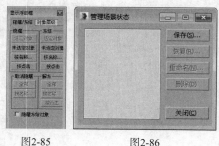

图2-85            图2-86

❖ 灯光列表：执行该命令可以打开"灯光列表"对话框，如图2-87所示。在该对话框中可以设置每个灯光的很多参数，也可以进行全局设置。

图2-87

❖ 镜像：选择对象进行镜像操作，它在"主工具栏"中有相应的命令按钮。
❖ VRay灯光列表：在加载了VRay渲染器后，会出现该命令，如图2-88所示。
❖ 阵列：选择对象以后，执行该命令可以打开"阵列"对话框，如图2-89所示。在该对话框中可以基于当前选择创建对象阵列。

图2-88

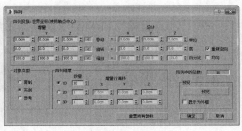

图2-89

❖ 对齐：选择对象并进行对齐操作，它在"主工具栏"中有相应的命令按钮。
❖ 快照：执行该命令可以打开"快照"对话框，如图2-90所示。在该对话框中可以随时间克隆动画对象。
❖ 重命名对象：执行该命令可以打开"重命名对象"对话框，如图2-91所示。在该对话框中可以一次性重命名若干个对象。
❖ 指定顶点颜色：该命令可以基于指定给对象的材质和场景中的照明来指定顶点颜色。
❖ 颜色剪贴板：该命令可以存储用于将贴图或材质复制到另一个贴图或材质的色样。
❖ 透视匹配：该命令可以使用位图背景照片和5个或多个特殊的CamPoint对象来创建或修改透视效果，以便其位置、方向和视野与创建原始照片的摄影机相匹配。
❖ 视口画布：执行该命令可以打开"视口画布"对话框，如图2-92所示。可以使用该对话框中的工具将颜色和图案绘制到视口中对象的材质中的任何贴图上。

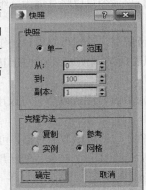

图2-90

图2-91

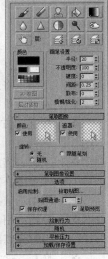

图2-92

❖ 预览-抓取视口：该命令可以将视口抓取为图像文件，还可以生成动画的预览。

❖ 栅格和捕捉：该命令的子菜单中包含使用栅格和捕捉工具帮助精确布置场景的命令。关于捕捉工具的应用，与"主工具栏"中的应用相同。栅格工具用于控制主栅格和辅助栅格对象。主栅格是基于世界坐标系的栅格对象，由程序自动产生。辅助栅格是一种辅助对象，根据制作需要而手动创建的栅格对象。

❖ 测量距离：使用该命令可快速计算出两点之间的距离。计算的距离显示在状态栏中。

❖ 通道信息：选择对象以后，执行该命令可以打开"贴图通道信息"对话框，如图2-93所示。在该对话框中可以查看对象的通道信息。

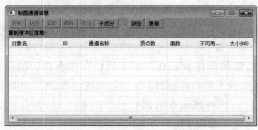

图2-93

❖ VRay材质（VRMAT）转换器：加载了VRay渲染器才会出现该选项，可以进行VRay材质和VRMAT材质库文件之间的转换。

## 2.3.3 组菜单

### 功能介绍

"组"菜单中的命令可以将场景中的两个或两个以上的物体编成一组，同样也可以将成组的物体拆分为单个物体，如图2-94所示。

图2-94

### 命令详解

❖ 组：选择一个或多个对象以后，执行该命令可以将其编为一组。

❖ 解组：将选定的组解散为单个对象。

❖ 打开：执行该命令可以暂时对组进行解组，这样可以单独操作组中的对象。

❖ 按递归方式打开：执行该命令可以暂时取消所有级别的分组，各个组之间有红色边框作为区分。

❖ 关闭：当用"打开"命令对组中的对象编辑完成以后，可以用"关闭"命令关闭打开状态，使对象恢复到原来的成组状态。

❖ 附加：选择一个对象以后，执行该命令，然后单击组对象，可以将选定的对象添加到组中。

❖ 分离：用"打开"命令暂时解组以后，选择一个对象，然后用"分离"命令可以将该对象从组中分离出来。

❖ 炸开：这是一个比较难理解的命令，下面用一个"技术专题"来进行讲解。

## 技术专题：解组与炸开的区别

要理解"炸开"命令的作用，就要先介绍"解组"命令的深层含义。先看图2-95，其中茶壶与圆锥体是一个"组001"，而球体与圆柱体是另外一个"组002"。选择这两个组，然后执行"组>组"菜单命令，将这两个组再编成一组，成为"组003"，如图2-96所示。在"主工具栏"中单击"图解视图（打开）"按钮 ，打开"图解视图"对话框，在该对话框中可以观察到3个组以及各组与对象之间的层次关系，如图2-97所示。

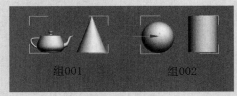

图2-95

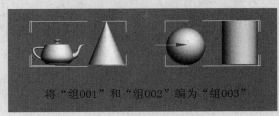

将"组001"和"组002"编为"组003"

图2-96

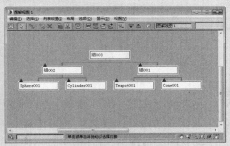

图2-97

**1.解组**

选择整个"组003"，然后执行"组>解组"菜单命令，在"图解视图"对话框中观察各组之间的关系，可以发现"组003"已经被解散了，但"组002"和"组001"仍然保留了下来，也就是说"解组"命令一次只能解开一个组，如图2-98所示。

**2.炸开**

同样选择"组003"，然后执行"组>炸开"菜单命令，在"图解视图"对话框中观察各组之间的关系，可以发现所有的组都被解散了，也就是说"炸开"命令可以一次性解开所有的组，如图2-99所示。

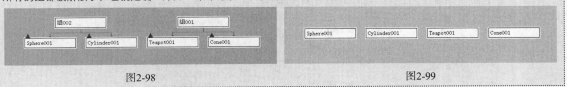

图2-98            图2-99

## 2.3.4 视图菜单

### 功能介绍

"视图"菜单中的命令主要用来控制视图的显示方式以及视图的相关参数设置（例如，视图的配置与导航器的显示等），如图2-100所示。

图2-100

### 命令详解

- ❖ **撤销视图更改**：执行该命令可以取消对当前视图的最后一次更改。
- ❖ **重做视图更改**：取消当前视口中的最后一次撤销操作。
- ❖ **视口配置**：执行该命令可以打开"视口配置"对话框，如图2-101所示。在该对话框中可以设置视图的视觉样式外观、布局、安全框、显示性能等。

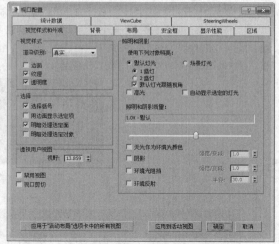

图2-101

- ❖ **重画所有视图**：执行该命令可以刷新所有视图中的显示效果。
- ❖ **设置活动视口**：该菜单下的子命令用于切换当前活动视图，如图2-102所示。例如，当前活动视图为透视图，按F键可以切换到前视图。
- ❖ **保存活动X视图**：执行该命令可以将该活动视图存储到内部缓冲区。X是一个变量，例如，当前活动视图为透视图，那么X就是透视图。
- ❖ **还原活动X视图**：执行该命令可以显示以前使用"保存活动X视图"命令存储的视图。
- ❖ **ViewCube**：该菜单下的子命令用于设置ViewCube（视图导航器）和"主栅格"，如图2-103所示。
- ❖ **SteeringWheels**：该菜单下的子命令用于在不同的轮子之间进行切换，并且可以更改当前轮子中某些导航工具的行为，如图2-104所示。

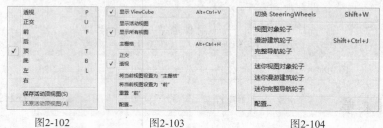

图2-102　　　　　图2-103　　　　　图2-104

- ❖ **从视图创建物理/标准摄影机**：执行这两个命令可以创建其视野与某个活动的透视视口相匹配的物理/目标摄影机。
- ❖ **视口中的材质显示为**：该菜单下的子命令用于切换视口显示材质的方式，如图2-105所示。
- ❖ **视口照明和阴影**：该菜单下的子命令用于设置灯光的照明与阴影，如图2-106所示。
- ❖ **xView**：该菜单下的"显示统计"和"孤立顶点"命令比较重要，如图2-107所示。

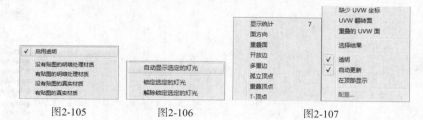

图2-105　　　　　图2-106　　　　　图2-107

◇ 显示统计：执行该命令或按大键盘上的7键，可以在视图的左上角显示整个场景或当前选择
对象的统计信息，如图2-108所示。

◇ 孤立顶点：执行该命令可以在视口底部的中间显示出孤立的顶点数目，如图2-109所示。

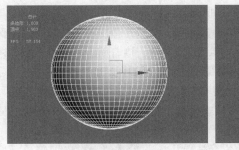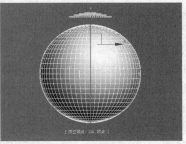

图2-108　　　　　　　　　　　图2-109

**提示**

"孤立顶点"是与任何边或面不相关的顶点。"孤立顶点"命令一般在创建完一个模型以后，对模型进行最终的
整理与检查时使用，用该命令显示出孤立顶点以后可以将其删除。

❖ 视口背景：该菜单下的子命令用于设置视口的背景，如图2-110所示。设置视口背景图像有助
于辅助用户创建模型。

❖ 显示变换Gizmo：该命令用于切换所有视口Gizmo的3轴架显示，如图2-111所示。

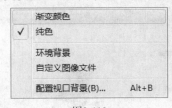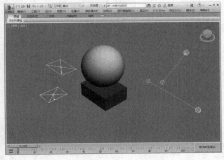

图2-110　　　　　　　　　　　图2-111

❖ 显示重影：重影是一种显示方式，它在当前帧之前或之后的许多帧显示动画对象的线框"重
影副本"。使用重影可以分析和调整动画。

❖ 显示关键点时间：该命令用于切换沿动画显示轨迹上的帧数。

❖ 明暗处理选定对象：如果视口设置为"线框"显示，执行该命令可以将场景中的选定对象以
"着色"方式显示出来。

❖ 显示从属关系：使用"修改"面板时，该命令用于切换从属于当前选定对象的视口高亮显示。

❖ 微调器拖动期间更新：执行该命令可以在视口中实时更新显示效果。

❖ 渐进式显示：在变换几何体、更改视图或播放动画时，该命令可以用来提高视口的性能。

❖ 专家模式：启用"专家模式"后，3ds Max的界面上将不显示"主工具栏""命令"面板、"状态栏"以
及所有的视口导航按钮，仅显示菜单栏、时间滑块和视口等少量重要的功能区，如图2-112所示。

图2-112

## 【练习2-2】加载背景图像

**01** 执行"视图>视口背景>配置视口背景"菜单命令或按Alt+B组合键，打开"视口配置"对话框，然后在"背景"选项卡下勾选"使用文件"选项，如图2-113所示。

**02** 在"视口配置"对话框中单击"文件"按钮 文件... ，然后在弹出的"选择背景图像"对话框中选择学习资源中的"练习文件>第2章>练习2-2>背景.jpg"文件，接着单击"打开"按钮 打开(O) ，最后单击"确定"按钮 确定 ，如图2-114所示，此时的视图显示效果如图2-115所示。

**03** 如果要关闭背景图像的显示，可以在"视图>视口背景"菜单下选择"渐变颜色"或"纯色"命令。另外，还可以在视图左上角单击视口显示模式文本，然后在弹出的菜单中选择 "视口背景>渐变颜色/纯色"命令，如图2-116所示。

图2-113

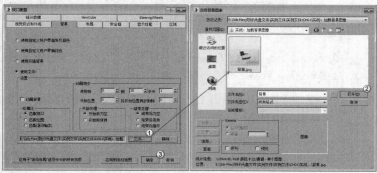

图2-114

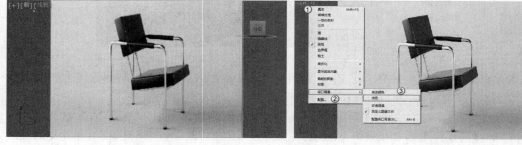

图2-115　　　　　　　　　　　　　图2-116

## 2.3.5 创建菜单

### 功能介绍

"创建"菜单中的命令主要用来创建几何体、二维图形、灯光和粒子等对象，如图2-117所示。

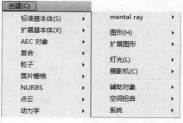

图2-117

---

**提示**

"创建"菜单下的命令与"创建"面板中的工具完全相同，这些命令非常重要，这里就不再讲解了，大家可参阅后面各章内容。

## 2.3.6 修改器菜单

### 功能介绍

"修改器"菜单中的命令集合了所有的修改器，如图2-118所示。

图2-118

## 2.3.7 动画菜单

### 功能介绍

"动画"菜单主要用来制作动画，包括正向动力学、反向动力学以及创建和修改骨骼的命令，如图2-119所示。

图2-119

## 2.3.8 图形编辑器菜单

### 功能介绍

"图形编辑器"菜单是场景元素之间用图形化视图方式来表达关系的菜单，包括"轨迹视图-曲线编辑器""轨迹视图-摄影表""新建图解视图""粒子视图"等，如图2-120所示。

图2-120

## 2.3.9　渲染菜单

### 功能介绍

"渲染"菜单主要是用于设置渲染参数，包括"渲染""环境""效果"等命令，如图2-121所示。这个菜单下的命令将在后面的相关章节进行详细讲解，这里就不再多说。

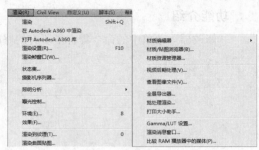

图2-121

请用户特别注意，在"渲染"菜单下有一个"Gamma和LUT设置"命令，这个命令用于调整输入和输出图像以及监视器显示的Gamma和查询表（LUT）值。"Gamma和LUT设置"不仅会影响模型、材质、贴图在视口中的显示效果，而且还会影响渲染效果，而3ds Max 2016在默认情况下开启了"Gamma/LUT校正"。为了得到正确的渲染效果，需要执行"渲染>Gamma和LUT设置"菜单命令打开"首选项设置"对话框，然后在"Gamma和LUT"选项卡下关闭"启用Gamma/LUT校正"选项，并且要关闭"材质和颜色"选项组下的"影响颜色选择器"和"影响材质选择器"选项，如图2-122所示。

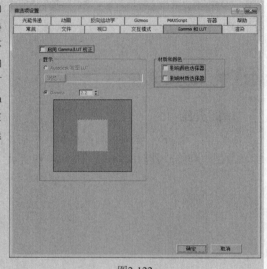

图2-122

## 2.3.10　Civil View菜单

### 功能介绍

Civil View（Autodesk Civil View for 3ds Max）是一款供土木工程师和交通运输基础设施规划人员使用的可视化工具。Civil View可以与各种土木设计应用程序（包括 AutoCAD Civil 3D软件）紧密集成，从而在发生设计更改时可以几乎立即更新可视化模型。Civil View菜单下包含一个"初始化Civil View"命令，如图2-123所示。如果要使用Civil View可视化工具，必须先执行"初始化Civil View"命令，然后关闭并重启3ds Max才能使用Civil View。

图2-123

## 2.3.11　自定义菜单

### 功能介绍

"自定义"菜单主要用来更改用户界面以及设置3ds Max的首选项。通过这个菜单可以定制自己的界面，同时还可以对3ds Max系统进行设置，例如，设置场景单位和自动备份等，如图2-124所示。

图2-124

**命令详解**

❖ 自定义用户界面：执行该命令可以打开
   "自定义用户界面"对话框。在该对话框
   中可以创建一个完全自定义的用户界面，
   包括快捷键、四元菜单、菜单、工具栏和
   颜色。

❖ 加载自定义用户界面方案：执行该命令
   可以打开"加载自定义用户界面方案"
   对话框，如图2-125所示。在该对话框中
   可以选择想要加载的用户界面方案。

图2-125

---

**技术专题：更改用户界面方案**

在默认情况下，3ds Max 2016的界面颜色为黑色，如果用户的视力不好，那么很可能看不清界面上的文字，如图2-126所示。这时就可以利用"加载自定义用户界面方案"命令来更改界面的颜色，在3ds Max 2016的安装路径下打开UI文件夹，然后选择想要的界面方案即可，如图2-127和图2-128所示。

图2-126　　　　　　　　　　图2-127　　　　　　　　　　图2-128

---

❖ 保存自定义用户界面方案：执行该命令可以打开"保存自定义用户界面方案"对话框，如图2-129
   所示。在该对话框中可以保存当前状态下的用户界面方案。

❖ 还原为启动布局：执行该命令可以自动加载_startup.ui文件，并将用户界面返回到启动设置。

❖ 锁定UI布局：当该命令处于激活状态时，通过拖动界面元素不能修改用户界面布局（但是仍
   然可以使用鼠标右键单击菜单来改变用户界面布局）。利用该命令可以防止由于鼠标单击而
   更改用户界面或发生错误操作（如浮动工具栏）。

❖ 显示UI：该命令包含5个子命令，如图2-130所示。勾选相应的子命令，即可在界面中显示出相应的UI对象。

图2-129　　　　　　　　　　　　　　　　图2-130

❖ 自定义UI与默认设置切换器：使用该命令可以快速更改程序的默认值和UI方案，以更适合用户所做的工作类型。

❖ 配置用户路径：3ds Max可以使用存储的路径来定位不同种类的用户文件，其中包括场景、图像、DirectX效果、光度学和脚本文件。使用"配置用户路径"命令可以自定义这些路径。

❖ 配置系统路径：3ds Max使用路径来定位不同种类的文件（其中包括默认设置、字体）并启动脚本文件。使用"配置系统路径"命令可以自定义这些路径。

❖ 单位设置：这是"自定义"菜单下非常重要的命令，执行该命令可以打开"单位设置"对话框，如图2-131所示。在该对话框中可以在通用单位和标准单位间进行选择。

❖ 插件管理器：执行该命令可以打开"插件管理器"对话框，如图2-132所示。该对话框提供了位于3ds Max插件目录中的所有插件的列表，包括插件描述、类型（对象、辅助对象、修改器等）、状态（已加载或已延迟）、大小和路径。

图2-131　　　　　　　　　　　　　　　　图2-132

❖ 首选项：执行该命令可以打开"首选项设置"对话框，在该对话框中几乎可以设置3ds Max所有的首选项。

---

提示

　　在"自定义"菜单下有3个命令比较重要，分别是"自定义用户界面""单位设置""首选项"命令。这些命令在下面的内容中会安排小实战来进行重点讲解。

## 【练习2-3】设置快捷键

在实际工作中，一般都是使用快捷键来代替繁琐的操作，因为使用快捷键可以提高工作效率。3ds Max 2016内置的快捷键非常多，并且用户可以自行设置快捷键来调用常用的工具或命令。

**01** 执行"自定义>自定义用户界面"菜单命令，打开"自定义用户界面"对话框，然后单击"键盘"选项卡，如图2-133所示。

**02** 3ds Max默认的"文件>导入文件"菜单命令没有快捷键，这里就来给它设置一个快捷键Ctrl+I。在"类别"列表中选择File（文件）菜单，然后在"操作"列表下选择"导入文件"命令，接着在"热键"框中按键盘上的Ctrl+I组合键，再单击"指定"按钮 指定 ，最后单击"保存"按钮 保存... ，如图2-134所示。

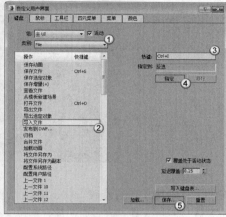

图2-133　　　　　　　　　　　　　　　　　图2-134

**03** 单击"保存"按钮 保存... 后会弹出"保存快捷键文件为"对话框，在该对话框中为文件进行命名，然后继续单击"保存"按钮 保存(S) ，如图2-135所示。

图2-135

**04** 在"自定义用户界面"对话框中单击"加载"按钮 加载... ，然后在弹出的"加载快捷键文件"对话框中选择前面保存好的文件，接着单击"打开"按钮 打开(O) ，如图2-136所示。

**05** 关闭"自定义用户界面"对话框，然后按Ctrl+I组合键即可打开"选择要导入的文件"对话框，如图2-137所示。

图2-136　　　　　　　　　　　　　　　　　图2-137

51

# 【练习2-4】设置场景与系统单位

通常情况下，在制作模型之前都要对3ds Max的单位进行设置，这样才能制作出精确的模型。

01 打开学习资源中的"练习文件>第2章>练习2-4.max"文件，这是一个球体，如图2-138所示。

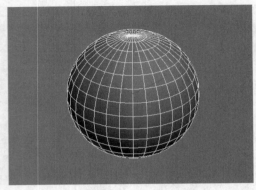

图2-138

02 在"命令"面板中单击"修改"按钮 ，切换到"修改"面板，在"参数"卷展栏下可以观察到球体的相关参数，但是这些参数后面都没有单位，如图2-139所示。

03 下面将长方体的单位设置为mm（mm表示"毫米"的意思）。执行"自定义>单位设置"菜单命令，打开"单位设置"对话框，然后设置"显示单位比例"为"公制"，接着在下拉列表中选择单位为"毫米"，如图2-140所示。

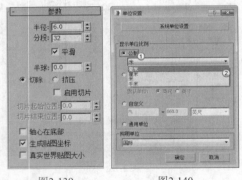

图2-139　　　　　　　　　图2-140

04 单击"系统单位设置"按钮 ，然后在弹出的"系统单位设置"对话框中设置"系统单位比例"为"毫米"，接着单击"确定"按钮 ，如图2-141所示。

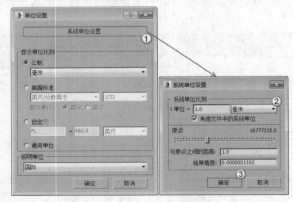

图2-141

注意，"系统单位"一定要与"显示单位"保持一致，这样才更方便进行操作。

**05** 在场景中选择球体，然后在"命令"面板中单击"修改"按钮 ，切换到"修改"面板，此时在"参数"卷展栏下就可以观察到球体的"半径"参数后面带上了单位（mm），如图2-142所示。

图2-142

在制作室外场景时一般采用m（米）作为单位；在制作室内场景时一般采用cm（厘米）或mm（毫米）作为单位。

## 【练习2-5】设置文件自动备份

3ds Max 2016在运行过程中对计算机的配置要求比较高，占用系统资源也很大。在运行3ds Max 2016时，由于某些配置较低的计算机和系统性能的不稳定等原因会导致文件关闭或发生死机现象。当进行较为复杂的计算（如光影追踪渲染）时，一旦出现无法恢复的故障，就会丢失所做的各项操作，造成无法弥补的损失。

解决这类问题除了提高计算机的硬件配置外，还可以通过增强系统稳定性来减少死机现象。在一般情况下，可以通过以下3种方法来提高系统的稳定性。

第1种：要养成经常保存场景的习惯。

第2种：在运行3ds Max 2016时，尽量不要或少启动其他程序，而且硬盘也要留有足够的缓存空间。

第3种：如果当前文件发生了不可恢复的错误，可以通过备份文件来打开前面自动保存的场景。

下面将重点讲解设置自动备份文件的方法。

执行"自定义>首选项"菜单命令，然后在弹出的"首选项设置"对话框中单击"文件"选项卡，接着在"自动备份"选项组下勾选"启用"选项，再对"Autobak文件数"和"备份间隔（分钟）"选项进行设置，最后单击"确定"按钮 ，如图2-143所示。

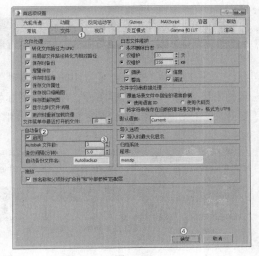

图2-143

53

## 2.3.12 脚本菜单

### 功能介绍

脚本是3ds Max的内置脚本语言，"脚本"菜单下主要包含用于创建、打开和运行脚本的命令，如图2-144所示。

图2-144

## 2.3.13 帮助菜单

### 功能介绍

"帮助"菜单中主要是一些帮助信息，可以供用户参考学习，如图2-145所示。

图2-145

# 2.4 主工具栏

"主工具栏"中集合了常用的一些编辑工具，图2-146所示为默认状态下的"主工具栏"。某些工具的右下角有一个三角形图标，单击该图标就会弹出下拉工具列表。以"捕捉开关"为例，单击"捕捉开关"按钮就会弹出捕捉工具列表，如图2-147所示。

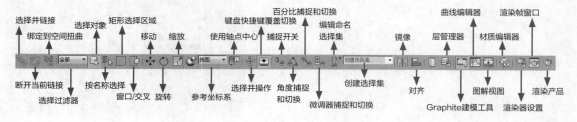

图2-146

图2-147

如果显示器的分辨率较低，"主工具栏"中的工具可能无法完全显示出来，这时可以将光标放置在"主工具栏"上的空白处，当光标变成手型 🖐 时使用鼠标左键左右移动"主工具栏"，即可查看没有显示出来的工具。在默认情况下，很多工具栏都处于隐藏状态，如果要调出这些工具栏，可以在"主工具栏"的空白处单击鼠标右键，然后在弹出的菜单中勾选相应的工具栏即可，如图2-148所示。如果要调出所有隐藏的工具栏，可以执行"自定义>显示UI>显示浮动工具栏"菜单命令，如图2-149所示，再次执行"显示浮动工具栏"命令可以将浮动的工具栏隐藏起来。

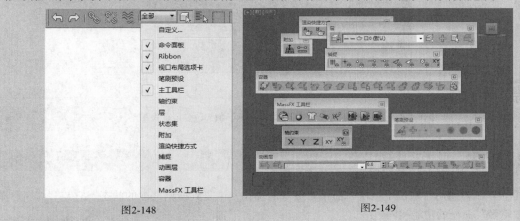

图2-148　　　　　　　　　　　图2-149

## 2.4.1 撤销

### 功能介绍

"撤销"工具 🔄 主要用于撤销上一次操作的结果，返回到上一次操作开始之前的状态。它与"编辑"菜单中的"撤销"命令的功能相同。

在 🔄 按钮上单击鼠标右键，系统将弹出可撤销动作的列表，如图2-150所示。

图2-150

在列表中，用户可以了解上一步操作的名称，选择要撤销的步骤。按住Shift键可以连选，但是不能跳选。按Esc键或者单击列表以外的任意处可以退出列表。

在3ds Max中，默认的可撤销次数为20次，也就是说系统可以记录20次操作步骤。用户可以在"首选项设置"面板中调整场景撤销的级别数，但最大数值不能超过500，如图2-151所示。

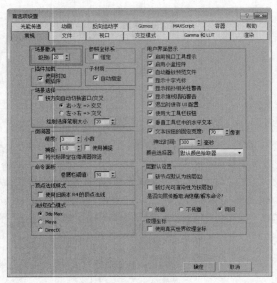

图2-151

---

**提示**

在制作过程中，有些操作是不能被撤销的，如修改命令面板中的参数、改变屏幕视图显示等。

## 2.4.2 重做

"重做"工具⤴用于取消上一次"撤销"命令的操作，恢复到撤销之前的状态。它与"编辑"菜单中的"重做"命令的功能相同。

在⤴按钮上单击鼠标右键，系统将弹出可重做动作的列表，如图2-152所示。

在列表中，用户可以了解上一步操作的名称，选择要恢复的步骤。按住Shift键可以连选，但是不能跳选。按Esc键或者单击列表以外的任意处可以退出列表。

图2-152

## 2.4.3 选择并链接

**功能介绍**

"选择并链接"工具🔗主要用于建立对象之间的父子链接关系与定义层级关系，但是只能是父级物体带动子级物体，而子级物体的变化不会影响到父级物体。例如，使用"选择并链接"工具🔗将一个球体拖曳到一个导向板上，可以让球体与导向板建立链接关系，使球体成为导向板的子对象，那么移动导向板，则球体也会跟着移动，但移动球体时，则导向板不会跟着移动，如图2-153所示。

图2-153

**操作方法**

（1）选择"选择并链接"工具 。

（2）在视图中选择子级物体并在它上边按住鼠标左键。

（3）拖动鼠标箭头到父级物体上，这时会引出虚线，鼠标箭头牵动这条虚线。

（4）释放鼠标左键，父级物体会闪烁一下外框，表示链接操作成功。

## 2.4.4 断开当前选择链接

**功能介绍**

"断开当前选择链接"工具 与"选择并链接"工具 的作用恰好相反，用来取消两个对象之间的层级链接关系。换句话说，就是拆散父子链接关系，使子级物体恢复独立，不再受父级物体的约束。这个工具是针对子级物体执行的。

**操作方法**

（1）在视图中选择要取消链接关系的子级物体。

（2）单击"断开当前选择链接"工具 ，它与父级物体之间的层级关系就取消了。

## 2.4.5 绑定到空间扭曲

**功能介绍**

使用"绑定到空间扭曲"工具 可以将对象绑定到空间扭曲对象上，使它受空间扭曲对象的影响。空间扭曲对象是一类特殊对象，它们本身不能被渲染，起到的作用是限制或加工绑定的对象，如风力影响、波浪影响、磁力影响、爆炸影响等，它起着非常重要的作用。

**操作方法**

在图2-154中有一个风力和一个雪粒子，此时没有对这两个对象建立绑定关系，拖曳时间线滑块，发现雪粒子向左飘动，这说明雪粒子没有受到风力的影响。

图2-154

（1）使用"绑定到空间扭曲"工具 将雪粒子拖曳到风力上，当光标变成 形状时松开鼠标即可建立绑定关系，如图2-155所示。

（2）绑定以后，拖曳时间线滑块，可以发现雪粒子受到风力的影响而向右飘落，如图2-156所示。

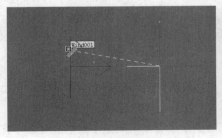

图2-155

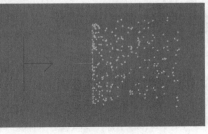

图2-156

## 2.4.6 过滤器

### 功能介绍

"过滤器" 全部 ▼ 主要用来过滤不需要选择的对象类型，这对于批量选择同一种类型的对象非常有用，如图2-157所示。例如，在下拉列表中选择"L-灯光"选项，那么在场景中选择对象时，只能选择灯光，而几何体、图形、摄影机等对象不会被选中，如图2-158所示。

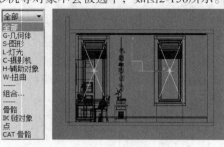

图2-157　　　　　　　　图2-158

## 【练习2-6】用过滤器选择场景中的灯光

在较大的场景中，物体的类型可能非常多，这时要想选择处于隐藏位置的物体就会很困难，而使用"过滤器"过滤掉不需要选择的对象后，选择相应的物体就很方便了。

`01` 打开学习资源中的"练习文件>第2章>练习2-6.max"文件，从视图中可以观察到本场景包含两把椅子和4盏灯光，如图2-159所示。

`02` 如果只想选择灯光，可以在"过滤器"下拉列表中选择"L-灯光"选项，如图2-160所示，然后使用"选择对象"工具 框选视图中的灯光，框选完毕后可以发现只选择了灯光，而椅子模型并没有被选中，如图2-161所示。

`03` 如果要想选择椅子模型，可以在"过滤器"下拉列表中选择"G-几何体"选项，然后使用"选择对象"工具 框选视图中的椅子模型，框选完毕后可以发现只选择了椅子模型，而灯光并没有被选中，如图2-162所示。

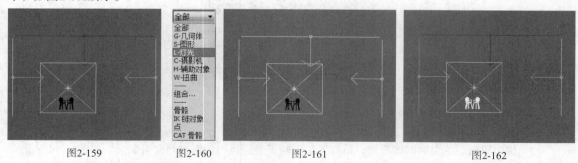

图2-159　　　　　图2-160　　　　　图2-161　　　　　图2-162

## 2.4.7 选择对象

### 功能介绍

"选择对象"工具 是非常重要的工具，主要用来选择对象，如果想选择对象而又不想移动它，这个工具是最佳选择。使用鼠标左键单击"选择对象"工具 ，然后移动光标到对象上，此时对象会出现黄色边框，同时会显示对象的名称，如图2-163所示，接着使用鼠标左键单击对象，黄色边框变为青色，表示对象已被选中，如图2-164所示。

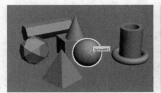

图2-163　　　　　　　　　　　　　图2-164

## 技术专题：选择对象的5种方法

上面介绍使用"选择对象"工具█单击对象即可将其选择，这只是选择对象的一种方法。下面介绍框选、加选、减选、反选、孤立选择对象的方法。

**1.框选对象**

这是选择多个对象的常用方法之一，适合选择一个区域的对象，例如，使用"选择对象"工具█在视图中拉出一个选框，那么处于该选框内的所有对象都将被选中（这里以在"过滤器"列表中选择"全部"类型为例），如图2-165所示。另外，在使用"选择对象"工具█框选对象时，按Q键可以切换选框的类型，例如，当前使用的"矩形选择区域"█模式，按一次Q键可切换为"圆形选择区域"█模式，如图2-166所示，继续按Q键又会切换到"围栏选择区域"█模式、"套索选择区域"█模式、"绘制选择区域"█模式，并一直按此顺序循环下去。

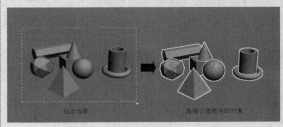
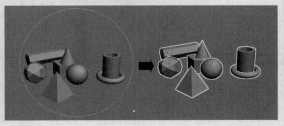

图2-165　　　　　　　　　　　　　图2-166

**2.加选对象**

如果当前选择了一个对象，还想加选其他对象，可以按住Ctrl键单击其他对象，这样即可同时选择多个对象，如图2-167所示。

**3.减选对象**

如果当前选择了多个对象，想减去某个不想选择的对象，可以按住Alt键单击想要减去的对象，这样即可减去当前单击的对象，如图2-168所示。

图2-167　　　　　　　　　　　　　图2-168

**4.反选对象**

如果当前选择了某些对象，想要反选其他的对象，可以按Ctrl+I组合键来完成，如图2-169所示。

**5.孤立选择对象**

这是一种选择对象的特殊方法，可以将选择的对象单独显示出来，以方便对其进行编辑，如图2-170所示。

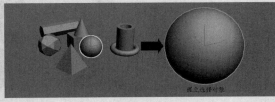

图2-169　　　　　　　　　　　　　图2-170

切换孤立选择对象的方法主要有以下两种。

第1种：执行"工具>孤立当前选择"菜单命令或直接按Alt+Q组合键，如图2-171所示。

第2种：在视图中单击鼠标右键，然后在弹出的菜单中选择"孤立当前选择"命令，如图2-172所示。

请大家牢记这几种选择对象的方法，这样在选择对象时可以达到事半功倍的效果。

另外，如果读者对新版本的选择外框不习惯，可以将其设置得跟老版本一样。执行"自定义>首选项"菜单命令，然后在打开的"首选项设置"对话框中选择"视口"选项卡，接着取消勾选两个"轮廓"选项，如图2-173所示。

图2-171

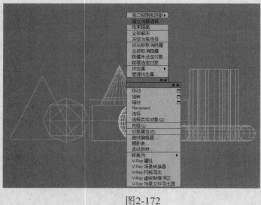
图2-172

图2-173

## 2.4.8 按名称选择

### 功能介绍

单击"按名称选择"按钮 会弹出"从场景选择"对话框，在该对话框中选择对象的名称后，单击"确定"按钮 确定 即可将其选择。例如，在"从场景选择"对话框中选择了Sphere001，单击"确定"按钮 确定 后即可选择这个球体对象，可以按名称选择所需要的对象，如图2-174和图2-175所示。

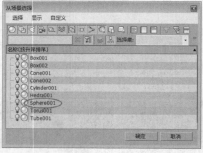
图2-174

图2-175

## 【练习2-7】按名称选择对象

01 打开学习资源中的"练习文件>第2章>练习2-7.max"文件，如图2-176所示。

02 在"主工具栏"中单击"按名称选择"按钮 ，打开"从场景选择"对话框，从该对话框中可以观察到场景对象的名称，如图2-177所示。

图2-176

图2-177

**03** 如果要选择单个对象，可以直接在"从场景选择"对话框中单击该对象的名称，然后单击"确定"按钮 确定 ，如图2-178所示。

**04** 如果要选择隔开的多个对象，可以按住Ctrl键依次单击对象的名称，然后单击"确定"按钮 确定 ，如图2-179所示。

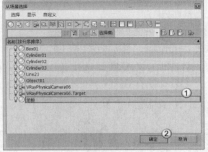
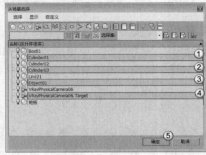

图2-178　　　　　　　　图2-179

> **提示**
>
> 如果当前已经选择了部分对象，那么按住Ctrl键可以进行加选，按住Alt键可以进行减选。

**05** 如果要选择连续的多个对象，可以按住Shift键依次单击首尾的两个对象名称，然后单击"确定"按钮 确定 ，如图2-180所示。

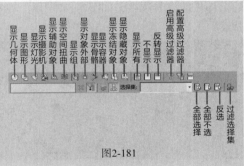

图2-180

> **提示**
>
> "从场景选择"对话框中有两排按钮，如图2-181所示。上面的一排用于过滤显示对象，当激活相应的对象按钮后，在下面的对象列表中就会显示出与其相对应的对象；下面的一排用于快速选择对象。

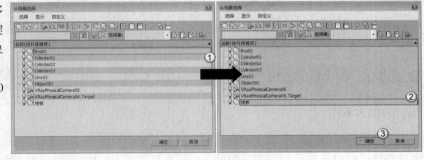

图2-181

## 2.4.9 选择区域

### 功能介绍

选择区域工具包含5种模式，如图2-182所示，主要用来配合"选择对象"工具一起使用。在前面的"技术专题：选择对象的5种方法"中已经介绍了其用法。

矩形选择区域
圆形选择区域
围栏选择区域
套索选择区域
绘制选择区域

图2-182

## 【练习2-8】用"套索选择区域"工具选择对象

[01] 打开学习资源中的"练习文件>第2章>练习2-8.max"文件，如图2-183所示。

[02] 在"主工具栏"中单击"选择对象"按钮，然后连续按3次Q键将选择模式切换为"套索选择区域"，接着在视图中绘制一个形状区域，将刀叉模型勾选出来，如图2-184所示，释放鼠标以后就选中了刀叉模型，如图2-185所示。

图2-183　　　　　　　　图2-184　　　　　　　　图2-185

## 2.4.10　窗口/交叉

### 功能介绍

当"窗口/交叉"工具处于未激活状态时，其显示效果为，这时如果在视图中选择对象，那么只要选择的区域包含对象的一部分即可选中该对象，如图2-186所示；当"窗口/交叉"工具处于凹陷状态（即激活状态）时，其显示效果为，这时如果在视图中选择对象，那么只有选择区域包含对象的全部才能将其选中，如图2-187所示。在实际工作中，一般都要让"窗口/交叉"工具处于未激活状态。

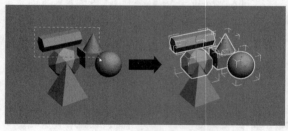

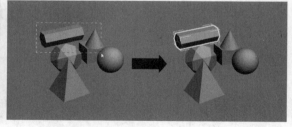

图2-186　　　　　　　　　　　　　　　图2-187

## 2.4.11　选择并移动

### 功能介绍

"选择并移动"工具是非常重要的工具（快捷键为W键），主要用来选择并移动对象，其选择对象的方法与"选择对象"工具相同。使用"选择并移动"工具可以将选中的对象移动到任何位置。当使用该工具选择对象时，在视图中会显示出坐标移动控制器，在默认的四视图中只有透视图显示的是x、y、z这3个轴向，而其他3个视图中只显示其中的某两个轴向，如图2-188所示。若想要在多个轴向上移动对象，可以将光标放在轴向的中间，然后拖曳光标即可，如图2-189所示；如果想在单个轴向上移动对象，可以将光标放在这个轴向上，然后拖曳光标即可，如图2-190所示。

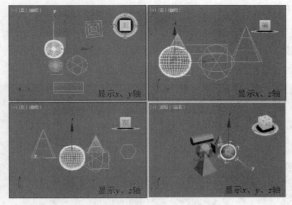

图2-188

图2-189　　　　　　　　　　　　　　　图2-190

提示

　　若想将对象精确移动一定的距离，可以在"选择并移动"工具 ⬥ 上单击鼠标右键，然后在弹出的"移动变换输入"
对话框中输入"绝对:世界"或"偏移:屏幕"的数值即可，如图2-191所示。

图2-191

　　"绝对"坐标是指对象目前所在的世界坐标位置；"偏移"坐标是指对象以屏幕为参考对象所偏移的距离。

# 【练习2-9】用"选择并移动"工具制作酒杯塔

本例使用"选择并移动"工具的移动复制功能制作的酒杯塔效果如图2-192所示。

图2-192

**01** 打开学习资源中的"练习文件>第2章>练习2-9.max"文件，如图2-193所示。

**02** 在"主工具栏"中单击"选择并移动"按钮，然后按住Shift键在前视图中将高脚杯沿y轴向下移动复制，接着在弹出的"克隆选项"对话框中设置"对象"为"复制"，最后单击"确定"按钮完成操作，如图2-194所示。

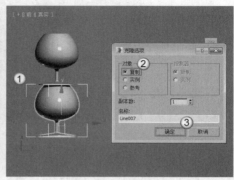

图2-193　　　　　　　　　　　　　　　　图2-194

**03** 在顶视图中将下层的高脚杯沿x、y轴向外拖曳到图2-195所示的位置。

**04** 保持对下层高脚杯的选择，按住Shift键沿x轴向左侧移动复制，接着在弹出的"克隆选项"对话框中单击"确定"按钮，如图2-196所示。

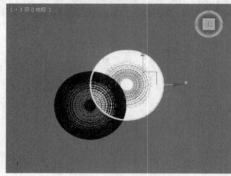

图2-195　　　　　　　　　　　　　　　　图2-196

**05** 采用相同的方法在下层继续复制一个高脚杯，然后调整好每个高脚杯的位置，完成后的效果如图2-197所示。

**06** 将下层的高脚杯向下进行移动复制，然后向外复制一些高脚杯，得到最下层的高脚杯，最终效果如图2-198所示。

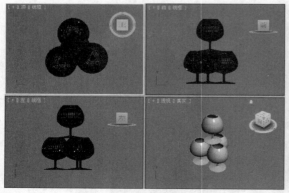

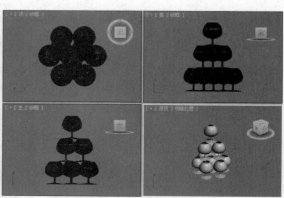

图2-197　　　　　　　　　　　　　　　　图2-198

## 2.4.12 选择并旋转

### 功能介绍

"选择并旋转"工具 是非常重要的工具（快捷键为E键），主要用来选择并旋转对象，其使用方法与"选择并移动"工具 相似。当该工具处于激活状态（选择状态）时，被选中的对象可以在x、y、z这3个轴上进行旋转。

提示

如果要将对象精确旋转一定的角度，可以在"选择并旋转"按钮 上单击鼠标右键，然后在弹出的"旋转变换输入"对话框中输入旋转角度即可，如图2-199所示。

图2-199

## 2.4.13 选择并缩放

### 功能介绍

"选择并缩放"工具是非常重要的工具（快捷键为R键），主要用来选择并缩放对象。"选择并缩放"工具包含3种，如图2-200所示。使用"选择并均匀缩放"工具 可以沿所有3个轴以相同量缩放对象，同时保持对象的原始比例，如图2-201所示；使用"选择并非均匀缩放"工具 可以根据活动轴约束以非均匀方式缩放对象，如图2-202所示；使用"选择并挤压"工具 可以创建"挤压和拉伸"效果，如图2-203所示。

图2-200

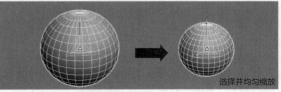

图2-201

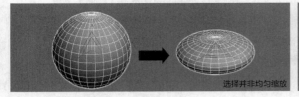

图2-202

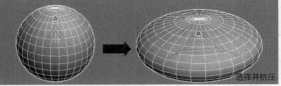

图2-203

提示

同理，"选择并缩放"工具也可以设定一个精确的缩放比例因子，具体操作方法就是在相应的工具上单击鼠标右键，然后在弹出的"缩放变换输入"对话框中输入相应的缩放比例数值即可，如图2-204所示。

图2-204

## 【练习2-10】用"选择并缩放"工具调整花瓶形状

**01** 打开学习资源中的"练习文件>第2章>练习2-10.max"文件，如图2-205所示。

**02** 在"主工具栏"中选择"选择并均匀缩放"工具 ，然后选择最左边的花瓶，接着在前视图中沿x轴正方向进行缩放，如图2-206所示，完成后的效果如图2-207所示。

 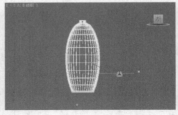 

图2-205        图2-206        图2-207

**03** 在"主工具栏"中选择"选择并非均匀缩放"工具 ，然后选择中间的花瓶，接着在透视图中沿y轴正方向进行缩放，如图2-208所示。

**04** 在"主工具栏"中选择"选择并挤压"工具 ，然后选择最左边的模型，接着在透视图中沿z轴负方向进行挤压，如图2-209所示。

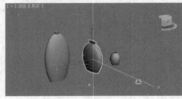 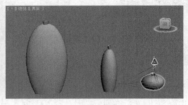

图2-208        图2-209

## 2.4.14 选择并放置

### 功能介绍

"选择并放置"工具 是3ds Max 2016的新增工具，使用该工具可以将对象准确地定位在另一个对象的曲面上。当该工具处于活动状态时，单击对象将其选中，然后拖动鼠标将对象移动到另一对象上，即可将其放置到另一对象上。而使用"选择并旋转"工具 可以将对象围绕放置曲面的法线进行旋转。

在默认情况下，基础曲面的接触点是对象的轴心，如果要使用对象的底座作为接触点，可以在"选择并放置"工具 上单击鼠标右键，然后在弹出的"放置设置"对话框中单击"使用基础对象作为轴"按钮 即可，如图2-210所示。

图2-210

## 2.4.15 参考坐标系

### 功能介绍

"参考坐标系"可以用来指定变换操作（如移动、旋转、缩放等）所使用的坐标系统，包括视图、屏幕、世界、父对象、局部、万向、栅格、工作和拾取9种坐标系，如图2-211所示。

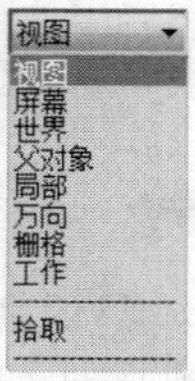

图2-211

**命令详解**

- ❖ 视图：在默认的"视图"坐标系中，所有正交视图中的 *x*、*y*、*z* 轴都相同。使用该坐标系移动对象时，可以相对于视图空间移动对象。
- ❖ 屏幕：将活动视口屏幕用作坐标系。
- ❖ 世界：使用世界坐标系。
- ❖ 父对象：使用选定对象的父对象作为坐标系。如果对象未链接至特定对象，则其为世界坐标系的子对象，其父坐标系与世界坐标系相同。
- ❖ 局部：使用选定对象的轴心点为坐标系。
- ❖ 万向：万向坐标系与Euler XYZ旋转控制器一同使用，它与局部坐标系类似，但其3个旋转轴相互之间不一定垂直。
- ❖ 栅格：使用活动栅格作为坐标系。
- ❖ 工作：使用工作轴作为坐标系。
- ❖ 拾取：使用场景中的另一个对象作为坐标系。

## 2.4.16 使用轴点中心

**功能介绍**

轴点中心工具包含"使用轴点中心"工具▣、"使用选择中心"工具▣和"使用变换坐标中心"工具▣3种，如图2-212所示。

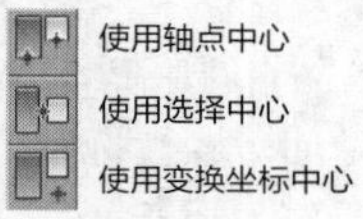

使用轴点中心
使用选择中心
使用变换坐标中心

图2-212

**命令详解**

- ❖ 使用轴点中心▣：该工具可以围绕其各自的轴点旋转或缩放一个或多个对象。
- ❖ 使用选择中心▣：该工具可以围绕其共同的几何中心旋转或缩放一个或多个对象。如果变换多个对象，该工具会计算所有对象的平均几何中心，并将该几何中心用作变换中心。
- ❖ 使用变换坐标中心▣：该工具可以围绕当前坐标系的中心旋转或缩放一个或多个对象。当使用"拾取"功能将其他对象指定为坐标系时，其坐标中心在该对象轴的位置上。

## 2.4.17 选择并操纵

**功能介绍**

使用"选择并操纵"工具▨可以在视图中通过拖曳"操纵器"来编辑修改器、控制器和某些对象的参数。这个工具不能独立应用，需要与其他选择工具配合使用。

─ **提示** ─────────────────────

"选择并操纵"工具▨与"选择并移动"工具▨不同，它的状态不是唯一的。只要选择模式或变换模式之一为活动状态，并且启用了"选择并操纵"工具▨，那么就可以操纵对象。但是在选择一个操纵器辅助对象之前必须禁用"选择并操纵"工具▨。

## 2.4.18 键盘快捷键覆盖切换

### 功能介绍

当关闭"键盘快捷键覆盖切换"工具▣时，只识别"主用户界面"快捷键；当激活该工具时，可以同时识别主UI快捷键和功能区域快捷键。一般情况下都需要开启该工具。

## 2.4.19 捕捉开关

### 功能介绍

捕捉开关工具（快捷键为S键）包含"2D捕捉"工具▣、"2.5D捕捉"工具▣和"3D捕捉"工具▣3种，如图2-213所示。

图2-213

### 命令详解

❖ 2D捕捉▣：主要用于捕捉活动的栅格。
❖ 2.5D捕捉▣：主要用于捕捉结构或捕捉根据网格得到的几何体。
❖ 3D捕捉▣：可以捕捉3D空间中的任何位置。

---
**提示**

在"捕捉开关"上单击鼠标右键，可以打开"栅格和捕捉设置"对话框，在该对话框中可以设置捕捉类型和捕捉的相关选项，如图2-214所示。

图2-214

## 2.4.20 角度捕捉切换

### 功能介绍

"角度捕捉切换"工具▣可以用来指定捕捉的角度（快捷键为A键）。激活该工具后，角度捕捉将影响所有的旋转变换，在默认状态下以5°为增量进行旋转。

### 操作方法

若要更改旋转增量，可以在"角度捕捉切换"工具 上单击鼠标右键，然后在弹出的"栅格和捕捉设置"对话框中单击"选项"选项卡，接着在"角度"选项后面输入相应的旋转增量角度即可，如图2-215所示。

图2-215

# 【练习2-11】用"角度捕捉切换"工具制作挂钟刻度

本例使用"角度捕捉切换"工具制作的挂钟刻度效果如图2-216所示。

图2-216

**01** 打开学习资源中的"练习文件>第2章>练习2-11.max"文件,如图2-217所示。

图2-217

**提示**

从图2-217中可以观察到挂钟没有指针刻度。在3ds Max中,制作这种具有相同角度且有一定规律的对象一般都使用"角度捕捉切换"工具来制作。

**02** 在"创建"面板中单击"球体"按钮 球体 ,然后在场景中创建一个大小合适的球体,如图2-218所示。

**03** 选择"选择并均匀缩放"工具 ,然后在左视图中沿x轴负方向进行缩放,如图2-219所示,接着使用"选择并移动"工具 将其移动到表盘的"12点钟"的位置,如图2-220所示。

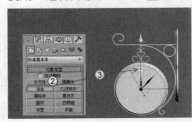 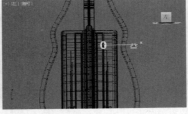 

图2-218　　　　　　　图2-219　　　　　　　图2-220

**04** 在"命令"面板中单击"层次"按钮🔲，进入"层次"面板，然后单击"仅影响轴"按钮
▭▭▭ 仅影响轴 ▭▭▭（此时球体上会增加一个较粗的坐标轴，这个坐标轴主要用来调整球体的轴心点位置），
接着使用"选择并移动"工具✛将球体的轴心点拖曳到表盘的中心位置，如图2-221所示。

**05** 单击"仅影响轴"按钮▭▭ 仅影响轴 ▭▭退出"仅影响轴"模式，然后在"角度捕捉切换"工具△上单
击鼠标右键（注意，要使该工具处于激活状态），接着在"栅格和捕捉设置"对话框中设置"角度"
为30°，如图2-222所示。

**06** 选择"选择并旋转"工具⟳，然后在前视图中按住Shift键顺时针旋转-30°，接着在弹出的"克隆选
项"对话框中设置"对象"为"实例"、"副本数"为11，最后单击"确定"按钮▭ 确定 ▭，如图2-223所
示，最终效果如图2-224所示。

图2-221　　　　　　　　　　图2-222　　　　　　　　　　图2-223　　　　　　　　　　图2-224

## 2.4.21　百分比捕捉切换

### 功能介绍

使用"百分比捕捉切换"工具🗠可以将对象缩放捕捉到自定的百分比（快捷键为Shift+Ctrl+P组合
键），在缩放状态下，默认每次的缩放百分比为10%。

### 操作方法

若要更改缩放百分比，可以在"百分比捕捉切换"工具 上单击鼠标右
键，然后在弹出的"栅格和捕捉设置"对话框中单击"选项"选项卡，接着在
"百分比"选项后面输入相应的百分比数值即可，如图2-225所示。

图2-225

## 2.4.22　微调器捕捉切换

### 功能介绍

"微调器捕捉切换"工具🗠可以用来设置微调器单次单击的增加值或减少值。

### 操作方法

若要设置微调器捕捉的参数，可以在"微调器捕捉切换"工具上单击鼠标右键，然后在弹出的
"首选项设置"对话框中单击"常规"选项卡，接着在"微调器"选项组下设置相关参数即可，如
图2-226所示。

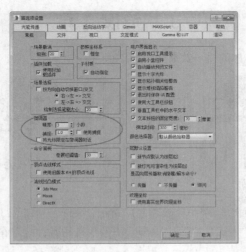

图2-226

## 2.4.23 编辑命名选择集

### 功能介绍

使用"编辑命名选择集"工具 可以为单个或多个对象创建选择集。选中一个或多个对象后,单击"编辑命名选择集"工具 可以打开"命名选择集"对话框,在该对话框中可以创建新集、删除集以及添加、删除选定对象等操作,如图2-227所示。

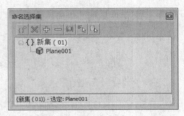

图2-227

## 2.4.24 创建选择集

### 功能介绍

如果选择了对象,在"创建选择集" 中输入名称以后就可以创建一个新的选择集;如果已经创建了选择集,在列表中可以选择创建的集。

## 2.4.25 镜像

### 功能介绍

使用"镜像"工具 可以围绕一个轴心镜像出一个或多个副本对象。选中要镜像的对象后,单击"镜像"工具 ,可以打开"镜像:屏幕坐标"对话框,在该对话框中可以对"镜像轴""克隆当前选择""镜像IK限制"进行设置,如图2-228所示。

图2-228

## 【练习2-12】用"镜像"工具镜像椅子

本例使用"镜像"工具镜像的椅子效果如图2-229所示。

图2-229

`01` 打开学习资源中的"练习文件>第2章>练习2-12.max"文件，如图2-230所示。

`02` 选中椅子模型，然后在"主工具栏"中单击"镜像"按钮，接着在弹出的"镜像"对话框中设置"镜像轴"为x轴、"偏移"值为-120mm，再设置"克隆当前选择"为"复制"方式，最后单击"确定"按钮 `确定`，具体参数设置如图2-231所示，最终效果如图2-232所示。

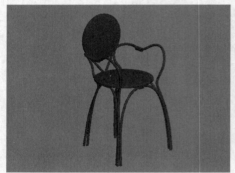 

图2-230                图2-231                图2-232

## 2.4.26 对齐

### 功能介绍

对齐工具包括6种，分别是"对齐"工具、"快速对齐"工具、"法线对齐"工具、"放置高光"工具、"对齐摄影机"工具和"对齐到视图"工具，如图2-233所示。

对齐
快速对齐
法线对齐
放置高光
对齐摄影机
对齐到视图

图2-233

### 命令详解

❖ 对齐：使用该工具（快捷键为Alt+A）可以将当前选定对象与目标对象进行对齐。

❖ 快速对齐：使用该工具（快捷键为Shift+A）可以立即将当前选择对象的位置与目标对象的位置进行对齐。如果当前选择的是单个对象，那么"快速对齐"需要使用到两个对象的轴；如果当前选择的是多个对象或多个子对象，则使用"快速对齐"可以将选中对象的选择中心对齐到目标对象的轴。

❖ 法线对齐："法线对齐"（快捷键为Alt+N）基于每个对象的面或是以选择的法线方向来对齐两个对象。要打开"法线对齐"对话框，首先要选择对齐的对象，然后单击对象上的面，接着单击第2个对象上的面，释放鼠标后就可以打开"法线对齐"对话框。

❖ 放置高光：使用该工具（快捷键为Ctrl+H）可以将灯光或对象对齐到另一个对象，以便可以精确定位其高光或反射。在"放置高光"模式下，可以在任一视图中单击并拖动光标。

─ **提示**

　　"放置高光"是一种依赖于视图的功能，所以要使用渲染视图。在场景中拖动光标时，会有一束光线从光标处射入到场景中。

❖ 对齐摄影机：使用该工具可以将摄影机与选定的面法线进行对齐。该工具的工作原理与"放置高光"工具类似。不同的是，它是在面法线上进行操作，而不是入射角，并在释放鼠标时完成，而不是在拖曳鼠标期间完成。

❖ 对齐到视图：使用该工具可以将对象或子对象的局部轴与当前视图进行对齐。该工具适用于任何可变换的选择对象。

## 【练习2-13】用"对齐"工具对齐办公椅

本例使用"对齐"工具对齐办公椅后的效果如图2-234所示。

图2-234

**01** 打开学习资源中的"练习文件>第2章>练习2-13.max"文件，可以观察到场景中有两把椅子没有与其他的椅子对齐，如图2-235所示。

**02** 选中其中的一把没有对齐的椅子，然后在"主工具栏"中单击"对齐"按钮，接着单击另外一把处于正常位置的椅子，在弹出的对话框中设置"对齐位置（世界）"为"x位置"，再设置"当前对象"和"目标对象"为"轴点"，最后单击"确定"按钮，如图2-236所示。

图2-235

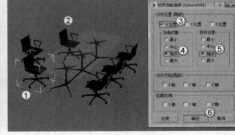

图2-236

## 技术专题：对齐参数详解

　　X/Y/Z位置：用来指定要执行对齐操作的一个或多个坐标轴。同时勾选这3个选项可以将当前对象重叠到目标对象上。

　　最小：将具有最小$x/y/z$值对象边界框上的点与其他对象上选定的点对齐。

　　中心：将对象边界框的中心与其他对象上的选定点对齐。

　　轴点：将对象的轴点与其他对象上的选定点对齐。

　　最大：将具有最大$x/y/z$值对象边界框上的点与其他对象上选定的点对齐。

　　对齐方向（局部）：包括$x/y/z$轴3个选项，主要用来设置选择对象与目标对象是以哪个坐标轴进行对齐。

　　匹配比例：包括$x/y/z$轴3个选项，可以匹配两个选定对象之间的缩放轴的值，该操作仅对变换输入中显示的缩放值进行匹配。

**03** 采用相同的方法对齐另外一把没有对齐的椅子，完成后的效果如图2-237所示。

图2-237

## 2.4.27 切换场景资源管理器

### 功能介绍

单击"切换场景资源管理器"按钮■可以打开"场景资源管理器"对话框，如图2-238所示。使用该管理器不仅可以查看、排序、过滤、选择、重命名、删除、隐藏和冻结对象，还可以创建、修改对象的层次和编辑对象的属性。

图2-238

## 2.4.28 切换层资源管理器

### 功能介绍

单击"切换层资源管理器"按钮■可以打开"层资源管理器"对话框，在该对话框中可以设置对象的名称、可见性、渲染性、颜色以及对象和层的包含关系等，如图2-239所示。同时，还可以创建和删除层，也可以用来查看和编辑场景中所有层的设置以及与其相关联的对象。

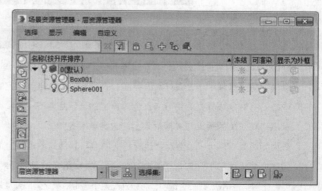

图2-239

## 2.4.29　切换功能区

### 功能介绍

单击"切换功能区"按钮可以打开或关闭Ribbon工具栏（这个工具栏在以前的版本中称为"石墨建模工具"或"建模工具"选项卡），如图2-240所示。Ribbon工具栏是优秀的PolyBoost建模工具与3ds Max的完美结合，其工具摆放的灵活性与布局的科学性大大方便了多边形建模的流程。

图2-240

## 2.4.30　曲线编辑器

### 功能介绍

单击"曲线编辑器（打开）"按钮可以打开"轨迹视图-曲线编辑器"对话框，如图2-241所示。"曲线编辑器"是一种"轨迹视图"模式，可以用曲线来表示运动，而"轨迹视图"模式可以使运动的插值以及软件在关键帧之间创建的对象变换更加直观化。

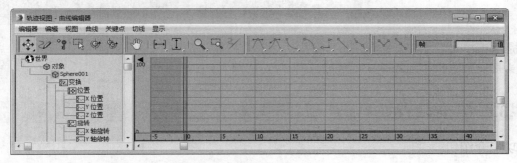

图2-241

---

**提示**

使用曲线上的关键点的切线控制手柄可以轻松地观看和控制场景对象的运动效果和动画效果。

## 2.4.31　图解视图

单击"图解视图（打开）"按钮可以打开"图解视图"对话框，如图2-242所示。"图解视图"是基于节点的场景图，通过它可以访问对象的属性、材质、控制器、修改器、层次和不可见场景关系，同时在"图解视图"对话框中可以查看、创建并编辑对象间的关系，也可以创建层次、指定控制器、材质、修改器和约束等。

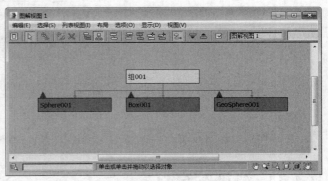

图2-242

---

**提示**

在"图解视图"对话框列表视图中的文本列表中可以查看节点，这些节点的排序是有规则性的，通过这些节点可以迅速浏览极其复杂的场景。

## 2.4.32 材质编辑器

### 功能介绍

"材质编辑器"  是非常重要的编辑器（快捷键为M键），主要用来编辑对象的材质，在后面的章节中将有专门的内容对其进行介绍。3ds Max 2016的"材质编辑器"分为"精简材质编辑器"和"Slate材质编辑器"两种，如图2-243和图2-244所示。

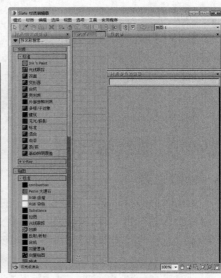

图2-243                          图2-244

── 提示 ──

关于"材质编辑器"的详细功能和使用方法，请读者参考本书后面相关章节的内容。

## 2.4.33 渲染设置

### 功能介绍

单击"主工具栏"中的"渲染设置"按钮（快捷键为F10键）可以打开"渲染设置"对话框，所有的渲染设置参数基本上都在该对话框中完成，如图2-245所示。

图2-245

── 提示 ──

关于"渲染设置"的详细功能和使用方法，请读者参考本书后面相关章节的内容。

## 2.4.34 渲染帧窗口

### 功能介绍

单击"主工具栏"中的"渲染帧窗口"按钮可以打开"渲染帧窗口"对话框，在该对话框中可以进行区域渲染、切换图像通道和储存渲染图像等任务，如图2-246所示。

图2-246

## 2.4.35 渲染工具

### 功能介绍

渲染工具包含"渲染产品"工具 [icon]、"渲染迭代"工具 [icon] 和ActiveShade工具 [icon] 3种，如图2-247所示。

渲染产品
渲染迭代
ActiveShade

图2-247

**提示**

关于"渲染工具"的详细功能和使用方法，请读者参考本书后面相关章节的内容。

## 2.4.36 在Autodesk A360中渲染

### 功能介绍

A360是一种云端渲染方法，单击"在Autodesk A360中渲染"按钮 [icon] 可以打开"渲染设置"对话框，同时将渲染的"目标"自动设置为"A360云渲染模式"，如图2-248所示。用户通过登录Autodesk账户，可以借助Autodesk A360中的渲染器来渲染场景。上传的场景数据存储在安全的数据中心内，其他人是无法查看和下载的，只有使用特定的Autodesk ID和密码登录到渲染服务的人才可以访问这些文件，但也仅限于联机渲染。

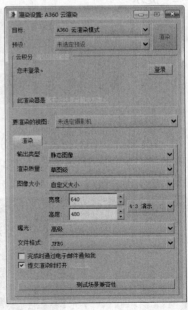

图2-248

**提示**

使用Autodesk A360云渲染只能渲染静帧场景和摄影机视图。

### 2.4.37　打开Autodesk A360库

**功能介绍**

单击"打开Autodesk A360库"按钮▣可以打开Rendering in Autodesk A360链接，注册并登录Autodesk账户以后，用户可以在链接中查看、搜索和下载资料。

# 2.5　视口区域

视口区域是操作界面中最大的一个区域，也是3ds Max中用于实际工作的区域，默认状态下为四视图显示，包括顶视图、左视图、前视图和透视图4个视图，在这些视图中可以从不同的角度对场景中的对象进行观察和编辑。

每个视图的左上角都会显示视图的名称以及模型的显示方式，右上角有一个导航器（不同视图显示的状态也不同），如图2-249所示。

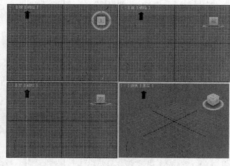

图2-249

> **提示**
>
> 常用的几种视图都有其相对应的快捷键，顶视图的快捷键是T键，底视图的快捷键是B键，左视图的快捷键是L键，前视图的快捷键是F键，透视图的快捷键是P键，摄影机视图的快捷键是C键。

### 2.5.1　视口快捷菜单

**功能介绍**

3ds Max 2016的视图名称被分为3个小部分，用鼠标右键分别单击这3个部分，会弹出不同的视图快捷设置菜单，如图2-250~图2-252所示。第1个菜单用于还原、激活、禁用视口以及设置导航器等；第2个菜单用于切换视口的类型；第3个菜单用于设置对象在视口中的显示方式。

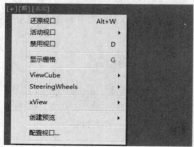

图2-250

图2-251

图2-252

# 【练习2-14】视口布局设置

视图的划分及显示在3ds Max 2016中是可以调整的，用户可以根据观察对象的需要来改变视图的大小或视图的显示方式。

**01** 打开学习资源中的"练习文件>第2章>练习2-14.max"文件，如图2-253所示。

**02** 执行"视图>视口背景>配置视口背景"菜单命令，打开"视口配置"对话框，然后单击"布局"选项卡，在该选项卡下预设了一些视口的布局方式，如图2-254所示。

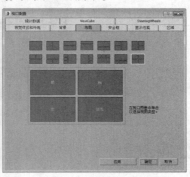

图2-253　　　　　　　　　　　　　　图2-254

**03** 选择第6个布局方式，此时在下面的缩略图中可以观察到这个视图布局的划分方式，如图2-255所示。

**04** 在视图缩略图上单击鼠标左键或右键，在弹出的菜单中可以选择应用哪个视图，选择好后单击"确定"按钮 确定 即可，如图2-256所示，重新划分后的视图效果如图2-257所示。

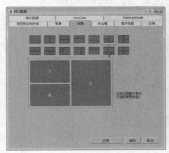
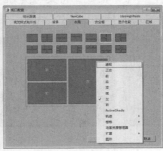

图2-255　　　　　　　　　　图2-256　　　　　　　　　　图2-257

---

### 提示

用户可以自行调整视图间的比例。将光标放在视图与视图的交界处，当光标变成"双向箭头" ↔/↕ 时，可以左右或上下调整视图的大小，如图2-258所示；当光标变成"十字箭头" ✛ 时，可以上下左右调整视图的大小，如图2-259所示。

如果要将视图恢复到原始的布局状态，可以在视图交界处单击鼠标右键，然后在弹出的菜单中选择"重置布局"命令，如图2-260所示。

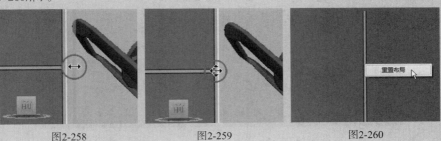

图2-258　　　　　　　　　图2-259　　　　　　　　　图2-260

## 2.5.2 视口布局选项卡

### 功能介绍

"视口布局选项卡"位于操作界面的左侧，用于快速调整视口的布局。单击"创建新的视口布局选项卡"按钮，在弹出的"标准视口布局"面板中可以选择3ds Max预设的一些标准视口布局，如图2-261所示。

图2-261

---
**提示**

如果用户对视图的配置已经比较熟悉，可以关闭"视口布局选项卡"，以节省操作界面的空间。

## 2.5.3 切换透视图的背景色

### 功能介绍

在默认情况下，3ds Max 2016的透视图的背景颜色为灰度渐变色，如图2-262所示。如果用户不习惯渐变背景色，可以执行"视图>视口背景>纯色"菜单命令，将其切换为纯色显示，如图2-263所示。

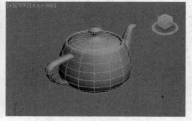

图2-262           图2-263

## 2.5.4 切换栅格的显示

### 功能介绍

栅格是多条直线交叉而形成的网格，严格来说是一种辅助计量单位，可以基于栅格捕捉绘制物体。在默认情况下，每个视图中均有栅格，如图2-264所示，如果嫌栅格有碍操作，可以按G键关闭栅格的显示（再次按G键可以恢复栅格的显示），如图2-265所示。

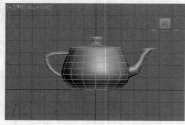

图2-264           图2-265

# 2.6 命令面板

"命令"面板非常重要，场景对象的操作都可以在"命令"面板中完成。"命令"面板由6个用户界面面板组成，默认状态下显示的是"创建"面板 ，其他面板分别是"修改"面板 、"层次"面板 、"运动"面板 、"显示"面板 和"实用程序"面板 ，如图2-266所示。

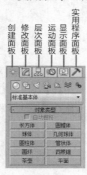

图2-266

## 2.6.1 创建面板

### 功能介绍

"创建"面板是非常重要的面板，在该面板中可以创建7种对象，分别是"几何体" 、"图形" 、"灯光" 、"摄影机" 、"辅助对象" 、"空间扭曲" 和"系统" ，如图2-267所示。

图2-267

### 命令详解

❖ 几何体 ：主要用来创建长方体、球体和锥体等基本几何体，同时也可以创建出高级几何体，例如，布尔、阁楼以及粒子系统中的几何体。

❖ 图形 ：主要用来创建样条线和NURBS曲线。

---
### 提示

虽然样条线和NURBS曲线能够在2D空间或3D空间中存在，但是它们只有一个局部维度，可以为形状指定一个厚度以便于渲染，但这两种线条主要用于构建其他对象或运动轨迹。

---

❖ 灯光 ：主要用来创建场景中的灯光。灯光的类型有很多种，每种灯光都可以用来模拟现实世界中的灯光效果。

❖ 摄影机 ：主要用来创建场景中的摄影机。

❖ 辅助对象 ：主要用来创建有助于场景制作的辅助对象。这些辅助对象可以定位、测量场景中的可渲染几何体，并且可以设置动画。

❖ 空间扭曲 ：使用空间扭曲功能可以在围绕其他对象的空间中产生各种不同的扭曲效果。

❖ 系统▧：可以将对象、控制器和层次对象组合在一起，提供与某种行为相关联的几何体，并且包含模拟场景中的阳光系统和日光系统。

提示

关于各种对象的创建方法，将在后面中的章节中分别进行详细讲解。

## 2.6.2 修改面板

**功能介绍**

"修改"面板是特别重要的面板之一，该面板主要用来调整场景对象的参数，同样可以使用该面板中的修改器来调整对象的几何形体，如图2-268所示是默认状态下的"修改"面板。

图2-268

提示

关于如何在"修改"面板中修改对象的参数，将在后面的章节中分别进行详细讲解。

## 【练习2-15】制作一个变形的茶壶

本例将用一个正常的茶壶和一个变形的茶壶来讲解"创建"面板和"修改"面板的基本用法，如图2-269所示。

图2-269

**01** 在"创建"面板中单击"几何体"按钮○，然后单击"茶壶"按钮 茶壶 ，接着在视图中拖曳鼠标左键创建一个茶壶，如图2-270所示。

**02** 用"选择并移动"工具✛选择茶壶，然后按住Shift键在前视图中向右移动复制一个茶壶，接着在弹出的"克隆选项"对话框中设置"对象"为"复制"，最后单击"确定"按钮 确定 ，如图2-271所示。

03 选择原始茶壶，然后在"命令"面板中单击"修改"按钮![icon]，进入"修改"面板，接着在"参数"卷展栏下设置"半径"为200mm、"分段"为10，最后关闭"壶盖"选项，具体参数设置如图2-272所示。

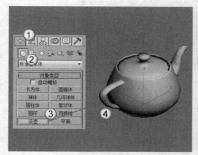
图2-270

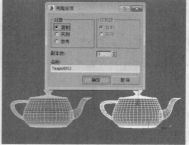
图2-271

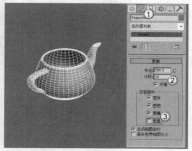
图2-272

## 提示

在默认情况下创建的对象处于（透视图）"真实"显示方式，如图2-273所示。如果要将"真实"显示方式切换为"真实+线框"显示方式，或将"真实+线框"方式切换为"真实"显示方式，可按F4键进行切换，图2-274所示为"真实+线框"显示方式；如果要将显示方式切换为"线框"显示方式，可按F3键，如图2-275所示。

图2-273　　　　　　　　图2-274　　　　　　　　图2-275

04 选择原始茶壶，在"修改"面板下单击"修改器列表"，然后在下拉列表中选择FFD 2×2×2修改器，为其加载一个FFD 2×2×2修改器，如图2-276所示。

05 在FFD 2×2×2修改器左侧单击![icon]图标，展开次物体层级列表，然后选择"控制点"次物体层级，如图2-277所示。

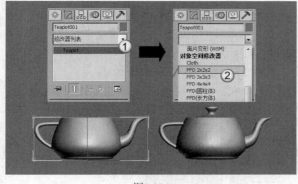
图2-276

图2-277

06 用"选择并移动"工具![icon]在前视图中框选上部的4个控制点，然后沿y轴向上拖曳控制点，使其产生变形效果，如图2-278所示。

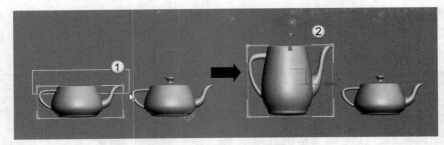

图2-278

**07** 保持对控制点的选择，按R键切换到"选择并均匀缩放"工具 ，然后在透视图中向内缩放茶壶顶部，如图2-279所示，最终效果如图2-280所示。

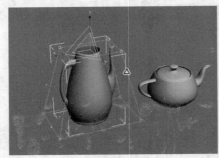

图2-279

图2-280

## 2.6.3 层次面板

### 功能介绍

在"层次"面板中可以访问调整对象间的层次链接信息，通过将一个对象与另一个对象相链接，可以创建对象之间的父子关系，如图2-281所示。

图2-281

### 命令详解

❖ 轴 轴 ：该工具下的参数主要用来调整对象和修改器的中心位置，以及定义对象之间的父子关系和反向动力学IK的关节位置等，如图2-282所示。

❖ IK IK ：该工具下的参数主要用来设置动画的相关属性，如图2-283所示。

❖ 链接信息 链接信息 ：该工具下的参数主要用来限制对象在特定轴中的移动关系，如图2-284所示。

图2-282                图2-283                图2-284

## 2.6.4 运动面板

### 功能介绍

"运动"面板中的工具与参数主要用来调整选定对象的运动属性，如图2-285所示。

图2-285

可以使用"运动"面板中的工具来调整关键点的时间及其缓入和缓出效果。"运动"面板还提供了"轨迹视图"的替代选项来指定动画控制器，如果指定的动画控制器具有参数，则在"运动"面板中可以显示其他卷展栏；如果将"路径约束"指定给对象的位置轨迹，则"路径参数"卷展栏将添加到"运动"面板中。

## 2.6.5 显示面板

### 功能介绍

"显示"面板中的参数主要用来设置场景中控制对象的显示方式，如图2-286所示。

图2-286

## 2.6.6 实用程序面板

### 功能介绍

在"实用程序"面板中可以访问各种工具程序，包含用于管理和调用的卷展栏，如图2-287所示。

图2-287

# 2.7 动画控件

动画控件位于操作界面的底部，包含时间尺与时间控制按钮两大部分，主要用于预览动画、创建动画关键帧与配置动画时间等。

## 2.7.1 时间尺

### 功能介绍

"时间尺"包括时间线滑块和轨迹栏两大部分。时间线滑块位于视图的最下方，主要用于制定帧，默认的帧数为100帧，具体数值可以根据动画长度来进行修改。拖曳时间线滑块可以在帧之间迅速移动，单击时间线滑块左右的向左箭头图标 < 与向右箭头图标 > 可以向前或者向后移动一帧，如图2-288所示；轨迹栏位于时间线滑块的下方，主要用于显示帧数和选定对象的关键点，在这里可以移动、复制、删除关键点以及更改关键点的属性，如图2-289所示。

| < 0 / 100 > | 0  10  20  30  40  50  60  70  80  90  100 |
|:---:|:---:|
| 图2-288 | 图2-289 |

> **提示**
>
> 在"轨迹栏"的左侧有一个"打开迷你曲线编辑器"按钮，单击该按钮可以显示轨迹视图。

## 【练习2-16】用时间线滑块预览动画效果

本例将通过一个设定好的动画来让用户初步了解动画的预览方法，如图2-290所示。

图2-290

**01** 打开学习资源中的"练习文件>第2章>练习2-16.max"文件，如图2-291所示。

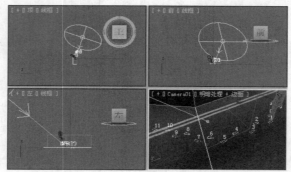

图2-291

> **提示**
>
> 本场景中已经制作好了人物的行走动画，并且时间线滑块位于第10帧的位置。

**02** 将时间线滑块分别拖曳到第10帧、34帧、60帧、80帧、100帧和120帧的位置，如图2-292所示，然后观察各帧的动画效果，如图2-293所示。

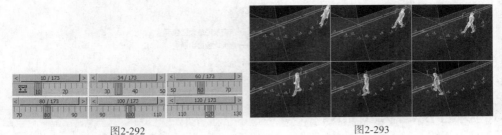

图2-292　　　　　　　　　　　　　图2-293

如果计算机配置比较高，可以直接单击"播放动画"按钮 ▶ 来预览动画效果，如图2-294所示。

图2-294

## 2.7.2　时间控制按钮

### 功能介绍

时间控制按钮位于状态栏的右侧，这些按钮主要用来控制动画的播放效果，包括关键点控制和时间控制等，如图2-295所示。

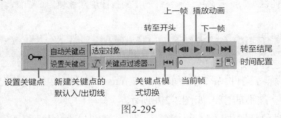

图2-295

关于时间控制按钮的用法，请参见本书后面相关章节的内容。

# 2.8　状态栏

状态栏位于轨迹栏的下方，它提供了选定对象的数目、类型、变换值和栅格数目等信息，并且状态栏可以基于当前光标位置和当前活动程序来提供动态反馈信息，如图2-296所示。

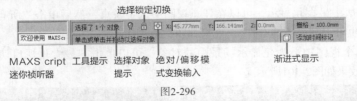

图2-296

# 2.9　视图导航控制按钮

视图导航控制按钮在状态栏的最右侧，主要用来控制视图的显示和导航。使用这些按钮可以缩放、平移和旋转活动的视图，如图2-297所示。

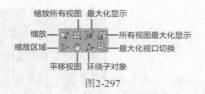

缩放所有视图　最大化显示

缩放——　　　　　　——所有视图最大化显示

缩放区域　　　　　　——最大化视口切换

平移视图　环绕子对象

图2-297

## 2.9.1 所有视图可用控件

所有视图中可用的控件包含"所有视图最大化显示"工具 ⊞/"所有视图最大化显示选定对象"工具 ⊞ 和"最大化视口切换"工具 ⊡。这些控件主要用于视图的控制和切换。

**命令详解**

❖ 所有视图最大化显示 ⊞：将场景中的对象在所有视图中居中显示出来。

❖ 所有视图最大化显示选定对象 ⊞：将所有可见的选定对象或对象集在所有视图中以居中最大化的方式显示出来。

❖ 最大化视口切换 ⊡：可以将活动视口在正常大小和全屏大小之间进行切换，其快捷键为Alt+W。

--- 提示 ----------

以上3个控件适用于所有的视图，而有些控件只能在特定的视图中才能使用，下面的内容中将依次讲解到。

## 【练习2-17】使用所有视图可用控件

01 打开学习资源中的"练习文件>第2章>练习2-17.max"文件，可以观察到场景中的物体在4个视图中只显示出了局部，并且位置不居中，如图2-298所示。

02 如果想要整个场景的对象都居中显示，可以单击"所有视图最大化显示"按钮 ⊞，效果如图2-299所示。

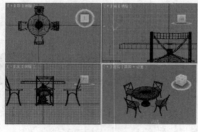
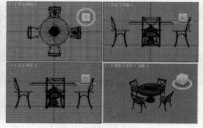

图2-298　　　　　　　　　　　图2-299

03 如果想要餐桌居中最大化显示，可以在任意视图中选中餐桌，然后单击"所有视图最大化显示选定对象"按钮 ⊞（也可以按快捷键Z键），效果如图2-300所示。

04 如果想要在单个视图中最大化显示场景中的对象，可以单击"最大化视口切换"按钮 ⊡（或按Alt+W组合键），效果如图2-301所示。

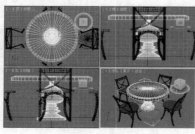
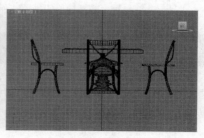

图2-300　　　　　　　　　　　图2-301

提示

在工作中，有时候会遇到这种情况，就是"按Alt+W组合键不能最大化显示当前视图"，导致这种情况的原因可能有两种，具体如下。

第1种：3ds Max出现程序错误。遇到这种情况可重启3ds Max。

第2种：可能是由于某个程序占用了3ds Max的Alt+W组合键，例如，腾讯QQ的"语音输入"快捷键就是Alt+W组合键，如图2-302所示。这时可以将这个快捷键修改为其他快捷键，或直接不用这个快捷键，如图2-303所示。

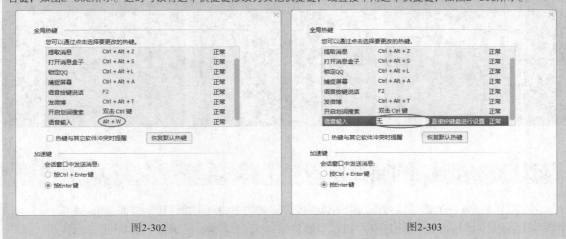

图2-302                          图2-303

## 2.9.2 透视图和正交视图可用控件

透视图和正交视图（正交视图包括顶视图、前视图和左视图）可用控件包括"缩放"工具、"缩放所有视图"工具、"所有视图最大化显示"工具、"所有视图最大化显示选定对象"工具（适用于所有视图）、"视野"工具、"缩放区域"工具、"平移视图"工具、"环绕"工具/"选定的环绕"工具/"环绕子对象"工具和"最大化视口切换"工具（适用于所有视图）。

**命令详解**

❖ 缩放：使用该工具可以在透视图或正交视图中通过拖曳光标来调整对象的显示比例。

❖ 缩放所有视图：使用该工具可以同时调整透视图和所有正交视图中的对象的显示比例。

❖ 视野：使用该工具可以调整视图中可见对象的数量和透视张角量。视野的效果与更改摄影机的镜头相关，视野越大，观察到的对象就越多（与广角镜头相关），而透视会扭曲；视野越小，观察到的对象就越少（与长焦镜头相关），而透视会展平。

❖ 缩放区域：可以放大选定的矩形区域，该工具适用于正交视图、透视窗和三向投影视图，但是不能用于摄影机视图。

❖ 平移视图：使用该工具可以将选定视图平移到任何位置。

提示

按住Ctrl键可以随意移动平移视图；按住Shift键可以在垂直方向和水平方向平移视图。

❖ 环绕：使用该工具可以将视口边缘附近的对象旋转到视图范围以外。

❖ 选定的环绕：使用该工具可以让视图围绕选定的对象进行旋转，同时选定的对象会保留在视口中相同的位置。

❖ 环绕子对象：使用该工具可以让视图围绕选定的子对象或对象进行旋转的同时，使选定的子对象或对象保留在视口中相同的位置。

## 【练习2-18】使用透视图和正交视图可用控件

01 打开学习资源中的"练习文件>第2章>练习2-18.max"文件，如果想要拉近或拉远视图中所显示的对象，可以单击"视野"按钮 ▷，然后按住鼠标左键进行拖曳，如图2-304所示。

02 如果想要观看视图中未能显示出来的对象（如图2-305所示的椅子就没有完全显示出来），可以单击"平移视图"按钮 ✋，然后按住鼠标左键进行拖曳，如图2-306所示。

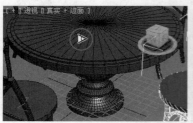
图2-304

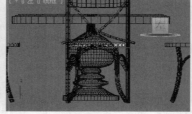
图2-305

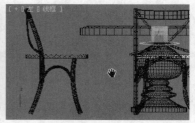
图2-306

## 2.9.3 摄影机视图可用控件

创建摄影机后，按C键可以切换到摄影机视图，该视图中的可用控件包括"推拉摄影机"工具 ✛/"推拉目标"工具 ✛/ "推拉摄影机+目标"工具 ✛、"透视"工具 ▽、"侧滚摄影机"工具 ↺、"所有视图最大化显示"工具 ⊞/"所有视图最大化显示选定对象"工具 ⊞（适用于所有视图）、"视野"工具 ▷、"平移摄影机"工具 ✋/"穿行"工具 ⊞、"环游摄影机"工具 ⊙/"摇移摄影机"工具 ↻和"最大化视口切换"工具 ⊡（适用于所有视图），如图2-307所示。

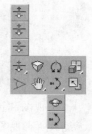
图2-307

---
**提示**

在场景中创建摄影机后，按C键可以切换到摄影机视图，若想从摄影机视图切换回原来的视图，可以按相应视图名称的首字母。例如，要将摄影机视图切换到透视图，可按P键。

---

**命令详解**

❖ 推拉摄影机 ✛/推拉目标 ✛/推拉摄影机+目标 ✛：这3个工具主要用来移动摄影机或其目标，同时也可以移向或移离摄影机所指的方向。

❖ 透视 ▽：使用该工具可以增加透视张角量，同时也可以保持场景的构图。侧滚摄影机 ↺：使用该工具可以围绕摄影机的视线来旋转"目标"摄影机，同时也可以围绕摄影机局部的$z$轴来旋转"自由"摄影机。

❖ 视野 ▷：使用该工具可以调整视图中可见对象的数量和透视张角量。视野的效果与更改摄影机的镜头相关，视野越大，观察到的对象就越多（与广角镜头相关），而透视会扭曲；视野越小，观察到的对象就越少（与长焦镜头相关），而透视会展平。

❖ 平移摄影机 ✋/穿行 ⊞：这两个工具主要用来平移和穿行摄影机视图。

---
**提示**

按住Ctrl键可以随意移动摄影机视图；按住Shift键可以将摄影机视图在垂直方向和水平方向进行移动。

---

❖ 环游摄影机◎/摇移摄影机❷：使用"环游摄影机"工具◎可以围绕目标来旋转摄影机；使用"摇移摄影机"工具❷可以围绕摄影机来旋转目标。

— 提示 —

当一个场景已经有了一台设置完成的摄影机，并且视图是处于摄影机视图时，直接调整摄影机的位置很难达到预想的最佳效果，而使用摄影机视图控件来进行调整就方便多了。

## 【练习2-19】使用摄影机视图可用控件

01 打开学习资源中的"练习文件>第2章>练习2-19.max"文件，可以在4个视图中观察到摄影机的位置，如图2-308所示。

02 选择透视图，然后按C键切换到摄影机视图，如图2-309所示。

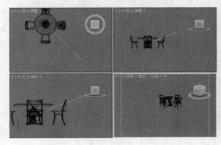

图2-308

图2-309

— 提示 —

摄影机视图中的黄色线框是安全框，也就是要渲染的区域，如图2-310所示。按Shift+F组合键可以开启或关闭安全框。

图2-310

03 如果想拉近或拉远摄影机镜头，可以单击"视野"按钮▷，然后按住鼠标左键进行拖曳，如图2-311所示。

04 如果想要一个倾斜的构图，可以单击"环绕摄影机"按钮◎，然后按住鼠标左键拖曳光标，如图2-312所示。

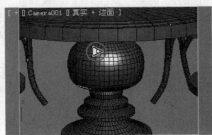

图2-311

图2-312

# 2.10 加载VRay渲染器

VRay渲染器是一款3ds Max常用的渲染器插件，其主要作用是为3ds Max提供强大的渲染功能。另外，VRay渲染器也提供了常用的建模、灯光和材质工具，在后面的内容中将会讲解到。注意，本书所用的VRay渲染器版本是VRay 3.0版，如图2-313所示。

下面介绍VRay渲染器的加载方法。

第1步：安装好VRay渲染器后，在3ds Max 2016中按F10键打开"渲染设置"对话框，如图2-314所示。

图2-313

图2-314

第2步：单击"公用"选项卡，展开"指定渲染器"卷展栏，然后单击"产品级"选项后面的"选择渲染器"按钮 ，接着在弹出的"选择渲染器"对话框中选择VRay adv 3.00.08，最后单击"确定"按钮 确定 ，如图2-315所示。加载完VRay渲染器后的"渲染设置"对话框如图2-316所示。

这是旧版本VRay渲染器的加载方法。目前，VRay 3.0已经对用户体验进行了很大的优化，用户可以直接在"渲染器"中选择VRay渲染器来进行快速加载，如图2-317所示。

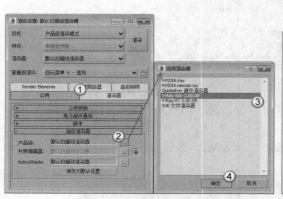

图2-315

图2-316

图2-317

---

**提示**

本书大部分实例所用的渲染器都是VRay渲染器，因此需要先安装好这个渲染器（VRay渲染器的安装方法可以在互联网上查找相关资料）。另外，关于VRay渲染器的具体介绍，请参阅第12章中的相关内容。

## Autodesk公司的其他常见软件

    Autodesk（欧特克）公司是全球最大的二维、三维设计和工程软件公司之一，为制造业、工程建设行业、基础设施行业以及传媒娱乐行业提供了卓越的数字化设计与工程软件服务和解决方案。除了3ds Max以外，Autodesk还有其他很多常见的软件，例如，Maya、AutoCAD、Revit、Showcase和VRED等，它们被广泛地应用于各个领域。

    **Maya：** Maya与3ds Max有异曲同工之处，它也是顶级三维动画软件，应用对象是专业的影视广告、角色动画和电影特技等。Maya拥有功能完善、工作灵活、易学易用、制作效率极高以及渲染真实感极强等特点。

    **AutoCAD：** AutoCAD可以用于二维制图和基本三维设计，用户无需懂得编程就可以直接使用AutoCAD进行制图，因此它在全球被广泛应用于土木建筑、装饰装潢、工业制图、工程制图、电子工业和服装加工等多个领域。

    **Revit：** Revit是为建筑信息模型（Building Information Modeling，简称BIM）而生的软件，涉及建筑、结构及设备（水、暖和电）专业，为建筑工程行业提供BIM解决方案。Revit是一款非常智能的设计工具，它能通过参数驱动模型，即时呈现建筑师和工程师的设计。

Maya

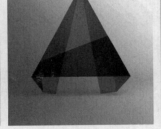
AutoCAD

Revit

    **Showcase：** Showcase是一款虚拟评审软件，可以简化精确逼真图像的创建流程，帮助用户利用数字样机制定明智的决策，其特点是功能完善、易于使用和硬件需求低，但视觉质量和产品性能较差。另外，Showcase常被整合进造型设计软件Alias Automotive中作为可视化解决方案。

    **VRED：** VRED是Virtual Reality Editor（虚拟现实编辑器）的缩写，原是德国供应商PI-VR开发的优秀虚拟现实软件，后被Autodesk公司收购，参与汽车可视化市场的竞争。VRED不但功能丰富、上手简单、视觉质量优秀、数据交换能力出众，而且对硬件需求适中。

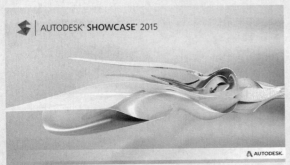

Showcase

VRED

# 3ds Max通常与哪些软件进行交互

　　3ds Max是一款强大的三维动画制作软件，所以对于三维领域的软件，几乎都可以和3ds Max进行交互，下面列举一些比较流行的，且能与3ds Max进行良好交互的软件进行介绍。

　　**Maya：** 3ds Max与Maya之间可以完美交互，3ds Max的对象可以在Maya中打开，Maya中的对象也可以在3ds Max中打开。当然，不是直接打开，而是使用"导入/导出"功能，通过Obeject（.obj）文件即可完成两款软件之间的交互。

　　**AutoCAD：** 在国内，对于一些专业的效果图制作公司，一般都会先在AutoCAD中绘制出平面图，然后导入到3ds Max根据平面图进行模型的创建。用这种方式制作出来的模型精确度相当高，可以满足大部分客户的需求。

　　**VRED：** VRED作为一款汽车渲染软件，其中的汽车模型基本都是通过3ds Max来进行制作，然后导入到VRED进行汽车的表现。

　　**Photoshop：** 众所周知，Photoshop是一款强大的二维图像处理软件，而3ds Max属于三维动画软件，按道理来说，它们之间不应该存在联系。但恰恰相反，3ds Max与Photoshop之间的产品交互是非常频繁的，例如，在效果图表现中，对于3ds Max的产品图，几乎都要使用Photoshop进行后期处理。另外，还可以用Photoshop制作3ds Max中的材质贴图。

第 3 章

# 3ds Max建模功能概述

在3D制作中，建模是所有工作的第一步，也是非常重要的基础工作。例如，做室内效果图先要把空间模型建出来，做产品效果图先要把产品外观模型建出来，做影视动画先要把场景和角色模型建出来。在制作模型前，首先要明白建模的重要性、建模的思路以及建模的常用方法等。只有掌握了这些基本的知识，才能在创建模型时得心应手。

※ 为什么要建模
※ 建模思路解析
※ 参数化对象
※ 可编辑对象
※ 内置几何体建模
※ 复合对象建模

※ 二维图形建模
※ 网格建模
※ 多边形建模
※ 面片建模
※ NURBS建模

# 3.1 为什么要建模

使用3ds Max制作三维作品时，一般都遵循"建模→材质→灯光→渲染"这个基本流程。建模是一个作品的基础，没有模型，材质和灯光就无从谈起。图3-1所示是3幅非常优秀的建模作品。

图3-1

# 3.2 建模思路解析

在开始学习建模之前，首先需要掌握建模的思路。在3ds Max中，建模的过程就相当于现实生活中的"雕刻"过程。下面以一个壁灯为例来讲解建模的思路，如图3-2所示（左侧为壁灯的效果图，右侧为壁灯的线框图）。

在创建这个壁灯模型的过程中，可以先将其分解为9个独立的部分来分别进行创建，如图3-3所示。

图3-2                    图3-3

在图3-3中，第2、3、5、6、9部分的创建非常简单，可以通过修改标准基本体（圆柱体、球体）和样条线来得到；而第1、4、7、8部分可以使用多边形建模方法来进行制作。

下面以第1部分的灯座为例来介绍其制作思路。灯座的形状比较接近于半个扁的球体，因此可以采用以下5个步骤来完成，如图3-4所示。

第1步：创建一个球体。

第2步：删除球体的一半。

第3步：将半个球体"压扁"。

第4步：制作出灯座的边缘。

第5步：制作灯座前面的凸起部分。

创建球体          删除一个半球          压扁半球          创建边缘          创建凸起部分

图3-4

提示

由此可见，多数模型的创建在最初阶段都需要有一个简单的对象作为基础，然后经过转换来进一步调整。这个简单的对象就是下面即将要讲解到的"参数化对象"。

# 3.3 参数化对象与可编辑对象

3ds Max中的所有对象都是"参数化对象"与"可编辑对象"中的一种。这两者并不是独立存在的，"可编辑对象"在多数时候都可以通过转换"参数化对象"来得到。

## 3.3.1 参数化对象

"参数化对象"是指对象的几何形态由参数变量来控制，通过修改这些参数就可以修改对象的几何形态。相对于"可编辑对象"而言，"参数化对象"通常是被创建出来的。

## 【练习3-1】修改参数化对象

本例将通过创建3个不同形状的茶壶来加深了解参数化对象的含义，图3-5所示是本例的渲染效果。

图3-5

01 在"创建"面板中单击"茶壶"按钮 茶壶 ，然后在场景中拖曳鼠标左键创建一个茶壶，如图3-6所示。

02 在"命令"面板中单击"修改"按钮，切换到"修改"面板，在"参数"卷展栏下可以观察到茶壶部件的一些参数选项，这里将"半径"设置为20mm，如图3-7所示。

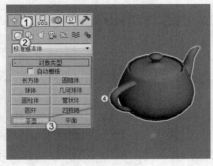

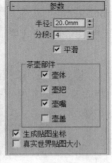

图3-6                    图3-7

03 用"选择并移动"工具选择茶壶，然后按住Shift键在前视图中向右拖曳鼠标左键，接着在弹出的"克隆选项"对话框中设置"对象"为"复制"、"副本数"为2，最后单击"确定"按钮 确定 ，如图3-8所示。

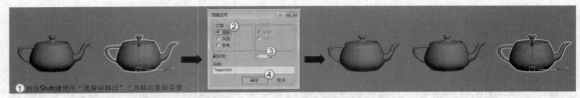

图3-8

**04** 选择中间的茶壶，然后在"参数"卷展栏下设置"分段"为20，接着关闭"壶把"和"壶盖"选项，茶壶就变成了如图3-9所示的效果。

**05** 选择最右边的茶壶，然后在"参数"卷展栏下将"半径"修改为10mm，接着关闭"壶把"和"壶盖"选项，茶壶就变成了如图3-10所示的效果，3个茶壶的最终对比效果如图3-11所示。

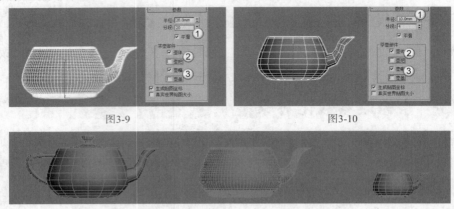

图3-9    图3-10

图3-11

---
**提示**

从图3-11中可以观察到，修改参数后，第2个茶壶的表面明显比第1个茶壶更光滑，并且没有了壶把和壶盖；第3个茶壶比前两个茶壶小了很多。这就是"参数化对象"的特点，可以通过调节参数来观察到对象直观的变化。

## 3.3.2  可编辑对象

在通常情况下，"可编辑对象"包括"可编辑样条线""可编辑网格""可编辑多边形""可编辑面片""NURBS对象"。"参数化对象"是被创建出来的，而"可编辑对象"通常是通过转换得到的，用来转换的对象就是"参数化对象"。

通过转换生成的"可编辑对象"没有"参数化对象"的参数那么灵活，但是"可编辑对象"可以对子对象（点、线、面等元素）进行更灵活的编辑和修改，并且每种类型的"可编辑对象"都有很多用于编辑的工具。

---
**提示**

注意，上面讲的是通常情况下的"可编辑对象"所包含的类型，而"NURBS对象"是一个例外。"NURBS对象"可以通过转换得到，还可以直接在"创建"面板中创建出来，此时创建出来的对象就是"参数化对象"，但是经过修改以后，这个对象就变成了"可编辑对象"。经过转换而成的"可编辑对象"就不再具有"参数化对象"的可调参数。如果想要对象既具有参数化的特征，又能够实现可编辑的目的，可以为"参数化对象"加载修改器而不进行转换。可用的修改器有"可编辑网格""可编辑面片""可编辑多边形""可编辑样条线"4种。

## 【练习3-2】通过改变球体形状创建苹果

本例将通过调整一个简单的球体来创建苹果，从而让用户加深了解"可编辑对象"的含义，图3-12所示为本例的渲染效果。

图3-12

**01** 在"创建"面板中单击"球体"按钮 球体 ，然后在视图中拖曳光标创建一个球体，接着在"参数"卷展栏下设置"半径"为1000mm，如图3-13所示。

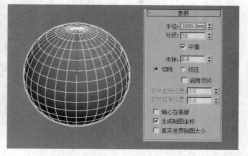

图3-13

---
**提示**

此时创建的球体属于"参数化对象"，展开"参数"卷展栏，可以观察到球体的"半径""分段""平滑""半球"等参数，这些参数都可以直接进行调整，但是不能调节球体的点、线、面等子对象。

**02** 为了能够对球体的形状进行调整，所以需要将球体转换为"可编辑对象"。在球体上单击鼠标右键，然后在弹出的菜单中选择"转换为>转换为可编辑多边形"命令，如图3-14所示。

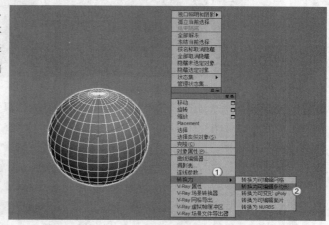

图3-14

---
**提示**

将"参数化对象"转换为"可编辑多边形"后，在"修改"面板中可以观察到之前的可调参数不见了，取而代之的是一些工具按钮，如图3-15所示。

转换为可编辑多边形后，可以使用对象的子物体级别来调整对象的外形，如图3-16所示。将球体转换为可编辑多边形后，后面的建模方法就是多边形建模了。

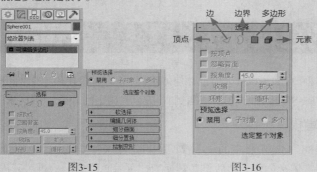

图3-15　　　　　　图3-16

03 展开"选择"卷展栏，然后单击"顶点"按钮 ，进入"顶点"级别，这时对象上会出现很多可以调节的顶点，并且"修改"面板中的工具按钮也会发生相应的变化，使用这些工具可以调节对象的顶点，如图3-17所示。

04 下面使用软选择的相关工具来调整球体形状。展开"软选择"卷展栏，然后勾选"使用软选择"选项，接着设置"衰减"为1200mm，如图3-18所示。

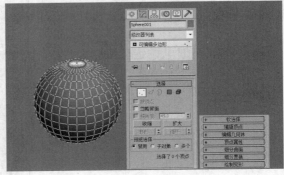
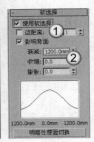

图3-17  图3-18

05 用"选择并移动"工具 选择底部的一个顶点，然后在前视图中将其向下拖曳一段距离，如图3-19所示。

06 在"软选择"卷展栏下将"衰减"数值修改为400mm，然后使用"选择并移动"工具 将球体底部的一个顶点向上拖曳到合适的位置，使其产生向上凹陷的效果，如图3-20所示。

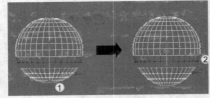
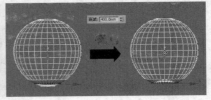

图3-19  图3-20

07 选择顶部的一个顶点，然后使用"选择并移动"工具 将其向下拖曳到合适的位置，使其产生向下凹陷的效果，如图3-21所示。

08 选择苹果模型，然后在"修改器列表"中选择"网格平滑"修改器，接着在"细分量"卷展栏下设置"迭代次数"为2，如图3-22所示。

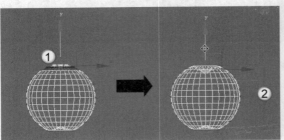
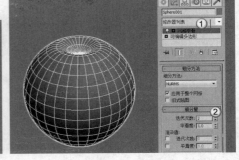

图3-21  图3-22

# 3.4 常用的建模方法

建模的方法有很多种，大致可以分为内置几何体建模、复合对象建模、二维图形建模、网格建模、多边形建模、面片建模和NURBS建模7种。确切地说它们不应该有固定的分类，因为它们之间都可以交互使用。

## 1.内置几何体建模

内置几何体模型是3ds Max中自带的一些模型，用户可以直接调用这些模型。例如，想创建一个台阶，可以使用内置的长方体来创建，然后将其转换为"可编辑对象"，再对其进一步调节就行了。

　　图3-23是一个完全使用内置模型创建出来的台灯，创建的过程中使用到了管状体、球体、圆柱体、样条线等内置模型。使用基本几何体和扩展基本体来建模的优点在于快捷简单，只需要调节参数和摆放位置就可以完成模型的创建，但是这种建模方法只适合制作一些精度较低并且每个部分都很规则的物体。

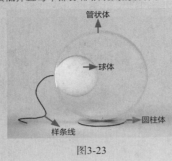

图3-23

## 2.复合对象建模

　　复合对象建模是一种特殊的建模方法，它包括"变形"工具 变形 、"散布"工具 散布 、"一致"工具 一致 、"连接"工具 连接 、"水滴网格"工具 水滴网格 、"图形合并"工具 图形合并 、"布尔"工具 布尔 、"地形"工具 地形 、"放样"工具 放样 、"网格化"工具 网格化 、ProBoolean工具 ProBoolean 和ProCuttler工具 ProCutter ，如图3-24所示。复合对象建模可以将两种或两种以上的模型对象合并成为一个对象，并且在合并的过程中可以将其记录成动画。

　　以一个骰子为例，骰子的形状比较接近于一个切角长方体，在每个面上都有半球形的凹陷，这样的物体如果使用"多边形"或者其他建模方法来制作将会非常麻烦。但是使用"复合对象"中的"布尔"工具 布尔 或ProBoolean工具 ProBoolean 来进行制作，就可以很方便地在切角长方体上"挖"出一个凹陷的半球形，如图3-25所示。

图3-24　　　　　　　　　　　　　　图3-25

## 3.二维图形建模

　　在通常情况下，二维物体在三维世界中是不可见的，3ds Max也渲染不出来。这里所说的二维图形建模是通过绘制出二维样条线，然后通过加载修改器将其转换为三维可渲染对象的过程。

　　使用二维图形建模可以快速地创建出可渲染的文字模型，如图3-26所示。第1个物体是二维线，另外两个是为二维样条线加载了不同修改器后得到的三维物体效果。

　　使用二维图形除了可以创建文字模型外，还可以创建比较复杂的物体，例如，对称的坛子，可以先绘制出纵向截面的二维样条线，然后为二维样条线加载"车削"修改器将其变成三维物体，如图3-27所示。

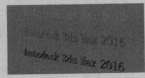

图3-26　　　　　　　　　　　　　　图3-27

### 4.网格建模

网格建模方法就像"编辑网格"修改器一样，可以在"顶点""边""面""多边形""元素"5种级别下编辑对象。在3ds Max中，可以将大多数对象转换为可编辑网格对象，然后对形状进行调整，图3-28所示是将一个茶壶模型转换为可编辑网格对象后，其表面就变成了可编辑的三角面。

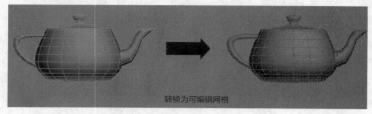

转换为可编辑网格

图3-28

### 5.多边形建模

多边形建模方法是非常常用的建模方法（在后面的章节中将重点讲解）。可编辑的多边形对象包括"顶点""边""边界""多边形""元素"5个层级，也就是说可以分别对"顶点""边""边界""多边形""元素"进行调整，而每个层级都有很多可以使用的工具，这就为创建复杂模型提供了很大的发挥空间。下面以一个休闲椅为例来分析多边形建模方法，如图3-29和图3-30所示。

图3-29                        图3-30

图3-31是休闲椅在四视图中的显示效果，可以观察出休闲椅至少是由两个部分组成的（坐垫靠背部分和椅腿部分）。坐垫靠背部分并不是规则的几何体，但其中每一部分都是由基本几何体变形而来的，从布线上可以看出构成物体的大多都是四边面，这就是使用多边形建模方法创建出的模型的显著特点。

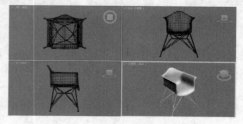

图3-31

---

**技术专题：多边形建模与网格建模的区别**

初次接触网格建模和多边形建模时可能会难以辨别这两种建模方式的区别。网格建模本来是3ds Max基本的多边形加工方法，但后来被多边形建模取代了，逐渐被忽略，不过网格建模的稳定性要高于多边形建模；多边形建模是当前非常流行的建模方法，而且建模技术很先进，有着比网格建模更多更方便的修改功能。

其实这两种方法在建模的思路上基本相同，不同点在于网格建模所编辑的对象是三角面，而多边形建模所编辑的对象是三边面、四边面或更多边的面，因此多边形建模具有更高的灵活性。

## 6.面片建模

面片建模是基于子对象编辑的建模方法，面片对象是一种独立的模型类型，可以使用编辑贝兹曲线的方法来编辑曲面的形状，并且可以使用较少的控制点来控制很大的区域，因此常用于创建较大的平滑物体。

以一个面片为例，将其转换为可编辑面片后，选中一个顶点，然后随意调整这个顶点的位置，可以观察到凸起的部分是一个圆滑的部分，如图3-32所示。而同样形状的物体，转换成可编辑多边形后，调整顶点的位置，该顶点凸起的部分会非常尖锐，如图3-33所示。

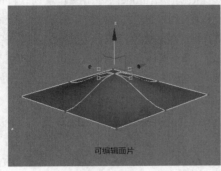

图3-32

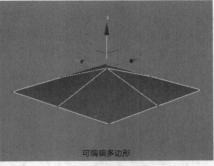

图3-33

## 7.NURBS建模

NURBS是指Non-Uniform Rational B-Spline（非均匀有理B样条曲线）。NURBS建模适用于创建比较复杂的曲面。在场景中创建出NURBS曲线，然后进入"修改"面板，在"常规"卷展栏下单击"NURBS创建工具箱"按钮，可以打开"NURBS创建工具箱"，如图3-34所示。

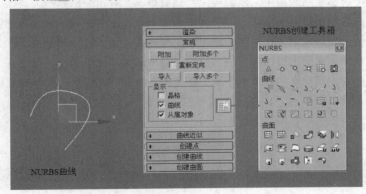

图3-34

---
**提示**

　　NURBS建模已成为设置和创建曲面模型的标准方法。这是因为很容易交互操作这些NURBS曲线，且创建NURBS曲线的算法效率很高，计算稳定性也很好，同时NURBS自身还配置了一套完整的造型工具，通过这些工具可以创建出不同类型的对象。同样，NURBS建模也是基于对子对象的编辑来创建对象，所以掌握了多边形建模方法之后，使用NURBS建模方法就会更加轻松一些。

# 技术分享

## 其他常见的建模软件

　　Autodesk公司除了3ds Max可以用于建模之外，还有大名鼎鼎的Maya和Revit两款软件。Maya与3ds Max的功能比较相似，但Maya更擅长于人物角色等高模的制作，广告影视公司和游戏公司一般用Maya，而效果图公司和建筑动画公司一般用3ds Max；Revit是Autodesk公司一套系列软件的名称，是专为建筑信息模型（BIM）构建的，可以帮助建筑设计师设计、建造和维护质量更好、能效更高的建筑，Revit是我国建筑业BIM体系中使用非常广泛的软件。除了Maya和Revit以外，还有一些其他的建模软件，如ZBrush（用于雕刻各种角色模型）、Rhino（用于设计珠宝、气模、建筑、鞋模和船舶等）和SketchUp（用于城市规划设计、园林景观设计、建筑方案设计、室内设计、工业设计和游戏动漫设计）等。

    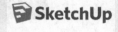

## 如何理解建模思路

　　建模思路可以理解为"结构重组"的过程。任何对象都是有组织结构的，就像人一样，例如，在创建人体模型时，就需要先对人的头部、四肢和结构比例进行了解，然后对这些部位进行分块制作，最后组合成一个完整的人体模型。在实际工作中，建模思路适用于任一建模技术，大部分的模型都不能立刻创建出一个整体，都要进行结构重组。建模思路理解起来比较简单，但是在工作中，对于不同的分解方法，所对应的建模难度和效率也不同，这些都是经验问题，所以要学好建模，就得多练习，多思考，没有任何捷径可言。

# 第4章

# 内置几何体建模

内置几何体建模是3ds Max基础的建模功能，也是非常重要的建模功能之一，这是学习3ds Max必须掌握的技术。在内置几何体中，标准基本体的使用频率非常高，很多复杂模型都是从制作标准基本体开始的。当然，扩展基本体中的有些功能也经常被用到，还有门、窗、楼梯、复合对象这些功能。在学习的过程中，不一定要面面俱到，大家可以根据自己的工作需求进行选择学习。

※ 标准基本体　　　　　　　　　※ mental ray代理对象
※ 扩展基本体　　　　　　　　　※ AEC扩展
※ 门　　　　　　　　　　　　　※ 楼梯
※ 窗　　　　　　　　　　　　　※ 复合对象

# 4.1 内置几何体建模思路分析

建模是创作作品的开始，而内置几何体的创建和应用是一切建模的基础，可以在创建内置模型的基础上进行修改，以得到想要的模型。在"创建"面板下提供了很多内置几何体模型，如图4-1所示。

图4-1

图4-2~图4-7中的作品都是用内置几何体创建出来的，因为这些模型并不复杂，使用基本几何体就可以创建出来，下面依次对各图进行分析。

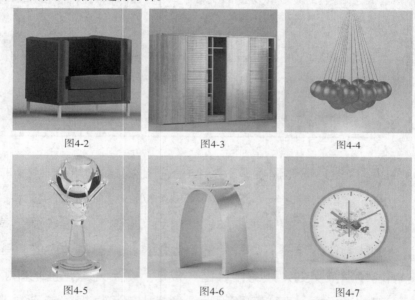

| 图4-2 | 图4-3 | 图4-4 |
|---|---|---|

| 图4-5 | 图4-6 | 图4-7 |
|---|---|---|

❖ 图4-2：场景中的沙发可以使用内置模型中的切角长方体进行制作，沙发腿部分可以使用圆柱体进行制作。
❖ 图4-3：衣柜看起来很复杂，制作起来却很简单，可以完全使用长方体进行拼接而成。
❖ 图4-4：这个吊灯全是用球体与样条线组成的，因此使用内置模型可以快速地创建出来。
❖ 图4-5：奖杯的制作使用到了多种内置几何体，例如，球体、圆环、圆柱体、圆锥体等。
❖ 图4-6：这个茶几表面使用到了切角圆柱体，而茶几的支撑部分则可以使用样条线创建出来。
❖ 图4-7：钟表的外框使用到了管状体，指针和刻度使用长方体来制作即可，表盘则可以使用圆柱体进行制作。

# 4.2 标准基本体

标准基本体是3ds Max中自带的一些模型，用户可以直接创建出这些模型。在"创建"面板中单击"几何体"按钮◎，然后在下拉列表中选择几何体类型为"标准基本体"。标准基本体包含10种对象类型，分别是长方体、圆锥体、球体、几何球体、圆柱体、管状体、圆环、四棱锥、茶壶和平面，如图4-8所示。

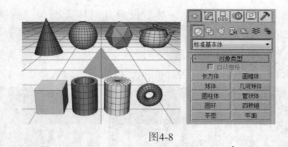

图4-8

# 4.2.1 长方体

### 功能介绍

长方体是建模中常用的几何体，现实中与长方体接近的物体很多。可以直接使用长方体创建出很多模型，例如，方桌、墙体等，同时还可以将长方体用作多边形建模的基础物体，其参数设置面板如图4-9所示。

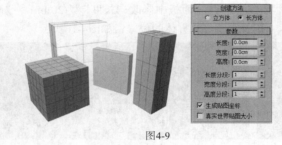

图4-9

### 参数详解

❖   立方体：直接创建立方体模型

❖   长方体：通过确定长、宽、高来创建长方体模型。

❖   长度/宽度/高度：这3个参数决定了长方体的外形，用来设置长方体的长度、宽度和高度。

❖   长度分段/宽度分段/高度分段：这3个参数用来设置沿着对象每个轴的分段数量。

❖   生成贴图坐标：自动产生贴图坐标。

❖   真实世界贴图大小：不勾选此项时，贴图大小符合创建对象的尺寸；勾选此项后，贴图大小由绝对尺寸决定。

# 【练习4-1】用"长方体"制作电视柜

本练习的电视柜效果如图4-10所示。

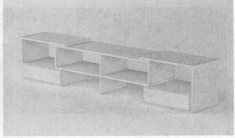

图4-10

**01** 在"创建"面板中单击"几何体"按钮 ⬤ ，然后设置几何体类型为"标准基本体"，接着单击"长方体"按钮 长方体 ，如图4-11所示，最后在视图中拖曳光标创建一个长方体，如图4-12所示。

**02** 在"命令"面板中单击"修改"按钮 📐 ，进入"修改"面板，然后在"参数"卷展栏下设置"长度"为500mm、"宽度"为350mm、"高度"为150mm，具体参数设置如图4-13所示。

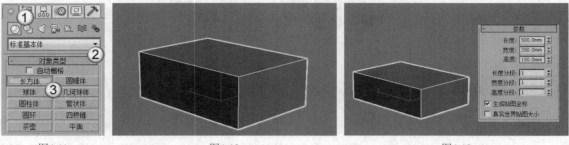

图4-11                图4-12                图4-13

**03** 切换到左视图，用"选择并移动"工具 ✥ 选择长方体，然后按住Shift键在前视图中向右移动复制一个长方体，如图4-14所示。

**04** 选择复制出的长方体，然后在"修改"面板中修改"长度"为20mm、"高度"为400mm，保持"宽度"不变，如图4-15所示，接着调整好长方体的位置，如图4-16所示。

图4-14                图4-15                图4-16

**05** 在左视图中将最先创建的长方体沿y轴向上复制一个，如图4-17所示，然后在"修改"面板中修改"长度"为550mm、"高度"为20mm，保持"宽度"不变，最后调整长方体的位置，如图4-18所示。

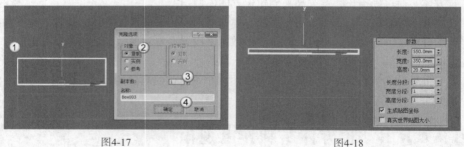

图4-17                图4-18

**06** 继续将第1个长方体沿y轴向下复制一个，如图4-19所示，然后在"修改"面板中修改"长度"为520mm、"高度"为10mm，保持"宽度"不变，最后调整好长方体的位置，如图4-20所示。

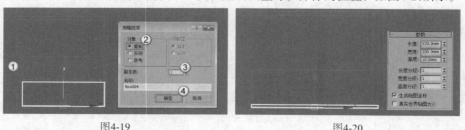

图4-19                图4-20

**07** 使用"长方体"工具 长方体 创建一个长方体，然后在"参数"卷展栏下设置"长度"为480mm、"宽度"为10mm、"高度"为130mm，模型位置如图4-21所示。

08 在透视图中选择所有长方体，然后单击"镜像"工具按钮■，打开"镜像:世界坐标"对话框，接着设置"镜像轴"为y轴、"偏移"为1500mm、"克隆当前选择"为"复制"，如图4-22所示，镜像后的效果如图4-23所示。

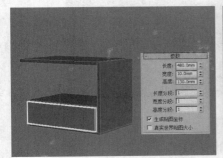
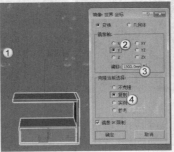
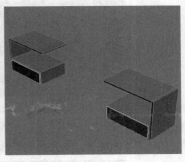

图4-21           图4-22           图4-23

提示

在选择长方体时，可以使用框选的方法，也可以先选择一个，然后按住Ctrl键使用鼠标左键单击其他的对象进行加选。

09 继续使用"长方体"工具 长方体 创建一个长方体，然后在"参数"卷展栏下设置"长度"为1100mm、"宽度"为350mm、"高度"为20mm，如图4-24所示，长方体在左视图中的位置如图4-25所示。

10 选择上一步创建的长方体，然后在左视图中沿y轴向下复制一个长方体，如图4-26所示。

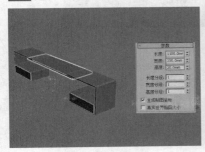

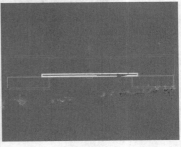

图4-24           图4-25           图4-26

11 使用"长方体"工具 长方体 创建一个长方体，然后在"参数"卷展栏下设置"长度"为20mm、"宽度"为350mm、"高度"为190mm，如图4-27所示，长方体在左视图中的位置如图4-28所示。

12 切换到左视图，将上一步创建的长方体沿x轴向左复制两个，长方体的位置如图4-29所示。

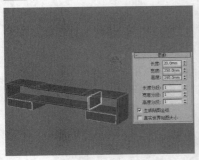
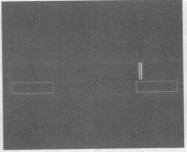
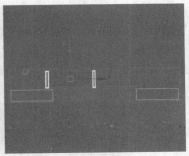

图4-27           图4-28           图4-29

13 选择图4-30中的长方体，然后将其沿y轴向下复制一个，接着保持"长度"和"宽度"不变，修改"高度"为150mm，长方体的具体位置如图4-31所示。

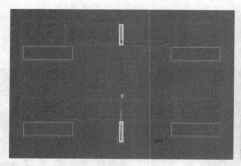
图4-30

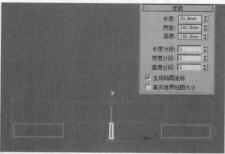
图4-31

**14** 将上一步中新复制的长方体沿y轴向下继续复制一个，然后保持"长度"和"宽度"不变，修改"高度"为10mm，长方体的具体位置如图4-32所示，最终效果如图4-33所示。

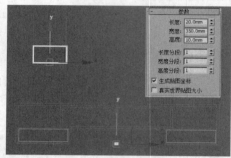
图4-32

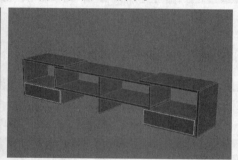
图4-33

## 【练习4-2】用"长方体"制作简约书架

本练习的简约书架效果如图4-34所示。

图4-34

**01** 使用"长方体"工具 长方体 在场景中创建一个长方体，然后在"参数"卷展栏下设置"长度"为400mm、"宽度"为35mm、"高度"为10mm，如图4-35所示。

**02** 继续使用"长方体"工具 长方体 在场景中创建一个长方体，然后在"参数"卷展栏下设置"长度"为35mm、"宽度"为200mm、"高度"为10mm，具体参数设置及模型位置如图4-36所示。

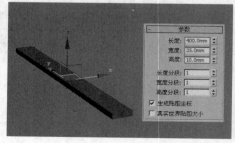
图4-35

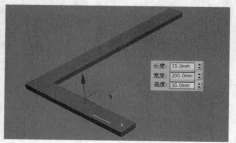
图4-36

**03** 用"选择并移动"工具 ⊕ 选择步骤01创建的长方体，然后按住Shift键在顶视图中向右移动复制一个长方体到图4-37所示的位置。

**04** 使用"长方体"工具 长方体 在场景中创建一个长方体，然后在"参数"卷展栏下设置"长度"为160mm、"宽度"为10mm、"高度"为10mm，具体参数设置及模型位置如图4-38所示。

**05** 用"选择并移动"工具 ⊕ 选择上一步创建的长方体，然后按住Shift键在顶视图中向右移动复制两个长方体到图4-39所示的位置。

 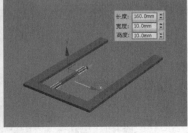 

| 图4-37 | 图4-38 | 图4-39 |

**06** 用"选择并移动"工具 ⊕ 选择步骤03创建的长方体，然后按住Shift键在顶视图中向上移动复制一个长方体到图4-40所示的位置。

**07** 按Ctrl+A组合键全选场景中的模型，然后执行"组>组"菜单命令，接着在弹出的"组"对话框中单击"确定"按钮 确定 ，如图4-41所示。

**08** 选择"组001"，然后在"选择并旋转"工具 ⊙ 上单击鼠标右键，接着在弹出的"旋转变换输入"对话框中设置"绝对:世界"的$x$为-55°，如图4-42所示。

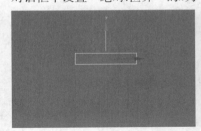 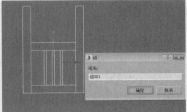 

| 图4-40 | 图4-41 | 图4-42 |

**09** 选择"组001"，然后单击"镜像"工具 ，接着在弹出的"镜像:世界坐标"对话框中设置"镜像轴"为$y$轴、"偏移"为90mm，再设置"克隆当前选择"为"复制"，最后单击"确定"按钮 确定 ，如图4-43所示，最终效果如图4-44所示。

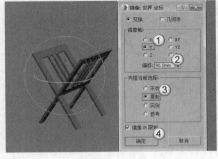 

| 图4-43 | 图4-44 |

## 4.2.2　圆锥体

### 功能介绍

圆锥体在现实生活中经常看到，如冰激凌的外壳、吊坠等。圆锥体的参数设置面板如图4-45所示。使用该工具可以创建圆锥、圆台、棱锥和棱台。

- ❖ 边：按照边来绘制圆锥体，通过移动鼠标可以更改中心位置。
- ❖ 中心：从中心开始绘制圆锥体。
- ❖ 半径1/2：设置圆锥体的第1个半径和第2个半径，两个半径的最小值都是0。
- ❖ 高度：设置沿着中心轴的维度。负值将在构造平面下面创建圆锥体。
- ❖ 高度分段：设置沿着圆锥体主轴的分段数。
- ❖ 端面分段：设置围绕圆锥体顶部和底部的中心的同心分段数。

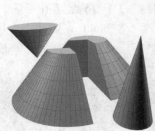

图4-45

- ❖ 边数：设置圆锥体周围的边数。
- ❖ 平滑：混合圆锥体的面，从而在渲染视图中创建平滑的外观。
- ❖ 启用切片：控制是否开启"切片"功能。
- ❖ 切片起始/结束位置：设置从局部x轴的零点开始围绕局部z轴的度数。

—— 提示 ——

对于"切片起始位置"和"切片结束位置"这两个选项，正数值将按逆时针移动切片的末端；负数值将按顺时针移动切片的末端。

## 4.2.3 球体

### 功能介绍

球体也是现实生活中常见的物体。在3ds Max中，可以创建完整的球体，也可以创建半球体或球体的其他部分，其参数设置面板如图4-46所示。

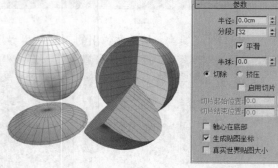

图4-46

### 参数详解

- ❖ 半径：指定球体的半径。
- ❖ 分段：设置球体多边形分段的数目。分段越多，球体越圆滑，反之则越粗糙，图4-47是"分段"值分别为8和32时的球体对比。
- ❖ 平滑：混合球体的面，从而在渲染视图中创建平滑的外观。
- ❖ 半球：该值过大将从底部"切断"球体，以创建部分球体，取值范围可以从0~1。值为0可以生成完整的球体；值为0.5可以生成半球，如图4-48所示；值为1会使球体消失。

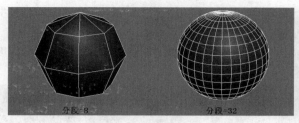
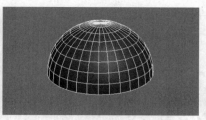

图4-47                           图4-48

❖ 切除：通过在半球断开时将球体中的顶点数和面数"切除"来减少它们的数量。

❖ 挤压：保持原始球体中的顶点数和面数，将几何体向着球体的顶部挤压为越来越小的体积。

❖ 轴心在底部：在默认情况下，轴点位于球体中心的构造平面上，如图4-49所示。如果勾选"轴心在底部"选项，则会将球体沿着其局部z轴向上移动，使轴点位于其底部，如图4-50所示。

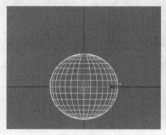

图4-49                           图4-50

## 【练习4-3】用"球体"制作简约吊灯

本练习的吊灯效果如图4-51所示。

图4-51

**01** 在"创建"面板中单击"球体"按钮 球体，然后在视图中单击鼠标左键并拖曳鼠标创建一个球体，如图4-52所示。

**02** 切换到"修改"面板，然后在"参数"卷展栏下设置"半径"为100mm、"分段"为32，如图4-53所示。

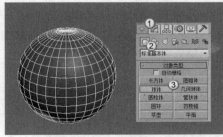
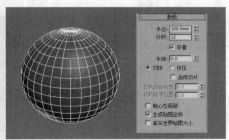

图4-52                           图4-53

**03** 在球体的正上方创建一个圆柱体，然后设置"半径"为45mm、"高度"为25mm、"高度分段"为1、"端面分段"为1、"边数"为36，圆柱体在前视图中的位置如图4-54所示。

**04** 切换到前视图，然后将圆柱体沿y轴向上复制一个，接着修改"半径"为2.5mm、"高度"为500mm，圆柱体的位置如图4-55所示，最终效果如图4-56所示。

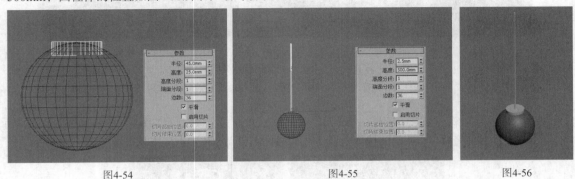

图4-54 　　　　　　　　　　　　　　　　图4-55 　　　　　　　　　　　　　　图4-56

---
提示

因为吊线和灯座都是圆柱体，通过复制底座将其修改成吊线，可以节约创建吊线的时间。

## 4.2.4　几何球体

### 功能介绍

该功能可以创建由三角面拼接而成的球体或半球体，它不像球体那样可以控制切片局部的大小。几何球体的形状与球体的形状很接近，学习了球体的参数之后，几何球体的参数便不难理解了，如图4-57所示。

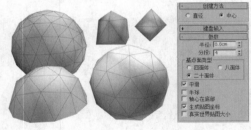

图4-57

### 参数详解

❖ 直径：按照边来绘制几何球体，通过移动鼠标可以更改中心位置。

❖ 中心：从中心开始绘制几何球体。

❖ 基点面类型：选择几何球体表面的基本组成单位类型，可供选择的有"四面体""八面体""二十面体"，如图4-58所示分别是这3种基点面的效果。

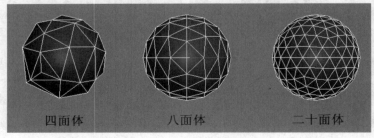

四面体　　　　　　　　八面体　　　　　　　二十面体

图4-58

❖ 平滑：勾选该选项后，创建出来的几何球体的表面就是光滑的；如果关闭该选项，效果则反之，如图4-59所示。

❖ 半球：若勾选该选项，创建出来的几何球体会是一个半球体，如图4-60所示。

图4-59

图4-60

提示

几何球体与球体在创建出来之后可能很相似，但几何球体是由三角面构成的，而球体是由四角面构成的，如图4-61所示。

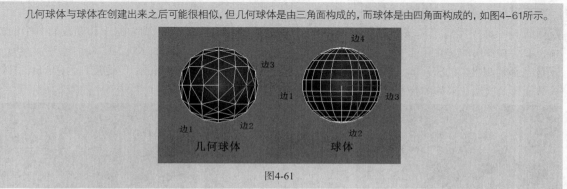

图4-61

## 4.2.5 圆柱体

### 功能介绍

圆柱体在现实中很常见，如玻璃杯和桌腿等，制作由圆柱体构成的物体时，可以先将圆柱体转换成可编辑多边形，然后对细节进行调整。圆柱体的参数如图4-62所示。

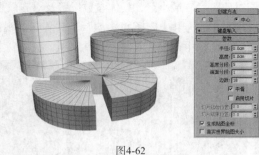

图4-62

### 参数详解

❖ 半径：设置圆柱体的半径。

❖ 高度：设置沿着中心轴的维度。负值将在构造平面下面创建圆柱体。

❖ 高度分段：设置沿着圆柱体主轴的分段数量。

❖ 端面分段：设置围绕圆柱体顶部和底部的中心的同心分段数量。

❖ 边数：设置圆柱体周围的边数。

## 【练习4-4】用"圆柱体"制作圆桌

本练习的圆桌效果如图4-63所示。

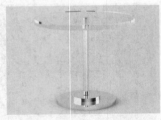

图4-63

**01** 下面制作桌面。在"创建"面板中单击"圆柱体"按钮 圆柱体 ，然后在场景中拖曳光标创建一个圆柱体，接着在"参数"卷展栏下设置"半径"为55mm、"高度"为2.5mm、"边数"为30，具体参数设置及模型效果如图4-64所示。

**02** 选择桌面模型，然后按住Shift键使用"选择并移动"工具 在前视图中向下移动复制一个圆柱体，接着在弹出的"克隆选项"对话框中设置"对象"为"复制"，如图4-65所示。

**03** 选择复制出来的圆柱体，然后在"参数"卷展栏下设置"半径"为3mm、"高度"为60mm，具体参数设置及模型效果如图4-66所示。

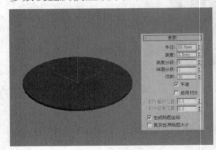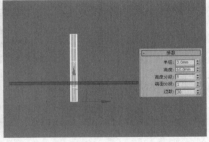

图4-64    图4-65    图4-66

**04** 切换到前视图，选择复制出来的圆柱体，在"主工具栏"中单击"对齐"按钮 ，然后单击最先创建的圆柱体，如图4-67所示，接着在弹出的对话框中设置"对齐位置（屏幕）"为"y位置"、"当前对象"为"最大"、"目标对象"为"最小"，具体参数设置及对齐效果如图4-68所示。

**05** 选择桌面模型，然后按住Shift键使用"选择并移动"工具 在前视图中向下移动复制一个圆柱体，接着在弹出的"克隆选项"对话框中设置"对象"为"复制"、"副本数"为2，如图4-69所示。

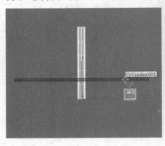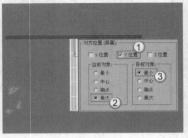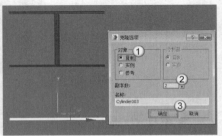

图4-67    图4-68    图4-69

**06** 选择中间的圆柱体，然后将"半径"修改为15mm，接着将最下面的圆柱体的"半径"修改为25mm，如图4-70所示。

**07** 采用步骤04的方法用"对齐"工具 在前视图中将圆柱体进行对齐，完成后的效果如图4-71所示，最终效果如图4-72所示。

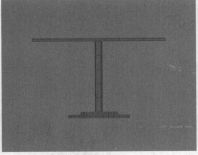

图4-70　　　　　　　　　　图4-71　　　　　　　　　　图4-72

## 4.2.6　管状体

### 功能介绍

　　管状体的外形与圆柱体相似，不过管状体是空心的，因此管状体有两个半径，即外径（半径1）和内径（半径2）。管状体的参数如图4-73所示。

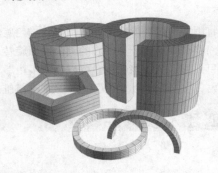

图4-73

### 参数详解

❖　　半径1/半径2："半径1"是指管状体的外径，"半径2"是指管状体的内径，如图4-74所示。

图4-74

❖　　高度：设置沿着中心轴的维度。负值将在构造平面下面创建管状体。

❖　　高度分段：设置沿着管状体主轴的分段数量。

❖　　端面分段：设置围绕管状体顶部和底部的中心的同心分段数量。

❖　　边数：设置管状体周围的边数。

## 4.2.7 圆环

### 功能介绍

圆环可以用于创建环形或具有圆形横截面的环状物体。圆环的参数如图4-75所示。

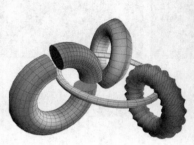

### 参数详解

图4-75

- ❖ 半径1：设置从环形的中心到横截面圆形的中心的距离，这是环形环的半径。
- ❖ 半径2：设置横截面圆形的半径。
- ❖ 旋转：设置旋转的度数，顶点将围绕通过环形环中心的圆形非均匀旋转。
- ❖ 扭曲：设置扭曲的度数，横截面将围绕通过环形中心的圆形逐渐旋转。
- ❖ 分段：设置围绕环形的分段数目。通过减小该数值，可以创建多边形环，而不是圆形。
- ❖ 边数：设置环形横截面圆形的边数。通过减小该数值，可以创建类似于棱锥的横截面，而不是圆形。

## 【练习4-5】用"圆环"创建木质饰品

本练习的木质饰品效果如图4-76所示。

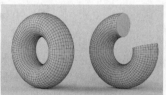

图4-76

**01** 在"创建"面板中单击"圆环"按钮 圆环 ，然后在左视图中拖曳光标创建一个圆环，然后在"参数"卷展栏下设置"半径1"为20mm、"半径2"为10mm、"边数"为32，具体参数设置及模型效果如图4-77所示。

**02** 切换到前视图，然后按住Shift键使用"选择并移动"工具 ✥ 向右移动复制一个圆环，如图4-78所示。

**03** 选择复制出来的圆环，在"参数"卷展栏下将"扭曲"修改为-400，此时圆环的表面会变成扭曲状，如图4-79所示。

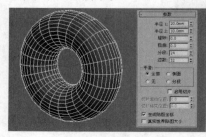
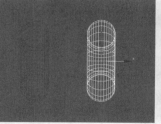
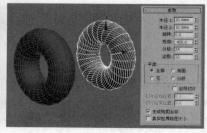

图4-77　　　　　　　　　　图4-78　　　　　　　　　　图4-79

**04** 在"参数"卷展栏下将"旋转"修改为70,此时圆环的表面会产生旋转效果(从布线上可以观察到旋转效果),如图4-80所示。

**05** 若要切掉一段圆环,可以先勾选"启用切片"选项,然后适当修改"切片起始位置"选项的数值(这里设置为270),如图4-81所示。

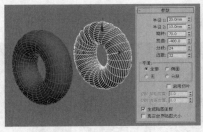
图4-80

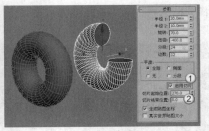
图4-81

## 【练习4-6】用"管状体"和"圆环"制作水杯

本练习的水杯效果如图4-82所示。

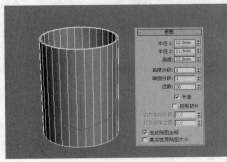

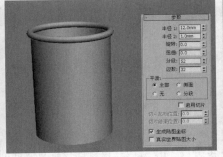

图4-82

**01** 在"创建"面板中单击"管状体"按钮 管状体 ,然后在场景中创建一个管状体,接着在"参数"卷展栏下设置"半径1"为12mm、"半径2"为11.5mm、"高度"为32mm、"高度分段"为1、"边数"为30,具体参数设置及模型效果如图4-83所示。

**02** 在"创建"面板中单击"圆环"按钮 圆环 ,然后在顶视图中创建一个圆环,接着在"参数"卷展栏下设置"半径1"为12mm、"半径2"为1mm、"分段"为52,具体参数设置及模型位置如图4-84所示。

**03** 使用"选择并移动"工具 ✛ 选择圆环,然后按住Shift键在前视图中向下移动复制一个圆环到管状体的底部,如图4-85所示。

图4-83

图4-84

图4-85

**04** 继续使用"圆环"工具 圆环 在左视图中创建一个圆环作为把手的上半部分，然后在"参数"卷展栏下设置"半径1"为6.5mm、"半径2"为1.8mm、"分段"为50，具体参数设置及模型位置如图4-86所示。

**05** 使用"选择并移动"工具 ⊕ 选择上一步创建的圆环，然后按住Shift键在左视图中向下移动复制一个圆环，如图4-87所示，接着在"参数"卷展栏下将"半径1"修改为3.5mm、将"半径2"修改为1mm，效果如图4-88所示。

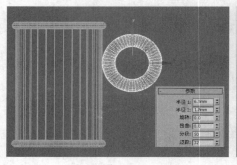 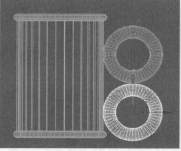 

图4-86　　　　　　　　　　　　图4-87　　　　　　　　　　　　图4-88

**06** 使用"圆柱体"工具 圆柱体 在杯子底部创建一个圆柱体，然后在"参数"卷展栏下设置"半径"为12mm、"高度"为1.5mm、"高度分段"为1、"边数"为30，具体参数设置及模型位置如图4-89所示，最终效果如图4-90所示。

图4-89　　　　　　　　　　　　图4-90

## 4.2.8　四棱锥

### 功能介绍

四棱锥的底面是正方形或矩形，侧面是三角形。
四棱锥的参数如图4-91所示。

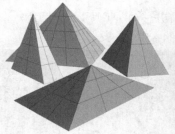

图4-91

### 参数详解

❖　宽度/深度/高度：设置四棱锥对应面的维度。

❖　宽度分段/深度分段/高度分段：设置四棱锥对应面的分段数。

## 4.2.9 茶壶

### 功能介绍

茶壶在室内场景中是经常使用到的一个物体，使用"茶壶"工具 <u>茶壶</u> 可以方便快捷地创建出一个精度较低的茶壶。茶壶的参数如图4-92所示。

图4-92

### 参数详解

❖ 半径：设置茶壶的半径。

❖ 分段：设置茶壶或其单独部件的分段数。

❖ 平滑：混合茶壶的面，从而在渲染视图中创建平滑的外观。

❖ 茶壶部件：选择要创建的茶壶的部件，包含"壶体""壶把""壶嘴""壶盖"4个部件，如图4-93所示是一个完整的茶壶与缺少相应部件的茶壶。

图4-93

## 4.2.10 平面

### 功能介绍

平面在建模过程中使用的频率非常高，例如，墙面和地面等。平面的参数如图4-94所示。

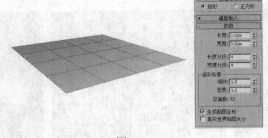

图4-94

### 参数详解

❖ 长度/宽度：设置平面对象的长度和宽度。

❖ 长度分段/宽度分段：设置沿着对象每个轴的分段数量。

在默认情况下创建出来的平面是没有厚度的，如果要让平面产生厚度，需要为平面加载"壳"修改器，然后适当调整"内部量"和"外部量"数值即可，如图4-95所示。关于修改器的用法，将在后面的章节中进行讲解。

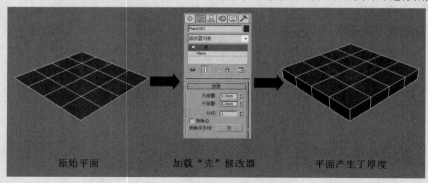

原始平面　　　　　　加载"壳"修改器　　　　　　平面产生了厚度

图4-95

## 【练习4-7】用标准基本体制作一组石膏几何体

本练习的石膏效果如图4-96所示。

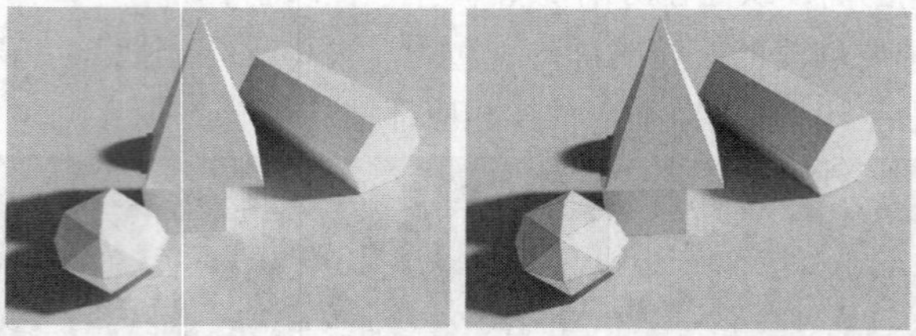

图4-96

**01** 使用"长方体"工具 长方体 在视图中创建一个长方体，然后在"参数"卷展栏下设置"长度""宽度""高度"都为45mm，具体参数设置及模型效果如图4-97所示。

**02** 使用"四棱锥"工具 四棱锥 在长方体顶部创建一个四棱锥，然后在"参数"卷展栏下设置"宽度"为60mm、"深度"为60mm、"高度"为80mm，具体参数设置及模型位置如图4-98所示。

**03** 使用"圆柱体"工具 圆柱体 在左视图中创建一个圆柱体，然后在"参数"卷展栏下设置"半径"为30mm、"高度"为120mm、"高度分段"为1、"边数"为6，接着关闭"平滑"选项，具体参数设置及模型位置如图4-99所示。

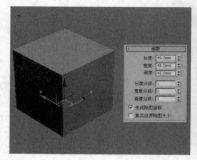
图4-97

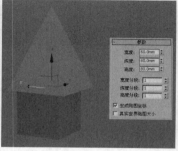
图4-98

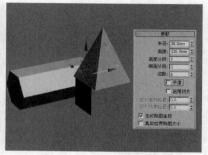
图4-99

**04** 使用"几何球体"工具 几何球体 在场景中创建一个几何球体，然后在"参数"卷展栏下设置"半径"为28mm、"分段"为2、"基点面类型"为"八面体"，接着关闭"平滑"选项，具体参数设置及模型位置如图4-100所示。

**05** 使用"平面"工具 <u>平面</u> 在场景中创建一个平面，然后在"参数"卷展栏下设置"长度"为500mm、"宽度"为600mm，具体参数设置及模型位置如图4-101所示，最终效果如图4-102所示。

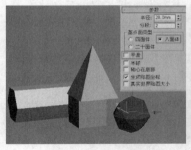
图4-100

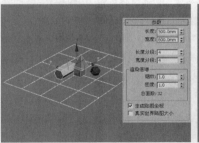
图4-101

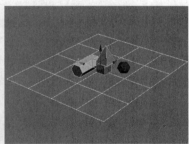
图4-102

## 【练习4-8】用标准基本体制作积木

本练习的积木效果如图4-103所示。

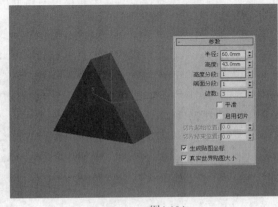

图4-103

**01** 使用"圆柱体"工具 <u>圆柱体</u> 在顶视图中创建一个圆柱体，然后在"参数"卷展栏下设置"半径"为60mm、"高度"为43mm、"高度分段"为1、"边数"为3，具体参数设置及模型效果如图4-104所示。

**02** 选择上一步创建的圆柱体，然后将其复制两个到图4-105所示的位置。

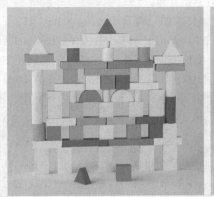
图4-104

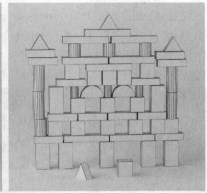
图4-105

— 提示 —

这个实例是一个专门针对"标准基本体"相关工具的综合练习实例。

## 技术专题：修改对象的颜色

这里介绍一下如何修改几何体对象在视图中的显示颜色。以图4-106中的3个圆柱体为例，原本复制出来的圆柱体颜色应该是与原始圆柱体的颜色相同。为了将对象区分开，可以先选择复制出来的两个圆柱体，然后在"修改"面板左上部单击"颜色"图标■，打开"对象颜色"对话框，在这里可以选择预设的颜色，也可以自定义颜色，如图4-107所示。

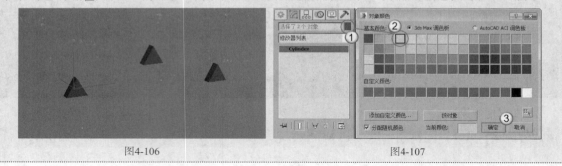

图4-106                    图4-107

03 使用"长方体"工具 长方体 在场景中创建一个长方体，然后在"参数"卷展栏下设置"长度"为40mm、"宽度"为260mm、"高度"为60mm，具体参数设置及模型位置如图4-108所示。

04 使用"选择并移动"工具✥选择上一步创建的长方体，然后复制两个长方体到图4-109所示的位置。

05 使用"长方体"工具 长方体 在场景中创建一个长方体，然后在"参数"卷展栏下设置"长度"为43mm、"宽度"为165mm、"高度"为60mm，具体参数设置及模型位置如图4-110所示。

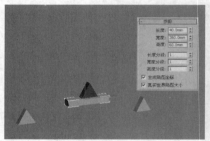
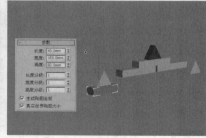

图4-108                    图4-109                    图4-110

06 使用"选择并移动"工具✥选择上一步创建的长方体，然后复制3个长方体到图4-111所示的位置。

07 使用"圆柱体"工具 圆柱体 在场景中创建一个圆柱体，然后在"参数"卷展栏下设置"半径"为35mm、"高度"为80mm、"高度分度"为1，接着复制两个圆柱体，具体参数设置及模型位置如图4-112所示。

08 将步骤03中创建的长方体复制3个到图4-113所示的位置。

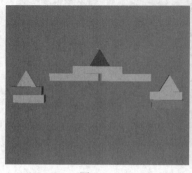
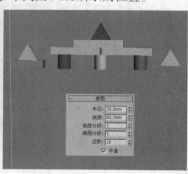
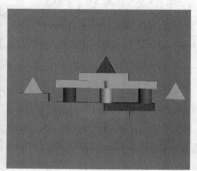

图4-111                    图4-112                    图4-113

09 使用"长方体"工具 长方体 在场景中创建一个长方体，然后在"参数"卷展栏下设置"长度"为90mm、"宽度"为80mm、"高度"为55mm，接着复制4个长方体，具体参数设置及模型位置如图4-114所示。

**10** 使用"圆柱体"工具 <u>圆柱体</u> 在场景中创建一个圆柱体，然后在"参数"卷展栏下设置"半径"为32mm、"高度"为160mm、"高度分段"为1，接着复制3个圆柱体，具体参数设置及模型位置如图4-115所示。

**11** 继续使用"圆柱体"工具 <u>圆柱体</u> 在场景中创建一个圆柱体，然后在"参数"卷展栏下设置"半径"为22mm、"高度"为75mm、"高度分段"为1，接着复制两个圆柱体，具体参数设置及模型位置如图4-116所示。

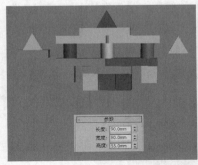
图4-114

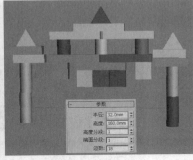
图4-115

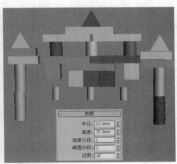
图4-116

**12** 使用"圆柱体"工具 <u>圆柱体</u> 在前视图中创建一个圆柱体，然后在"参数"卷展栏下设置"半径"为65mm、"高度"为42mm、"高度分段"为1，接着勾选"启用切片"选项，并设置"切片起始位置"为180，最后复制一个圆柱体，具体参数设置及模型位置如图4-117所示。

**13** 将前面制作的几何体复制一些到下部，完成后的积木效果如图4-118所示。

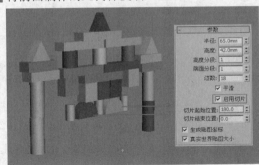
图4-117

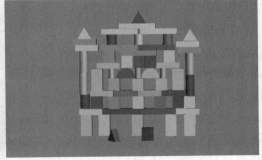
图4-118

**14** 使用"平面"工具 <u>平面</u> 在积木底部创建一个平面，然后在"参数"卷展栏下设置"长度"为1200mm、"宽度"为1500mm、"长度分段"为1、"宽度分段"为1，具体参数设置及模型位置如图4-119所示，最终效果如图4-120所示。

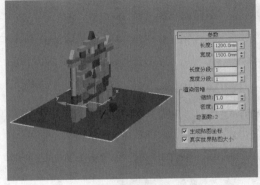
图4-119

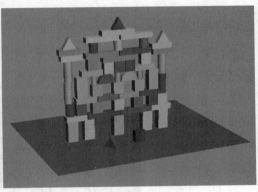
图4-120

# 4.3 扩展基本体

　　"扩展基本体"是基于"标准基本体"的一种扩展物体，共有13种，分别是异面体、环形结、切角长方体、切角圆柱体、油罐、胶囊、纺锤、L-Ext、球棱柱、C-Ext、环形波、软管和棱柱，如图4-121所示。

　　有了这些扩展基本体，就可以快速地创建出一些简单的模型，如使用"软管"工具 软管 制作冷饮吸管、用"油罐"工具 油罐 制作货车油罐、用"胶囊"工具 胶囊 制作胶囊药物等，如图4-122所示是所有的扩展基本体。

图4-121

图4-122

## 4.3.1 异面体

**功能介绍**

　　异面体是一种很典型的扩展基本体，可以用它来创建四面体、立方体和星形等。异面体的参数如图4-123所示。

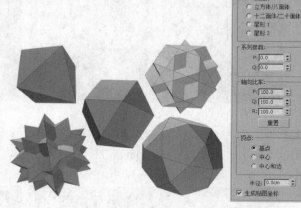
图4-123

**参数详解**

❖　系列：在这个选项组下可以选择异面体的类型，如图4-124所示是5种异面体效果。

图4-124

126

❖ 系列参数：P、Q两个选项主要用来切换多面体顶点与面之间的关联关系，其数值范围是 0~1。

❖ 轴向比率：多面体可以拥有多达3种多面体的面，如三角形、方形或五角形。这些面可以是规则的，也可以是不规则的。如果多面体只有一种或两种面，则只有一个或两个轴向比率参数处于活动状态，不活动的参数不起作用。P、Q、R控制多面体一个面反射的轴。如果调整了参数，单击"重置"按钮 重置 可以将P、Q、R的数值恢复到默认值100。

❖ 顶点：这个选项组中的参数决定多面体每个面的内部几何体。"中心"和"中心和边"选项会增加对象中的顶点数，从而增加面数。

❖ 半径：设置任何多面体的半径。

## 【练习4-9】用"异面体"制作风铃

本练习的风铃效果如图4-125所示。

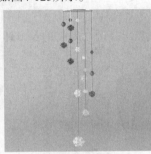

图4-125

**01** 设置几何体类型为"扩展基本体"，然后使用"切角圆柱体"工具 切角圆柱体 在场景中创建一个切角圆柱体，接着在"参数"卷展栏下设置"半径"为45mm、"高度"为1mm、"圆角"为0.3、"高度分段"为1、"边数"为30，具体参数设置及模型效果如图4-126所示。

**02** 使用"选择并移动"工具 ✛ 选择上一步创建的切角圆柱体，然后移动复制一个圆柱体到上方，接着在"参数"卷展栏下将"半径"修改为12mm、"圆角"修改为0.2mm，具体参数设置及模型位置如图4-127所示。

**03** 设置几何体类型为"标准基本体"，然后使用"圆柱体"工具 圆柱体 在场景中创建一个圆柱体，接着在"参数"卷展栏下设置"半径"为1.5mm、"高度"为80mm、"高度分段"为1、"边数"为30，具体参数设置及模型位置如图4-128所示。

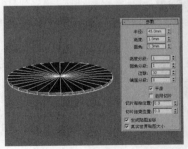

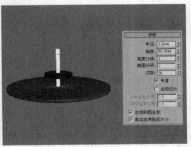

图4-126                           图4-127                           图4-128

**04** 继续使用"圆柱体"工具 圆柱体 在比较大的切角圆柱体边缘创建一些高度不一的圆柱体作为吊线，完成后的效果如图4-129所示。

**05** 设置几何体类型为"扩展基本体"，然后使用"异面体"工具 异面体 在场景中创建4个异面体，具体参数设置如图4-130所示。

**06** 将创建的异面体复制一些到吊线上，最终效果如图4-131所示。

图4-129

图4-130

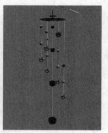
图4-131

## 4.3.2 切角长方体

### 功能介绍

切角长方体是长方体的扩展物体，可以快速创建出带圆角效果的长方体。切角长方体的参数如图4-132所示。

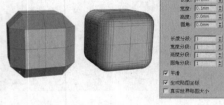
图4-132

### 参数详解

❖ 长度/宽度/高度：用来设置切角长方体的长度、宽度和高度。

❖ 圆角：切开倒角长方体的边，以创建圆角效果，如图4-133所示是长度、宽度和高度相等，而"圆角"值分别为1mm、3mm、6mm时的切角长方体效果。

图4-133

❖ 长度分段/宽度分段/高度分段：设置沿着相应轴的分段数量。

❖ 圆角分段：设置切角长方体圆角边时的分段数。

## 【练习4-10】用"切角长方体"制作餐桌椅

本练习的餐桌椅效果如图4-134所示。

图4-134

**01** 设置几何体类型为"扩展基本体"，然后使用"切角长方体"工具 切角长方体 在场景中创建一个切角长方体，接着在"参数"卷展栏下设置 "长度"为1200mm、"宽度"为40mm、"高度"为1200mm、"圆角"为0.4mm、"圆角分段"为3，具体参数设置及模型效果如图4-135所示。

**02** 按A键激活"角度捕捉切换"工具 ，然后按E键选择"选择并旋转"工具 ，接着按住Shift键在前视图中沿z轴旋转90°，在弹出的"克隆选项"对话框中设置"对象"为"实例"，最后单击"确定"按钮 确定 ，如图4-136所示。

**03** 使用"切角长方体"工具 切角长方体 在场景中创建一个切角长方体，然后在"参数"卷展栏下设置"长度"为1200mm、"宽度"为1200mm、"高度"为40mm、"圆角"为0.4mm、"圆角分段"为3，具体参数设置及模型位置如图4-137所示。

  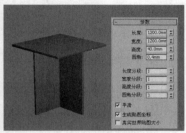

图4-135　　　　　　　　　　　图4-136　　　　　　　　　　　图4-137

**04** 继续使用"切角长方体"工具 切角长方体 在场景中创建一个切角长方体，然后在"参数"卷展栏下设置"长度"为850mm、"宽度"为850mm、"高度"为700mm、"圆角"为10mm、"圆角分段"为3，具体参数设置及模型位置如图4-138所示。

**05** 使用"切角长方体"工具 切角长方体 在场景中创建一个切角长方体，然后在"参数"卷展栏下设置"长度"为80mm、"宽度"为850mm、"高度"为500mm、"圆角"为8mm、"圆角分段"为2，具体参数设置及模型位置如图4-139所示。

**06** 使用"选择并旋转"工具 选择上一步创建的切角长方体，然后按住Shift键在前视图中沿z轴旋转90°，接着在弹出的"克隆选项"对话框中设置"对象"为"复制"，最后单击"确定"按钮 确定 ，如图4-140所示。

  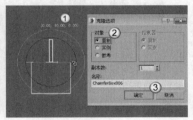

图4-138　　　　　　　　　　　图4-139　　　　　　　　　　　图4-140

**07** 使用"选择并移动"工具 选择上一步复制的切角长方体，然后将其调整到图4-141所示的位置。

**08** 选择椅子的所有部件，然后执行"组>组"菜单命令，接着在弹出的"组"对话框中单击"确定"按钮 确定 ，如图4-142所示。

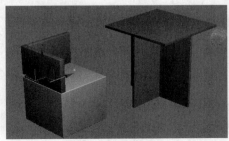 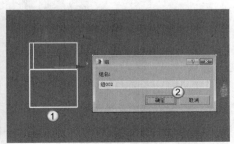

图4-141　　　　　　　　　　　　　　图4-142

09 选择"组002",然后按住Shift键使用"选择并移动"工具 ✥ 移动复制3组椅子,如图4-143所示。

10 使用"选择并移动"工具 ✥ 和"选择并旋转"工具 ⟳ 调整好各把椅子的位置和角度,最终效果如图4-144所示。

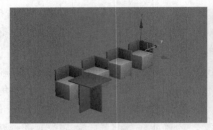 

图4-143　　　　　　　　　　　图4-144

---
提示

　　大家可能发现椅子上有黑色的色斑,这是由于创建模型时启用了"平滑"选项造成的,如图4-145所示。解决这种问题有以下两种方法。

第1种:关闭模型的"平滑"选项,模型会恢复正常,如图4-146所示。

第2种:为模型加载"平滑"修改器,模型也会恢复正常,如图4-147所示。

 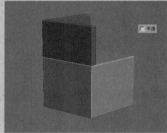 

图4-145　　　　　　　　图4-146　　　　　　　　图4-147

## 4.3.3　切角圆柱体

### 功能介绍

　　切角圆柱体是圆柱体的扩展物体,可以快速创建出带圆角效果的圆柱体。切角圆柱体的参数如图4-148所示。

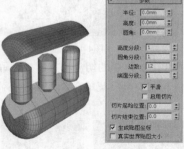

图4-148

### 参数详解

❖　半径:设置切角圆柱体的半径。

❖　高度:设置沿着中心轴的维度。负值将在构造平面下面创建切角圆柱体。

❖　圆角:斜切切角圆柱体的顶部和底部封口边。

❖　高度分段:设置沿着相应轴的分段数量。

❖ 圆角分段：设置切角圆柱体圆角边时的分段数。
❖ 边数：设置切角圆柱体周围的边数。
❖ 端面分段：设置沿着切角圆柱体顶部和底部的中心和同心分段的数量。

# 【练习4-11】用"切角圆柱体"制作简约茶几

本练习的简约茶几效果如图4-149所示。

图4-149

**01** 下面创建桌面模型。使用"切角圆柱体"工具 切角圆柱体 在场景中创建一个切角圆柱体，然后在"参数"卷展栏下设置"半径"为50mm、"高度"为20mm、"圆角"为1mm、"高度分段"为1、"圆角分段"为4、"边数"为24、"端面分段"为1，具体参数设置及模型效果如图4-150所示。

**02** 下面创建支架模型。设置几何体类型为"标准基本体"，然后使用"管状体"工具 管状体 在桌面的上边缘创建一个管状体，接着在"参数"卷展栏下设置"半径1"为50.5mm、"半径2"为48mm、"高度"为1.6mm、"高度分段"为1、"端面分段"为1、"边数"为36，再勾选"启用切片"选项，最后设置"切片起始位置"为-200、"切片结束位置"为53，具体参数设置及模型位置如图4-151所示。

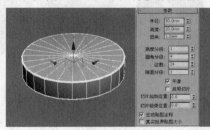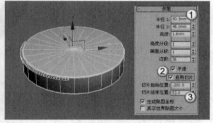

图4-150　　　　　　　　　　　　　　　　图4-151

**03** 使用"切角长方体"工具 切角长方体 在管状体末端创建一个切角长方体，然后在"参数"卷展栏下设置"长度"为2mm、"宽度"为2mm、"高度"为30mm、"圆角"为0.2mm、"圆角分段"为3，具体参数设置及模型位置如图4-152所示。

**04** 使用"选择并移动"工具 ✥ 选择上一步创建的切角长方体，然后按住Shift键的同时移动复制一个切角长方体到图4-153所示的位置。

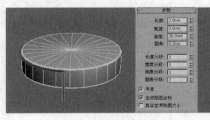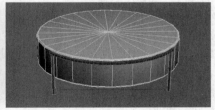

图4-152　　　　　　　　　　　　　　　　图4-153

---
### 提示
在复制对象到某个位置时，一般都不可能一步到位，这就需要调整对象的位置。调整对象位置需要在各个视图中进行调整。
---

**05** 使用"选择并移动"工具 ✥ 选择管状体，然后按住Shift键在左视图中向下移动复制一个管状体到图4-154所示的位置。

**06** 选择复制出来的管状体，然后在"参数"卷展栏下将"切片起始位置"修改为56、"切片结束位置"修改为-202，如图4-155所示，最终效果如图4-156所示。

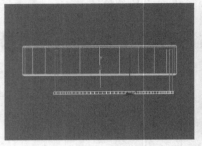  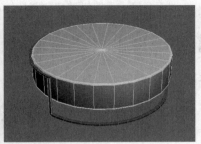

图4-154　　　　　　　　　　图4-155　　　　　　　　　　图4-156

# 4.3.4　环形结

## 功能介绍

这是扩展基本体中非常复杂的一个建模工具，可控制的参数很多，组合产生的效果也比较多。环形结可转化为NURBS表面对象。环形结的参数如图4-157所示。

图4-157

## 参数详解

① "基础曲线"选项组

❖ 结：选择该该项，环形将基于其他各种参数自身交织。

❖ 圆：选择该项，基础曲线将是圆形的，如果在其默认设置中保留"扭曲"和"偏心率"这样的参数，则会产生标准环形。

❖ 半径：控制曲线半径的大小。

❖ 分段：确定在曲线路径上片段的划分数目。

❖ P/Q：选择"结"方式时，这两项参数才能被激活。用于控制曲线路径蜿蜒缠绕的圈数。

❖ 扭曲数/扭曲高度：选择"圆"方式时，这两项参数才能被激活。用于控制在曲线路径上产生的弯曲数目和弯曲的高度。

② "横截面"选项组

❖ 半径：设置截面图形的半径大小。

❖ 边数：设置截面图形的边数，确定它的圆滑度。

❖ 偏心率：设置截面压扁的程度。

❖ 扭曲：设置截面沿路径扭曲旋转的程度，当有偏心率或弯曲设置时，它就会显示出效果，如螺旋状的扭曲。

❖ 块：设置环形结中的凸出数量。

❖ 块高度：设置凸出块隆起的高度。

❖ 块偏移：在路径上移动凸出块的位置。

③ "平滑"选项组

❖ 全部：对整个造型进行平滑处理。

❖ 侧面：只对纵向（路径方向）的面进行平滑处理。
❖ 无：不进行表面平滑处理。
④ "贴图坐标"选项组
❖ 生成贴图坐标：基于环形结的几何体指定贴图坐标，默认设置为启用。
❖ 偏移 U/V：沿着U向和V向偏移贴图坐标。
❖ 平铺 U/V：沿着U向和V向平铺贴图坐标。

## 4.3.5 油罐

### 功能介绍

使用该工具可以创建带有球状凸出顶部的圆柱体，其参数面板如图4-158所示。

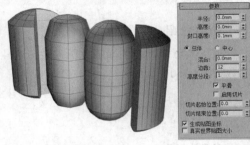

图4-158

### 参数详解

❖ 半径：设置油罐底面的半径。
❖ 高度：设置油罐的高度，负数值将在构造平面以下创建油罐。
❖ 封口高度：设置凸面封口的高度，最小值是"半径"的2.5%。除非"高度"的绝对值小于两倍"半径"（在这种情况下，封口高度不能超过"高度"绝对值的49.5%），否则最大值为"半径"的99%。
❖ 总体：确定油罐的总体高度。
❖ 中心：确定油罐柱状的高度，不包括顶盖的高度。
❖ 混合：当该参数设置大于0时，将在封口的边缘创建倒角。
❖ 边数：设置油罐周围的片段划分数。值越高，油罐越圆滑。
❖ 高度分段：设置油罐高度上的片段划分数。

## 4.3.6 胶囊

### 功能介绍

使用"胶囊"工具 胶囊 可以创建出半球状带有封口的圆柱体。胶囊的参数如图4-159所示。

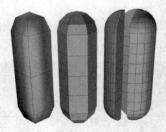

图4-159

### 参数详解

❖ 半径：用来设置胶囊的半径。
❖ 高度：设置胶囊中心轴的高度。

❖ 总体/中心：决定"高度"值指定的内容。"总体"指定对象的总体高度；"中心"指定圆柱体中部的高度，不包括其圆顶封口。

❖ 边数：设置胶囊周围的边数。

❖ 高度分段：设置沿着胶囊主轴的分段数量。

❖ 平滑：启用该选项时，胶囊表面会变得平滑，反之则有明显的转折效果。

❖ 启用切片：控制是否启用"切片"功能。

❖ 切片起始/结束位置：设置从局部x轴的零点开始围绕局部z轴的度数。

## 4.3.7 纺锤

### 功能介绍

该工具可以制作两端带有圆锥尖顶的柱体，其参数如图4-160所示。

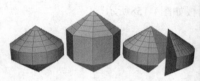

图4-160

### 参数详解

❖ 半径：用来设置底面的半径大小。

❖ 高度：确定纺锤体柱体的高度。

❖ 封口高度：确定纺锤体两端的圆锥的高度。最小值是 0.1，最大值是"高度"的一半。

❖ 总体：以纺锤体的全部来计算高度。

❖ 中心：以纺锤体的柱状部分来计算高度，不计算两端圆锥的高度。

❖ 混合：当参数设置大于 0 时，将在纺锤主体与顶盖的结合处创建圆角。

❖ 边数：设置圆周上的片段数。值越高，纺锤体越平滑。

❖ 端面分段：设置圆锥顶盖的片段数。

❖ 高度分段：设置柱体高度方向上的片段数。

## 4.3.8 L-Ext/C-Ext

### 功能介绍

使用L-Ext工具 L-Ext 可以创建并挤出L形的对象，其参数设置面板如图4-161所示；使用C-Ext工具 C-Ext 可以创建并挤出C形的对象，其参数设置面板如图4-162所示。

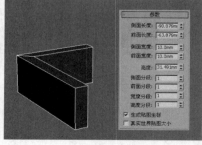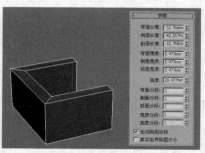

图4-161                图4-162

**参数详解**

① L-Ext工具的参数

❖ 侧面长度/前面长度：设置底面侧边和前边的长度。

❖ 侧面宽度/前面宽度：设置底面侧边和前边的宽度。

❖ 高度：设置高度。

❖ 侧面/前面/宽度/高度分段：设置各边上的片段数。

② C–Ext工具的参数

❖ 背面长度/侧面长度/前面长度：设置3边的长度。

❖ 背面宽度/侧面宽度/前面宽度：设置3边的宽度。

❖ 高度：设置高度。

❖ 背面/侧面/前面/宽度/高度分段：设置各边上的片段数。

## 4.3.9 球棱柱

### 功能介绍

使用该工具可以创建带圆角效果的棱柱，其参数面板如图4-163所示。

图4-163

### 参数详解

❖ 边数：设置棱柱的边数，即几棱柱。

❖ 半径：设置底面圆形的半径。

❖ 圆角：设置棱上圆角的大小。

❖ 高度：设置球棱柱的高度。

❖ 侧面分段/高度分段/圆角分段：分别设置侧面、高度、圆角上的片段数。

## 4.3.10 环形波

### 功能介绍

使用该功能可以创建一个不规则边缘的特殊圆形，可以通过设置动画来控制环形波的变形，以应用于不同类型的特效动画中，如爆炸动画中的冲击波特效，其参数如图4-164所示。

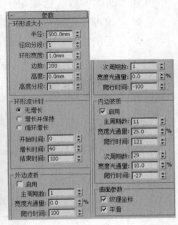

图4-164

**参数详解**

① "环形波大小"选项组

❖ 半径：设置环形波的外沿半径。

❖ 径向分段：设置内沿半径与外沿半径之间的分段。

❖ 环形宽度：设置从外沿半径向内的环形宽度的平均值。

❖ 边数：设置环形波圆周上的片段数。

❖ 高度：设置环形波沿主轴方向上的高度。

❖ 高度分段：设置环形波高度上的片段数。

② "环形波计时"选项组

❖ 无增长：设置一个静态环形波，它在"开始时间"显示，在"结束时间"消失。

❖ 增长并保持：只设置一个增长动画周期，环形波从开始时增长，并在"开始时间"以及"增长时间"处达到最大尺寸，并保持增长后的状态直到结束。

❖ 循环增长：环形波从开始时增长，完成增长后，继续循环这一过程。例如，如果设置"开始时间"为0、"增长时间"为25、"结束时间"为100，并选择"循环增长"，则在动画期间，环形波将从零增长到其最大尺寸4次。

❖ 开始时间/增长时间/结束时间：设置环形波增长过程的起始时间、增长所需时间和结束时间。

③ "外边波折"选项组

❖ 主周期数：设置围绕环形波外边缘运动的主波纹数量。

❖ 宽度光通量：设置围绕环形波外边缘运动的主波纹尺寸，以波动幅度的百分比表示。

❖ 爬行时间：设置每一个主波纹围绕环形波外边缘运动一周所用的帧数。

❖ 次周期数：设置主波纹上随机尺寸的次波纹数量。

❖ 宽度光通量：设置次波纹的尺寸，以波动幅度的百分比表示。

❖ 爬行时间：设置每一个次波纹围绕主波纹运动一周所用的帧数。

④ "内边波折"选项组

❖ 主周期数：设置围绕环形波内边缘运动的主波纹数量。

❖ 宽度光通量：设置围绕环形波内边缘运动的主波纹尺寸，以波动幅度的百分比表示。

❖ 爬行时间：设置每一个主波纹围绕环形波内边缘运动一周所用的帧数。

❖ 次周期数：设置主波纹上随机尺寸的次波纹数量。

❖ 宽度光通量：设置次波纹的尺寸，以波动幅度的百分比表示。

❖ 爬行时间：设置每一个次波纹围绕主波纹运动一周所用的帧数。

⑤ "曲面参数"选项组

❖ 纹理坐标：设置将贴图材质应用于对象时所需的坐标，默认设置为启用。

❖ 平滑：将所有多边形设置为平滑组1，并将平滑应用到对象上，默认设置为启用。

## 4.3.11 软管

**功能介绍**

软管是一种能连接两个对象的弹性物体，有点类似于弹簧，但它不具备动力学属性，如图4-165所示。

图4-165

软管的参数设置面板如图4-166所示。下面对各个参数选项组分别进行讲解。

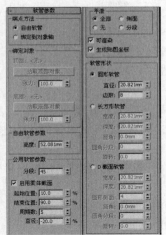

图4-166

**参数详解**

① "端点方法"选项组

❖ 自由软管：如果只是将软管用作一个简单的对象，而不绑定到其他对象，则需要勾选该选项。

❖ 绑定到对象轴：如果要把软管绑定到对象，该选项必须勾选。

② "绑定对象"选项组

❖ 顶部<无>：显示顶部绑定对象的名称。

❖ 拾取顶部对象 拾取顶部对象 ：使用该按钮可以拾取顶部对象。

❖ 张力：当软管靠近底部对象时，该选项主要用来设置顶部对象附近软管曲线的张力大小。若减小张力，顶部对象附近将产生弯曲效果；若增大张力，远离顶部对象的地方将产生弯曲效果。

❖ 底部<无>：显示底部绑定对象的名称。

❖ 拾取底部对象 拾取底部对象 ：使用该按钮可以拾取底部对象。

❖ 张力：当软管靠近顶部对象时，该选项主要用来设置底部对象附近软管曲线的张力。若减小张力，底部对象附近将产生弯曲效果；若增大张力，远离底部对象的地方将产生弯曲效果。

---
**提示**

只有选择了"绑定到对象轴"选项时，"绑定对象"选项组中的参数才可用。

---

③ "自由软管参数"选项组

❖ 高度：用于设置软管未绑定时的垂直高度或长度（当选择"自由软管"选项时，该选项才可用）。

④ "公用软管参数"选项组

❖ 分段：设置软管长度的总分段数。当软管弯曲时，增大该值可以使曲线更加平滑。

❖ 启用柔体截面：启用该选项时，"起始位置""结束位置""周期数""直径"4个参数才可用，可以用来设置软管的中心柔体截面；若关闭该选项，软管的直径和长度会保持一致。

❖ 起始位置：软管的始端到柔体截面开始处所占软管长度的百分比。在默认情况下，软管的始端是指对象轴出现的一端，默认值为10%。

❖ 结束位置：软管的末端到柔体截面结束处所占软管长度的百分比。在默认情况下，软管的末端是指与对象轴出现的相反端，默认值为90%。

❖ 周期数：柔体截面中的起伏数目。可见周期的数目受限于分段的数目。如果分段值不够大，不足以支持周期数目，则不会显示出所有的周期，其默认值为5。

---
**提示**

要设置合适的分段数目，首先应设置周期，然后增大分段数目，直到可见周期停止变化为止。

---

❖ 直径：周期外部的相对宽度。如果设置为负值，则比总的软管直径要小；如果设置为正值，则比总的软管直径要大。

❖ 平滑：定义要进行平滑处理的几何体，其默认设置为"全部"。

◇ 全部：对整个软管都进行平滑处理。

◇ 侧面：沿软管的轴向进行平滑处理。

◇ 无：不进行平滑处理。

◇ 分段：仅对软管的内截面进行平滑处理。

❖ 可渲染：如果启用该选项，则使用指定的设置对软管进行渲染；如果关闭该选项，则不对软管进行渲染。

❖ 生成贴图坐标：设置所需的坐标，以对软管应用贴图材质，其默认设置为启用。

⑤ "软管形状"选项组

❖ 圆形软管：设置软管为圆形的横截面。

◇ 直径：软管端点处的最大宽度。

◇ 边数：软管边的数目，其默认值为8。设置"边数"为3表示三角形的横截面；设置"边数"为4表示正方形的横截面；设置"边数"为5表示五边形的横截面。

❖ 长方形软管：设置软管为长方形的横截面。

◇ 宽度：指定软管的宽度。

◇ 深度：指定软管的高度。

◇ 圆角：设置横截面的倒角数值。若要使圆角可见，"圆角分段"数值必须设置为1或更大。

◇ 圆角分段：设置每个圆角上的分段数目。

◇ 旋转：指定软管沿其长轴的方向，其默认值为0。

❖ D截面软管：与"长方形软管"类似，但有一条边呈圆形，以形成D形状的横截面。

◇ 宽度：指定软管的宽度。

◇ 深度：指定软管的高度。

◇ 圆形侧面：圆边上的分段数目。该值越大，边越平滑，其默认值为4。

◇ 圆角：指定将横截面上圆边的两个角倒为圆角的数值。要使圆角可见，"圆角分段"数值必须设置为1或更大。

◇ 圆角分段：指定每个圆角上的分段数目。

◇ 旋转：指定软管沿其长轴的方向，其默认值为0。

## 4.3.12 棱柱

### 功能介绍

该工具可以制作底面为等腰三角形或不等边三角形的三棱柱，其参数如图4-167所示。

图4-167

### 参数详解

❖ 二等边：用于创建等腰三棱柱，配合Ctrl键可以创建底面为等边三角形的棱柱。

❖ 基点/顶点：用于创建底面是不等边三角形的棱柱。
❖ 侧面1长度/侧面2长度/侧面3长度：分别设置底面三角形3条边的长度。
❖ 高度：设置棱柱的高度。
❖ 侧面1分段/侧面2分段/侧面3分段：分别设置各条边的片段数。
❖ 高度分段：设置沿棱柱高度方向的片段数。

# 4.4 门

3ds Max 2016提供了3种内置的门模型，包括"枢轴门""推拉门""折叠门"，如图4-168所示。"枢轴门"是在一侧装有铰链的门；"推拉门"有一半是固定的，另一半可以推拉；"折叠门"的铰链装在中间以及侧端，就像壁橱门一样。

这3种门的参数大部分都是相同的，下面先对相同的参数部分进行讲解，如图4-169所示是"枢轴门"的参数设置面板。所有的门都有高度、宽度和深度，在创建之前可以先选择创建的顺序，如"宽度/深度/高度"或"宽度/高度/深度"。

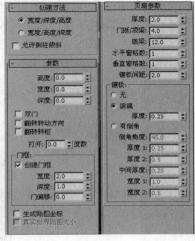

图4-168　　　　　　　　　　　　　　　图4-169

**参数详解**

① "创建方法"卷展栏
❖ 宽度/深度/高度：首先创建门的宽度，然后创建门的深度，接着创建门的高度。
❖ 宽度/高度/深度：首先创建门的宽度，然后创建门的高度，接着创建门的深度。
❖ 允许侧柱倾斜：允许创建倾斜门。
② "参数"卷展栏
❖ 打开：使用枢轴门时，指定以角度为单位的门打开的程度；使用推拉门和折叠门时，指定门打开的百分比。
❖ 门框：用于控制是否创建门框和设置门框的宽度和深度。
　　◇ 创建门框：控制是否创建门框。
　　◇ 宽度：设置门框与墙平行方向的宽度（启用"创建门框"选项时才可用）。
　　◇ 深度：设置门框从墙投影的深度（启用"创建门框"选项时才可用）。
　　◇ 门偏移：设置门相对于门框的位置，该值可以为正，也可以为负（启用"创建门框"选项时才可用）。
❖ 生成贴图坐标：为门指定贴图坐标。
❖ 真实世界贴图大小：控制应用于对象的纹理贴图材质所使用的缩放方法。
③ "页扇参数"卷展栏
❖ 厚度：设置门的厚度。
❖ 门挺/顶梁：设置顶部和两侧的面板框的宽度。

- ❖ 底梁：设置门脚处的面板框的宽度。
- ❖ 水平窗格数：设置面板沿水平轴划分的数量。
- ❖ 垂直窗格数：设置面板沿垂直轴划分的数量。
- ❖ 镶板间距：设置面板之间的间隔宽度。
- ❖ 镶板：指定在门中创建面板的方式。
  - ◇ 无：不创建面板。
  - ◇ 玻璃：创建不带倒角的玻璃面板。
  - ◇ 厚度：设置玻璃面板的厚度。
  - ◇ 有倒角：勾选该选项可以创建具有倒角的面板。
  - ◇ 倒角角度：指定门的外部平面和面板平面之间的倒角角度。
  - ◇ 厚度1：设置面板的外部厚度。
  - ◇ 厚度2：设置倒角从起始处的厚度。
  - ◇ 中间厚度：设置面板内的面部分的厚度。
  - ◇ 宽度1：设置倒角从起始处的宽度。
  - ◇ 宽度2：设置面板内的面部分的宽度。

--- 提示 ---

门参数除了这些公共参数外，每种类型的门还有一些细微的差别，下面依次进行讲解。

## 4.4.1 枢轴门

### 功能介绍

"枢轴门"只在一侧用铰链进行连接，也可以制作成为双门，双门具有两个门元素，每个元素在其外边缘处用铰链进行连接，如图4-170所示。"枢轴门"包含3个特定的参数，如图4-171所示。

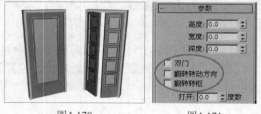

图4-170                     图4-171

### 参数详解

- ❖ 双门：制作一个双门。
- ❖ 翻转转动方向：更改门转动的方向。
- ❖ 翻转转枢：在与门面相对的位置上放置门转枢（不能用于双门）。

## 4.4.2 推拉门

### 功能介绍

"推拉门"可以左右滑动，就像火车在铁轨上前后移动一样。推拉门有两个门元素，一个保持固定，另一个可以左右滑动，如图4-172所示。"推拉门"包含两个特定的参数，如图4-173所示。

图4-172 图4-173

**参数详解**

❖ 前后翻转：指定哪个门位于最前面。

❖ 侧翻：指定哪个门保持固定。

### 4.4.3 折叠门

**功能介绍**

"折叠门"就是可以折叠起来的门，在门的中间和侧面有一个转枢装置，如果是双门的话，就有4个转枢装置，如图4-174所示。"折叠门"包含3个特定的参数，如图4-175所示。

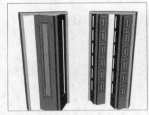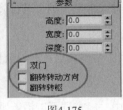

图4-174 图4-175

**参数详解**

❖ 双门：勾选该选项可以创建双门。

❖ 翻转转动方向：翻转门的转动方向。

❖ 翻转转枢：翻转侧面的转枢装置（该选项不能用于双门）。

## 4.5 窗

3ds Max 2016中提供了6种内置的窗户模型，使用这些内置的窗户模型可以快速地创建出所需要的窗户，如图4-176所示。

图4-176

### 4.5.1 窗的分类

下面介绍各种窗户的特点和区别。

### 1.遮篷式窗

这种窗户有一扇通过铰链与其顶部相连，如图4-177所示。

### 2.平开窗

这种窗户的一侧有一个固定的窗框，可以向内或向外转动，如图4-178所示。

### 3.固定窗

这种窗户是固定的，不能打开，如图4-179所示。

图4-177　　　　　　　　图4-178　　　　　　　　图4-179

### 4.旋开窗

这种窗户可以在垂直中轴或水平中轴上进行旋转，如图4-180所示。

### 5.伸出式窗

这种窗户有3扇窗框，其中两扇窗框打开时就像反向的遮篷，如图4-181所示。

### 6.推拉窗

推拉窗有两扇窗框，其中一扇窗框可以沿着垂直或水平方向滑动，如图4-182所示。

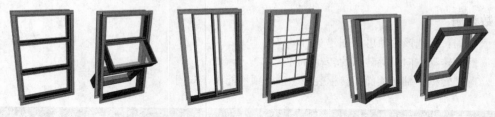

图4-180　　　　　　　　图4-181　　　　　　　　图4-182

## 4.5.2 窗的公共参数

由于窗户的参数比较简单，因此本书只讲解这6种窗户的公共参数，如图4-183所示。

**参数详解**

- ❖ 高度：设置窗户的总体高度。
- ❖ 宽度：设置窗户的总体宽度。
- ❖ 深度：设置窗户的总体深度。
- ❖ 窗框：控制窗框的宽度和深度。

图4-183

◇ 水平宽度：设置窗口框架在水平方向的宽度（顶部和底部）。

◇ 垂直宽度：设置窗口框架在垂直方向的宽度（两侧）。

◇ 厚度：设置框架的厚度。

❖ 玻璃：用来指定玻璃的厚度等参数。

◇ 厚度：指定玻璃的厚度。

❖ 窗格：用于设置窗格的宽度与窗格数量。

◇ 宽度：设置窗框中窗格的宽度（深度）。

◇ 窗格数：设置窗中的窗框数。

❖ 开窗：设置窗户的打开程度。

◇ 打开：指定窗打开的百分比。

# 4.6 mental ray代理对象

mental ray代理对象主要运用在大型场景中。当一个场景中包含多个相同的对象时，就可以使用mental ray代理对象，例如，在图4-184中有许多的植物，这些植物在3ds Max中使用实体进行渲染将会占用非常多的内存，所以植物部分可以使用mental ray代理物体来进行制作。

图4-184

---

**提示**

代理对象尤其适用在具有大量多边形物体的场景中，这样既可以避免将其转换为mental ray格式，又无需在渲染时显示源对象，同时也可以节约渲染时间和渲染时所占用的内存。但是使用代理物体会降低对象的逼真度，并且不能直接编辑代理对象。

---

mental ray代理对象的基本原理是创建"源"对象（也就是需要被代理的对象），然后将这个"源"对象转换为mr代理格式。若要使用代理物体，可以用代理物体替换掉"源"对象，然后删除"源"对象（因为已经没有必要在场景显示"源"对象）。在渲染代理物体时，渲染器会自动加载磁盘中的代理对象，这样就可以节省很多内存。

## 技术专题：加载mental ray渲染器

需要注意的是，mental ray代理对象必须在mental ray渲染器中才能使用，所以使用mental ray代理对象前需要将渲染器设置成mental ray渲染器。在3ds Max 2016中，如果要将渲染器设置为NVIDIA mental ray渲染器，可以按F10键打开"渲染设置"对话框，然后在"渲染器"后面的下拉列表中选择NVIDIA mental ray，如图4-185所示。

图4-185

随意创建一个几何体，然后设置几何体类型为mental ray，接着单击"mr代理"按钮，这样可以打开代理物体的参数设置面板，如图4-186所示。

**参数详解**

① "源对象"选项组

❖ None（无） None ：若在场景中选择了"源"对象，这里将显示"源"对象的名称；若没有选择"源"对象，这里将显示为None（无）。

❖ 清除源对象 ⊠：单击该按钮可以将"源"对象的名称恢复为None（无），但不会影响代理对象。

❖ 将对象写入文件 将对象写入文件... ：将对象保存为MIB格式的文件，随后可以使用"代理文件"将MIB格式的文件加载到其他的mental ray代理对象中。

**提示**

MIB格式的文件仅包含几何体，不包含材质，但是可以对每个示例或mental ray代理对象的副本应用不同的材质。

② "代理文件"选项组

❖ 浏览 ▩：单击该按钮可以选择要加载为被代理对象的MIB文件。

❖ 比例：调整代理对象的大小，当然也可以使用"选择并均匀缩放"工具 ▧ 来调整代理对象的大小。

③ "显示"选项组

❖ 视口顶点：以代理对象的点云形式来显示顶点数。

❖ 渲染的三角形：设置当前渲染的三角形的数量。

❖ 显示点云：勾选该选项后，代理对象在视图中将始终以点云（一组顶点）的形式显示出来。该选项一般与"显示边界框"选项一起使用。

❖ 显示边界框：勾选该选项后，代理对象在视图中将始终以边界框的形式显示出来。该选项只有在开启"显示点云"选项后才可用。

④ "预览窗口"选项组

❖ 预览窗口：该窗口用来显示MIB文件在当前帧存储的缩略图。

**提示**

若没有选择对象，该窗口将不会显示对象的缩览图。

⑤ "动画支持"选项组

❖ 在帧上：勾选该选项后，如果当前MIB文件为动画序列的一部分，则会播放代理对象中的动画；若关闭该选项，代理对象仍然保持在最后的动画帧状态。

❖ 重新播放速度：用于调整播放动画的速度。例如，如果加载100帧的动画，设置"重新播放速度"为0.5（半速），那么每一帧将播放两次，所以总共就播放了200帧的动画。

图4-186

❖　帧偏移：让动画从某一帧开始播放（不是从起始帧开始播放）。

❖　往复重新播放：开启该选项后，动画播放完后将重新开始播放，并一直循环下去。

# 【练习4-12】用mental ray代理物体制作会议室座椅

本练习的会议室座椅代理物体效果如图4-187所示。

**01** 打开学习资源中的"练习文件>第4章>练习4-12.max"文件，如图4-188所示。

图4-187

图4-188

**02** 下面创建mental ray代理对象。单击界面左上角的"应用程序"图标，然后执行"导入>导入"菜单命令，接着在弹出的"选择要导入的文件"对话框中选择学习资源中的"练习文件>第4章>练习4-12-01.3DS"文件，最后在弹出的"3DS导入"对话框中设置"是否:"为"合并对象到当前场景。"，如图4-189所示，导入后的效果如图4-190所示。

图4-189

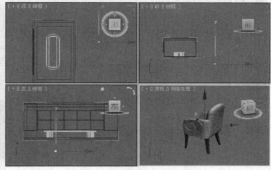
图4-190

**03** 使用"选择并移动"工具、"选择并旋转"工具和"选择并均匀缩放"工具调整好座椅的位置、角度与大小，完成后的效果如图4-191所示。

**04** 设置几何体类型为mental ray，然后单击"mr代理"按钮，如图4-192所示。

**05** 在"参数"卷展栏下单击"将对象写入文件"按钮，然后在视图中拖曳光标创建一个代理图形，如图4-193所示。

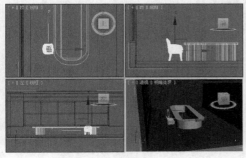
图4-191

图4-192

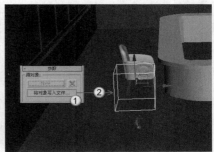
图4-193

在单击"将对象写入文件"按钮 将对象写入文件... 时，3ds Max可能会弹出"mr代理错误"对话框，单击"确定"按钮 确定 即可，如图4-194所示。

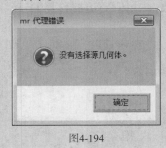

图4-194

**06** 切换到"修改"面板，在"参数"卷展栏下单击None（无）按钮 None ，然后在视图中单击之前导入进来的椅子模型，如图4-195所示。

**07** 继续在"参数"卷展栏下单击"将对象写入文件"按钮 将对象写入文件... ，然后在弹出的"写入mr代理文件"对话框中进行保存（保存完毕后，在"代理文件"选项组下会显示代理物体的保存路径），接着设置"比例"为0.03，最后勾选"显示边界框"选项，具体参数设置如图4-196所示。

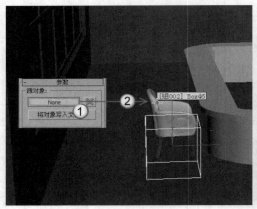

图4-195

图4-196

代理完毕后，椅子模型便以mr代理对象的形式显示在视图中，并且是以点的形式显示出来，如图4-197所示。

图4-197

**08** 使用复制功能将代理物体复制到会议桌的四周，如图4-198所示。

**09** 继续导入学习资源中的"练习文件>第4章>练习4-12-02.3DS"文件，如图4-199所示，然后采用相同的方法创建出茶杯代理物体，最终效果如图4-200所示。

图4-198 图4-199 图4-200

提示

代理物体在视图中是以点的形式显示出来的,只有使用mental ray渲染器渲染出来后才是真实的模型效果。

# 4.7 AEC扩展

"AEC扩展"对象专门用在建筑、工程和构造等领域,使用"AEC扩展"对象可以提高创建场景的效率。"AEC扩展"对象包括"植物""栏杆""墙"3种类型,如图4-201所示。

图4-201

## 4.7.1 植物

### 功能介绍

使用"植物"工具 植物 可以快速地创建出3ds Max预设的植物模型。植物的创建方法很简单,首先将几何体类型切换为"AEC扩展",然后单击"植物"按钮 植物 ,接着在"收藏的植物"卷展栏下选择树种,最后在视图中拖曳光标就可以创建出相应的树木,如图4-202所示。

植物的参数设置面板如图4-203所示。

图4-202 图4-203

### 参数详解

❖ 高度:控制植物的近似高度,这个高度不一定是实际高度,它只是一个近似值。
❖ 密度:控制植物叶子和花朵的数量。值为1时表示植物具有完整的叶子和花朵;值为5时表示植物具有1/2的叶子和花朵;值为0时表示植物没有叶子和花朵。

❖ 修剪：只适用于具有树枝的植物，可以用来删除与构造平面平行的不可见平面下的树枝。值为0时表示不进行修剪；值为1时表示尽可能修剪植物上的所有树枝。

— 提示 —————————————————————————————————————

3ds Max从植物上修剪植物取决于植物的种类，如果是树干，则永不进行修剪。

❖ 新建 新建 ：显示当前植物的随机变体，其旁边是种子的显示数值。
❖ 显示：该选项组中的参数主要用来控制植物的叶子、果实、花、树干、树枝和根的显示情况。勾选相应选项后，相应的对象就会在视图中显示出来。
❖ 视口树冠模式：该选项组用来设置树冠在视图中的显示模式。
◇ 未选择对象时：未选择植物时以树冠模式显示植物。
◇ 始终：始终以树冠模式显示植物。
◇ 从不：从不以树冠模式显示植物，但是会显示植物的所有特性。

— 提示 —————————————————————————————————————

植物的树冠是覆盖植物最远端（如叶子、树枝和树干的最远端）的一个壳。

❖ 详细程度等级：该选项组用来设置植物的渲染精度级别。
◇ 低：这种级别用来渲染植物的树冠。
◇ 中：这种级别用来渲染减少了面的植物。
◇ 高：以最高的细节级别渲染植物的所有面。

— 提示 —————————————————————————————————————

减少面数的方式因植物而异，但通常的做法是删除植物中较小的元素（例如，树枝和树干中的面数）。

## 【练习4-13】用"植物"制作垂柳

本练习的池塘垂柳效果如图4-204所示。

图4-204

**01** 设置几何体类型为"AEC扩展"，然后单击"植物"按钮 植物 ，接着在"收藏的植物"卷展栏下选择"垂柳"树种，最后在视图中拖曳光标创建一棵垂柳，如图4-205所示。

**02** 选择上一步创建的垂柳，然后在"参数"卷展栏下设置"高度"为480mm、"密度"为0.8、"修剪"为0.1，接着设置"视口树冠模式"为"从不"，具体参数设置如图4-206所示。

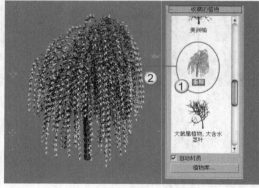

图4-205

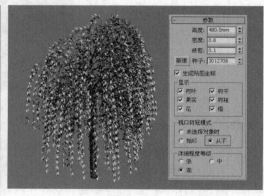

图4-206

— 提示 ————————

　　在修改完参数后，如果植物的外形并不是所需要的，可以在"参数"卷展栏下单击"新建"按钮 新建 修改"种子"数值，这样可以随机产生不同的树木形状，如图4-207和图4-208所示。

图4-207

图4-208

**03** 单击界面左上角的"应用程序"图标 ，然后执行"导入>合并"菜单命令，接着在弹出的"合并文件"对话框中选择学习资源中的"练习文件>第4章>练习4-13.max"文件，并在弹出的"合并"对话框中单击"确定"按钮 确定 ，如图4-209所示，最后调整好垂柳的位置，如图4-210所示。

**04** 使用"选择并移动"工具 选择垂柳模型，然后按住Shift键移动复制4株垂柳到图4-211所示的位置，接着调整好每株垂柳的位置，最终效果如图4-212所示。

图4-209

图4-210

图4-211

图4-212

# 4.7.2　栏杆

### 功能介绍

　　"栏杆"对象的组件包括"栏杆""立柱""栅栏"。3ds Max提供了两种创建栏杆的方法，第1种是创建有拐角的栏杆，第2种是通过拾取路径来创建异形栏杆，如图4-213所示。栏杆的参数包含"栏杆""立柱""栅栏"3个卷展栏，如图4-214所示。

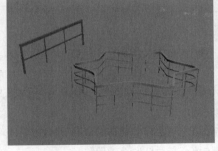
图4-213

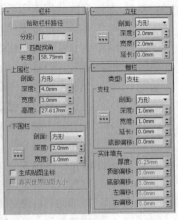
图4-214

**参数详解**

① "栏杆"卷展栏

❖ 拾取栏杆路径 [拾取栏杆路径]：单击该按钮可以拾取视图中的样条线来作为栏杆路径。

❖ 分段：设置栏杆对象的分段数（只有在使用"拾取栏杆路径"工具 [拾取栏杆路径] 时才能使用该选项）。

❖ 匹配拐角：在栏杆中放置拐角，以匹配栏杆路径的拐角。

❖ 长度：设置栏杆的长度。

❖ 上围栏：该选项组主要用来调整上围栏的相关参数。

　◇ 剖面：指定上栏杆的横截面形状。

　◇ 深度：设置上栏杆的深度。

　◇ 宽度：设置上栏杆的宽度。

　◇ 高度：设置上栏杆的高度。

❖ 下围栏：该选项组主要用来调整下围栏的相关参数。

　◇ 剖面：指定下栏杆的横截面形状。

　◇ 深度：设置下栏杆的深度。

　◇ 宽度：设置下栏杆的宽度。

　◇ 下围栏间距🔲：设置下围栏之间的间距。单击该按钮后会弹出一个对话框，在该对话框中可设置下栏杆间距的一些参数。

❖ 生成贴图坐标：为栏杆对象分配贴图坐标。

❖ 真实世界贴图大小：控制应用于对象的纹理贴图材质所使用的缩放方法。

② "立柱"卷展栏

❖ 剖面：指定立柱的横截面形状。

❖ 深度：设置立柱的深度。

❖ 宽度：设置立柱的宽度。

❖ 延长：设置立柱在上栏杆底部的延长量。

❖ 立柱间距🔲：设置立柱的间距。单击该按钮后会弹出一个对话框，在该对话框中可设置立柱间距的一些参数。

---
**提示**

如果将"剖面"设置为"无"，则"立柱"卷展栏中的其他参数将不可用。

③ "栅栏"卷展栏

❖ 类型：指定立柱之间的栅栏类型，有"无""支柱""实体填充"3个选项。

❖ 支柱：该选项组中的参数只有当栅栏类型设置为"支柱"时才可用。

　◇ 剖面：设置支柱的横截面形状，有方形和圆形两个选项。

　◇ 深度：设置支柱的深度。

　◇ 宽度：设置支柱的宽度。

　◇ 延长：设置支柱在上栏杆底部的延长量。

　◇ 底部偏移：设置支柱与栏杆底部的偏移量。

　◇ 支柱间距🔲：设置支柱的间距。单击该按钮后会弹出一个对话框，在该对话框中可设置支柱间距的一些参数。

❖ 实体填充：该选项组中的参数只有当栅栏类型设置为"实体填充"时才可用。

　◇ 厚度：设置实体填充的厚度。

　◇ 顶部偏移：设置实体填充与上栏杆底部的偏移量。

　◇ 底部偏移：设置实体填充与栏杆底部的偏移量。

◇ 左偏移：设置实体填充与相邻左侧立柱之间的偏移量。

◇ 右偏移：设置实体填充与相邻右侧立柱之间的偏移量。

## 4.7.3 墙

### 功能介绍

墙对象由3个子对象构成，这些对象类型可以在"修改"面板中进行修改。编辑墙的方法和样条线比较类似，可以分别对墙本身，以及其顶点、分段和轮廓进行调整。

创建墙模型的方法比较简单，首先将几何体类型设置为"AEC扩展"，然后单击"墙"按钮 墙 ，接着在视图中拖曳光标就可以创建出墙体，如图4-215所示。

单击"墙"按钮 墙 后，会弹出墙的两个创建参数卷展栏，分别是"键盘输入"卷展栏和"参数"卷展栏，如图4-216所示。

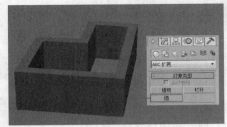

图4-215

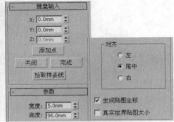

图4-216

### 参数详解

① "键盘输入"卷展栏

❖ X/Y/Z：设置墙分段在活动构造平面中的起点的$x/y/z$轴坐标值。

❖ 添加点 添加点 ：根据输入的$x/y/z$轴坐标值来添加点。

❖ 关闭 关闭 ：单击该按钮可以结束墙对象的创建，并在最后1个分段端点与第1个分段起点之间创建出分段，以形成闭合的墙体。

❖ 完成 完成 ：单击该按钮可以结束墙对象的创建，使端点处于断开状态。

❖ 拾取样条线 拾取样条线 ：单击该按钮可以拾取场景中的样条线，并将其作为墙对象的路径。

② "参数"卷展栏

❖ 宽度：设置墙的厚度，其范围是0.01~100mm，默认设置为5mm。

❖ 高度：设置墙的高度，其范围是0.01~100mm，默认设置为96mm。

❖ 对齐：指定门的对齐方式，共有以下3种。

◇ 左：根据墙基线（墙的前边与后边之间的线，即墙的厚度）的左侧边进行对齐。如果启用"栅格捕捉"功能，则墙基线的左侧边将捕捉到栅格线。

◇ 居中：根据墙基线的中心进行对齐。如果启用"栅格捕捉"功能，则墙基线的中心将捕捉到栅格线。

◇ 右：根据墙基线的右侧边进行对齐。如果启用"栅格捕捉"功能，则墙基线的右侧边将捕捉到栅格线。

❖ 生成贴图坐标：为墙对象应用贴图坐标。

❖ 真实世界贴图大小：控制应用于对象的纹理贴图材质所使用的缩放方法。

## 4.8 楼梯

楼梯在室内外场景中是很常见的一种物体，按梯段组合形式来分，可分为直梯、折梯、旋转梯、弧形梯、U形梯和直圆梯6种。3ds Max 2016提供了4种内置的参数化楼梯模型，分别是"直线楼梯""L型楼梯""U型楼梯""螺旋楼梯",如图4-217所示。这4种楼梯的参数比较简单,并且每种楼梯都包括"开放式""封闭式""落地式"3种类型,完全可以满足室内外的模型需求。

以上4种楼梯都包括"参数"卷展栏、"支撑梁"卷展栏、"栏杆"卷展栏和"侧弦"卷展栏,而"螺旋楼梯"还包括"中柱"卷展栏,如图4-218所示。

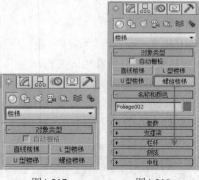

图4-217　　　　图4-218

# 4.8.1　L型楼梯

## 功能介绍

这4种楼梯中,"L型楼梯"是非常常见的一种,使用该功能可以创建转弯处带有彼此成直角的两段楼梯,其参数如图4-219所示。

## 参数详解

① "参数"卷展栏

❖　类型:该选项组中的参数主要用来设置楼梯的类型。

　　◇　开放式:创建一个开放式的梯级竖板楼梯。

　　◇　封闭式:创建一个封闭式的梯级竖板楼梯。

　　◇　落地式:创建一个带有封闭式梯级竖板和两侧具有封闭式侧弦的楼梯。

❖　生成几何体:该选项组中的参数主要用来设置需要生成的楼梯零部件。

　　◇　侧弦:沿楼梯梯级的端点创建侧弦。

　　◇　支撑梁:在梯级下创建一个倾斜的切口梁,该梁支撑着台阶。

　　◇　扶手:创建左扶手和右扶手。

　　◇　扶手路径:创建左扶手路径和右扶手路径。

❖　布局:该选项组中的参数主要用来设置楼梯的布局效果。

　　◇　长度1:设置第1段楼梯的长度。

图4-219

◇ 长度2：设置第2段楼梯的长度。

◇ 宽度：设置楼梯的宽度，包括台阶和平台。

◇ 角度：设置平台与第2段楼梯之间的角度，范围是-90°~90°。

◇ 偏移：设置平台与第2段楼梯之间的距离。

❖ 梯级：该选项组中的参数主要用来调整楼梯的梯级形状。

◇ 总高：设置楼梯级的高度。

◇ 竖板高：设置梯级竖板的高度。

◇ 竖板数：设置梯级竖板的数量（梯级竖板总是比台阶多一个，隐式梯级竖板位于上板和楼梯顶部的台阶之间）。

---
**提示**

当调整这3个选项中的其中两个选项时，必须锁定剩下的一个选项，要锁定该选项，可以单击选项前面的 🔒 按钮。

---

❖ 台阶：该选项组中的参数主要用来调整台阶的形状。

◇ 厚度：设置台阶的厚度。

◇ 深度：设置台阶的深度。

❖ 生成贴图坐标：为楼梯对象应用贴图坐标。

❖ 真实世界贴图大小：控制应用于对象的纹理贴图材质所使用的缩放方法。

② "支撑梁"卷展栏

❖ 深度：设置支撑梁离地面的深度。

❖ 宽度：设置支撑梁的宽度。

❖ 支撑梁间距 ⚏：设置支撑梁的间距。单击该按钮会弹出"支撑梁间距"对话框，在该对话框中可设置支撑梁的一些参数。

❖ 从地面开始：控制支撑梁是从地面开始，还是与第1个梯级竖板的开始平齐，或是否将支撑梁延伸到地面以下。

---
**提示**

只有在"生成几何体"选项组中开启"支撑梁"选项时，该卷展栏下的参数才可用。

---

③ "栏杆"卷展栏

❖ 高度：设置栏杆离台阶的高度。

❖ 偏移：设置栏杆离台阶端点的偏移量。

❖ 分段：设置栏杆中的分段数目。值越高，栏杆越平滑。

❖ 半径：设置栏杆的厚度。

---
**提示**

只有在"生成几何体"选项组中开启"扶手"选项时，该卷展栏下的参数才可用。

---

④ "侧弦"卷展栏

❖ 深度：设置侧弦离地板的深度。

❖ 宽度：设置侧弦的宽度。

❖ 偏移：设置地板与侧弦的垂直距离。

❖ 从地面开始：控制侧弦是从地面开始，还是与第1个梯级竖板的开始平齐，或是否将侧弦延伸到地面以下。

—— 提示 ————————————————————

只有在"生成几何体"选项组中开启"侧弦"选项时，该卷展栏中的参数才可用。

# 4.8.2 螺旋楼梯

## 功能介绍

该工具可以创建螺旋型的楼梯模型，如图4-220所示。

图4-220

## 参数详解

相同参数请参考上一小节的内容，下面只介绍"螺旋楼梯"特有的参数，如图4-221所示。

图4-221

① "生成几何体"选项组

❖ 中柱：在螺旋楼梯的中心位置创建一根圆柱。

② "布局"选项组

❖ 逆时针：设置螺旋楼梯按逆时针方向旋转。

❖ 顺时针：设置螺旋楼梯按顺时针方向旋转。

❖ 半径：设置螺旋楼梯的半径。

❖ 旋转：设置螺旋楼梯的旋转圈数。

❖ 宽度：设置楼梯的宽度。

③ "中柱"选项组

只有在"生成几何体"参数栏中勾选了"中柱"选项时，该参数栏中的参数才能被激活。

❖ 半径：设置中心圆柱体的半径。

❖ 分段：设置中心圆柱体在圆周方向的分段数，值越大，圆柱越光滑。

❖ 高度：设置中柱的高度。

# 【练习4-14】创建螺旋楼梯

本练习的螺旋楼梯效果如图4-222所示。

图4-222

**01** 设置几何体类型为"楼梯",然后使用"螺旋楼梯"工具 **螺旋楼梯** 在场景中拖曳光标,随意创建一个螺旋楼梯,如图4-223所示。

**02** 切换到"修改"面板,展开"参数"卷展栏,然后在"生成几何体"卷展栏下勾选"侧弦"和"中柱"选项,接着勾选"扶手"的"内表面"和"外表面"选项;在"布局"选项组下设置"半径"为1200mm、"旋转"为1、"宽度"为1000mm;在"梯级"选项组下设置"总高"为3600mm、"竖板高"为300mm;在"台阶"选项组下设置"厚度"为160mm,具体参数设置如图4-224所示,楼梯效果如图4-225所示。

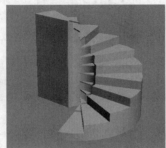
图4-223

图4-224

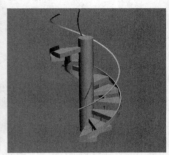
图4-225

**03** 展开"支撑梁"卷展栏,然后在"参数"选项组下设置"深度"为200mm、"宽度"为700mm,具体参数设置及模型效果如图4-226所示。

**04** 展开"栏杆"卷展栏,然后在"参数"选项组下设置"高度"为100mm、"偏移"为50mm、"半径"为25mm,具体参数设置及模型效果如图4-227所示。

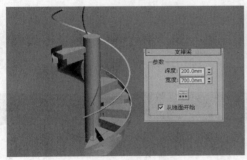

图4-226

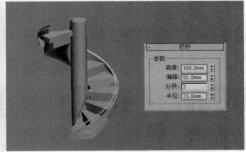
图4-227

**05** 展开"侧弦"卷展栏,然后在"参数"选项组下设置"深度"为600mm、"宽度"为50mm、"偏移"为25mm,具体参数设置及模型效果如图4-228所示。

**06** 展开"中柱"卷展栏,然后在"参数"选项组下设置"半径"为250mm,具体参数设置及最终效果如图4-229所示。

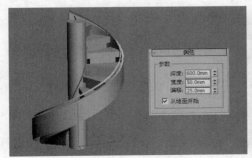
图4-228

图4-229

### 4.8.3  直线楼梯

**功能介绍**

该工具可以创建没有休息平台的直线楼梯模型，如图4-230所示。该工具的参数和"L型楼梯"的参数基本一致，这里就不再重复讲解了。

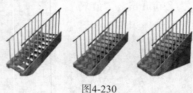

图4-230

### 4.8.4  U型楼梯

**功能介绍**

该工具可以创建一个有休息平台的U型楼梯模型，如图4-231所示。该工具的参数和"L型楼梯"的参数基本一致，这里就不再重复讲解了。

图4-231

---
**提示**

在"U型楼梯"的布局参数栏中，"左/右"参数主要用来控制上下两部分楼梯的相互位置。选择"左"，则楼梯的上半部分位于休息平台的左侧，选择"右"，则在右侧。

## 4.9  复合对象

使用3ds Max内置的模型就可以创建出很多优秀的模型，但是在很多时候还会使用复合对象，因为使用复合对象来创建模型可以大大节省建模时间。

复合对象建模工具包括12种，分别是"变形"工具 、"散布"工具 、"一致"工具 、"连接"工具 连接 、"水滴网格"工具 水滴网格 、"图形合并"工具 图形合并 、"布尔"工具 布尔 、"地形"工具 地形 、"放样"工具 放样 、"网格化"工具 网格化 、ProBoolean工具 ProBoolean 和ProCuttler工具 ProCutter ，如图4-232所示。

图4-232

虽然复合对象的建模工具比较多，但是绝大部分的使用频率都很低，所示这里就不一一介绍了，本节重点介绍"散布"工具 散布 、"图形合并"工具 图形合并 、"布尔"工具 布尔 、"放样"工具 放样 和ProBoolean工具 ProBoolean 的用法。

## 4.9.1 散布

### 功能介绍

"散布"是复合对象的一种形式，将所选源对象散布为阵列，或散布到分布对象的表面，如图4-233所示。这是一个非常有用的造型工具，通过它可以制作头发、胡须、草地、长满羽毛的鸟或者全身是刺的刺猬，这些都是一般造型工具难以做到的。

图4-233

> **提示**
>
> 注意，源对象必须是网格对象或是可以转换为网格对象的对象。如果当前所选的对象无效，则"散布"工具不可用。

因为"散布"的功能参数特别多，下面单独对每个卷展栏进行介绍。

### 1.拾取分布对象

"拾取分布对象"卷展栏如图4-234所示。

图4-234

### 参数详解

❖ 对象<无>：显示使用"拾取分布对象"工具 拾取分布对象 选择的分布对象的名称。

❖ 拾取分布对象 拾取分布对象 ：单击该按钮，然后在场景中单击一个对象，可以将其指定为分布对象。

❖ 参考/复制/移动/实例：用于指定将分布对象转换为散布对象的方式。它可以作为参考、副本（复制）、实例或移动的对象（如果不保留原始图形）进行转换。

### 2.散布对象

"散布对象"卷展栏如图4-235所示。

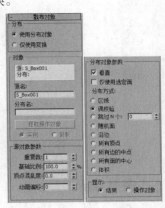

### 参数详解

❖ 使用分布对象：使用分布对象的表面来附着被散布的对象。

❖ 仅使用变换：在参数面板的下方有一个"变换"卷展栏，专门用于对散布对象进行变动设置。如果选择该选项，则将不使用分布对象，只通过"变换"卷展栏的参数设置来影响散布对象的分布。

❖ 源名：显示散布源对象的名称，可以进行修改。

图4-235

❖ 分布名：显示分布对象的名称，可以进行修改。

❖ 重复数：设置散布对象分配在分布对象表面的复制数目，这个值可以设置得很大。

❖ 基础比例：设置散布对象尺寸的缩放比例。

❖ 顶点混乱度：设置散布对象自身顶点的混乱程度。当值为0时，散布对象不发生形态改变，值增大时，会随机移动各顶点的位置，从而使造型变得扭曲、不规则。

❖ 动画偏移：如果散布对象本身带有动画设置，这个参数可以设置每个散布对象开始自身运动所间隔的帧数。例如，模拟风吹过草地时，草丛逐一开始摇动的效果。

❖ 垂直：选择该选项，每一个复制的散布对象都与它所在的点、面或边界垂直，否则它们都保持与源对象相同的方向。

❖ 仅使用选定面：使用选择的表面来分配散布对象。

❖ 区域：在分布对象表面所有允许区域内均匀分布散布对象。

❖ 偶校验：在允许区域内分配散布对象，使用偶校验方式进行过滤。

❖ 跳过N个：在放置重复项时，跳过n个面。后面的参数指定了在放置下一个重复项之前要跳过的面数。如果设置为0，则不跳过任何面；如果设置为1，则跳过相邻的面，依此类推。

❖ 随机面：散布对象以随机方式分布到分布对象的表面。

❖ 沿边：散布对象以随机方式分布到分布对象的边缘上。

❖ 所有顶点：把散布对象分配到分布对象的所有顶点上。

❖ 所有边的中点：把散布对象分配到分布对象的每条边的中心点上。

❖ 所有面的中心：把散布对象分配到分布对象的每个三角面的中心处。

❖ 体积：把散布对象分配在分布对象的体积范围中。

❖ 结果：在视图中直接显示散布的对象。

❖ 操作对象：分别显示散布对象和分布对象散布之前的样子。

### 3.变换

"变换"卷展栏如图4-236所示。

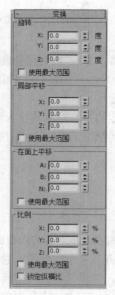

图4-236

**参数详解**

❖ 旋转：在3个轴向上旋转散布对象。

- ❖ 局部平移：沿散布对象的自身坐标进行位置改变。
- ❖ 在面上平移：沿所依附面的重心坐标进行位置改变。
- ❖ 比例：在3个轴向上缩放散布对象。

---

提示

在这4种类型里面分别还有2个选项，即"使用最大范围"和"锁定纵横比"。

使用最大范围：当勾选该选项时，只可以调节绝对值最大的一个参数，其他两个参数将被锁定。

锁定纵横比：可以保证散布对象只改变大小而不改变形态。

### 4.显示

"显示"卷展栏如图4-237所示。

图4-237

- ❖ 代理：将散布对象以简单的方块替身方式显示，当散布对象过多时，采用这个方法可以提高显示速度。
- ❖ 网格：将散布对象以标准网格对象方式显示。
- ❖ 显示：控制占多少百分比的散布对象显示在视图中。
- ❖ 隐藏分布对象：将分布对象隐藏，只显示散布对象。
- ❖ 新建：产生一个新的随机种子数。
- ❖ 种子：产生不同的散布分配效果，可以在相同设置下产生不同效果的散布结果，以避免雷同。

### 5.加载/保存预设

"加载/保存预设"卷展栏如图4-238所示。

图4-238

- ❖ 预设名：输入名称，为当前的参数设置命名。
- ❖ 保存预设：列出以前所保存的参数设置，在退出3ds Max后仍旧有效。
- ❖ 加载：载入在列表中选择的参数设置，并且将它用于当前的分布对象。
- ❖ 保存：将当前设置以"预设名"中的命名进行保存，它将出现在参数列表框中。
- ❖ 删除：删除在参数列表框中选择的参数设置。

## 【练习4-15】用"散布"制作遍山野花

本练习的遍山野花效果如图4-239所示。

图4-239

01 设置几何体类型为"标准基本体"，然后使用"平面"工具 [平面] 在场景中创建一个平面，接着在"参数"卷展栏下设置"长度"为2600mm、"宽度"为2300mm、"长度分段"和"宽度分段"为9，具体参数设置及模型效果如图4-240所示。

02 选择平面，然后进入"修改"面板，接着在"修改器列表"中选择FFD 4×4×4修改器，如图4-241所示。

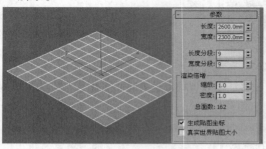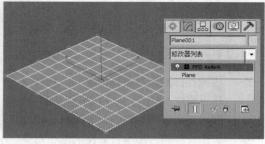

图4-240　　　　　　　　　　　　　　　图4-241

— 提示

　　FFD 4×4×4修改器是一种非常重要的修改器，它可以利用控制点来改变几何体的形状。关于该修改器的使用方法，请参考后面修改器的内容。

03 在FFD 4×4×4修改器左侧单击⊞图标，展开次物体层级列表，然后选择"控制点"次物体层级，如图4-242所示。

04 切换到顶视图，然后用"选择并移动"工具框选图4-243所示的两个控制点，接着在透视图中将选择的控制点沿z轴向上拖曳一段距离，如图4-244所示。

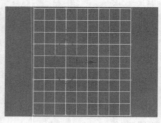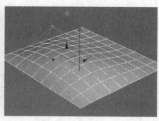

图4-242　　　　　　　　　图4-243　　　　　　　　　　　图4-244

05 将学习资源中的"练习文件>第4章>练习4-15.max"文件拖曳到场景中，然后在弹出的菜单中选择"合并文件"命令，如图4-245所示，合并后的效果如图4-246所示。

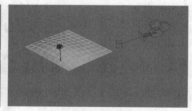

图4-245　　　　　　　　　　　　　　　图4-246

**06** 选择植物模型，设置几何体类型为"复合对象"，然后单击"散布"按钮 散布 ，在"拾取分布对象"卷展栏下单击"拾取分布对象"按钮 拾取分布对象 ，接着在场景中拾取平面，此时在平面上会出现相应的植物，在"散布对象"卷展栏下设置"重复数"为21、"跳过N个"为3，具体参数设置如图4-247所示，最终效果如图4-248所示。

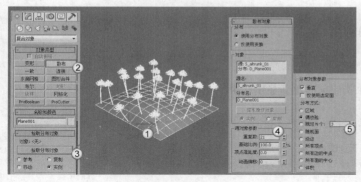

图4-247                                    图4-248

---

**提示**

从图4-276和图4-277中可以观察到地面的颜色都变成灰色了，这是由于3ds Max的自动调节功能，以节省内存资源。由于本例对计算机的配置要求相当高，如果用户的计算机配置较低，那么在制作本例时很可能无法正常使用"散布"功能（遇到这种情况只有升级计算机配置，除此之外没有其他办法）。

## 4.9.2 图形合并

### 功能介绍

使用"图形合并"工具 图形合并 可以将一个或多个图形嵌入其他对象的网格中或从网格中移除，其参数设置面板如图4-249所示。

图4-249

### 参数详解

① 拾取操作对象卷展栏

❖ 拾取图形 拾取图形 ：单击该按钮，然后单击要嵌入网格对象中的图形，图形可以沿图形局部的z轴负方向投射到网格对象上。

❖ 参考/复制/移动/实例：指定如何将图形传输到复合对象中。

❖ 操作对象：在复合对象中列出所有操作对象。

❖ 删除图形 删除图形 ：从复合对象中删除选中图形。

❖ 提取操作对象 提取操作对象 ：提取选中操作对象的副本或实例。在"操作对象"列表中选择操作对象时，该按钮才可用。

❖ 实例/复制：指定如何提取操作对象。

❖ 操作：该选项组中的参数决定如何将图形应用于网格中。

✧ 饼切：切去网格对象曲面外部的图形。

✧ 合并：将图形与网格对象曲面合并。

✧ 反转：反转“饼切”或“合并”效果。

❖ 输出子网格选择：该选项组中的参数指定将哪个选择级别传送到“堆栈”中。

② 显示/更新卷展栏

❖ 显示：确定是否显示图形操作对象。

✧ 结果：显示操作结果。

✧ 操作对象：显示操作对象。

❖ 更新：该选项组中的参数用来指定何时更新显示结果。

✧ 始终：始终更新显示。

✧ 渲染时：仅在场景渲染时更新显示。

✧ 手动：仅在单击“更新”按钮后更新显示。

❖ 更新 更新 ：当选中除“始终”选项之外的任一选项时，该按钮才可用。

本练习的创意钟表效果如图4-250所示。

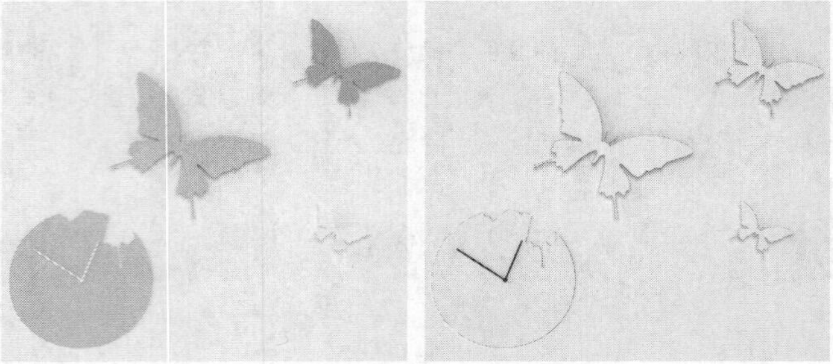

图4-250

## 【练习4-16】用“图形合并”制作创意钟表

**01** 打开学习资源中的“练习文件>第4章>练习4-16.max”文件，这是一个蝴蝶图形，如图4-251所示。

**02** 在“创建”面板中单击“圆柱体”按钮 圆柱体 ，然后在前视图中创建一个圆柱体，接着在“参数”卷展栏下设置“半径”为100mm、“高度”为100mm、“高度分段”为1、“边数”为30，具体参数设置及模型效果如图4-252所示。

**03** 使用“选择并移动”工具在各个视图中调整好蝴蝶图形的位置，如图4-253所示。

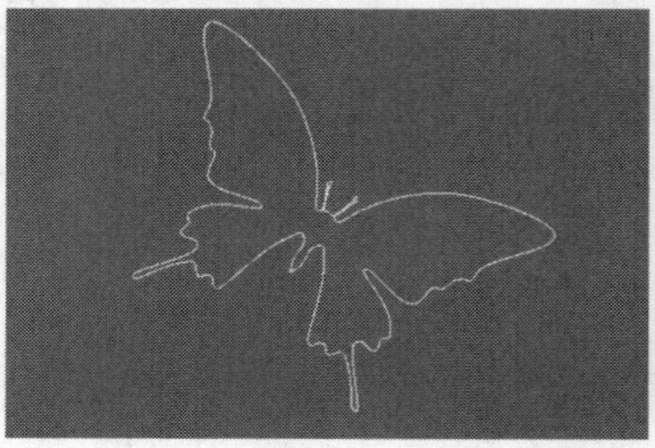

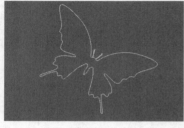

图4-251

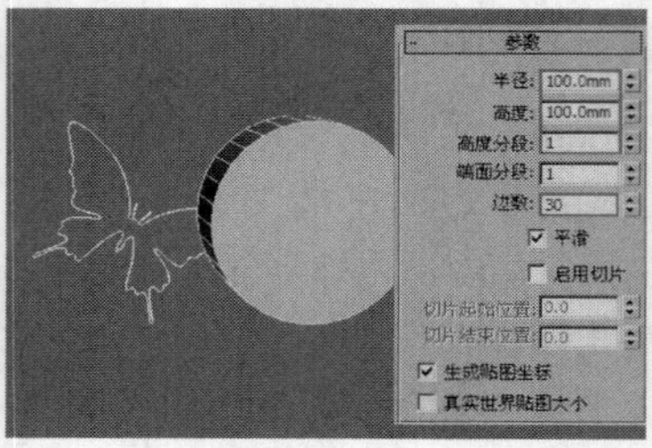


图4-252

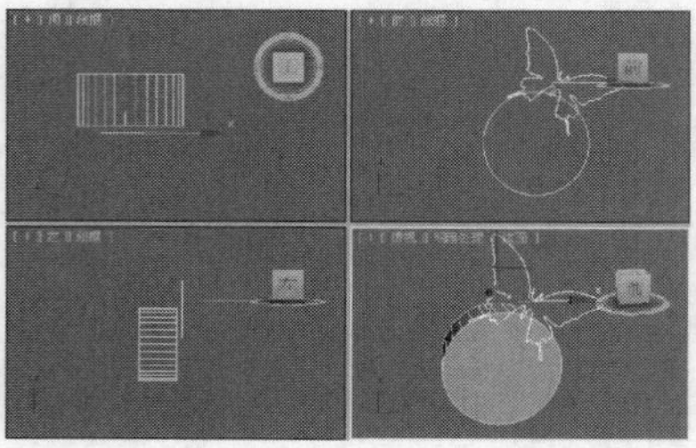

图4-253

**04** 选择圆柱体，设置几何体类型为“复合对象”，然后单击“图形合并”按钮 图形合并 ，接着在“拾取操作对象”卷展栏下单击“拾取图形”按钮 拾取图形 ，最后在视图中单击蝴蝶图形，此时在圆柱体的相应位置上会出现蝴蝶的部分映射图形，如图4-254所示。

**05** 选择圆柱体，然后单击鼠标右键，接着在弹出的菜单中选择"转换为>转换为可编辑多边形"命令，如图4-255所示。

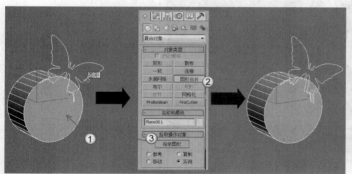

图4-254                                       图4-255

**提示**

将圆柱体转换为可编辑多边形以后，对该物体的操作基本就属于多边形建模的范畴了。关于多边形建模的相关内容，请参阅多边形建模的相关内容。

**06** 进入"修改"面板，在"选择"卷展栏下单击"多边形"按钮■，进入"多边形"级别，然后选择图4-256所示的多边形，接着按Ctrl+I组合键反选多边形，最后按Delete键删除选择的多边形，操作完成后再次单击"多边形"按钮■，退出"多边形"级别，效果如图4-257所示。

图4-256                    图4-257

**提示**

为了方便操作，可以在选择多边形之前按Alt+Q组合键进入"孤立选择"模式（也可以在右键菜单中选择"孤立当前选择"命令），这样可以单独对圆柱体进行操作，如图4-258所示。

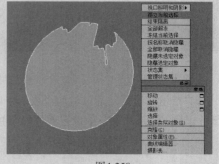

图4-258

**07** 选择蝴蝶图形，然后单击鼠标右键，接着在弹出的菜单中选择"转换为>转换为可编辑多边形"命令，最后使用"选择并移动"工具❖将蝴蝶拖曳到图4-259所示的位置。

**08** 使用"选择并移动"工具❖选择蝴蝶，然后按住Shift键移动复制两只蝴蝶，接着用"选择并均匀缩放"工具❒调整好其大小，如图4-260所示。

图4-259                    图4-260

**09** 使用"圆柱体"工具 圆柱体 在场景中创建两个圆柱体，具体参数设置如图4-261所示。

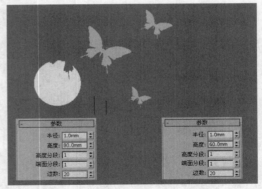

图4-261

**10** 使用"球体"工具 球体 在场景中创建一个球体，然后在"参数"卷展栏下设置"半径"为3mm，具体参数设置及模型位置如图4-262所示。

**11** 使用"选择并移动"工具 将两个圆柱体摆放到表盘上，然后用"选择并旋转"工具 调整好其角度，最终效果如图4-263所示。

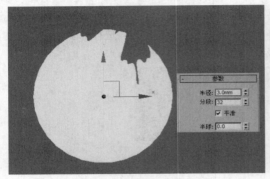

图4-262

图4-263

## 4.9.3 布尔

### 功能介绍

"布尔"运算是通过对两个或两个以上的对象进行并集、差集、交集运算，从而得到新的物体形态。"布尔"运算的参数设置面板如图4-264所示。

图4-264

**参数详解**

❖ 拾取操作对象B 拾取操作对象 B ：单击该按钮可以在场景中选择另一个运算物体来完成"布尔"运算。以下4个选项用来控制操作对象B的方式，必须在拾取操作对象B之前确定采用哪种方式。

　◇ 参考：将原始对象的参考复制品作为运算对象B，若以后改变原始对象，同时也会改变布尔物体中的运算对象B，但是改变运算对象B时，不会改变原始对象。

　◇ 复制：复制一个原始对象作为运算对象B，而不改变原始对象（当原始对象还要用在其他地方时采用这种方式）。

　◇ 移动：将原始对象直接作为运算对象B，而原始对象本身不再存在（当原始对象无其他用途时采用这种方式）。

　◇ 实例：将原始对象的关联复制品作为运算对象B，若以后对两者的任意一个对象进行修改时都会影响另一个。

❖ 操作对象：主要用来显示当前运算对象的名称。

❖ 操作：指定采用何种方式来进行"布尔"运算。

　◇ 并集：将两个对象合并，相交的部分将被删除，运算完成后两个物体将合并为一个物体。

　◇ 交集：将两个对象相交的部分保留下来，删除不相交的部分。

　◇ 差集A-B：在A物体中减去与B物体重合的部分。

　◇ 差集B-A：在B物体中减去与A物体重合的部分。

　◇ 切割：用B物体切除A物体，但不在A物体上添加B物体的任何部分，共有"优化""分割""移除内部""移除外部"4个选项可供选择。"优化"是在A物体上沿着B物体与A物体相交的面来增加顶点和边数，以细化A物体的表面；"分割"是在B物体切割A物体部分的边缘，并且增加了一排顶点，利用这种方法可以根据其他物体的外形将一个物体分成两部分；"移除内部"是删除A物体在B物体内部的所有片段面；"移除外部"是删除A物体在B物体外部的所有片段面。

---

**提示**

物体在进行"布尔"运算后随时都可以对两个运算对象进行修改，"布尔"运算的方式和效果也可以进行编辑修改，并且"布尔"运算的修改过程可以记录为动画，表现出神奇的切割效果。

## 【练习4-17】用"布尔"运算制作垃圾桶

垃圾桶效果如图4-265所示。

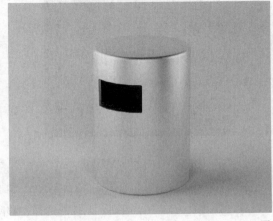

图4-265

**01** 使用"切角圆柱体"工具 切角圆柱体 在视图中创建一个切角圆柱体，然后设置"半径"为200mm、"高度"为600mm、"圆角"为10mm、"圆角分段"为3、"边数"为24，如图4-266所示。

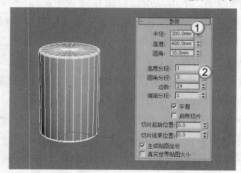

图4-266

**02** 使用"切角长方体"工具 切角长方体 在视图中创建一个切角长方体，然后设置"长度"为200mm、"宽度"为120mm、"高度"为120mm、"圆角"为5mm、"圆角分段"为3，如图4-267所示，接着将其移动到切角圆柱体上，在前视图中的位置如图4-268所示。

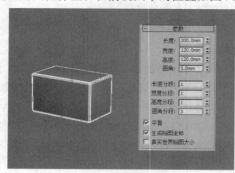

图4-267　　　　　　　　　　　　　　　　　　　　　　图4-268

**03** 选择切角圆柱体，然后在"创建"面板中选择几何体类型为"复合对象"，接着单击"布尔"按钮 布尔 ，再单击"拾取操作对象B"按钮 拾取操作对象B ，最后拾取切角长方体进行布尔运算，如图4-269所示，运算结果如图4-270所示。

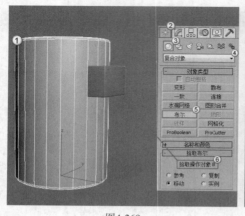

图4-269　　　　　　　　　　　　　　　　　　　　　　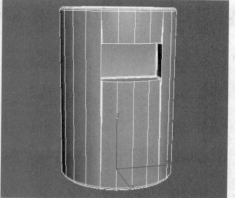

图4-270

--- 提示 ---

图4-270所示的结果是默认的"差集A-B"效果，此时模型没有镂空，而且不符合垃圾桶的实际形象。

**04** 切换到"修改"面板，然后在"参数"卷展栏下设置"操作"方式为"切割"，接着选择"移除内部"选项，此时圆柱体就镂空了，而且符合垃圾桶的实际形象，如图4-271所示。

**05** 选择垃圾桶模型，在"修改器列表"中选择"壳"修改器，然后在"参数"卷展栏下设置"内部量"和"外部量"都为5mm，为垃圾桶添加一定的厚度，如图4-272所示。

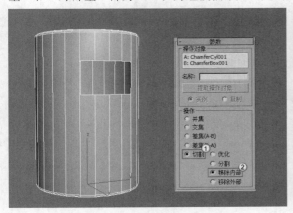
图4-271

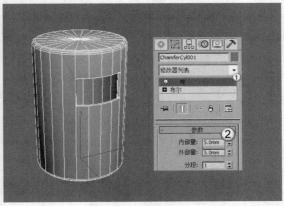
图4-272

## 4.9.4 放样

### 功能介绍

"放样"是将一个二维图形作为沿某个路径的剖面，从而生成复杂的三维对象。"放样"是一种特殊的建模方法，能快速地创建出多种模型，其参数设置面板如图4-273所示。

图4-273

### 参数详解

❖ 获取路径 <u>获取路径</u>：将路径指定给选定图形或更改当前指定的路径。

❖ 获取图形 <u>获取图形</u>：将图形指定给选定路径或更改当前指定的图形。

❖ 移动/复制/实例：用于指定路径或图形转换为放样对象的方式。

❖ 缩放 <u>缩放</u>：使用"缩放"变形可以从单个图形中放样对象，该图形在其沿着路径移动时只改变其缩放。

❖ 扭曲 <u>扭曲</u>：使用"扭曲"变形可以沿着对象的长度创建盘旋或扭曲的对象，扭曲将沿着路径指定旋转量。

❖ 倾斜 <u>倾斜</u>：使用"倾斜"变形可以围绕局部$x$轴和$y$轴旋转图形。

❖ 倒角 <u>倒角</u>：使用"倒角"变形可以制作出具有倒角效果的对象。

❖ 拟合 <u>拟合</u>：使用"拟合"变形可以使用两条拟合曲线来定义对象的顶部和侧剖面。

## 【练习4-18】用"放样"制作旋转花瓶

本练习的旋转花瓶效果如图4-274所示。

图4-274

01 在"创建"面板中单击"图形"按钮 ，然后设置图形类型为"样条线"，接着单击"星形"按钮 ，如图4-275所示。

02 在视图中绘制一个星形，然后在"参数"卷展栏下设置"半径1"为50mm、"半径2"为34mm、"点"为6、"圆角半径1"为7mm、"圆角半径2"为8mm，具体参数设置及图形效果如图4-276所示。

03 在"图形"面板中单击"线"按钮 线 ，然后在前视图中按住Shift键绘制一条样条线作为放样路径（控制花瓶的高度），如图4-277所示。

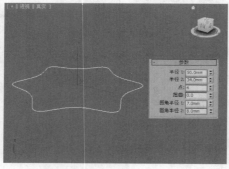

图4-275                    图4-276                                    图4-277

04 选择星形，设置几何体类型为"复合对象"，然后单击"放样"按钮 放样 ，接着在"创建方法"卷展栏下单击"获取路径"按钮 获取路径 ，最后在视图中拾取之前绘制的样条线路径，如图4-278所示，放样效果如图4-279所示。

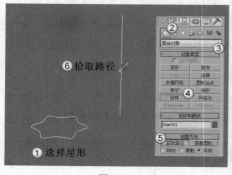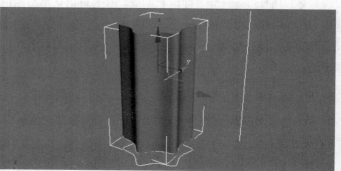

图4-278                                        图4-279

**05** 进入"修改"面板，然后在"变形"卷展栏下单击"缩放"按钮 缩放 ，打开"缩放变形"对话框，接着将缩放曲线调节成如图4-280所示的形状，模型效果如图4-281所示。

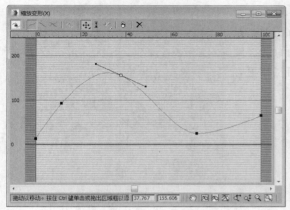 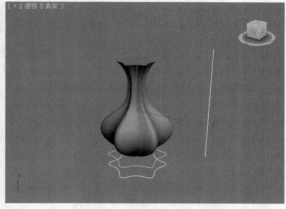

图4-280　　　　　　　　　　　　　　　　图4-281

**技术专题：调节曲线的形状**

在"缩放变形"对话框中的工具栏上有一个"移动控制点"工具 ✛ 和一个"插入角点"工具 ✕ ，用这两个工具就可以调节出曲线的形状。但要注意，在调节角点前，需要在角点上单击鼠标右键，然后在弹出的菜单中选择"Bezier-平滑"命令，这样调节出来的曲线才是平滑的，如图4-282所示。

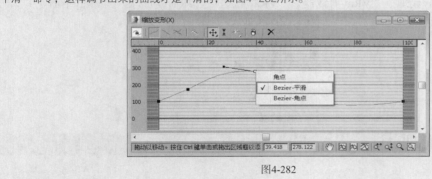

图4-282

**06** 在"变形"卷展栏下单击"扭曲"按钮 扭曲 ，然后在弹出的"扭曲变形"对话框中将曲线调节成如图4-283所示的形状，最终效果如图4-284所示。

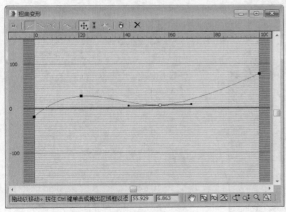 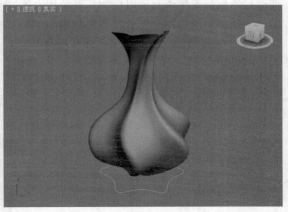

图4-283　　　　　　　　　　　　　　　　图4-284

### 4.9.5  ProBoolean

ProBoolean复合对象与前面的"布尔"复合对象很接近，但是与传统的"布尔"复合对象相比，ProBoolean复合对象更具优势。因为ProBoolean运算之后生成的三角面较少，网格布线更均匀，生成的顶点和面也相对较少，并且操作更容易、更快捷，其参数设置面板如图4-285所示。

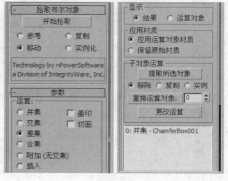

图4-285

---

**提示**

关于ProBoolean工具的参数含义就不再介绍了，用户可参考前面的"布尔"工具的参数介绍。

## 4.10  创建VRay对象

安装好VRay渲染器之后，在"创建"面板下的几何体类型中就会出现一个VRay选项。该物体类型包括6种，分别是"VRay代理""VRay剪裁器""VRay毛皮""VRay变形球""VRay平面""VRay球体"，如图4-286所示。

图4-286

### 4.10.1  VRay代理

**功能介绍**

"VRay代理"物体在渲染时可以从硬盘中将文件（外部文件）导入到场景中的"VRay代理"网格内，场景中的代理物体的网格是一个低面物体，可以节省大量的物理内存以及虚拟内存，一般在物体面数较多或重复情况较多时使用。其使用方法是在物体上单击鼠标右键，然后在弹出的菜单中选择"VRay网格导出"命令，接着在弹出的"VRay网格导出"对话框中进行相应的设置即可（该对话框主要用来保存VRay网格代理物体的路径），如图4-287所示。

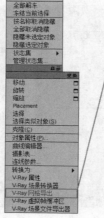
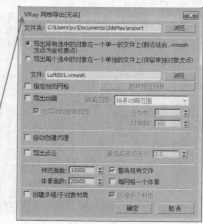

图4-287

**参数详解**

❖ 文件夹：代理物体所保存的路径。

❖ 导出所有选中的对象在一个单一的文件上：将多个物体合并成一个代理物体进行导出。

❖ 导出每个选中的对象在一个单独的文件上：为每个物体创建一个文件进行导出。

❖ 导出动画：勾选该选项后，可以导出动画。

❖ 自动创建代理：勾选该选项后，系统会自动完成代理物体的创建和导入，同时源物体将被删除；如果关闭该选项，则需要增加一个步骤，就是在VRay物体中选择VRay代理物体，然后从网格文件中选择已经导出的代理物体来实现代理物体的导入。

## 【练习4-19】用VRay代理物体创建剧场

剧场效果如图4-288所示。

图4-288

01 打开学习资源中的"练习文件>第4章>练习4-19.max"文件，如图4-289所示。

02 下面创建VRay代理对象。导入学习资源中的"练习文件>第4章>练习4-19-01.3DS"文件，然后将其摆放在如图4-290所示的位置。

图4-289　　　　　　　　　　　　　　　　图4-290

03 选择椅子模型，然后单击鼠标右键，在弹出的菜单中选择"VRay网格导出"命令，接着在弹出的"VRay网格导出"对话框中单击"文件夹"选项后面的"浏览"按钮 浏览 ，为其设置一个合适的保存路径，再为其设置一个名称，最后单击"确定"按钮 确定 ，如图4-291所示。

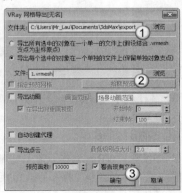

图4-291

171

— 提示 —

导出网格以后，在保存路径下就会出现一个格式为.vrmesh的代理文件，如图4-292所示。

图4-292

**04** 设置几何体类型为VRay，然后单击"VRay代理"按钮 VR代理 ，接着在"网格代理参数"卷展栏下单击"浏览"按钮 浏览 ，找到前面导出的1.vrmesh文件，如图4-293所示，最后在视图中单击鼠标左键，此时场景中就会出现代理椅子模型（原来的椅子可以将其隐藏起来），如图4-294所示。

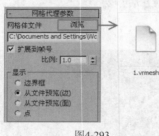

图4-293

图4-294

— 提示 —

如果要隐藏某个对象，可以先将其选中，然后单击鼠标右键，接着在弹出的菜单中选择"隐藏选定对象"命令。

**05** 利用复制功能复制一些代理物体，将其排列在剧场中，最终效果如图4-295所示。

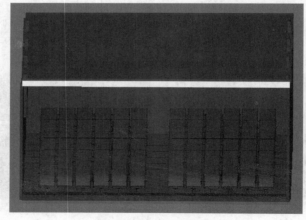

图4-295

— 提示 —

在理论上复制代理对象是无限复制的，但是不能复制得过于夸张，否则会增加渲染压力。

## 4.10.2 VRay毛皮

### 功能介绍

使用"VRay毛皮"工具 VR毛皮 可以创建出物体表面的毛发效果，多用于模拟地毯、草坪、动物的皮毛等，如图4-296和图4-297所示。

图4-296              图4-297

## 4.10.3 VRay平面

### 功能介绍

　　VRay平面可以理解为无限延伸的平面，可以为这个平面指定材质，并且可以对其进行渲染。在实际工作中，一般用VRay平面来模拟无限延伸的地面和水面等，如图4-298和图4-299所示。

图4-298              图4-299

---

### 提示

　　VRay平面的创建方法比较简单，单击"VRay平面"按钮 VR平面 ，然后在视图中单击鼠标左键就可以创建一个VRay平面，如图4-300所示。

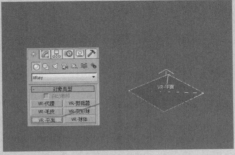

图4-300

# 技术分享

## 内置几何体在商业建模中承担的角色

  内置几何体的重要性不言而喻，它是一切高级建模的基础。在实际工作中，常用的内置几何体有长方体、圆柱体、球体、茶壶、平面、切角长方体和切角圆柱体等，但是很少有情况能直接用这些几何体创建出商业成品模型。因为在商业应用上，对模型的精度要求是比较高的，而内置几何体都是比较粗糙的，可以说是"有形无实"，还远远达不到商业要求。对于商业模型，需要在内置几何体的基础上，对其进行多边形建模或加载修改器等处理。所以，内置几何体仅仅是建模的一块基石，对于如何创建商业模型，在后面的章节中会进行更多、更详细的讲解。

# 第 **5** 章

## 3ds Max的修改器

　　上一章详细介绍了内置几何体的创建方法，后面将要学习一些更高级的建模方法，在学习之前先了解一下3ds Max的修改器。不管是网格建模、NURBS建模，还是多边形建模，都会涉及修改器的使用，因为只有通过修改器才能对模型进行更精细的处理，以获得所需的模型效果。修改器位于3ds Max的修改面板中，是修改面板核心的组成部分。

| | | |
|---|---|---|
| ※ 修改面板 | ※ FFD长方体/圆柱体 | ※ 倾斜 |
| ※ 为对象加载修改器 | ※ 弯曲 | ※ 切片 |
| ※ 修改器的排序 | ※ 锥化 | ※ 球形化 |
| ※ 启用与禁用修改器 | ※ 扭曲 | ※ 影响区域 |
| ※ 编辑修改器 | ※ 噪波 | ※ 晶格 |
| ※ 塌陷修改器堆栈 | ※ 拉伸 | ※ 镜像 |
| ※ 网格选择 | ※ 挤压 | ※ 置换 |
| ※ 面片选择 | ※ 推力 | ※ 替换 |
| ※ 样条线选择 | ※ 松弛 | ※ 保留 |
| ※ 多边形选择 | ※ 涟漪 | ※ 壳 |
| ※ FFD修改 | ※ 波浪 | |

# 5.1 修改器的基础知识

修改器是3ds Max非常重要的功能之一，它主要用于改变现有对象的创建参数、调整一个对象或一组对象的几何外形，进行子对象的选择和参数修改、转换参数对象为可编辑对象。

如果把"创建"面板比喻为原材料生产车间，那么"修改"面板就是精细加工车间，而"修改"面板的核心就是修改器。修改器对于创建一些特殊形状的模型具有非常强大的优势，如图5-1所示的模型，在创建过程中都毫无例外地会大量用到各种修改器。如果单纯依靠3ds Max的一些基本建模功能，是无法实现这样的造型效果的。

图5-1

## 5.1.1 修改面板

3ds Max的"修改"面板如图5-2所示，从外观上看比较简洁，主要由名称、颜色、修改器列表、修改堆栈和通用修改区构成。如果给对象加载了某一个修改器，则通用修改区下方将出现该修改器的详细参数。

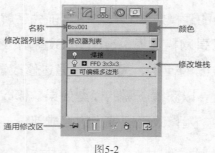

图5-2

---

**提示**

修改器可以在"修改"面板中的"修改器列表"中进行加载，也可以在"菜单栏"中的"修改器"菜单下进行加载，这两个地方的修改器完全一样。

### 1.名称

显示修改对象的名称，如图5-2中的Box001。当然，用户也可以更改这个名称。在3ds Max中，系统允许同一场景中有重名的对象存在。

### 2.颜色

单击颜色按钮可以打开颜色选择框，用于对象颜色的选择，如图5-3所示。

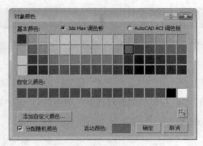

图5-3

### 3.修改器列表

使用鼠标左键单击修改器列表，系统会弹出修改器命令列表，里面列出了所有可用的修改器。

### 4.修改堆栈

修改堆栈是记录所有修改命令信息的集合，并以分配缓存的方式保留各项命令的影响效果，方便用户对其进行再次修改。修改命令按照使用的先后顺序依次排列在堆栈中，最新使用的修改命令总是放置在堆栈的最上面。

### 5.通用修改区

这里提供了通用的修改操作命令，对所有修改器有效，起着辅助修改的作用。

- ❖ 锁定堆栈 ：激活该按钮可以将堆栈和"修改"面板的所有控件锁定到选定对象的堆栈中。即使在选择了视图中的另一个对象之后，也可以继续对锁定堆栈的对象进行编辑。
- ❖ 显示最终结果开/关切换 ：激活该按钮后，会在选定的对象上显示整个堆栈的效果。
- ❖ 使唯一 ：激活该按钮可以将关联的对象修改成独立对象，这样可以对选择集中的对象单独进行操作（只有在场景中拥有选择集的时候该按钮才可用）。
- ❖ 从堆栈中移除修改器 ：若堆栈中存在修改器，单击该按钮可以删除当前的修改器，并清除由该修改器引发的所有更改。

—— 提示

如果想要删除某个修改器，不可以在选中某个修改器后按Delete键，那样删除的将会是物体本身而非单个的修改器。要删除某个修改器，需要先选择该修改器，然后单击"从堆栈中移除修改器"按钮 。

- ❖ 配置修改器集 ：单击该按钮将弹出一个子菜单，这个菜单中的命令主要用于配置在"修改"面板中怎样显示和选择修改器，如图5-4所示。

图5-4

## 技术专题：配置修改器

在图5-4所示的菜单中单击"显示按钮"命令，可以在修改面板中显示修改工具按钮。如图5-5所示，左图没有显示工具按钮，右图显示了工具按钮。

在图5-4所示的菜单中单击"配置修改器"命令，可以打开"配置修改器集"对话框，如图5-6所示。

在"配置修改器集"对话框中，通过按钮总数的设置可以加入或删除按钮数目，在左侧的修改器列表中选择要加入的修改工具，将其直接拖曳到右侧按钮图标上，然后单击"保存"按钮把自定义的集合设置保存起来。

在图5-4所示的菜单中单击"显示列表中的所有集"命令，可以让修改器列表中的命令按不同的修改命令集合显示，这样便于用户查找。如图5-7所示，左图中的命令没有按分类排列，右图中的命令按照不同的集合分类排列（加粗的字体就是每种集合的名称）。

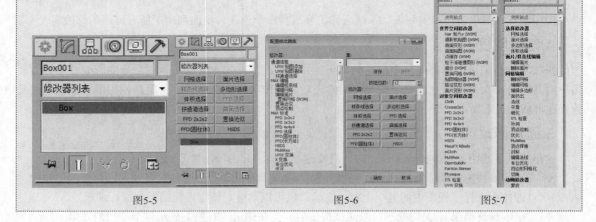

图5-5　　　　　　　　　　　　　图5-6　　　　　　　　　　　　　图5-7

## 5.1.2　为对象加载修改器

为对象加载修改器的方法非常简单。选择一个对象后，进入"修改"面板，然后单击"修改器列表"后面的▼按钮，接着在弹出的下拉列表中就可以选择相应的修改器，如图5-8所示。

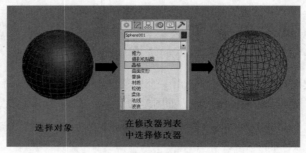

选择对象　　　　在修改器列表中选择修改器

图5-8

## 5.1.3　修改器的排序

修改器的排列顺序非常重要，先加入的修改器位于修改器堆栈的下方，后加入的修改器则在修改器堆栈的顶部，不同的顺序对同一物体起到的效果是不一样的。

见图5-9，这是一个管状体，下面以这个物体为例来介绍修改器的顺序对效果的影响，同时介绍如何调整修改器之间的顺序。

先为管状体加载一个"扭曲"修改器，然后在"参数"卷展栏下设置扭曲的"角度"为360°，这时管状体便会产生大幅度的扭曲变形，如图5-10所示。

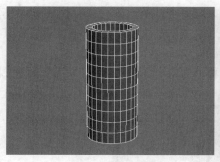
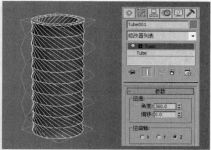

图5-9 图5-10

继续为管状体加载一个"弯曲"修改器,然后在"参数"卷展栏下设置弯曲的"角度"为90°,这时管状体会发生很自然的弯曲变形,如图5-11所示。

下面调整两个修改器的位置。用鼠标左键单击"弯曲"修改器不放,然后将其拖曳到"扭曲"修改器的下方松开鼠标左键(拖曳时修改器下方会出现一条蓝色的线),调整排序后可以发现管状体的效果发生了很大的变化,如图5-12所示。

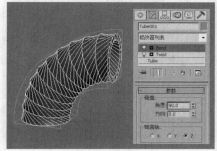

图5-11 图5-12

**提示**

在修改器堆栈中,如果要同时选择多个修改器,可以先选中一个修改器,然后按住Ctrl键单击其他修改器进行加选,如果按住Shift键则可以选中多个连续的修改器。

## 5.1.4 启用与禁用修改器

在修改器堆栈中可以观察到每个修改器前面都有个小灯泡图标 ,这个图标表示这个修改器的启用或禁用状态。当小灯泡显示为亮的状态 时,代表这个修改器是启用的;当小灯泡显示为暗的状态 时,代表这个修改器被禁用了。单击这个小灯泡即可切换启用和禁用状态。

以图5-13中的修改器堆栈为例,这里为一个球体加载了3个修改器,分别是"晶格"修改器、"扭曲"修改器和"波浪"修改器,并且这3个修改器都被启用了。

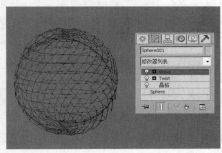

图5-13

选择底层的"晶格"修改器，当"显示最终结果"按钮▥被禁用时，场景中的球体不能显示该修改器之上的所有修改器的效果，如图5-14所示。如果单击"显示最终结果"按钮▥，使其处于激活状态，即可在选中底层修改器的状态下显示所有修改器的修改结果，如图5-15所示。

如果要禁用"波浪"修改器，可以单击该修改器前面的小灯泡图标▮，使其变为灰色▮即可，这时物体的形状也跟着发生了变化，如图5-16所示。

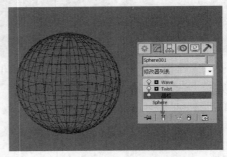

图5-14

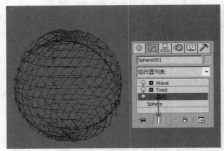

图5-15

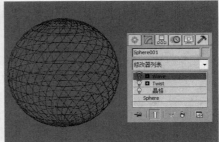

图5-16

## 5.1.5　编辑修改器

在修改器上单击鼠标右键会弹出一个菜单，该菜单中包括一些对修改器进行编辑的常用命令，如图5-17所示。

图5-17

从菜单中可以观察到修改器是可以复制到其他物体上的，复制的方法有以下两种。

第1种：在修改器上单击鼠标右键，然后在弹出的菜单中选择"复制"命令，接着在需要的位置单击鼠标右键，最后在弹出的菜单中选择"粘贴"命令即可。

第2种：直接将修改器拖曳到场景中的某一物体上。

在选中某一修改器后，如果按住Ctrl键将其拖曳到其他对象上，可以将这个修改器作为实例粘贴到其他对象上；如果按住Shift键将其拖曳到其他对象上，就相当于将源物体上的修改器剪切并粘贴到新对象上。

## 5.1.6 塌陷修改器堆栈

塌陷修改器会将该物体转换为可编辑网格，并删除其中所有的修改器，这样可以简化对象，并且还能够节约内存。但是塌陷之后就不能对修改器的参数进行调整，并且也不能将修改器的历史恢复到基准值。

塌陷修改器有"塌陷到"和"塌陷全部"两种方法。使用"塌陷到"命令可以塌陷到当前选定的修改器，也就是说删除当前及列表中位于当前修改器下面的所有修改器，保留当前修改器上面的所有修改器；而使用"塌陷全部"命令，会塌陷整个修改器堆栈，删除所有修改器，并使对象变成可编辑网格。

### 技术专题：塌陷到与塌陷全部命令的区别

以图5-18中的修改器堆栈为例，处于最底层的是一个圆柱体，可以将其称为"基础物体"（注意，基础物体一定是处于修改器堆栈的最底层），而处于基础物体之上的是"弯曲""扭曲""松弛"3个修改器。

在"扭曲"修改器上单击鼠标右键，然后在弹出的菜单中选择"塌陷到"命令，此时系统会弹出"警告:塌陷到"对话框，如图5-19所示。在"警告:塌陷到"对话框中有3个按钮，分别为"暂存/是"按钮 暂存⑴/是 、"是"按钮 是⑴ 和"否"按钮 否⑴ 。如果单击"暂存/是"按钮 暂存⑴/是 ，可以将当前对象的状态保存到"暂存"缓冲区，然后才应用"塌陷到"命令，执行"编辑/取回"菜单命令，可以恢复到塌陷前的状态；如果单击"是"按钮 是⑴ ，将塌陷"扭曲"修改器和"弯曲"两个修改器，而保留"松弛"修改器，同时基础物体会变成"可编辑网格"物体，如图5-20所示。

图5-18

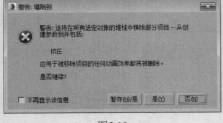
图5-19

图5-20

下面对同样的物体执行"塌陷全部"命令。在任意一个修改器上单击鼠标右键，然后在弹出的菜单中选择"塌陷全部"命令，此时系统会弹出"警告:塌陷全部"对话框，如图5-21所示。如果单击"是"按钮 是⑴ ，将塌陷修改器堆栈中的所有修改器，并且基础物体也会变成"可编辑网格"物体，如图5-22所示。

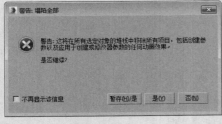
图5-21

图5-22

# 5.2 选择修改器

单击通用修改区中的  按钮，在弹出的菜单中单击"显示列表中的所有集"命令，此时修改器列表中的所有命令将按照图5-23所示的分类方式排列。

图5-23

---

**提示**

修改器列表中显示的命令会根据所选对象的不同而呈现一些差异。

---

通过上图可以知道，修改器列表中的命令非常多，共分为十几个大类，并且每个大类里面都分别包含或多或少的命令。根据本书的教学安排，本章只介绍其中一部分命令，其他各种类型的命令将会在后面的相关章节中进行介绍。

首先来介绍"选择修改器"集合，该集合中包括"网格选择""面片选择""样条线选择""多边形选择""体积选择"等修改器。这些修改器的作用只是用来传递子对象的选择，功能比较单一，不提供子对象编辑功能。

## 5.2.1 网格选择

### 功能介绍

对多变形网格对象进行子对象的选择操作，包括顶点、边、面、多边形和元素5种子对象级别，其参数面板如图5-24所示。

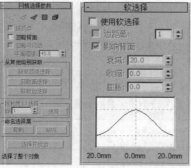

图5-24

**参数详解**

① "网格选择参数"卷展栏

❖ 顶点■：以顶点为最小单位进行选择。

❖ 边■：以边为最小单位进行选择。

❖ 面■：以三角面为最小单位进行选择。

❖ 多边形■：以多边形为最小单位进行选择。

❖ 元素■：选择对象中所有的连续面。如图5-25所示，这是网格被选中不同子级对象后的显示效果，通过图示可以很直观地理解各种子级对象的形态，从左到右依次为选中顶点、线、面、多边形和元素的效果。

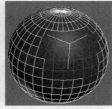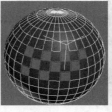

图5-25

❖ 按顶点：勾选这个选项后，在选择一个顶点时，与该顶点相连的边或面会一同被选中。

❖ 忽略背面：根据法线的方向，模型有正、反面之说。在选择模型的子对象时，如果取消选择此项，在选择一面的同时，也会将其背面的顶点选择，尤其是框选的时候；如果勾选此项，则只选择正对摄像机的一面，也就是可以看到的一面。

❖ 忽略可见边：如果取消选择此项，在多边形级别进行选择时，每次单击只能选择单一的面；勾选此项时，可通过下面的平面阈值来调节选择范围，每次单击，范围内的所有面都会被选中。

❖ 平面阈值：在多边形级别进行选择时，用来指定两面共面的阈值范围，阈值范围是两个面的面法线之间的夹角，小于这个值说明两个面共面。

❖ 获取顶点选择：根据上一次选择的顶点选择面，选择所有共享被选中顶点的面。当"顶点"不是当前子对象层级时，该功能才可用。

❖ 获取面选择：根据上一次选择的面、多边形、元素选择顶点。只有当面、多边形、元素不是当前子对象层级时，该功能才可用。

❖ 获取边选择：根据上一次选择的边选择面，选择含有该边的那些面。只有当"边"不是当前子对象层级时，该功能才可用。

❖ ID：这是"按材质ID选择"参数组中的材质ID输入框，输入ID号之后，单击后面的"选择"按钮，所有具有这个ID号的子对象就会被选择。配合Ctrl键可以加选，配合Shift键可以减选。

❖ 复制/粘贴：用于在不同对象之间传递命名选择信息，要求这些对象必须是同一类型而且必须在相同子对象级别。例如，两个可编辑网格对象，在其中一个顶点子对象级别先进行选择，然后在工具栏中为这个选择集合命名，接着单击"复制"按钮，从弹出的对话框中选择刚创建的名称（如图5-26所示）；进入另一个网格对象的顶点子对象级别，然后单击"粘贴"按钮，刚才复制的选择就会粘贴到当前的顶点子对象级别。

图5-26

- ❖ 选择开放边：选择所有只有一个面的边。在大多数对象中，这会显示何处缺少面。该参数只能用于"边"子对象层级。
- ② "软选择"卷展栏
- ❖ 使用软选择：控制是否开启软选择。
- ❖ 边距离：通过设置衰减区域内边的数目来控制受到影响的区域。
- ❖ 影响背面：勾选该项时，对选择的子对象背面产生同样的影响，否则只影响当前操作的一面。
- ❖ 衰减：设置从开始衰减到结束衰减之间的距离。以场景设置的单位进行计算，在图表显示框的下面也会显示距离范围。
- ❖ 收缩：沿着垂直轴提升或降低顶点。值为负数时，产生弹坑状图形曲线；值为0时，产生平滑的过渡效果。默认值为0。
- ❖ 膨胀：沿着垂直轴膨胀或收缩顶点。收缩为0、膨胀为1时，产生一个最大限度的光滑膨胀曲线；负值会使膨胀曲线移动到曲面，从而使顶点下压形成山谷的形态。默认值为0。

## 5.2.2 面片选择

### 功能介绍

该修改器用于对面片类型的对象进行子对象级别的选择操作，包括顶点、控制柄、边、面片和元素5种子对象级别，其参数面板如图5-27所示。因为大部分参数基本与上一小节介绍的一致，所以这里就不再重复讲解。

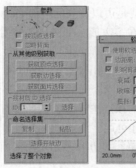

图5-27

### 参数详解

- ❖ 顶点 ▦：以顶点为最小单位进行选择。
- ❖ 控制柄 ◥：以控制柄为最小单位进行选择。
- ❖ 边 ⬦：以边为最小单位进行选择。
- ❖ 面片 ◈：以面片为最小单位进行选择。
- ❖ 元素 ▦：选定对象中所有的连续面。

## 5.2.3 样条线选择

### 功能介绍

图5-28（左1）用于对样条线进行子对象级别的选择操作，包括顶点、分段和样条线3种子对象级别。当选择顶点时，其参数面板如图5-28（左2）所示；当选择分段时，其参数面板如图5-28（右2）所示；当选择样条线时，其参数面板如图5-28（右1）所示。

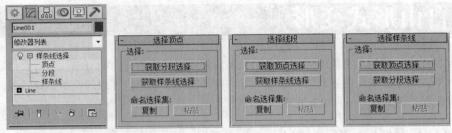

图5-28

### 参数详解

❖ 顶点：以顶点为最小单位进行选择。

❖ 分段：以线段为最小单位进行选择。

❖ 样条线：以样条线为最小单位进行选择。如图5-29所示，从左到右，分别是选择顶点、分段和样条线的显示效果。

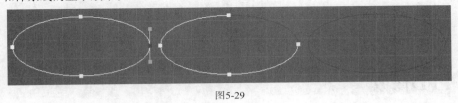

图5-29

# 5.2.4 多边形选择

### 功能介绍

对多边形进行子对象级别的选择操作，包括顶点、边、边界、多边形和元素5种子对象级别，其参数面板如图5-30所示。这里只介绍部分相关功能，关于多边形选择的其他功能，请读者参考后面的多边形建模章节。

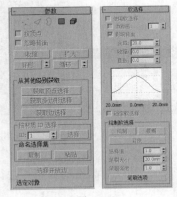

图5-30

### 参数详解

❖ 顶点▨：以顶点为最小单位进行选择。

❖ 边▨：以边为最小单位进行选择。

❖ 边界▨：以模型的开放边界为最小单位进行选择。

❖ 多边形▨：以四边形为最小单位进行选择。

❖ 元素▨：选定对象中所有的连续面。

# 5.3 自由形式变形

在建模创作中，我们不可能永远创建桌子板凳这种规则且棱角分明的对象。当需要创建形态各异的模型的时候，大家会发现内置几何体建模的方法并不能完全创建出理想的模型，这时我们就需要一个能改变对象形态的工具——自由形式变形。

## 5.3.1 什么是自由形式变形

FFD是"自由形式变形"的意思，FFD修改器即"自由形式变形"修改器。FFD修改器包含5种类型，分别是FFD 2×2×2修改器、FFD 3×3×3修改器、FFD 4×4×4修改器、FFD（长方体）修改器和FFD（圆柱体）修改器，如图5-31所示。这种修改器是使用晶格框包围住选中的几何体，然后通过调整晶格的控制点来改变封闭几何体的形状。

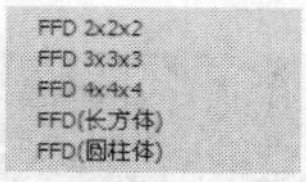

图5-31

## 5.3.2 FFD修改

### 功能介绍

FFD 2×2×2、FFD 3×3×3和FFD 4×4×4修改器的参数面板完全相同，如图5-32所示，这里统一进行讲解，以节省篇幅。

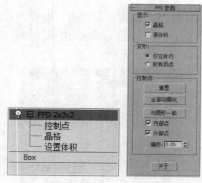

图5-32

### 参数详解

❖ 控制点：在这个子对象级别，可以对晶格的控制点进行编辑，通过改变控制点的位置影响外形。

❖ 晶格：对晶格进行编辑，可以通过移动、旋转、缩放使晶格与对象分离。

❖ 设置体积：在这个子对象级别下，控制点显示为绿色，对控制点的操作不影响对象形态。

❖ 晶格：控制是否使连接控制点的线条形成栅格。

❖ 源体积：开启该选项可以将控制点和晶格以未修改的状态显示出来。

❖ 仅在体内：只有位于源体积内的顶点会变形。

❖ 所有顶点：所有顶点都会变形。

❖ 重置 ▨▨ 重置 ▨▨：将所有控制点恢复到原始位置。

❖ 全部动画化 全部动画化 ：单击该按钮可以将控制器指定给所有的控制点，使它们在轨迹视图中可见。

❖ 与图形一致 与图形一致 ：在对象中心控制点位置之间沿直线方向来延长线条，可以将每一个FFD控制点移到修改对象的交叉点上。

❖ 内部点：仅控制受"与图形一致"影响的对象内部的点。

❖ 外部点：仅控制受"与图形一致"影响的对象外部的点。

❖ 偏移：设置控制点偏移对象曲面的距离。

❖ 关于 关于 ：显示版权和许可信息。

## 5.3.3 FFD长方体/圆柱体

### 功能介绍

FFD（长方体）和FFD（圆柱体）修改器的功能与5.3.2节介绍的FFD修改器基本一致，只是参数面板略有一些差异，如图5-33所示。

图5-33

### 参数详解

① 尺寸选项组

❖ 点数：显示晶格中当前的控制点数目，例如，4×4×4、2×2×2等。

❖ 设置点数 设置点数 ：单击该按钮可以打开"设置FFD尺寸"对话框，在该对话框中可以设置晶格中所需控制点的数目，如图5-34所示。

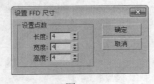

图5-34

② 显示选项组

❖ 晶格：控制是否使连接控制点的线条形成栅格。

❖ 源体积：开启该选项可以将控制点和晶格以未修改的状态显示出来。

③ 变形选项组

❖ 仅在体内：只有位于源体积内的顶点会变形。

❖ 所有顶点：所有顶点都会变形。

❖ 衰减：决定FFD的效果减为0时离晶格的距离。

❖ 张力/连续性：调整变形样条线的张力和连续性。虽然无法看到FFD中的样条线，但晶格和控制点代表着控制样条线的结构。

④ 选择选项组

❖ 全部X 全部X /全部Y 全部Y /全部Z 全部Z ：选中由这些轴指定的局部维度中的所有控制点。

⑤ 控制点选项组

❖ 重置 重置 ：将所有控制点恢复到原始位置。

❖ 全部动画 全部动画 ：单击该按钮可以将控制器指定给所有的控制点，使它们在轨迹视图中可见。

❖ 与图形一致 与图形一致 ：在对象中心控制点位置之间沿直线方向来延长线条，可以将每一个FFD控制点移到修改对象的交叉点上。

❖ 内部点：仅控制受"与图形一致"影响的对象内部的点。

❖ 外部点：仅控制受"与图形一致"影响的对象外部的点。

❖ 偏移：设置控制点偏移对象曲面的距离。

❖ 关于 关于 ：显示版权和许可信息。

## 【练习5-1】用FFD修改器制作沙发

本练习的沙发效果如图5-35所示。

图5-35

**01** 使用"切角长方体"工具 切角长方体 在场景中创建一个切角长方体，然后在"参数"卷展栏下设置"长度"为1000mm、"宽度"为300mm、"高度"为600mm、"圆角"为30mm，接着设置"长度分段"为5、"宽度分段"为1、"高度分段"为6、"圆角分段"为3，具体参数设置及模型效果如图5-36所示。

**02** 按住Shift键使用"选择并移动"工具 移动复制一个模型，然后在弹出的"克隆选项"对话框中设置"对象"为"实例"，如图5-37所示。

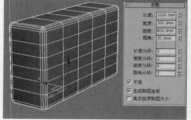

图5-36                                    图5-37

**03** 为其中一个切角长方体加载一个FFD 2×2×2修改器，然后选择"控制点"次物体层级，接着在左视图中用"选择并移动"工具 框选右上角的两个控制点，如图5-38所示，最后将其向下拖曳一段距离，如图5-39所示。

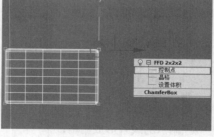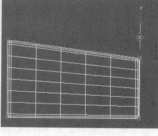

图5-38                                    图5-39

── 提示 ──

由于前面采用的是"实例"复制法，因此只需要调节其中一个切角长方体的形状，另外一个会跟着一起发生变化，如图5-40所示。

图5-40

**04** 在前视图中框选如图5-41所示的4个控制点，然后用"选择并移动"工具 将其向上拖曳一段距离，如图5-42所示。

**05** 退出"控制点"次物体层级，然后按住Shift键使用"选择并移动"工具 移动复制一个模型到中间位置，接着在弹出的"克隆选项"对话框中设置"对象"为"复制"，如图5-43所示。

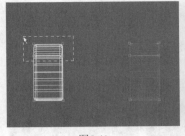

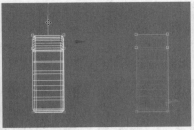

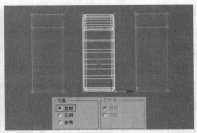

| 图5-41 | 图5-42 | 图5-43 |

## 提示

退出"控制点"次物体层级的方法有以下两种。

第1种：在修改器堆栈中选择FFD 2×2×2修改器的顶层级，如图5-44所示。

第2种：在视图中单击鼠标右键，然后在弹出的菜单中选择"顶层级"命令，如图5-45所示。

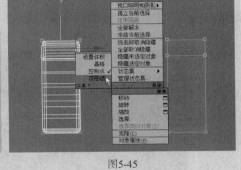

| 图5-44 | 图5-45 |

06 展开"参数"卷展栏，然后在"控制点"选项组下单击"重置"按钮 重置 ，将控制点产生的变形效果恢复到原始状态，如图5-46所示。

07 按R键选择"选择并均匀缩放"工具，然后在前视图中沿x轴将中间的模型横向放大，如图5-47所示。

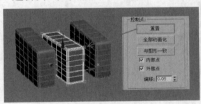

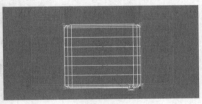

| 图5-46 | 图5-47 |

08 进入"控制点"次物体层级，然后在前视图中框选顶部的4个控制点，如图5-48所示，接着用"选择并移动"工具将其向下拖曳到图5-49所示的位置。

09 退出"控制点"次物体层级，然后按住Shift键使用"选择并移动"工具移动复制一个扶手模型，接着在弹出的"克隆选项"对话框中设置"对象"为"复制"（复制完成后重置控制点产生的变形效果），如图5-50所示。

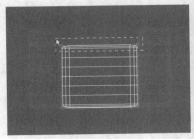

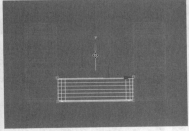

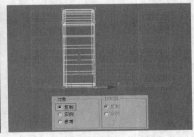

| 图5-48 | 图5-49 | 图5-50 |

**10** 进入"控制点"次物体层级，然后在左视图中框选右侧的4个控制点，如图5-51所示，接着用"选择并移动"工具 ❖ 将其向左拖曳到如图5-52所示的位置。

**11** 在左视图中框选顶部的4个控制点，然后用"选择并移动"工具 ❖ 将其向上拖曳到如图5-53所示的位置，接着将其向左拖曳到如图5-54所示的位置。

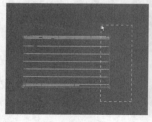 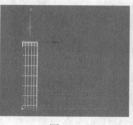 

图5-51　　　　　　　　　图5-52　　　　　　　　　图5-53　　　　　　　　　图5-54

**12** 在前视图中框选右侧的4个控制点，如图5-55所示，然后用"选择并移动"工具 ❖ 将其向右拖曳到如图5-56所示的位置。完成后退出"控制点"次物体层级。

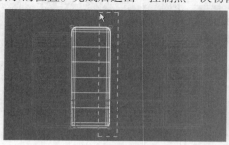  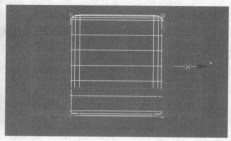

图5-55　　　　　　　　　　　　　　　图5-56

---
**提示**

经过一系列的调整，沙发的整体效果就完成了，如图5-57所示。

图5-57

---

**13** 使用"圆柱体"工具 圆柱体 在场景中创建一个圆柱体，然后在"参数"卷展栏下设置"半径"为50mm、"高度"为500mm、"高度分段"为1，具体参数设置及模型位置如图5-58所示。

**14** 在前视图中将圆柱体复制一个，然后在"参数"卷展栏下将"半径"修改为350mm、"高度"修改为50mm、"边数"修改为32，具体参数设置及模型位置如图5-59所示，最终效果如图5-60所示。

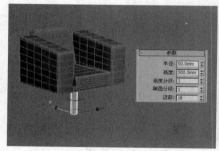 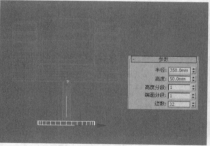 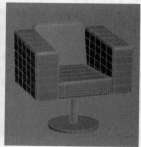

图5-58　　　　　　　　　　　　图5-59　　　　　　　　　　　图5-60

# 5.4 参数化修改器

参数化修改器是使用频率非常高的一类修改器,下面介绍重要的参数化修改器的参数和使用方法。

## 5.4.1 弯曲

### 功能介绍

"弯曲"修改器可以使物体在任意3个轴上控制弯曲的角度和方向,也可以对几何体的一段限制弯曲效果,其参数设置面板如图5-61所示。

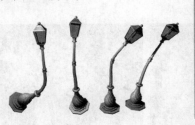

图5-61

### 参数详解

❖ 角度:从顶点平面设置要弯曲的角度,范围是-999999~999999。

❖ 方向:设置弯曲相对于水平面的方向,范围是-999999~999999。

❖ X/Y/Z:指定要弯曲的轴,默认轴为z轴。

❖ 限制效果:将限制约束应用于弯曲效果。

❖ 上限:以世界单位设置上部边界,该边界位于弯曲中心点的上方,超出该边界,弯曲不再影响几何体,其范围是0~999999。

❖ 下限:以世界单位设置下部边界,该边界位于弯曲中心点的下方,超出该边界,弯曲不再影响几何体,其范围是-999999~0。

## 【练习5-2】用"弯曲"修改器制作花朵

本练习的花朵效果如图5-62所示。

图5-62

01 打开学习资源中的"练习文件>第5章>练习5-2.max"文件,如图5-63所示。

02 选择其中一枝开放的花,然后为其加载一个"弯曲"修改器,接着在"参数"卷展栏下设置"角度"为105、"方向"为180、"弯曲轴"为y轴,具体参数设置及模型效果如图5-64所示。

图5-63　　　　　　　　　　　　　　　　　图5-64

`03` 选择另一枝花，然后为其加载一个"弯曲"修改器，接着在"参数"卷展栏下设置"角度"为53、"弯曲轴"为y轴，具体参数设置及模型效果如图5-65所示。

`04` 选择开放的花模型，然后按住Shift键使用"选择并旋转"工具○旋转复制19枝花（注意，要将每枝花调整成参差不齐的效果），如图5-66所示。

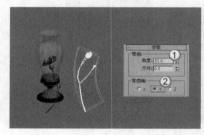

图5-65　　　　　　　　　　　　　　　　　图5-66

`05` 继续使用"选择并旋转"工具○对另外一枝花进行复制（复制9枝），如图5-67所示。

`06` 使用"选择并移动"工具✛将两束花放入花瓶中，最终效果如图5-68所示。

图5-67　　　　　　　　　　　　　　　　　图5-68

## 【练习5-3】用"弯曲"修改器制作水龙头

本练习的水龙头效果如图5-69所示。

图5-69

`01` 使用"圆柱体"工具 圆柱体 在视图中创建一个圆柱体，然后在"参数"卷展栏下设置"半径"为15mm、"高度"为400mm、"高度分段"为12、"端面分段"为1，如图5-70所示。

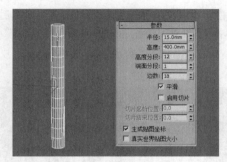

图5-70

**提示**

　　之所以要设置比较高的高度分段，是因为在使用"弯曲"修改器时，弯曲轴向上的分段与弯曲效果有直接的关系，可以理解为分段越高，弯曲效果越好，而本例是以z轴为弯曲轴，所以设置了高度上的分段。

**02** 为圆柱体加载一个"弯曲"修改器，然后在"参数"卷展栏下设置"角度"为160°、"弯曲轴"为z轴，如图5-71所示。

**03** 选择上一步处理后的圆柱体，然后沿z轴向下移动复制一个弯曲的圆柱体，接着选中复制的圆柱体，在Blend（弯曲）修改器上单击鼠标右键，在弹出的菜单中选择"删除"命令，将"弯曲"修改器删除，最后调整好两个圆柱体的位置，如图5-72所示。

**04** 使用"切角圆柱体"工具 切角圆柱体 在视图中创建一个切角圆柱体，然后在"参数"卷展栏下设置"半径"为40mm、"高度"为180mm、"圆角"为5mm、"圆角分段"为3、"边数"为18，其位置如图5-73所示。

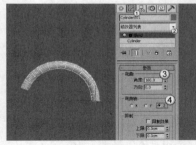

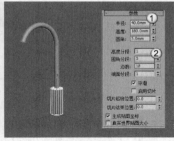

图5-71　　　　　　　　　　　图5-72　　　　　　　　　　　图5-73

**05** 将切角圆柱体沿z轴向下移动复制一个，然后在"参数"卷展栏下修改"半径"为55mm、"高度"为20mm，具体参数设置及模型位置如图5-74所示。

**06** 按A键激活"角度捕捉切换"工具，然后按住Shift键使用"选择并旋转"工具 将第1个切角圆柱体旋转复制一个（旋转-90°），接着在"参数"卷展栏下修改"半径"为25mm、"高度"为90mm，如图5-75所示。

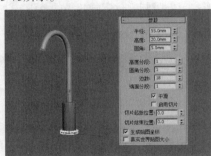
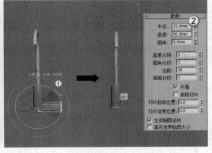

图5-74　　　　　　　　　　　图5-75

**07** 选择上一步复制的切角圆柱体，将其沿 y 轴向右移动复制一个，然后在"参数"卷展栏下设置"半径"为30mm、"高度"为35mm、"圆角"为2mm，具体参数设置及模型位置如图5-76所示。

**08** 将未弯曲的圆柱体复制一个，然后在"参数"卷展栏下修改"半径"为7mm、"高度"为100mm，最终效果如图5-77所示。

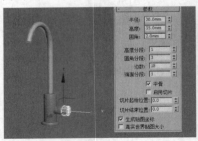 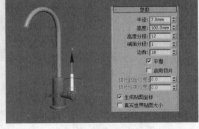

图5-76         图5-77

## 5.4.2 锥化

### 功能介绍

锥化修改器通过缩放对象的两端产生锥形轮廓，同时在中央加入平滑的曲线变形，用户可以控制锥化的倾斜度、曲线轮廓的曲度，还可以限制局部锥化效果，如图5-78所示。

图5-78

### 参数详解

❖ 数量：设置锥化倾斜的程度，缩放扩展的末端，这个量是一个相对值，最大为10。

❖ 曲线：设置锥化曲线的弯曲程度，正值会沿着锥化侧面产生向外的曲线，负值产生向内的曲线。值为0时，侧面不变，默认值为0。

❖ 主轴：设置基本依据的轴向。

❖ 效果：设置影响效果的轴向。

❖ 对称：设置一个对称的影响效果。

❖ 限制效果：选择此项，允许在Gizmo（变形器）上限制锥化影响效果的范围。

❖ 上限/下限：分别设置锥化限制的区域。

## 5.4.3 扭曲

### 功能介绍

"扭曲"修改器与"弯曲"修改器的参数比较相似，但是"扭曲"修改器产生的是扭曲效果，而"弯曲"修改器产生的是弯曲效果。"扭曲"修改器可以在对象几何体中产生一个旋转效果（就像拧湿抹布），并且可以控制任意3个轴上的扭曲角度，同时也可以对几何体的一段限制扭曲效果，其参数设置面板如图5-79所示。

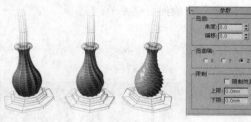

图5-79

# 【练习5-4】用"扭曲"修改器制作大厦

本练习的大厦效果如图5-80所示。

图5-80

**01** 使用"长方体"工具 长方体 在场景中创建一个长方体,然后在"参数"卷展栏下设置"长度"为30mm、"宽度"为27mm、"高度"为205mm、"长度分段"为2、"宽度分段"为2、"高度分段"为13,具体参数设置及模型效果如图5-81所示。

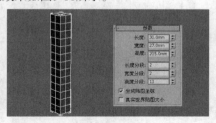

图5-81

---

**提示**

---

这里将"高度分段"数值设置得比较大,主要是为了在后面加载"扭曲"修改器时能得到良好的扭曲效果。

---

**02** 为长方体加载一个"扭曲"修改器,然后在"参数"卷展栏下设置"角度"为160、"扭曲轴"为z轴,具体参数设置及模型效果如图5-82所示。

**03** 为模型加载一个FFD 4×4×4修改器,然后选择"控制点"层级,如图5-83所示,接着使用"选择并均匀缩放"工具 在透视图中将顶部的控制点稍微向内缩放,同时将底部的控制点稍微向外缩放,以形成顶面小、底面大的效果,如图5-84所示。

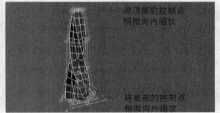

图5-82                    图5-83                    图5-84

**04** 为模型加载一个"编辑多边形"修改器，然后在"选择"卷展栏下单击"边"按钮✍，进入"边"级别，如图5-85所示。

**05** 切换到前视图，然后框选竖向上的边，如图5-86所示，接着在"选择"卷展栏下单击"循环"按钮 循环 ，这样可以选择所有竖向上的边，如图5-87所示。

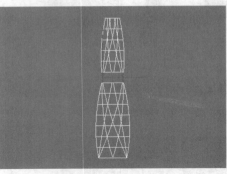

图5-85             图5-86             图5-87

**06** 切换到顶视图，然后按住Alt键在中间区域拖曳光标，减去顶部与底部的边，如图5-88所示，这样就只选择了竖向上的边，如图5-89所示。

**07** 保持对竖向边的选择，在"编辑边"卷展栏下单击"连接"按钮 连接 后面的"设置"按钮□，然后设置"分段"为2，接着单击"确定"按钮✍，如图5-90所示。

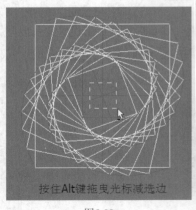

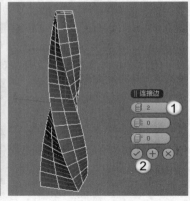

图5-88             图5-89             图5-90

**08** 在前视图中任意选择一条横向上的边，如图5-91所示的边，然后在"选择"卷展栏下单击"循环"按钮 循环 ，这样可以选择这个经度上的所有横向边，如图5-92所示，接着单击"环形"按钮 环形 ，选择纬度上的所有横向边，如图5-93所示。

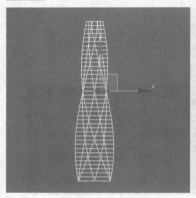

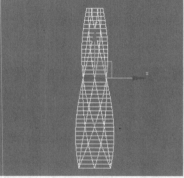

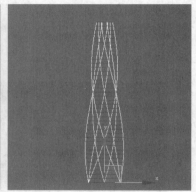

图5-91             图5-92             图5-93

**09** 切换到顶视图，然后按住Alt键在中间区域拖曳光标，减去顶部与底部的边，如图5-94所示，这样就只选择了横向上的边，如图5-95所示。

**10** 保持对横向边的选择，在"编辑边"卷展栏下单击"连接"按钮 连接 后面的"设置"按钮，然后设置"分段"为2，如图5-96所示。

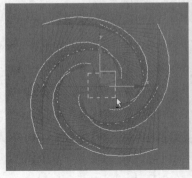
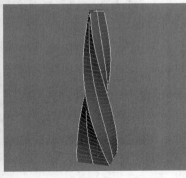
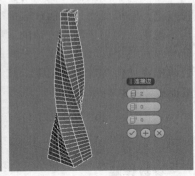

图5-94     图5-95     图5-96

**11** 在"选择"卷展栏下单击"多边形"按钮，进入"多边形"级别，然后在前视图中框选除了顶部和底部以外的所有多边形，如图5-97所示，选择的多边形效果如图5-98所示。

**12** 保持对多边形的选择，在"编辑多边形"卷展栏下单击"插入"按钮 插入 后面的"设置"按钮，然后设置"插入类型"为"按多边形"，接着设置"数量"为0.7mm，如图5-99所示。

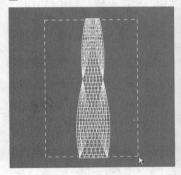

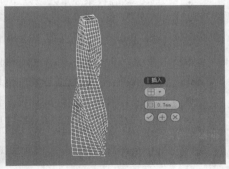

图5-97     图5-98     图5-99

**13** 保持对多边形的选择，在"编辑多边形"卷展栏下单击"挤出"按钮 挤出 后面的"设置"按钮，然后设置"挤出类型"为"按多边形"，接着设置"高度"为-0.7mm，如图5-100所示，最终效果如图5-101所示。

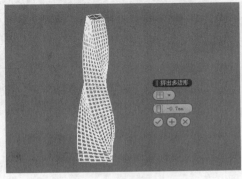

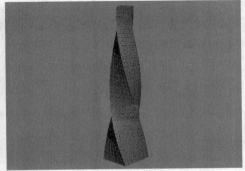

图5-100         图5-101

---

**提示**

　　本例的大厦模型虽然从外观上看起来比较复杂，但是实际操作起来并不复杂，只是涉及了一些技巧性的内容。由于到目前为止还没有正式讲解多边形建模知识，因此本例对使用"编辑多边形"修改器编辑模型的操作步骤讲解得非常仔细。

## 5.4.4 噪波

### 功能介绍

"噪波"修改器可以使对象表面的顶点进行随机变动，从而让表面变得起伏不规则，常用于制作复杂的地形、地面和水面效果，并且"噪波"修改器可以应用在任何类型的对象上，其参数设置面板如图5-102所示。

图5-102

### 参数详解

❖ 种子：从设置的数值中生成一个随机起始点。该参数在创建地形时非常有用，因为每种设置都可以生成不同的效果。

❖ 比例：设置噪波影响的大小（不是强度）。较大的值可以产生平滑的噪波，较小的值可以产生锯齿现象非常严重的噪波。

❖ 分形：控制是否产生分形效果。勾选该选项以后，下面的"粗糙度"和"迭代次数"选项才可用。

❖ 粗糙度：决定分形变化的程度。

❖ 迭代次数：控制分形功能所使用的迭代数目。

❖ X/Y/Z：设置噪波在 $x/y/z$ 坐标轴上的强度（至少为其中一个坐标轴输入强度数值）。

❖ 动画噪波：控制噪波影响和强度参数的合成效果，提供动态噪波。

❖ 频率：设置噪波抖动的速度，值越高，波动越快。

❖ 相位：设置起始点和结束点在波形曲线上的偏移位置，默认的动画设置就是由相位的变化产生的。

## 5.4.5 拉伸

### 功能介绍

模拟传统的挤出拉伸动画效果，在保持体积不变的前提下，沿指定轴向拉伸或挤出对象的形态。可以用于调节模型的形状，也可用于卡通动画的制作，其参数面板如图5-103所示。

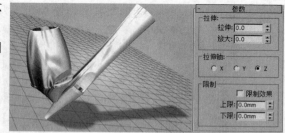

图5-103

### 参数详解

❖ 拉伸：设置拉伸的强度大小。

❖ 放大：设置拉伸中部扩大变形的程度。

❖ 拉伸轴：设置拉伸依据的坐标轴向。

❖ 限制效果：打开限制影响，允许用户限制拉伸影响在Gizmo（变形器）上的范围。

❖ 上限/下限：分别设置拉伸限制的区域。

## 5.4.6　挤压

**功能介绍**

挤压类似于拉伸效果，沿着指定轴向拉伸或挤出对象，即可在保持体积不变的前提下改变对象的形态，也可以通过改变对象的体积来影响对象的形态，其参数面板如图5-104所示。

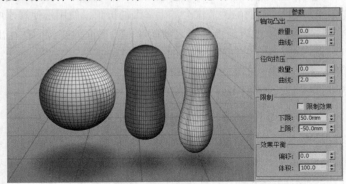

图5-104

**参数详解**

❖　轴向凸出：沿着Gizmo（变形器）自用轴的z轴进行膨胀变形。在默认状态下，Gizmo（变形器）的自用轴与对象的轴向对齐。

◇　数量：控制膨胀作用的程度。

◇　曲线：设置膨胀产生的变形弯曲程度，控制膨胀的圆滑和尖锐程度。

❖　径向挤压：用于沿着Gizmo（变形器）自用轴的z轴挤出对象。

◇　数量：设置挤出的程度。

◇　曲线：设置挤出作用的弯曲影响程度。

❖　限制：用于限制对象沿着局部z轴的挤压效果范围。

◇　限制效果：打开限制影响，在Gizmo（变形器）对象上限制挤压影响的范围。

◇　下限/上限：分别设置限制挤压的区域。

❖　效果平衡：用于控制对象的体积变化效果。

◇　偏移：在保持对象体积不变的前提下改变挤出和拉伸的相对数量。

◇　体积：改变对象的体积，同时增加或减少相同数量的拉伸和挤出效果。

## 5.4.7　推力

**功能介绍**

沿着顶点的平均法线向内或向外推动顶点，产生膨胀或缩小的效果，其参数面板如图5-105所示。

图5-105

**参数详解**

❖　推进值：设置顶点相对于对象中心移动的距离。

## 5.4.8 松弛

### 功能介绍

该修改器可以通过向内收紧表面的顶点或向外松弛表面的顶点来改变对象表面的张力，松弛的结果会使原对象更平滑，体积也更小。它不仅可以作用于整个对象，也可以作用于子对象，将对象的局部进行松弛修改。在制作人物动画时，弯曲的关节常会产生坚硬的折角，使用松弛修改可以将它揉平。

如果使用面片建模，最终的模型表面由于是三角面和四边形面的拼接，往往出现一些不平滑的褶皱，这时可以加入"松弛"修改器，从而平滑模型的表面。

"松弛"修改器的示意图及参数面板如图5-106所示。

图5-106

### 参数详解

- ❖ 松弛值：设置顶点移动距离的百分比值，范围为-1.0~1.0，值越大，顶点越靠近，收缩度越大；如果为负值，则表现为膨胀效果。
- ❖ 迭代次数：设置松弛计算的次数，值越大，松弛效果越强烈。
- ❖ 保持边界点固定：如果打开此选项设置，在开放网格对象边界上的点将不进行松弛修改。
- ❖ 保留外部角：勾选时，距对象中心最远的点将保持在初始位置不变。

## 5.4.9 涟漪

### 功能介绍

使用这个修改器可以在对象表面产生一串同心波，从中心向外辐射，振动对象表面的顶点，形成涟漪效果。用户可以对一个对象指定多个涟漪修改，通过移动Gizmo（变形器）对象和涟漪中心，还可以改变或增强涟漪效果，其参数面板如图5-107所示。

图5-107

### 参数详解

- ❖ 振幅1：设置沿着涟漪对象自身$x$轴向上的振动幅度。
- ❖ 振幅2：设置沿着涟漪对象自身$y$轴向上的振动幅度。
- ❖ 波长：设置每一个涟漪波的长度。
- ❖ 相位：设置波从涟漪中心点发出的振幅偏移。此值的变化可记录为动画，产生从中心向外连续波动的涟漪效果。

❖ 衰退：设置从涟漪中心向外产生振动影响的衰减强度，靠近中心的地区振动最强，随着距离的拉远，振动也逐渐变弱，以符合自然界中的涟漪现象，当水滴落入水中后，水波向四周扩散，振动衰减直到消失。

## 5.4.10 波浪

### 功能介绍

该修改器可以在对象表面产生波浪起伏影响，提供两个方向的振幅，用于制作平行波动效果。通过"相位"的变化可以产生动态的波浪效果。这也是一种空间扭曲对象，用于影响大量对象，其参数面板如图5-108所示。

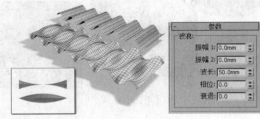

图5-108

### 参数详解

❖ 振幅1：设置对象在自身y轴方向的振动幅度。
❖ 振幅2：设置对象在自身x轴方向的振动幅度。
❖ 波长：设置沿着波浪自身y轴每一个波动的长度，波长越小，扭曲就越多。
❖ 相位：设置波动的起始位置。此值的变化可记录为动画，产生连续波动的波浪。
❖ 衰减：设置从波浪中心向外衰减的振动影响，靠近中心的地区振动强，远离中心的地区振动弱。

## 5.4.11 倾斜

### 功能介绍

该修改器用于将对象或对象的局部在指定轴向上产生倾斜变形，其参数面板如图5-109所示。

图5-109

### 参数详解

❖ 数量：设置与垂直平面倾斜的角度，值范围为1~360，值越大，倾斜越大。
❖ 方向：设置倾斜的方向（相对于水平面），值范围为1~360。
❖ X/Y/Z：选择倾斜依据的坐标轴向。
❖ 限制效果：打开限制影响，允许用户限制倾斜影响在Gizmo（变形器）对象上的范围。
❖ 上限/下限：分别设置倾斜限制的区域。

## 5.4.12 切片

### 功能介绍

该修改器用于创建一个穿过网格模型的剪切平面，基于剪切平面创建新的点、线和面，从而将模型切开。"切片"的剪切平面是无边界的，尽管它的黄色线框没有包围模型的全部，但仍然对整个模型有效。如果针对选择的局部表面进行剪切，可以在其下加入一个"网格选择"的修改，打开面层级，将选择的面上传。其参数面板和示意图如图5-110所示。

图5-110

### 参数详解

❖ 优化网格：在对象和剪切平面相交的地方增加新的点、线或面，被剪切的网格对象仍然是一个对象。

❖ 分割网格：在对象和剪切平面相交的地方增加双倍的点和线，剪切后的对象被分离为两个对象。

❖ 移除顶部：删除剪切平面顶部全部的点和面。

❖ 移除底部：删除剪切平面底部全部的点和面。

❖ 面☑：指定切片操作基于三角面，即使是三角面的隐藏边也会产生新的节点。

❖ 多边形☐：基于对象的可见边进行切片加点，隐藏的边不加点。

## 5.4.13 球形化

### 功能介绍

该功能用于给对象进行球形化处理，将对象表面的顶点向外膨胀，使其趋向于球体。它只有一个百分比参数，用来控制球形化的程度。使用这种工具，可以制作变形动画效果，将一个对象变为球体，这时用另一个已变为球体的对象替换，再变回到另一个对象，使用球体作为中间过渡，其参数面板如图5-111所示。

图5-111

### 参数详解

❖ 百分比：控制球形化的程度，值为0时不产生球形化效果；值为100时，对象将完全变成球体。

## 5.4.14 影响区域

### 功能介绍

该修改器用于将对象表面区域进行凸起或凹下处理,任何可以渲染的对象都可以进行"影响区域"处理。如果需要对影响区域进行限制,则可以通过选择修改器来进行子对象选择,其参数面板如图5-112所示。

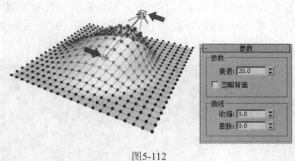

图5-112

### 参数详解

❖ 衰退:设置影响的半径。值越大,影响面积也越大,凸起也越平缓。

❖ 忽略背面:控制在凸起时是否也对背面进行处理。打开此选项时,背面将不受凸起影响,否则将一起凸起。

❖ 收缩:设置凸起尖端的尖锐程度,值为负时表面平坦,值为正时表面尖锐。

❖ 膨胀:设置向上凸起的趋势。当值为1时会产生一个半圆形凸起,值降低时,圆顶会变得倾斜而陡峭。

## 5.4.15 晶格

### 功能介绍

"晶格"修改器可以将图形的线段或边转化为圆柱形结构,并在顶点上产生可选择的关节多面体,其参数设置面板如图5-113所示。

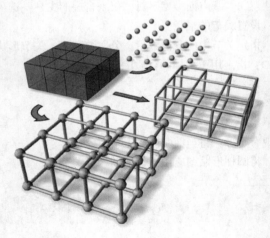

图5-113

### 参数详解

① "几何体"选项组

❖ 应用于整个对象:将"晶格"修改器应用到对象的所有边或线段上。

❖ 仅来自顶点的节点:仅显示由原始网格顶点产生的关节(多面体)。

❖ 仅来自边的支柱：仅显示由原始网格线段产生的支柱（多面体）。

❖ 二者：显示支柱和关节。

② "支柱"选项组

❖ 半径：指定结构的半径。

❖ 分段：指定沿结构的分段数目。

❖ 边数：指定结构边界的边数目。

❖ 材质ID：指定用于结构的材质ID，这样可以使结构和关节具有不同的材质ID。

❖ 忽略隐藏边：仅生成可视边的结构。如果禁用该选项，将生成所有边的结构，包括不可见边，如图5-114所示是开启与关闭"忽略隐藏边"选项时的对比效果。

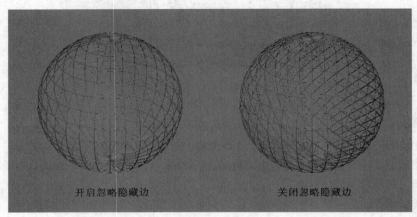

图5-114

❖ 末端封口：将末端封口应用于结构。

❖ 平滑：将平滑应用于结构。

③ "节点"选项组

❖ 基点面类型：指定用于关节的多面体类型，包括"四面体""八面体""二十面体"3种类型。注意，"基点面类型"对"仅来自边的支柱"选项不起作用。

❖ 半径：设置关节的半径。

❖ 分段：指定关节中的分段数目。分段数越多，关节形状越接近球形。

❖ 材质ID：指定用于结构的材质ID。

❖ 平滑：将平滑应用于关节。

④ "贴图坐标"选项组

❖ 无：不指定贴图。

❖ 重用现有坐标：将当前贴图指定给对象。

❖ 新建：将圆柱形贴图应用于每个结构和关节。

提示

使用"晶格"修改器可以基于网格拓扑来创建可渲染的几何体结构，也可以用来渲染线框图。

# 【练习5-5】用"晶格"修改器制作笔筒

本练习的笔筒效果如图5-115所示。

图5-115

**01** 使用"圆柱体"工具 圆柱体 在场景中创建一个圆柱体，然后在"参数"卷展栏下设置"半径"为25mm、"高度"为60mm、"高度分段"为30、"边数"为108，如图5-116所示。

**02** 为圆柱体加载一个"扭曲"修改器，然后在"参数"卷展栏下设置"角度"为180°、"扭曲轴"为z轴，如图5-117所示。

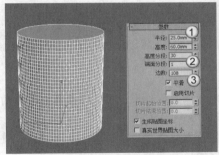

图5-116                          图5-117

**03** 继续为圆柱体加载一个"晶格"修改器，然后在"参数"卷展栏下设置"几何体"的类型为"仅来自边的支柱"，接着在"支柱"选项组下设置"半径"为0.2mm、"边数"为32，如图5-118所示。

**04** 使用"圆柱体"工具 圆柱体 和"管状体"工具 管状体 对笔筒模型进行封底和镶边处理，最终效果如图5-119所示。

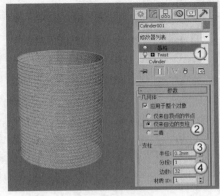

图5-118                          图5-119

## 5.4.16 镜像

### 功能介绍

该修改器用于沿着指定轴向镜像对象或对象选择集，适用于任何类型的模型，对镜像中心的位置变动可以记录成动画，其参数面板如图5-120所示。

图5-120

### 参数详解

❖ X/Y/Z/XY/YZ/ZX：选择镜像作用依据的坐标轴向。
❖ 偏移：设置镜像后的对象与镜像轴之间的偏移距离。
❖ 复制：控制是否产生一个镜像复制对象。

## 5.4.17 置换

### 功能介绍

"置换"修改器是以力场的形式来推动和重塑对象的几何外形，可以直接从修改器的Gizmo（也可以使用位图）来应用它的变量力，其参数设置面板如图5-121所示。

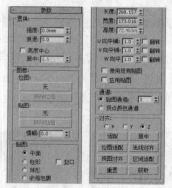

图5-121

### 参数详解

① "置换"参数组
❖ 强度：设置置换的强度，数值为0时没有任何效果。
❖ 衰退：如果设置"衰退"数值，则置换强度会随距离的变化而衰减。
❖ 亮度中心：决定使用什么样的灰度作为0置换值。勾选该选项以后，可以设置下面的"居中"数值。
② "图像"参数组
❖ 位图/贴图：加载位图或贴图。

- ❖ 移除位图/贴图：移除指定的位图或贴图。
- ❖ 模糊：模糊或柔化位图的置换效果。

③ "贴图"参数组

- ❖ 平面：从单独的平面对贴图进行投影。
- ❖ 柱形：以环绕在圆柱体上的方式对贴图进行投影。启用"封口"选项，可以从圆柱体的末端投射贴图副本。
- ❖ 球形：从球体出发对贴图进行投影，位图边缘在球体两极的交汇处均为奇点。
- ❖ 收缩包裹：从球体投射贴图，与"球形"贴图类似，但是它会截去贴图的各个角，然后在一个单独的极点将它们全部结合在一起，在底部创建一个奇点。
- ❖ 长度/宽度/高度：指定置换Gizmo的边界框尺寸，其中高度对"平面"贴图没有任何影响。
- ❖ U/V/W向平铺：设置位图沿指定尺寸重复的次数。
- ❖ 翻转：沿相应的$u/v/w$轴翻转贴图的方向。
- ❖ 使用现有贴图：让置换使用堆栈中较早的贴图设置，如果没有为对象应用贴图，该功能将不起任何作用。
- ❖ 应用贴图：将置换UV贴图应用到绑定对象。

④ "通道"参数组

- ❖ 贴图通道：指定UVW通道用来贴图，其后面的数值框用来设置通道的数目。
- ❖ 顶点颜色通道：开启该选项可以对贴图使用顶点颜色通道。

⑤ "对齐"参数组

- ❖ X/Y/Z：选择对齐的方式，可以选择沿$x/y/z$轴进行对齐。
- ❖ 适配 适配 ：缩放Gizmo以适配对象的边界框。
- ❖ 居中 居中 ：相对于对象的中心来调整Gizmo的中心。
- ❖ 位图适配 位图适配 ：单击该按钮可以打开"选择图像"对话框，可以缩放Gizmo来适配选定位图的纵横比。
- ❖ 法线对齐 法线对齐 ：单击该按钮可以将曲面的法线进行对齐。
- ❖ 视图对齐 视图对齐 ：使Gizmo指向视图的方向。
- ❖ 区域适配 区域适配 ：单击该按钮可以将指定的区域进行适配。
- ❖ 重置 重置 ：将Gizmo恢复到默认值。
- ❖ 获取 获取 ：选择另一个对象并获得它的置换Gizmo设置。

# 【练习5-6】用"置换"修改器制作海面

本练习的海面效果如图5-122所示。

图5-122

**01** 使用"平面"工具 ▭平面 在场景中创建一个平面，然后在"参数"卷展栏下设置"长度"为185mm、"宽度"为307mm，接着设置"长度分段"和"宽度分段"都为400，具体参数设置及平面效果如图5-123所示。

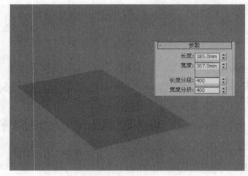

图5-123

**提示**

由于海面是由无数起伏的波涛组成，如果将分段值设置得过低，虽然也会产生波涛效果，但却不真实。

**02** 为平面加载一个"置换"修改器，然后在"参数"卷展栏下设置"强度"为3.8，接着在"贴图"通道下面单击"无"按钮 ▭无 ，最后在弹出的"材质/贴图浏览器"对话框中选择"噪波"程序贴图，如图5-124所示。

**03** 按M键打开"材质编辑器"对话框，然后将"贴图"通道中的"噪波"程序贴图拖曳到一个空白材质球上，接着在弹出的对话框中设置"方法"为"实例"，如图5-125所示。

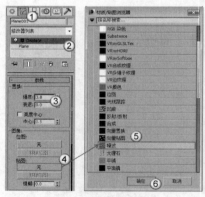

图5-124

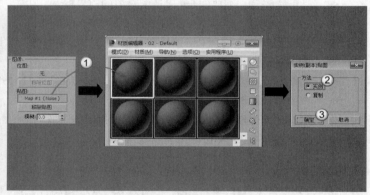

图5-125

**04** 展开"坐标"卷展栏，然后设置"瓷砖"的x为40、y为160、z为1，接着展开"噪波参数"卷展栏，最后设置"大小"为55，具体参数设置如图5-126所示，最终效果如图5-127所示。

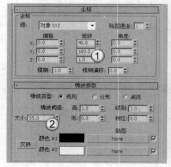

图5-126

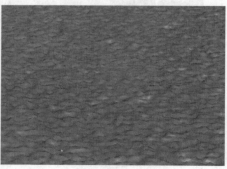

图5-127

## 5.4.18 替换

### 功能介绍

这是一个非常实用的工具，不论在视图显示或渲染输出都可以迅速将场景模型用二维图形替换，如AutoCAD中绘制的图形。另外，DWG格式文件被导入后要转换为VIZBlocks（VIZ块），必须先调整使它的轴心点与替换物体的轴心点匹配，才能得到正确的结果。要去除替换对象，可以从堆栈中移除该修改器，其参数面板如图5-128所示。

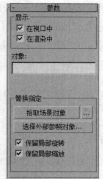

图5-128

### 参数详解

- ❖ 在视口中：控制是否在视口中显示为替换对象。
- ❖ 在渲染中：控制是否在渲染时显示为替换对象。
- ❖ 对象：显示替换对象的名称，在此允许改名。
- ❖ 拾取场景对象：用于从场景中拾取替换对象。单击此按钮后，移动光标指针到替换对象，待指针变为+后，便可单击对象。也可以单击右侧的■图标，然后从选择对象对话框中进行替换对象的选择。
- ❖ 选择外部参照对象：以外部参照对象作为替换对象。
- ❖ 保留局部旋转/缩放：这两个参数必须在指定替换对象前进行选取，在指定完替换对象后，用户再去操作这两个参数，对象不会有任何变化。

## 5.4.19 保留

### 功能介绍

在给对象指定修改堆栈前复制一个拷贝对象，然后对对象进行各种点面的变形操作，保留修改就是尽可能使变形后的对象在边的长度、面的长度、对象体积各方面更接近原始对象，其参数面板如图5-129所示。

图5-129

**参数详解**

- ❖ 拾取原始：通过单击该按钮，可以在视图中拾取未做任何修改的拷贝对象，作为保留依据的对象，要求此对象与当前对象具有相同的顶点数目。
- ❖ 迭代次数：指定保留计算的级别，值越高，越近似于原始对象。
- ❖ 边长/面角度/体积：调整相关的对象参数，以便于保留相应的部分。大多数情况下，使用默认值可以达到最佳效果。当然，调节它们可以得到一些特殊效果，如增加面的角度值，可以产生更多网格对象。
- ❖ 应用于整个网格：将保留作用指定给整个对象，忽略其下层向上传递的子对象选择集。
- ❖ 仅选定顶点：仅对上一层子对象点的选择集合指定保留作用，要注意一点，只要选择的点被指定了保留作用，那么无论它是否取消选择，保留作用仍然针对该点存在。
- ❖ 反选：对上一层子对象点的选择集合进行反向选择，然后指定保留作用。

# 5.4.20 壳

## 功能介绍

该修改器可以通过拉伸面为曲面添加一个真实的厚度，还能对拉伸面进行编辑，非常适合建造复杂模型的内部结构，它是基于网格来工作的，也可以添加在多边形、面片和NURBS曲面上，但最终会将它们转换为网格。

壳修改器的原理是通过添加一组与现有面方向相反的额外面，以及连接内外面的边来表现出对象的厚度。可以指定内外面之间的距离（也就是厚度大小）、边的特性、材质ID以及边的贴图类型，如图5-130所示。

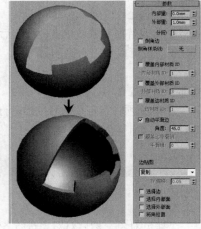

图5-130

## 参数详解

- ❖ 内部量：将内部曲面从原始位置向内移动，内、外部的值之和为壳的厚度，也就是边的宽度。
- ❖ 外部量：将外部曲面从原始位置向外移动，内、外部的值之和为壳的厚度，也就是边的宽度。
- ❖ 分段：设置每个边的分段数量。
- ❖ 倒角边：启用该选项可以让用户对拉伸的剖面自定义一个特定的形状。当指定了"倒角样条线"后，该选项可以作为直边剖面的自定义剖面的切换开关。
- ❖ 倒角样条线：单击 无 按钮后，可以在视图中拾取自定义的样条线。拾取的样条线与倒角样条线是实例复制关系，对拾取的样条线的更改会反映在倒角样条线中，但其对闭合图形的拾取将不起作用。

❖ 覆盖内部材质ID：启用后，可使用"内部材质ID"参数为所有内部曲面上的多边形指定材质ID。如果没有指定材质ID，曲面会使用同一材质ID或者和原始面一样的ID。

❖ 内部材质ID：为内部面指定材质ID。

❖ 覆盖外部材质ID：启用后，可使用"外部材质ID"参数为所有外部曲面上的多边形指定材质ID。如果没有指定材质ID，曲面会使用同一材质ID或者和原始面一样的ID。

❖ 外部材质ID：为外部面指定材质ID。

❖ 覆盖边材质ID：启用后，可使用"边材质ID"参数为所有新边组成的剖面多边形指定材质ID。如果没有指定材质ID，曲面会使用同一材质ID或者和导出边的原始面一样的ID。

❖ 边材质ID：为新边组成的剖面多边形指定材质ID。

❖ 自动平滑边：启用后，软件自动基于角度参数平滑边面。

❖ 角度：指定由"自动平滑边"所平滑的边面之间的最大角度，默认为45°。

❖ 覆盖边平滑组：启用后，可使用"平滑组"设置，该选项只有在禁用了"自动平滑组"选项后才可用。

❖ 平滑组：可为多边形设置平滑组。平滑组的值为0时，不会有平滑组指定为多边形。要指定平滑组，值的范围为1~32。

❖ 边贴图：指定了将应用于新边的纹理贴图类型，在下拉列表中选择的贴图类型如下。

  ◇ 复制：每个边面使用和原始面一样的UVW坐标。

  ◇ 无：对每个边面指定的$u$值为0、$v$值为1。因此若指定了贴图，边将获取左上方的像素颜色。

  ◇ 剥离：将连续的边贴图从对象中剥离。

  ◇ 插补：边贴图由邻近的内部或者外部多边形贴图插补形成。

❖ TV偏移：确定边的纹理顶点之间的间隔。该选项仅在选择"边贴图"中的"剥离"和"插补"时才可用，默认设置为0.05。

❖ 选择边：勾选后可选择边面部分。

❖ 选择内部面：勾选后可选择内部面。

❖ 选择外部面：勾选后可选择外部面。

❖ 将角拉直：勾选后可调整角顶点来维持直线的边。

# 技术分享

## 如何理解修改器的定位

在建模工作中，修改器通常是作为建模的辅助工具。修改器既可以对建好的模型进行完善，达到锦上添花的效果，同时也可以对模型进行优化（例如，"优化"修改器和平滑类修改器），甚至可以对基础模型进行形态塑造（例如，"弯曲"修改器、"扭曲"修改器和FFD修改器）。利用好了修改器，可以大大减少建模的工作量。例如，要建一个人物的发丝模型，无论采用什么建模方法，都将是一项浩大的工程，但如果使用Hair和Fur（WSM）（毛发和毛皮（WSM））修改器来进行制作的话，将会变得非常轻松。

## 使用修改器应注意哪些问题

修改器有一套自己的计算系统，如果基础模型的结构不符合修改器的计算原理，则模型可能会发生错误，从而导致模型处理失败。所以，对于任意修改器，在使用之前都必须掌握它的计算原理，不能胡乱操作。另外，在实际工作中，在为计算量比较大的模型加载修改器之前，最好先保存一下模型，然后加载修改器，以免3ds Max出现不可逆转的错误。

## 认识Gizmo的强大作用

Gizmo翻译成中文是"小发明"的意思，在3ds Max中为对象加载某些修改器时就会出现这个选项，它是以次物体层级的形式存在于修改器中。我们如果要在3ds Max中为其定义一个准确的名称，应该称其为"变形器"，也就是说通过调整Gizmo可以将模型进行变形，以得到一些通过普通方法很难制作出来的效果。如果大家在调整修改器参数时无法调整出想要的效果，不妨随意试试调整Gizmo的位置，也许可以得到意想不到的收获。

这里以一个生活中很常见的雨滴为例来介绍Gizmo的强大功能。雨滴在成形的初始状态是一个球形，在下落的过程中会受到重力、浮力和空气阻力的影响，让雨滴的形状出现一定规律的变形。3ds Max中有一个"拉伸"修改器，利用这个修改器可以很方便地呈现一颗雨滴从成形时到快要落地时的形态变化过程。先创建4个同样大小的几何球体，为其中3个都加载一个"拉伸"修改器，设置相同的参数（"拉伸"设置为2.1、"放大"设置为-0.3、"拉伸轴"为z轴），在y轴上向上移动Gizmo的位置，Gizmo越靠上，雨滴离地面越远，反之则越近。利用这一特征，为Gizmo设定一个动画，便可以模拟出雨滴下落的动画效果。

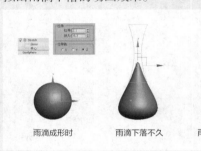
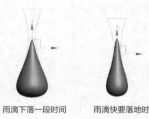
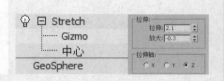

雨滴成形时　　　雨滴下落不久　　　雨滴下落一段时间　　　雨滴快要落地时

第 **6** 章

# 样条线建模

样条线建模是3ds Max比较基础的建模方法，其核心就是通过二维样条线来生成三维模型，所以创建样条线对建立三维模型至关重要。从概念上来看，样条线是二维图形，它是一个没有深度的连续线（可以是开的，也可以是封闭的），在默认的情况下，样条线是不可以渲染的对象。本章主要告诉读者如何创建样条线，至于把样条线转化为三维模型的方法，将在下一章进行讲解。

※ 线　　　　　　※ 把样条线转换为可编辑样条线　　※ 可渲染样条线

※ 文本　　　　　※ 编辑样条线　　　　　　　　　※ 扫描

※ 螺旋线　　　　※ 横截面　　　　　　　　　　　※ 把对象转化为可编辑面片

※ 其他样条线　　※ 曲面　　　　　　　　　　　　※ 编辑面片

※ 墙矩形　　　　※ 删除样条线　　　　　　　　　※ 删除面片

※ 通道　　　　　※ 车削

※ 角度　　　　　※ 规格化样条线

※ T形　　　　　　※ 圆角/切角

※ 宽法兰　　　　※ 修剪/延伸

# 6.1 样条线

二维图形是由一条或多条样条线组成，而样条线又是由顶点和线段组成，所以只要调整顶点的参数及样条线的参数就可以生成复杂的二维图形，利用这些二维图形又可以生成三维模型，如图6-1~图6-3所示是一些优秀的样条线作品。

图6-1

图6-2

图6-3

在"创建"面板中单击"图形"按钮，然后设置图形类型为"样条线"，这里有12种样条线，分别是线、矩形、圆、椭圆、弧、圆环、多边形、星形、文本、螺旋线、卵形和截面，如图6-4所示。

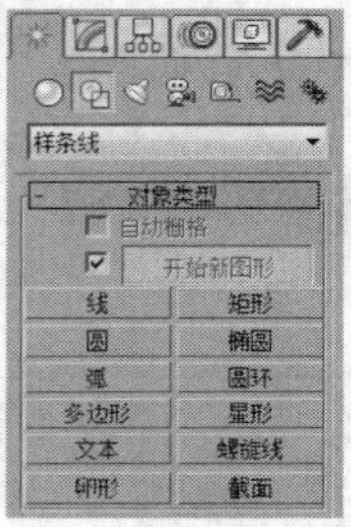

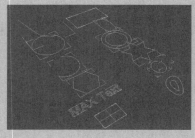

图6-4

---
## 提示

样条线的应用非常广泛，其建模速度相当快。例如，在3ds Max 2016中制作三维文字时，可以直接使用"文本"工具 文本 输入文本，然后将其转换为三维模型。另外，还可以导入AI矢量图形来生成三维物体。选择相应的样条线工具后，在视图中拖曳光标就可以绘制出相应的样条线，如图6-5所示。

图6-5

# 6.1.1 线

### 功能介绍

线是建模中常用的一种样条线，其使用方法非常灵活，形状也不受约束，可以封闭也可以不封闭，拐角处可以是尖锐也可以是圆滑的。线的顶点有3种类型，分别是"角点""平滑"和Bezier。

线的参数包括4个卷展栏，分别是"渲染"卷展栏、"插值"卷展栏、"创建方法"卷展栏和"键盘输入"卷展栏，如图6-6所示。

图6-6

## 1. "渲染"卷展栏

展开"渲染"卷展栏，如图6-7所示。

图6-7

**参数详解**

❖ 在渲染中启用：勾选该选项才能渲染出样条线；若不勾选，将不能渲染出样条线。

❖ 在视口中启用：勾选该选项后，样条线会以网格的形式显示在视图中。

❖ 使用视口设置：该选项只有在开启"在视口中启用"选项时才可用，主要用于设置不同的渲染参数。

❖ 生成贴图坐标：控制是否应用贴图坐标。

❖ 真实世界贴图大小：控制应用于对象的纹理贴图材质所使用的缩放方法。

❖ 视口/渲染：当勾选"在视口中启用"选项时，样条线将显示在视图中；当同时勾选"在视口中启用"和"渲染"选项时，样条线在视图中和渲染中都可以显示出来。

◇ 径向：将3D网格显示为圆柱形对象，其参数包含"厚度""边""角度"。"厚度"选项用于指定视图或渲染样条线网格的直径，其默认值为1，范围是0~100；"边"选项用于在视图或渲染器中为样条线网格设置边数或面数（例如，值为4表示一个方形横截面）；"角度"选项用于调整视图或渲染器中的横截面的旋转位置。

◇ 矩形：将3D网格显示为矩形对象，其参数包含"长度""宽度""角度""纵横比"。"长度"选项用于设置沿局部$y$轴的横截面大小；"宽度"选项用于设置沿局部$x$轴的横截面大小；"角度"选项用于调整视图或渲染器中的横截面的旋转位置；"纵横比"选项用于设置矩形横截面的纵横比。

❖ 自动平滑：启用该选项可以激活下面的"阈值"选项，调整"阈值"数值可以自动平滑样条线。

## 2. "插值"卷展栏

展开"插值"卷展栏，如图6-8所示。

图6-8

**参数详解**

❖ 步数：手动设置每条样条线的步数。

❖ 优化：启用该选项后，可以从样条线的直线线段中删除不需要的步数。

❖ 自适应：启用该选项后，系统会自适应设置每条样条线的步数，以生成平滑的曲线。

### 3."创建方法"卷展栏

展开"创建方法"卷展栏，如图6-9所示。

图6-9

**参数详解**

❖ 初始类型：指定创建第1个顶点的类型，共有以下两个选项。

◇ 角点：通过顶点产生一个没有弧度的尖角。

◇ 平滑：通过顶点产生一条平滑的、不可调整的曲线。

❖ 拖动类型：当拖曳顶点位置时，设置所创建顶点的类型。

◇ 角点：通过顶点产生一个没有弧度的尖角。

◇ 平滑：通过顶点产生一条平滑、不可调整的曲线。

◇ Bezier：通过顶点产生一条平滑、可以调整的曲线。

### 4."键盘输入"卷展栏

展开"键盘输入"卷展栏，如图6-10所示。该卷展栏下的参数可以通过键盘输入来完成样条线的绘制。

图6-10

## 【练习6-1】用"线"制作台历

本练习的台历效果如图6-11所示。

图6-11

**01** 下面制作主体模型。切换到左视图，在"创建"面板中单击"图形"按钮，然后设置图形类型为"样条线"，接着单击"线"按钮 线 ，如图6-12所示，最后绘制出如图6-13所示的样条线。

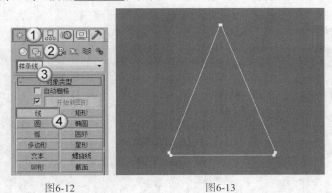

图6-12　　　　　　　　　　　　　　图6-13

— 提示 —————————————————————————————

绘制好图形后，单击鼠标右键即可完成绘制。

**02** 切换到"修改"面板，然后在"选择"卷展栏下单击"样条线"按钮 ，进入"样条线"级别，接着选择整条样条线，如图6-14所示。

**03** 展开"几何体"卷展栏，然后在"轮廓"按钮 轮廓 后面输入2mm，接着单击"轮廓"按钮 轮廓 或按Enter键进行廓边操作，如图6-15所示。

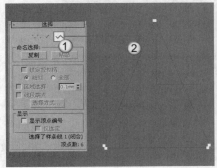 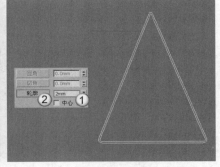

图6-14　　　　　　　　　　　　　　图6-15

**04** 在"修改器列表"下选择"挤出"修改器，然后在"参数"卷展栏下设置"数量"为180mm，如图6-16所示，模型效果如图6-17所示。

**05** 下面创建纸张模型。继续使用"线"工具 线 在左视图中绘制一些独立的样条线，如图6-18所示。

 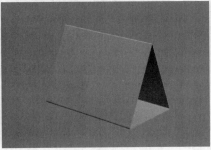 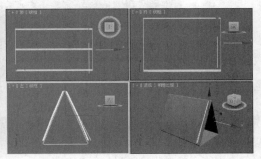

图6-16　　　　　　　　图6-17　　　　　　　　图6-18

06 为每条样条线廓边0.5mm，然后为每条样条线加载"挤出"修改器，接着在"参数"卷展栏下设置"数量"为160mm，效果如图6-19所示。

07 下面制作圆扣模型。在"创建"面板中单击"圆"按钮 圆 ，然后在左视图中绘制一个圆形，接着在"参数"卷展栏下设置"半径"为5.5mm，圆形的位置如图6-20所示。

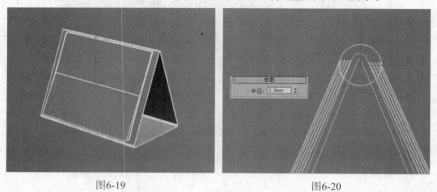

图6-19                          图6-20

08 选择圆形，切换到"修改"面板，然后在"渲染"卷展栏下勾选"在渲染中启用"和"在视口中启用"选项，接着设置"径向"的"厚度"为0.5mm，具体参数设置如图6-21所示，模型效果如图6-22所示。

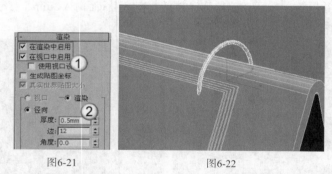

图6-21                          图6-22

09 使用"选择并移动"工具 ✛ 在前视图中移动复制一些圆扣，如图6-23所示，最终效果如图6-24所示。

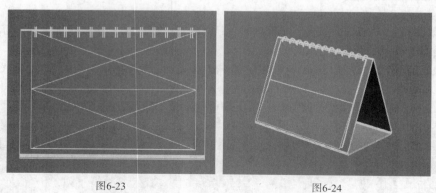

图6-23                          图6-24

## 【练习6-2】用"线"制作咖啡桌

本练习的咖啡桌效果如图6-25所示。

218

图6-25

**01** 在"创建"面板中单击"图形"按钮，然后单击"圆"按钮 ████ 圆 ，接着在透视图中拖曳光标绘制一个圆，如图6-26所示。

**02** 切换到"修改"面板，然后在"参数"卷展栏下设置"半径"为20mm，如图6-27所示。

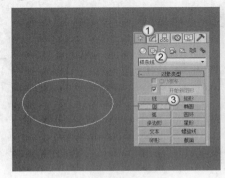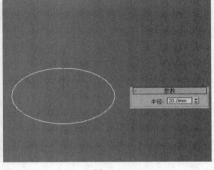

图6-26                                    图6-27

---
**提示**

对于"圆"的参数，"半径"表示圆的半径大小，其他参数与"线"工具相同。

---

**03** 切换到前视图，然后选择创建好的圆，将其沿y轴向下复制3个，接着调整好其位置，如图6-28所示。

**04** 在"主工具栏"的"捕捉开关" 上单击鼠标右键，然后在弹出的"栅格和捕捉设置"对话框中勾选"顶点"选项，如图6-29所示。

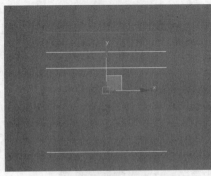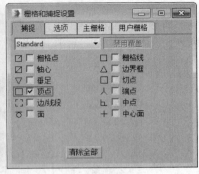

图6-28                                    图6-29

**05** 按S键激活"捕捉开关"工具 ，然后单击"线"按钮 ████ 线 ，先将光标放于最顶部的圆上，当光标变成十字形███时捕捉圆的顶点，接着按住Shift键向下绘制一条垂直的直线，如图6-30所示，最后用同样的方法在左边也绘制一条直线，如图6-31所示。

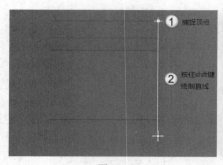
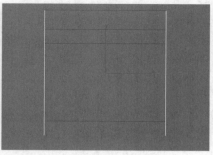

图6-30　　　　　　　　　　　　　　图6-31

　　若在透视图中发现直线未与圆结合，中间有缝隙，可以在"渲染"卷展栏下设置"厚度"为0mm，如图6-32所示。

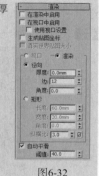

图6-32

**06** 切换到左视图，继续在圆的左右两端各绘制一条直线，如图6-33所示，整个图形在透视图中的效果如图6-34所示。

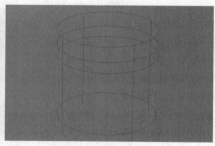

图6-33　　　　　　　　　　　　　　图6-34

**07** 分别设置圆和直线的"渲染"参数，在"渲染"参数卷展栏下勾选"在渲染中启用"和"在视口中启用"选项，然后勾选"矩形"选项，接着设置"长度"为3mm、"宽度"为1mm，具体参数设置如图6-35所示，模型效果如图6-36所示。

图6-35　　　　　　　　　　　图6-36

08 使用"圆柱体"工具 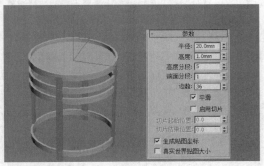 为咖啡桌创建一个桌面，在"参数"卷展栏下设置"半径"为20mm、"高度"为1mm、"边数"为36，最终效果如图6-37所示。

图6-37

# 【练习6-3】用"线"制作烛台

本练习的烛台效果如图6-38所示。

图6-38

01 切换到前视图，在"创建"面板中单击"图形"按钮，然后单击"线"按钮，接着在"创建"卷展栏下设置"初始类型"和"拖动类型"为"平滑"，最后在视图中绘制一条样条线，如图6-39所示。

02 切换到"修改"面板，然后在"选择"卷展栏下单击"顶点"按钮（快捷键为1键），进入"顶点"级别，接着使用"选择并移动"工具调整各个顶点的位置，将样条线调整为圆弧状，如图6-40所示。

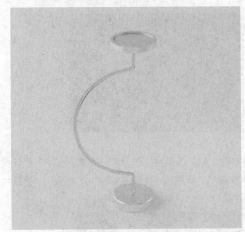

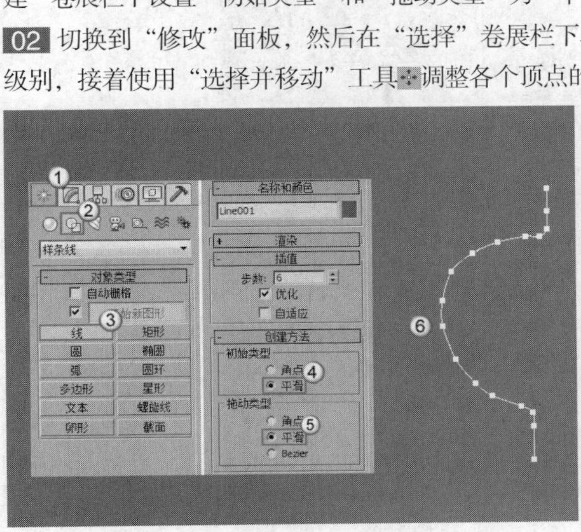

图6-39

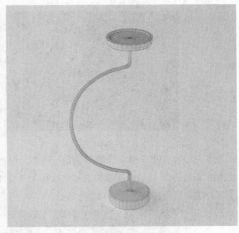

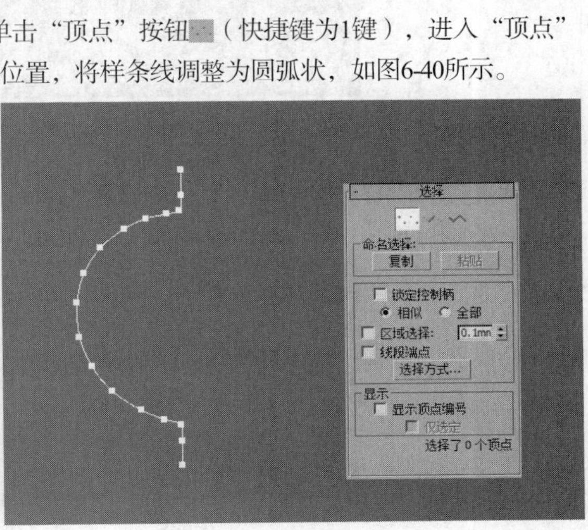

图6-40

如果绘制出来的样条线不是很平滑，就需要对其进行调节（需要尖角的角点时就不需要调节），样条线形状主要是在"顶点"级别下进行调节。下面以图6-41中的矩形来详细介绍如何将硬角点调节为平面的角点。

进入"修改"面板，然后在"选择"卷展栏下单击"顶点"按钮，进入"顶点"级别，如图6-42所示。

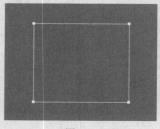

图6-41　　　　　　　　　　　　图6-42

选择需要调节的顶点，然后单击鼠标右键，在弹出的菜单中可以观察到除了"角点"选项以外，还有另外3个选项，分别是"Bezier角点"、Bezier和"平滑"选项，如图6-43所示。

平滑：如果选择该选项，则选择的顶点会自动平滑，但是不能继续调节角点的形状，如图6-44所示。

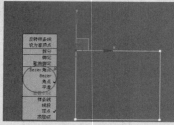
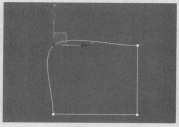

图6-43　　　　　　　　　　　　图6-44

Bezier角点：如果选择该选项，则原始角点的形状保持不变，但会出现控制柄（两条滑竿）和两个可供调节方向的锚点，如图6-45所示。通过这两个锚点，可以用"选择并移动"工具、"选择并旋转"工具、"选择并均匀缩放"工具等对锚点进行移动、旋转和缩放等操作，从而改变角点的形状，如图6-46所示。

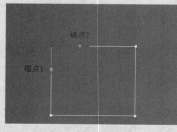
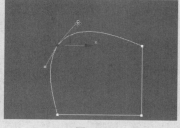

图6-45　　　　　　　　　　　　图6-46

Bezier：如果选择该选项，则会改变原始角点的形状，同时也会出现控制柄和两个可供调节方向的锚点，如图6-47所示。同样通过这两个锚点，可以用"选择并移动"工具、"选择并旋转"工具、"选择并均匀缩放"工具等对锚点进行移动、旋转和缩放等操作，从而改变角点的形状，如图6-48所示。

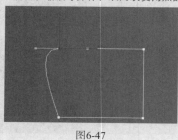
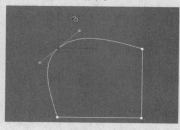

图6-47　　　　　　　　　　　　图6-48

**03** 按1键退出"顶点"级别，然后在"渲染"卷展栏下勾选"在渲染中启用"和"在视口中启用"选项，接着勾选"径向"选项，最后设置"厚度"为2mm、"边"为12，如图6-49所示。

**04** 使用"切角圆柱体"工具 切角圆柱体 在视图中创建一个切角圆柱体作为底座，具体参数和位置如图6-50所示。

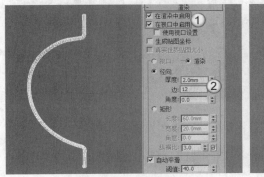 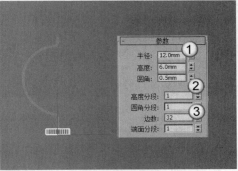

图6-49                                    图6-50

---

**提示**

切角圆柱体的参数是根据绘制的样条线的大小来定的，大家在操作的时候需要根据实际情况进行设置。

---

**05** 继续使用"切角圆柱体"工具 切角圆柱体 和"管状体"工具 管状体 创建好托盘，最终效果如图6-51所示。

图6-51

# 6.1.2　文本

### 功能介绍

使用文本样条线可以很方便地在视图中创建出文字模型，并且可以更改字体类型和字体大小。文本的参数如图6-52所示（"渲染"和"插值"两个卷展栏中的参数与"线"工具的参数相同）。

图6-52

**参数详解**

❖ 斜体 *I*：单击该按钮可以将文本切换为斜体，如图6-53所示。

❖ 下划线 U：单击该按钮可以将文本切换为下划线文本，如图6-54所示。

图6-53　　　　　　　　　　　　　　　　　　图6-54

❖ 左对齐▤：单击该按钮可以将文本对齐到边界框的左侧。

❖ 居中▤：单击该按钮可以将文本对齐到边界框的中心。

❖ 右对齐▤：单击该按钮可以将文本对齐到边界框的右侧。

❖ 对正▤：分隔所有文本行以填充边界框的范围。

❖ 大小：设置文本高度，其默认值为100mm。

❖ 字间距：设置文字间的间距。

❖ 行间距：调整字行间的间距（只对多行文本起作用）。

❖ 文本：在此可以输入文本，若要输入多行文本，可以按Enter键切换到下一行。

## 【练习6-4】用"文本"制作创意字母

本练习的创意字母效果如图6-55所示。

图6-55

**01** 在"创建"面板下单击"图形"按钮◎，然后设置图形类型为"样条线"，接着单击"文本"按钮 文本 ，最后在前视图中单击鼠标左键创建一个默认的文本图形，如图6-56所示。

**02** 选择文本图形，进入"修改"面板，然后在"参数"卷展栏下设置"字体"为Arial Black、"大小"为78.74mm，接着在"文本"输入框中输入字母H，具体参数设置及字母效果如图6-57所示。

图6-56　　　　　　　　　　　　　　　　　图6-57

03 选择文本H，然后在"修改器列表"下选择"挤出"修改器，接着在"参数"卷展栏下设置"数量"为19.685mm，具体参数设置及模型效果如图6-58所示。

04 继续使用"文本"工具 文本 创建出其他的文本，最终效果如图6-59所示。

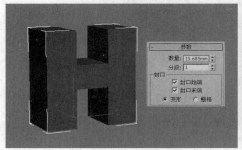

图6-58

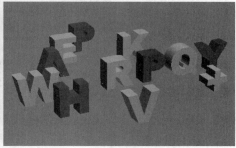

图6-59

## 【练习6-5】用"文本"制作数字灯箱

本练习的数字灯箱效果如图6-60所示。

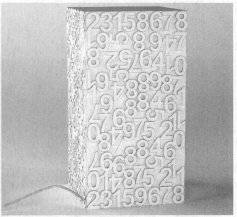

图6-60

01 使用"长方体"工具 长方体 创建一个长方体，然后在"参数"卷展栏下设置"长度"为19.685mm、"宽度"为19.685mm、"高度"为39.37mm，具体参数设置及模型效果如图6-61所示。

02 使用"文本"工具 文本 在前视图中创建一个文本，然后在"参数"卷展栏下设置"字体"为Arial Black、"大小"为5.906mm，接着在"文本"输入框中输入数字1，具体参数设置及文本效果如图6-62所示。

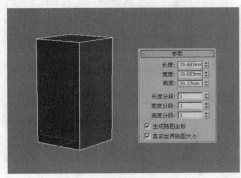

图6-61

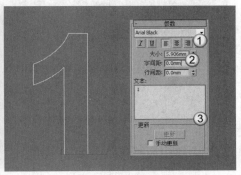

图6-62

**03** 使用"文本"工具 文本 在前视图中创建出其他的文本2、3、4、5、6、7、8、9、0，完成后的效果如图6-63所示。

图6-63

**04** 选择所有的文本，然后在"修改器列表"中为文本加载一个"挤出"修改器，接着在"参数"卷展栏下设置"数量"为0.197mm，具体参数设置及模型效果如图6-64所示。

**05** 使用"选择并移动"工具✛和"选择并旋转"工具⟳调整好文本的位置和角度，完成后的效果如图6-65所示。

图6-64

图6-65

**06** 使用"选择并移动"工具✛将文本移动复制到长方体的面上，直到铺满整个面为止，如图6-66所示。

**07** 选择所有的文本，然后执行"组>组"菜单命令，接着在弹出的"组"对话框中单击"确定"按钮 确定 ，如图6-67所示。

图6-66

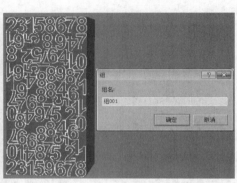

图6-67

08 选择"组001",按A键激活"角度捕捉切换"工具，然后按E键选择"选择并旋转"工具，接着按住Shift键在前视图中沿z轴旋转90°复制一份文本，如图6-68所示，最后用"选择并移动"工具将复制出来的文本放在如图6-69所示的位置。

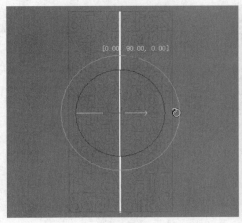
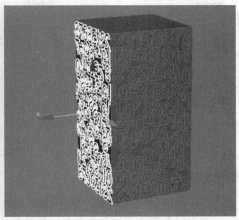

图6-68　　　　　　　　　　　　　　　　图6-69

09 使用"选择并移动"工具继续移动复制两份文本到另外两个侧面上，如图6-70所示。

10 使用"线"工具  在前视图中绘制一条如图6-71所示的样条线。

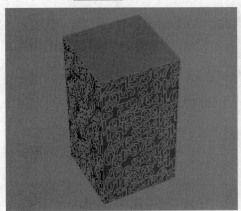
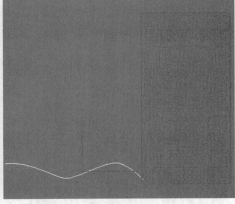

图6-70　　　　　　　　　　　　　　　　图6-71

11 选择样条线，然后在"渲染"卷展栏下勾选"在渲染中启用"和"在视口中启用"选项，接着设置"径向"的"厚度"为0.394mm，具体参数设置如图6-72所示，最终效果如图6-73所示。

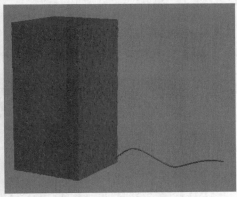

图6-72　　　　　　　　　　图6-73

227

### 6.1.3　螺旋线

**功能介绍**

使用"螺旋线"工具 螺旋线 可以创建开口平面或螺旋线，其创建参数如图6-74所示。

图6-74

**参数详解**

❖ 边：以螺旋线的边为基点开始创建。

❖ 中心：以螺旋线的中心为基点开始创建。

❖ 半径1/半径2：设置螺旋线起点和终点的半径。

❖ 高度：设置螺旋线的高度。

❖ 圈数：设置螺旋线起点和终点之间的圈数。

❖ 偏移：强制在螺旋线的一端累积圈数。高度为0时，偏移的影响不可见。

❖ 顺时针/逆时针：设置螺旋线的旋转是顺时针还是逆时针。

## 【练习6-6】用"螺旋线"制作现代沙发

本练习的现代沙发效果如图6-75所示。

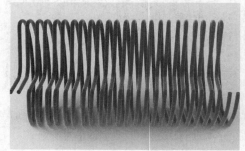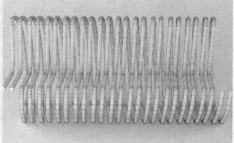

图6-75

01 使用"螺旋线"工具 螺旋线 在左视图中拖曳光标创建一条螺旋线，然后在"参数"卷展栏下设置"半径1"和"半径2"分别为500mm、500mm、"高度"为2000mm、"圈数"为12，具体参数设置及螺旋线效果如图6-76所示。

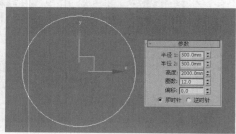

图6-76

在左视图中创建的螺旋线观察不到效果，要在其他3个视图中才能观察到，如图6-77所示是在透视图中的效果。

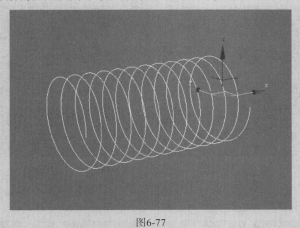

图6-77

**02** 选择螺旋线，然后单击鼠标右键，接着在弹出的菜单中选择"转换为>转换为可编辑样条线"命令，如图6-78所示。

**03** 切换到"修改"面板，然后在"选择"卷展栏下单击"顶点"按钮，进入"顶点"级别，接着在左视图中选择如图6-79所示的顶点，最后按Delete键删除所选顶点，效果如图6-80所示。

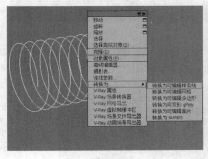

图6-78

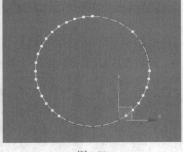

图6-79

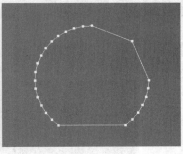

图6-80

如果用户删除顶点后的效果与图6-80对应不起来，可能是选择方式不正确的原因。选择方式一般分为"点选"和"框选"两种，下面详细介绍这两种方法的区别（这两种选择方法要视情况而定）。

点选：顾名思义，点选就是单击鼠标左键进行选择，一次性只能选择一个顶点，如图6-81中所选顶点就是采用点选方式进行选择的，按Delete键删除顶点后得到如图6-82所示的效果。很明显点选得到的效果不能达到要求，也就是说用户很可能是采用点选方式造成的错误。

框选：这种选择方式主要用来选择处于一个区域内的对象（步骤03就是框选）。例如，框选如图6-83所示的顶点，那么处于选框区域内的所有顶点都将被选中，如图6-84所示。

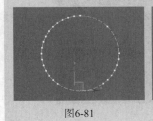

图6-81

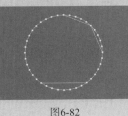

图6-82

图6-83

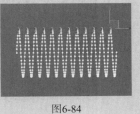

图6-84

**04** 使用"选择并移动"工具 ✥ 在左视图中框选如图6-85所示的一组顶点，然后将其拖曳到如图6-86所示的位置。

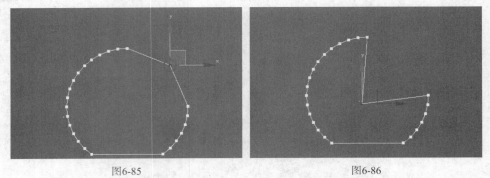

图6-85                                    图6-86

**05** 继续使用"选择并移动"工具 ✥ 在左视图中框选如图6-87所示的两组顶点，然后将其向下拖曳到如图6-88所示的位置，接着分别将各组顶点向内收拢，如图6-89所示。

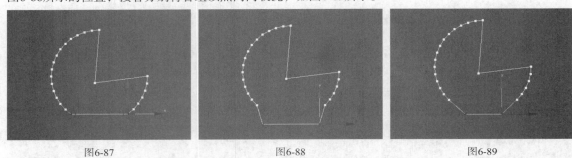

图6-87                        图6-88                        图6-89

**06** 在左视图中框选如图6-90所示的一组顶点，然后展开"几何体"卷展栏，接着在"圆角"按钮 圆角 后面的输入框中输入120mm，最后按Enter键确认操作，如图6-91所示。

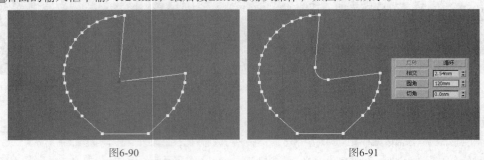

图6-90                                    图6-91

**07** 继续在左视图中框选如图6-92所示的4组顶点，然后展开"几何体"卷展栏，接着在"圆角"按钮 圆角 后面的输入框中输入50mm，最后按Enter键确认操作，如图6-93所示。

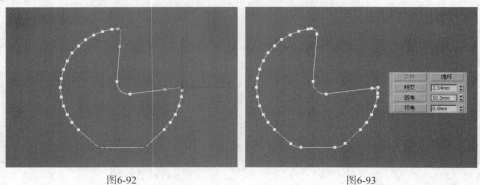

图6-92                                    图6-93

08 在"选择"卷展栏下单击"顶点"按钮，退出"顶点"级别，然后在"渲染"卷展栏下勾选"在渲染中启用"和"在视口中启用"选项，接着设置"径向"的"厚度"为40mm，具体参数设置及模型效果如图6-94所示。

09 使用"选择并移动"工具选择模型，然后按住Shift键在前视图中向左或向右移动复制一个模型，如图6-95所示，最终效果如图6-96所示。

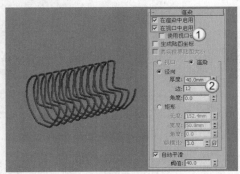

图6-94

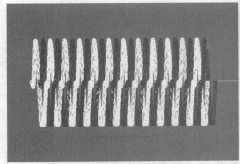

图6-95

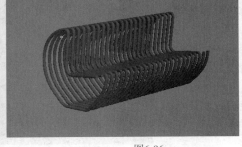

图6-96

## 6.1.4 其他样条线

除了以上3种样条线以外，还有9种样条线，分别是矩形、圆、椭圆、弧、圆环、多边形、星形、卵形和截面，如图6-97所示。这9种样条线都很简单，其参数也很容易理解，在此就不再进行介绍。

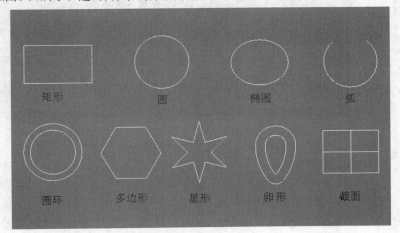

图6-97

## 【练习6-7】用"多种样条线"制作糖果

本练习的糖果效果如图6-98所示。

图6-98

01 使用"圆"工具 <u>圆</u> 在前视图中创建一个圆形，然后在"参数"卷展栏下设置"半径"为 100mm，如图6-99所示。

02 选择样条线，然后在"渲染"卷展栏下勾选"在渲染中启用"和"在视口中启用"选项，接着设置"径向"的"厚度"为100mm，具体参数设置及模型效果如图6-100所示。

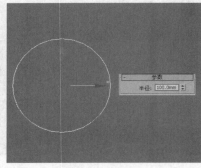

图6-99      图6-100

03 使用"弧"工具 <u>弧</u> 在圆形的旁边创建一个圆弧，然后在"参数"卷展栏下设置"半径"为 100mm、"从"为200、"到"为100，具体参数设置及模型效果如图6-101所示。

04 使用"多边形"工具 <u>多边形</u> 在圆弧的旁边创建一个多边形，然后在"参数"卷展栏下设置"半径"为100mm、"边数"为3、"角半径"为2mm，具体参数设置及模型效果如图6-102所示。

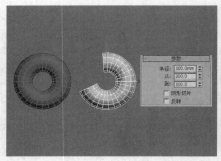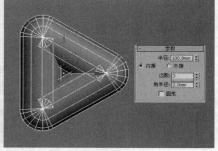

图6-101      图6-102

05 使用"星形"工具 <u>星形</u> 在多边形的旁边创建一个星形，然后在"参数"卷展栏下设置"半径1"为100mm、"半径2"为60mm、"点"为5、"扭曲"为10、"圆角半径1"和"圆角半径2"为 3mm，具体参数设置及模型效果如图6-103所示。

06 使用"圆柱体"工具 <u>圆柱体</u> 在透视图中创建一个圆柱体，然后在"参数"卷展栏下设置"半径"为10mm、"高度"为400mm、"高度分段"为1，具体参数设置及模型位置如图6-104所示。

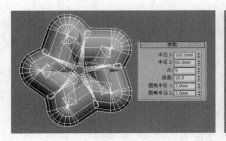
图6-103

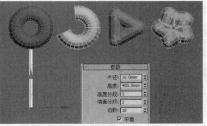
图6-104

**07** 使用"选择并移动"工具 选择上一步创建的圆柱体，然后按住Shift键移动复制3个圆柱体到如图6-105所示的位置。

**08** 使用"选择并移动"工具 调整好每个糖果的位置，最终效果如图6-106所示。

图6-105

图6-106

# 6.2 扩展样条线

设置图形类型为"扩展样条线"，这里共有5种类型的扩展样条线，分别是"墙矩形""通道""角度""T形"和"宽法兰"，如图6-107所示。这5种扩展样条线在前视图中的显示效果如图6-108所示。

图6-107

图6-108

> **提示**
>
> 扩展样条线的创建方法和参数设置比较简单，与样条线的使用方法基本相同，因此在这里就不多加讲解了。二维图形建模中还有一个"NURBS曲线"建模方法，这一部分内容将在后面的章节中进行讲解。

## 6.2.1 墙矩形

### 功能介绍

该工具可以创建两个嵌套的矩形，并且内外矩形的边保持相同间距，适合创建窗框、方管截面等图形，配合Ctrl键可以创建嵌套的正方形，如图6-109所示。

图6-109

**参数详解**

❖ 长度：设置墙矩形的外围矩形的长度。

❖ 宽度：设置墙矩形的外围矩形的宽度。

❖ 厚度：墙矩形的厚度，即内外矩形的间距。

❖ 同步角过滤器：勾选此选项时，墙矩形的内外矩形圆角保持平行，同时下面的"角半径2"失效。

❖ 角半径1/角半径2：设置墙矩形内外矩形的圆角值。

## 6.2.2　通道

### 功能介绍

该工具可以创建C型槽轮廓图形，配合Ctrl键可以创建边界框为正方形的C型槽，并可以在槽底和槽壁的转角处设置圆角，如图6-110所示。

图6-110

**参数详解**

❖ 长度：设置C型槽边界长方形的长度。

❖ 宽度：设置C型槽边界长方形的宽度。

❖ 厚度：设置槽的厚度。

❖ 同步角过滤器：勾选此选项时，C型槽外侧和内侧的圆角保持平行，同时下面的"角半径2"失效。

❖ 角半径1/角半径2：分别设置外侧和内侧的圆角值。

## 6.2.3　角度

### 功能介绍

该工具可以创建角线图形，配合Ctrl键可以创建边界框为正方形的角线，并可以设置圆角，常用于创建角钢、包角的截面图形，如图6-111所示。

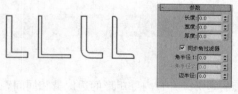

图6-111

**参数详解**

❖ 长度：设置角线边界长方形的长度。

❖ 宽度：设置角线边界长方形的宽度。

❖ 厚度：设置角线的厚度。

❖ 同步角过滤器：勾选此选项时，角线拐角处外侧和内侧的圆角保持平行，同时下面的"角半径2"失效。

❖ 角半径1/角半径2：分别设置角线拐角处外侧和内侧的圆角值。

❖ 边半径：设置角线两个顶端内侧的圆角值。

## 6.2.4 T形

### 功能介绍

该工具用于创建一个闭合的"T"形样条线，配合Ctrl键可以创建边界框为正方形的T形，如图6-112所示。

图6-112

### 参数详解

❖ 长度：设置T形边界长方形的长度。

❖ 宽度：设置T形边界长方形的宽度。

❖ 厚度：设置厚度。

❖ 角半径：给T形的腰和翼的交接处设置圆角。

## 6.2.5 宽法兰

### 功能介绍

该工具用于创建一个工字形图案，配合Ctrl键可以创建边界框为正方形的工字形图案，如图6-113所示。

图6-113

### 参数详解

❖ 长度：设置宽法兰边界长方形的长度。

❖ 宽度：设置宽法兰边界长方形的宽度。

❖ 厚度：设置厚度。

❖ 角半径：为宽法兰的4个凹角设置圆角半径。

--- 提示 ---

　　扩展样条线的创建方法和参数设置比较简单，与样条线的使用方法基本相同，因此在这里就不多加讲解了。二维图形建模中还有一个"NURBS曲线"建模方法，这一部分内容将在后面的章节中进行讲解。

# 【练习6-8】用"扩展样条线"制作置物架

本练习的置物架效果如图6-114所示。

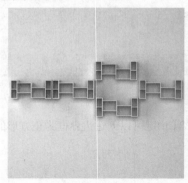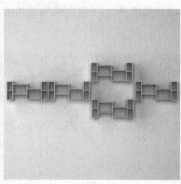

图6-114

**01** 设置图形类型为"扩展样条线",然后使用"墙矩形"工具 墙矩形 在前视图中创建一个墙矩形,接着在"参数"卷展栏下设置"长度"为900mm、"宽度"为300mm、"厚度"为25mm,具体参数设置及图形效果如图6-115所示。

**02** 选择墙矩形,然后在"修改器列表"中为墙矩形加载一个"挤出"修改器,接着在"参数"卷展栏下设置"数量"为500mm,具体参数设置及模型效果如图6-116所示。

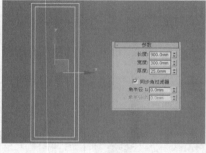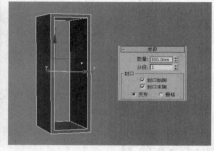

图6-115                                       图6-116

**03** 使用"长方体"工具 长方体 在场景中创建一个长方体,然后在"参数"卷展栏下设置"长度"为500mm、"宽度"为300mm、"高度"为25mm,具体参数设置及模型位置如图6-117所示。

**04** 使用"选择并移动"工具 选择墙矩形,然后按住Shift键在前视图中向右移动复制一个墙矩形,接着在"参数"卷展栏下将"长度"修改为500mm、"宽度"修改为700mm,具体参数设置及模型效果如图6-118所示。

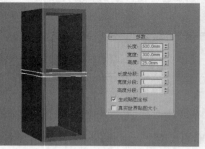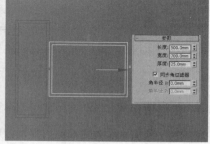

图6-117                                       图6-118

**05** 按Ctrl+A组合键全选场景中的对象,然后用"选择并移动"工具 向右移动复制一组模型,如图6-119所示。

**06** 使用"选择并移动"工具 调整好复制的墙矩形的位置,如图6-120所示。

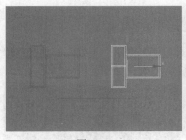
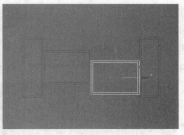

图6-119　　　　　　　　　　　图6-120

**07** 按Ctrl+A组合键全选场景中的对象，然后执行"组>组"菜单命令，接着在弹出的"组"对话框中单击"确定"按钮 确定 ，如图6-121所示。

**08** 使用"选择并移动"工具 选择"组001"，然后按住Shift键移动复制4组模型，如图6-122所示。

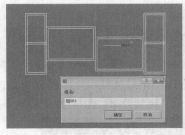
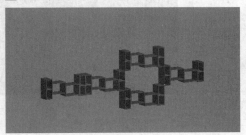

图6-121　　　　　　　　　　　图6-122

**09** 使用"选择并移动"工具 调整好各组模型的位置，最终效果如图6-123所示。

图6-123

# 【练习6-9】用"扩展样条线"创建迷宫

本练习的迷宫效果如图6-124所示。

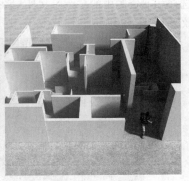

图6-124

**01** 设置图形类型为"扩展样条线"，然后使用"墙矩形"工具 墙矩形 在顶视图中创建一个墙矩形，如图6-125所示。

**02** 继续使用"通道"工具 通道 、"角度"工具 角度 、"T形"工具 T形 和"宽法兰"工具 宽法兰 在视图中创建出相应的扩展样条线，完成后的效果如图6-126所示。

图6-125          图6-126

> **提示**
>
> 注意，在一般情况下都不能一次性绘制出合适的扩展样条线，因此在绘制完成后，需要使用"选择并移动"工具 ✛ 和"选择并均匀缩放"工具 调整好其位置与大小比例。

**03** 选择所有的样条线，然后在"修改器列表"中为样条线加载一个"挤出"修改器，接着在"参数"卷展栏下设置"数量"为100mm，如图6-127所示，模型效果如图6-128所示。

 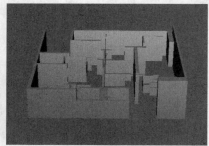

图6-127          图6-128

> **提示**
>
> 由于每人绘制的扩展样条线的比例大小都不一致，且本例没有给出相应的创建参数，因此如果设置"挤出"修改器的"数量"为100mm，很难得到与图6-128相似的模型效果。也就是说，"挤出"修改器的"数量"值要根据扩展样条线的大小比例自行调整。

**04** 单击界面左上角的"应用程序"图标 ，然后执行"导入>合并"菜单命令，接着在弹出的"合并文件"对话框中选择学习资源中的"练习文件>第6章>6-9.max"文件，接着调整好人物模型的大小比例与位置，最终效果如图6-129所示。

图6-129

实际上"扩展样条线"就是"样条线"的补充，让用户在建模时节省时间，但是只有在特殊情况下才使用扩展样条线来建模，而且还得配合其他修改器一起来完成。

# 6.3 对样条线进行编辑

虽然3ds Max 2016提供了很多种二维图形，但是也不能完全满足创建复杂模型的需求，因此就需要对样条线的形状进行修改，并且由于绘制出来的样条线都是参数化对象，只能对参数进行调整，所以就需要将样条线转换为可编辑样条线。

## 6.3.1 把样条线转换为可编辑样条线

将样条线转换为可编辑样条线的方法有以下两种。

第1种：选择样条线，然后单击鼠标右键，接着在弹出的菜单中选择"转换为>转换为可编辑样条线"命令，如图6-130所示。

图6-130

在将样条线转换为可编辑样条线前，样条线具有创建参数（"参数"卷展栏），如图6-131所示。转换为可编辑样条线以后，"修改"面板的修改器堆栈中的Text就变成了"可编辑样条线"选项，并且没有了"参数"卷展栏，但增加了"选择""软选择""几何体"3个卷展栏，如图6-132所示。

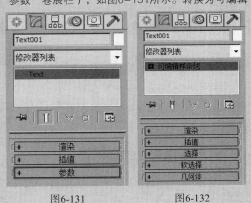

图6-131　　　　图6-132

第2种：选择样条线，然后在"修改器列表"中为其加载一个"编辑样条线"修改器，如图6-133所示。

图6-133

与第1种方法相比，第2种方法的修改器堆栈中不只包含"编辑样条线"选项，同时还保留了原始的样条线（也包含"参数"卷展栏）。当选择"编辑样条线"选项时，其卷展栏包含"选择""软选择""几何体"卷展栏，如图6-134所示；当选择Text选项时，其卷展栏包括"渲染""插值""参数"卷展栏，如图6-135所示。

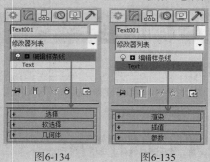

图6-134　　　　图6-135

在3ds Max的修改器中，能够用于样条线编辑的修改器包括编辑样条线、横截面、删除样条线、车削、规格化样条线、圆角/切角、修剪/延伸等，下面将分别针对这些修改器进行讲解。

## 6.3.2　编辑样条线

### 功能介绍

将样条线转换为可编辑样条线后，可编辑样条线就包含5个卷展栏，分别是"渲染""插值""选择""软选择""几何体"卷展栏，如图6-136所示。

图6-136

下面只介绍"选择""软选择""几何体"3个卷展栏下的相关参数，另外两个卷展栏请参阅6.1.1小节的相关内容。

### 1."选择"卷展栏

"选择"卷展栏主要用来切换可编辑样条线的操作级别，如图6-137所示。

图6-137

**参数详解**

- ❖ 顶点 ▦：用于访问"顶点"子对象级别，在该级别下可以对样条线的顶点进行调节，如图 6-138所示。
- ❖ 线段 ✓：用于访问"线段"子对象级别，在该级别下可以对样条线的线段进行调节，如图 6-139所示。
- ❖ 样条线 ⌒：用于访问"样条线"子对象级别，在该级别下可以对整条样条线进行调节，如图 6-140所示。

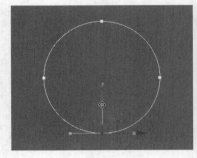
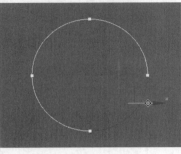
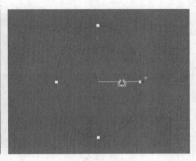

图6-138　　　　　　　　　　图6-139　　　　　　　　　　图6-140

- ❖ 命名选择：该选项组用于复制和粘贴命名选择集。
  - ◇ 复制 复制：将命名选择集放置到复制缓冲区。
  - ◇ 粘贴 粘贴：从复制缓冲区中粘贴命名选择集。
- ❖ 锁定控制柄：关闭该选项时，即使选择了多个顶点，用户每次也只能变换一个顶点的切线控制柄；勾选该选项时，可以同时变换多个Bezier和Bezier角点控制柄。
- ❖ 相似：拖曳传入向量的控制柄时，所选顶点的所有传入向量将同时移动。同样，移动某个顶点上的传出切线控制柄将移动所有所选顶点的传出切线控制柄。
- ❖ 全部：当处理单个Bezier角点顶点并且想要移动两个控制柄时，可以使用该选项。
- ❖ 区域选择：该选项允许自动选择所单击顶点的特定半径中的所有顶点。
- ❖ 线段端点：勾选该选项后，可以通过单击线段来选择顶点。
- ❖ 选择方式 选择方式…：单击该按钮可以打开"选择方式"对话框，如图6-141所示。在该对话框中可以选择所选样条线或线段上的顶点。
- ❖ 显示：该选项组用于设置顶点编号的显示方式。
  - ◇ 显示顶点编号：启用该选项后，3ds Max将在任何子对象级别的所选样条线的顶点旁边显示顶点编号，如图6-142所示。
  - ◇ 仅选定：启用该选项后（要启用"显示顶点编号"选项时，该选项才可用），仅在所选顶点旁边显示顶点编号，如图6-143所示。

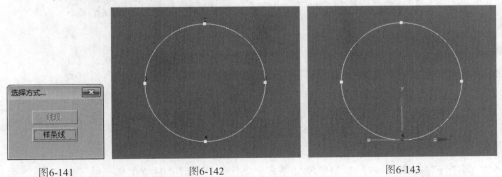

图6-141　　　　　　　　　图6-142　　　　　　　　　图6-143

### 2. "软选择"卷展栏

"软选择"卷展栏下的参数选项允许用户对显式选择对象邻接处的子对象进行部分选择，如图6-144所示。这将会使显式选择的行为就像被磁场包围了一样。在对子对象进行变换时，在场中被部分选定的子对象就会以平滑的方式进行绘制。

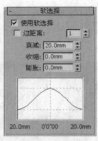

图6-144

**参数详解**

- ❖ 使用软选择：启用该选项后，3ds Max会将样条线曲线变形应用到所变换的选择周围的未选定子对象。
- ❖ 边距离：启用该选项后，可以将软选择限制到指定的边数。
- ❖ 衰减：用以定义影响区域的距离，它是用当前单位表示的从中心到球体的边的距离。使用越高的"衰减"数值，就可以实现更平缓的斜坡。
- ❖ 收缩：用于沿着垂直轴提高并降低曲线的顶点。数值为负数时，将生成凹陷，而不是点；数值为0时，收缩将跨越该轴生成平滑变换。
- ❖ 膨胀：用于沿着垂直轴展开和收缩曲线。受"收缩"选项的限制，"膨胀"选项用来设置膨胀的固定起点。"收缩"值为0mm并且"膨胀"值为1mm时，将会产生最为平滑的凸起。
- ❖ 软选择曲线图：以图形的方式显示软选择是如何进行工作的。

### 3. "几何体"卷展栏

"几何体"卷展栏下是一些编辑样条线对象和子对象的相关参数与工具，如图6-145所示。

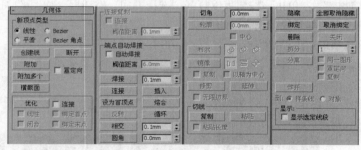

图6-145

**参数详解**

- ❖ 新顶点类型：该选项组用于选择新顶点的类型。
    - ◇ 线性：新顶点具有线性切线。
    - ◇ Bezier：新顶点具有Bezier切线。
    - ◇ 平滑：新顶点具有平滑切线。
    - ◇ Bezier角点：新顶点具有Bezier角点切线。
- ❖ 创建线 创建线 ：向所选对象添加更多样条线。这些线是独立的样条线子对象。

- ❖ 断开 断开：在选定的一个或多个顶点拆分样条线。选择一个或多个顶点，然后单击"断开"按钮 断开 可以创建拆分效果。
- ❖ 附加 附加：将其他样条线附加到所选样条线。
- ❖ 附加多个 附加多个：单击该按钮可以打开"附加多个"对话框，该对话框包含场景中所有其他图形的列表。
- ❖ 重定向：启用该选项后，将重新定向附加的样条线，使每个样条线的创建局部坐标系与所选样条线的创建局部坐标系对齐。
- ❖ 横截面 横截面：在横截面形状外面创建样条线框架。
- ❖ 优化 优化：这是非常重要的工具，可以在样条线上添加顶点，且不更改样条线的曲率值。
- ❖ 连接：启用该选项时，通过连接新顶点可以创建一个新的样条线子对象。使用"优化"工具 优化 添加顶点后，"连接"选项会为每个新顶点创建一个单独的副本，然后将所有副本与一个新样条线相连。
  - ◇ 线性：启用该选项后，通过使用"角点"顶点可以使新样条直线中的所有线段成为线性。
  - ◇ 绑定首点：启用该选项后，可以使在优化操作中创建的第一个顶点绑定到所选线段的中心。
  - ◇ 闭合：如果启用该选项，将连接新样条线中的第一个和最后一个顶点，以创建一个闭合的样条线；如果关闭该选项，"连接"选项将始终创建一个开口样条线。
  - ◇ 绑定末点：启用该选项后，可以使在优化操作中创建的最后一个顶点绑定到所选线段的中心。
- ❖ 连接复制：该选项组在"线段"级别下使用，用于控制是否开启连接复制功能。
  - ◇ 连接：启用该选项后，按住Shift键复制线段的操作将创建一个新的样条线子对象，以及将新线段的顶点连接到原始线段顶点的其他样条线。
  - ◇ 阈值距离：确定启用"连接"选项时将使用的距离软选择。数值越高，创建的样条线就越多。
- ❖ 端点自动焊接：该选项组用于自动焊接样条线的端点。
  - ◇ 自动焊接：启用该选项后，会自动焊接在与同一样条线的另一个端点的阈值距离内放置和移动的端点顶点。
  - ◇ 阈值距离：用于控制在自动焊接顶点之前，顶点可以与另一个顶点接近的程度。
- ❖ 焊接 焊接：这是非常重要的工具，可以将两个端点顶点或同一样条线中的两个相邻顶点转化为一个顶点。
- ❖ 连接 连接：连接两个端点顶点以生成一个线性线段。
- ❖ 插入 插入：插入一个或多个顶点，以创建其他线段。
- ❖ 设为首顶点 设为首顶点：指定所选样条线中的哪个顶点为第一个顶点。
- ❖ 熔合 熔合：将所有选定顶点移至它们的平均中心位置。
- ❖ 反转 反转：该工具在"样条线"级别下使用，用于反转所选样条线的方向。
- ❖ 循环 循环：选择顶点以后，单击该按钮可以循环选择同一条样条线上的顶点。
- ❖ 相交 相交：在属于同一个样条线对象的两个样条线的相交处添加顶点。
- ❖ 圆角 圆角：在线段会合的地方设置圆角，以添加新的控制点。
- ❖ 切角 切角：用于设置形状角部的倒角。
- ❖ 轮廓 轮廓：这是非常重要的工具，在"样条线"级别下使用，用于创建样条线的副本。
- ❖ 中心：如果关闭该选项，原始样条线将保持静止，只有一侧的轮廓偏移到"轮廓"工具指定的距离；如果启用该选项，原始样条线和轮廓将从一个不可见的中心线向外移动由"轮廓"工具指定的距离。

- ❖ 布尔：对两个样条线进行2D布尔运算。
    - ◇ 并集 ：将两个重叠样条线组合成一个样条线。在该样条线中，重叠的部分会被删除，而保留两个样条线不重叠的部分，构成一个样条线。
    - ◇ 差集 ：从第1个样条线中减去与第2个样条线重叠的部分，并删除第2个样条线中剩余的部分。
    - ◇ 交集 ：仅保留两个样条线的重叠部分，并且会删除两者的不重叠部分。
- ❖ 镜像：对样条线进行相应的镜像操作。
    - ◇ 水平镜像 ：沿水平方向镜像样条线。
    - ◇ 垂直镜像 ：沿垂直方向镜像样条线。
    - ◇ 双向镜像 ：沿对角线方向镜像样条线。
    - ◇ 复制：启用该选项后，可以在镜像样条线时复制（而不是移动）样条线。
    - ◇ 以轴为中心：启用该选项后，可以以样条线对象的轴点为中心镜像样条线。
- ❖ 修剪 修剪 ：清理形状中的重叠部分，使端点接合在一个点上。
- ❖ 延伸 延伸 ：清理形状中的开口部分，使端点接合在一个点上。
- ❖ 无限边界：为了计算相交，启用该选项可以将开口样条线视为无穷长。
- ❖ 切线：使用该选项组中的工具可以将一个顶点的控制柄复制并粘贴到另一个顶点。
    - ◇ 复制 复制 ：激活该按钮，然后选择一个控制柄，可以将所选控制柄切线复制到缓冲区。
    - ◇ 粘贴 粘贴 ：激活该按钮，然后单击一个控制柄，可以将控制柄切线粘贴到所选顶点。
    - ◇ 粘贴长度：如果启用该选项，还可以复制控制柄的长度；如果关闭该选项，则只考虑控制柄角度，而不改变控制柄的长度。
- ❖ 隐藏 隐藏 ：隐藏所选顶点和任何相连的线段。
- ❖ 全部取消隐藏 全部取消隐藏 ：显示任何隐藏的子对象。
- ❖ 绑定 绑定 ：允许创建绑定顶点。
- ❖ 取消绑定 取消绑定 ：允许断开绑定顶点与所附加线段的连接。
- ❖ 删除 删除 ：在"顶点"级别下，可以删除所选的一个或多个顶点，以及与每个要删除的顶点相连的那条线段；在"线段"级别下，可以删除当前形状中任何选定的线段。
- ❖ 关闭 关闭 ：通过将所选样条线的端点顶点与新线段相连，以关闭该样条线。
- ❖ 拆分 拆分 ：通过添加由指定的顶点数来细分所选线段。
- ❖ 分离 分离 ：允许选择不同样条线中的几个线段，然后拆分（或复制）它们，以构成一个新图形。
    - ◇ 同一图形：启用该选项后，将关闭"重定向"功能，并且"分离"操作将使分离的线段保留为形状的一部分（而不是生成一个新形状）。如果还启用了"复制"选项，则可以结束在同一位置进行的线段的分离副本。
    - ◇ 重定向：移动和旋转新的分离对象，以便对局部坐标系进行定位，并使其与当前活动栅格的原点对齐。
    - ◇ 复制：复制分离线段，而不是移动它。
- ❖ 炸开 炸开 ：通过将每个线段转化为一个独立的样条线或对象，来分裂任何所选样条线。
- ❖ 到：设置炸开样条线的方式，包含"样条线"和"对象"两种。
- ❖ 显示：控制是否开启"显示选定线段"功能。
    - ◇ 显示选定线段：启用该选项后，与所选顶点子对象相连的任何线段将高亮显示为红色。

# 6.3.3 横截面

## 功能介绍

这个修改器常用于建筑内部结构，通过连接多个三维曲线的顶点形成三维线框，再通过"曲面"

修改器创建表面面片，如图6-146所示的示意图和参数，这里提供了4种样条线顶点的属性，和样条线顶点的属性完全相同。

图6-146

### 参数详解

❖　线性：顶点之间以直线连接，角点处无平滑过渡。

❖　平滑：强制把线段变成圆滑曲线，但仍和顶点呈相切状态，无调节手柄。

❖　Bezier：提供两根调节杆，但两根调节杆呈一支线并与顶点相切，使顶点两侧的曲线总保持平衡。

❖　Bezier角点：两根调节杆均可随意调节自己的曲率。

## 6.3.4　曲面

### 功能介绍

该修改器主要用于配合"横截面"工具完成模型的制作。它的优点在于能以准确、简练的线条构建出模型的空间网格，每一点都是网框上线条的交点，没有独立的点存在，而且对内存的利用率高，系统运算快，其参数面板如图6-147所示。

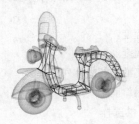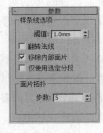

图6-147

### 参数详解

❖　阈值：指定焊接顶点的距离范围，在这个距离范围内的所有顶点，都被作为空间中的同一个顶点。

❖　翻转法线：翻转面片表面的法线方向。

❖　移除内部面片：勾选时，移除由于多余计算产生的不需要面片，一般情况下，这些面片是看不到的。

❖　仅使用选定分段：勾选后，将只在子对象级别选择的线段上创建面片。

❖　步数：控制曲线的平滑度。步幅值越高，在两点间获得的曲线越平滑。

## 6.3.5　删除样条线

### 功能介绍

该修改器用于删除其下修改堆栈中选择的子对象集合，包括顶点、分段和样条线，它是针对"样条线选择"的修改命令，不会将指定部分真正删除。当用户重新需要那些被删除的部分时，只要将这个修改命令删除就可以了。这个修改器没有可调节的参数，直接使用即可。

## 6.3.6 车削

### 功能介绍

"车削"修改器可以通过围绕坐标轴旋转一个图形或NURBS曲线来生成3D对象，其参数设置面板如图6-148所示。

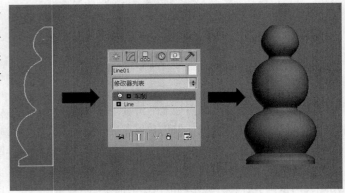

图6-148

### 参数详解

❖ 度数：设置对象围绕坐标轴旋转的角度，其范围是0°~360°，默认值为360°。

❖ 焊接内核：通过焊接旋转轴中的顶点来简化网格。

❖ 翻转法线：使物体的法线翻转，翻转后物体的内部会外翻。

❖ 分段：在起始点之间设置在曲面上创建的插补线段的数量。

❖ 封口：如果设置的车削对象的"度数"小于360°，该选项用来控制是否在车削对象的内部创建封口。

　◇ 封口始端：车削的起点，用来设置封口的最大程度。

　◇ 封口末端：车削的终点，用来设置封口的最大程度。

　◇ 变形：按照创建变形目标所需的可预见且可重复的模式来排列封口面。

　◇ 栅格：在图形边界的方形上修剪栅格中安排的封口面。

❖ 方向：设置轴的旋转方向，共有x、y和z这3个轴可供选择。

❖ 对齐：设置对齐的方式，共有"最小""中心""最大"3种方式可供选择。

❖ 输出：指定车削对象的输出方式，共有以下3种。

　◇ 面片：产生一个可以折叠到面片对象中的对象。

　◇ 网格：产生一个可以折叠到网格对象中的对象。

　◇ NURBS：产生一个可以折叠到NURBS对象中的对象。

## 【练习6-10】用"车削"修改器制作餐具

本练习的餐具效果如图6-149所示。

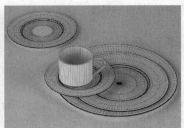

图6-149

01 下面制作盘子模型。使用"线"工具 线 在前视图中绘制一条如图6-150所示的样条线。

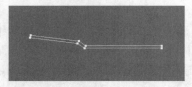

图6-150

02 进入"顶点"级别，然后选择如图6-151所示的6个顶点，接着在"几何体"卷展栏下单击"圆角"按钮 圆角 ，最后在前视图中拖曳光标创建出圆角，效果如图6-152所示。

03 为样条线加载一个"车削"修改器，然后在"参数"卷展栏下设置"分段"为60，接着设置"方向"为y轴 Y 、"对齐"方式为"最大" 最大 ，具体参数设置及模型效果如图6-153所示。

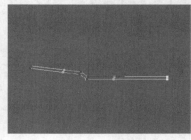
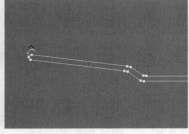
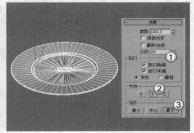

图6-151　　　　　　　　　　图6-152　　　　　　　　　　图6-153

04 为盘子模型加载一个"平滑"修改器（采用默认设置），效果如图6-154所示。

05 利用复制功能复制两个盘子，然后用"选择并均匀缩放"工具 将复制的盘子缩放到合适的大小，完成后的效果如图6-155所示。

06 下面制作杯子模型。使用"线"工具 线 在前视图中绘制一条如图6-156所示的样条线。

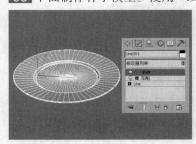

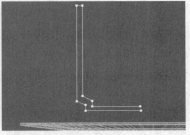

图6-154　　　　　　　　　　图6-155　　　　　　　　　　图6-156

07 进入"顶点"级别，然后选择如图6-157所示的6个顶点，接着在"几何体"卷展栏下单击"圆角"按钮 圆角 ，最后在前视图中拖曳光标创建出圆角，效果如图6-158所示。

08 为样条线加载一个"车削"修改器，然后在"参数"卷展栏下设置"分段"为60，接着设置"方向"为y轴 Y 、"对齐"方式为"最大" 最大 ，具体参数设置及模型效果如图6-159所示。

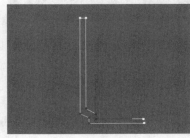

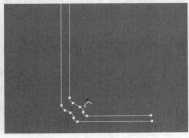
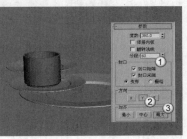

图6-157　　　　　　　　　　图6-158　　　　　　　　　　图6-159

09 下面制作杯子的把手模型。使用"线"工具 __线__ 在前视图中绘制一条如图6-160所示的样条线。

10 选择样条线，然后在"渲染"卷展栏下勾选"在渲染中启用"和"在视口中启用"选项，接着设置"径向"的"厚度"为8mm，具体参数设置及模型效果如图6-161所示，最终效果如图6-162所示。

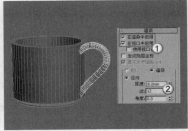

图6-160　　　　　　　　　　　　图6-161　　　　　　　　　　　　图6-162

## 【练习6-11】用"车削"修改器制作高脚杯

本练习的高脚杯效果如图6-163所示。

图6-163

01 下面制作第1个高脚杯。使用"线"工具 __线__ 在前视图中绘制出如图6-164所示的样条线。

02 为样条线加载一个"车削"修改器，然后在"参数"卷展栏下设置"分段"为50，接着设置"方向"为y轴 __Y__ 、"对齐"方式为"最大" __最大__ ，具体参数设置及模型效果如图6-165所示。

03 下面制作第2个高脚杯。使用"线"工具 __线__ 在前视图中绘制出如图6-166所示的样条线。

图6-164　　　　　　　　　　　　图6-165　　　　　　　　　　　　图6-166

04 为样条线加载一个"车削"修改器，然后在"参数"卷展栏下设置"分段"为50，接着设置"方向"为y轴 __Y__ 、"对齐"方式为"最大" __最大__ ，具体参数设置及模型效果如图6-167所示。

05 下面制作第3个高脚杯。使用"线"工具 __线__ 在前视图中绘制出如图6-168所示的样条线。

06 为样条线加载一个"车削"修改器，然后在"参数"卷展栏下设置"分段"为50，接着设置"方向"为y轴 __Y__ 、"对齐"方式为"最大" __最大__ ，最终效果如图6-169所示。

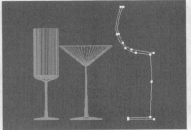

图6-167　　　　　　　　　图6-168　　　　　　　　　图6-169

## 6.3.7　规格化样条线

### 功能介绍

该修改器用于增加新的控制点到曲线，并且重新调节顶点的位置，使它们均匀分布在曲线上。常用于路径动画中，保持运动对象的速度不变，其参数面板如图6-170所示。

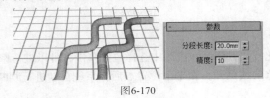

图6-170

### 参数详解

❖　分段长度：控制重新分布到曲线上的顶点数量。

❖　精度：控制曲线的平滑程度，值越大越平滑。

## 6.3.8　圆角/切角

### 功能介绍

专用于样条线的加工，对直角转折点进行加线处理，产生圆角或切角效果。圆角会在转角处增加更多的顶点；切角会倒折角，增加一个点与选择点之间形成一条线段。在"编辑样条线"修改器的子对象级别中也有圆角和倒角功能，与这里产生的效果是一样的。但这里进行的圆角和倒角操作会记录在堆栈层级中，方便以后的反复编辑。该修改器的参数面板和功能示意图如图6-171所示。

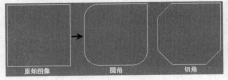

图6-171

### 参数详解

❖　半径：设置圆角的半径大小。

❖　距离：设置切角的距离大小。

❖　应用 应用 ：将当前设置指定给选择点。

───── 提示 ─────

执行"圆角/切角"命令后，可以进入它的顶点子对象级进行点的编辑，包括移动、旋转、缩放，但点的属性只有在角点和Bezier角点时才能正确执行圆角和切角操作。

## 6.3.9 修剪/延伸

### 功能介绍

专用于样条线的加工，对于复杂交叉的样条线，使用这个工具可以轻松地去掉交叉或重新连接交叉点，被去掉交叉的断点会自动重新闭合。在"编辑样条线"修改器中也有同样的功能，用法也相同。但这里进行的修剪/延伸操作会记录在堆栈层级中，可以反复调节。该修改器的参数面板和功能示意图如图6-172所示。

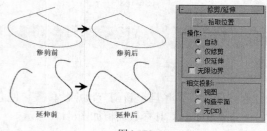

图6-172

### 参数详解

- ❖ 拾取位置：单击此按钮，然后在视图中选择位置单击，可以进行修剪或延伸修改。
- ❖ 自动：自动进行修剪或延伸，在单击位置点后，系统自动进行判断，能修剪的进行修剪，能延伸的进行延伸。
- ❖ 仅修剪：只进行修剪操作。
- ❖ 仅延伸：只进行延伸操作。
- ❖ 无限边界：选择此选项，系统将以无限远处为界限进行修剪，扩展计算。
- ❖ 视图：对当前视图显示的交叉进行修改。
- ❖ 构造平面：对构造平面上的交叉进行修改。
- ❖ 无（3D）：仅对三维空间中真正的交叉进行修改。

## 6.3.10 可渲染样条线

### 功能介绍

该修改器可以直接设置样条线的可渲染属性，而不用将样条线转换为可编辑样条线。可以同时对多个样条线应用该修改器，其参数面板如图6-173所示。

图6-173

### 参数详解

"可渲染样条线"修改器的参数选项用于控制样条线的可渲染属性，可以设置渲染时的类型、参数和贴图坐标，还能够进行动画设置。

- ❖ 在渲染中启用：勾选此选项，线条在渲染时具有实体效果。
- ❖ 在视口中启用：勾选此选项，线条在视口中显示实体效果。
- ❖ 使用视口设置：当勾选"在视口中启用"时，此选项才可用。不勾选此项，样条线在视口中的显示设置保持与渲染设置相同；勾选此项，可以为样条线单独设置显示属性，通常用于提高显示速度。
- ❖ 生成贴图坐标：用于控制贴图的位置。
- ❖ 真实世界贴图大小：不勾选此项，贴图大小符合创建对象的尺寸；勾选此项，贴图大小由绝对尺寸决定，与对象的相对尺寸无关。
- ❖ 视口：设置图形在视口中的显示属性。只有勾选"在视口中启用"和"使用视口设置"时，此选项才可用。
- ❖ 渲染：设置样条线在渲染输出时的属性。
- ❖ 径向：将样条线渲染或显示为截面为圆形或多边形的实体。
  - ◇ 厚度：可以控制渲染或显示时线条的粗细程度。
  - ◇ 边：设置渲染或显示样条线的边数。
  - ◇ 角度：调节横截面的渲染角度。
- ❖ 矩形：将样条线渲染或显示为截面为长方体的实体。
  - ◇ 长度：设置长方形截面的长度。
  - ◇ 宽度：设置长方形截面的宽度。
  - ◇ 角度：调节横截面的旋转角度。
  - ◇ 纵横比：长方形截面的长宽比值。此参数与"长度"和"宽度"值是联动的，改变长度或宽度值，纵横比值就会自动更新；改变纵横比值时，长度值会自动更新。如果单击后面的 🔒 按钮，则将保持纵横比不变，此时调整长度或宽度值，另一个参数值会相应发生改变。
- ❖ 自动平滑：勾选此选项，按照下面的"阈值"设定对可渲染的样条线实体进行自动平滑处理。
- ❖ 阈值：如果两个相邻表面法线之间的夹角小于阈值的角（单位为度），则指定相同的平滑组。

## 6.3.11 扫描

### 功能介绍

该修改器可用于将样条线或NURBS曲线路径挤压出截面，它类似"放样"操作，但与放样相比，扫描工具会显得更加简单而有效率，能让用户轻松快速地得到想要的结果，其参数面板如图6-174所示。"扫描"修改器自带截面图形，同时还允许用户自定义截面图形的形状，以便生成各种复杂的三维实体模型。在创建结构细节、建模细节或任何需要沿着样条线挤出截面的情况时，该修改器都会非常有用。

图6-174

**参数详解**

① "截面类型"卷展栏

❖ 使用内置截面：选择此项后，用户可以选择内置任一可用截面，选定了截面后还可以在参数栏中对截面进行修改。

❖ 内置截面：在其下拉列表中可以选择内置截面图形，如图6-175所示。

图6-175

◇ 角度：一种结构角的截面类型，这是默认的截面类型。

◇ 条：以2D矩形条作为截面对曲线进行扫描。

◇ 通道：以U形通道结构曲线作为截面沿着曲线进行扫描。

◇ 圆柱体：以圆柱体作为截面沿着曲线进行扫描。

◇ 半圆：以半圆作为截面沿着曲线进行扫描。

◇ 管道：以管道作为截面沿着曲线进行扫描。

◇ 1/4圆：以四分之一圆作为截面沿着曲线进行扫描。

◇ T形：以T形字母结构为截面沿着曲线进行扫描。

◇ 管状体：以方形管状结构作为截面沿着曲线进行扫描。

◇ 宽法兰：以扩展凸形结构作为截面沿着曲线进行扫描。

❖ 使用自定义截面：选择此项，用户可以自定义截面，也可以选择场景中的对象或其他3ds Max文件中的对象作为截面。

❖ 自定义截面类型：在下面的参数栏中提供了自定义截面的一些功能和参数。

◇ 拾取：单击此按钮后，可直接从场景拾取图形作为自定义横截面。

◇ ▣ (拾取图形)：单击此按钮后，弹出"拾取图形"对话框，可以在对话框中选择想要作为截面的图形。

◇ 提取：单击此按钮后，可以将场景中当前对象的自定义截面以复制、实例或关联的方式提取出来。

◇ 合并自文件：单击此按钮后，可以从另一个Max文件中选择想要的截面图形。

◇ 移动：选择此项，扫描后作为截面的图形将不再存在。

◇ 实例：选择此项，扫描后作为截面的对象仍然存在并保持各自独立，对截面曲线的修改不影响扫描对象。

◇ 复制：选择此项，扫描后对原始截面对象的修改将同时影响到扫描对象。

◇ 参考：选择此项，扫描后对原始截面对象的修改将同时影响到扫描对象，对扫描对象的修改将不影响原始截面对象。

② "插值"卷展栏

❖ 步数：设置截面图形的步数。数值越高，扫描对象的表面越光滑。如图6-176所示，左图是设置步数为0的扫描效果，右图是设置步数为4的扫描效果，右图明显要光滑很多。

❖ 优化：选择该选项，系统自动去除直线截面上多余的步数。如图6-177所示，左图在扫描时启用了优化，右图在扫描时没有启用优化，可以看出左图对多余步数进行了优化处理。

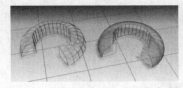 

图6-176 图6-177

❖ 自适应：系统自动对截面进行处理，不理会设置的步数值和优化。

③ "参数"卷展栏

该卷展栏的参数主要为内置截面设置角度、弧度、大小等性质，不同的截面图形有着不同的参数。

❖ 当选择"角度"截面时，其参数如图6-178所示。

图6-178

◇ 长度：设置角度截面垂直腿上的长度。
◇ 宽度：设置角度截面水平腿上的长度。
◇ 厚度：设置角度截面水平和垂直腿上的厚度。
◇ 同步角过滤器：选择该项后，"角半径1"控制垂直腿和水平腿之间内外角的半径，但保持截面的厚度不变。
◇ 角半径1：控制垂直腿和水平腿之间外角的半径。
◇ 角半径2：控制垂直腿和水平腿之间内角的半径。
◇ 边半径：控制垂直腿和水平腿上最外边内半径的值。

❖ 当选择"条"截面时，其参数如图6-179所示。

图6-179

◇ 长度：设置条截面的长度。
◇ 宽度：设置条截面的厚度。
◇ 角半径：设置截面4个角的半径值，值越大边越圆滑。

❖ 当选择"通道"截面时，其参数如图6-180所示。

图6-180

◇ 长度：设置通道截面垂直方向上的长度。
◇ 宽度：设置通道截面顶部和底部水平腿上的宽度。

◇　厚度：设置通道截面水平和垂直腿上的厚度。

◇　同步角过滤器：选择该项后，"角半径1"控制垂直腿和水平腿之间内外角的半径，但保持截面的厚度不变。

◇　角半径1：控制垂直腿和水平腿之间外角的半径。

◇　角半径2：控制垂直腿和水平腿之间内角的半径。

❖　当选择"圆柱体"截面时，其参数如图6-181所示。

图6-181

◇　半径：设置圆柱体截面的半径。

❖　当选择"半圆"截面时，其参数如图6-182所示。

图6-182

◇　半径：设置半圆截面的半径。

❖　当选择"管道"截面时，其参数如图6-183所示。

图6-183

◇　半径：设置管道截面的外半径。

◇　厚度：设置管道的厚度。

❖　当选择"1/4圆"截面时，其参数如图6-184所示。

图6-184

◇　半径：设置1/4圆的半径。

❖　当选择"T形"截面时，其参数如图6-185所示。

图6-185

◇　长度：设置T形截面垂直方向上的长度。

◇　宽度：设置T形截面水平方向上的宽度。

◇　厚度：设置T形截面的厚度。

◇　角半径：设置T形截面水平腿和垂直腿交叉处的内半径。

❖　当选择"管状体"截面时，其参数如图6-186所示。

图6-186

◇　长度：设置管状体截面的长度。

◇ 宽度：设置管状体截面的宽度。

◇ 厚度：设置管子的厚度。

◇ 同步角过滤器：勾选该项后，"角半径1"控制管状体外侧和内侧的角半径，保持截面厚度不变。

◇ 角半径1：设置管子4个角外部的角半径。

◇ 角半径2：设置管子4个角内部的角半径。

❖ 当选择"宽法兰"截面时，其参数如图6-187所示。

图6-187

◇ 长度：设置宽法兰垂直方向上的长度。

◇ 宽度：设置宽法兰水平方向上的宽度。

◇ 厚度：设置宽法兰的厚度。

◇ 角半径：设置宽法兰的4个内角的圆角半径。

④ "扫描参数"卷展栏

❖ XZ平面上镜像：勾选此项，截面将沿着XZ平面进行镜像翻转。

❖ XY平面上镜像：勾选此项，截面将沿着XY平面进行镜像翻转。如图6-188所示，左图是启用了"XZ平面上镜像"选项，右图是启用了"XY平面上镜像"选项。

图6-188

❖ X偏移：相当于基本样条线移动截面的水平位置。

❖ Y偏移：相当于基本样条线移动截面的垂直位置。

❖ 角度：相当于基本样条线所在的平面旋转截面。

❖ 平滑截面：勾选此项，生成扫描对象时自动圆滑扫描对象的截面表面。

❖ 平滑路径：勾选此项，生成扫描对象时自动圆滑扫描对象的路径表面。

❖ 轴对齐：提供帮助将截面与基本样条线路径对齐的2D栅格。选择9个按钮之一来围绕样条线路径移动截面的轴。

❖ 对齐轴：单击该按钮将直接在视口中选择要对齐的轴心点。

❖ 倾斜：选择该项，只要路径弯曲并改变其局部$z$轴的高度，截面便围绕样条线路径旋转。如果样条线路径为2D，则忽略倾斜。如果禁用，则图形在穿越3D路径时不会围绕其$z$轴旋转。默认设置为启用。

❖ 并集交集：当样条线自身存在相互交叉的线段时，勾选此项表示在生成扫描对象时，交叉的线段的公共部分会生成新面，而取消勾选则表示交叉部分不生成新面，交叉的线段仍然按照各自的走向生成面。

❖ 生成贴图坐标：生成扫描对象时自动生成贴图坐标。

❖ 真实世界贴图大小：用来控制给指定对象应用材质纹理贴图时的贴图缩放方式。

❖ 生成材质ID：扫描时生成材质ID。

❖ 使用截面ID：使用截面ID。

❖ 使用路径ID：使用路径ID。

## 【练习6-12】用"样条线"制作创意桌子

本练习的创意桌子效果如图6-189所示。

图6-189

`01` 设置图形类型为"样条线",然后使用"矩形"工具 矩形 在顶视图中绘制一个矩形,接着在"参数"卷展栏下设置"长度"和"宽度"为100mm、"角半径"为20mm,具体参数设置及矩形效果如图6-190所示。

`02` 选择样条线,然后在"渲染"卷展栏下勾选"在渲染中启用"和"在视口中启用"选项,接着勾选"矩形"选项,最后设置"长度"为20mm、"宽度"为8mm,具体参数设置及模型效果如图6-191所示。

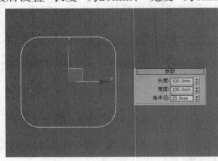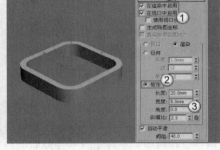

图6-190　　　　　　　　　　　　图6-191

`03` 选择模型,然后按住Shift键使用"选择并移动"工具 ⁙ 移动复制10个模型,如图6-192所示。

`04` 按Ctrl+A组合键全选场景中的所有矩形,然后按住Shift键使用"选择并移动"工具 ⁙ 在顶视图中移动复制一组模型到如图6-193所示的位置。

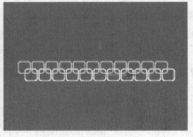

图6-192　　　　　　　　　　　　图6-193

`05` 选择左上角的一个矩形,然后单击鼠标右键,接着在弹出的菜单中选择"转换为>转换为可编辑样条线"命令,如图6-194所示。

`06` 在"选择"卷展栏下单击"顶点"按钮 ⁝,然后选择如图6-195所示的两个顶点,接着按Delete键删除所选顶点,效果如图6-196所示。

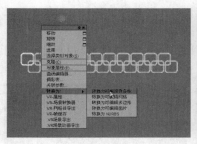
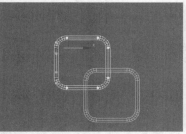
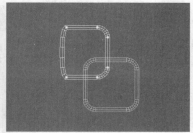

图6-194　　　　　　　　　　　图6-195　　　　　　　　　　　图6-196

**07** 选择左侧的两个顶点，然后单击鼠标右键，接着在弹出的菜单中选择"角点"命令，如图6-197所示，效果如图6-198所示。

**08** 按W键选择"选择并移动"工具 ，然后将两个顶点向右拖曳到如图6-199所示的位置。

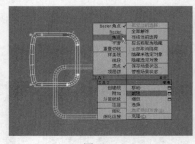
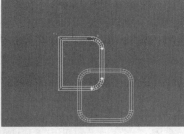
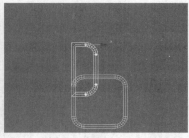

图6-197　　　　　　　　　　　图6-198　　　　　　　　　　　图6-199

**09** 采用相同的方法处理好右上下角的矩形，完成后的效果如图6-200所示。

**10** 按Ctrl+A组合键全选场景中的所有矩形，然后按住Shift键使用"选择并移动"工具 在顶视图中移动复制9组模型到如图6-201所示的位置。

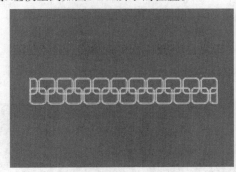

图6-200　　　　　　　　　　　　　　　　图6-201

**11** 选择如图6-202所示的11个对象，然后按Delete键将其删除，效果如图6-203所示。

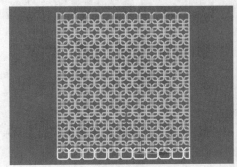
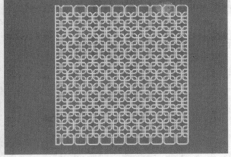

图6-202　　　　　　　　　　　　　　　　图6-203

**12** 使用"选择并移动"工具  选择如图6-204所示的对象，然后按住Shift键移动复制一个对象，接着使用"选择并旋转"工具 和"选择并移动"工具 调整好其角度和位置，如图6-205所示。

**13** 使用"选择并移动"工具 选择上一步调整好的对象，然后按住Shift键向右移动复制9个对象，如图6-206所示。

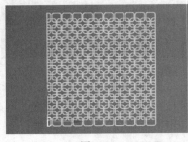
图6-204

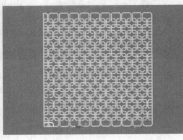
图6-205

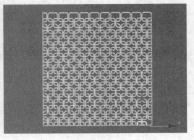
图6-206

**14** 采用相同的方法处理好顶部的模型，完成后的效果如图6-207所示。

**15** 选择如图6-208所示的矩形，然后按住Shift键使用"选择并移动"工具 在顶视图中向左移动复制一个矩形，接着按Alt+Q组合键进入孤立选择模式（也可以使用右键快捷菜单），如图6-209所示。

图6-207

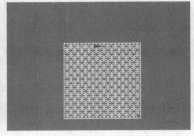
图6-208

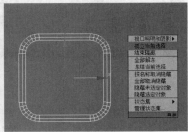
图6-209

**16** 将矩形转换为可编辑样条线，然后在"选择"卷展栏下单击"线段"按钮 ，进入"线段"级别，接着选择如图6-210所示的线段，最后按Delete键删除所选线段，效果如图6-211所示。

**17** 退出孤立选择模式，然后在"选择"卷展栏下单击"线段"按钮 ，退出"线段"级别，接着将模型放在如图6-212所示的位置。

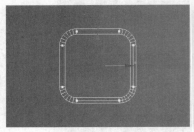
图6-210

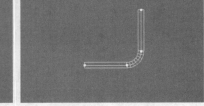
图6-211

图6-212

---

### 提示

如果要退出孤立选择模式，可以单击鼠标右键，然后在弹出的菜单中选择"结束隔离"菜单命令，如图6-213所示。

图6-213

**18** 进入"顶点"级别，然后使用"选择并移动"工具 将两个端点调整到如图6-214所示的位置。

**19** 移动复制一个模型到右下角，然后用"选择并旋转"工具 调整好其角度，如图6-215所示。

**20** 按Ctrl+A组合键全选场景中所有的对象，然后执行"组>组"菜单命令，接着在弹出的"组"对话框中单击"确定"按钮 确定 ，如图6-216所示。

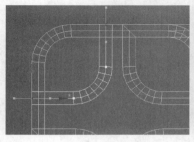
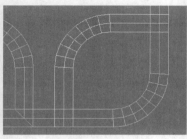

图6-214　　　　　　　　　　图6-215　　　　　　　　　　图6-216

**21** 使用"长方体"工具 长方体 在左视图中创建一个长方体，然后在"参数"卷展栏下设置"长度"为70mm、"宽度"为20mm、"高度"为900mm，具体参数设置及模型位置如图6-217所示。

**22** 切换到顶视图，然后按A键激活"角度捕捉切换"工具 ，然后按住Shift键用"选择并旋转"工具 旋转（旋转90°）复制一个长方体，如图6-218所示，接着用"选择并移动"工具 调整好其位置，如图6-219所示。

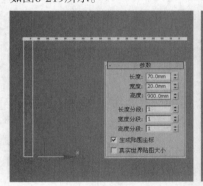
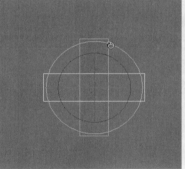
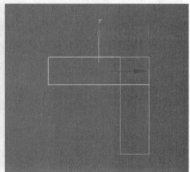

图6-217　　　　　　　　　　图6-218　　　　　　　　　　图6-219

**23** 选择两个长方体，然后执行"组>组"菜单命令，将其建立一个组，接着调整好组的位置，如图6-220所示。

**24** 移动复制3组长方体，然后用"选择并旋转"工具 和"选择并移动"工具 调整好其角度和位置，最终效果如图6-221所示。

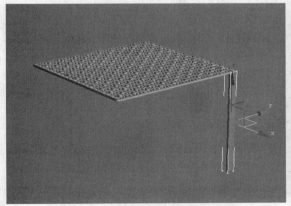

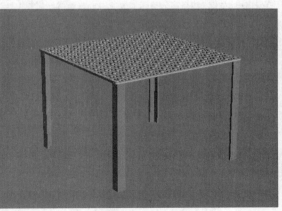

图6-220　　　　　　　　　　　　　　图6-221

## 【练习6-13】用"样条线"制作水晶灯

本练习的水晶灯效果如图6-222所示。

图6-222

01 使用"线"工具 ___线___ 在前视图中绘制一条如图6-223所示的样条线。

02 选择样条线，然后在"渲染"卷展栏下勾选"在渲染中启用"和"在视口中启用"选项，接着勾选"矩形"选项，最后设置"长度"为7mm、"宽度"为4mm，如图6-224所示。

03 选择模型，在"创建"面板中单击"层次"按钮 ⿰ 切换到"层次"面板，然后在"调整轴"卷展栏下单击"仅影响轴"按钮 ___仅影响轴___，接着在前视图中将轴心点拖曳到如图6-225所示的位置，最后再次单击"仅影响轴"按钮 ___仅影响轴___，退出"仅影响轴"模式。

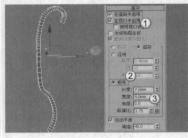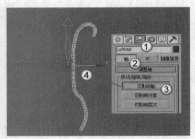

图6-223  图6-224  图6-225

## 技术专题："仅影响轴"技术解析

"仅影响轴"技术是一个非常重要的轴心点调整技术。利用该技术调整好轴的中心以后，就可以围绕这个中心点旋转复制出具有一定规律的对象。例如，在图6-226中有两个球体（这两个球体是在顶视图中的显示效果），如果要围绕红色球体旋转复制3个紫色球体（以90°为基数进行复制），那么就必须先调整紫色球体的轴点中心。具体操作过程如下。

第1步：选择紫色球体，在"创建"面板中单击"层次"按钮 ⿰ 切换到"层次"面板，然后在"调整轴"卷展栏下单击"仅影响轴"按钮 ___仅影响轴___，此时可以观察到紫色球体的轴点中心位置，如图6-227所示，接着用"选择并移动"工具 ✥ 将紫色球体的轴心点拖曳到红色球体的轴点中心位置，如图6-228所示。

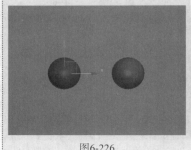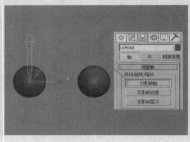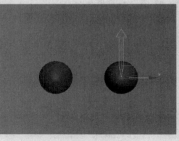

图6-226  图6-227  图6-228

**技术专题："仅影响轴"技术解析（续）**

第2步：再次单击"仅影响轴"按钮 仅影响轴 ，退出"仅影响轴"模式，然后按住Shift键使用"选择并旋转"工具 将紫色球体旋转复制3个（设置旋转角度为90°），如图6-229所示，这样就得到了一组以红色球体为中心的3个紫色球体，效果如图6-230所示。

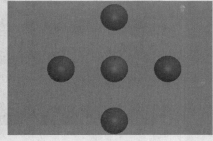

图6-229 图6-230

**04** 选择模型，然后按住Shift键使用"选择并旋转"工具 旋转复制3个模型，如图6-231所示，效果如图6-232所示。

**05** 使用"线"工具 线 在前视图中绘制一条如图6-233所示的样条线。

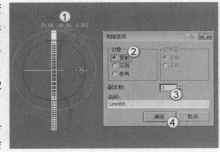

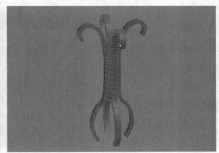

图6-231 图6-232

**06** 选择样条线，然后在"修改器列表"中为其加载一个"车削"修改器，接着在"参数"卷展栏下设置"方向"为y轴 Y 、"对齐"方式为"最小" 最小 ，如图6-234所示。

图6-233 图6-234

**07** 使用"线"工具 线 在前视图中绘制一条如图6-235所示的样条线，然后在"渲染"卷展栏下勾选"在渲染中启用"和"在视口中启用"选项，接着勾选"矩形"选项，最后设置"长度"为6mm、"宽度"为4mm，如图6-236所示。

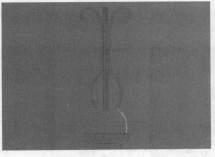

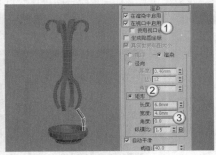

图6-235 图6-236

**08** 采用步骤03~步骤04的方法旋转复制3个模型，完成后的效果如图6-237所示。

**09** 使用"线"工具 [线] 在前视图中绘制一条如图6-238所示的样条线。

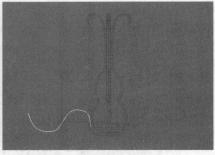

图6-237　　　　　　　　　　　　　　　　图6-238

**10** 选择样条线，然后在"渲染"卷展栏下勾选"在渲染中启用"和"在视口中启用"选项，接着勾选"矩形"选项，最后设置"长度"为10mm、"宽度"为4mm，具体参数设置及模型效果如图6-239所示。

**11** 继续使用"线"工具 [线] 在前视图中绘制一条如图6-240所示的样条线。

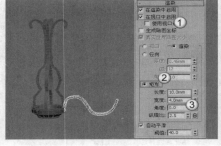

图6-239　　　　　　　　　　　　　　　　图6-240

**12** 在"修改器列表"中为样条线加载一个"车削"修改器，然后在"参数"卷展栏下设置"方向"为y轴 [Y]、"对齐"方式为"最小" [最小]，具体参数设置及模型效果如图6-241所示。

**13** 再次使用"线"工具 [线] 在前视图中绘制一条如图6-242所示的样条线。

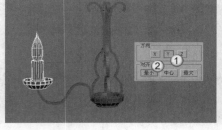

图6-241　　　　　　　　　　　　　　　　图6-242

**14** 使用"异面体"工具 [异面体] 在场景中创建一个大小合适的异面体，然后在"参数"卷展栏下设置"系列"为"十二面体/二十面体"，如图6-243所示。

**15** 在"主工具栏"中的空白区域单击鼠标右键，然后在弹出的菜单中选择"附加"命令，以调出"附加"工具栏，如图6-244所示。

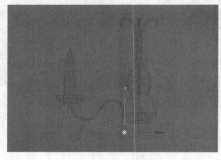

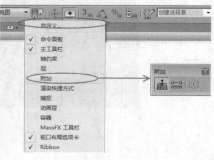

图6-243　　　　　　　　　　　　　　　　图6-244

**16** 选择异面体，然后在"附加"工具栏中单击"间隔工具"按钮，打开"间隔工具"对话框，如图6-245所示。

图6-245

### 提示

在默认情况下，"间隔工具"不会显示在"附加"工具栏上（处于隐藏状态），需要按住鼠标左键单击"阵列"工具不放，在弹出的工具列表中才能选择"间隔工具"，如图6-246所示。

图6-246

**17** 在"间隔工具"对话框中单击"拾取路径"按钮，然后在视图中拾取样条线，接着在"参数"选项组下设置"计数"为20，最后单击"应用"按钮和"关闭"按钮，具体操作流程及效果如图6-247所示。

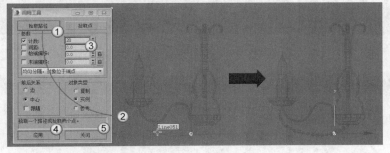

图6-247

**18** 使用复制功能制作出其他的异面体装饰物，完成后的效果如图6-248所示。

**19** 使用"异面体"工具在场景中创建两个大小合适的异面体，然后在"参数"卷展栏下设置"系列"为"十二面体/二十面体"，如图6-249所示。

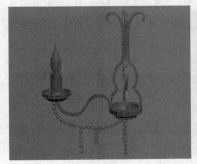

图6-248

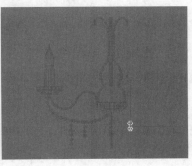

图6-249

20 选择下面的异面体，然后单击鼠标右键，接着在弹出的菜单中选择"转换为>转换为可编辑多边形"命令，如图6-250所示。

21 在"选择"卷展栏下单击"顶点"按钮，进入"顶点"级别，然后选择所有的顶点，用"选择并缩放"工具将其向内缩放压扁，如图6-251所示，接着选择顶部的3个顶点，最后用"选择并移动"工具将其向上拖曳到如图6-252所示的位置。

图6-250

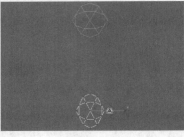
图6-251

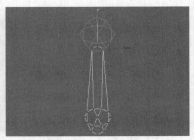
图6-252

22 利用复制功能将制作好的吊坠复制到相应的位置，完成后的效果如图6-253所示。

23 选择如图6-254所示的模型，然后为其创建一个组。

24 选择模型组，然后采用步骤03~步骤04的方法旋转复制3组模型，最终效果如图6-255所示。

图6-253

图6-254

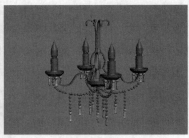
图6-255

## 【练习6-14】根据CAD图纸制作户型图

本练习的户型图效果如图6-256所示。

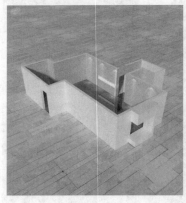
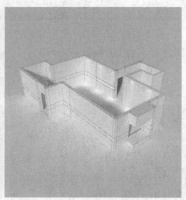
图6-256

01 单击界面左上角的"应用程序"图标，然后执行"导入>导入"菜单命令，接着在弹出的"选择要导入的文件"对话框中选择学习资源中的"练习文件>第3章>练习6-14.dwg"文件，导入CAD文件后的效果如图6-257所示。

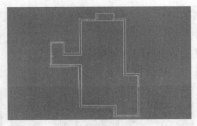

图6-257

提示

在实际工作中，客户一般都会提供一个CAD图纸文件（即.dwg文件），然后要求建模师根据图纸中的尺寸创建出模型。

**02** 选择所有的线，然后单击鼠标右键，接着在弹出的菜单中选择"冻结当前选择"命令，如图6-258所示。

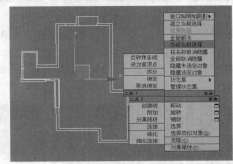

图6-258

提示

冻结线后，在绘制线或进行其他操作时，就不用担心失误操作选择到参考线。

**03** 在"主工具栏"中的"捕捉开关"按钮 上单击鼠标右键，然后在弹出的"栅格和捕捉设置"对话框中单击"捕捉"选项卡，接着勾选"顶点"选项，如图6-259所示，再单击"选项"选项卡，最后勾选"捕捉到冻结对象"和"启用轴约束"选项，如图6-260所示。

**04** 按S键激活"捕捉开关" ，然后使用"线"工具 线 根据CAD图纸中的线在顶视图中绘制出如图6-261所示的样条线。

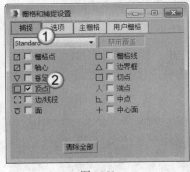

图6-259

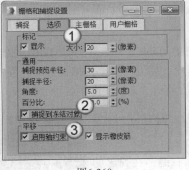

图6-260

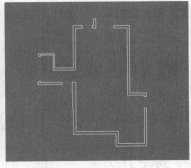

图6-261

提示

在参照CAD图纸绘制样条线时，很多情况下，绘制的样条线很可能超出了3ds Max视图中的显示范围，此时可以按一下I键，视图会自动沿绘制的方向进行合适的调整。

**05** 选择所有的样条线，然后在"修改器列表"中为其加载一个"挤出"修改器，接着在"参数"卷展栏下设置"数量"为2800mm，具体参数设置及模型效果如图6-262所示。

**06** 使用"矩形"工具 矩形 和"线"工具 线 根据CAD图纸中的线在顶视图中绘制出如图6-263所示的图形（黑色的图形）。

**07** 选择上一步绘制的样条线，然后在"修改器列表"中为其加载一个"挤出"修改器，接着在"参数"卷展栏下设置"数量"为500mm，具体参数设置及模型效果如图6-264所示。

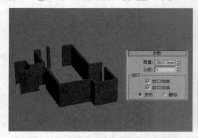
图6-262

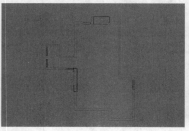
图6-263

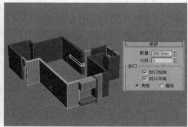
图6-264

**08** 继续使用"线"工具 线 根据CAD图纸中的线在顶视图中绘制出如图6-265所示的样条线。由于样条线太多，这里再提供一张孤立选择模式的样条线图，如图6-266所示。

**09** 在"修改器列表"中为样条线加载一个"挤出"修改器，然后在"参数"卷展栏下设置"数量"为100mm，最终效果如图6-267所示。

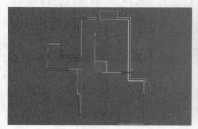
图6-265

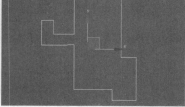
图6-266

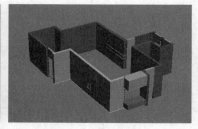
图6-267

# 6.4 对面片进行编辑

面片建模是基于"面片"的建模方法，它是一种独立的模型类型，在多边形建模基础上发展而来，面片建模解决了多边形表面不易进行弹性（平滑）编辑的难题，可以使用类似于编辑Bezier（贝兹）曲线的方法来编辑曲面。

面片建模的优点在于用来编辑的顶点很少，非常类似NURBS曲面建模，但是没有NURBS要求那么严格，只要是三角形或四边形的面片，都可以自由拼接在一起。面片建模适合于生物建模，不仅容易做出平滑的表面，而且容易生成表皮的褶皱，易于产生各种变形体。

## 6.4.1 把对象转化为可编辑面片

选择目标对象，然后单击鼠标右键，在弹出的菜单中选择"转换为>转换为可编辑面片"命令，如图6-268所示，这样即可将对象转化为可编辑面片。

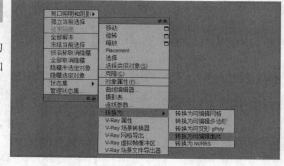
图6-268

还有一种转换方法，就是在"修改器列表"中给对象加载一个"编辑面片"修改器，这与6.3.1节介绍的"把样条线转换为可编辑样条线"的两种方法一致，这里就不再细说。

## 6.4.2 编辑面片

### 功能介绍

"编辑面片"修改器是面片建模核心的工具，通过该修改器可以对面片的子对象层级进行编辑操作，以便获得需要的模型效果，其参数面板如图6-269所示。

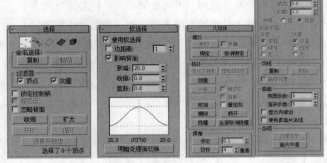

图6-269

### 参数详解

① "选择"卷展栏

❖ 复制：将当前子对象级命名的选择集合复制到剪贴板中。

❖ 粘贴：将剪贴板中复制的选择集合指定到当前子对象级别中。

❖ 顶点：勾选该项时，可以选择和移动顶点。

❖ 向量：勾选该选项可激活对复合顶点进行曲度调节的矢量点，该点位于控制杆的顶端，为绿色。若不勾选该选项，则矢量点不可被操作。

❖ 锁定控制柄：将一个顶点的所有控制手柄锁定，移动一个也会带动其他的手柄移动。

❖ 按顶点：勾选此选项，在选择一个点时，与这个点相连的控制柄、边或面会一同被选择，此选项可在除"顶点"子层级之外的其他子层级中使用。

❖ 忽略背面：控制子对象的选择范围。取消勾选时，不管法线的方向如何，可以选择所有的子对象，包括不被显示的部分。

❖ 收缩：单击该按钮后，可以通过取消选择当前选择集最外围的子对象的方式来缩小选择范围。"控制柄"子层级不能使用该选项。

❖ 扩大：单击该按钮后，可以朝所有可用方向向外扩展选择范围，"控制柄"子层级不能使用该选项。

❖ 环形：单击该按钮后，通过选择与选定边平行的所有边来选定整个对象的四周，仅用于"边"子对象层级。

❖ 循环：单击该按钮后，通过选择与选定边同方向对齐的所有边来选定整个对象四周，仅用于"边"子对象层级。

❖ 选择开放边：单击该按钮后，对象表面不闭合的边会被选择。这个选项只能用于"边"子对象层级。

② "软选择"卷展栏

❖ 使用软选择：控制是否开启软选择。

❖ 边距离：通过设置衰减区域内边的数目来控制受到影响的区域。

❖ 影响背面：勾选该项时，对选择的子对象背面产生同样的影响，否则只影响当前操作的一面。

❖ 衰减：设置从开始衰减到结束衰减之间的距离。以场景设置的单位进行计算，在图表显示框的下面也会显示距离范围。

❖ 收缩：沿着垂直轴提升或降低顶点。值为负数时，产生弹坑状图形曲线；值为0时，产生平滑的过渡效果。默认值为0。

❖ 膨胀：沿着垂直轴膨胀或收缩定点。收缩为0、膨胀为1时，产生一个最大限度的光滑膨胀曲线；负值会使膨胀曲线移动到曲面，从而使顶点下压形成山谷的形态。默认值为0。

③ "几何体"卷展栏

❖ "细分"参数组

✧ 细分：对选择表面进行细分处理，得到更多的面，使表面平滑。

✧ 传播：控制细分设置是否以衰减的形式影响到选择面片的周围。

✧ 绑定：用于在同一对象的不同面片之间创建无缝合的连接，并且它们的顶点数可以不相同。单击该按钮后，移动指针到点（不是角点处的点），当指针变为+后，移动指针到另一面片的边线上，同样指针变为+后，释放鼠标，选择点会跳到选择线上，完成绑定，绑定的点以黑色显示。

✧ 取消绑定：如要取消绑定，选择绑定的点后，单击"取消绑定"按钮即可。

❖ "拓扑"参数组

✧ 添加三角形：在选择的边上增加一个三角形面片，新增加的面片会沿当前面片的曲率延伸，以保持曲面的平滑。

✧ 添加四边形：在选择的边上增加一个四角形面片，新增加的面片会沿当前面片的曲率延伸，以保持曲面的平滑。

✧ 创建：在现有的几何体或自由空间创建点、三角形和四边形面片。三角形面片的创建可以在连续单击3次左键后用右键单击结束操作。

✧ 分离：将当前选择的面片在当前对象中分离，使它成为一个独立的新对象。可以通过"重定向"对分离后的对象重新放置，也可以通过"复制"将选择面片的复制品分离出去。

✧ 附加：单击此按钮，再单击另外的对象，可以将它转化并合并到当前面片中来。可通过"重定向"对合并后的对象重新放置。

─ 提示

在附加对象时，两个对象的材质使用以下方法进行合并。

如果两个结合对象中的任意一个对象已指定材质，结合后，两个对象共享同一材质。

如果两个对象都已指定材质，在结合时会弹出一个"附加选项"对话框，如图6-270所示。

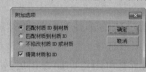

图6-270

匹配材质ID到材质：勾选时，合并后对象的子材质数量由合并对象的子材质数量决定。例如，将一个包含有两个子材质的多维材质指定给长方体，长方体被合并后，仅会有两个子材质。使用这个选项，可以保证合并后材质非常精简。

匹配材质到材质ID：勾选时，合并后对象的子材质数量由对象初始的ID数量决定。例如，两个长方体，默认下材质ID的数量都为6个，如果这两个长方体是单一的材质，在进行合并后，多维材质的数量会是12个，而不是2个，在合并操作中，如果想要保留初始的材质ID分配，可以选择此选项。

✧ 删除：将当前选择的面片删除，在删除点、线的同时，也会将共享这些点、线的面片一同删除。

✧ 断开：将当前选择点打断，单击此按钮后不会看到效果，但是如果移动断点处，会发现它们已经分离了。

✧ 隐藏：将选择的面片隐藏，如果选择的是点或线，将隐藏点线所在的面片。

　　◇　全部取消隐藏：将隐藏的面片全部显示出来。

❖　"焊接"参数组

　　◇　选定：确定可进行顶点焊接的区域面积，当顶点之间的距离小于此值时，它们就会焊接为一个顶点。

　　◇　目标：在视图中将选择的点（或点集）拖曳到要焊接的顶点上（尽量接近），这样会自动进行焊接。

❖　"挤出和倒角"参数组

　　◇　挤出：单击此按钮，然后拖动任何边、面片或元素，以便对其进行交互式的挤出操作。

　　◇　倒角：单击此按钮后，移动光标指针到选择的面片上，指针显示会发生变化。按住鼠标左键并上下拖动，产生凸出或凹陷，释放左键并继续移动鼠标，产生导边效果，也可在释放左键后单击右键，结束倒角。

　　◇　挤出：使用该微调器可以向内或向外设置挤出数值，具体情况视该值的正负而定。

　　◇　轮廓：调节轮廓的缩放数值。

　　◇　法线：选择"组"时，选择的面片将沿着整个面片组的平均法线方向挤出；选择"局部"时，面片将沿着自身的法线方向挤出。

　　◇　倒角平滑：通过3种选项获得不同的倒角表面。

❖　"切线"参数组

　　◇　复制：用于复制顶点的控制柄切线方向。

　　◇　粘贴：用于将复制的控制柄切线方向粘贴到所选控制柄上。

　　◇　粘贴长度：若选择了该选项，可将控制柄的长度一同粘贴。

❖　"曲面"参数组

　　◇　视图步数：调节视图显示的精度。数值越大，精度越高，表面越平滑，但视图刷新速度也同时降低。

　　◇　渲染步数：调节渲染的精度。

　　◇　显示内部边：控制是否显示面片对象中央的横断表面。

　　◇　使用真面片法线：可决定平滑面片之间边缘的方式。启用此选项后会使用真实面片法线，使明暗处理效果更精确。

❖　"杂项"参数组

　　◇　创建图形：基于选择的边创建曲线，如果没有选择边，创建的曲线基于所有面片的边。

　　◇　面片平滑：可调整所有的顶点控制柄来平滑面片对象表面。

④　"曲面属性"卷展栏

在编辑面片修改命令中的"曲面属性"卷展栏比较特殊，在不同的子级别中，曲面属性的内容也不同。在总层级中，曲面属性主要起到松弛网格的作用，如图6-271（左）所示。在顶点子级别中，曲面属性主要用来控制曲面顶点的颜色，如图6-271（中）所示。面片与元素子级别的曲面属性可以对曲面的法线、平滑和顶点颜色进行编辑和设置，如图6-271（右）所示。边和控制柄子级别没有曲面属性。

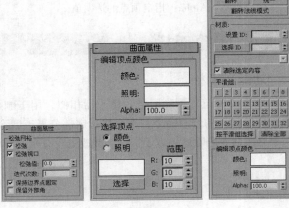

图6-271

❖ "曲面属性"卷展栏（总层级）
  ◇ 松弛：勾选该选项后下面的参数才会起作用，它的作用是通过改变顶点的张力值来达到平滑曲面的目的，与（松弛）修改器的作用类似。
  ◇ 松弛视口：勾选该选项后则在视口中显示松弛后的结果，如果禁用该选项，那么松弛的结果只能在渲染时才会出现，在视口中无任何变化。
  ◇ 松弛值：设置顶点移动距离的百分比，值在0~1之间变化，值越大，顶点越靠近。
  ◇ 迭代次数：设置松弛的计算次数，值越大，松弛效果越强烈。
  ◇ 保持边界点固定：如果启用该选项，在开放边界上的顶点将不进行松弛修改。
  ◇ 保留外部角：启用该选项时，距离对象中心最远的点保持在初始位置不变。
❖ "曲面属性"卷展栏（顶点子级别）
  ◇ 颜色：设置顶点的颜色。
  ◇ 照明：用于明暗度的调节。
  ◇ Alpha：指定顶点的透明值。
  ◇ 颜色/照明：用于指定选择顶点的方式，以颜色或照明为准进行选择。
  ◇ 范围：设置颜色近似的范围。
  ◇ 选择：单击后，将选择符合这些范围的点。
❖ "曲面属性"卷展栏（面片与元素子级别）
  ◇ 翻转：将选择面的法线方向进行翻转。
  ◇ 统一：将选择面的法线方向统一为一个方向，通常是向外。
  ◇ 翻转法线模式：单击此按钮后，在视图中单击面片对象将改变面片对象的法线方向。再次单击后或右键单击视图，可结束当前操作。
  ◇ 设置ID：在此为选择的表面指定新的ID号，如果对象使用多维材质，将会按材质ID号分配材质。
  ◇ 选择ID：按当前ID号，将所有与此ID号相同的表面进行选择。也可在下方的下拉列表中选择子材质名称进行表面选择。
  ◇ 清除选定内容：选择此选项后，如果选择新的ID或材质名称，会取消选择以前选定的所有面片或元素。取消勾选后，会在原有选择内容的基础之上累加新内容。
  ◇ 按平滑组选择：将所有具有当前平滑组号的表面进行选择。
  ◇ 清除全部：删除对面片对象指定的平滑组。
  ◇ 颜色：设置顶点的颜色。
  ◇ 照明：用于明暗度的调节。
  ◇ Alpha：指定顶点的透明值。

## 6.4.3 删除面片

### 功能介绍

该修改器与"删除网格"修改器相似，用于删除其下修改堆栈中选择的子对象集合，它是针对"面片选择"的修改命令，不会将指定部分真正删除。当用户重新需要那些被删除的部分时，只要将这个修改命令删除就可以了。这个修改器没有可调节的参数，直接使用即可。

# 技术分享

## 样条线建模需要注意的问题

　　样条线建模是将二维图形转换为三维模型的过程，这个过程看似简单，但是要注意其中的两个环节，即图形的绘制与图形的转换。对于样条线建模，绘制图形是基础，可以说图形决定了模型的外观形态，好在如果对模型的效果不满意，还可以返回去重新对样条线的造型进行调整；对于将图形转换为模型的过程，需要通盘考虑，也就是说在绘制图形之前就要考虑到该绘制什么样的图形，是用修改器将图形转换为三维模型还是直接生成三维模型，再用其他的建模方法进行再次建模，这些问题都需要事先考虑到，以免做一些无用功。例如，要制作一个花瓶模型，就应该先考虑到要绘制花瓶的截面图形，然后用"车削"修改器将图形转换为花瓶造型，同时用"壳"修改器让花瓶产生厚度。

绘制截面图形　　　加载车削修改器，生成花瓶模型　　　加载壳修改器，让花瓶产生厚度

## 二维图形软件与3ds Max的交互

　　在样条线建模这一块领域中，与3ds Max交互最多的软件就是同属于Autodesk公司的AutoCAD，由于AutoCAD绘出的图形要比3ds Max精确得多，因此在制作尺寸要求很高的模型时（尤其是在效果图领域），一般都是先在AutoCAD中将图形绘制好，保存为.dwg格式的文件，然后导入到3ds Max中根据图形进行建模，这样制作出来的模型准确度就与实际尺寸没有多大差异，具体请参阅前面的"实战：根据CAD图纸制作户型图"。另外，除了AutoCAD以外，还可以用Photoshop或Illustrator绘制路径，这两款软件在绘制复杂图形路径时比3ds Max强大得多，尤其是在调节路径的形态时比3ds Max要灵活很多，绘制好以后导出为矢量格式的.ai文件，导入到3ds Max中根据路径进行建模就可以了。

## 样条线在实际工作中可以建哪些模型

在实际工作中，样条线建模主要用于制作一些流线型模型，在建模过程中一般都会搭配修改器来进行处理。在制作商业大模型时，不会只用到一种建模方法，都是多种建模方法一起使用，而样条线建模在其中所承担的任务就是制作线框部分的结构和流线部分的结构。

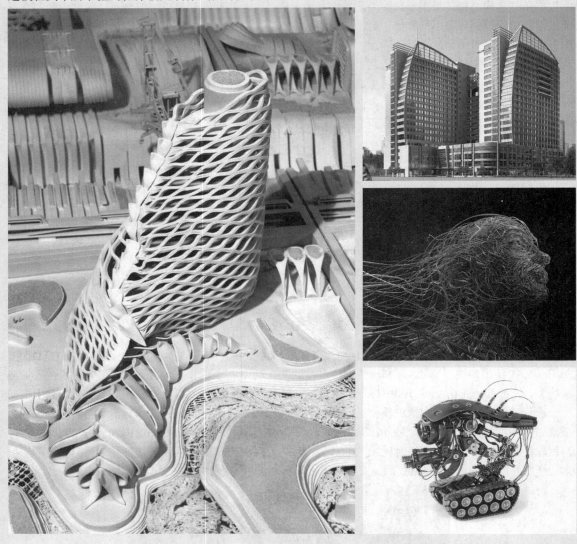

第 **7** 章

# 网格建模

网格建模是3ds Max比较重要的建模方式之一，也是3ds Max经典和基础的建模方式，这种方式的兼容性好，不容易出错，占用系统资源少，运算速度快。3ds Max为用户提供了丰富的网格建模工具，主要以网格修改器的形式呈现，如编辑网格、挤出、平滑、倒角等修改命令，这些工具都位于3ds Max修改面板的修改器列表中，使用极为方便。

※ 转换网格对象　　　　　　※ 优化
※ 编辑网格　　　　　　　　※ MultiRes（多分辨率）
※ 挤出　　　　　　　　　　※ 顶点焊接
※ 面挤出　　　　　　　　　※ 对称
※ 法线　　　　　　　　　　※ 编辑法线
※ 平滑　　　　　　　　　　※ 四边形网格化
※ 倒角　　　　　　　　　　※ ProOptimizer（专业优化器）
※ 倒角剖面　　　　　　　　※ 顶点绘制
※ 细化　　　　　　　　　　※ HSDS
※ STL检查　　　　　　　　※ 网格平滑
※ 补洞　　　　　　　　　　※ 涡轮平滑

# 7.1 转换网格对象

网格建模是3ds Max高级建模中的一种，与多边形建模的制作思路比较类似。使用网格建模可以进入到网格对象的"顶点""边""面""多边形""元素"级别下编辑对象，如图7-1和图7-2所示是一些比较优秀的网格建模作品。

图7-1                图7-2

与多边形对象一样，网格对象也不是创建出来的，而是经过转换而成的。将物体转换为网格对象的方法主要有以下4种。

第1种：在对象上单击鼠标右键，然后在弹出的菜单中选择"转换为>转换为可编辑网格"命令，如图7-3所示。转换为可编辑网格对象后，在修改器堆栈中可以观察到对象会变成"可编辑网格"对象，如图7-4所示。注意，通过这种方法转换成的可编辑网格对象的创建参数将全部丢失。

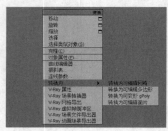

图7-3                图7-4

第2种：选中对象，然后在修改器堆栈中的对象上单击鼠标右键，接着在弹出的菜单中选择"可编辑网格"命令，如图7-5所示。这种方法与第1种方法一样，转换成的可编辑网格对象的创建参数将全部丢失。

第3种：选中对象，然后为其加载一个"编辑网格"修改器，如图7-6所示。通过这种方法转换成的可编辑网格对象的创建参数不会丢失，仍然可以调整。

第4种：选中对象，在"创建"面板中单击"实用程序"按钮 ，切换到"实用程序"面板，然后单击"塌陷"按钮 塌陷 ，接着在"塌陷"卷展栏下设置"输出类型"为"网格"，最后单击"塌陷选定对象"按钮 塌陷选定对象 ，如图7-7所示。

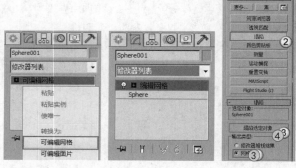

图7-5                图7-6                图7-7

—— 提示 ——

网格建模本来是3ds Max基本的多边形加工方法，但后来被多边形建模取代了，网格建模也逐渐被忽略，不过网格建模的稳定性要高于多边形建模；多边形建模是当前流行的建模方法，而且建模技术很先进，有着比网格建模更多更方便的修改功能。其实这两种方法在建模的思路上基本相同，不同点在于网格建模所编辑的对象是三角面，而多边形建模所编辑的对象是三边面、四边面或更多边的面，因此多边形建模具有更高的灵活性。

# 7.2 网格编辑

网格模型是由"顶点""边""面""多边形""元素"组成的，网格编辑功能可以对网格的各组成部分进行修改，包括推拉、删除、创建顶点和平面，并且可以让这些修改记录为动画。

## 7.2.1 删除网格

### 功能介绍

该修改器用于删除修改堆栈中选择的子对象集合，如点、面、边界、对象，它与在键盘上直接按Delete键删除的效果一致，但它提供了更优秀的修改控制，因为它是一个变动修改，不会真的将选择集删除，当用户需要那些被删除的部分时，只要将这个修改命令关闭或删除就可以了。

## 7.2.2 编辑网格

### 功能介绍

该修改器主要针对网格对象的不同层级进行编辑，网格子对象包含顶点、边、面、多边形和元素5种。网格对象的参数设置面板共有4个卷展栏，分别是"选择""软选择""编辑几何体""曲面属性"卷展栏，如图7-8所示。

图7-8

### 1."选择"卷展栏

"选择"卷展栏的参数面板如图7-9所示。

图7-9

**参数详解**

❖ 顶点■：用于选择顶点子对象级别。

❖ 边■：用于选择边子对象级别。

❖ 面■：用于选择三角面子对象级别。

❖ 多边形■：用于选择多边形子对象级别。

❖ 元素■：用于选择元素子对象级别，可以选择对象的所有连续的面。

❖ 按顶点：勾选这个选项后，在选择一个顶点时，与该顶点相连的边或面会一同被选中。

❖ 忽略背面：由于表面法线的原因，对象表面有可能在当前视角不被显示。看不到的表面一般是不能被选择的，勾选此项，可以对其进行选择操作。

❖ 忽略可见边：取消勾选时，在多边形子对象层级进行选择时，每次单击只能选择单一的面；勾选时，可以通过下面的"平面阈值"调节选择范围，每次单击，范围内的所有面会被选择。

❖ 平面阈值：在多边形级别进行选择时，用来指定两面共面的阈值范围，阈值范围是两个面的面法线之间的夹角，小于这个值说明两个面共面。

❖ 显示法线：控制是否显示法线，法线在场景中显示为蓝色，并可以通过下面的"比例"参数进行调节。

❖ 删除孤立顶点：选择该项后，在删除子对象（除顶点以外的子对象）的同时会删除孤立的顶点，而取消勾选，删除子对象时孤立顶点会被保留。

❖ 隐藏：隐藏被选择的子对象。

❖ 全部取消隐藏：显示隐藏的子对象。

❖ 复制：将当前子对象级中命名的选择集合复制到剪贴板中。

❖ 粘贴：将剪贴板中复制的选择集合指定到当前子对象级别中。

## 2. "软选择"卷展栏

"软选择"卷展栏的参数面板如图7-10所示。

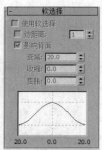

图7-10

**参数详解**

❖ 使用软选择：控制是否开启软选择。

❖ 边距离：通过设置衰减区域内边的数目来控制受到影响的区域。

❖ 影响背面：勾选该项时，对选择的子对象背面产生同样的影响，否则只影响当前操作的一面。

❖ 衰减：设置从开始衰减到结束衰减之间的距离。以场景设置的单位进行计算，在图表显示框的下面也会显示距离范围。

❖ 收缩：沿着垂直轴提升或降低顶点。值为负数时，产生弹坑状图形曲线；值为0时，产生平滑的过渡效果。默认值为0。

❖ 膨胀：沿着垂直轴膨胀或收缩定点。收缩为0、膨胀为1时，产生一个最大限度的光滑膨胀曲线；负值会使膨胀曲线移动到曲面，从而使顶点下压形成山谷的形态。默认值为0。

### 3. "编辑几何体"卷展栏

"编辑几何体"卷展栏的参数面板如图7-11所示。

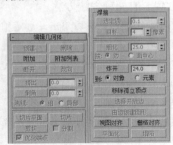

图7-11

**参数详解**

- ❖ 创建：建立新的单个顶点、面、多边形或元素。
- ❖ 删除：删除被选择的子对象。
- ❖ 附加：单击此按钮，然后在视图中单击其他对象（任何类型的对象均可），可以将其合并到当前对象中，同时转换为网格对象。
- ❖ 改向：将对角面中间的边换向，改为另一种对角方式，从而使三角面的划分方式改变。
- ❖ 挤出：将当前选择的子对象加一个厚度，使它凸出或凹入表面，厚度值由数值来决定。
- ❖ 倒角：对选择面进行挤出成形。

---

**提示**

当选择顶点或边子对象时，这里的"倒角"按钮将显示为"切角"按钮，此时可以对选择的顶点或边进行切角处理。如图7-12所示，对选择的顶点进行切角处理；如图7-13所示，对选择的边进行切角处理。

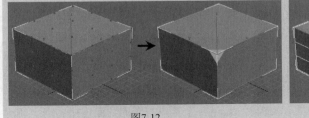

图7-12

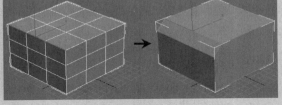

图7-13

- ❖ 法线：选择"组"时，选择的面片将沿着面片组的平均法线方向挤出；选择"局部"时，面片将沿着自身的法线方向挤出。
- ❖ 切片平面：一个方形化的平面，可以通过移动或旋转改变将要剪切对象的位置。单击该按钮后，"切片"按钮才能被激活。
- ❖ 切片：单击该按钮，将在切片平面处剪切被选择的子对象。
- ❖ 剪切：通过在边上添加点来细分子对象。单击此按钮后，需要在细分的边上单击，然后移动鼠标到下一边，依次单击，完成细分。
- ❖ 分割：勾选时，在进行切片或剪切操作时，会在细分的边上创建双重的点，这样可以很容易地删除新的面来创建洞，或者像分散的元素一样操作新的面。

❖ 优化端点：勾选时，在相邻的面之间进行平滑过渡。反之，在相邻面之间产生生硬的边。

❖ "焊接"参数组：用于顶点之间的焊接操作，这种空间焊接技术比较复杂，要求在三维空间内移动和确定顶点之间的位置，有两种焊接方法。

    ◇ 选定项：先分别选择好要焊接的点，然后单击"选定项"按钮进行焊接。如果未焊接上，可提高"焊接阈值"，再单击"选定项"按钮，直到焊接上为止。

    ◇ 目标：单击"目标"按钮，然后在视图中将选择的点（或点集）拖曳到要焊接的点上（尽量接近），这样就会自动进行焊接。

❖ "细化"参数组：对表面进行分裂复制，产生更多的面。

    ◇ 细化：单击此按钮，系统会根据其下的细分方式对选择的表面进行分裂复制处理，产生更多的表面，用于平滑需要。

    ◇ 边：以选择面的边为依据进行分裂复制。

    ◇ 面中心：以选择面的中心为依据进行分裂复制。

❖ "炸开"参数组：将当前选择的面打散后分离出当前对象，使它们成为独立的新个体。

    ◇ 炸开：单击此按钮，可以将当前选择的面炸开分离，根据下面的两种选项获得不同的结果。

    ◇ 对象：将所有面炸为各自独立的新对象。当选择该模式时，单击"炸开"按钮后会弹出一个"炸开为对象"对话框，在这里面可以输入新对象的名称，如图7-14所示。

图7-14

    ◇ 元素：将所有面炸为各自独立的新元素，但仍然属于对象本身，这是进行元素拆分的一个好办法。

❖ 移除孤立顶点：单击此按钮后，将删除所有孤立的点，不管是否选择了那些点。

❖ 选择开放边：仅选择对象的边缘线。

❖ 由边创建图形：选择一个或更多的边后，单击此按钮，将以选择的边界为模板创建新的曲线，也就是把选择的边变成曲线独立出来使用。

❖ 视图对齐：单击此按钮后，选择的点或子对象被放置在同一平面，且这一平面平行于选择视图。

❖ 栅格对齐：单击此按钮后，选择的点或子对象被放置在同一平面，且这一平面平行于活动视图的栅格平面。

❖ 平面化：将所有的选择面强制压成一个平面（不是合成，只是处于同一平面上）。

❖ 塌陷：将选择的点、线、面、多边形或元素删除，留下一个顶点与四周的面连接，产生新的表面，这种方法不同于删除面，它是将多余的表面吸收掉，就好像减肥的人将多余的脂肪除掉后，膨胀的表皮会收缩塌陷下来。

## 4. "曲面属性"卷展栏

"曲面属性"卷展栏根据所选择的子对象的不同，其参数面板中的参数也会呈现出差异。当选择网格的"顶点"子对象时，其"曲面属性"卷展栏如图7-15所示。

图7-15

**参数详解**

❖ 权重：显示和改变顶点的权重。

① "编辑顶点颜色"参数组

❖ 颜色：设置顶点的颜色。

❖ 照明：用于明暗度的调节。

❖ Alpha：指定顶点的透明值。

② "顶点选择方式"参数组

❖ 颜色/照明：用于指定选择顶点的方式，以颜色或照明为准进行选择。

❖ 范围：设置颜色近似的范围。

❖ 选择：单击该按钮后，将选择符合这些范围的点。

当选择网格的"边"子对象时，其"曲面属性"卷展栏如图7-16所示。

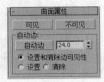

图7-16

**参数详解**

❖ 可见/不可见：选择边后，通过这两个按钮直接控制边的显示。可见边在线框模式下渲染输
出将可见，在选择"边"子对象后，会以实线显示。不可见边在线框模式下渲染输出将不可
见，在选择"边"子对象后，会以虚线显示。

❖ 自动边：提供了另外一种控制边显示的方法。通过自动比较共线的面之间的夹角与阈值的大
小，来决定选择的边是否可见。

❖ 设置和清除边可见性：只选择当前参数的子对象。

❖ 设置：保留上次选择的结果并加入新的选择。

❖ 清除：从上一次选择的结果中进行筛选。

当选择网格的"面""多边形"或"元素"子对象时，其"曲面属性"卷展栏如图7-17所示。

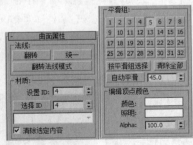

图7-17

**参数详解**

① "法线"参数组

❖ 翻转：将选择面的法线方向进行反向。

❖ 统一：将选择面的法线方向统一为一个方向，通常是向外。

❖ 翻转法线模式：单击此按钮后，在视图单击子对象将改变它的法线方向。再次单击或右键单
击视图，可以关闭翻转法线模式。

② "材质"参数组

❖ 设置ID：在此为选择的表面指定新的ID号。如果对象使用多维材质，将会按照材质ID号分配材质。

❖ 选择ID：按照当前ID号，将所有与此ID相同的表面进行选择。

❖ 清除选定内容：选择此项后，如果选择新的ID或材质名称，会取消选择以前选定的所有面片或元素。取消勾选后，会在原有选择的基础上累加新内容。

③ "平滑组"参数组

❖ 按平滑组选择：将所有具有当前平滑组号的表面进行选择。

❖ 清除全部：删除给面片对象指定的平滑组。

❖ 自动平滑：根据右侧的阈值进行表面自动平滑处理。

④ "编辑顶点颜色"参数组

❖ 颜色：设置顶点的颜色。

❖ 照明：用于明暗度的调节。

❖ Alpha：指定顶点的透明值。

## 【练习7-1】用网格建模制作沙发

本练习的沙发效果如图7-18所示。

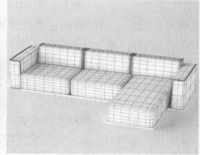

图7-18

**01** 下面制作扶手模型。使用"长方体"工具 长方体 在场景中创建一个长方体，然后在"参数"卷展栏下设置"长度"为700mm、"宽度"为200mm、"高度"为450mm，具体参数设置及模型效果如图7-19所示。

**02** 将长方体转换为可编辑网格，进入"边"级别，然后选择所有的边，接着将其切角15mm，如图7-20所示。

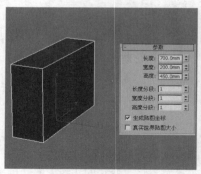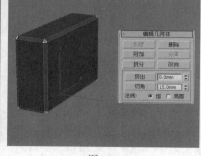

图7-19 图7-20

**03** 选择如图7-21所示的边，然后在"选择"卷展栏下单击"由边创建图形"按钮 由边创建图形 ，接着在弹出的"创建图形"对话框中设置"图形类型"为"线性"，如图7-22所示。

图7-21

图7-22

## 技术专题：由边创建图形

网格建模中的"由边创建图形"工具  与多边形建模中的"利用所选内容创建图形"工具 利用所选内容创建图形 类似，都是利用所选边来创建图形。下面以图7-23中的一个网格球体来详细介绍该工具的使用方法（在球体的周围创建一个圆环图形）。

第1步：进入"边"级别，然后在前视图中框选中间的边，如图7-24所示。

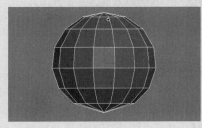
图7-23

图7-24

第2步：在"编辑几何体"卷展栏下单击"由边创建图形"按钮 由边创建图形 ，打开"创建图形"对话框，如图7-25所示。

第3步：选择一种图形类型。如果选择"平滑"类型，则图形非常平滑，如图7-26所示；如果选择"线性"类型，则图形具有明显的转折，如图7-27所示。

图7-25

图7-26                    图7-27

**04** 按H键打开"从场景选择"对话框，然后选择图形Shape001，如图7-28所示，接着在"渲染"卷展栏下勾选"在渲染中启用"和"在视口中启用"选项，最后设置"径向"的"厚度"为15mm、"边"为10，具体参数设置及图形效果如图7-29所示。

图7-28

图7-29

**05** 为扶手模型加载一个"网格平滑"修改器，然后在"细分量"卷展栏下设置"迭代次数"为2，具体参数设置及模型效果如图7-30所示。

**06** 选择扶手和图形，然后为其创建一个组，接着在"主工具栏"中单击"镜像"按钮 ，最后在弹出的"镜像:世界坐标"对话框中设置"镜像轴"为x轴、"偏移"为-1000mm、"克隆当前选择"为"复制"，如图7-31所示。

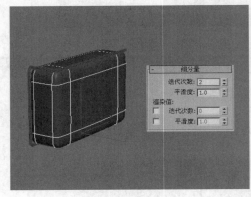

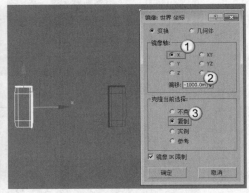

图7-30 　　　　　　　　　　　　　　　　　图7-31

**07** 下面制作靠背模型。使用"长方体"工具 长方体 在场景中创建一个长方体，然后在"参数"卷展栏下设置"长度"为200mm、"宽度"为800mm、"高度"为500mm、"长度分段"为3、"宽度分段"为3、"高度分段"为5，具体参数设置及模型效果如图7-32所示。

**08** 将长方体转换为可编辑网格，进入"顶点"级别，然后在左视图中使用"选择并移动"工具 将顶点调整成如图7-33所示的效果，调整完成后在透视图中的效果如图7-34所示。

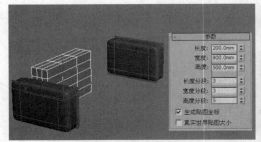

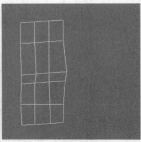

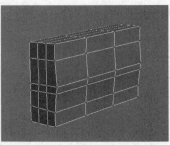

图7-32 　　　　　　　　　　　　图7-33 　　　　　　　　　　　　图7-34

**09** 进入"边"级别，然后选择如图7-35所示的边，接着将其切角15mm，如图7-36所示。

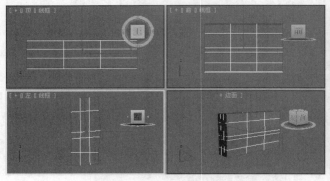

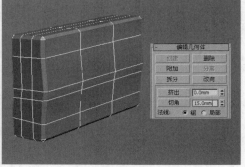

图7-35 　　　　　　　　　　　　　　　　　图7-36

**10** 选择如图7-37所示的边，然后在"选择"卷展栏下单击"由边创建图形"按钮 由边创建图形 ，接着在弹出的"创建图形"对话框中设置"图形类型"为"线性"，如图7-38所示，效果如图7-39所示。

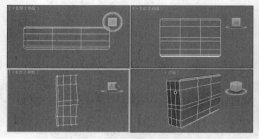
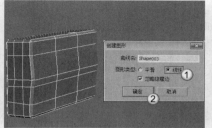

图7-37          图7-38          图7-39

— 提示 —

　　由于在前面已经创建了一个图形，且已经设置了"渲染"参数，因此步骤10中的图形不用再设置"渲染"参数。

**11** 为靠背模型加载一个"网格平滑"修改器，然后在"细分量"卷展栏下设置"迭代次数"为1，具体参数设置及模型效果如图7-40所示。

**12** 为靠背模型和图形创建一个组，然后复制两组靠背模型，接着调整好各个模型的位置，完成后的效果如图7-41所示。

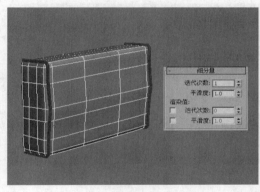
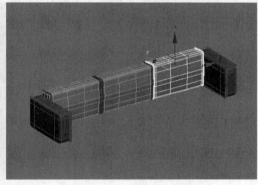

图7-40          图7-41

**13** 下面制作坐垫模型。使用"长方体"工具 长方体 在场景中创建一个长方体，然后在"参数"卷展栏下设置"长度"为450mm、"宽度"为800mm、"高度"为200mm，具体参数设置及模型位置如图7-42所示。

**14** 将长方体转换为可编辑网格，进入"边"级别，然后选择所有的边，接着将其切角20mm，如图7-43所示。

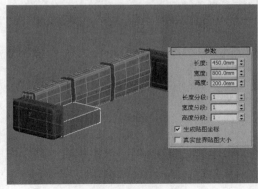
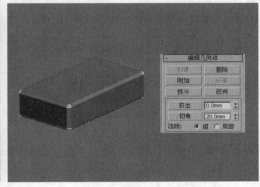

图7-42          图7-43

**15** 为模型加载一个"网格平滑"修改器，然后在"细分量"卷展栏下设置"迭代次数"为2，具体参数设置及模型效果如图7-44所示，接着复制一个坐垫模型到图7-45所示的位置。

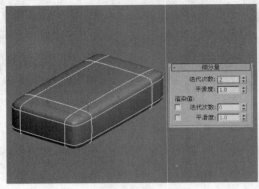

图7-44

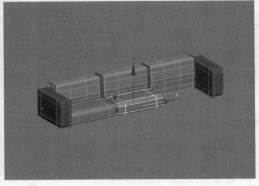

图7-45

**16** 继续使用"长方体"工具 长方体 在场景中创建一个长方体，然后在"参数"卷展栏下设置"长度"为2000mm、"宽度"为800mm、"高度"为200mm，具体参数设置及模型位置如图7-46所示。

**17** 采用步骤14~步骤15的方法处理好模型，完成后的效果如图7-47所示。

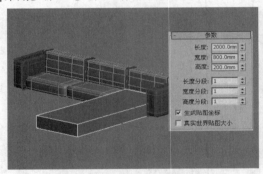

图7-46

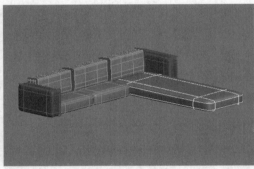

图7-47

**18** 使用"线"工具 线 在顶视图中绘制出如图7-48所示的样条线。这里提供一张孤立选择图，如图7-49所示。

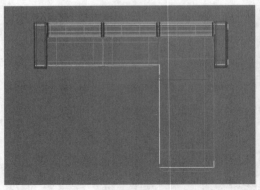

图7-48

图7-49

**19** 选择样条线，然后在"渲染"卷展栏下勾选"在渲染中启用"和"在视口中启用"选项，接着勾选"矩形"选项，最后设置"长度"为46mm、"宽度"为22mm，具体参数设置及模型效果如图7-50所示，最终效果如图7-51所示。

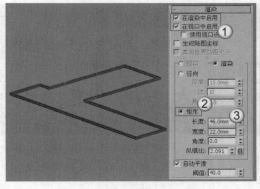
图7-50

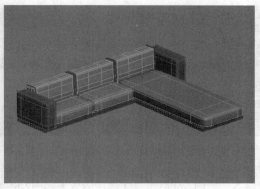
图7-51

## 【练习7-2】用网格建模制作大檐帽

本练习的大檐帽效果如图7-52所示。

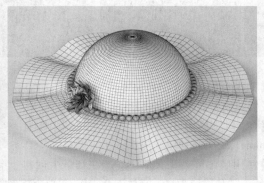

图7-52

**01** 使用"球体"工具 球体 在场景中创建一个球体，然后在"参数"卷展栏下设置"半径"为400mm、"分段"为32，具体参数设置及球体效果如图7-53所示。

**02** 将球体转换为可编辑网格，进入"顶点"级别，然后在前视图中框选如图7-54所示的顶点，接着按Delete键将其删除，效果如图7-55所示。

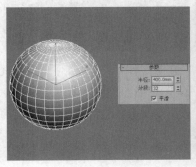

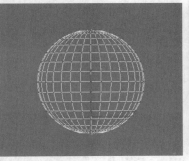

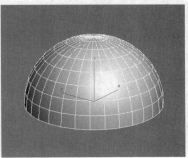

图7-53

图7-54

图7-55

**03** 进入"边"级别，然后在前视图中选择底部的一圈边，如图7-56所示，接着在顶视图中按住Shift键等比例使用"选择并均匀缩放"工具 将边拖曳（复制）3次，如图7-57所示，复制完成后的效果如图7-58所示。

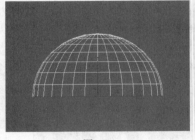

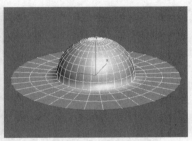

| 图7-56 | 图7-57 | 图7-58 |

**04** 在顶视图中选择如图7-59所示的边，然后使用"选择并移动"工具 ⊕ 在前视图中将所选边向下拖曳一段距离，如图7-60所示，完成后的效果如图7-61所示。

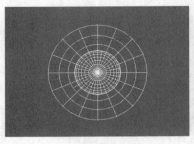
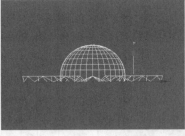

| 图7-59 | 图7-60 | 图7-61 |

**05** 为模型加载一个"网格平滑"修改器，然后在"细分量"卷展栏下设置"迭代次数"为2，具体参数设置及模型效果如图7-62所示。

**06** 使用"圆"工具 ⬚ 圆 在顶视图中绘制一个圆形，然后在"参数"卷展栏下设置"半径"为407mm，如图7-63所示。

**07** 使用"球体"工具 ⬚ 球体 在场景中创建一个球体，然后在"参数"卷展栏下设置"半径"为21mm、"分段"为16，具体参数设置及球体位置如图7-64所示。

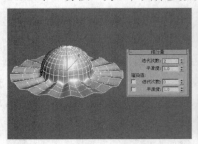
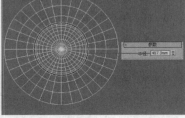
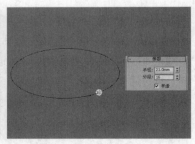

| 图7-62 | 图7-63 | 图7-64 |

**08** 在"主工具栏"中的空白区域单击鼠标右键，然后在弹出的菜单中选择"附加"命令，以调出"附加"工具栏，如图7-65所示。

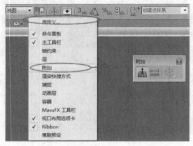

图7-65

**09** 选择球体,在"附加"工具栏中单击"间隔工具"按钮█,打开"间隔工具"对话框,然后单击"拾取路径"按钮 拾取路径 ,接着在场景中拾取圆形,最后在"参数"选项组下设置"计数"为50,具体操作流程及计数效果如图7-66所示。

**10** 单击界面左上角的"应用程序"图标█,然后执行"导入>合并"菜单命令,接着在弹出的"合并文件"对话框中选择学习资源中的"练习文件>第7章>练习7-2.max"文件(花饰模型),最终效果如图7-67所示。

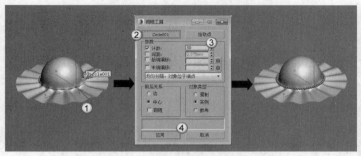

图7-66

图7-67

## 7.2.3 挤出

### 功能介绍

"挤出"修改器可以将深度添加到二维图形中,并且可以将对象转换成一个参数化对象,其参数设置面板如图7-68所示。

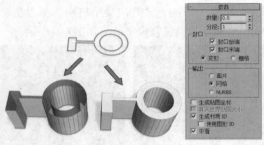

图7-68

### 参数详解

❖ **数量**:设置挤出的深度。

❖ **分段**:指定要在挤出对象中创建的线段数目。

❖ **封口**:用来设置挤出对象的封口,共有以下4个选项。

   ◇ **封口始端**:在挤出对象的初始端生成一个平面。

   ◇ **封口末端**:在挤出对象的末端生成一个平面。

   ◇ **变形**:以可预测、可重复的方式排列封口面,这是创建变形目标所必需的操作。

   ◇ **栅格**:在图形边界的方形上修剪栅格中安排的封口面。

❖ **输出**:指定挤出对象的输出方式,共有以下3个选项。

   ◇ **面片**:产生一个可以折叠到面片对象中的对象。

   ◇ **网格**:产生一个可以折叠到网格对象中的对象。

   ◇ **NURBS**:产生一个可以折叠到NURBS对象中的对象。

❖ **生成贴图坐标**:将贴图坐标应用到挤出对象中。

❖ **真实世界贴图大小**:控制应用于对象的纹理贴图材质所使用的缩放方法。

❖ 生成材质ID：将不同的材质ID指定给挤出对象的侧面与封口。

❖ 使用图形ID：将材质ID指定给挤出生成的样条线线段，或指定给在NURBS挤出生成的曲线子对象。

❖ 平滑：将平滑应用于挤出图形。

## 【练习7-3】用"挤出"修改器制作花朵吊灯

本练习的花朵吊灯如图7-69所示。

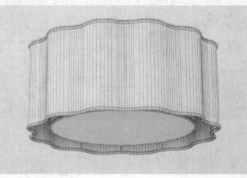

图7-69

`01` 使用"星形"工具 星形 在顶视图中绘制一个星形，然后在"参数"卷展栏下设置"半径1"为70mm、"半径2"为60mm、"点"为12、"圆角半径1"为10mm、"圆角半径2"为6mm，具体参数设置及星形效果如图7-70所示。

`02` 选择星形，然后在"渲染"卷展栏下勾选"在渲染中启用"和"在视口中启用"选项，接着设置"径向"的"厚度"为2.5mm，具体参数设置及模型效果如图7-71所示。

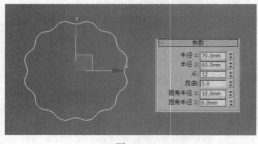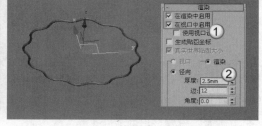

图7-70                                       图7-71

`03` 切换到前视图，然后按住Shift键使用"选择并移动"工具 向下移动复制一个星形，如图7-72所示。

`04` 继续复制一个星形到两个星形的中间，如图7-73所示，然后在"渲染"卷展栏下勾选"矩形"选项，接着设置"长度"为60mm、"宽度"为0.5mm，模型效果如图7-74所示。

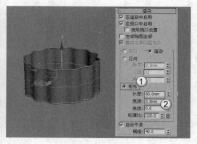

图7-72                     图7-73                     图7-74

05 使用"线"工具 线 在前视图中绘制一条如图7-75所示的样条线，然后在"渲染"卷展栏下勾选"在渲染中启用"和"在视口中启用"选项，接着设置"径向"的"厚度"为1.2mm，如图7-76所示。

06 使用"仅影响轴"技术和"选择并旋转"工具 围绕星形复制一圈样条线，完成后的效果如图7-77所示。

图7-75

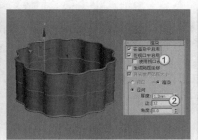
图7-76

图7-77

07 将前面创建的星形复制一个到如图7-78所示的位置（需要关闭"在渲染中启用"和"在视口中启用"选项）。

08 为星形加载一个"挤出"修改器，然后在"参数"卷展栏下设置"数量"为1mm，具体参数设置及模型效果如图7-79所示。

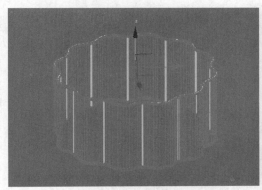
图7-78

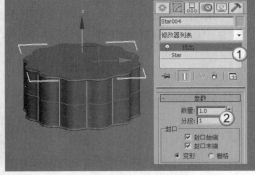
图7-79

09 使用"圆"工具 圆 在顶视图中绘制一个圆形，然后在"参数"卷展栏下设置"半径"为50mm，如图7-80所示，接着在"渲染"卷展栏下勾选"在渲染中启用"和"在视口中启用"选项，最后设置"径向"的"厚度"为1.8mm，如图7-81所示。

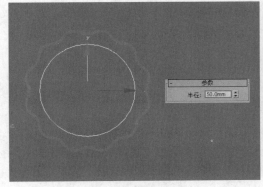
图7-80

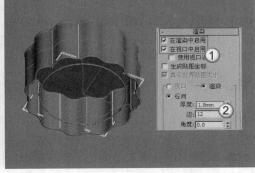
图7-81

**10** 选择上一步绘制的圆形，然后按组合键Ctrl+V在原始位置复制一个圆形（需要关闭"在渲染中启用"和"在视口中启用"选项），接着为其加载一个"挤出"修改器，最后在"参数"卷展栏下设置"数量"为1mm，如图7-82所示。

**11** 选择没有进行挤出的圆形，然后按Ctrl+V组合键在原始位置复制一个圆形，接着在"渲染"卷展栏下勾选"矩形"选项，最后设置"长度"为56mm、"宽度"为0.5mm，如图7-83所示，最终效果如图7-84所示。

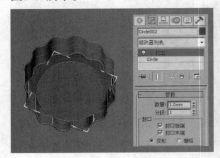
图7-82

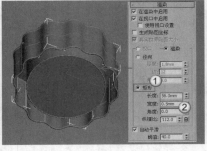
图7-83

图7-84

## 7.2.4　面挤出

### 功能介绍

该修改器与"编辑网格"修改器内部的挤出面功能相似，主要用于给对象的"面"子对象进行挤出成型，从原对象表面挤出或陷入，如图7-85所示。

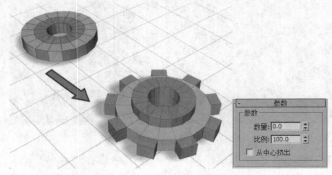
图7-85

### 参数详解

❖　数量：设置挤出的数量，当它为负值时，表面为凹陷效果。

❖　比例：对挤出的选择面进行大小缩放。

❖　从中心挤出：沿中心点向外放射性挤出被选择的面。

## 7.2.5　法线

### 功能介绍

使用这个修改器，不用加入"编辑网格"修改命令，就可以统一或翻转对象的法线方向。在3ds Max 5以前的版本中，面片对象在加入这个修改命令后，会转换为网格对象，现在，面片对象加入这个修改命令后依然保持为面片对象，它的材质也不会发生改变，如图7-86所示。

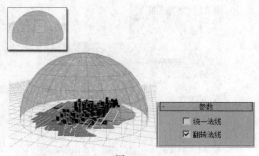

图7-86

### 参数详解

❖ 统一法线：将对象表面的所有法线都转向一个相同的方向，通常是向外，以保证正确的渲染结果。有时一些来自其他软件的造型会产生法线错误，使用它可以很轻松地校正法线方向。
❖ 翻转法线：将对象或选择面集合的法线反向。

## 7.2.6　平滑

### 功能介绍

该修改器用于给对象指定不同的平滑组，产生不同的表面平滑效果，如图7-87所示。

图7-87

### 参数详解

❖ 自动平滑：如果开启该选项，则可以通过"阈值"来调节平滑的范围。
❖ 禁止间接平滑：打开此选项，可以避免自动平滑的漏洞，但会使计算速度下降，它只影响自动平滑效果。如果发现自动平滑后的对象表面有问题，可以打开此选项来修改错误，否则不必将它打开。
❖ 阈值：设置平滑依据的面之间夹角的度数。
❖ 平滑组：提供了32个平滑组群供选择指定，它们之间没有高低强弱之分，只要相邻的面拥有相同的平滑组群号码，它们就产生平滑的过渡，否则就产生接缝。

## 7.2.7　倒角

### 功能介绍

"倒角"修改器可以将图形挤出为3D对象，并在边缘应用平滑的倒角效果，其参数设置面板包含"参数"和"倒角值"两个卷展栏，如图7-88所示。

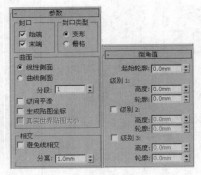

图7-88

**参数详解**

❖ 封口：指定倒角对象是否要在一端封闭开口。

◇ 始端：用对象的最低局部z值（底部）对末端进行封口。

◇ 末端：用对象的最高局部z值（底部）对末端进行封口。

❖ 封口类型：指定封口的类型。

◇ 变形：创建适合的变形封口曲面。

◇ 栅格：在栅格图案中创建封口曲面。

❖ 曲面：控制曲面的侧面曲率、平滑度和贴图。

◇ 线性侧面：勾选该选项后，级别之间会沿着一条直线进行分段插补。

◇ 曲线侧面：勾选该选项后，级别之间会沿着一条Bezier曲线进行分段插补。

◇ 分段：在每个级别之间设置中级分段的数量。

◇ 级间平滑：控制是否将平滑效果应用于倒角对象的侧面。

◇ 生成贴图坐标：将贴图坐标应用于倒角对象。

◇ 真实世界贴图大小：控制应用于对象的纹理贴图材质所使用的缩放方法。

❖ 相交：防止重叠的相邻边产生锐角。

◇ 避免线相交：防止轮廓彼此相交。

◇ 分离：设置边与边之间的距离。

❖ 起始轮廓：设置轮廓到原始图形的偏移距离。正值会使轮廓变大；负值会使轮廓变小。

❖ 级别1：包含以下两个选项。

◇ 高度：设置"级别1"在起始级别之上的距离。

◇ 轮廓：设置"级别1"的轮廓到起始轮廓的偏移距离。

❖ 级别2：在"级别1"之后添加一个级别。

◇ 高度：设置"级别1"之上的距离。

◇ 轮廓：设置"级别2"的轮廓到"级别1"轮廓的偏移距离。

❖ 级别3：在前一级别之后添加一个级别，如果未启用"级别2"，"级别3"会添加在"级别1"之后。

◇ 高度：设置到前一级别之上的距离。

◇ 轮廓：设置"级别3"的轮廓到前一级别轮廓的偏移距离。

## 【练习7-4】用"倒角"修改器制作牌匾

本练习的牌匾效果如图7-89所示。

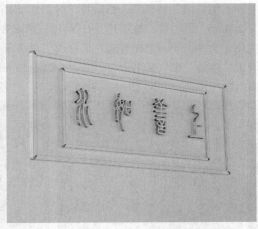

图7-89

**01** 使用"矩形"工具 矩形 在前视图中绘制一个矩形，然后在"参数"卷展栏下设置"长度"为100mm、"宽度"为260mm、"角半径"为2mm，如图7-90所示。

**02** 为矩形加载一个"倒角"修改器，然后在"倒角值"卷展栏下设置"级别1"的"高度"为6mm，接着勾选"级别2"选项，并设置其"轮廓"为-4mm，最后勾选"级别3"选项，并设置其"高度"为-2mm，具体参数设置及模型效果如图7-91所示。

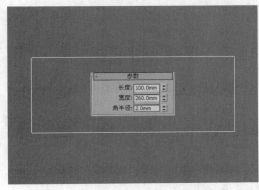
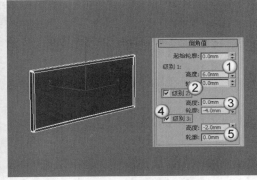

图7-90                                      图7-91

**03** 使用"选择并移动"工具 选择模型，然后在左视图中移动复制一个模型，并在弹出的"克隆选项"对话框中设置"对象"为"复制"，如图7-92所示。

**04** 切换到前视图，然后使用"选择并均匀缩放"工具 将复制出来的模型缩放到合适的大小，如图7-93所示。

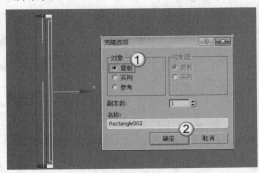
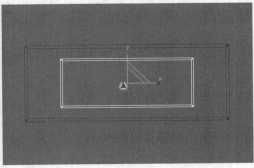

图7-92                                        图7-93

**05** 展开"倒角值"卷展栏，然后将"级别1"的"高度"修改为2mm，接着将"级别2"的"轮廓"修改为-2.8mm，最后将"级别3"的"高度"修改为-1.5mm，具体参数设置及模型效果如图7-94所示。

**06** 使用"文本"工具 **文本** 在前视图中单击鼠标左键创建一个默认的文本，然后在"参数"卷展栏下设置字体为"汉仪篆书繁"、"大小"为50mm，接着在"文本"输入框中输入"水如善上"4个字，如图7-95所示，文本效果如图7-96所示。

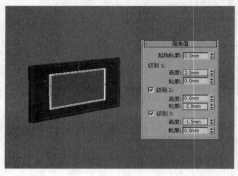
图7-94

图7-95

图7-96

## 技术专题：字体的安装方法

在这里，可能有些初学者会发现自己的计算机中没有"汉仪篆书繁"这种字体，这是很正常的，因为这种字体要去互联网上下载下来才能使用。下面介绍字体的安装方法。

第1步：选择下载的字体，然后按Ctrl+C组合键复制字体，接着执行"开始>控制面板"命令，如图7-97所示。

图7-97

第2步：在"控制面板"中双击"外观和个性化"项目，如图7-98所示，接着在弹出的面板中单击"字体"项目，如图7-99所示。

第3步：在弹出的"字体"文件夹中按Ctrl+V组合键粘贴字体，此时字体会自动进行安装，如图7-100所示。

图7-98

图7-99

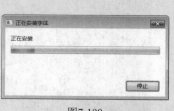
图7-100

**07** 为文本加载一个"挤出"修改器，然后在"参数"卷展栏下设置"数量"为1.5mm，最终效果如图7-101所示。

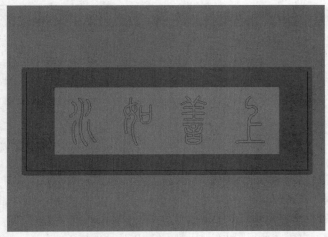

图7-101

## 7.2.8 倒角剖面

### 功能介绍

"倒角剖面"修改器可以使用另一个图形路径作为倒角的截剖面来挤出一个图形，其参数设置面板如图7-102所示。

倒角剖面创建一个使用开口样条线的对象　　倒角剖面创建一个使用闭合样条线的对象

图7-102

### 参数详解

❖ 倒角剖面：该选项组用于选择剖面图形。

　◇ 拾取剖面 拾取剖面：拾取一个图形或NURBS曲线作为剖面路径。

　◇ 生成贴图坐标：指定UV坐标。

　◇ 真实世界贴图大小：控制应用于该对象的纹理贴图材质所使用的缩放方法。

❖ 封口：该选项组用于设置封口的方式。

　◇ 始端：对挤出图形的底部进行封口。

　◇ 末端：对挤出图形的顶部进行封口。

❖ 封口类型：该选项组用于设置封口的类型。

　◇ 变形：这是一个确定性的封口方法，它为对象间的变形提供相等数量的顶点。

　◇ 栅格：创建更适合封口变形的栅格封口。

❖ 相交：该选项组用于设置倒角曲面的相交情况。

　◇ 避免线相交：启用该选项后，可以防止倒角曲面自相交。

　◇ 分离：设置侧面为防止相交而分开的距离。

## 【练习7-5】用"倒角剖面"修改器制作三维文字

本练习的三维文字效果如图7-103所示。

图7-103

01 使用"文本"工具 文本 在前视图中单击鼠标左键，创建一个默认的文本，然后在"参数"卷展栏下设置"字体"为Verdana Italic、"大小"为100mm，接着在"文本"输入框中输入MAX 2016，具体参数设置及文本效果如图7-104所示。

02 使用"线"工具 线 在前视图中绘制出如图7-105所示的样条线。

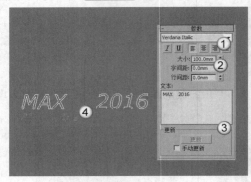

图7-104

图7-105

03 为文本加载一个"倒角剖面"修改器，然后在"参数"卷展栏下单击"拾取剖面"按钮 拾取剖面 ，接着在视图中拾取样条线，如图7-106所示，拾取后的效果如图7-107所示。

图7-106

图7-107

--- 提示 ---

若拾取对象后，生成的对象不理想，可以选择"倒角剖面"下的"剖面Gizmo"选项，然后在视图中拖曳Gizmo，调整文字模型的形状，如图7-108所示。

图7-108

**04** 复制一个文本，然后删除"倒角剖面"修改器，如图7-109所示，接着使用"线"工具 `线` 在前视图中绘制一条如图7-110所示的样条线。

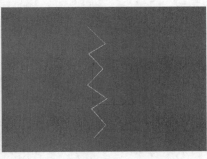

图7-109　　　　　　　　　　　　　图7-110

**05** 为文本加载一个"倒角剖面"修改器，然后在"参数"卷展栏下单击"拾取剖面"按钮 `拾取剖面` ，接着在视图中拾取样条线，如图7-111所示，最终效果如图7-112所示。

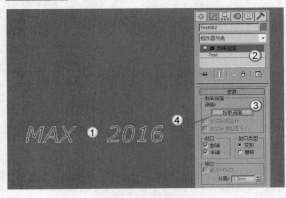

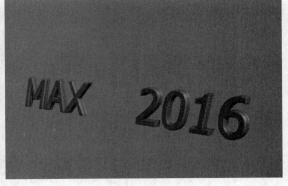

图7-111　　　　　　　　　　　　　图7-112

## 7.2.9 细化

### 功能介绍

给当前对象或子对象选择集合进行面的细划分，产生更多的面，以便于进行其他修改操作。另外，在细分面的同时，还可以调节"张力"值来控制细分后对象产生的弹性变形，如图7-113所示。

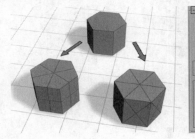

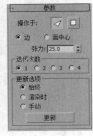

图7-113

### 参数详解

❖ 面 ：以面进行细划分。

❖ 多边形 ：以多边形面进行细划分。

❖ 边：从每一条边的中心处开始分裂新的面。

❖ 面中心：从每一个面的中心点处开始分裂，从而产生新的面。

❖ 张力：设置细划分后的表面是平的、凹陷的，还是凸起的。值为正数时，向外挤出点；值为负数时，向内吸收点；值为0时，保持面的平整。

- ❖ 迭代次数：设置表面细划分的次数，次数越多，面就越多。
- ❖ 始终：选择后，随时更新当前的显示。
- ❖ 渲染时：控制是否在渲染时更新显示。
- ❖ 手动：选择后，单击"更新"按钮将更新当前显示。

## 7.2.10 STL检查

### 功能介绍

检查一个对象在输出STL文件时是否正确，STL文件是立体印刷术专用文件，它可以将保存的三维数据通过特殊设备制造出现实世界的模型，如图7-114所示。STL文件要求完整地描绘出一个完全封闭的表面模型，这个检查工具可以帮助用户节省时间和金钱。

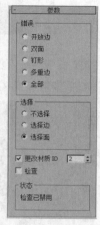

图7-114

---

**提示**

选择对象并执行"STL检查"修改器命令，在修改面板中勾选"检查"后，系统会自动进行检查，检查结束后，结果会显示在状态栏中。

### 参数详解

- ❖ "错误"参数组：用于选择需要检查的错误类型，如图7-115所示，1是开放边，2是双面，3是钉形，4是多重边。

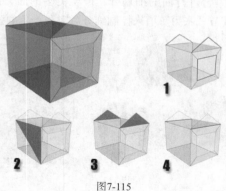

图7-115

- ❖ "选择"参数组
  - ◇ 不选择：选择后，检查的结果不会在对象上显示出来。
  - ◇ 选择边：选择后，错误的边会在视图中标记出来。
  - ◇ 选择面：选择后，错误的面会在视图中标记出来。
  - ◇ 更改材质ID：勾选后，在右侧可以选择一个ID，指定给错误的面。

◇ 检查：勾选时，会进行STL检查。

❖ "状态"参数组：显示检查的结果。

## 7.2.11 补洞

### 功能介绍

将对象表面破碎穿孔的地方加盖，进行补漏处理，使对象成为封闭的实体，有时候，它的确很有用，无论对象表面有几片破损，都可以一次修复，并且尽最大的努力去平滑补上的表面，不留下缝隙和棱角，其参数面板如图7-116所示。

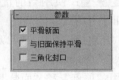

图7-116

### 参数详解

❖ 平滑新面：为所有新建的表面指定一个平滑组。

❖ 与旧面保持平滑：为裂口边缘的原始表面指定一个平滑组，一般将这两个选项都勾选，以获得较好的效果。

❖ 三角化封口：选择此选项，新加入的表面的所有边界都变为可视。如果需要对新增表面的可见边进行编辑，应先勾选这个选项。

## 7.2.12 优化

### 功能介绍

使用"优化"修改器可以减少对象中面和顶点的数目，这样可以简化几何体并加快渲染速度，其参数设置面板如图7-117所示。

图7-117

### 参数详解

① "细节级别"参数组

❖ 渲染器L1/L2：设置默认扫描线渲染器的显示级别。

❖ 视口L1/L2：同时为视图和渲染器设置优化级别。

② "优化"参数组

❖ 面阈值：设置面塌陷的阈值角度。值越低，优化越少，但是会更好地接近原始形状。

❖ 边阈值：为开放边（只绑定了一个面的边）设置不同的阈值角度。较低的值将会保留开放边。

❖ 偏移：帮助减少优化过程中产生的细长三角形或退化三角形，它们会导致渲染时产生缺陷效果。较高的值可以防止三角形退化，默认值0.1就足以减少细长的三角形，取值范围是0~1。

❖ 最大边长：指定最大长度，超出该值的边在优化时将无法拉伸。

❖ 自动边：控制是否启用任何开放边。

③ "保留"参数组

❖ 材质边界：保留跨越材质边界的面塌陷。

❖ 平滑边界：优化对象并保持其平滑。启用该选项时，只允许塌陷至少共享一个平滑组的面。

④ "更新"参数组

❖ 更新 [ 更新 ]：使用当前优化设置来更新视图显示效果。只有启用"手动更新"选项时，该按钮才可用。

❖ 手动更新：开启该选项后，可以使用上面的"更新"按钮 [ 更新 ]。

⑤ "上次优化状态"参数组

❖ 前/后：使用"顶点"和"面数"来显示上次优化的结果。

## 7.2.13  MultiRes（多分辨率）

### 功能介绍

用于优化模型的表面精度，被优化部分将最大限度地减少表面顶点数和多边形数量，并尽可能保持对象的外形不变，可用于三维游戏的开发和三维模型的网络传输，与"优化"修改器相比，它不仅提高了操作的速度，还可以指定优化的百分比和对象表面顶点数量的上限，优化的结果也好很多，其参数面板如图7-118所示。

图7-118

### 参数详解

❖ "分辨率"参数组

◇ 顶点百分比：控制修改后模型的顶点数相对于原始模型顶点数的百分比，值越低，精简越强烈，所得模型的表面数目越少。

◇ 顶点数：显示修改后模型的顶点数。通过这个选项，可以直接控制输出网格的最大顶点数。它和"顶点百分比"值是联动的，调节它的数值时，"顶点百分比"也会自动进行更新。

✧ 最大顶点：显示原始模型顶点的总数。"顶点数"的值不可高于此值。

✧ 面数：显示模型在当前状态的面数量。在调节"顶点百分比"或"顶点数"时，这里的显示会自动更新。

✧ 最大面：显示原始模型的面数。

❖ "生成参数"参数组

✧ 顶点合并：勾选时，允许在不同的元素间合并顶点。例如，对一个包含4个元素的茶壶应用"MultiRes（多分辨率）"修改器，勾选"顶点合并"后，分开的各部分元素将合并到一起。

✧ 阈值：指定被合并点之间允许的最大距离，所有距离范围之内的点将被焊接在一起，使模型更加简化。

✧ 网格内部：勾选时，在同一元素之间的相邻点和线之间也进行合并。

✧ 材质边界线：勾选时，该修改器会记录模型的ID值分配，在模型被优化处理后，依据记录的ID值进行材质划分。

✧ 保留基础顶点：控制是否对被选择的子对象进行优化处理，在"顶点"子对象层级对优化模型进行选择后，确定"保留基础顶点"为选择状态，再进行优化计算，这时改变"顶点数"将首先对子对象层级中没有被选择的点进行优化处理。

✧ 多顶点法线：勾选时，在多精度处理过程中每个顶点拥有多重法线。默认情况下，每个顶点只有单一的法线。

✧ 折缝角度：设置法线平面之间的夹角。取值范围在1~180之间，数值越小，模型表面越平滑；数值越大，模型表面的角点越明显。

✧ 生成：单击后，开始初始化模型。

✧ 重置：将所有参数恢复为上次进行"生成"操作的设置。

---
**提示**

　　模型品质的高低会影响精简命令的执行结果，在执行MultiRes（多分辨率）这个修改器之前，可以先对模型进行一些调节。

　　要避免对具有复杂层级的模型直接使用"MultiRes（多分辨率）"命令，对于这样的模型，可以对独立的组分模型分别执行该命令，或者塌陷整个模型为单个的网格后再执行。

　　使模型尽量保持有较高的精度，关键的几何外形处需要有更多的点和面，模型的精度越高，传递"MultiRes（多分辨率）"细节的信息越准确，产生的结果越接近原始模型。

## 7.2.14 顶点焊接

### 功能介绍

　　这是一个独立的修改器，与"编辑网格"和"编辑面片"中的顶点焊接功能相同，通过调节阈值大小，控制焊接的子对象范围，如图7-119所示。

图7-119

### 参数详解

❖ 阈值：用于指定顶点被自动焊接到一起的接近程度。

## 7.2.15 对称

### 功能介绍

"对称"修改器可以将当前模型进行对称复制，并且产生接缝融合效果，这个修改器可以应用到任何类型的模型上，在构建角色模型、船只或飞行器时特别有用，其参数设置面板如图7-120所示。

图7-120

### 参数详解

❖ 镜像轴：用于设置镜像的轴。

　◇ X/Y/Z：选择镜像的作用轴向。

　◇ 翻转：启用该选项后，可以翻转对称效果的方向。

❖ 沿镜像轴切片：启用该选项后，可以沿着镜像轴对模型进行切片处理。

❖ 焊接缝：启用该选项后，可以确保沿镜像轴的顶点在阈值以内时能被自动焊接。

❖ 阈值：设置顶点被自动焊接到一起的接近程度。

## 【练习7-6】用"对称"修改器制作字母休闲椅

本练习的字母休闲椅效果如图7-121所示。

图7-121

**01** 使用"线"工具 ▭线▭ 在前视图中绘制出如图7-122所示的样条线。

**02** 为样条线加载一个"挤出"修改器，然后在"参数"卷展栏下设置"数量"为130mm，具体参数设置及模型效果如图7-123所示。

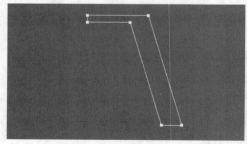

图7-122

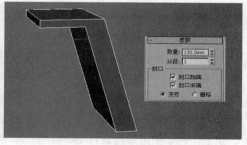

图7-123

**03** 为模型加载一个"对称"修改器，然后在"参数"卷展栏下设置"镜像轴"为x轴，具体参数设置及模型效果如图7-124所示。

**04** 选择"对称"修改器的"镜像"次物体层级，然后在前视图中用"选择并移动"工具 ⊞ 向左拖曳镜像Gizmo，如图7-125所示，效果如图7-126所示。

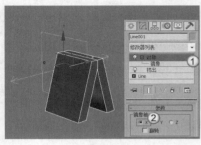
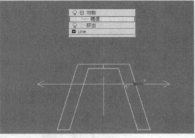
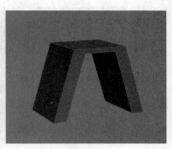

图7-124　　　　　　　　　　图7-125　　　　　　　　　　图7-126

**05** 用"线"工具  在前视图中绘制出如图7-127所示的样条线，然后为其加载一个"挤出"修改器，接着在"参数"卷展栏下设置"数量"为6mm，具体参数设置及模型效果如图7-128所示。

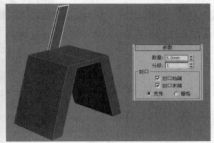

图7-127　　　　　　　　　　　　图7-128

**06** 为模型加载一个"对称"修改器，然后在"参数"卷展栏下设置"镜像轴"为x轴，效果如图7-129所示。

**07** 选择"对称"修改器的"镜像"次物体层级，然后在前视图中用"选择并移动"工具 ⊞ 向左拖曳镜像Gizmo，如图7-130所示，效果如图7-131所示。

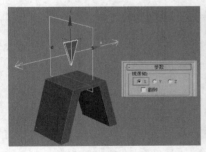

图7-129　　　　　　　　　　图7-130　　　　　　　　　　图7-131

## 7.2.16　编辑法线

### 功能介绍

这个修改器专门针对游戏制作，可以对对象每个顶点的法线进行直接、交互的编辑。3ds Max渲染不支持这种修改，因此只能在视图中看到调节的效果，其参数面板如图7-132所示。

使用"编辑法线"修改器可以产生以下3种类型的法线。

❖ 未指定：这种类型的法线在视图中会显示为蓝色，根据所在平滑组的多边形表面来计算法线的方向。默认情况下每个顶点法线的数量与这个点周围多边形拥有平滑组的数量是相同的。例如，默认情况下长方体的每个表面拥有不同的平滑组，并且每3个面会相交一个顶点，因此，这个相交顶点会拥有3个不同的法线，每个法线垂直于周围的3个表面。再如球体，默认情况下只有单一的平滑组，因此每个顶点只有单一的法线。

❖ 已指定：这种类型的顶点法线不再依靠于周围表面的平滑组。例如，对一个刚创建的长方体应用"编辑法线"修改器，选择一组点的法线后，在修改参数面板中单击"统一"按钮，此选择点原来拥有3个不同方向的法线会不顾其各自所在的平滑组，统一转换为单一的法线，这种类型的法线在视图中显示为青色。

❖ 显示：在使用"移动"或"旋转"工具对选择的法线进行变换操作时，法线的默认值会被改变，不能再基于面法线重新计算，这种类型的法线在视图中显示为绿色。

图7-132

**参数详解**

❖ "选择方式"参数组

◇ 法线：选择时，直接单击法线可以选择该法线。

◇ 边：选择时，只有在单击边时才会选择相邻多边形的法线。

◇ 顶点：选择时，单击网格的顶点时会选择相关的法线。

◇ 面：选择时，单击网格表面和多边形时会选择相关的法线。

❖ 忽略背面：由于表面法线的原因，对象表面有可能在当前视角不被显示，看不到的表面一般情况是不能被选择的，勾选此选项时，可对其进行选择操作。

❖ 显示控制柄：勾选时，在法线的末端会显示一个方向手柄，便于法线的选取。

❖ 显示长度：用于设置法线在视图中显示的长度，不会对法线的功能产生影响。

❖ 统一：结合选择的法线为单一法线，执行这个命令后，法线会转换为"已指定"类型。

❖ 断开：将结合的法线打散，恢复为初始的组分结构。执行这个命令后，法线会转换为"已指定"类型，如果法线被移动或旋转，也会恢复为初始的方向。

❖ 统一/断开为平均值：决定法线方向的操作结果为"统一"或"断开"。

❖ "平均值"参数组

◇ 选定项：将所选法线设置为相同的绝对角度（取所有法线的平均角度）。

◇ 使用阈值：调用该项后，"选定项"右侧的平均阈值输入框将激活，而且只计算相互距离小于平均阈值的法线来确定平均值。

◇ 目标：激活该选项后，可在视图中直接选择要进行平均的多对法线。按钮右侧的值表示允许光标与实际目标的最大距离。

❖ 复制值：复制选择法线的方向到缓存区中，只能对单一的选择法线使用这个命令。

❖ 粘贴值：将复制的信息粘贴到当前选择。

❖ 指定：转换法线为"已指定"类型。

❖ 重置：用于恢复法线为初始的状态，执行这个命令后，被选择法线会转换为"未指定"类型。

❖ 设为显式：转换选择法线为"显式"类型。

## 7.2.17 四边形网格化

### 功能介绍

该修改器可以把对象表面转换为相对大小的四边形，它可以与"网格平滑"修改器结合使用，在保持模型基本形体的同时为其制作平滑倒角效果，如图7-133所示。

图7-133

### 参数详解

❖ 四边形大小%：设置四边形相对于对象的近似大小，该值越低，产生的四边形越小，模型上的四边形就越多。

## 7.2.18 专业优化器

### 功能介绍

该修改器可以通过减少顶点的方式来精简模型面数，相对于前面介绍的"优化"和MultiRes（多分辨率）修改器而言，"专业优化器"的功能更加强大，运行也更加稳定，并且能达到更好的优化效果。

在面数优化过程中，"专业优化器"可以有效地保护模型的边界、材质、UV坐标、顶点颜色、法线等重要信息，并且还包括顶点合并、对称优化以及收藏精简面等高级功能。

# 【练习7-7】用"优化"与"专业优化"修改器优化模型

本练习的模型优化前后的对比效果如图7-134所示。

图7-134

01 打开学习资源中的"练习文件>第7章>练习7-7.max"文件，然后按7键在视图的左上角显示出多边形和顶点的数量，目前的多边形数量为35182个、顶点数量是37827个，如图7-135所示。

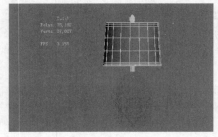

图7-135

—— 提示 ——

如果在一个很大的场景中每个物体都有这么多的多边形数量，那么系统在运行时将会非常缓慢，因此可以对不重要的物体进行优化。

02 为灯座模型加载一个"优化"修改器，然后在"参数"卷展栏下设置"优化"的"面阈值"为10，如图7-136所示，这时从视图的左上角可以发现多边形数量变成了28804个、顶点数量变成了15016个，说明模型已经优化了，如图7-137所示。

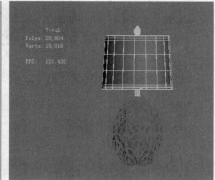

图7-136        图7-137

—— 提示 ——

大家在操作的时候，如果发现系统计算数据与书中不一致，不必疑惑，这是由于不同计算机的软、硬件配置不同造成的。

**03** 在修改器堆栈中选择"优化"修改器，然后单击"从堆栈中移除修改器"按钮 ，删除"优化"修改器，如图7-138所示。

**04** 为灯座模型加载一个"专业优化"修改器，然后在"优化级别"卷展栏下单击"计算"按钮 ，计算完成后设置"顶点%"为20%，如图7-139所示，这时从视图的左上角可以发现多边形数量变成了15824个、顶点数量变成了7324个，如图7-140所示。

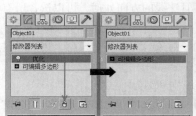

图7-138

图7-139

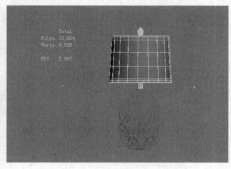

图7-140

---

提示

　　"专业优化"修改器与"优化"修改器的功能一样，都是用来减少模型的多边形（面）数量和顶点数量。

## 7.2.19 顶点绘制

**功能介绍**

　　"顶点绘制"修改器用于在对象上喷绘顶点颜色，在制作游戏模型时，过大的纹理贴图会浪费系统资源，使用顶点绘制工具可以直接为每个顶点绘制颜色，相邻点之间的不同颜色可以进行插值计算来显示其面的颜色。直接绘制的优点是可以大大节省系统资源，文件小，而且效率高；缺点就是这样绘制出来的颜色效果不够精细。

　　"顶点绘制"修改器可以直接作用于对象，也可以作用于限定的选择区域。如果需要对喷绘的顶点颜色进行最终渲染，需要为对象指定"顶点颜色"材质贴图。

# 7.3 细分曲面

　　所谓细分曲面，就是通过反复细化初始的多边形网格，可以产生一系列网格趋向于最终的细分曲面，每个新的子分步骤产生一个新的有更多多边形元素并且更光滑的网格，其结果是让模型对象更加圆滑。

## 7.3.1 HSDS

**功能介绍**

　　HSDS就是分级细分曲面，它的最大特点是可以在同一表面拥有不同的细分级别，它主要作为完成工具而不是建模工具使用，其参数面板如图7-141所示。

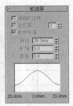

图7-141

**参数详解**

① "HSDS参数"卷展栏

❖ 顶点█：以选择点为中心分裂出新的面。

❖ 边█：从每一条边的中心点处开始分裂出新的面。

❖ 多边形█：对多边形面进行细划分。

❖ 元素█：对元素进行细划分。

❖ 忽略背面：控制子对象的选择范围。取消选择时，不管法线的方向如何，可以选择所有的子对象，包括不被显示的部分。

❖ 仅当前级别：勾选这个选项时，只显示当前级别中的子对象。对于复杂模型，可以通过这个选项来提高效率。

❖ 细分：对当前选择的集合执行细分和平滑，增加细分级别到细分堆栈中。

❖ 标准/尖点/圆锥/角点：仅在"顶点"子对象层级有用，控制选择点的细分方式。"标准"和"圆锥"细分后的结构更接近原对象的表面。"尖点"和"角点"产生的新的细分点相对于原表面产生较大的偏移。"角点"选项只针对不封闭对象边界线上的顶点选择。

❖ 折缝：控制细分表面的尖锐度，仅在"边"子对象级别中可用。低值产生的细分表面相对平滑，高值会在细分表面产生硬边。

② "高级选项"卷展栏

❖ 强制四边形：勾选此选项，转换多边形或三角形的面为四边形面。

❖ 平滑结果：选择此项，对所有的曲面应用相同的平滑组。

❖ 材质ID：显示指定给当前选中对象的材质ID，仅在"多边形"和"元素"子对象层级中可用。如果选中多个子对象而它们不共享ID，则显示为灰色。

❖ 隐藏：隐藏选择的多边形。

❖ 全部取消隐藏：显示隐藏的多边形。

❖ 删除多边形：删除当前选择的多边形，会在表面创建一个洞口。仅在"多边形"子对象层级中可用。

❖ 自适应细分：单击此按钮可以打开"自适应细分"对话框，如图7-142所示。

图7-142

## 7.3.2 网格平滑

**功能介绍**

　　"平滑"修改器、"网格平滑"修改器和"涡轮平滑"修改器都可以用来平滑几何体，但是在效果和可调性上有所差别。简单地说，对于相同的物体，"平滑"修改器的参数比其他两种修改器要简单一些，但是平滑的强度不强；"网格平滑"修改器与"涡轮平滑"修改器的使用方法相似，但是后者能够更快并更有效率地利用内存，不过"涡轮平滑"修改器在运算时容易发生错误。因此，在实际工作中，"网格平滑"修改器是其中常用的一种。下面就针对"网格平滑"修改器进行讲解。

　　"网格平滑"修改器可以通过多种方法来平滑场景中的几何体，它允许细分几何体，同时可以使角和边变得平滑，其参数设置面板如图7-143所示。

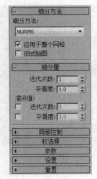

图7-143

## 1."细分方法"卷展栏

"细分方法"卷展栏如图7-144所示。

图7-144

**参数详解**

❖ 细分方法：在其下拉列表中选择细分的方法，共有"经典"、NURMS和"四边形输出"3种方法。"经典"方法可以生成三面和四面的多面体，如图7-145所示；NURMS方法生成的对象与可以为每个控制顶点设置不同权重的NURBS对象相似，这是默认设置，如图7-146所示；"四边形输出"方法仅生成四面多面体，如图7-147所示。

图7-145

图7-146

图7-147

❖ 应用于整个网络：启用该选项后，平滑效果将应用于整个对象。

## 2."细分量"卷展栏

"细分量"卷展栏的参数如图7-148所示。

图7-148

**参数详解**

❖ 迭代次数：设置网格细分的次数，这是常用的一个参数，其数值的大小直接决定了平滑的效果，取值范围为0~10。增加该值时，每次新的迭代会通过在迭代之前对顶点、边和曲面创建平滑差补顶点来细分网格，如图7-149所示是"迭代次数"分别为1、2、3时的平滑效果对比。

309

图7-149

❖ 　平滑度：为多尖锐的锐角添加面以平滑锐角，计算得到的平滑度为顶点连接的所有边的平均角度。

❖ 　渲染值：用于在渲染时对对象应用不同平滑"迭代次数"和不同的"平滑度"值。在一般情况下，使用较低的"迭代次数"和较低的"平滑度"值进行建模，而使用较高值进行渲染。

### 3. "局部控制"卷展栏

"局部控制"卷展栏的参数如图7-150所示。

图7-150

**参数详解**

❖ 　子对象层级：启用或禁用"顶点"或"边"层级。如果两个层级都被禁用，将在对象层级进行工作。

❖ 　忽略背面：控制子对象的选择范围。取消选择时，不管法线的方向如何，可以选择所有的子对象，包括不被显示的部分。

❖ 　控制级别：用于在一次或多次迭代后查看控制网格，并在该级别编辑子对象的点和边。

❖ 　折缝：在平滑的表面上创建尖锐的转折过渡。

❖ 　权重：设置点或边的权重。

❖ 　等值线显示：选择该项，细分曲面之后，软件也只显示对象在平滑之前的原始边。禁用此项后，3ds Max 会显示所有通过涡轮平滑添加的曲面，因此更高的迭代次数会产生更多数量的线条，默认设置为禁用状态。

❖ 　显示框架：选择该项后，可以显示出细分前的多边形边界。其右侧的第1个色块代表"顶点"子对象层级未选定的边，第2个色块代表"边"子对象层级未选定的边，单击色块可以更改其颜色。

### 4. "参数"卷展栏

"参数"卷展栏的参数如图7-151所示。

图7-151

**参数详解**

❖ 强度：设置增加面的大小范围，仅在平滑类型选择为"经典"或"四边形输出"时可用。值的范围为0~1。

❖ 松弛：对平滑的顶点指定松弛影响，仅在平滑类型选择为"经典"或"四边形输出"时可用。值的范围为-1~1，值越大，表面收缩越紧密。

❖ 投影到限定曲面：在平滑结果中将所有的点放到"限定表面"中，仅在平滑类型选择为"经典"时可用。

❖ 平滑结果：选择此项，对所有的曲面应用相同的平滑组。

❖ 分隔方式：有两种方式供用户选择。材质，防止在不共享材质ID的面之间创建边界上的新面；平滑组，防止在不共享平滑组（至少一组）的面之间创建边界上的新面。

## 5. "设置"卷展栏

"设置"卷展栏的参数如图7-152所示。

图7-152

**参数详解**

❖ 操作于：以两种方式进行平滑处理，三角形方式☑对每个三角面进行平滑处理，包括不可见的三角面边，这种方式细节会很清晰；多边形方式☐只对可见的多边形面进行平滑处理，这种方式整体平滑度较好，细节不明显。

❖ 保持凸面：只能用于多边形模式，勾选时，可以保持所有的多边形是凸起的，防止产生一些折缝。

## 6. "重置"卷展栏

"重置"卷展栏的参数如图7-153所示。

图7-153

**参数详解**

❖ 重置所有层级：恢复所有子对象级别的几何编辑、折缝、权重等为默认或初始设置。

❖ 重置该层级：恢复当前子对象级别的几何编辑、折缝、权重等为默认或初始设置。

❖ 重置几何体编辑：恢复对点或边的变换为默认状态。

❖ 重置边折缝：恢复边的折缝值为默认值。

❖ 重置顶点权重：恢复顶点的权重设置为默认值。

❖ 重置边权重：恢复边的权重设置为默认值。

❖ 全部重置：恢复所有设置为默认值。

# 【练习7-8】用"网格平滑"修改器制作樱桃

本练习的樱桃效果如图7-154所示。

图7-154

01 下面制作盛放樱桃的杯子模型。使用"茶壶"工具 茶壶 在场景中创建一个茶壶，然后在"参数"卷展栏下设置"半径"为80mm、"分段"为10，接着关闭"壶把""壶嘴""壶盖"选项，具体参数设置及模型效果如图7-155所示。

02 为杯子模型加载一个FFD 3×3×3修改器，然后选择"控制点"次物体层级，接着在前视图中选择如图7-156所示的控制点，最后用"选择并均匀缩放"工具 在透视图中将其向内缩放成如图7-157所示的形状。

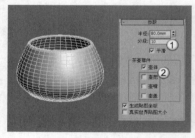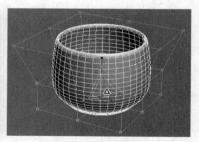

图7-155          图7-156          图7-157

03 使用"选择并移动"工具 在前视图中将中间和顶部的控制点向上拖曳到如图7-158所示的位置，效果如图7-159所示。

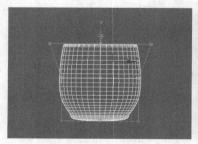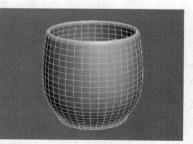

图7-158          图7-159

04 下面制作樱桃模型。使用"球体"工具 [球体] 在场景中创建一个球体，然后在"参数"卷展栏下设置"半径"为20mm、"分段"为8，接着关闭"平滑"选项，具体参数设置及模型效果如图7-160所示。

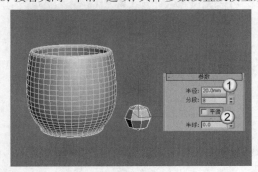

图7-160

提示

关闭"平滑"选项后，在将其转换为可编辑多边形时，模型上就不会存在过多的顶点，这样编辑起来更方便一些。

05 选择球体，然后单击鼠标右键，接着在弹出的菜单中选择"转换为>转换为可编辑多边形"命令，如图7-161所示。

06 在"选择"卷展栏下单击"顶点"按钮，进入"顶点"级别，然后在前视图中选择如图7-162所示的顶点，接着使用"选择并移动"工具 将其向下拖曳到如图7-163所示的位置。

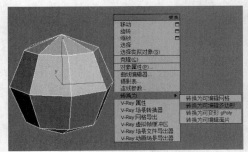
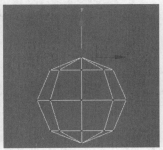
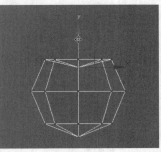

图7-161　　　　　　　　图7-162　　　　　　　　图7-163

07 为模型加载一个"网格平滑"修改器，然后在"细分量"卷展栏下设置"迭代次数"为2，如图7-164所示，模型效果如图7-165所示。

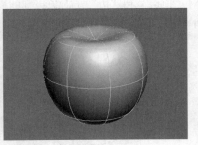

图7-164　　　　　　图7-165

提示

注意，"迭代次数"的数值并不是设置得越大越好，只要能达到理想效果就行。

08 利用多边形建模方法制作出樱桃把模型，完成后的效果如图7-166所示。

图7-166

**提示**

由于樱桃把模型的制作不是本例的重点，并且制作方法比较简单，主要使用多边形建模方法来制作，所以这里就不详细讲解了。关于其制作方法，请参阅第8章的内容。

**09** 利用复制功能复制一些樱桃，然后将其摆放在杯子内和地上，最终效果如图7-167所示。

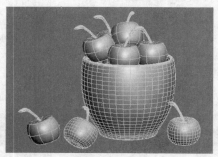

图7-167

## 7.3.3 涡轮平滑

**功能介绍**

"涡轮平滑"是基于"网格平滑"的一种新型平滑修改器，与网格平滑相比，它更加简洁快速，其优化了网格平滑中的常用功能，也使用了更快的计算方式来满足用户的需求，其参数面板如图7-168所示。

在涡轮平滑中没有对"顶点"和"边"子对象级别的操作，而且它只有NURMS一种细分方式，但在处理场景时使用涡轮平滑可以大大提高视口的响应速度。

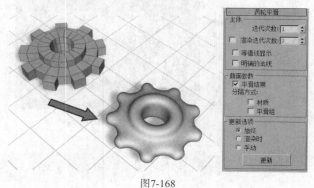

图7-168

**参数详解**

❖ "主体"参数组

◇ 迭代次数：设置网格的细分次数。增加该值时，每次新的迭代会通过在迭代之前对顶点、边和曲面创建平滑差补顶点来细分网格，修改器会细分曲面来使用这些新的顶点。默认值为1，范围为0~10。

◇ 渲染迭代次数：选择该项，可以在右边的数值框中设置渲染的迭代次数。

◇ 等值线显示：选择该项，细分曲面之后，软件也只显示对象在平滑之前的原始边。禁用此项后；3ds Max 会显示所有通过涡轮平滑添加的曲面，因此更高的迭代次数会产生更多数量的线条，默认设置为禁用状态。

◇ 明确的法线：选择该项，可以在涡轮平滑过程中进行法线计算。此方法比"网格平滑"中用于计算法线的标准方法快速，而且法线质量会稍微提高。默认设置为禁用状态。

❖ "曲面参数"参数组

◇ 平滑结果：选择此项，对所有的曲面应用相同的平滑组。

◇ 材质：选择此项，防止在不共享材质 ID 的曲面之间的边上创建新曲面。

◇ 平滑组：选择此项，防止在不共享至少一个平滑组的曲面之间的边上创建新曲面。

❖ "更新选项"参数组

◇ 始终：任何时刻对涡轮平滑做了改动后都自动更新对象。

◇ 渲染时：仅在渲染时才更新视口中对象的显示。

◇ 手动：单击"更新"按钮，可以手动更新视口中对象的显示。

◇ 更新：更新视口中的对象显示，仅在选择了"渲染时"或"手动"选项时才起作用。

# 技术分享

## 细说网格建模与多边形建模

在前面的内容中不止一次提到网格建模与多边形建模之间的区别，其实从严格意义上来讲，网格建模与多边形建模的原理是相同的，但是它们又有一定的区别。这里我们就两者之间的优劣与区别进行一个详细的对比。

### 算法对比

Edit Mesh（编辑网格）本来是3ds Max中基本的多边形加工方法，但是在3ds Max 4.0之后被更好的一种算法代替了，这个算法就是Edit Poly（编辑多边形），之后Edit Mesh（编辑网格）的方法逐渐被遗忘。不过，Mesh（网格）最稳定，很多公司要求最后输出Mesh（网格）文件，但好在Mesh（网格）和Poly（多边形）之间可以随意转换。另外，Mesh（网格）对计算机的显卡要求要低于Poly（多边形）。

Edit Poly（编辑多边形）的本质还是Mesh（网格），但构成的算法更优秀，为了区别只好把名字也改了，如果不了解3ds Max的历史是很容易混淆不清的。Poly（多边形）是当前主流的操作方法，而且技术很先进，有着比Mesh（网格）更多更方便的修改功能。

### 更新对比

自3ds Max 2009以后，Edit Mesh（编辑网格）基本上就不再更新了，也就是说这个功能几乎已经被Autodesk公司放弃了。而自从在3ds Max 5.0中出现Edit Poly（编辑多边形）以后，每一次的版本更新都会对这个功能进行更新与优化。

### 形体基础面对比

对于Edit Mesh（编辑网格）和Edit Poly（编辑多边形）而言，其最大的区别就在于它们的形体基础面是不同的。网格对象将"面"子对象定义为三角形，而多边形对象将"面"子对象定义为多边形（≥3）。也就是说，在对"面"子对象进行编辑时，多边形是将任何面定义为一个独立的子对象进行编辑的，这也注定了操作多边形对象的灵活性要高于网格对象。

## 给读者学习网格建模的建议

在前面详细介绍了网格建模与多边形建模之间的区别，相信大家已经对这两者之间有了一个清晰的选择，在此也建议大家学习多边形建模。对于网格建模，大家只需要了解即可，或是将其作为后面学习多边形建模的一个跳板。但是，Mesh（网格）文件依然有很多用处，在3ds Max中，用于存储Mesh（网格）文件的格式主要有.OBJ（适用于大部分的三维软件）格式、.3DS格式和.FBX格式。如果要导出Mesh（网格）文件，可以单击3ds Max界面左上角的"应用程序"图标，然后执行"导出>导出"菜单命令，接着选择想要的Mesh（网格）格式即可。

# 第**8**章

## 多边形建模

多边形建模就是Polygon建模，这种建模方式在早期主要用于游戏领域，现在则被广泛应用于电影、建筑、工业设计、电视包装等众多领域。到现在，多边形建模已经成为CG行业中主流的建模方式，在电影"最终幻想"中，多边形建模完全有能力把握复杂的角色结构，以及解决后续部门的相关问题。从技术角度来讲，多边形建模比较容易掌握，在创建复杂表面时，细节部分可以任意加线，在结构穿插关系很复杂的模型中就能体现出它的优势。

※ 转换多边形对象
※ 编辑多边形对象

# 8.1 转换多边形对象

多边形建模作为当今的主流建模方式，已经被广泛应用到游戏角色、影视、工业造型、室内外等模型制作中。多边形建模方法在编辑上更加灵活，对硬件的要求也很低，其建模思路与网格建模的思路很接近，其不同点在于网格建模只能编辑三角面，而多边形建模对面数没有任何要求，如图8-1~图8-3所示是一些比较优秀的多边形建模作品。

图8-1          图8-2          图8-3

---

**提示**

多边形建模非常重要，在本书中所占的比重也相当大，希望用户对本章标记有"重点"的部分多动手练习。另外，本章所安排的实例都具有很强的针对性，希望用户对这些实例也要勤加练习。

---

在编辑多边形对象之前，首先要明确多边形对象不是创建出来的，而是塌陷（转换）出来的。将物体塌陷为多边形的方法主要有以下4种。

第1种：选中对象，然后在界面左上角的Ribbon工具栏中单击"建模"按钮 <u>建模</u> ，接着单击"多边形建模"按钮 多边形建模 ，最后在弹出的面板中单击"转化为多边形"按钮 🖉 ，如图8-4所示。注意，经过这种方法转换得来的多边形的创建参数将全部丢失。

第2种：在对象上单击鼠标右键，然后在弹出的菜单中选择"转换为>转换为可编辑多边形"命令，如图8-5所示。同样，经过这种方法转换得来的多边形的创建参数也会全部丢失。

第3种：为对象加载"编辑多边形"修改器，如图8-6所示。经过这种方法转换得来的多边形的创建参数将保留下来。

第4种：在修改器堆栈中选中对象，然后单击鼠标右键，接着在弹出的菜单中选择"可编辑多边形"命令，如图8-7所示。同样，经过这种方法转换得来的多边形的创建参数将全部丢失。

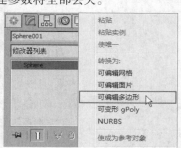

图8-4       图8-5       图8-6       图8-7

# 8.2 编辑多边形对象

将物体转换为可编辑多边形对象后，就可以对可编辑多边形对象的顶点、边、边界、多边形和元素分别进行编辑。可编辑多边形的参数设置面板中包括6个卷展栏，分别是"选择"卷展栏、"软选择"卷展栏、"编辑几何体"卷展栏、"细分曲面"卷展栏、"细分置换"卷展栏和"绘制变形"卷展栏，如图8-8所示。

请注意，在选择了不同的次物体级别以后，可编辑多边形的参数设置面板也会发生相应的变化，例如，在"选择"卷展栏下单击"顶点"按钮，进入"顶点"级别以后，在参数设置面板中就会增加两个对顶点进行编辑的卷展栏，如图8-9所示。而如果进入"边"级别和"多边形"级别以后，又会增加对边和多边形进行编辑的卷展栏，如图8-10和图8-11所示。

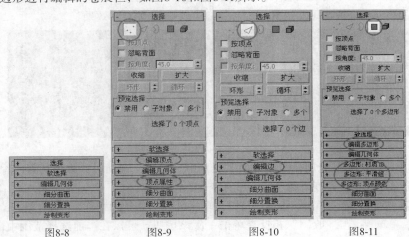

图8-8　　　　　图8-9　　　　　图8-10　　　　　图8-11

在下面的内容中，将着重对"选择"卷展栏、"软选择"卷展栏和"编辑几何体"卷展栏进行详细讲解，同时还要对"顶点"级别下的"编辑顶点"卷展栏、"边"级别下的"编辑边"卷展栏以及"多边形"卷展栏下的"编辑多边形"卷展栏进行重点讲解。

---
**提示**

请注意，这6个卷展栏的作用与实际用法读者必须完全掌握。

---

## 8.2.1 "选择"卷展栏

### 功能介绍

"选择"卷展栏下的工具与选项主要用来访问多边形子对象级别以及快速选择子对象，如图8-12所示。

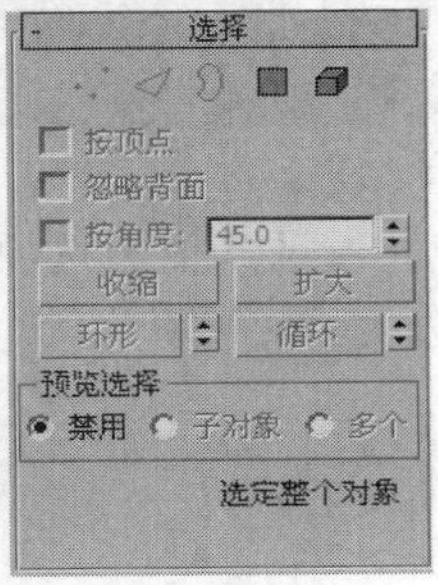

图8-12

### 参数详解

❖ 顶点：用于选择顶点子对象级别。
❖ 边：用于选择边子对象级别。
❖ 边界：用于选择边界子对象级别，可从中选择构成网格中孔洞边框的一系列边。边界总是由仅在一侧带有面的边组成，并总是为完整循环。

❖ 多边形 ：用于选择多边形子对象级别。

❖ 元素 ：用于选择元素子对象级别，可以选择对象的所有连续面。

❖ 按顶点：除了"顶点"级别外，该选项可以在其他4种级别中使用。启用该选项后，只有选择所用的顶点才能选择子对象。

❖ 忽略背面：启用该选项后，只能选中法线指向当前视图的子对象。如启用该选项以后，在前视图中框选如图8-13所示的顶点，但只能选择正面的顶点，而背面不会被选择到，如图8-14所示是在左视图中的观察效果；如果关闭该选项，在前视图中同样框选相同区域的顶点，则背面的顶点也会被选择，如图8-15所示是在顶视图中的观察效果。

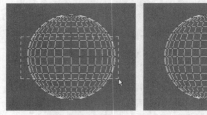  

图8-13　　　　　　　　　　图8-14　　　　　　　　　　图8-15

❖ 按角度：该选项只能用在"多边形"级别中。启用该选项时，如果选择一个多边形，3ds Max会基于设置的角度自动选择相邻的多边形。

❖ 收缩 收缩 ：单击一次该按钮，可以在当前选择范围中向内减少一圈对象。

❖ 扩大 扩大 ：与"收缩"相反，单击一次该按钮，可以在当前选择范围中向外增加一圈对象。

❖ 环形 环形 ：该工具只能在"边"和"边界"级别中使用。在选中一部分子对象后，单击该按钮可以自动选择平行于当前对象的其他对象。例如，选择一条如图8-16所示的边，然后单击"环形"按钮 环形 ，可以选择整个纬度上平行于选定边的边，如图8-17所示。

❖ 循环 循环 ：该工具同样只能在"边"和"边界"级别中使用。在选中一部分子对象后，单击该按钮可以自动选择与当前对象在同一曲线上的其他对象。例如，选择如图8-18所示的边，然后单击"循环"按钮 循环 ，可以选择整个经度上的边，如图8-19所示。

图8-16　　　　　　　图8-17　　　　　　　图8-18　　　　　　　图8-19

❖ 预览选择：在选择对象之前，通过这里的选项可以预览光标滑过处的子对象，有"禁用""子对象""多个"3个选项可供选择。

## 8.2.2 "软选择"卷展栏

### 功能介绍

"软选择"是以选中的子对象为中心向四周扩散，以放射状方式来选择子对象。在对选择的部分子对象进行变换时，可以让子对象以平滑的方式进行过渡。另外，可以通过控制"衰减""收缩""膨胀"的数值来控制所选子对象区域的大小及对子对象控制力的强弱，并且"软选择"卷展栏还包含了绘制软选择的工具，如图8-20所示。

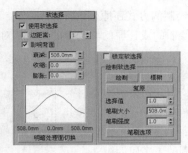

参数详解

图8-20

❖ 使用软选择：控制是否开启"软选择"功能。启用后，选择一个或一个区域的子对象，那么会以这个子对象为中心向外选择其他对象。例如，框选如图8-21所示的顶点，那么软选择就会以这些顶点为中心向外进行扩散选择，如图8-22所示。

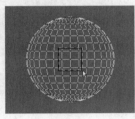
图8-21

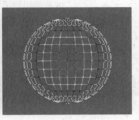
图8-22

## 技术专题：软选择的颜色显示

在用软选择选择子对象时，选择的子对象是以红、橙、黄、绿、蓝5种颜色进行显示的。处于中心位置的子对象显示为红色，表示这些子对象被完全选择，在操作这些子对象时，它们将被完全影响，然后依次是橙、黄、绿、蓝的子对象。

❖ 边距离：启用该选项后，可以将软选择限制到指定的面数。

❖ 影响背面：启用该选项后，那些与选定对象法线方向相反的子对象也会受到相同的影响。

❖ 衰减：用以定义影响区域的距离，默认值为20mm。"衰减"数值越高，软选择的范围也就越大，如图8-23和图8-24所示是将"衰减"设置为500mm和800mm时的选择效果对比。

❖ 收缩：设置区域的相对"突出度"。

❖ 膨胀：设置区域的相对"丰满度"。

❖ 软选择曲线图：以图形的方式显示软选择是如何进行工作的。

❖ 明暗处理面切换 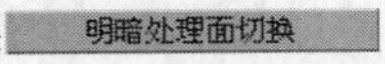 明暗处理面切换 ：只能用在"多边形"和"元素"级别中，用于显示颜色渐变，如图8-25所示。它与软选择范围内面上的软选择权重相对应。

图8-23

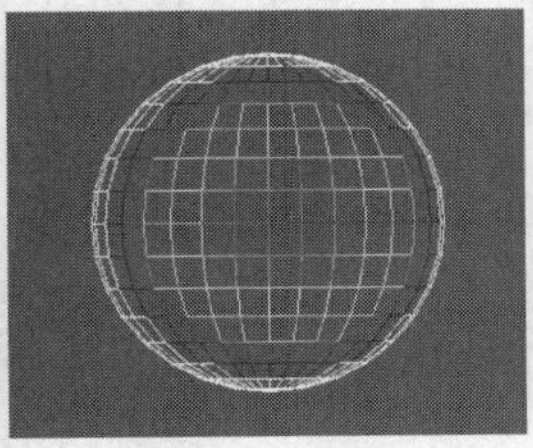

图8-24

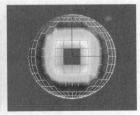
图8-25

❖ 锁定软选择：锁定软选择，以防止对按程序的选择进行更改。

❖ 绘制  绘制 ：可以在使用当前设置的活动对象上绘制软选择。

❖ 模糊 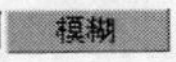 模糊 ：可以通过绘制来软化现有绘制软选择的轮廓。

❖ 复原 复原 ：以通过绘制的方式还原软选择。

❖ 选择值：整个值表示绘制的或还原的软选择的最大相对选择。笔刷半径内周围顶点的值会趋向于0衰减。

❖ 笔刷大小：用来设置圆形笔刷的半径。

❖ 笔刷强度：用来设置绘制子对象的速率。

❖ 笔刷选项 笔刷选项 ：单击该按钮可以打开"绘制选项"对话框，如图8-26所示。在该对话框中可以设置笔刷的更多属性。

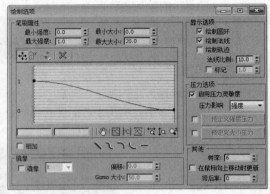

图8-26

## 8.2.3 "编辑几何体"卷展栏

### 功能介绍

"编辑几何体"卷展栏下的工具适用于所有子对象级别，主要用来全局修改多边形几何体，如图8-27所示。

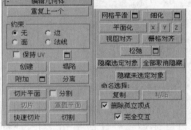

图8-27

### 参数详解

❖ 重复上一个 重复上一个 ：单击该按钮可以重复使用上一次使用的命令。

❖ 约束：使用现有的几何体来约束子对象的变换，共有"无""边""面""法线"4种方式可供选择。

❖ 保持UV：启用该选项后，可以在编辑子对象的同时不影响该对象的UV贴图。

❖ 设置 ：单击该按钮可以打开"保持贴图通道"对话框，如图8-28所示。在该对话框中可以指定要保持的顶点颜色通道或纹理通道（贴图通道）。

图8-28

❖ 创建 创建 ：创建新的几何体。

❖ 塌陷 塌陷 ：通过将顶点与选择中心的顶点焊接，使连续选定子对象的组产生塌陷。

提示

"塌陷"工具 塌陷 类似于"焊接"工具 焊接 ，但是该工具不需要设置"阈值"数值就可以直接塌陷在一起。

❖ 附加 附加 ：使用该工具可以将场景中的其他对象附加到选定的可编辑多边形中。

❖ 分离 分离 ：将选定的子对象作为单独的对象或元素分离出来。

❖ 切片平面 切片平面 ：使用该工具可以沿某一平面分开网格对象。

❖ 分割：启用该选项后，可以通过"快速切片"工具 快速切片 和"切割"工具 切割 在划分边的位置处创建出两个顶点集合。

❖ 切片 切片 ：可以在切片平面位置处执行切割操作。

❖ 重置平面 重置平面 ：将执行过"切片"的平面恢复到之前的状态。

❖ 快速切片 快速切片 ：可以将对象进行快速切片，切片线沿着对象表面，所以可以更加准确地进行切片。

❖ 切割 切割 ：可以在一个或多个多边形上创建出新的边。

❖ 网格平滑 网格平滑 ：使选定的对象产生平滑效果。

❖ 细化 细化 ：增加局部网格的密度，从而方便处理对象的细节。

❖ 平面化 平面化 ：强制所有选定的子对象成为共面。

❖ 视图对齐 视图对齐 ：使对象中的所有顶点与活动视图所在的平面对齐。

❖ 栅格对齐 栅格对齐 ：使选定对象中的所有顶点与活动视图所在的平面对齐。

❖ 松弛 松弛 ：使当前选定的对象产生松弛现象。

❖ 隐藏选定对象 隐藏选定对象 ：隐藏所选定的子对象。

❖ 全部取消隐藏 全部取消隐藏 ：将所有的隐藏对象还原为可见对象。

❖ 隐藏未选定对象 隐藏未选定对象 ：隐藏未选定的任何子对象。

❖ 命名选择：用于复制和粘贴子对象的命名选择集。

❖ 删除孤立顶点：启用该选项后，选择连续子对象时会删除孤立顶点。

❖ 完全交互：启用该选项后，如果更改数值，将直接在视图中显示最终的结果。

## 8.2.4 "编辑顶点"卷展栏

### 功能介绍

进入可编辑多边形的"顶点"级别以后，在"修改"面板中会增加一个"编辑顶点"卷展栏，如图8-29所示。这个卷展栏下的工具全部是用来编辑顶点的。

图8-29

### 参数详解

❖ 移除 移除 ：选中一个或多个顶点以后，单击该按钮可以将其移除，然后接合起使用它们的多边形。

## 技术专题：移除顶点与删除顶点的区别

这里详细介绍一下移除顶点与删除顶点的区别。

移除顶点：选中一个或多个顶点以后，单击"移除"按钮 移除 或按Backspace键即可移除顶点，但也只能是移除了顶点，而面仍然存在，如图8-30所示。注意，移除顶点可能导致网格形状发生严重变形。

删除顶点：选中一个或多个顶点以后，按Delete键可以删除顶点，同时也会删除连接到这些顶点的面，如图8-31所示。

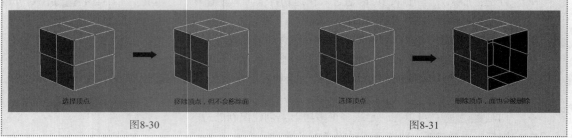

图8-30                    图8-31

❖ 断开 断开 ：选中顶点以后，单击该按钮可以在与选定顶点相连的每个多边形上都创建一个新顶点，这可以使多边形的转角相互分开，使它们不再相连于原来的顶点上。

❖ 挤出 挤出 ：直接使用这个工具可以手动在视图中挤出顶点，如图8-32所示。如果要精确设置挤出的高度和宽度，可以单击后面的"设置"按钮 ，然后在视图中的"挤出顶点"对话框中输入数值即可，如图8-33所示。

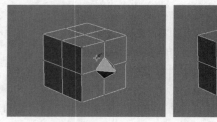

图8-32                    图8-33

❖ 焊接 焊接 ：对"焊接顶点"对话框中指定的"焊接阈值"范围之内连续的选中顶点进行合并，合并后所有边都会与产生的单个顶点连接。单击后面的"设置"按钮 可以设置"焊接阈值"。

❖ 切角 切角 ：选中顶点以后，使用该工具在视图中拖曳光标，可以手动为顶点切角，如图8-34所示。单击后面的"设置"按钮 ，在弹出的"切角"对话框中可以设置精确的"顶点切角量"数值，同时还可以将切角后的面"打开"，以生成孔洞效果，如图8-35所示。

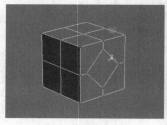

图8-34                    图8-35

❖ 目标焊接 目标焊接 ：选择一个顶点后，使用该工具可以将其焊接到相邻的目标顶点，如图8-36所示。

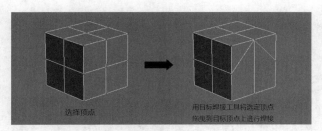

图8-36

"目标焊接"工具 目标焊接 只能焊接成对的连续顶点。也就是说，选择的顶点与目标顶点有一个边相连。

❖ 连接 连接 ：在选中的对角顶点之间创建新的边，如图8-37所示。

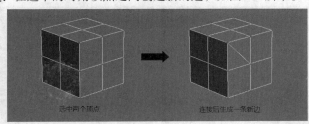

图8-37

❖ 移除孤立顶点 移除孤立顶点 ：删除不属于任何多边形的所有顶点。

❖ 移除未使用的贴图顶点 移除未使用的贴图顶点 ：某些建模操作会留下未使用的（孤立）贴图顶点，它们会显示在"展开UVW"编辑器中，但是不能用于贴图，单击该按钮就可以自动删除这些贴图顶点。

❖ 权重：设置选定顶点的权重，供NURMS细分选项和"网格平滑"修改器使用。

❖ 折缝：设置选定顶点的折缝值，增加顶点折缝将把平滑结果拉向顶点并锐化点。

## 8.2.5 "编辑边"卷展栏

### 功能介绍

进入可编辑多边形的"边"级别以后，在"修改"面板中会增加一个"编辑边"卷展栏，如图8-38所示。这个卷展栏下的工具全部是用来编辑边的。

图8-38

### 参数详解

❖ 插入顶点 插入顶点 ：在"边"级别下，使用该工具在边上单击鼠标左键，可以在边上添加顶点，如图8-39所示。

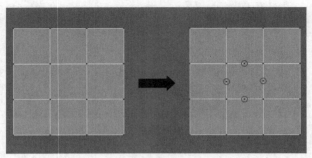

图8-39

❖ 移除 移除：选择边以后，单击该按钮或按Backspace键可以移除边，如图8-40所示。如果按Delete键，将删除边以及与边连接的面，如图8-41所示。

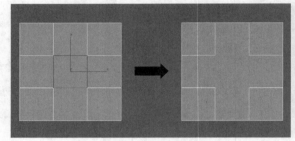

图8-40

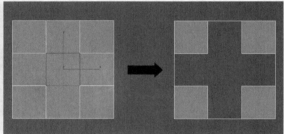

图8-41

❖ 分割 分割：沿着选定边分割网格。对网格中心的单条边应用时，不会起任何作用。

❖ 挤出 挤出：直接使用这个工具可以手动在视图中挤出边。如果要精确设置挤出的高度和宽度，可以单击后面的"设置"按钮■，然后在视图中的"挤出边"对话框中输入数值即可，如图8-42所示。

❖ 焊接 焊接：组合"焊接边"对话框指定的"焊接阈值"范围内的选定边。只能焊接仅附着一个多边形的边，也就是边界上的边。

❖ 切角 切角：这是多边形建模中使用频率非常高的工具，可以为选定边进行切角（圆角）处理，从而生成平滑的棱角，如图8-43所示。

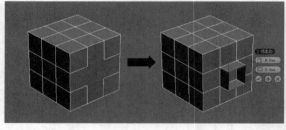

图8-42

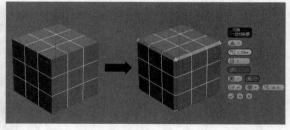

图8-43

## 技术专题：边的四边形切角、边张力和平滑功能

在3ds Max 2016中，对边的切角新增了3个新功能，分别是"四边形切角""边张力""平滑"功能。下面分别对这3个新功能进行介绍。

1.四边形切角

边的切角方式分为"标准切角"和"四边形切角"两种方式。选择"标准切角"方式，在拐角处切出来的多边形可能是三边形、四边形或者两者均有，如图8-44所示；选择"四边形切角"方式，在拐角处切出来的多边形全部会强制生成四边形，如图8-45所示。

# 技术专题：边的四边形切角、边张力和平滑功能（续）

图8-44

图8-45

2.边张力

在"四边形切角"方式下对边进行切角以后，可以通过设置"边张力"的值来控制多边形向外凸出的程度。值为1时为最大值，表示多边形不向外凸出；值越小，多边形就越向外凸出，如图8-46所示；值为0时为最小值，多边形向外凸出的程度将达到极限，如图8-47所示。注意，"边张力"功能不能用于"标准切角"方式。

图8-46

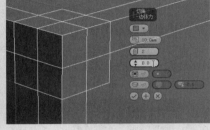

图8-47

3.平滑

对边进行切角以后，可以对切出来的多边形进行平滑处理。在"标准切角"方式下，设置平滑的"平滑阈值"为非0的数值时，可以选择多边形的平滑方式，既可以是"平滑整个对象"，如图8-48所示，也可以是"仅平滑切角"，如图8-49所示；在"四边形切角"方式下，"边张力"值必须是为0~1、"平滑阈值"大于0的情况才可以对多边形应用平滑效果，同样可以选择"平滑整个对象"和"仅平滑切角"两种方式中的一种，如图8-50和图8-51所示。

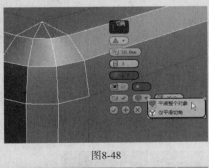

图8-48

图8-49

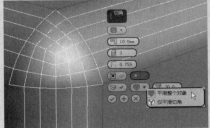

图8-50

图8-51

❖ 目标焊接 目标焊接：用于选择边并将其焊接到目标边。只能焊接仅附着一个多边形的边，也就是边界上的边。

❖ 桥 桥：使用该工具可以连接对象的边，但只能连接边界边，也就是只在一侧有多边形的边。

❖ 连接 连接：这是多边形建模中使用频率非常高的工具，可以在每对选定边之间创建新边，对于创建或细化边循环特别有用。例如，选择一对竖向的边，则可以在横向上生成边，如图8-52所示。

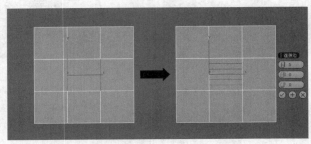

图8-52

❖ 利用所选内容创建图形 利用所选内容创建图形：这是多边形建模中使用频率非常高的工具，可以将选定的边创建为样条线图形。选择边以后，单击该按钮可以弹出一个"创建图形"对话框，在该对话框中可以设置图形名称以及设置图形的类型，如果选择"平滑"类型，则生成平滑的样条线，如图8-53所示；如果选择"线性"类型，则样条线的形状与选定边的形状保持一致，如图8-54所示。

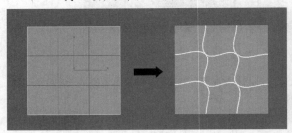

图8-53

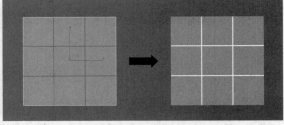

图8-54

❖ 权重：设置选定边的权重，供NURMS细分选项和"网格平滑"修改器使用。

❖ 折缝：指定对选定边或边执行的折缝操作量，供NURMS细分选项和"网格平滑"修改器使用。

❖ 编辑三角形 编辑三角形：用于修改绘制内边或对角线时多边形细分为三角形的方式。

❖ 旋转 旋转：用于通过单击对角线修改多边形细分为三角形的方式。使用该工具时，对角线可以在线框和边面视图中显示为虚线。

❖ 硬 硬：将选定边相邻的两个面设置为不平滑效果，如图8-55所示。

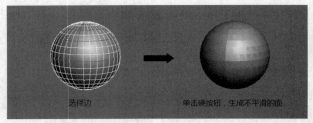

选择边　　　　　　单击硬按钮，生成不平滑的面

图8-55

❖ 平滑 平滑：该工具的作用与"硬"工具 硬 相反。

❖ 显示硬边：启用该选项后，所有硬边都使用邻近色样定义的硬边颜色显示在视口中。

─ 提示 ─

3ds Max 2016的"编辑三角形"工具 编辑三角形 与"硬"工具 硬 是重叠在一起的，"旋转"工具 旋转 和"平滑"工具 平滑 也是重叠在一起的，这属于界面的Bug问题，用户在选择相应工具的时候需要仔细选择，不要误选。

## 8.2.6 "编辑多边形"卷展栏

### 功能介绍

进入可编辑多边形的"多边形"级别以后，在"修改"面板中会增加一个"编辑多边形"卷展栏，如图8-56所示。这个卷展栏下的工具全部是用来编辑多边形的。

图8-56

### 命令详解

❖ 插入顶点 插入顶点 ：用于手动在多边形上插入顶点（单击即可插入顶点），以细化多边形，如图8-57所示。

❖ 挤出 挤出 ：这是多边形建模中使用频率非常高的工具，可以挤出多边形。如果要精确设置挤出的高度，可以单击后面的"设置"按钮□，然后在视图中的"挤出边"对话框中输入数值即可。挤出多边形时，"高度"为正值时可向外挤出多边形，为负值时可向内挤出多边形，如图8-58所示。

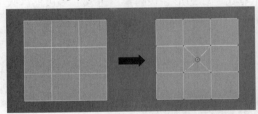

图8-57

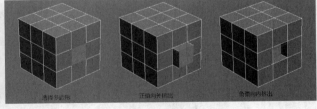

选择多边形　　　正值向外挤出　　　负值向内挤出

图8-58

❖ 轮廓 轮廓 ：用于增加或减小每组连续的选定多边形的外边。

❖ 倒角 倒角 ：这是多边形建模中使用频率非常高的工具，可以挤出多边形，同时为多边形进行倒角，如图8-59所示。

❖ 插入 插入 ：执行没有高度的倒角操作，即在选定多边形的平面内执行该操作，如图8-60所示。

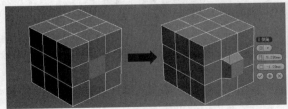

图8-59

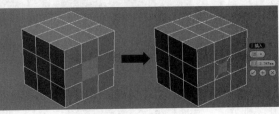

图8-60

❖ 桥 桥 ：使用该工具可以连接对象上的两个多边形或多边形组。
❖ 翻转 翻转 ：反转选定多边形的法线方向，从而使其面向用户的正面。
❖ 从边旋转 从边旋转 ：选择多边形后，使用该工具可以沿着垂直方向拖动任何边，以便旋转选定多边形。
❖ 沿样条线挤出 沿样条线挤出 ：沿样条线挤出当前选定的多边形。
❖ 编辑三角剖分 编辑三角剖分 ：通过绘制内边修改多边形细分为三角形的方式。
❖ 重复三角算法 重复三角算法 ：在当前选定的一个或多个多边形上执行最佳三角剖分。
❖ 旋转 旋转 ：使用该工具可以修改多边形细分为三角形的方式。

## 【练习8-1】用多边形建模制作足球

足球效果如图8-61所示。

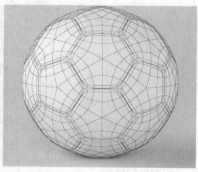

图8-61

`01` 使用"异面体"工具 异面体 在场景中创建一个异面体，然后在"参数"卷展栏下设置"系列"为"十二面体/二十面体"，接着在"系列参数"选项组下设置P为0.33，最后设置"半径"为100mm，具体参数设置如图8-62所示，模型效果如图8-63所示。

`02` 将异面体转换为可编辑多边形，在"选择"卷展栏下单击"多边形"按钮 ，进入"多边形"级别，然后选择如图8-64所示的多边形，接着在"编辑几何体"卷展栏下单击"分离"按钮 分离 ，最后在弹出的"分离"对话框中勾选"分离到元素"选项，如图8-65所示。

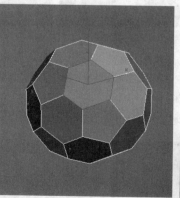

图8-62　　　　　　　图8-63　　　　　　　　　　图8-64　　　　　　　　图8-65

`03` 采用相同的方法将所有的多边形都分离到元素，然后为模型加载一个"网格平滑"修改器，接着在"细分量"卷展栏下设置"迭代次数"为2，具体参数设置及模型效果如图8-66所示。

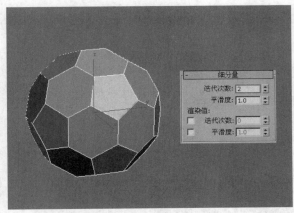

图8-66

04 为模型加载一个"球形化"修改器,然后在"参数"卷展栏下设置"百分比"为100,具体参数设置及模型效果如图8-67所示。

05 再次将模型转换为可编辑多边形,进入"多边形"级别,然后选择所有的多边形,如图8-68所示,接着在"编辑多边形"卷展栏下单击"挤出"按钮 挤出 后面的"设置"按钮■,最后设置"高度"为2mm,如图8-69所示。

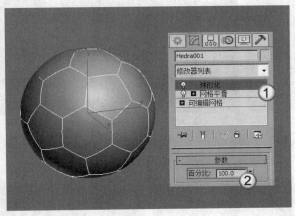

图8-67

06 为模型加载一个"网格平滑"修改器,然后在"细分方法"卷展栏下设置"细分方法"为"四边形输出",接着在"细分量"卷展栏下设置"迭代次数"为1,具体参数设置如图8-70所示,最终效果如图8-71所示。

图8-68

图8-69

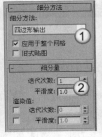

图8-70

图8-71

## 【练习8-2】用多边形建模制作布料

布料效果如图8-72所示。

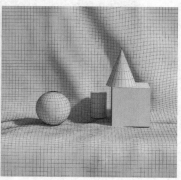

图8-72

**01** 使用"平面"工具 平面 在前视图中创建一个平面，然后在"参数"卷展栏下设置"长度"为300mm、"宽度"为160mm、"长度分段"为12、"宽度分段"为8，具体参数设置及平面效果如图8-73所示。

**02** 将平面转换为可编辑多边形，进入"顶点"级别，然后在左视图中选择（框选）如图8-74所示的顶点，接着使用"选择并移动"工具 将其向右拖曳到如图8-75所示的位置。

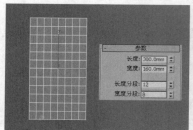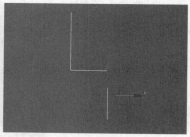

图8-73　　　　　　　　　　　图8-74　　　　　　　　　　　图8-75

**03** 进入"边"级别，然后在顶视图中选择如图8-76所示的边，接着在"编辑边"卷展栏下单击"连接"按钮 连接 后面的"设置"按钮，最后设置"分段"为4，如图8-77所示。

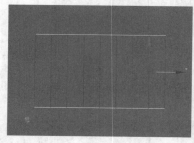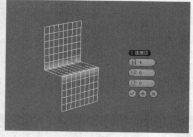

图8-76　　　　　　　　　　　图8-77

---
**提示**

这里为边添加分段是为了让模型有足够多的段值，以便在后面绘制褶皱时能产生更自然的效果。

---

**04** 为模型加载一个"网格平滑"修改器，然后在"细分量"卷展栏下设置"迭代次数"为2，具体参数设置及模型效果如图8-78所示。

**05** 再次将模型转换为可编辑多边形，效果如图8-79所示。

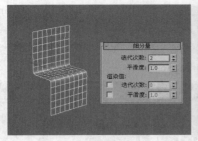

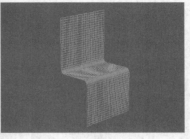

图8-78　　　　　　　　　　　　　　　　图8-79

提示

　　再次将模型转换为可编辑多边形以后，可以发现模型上出现了非常多的分段，且非常平滑，这样的模型正好用来制作布料。

**06** 展开"绘制变形"卷展栏，然后单击"推/拉"按钮 ，接着设置"推/拉值"为3mm、"笔刷大小"为25mm、"笔刷强度"为0.5，如图8-80所示，最后在模型的右侧绘制出褶皱效果，如图8-81所示。

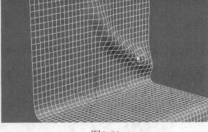

图8-80　　　　　　　　　　　　　图8-81

## 技术专题：绘制变形的技巧

　　在使用设置好参数的笔刷绘制褶皱时，按住Alt键可以在保持相同参数值的情况下在推和拉之间进行切换。例如，如果拉的值为3mm，按住Alt键可以切换为−3mm，此时就为推的操作，松开Alt键后就会恢复为拉操作。另外，除了可以在"绘制变形"卷展栏下调整笔刷的大小外，还有一种更为简单的方法，即按住Shift+Ctrl组合键拖曳鼠标左键。

**07** 将"笔刷大小"值修改为15mm、"笔刷强度"值修改为0.8，然后绘制出褶皱的细节，效果如图8-82所示。

**08** 将"推/拉值"修改为2mm、"笔刷大小"修改为4mm，然后继续绘制出布料的细节褶皱，完成后的效果如图8-83所示。

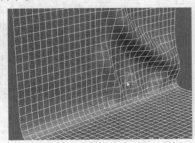

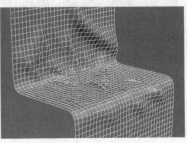

图8-82　　　　　　　　　　　　　图8-83

09 在"绘制变形"卷展栏下单击"松弛"按钮 松弛 ，然后设置"笔刷大小"为15mm、"笔刷强度"为0.8，如图8-84所示，接着在褶皱上绘制松弛效果，如图8-85所示。

10 使用"长方体"工具 长方体 、"球体"工具 球体 、"圆锥体"工具 圆锥体 和"圆柱体"工具 圆柱体 在布料上创建一些几何体，最终效果如图8-86所示。

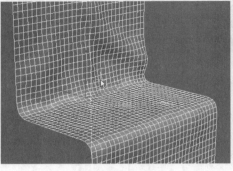

图8-84          图8-85          图8-86

## 【练习8-3】用多边形建模制作简约茶几

简约茶几效果如图8-87所示。

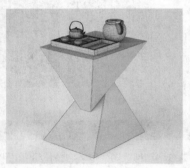

图8-87

01 使用"四棱锥"工具 四棱锥 在场景中创建一个四棱锥，然后在"参数"卷展栏下设置"宽度"为500mm、"深度"为400mm、"高度"为450mm，如图8-88所示。

02 将四棱锥转换为可编辑多边形，进入"顶点"级别，然后选择尖顶上的顶点，在"编辑顶点"卷展栏下单击"切角"按钮 切角 后面的"设置"按钮 ，接着设置"顶点切角量"为50mm，如图8-89所示。

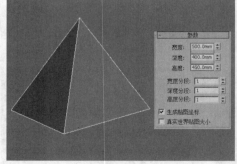
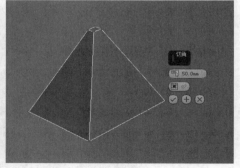

图8-88          图8-89

03 选择切角出来距离比较远的两个顶点，然后在"编辑顶点"卷展栏下单击"焊接"按钮 焊接 后面的"设置"按钮 ，接着设置"焊接阈值"为55mm，将两个顶点焊接在一起，如图8-90所示，最后将另外两个顶点也焊接在一起，如图8-91所示。

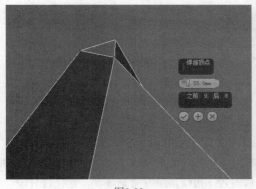

图8-90 图8-91

## 技术专题：顶点的焊接条件

顶点的焊接在实际工作中的使用频率相当高，特别是在调整模型细节时。焊接顶点需要满足以下两个条件。见图8-92，这是一个长度和宽度均为60mm的平面，将其转换为多边形以后，一条边上的两个点的距离就是20mm。

条件1：焊接的顶点在同一个面上且必须有一条连接两个顶点的边。选择顶点A和顶点B，设置"焊接阈值"为20mm进行焊接，两个顶点可以焊接在一起（焊接之前是16个顶点，焊接之后是15个顶点），如图8-93所示；选择顶点A和顶点D进行焊接，无论设置多大的"焊接阈值"，都无法将两个顶点焊接起来，这是因为虽然两个顶点同在一个面上，但却没有将其相连起来的边，如图8-94所示。

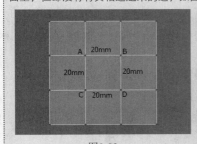
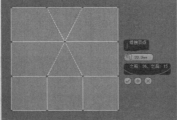
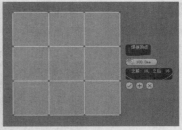

图8-92 图8-93 图8-94

条件2：焊接的阈值必须≥两个顶点之间的距离。选择顶点A和顶点B，将"焊接阈值"设置为无限接近最小焊接阈值的19.999mm，两个顶点依然无法焊接起来，如图8-95所示；而将"焊接阈值"设置为20mm或是比最小焊接阈值稍微大一点点的20.001mm，顶点A和顶点B就可以焊接在一起，如图8-96所示。

另外，在满足以上两个条件的情况下，也可以对多个顶点进行焊接，选择顶点A、顶点B、顶点C和顶点D进行焊接，焊接新生成的顶点将位于所选顶点的中心，如图8-97所示。

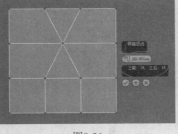

图8-95 图8-96 图8-97

**04** 选择焊接出来的两个顶点，然后使用"选择并均匀缩放"工具 在顶视图中沿$y$轴向上将顶点缩放成如图8-98所示的效果，接着使用"选择并移动"工具 沿$x$轴向右将顶点拖曳到如图8-99所示的位置。

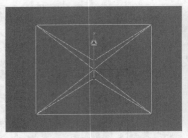

图8-98                                        图8-99

**05** 进入"边"级别，然后选择除了底部以外的所有边，如图8-100所示，接着在"编辑边"卷展栏下单击"切角"按钮 切角 后面的"设置"按钮圖，最后设置"边切角量"为3mm、"连接边分段"为2，如图8-101所示。

 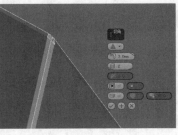

图8-100                                        图8-101

**06** 按A键激活"角度捕捉切换"工具，然后按住Shift键使用"选择并旋转"工具在前视图中将模型顺时针旋转（-180°）复制一份，如图8-102所示，接着使用"选择并移动"工具调整好复制出来的模型的位置，最终效果如图8-103所示。

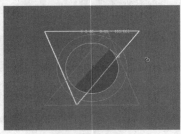 

图8-102                                        图8-103

## 【练习8-4】用多边形建模制作太极双鱼玉佩

太极双鱼玉佩效果如图8-104所示。

 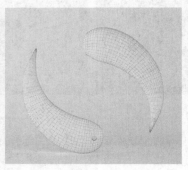

图8-104

**01** 使用"多边形"工具 多边形 在前视图中绘制一个多边形，然后在"参数"卷展栏下设置"半径"为40mm、"边数"为8，如图8-105所示，接着为其加载一个"挤出"修改器，最后在"参数"卷展栏下设置"数量"为20mm，如图8-106所示。

**02** 将模型转换为可编辑多边形，进入"顶点"级别，然后在前视图中使用"选择并均匀缩放"工具沿y轴向下缩放所有的顶点，如图8-107所示。

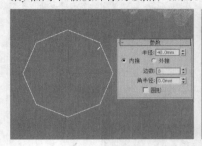
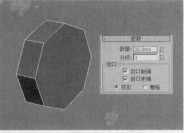
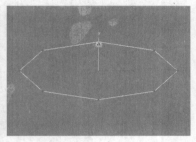

图8-105　　　　　　　　　　图8-106　　　　　　　　　　图8-107

**03** 进入"多边形"级别，选择如图8-108所示的多边形，然后在"编辑多边形"卷展栏下单击"倒角"按钮 倒角 后面的"设置"按钮，接着设置"高度"为15mm、"轮廓"为-5mm，如图8-109所示。

**04** 保持对多边形的选择，在"编辑多边形"卷展栏下单击"倒角"按钮 倒角 后面的"设置"按钮，然后设置"高度"为8mm、"轮廓"为-4mm，如图8-110所示。

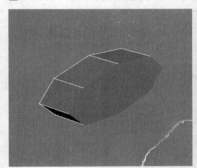
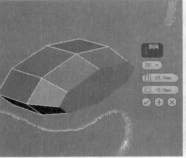
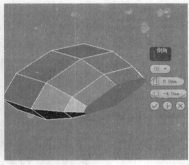

图8-108　　　　　　　　　　图8-109　　　　　　　　　　图8-110

**05** 进入"顶点"级别，选择如图8-111所示的3个顶点，然后在"编辑顶点"卷展栏下单击"焊接"按钮 焊接 后面的"设置"按钮，设置合理的"焊接阈值"，将其焊接为一个顶点，如图8-112所示，接着采用相同的方法将另外一侧的3个顶点也焊接在一起，如图8-113所示。

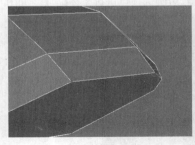
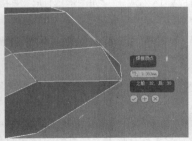
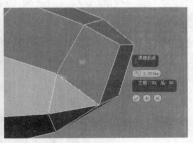

图8-111　　　　　　　　　　图8-112　　　　　　　　　　图8-113

**06** 选择如图8-114所示的两个顶点，然后在"编辑顶点"卷展栏下单击"连接"按钮 连接 ，在两个顶点之间连接出一条新边，如图8-115所示，接着使用"焊接"工具 焊接 将两个顶点焊接在一起，如图8-116所示。

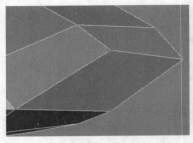
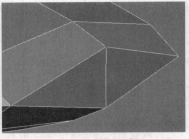

图8-114　　　　　　　　　　图8-115　　　　　　　　　　图8-116

**07** 按住Alt+鼠标中键滑动鼠标，将视图旋转到能看到模型的背面为止，然后进入"多边形"级别，选择如图8-117所示的多边形，接着在"编辑多边形"卷展栏下单击"挤出"按钮 挤出 后面的"设置"按钮 ，最后设置"高度"为180mm，如图8-118所示。

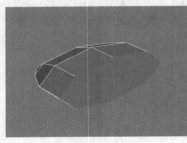

图8-117　　　　　　　　　　图8-118

**08** 进入"边"级别，然后选择如图8-119所示的边，接着在"编辑边"卷展栏下单击"连接"按钮 连接 后面的"设置"按钮 ，最后设置"分段"为6，如图8-120所示。

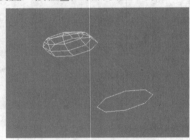

图8-119　　　　　　　　　　图8-120

**09** 进入"顶点"级别，切换到顶视图，然后框选顶部的顶点，按R键激活"选择并均匀缩放"工具 ，将光标置于缩放架的三轴架内（可以整体缩放），如图8-121所示，接着对所选顶点进行整体缩放，如图8-122所示。

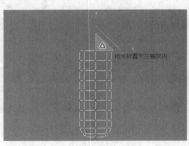
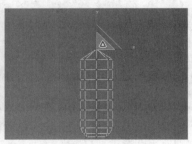

图8-121　　　　　　　　　　图8-122

**10** 继续使用"选择并均匀缩放"工具 将顶点缩放成如图8-123所示的效果，此时的模型整体效果如图8-124所示。

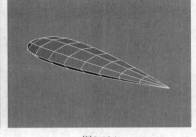

图8-123　　　　　　　　　　　　　　　　　图8-124

## 技术专题：二维视图中的整体缩放

在3ds Max的默认视图中，有透视图、前视图、顶视图和左视图4个视图，其中透视图是三维视图，而前视图、顶视图和左视图是二维视图。它们之间的区别就在于三维视图看起来就是立体的图像，而二维视图看起来就是平面图，这些视图显示的坐标都是世界坐标，与人用肉眼看事物的效果是一样的。因为透视图中是三维视图，所以会显示$x$、$y$、$z$这3个轴，其中$x$、$y$表示平面，$z$表示深度。另外3个视图是二维视图，所以只显示其中的两个轴，但并不代表另外一个不存在，只是看不见而已，如图8-125所示。

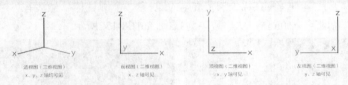

图8-125

回过来看二维视图中缩放架上的坐标，均是显示$x$、$y$轴，这是因为缩放架所用的坐标系是用户坐标，而非世界坐标（世界坐标是用来观察物体的），缩放架上的$x$、$y$轴只代表一个平面，是给用户自己操作的。也就是说缩放架上的坐标系与世界坐标系没有任何关系，前者是用来对对象进行操作的，后者是用来参考空间方向（世界）的，请用户一定要理解这个概念。了解二维视图和三维视图的原理以后，就不难理解为何在二维视图中也可以使用"选择并均匀缩放"工具█对物体进行整体缩放了。在$x$轴或$y$轴上缩放对象，可以进行单向缩放；在双轴架内缩放对象，可以同时在$x$、$y$轴上缩放；在三轴架内缩放对象，可以同时在$x$、$y$、$z$轴上缩放，如图8-126所示。

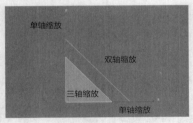

图8-126

**11** 进入"边"级别，然后选择模型尖头部位的边，如图8-127所示，接着在"编辑边"卷展栏下单击"切角"按钮  后面的"设置"按钮█，最后设置"边切角量"为0.2mm，如图8-128所示。

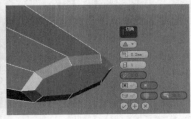

图8-127　　　　　　　　　　　　　　　图8-128

12 为模型加载一个"弯曲"修改器，然后在"参数"卷展栏下设置"角度"为120°、"弯曲轴"为z轴，如图8-129所示。

13 为模型加载一个"涡轮平滑"修改器，然后在"涡轮平滑"卷展栏下设置"迭代次数"为2，如图8-130所示。

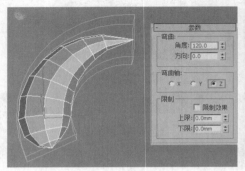 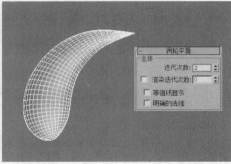

图8-129　　　　　　　　　　　　　　　　　图8-130

14 复制一个模型，然后调整好两个模型的位置和角度，如图8-131所示。

15 使用"圆柱体"工具 圆柱体 在需要打孔的位置创建一个圆柱体，然后在"参数"卷展栏下设置"半径"为3mm、"高度"为60mm、"边数"为120，如图8-132所示。

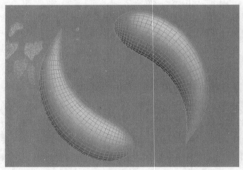 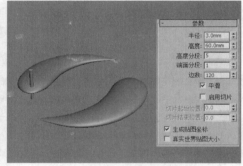

图8-131　　　　　　　　　　　　　　　　　图8-132

16 选择玉佩模型，设置几何体类型为"复合对象"，然后单击"布尔"按钮 布尔 ，接着在"拾取布尔"卷展栏下单击"拾取操作对象B"按钮 拾取操作对象B ，最后在视图中拾取圆柱体，如图8-133所示，得到的运算结果如图8-134所示。

17 采用相同的方法使用"布尔"工具 布尔 在另外一个玉佩上打一个孔，最终效果如图8-135所示。

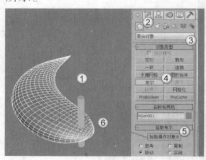  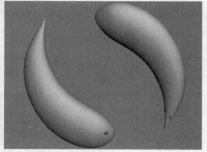

图8-133　　　　　　　　　　　　图8-134　　　　　　　　　　　图8-135

## 【练习8-5】用多边形建模制作向日葵

本练习的向日葵效果如图8-136所示。

图8-136

**01** 使用"圆柱体"工具 圆柱体 在前视图中创建一个圆柱体，然后在"参数"卷展栏下设置"半径"为150mm、"高度"为25mm、"高度分段"为1、"端面分段"为50、"边数"为150，具体参数设置及模型效果如图8-137所示。

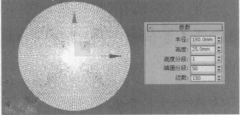

图8-137

---

**提示**

这里将圆柱体的分段和边数设置得相当大，目的是为了让模型表面有足够的段值。

---

**02** 将圆柱体转换为可编辑多边形，进入"顶点"级别，然后在"软选择"卷展栏下勾选"使用软选择"选项，接着设置"衰减"为80mm，如图8-138所示。

**03** 在"主工具栏"中将选择模式设置为"圆形选择区域" █ 模式，然后使用"选择对象"工具 █ 单击中间的顶点，效果如图8-139所示。

**04** 使用"选择并移动"按钮 █ 在透视图中沿y轴负方向拖曳顶点，得到如图8-140所示的效果。

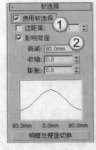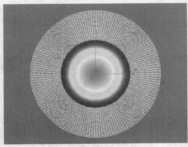

图8-138            图8-139                    图8-140

**05** 在"软选择"卷展栏下关闭"使用软选择"选项，进入"边"级别，然后在前视图中选择如图8-141所示的边，接着在"选择"卷展栏下单击"循环"按钮 循环 ，选择循环边，如图8-142所示。

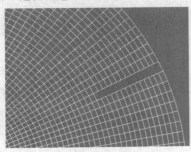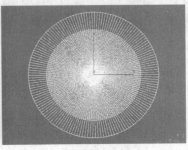

图8-141                    图8-142

**06** 保持对边的选择，单击鼠标右键，然后在弹出的菜单中选择"转换到面"命令，如图8-143所示，这样就可以自动选择如图8-144所示的多边形。

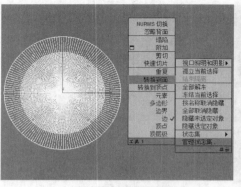

图8-143

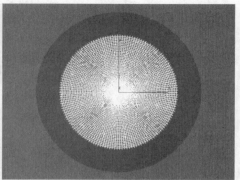

图8-144

## 技术专题：将边的选择转换为面的选择

从步骤06可以发现，要选择如此之多的多边形是一件比较困难的事情，这里介绍一种选择多边形的简便方法，即将边的选择转换为面的选择。下面以图8-145中的一个多边形球体为例来讲解这种选择技法。

第1步：进入"边"级别，随意选择一条横向上的边，如图8-146所示，然后在"选择"卷展栏下单击"环形"按钮 环形 ，以选择与该边在同一经度上的所有横向边，如图8-147所示。

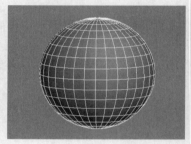

图8-145

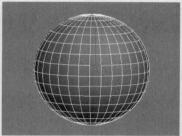

图8-146

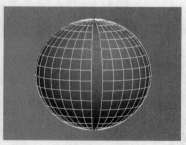

图8-147

第2步：单击鼠标右键，然后在弹出的菜单中选择"转换到面"命令，如图8-148所示，这样就可以将边的选择转换为对面的选择，如图8-149所示。

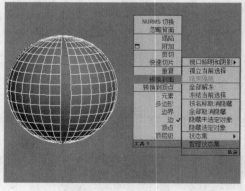

图8-148

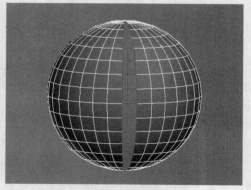

图8-149

**07** 保持对多边形的选择，在"编辑多边形"卷展栏下单击"倒角"按钮 倒角 后面的"设置"按钮 ，然后设置"倒角类型"为"按多边形"、"高度"为22mm、"轮廓"为-0.7mm，如图8-150所示。

**08** 在"主工具栏"中将选择模式设置为"矩形选择区域" ，然后在左视图中框选如图8-151所示的顶点，切换到"圆形选择区域" 选择模式，将光标定位在原点，接着按住Alt键在前视图中拖曳出一个圆形选择区域，以减去中间区域的顶点，效果如图8-152所示。

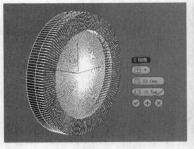

图8-150

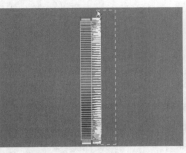

图8-151

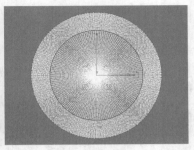

图8-152

09 使用"选择并均匀缩放"工具 ，将选择的顶点等比例向外缩放成如图8-153所示的效果。

图8-153

10 进入"多边形"级别，然后选择如图8-154所示的多边形，接着在"编辑多边形"卷展栏下单击"倒角"按钮 倒角 后面的"设置"按钮 ，最后设置"高度"为22mm、"轮廓"为-0.7mm，如图8-155所示。

11 继续使用"倒角"工具 倒角 制作出中间的倒角效果，如图8-156所示。

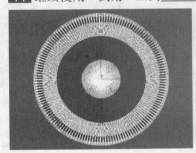

图8-154

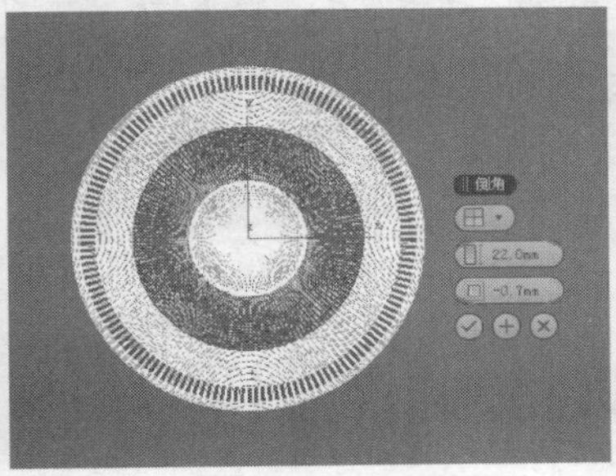

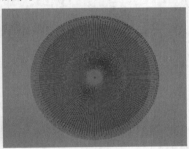

图8-155

图8-156

12 为模型加载一个"涡轮平滑"修改器，然后在"涡轮平滑"卷展栏下设置"迭代次数"为1，具体参数设置及模型效果如图8-157所示。

13 下面制作向日葵的花瓣部分。使用"平面"工具 平面 在前视图中创建一个平面，然后在"参数"卷展栏下设置"长度"为45mm、"宽度"为200mm、"长度分段"为4、"宽度分段"为4，具体参数设置及平面效果如图8-158所示。

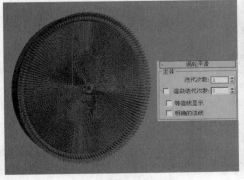

图8-157

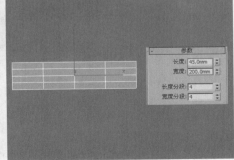

图8-158

**14** 将平面转换为可编辑多边形，进入"顶点"级别，然后在各个视图中将顶点调整成如图8-159所示的效果。

**15** 为花瓣模型加载一个"网格平滑"修改器，然后在"细分量"卷展栏下设置"迭代次数"为1，具体参数设置及模型效果如图8-160所示。

**16** 复制一个花瓣模型，然后在"顶点"级别下将其调节成如图8-161所示的形状。

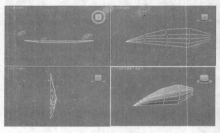 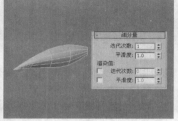 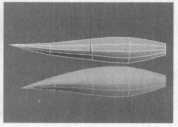

图8-159            图8-160            图8-161

**17** 使用"仅影响轴"技术和"选择并旋转"工具 ◐ 围绕向日葵旋转复制一圈花瓣模型，如图8-162所示。

**18** 使用"线"工具 ▭绕 在前视图中绘制一条如图8-163所示的样条线，然后在"渲染"卷展栏下勾选"在渲染中启用"和"在视图中启用"选项，接着设置"径向"的"厚度"为30mm，最终效果如图8-164所示。

图8-162            图8-163            图8-164

## 【练习8-6】用多边形建模制作藤椅

本练习的藤椅模型效果如图8-165所示。

 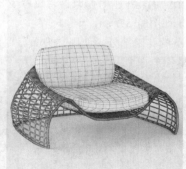

图8-165

**01** 下面制作竹藤模型。使用"平面"工具 ▭平面 在场景中创建一个平面，然后在"参数"卷展栏下设置"长度"为120mm、"宽度"为100mm、"长度分段"为2、"宽度分段"为3，具体参数设置及模型效果如图8-166所示。

**02** 将平面转换为可编辑多边形，进入"顶点"级别，然后在顶视图中选择如图8-167所示的顶点，接着使用"选择并移动"工具 将其向下拖曳到如图8-168所示的位置。

图8-166　　　　　　　　　　　图8-167　　　　　　　　　　　图8-168

**03** 在顶视图中选择如图8-169所示的顶点，然后使用"选择并均匀缩放"工具 将其向内缩放成如图8-170所示的效果。

图8-169　　　　　　　　　　　图8-170

**04** 在顶视图中选择如图8-171所示的顶点，然后使用"选择并移动"工具 将其向下拖曳到如图8-172所示的位置，接着使用"选择并均匀缩放"工具 将其向内缩放成如图8-173所示的效果。

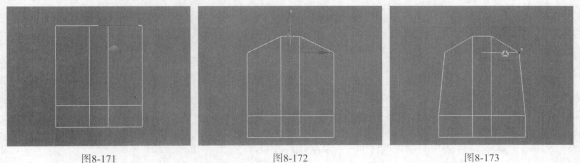

图8-171　　　　　　　　　　　图8-172　　　　　　　　　　　图8-173

**05** 继续使用"选择并均匀缩放"工具 将底部的顶点缩放成如图8-174所示的效果。

**06** 进入"边"级别，然后选择如图8-175所示的边，接着按住Shift键使用"选择并移动"工具 将其向上拖曳（复制）两次，得到如图8-176所示的效果。

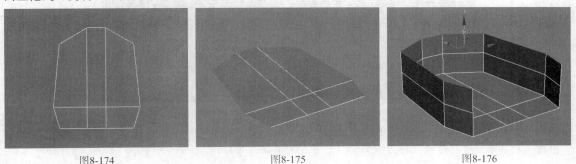

图8-174　　　　　　　　　　　图8-175　　　　　　　　　　　图8-176

**07** 使用"选择并均匀缩放"工具▣将所选边向内缩放成如图8-177所示的效果。

**08** 采用步骤06~步骤07的方法将模型调整成如图8-178所示的效果。

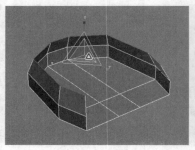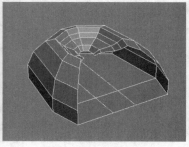

图8-177 图8-178

**09** 进入"顶点"级别，然后在顶视图中选择如图8-179所示的顶点，接着使用"选择并非均匀缩放"工具▣将其向下缩放成如图8-180所示的效果，最后使用"选择并移动"工具✥将所选顶点向下拖曳一段距离，如图8-181所示。

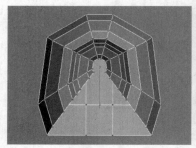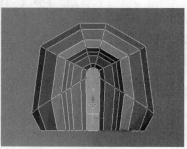

图8-179 图8-180 图8-181

**10** 在顶视图中选择如图8-182所示的顶点，然后使用"选择并非均匀缩放"工具▣将其向下缩放成如图8-183所示的效果，接着使用"选择并移动"工具✥将所选顶点向下拖曳一段距离，如图8-184所示。

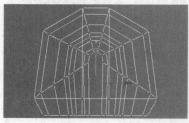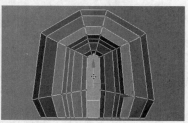

图8-182 图8-183 图8-184

**11** 进入"边"级别，然后选择如图8-185所示的边，接着在"编辑边"卷展栏下单击"桥"按钮 桥 ，效果如图8-186所示。

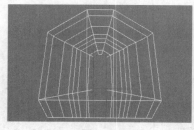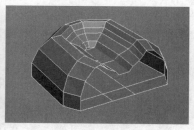

图8-185 图8-186

**12** 在顶视图中选择如图8-187所示的边，然后在"编辑边"卷展栏下单击"连接"按钮 连接 后面的"设置"按钮▣，接着设置"分段"为2，如图8-188所示。

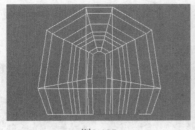
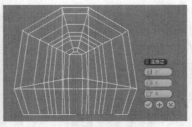

图8-187          图8-188

**13** 进入"顶点"级别，然后选择如图8-189所示的两个顶点，接着在"编辑顶点"卷展栏下单击"连接"按钮 ，在两个顶点之间连接出来一条新边，如图8-190所示。连接完成后将右侧的两个顶点也进行相同的处理。

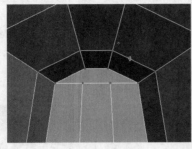
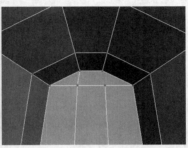

图8-189          图8-190

**14** 在"编辑顶点"卷展栏下单击"目标焊接"按钮 ，然后将需要焊接的顶点拖曳到目标顶点上进行焊接，如图8-191所示，焊接效果如图8-192所示。焊接完成后将右侧的两个顶点也进行相同的处理。

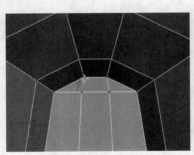
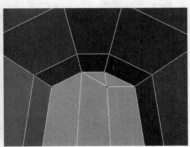

图8-191          图8-192

---

**提示**

注意，如果要将两个顶点进行目标焊接，那么这两个顶点必须在同一个面上，且要有一条边相连。如果顶点在同一个面上，但没有边连接起来，可以采用步骤13的方法进行连接。

**15** 继续使用"目标焊接"工具 焊接如图8-193所示的顶点，完成后的效果如图8-194所示。

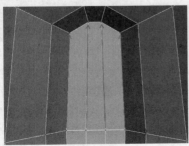
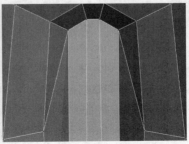

图8-193          图8-194

**16** 选择如图8-195所示的边，然后在"编辑边"卷展栏下单击"连接"按钮 连接 后面的"设置"按钮 ，接着设置"分段"为1，如图8-196所示。

**17** 继续对模型的细节（顶点）进行调节，完成后的效果如图8-197所示。

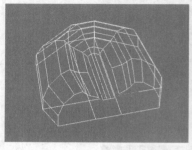

图8-195

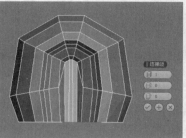

图8-196

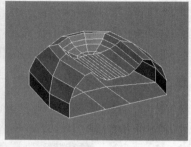

图8-197

**18** 进入"多边形"级别，然后选择模型底部的多边形，如图8-198所示，接着按Delete键将其删除，效果如图8-199所示。

**19** 为模型加载一个"细化"修改器，然后在"参数"卷展栏下设置"操作于"为"多边形" 、"张力"为10、"迭代次数"为2，具体参数设置及模型效果如图8-200所示。

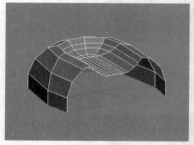

图8-198

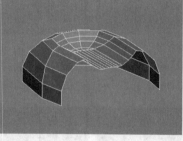

图8-199

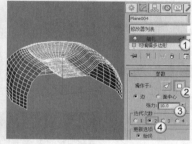

图8-200

**20** 将模型转换为可编辑多边形，进入"边"级别，然后选择如图8-201所示的边，接着在"编辑边"卷展栏下单击"利用所选内容创建图形"按钮 利用所选内容创建图形 ，最后在弹出的"创建图形"对话框中设置"图形类型"为"线性"，如图8-202所示。

**21** 选择"图形001"，然后在"渲染"卷展栏中勾选"在渲染中启用"和"在视口中启用"选项，接着设置"径向"的"厚度"为2mm，效果如图8-203所示。

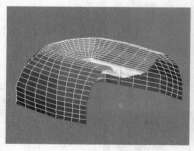

图8-201

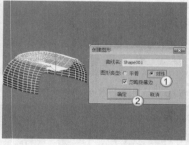

图8-202

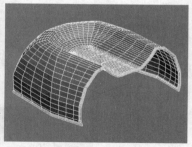

图8-203

**22** 选择模型，进入"边"级别，然后选择如图8-204所示的边，接着在"编辑边"卷展栏下单击"利用所选内容创建图形"按钮 利用所选内容创建图形 ，最后在弹出的"创建图形"对话框中设置"图形类型"为"线性"，如图8-205所示。

**23** 选择"图形002"，然后在"渲染"卷展栏中勾选"在渲染中启用"和"在视口中启用"选项，接着设置"径向"的"厚度"为1mm，效果如图8-206所示。

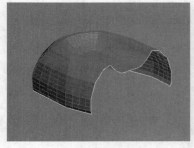

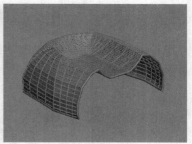

图8-204          图8-205          图8-206

24 选择原始的藤椅模型，然后按Delete键将其删除，效果如图8-207所示。

25 为模型加载一个FFD 3×3×3修改器，然后进入"控制点"次物体层级，接着选择如图8-208所示的控制点，最后使用"选择并移动"工具 ✛ 将其向上拖曳一段距离，效果如图8-209所示。

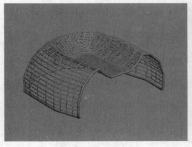
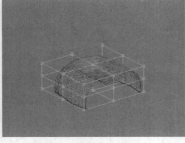
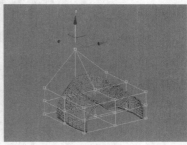

图8-207          图8-208          图8-209

26 下面制作坐垫模型。使用"切角长方体"工具  在场景中创建一个切角长方体，然后在"参数"卷展栏下设置"长度"为65mm、"宽度"为60mm、"高度"为10mm、"圆角"为3mm、"长度分段"为10、"宽度分段"为10、"高度分段"为1、"圆角分段"为2，具体参数设置及模型位置如图8-210所示。

27 为切角长方体加载一个FFD 4×4×4修改器，然后进入"控制点"次物体层级，接着将切角长方体调整成如图8-211所示的形状。

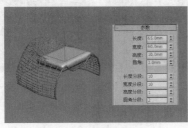
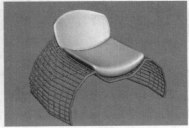

图8-210          图8-211

28 选择坐垫模型，然后按住Shift键使用"选择并旋转"工具 ⟳ 旋转复制一个模型作为靠背，如图8-212所示，接着使用"选择并非均匀缩放"工具 ▦ 调整好其大小比例，最终效果如图8-213所示。

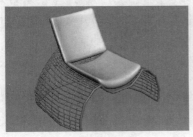

图8-212          图8-213

# 【练习8-7】用多边形建模制作苹果手机

　　iPhone 6手机效果如图8-214所示。本练习是一个难度比较大的电子产品建模实例，对于这种类型的模型，要求一般都很高，因为需要展示各个部位的细节才能吸引客户的购买欲望。本练习的建模思路尤为重要，为了方便大家学习，作者特意将建模流程进行了分解。

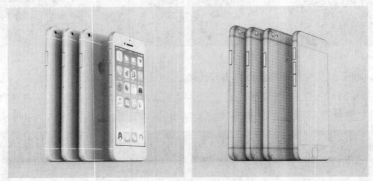

图8-214

## 1.创建机身

01 使用"矩形"工具 矩形 在顶视图中绘制一个矩形，然后在"参数"卷展栏下设置"长度"为158.1mm、"宽度"为77.8mm，如图8-215所示。

02 将矩形转换为可编辑样条线，进入"顶点"级别，然后选择所有的顶点，接着单击鼠标右键，在弹出的菜单中选择"角点"命令，如图8-216所示，这样可以将顶点的类型全部设置为坚硬的角点，如图8-217所示。

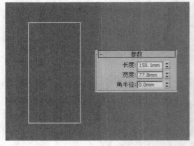

图8-215

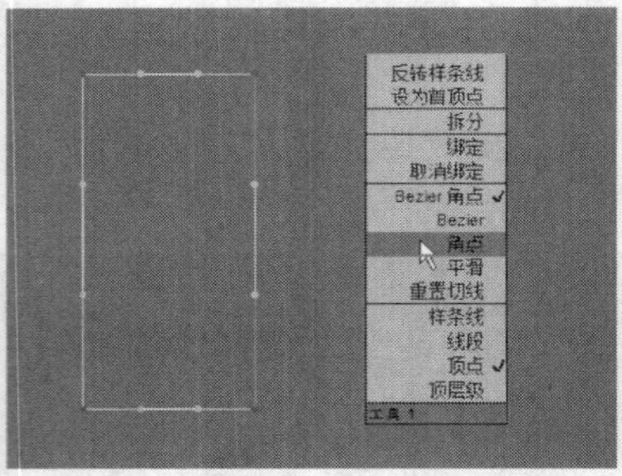

图8-216

图8-217

03 保持对顶点的选择，展开"几何体"卷展栏，然后在"圆角"按钮 圆角 后面的输入框中输入10mm，接着按Enter键，如图8-218所示。

04 为样条线加载一个"挤出"修改器，然后在"参数"卷展栏下设置"数量"为7mm，如图8-219所示。

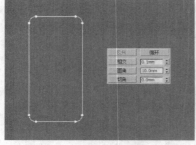

图8-218

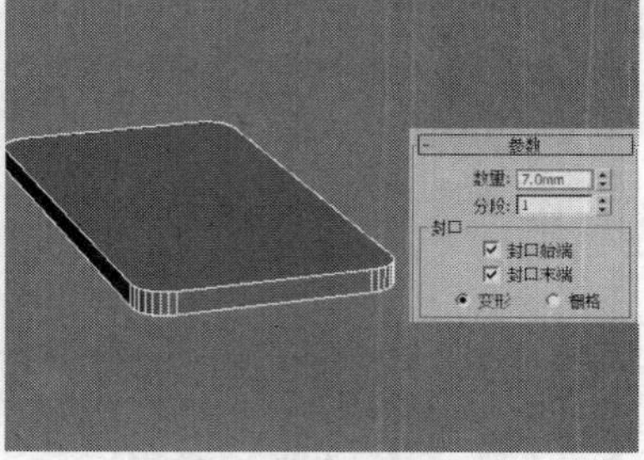

图8-219

05 按住Shift键使用"选择并移动"工具➕向上移动复制一个模型，设置复制的对象类型为"复制"，如图8-220所示，然后单击鼠标右键，在弹出的菜单中选择"隐藏选定对象"命令，将复制的模型隐藏起来，以备后用，如图8-221所示。

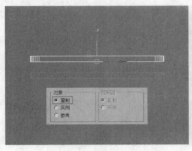
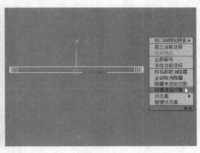

图8-220        图8-221

06 将模型转换为可编辑多边形，进入"边"级别，然后选择如图8-222所示的边，接着在"编辑边"卷展栏下单击"切角"按钮 切角 后面的"设置"按钮▣，最后设置"边切角量"为1.3mm，如图8-223所示。

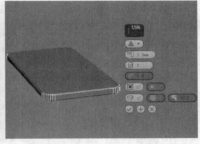

图8-222        图8-223

07 选择如图8-224所示的边，然后在"编辑边"卷展栏下单击"切角"按钮 切角 后面的"设置"按钮▣，接着设置"边切角量"为1.05mm，如图8-225所示。

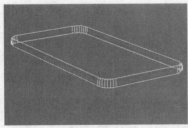

图8-224        图8-225

08 使用"矩形"工具 矩形 在顶视图中绘制一个矩形，在"参数"卷展栏下设置"长度"为120.8mm、"宽度"为67.5mm，如图8-226所示，然后按Alt+A组合键激活"对齐"工具▣，接着单击手机模型，在弹出的对话框中设置两个对象的对齐方式均为"中心"，如图8-227所示。

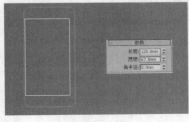
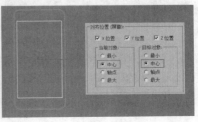

图8-226        图8-227

**09** 将捕捉开关设置为2.5D 捕捉模式，然后在捕捉开关上单击鼠标右键，勾选"顶点"选项如图8-228所示，接着使用"平面"工具 平面 捕捉矩形的顶点，在顶视图中创建一个平面，最后在"参数"卷展栏下设置"长度分段"和"宽度分段"都为3，如图8-229所示。

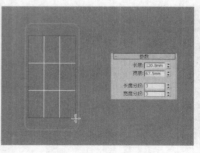

图8-228　　　　　　　　　　　　图8-229

**10** 选择手机模型（不要关闭捕捉开关），在"编辑几何体"卷展栏下单击"快速切片"按钮 快速切片 ，先捕捉平面8个角上的顶点（按照标号顺序）并单击鼠标左键进行切片，如图8-230所示，然后捕捉平面垂直方向上的4个顶点（按照标号顺序）并单击鼠标左键进行切片，如图8-231所示，切片出来的边如图8-232所示。切片完成后按S键关闭捕捉开关，同时也可以将平面删除，但不要删除矩形。

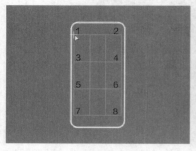

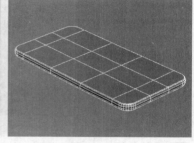

图8-230　　　　　　　　　　图8-231　　　　　　　　　　图8-232

**11** 进入"顶点"级别，在顶视图中框选如图8-233所示的顶点，然后使用"选择并均匀缩放"工具  沿y轴向上将顶点缩放到如图8-234所示的位置。

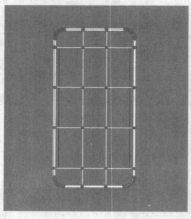
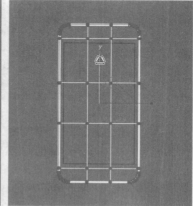

图8-233　　　　　　　　　　　　图8-234

**12** 进入"多边形"级别，选择如图8-235所示的多边形，然后在"编辑多边形"卷展栏下单击"插入"按钮 插入 后面的"设置"按钮 ，接着设置"数量"为1mm，如图8-236所示，完成后再插入一次1mm的多边形，如图8-237所示。

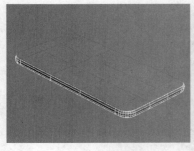
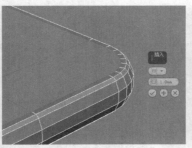
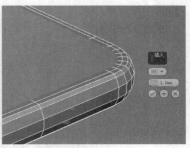

图8-235　　　　　　　　　　　　图8-236　　　　　　　　　　　　图8-237

**13** 进入"边"级别，在顶视图中框选如图8-238所示的边，然后在"编辑边"卷展栏下单击"连接"按钮 连接 后面的"设置"按钮 ，接着设置"分段"为1、"滑块"为-90，如图8-239所示。

图8-238　　　　　　　　　　　　图8-239

**14** 在顶视图中框选如图8-240所示的边，然后在"编辑边"卷展栏下单击"连接"按钮 连接 后面的"设置"按钮 ，接着设置"分段"为1、"滑块"为90，如图8-241所示。

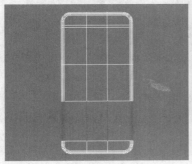

图8-240　　　　　　　　　　　　图8-241

**15** 在顶视图中框选如图8-242所示的边，然后在"编辑边"卷展栏下单击"连接"按钮 连接 后面的"设置"按钮 ，接着设置"分段"为2、"收缩"为25、"滑块"为0，如图8-243所示。

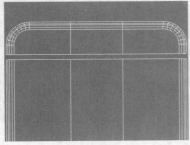

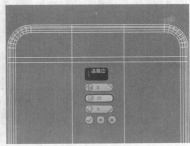

图8-242　　　　　　　　　　　　图8-243

**16** 在顶视图中框选如图8-244所示的边，然后在"编辑边"卷展栏下单击"连接"按钮 连接 后面的"设置"按钮 ▣，接着设置"分段"为2、"收缩"为25、"滑块"为0，如图8-245所示。

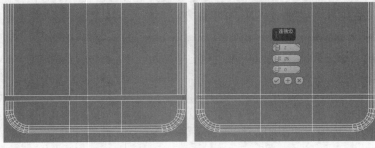

图8-244　　　　　　　　　　　图8-245

## 技术专题：巧用用户视图（正交视图）选择细节对象

　　这里要介绍在建模过程中的一种常用视图，即用户视图，也称正交视图。在创建模型时，很多时候都需要在透视图中进行操作，但有时用鼠标中键缩放视图时会发现没有多大作用，或是根本无法缩放视图，这样就无法对模型进行更进一步的细节操作。例如，在选择图8-246所示的边时，需要将视图的显示比例放到很大，要么需要选择的边不显示在视图中，要么就是根本缩放不了视图。遇到这种情况时，可以按U键将透视图切换为用户视图，此时离视图较近的对象部分会显示得比较小，而离视图较远的对象部分会显示得比较大，如图8-247所示。虽然用户视图的透视关系不正常，但是很方便缩放视图，同时也很利于用户选择细节对象，如果觉得用户视图看着不习惯，在调整完细节后按P键切换回透视图就行了。透视图符合人的肉眼看对象的正常规律，即离视图较近的对象部分会显示得比较大，离视图较远的对象部分会显示得比较小，但却不方便选择细节对象。

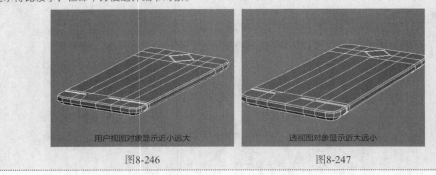

用户视图对象显示近小远大　　　　　　透视图对象显示近大远小

图8-246　　　　　　　　　　　图8-247

**17** 进入"多边形"级别，选择所有的多边形，然后在"多边形：材质ID"卷展栏下将多边形的ID设置为1，如图8-248所示，接着选择如图8-249所示的多边形，最后将材质ID设置为2（这就是iPhone 6的背面白边）。

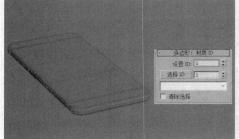

图8-248

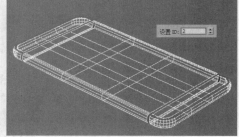

图8-249

**18** 按M键打开"材质编辑器"对话框，选择一个材质球，设置材质类型为"多维/子对象"材质，然后设置材质的数量为2，同时在两个材质通道中各加载一个VRayMtl材质，将ID1中的材质的"漫反射"颜色设置为蓝色，将ID2中的材质的"漫反射"颜色设置为白色，如图8-250所示，接着选择手机模型，单击"将材质指定给选定对象"按钮，将材质指定给选定的模型，效果如图8-251所示。

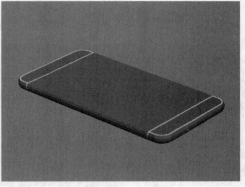

图8-250　　　　　　　　　　　图8-251

**提示**

关于材质的内容，在后面的章节中会详细介绍。

**19** 按A键激活"角度捕捉切换"工具，然后使用"选择并旋转"工具将模型旋转180°，让白边朝下，这个模型将作为手机的背面部分，如图8-252所示。

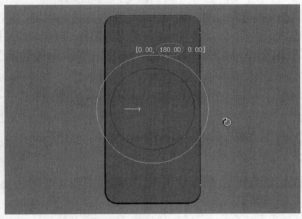

### 2.创建屏幕

图8-252

**01** 单击鼠标右键，在弹出的菜单中选择"全部取消隐藏"命令，显示出前面隐藏起来的模型，然后将手机的背面模型隐藏起来，接着在"修改"面板中单击"从堆栈中移除修改器"按钮，将前面加载的"挤出"修改器移除，现在视图中就剩下两个图形，如图8-253所示。

**02** 用"选择并移动"工具分别选择单独的两个图形，将其坐标值全部归零，如图8-254所示。

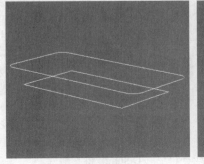

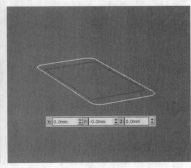

图8-253　　　　　　　　　　　图8-254

**03** 选择外面的图形，进入"样条线"级别，然后选择图形中所有的样条线，接着在"几何体"卷展栏下的"轮廓"按钮 轮廓 后面的输入框中输入1.5mm，为样条线进行廓边，如图8-255所示，最后删除外围的样条线，只保留廓边出来的样条线，如图8-256所示。

**04** 使用"圆"工具 圆 在前视图中绘制3个圆形，然后用"矩形"工具 矩形 绘制一个矩形，具体参数设置及图形位置如图8-257所示。

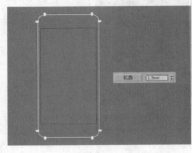

图8-255        图8-256        图8-257

**05** 将矩形转换为可编辑样条线，然后将4个顶点全部转换为"角点"，接着在"几何体"卷展栏下的"圆角"按钮 圆角 后面的输入框中输入0.99mm，为顶点进行圆角，如图8-258所示。

**06** 选择最外面的图形，然后在"几何体"卷展栏下单击"附加"按钮 附加 ，接着依次在视图中单击其他的所有图形，将这些图形全部附加为一个整体，如图8-259所示。

**07** 为图形加载一个"挤出"修改器，然后在"参数"卷展栏下设置"数量"为0.1mm，如图8-260所示。我们可以将其作为基础模型，下面要用它来制作听筒、镶边、屏幕和按钮模型。

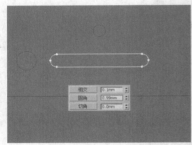

图8-258        图8-259        图8-260

**08** 按Ctrl+V组合键对基础模型进行原地复制，如图8-261所示，然后按Alt+Q组合键进入孤立选择模式，进入"样条线"级别，接着选择如图8-262所示的样条线，最后按Delete键将其删除。

**09** 执行"工具>结束隔离"菜单命令，退出孤立选择模式，然后将图形在视图中的显示颜色修改为黑色，接着将"挤出"修改器的"数量"修改为0.05mm，如图8-263所示。这个部分作为手机的听筒。

图8-261        图8-262        图8-263

**10** 继续对基础模型进行原地复制，如图8-264所示，然后按Alt+Q组合键进入孤立选择模式，进入"样条线"级别，接着选择如图8-265所示的样条线，最后按Delete键将其删除。

**11** 在"样条线"级别下选择剩下的样条线，然后在"几何体"卷展栏下的"轮廓"按钮 轮廓 后面的输入框中输入0.65mm，为样条线进行廓边，如图8-266所示。

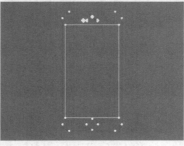

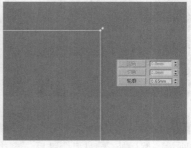

图8-264　　　　　　　　　　图8-265　　　　　　　　　　图8-266

**12** 执行"工具>结束隔离"菜单命令，退出孤立选择模式，然后将模型在视图中的显示颜色修改为黑色，效果如图8-267所示。这个部分作为手机屏幕的黑色镶边。

**13** 选择镶边模型，按Ctrl+V组合键对其进行原地复制，如图8-268所示，然后按Alt+Q组合键进入孤立选择模式，进入"样条线"级别，接着选择如图8-269所示的样条线（外围的样条线），最后按Delete键将其删除。

图8-267　　　　　　　　　　图8-268　　　　　　　　　　图8-269

**14** 执行"工具>结束隔离"菜单命令，退出孤立选择模式，然后将模型在视图中的显示颜色修改为深灰色，效果如图8-270所示。这个部分作为手机的屏幕模型。

**15** 选择基础模型，按Ctrl+V组合键对其进行原地复制，如图8-271所示，然后按Alt+Q组合键进入孤立选择模式，进入"样条线"级别，接着选择如图8-272所示的样条线，最后按Delete键将其删除。

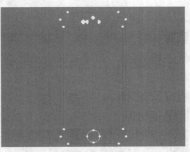

图8-270　　　　　　　　　　图8-271　　　　　　　　　　图8-272

**16** 执行"工具>结束隔离"菜单命令，退出孤立选择模式，然后将模型在视图中的显示颜色修改为能区分的颜色，效果如图8-273所示。这个部分作为手机的按钮模型。

**17** 将按钮转换为可编辑多边形，进入"多边形"级别，然后选择如图8-274所示的多边形，接着在"编辑多边形"卷展栏下单击"倒角"按钮 倒角 后面的"设置"按钮▣，最后设置"高度"为-0.07mm、"轮廓"为-0.6mm，如图8-275所示。

图8-273

图8-274

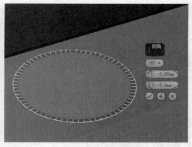
图8-275

**18** 保持对多边形的选择，在"多边形：材质ID"卷展栏下将选定多边形的材质ID设置为1，如图8-276所示，然后按Ctrl+I组合键反选多边形，接着将选定多边形的材质ID设置为2，如图8-277所示。

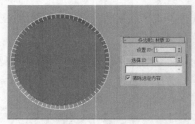
图8-276

图8-277

**19** 按M键打开"材质编辑器"对话框，选择一个材质球，设置材质类型为"多维/子对象"材质，然后设置材质的数量为2，同时在两个材质通道中各加载一个VRayMtl材质，将ID1中的材质的"漫反射"颜色设置为白色，将ID2中的材质的"漫反射"颜色设置为金黄色，如图8-278所示，接着选择按钮模型，单击"将材质指定给选定对象"按钮🔳，将材质指定给按钮模型，效果如图8-279所示。

图8-278

图8-279

**20** 选择基础模型，将其转换为可编辑多边形，再按Alt+Q组合键进入孤立选择模式，进入"边"级别，然后选择如图8-280所示的边（上面的边），接着在"编辑边"卷展栏下单击"切角"按钮 切角 后面的"设置"按钮🔳，最后设置"切角类型"为"四边形切角"、"边切角量"为0.08mm、"连接边分段"为6、"张力"为0.5，如图8-281所示。

**21** 退出孤立选择模式，同时将隐藏的手机背面模型显示出来，现在的整体效果如图8-282所示。

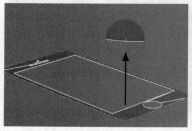
图8-280

图8-281

图8-282

### 3.创建孔洞

`01` 选择手机背面模型，按Alt+Q组合键进入孤立选择模式，进入"边"级别，然后选择如图8-283所示的边，接着在"编辑边"卷展栏下单击"连接"按钮 连接 后面的"设置"按钮□，最后设置"分段"为2、"收缩"为5，如图8-284所示。

`02` 采用相同的方法连接出其他的边，完成后的效果如图8-285所示。

图8-283

图8-284

图8-285

`03` 进入"多边形"级别，然后选择如图8-286所示的多边形，接着在"编辑多边形"卷展栏下单击"插入"按钮 插入 后面的"设置"按钮□，最后设置"数量"为1mm，如图8-287所示。

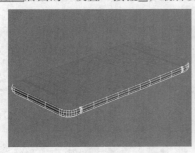
图8-286

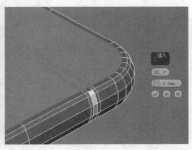
图8-287

`04` 为模型加载一个"网格平滑"修改器，然后在"细分量"卷展栏下设置"迭代次数"为2，如图8-288所示，接着为模型加载一个"编辑多边形"修改器，效果如图8-289所示。这一步是为模型添加足够多的面和边结构，这样在后面为手机打孔的时候，才能避免布尔运算打烂模型。

图8-288

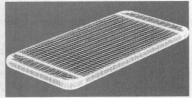
图8-289

`05` 使用"圆柱体"工具 圆柱体 和"切角长方体"工具 切角长方体 创建出打孔用的几何体，如图8-290~图8-299所示。

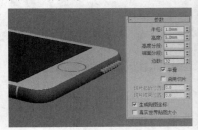
图8-290

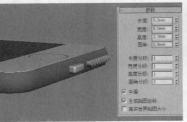
图8-291

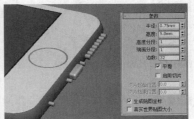
图8-292

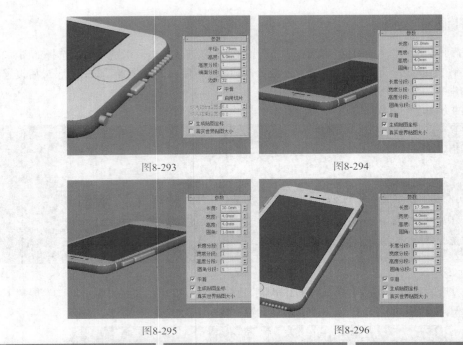

图8-293　　　　　　　　　　　　　　图8-294

图8-295　　　　　　　　　　　　　　图8-296

图8-297　　　　　　　　　　图8-298　　　　　　　　　　图8-299

**06** 选择用于打孔的所有几何体，然后在"命令"面板中单击"实用程序"按钮 ，切换到"实用程序"面板，接着单击"塌陷"按钮 塌陷 ，最后单击"塌陷选定对象"按钮 塌陷选定对象 ，将选定的几何体塌陷为一个整体对象，如图8-300所示。

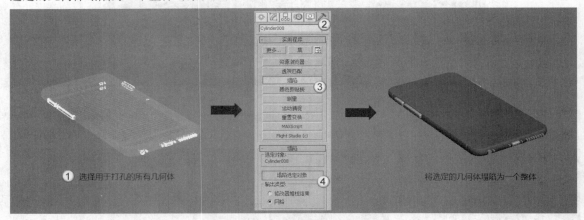

图8-300

**07** 选择手机背面模型，设置几何体类型为"复合对象"，然后单击"布尔"按钮 布尔 ，接着单击"拾取操作对象B"按钮 拾取操作对象B ，最后在视图中拾取上一步塌陷出来的整体对象，如图8-301所示。

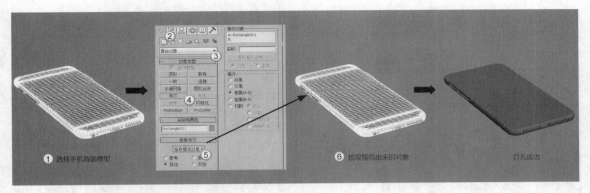

图8-301

**08** 将模型的材质修改一下，让模型在视图中的显示效果更真实一些，如图8-302所示。

**09** 使用"切角长方体"工具 切角长方体 配合多边形建模方法在手机左侧和右侧的孔内创建4个按钮模型，完成后的效果如图8-303所示。

图8-302

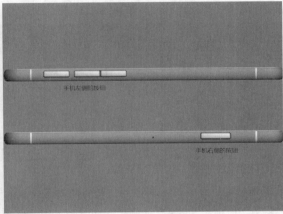

图8-303

### 4.创建摄像头

**01** 使用"圆柱体"工具 圆柱体 在背面创建一个圆柱体，然后在"参数"卷展栏下设置"半径"为3mm、"高度"为1.5mm、"高度分段"为1、"端面分段"为1、"边数"为32，如图8-304所示。

**02** 将圆柱体转换为可编辑多边形，进入"边"级别，选择如图8-305所示的边，然后在"编辑边"卷展栏下单击"切角"按钮 切角 后面的"设置"按钮 ，接着设置"边切角量"为0.3mm，如图8-306所示。

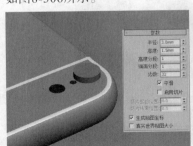

图8-304

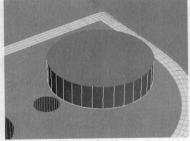

图8-305

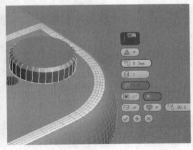

图8-306

**03** 进入"多边形"级别,选择如图8-307所示的多边形,然后在"编辑多边形"卷展栏下单击"插入"按钮 插入 后面的"设置"按钮 ,接着设置"数量"为0.2mm,如图8-308所示,最后再插入一次0.5mm的多边形,如图8-309所示。

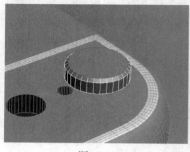  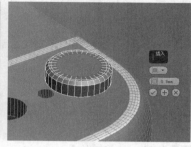

图8-307 　　　　　　　　　　图8-308 　　　　　　　　　　图8-309

**04** 保持对多边形的选择,在"多边形:材质ID"卷展栏下将选定多边形的材质ID设置为1,如图8-310所示;选择如图8-311所示的多边形,然后将选定多边形的材质ID设置为2;选择如图8-312所示的多边形,然后将选定多边形的材质ID设置为3。

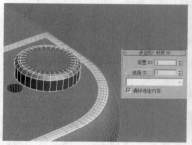 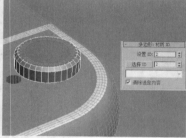 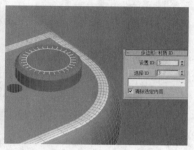

图8-310 　　　　　　　　　　图8-311 　　　　　　　　　　图8-312

**05** 按M键打开"材质编辑器"对话框,选择一个材质球,设置材质类型为"多维/子对象"材质,然后设置3子材质,如图8-313所示,接着选择摄像头模型,最后单击"将材质指定给选定对象"按钮 ,将材质指定给选定的模型,效果如图8-314所示。

 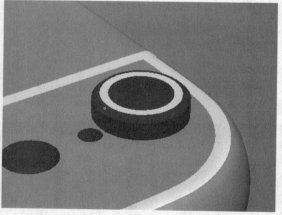

图8-313 　　　　　　　　　　　　图8-314

**06** 选择手机背面模型,进入"边"级别,然后选择如图8-315所示的边,接着在"编辑边"卷展栏下单击"切角"按钮 切角 后面的"设置"按钮 ,最后设置"边切角量"为0.01mm,如图8-316所示。切角完成后,将其他孔洞边缘上的边也进行相同的处理。

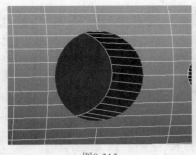

图8-315           图8-316

## 5.创建Logo

`01` 将学习资源中的"练习文件>第8章>练习8-8.ai"文件导入到场景中，放在手机模型的背面，如图8-317所示，然后为Logo图形加载一个"挤出"修改器，接着在"参数"卷展栏下设置"数量"为0.1mm，如图8-318所示。

图8-317           图8-318

## 技术专题：附加样条线

  iPhone的Logo是由叶子和苹果两个部分组成，在绘制的时候需要绘制两个图形，虽然可以对两个图形进行同时挤出，但是在后面的操作中会用到布尔运算，这就需要对模型运算两次。因此，在挤出之前，最好是先将两个图形附加为一个整体。附加方法是选择其中一个图形，然后在"几何体"卷展栏下单击"附加"按钮 `附加`，接着在视图中单击另外一个图形，如图8-319所示，这样就可以将两个图形附加成一个整体，如图8-320所示。

图8-319           图8-320

  另外，在制作很多特殊效果的时候，也需要将图形附加在一起。见图8-321中的两个图形，这是一个卡通小房子的截面图形，需要将中间的图形处理成"空洞"的模型。先对两个图形进行挤出，此时会形成两个实心的模型，如图8-322所示；而如果将两个图形附加在一起后，再次进行挤出，得到的模型效果就是一个中空外实的卡通房子模型，如图8-323所示。

**技术专题：附加样条线（续）**

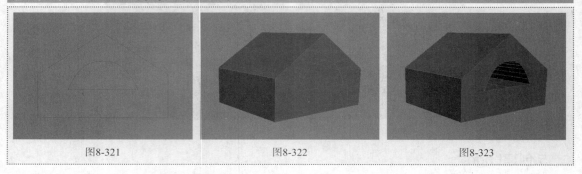

图8-321　　　　　　　　　　图8-322　　　　　　　　　　图8-323

**02** 使用"文本"工具 文本 在模型的背面创建一个文本，在"参数"卷展栏下设置字体为"方正兰亭黑_GBK"、"大小"为7.5mm，然后在"文本"输入框中输入iPhone，如图8-324所示，接着为文本加载一个"挤出"修改器，最后在"参数"卷展栏下设置"数量"为0.1mm，如图8-325所示，手机模型的最终效果如图8-326所示。

图8-324　　　　　　　　　　图8-325　　　　　　　　　　图8-326

## 【练习8-8】用多边形建模制作商业大厦

　　商业大厦效果如图8-327所示。本例从模型的外观上看起来比较复杂，其实创建起来很简单，只是创建的过程比较繁琐而已。本例基本上囊括了多边形建模中的各种常用工具，以及在前面很少涉及的"边界封口"技术和"桥接多边形（面）"技术，这两个技术在建筑外观建模中的使用频率相当高，请大务必掌握。

图8-327

**01** 使用"长方体"工具 长方体 在场景中创建一个长方体，然后在"参数"卷展栏下设置"长度"为35000mm、"宽度"为15000mm、"高度"为300mm，如图8-328所示。

**02** 将长方体转换为可编辑多边形，进入"多边形"级别，然后选择顶部的多边形，接着在"编辑多边形"卷展栏下单击"挤出"按钮 挤出 后面的"设置"按钮，最后设置"高度"为2800mm，如图8-329所示。

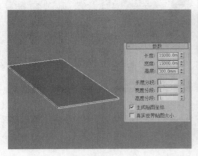
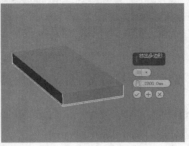

图8-328　　　　　　　　　　　　　图8-329

**03** 进入"边"级别，然后选择如图8-330所示的边，接着在"编辑边"卷展栏下单击"连接"按钮 连接 后面的"设置"按钮，最后设置"分段"为15，如图8-331所示。

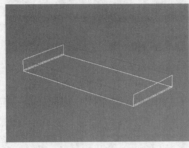
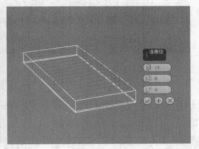

图8-330　　　　　　　　　　　　　图8-331

**04** 进入"顶点"级别，然后在左视图中将顶点调整成如图8-332所示的效果，顶点在透视图中的效果如图8-333所示。

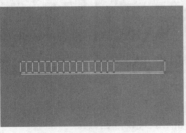
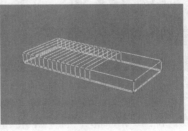

图8-332　　　　　　　　　　　　　图8-333

**05** 进入"边"级别，然后选择如图8-334所示的边，接着在"编辑边"卷展栏下单击"连接"按钮 连接 后面的"设置"按钮，最后设置"分段"为9，如图8-335所示。

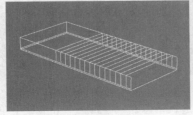
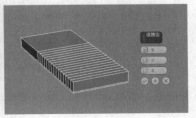

图8-334　　　　　　　　　　　　　图8-335

**06** 选择如图8-336所示的边，然后在"编辑边"卷展栏下单击"切角"按钮 切角 后面的"设置"按钮▣，接着设置"边切角量"为120mm，如图8-337所示。

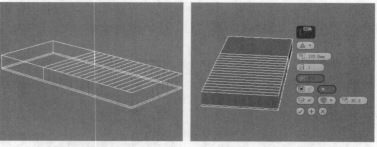

图8-336　　　　　　　　　　　图8-337

**07** 选择如图8-338所示的边，然后在"编辑边"卷展栏下单击"连接"按钮 连接 后面的"设置"按钮▣，接着设置"分段"为1，如图8-339所示。

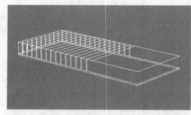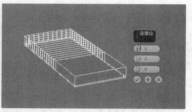

图8-338　　　　　　　　　　　图8-339

**08** 切换到前视图，然后将连接出来的边向上拖曳到如图8-340所示的位置。

**09** 选择如图8-341所示的边，然后在"编辑边"卷展栏下单击"连接"按钮 连接 后面的"设置"按钮▣，接着设置"分段"为4，如图8-342所示。

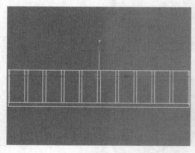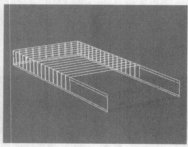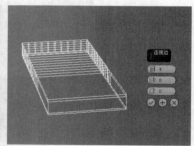

图8-340　　　　　　　　图8-341　　　　　　　　图8-342

**10** 进入"顶点"级别，然后在顶视图中框选连接出来的顶点，如图8-343所示，接着使用"选择并均匀缩放"工具▣在前视图中沿x轴向内将顶点缩放成如图8-344所示的效果。

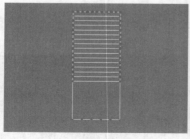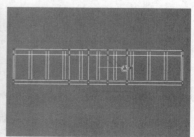

图8-343　　　　　　　　　　　图8-344

**11** 进入"边"级别，然后选择如图8-345所示的边，接着在"编辑边"卷展栏下单击"移除"按钮 移除 或按Backspace键，将选定边移除，如图8-346所示。

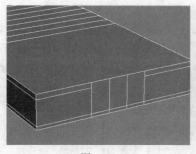
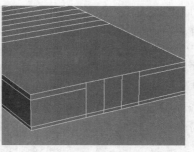

图8-345　　　　　　　　　图8-346

提示

如果直接按Delete键进行删除，不仅会删除选定边，同时还会删除被选定边所连接起来的多边形，如图8-347所示。

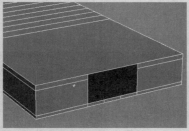

图8-347

**12** 进入"顶点"级别，然后选择如图8-348所示的两个顶点，接着在"编辑顶点"卷展栏下单击"移除"按钮 [移除] 或按Backspace键，将所选顶点移除，如图8-349所示。

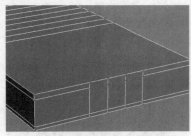
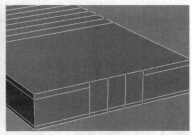

图8-348　　　　　　　　　图8-349

提示

在移除边以后，如果有多余的顶点存在，一定要记得将其一并移除（移除顶点也不能直接按Delete键）。另外，移除边与移除顶点的顺序一般都是先移除边，再移除顶点，请牢记这一条原则。

**13** 进入"边"级别，选择如图8-350所示的两条边，然后在"编辑边"卷展栏下单击"切角"按钮 [切角] 后面的"设置"按钮□，接着设置"边切角量"为120mm，如图8-351所示。

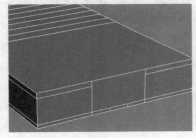
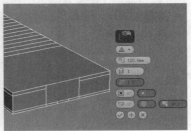

图8-350　　　　　　　　　图8-351

**14** 进入"多边形"级别，然后选择如图8-352所示的多边形，接着在"编辑多边形"卷展栏下单击"挤出"按钮 挤出 后面的"设置"按钮 ■，最后设置"高度"为-30mm，如图8-353所示。

**15** 在左视图中使用"选择并移动"工具 ⊕ 沿y轴向上将模型移动复制18份，如图8-354所示。

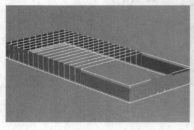
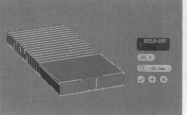

图8-352　　　　　　　　　　　图8-353　　　　　　　　　　　图8-354

**16** 选择最底层的模型，然后在"编辑几何体"卷展栏下单击"附加"按钮 附加 后面的"设置"按钮 ■，接着在弹出的"附加列表"对话框中选择所有的对象，最后单击"附加"按钮 附加，如图8-355所示，附加完成后，所有的模型会成为一个整体，如图8-356所示。

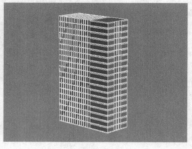

图8-355　　　　　　　　　　　图8-356

**17** 切换到前视图，然后利用边和顶点的移除功能将倒数第3层中间的部位处理成孔洞效果，如图8-357所示。这里提供一张局部放大效果供用户参考，如图8-358所示。

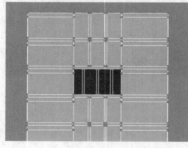
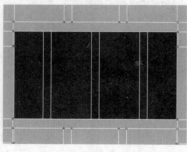

图8-357　　　　　　　　　　　图8-358

**18** 进入"边界"级别，然后选择孔洞上的边界，如图8-359所示，接着在"编辑边界"卷展栏下单击"封口"按钮 封口，对边界进行封口操作，效果如图8-360所示。

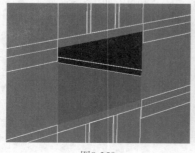
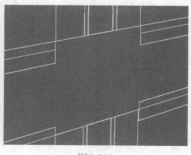

图8-359　　　　　　　　　　　图8-360

## 技术专题：边界封口

　　顾名思义，边界封口就是在一个封闭的边界内填充新的多边形，这个技术比较重要，特别是在不小心删除了多余的面的情况下会经常用到。见图8-361中的图A，模型中间缺失了一块面，需要将其补回来，这时就可以在"边界"级别下选择要封口的边界（见图B），然后在"编辑边界"卷展栏下单击"封口"按钮 封口 或按Alt+P组合键，这样就可以将缺失的面给补回来（见图C）。

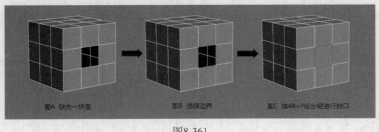

图8-361

**19** 为模型加载一个"镜像"修改器，然后在"参数"卷展栏下设置"镜像轴"为y轴、"偏移"为-80000mm，如图8-362所示。

**20** 为模型加载一个"编辑多边形"修改器，进入"多边形"级别，然后选择两栋大厦相对着的需要连起来的多边形，如图8-363所示，接着在"编辑多边形"卷展栏下单击"桥"按钮 桥 ，这样就可以将两个多边形连起来，如图8-364所示。

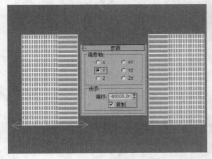
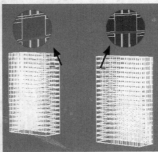
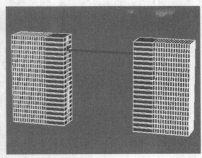

图8-362　　　　　　　　　　　　　图8-363　　　　　　　　　　　　　图8-364

## 技术专题：桥接多边形（面）

　　多边形的桥接在建模过程中会经常用到，实用指数相当高。下面以两个可编辑多边形长方体A和长方体B来详细讲解桥接的具体用法以及使用的前提条件，如图8-365所示。

　　第1点：桥接多边形是在多边形内部操作的，也就是说所操作的模型必须是一个可编辑多边形整体。如果不是一个整体，那么在选择一个多边形（面）以后，再去选择需要桥接的其他多边形（面），那么前面选择的多边形（面）将会自动取消，这也是前面的步骤（20）中为何要加载一个"编辑多边形"修改器的原因，因为虽然两栋大厦用"镜像"修改器镜像出来看似是一个整体，实际上并非这样。例如，想让长方体A与长方体B成为一个整体，可以先选择长方体A，然后在"编辑几何体"卷展栏下单击"附加"按钮 附加 ，接着单击长方体B，就可以将两个长方体附加为一个整体模型，如图8-366所示。

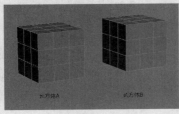
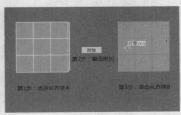

图8-365　　　　　　　　　　　　　图8-366

第2点：在同一个可编辑多边形模型中，桥接的多边形（面）必须不在同一个平面上。也就是说同一个大面上的两个小面是不能进行桥接的。例如，选择图8-367中的两个多边形进行桥接，得到的结果就会产生错误，如图8-368所示。

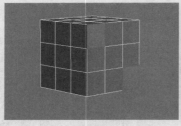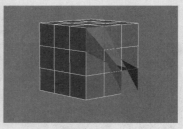

图8-367　　　　　　　　　　　　　　　　图8-368

第3点：桥接的两个面不在同一个平面上的同时，必须不能有公共的边。例如，选择图8-369中的两个多边形进行桥接，无论如何都是不会产生效果的。如果有公共边，可以在"边"级别对公共边进行切角，将其切成两条边，如图8-370所示，然后选择需要桥接的多边形，如图8-371所示，桥接后产生的结果就是正常的，如图8-372所示。

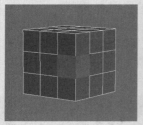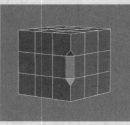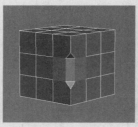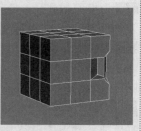

图8-369　　　　　　图8-370　　　　　　图8-371　　　　　　图8-372

以上3点就是桥接多边形（面）的前提条件，缺一不可。满足这3个条件以后，就可以进行桥接，桥接生成的结果既可以是连接（类似于桥梁）效果，也可以是打通（类似于孔洞）效果，如图8-373和图8-374所示。

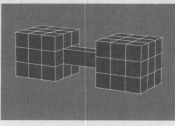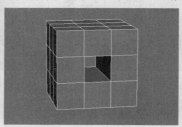

图8-373　　　　　　　　　　　　　　　　图8-374

**21** 选择桥底部的多边形，然后使用"挤出"工具 [挤出] 先将其挤出2800mm，接着再将其挤出300mm，如图8-375和图8-376所示。

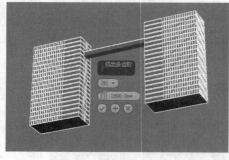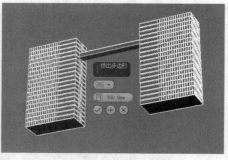

图8-375　　　　　　　　　　　　　　　　图8-376

22 选择桥梁两边中间的两个多边形，如图8-377所示，然后使用"挤出"工具 挤出 将其挤出-20mm，如图8-378所示。

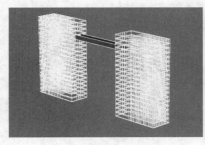

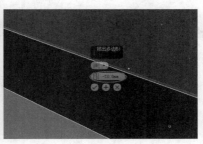

图8-377 图8-378

23 进入"边"级别，然后选择桥梁两边中间内侧的4条边，如图8-379所示，接着在"编辑边"卷展栏下单击"连接"按钮 连接 后面的"设置"按钮□，最后设置"分段"为25，如图8-380所示。

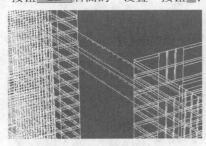

图8-379 图8-380

24 保持对连接出来的边的选择，在"编辑边"卷展栏下单击"切角"按钮 切角 后面的"设置"按钮□，然后设置"边切角量"为120mm，如图8-381所示。

25 进入"多边形"级别，然后选择上一步用边切角出来的多边形（背面也要选择），如图8-382所示，接着在"编辑多边形"卷展栏下单击"挤出"按钮 挤出 后面的"设置"按钮□，最后设置"高度"为20mm，如图8-383所示。

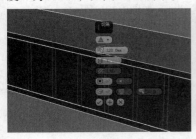

图8-381 图8-382 图8-383

26 下面制作两栋大厦顶部的圆环形建筑。使用"管状体"工具 管状体 在大厦的顶部创建一个管状体，然后在"参数"卷展栏下设置"半径1"为23000mm、"半径2"为35000mm、"高度"为8000mm、"高度分段"为1、"端面分段"为1、"边数"为96，具体参数设置及模型位置如图8-384所示。

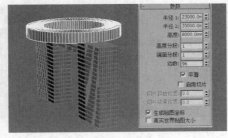

图8-384

27 将管状体转换为可编辑多边形，进入"多边形"级别，然后选择顶部和底部的多边形，如图8-385
所示，接着在"编辑多边形"卷展栏下单击"挤出"按钮 挤出 后面的"设置"按钮 □，最后设置"高
度"为2000mm，如图8-386所示。

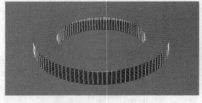

图8-385　　　　　　　　　　　　　　图8-386

提示

　　如果要一个一个去选择图8-387中的多边形，需要耗费相当多的时间，这里可以用一个简便的方法来选择。
先按Q键激活"选择对象"工具 □，然后继续连续按Q键将选择区域模式切换为"圆形选择区域" □，切换到顶视
图，将光标定位在模型的中心位置，接着拖曳光标进行圆形选择，再切换到左视图，连续按Q键切换到"矩形选择
区域" □，最后按住Alt键减选中间的多边形，这样就只选中了顶部和底部的多边形，如图8-388所示。

图8-387　　　　　　　　　　　　　　图8-388

28 进入"边"级别，选择如图8-389所示的一条边，然后在"选择"卷展栏下单击"环形"按钮
环形 ，这样可以选择与选定边在同一个环面上的所有边，如图8-390所示，接着在"编辑边"卷展栏
下单击"连接"按钮 连接 后面的"设置"按钮 □，最后设置"分段"为1，如图8-391所示。

 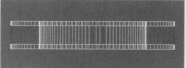 

图8-389　　　　　　　　　　　図8-390　　　　　　　　　　　図8-391

29 进入"多边形"级别，然后选择如图8-392所示的多边形，接着在"编辑多边形"卷展栏下单击
"插入"按钮 插入 后面的"设置"按钮 □，最后设置插入方式为"按多边形"、"数量"为120mm，
如图8-393所示。

30 保持对多边形的选择，在"编辑多边形"卷展栏下单击"挤出"按钮 挤出 后面的"设置"按钮 □，
然后设置"高度"为-60mm，如图8-394所示，最终效果如图8-395所示。

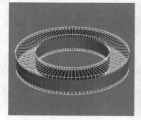 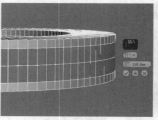 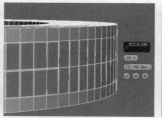 

图8-392　　　　　　　図8-393　　　　　　　　図8-394　　　　　　　図8-395

# 技术分享

## 给读者学习多边形建模的建议

　　毫无疑问，多边形建模技术是所有建模技术中最重要的。本章安排了大量的实战供大家练习，这些实战具有相当强的针对性，大家学完后能比较熟练地掌握多边形建模的主要工具的使用方法和技巧。如果大家参照书中步骤或视频教学也只能做到形似而不能神似，也是正常现象。因为建模作为一项技术，掌握工具和方法虽然是必须的，但是要建好模型，还必须要有足够的经验。临摹书中的实战，学到的仅仅是建模的方法和技巧，要想成为建模高手，还必须不断练习，不断积累经验。举一个简单的例子，调整顶点往往是一项烦琐的工作，不同的人调整出来的效果也不一样，有经验的模型师往往比刚入门的新手要处理得好，这就是经验问题，做得多了，经验自然就丰富了。

## 将非四边形转为四边形的方法

　　多边形的定义是边的数量≥3，但是在实际工作中，应该尽量用四边形，少用三边形，不用≥5的多边形。请大家务必牢记这条原则。三边形的模型通常用在网游中（低模），因为网游一般对模型的要求不高。但是，如果一个模型中存在大量的三边形，在3ds Max或其他三维软件（例如，ZBrush）中进行细分（不细分就很难得到高精度的模型）时，模型很可能会出错，解决办法就只有将三边形转为四边形。在3ds Max中，有两大对模型进行平滑细分的修改器，即"网格平滑"和"涡轮平滑"修改器，这两个修改器的原理是将多边形（无论是三边形还是>3的多边形）强制细分为四边形。下面列举两个例子来说明细分的原理以及不能完美细分模型的解决方法。

### 例1：细分原理

　　下图中有两个基础平面，图A是由三边形构成的多边形平面，图C是由四边形构成的多边形平面。分别对两个基础平面加载默认参数的"涡轮平滑"修改器，发现对三边形进行细分以后，虽然是细分成了四边形，但是其表面的布线相当絮乱，并且改变了平面的形状，见图B；而对四边形进行细分以后，只是将一个四边形细分为4个四边形，布线情况很整齐，并且基础平面的形状也没有任何变化，见图D。由此可以判定，四边形在平滑细分时能得到完美的造型效果。

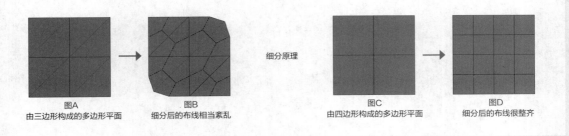

细分原理

图A　　　　　　　　　图B　　　　　　　　　　　　　　　　　图C　　　　　　　　　图D
由三边形构成的多边形平面　细分后的布线相当絮乱　　　　　　　　　　由四边形构成的多边形平面　细分后的布线很整齐

### 例2：不能完美细分模型的解决方法

下图中的图A是两个切角圆柱体通过"布尔"运算的"并集"方式创建出来的模型，在相并处出现了六边形，甚至更多的$n$边形，对其加载"涡轮平滑"修改器，相并处严重破坏了模型的造型，见图B。解决这个问题的方法是在加载"涡轮平滑"修改器之前将相并处的非四边形处理成四边形，见图C，然后加载修改器，这样细分出来的模型就正常了，见图D。由于转四边形的过程比较繁琐，涉及的工具、技巧甚至思路也很多，因此专门提供了一个视频以供参考。大家以后在建模过程中遇到类似的情况，可以采用相同的思路进行处理。

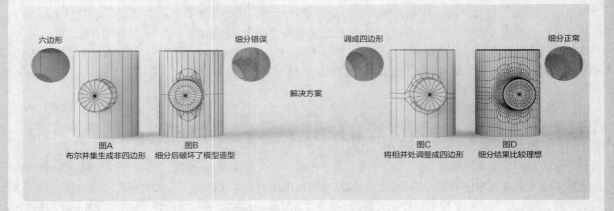

六边形　　　　　　　　　　　　　　　　细分错误　　　　调成四边形　　　　　　　　　　　　　　　　细分正常

解决方案

图A　　　　　　　　　　图B　　　　　　　　　　　　　　　　　　　　　　图C　　　　　　　　　图D
布尔并集生成非四边形　　细分后破坏了模型造型　　　　　　　　　　将相并处调整成四边形　　细分结果比较理想

# 第 9 章

## Ribbon建模

在3ds Max 2016之前的版本中，Ribbon建模工具被称为PolyBoost插件、"石墨建模工具"或"建模工具"选项卡。从某种意义上来讲，Ribbon建模工具其实就是多边形建模，其操作方法和建模原理与多边形建模基本相同。

※ 了解Ribbon建模工具
※ 了解多边形建模和Ribbon建模的关系
※ 掌握Ribbon建模的方法

# 9.1 调出Ribbon工具栏

在默认情况下，首次启动3ds Max 2016时，Ribbon工具栏会自动出现在操作界面中，位于"主工具栏"的下方。如果关闭了Ribbon工具栏，可以在"主工具栏"上单击"功能切换区"按钮 。Ribbon工具栏包含"建模""自由形式""选择""对象绘制""填充"5大选项卡，其中每个选项卡下都包含许多工具（这些工具的显示与否取决于当前建模的对象及需要），如图9-1所示。

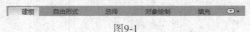

图9-1

---

**提示**

"填充"选项卡主要用于制作数量众多的人物随机行走、交谈等动画效果，关于该选项卡的用法，请参阅"20.4 人群流动画"下的相关内容。

# 9.2 切换Ribbon工具栏的显示状态

Ribbon工具栏的界面有3种不同的状态，单击Ribbon工具栏右侧的 按钮，在弹出的菜单中即可选择相应的显示状态，如图9-2所示。

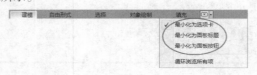

图9-2

# 9.3 建模选项卡

"建模"选项卡下包含了多边形建模的大部分常用工具，它们被分成若干个不同的面板，如图9-3所示。

图9-3

当切换不同的子对象级别时，"建模"选项卡下的参数面板也会跟着发生相应的变化，如图9-4~图9-8所示分别是"顶点"级别、"边缘"级别、"边界"级别、"多边形"级别和"元素"级别下的面板。

图9-4

图9-5

图9-6

图9-7

图9-8

# 9.3.1　多边形建模面板

### 功能介绍

"多边形建模"面板中包含了用于切换子对象级别、修改器堆栈、将对象转化为多边形和编辑多边形的常用工具和命令，如图9-9所示。由于该面板是常用的面板，因此建议用户将其切换为浮动面板（拖曳该面板即可将其切换为浮动状态），这样使用起来会更加方便一些，如图9-10所示。

图9-9　　　　　　　　图9-10

### 命令详解

❖ 顶点 ：进入多边形的"顶点"级别，在该级别下可以选择对象的顶点。

❖ 边 ：进入多边形的"边"级别，在该级别下可以选择对象的边。

❖ 边界 ：进入多边形的"边界"级别，在该级别下可以选择对象的边界。

❖ 多边形 ：进入多边形的"多边形"级别，在该级别下可以选择对象的多边形。

❖ 元素 ：进入多边形的"元素"级别，在该级别下可以选择对象中相邻的多边形。

> **提示**
>
> "边"与"边界"级别是兼容的，所以可以在二者之间进行切换，并且切换时会保留现有的选择对象。同理，"多边形"与"元素"级别也是兼容的。

❖ 切换命令面板 ：控制"命令"面板的可见性。单击该按钮可以关闭"命令"面板，再次单击该按钮可以显示出"命令"面板。

❖ 锁定堆栈 ：将修改器堆栈和"建模工具"控件锁定到当前选定的对象。

> **提示**
>
> "锁定堆栈"工具 非常适用于在保持已修改对象的堆栈不变的情况下变换其他对象。

❖ 显示最终结果 ：显示在堆栈中所有修改完毕后出现的选定对象。

❖ 下一个修改器 /上一个修改器 ：通过上移或下移堆栈以改变修改器的先后顺序。

❖ 预览关闭 ：关闭预览功能。

❖ 预览子对象 ：仅在当前子对象层级启用预览。

> **提示**
>
> 若要在当前层级取消选择多个子对象，可以按住Ctrl+Alt组合键将光标拖曳到高亮显示的子对象处，然后单击选定的子对象，这样就可以取消选择所有高亮显示的子对象。

❖ 预览多个 ：开启预览多个对象。

❖ 忽略背面 ：开启忽略对背面对象的选择。

❖ 使用软选择 ：在软选择和"软选择"面板之间切换。

❖ 塌陷堆栈 ：将选定对象的整个堆栈塌陷为可编辑多边形。

❖ 转化为多边形 ：将对象转换为可编辑多边形格式并进入"修改"模式。

❖ 应用编辑多边形模式 ：为对象加载"编辑多边形"修改器并切换到"修改"模式。

❖ 生成拓扑 ：打开"拓扑"对话框。

❖ 对称工具 ：打开"对称工具"对话框。

❖ 完全交互：切换"快速切片"工具和"切割"工具的反馈层级以及所有的设置对话框。

## 9.3.2 修改选择面板

### 功能介绍

"修改选择"面板中提供了用于调整对象的多种工具，如图9-11所示。

图9-11

### 命令详解

❖ 扩大 ：朝所有可用方向外侧扩展选择区域。

❖ 收缩 ：通过取消选择最外部的子对象来缩小子对象的选择区域。

❖ Loop（循环） ：根据当前选择的子对象来选择一个或多个循环。

  ◇ Loop Cylinder Ends（在圆柱体末端循环） Loop Cylinder Ends ：沿圆柱体的顶边和底边选择顶点和边循环。

---

**提示**

如果工具按钮后面带有三角形 图标，则表示该工具有子选项。

---

❖ 增长循环 ：根据当前选择的子对象来增长循环。

❖ 收缩循环 ：通过从末端移除子对象来减小选定循环的范围。

❖ 循环模式 ：如果启用该按钮，则选择子对象时也会自动选择关联循环。

❖ 点循环 ：选择有间距的循环。

  ◇ 点循环相反 ：选择有间距的顶点或多边形循环。

  ◇ 点循环圆柱体 ：选择环绕圆柱体顶边和底边的非连续循环中的边或顶点。

❖ 光环 ：根据当前选择的子对象来选择一个或多个环。

❖ 增长环 ：分步扩大一个或多个边环，只能用在"边"和"边界"级别中。

❖ 收缩环 ：通过从末端移除边来减小选定边循环的范围，不适用于圆形环，只能用在"边"和"边界"级别中。

❖ 环模式 ：启用该按钮时，系统会自动选择环。

❖ 点环 ：基于当前选择，选择有间距的边环。

❖ 轮廓 ：选择当前子对象的边界，并取消选择其余部分。

❖ 相似 ：根据选定的子对象特性来选择其他类似的元素。

❖ 填充 ：选择两个选定子对象之间的所有子对象。

❖ 填充孔洞 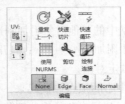：选择由轮廓选择和轮廓内的独立选择指定的闭合区域中的所有子对象。
❖ Step Loop（步循环）：在同一循环上的两个选定子对象之间选择循环。
  ◇ Step Loop Longest Distance（步循环最长距离）：使用最长距离在同一循环中的两个选定子对象之间选择循环。
❖ 步模式：使用"步模式"来分步选择循环，并通过选择各个子对象增加循环长度。
❖ 点间距：指定用"点循环"选择循环中的子对象之间的间距范围，或用"点环"选择的环中边之间的间距范围。

## 9.3.3 编辑面板

### 功能介绍

"编辑"面板中提供了用于修改多边形对象的各种工具，如图9-12所示。

图9-12

### 命令详解

❖ 保留UV：启用该按钮后，可以编辑子对象，而不影响对象的UV贴图。
❖ 扭曲：启用该按钮后，可以通过鼠标操作来扭曲UV。
❖ 重复：重复最近使用的命令。

--- 提示 ---

"重复"工具不会重复执行所有操作，例如，不能重复变换。使用该工具时，若要确定重复执行哪个命令，可以将光标指向该按钮，在弹出的工具提示上会显示可重复执行的操作名称。

❖ 快速切片：可以将对象快速切片，单击右键可以停止切片操作。

--- 提示 ---

在对象层级中，使用"快速切片"工具会影响整个对象。

❖ 快速循环：通过单击来放置边循环。按住Shift键单击可以插入边循环，并调整新循环以匹配周围的曲面流。
❖ NURMS：通过NURMS方法应用平滑并打开"使用NURMS"面板。
❖ 剪切：用于创建一个多边形到另一个多边形的边，或在多边形内创建边。
❖ 绘制连接：启用该按钮后，可以以交互的方式绘制边和顶点之间的连接线。
  ◇ 设置流：启用该按钮时，可以使用"绘制连接"工具自动重新定位新边，以适合周围网格内的图形。
❖ 约束：可以使用现有的几何体来约束子对象的变换。

## 9.3.4 几何体（全部）面板

### 功能介绍

"几何体（全部）"面板中提供了编辑几何体的一些工具，如图9-13所示。

图9-13

### 命令详解

❖ Relax（松弛）▣：使用该工具可以将松弛效果应用于当前选定的对象。

   ◇ Relax Setting（松弛设置）▣Relax Settings：打开"松弛"对话框，在对话框中可以设置松弛的相关参数。

❖ 创建▣：创建新的几何体。

❖ Attach（附加）▣：用于将场景中的其他对象附加到选定的多边形对象。

   ◇ Attach From List（从列表中附加）▣Attach From List：打开"附加列表"对话框，在对话框中可以将场景中的其他对象附加到选定对象。

❖ 塌陷▾：通过将其顶点与选择中心的顶点焊接起来，使连续选定的子对象组产生塌陷效果。

❖ 分离▣：将选定的子对象和附加到子对象的多边形作为单独的对象或元素分离出来。

❖ 四边形化全部▣/四边形化选择▣/从全部中选择边▣/从选项中选择边▣：一组用于将三角形转化为四边形的工具。

❖ 切片平面▣：为切片平面创建Gizmo，可以通过定位和旋转它来指定切片位置。

--- 提示 ---

在"多边形"或"元素"级别中，使用"切片平面"工具▣只能影响选定的多边形。如果要对整个对象执行切片操作，可以在其他子对象级别或对象级别中使用"切片平面"工具▣。

## 9.3.5 子对象面板

### 功能介绍

在不同的子对象级别中，子对象面板的显示状态也不一样，如图9-14~图9-18所示分别是"顶点"级别、"边"级别、"边界"级别、"多边形"级别和"元素"级别下的子对象面板。

图9-14　　　　图9-15　　　　图9-16　　　　图9-17　　　　图9-18

--- 提示 ---

关于这5个子对象面板中的相关工具和参数，请参阅"8.2 编辑多边形对象"中的相关内容。

## 9.3.6 循环面板

"循环"面板中的工具和参数主要用于处理边循环,如图9-19所示。

图9-19

**命令详解**

- ❖ Connect(连接）：在选中的对象之间创建新边。
  - ◇ Connect Settings（连接设置）Connect Settings：打开"连接边"对话框,只有在"边"级别下才可用。
- ❖ 距离连接：在跨越一定距离和其他拓扑的顶点和边之间创建边循环。
- ❖ 流连接：跨越一个或多个边环来连接选定边。
  - ◇ 自动环：启用该选项并使用"流连接"工具后,系统会自动创建完全边循环。
- ❖ 插入循环：根据当前的子对象选择创建一个或多个边循环。
- ❖ 移除循环：称除当前子对象层级处的循环,并自动删除所有剩余顶点。
- ❖ 设置流：调整选定边以适合周围网格的图形。
  - ◇ 自动循环：启用该选项后,使用"设置流"工具可以自动为选定的边选择循环。
- ❖ 构建末端：根据选择的顶点或边来构建四边形。
- ❖ 构建角点：根据选择的顶点或边来构建四边形的角点,以翻转边循环。
- ❖ 循环工具：打开"循环工具"对话框,该对话框中包含用于调整循环的相关工具。
- ❖ 随机连接：连接选定的边,并随机定位所创建的边。
  - ◇ 自动循环：启用该选项后,那么应用的"随机连接"可以使循环尽可能完整。
- ❖ 设置流速度：调整选定边的流的速度。

## 9.3.7 细分面板

**功能介绍**

"细分"面板中的工具可以用来增加网格的数量,如图9-20所示。

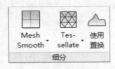

图9-20

**命令详解**

- ❖ Mesh Smooth（网格平滑）：将对象进行网格平滑处理。

- ◇ MeshSmooth Settings（网格平滑设置）![MeshSmooth Settings]：打开"网格平滑"对话框，在该对话框中可以指定平滑的应用方式。
- ❖ Tessellate（细化）![icon]：对所有多边形进行细化操作。
  - ◇ Tessellate Settings（细化设置）![Tessellate Settings]：打开"细化"对话框，在该对话框中可以指定细化的方式。
- ❖ 使用置换![icon]：打开"置换"面板，在该面板中可以为置换指定细分网格的方式。

## 9.3.8 三角剖分面板

### 功能介绍

"三角剖分"面板中提供了用于将多边形细分为三角形的一些方式，如图9-21所示。

图9-21

### 命令详解

- ❖ 编辑![icon]：在修改内边或对角线时，将多边形细分为三角形的方式。
- ❖ 旋转![icon]：通过单击对角线将多边形细分为三角形。
- ❖ 重复三角算法![icon]：对当前选定的多边形自动执行最佳的三角剖分操作。

## 9.3.9 对齐面板

### 功能介绍

"对齐"面板中的工具可以用在对象级别及所有子对象级别中，主要用来选择对齐对象的方式，如图9-22所示。

图9-22

### 命令详解

- ❖ 生成平面![icon]：强制所有选定的子对象成为共面。
- ❖ 到视图![icon]：使对象中的所有顶点与活动视图所在的平面对齐。
- ❖ 到栅格![icon]：使选定对象中的所有顶点与活动视图所在的平面对齐。
- ❖ X![X]/Y![Y]/Z![Z]：平面化选定的所有子对象，并使该平面与对象的局部坐标系中的相应平面对齐。

## 9.3.10 可见性面板

### 功能介绍

使用"可见性"面板中的工具可以隐藏和取消隐藏对象，如图9-23所示。

图9-23

### 命令详解

* ❖ 隐藏当前选择▣：隐藏当前选定的对象。
* ❖ 隐藏未选定对象▣：隐藏未选定的对象。
* ❖ 全部取消隐藏▢：将隐藏的对象恢复为可见。

## 9.3.11 属性面板

### 功能介绍

使用"属性"面板中的工具可以调整网格平滑、顶点颜色和材质ID，如图9-24所示。

图9-24

### 参数详解

* ❖ 硬▢：对整个模型禁用平滑。
  * ◇ 选定硬的▣选定硬的：对选定的多边形禁用平滑。
* ❖ 平滑▢：对整个对象启用平滑。
  * ◇ 平滑选定项▣平滑选定项：对选定的多边形启用平滑。
* ❖ 平滑30▢：对整个对象启用适度平滑。
  * ◇ 已选定平滑30▣已选定平滑30：对选定的多边形启用适度平滑。
* ❖ 颜色▣：设置选定顶点或多边形的颜色。
* ❖ 照明▣：设置选定顶点或多边形的照明颜色。
* ❖ Alpha▢：为选定的顶点或多边形分配Alpha值。
* ❖ 平滑组▣：打开用于处理平滑组的对话框。
* ❖ 材质ID▣：打开用于设置材质ID、按ID和子材质名称选择的对话框。

---

**提示**

下面将安排4个比较简单的实例来让用户熟悉"建模工具"的使用方法。如果用户嫌"建模工具"操作太麻烦，可以直接使用多边形建模来制作。

## 【练习9-1】用Ribbon建模工具制作床头柜

床头柜效果如图9-25所示。

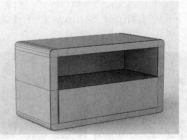

图9-25

01 使用"长方体"工具 长方体 在前视图中创建一个长方体，然后在"参数"卷展栏下设置"长度"为140mm、"宽度"为240mm、"高度"为120mm、"长度分段"为4、"宽度分段"为3，具体参数设置及模型效果如图9-26所示。

02 选择长方体，然后在Ribbon工具栏中单击"建模"选项卡，接着在"多边形建模"面板中单击"转化为多边形"按钮 ，如图9-27所示。

03 在"多边形建模"面板中单击"顶点"按钮 ，进入"顶点"级别，然后在前视图中使用"选择并均匀缩放"工具 将顶点调节成如图9-28所示的效果。

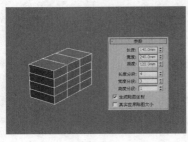

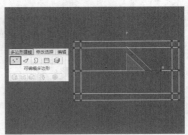

| 图9-26 | 图9-27 | 图9-28 |

04 在"多边形建模"面板中单击"多边形"按钮 ，进入"多边形"级别，然后选择如图9-29所示的多边形，接着在"多边形"面板中单击Extrude（挤出）按钮 下面的Extrude Settings（挤出设置）按钮 Extrude Settings ，最后设置"高度"为-120mm，如图9-30所示。

05 选择模型，然后按Alt+X组合键将模型以半透明的方式显示出来，接着在"多边形建模"面板中单击"边缘"按钮 ，进入"边缘"级别，最后选择如图9-31所示的边。

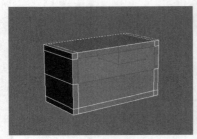

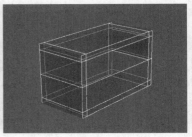

| 图9-29 | 图9-30 | 图9-31 |

---

**提示**

在半透明模式下可以很方便地选择模型的多边形、边、顶点等子对象。按Alt+X组合键可以切换到半透明显示方式，再次按Alt+X组合键可以退出半透明显示方式。

---

06 保持对边的选择，在"边"面板中单击Chamfer（切角）按钮 下面的Chamfer Settings（切角设置）按钮 Chamfer Settings ，然后设置"边切角量"为8mm、"连接边分段"为4，如图9-32所示。

07 进入"多边形"级别，然后选择如图9-33所示的多边形，接着在"多边形"面板中单击Extrude（挤出）按钮 下面的Extrude Settings（挤出设置）按钮 Extrude Settings ，最后设置"高度"为2mm，如图9-34所示。

| 图9-32 | 图9-33 | 图9-34 |

**08** 进入"边缘"级别，然后选择如图9-35所示的边，接着在"边"面板中单击Chamfer（切角）按钮 ⬛ 下面的Chamfer Settings（切角设置）按钮 ⬛ Chamfer Settings ，最后设置"边切角量"为0.5mm、"连接边分段"为1，如图9-36所示。

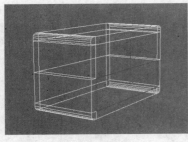
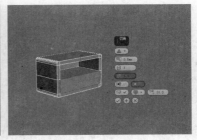

图9-35　　　　　　　　　　图9-36

**09** 选择如图9-37所示的边，然后在"边"面板中单击Chamfer（切角）按钮 ⬛ 下面的Chamfer Settings（切角设置）按钮 ⬛ Chamfer Settings ，接着设置"边切角量"为0.5mm、"连接边分段"为1，如图9-38所示，最终效果如图9-39所示。

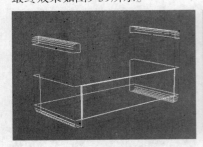
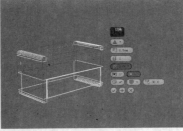
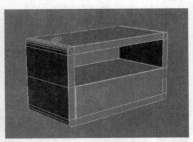

图9-37　　　　　　　　图9-38　　　　　　　　图9-39

## 【练习9-2】用Ribbon建模工具制作保温杯

保温杯效果如图9-40所示。

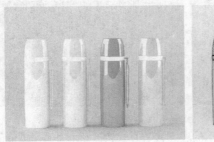
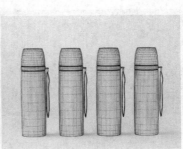

图9-40

**01** 下面创建杯身模型。使用"圆柱体"工具 ⬛ 圆柱体 在场景中创建一个圆柱体，然后在"参数"卷展栏下设置"半径"为30mm、"高度"为200mm、"高度分段"为5，具体参数设置及模型效果如图9-41所示。

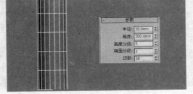

图9-41

02 将圆柱体转化为多边形，进入"顶点"级别，然后使用"选择并移动"工具 ❖ 在前视图中将顶点调整成如图9-42所示的效果。

03 在前视图中框选顶部的顶点，如图9-43所示，然后使用"选择并均匀缩放"工具 🔲 在顶视图中将其向内缩放成如图9-44所示的效果。

图9-42

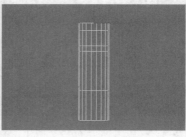
图9-43

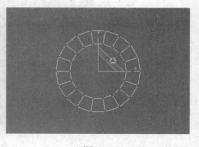
图9-44

04 采用相同的方法将底部的顶点稍微向内缩放一段距离，如图9-45所示。

05 进入"多边形"级别，然后选择如图9-46所示的多边形，接着在"多边形"面板中单击Inset（插入）按钮 🔲 下面的Inset Settings（插入设置）按钮 ，最后设置"数量"为0.6mm，如图9-47所示。

图9-45

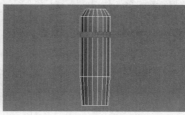
图9-46

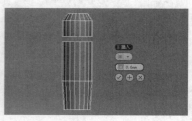
图9-47

06 选择如图9-48所示的多边形，然后在"多边形"面板中单击Extrude（挤出）按钮 🔲 下面的Extrude Settings（挤出设置）按钮 ，接着设置"挤出类型"为"局部法线"、"高度"为-1mm，如图9-49所示。

图9-48

图9-49

07 进入"边缘"级别，然后选择如图9-50所示的边，接着在"边"面板中单击Chamfer（切角）按钮 🔲 下面的Chamfer Settings（切角设置）按钮 ，最后设置"边切角量"为0.2mm、"连接边分段"为1，如图9-51所示。

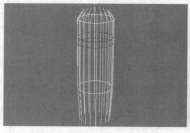
图9-50

图9-51

**08** 为杯体模型加载一个"网格平滑"修改器，然后在"细分量"卷展栏下设置"迭代次数"为2，具体参数设置及模型效果如图9-52所示。

**09** 下面创建剩余的模型。使用"切角圆柱体"工具 切角圆柱体 在左视图中创建一个切角圆柱体，然后在"参数"卷展栏下设置"半径"为1.8mm、"高度"为5mm、"圆角"为0.1mm、"边数"为24，具体参数设置及模型位置如图9-53所示，接着在顶视图中向右复制一个切角圆柱体，最后将其"半径"修改为2mm，如图9-54所示。

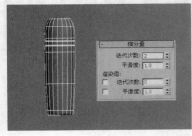

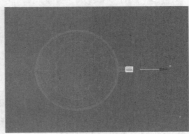

图9-52　　　　　　　　　　图9-53　　　　　　　　　　图9-54

**10** 使用"圆"工具 圆 在左视图中绘制一个圆形，然后在"参数"卷展栏下设置"半径"为6mm，如图9-55所示，接着在顶视图中调节好圆形的位置，如图9-56所示。

**11** 选择圆形，然后在"渲染"卷展栏下勾选"在渲染中启用"和"在视口中启用"选项，接着勾选"矩形"选项，并设置"长度"为1.5mm、"宽度"为0.6mm，具体参数设置及模型效果如图9-57所示。

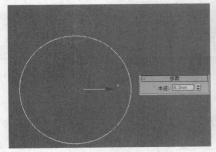

图9-55　　　　　　　　　　图9-56　　　　　　　　　　图9-57

**12** 使用"线"工具 线 在前视图中绘制出如图9-58所示的样条线，然后在"渲染"卷展栏下勾选"在渲染中启用"和"在视口中启用"选项，接着勾选"矩形"选项，并设置"长度"为4.5mm、"宽度"为1.8mm，具体参数设置及模型效果如图9-59所示。

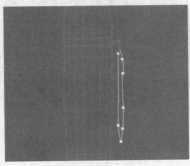

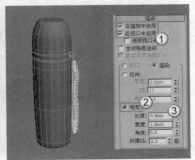

图9-58　　　　　　　　　　　图9-59

**13** 将杯带模型转换为可编辑多边形，进入"边缘"级别，然后选择如图9-60所示的边，接着在"边"面板中单击Chamfer（切角）按钮 下面的Chamfer Settings（切角设置）按钮 Chamfer Settings，最后设置"边切角量"为0.3mm、"连接边分段"为1，如图9-61所示。

**14** 为杯带模型加载一个"网格平滑"修改器，然后在"细分量"卷展栏下设置"迭代次数"为1，最终效果如图9-62所示。

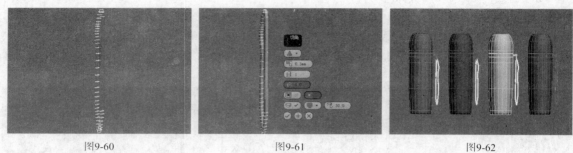

图9-60                              图9-61                              图9-62

## 【练习9-3】用Ribbon建模工具制作橱柜

橱柜效果如图9-63所示。

图9-63

**01** 使用"长方体"工具 `长方体` 在场景中创建一个长方体，然后在"参数"卷展栏下设置"长度"为100mm、"宽度"为180mm、"高度"为200mm、"长度分段"为1、"宽度分段"为3、"高度分段"为3，具体参数设置及模型效果如图9-64所示。

**02** 将长方体转化为可编辑多边形，进入"顶点"级别，然后在前视图中将顶点调整成如图9-65所示的效果。

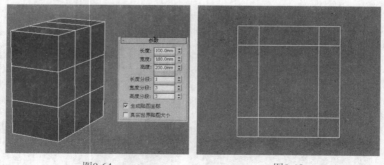

图9-64                              图9-65

**03** 进入"多边形"级别，然后选择如图9-66所示的多边形，接着在"多边形"面板中单击Bevel（倒角）按钮 下面的Bevel Settings（倒角设置）按钮 `Bevel Settings`，最后设置"高度"为-8mm、"轮廓"为-2mm，如图9-67所示。

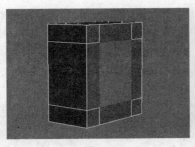
图9-66

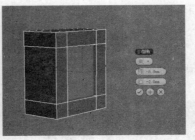
图9-67

**04** 保持对多边形的选择，在"多边形"面板中单击Bevel（倒角）按钮 ● 下面的Bevel Settings（倒角设置）按钮 [Bevel Settings]，然后设置"高度"为12mm、"轮廓"为-2mm，如图9-68所示。

**05** 进入"边缘"级别，然后选择如图9-69所示的边，接着在"边"面板中单击Chamfer（切角）按钮 ● 下面的Chamfer Settings（切角设置）按钮 [Chamfer Settings]，最后设置"边切角量"为5mm，如图9-70所示。

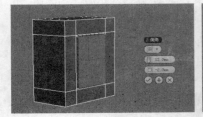
图9-68

图9-69

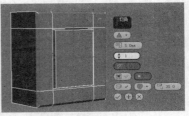
图9-70

**06** 切换到前视图，然后复制出如图9-71所示的模型。

**07** 使用"长方体"工具 [长方体] 在场景中创建一个长方体，然后在"参数"卷展栏下设置"长度"为100mm、"宽度"为280mm、"高度"为200mm、"长度分段"为1、"宽度分段"为3、"高度分段"为3，具体参数设置及模型位置如图9-72所示。

**08** 将长方体转化为可编辑多边形，进入"顶点"级别，然后在前视图中将顶点调整成如图9-73所示的效果。

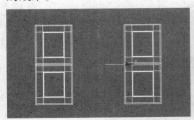
图9-71

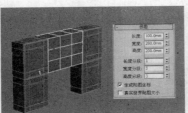
图9-72

图9-73

**09** 进入"多边形"级别，然后选择如图9-74所示的多边形，接着在"多边形"面板中单击Bevel（倒角）按钮 ● 下面的Bevel Settings（倒角设置）按钮 [Bevel Settings]，最后设置"高度"为-8mm、"轮廓"为-2mm，如图9-75所示。

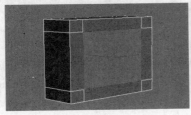
图9-74

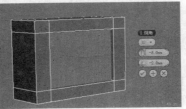
图9-75

**10** 保持对多边形的选择，在"多边形"面板中单击Bevel（倒角）按钮 ● 下面的Bevel Settings（倒角设置）按钮 ▣ Bevel Settings，然后设置"高度"为12mm、"轮廓"为-2mm，如图9-76所示。

**11** 进入"边缘"级别，然后选择如图9-77所示的边，接着在"边"面板中单击Chamfer（切角）按钮 ● 下面的Chamfer Settings（切角设置）按钮 ▣ Chamfer Settings，最后设置"边切角量"为5mm，如图9-78所示。

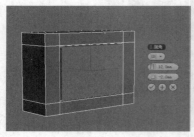 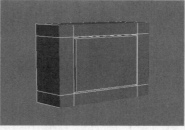 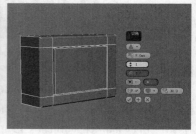

图9-76　　　　　　　　　　　图9-77　　　　　　　　　　　图9-78

**12** 选择模型，然后按住Shift键使用"选择并移动"工具 ⊹ 向下移动复制一个模型，如图9-79所示。

**13** 使用"长方体"工具 ▭长方体 在场景中创建一个长方体，然后在"参数"卷展栏下设置"长度"为100mm、"宽度"为280mm、"高度"为400mm、"长度分段"为1、"宽度分段"为3、"高度分段"为3，具体参数设置及模型位置如图9-80所示。

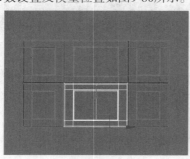 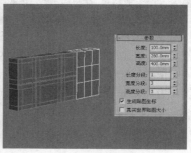

图9-79　　　　　　　　　　　　　　　图9-80

**14** 将长方体转化为可编辑多边形，然后将长方体处理成如图9-81所示的效果，接着复制一些模型到如图9-82所示的位置。

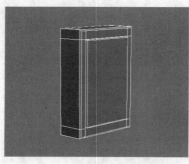 

图9-81　　　　　　　　　　　　　　　图9-82

**15** 使用"长方体"工具 ▭长方体 制作出柜台和侧板模型，完成后的效果如图9-83所示。

**16** 使用"线"工具 ▭线 在左视图中绘制出如图9-84所示的样条线，然后在"渲染"卷展栏下勾选"在渲染中启用"和"在视口中启用"选项，接着设置"径向"的"厚度"为5mm，具体参数设置及模型效果如图9-85所示。

图9-83　　　　　　　　　　　　图9-84　　　　　　　　　　　　图9-85

**17** 继续使用"线"工具 线 在左视图中绘制一条如图9-86所示的样条线，然后在"渲染"卷展栏下勾选"在渲染中启用"和"在视口中启用"选项，接着设置"径向"的"厚度"为20mm，最后将其拖曳到把手模型上，效果如图9-87所示。

**18** 将把手模型复制一些到其他橱柜上，最终效果如图9-88所示。

图9-86　　　　　　　　　　　　图9-87　　　　　　　　　　　　图9-88

## 【练习9-4】用Ribbon建模工具制作麦克风

麦克风效果如图9-89所示。

图9-89

**01** 下面制作麦克风的金属网膜。使用"球体"工具 球体 在场景中创建一个球体，然后在"参数"卷展栏下设置"半径"为180mm、"分段"为80，具体参数设置及模型效果如图9-90所示。

**02** 使用"选择并均匀缩放"工具 在前视图中将球体向上缩放成如图9-91所示的效果。

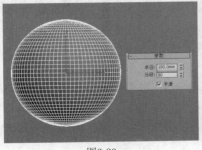
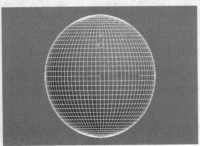

图9-90　　　　　　　　　　　　图9-91

**03** 将球体转化为可编辑多边形，然后在"多边形建模"面板中单击"生成拓扑"按钮，接着在弹出的"拓扑"对话框中单击"边方向"按钮，如图9-92所示，效果如图9-93所示。

 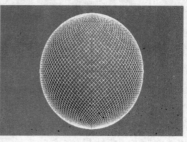

图9-92              图9-93

**04** 进入"边缘"级别，然后选择所有的边，接着在"边"面板中单击"利用所选内容创建图形"按钮，最后在弹出的"创建图形"对话框中设置"图形类型"为"线性"，如图9-94所示。

**05** 选择"图形001"，然后在"渲染"卷展栏下勾选"在渲染中启用"和"在视口中启用"选项，接着设置"径向"的"厚度"为2mm，具体参数设置及模型效果如图9-95所示。

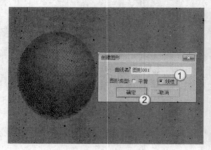 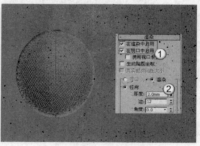

图9-94              图9-95

**06** 选择多边形球体，然后在"多边形建模"面板中单击"生成拓扑"按钮，接着在弹出的"拓扑"对话框中再次单击"边方向"按钮，效果如图9-96所示，接着用步骤04和步骤05的方法将边转换为图形，完成后的效果如图9-97所示。

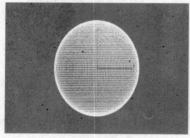 

图9-96              图9-97

## 技术专题：将选定对象的显示设置为外框

制作到这里时，有些用户可能会发现自己的计算机非常卡，这是很正常的，因为此时场景中的多边形面数非常多，耗用了大部分的显示内存。下面介绍一种提高计算机运行速度的方法，即将选定对象的显示设置为外框。具体操作方法如下。

第1步：选择"图形001"和"图形002"，然后单击鼠标右键，接着在弹出的菜单中选择"对象属性"命令，如图9-98所示。

第2步：在弹出的"对象属性"对话框中的"显示属性"选项组下勾选"显示为外框"选项，如图9-99所示。设置完成后就可以发现运行速度会提高很多。

## 技术专题: 将选定对象的显示设置为外框（续）

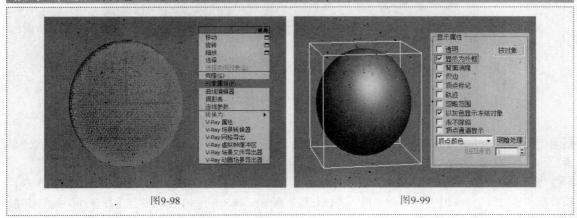

图9-98                                                        图9-99

**07** 使用"管状体"工具 管状体 围绕网膜创建一个管状体，然后在"参数"卷展栏下设置"半径1"为180mm、"半径2"为188mm、"高度"为30mm、"高度分段"为6，具体参数设置及模型位置如图9-100所示。

**08** 将管状体转化为可编辑多边形，进入"顶点"级别，然后将顶点调整成如图9-101所示的效果。

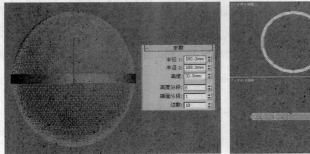
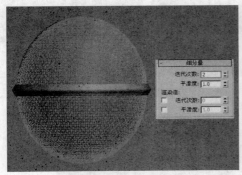

图9-100                                                        图9-101

**09** 为模型加载一个"网格平滑"修改器，然后在"细分量"卷展栏下设置"迭代次数"为2，具体参数设置及模型效果如图9-102所示。

**10** 继续使用"管状体"工具 管状体 和"建模工具"创建出网膜下的底座模型，完成后的效果如图9-103所示。

图9-102                                                        图9-103

**11** 使用"圆锥体"工具 圆锥体 创建出手柄模型，如图9-104所示，然后将其转化为可编辑多边形，接着使用"建模工具"中的Extrude（挤出）工具、Inset（插入）工具、Connect（连接）工具等制作出手柄上的按钮，完成后的效果如图9-105所示。

图9-104

图9-105

**12** 使用"圆柱体"工具  在手柄的底部创建一个圆柱体，然后在"参数"卷展栏下设置"半径"和"高度"分别为100mm、"高度分段"为1，具体参数设置及模型位置如图9-106所示。

**13** 将圆柱体转化为可编辑多边形，进入"多边形"级别，然后选择底部的多边形，如图9-107所示，接着在"多边形"面板中单击Inset（插入）按钮 下面的Inset Settings（插入设置）按钮 ，最后设置"数量"为40mm，如图9-108所示。

图9-106

图9-107

图9-108

**14** 保持对多边形的选择，在"多边形"面板中单击Extrude（挤出）按钮 下面的Extrude Settings（挤出设置）按钮 ，然后设置"数量"为180mm，如图9-109所示。

**15** 进入"边缘"级别，然后选择如图9-110所示的边，接着在"循环"面板中单击Connect（连接）按钮 下面的Connect Settings（连接设置）按钮 ，最后设置"分段"为18，如图9-111所示。

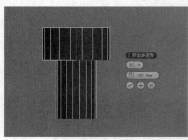

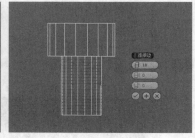

图9-109

图9-110

图9-111

**16** 进入"多边形"级别，然后选择如图9-112所示的多边形，接着在"多边形"面板中单击Bevel（倒角）按钮 下面的Bevel Settings（倒角设置）按钮 ，最后设置"倒角类型"为"局部法线"、"高度"为8mm、"轮廓"为-1mm，如图9-113所示。

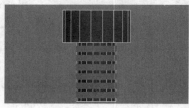

图9-112

图9-113

**17** 进入"边"级别，然后选择如图9-114所示的边，接着在"边"面板中单击Chamfer（切角）按钮 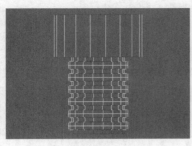 下面的Chamfer Settings（切角设置）按钮，最后设置"边切角量"为1mm，如图9-115所示。

图9-114

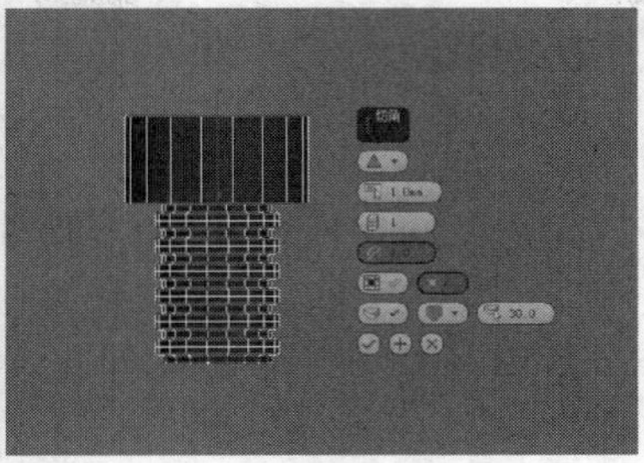

图9-115

**18** 继续使用Inset（插入）工具、Extrude（挤出）工具 和Chamfer（切角）工具将底部的多边形处理成如图9-116所示的效果，然后为模型加载一个"网格平滑"修改器，接着在"细分量"卷展栏下设置"迭代次数"为2，最终效果如图9-117所示。

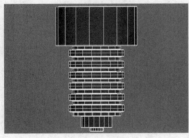

图9-116

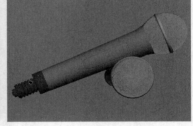

图9-117

# 技术分享

## 如何学习Ribbon建模技术

通过本章的学习，大家应该能感受到Ribbon建模的原理和多边形建模几乎是一样的。因此，本书设计本章的主要目的是为了帮助大家在了解一种新建模方法的同时，巩固好多边形建模技术。Ribbon建模的核心技术与多边形建模一样，大家在学习的时候，可以通过观看"第8章 多边形建模"的内容来进行学习和练习，且多边形建模的一些技巧和方法也可用于Ribbon建模。

# 第 10 章

# NURBS建模

　　NURBS建模是3ds Max的一种高级建模方法，这种方法的使用频率相对较低，算不上3ds Max的主流建模方法。NURBS是专门做曲面物体的一种造型方法，它的造型总是由曲线和曲面来定义的，所以要在NURBS表面里生成一条有棱角的边是很困难的。就是因为这一特点，用户可以用它做出各种复杂的曲面造型和表现特殊的效果，如人的皮肤、面貌或流线型的跑车等。

---

※ NURBS对象类型
※ 创建NURBS对象
※ 转换NURBS对象
※ 编辑NURBS对象
※ NURBS创建工具箱

# 10.1 创建NURBS对象

NURBS建模是一种高级建模方法，所谓NURBS就是Non—Uniform Rational B-Spline（非均匀有理B样条曲线）。NURBS建模适合于创建一些复杂的弯曲曲面，如图10-1~图10-4所示是一些比较优秀的NURBS建模作品。

图10-1

图10-2

图10-3

图10-4

## 10.1.1 NURBS对象类型

NBURBS对象包含"NURBS曲面"和"NURBS曲线"两种，如图10-5和图10-6所示。

图10-5

图10-6

### 1.NURBS曲面

NURBS曲面包含"点曲面"和"CV曲面"两种。"点曲面"由点来控制曲面的形状，每个点始终位于曲面的表面上，如图10-7所示；"CV曲面"由控制顶点（CV）来控制模型的形状，CV形成围绕曲面的控制晶格，而不是位于曲面上，如图10-8所示。

图10-7

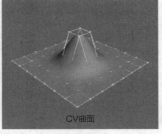
图10-8

### 2.NURBS曲线

NURBS曲线包含"点曲线"和"CV曲线"两种。"点曲线"由点来控制曲线的形状，每个点始终位于曲线上，如图10-9所示；"CV曲线"由控制顶点（CV）来控制曲线的形状，这些控制顶点不必位于曲线上，如图10-10所示。

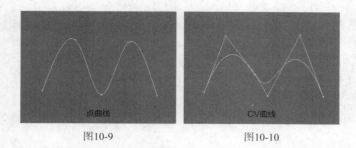

图10-9 图10-10

# 10.1.2 创建NURBS对象

创建NURBS对象的方法很简单，如果要创建NURBS曲面，可以将几何体类型切换为"NURBS曲面"，然后使用"点曲面"工具 点曲面 和"CV曲面"工具 CV曲面 即可创建出相应的曲面对象；如果要创建NURBS曲线，可以将图形类型切换为"NURBS曲线"，然后使用"点曲线"工具 点曲线 和"CV曲线"工具 CV曲线 即可创建出相应的曲线对象。

## 1.点曲面

### 功能介绍

点曲面是由矩形点的阵列构成的曲面，创建时可以修改它的长度、宽度以及各边上的点数，如图10-11所示。

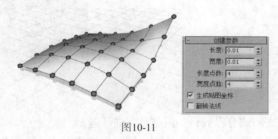

图10-11

### 参数详解

❖ 长度/宽度：分别设置曲面的长度和宽度。

❖ 长度点数/宽度点数：分别设置长、宽边上的点的数目。

❖ 生成贴图坐标：自动产生贴图坐标。

❖ 翻转法线：翻转曲面法线。

## 2.CV曲面

### 功能介绍

CV曲面就是可控曲面，即由可以控制的点组成的曲面，这些点不在曲面上，而是对曲面起到控制作用，每一个控制点都有权重值可以调节，以改变曲面的形状，如图10-12所示。

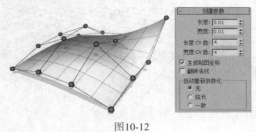

图10-12

### 参数详解

- ❖ 长度/宽度：分别设置曲面的长度和宽度。
- ❖ 长度CV数/宽度CV数：分别设置长、宽边上的控制点的数目。
- ❖ 生成贴图坐标：自动产生贴图坐标。
- ❖ 翻转法线：翻转曲面法线。
- ❖ 无：不使用自动重新参数化功能。所谓自动重新参数化，就是对象表面会根据编辑命令进行自动调节。
- ❖ 弦长：应用弦长度运算法则，即按照每个曲面片段长度的平方根在曲线上分布控制点的位置。
- ❖ 一致：按一致的原则分配控制点。

## 3.点曲线

### 功能介绍

点曲线是由一系列点来弯曲构成曲线，如图10-13所示。

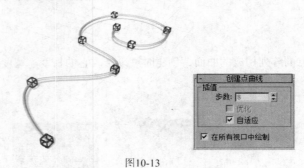

图10-13

### 参数详解

- ❖ 步数：设置两点之间的分段数目。值越高，曲线越圆滑。
- ❖ 优化：对两点之间的分段进行优化处理，删除直线段上的片段划分。
- ❖ 自适应：由系统自动指定分段，以产生平滑的曲线。
- ❖ 在所有视口中绘制：选择该项，可以在所有的视图中绘制曲线。

## 4.CV曲线

### 功能介绍

CV曲线是由一系列线外控制点来调整曲线形态的曲线，如图10-14所示。

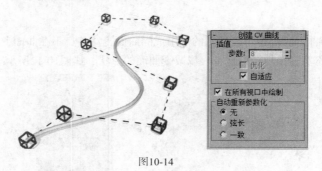

图10-14

CV曲线的功能参数与点曲线基本一致，这里就不再重复介绍。

### 10.1.3 转换NURBS对象

NURBS对象可以直接创建出来，也可以通过转换的方法将对象转换为NURBS对象。将对象转换为NURBS对象的方法主要有以下3种。

第1种：选择对象，然后单击鼠标右键，接着在弹出的菜单中选择"转换为>转换为NURBS"命令，如图10-15所示。

第2种：选择对象，然后进入"修改"面板，接着在修改器堆栈中的对象上单击鼠标右键，最后在弹出的菜单中选择NURBS命令，如图10-16所示。

第3种：为对象加载"挤出"或"车削"修改器，然后设置"输出"为NURBS，如图10-17所示。

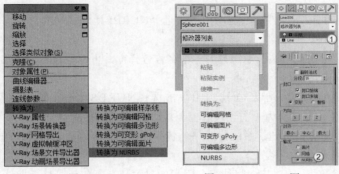

图10-15　　　　　　图10-16　　　　图10-17

# 10.2 编辑NURBS对象

在NURBS对象的修改参数面板中共有7个卷展栏（以NURBS曲面对象为例），分别是"常规""显示线参数""曲面近似""曲线近似""创建点""创建曲线"和"创建曲面"卷展栏，如图10-18所示。

图10-18

### 10.2.1 "常规"卷展栏

**功能介绍**

"常规"卷展栏下包含用于编辑NURBS对象的常用工具（如"附加"工具、"附加多个"工具、"导入"工具、"导入多个"工具等）以及NURBS对象的显示方式，另外还包含一个"NURBS创建工具箱"按钮（单击该按钮可以打开"NURBS创建工具箱"），如图10-19所示。

图10-19

### 参数详解

❖ 附加：单击此按钮，然后在视图中单击选择NURBS允许接纳的对象，可以将它附加到当前NURBS造型中。

❖ 附加多个：单击此按钮，系统打开一个名称选择框，可以通过名称来选择多个对象合并到当前NURBS造型中。

❖ 导入：单击此按钮，然后在视图中单击选择NURBS允许接纳的对象，可以将它转化为NURBS对象，并且作为一个导入造型合并到当前NURBS造型中。

❖ 导入多个：单击此按钮，系统打开一个名称选择框，可以通过名称来选择多个对象导入到当前NURBS造型中。

❖ "显示"参数组：控制造型5种组合因素的显示情况，包括晶格、曲线、曲面、从属对象和曲面修剪。最后的变换降级比较重要，默认是勾选的，如果在这时进行NURBS顶点编辑，则曲面形态不会显示出加工效果，所以一般要取消选择，以便于实时编辑操作。

❖ "曲面显示"参数组：选择NURBS对象表面的显示方式。

&diamond; 细分网格：正常显示NURBS对象的构成曲线。

&diamond; 明暗处理晶格：按照控制线的形式显示NURBS对象表面形状。这种显示方式比较快，但是不精确。

❖ 相关堆栈：勾选此项，NURBS会在修改堆栈中保持所有的相关造型。

## 10.2.2 "显示线参数"卷展栏

### 功能介绍

"显示线参数"卷展栏下的参数主要用来指定显示NURBS曲面所用的"U向线数"和"V向线数"的数值，如图10-20所示。

图10-20

### 参数详解

❖ U向线数/ V向线数：分别设置U向和V向等参线的条数。

❖ 仅等参线：选择此项，仅显示等参线。

❖ 等参线和网格：选择此项，在视图中同时显示等参线和网格划分。

❖ 仅网格：选择此项，仅显示网格划分，这是根据当前的精度设置显示的NURBS转为多边形后的划分效果。

# 10.2.3 "曲面/曲线近似"卷展栏

## 功能介绍

"曲面近似"卷展栏下的参数主要用于控制视图和渲染器的曲面细分，可以根据不同的需要来选择"高""中""低"3种不同的细分预设，如图10-21所示；"曲线近似"卷展栏与"曲面近似"卷展栏相似，主要用于控制曲线的步数及曲线的细分级别，如图10-22所示。

图10-21　　　图10-22

## 参数详解

## 1.曲面近似

❖ 视口：选择此项，下面的设置只针对视图显示。

❖ 渲染器：选择此项，下面的设置只针对最后的渲染结果。

❖ 基础曲面：设置影响整个表面的精度。

❖ 曲面边：对于有相接的几个曲面，如修剪、混合、填角等产生的相接曲面，它们由于各自的等参线的数目、分布不同，导致转化为多边形后边界无法一一对应，这时必须使用更高的细分精度来处理相接的两个表面，才能使相接的曲面不产生缝隙。

❖ 置换曲面：对于有置换贴图的曲面，可以进行置换计算时曲面的精度划分，决定置换对曲面造成的形变影响大小。

❖ 细分预设：提供了3种快捷设置，分别是低、中、高3个精度，如果对具体参数不太了解，可以使用它们来设置。

❖ 细分方法：提供各种可以选用的细分方法。

　◇ 规则：直接用U、V向的步数来调节，值越大，精度越高。

　◇ 参数化：在水平和垂直方向产生固定的细化，值越高，精度越高，但运算速度也慢。

　◇ 空间：产生一个统一的三角面细化，通过调节下面的"边"参数控制细分的精细程度。数值越低，精细化程度越高。

　◇ 曲率：根据造型表面的曲率产生一个可变的细化效果，这是一个优秀的细化方式。"距离"和"角度"值降低，可以增加细化程度。

　◇ 空间和曲率：空间和曲率两种方式的结合，可以同时调节"边""距离""角度"参数。

　◇ 依赖于视图：该参数只有在"渲染器"选项下有效，勾选它可以根据摄影机与场景对象间的距离调整细化方式，从而缩短渲染时间。

　◇ 合并：控制表面细化时哪些重叠的边或距离很近的边进行合并处理，默认值为0，利用这个功能可以有效地去除一些修剪曲面产生的缝隙。

### 2.曲线近似

❖ 步数：设置每个点之间曲线上的步数值，值越高，插补的点越多，曲线越平滑，取值范围是1~100。

❖ 优化：以固定的步数值进行优化适配。

❖ 自适应：自动进行平滑适配，以一个相对平滑的插补值设置曲线。

## 10.2.4 "创建点/曲线/曲面"卷展栏

### 功能介绍

"创建点""创建曲线""创建曲面"卷展栏中的工具与"NURBS工具箱"中的工具相对应，主要用来创建点、曲线和曲面对象，如图10-23~图10-25所示。

图10-23　　　　图10-24　　　　图10-25

---

### 提示

"创建点""创建曲线""创建曲面"这3个卷展栏中的工具是NURBS中非常重要的对象编辑工具，关于这些工具的含义，请参阅10.3节的相关内容。

---

# 10.3　NURBS创建工具箱

在"常规"卷展栏下单击"NURBS创建工具箱"按钮打开"NURBS工具箱"，如图10-26所示。"NURBS工具箱"中包含用于创建NURBS对象的所有工具，主要分为3个功能区，分别是"点"功能区、"曲线"功能区和"曲面"功能区。

图10-26

## NURBS工具箱工具介绍

① 创建点的工具

❖ 创建点▣：创建单独的点。

❖ 创建偏移点▣：根据一个偏移量创建一个点。

❖ 创建曲线点▣：创建从属曲线上的点。

❖ 创建曲线-曲线点▣：创建一个从属于"曲线-曲线"的相交点。

❖ 创建曲面点▣：创建从属于曲面上的点。

❖ 创建曲面-曲线点▣：创建从属于"曲面-曲线"的相交点。

② 创建曲线的工具

❖ 创建CV曲线▣：创建一条独立的CV曲线子对象。

❖ 创建点曲线▣：创建一条独立的曲线子对象。

❖ 创建拟合曲线▣：创建一条从属的拟合曲线。

❖ 创建变换曲线▣：创建一条从属的变换曲线。

❖ 创建混合曲线▣：创建一条从属的混合曲线。

❖ 创建偏移曲线▣：创建一条从属的偏移曲线。

❖ 创建镜像曲线▣：创建一条从属的镜像曲线。

❖ 创建切角曲线▣：创建一条从属的切角曲线。

❖ 创建圆角曲线▣：创建一条从属的圆角曲线。

❖ 创建曲面-曲面相交曲线▣：创建一条从属于"曲面-曲面"的相交曲线。

❖ 创建U向等参曲线▣：创建一条从属的U向等参曲线。

❖ 创建V向等参曲线▣：创建一条从属的V向等参曲线。

❖ 创建法向投影曲线▣：创建一条从属于法线方向的投影曲线。

❖ 创建向量投影曲线▣：创建一条从属于向量方向的投影曲线。

❖ 创建曲面上的CV曲线▣：创建一条从属于曲面上的CV曲线。

❖ 创建曲面上的点曲线▣：创建一条从属于曲面上的点曲线。

❖ 创建曲面偏移曲线▣：创建一条从属于曲面上的偏移曲线。

❖ 创建曲面边曲线▣：创建一条从属于曲面上的边曲线。

③ 创建曲面的工具

❖ 创建CV曲线▣：创建独立的CV曲面子对象。

❖ 创建点曲面▣：创建独立的点曲面子对象。

❖ 创建变换曲面▣：创建从属的变换曲面。

❖ 创建混合曲面▣：创建从属的混合曲面。

❖ 创建偏移曲面▣：创建从属的偏移曲面。

❖ 创建镜像曲面▣：创建从属的镜像曲面。

❖ 创建挤出曲面▣：创建从属的挤出曲面。

❖ 创建车削曲面▣：创建从属的车削曲面。

❖ 创建规则曲面▣：创建从属的规则曲面。

❖ 创建封口曲面▣：创建从属的封口曲面。

❖ 创建U向放样曲面▣：创建从属的U向放样曲面，母体必须为NURBS对象，被拾取对象为样条线对象。

❖ 创建UV放样曲面▣：创建从属的UV向放样曲面。

❖ 创建单轨扫描▣：创建从属的单轨扫描曲面。

❖ 创建双轨扫描▣：创建从属的双轨扫描曲面。

❖ 创建多边混合曲面▣：创建从属的多边混合曲面。

❖ 创建多重曲线修剪曲面▣：创建从属的多重曲线修剪曲面。

❖ 创建圆角曲面▣：创建从属的圆角曲面。

## 【练习10-1】用NURBS建模制作抱枕

本练习的抱枕效果如图10-27所示。

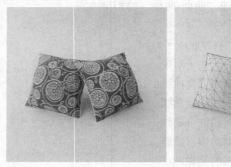

图10-27

**01** 使用"CV曲面"工具 ⸤CV曲面⸥ 在前视图中创建一个CV曲面，然后在"创建参数"卷展栏下设置"长度"和"宽度"为300mm、"长度CV数"和"宽度CV数"为4，接着按Enter键确认操作，具体参数设置如图10-28所示，效果如图10-29所示。

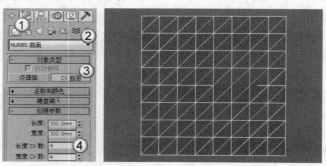

图10-28　　　　　　　　　　图10-29

**02** 进入"修改"面板，选择NURBS曲面的"曲面CV"次物体层级，然后选择中间的4个CV点，如图10-30所示，接着使用"选择并均匀缩放"工具▣在前视图中将其向外缩放成如图10-31所示的效果。

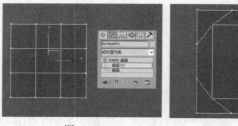

图10-30　　　　　　　　　　图10-31

**03** 选择如图10-32所示的CV点，然后使用"选择并均匀缩放"工具▣在前视图中将其向内缩放成如图10-33所示的效果。

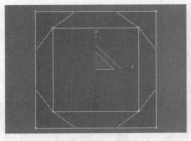
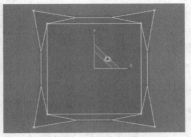

图10-32                              图10-33

04 用"选择并移动"工具⊞在左视图中将中间的4个CV点向右拖曳一段距离,如图10-34所示。

05 为模型加载一个"对称"修改器,然后在"参数"卷展栏下设置"镜像轴"为z轴,接着关闭
"沿镜像轴切片"选项,最后设置"阈值"为2.5,具体参数设置如图10-35所示,效果如图10-36所示。

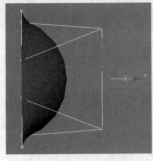
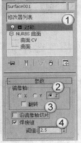

图10-34              图10-35                    图10-36

06 选择"对称"修改器的"镜像"次物体层级,然后在左视图中将镜像轴调整好,使两个模型刚好
拼合在一起,如图10-37所示,最终效果如图10-38所示。

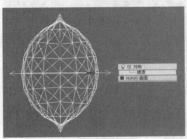

图10-37                          图10-38

## 【练习10-2】用NURBS建模制作植物叶片

本练习的植物叶片效果如图10-39所示。

图10-39

**01** 使用"CV曲面"工具 CV曲面 在前视图中创建一个CV曲面，然后在"创建参数"卷展栏下设置"长度"为6mm、"宽度"为13mm、"长度CV数"和"宽度CV数"为5，接着按Enter键确认操作，具体参数设置及模型效果如图10-40所示。

**02** 选择NURBS曲面的"曲面CV"次物体层级，然后在顶视图中使用"选择并移动"工具 将左侧的4个CV点调节成如图10-41所示的形状。

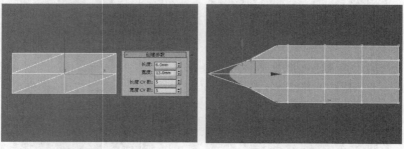

图10-40                图10-41

**03** 选择如图10-42所示的6个CV点，然后使用"选择并均匀缩放"工具 在前视图中将其向上缩放成如图10-43所示的效果。

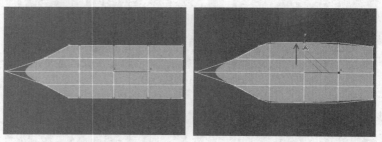

图10-42                图10-43

**04** 选择如图10-44所示的两个CV点，然后使用"选择并均匀缩放"工具 在前视图中将其向上缩放成如图10-45所示的效果。

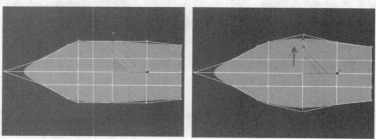

图10-44                图10-45

**05** 采用相同的方法调节好右侧的CV点，完成后的效果如图10-46所示。

**06** 在顶视图中选择如图10-47所示的CV点，然后使用"选择并移动"工具 在前视图中将其向下拖曳到如图10-48所示的位置。

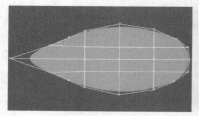
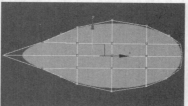
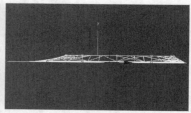

图10-46                图10-47                图10-48

**07** 在顶视图中选择如图10-49所示的CV点，然后使用"选择并移动"工具 ⊕ 在前视图中将其向上拖曳到如图10-50所示的位置。

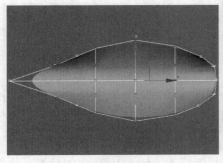
图10-49

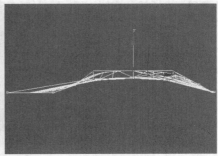
图10-50

**08** 继续对叶片的细节进行调节，完成后的效果如图10-51所示。

**09** 单击界面左上角的"应用程序"图标 🖹，然后执行"导入>合并"菜单命令，接着在弹出的"合并文件"对话框中选择学习资源中的"练习文件>第10章>练习10-2.max"文件，最后将叶片放在枝头上，如图10-52所示。

**10** 利用复制功能复制一些叶片到枝头上，并适当调整其大小和位置，最终效果如图10-53所示。

图10-51

图10-52

图10-53

## 【练习10-3】用NURBS建模制作冰激凌

本练习的冰激凌效果如图10-54所示。

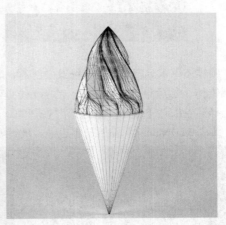

图10-54

**01** 设置图形类型为"NURBS曲线"，然后使用"点曲线"工具 点曲线 在顶视图中绘制出如图10-55所示的点曲线。

**02** 继续使用"星形"工具 星形 在顶视图中绘制点曲线，并调节好各个点曲线之间的间距，完成后的效果如图10-56所示。

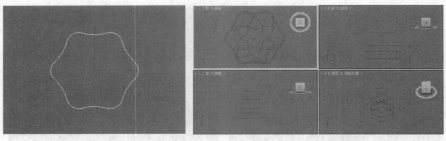

图10-55　　　　　　　　　　　　　图10-56

**03** 切换到"修改"面板，然后在"常规"卷展栏下单击"NURBS创建工具箱"按钮█，打开"NURBS创建工具箱"，接着在"NURBS创建工具箱"中单击"创建U向放样曲面"按钮█，最后在视图中从上到下依次单击点曲线，单击完成后按鼠标右键结束操作，如图10-57所示，放样完成后的模型效果如图10-58所示。

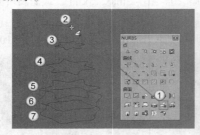

图10-57　　　　　　　　　　　　　图10-58

**04** 在"NURBS创建工具箱"中单击"创建封口曲面"按钮█，然后在视图中单击最底部的截面（对其进行封口操作），如图10-59所示，封口后的模型效果如图10-60所示。

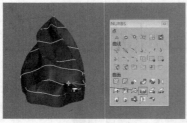

图10-59　　　　　　　　　　　　　图10-60

**05** 使用"圆锥体"工具 圆锥体 在场景中创建一个大小合适的圆锥体，其位置如图10-61所示。

**06** 选择圆锥体，然后单击鼠标右键，在弹出的菜单中选择"转换为>转换为可编辑多边形"命令，接着在"选择"卷展栏下单击"多边形"按钮█，进入"多边形"级别，再选择顶部的多边形，如图10-62所示，最后按Delete键删除所选多边形，最终效果如图10-63所示。

图10-61　　　　　　　　图10-62　　　　　　　　图10-63

# 【练习10-4】用NURBS建模制作花瓶

本练习的花瓶效果如图10-64所示。

图10-64

**01** 设置图形类型为"NURBS曲线"，然后使用"点曲线"工具 点曲线 在前视图中绘制出如图10-65所示的点曲线。

**02** 在"常规"卷展栏下单击"NURBS创建工具箱"按钮 ，打开"NURBS创建工具箱"，接着在"NURBS创建工具箱"中单击"创建车削曲面"按钮 ，最后在视图中单击点曲线，如图10-66所示，效果如图10-67所示。

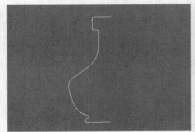

图10-65

图10-66

图10-67

--- 提示

　　注意，在车削点曲线以后，不要单击鼠标右键完成操作，因为还需要调节车削曲线的相关参数。如果已经确认操作，可以按Ctrl+Z组合键返回到上一步，然后重新对点曲线进行车削操作。

**03** 在"车削曲面"卷展栏下设置"方向"为y轴 、"对齐"方式为"最大" ，如图10-68所示，最终效果如图10-69所示。

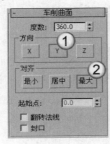

图10-68

图10-69

# 技术分享

## 3ds Max与Maya中的NURBS模块

对于3ds Max和Maya，相信只要是学三维软件的读者，都应该知道。它们有很多相似之处，但也有很多不同之处，例如，NURBS。虽然3ds Max和Maya都有NURBS建模模块，但是区别是相当大的。

说到3ds Max和Maya中NURBS的区别，先要从这两款软件的定位讲起。3ds Max主要用于建筑行业、室内设计行业、栏目包装、游戏开发和产品展示等领域，侧重效果上的表现，所用的模型大部分都是规整的模型，3ds Max中的多边形建模很适合建这类模型；而Maya主要用于大型的影视动画、角色表现，所用模型大部分都是不规则且又千奇百怪的模型，在模型的细腻与逼真程度上，Maya也要高于3ds Max。

NURBS是一种比较符合实际生活的建模方式，其优点是用较少的点来控制较大面积的平面曲面，适合建造工业产品的曲面和一些有流线曲面的对象。也就是说NURBS模型的表面光滑度比较高，用面相对较少，但是贴图比较麻烦，适合用于静帧表现，不适合角色动画。NURBS建模的上手难度要比多边形建模高一些，用Rhino和Maya建模的人很多都是NURBS建模高手，无论多奇怪的模型都可以建出来，而擅长用3ds Max建模的几乎都是多边形建模高手。实际上，Maya中的NURBS模块的功能也胜于3ds Max，但是在多边形建模这一块却比3ds Max弱不少，这是由两款软件的定位不同所造成的。例如，一位精通3ds Max和Maya的建模高手要建一辆复杂的跑车模型，选择用Maya的NURBS来建模的概率要远大于3ds Max，因为这两款软件所擅长的领域不一样，所以就算同为NURBS，但Maya在这方面要强于3ds Max。但是，如果要用NURBS模型做动画的话，用NURBS建好模型以后，一定要将其转为多边形模型。

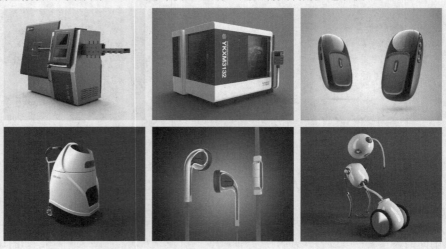

## 给读者学习NURBS建模技术的建议

在上面介绍了NURBS在3ds Max和Maya两大三维软件中的区别，相信大家已经知道如何取舍了。对于3ds Max中的NURBS功能，建议大家掌握常用的工具就行，应该侧重钻研内置几何体建模、样条线建模、修改器建模和多边形建模，特别是多边形建模。想学NURBS建模的读者，可以学习Maya或Rhino，在此给大家推荐两本关于学习NURBS建模的图书（人民邮电出版社出版）。

《中文版Maya 2016完全自学教程》 时代印象（编著）

《中文版Rhino 5.0完全自学教程（第2版）》 徐平 章勇 苏浪（编著）

这两本图书均对NURBS建模的功能和实战安排了非常大的比重，适合初学者使用。

# 第11章

# 摄影机与构图技术

　　摄影机是3ds Max的关键功能之一，是沟通观众与作品之间的桥梁，一个完整而优秀的3D作品是绝对离不开摄影机的。在CG创作中，一幅好作品不只是将一个结构空间简单地展示给观众，而是要充分表达设计意图和主题，并且从中表达出作者的一份感情，让作品更具感染力，而摄影机就在其中起到了至关重要的作用。3ds Max的摄影机与现实中的摄影机的拍摄原理基本一致，同样要讲究取景、视角、构图、景深等，由此可见摄影机对表达作品的重要性。

※ 真实摄影机的结构
※ 摄影机的相关术语
※ 目标摄影机
※ 自由摄影机
※ 物理摄影机
※ VRay物理摄影机
※ VRay穹顶摄影机

# 11.1 真实摄影机的结构

在学习摄影机之前，我们先来了解一下真实摄影机的结构与相关名词的术语。

如果拆卸掉任何摄影机的电子装置和自动化部件，都会看到如图11-1所示的基本结构。遮光外壳的一端有一孔穴，用以安装镜头，孔穴的对面有一容片器，用以承装一段感光胶片。

图11-1

为了在不同光线强度下都能产生正确的曝光影像，摄影机镜头有一可变光阑，用来调节直径不断变化的小孔，这就是所谓的光圈。打开快门后，光线才能透射到胶片上，快门给了用户选择准确瞬间曝光的机会，而且通过确定某一快门速度，还可以控制曝光时间的长短。

# 11.2 摄影机的相关术语

其实3ds Max中的摄影机与真实的摄影机有很多术语都是相同的，例如，镜头、焦距、曝光、白平衡等。

## 11.2.1 镜头

### 1.标准镜头

标准镜头属于校正精良的正光镜头，也是使用非常广泛的一种镜头，其焦距长度等于或近于所用底片画幅的对角线，视角与人眼的视角相近似，如图11-2所示。凡是要求被摄景物必须符合正常的比例关系，均需依靠标准镜头来拍摄。

图11-2

### 2.广角镜头

广角镜头的焦距短、视角广、景深长，而且均大于标准镜头，其视角超过人们眼睛的正常范围，如图11-3所示。

图11-3

广角镜头的具体特性与用途表现主要有以下3点。

- ❖ 景深大：有利于把纵深度大的被摄物体清晰地表现在画面上。
- ❖ 视角大：有利于在狭窄的环境中，拍摄较广阔的场面。
- ❖ 景深长：可使纵深景物的近大远小比例强烈，使画面透视感强。

---

**提示**

广角镜头的缺点是影像畸变差较大，尤其在画面的边缘部分，因此在近距离拍摄中应注意变形失真。

### 3.远摄镜头

远摄镜头也称长焦距镜头，它具有类似于望远镜的作用，如图11-4所示。这类镜头的焦距长于标准镜头，而视角小于标准镜头。

图11-4

远摄镜头主要有以下4个特点。

- ❖ 景深小：有利于摄取虚实结合的景物。
- ❖ 视角小：能远距离摄取景物的较大影像，对拍摄不易接近的物体，如动物、风光、人的自然神态，均能在远处不被干扰的情况下拍摄。
- ❖ 压缩透视：透视关系被大大压缩，使近大远小的比例缩小，使画面上的前后景物十分紧凑，画面的纵深感从而也缩短。
- ❖ 畸变小：影像畸变差小，这在人像摄影中经常可见。

### 4.鱼眼镜头

鱼眼镜头是一种极端的超广角镜头，因其巨大的视角如鱼眼而得名，如图11-5所示。它的拍摄范围大，可使景物的透视感得到极大的夸张，并且可以使画面严重地发生桶形畸变，故别有一番情趣。

图11-5

### 5.变焦镜头

变焦镜头就是可以改变焦点距离的镜头，如图11-6所示。所谓焦点距离，就是从镜头中心到胶片上所形成的清晰影像上的距离。焦距决定着被摄体在胶片上所形成的影像的大小。焦点距离越大，所形成的影像也越大。变焦镜头是一种很有魅力的镜头，它的镜头焦距可以在较大的幅度内自由调节，这就意味着拍摄者在不改变拍摄距离的情况下，能够在较大幅度内调节底片的成像比例，也就是说，一个变焦镜头实际上起到了若干个不同焦距的定焦镜头的作用。

图11-6

## 11.2.2 焦平面

焦平面是通过镜头折射后的光线聚集起来形成清晰的、上下颠倒的影像的地方。经过离摄影机不同距离的运行，光线会被不同程度地折射后聚合在焦平面上，因此就需要调节聚焦装置，前后移动镜头距摄影机后背的距离。当镜头聚焦准确时，胶片的位置和焦平面应叠合在一起。

## 11.2.3 光圈

光圈通常位于镜头的中央，它是一个环形，可以控制圆孔的开口大小，并且控制曝光时光线的亮度。当需要大量的光线来进行曝光时，就需要开大光圈的圆孔；若只需要少量光线曝光时，就需要缩小圆孔，让少量的光线进入。

光圈由装设在镜头内的叶片控制，而叶片是可动的。光圈越大，镜头里的叶片开放越大，所谓"最大光圈"就是叶片毫无动作，让可通过镜头的光源全部跑进来的全开光圈；反之光圈越小，叶片就收缩得越厉害，最后可缩小到只剩小小的一个圆点。

光圈的功能就如同人类眼睛的虹膜，是用来控制拍摄时的单位时间的进光量，一般以f/5、F5或1:5来表示。以实际而言，较小的f值表示较大的光圈。

光圈的计算单位称为光圈值（f-number）或者是级数（f-stop）。

### 1.光圈值

标准的光圈值（f-number）的编号如下。

f/1、f/1.4、f/2、f/2.8、f/4、f/5.6、f/8、f/11、f/16、f/22、f/32、f/45、f/64，其中f/1是进光量最大的光圈号数，光圈值的分母越大，进光量就越小。通常一般镜头会用到的光圈号数为f/2.8～f/22，光圈值越大的镜头，镜片的口径就越大。

### 2.级数

级数（f-stop）是指相邻的两个光圈值的曝光量差距，例如，f/8与f/11之间相差一级，f/2与f/2.8之间也相差一级。依此类推，f/8与f/16之间相差两级，f/1.4与f/4之间就差了3级。

在职业摄影领域，有时称级数为"档"或是"格"，例如，f/8与f/11之间相差了一档，或是f/8与f/16之间相差两格。

在每一级（光圈号数）之间，后面号数的进光量都是前面号数的一半。例如，f/5.6的进光量只有f/4的一半，f/16的进光量也只有f/11的一半，号数越靠后面，进光量越小，并且是以等比级数的方式来递减。

#### 提示

除了考虑进光量之外，光圈的大小还跟景深有关。景深是物体成像后在相片（图档）中的清晰程度。光圈越大，景深会越浅（清晰的范围较小）；光圈越小，景深就越长（清晰的范围较大）。大光圈的镜头非常适合低光量的环境，因为它可以在微亮光的环境下，获取更多的现场光，让我们可以用较快速的快门来拍照，以便保持拍摄时相机的稳定度。但是大光圈的镜头不易制作，必须要花较多的费用才可以获得。好的摄影机会根据测光的结果等情况来自动计算出光圈的大小，一般情况下快门速度越快，光圈就越大，以保证有足够的光线通过，所以也比较适合拍摄高速运动的物体，例如，行动中的汽车、落下的水滴等。

## 11.2.4 快门

快门是摄影机中的一个机械装置，大多设置于机身接近底片的位置（大型摄影机的快门设计在镜头中），用于控制快门的开关速度，并且决定了底片接受光线的时间长短。也就是说，在每一次拍摄时，光圈的大小控制了光线的进入量，快门的速度决定光线进入的时间长短，这样一次的动作便完成了所谓的"曝光"。

快门是在镜头前阻挡光线进来的装置，一般而言，快门的时间范围越大越好。秒数低适合拍摄运动中的物体，某款摄影机就强调快门最快能到1/16000秒，可以轻松抓住急速移动的目标。不过当拍夜晚的车水马龙时，快门时间就要拉长，常见照片中丝绢般的水流效果也要用慢速快门才能拍到。

快门以"秒"作为单位，它有一定的数字格式，一般在摄影机上可以见到的快门单位有以下15种。

B、1、2、4、8、15、30、60、125、250、500、1000、2000、4000、8000。

上面每一个数字单位都是分母，也就是说每一段快门分别是1秒、1/2秒、1/4秒、1/8秒、1/15秒、1/30秒、1/60秒、1/125秒、1/250秒（以下依此类推）等。一般中阶的单眼摄影机快门能达到1/4000秒，高阶的专业摄影机可以到1/8000秒。

B指的是慢快门Bulb，B快门的开关时间由操作者自行控制，可以用快门按钮或是快门线来决定整个曝光的时间。

每一个快门之间数值的差距都是两倍，例如，1/30是1/60的两倍、1/1000是1/2000的两倍，这个跟光圈值的级数差距计算是一样的。与光圈相同，每一段快门之间的差距也被称之为一级、一格或是一挡。

光圈级数跟快门级数的进光量其实是相同的，也就是说光圈之间相差一级的进光量，其实就等于快门之间相差一级的进光量，这个观念在计算曝光时很重要。

前面提到光圈决定了景深，快门则是决定了被摄物的"时间"。当拍摄一个快速移动的物体时，通常需要比较高速的快门才可以抓到凝结的画面，所以在拍动态画面时，通常都要考虑可以使用的快门速度。

有时要抓取的画面可能需要有连续性的感觉，就像拍摄丝缎般的瀑布或是小河时，就必须要用到速度比较慢的快门，延长曝光的时间来抓取画面的连续动作。

## 11.2.5 胶片感光度

根据胶片感光度，可以把胶片归纳为3大类，分别是快速胶片、中速胶片和慢速胶片。快速胶片具有较高的ISO（国际标准协会）数值，慢速胶片的ISO数值较低，快速胶片适用于低照度下的摄影。相对而言，当感光性能较低的慢速胶片可能引起曝光不足时，快速胶片获得正确曝光的可能性就更大，但是感光度的提高会降低影像的清晰度，增加反差。慢速胶片在照度良好时，对获取高质量的照片非常有利。

在光照亮度十分低的情况下，例如，在暗弱的室内或黄昏时分的户外，可以选用超快速胶片（即高ISO）进行拍摄。这种胶片对光非常敏感，即使在火柴光下也能获得满意的效果，其产生的景象颗粒度可以营造出画面的戏剧性氛围，以获得引人注目的效果；在光照十分充足的情况下，例如，在阳光明媚的户外，可以选用超慢速胶片（即低ISO）进行拍摄。

# 11.3 3ds Max标准摄影机

3ds Max中的摄影机在制作效果图和动画时非常有用。在制作效果图时，可以用摄影机确定出图的范围，同时还可以调节图像的亮度，或添加一些诸如景深、运动模糊等效果；在制作动画时，可以让摄影机绕着场景进行"拍摄"，从而模拟出对象在场景中漫游观察的动画效果或是实现空中鸟瞰等特殊动画效果。

3ds Max中的摄影机只包含"标准"摄影机，而"标准"摄影机又包含"物理摄影机""目标摄影机""自由摄影机"3种，如图11-7所示。

图11-7

### 功能介绍

目标摄影机可以查看所放置的目标周围的区域，它比自由摄影机更容易定向，因为只需将目标对象定位在所需位置的中心即可。使用"目标"工具 目标 在场景中拖曳光标可以创建一台目标摄影机，可以观察到目标摄影机包含目标点和摄影机两个部件，如图11-8所示，参数面板如图11-9所示。

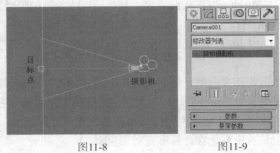

图11-8　　　　　　　　　图11-9

### 参数详解

### 1. "参数"卷展栏

展开"参数"卷展栏，如图11-10所示。

图11-10

① 基本选项组

❖　镜头：以mm为单位来设置摄影机的焦距。

❖　视野：设置摄影机查看区域的宽度视野，有水平➡、垂直↕和对角线↗3种方式。

❖　正交投影：启用该选项后，摄影机视图为用户视图；关闭该选项后，摄影机视图为标准的透视图。

❖　备用镜头：系统预置的摄影机焦距镜头，包含15mm、20mm、24mm、28mm、35mm、50mm、85mm、135mm和200mm。

❖　类型：切换摄影机的类型，包含"目标摄影机"和"自由摄影机"两种。

❖　显示圆锥体：显示摄影机视野定义的锥形光线（实际上是一个四棱锥）。锥形光线出现在其他视口，但是显示在摄影机视口中。

❖　显示地平线：在摄影机视图中的地平线上显示一条深灰色的线条。

② 环境范围选项组

❖　显示：显示出在摄影机锥形光线内的矩形。

❖　近距/远距范围：设置大气效果的近距范围和远距范围。

③ 剪切平面组

❖ 手动剪切：启用该选项可定义剪切的平面。

❖ 近距/远距剪切：设置近距和远距平面。对于摄影机，比"近距剪切"平面近或比"远距剪切"平面远的对象是不可见的。

④ 多过程效果选项组

❖ 启用：启用该选项后，可以预览渲染效果。

❖ 预览 预览：单击该按钮可以在活动摄影机视图中预览效果。

❖ 多过程效果类型：共有"景深（mental ray）""景深""运动模糊"3个选项，系统默认为"景深"。

❖ 渲染每过程效果：启用该选项后，系统会将渲染效果应用于多重过滤效果的每个过程（景深或运动模糊）。

⑤ 目标距离选项组

❖ 目标距离：当使用"目标摄影机"时，该选项用来设置摄影机与其目标之间的距离。

## 2. "景深参数"卷展栏

景深是摄影机的一个非常重要的功能，在实际工作中的使用频率也非常高，常用于表现画面的中心点，如图11-11和图11-12所示。

当设置"多过程效果"为"景深"时，系统会自动显示出"景深参数"卷展栏，如图11-13所示。

图11-11　　　　　　　　　　　图11-12

图11-13

### 景深参数卷展栏参数介绍

① 焦点深度选项组

❖ 使用目标距离：启用该选项后，系统会将摄影机的目标距离用作每个过程偏移摄影机的点。

❖ 焦点深度：当关闭"使用目标距离"选项时，该选项可以用来设置摄影机的偏移深度，其取值范围为0~100。

② 采样选项组

❖ 显示过程：启用该选项后，"渲染帧窗口"对话框中将显示多个渲染通道。

❖ 使用初始位置：启用该选项后，第1个渲染过程将位于摄影机的初始位置。

❖ 过程总数：设置生成景深效果的过程数。增大该值可以提高效果的真实度，但是会增加渲染时间。

❖ 采样半径：设置场景生成的模糊半径。数值越大，模糊效果越明显。

❖ 采样偏移：设置模糊靠近或远离"采样半径"的权重。增加该值将增加景深模糊的数量级，从而得到更均匀的景深效果。

③ 过程混合选项组

❖ 规格化权重：启用该选项后可以将权重规格化，以获得平滑的结果；当关闭该选项后，效果会变得更加清晰，但颗粒效果也更明显。

❖ 抖动强度：设置应用于渲染通道的抖动程度。增大该值会增加抖动量，并且会生成颗粒状效果，尤其在对象的边缘上最为明显。

❖ 平铺大小：设置图案的大小。0表示以最小的方式进行平铺；100表示以最大的方式进行平铺。

④ 扫描线渲染器参数选项组

❖ 禁用过滤：启用该选项后，系统将禁用过滤的整个过程。

❖ 禁用抗锯齿：启用该选项后，可以禁用抗锯齿功能。

## 技术专题：景深形成原理解析

"景深"就是指拍摄主题前后所能在一张照片上成像的空间层次的深度。简单地说，景深就是聚焦清晰的焦点前后"可接受的清晰区域"，如图11-14所示。

图11-14

下面讲解景深形成的原理。

1.焦点

与光轴平行的光线射入凸透镜时，理想的镜头应该是所有的光线聚集在一点后，再以锥状的形式扩散开，这个聚集所有光线的点就称为"焦点"，如图11-15所示。

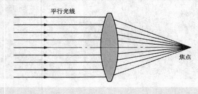

图11-15

2.弥散圆

在焦点前后，光线开始聚集和扩散，点的影像会变得模糊，从而形成一个扩大的圆，这个圆就称为"弥散圆"，如图11-16所示。

每张照片都有主题和背景之分，景深和摄影机的距离、焦距和光圈之间存在着以下3种关系（这3种关系可以用图11-17来表示）。

第1种：光圈越大，景深越小；光圈越小，景深越大。

第2种：镜头焦距越长，景深越小；焦距越短，景深越大。

第3种：距离越远，景深越大；距离越近，景深越小。

景深可以很好地突出主题，不同的景深参数下的效果也不相同，例如，图11-18突出的是蜘蛛的头部，而图11-19突出的是蜘蛛和被捕食的螳螂。

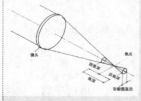

图11-16

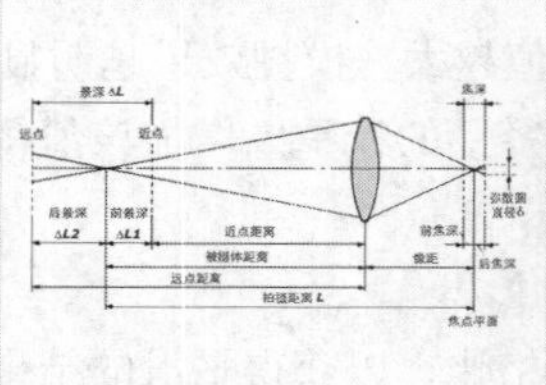

图11-17

图11-18

图11-19

### 3. "运动模糊参数"卷展栏

运动模糊一般运用在动画中，常用于表现运动对象高速运动时产生的模糊效果，如图11-20和图11-21所示。

当设置"多过程效果"为"运动模糊"时，系统会自动显示出"运动模糊参数"卷展栏，如图11-22所示。

图11-20　　　　　　　　　　　图11-21　　　　　　　　　　图11-22

运动模糊参数卷展栏参数介绍。

① 采样选项组
- ❖ 显示过程：启用该选项后，"渲染帧窗口"对话框中将显示多个渲染通道。
- ❖ 过程总数：设置生成效果的过程数。增大该值可以提高效果的真实度，但是会增加渲染时间。
- ❖ 持续时间（帧）：在制作动画时，该选项用来设置应用运动模糊的帧数。
- ❖ 偏移：设置模糊的偏移距离。

② 过程混合选项组
- ❖ 规格化权重：启用该选项后，可以将权重规格化，以获得平滑的结果；当关闭该选项后，效果会变得更加清晰，但颗粒效果也更明显。
- ❖ 抖动强度：设置应用于渲染通道的抖动程度。增大该值会增加抖动量，并且会生成颗粒状的效果，尤其在对象的边缘上最为明显。
- ❖ 瓷砖大小：设置图案的大小。0表示以最小的方式进行平铺；100表示以最大的方式进行平铺。

③ 扫描线渲染器参数选项组
- ❖ 禁用过滤：启用该选项后，系统将禁用过滤的整个过程。
- ❖ 禁用抗锯齿：启用该选项后，可以禁用抗锯齿功能。

## 【练习11-1】用目标摄影机制作景深效果

本练习的景深效果如图11-23所示。

图11-23

421

01 打开学习资源中的"练习文件>第11章>11-1.max"文件，如图11-24所示。

02 设置摄影机类型为"标准"，然后在前视图中创建一台目标摄影机，接着调整好目标点的方向，让目标点放在玻璃杯处，这样可以让摄影机的查看方向对准玻璃杯，如图11-25所示。

 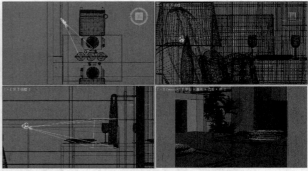

图11-24                                                           图11-25

03 选择目标摄影机，然后在"参数"卷展栏下设置"镜头"为88mm、"视野"为23.12°，接着设置"目标距离"为640mm，具体参数设置如图11-26所示。

04 在透视图中按C键切换到摄影机视图，然后按Shift+F组合键打开安全框，效果如图11-27所示，接着按F9键测试渲染当前场景，效果如图11-28所示。

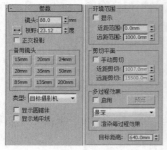        

图11-26                          图11-27                          图11-28

---
提示
---

现在虽然创建了目标摄影机，但是并没有产生景深效果，这是因为还没有在渲染中开启景深的原因。

05 按F10键打开"渲染设置"对话框，然后单击VRay选项卡，接着展开"摄影机"卷展栏，再勾选"景深"选项，最后勾选"从摄影机获得焦点距离"选项，并设置"焦点距离"为640mm，如图11-29所示。

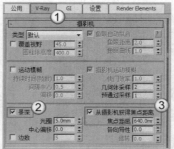

图11-29

---
提示
---

勾选"从摄影机获得焦点距离"选项后，摄影机焦点位置的物体在画面中是最清晰的，而距离焦点越远的物体将会很模糊。

**06** 按F9键渲染当前场景，最终效果如图11-30所示。

图11-30

# 【练习11-2】用目标摄影机制作运动模糊特效

本练习的运动模糊效果如图11-31所示。

图11-31

**01** 打开学习资源中的"练习文件>第11章>11-2.max"文件，如图11-32所示。

图11-32

---

**提示**

本场景已经设置好了一个螺旋桨旋转动画，在"时间轴"上单击"播放"按钮▶，可以观看旋转动画，如图11-33和图11-34所示分别是第3帧和第6帧的默认渲染效果。可以发现并没有产生运动模糊效果。

图11-33

图11-34

02 设置摄影机类型为"标准"，然后在左视图中创建一台目标摄影机，接着调节好目标点的位置，如图11-35所示。

03 选择目标摄影机，然后在"参数"卷展栏下设置"镜头"为43.456mm、"视野"为45°，接着设置"目标距离"为100000mm，如图11-36所示。

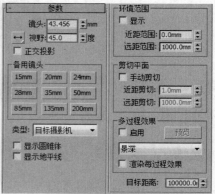

图11-35　　　　　　　　　　　　　　　　　　　图11-36

04 按F10键打开"渲染设置"对话框，然后单击VRay选项卡，接着展开"摄影机"卷展栏，最后勾选"运动模糊"选项，如图11-37所示。

05 在透视图中按C键切换到摄影机视图，然后将时间线滑块拖曳到第1帧，接着按F9键渲染当前场景，可以发现此时产生了运动模糊效果，如图11-38所示。

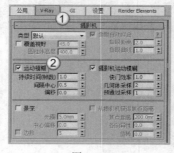

图11-37　　　　　　　　　　　图11-38

06 分别将时间滑块拖曳到第4帧、第10帧、第15帧的位置，然后渲染出这些单帧图，最终效果如图11-39所示。

图11-39

# 11.3.2　自由摄影机

### 功能介绍

自由摄影机用于观察所指方向内的场景内容，多应用于轨迹动画制作，如建筑物中的巡游、车辆移动中的跟踪拍摄效果等。自由摄影机的方向能够随着路径的变化自由变化，如果要设置垂直向上或向下的摄影机动画，也应当选择自由摄影机。这是因为系统会自动约束目标摄影机自身坐标系的$y$轴正方向尽可能地靠近世界坐标系的$z$轴正方向，在设置摄影机动画靠近垂直位置时，无论向上还是向下，系统都会自动将摄影机视点跳到约束位置，造成视觉突然跳跃。

自由摄影机的初始方向是沿着当前视图栅格的$z$轴负方向，也就是说，选择顶视图时，摄影机方向垂直向下；选择前视图时，摄影机方向由屏幕向内。单击透视图、正交视图、灯光视图和摄影机视图时，自由摄影机的初始方向垂直向下，沿着世界坐标系$z$轴负方向。

---

**提示**

自由摄影机的参数面板与目标摄影机的参数面板基本上完全一致，这里就不重复讲解了，请读者参考上一小节的相关内容。

---

## 11.3.3 物理摄影机

### 功能介绍

物理摄影机是Autodesk公司与VRay制造商Chaos Group共同开发的，可以为设计师提供新的渲染选项，也可以模拟用户熟悉的真实摄影机，例如，快门速度、光圈、景深和曝光等功能。使用物理摄影机可以更加轻松地创建真实照片级图像和动画效果。物理摄影机也包含摄影机和目标点两个部件，如图11-40所示，其参数包含7个卷展栏，如图11-41所示。

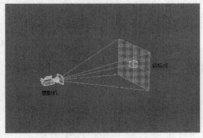

图11-40　　　　　　　　　　　图11-41

### 参数详解

### 1.基本卷展栏

展开"基本"卷展栏，如图11-42所示。

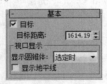

图11-42

❖ 目标：启用该选项后，摄影机包括目标对象，并与目标摄影机的使用方法相同，即可以通过移动目标点来设置摄影机的拍摄对象；关闭该选项后，摄影机的使用方法与自由摄影机相似，可以通过变换摄影机的位置来控制摄影机的拍摄范围。

❖ 目标距离：设置目标与焦平面之间的距离，该数值会影响聚焦和景深等效果。

❖ 视口显示：该选项组用于设置摄影机在视图中的显示效果。"显示圆锥体"选项用于控制是否显示摄影机的拍摄锥面，包含"选定时""始终""从不"3个选项；"显示地平线"选项用于控制地平线是否在摄影机视图中显示为水平线（假设摄影机包含地平线）。

### 2.物理摄影机

展开"物理摄影机"卷展栏，如图11-43所示。

图11-43

① 胶片/传感器选项组

❖ 预设值：选择胶片模式和电荷传感器的类型，功能类似于目标摄影机的"镜头"，其选项包括多种行业标准传感器设置，每个选项都有其默认的"宽度"值，"自定义"选项可以任意调整"宽度"值。

❖ 宽度：用于手动设置胶片模式的宽度。

② 镜头选项组

❖ 焦距：设置镜头的焦距，默认值为40mm。

❖ 指定视野：勾选该选项时，可以设置新的视野（FOV）值（以度为单位）。默认的视野值取决于所选的"胶片/传感器"的预设类型。

---

**提示**

当"指定视野"选项处于启用状态时，"焦距"选项将被禁用。但是如果更改"指定视野"的数值，"焦距"数值也会跟着发生变化。

---

❖ 缩放：在不更改摄影机位置的情况下缩放镜头。

❖ 光圈：设置摄影机的光圈值。该参数可以影响曝光和景深效果，光圈数越低，光圈越大，并且景深越窄。

③ 聚焦选项组

❖ 使用目标距离：勾选该选项后，将使用设置的"目标距离"值作为焦距。

❖ 自定义：勾选该选项后，将激活下面的"焦距距离"选项，此时可以手动设置焦距距离。

❖ 镜头呼吸：通过将镜头向焦距方向移动或远离焦距方向来调整视野。值为0时，表示禁用镜头呼吸效果，默认值为1。

❖ 启用景深：勾选该选项后，摄影机在不等于焦距的距离上会生成模糊效果，如图11-44和图11-45所示分别是关闭景深与开启景深的渲染效果。景深效果的强度基于光圈设置。

关闭景深
图11-44

开启景深
图11-45

④ 快门选项组

❖ 类型：用于选择测量快门速度时使用的单位，包括"帧"（通常用于计算机图形）、"秒""1/秒"（通常用于静态摄影）和"度"（通常用于电影摄影）4个选项。

❖ 持续时间：根据所选单位类型设置快门速度，该值可以影响曝光、景深和运动模糊效果。

❖ 偏移：启用该选项时，可以指定相对于每帧开始时间的快门打开时间。注意，更改该值会影响运动模糊效果。

❖ 启用运动模糊：启用该选项后，摄影机可以生成运动模糊效果。

### 3.曝光卷展栏

展开"曝光"卷展栏，如图11-46所示。

图11-46

① 曝光增益选项组

❖ 手动：通过ISO值设置曝光增益，数值越高，曝光时间越长。当此选项处于激活状态时，将通过这里设定的数值、快门速度和光圈设置来计算曝光。

❖ 目标：设置与"光圈""快门"的"持续时间"和"手动"的"曝光增益"这3个参数组合相对应的单个曝光值。每次增加或降低EV值，对应的也会分别减少或增加有效的曝光。目标的EV值越高，生成的图像越暗，反之则越亮。

② 白平衡选项组

❖ 光源：按照标准光源设置色彩平衡，默认设置为"日光（6500K）"。

❖ 温度：以"色温"的形式设置色彩平衡，以开尔文温度（K）表示。

❖ 自定义：用于设置任意的色彩平衡。

③ 启用渐晕选项组

❖ 数量：勾选"启用渐晕"选项后，可以激活该选项，用于设置渐晕的数量。该值越大，渐晕效果越强，默认值为1。

### 4.散景（景深）卷展栏

如果在"物理摄影机"卷展栏下勾选"启用景深"选项，那么出现在焦点之外的图像区域将生成"散景"效果（也称为"模糊圈"），如图11-47所示。当渲染景深的时候，或多或少都会产生一些散景效果，这主要与散景到摄影机的距离有关。另外，在物理摄影机中，镜头的形状会影响散景的形状。展开"散景（景深）"卷展栏，如图11-48所示。

图11-47　　　　　　图11-48

① 光圈形状选项组

❖ 圆形：将散景效果渲染成圆形光圈形状。

❖ 叶片式：将散景效果渲染成带有边的光圈。使用“叶片”选项可以设置每个模糊圈的边数；使用“旋转”选项可以设置每个模糊圈旋转的角度。

❖ 自定义纹理：使用贴图的图案来替换每种模糊圈。如果贴图是黑色背景的白色圈，则等效于标准模糊圈。

❖ 影响曝光：启用该选项时，自定义纹理将影响场景的曝光。

② 中心偏移（光环效果）选项组

❖ 中心-光环：使光圈透明度向“中心”（负值）或“光环”（正值）偏移，正值会增加焦外区域的模糊量，而负值会减小模糊量。如果调整该选项，可以让散景效果的表现更为明显。

③ 光学渐晕（CAT眼睛）选项组

：通过模拟“猫眼”效果让帧呈现渐晕效果，部分广角镜头可以形成这种效果。

④ 各向异性（失真镜头）选项组

❖ 垂直-水平：通过垂直（负值）或水平（正值）来拉伸光圈，从而模拟失真镜头。

## 5.透视控制卷展栏

展开“透视控制”卷展栏，如图11-49所示。

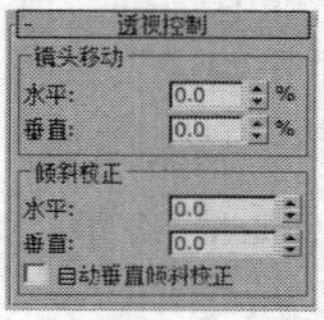


图11-49

### 透视控制卷展栏参数介绍

❖ 镜头移动：沿“水平”或“垂直”方向移动摄影机视图，而不旋转或倾斜摄影机。

❖ 倾斜校正：沿“水平”或“垂直”方向倾斜摄影机，在摄影机向上或向下倾斜的场景中，可以使用它们来更正透视。如果勾选“自动垂直倾斜校正”选项，摄影机将自动校正透视。

## 6.镜头扭曲卷展栏

展开“镜头扭曲”卷展栏，如图11-50所示。

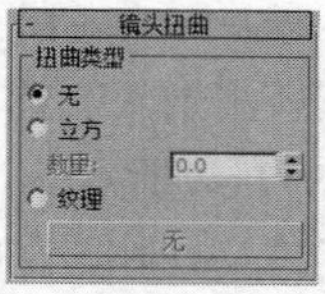


图11-50

❖ 无：不应用扭曲。

❖ 立方：勾选该选项后，将激活下面的“数量”参数。当“数量”值为0时不产生扭曲，为正值时将产生枕形扭曲，为负值时将产生筒体扭曲。

❖ 纹理：基于纹理贴图扭曲图像，单击下面的“无”按钮 无 加载纹理贴图，贴图的红色分量会沿$x$轴扭曲图像，绿色分量会沿$y$轴扭曲图像，蓝色分量将被忽略。

**提示**

关于“其他”卷展栏下的参数，请参阅“目标摄影机”中对应的参数。

## 【练习11-3】用物理摄影机制作景深效果图

本练习的景深效果如图11-51所示。

图11-51

01 打开学习资源中的"练习文件>第11章>11-3.max.max"文件，如图11-52所示。

02 设置摄影机类型为"标准"，然后在前视图中创建一台物理摄影机，接着调整好目标点的方向，将目标点放在笔记本处，如图11-53所示。

图11-52

图11-53

03 选择物理摄影机，在"基本"卷展栏中设置"目标距离"为625mm，然后在"物理摄影机"卷展栏下勾选"指定视野"选项，并设置其数值为22.7°，接着设置"光圈"为f/6，再设置"快门"的"类型"为"1/秒"，并设置"持续时间"为1/30s，如图11-54所示。

04 按C键切换到摄影机视图，然后按F9键测试渲染摄影机视图，效果如图11-55所示，可以发现场景的曝光过大。

05 选择物理摄影机，然后在"曝光"卷展栏下单击"安装曝光控件"按钮 安装曝光控制 （安装完后会显示为灰色不可编辑的"曝光控件已安装"按钮 曝光控制已安装 ），接着设置"曝光增益"的"目标"为8.5EV，如图11-56所示。

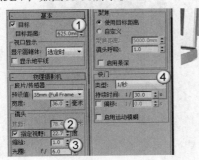

图11-54

图11-55　　　　图11-56

**06** 按大键盘上的8键打开"环境与效果"对话框，然后单击"环境"选项卡，接着在"物理摄影机曝光控制"卷展栏下设置"针对非物理摄影机的曝光"为8.5，将其与物理摄影机的曝光进行统一，如图11-57所示。

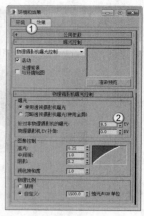

— 提示

　　之所以要统一场景曝光，是因为在默认情况下，物理摄影机在创建时会覆盖场景中的其他曝光设置，即保持默认的曝光值6EV，所以这里需要将曝光值设置为与物理摄影机一致，否则会出现曝光错误的现象。

图11-57

**07** 切换到摄影机视图，然后按F9键测试渲染摄影机视图，效果如图11-58所示，可以发现此时的曝光效果已经正常了。

**08** 下面制作景深效果。选择物理摄影机，在"物理摄影机"卷展栏下勾选"使用目标距离"选项（表示使用目标距离作为焦距），然后勾选"启用景深"选项，如图11-59所示，此时在摄影机视图中可以预览景深效果，如图11-60所示。

图11-58　　　　　　　　　　　　图11-59　　　　　　　　　　　　图11-60

**09** 按F10键打开"渲染设置"对话框，单击VRay选项卡，然后在"摄影机"卷展栏下勾选"景深"选项，接着勾选"从摄影机获得焦点距离"选项，最后设置"焦点距离"为625mm，如图11-61所示。

**10** 切换到摄影机视图，按F9键渲染当前场景，最终效果如图11-62所示。

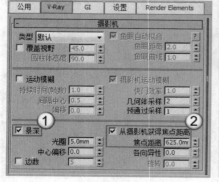

图11-61　　　　　　　　　　　　　　　　图11-62

# 11.4 VRay摄影机

在3ds Max中安装VRay渲染器之后，摄影机列表中会增加一种VRay摄影机，而VRay摄影机又包含"VRay穹顶摄影机"和"VRay物理摄影机"两种，如图11-63所示。

图11-63

## 11.4.1 VRay物理摄影机

### 功能介绍

VRay物理摄影机相当于一台真实的摄影机，有光圈、快门、曝光、ISO等调节功能，它可以对场景进行"拍照"。使用"VRay物理摄影机"工具 VR-物理摄影机 在视图中拖曳光标可以创建一台VRay物理摄影机，可以观察到VRay物理摄影机同样包含摄影机和目标点两个部件，如图11-64所示，其参数包含5个卷展栏，如图11-65所示。

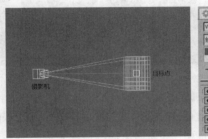

图11-64                图11-65

> **提示**
>
> 下面只介绍"基本参数""散景特效""采样"3个卷展栏下的参数。

### 参数详解

#### 1."基本参数"卷展栏

展开"基本参数"卷展栏，如图11-66所示。

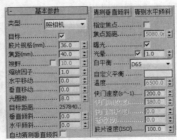

图11-66

❖ 类型：设置摄影机的类型，包含"照相机""摄影机（电影）""摄像机（DV）"3种类型。

◇ 照相机：用来模拟一台常规快门的静态画面照相机。

◇ 摄影机（电影）：用来模拟一台圆形快门的电影摄影机。

◇ 摄像机（DV）：用来模拟带CCD矩阵的快门摄像机。

◇ 目标：当勾选该选项时，摄影机的目标点将放在焦平面上；当关闭该选项时，可以通过下面的"目标距离"选项来控制摄影机到目标点的位置。

❖ 胶片规格（mm）：控制摄影机所看到的景色范围。值越大，看到的景象就越多。

❖ 焦距（mm）：设置摄影机的焦长，同时也会影响到画面的感光强度。较大的数值产生的效果类似于长焦效果，且感光材料（胶片）会变暗，特别是在胶片的边缘区域；较小数值产生的效果类似于广角效果，其透视感比较强，当然胶片也会变亮。

❖ 视野：启用该选项后，可以调整摄影机的可视区域。

❖ 缩放因子：控制摄影机视图的缩放。值越大，摄影机视图拉得越近。

❖ 水平/垂直移动：控制摄影机视图在水平和垂直方向上的偏移量。

❖ 光圈数：设置摄影机的光圈大小，主要用来控制渲染图像的最终亮度。值越小，图像越亮；值越大，图像越暗，图11-67和图11-68所示分别是"光圈数"值为10和14的对比渲染效果。注意，光圈和景深也有关系，大光圈的景深小，小光圈的景深大。

图11-67　　　　　　　　　　　　　　　图11-68

❖ 目标距离：显示摄影机到目标点的距离。

❖ 垂直/水平倾斜：控制摄影机在垂直/水平方向上的变形，主要用于纠正三点透视到两点透视。

❖ 自动猜测垂直倾斜：勾选后可自动校正垂直方向的透视关系。

❖ 猜测垂直倾斜 猜测垂直倾斜 /猜测水平倾斜 猜测水平倾斜 ：用于校正垂直/水平方向上的透视关系。

❖ 指定焦点：开启这个选项后，可以手动控制焦点。

❖ 焦点距离：勾选"指定焦点"选项后，可以在该选项的数值输入框中手动输入焦点距离。

❖ 曝光：当勾选这个选项后，VRay物理摄影机中的"光圈数""快门速度（s^-1）""胶片速度（ISO）"设置才会起作用。

❖ 光晕：模拟真实摄影机里的光晕效果，如图11-69和图11-70所示分别是勾选"光晕"和关闭"光晕"选项时的渲染效果。

图11-69　　　　　　　　　　　　　　　图11-70

❖ 白平衡：和真实摄影机的功能一样，控制图像的色偏。例如，在白天的效果中，设置一个桃色的白平衡颜色可以纠正阳光的颜色，从而得到正确的渲染颜色。

❖ 自定义平衡：用于手动设置白平衡的颜色，从而控制图像的色偏。例如，图像偏蓝，就应该将白平衡颜色设置为蓝色。

❖ 温度：该选项目前不可用。

❖ 快门速度（s^-1）：控制光的进光时间，值越小，进光时间越长，图像就越亮；值越大，进光时间就越小，图像就越暗，图11-71~图11-73所示分别是"快门速度（s^-1）"值为35、50和100时的对比渲染效果。

图11-71       图11-72       图11-73

❖ 快门角度（度）：当摄影机选择"摄影机（电影）"类型的时候，该选项才被激活，其作用和上面的"快门速度（s^-1）"的作用一样，主要用来控制图像的明暗。

❖ 快门偏移（度）：当摄影机选择"摄影机（电影）"类型的时候，该选项才被激活，主要用来控制快门角度的偏移。

❖ 延迟（秒）：当摄影机选择"摄像机（DV）"类型的时候，该选项才被激活，作用和上面的"快门速度（s^-1）"的作用一样，主要用来控制图像的亮暗，值越大，表示光越充足，图像也越亮。

❖ 胶片速度（ISO）：控制图像的亮暗，值越大，表示ISO的感光系数越强，图像也越亮。一般白天效果比较适合用较小的ISO，而晚上效果比较适合用较大的ISO，图11-74~图11-76所示分别是"胶片速度（ISO）"值为80、120和160时的渲染效果。

图11-74       图11-75       图11-76

## 2. "散景特效"卷展栏

"散景特效"卷展栏下的参数主要用于控制散景效果，如图11-77所示。

图11-77

❖ 叶片数：控制散景产生的小圆圈的边，默认值为5表示散景的小圆圈为正五边形。如果关闭该选项，那么散景就是个圆形。

❖ 旋转（度）：散景小圆圈的旋转角度。

❖ 中心偏移：散景偏移源物体的距离。

❖ 各向异性：控制散景的各向异性，值越大，散景的小圆圈拉得越长，即变成椭圆。

### 3. "采样"卷展栏

展开"采样"卷展栏，如图11-78所示。

图11-78

❖ 景深：控制是否开启景深效果。当某一物体聚焦清晰时，从该物体前面的某一段距离到其后面的某一段距离内的所有景物都是相当清晰的。

❖ 运动模糊：控制是否开启运动模糊功能。这个功能只适用于具有运动对象的场景中，对静态场景不起作用。

## 【练习11-4】用VRay物理摄影机制作景深效果

本练习的景深效果如图11-79所示。

图11-79

**01** 打开学习资源中的"练习文件>第11章>11-4.max.max"文件，如图11-80所示。

**02** 设置摄影机类型为VRay，然后在视图中创建一个VRay物理摄影机，摄影机位置如图11-81所示。

图11-80　　　　　　　　　　图11-81

**03** 选择VRay物理摄影机，在"基本参数"卷展栏下设置"胶片规格（mm）"为31.195、"焦距（mm）"为40、"光圈数"为6，同时勾选"曝光"选项，接着设置"白平衡"为"自定义"，并设置"自定义平衡"为淡蓝色（红:210，绿:239，蓝:255），再设置"快门速度（s^-1）"为50、"胶片速度（ISO）"为200，最后在"采样"卷展栏下勾选"景深"选项，如图11-82所示。

**04** 按C键切换到摄影机视图，然后按F9键渲染当前场景，最终效果如图11-83所示。

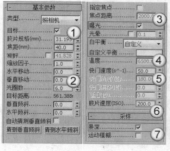

图11-82　　　　　　　　　　图11-83

# 【练习11-5】用VRay物理摄影机调整图像的曝光

本练习的曝光测试如图11-84所示。

图11-84

01 打开学习资源中的"练习文件>第11章>11-5.max.max"文件，场景中已经创建好了VRay物理摄影机，如图11-85所示，按F9键测试渲染摄影机视图，效果如图11-86所示，可以发现图像曝光过度。

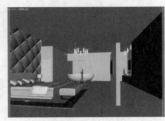

图11-85

图11-86

02 选择VRay物理摄影机，然后在"基本参数"卷展栏下设置"光圈数"为3，接着勾选"曝光"选项，并设置"快门速度（s^-1）"为200，如图11-87所示，最后按F9键测试渲染摄影机视图，效果如图11-88所示，可以发现此时图像的曝光不足。

03 将"光圈数"修改为2，然后按F9键测试渲染摄影机视图，如图11-89所示，可以发现此时图像的曝光效果已经正常了。

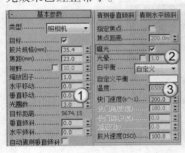

图11-87

图11-88

图11-89

---

提示

对于VRay物理摄影机，可以用于调整图像曝光的参数主要有"光圈数""快门速度（s^-1）""胶片速度（ISO）"。"光圈数"的值越高，画面越暗，反之则越亮；"光快门速度（s^-1）"的值越高，画面也越暗，反之则越亮；而"胶片速度（ISO）"的值越高，图像越亮，反之则越暗。在实际工作中，一般都需要通过设置不同的参数组合来控制画面的曝光，从而得到最佳的渲染效果。

## 11.4.2 VRay穹顶摄影机

### 功能介绍

VRay穹顶摄影机一般被用来渲染半球圆顶效果，其参数面板如图11-90所示。

图11-90

**参数详解**

❖ 翻转X：让渲染的图像在$x$轴上翻转。

❖ 翻转Y：让渲染的图像在$y$轴上翻转。

❖ Fov（视野）：设置视角的大小。

# 11.5 构图

一切画面的基础都是从构图开始的，这是一个作品开始之前重要的准备工作。画面的构图，将决定画面的整体效果是否完整和协调。构图的概念主要是指画面形式的选择、画面主体或中心的位置及背景的处理方法等。

## 11.5.1 构图原理

对于构图，通常都是以"重量"来衡量画面平衡的原点，所以在构图时，主体要在画面的中心，不要偏在一边。在通常情况下，构图通常都使用多边形构图。

下面以三角形构图为例，简单说明一下三角形构图和重量感的关系。三角形是一种比较稳定的构图形式，左右重量比较均衡，在3条边上，都应该有对象，但是前景一般是在最下面的横边上，而主体和衬景可以在两条斜边的任意一条边上，如图11-91所示。如果打破这种构图形式，构图就会明显"失重"，如图11-92所示。

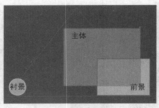
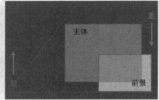

图11-91　　　　　　　　　　图11-92

另外还有很多不同的构图法则和原理，如图11-93和图11-94所示，大家可以多去看一些摄影大师的作品，可以从中学习到很多关于构图的思路和技巧。

图11-93　　　　　　　　　　图11-94

画面的构图方式一般要根据空间的主要轮廓来决定，当空间造型水平方向比较宽敞，而空间不是太高的时候，一般采用横向构图，让画面舒展平稳，如图11-95所示；对于一些小空间，可以采用接近方形的构图形式，以体现温和亲切的气氛，如图11-96所示；对于竖向空间，大多采取竖向构图，以强调空间的高耸纵深感，如图11-97所示。

图11-95

图11-96

图11-97

## 11.5.2 安全框

### 功能介绍

安全框是视图中的安全线，在安全框内的对象在渲染时不会被裁掉。先来看3张图，图11-98是关闭了安全框的摄影机视图，图11-99是开启了安全框的摄影机视图，图11-100是渲染效果。以渲染效果为基准，可以发现，图11-98中外围的一些画面没有被渲染出来，而图11-99中除了灰色区域以外的部分全部都被渲染出来了，这就是安全框的作用，也就是说安全框可以给用户提供一个非常准确的出图画面参考。

图11-98

图11-99

图11-100

### 1.开启与关闭安全框

确定出图画面以后，如果要开启安全框，可以直接按Shift+F组合键（关闭安全框也是Shift+F组合键），或是在视图菜单的第2个菜单上单击鼠标左键或鼠标右键，在弹出的菜单中选择"显示安全框"命令，如图11-101所示。安全框分为3个部分，分别是标题安全区、动作安全区和活动区域，如图11-102所示。

图11-101

图11-102

**命令详解**

- ❖ 标题安全区（橘色线框内）：在此框内渲染标题或其他信息都是安全的。在建模和制作动画时，主体对象要放在这个框内。这个框就像一本书的版心，符合常人的视觉习惯。
- ❖ 动作安全区（青色线框内）：如果要渲染动作，动作范围不能超出此框。
- ❖ 活动区域（黄绿色线框内）：此框内的所有对象都会被渲染出来，但超出此框以外的对象将被切掉。

### 2.安全框的应用

在激活安全框的情况下工作是一个非常良好的习惯，如果实在是不习惯，可以在操作时关闭安全框，但在渲染前必须打开安全框，以防止渲染的图像出现不必要的裁切。

安全框的作用除了预览渲染内容以外，还能控制渲染图像的纵横比（长度/宽度），通过安全框可以直观地查看作品的纵横比。有了这个功能，在渲染前就能预览并设置适合作品的纵横比。

在工作中，通常只会用到最外面的"活动区域"，所以为了简化视图，通常会关闭其他的安全区。执行"视图>视口配置"菜单命令，打开"视口配置"对话框，然后在"安全框"选项卡下关闭"动作安全区"和"标题安全区"选项，如图11-103所示，设置完成后的视图就只显示活动区域，如图11-104所示。此时的视图就比较简洁，安全框内的内容在渲染的时候都会被渲染出来，通过安全框可以直观地观察到目前的纵横比。

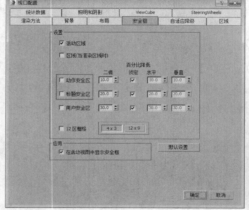

图11-103 　　　　　　　　　　　　　图11-104

## 11.5.3 图像纵横比

**功能介绍**

在通常情况下，可以通过两种方式进行构图：一种是通过摄影机位置和拍摄视角来控制场景内容，常见的有三角形构图和平衡稳定构图，这类构图方式的重点在于图像的内容；另一种是通过图像的形状来进行构图，包括横向构图、纵向构图和方形构图，这种构图方式可以通过图像的纵横比来实现。如果要设置图像的纵横比，可以按F10键打开"渲染设置"对话框，然后在"公用"选项卡下展开"公用参数"卷展栏，接着在"图像纵横比"选项后面输入想要的纵横比例，设置完成后还可以单击"锁定"按钮🔒锁定纵横比，这样在修改渲染图像的宽度或高度的任一值时，另外一个都会按照纵横比跟着发生相应的变化，如图11-105所示。

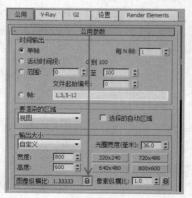

图11-105

## 【练习11-6】表现三角形构图的方法

三角形构图效果如图11-106所示。

图11-106

01 打开学习资源中的"练习文件>第11章>11-6.max"文件，如图11-107所示。

02 因为本场景适合用三角形构图表现，所以应该将室内建筑作为主体，将地板部分作为前景，同时将草地部分作为衬景。切换到顶视图，然后创建一台目标摄影机，将目标点放在吧台处，如图11-108所示。

图11-107

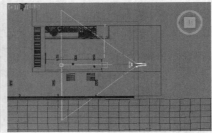

图11-108

03 在透视图中按C键切换到摄影机视图，观察视图效果，发现摄影机的高度不对，如图11-109所示。切换到前视图，将整个摄影机（摄影机和目标点一起选择）向上移动一段距离，如图11-110所示，此时的摄影机视图效果如图11-111所示。

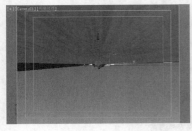

图11-109

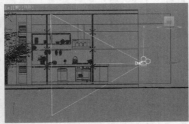

图11-110

图11-111

04 下面根据三角形构图原理微调视角。切换到顶视图，然后选中摄影机（不选目标点），接着将其向下移动一定距离，如图11-112所示，摄影机视图效果如图11-113所示。

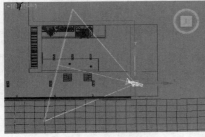

图11-112

图11-113

05 按F10键打开"渲染设置"对话框，然后在"公用参数"卷展栏中设置"宽度"为1200、"高度"为900，接着锁定图像的纵横比，如图11-114所示。

06 切换到摄影机视图，然后按Shift+F组合键打开安全框，如图11-115所示。到此，完成构图，从图中的辅助三角形可以观察到此时的构图满足三角形构图原理。

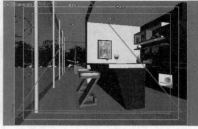

图11-114 图11-115

07 选择目标摄影机，然后单击鼠标右键，在弹出的菜单中选择"应用摄影机校正修改器"命令，对摄影机视图进行透视矫正，如图11-116所示，接着按F9键渲染摄影机视图，最终效果如图11-117所示。

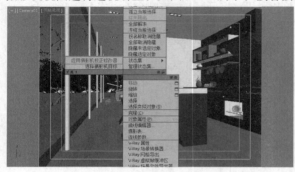

图11-116 图11-117

---
**提示**

关于"摄影机校正"修改器的具体作用与用法，请参阅本章的技术分享"摄影机校正修改器"。

## 【练习11-7】表现平衡稳定构图的方法

平衡稳定构图效果如图11-118所示。

图11-118

01 打开学习资源中的"练习文件>第11章>11-7.max"文件，如图11-119所示。本场景是一个接待室，这类公共场景比较庄重、严肃，因此可以采用平衡稳定的构图方式来表现其特征。

**02** 平衡稳定构图的原理是画面端正、左右重量对等，所以切换到顶视图，在视图中创建一台目标摄影机，让摄影机和目标点在场景的中间，如图11-120所示。

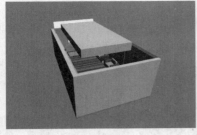
图11-119

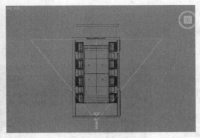
图11-120

**03** 切换到摄影机视图，如图11-121所示，此时摄影机被墙挡住了，所以选中摄影机，然后切换到"修改"面板，接着在"参数"卷展栏下勾选"手动剪切"选项，最后设置"近距剪切"为1400mm、"远距剪切"为10000mm，具体参数设置及摄影机视图效果如图11-122所示。

图11-121

图11-122

**技术专题：手动剪切的使用方法**

　　步骤03中的"手动剪切"参数是通过观察顶视图和摄影机视图的变化调整出来的。当勾选"手动剪切"选项以后，摄影机的两端就会出现两条红线，这就是"近距剪切"和"远距剪切"的位置，两条红线之间的区域表示摄影机可以拍摄到的空间，如图11-123所示。通过这种方法，可以让摄影机穿过墙体拍摄室内空间。

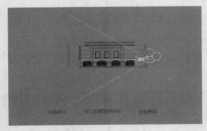
图11-123

**04** 现在摄影机的高度还不对，所以切换到左视图，然后选中摄影机和目标点，接着将其向上移动一段距离，如图11-124所示，摄影机视图效果如图11-125所示。

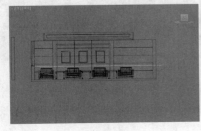
图11-124

图11-125

**05** 按F10键打开"渲染设置"对话框，然后在"公用参数"卷展栏中设置"宽度"为1200、"高度"为900，接着锁定图像的纵横比，如图11-126所示，设置完成后按Shift+F组合键打开安全框，摄影机视图效果如图11-127所示。

**06** 按F9键渲染摄影机视图，最终效果如图11-128所示。从渲染效果中可以观察到，平衡稳定的构图方式左右重量相同（非完全相同），拍摄中心在画面的中间。

图11-126　　　　　　　　　　图11-127　　　　　　　　　　　　　图11-128

## 【练习11-8】表现横向构图的方法

横向构图效果如图11-129所示。

图11-129

**01** 打开学习资源中的"练习文件>第11章>11-8.max"文件，如图11-130所示。本例是一个家庭起居室场景。

**02** 在场景中创建一台目标摄影机，同时调整好摄影机和目标点的位置，完成后的效果如图11-131所示。

图11-130　　　　　　　　　　　　　　　图11-131

**03** 按C键切换到摄影机视图，然后按Shift+F组合键打开安全框，如图11-132所示。这个构图虽然满足三角形构图原理，但是整个构图并没有表现出起居室奢华大方的特点，反而让整个场景看起来比较空旷，家具也不丰富。

04 按F10键打开"渲染设置"对话框，然后在"公用参数"卷展栏中设置"宽度"为1200、"高度"为600，接着锁定图像的纵横比，如图11-133所示，摄影机视图效果如图11-134所示。

| 图11-132 | 图11-133 | 图11-134 |

05 按F9键渲染摄影机视图，最终效果如图11-135所示。这是一张非常明显的横向构图画面，可以看出整个场景奢华而又大气，并且场景内容显得十分丰富，家具元素也都凸显出来了。

图11-135

## 【练习11-9】表现竖向构图的方法

竖向构图效果如图11-136所示。

图11-136

01 打开学习资源中的"练习文件>第11章>11-9.max"文件，如图11-137所示。本例是一个餐厅场景。

02 在场景中创建一台目标摄影机，同时调整好摄影机和目标点的位置，完成后的效果如图11-138所示。

03 按Shift+F组合键打开安全框，摄影机视图效果如图11-139所示。此时构图效果并不理想，桌椅均未完整地展示出来。

 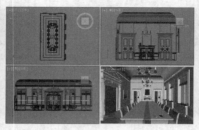 

图11-137　　　　　　　　　　　　图11-138　　　　　　　　　　　　图11-139

04 从视图中可以发现，餐厅的横向空间内容明显少于纵向空间内容，并且为了完整展示出餐桌椅，这里应该考虑使用竖向构图。按F10键打开"渲染设置"对话框，然后在"公用参数"卷展栏中设置"宽度"为800、"高度"为1067，接着锁定图像的纵横比，如图11-140所示，摄影机视图效果如图11-141所示。

05 按F9键渲染摄影机视图，最终效果如图11-142所示。从图11-142中可以看出作为重心的餐桌椅被凸显出来了，而且整个场景的空间感也很好地表现了出来。

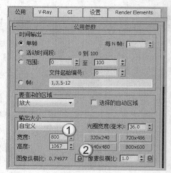  

图11-140　　　　　　　　　　　　图11-141　　　　　　　　　　　　图11-142

## 【练习11-10】表现方形构图的方法

方形构图效果如图11-143所示。

图11-143

01 打开学习资源中的"练习文件>第11章>11-10.max"文件，如图11-144所示。本场景的空间比较大，但只需要对休息室进行表现。

02 在休息室中创建一台目标摄影机，同时调整好摄影机和目标点的位置，完成后的效果如图11-145所示。

图11-144                                                       图11-145

03 按F10键打开"渲染设置"对话框，然后在"公用参数"卷展栏中设置"宽度"为1000、"高度"为1000，接着锁定图像的纵横比，如图11-146所示，最后在摄影机视图中按Shift+F组合键打开安全框，摄影机视图效果如图11-147所示。

04 按F9键渲染摄影机视图，最终效果如图11-148所示。这是一个标准的方形构图，让整个小空间看起来温馨而又和谐。

图11-146                        图11-147                        图11-148

# 技术分享

## 根据不同的目的选择合适的摄影机

在实际工作中，摄影机根本的作用是固定场景对象的拍摄视角，防止因编辑对象造成拍摄位置和角度的偏移。随着三维行业的不断发展，人们对视觉效果的要求也越来越高，摄影机的更多功能也逐渐被发掘出来，现在摄影机不仅用于室内外效果图的构图，还可以制作景深、运动模糊以及漫游动画等。

如果仅仅是用摄影机来进行构图和固定拍摄视角，例如，室内外效果图，可选择目标摄影机、物理摄影机和VRay物理摄影机中的任意一种；如果是制作景深和运动模糊效果，建议使用物理摄影机或VRay物理摄影机，因为这两种摄影机与现实中的摄影机比较接近，而且操作原理很清晰，使用起来也比较直观；如果是制作建筑漫游动画，建议使用目标摄影机（定点多视角拍摄）或自由摄影机（没有目标点），因为建筑漫游动画只需要控制拍摄范围，没有必要使用过于复杂的摄影机。

选择目标摄影机、物理摄影机和VRay物理摄影机中的任意一种

选择目标摄影机、物理摄影机和VRay物理摄影机中的任意一种

选择物理摄影机或VRay物理摄影机

选择目标摄影机或自由摄影机

## 摄影机校正修改器

**文件位置：**练习文件>第11章>行业知识>摄影机校正修改器>摄影机校正修改器.max

在默认情况下，摄影机视图使用的是3点透视，其中垂直线看上去是在顶点上汇聚。而对摄影机应用"摄影机校正"修改器（注意，该修改器不在"修改器列表"中）以后，可以在摄影机视图中使用两点透视。在两点透视中，垂直线会保持垂直。下面举例说明该修改器的具体作用。见图A，创建好摄影机以后，在摄影机视图中发现墙体在垂直方向上不垂直，这不符合人们的正常视觉习惯，将摄影机视图渲染出来以后，画面依然如此，见图B。为了解决这个问题，可以选择摄影机，然后单击鼠标右键，在弹出的菜单中选择"应用摄影机校正修改器"命令，接着在"2点透视校正"卷展栏下单击"推测"按钮 推测... ，获取摄影机上的两点透视效果，此时可以发现墙体在摄影机视图中已经垂直了，见图C，将摄影机视图渲染出来后的图像也没有问题，很符合人们的视觉习惯，见图D。

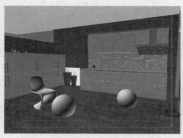
图A 墙体在垂直方向上不垂直

图B 渲染效果不符合人们的视觉习惯

图C 对摄影机视图进行校正

图D 渲染效果符合人们的视觉习惯

### 摄影机校正修改器参数介绍

**数量**：设置两点透视的校正数量。

**方向**：设置偏移方向，默认值为90。大于90的方向值将向左进行偏移校正；小于90的方向值将向右进行偏移校正。

**推测** 推测.. ：单击该按钮可以让修改器自动推测"数量"值。在一般情况下，都可以使用该按钮来完成校正，如果无法完成，就只有通过手动设置参数来进行校正。

## 用VRay物理摄影机制作散景的条件

**文件位置**：练习文件>第11章>技术分享>用VRay物理摄影机制作散景>用VRay物理摄影机制作散景.max

散景（也称焦外）是一个摄影名词，表示在景深较浅的摄影成像中，落在景深以外的画面，会逐渐产生松散模糊的效果，非常绚丽。散景效果有可能是因为摄影技巧或光圈孔形状的不同，而产生各有差异的效果。例如，镜头本身的光圈叶片数不同（所形成的光圈孔形状不同），会让圆形散景呈现不同的多角形变化。很多读者想用3ds Max制作散景，但却又无从下手，下面就以VRay物理摄影机（首选该摄影机）为例来讲解生成散景的4个必备条件。

**景深**：生成散景的根本条件是景深，也就是说只有在存在景深的前提下才能产生散景，见图A，这是一个带景深效果的场景。

图A

**光圈数：** 按照正常的理解，既然是景深场景，只需要在"散景特效"卷展栏下勾选"叶片数"选项就可以产生五边形的散景，但是经过测试，效果与图A没有任何区别，见图B。我们知道光圈会对景深产生直接的影响，同理，光圈也会影响散景（光圈越小，景深越大，散景也更明显），现在将"光圈数"由原来的4降低到0.75，进行测试，发现生成的散景效果非常理想，见图C。

**光源：** "光圈数"对散景起着决定性的作用，而起客观作用的是光源，摄影机视野内一定要有灯光，并且最好是小光源。下面将摄影机视野中的灯光隐藏起来测试一下，发现除了景深以外，没有任何散景的痕迹，见图D。

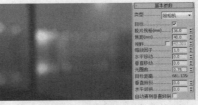

图B 勾选"叶片数"后无任何变换　　　　　　　　　图C 测试光圈数　　　　　　　　　图D 测试光源

**焦距：** 除了上述3个条件之外，还有一个与产生景深相同的条件，那就是产生散景的对象（区域）必须在焦点之外，并且要在足够远的地方。下面将摄影机的目标点拖到路灯处进行测试，效果很不理想，连景深都出现了问题，见图E。

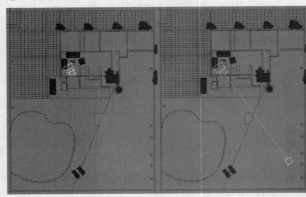

图E 测试焦距

从图E中可以看出，别说散景没有了，就连景深区域都出现了问题，这两个问题都可以归纳为焦点位置的问题。这里大家或许会有疑问，既然是焦点的问题，为什么我们移动的是"目标点"？因为在"VRay物理摄影机"的参数中，若勾选"指定焦距"选项，则可以将"目标点"和"VRay物理摄影机"之间的距离看作焦距。

通过上面3个测试，我们可以看出，除了摄影机视图中有光源这个客观因素，对于"光圈数"和焦点位置的问题，我们都是可以通过"VRay物理摄影机"来控制的，大家在制作散景的时候，可以考虑二者结合调试，不要一直耗在一个参数上。与打光类似，做景深效果需要的也是耐心，要经过不断调试和测试，才能做出好的效果。

---

**提示**

在实际的设计工作中，部分设计师也会使用Photoshop来制作散景效果，鉴于3ds Max的渲染速度取决于计算机的硬件配置，所以从效率上来看，Photoshop确实是一个不错的选择。但是从空间真实感、散景与景深效果的和谐度上来看，3ds Max无疑是模拟现实效果的最佳选择。

另外，关于散景的生成条件的详细介绍，大家可以观看本书配套的视频。

# 第 12 章

# 灯光技术

　　灯光是3ds Max提供的用来模拟现实生活中不同类型光源的对象，从居家办公用的普通灯具到舞台、电影布景中使用的照明设备，甚至太阳光都可以模拟。不同种类的灯光对象用不同的方法投影灯光，也就形成了3ds Max中多种类型的灯光对象。灯光是沟通作品与观众之间的桥梁，通过为场景打灯可以增强场景的真实感，增加场景的清晰程度和三维纵深度。可以说，灯光就是3D作品的灵魂，没有灯光来照明，作品就失去了灵魂。

※ 目标灯光
※ 自由灯光
※ mr 天空入口
※ 目标聚光灯
※ 自由聚光灯
※ 目标平行光
※ 自由平行光

※ 泛光灯
※ 天光
※ mr Area Omni
※ mr Area Spot
※ VRay光源
※ VRay太阳
※ VRay天空

# 12.1 灯光的应用

没有灯光的世界将是一片黑暗，在三维场景中也是一样，即使有精美的模型、真实的材质以及完美的动画，如果没有灯光照射也毫无作用，由此可见灯光在三维表现中的重要性。

## 12.1.1 灯光的作用

有光才有影，才能让物体呈现出三维立体感，不同的灯光效果营造的视觉感受也不一样。灯光是视觉画面的一部分，其功能主要有以下3点。

### 1.强度

灯光光源的亮度影响灯光照亮对象的程度。暗淡的光源即使照射在很鲜艳的颜色上，也只能产生暗淡的颜色效果。在3ds Max中，灯光的亮度就是它的HSV值（色度、饱和度、亮度），取最大值（225）时，灯光最亮；取值为0时，完全没有照明效果。如图12-1所示，左图为低强度光源的蜡烛照亮房间，右图为高强度灯光灯泡照亮同一个房间。

图12-1

### 2.入射角

表面法线相对于光源之间的角度称为灯光的入射角。表面偏离光源的程度越大，它所接收到的光线越少，表现越暗。当入射角为0（光线垂直接触表面）时，表面受到完全亮度的光源照射。随着入射角的增大，照明亮度不断降低，如图12-2所示。

图12-2

### 3.衰减

在现实生活中，灯光的亮度会随着距离增加逐渐变暗，离光源远的对象比离光源近的对象暗，这种效果就是衰减效果。自然界中灯光按照平方反比进行衰减，也就是说灯光的亮度按距光源距离的平方削弱。通常在受大气粒子的遮挡后衰减效果会更加明显，尤其在阴天和雾天的情况下。

如图12-3所示，这是灯光衰减示意图，左图为反向衰减，右图为平方反比衰减。

图12-3

3ds Max中默认的灯光没有衰减设置，因此灯光与对象间的距离是没有意义的，用户在设置时，只需考虑灯光与表面间的入射角度。除了可以手动调节泛光灯和聚光灯的衰减外，还可以通过光线跟踪贴图调节衰减效果。如果使用光线跟踪方式计算反射和折射，应该对场景中的每一盏灯都进行衰减设置，因为一方面它可以提供更为精确和真实的照明效果，另一方面由于不必计算衰减以外的范围，所以还可以大大缩短渲染的时间。

---
### 提示

在没有衰减设置的情况下，有可能会出现对象远离灯光对象，却变得更亮的情况，这是对象表面的入射角度更接近0°造成的。

对于3ds Max中的标准灯光对象，用户可以自由设置衰减开始和结束的位置，无需严格遵循真实场景中灯光与被照射对象间的距离。更为重要的是，可以通过此功能对衰减效果进行优化。对于室外场景，衰减设置可以提高景深效果；对于室内场景，衰减设置有助于模拟蜡烛等低亮度光源的效果。

### 4.反射光与环境光

对象反射后的光能够照亮其他的对象，反射的光越多，照亮环境中其他对象的光越多。反射光产生环境光，环境光没有明确的光源和方向，不会产生清晰的阴影。

如图12-4所示，其中A（黄色光线）是平行光，也就是发光源发射的光线；B（绿色光线）是反射光，也就是对象反射的光线；C是环境光，看不出明确的光源和方向。

图12-4

在3ds Max中使用默认的渲染方式和灯光设置无法计算出对象的反射光，因此采用标准灯光照明时往往要设置比实际多得多的灯光对象。如果使用具有计算光能传递效果的渲染引擎（如3ds Max的高级照明、mental ray或者其他渲染器插件），就可以获得真实的反射光的效果。如果不使用光能传递方式，用户可以在"环境"面板中调节环境光的颜色和亮度来模拟环境光的影响。

环境光的亮度影响场景的对比度，亮度越高，场景的对比度就越低；环境光的颜色影响场景整体的颜色，有时环境光表现为对象的反射光线，颜色为场景中其他对象的颜色，但大数情况下，环境光应该是场景中主光源颜色的补色。

### 5.颜色和灯光

灯光的颜色部分依赖于生成该灯光的过程。例如，钨灯投影橘黄色的灯光，水银蒸汽灯投影冷色的浅蓝色灯光，太阳光为浅黄色。灯光颜色也依赖于灯光通过的介质。例如，三菱镜可以将白光色散为七色，脏玻璃可以将灯光染为浓烈的饱和色彩。

灯光的颜色也具备加色混合性，灯光的主要颜色为红色、绿色和蓝色（RGB）。当多种颜色混合在一起时，场景中总的灯光将变得更亮且逐渐变为白色，如图12-5所示。

图12-5

在3ds Max中，用户可以通过调节灯光颜色的RGB值作为场景主要照明设置的色温标准，但要明确的是，人们总倾向于将场景看作是白色光源照射的结果（这是一种称为色感一致性的人体感知现象），精确地再现光源颜色可能会适得其反，渲染出古怪的场景效果，所以在调节灯光颜色时，应当重视主观的视觉感受，而物理意义上的灯光颜色仅仅是作为一项参考。

### 6.色温

色温是一种按照绝对温标来描述颜色的方式，有助于描述光源颜色及其他接近白色的颜色值。下面的表格中罗列了一些常见灯光类型的色温值（Kelvin）以及相应的色调值（HSV）。

常见灯光类型的色温值、色调值

| 光源 | 颜色温度 | 色调 |
| --- | --- | --- |
| 阴天的日光 | 6000 K | 130 |
| 中午的太阳光 | 5000 K | 58 |
| 白色荧光 | 4000 K | 27 |
| 钨/卤元素灯 | 3300 K | 20 |
| 白炽灯（100 到 200 W） | 2900 K | 16 |
| 白炽灯（25 W） | 2500 K | 12 |
| 日落或日出时的太阳光 | 2000 K | 7 |
| 蜡烛火焰 | 1750 K | 5 |

## 12.1.2　3ds Max灯光的照明原则

说到照明原则，多参考摄影、摄像以及舞台设计方面的照明指导书籍对于提高3ds Max场景的布灯技巧有很大的帮助，这里只笼统地介绍一下标准灯光设置的基础知识。

设置灯光时，首先应该明确场景要模拟的是自然照明效果还是人工照明效果。对于自然照明场景，无论是日光照明还是月光照明，最主要的光源只有一个，而人工照明场景通常应包含多个类似的光源。在3ds Max中，无论是哪种照明场景，都需要设置若干个次级光源来辅助照明，无论是室内场景还是室外场景，都会受到材质颜色的影响。

### 1.自然光

自然照明（阳光）是来自单一光源的平行光线，它的方向和角度会随着时间、纬度、季节的变化而变化。晴天时，阳光的颜色为淡黄色，多云时偏蓝色，阴雨天时偏暗灰色，大气中的颗粒会使阳光呈橙色或褐色，日出日落时阳光则更为发红或发橙色。天空越晴朗，产生的阴影越清晰，日照场景中的立体效果越突出。

3ds Max提供了多种模拟阳光的方式，标准的灯光方式就是平行光，无论是目标平行光还是自由平行光，一盏就足以作为日照场景的光源了，如图12-6所示。将平行光源的颜色设置为白色，亮度降低，还可以用来模拟月光效果。

图12-6

## 2．人工光

人工照明，无论是室内还是室外夜景，都会使用多盏灯光对象。人工照明首先要明确场景中的主题，然后单独为这个主题打一盏明亮的灯光，称为"主灯光"，将其置于主题的前方稍稍偏上。除了"主灯光"以外，还需要设置一盏或多盏灯光用来照亮背景和主题的侧面，称为"辅助灯光"，亮度要低于"主灯光"。这些"主灯光"和"辅助灯光"不仅能够强调场景的主题，同时还加强了场景的立体效果。用户还可以为场景的次要主题添加照明灯光，舞台术语称之为"附加灯"，亮度通常高于"辅助灯光"，低于"主灯光"。

在3ds Max中，聚光灯通常是最好的"主灯光"，无论是聚光灯还是泛光灯都很适于作为"辅助灯光"，环境光则是另一种补充照明光源。

通过光度学灯光，可以基于灯光的色温、能量值以及分布状况设置照明效果。设置这种灯光，只要严格遵循实际的场景尺寸、灯光属性和分布位置，就能够产生良好的照明效果，如图12-7所示。

图12-7

## 3．环境光

在3ds Max中，环境光用于模拟漫反射表面反射光产生的照明效果，它的设置决定了处于阴影中和直接照明以外的表面的照明级别。用户可以在"环境"对话框中设置环境光的级别，场景会在考虑任何灯光照明之前就先根据它的设置，确立整个场景的照明级别，也是场景所能达到的最暗程度。环境光常常应用于室外场景，帮助日光照明在那些无法直射到的表面上产生均匀分布的反射光，如图12-8所示。一种常用的加深阴影的方法就是将环境光的颜色调节为近似"主灯光"颜色的补充色。

与室外场景不同，室内场景有很多灯光对象，普通环境光设置用来模拟局部光源的漫反射并不理想，常用的方法就是将环境光颜色设为黑色，并使用只影响环境光的灯光来模拟环境照明。

图12-8

### 12.1.3 3ds Max灯光的分类

利用3ds Max中的灯光可以模拟出真实的"照片级"画面，如图12-9所示是两张利用3ds Max制作的室内外效果图。

图12-9

在"创建"面板中单击"灯光"按钮 ◁，在其下拉列表中可以选择灯光的类型。3ds Max 2016包含3种灯光类型，分别是"光度学"灯光、"标准"灯光和VRay灯光（前提是3ds Max中安装了VRay），如图12-10所示。

图12-10

---
**提示**
---

如果3ds Max没有安装VRay渲染器，系统默认的只有"光度学"灯光和"标准"灯光。

# 12.2 光度学灯光

"光度学"灯光是系统默认的灯光，共有3种类型，分别是"目标灯光""自由灯光""mr 天空入口"。

### 12.2.1 目标灯光

#### 功能介绍

目标灯光带有一个目标点，用于指向被照明物体，如图12-11所示。目标灯光主要用来模拟现实中的筒灯、射灯和壁灯等，其默认参数包含10个卷展栏，如图12-12所示。

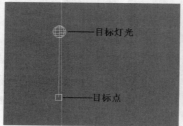

图12-11              图12-12

454

下面主要针对目标灯光的一些常用卷展栏参数进行讲解。

**参数详解**

### 1. "常规参数"卷展栏

展开"常规参数"卷展栏，如图12-13所示。

① "灯光属性"选项组

❖ 启用：控制是否开启灯光。

❖ 目标：启用该选项后，目标灯光才有目标点；如果禁用该选项，目标灯光没有目标点，将变成自由灯光，如图12-14所示。

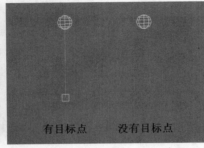

图12-13                          图12-14

目标灯光的目标点并不是固定不可调节的，可以对它进行移动、旋转等操作。

❖ 目标距离：用来显示目标的距离。

② "阴影"选项组

❖ 启用：控制是否开启灯光的阴影效果。

❖ 使用全局设置：如果启用该选项，该灯光投射的阴影将影响整个场景的阴影效果；如果关闭该选项，则必须选择渲染器使用哪种方式来生成特定的灯光阴影。

❖ 阴影类型列表：设置渲染器渲染场景时使用的阴影类型，包括"高级光线跟踪""mental ray阴影贴图""区域阴影""阴影贴图""光线跟踪阴影"、VRayShadow（VRay阴影）和"VRay阴影贴图"7种类型，如图12-15所示。

❖ 排除 ：将选定的对象排除于灯光效果之外。单击该按钮可以打开"排除/包含"对话框，如图12-16所示。

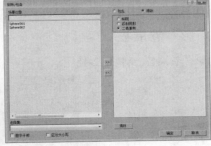

图12-15                          图12-16

③ "灯光分布（类型）"选项组

❖ 灯光分布类型列表：设置灯光的分布类型，包含"光度学Web""聚光灯""统一漫反射""统一球形"4种类型。

### 2."强度/颜色/衰减"卷展栏

展开"强度/颜色/衰减"卷展栏,如图12-17所示。

图12-17

① "颜色"选项组
❖ 灯光:挑选公用灯光,以近似灯光的光谱特征。
❖ 开尔文:通过调整色温微调器来设置灯光的颜色。
❖ 过滤颜色:使用颜色过滤器来模拟置于灯光上的过滤色效果。
② "强度"选项组
❖ lm(流明):测量整个灯光(光通量)的输出功率。100W的通用灯泡约有1750 lm的光通量。
❖ cd(坎德拉):用于测量灯光的最大发光强度,通常沿着瞄准发射。100W通用灯泡的发光强度约为139 cd。
❖ lx(lux):测量由灯光引起的照度,该灯光以一定距离照射在曲面上,并面向灯光的方向。
③ "暗淡"选项组
❖ 结果强度:用于显示暗淡所产生的强度。
❖ 暗淡百分比:启用该选项后,该值会指定用于降低灯光强度的"倍增"。
❖ 光线暗淡时白炽灯颜色会切换:启用该选项之后,灯光可以在暗淡时通过产生更多的黄色来模拟白炽灯。
④ "远距衰减"选项组
❖ 使用:启用灯光的远距衰减。
❖ 显示:在视口中显示远距衰减的范围设置。
❖ 开始:设置灯光开始淡出的距离。
❖ 结束:设置灯光减为0时的距离。

### 3."图形/区域阴影"卷展栏

展开"图形/区域阴影"卷展栏,如图12-18所示。

图12-18

❖ 从（图形）发射光线：选择阴影生成的图形类型，包括"点光源""线""矩形""圆形""球体""圆柱体"6种类型。

❖ 灯光图形在渲染中可见：启用该选项后，如果灯光对象位于视野之内，那么灯光图形在渲染中会显示为自供照明（发光）的图形。

### 4. "阴影参数"卷展栏

展开"阴影参数"卷展栏，如图12-19所示。

图12-19

① "对象阴影"选项组

❖ 颜色：设置灯光阴影的颜色，默认为黑色。
❖ 密度：调整阴影的密度。
❖ 贴图：启用该选项，可以使用贴图来作为灯光的阴影。
❖ 无 ⬛无⬛ ：单击该按钮可以选择贴图作为灯光的阴影。
❖ 灯光影响阴影颜色：启用该选项后，可以将灯光颜色与阴影颜色（如果阴影已设置贴图）进行混合。

② "大气阴影"选项组

❖ 启用：启用该选项后，大气效果就可以和灯光一样穿过物体投影阴影。
❖ 不透明度：调整大气阴影的不透明度百分比。
❖ 颜色量：调整大气颜色与阴影颜色混合的量。

### 5. "阴影贴图参数"卷展栏

展开"阴影贴图参数"卷展栏，如图12-20所示。

图12-20

❖ 偏移：将阴影移向或移离投射阴影的对象。
❖ 大小：设置用于计算灯光的阴影贴图的大小。
❖ 采样范围：决定阴影内平均有多少个区域。
❖ 绝对贴图偏移：启用该选项后，阴影贴图的偏移是不标准化的，但是该偏移在固定比例的基础上会以3ds Max为单位来表示。
❖ 双面阴影：启用该选项后，计算阴影时物体的背面也将产生阴影。

─── 提示 ───

注意，这个卷展栏的名称由"常规参数"卷展栏下的阴影类型来决定，不同的阴影类型具有不同的阴影卷展栏以及不同的参数选项。

### 6. "大气和效果"卷展栏

展开"大气和效果"卷展栏, 如图12-21所示。

❖ 添加 <u>添加</u>: 单击该按钮可以打开"添加大气或效果"对话框, 如图12-22所示。在该对话框中可以将大气或渲染效果添加到灯光中。

❖ 删除 <u>删除</u>: 添加大气或效果以后, 在大气或效果列表中选择大气或效果, 然后单击该按钮可以将其删除。

❖ 大气或效果列表: 显示添加的大气或效果, 如图12-23所示。

图12-21

图12-22

图12-23

❖ 设置 <u>设置</u>: 在大气或效果列表中选择大气或效果以后, 单击该按钮可以打开"环境和效果"对话框。在该对话框中可以对大气或效果参数进行更多的设置。

## 【练习12-1】用目标灯光制作餐厅夜晚灯光

本练习的餐厅夜晚灯光效果如图12-24所示。

图12-24

`01` 打开学习资源中的"练习文件>第12章>练习12-1.max"文件, 如图12-25所示。

`02` 设置灯光类型为"光度学", 然后在顶视图中创建6盏目标灯光, 其位置如图12-26所示。

图12-25

图12-26

── 提示 ─────────────────────────────

　　由于这6盏目标灯光的参数都相同，因此可以先创建其中一盏，然后通过移动复制的方式创建另外5盏目标灯光，这样可以节省很多时间。但是要注意一点，在复制灯光时，要选择"实例"复制方式，因为这样只需要修改其中一盏目标灯光的参数，其他目标灯光的参数也会跟着改变。

**03** 选择上一步创建的目标灯光，然后进入"修改"面板，具体参数设置如图12-27所示。

### 设置步骤

　　① 展开"常规参数"卷展栏，然后在"阴影"选项组下勾选"启用"选项，接着设置阴影类型为"VRay阴影"，最后设置"灯光分布（类型）"为"光度学Web"。

　　② 展开"分布（光度学Web）"卷展栏，然后在其通道中加载一个学习资源中的"练习文件>第12章>练习12-1>筒灯.ies"文件。

　　③ 展开"强度/颜色/衰减"卷展栏，然后设置"过滤颜色"为（红:253，绿:195，蓝:143），接着设置"强度"为10。

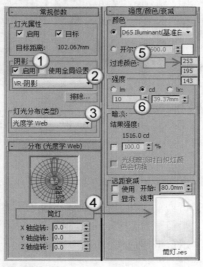

图12-27

## 技术专题：光域网

　　将"灯光分布（类型）"设置为"光度学Web"后，系统会自动增加一个"分布（光度学Web）"卷展栏，在"分布（光度学Web）"通道中可以加载光域网文件。

　　光域网是灯光的一种物理性质，用来确定光在空气中的发散方式。不同的灯光在空气中的发散方式也不相同，例如，手电筒会发出一个光束，而壁灯或台灯发出的光又是另外一种形状，这些不同的形状是由灯光自身的特性来决定的，也就是说这些形状是由光域网造成的。灯光之所以会产生不同的图案，是因为每种灯在出厂时，厂家都要对每种灯指定不同的光域网。在3ds Max中，如果为灯光指定一个特殊的文件，就可以产生与现实生活中相同的发散效果，这种特殊文件的标准格式为.ies，如图12-28所示是一些不同光域网的显示形态，图12-29所示是这些光域网的渲染效果。

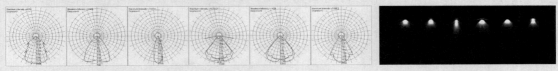

图12-28　　　　　　　　　　　　　　　　　　　图12-29

　　在本书的附赠资源中有一个"光域网"文件夹，里面有4600多个光域网文件夹，这是特意赠送给用户进行练习所用的。

**04** 设置灯光类型为VRay，然后在台灯的灯罩内创建两盏VRay灯光，其位置如图12-30所示。

**05** 选择上一步创建的VRay灯光，然后进入"修改"面板，接着展开"参数"卷展栏，具体参数设置如图12-31所示。

**设置步骤**

① 在"常规"选项组下设置"类型"为"球体"。

② 在"强度"选项组下设置"倍增"为12，然后设置"颜色"为（红:244，绿:194，蓝:141）。

③ 在"大小"选项组下设置"半径"为3.15mm。

④ 在"选项"选项组下勾选"不可见"选项。

⑤ 在"采样"选项组下设置"细分"为20。

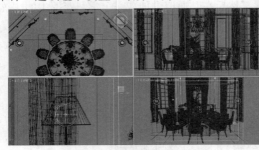
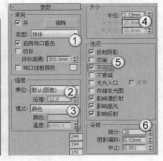

图12-30　　　　　　　　　　　　　　图12-31

**06** 在吊灯的灯泡上继续创建26盏VRay灯光，如图12-32所示。

**07** 选择上一步创建的VRay灯光，然后进入"修改"面板，接着展开"参数"卷展栏，具体参数设置如图12-33所示。

**设置步骤**

① 在"常规"选项组下设置"类型"为"球体"。

② 在"强度"选项组下设置"倍增"为20，然后设置"颜色"为（红:244，绿:194，蓝:141）。

③ 在"大小"选项组下设置"半径"为0.787mm。

④ 在"选项"选项组下勾选"不可见"选项。

⑤ 在"采样"选项组下设置"细分"为20。

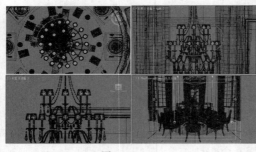

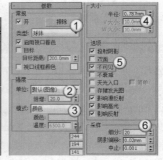

图12-32　　　　　　　　　　　　　　图12-33

**08** 设置灯光类型为"标准"，然后在吊灯正中央下面创建一盏目标聚光灯，其位置如图12-34所示。

**09** 选择上一步创建的目标聚光灯，然后进入"修改"面板，具体参数设置如图12-35所示。

**设置步骤**

① 展开"常规参数"卷展栏，然后在"阴影"选项组下勾选"启用"选项，接着设置阴影类型为"VRay阴影"。

②展开"强度/颜色/衰减"卷展栏，然后设置"倍增"为2，接着设置"颜色"为（红:241，绿:189，蓝:144）。

③展开"聚光灯参数"卷展栏，然后设置"聚光区/光束"为43、"衰减区/区域"为95。

④展开"VRay阴影参数"卷展栏，然后勾选"区域阴影"选项，接着勾选"球体"选项，最后设置"U大小""V大小""W大小"为19.685mm、"细分"为20。

图12-34

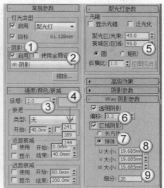

图12-35

**10** 按C键切换到摄影机视图，然后按F9键渲染当前场景，最终效果如图12-36所示。

图12-36

## 12.2.2 自由灯光

自由灯光没有目标点，常用来模拟发光球、台灯等。自由灯光的参数与目标灯光的参数完全一样，如图12-37所示。

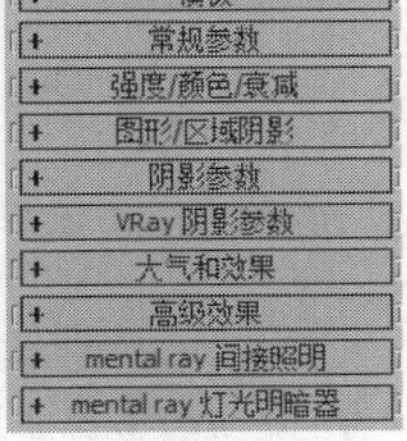

| 模板 |
| --- |
| 常规参数 |
| 强度/颜色/衰减 |
| 图形/区域阴影 |
| 阴影参数 |
| VRay阴影参数 |
| 大气和效果 |
| 高级效果 |
| mental ray 间接照明 |
| mental ray 灯光明暗器 |

图12-37

### 12.2.3　mr 天空入口

"mr天空入口"是一种mental ray灯光，与VRay灯光比较相似，不过"mr天空入口"灯光必须配合天光才能使用，其参数设置面板如图12-38所示。

图12-38

---

**提示**

"mr天空入口"在实际工作中基本上不会用到，因此这里不对其进行讲解。

## 12.3　标准灯光

"标准"灯光包括8种类型，分别是"目标聚光灯""自由聚光灯""目标平行光""自由平行光""泛光""天光"、mr Area Omni和mr Area Spot。

### 12.3.1　目标聚光灯

**功能介绍**

目标聚光灯可以产生一个锥形的照射区域，区域以外的对象不会受到灯光的影响，主要用来模拟吊灯、手电筒等发出的灯光。目标聚光灯由透射点和目标点组成，其方向性非常好，对阴影的塑造能力也很强，如图12-39所示，其参数设置面板如图12-40所示。

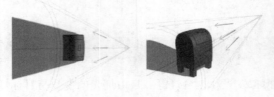

图12-39　　　　　　　　　　　　　　图12-40

**参数详解**

**1.　"常规参数"卷展栏**

展开"常规参数"卷展栏，如图12-41所示。

① "灯光类型"选项组

❖　启用：控制是否开启灯光。

❖　灯光类型列表：选择灯光的类型，包含"聚光灯""平行光""泛光灯"3种类型，如图12-42所示。

图12-41

图12-42

❖ 目标：如果启用该选项，灯光将成为目标聚光灯；如果关闭该选项，灯光将变成自由聚光灯。

② "阴影"选项组

❖ 启用：控制是否开启灯光阴影。

❖ 使用全局设置：如果启用该选项，该灯光投射的阴影将影响整个场景的阴影效果；如果关闭该选项，则必须选择渲染器使用哪种方式来生成特定的灯光阴影。

❖ 阴影类型：切换阴影的类型来得到不同的阴影效果。

❖ 排除 排除...：将选定的对象排除于灯光效果之外。

## 2."强度/颜色/衰减"卷展栏

展开"强度/颜色/衰减"卷展栏，如图12-43所示。

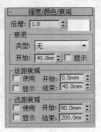

图12-43

① "倍增"选项组

❖ 倍增：控制灯光的强弱程度。

❖ 颜色：用来设置灯光的颜色。

② "衰退"选项组

❖ 类型：指定灯光的衰退方式。"无"为不衰退；"倒数"为反向衰退；"平方反比"是以平方反比的方式进行衰退。

❖ 开始：设置灯光开始衰退的距离。

❖ 显示：在视口中显示灯光衰退的效果。

③ "近距衰减"选项组

❖ 使用：启用灯光近距离衰退。

❖ 显示：在视口中显示近距离衰退的范围。

❖ 开始：设置灯光开始淡出的距离。

❖ 结束：设置灯光达到衰退最远处的距离。

④ "远距衰减"选项组

❖ 使用：启用灯光的远距离衰退。

❖ 显示：在视口中显示远距离衰退的范围。

❖ 开始：设置灯光开始淡出的距离。

❖ 结束：设置灯光衰退为0的距离。

### 3. "聚光灯参数"卷展栏

展开"聚光灯参数"卷展栏，如图12-44所示。

❖ 显示光锥：控制是否在视图中开启聚光灯的圆锥显示效果，如图12-45所示。

❖ 泛光化：开启该选项时，灯光将在各个方向投射光线。

❖ 聚光区/光束：用来调整灯光圆锥体的角度。

❖ 衰减区/区域：设置灯光衰减区的角度，如图12-46所示是不同"聚光区/光束"和"衰减区/区域"的光锥对比。

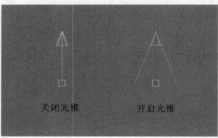

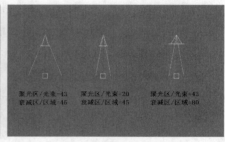

图12-44　　　　　　　　　图12-45　　　　　　　　　图12-46

❖ 圆/矩形：选择聚光区和衰减区的形状。

❖ 纵横比：设置矩形光束的纵横比。

❖ 位图拟合 位图拟合：如果灯光的投影纵横比为矩形，应设置纵横比以匹配特定的位图。

### 4. "高级效果"卷展栏

展开"高级效果"卷展栏，如图12-47所示。

图12-47

① "影响曲面"选项组

❖ 对比度：调整漫反射区域和环境光区域的对比度。

❖ 柔化漫反射边：增加该选项的数值，可以柔化曲面的漫反射区域和环境光区域的边缘。

❖ 漫反射：开启该选项后，灯光将影响曲面的漫反射属性。

❖ 高光反射：开启该选项后，灯光将影响曲面的高光属性。

❖ 仅环境光：开启该选项后，灯光仅仅影响照明的环境光。

② "投影贴图"选项组

❖ 贴图：为投影加载贴图。

❖ 无 无：单击该按钮可以为投影加载贴图。

## 【练习12-2】用目标聚光灯制作餐厅日光

本练习的餐厅日光效果如图12-48所示。

图12-48

**01** 打开学习资源中的"练习文件>第12章>练习12-2.max"文件，如图12-49所示。

**02** 设置灯光类型为"标准"，然后在场景中创建9盏目标聚光灯，其位置如图12-50所示。

图12-49

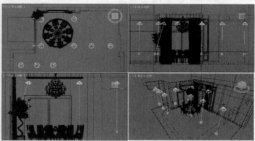

图12-50

## 技术专题：冻结与过滤对象

制作到这里，用户可能会发现一个问题，那就是在调整灯光位置时总是会选择到其他物体。这里以图12-51中的场景为例来介绍两种快速选择灯光的方法。

图12-51

第1种：冻结除了灯光外的所有对象。在"主工具栏"中设置"选择过滤器"类型为"G-几何体"，如图12-52所示，然后在视图中框选对象，这样选择的对象全部是几何体，不会选择到其他对象，如图12-53所示。选择好对象以后单击鼠标右键，然后在弹出的菜单中选择"冻结当前选择"命令，如图12-54所示，冻结的对象将以灰色状态显示在视图中，如图12-55所示。将"选择过滤器"类型设置为"全部"，此时无论怎么选择都不会选择到几何体了。另外，如果要解冻对象，可以在视图中单击鼠标右键，然后在弹出的菜单中选择"全部解冻"命令。

图12-52

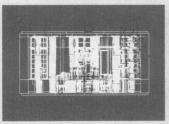

图12-53

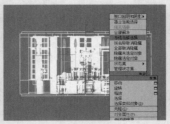

图12-54

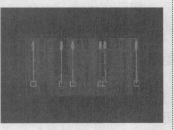

图12-55

第2种：过滤掉灯光外的所有对象。在"主工具栏"中设置"选择过滤器"类型为"L-灯光"，如图12-56所示，这样无论怎么选择，选择的对象永远都只有灯光，不会选择到其他对象，如图12-57所示。

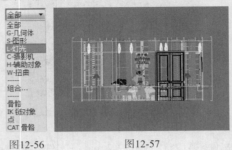

图12-56 　　　　　　　　　图12-57

**03** 选择上一步创建的目标聚光灯，然后进入"修改"面板，具体参数设置如图12-58所示。

**设置步骤**

① 展开"常规参数"卷展栏，然后在"阴影"选项组下勾选"启用"选项，接着设置阴影类型为"VRay阴影"。

② 展开"强度/颜色/衰减"卷展栏，然后设置"倍增"为0.6，接着设置"颜色"为（红:255，绿:239，蓝:215）。

③ 展开"聚光灯参数"卷展栏，然后设置"聚光区/光束"为30、"衰减区/区域"为90。

④ 展开"VRay阴影参数"卷展栏，然后勾选"区域阴影"选项，并勾选"球体"选项，接着设置"U大小""V大小""W大小"分别为100mm，最后设置"细分"为16。

**04** 选择任意一盏目标聚光灯，然后复制一盏到吊灯的下面，其位置如图12-59所示。

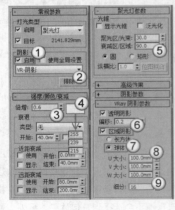
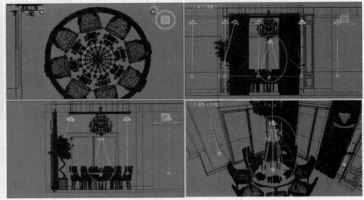

图12-58 　　　　　　　　　　　　图12-59

---

**提示**

注意，这里在复制灯光的时候，要将复制方式设置为"复制"。

---

**05** 选择上一步复制的目标聚光灯，然后在"强度/颜色/衰减"卷展栏下将"倍增"修改为2，如图12-60所示。

**06** 继续复制一盏目标聚光灯到吊灯下面，然后将目标点调整到上方，其位置如图12-61所示。

**07** 选择上一步复制的目标聚光灯，然后在"强度/颜色/衰减"卷展栏下将"倍增"修改为0.3，接着在"聚光灯参数"卷展栏下将"聚光区/光束"修改为30、将"衰减区/区域"修改为70，如图12-62所示。

图12-60                    图12-61                         图12-62

**08** 设置灯光类型为VRay，然后在窗口玻璃处创建一盏VRay灯光，其位置如图12-63所示。

**09** 选择上一步创建的VRay灯光，然后进入"修改"面板，接着展开"参数"卷展栏，具体参数设置如图12-64所示。

### 设置步骤

① 在"常规"选项组下设置"类型"为"平面"。

② 在"强度"选项组下设置"倍增"为2.5，然后设置"颜色"为（红:210，绿:233，蓝:255）。

③ 在"大小"选项组下设置"1/2长"为480mm、"1/2宽"为610mm。

④ 在"选项"选项组下勾选"不可见"选项，然后关闭"影响高光"和"影响反射"选项。

⑤ 在"采样"选项组下设置"细分"为30。

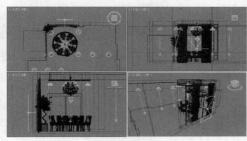

图12-63                                图12-64

**10** 继续在大门处创建一盏VRay灯光，如图12-65所示。

**11** 选择上一步创建的VRay灯光，然后进入"修改"面板，接着展开"参数"卷展栏，具体参数设置如图12-66所示。

### 设置步骤

① 在"常规"选项组下设置"类型"为"平面"。

② 在"强度"选项组下设置"倍增"为1.5，然后设置"颜色"为（红:251，绿:230，蓝:184）。

③ 在"大小"选项组下设置"1/2长"为1000mm、"1/2宽"为1200mm。

④ 在"选项"选项组下勾选"不可见"选项，然后关闭"影响高光"和"影响反射"选项。

⑤ 在"采样"选项组下设置"细分"为30。

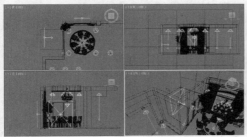

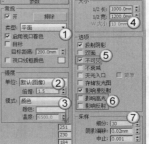

图12-65                        图12-66

12 围绕吊顶创建一圈VRay灯光（一共21盏）作为灯带，如图12-67所示。

13 选择上一步创建的VRay灯光，然后进入"修改"面板，接着展开"参数"卷展栏，具体参数设置如图12-68所示。

**设置步骤**

① 在"常规"选项组下设置"类型"为"平面"。

② 在"强度"选项组下设置"倍增"为2，然后设置"颜色"为（红:226，绿:141，蓝:72）。

③ 在"大小"选项组下设置"1/2长"为200mm、"1/2宽"为95mm。

④ 在"选项"选项组下勾选"不可见"选项，然后关闭"影响高光"和"影响反射"选项。

⑤ 在"采样"选项组下设置"细分"为30。

14 按C键切换到摄影机视图，然后按F9键渲染当前场景，最终效果如图12-69所示。

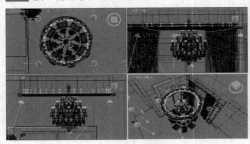
图12-67

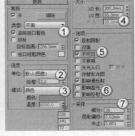
图12-68

图12-69

## 12.3.2　自由聚光灯

自由聚光灯与目标聚光灯的参数基本一致，只是它无法对发射点和目标点分别进行调节，如图12-70所示。自由聚光灯特别适合用来模拟一些动画灯光，如舞台上的射灯。

图12-70

## 12.3.3　目标平行光

**功能介绍**

目标平行光可以产生一个照射区域，主要用来模拟自然光线的照射效果（如太阳光照射），如图12-71所示。如果将目标平行光作为体积光来使用，那么可以用它模拟出激光束等效果。

图12-71

—— 提示 ——

虽然目标平行光可以用来模拟太阳光，但是它与目标聚光灯的灯光类型却不相同。目标聚光灯的灯光类型是聚光灯，而目标平行光的灯光类型是平行光，从外形上看，目标聚光灯更像锥形，而目标平行光更像筒形，如图12-72所示。

图12-72

## 【练习12-3】用目标平行光制作卧室日光

卧室日光效果如图12-73所示。

**01** 打开学习资源中的"练习文件>第12章>练习12-3.max"文件，如图12-74所示。

图12-73　　　　　　　　　　图12-74

## 技术专题：重新链接场景缺失资源

　　这里要讲解一个在实际工作中非常实用的技术，即追踪场景资源技术。在打开一个场景文件时，往往会缺失贴图和光域网文件。例如，用户在打开本例的场景文件时，会弹出一个"缺少外部文件"对话框，提醒用户缺少外部文件，如图12-75所示。造成这种情况的原因是移动了实例文件或贴图文件的位置（例如，将其从D盘移动到了E盘），造成3ds Max无法自动识别文件路径。遇到这种情况可以先单击"继续"按钮 继续 ，然后查找缺失的文件。

　　补齐缺失文件的方法有两种，下面详细进行介绍。请用户千万注意，这两种方法都是基于贴图和光域网等文件没有被删除的情况下。

　　第1种：逐个在"材质编辑器"对话框中的各个材质通道中将贴图路径重新链接好；光域网文件在灯光设置面板中进行链接。这种方法非常繁琐，一般情况下不会使用该方法。

　　第2种：按Shift+T组合键打开"资源追踪"对话框，如图12-76所示。在该对话框中可以观察到缺失了哪些贴图文件或光域网（光度学）文件。这时可以按住Shift键全选缺失的文件，然后单击鼠标右键，在弹出的菜单中选择"设置路径"命令，如图12-77所示，接着在弹出的对话框中链接好文件路径（贴图和光域网等文件最好放在一个文件夹中），如图12-78所示。链接好文件路径以后，有些文件可能仍然显示缺失，这是因为在前期制作中可能有多余的文件，因此3ds Max保留了下来，只要场景贴图齐备即可，如图12-79所示。

图12-75　　　　　　　　　　　　　　　　图12-76

图12-77　　　　　　　　图12-78　　　　　　　　图12-79

02 设置灯光类型为"标准"，然后在室外创建一盏目标平行光，接着调整好目标点的位置，如图12-80所示。

03 选择上一步创建的目标平行光，然后进入"修改"面板，具体参数设置如图12-81所示。

### 设置步骤

① 展开"常规参数"卷展栏，然后在"阴影"选项组下勾选"启用"选项，接着设置阴影类型为"VRay阴影"。

② 展开"强度/颜色/衰减"卷展栏，然后设置"倍增"为3.5，接着设置"颜色"为（红:255, 绿:245, 蓝:221）。

③ 展开"平行光参数"卷展栏，然后设置"聚光区/光束"为736.6cm、"衰减区/区域"为741.68cm。

④ 展开"VRay阴影参数"卷展栏，然后勾选"区域阴影"选项并选择"球体"，接着设置"U大小""V大小""W大小"分别为25.4cm，最后设置"细分"为12。

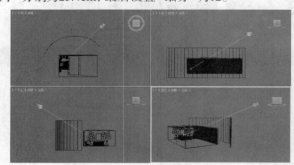

图12-80　　　　　　　　　　　　　　　图12-81

04 设置灯光类型为VRay，然后在左侧的墙壁处创建一盏VRay灯光作为辅助灯光，其位置如图12-82所示。

05 选择上一步创建的VRay灯光，然后进入"修改"面板，接着展开"参数"卷展栏，具体参数设置如图12-83所示。

### 设置步骤

① 在"常规"选项组下设置"类型"为"平面"。

② 在"强度"选项组下设置"倍增"为4。

③ 在"大小"选项组下设置"1/2长"为210cm、"1/2宽"为115cm。

06 按C键切换到摄影机视图，然后按F9键渲染当前场景，最终效果如图12-84所示。

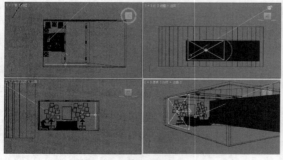  

图12-82　　　　　　　　　　　图12-83　　　　　　　　　图12-84

## 【练习12-4】用目标平行光制作阴影场景

阴影场景效果如图12-85所示。

01 打开学习资源中的"练习文件>第12章>练习12-4.max"文件，如图12-86所示。

图12-85 图12-86

02 设置灯光类型为"标准",然后在场景中创建一盏目标平行光,其位置如图12-87所示。

03 选择上一步创建的目标平行光,然后进入"修改"面板,具体参数设置如图12-88所示。

**设置步骤**

① 展开"常规参数"卷展栏,然后在"阴影"选项组下勾选"启用"选项,接着设置阴影类型为"VRay阴影"。

② 展开"强度/颜色/衰减"卷展栏,然后设置"倍增"为2.6,接着设置"颜色"为白色。

③ 展开"平行光参数"卷展栏,然后设置"聚光区/光束"为1100mm、"衰减区/区域"为19999.99mm。

④ 展开"高级效果"卷展栏,然后在"投影贴图"选项组下勾选"贴图"选项,接着在贴图通道中加载一张学习资源中的"练习文件>第12章>练习12-4>阴影贴图.jpg"文件。

⑤ 展开"VRay阴影参数"卷展栏,然后设置"U大小""V大小""W大小"分别为254mm。

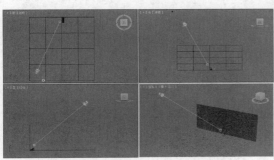

图12-87 图12-88

## 技术专题：柔化阴影贴图

这里要注意一点,在使用阴影贴图时,需要先在Photoshop中将其进行柔化处理,这样可以生成柔和、虚化的阴影边缘。下面以图12-89中的黑白图像为例来介绍柔化方法。

执行"滤镜>模糊>高斯模糊"菜单命令,打开"高斯模糊"对话框,然后对"半径"数值进行调整（在预览框中可以预览模糊效果）,如图12-90所示,接着单击"确定"按钮 确定 完成模糊处理,效果如图12-91所示。

图12-89 图12-90 图12-91

**04** 按C键切换到摄影机视图，然后按F9键渲染当前场景，最终效果如图12-92所示。

图12-92

## 12.3.4 自由平行光

### 功能介绍

自由平行光能产生一个平行的照射区域，常用来模拟太阳光，如图12-93所示。

图12-93

── 提示 ──

自由平行光和自由聚光灯一样，没有目标点，当勾选"目标"选项时，自由平行光会自动变成目标平行光，如图12-94所示。因此这两种灯光之间是相互关联的。

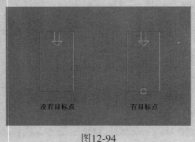

图12-94

## 12.3.5 泛光灯

### 功能介绍

泛光灯可以向周围发散光线，其光线可以到达场景中无限远的地方，如图12-95所示。泛光灯比较容易创建和调节，能够均匀地照射场景，但是在一个场景中如果使用太多泛光灯，可能会导致场景明暗层次变暗，缺乏对比。

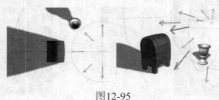

图12-95

提示

在泛光灯的参数中，"强度/颜色/衰减"卷展栏是比较重要的，如图12-96所示。这里的参数请参阅前面的内容。

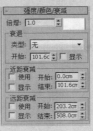

图12-96

# 【练习12-5】用泛光灯制作星空特效

本练习的星空特效效果如图12-97所示。

`01` 打开学习资源中的"练习文件>第12章>练习12-5.max"文件，如图12-98所示。

`02` 设置灯光类型为"标准"，然后在场景中创建一盏目标聚光灯，其位置如图12-99所示。

图12-97

图12-98

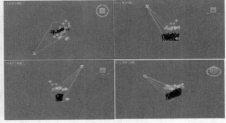
图12-99

`03` 选择上一步创建的目标聚光灯，然后进入"修改"面板，具体参数设置如图12-100所示。

设置步骤

① 展开"常规参数"卷展栏，然后在"阴影"选项组下勾选"启用"选项。

② 展开"强度/颜色/衰减"卷展栏，然后设置"倍增"为2，接着设置"颜色"为（红:151，绿:179，蓝:251）。

③ 展开"聚光灯参数"卷展栏，然后设置"聚光区/光束"为20、"衰减区/区域"为60。

`04` 在天空创建20盏泛光灯作为星光，如图12-101所示。

`05` 选择上一步创建的泛光灯，然后在"强度/颜色/衰减"卷展栏下设置"倍增"为1，接着设置"颜色"为白色，如图12-102所示。

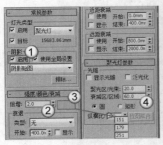
图12-100

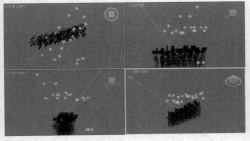
图12-101

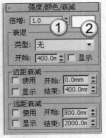
图12-102

`06` 按大键盘上的8键打开"环境和效果"对话框，然后单击"环境"选项卡，接着在"环境贴图"下面的通道中加载一张"VRay天空"环境贴图，如图12-103所示。

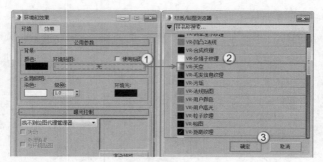

图12-103

提示

键盘上的数字键分为两种，一种是大键盘上的数字键，另外一种是小键盘上的数字键，如图12-104所示。

大键盘 小键盘

图12-104

**07** 按M键打开"材质编辑器"对话框，然后将"VRay天空"贴图拖曳到一个空白材质球上，接着在弹出的对话框中设置"方法"为"实例"，如图12-105所示。

**08** 在"VRay天空参数"卷展栏下勾选"指定太阳节点"选项，然后设置"太阳强度倍增"为0.01，如图12-106所示。

**09** 切换到"环境和效果"对话框，然后单击"效果"选项卡，接着在"效果"卷展栏下单击"添加"按钮 添加... ，在弹出的对话框中选择"镜头效果"选项，最后单击"确定"按钮 确定 ；选择加载的"镜头效果"，然后展开"镜头效果参数"卷展栏，接着在左侧的列表中选择"星形"选项，最后单击 > 按钮，将星形加载到右侧的列表中，如图12-107所示。

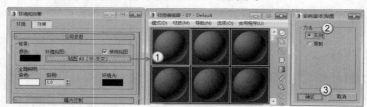

图12-105

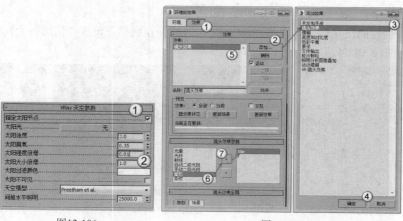

图12-106          图12-107

提示

这里加载"镜头效果"主要是为了在最终渲染中产生星形效果。

474

**10** 展开"镜头效果全局"卷展栏，然后设置"大小"为2.5、"强度"为300，接着单击"拾取灯光"按钮 拾取灯光 ，并在场景中拾取20盏泛光灯（拾取的灯光在后面的灯光列表中会显示出来），如图12-108所示。

**11** 按C键切换到摄影机视图，然后按F9键渲染当前场景，最终效果如图12-109所示。

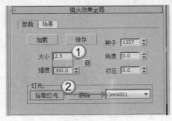 

图12-108　　　　　　　　　　图12-109

## 12.3.6　天光

### 功能介绍

天光主要用来模拟天空光，以穹顶方式发光，如图12-110所示。天光不是基于物理学，可以用于所有需要基于物理数值的场景。天光可以作为场景唯一的光源，也可以与其他灯光配合使用，实现高光和投射锐边阴影。天光的参数比较少，只有一个"天光参数"卷展栏，如图12-111所示。

图12-110　　　　　　　　图12-111

### 参数详解

❖ 启用：控制是否开启天光。

❖ 倍增：控制天光的强弱程度。

❖ 使用场景环境：使用"环境与特效"对话框中设置的"环境光"颜色作为天光颜色。

❖ 天空颜色：设置天光的颜色。

❖ 贴图：指定贴图来影响天光的颜色。

❖ 投射阴影：控制天光是否投射阴影。

❖ 每采样光线数：计算落在场景中每个点的光子数目。

❖ 光线偏移：设置光线产生的偏移距离。

## 12.3.7　mr Area Omni

### 功能介绍

使用mental ray渲染器渲染场景时，mr Area Omni（mr区域泛光）可以从球体或圆柱体区域发射光线，而不是从点发射光线。如果使用的是默认扫描线渲染器，mr Area Omni会像泛光灯一样发射光线。

mr Area Omni（mr区域泛光）相对于泛光灯的渲染速度要慢一些，它与泛光灯的参数基本相同，只是在mr Area Omni（mr区域泛光）增加了一个"区域灯光参数"卷展栏，如图12-112所示。

图12-112

**参数详解**

❖ 启用：控制是否开启区域灯光。

❖ 在渲染器中显示图标：启用该选项后，mental ray渲染器将渲染灯光位置的黑色形状。

❖ 类型：指定区域灯光的形状。球形体积灯光一般采用"球体"类型，而圆柱形体积灯光一般采用"圆柱体"类型。

❖ 半径：设置球体或圆柱体的半径。

❖ 高度：设置圆柱体的高度，只有区域灯光为"圆柱体"类型时才可用。

❖ 采样U/V：设置区域灯光投射阴影的质量。

--- **提示**

对于球形灯光，U向将沿着半径来指定细分数，而V向将指定角度的细分数；对于圆柱形灯光，U向将沿高度来指定采样细分数，而V向将指定角度的细分数，如图12-113和图12-114所示是U、V值分别为5和30时的阴影效果。从这两张图中可以明显地观察出U、V值越大，阴影效果就越精细。

图12-113        图12-114

## 【练习12-6】用mr Area Omni制作荧光管

本练习的荧光管效果如图12-115所示。

▊01 打开学习资源中的"练习文件>第12章>练习12-6.max"文件，如图12-116所示。

▊02 设置灯光类型为"标准"，然后在荧光管内部创建一盏mr Area Omni，如图12-117所示。

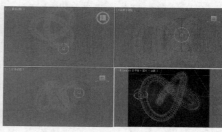

图12-115              图12-116              图12-117

▊03 选择上一步创建的mr Area Omni，然后进入"修改"面板，具体参数设置如图12-118所示。

**设置步骤**

① 展开"常规参数"卷展栏，然后在"阴影"选项组下勾选"启用"选项，接着设置阴影类型为"光线跟踪阴影"。

② 展开"强度/颜色/衰减"卷展栏，然后设置"倍增"为0.2，接着设置"颜色"为（红:112，绿:162，蓝:255），最后在"远距衰减"选项组下勾选"显示"选项，并设置"开始"为66mm、"结束"为154mm。

▊04 利用"间隔工具" 拾取场景中的路径复制一些mr Area Omni到荧光管的其他位置（本例一共用了60盏mr Area Omni），完成后的效果如图12-119所示。

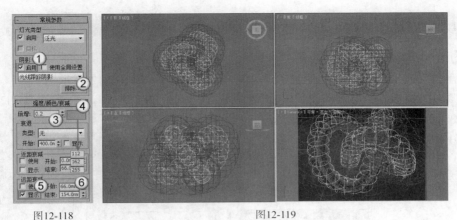

图12-118                          图12-119

**05** 按C键切换到摄影机视图，然后按F9键渲染当前场景，最终效果如图12-120所示。

图12-120

图12-121

## 12.3.8　mr Area Spot

使用mental ray渲染器渲染场景时，mr Area Spot（mr区域聚光灯）可以从矩形或蝶形区域发射光线，而不是从点发射光线。如果使用的是默认扫描线渲染器，mr Area Spot（mr区域聚光灯）会像其他默认聚光灯一样发射光线。

mr Area Spot（mr区域聚光灯）和mr Area Omni（mr区域泛光）的参数很相似，只是mr Area Omni（mr区域泛光）的灯光类型为"聚光灯"，因此它增加了一个"聚光灯参数"卷展栏，如图12-122所示。

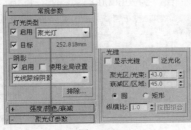

图12-122

# 【练习12-7】用mr Area Spot制作焦散特效

本练习的焦散特效如图12-123所示。

<u>01</u> 打开学习资源中的"练习文件>第12章>练习12-7.max"文件，如图12-124所示。

<u>02</u> 按F10键打开"渲染设置"对话框，然后在"预设"下拉菜单中选择"NVDIA mental ray"选项，如图12-125所示。

<u>03</u> 单击"全局照明"选项卡，然后展开"焦散和光子贴图（GI）"卷展栏，接着在"焦散"选项组和"光子贴图（GI）"选项组下勾选"启用"选项，如图12-126所示。

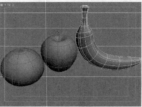

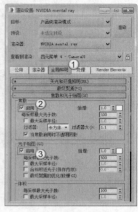

图12-123　　　　　　　图12-124　　　　　　　图12-125　　　　　　　图12-126

<u>04</u> 设置灯光类型为"标准"，然后在场景中创建一盏天光，其位置如图12-127所示。

<u>05</u> 选择上一步创建的天光，然后在"天光参数"卷展栏下设置"倍增"为0.42，接着设置"天空颜色"为（红:242，绿:242，蓝:255），如图12-128所示。

<u>06</u> 在场景中创建一盏mr Area Spot，其位置如图12-129所示。

图12-127　　　　　　　图12-128　　　　　　　图12-129

<u>07</u> 选择上一步创建的mr Area Spot，然后进入"修改"面板，具体参数设置如图12-130所示。

### 设置步骤

① 展开"聚光灯参数"卷展栏，然后设置"聚光区/光束"为60、"衰减区/区域"为140。

② 展开"区域灯光参数"卷展栏，然后设置"高度"和"宽度"为500mm，接着在"采样"选项组下设置U、V值为8。

③ 展开"mental ray间接照明"卷展栏，然后关闭"自动计算能量与光子"选项，接着在"手动设置"选项组下勾选"启用"选项，最后设置"能量"为2000000、"焦散光子"为30000、"GI光子"为10000。

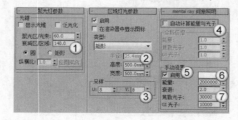

图12-130

**08** 选中场景中的3个水果，然后单击鼠标右键，在弹出的菜单中选择"对象属性"命令，如图12-131所示，接着在弹出的"对象属性"对话框中单击mental ray选项卡，再勾选"生成焦散"选项，最后关闭"接收焦散"选项，如图12-132所示。

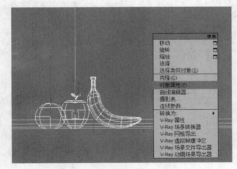

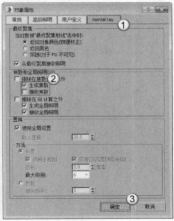

图12-131　　　　　　　　　　　　　　　图12-132

> **提示**
>
> 之所以要关闭接收焦散，是因为要先明确场景中要产生焦散的对象，本场景要产生焦散的就是3个水果，它们只产生焦散，不接收焦散。因此要关闭"接收焦散"选项。

**09** 按C键切换到摄影机视图，然后按F9键渲染当前场景，最终效果如图12-133所示。

图12-133

# 12.4　VRay灯光

安装好VRay渲染器后，在"灯光"创建面板中就可以选择VRay光源。VRay灯光包含4种类型，分别是"VRay灯光"、VRayIES、"VRay环境灯光"和"VRay太阳"，如图12-134所示。

图12-134

## 12.4.1　VRay灯光

### 功能介绍

VRay灯光主要用来模拟室内灯光，是在实际工作中使用频率非常高的一种灯光，其参数设置面板如图12-135所示。

**参数详解**

① "常规"选项组

❖ 开：控制是否开启VRay灯光。

❖ 排除 排除 ：用来排除灯光对物体的影响。

❖ 类型：设置VRay灯光的类型，共有"平面""穹顶""球体""网格"4种类型，如图12-136所示。

图12-135　　　　　　图12-136

◇ 平面：将VRay灯光设置成平面形状。

◇ 穹顶：将VRay灯光设置成边界盒形状。

◇ 球体：将VRay灯光设置成穹顶状，类似于3ds Max的天光，光线来自于位于灯光z轴的半球体状圆顶。

◇ 网格：这种灯光是一种以网格为基础的灯光。

---
**提示**

"平面""穹顶""球体""网格"灯光的形状各不相同，因此它们可以运用在不同的场景中，如图12-137所示。

平面　　　　穹顶　　　　球体　　　　网格

图12-137

② "强度"选项组

❖ 单位：指定VRay灯光的发光单位，共有"默认（图像）""发光率（lm）""亮度（lm/m?/sr）""辐射率（W）""辐射（W/m?/sr）"5种。

◇ 默认（图像）：VRay默认的单位，依靠灯光的颜色和亮度来控制灯光的最后强弱，如果忽略曝光类型的因素，灯光色彩将是物体表面受光的最终色彩。

◇ 发光率（lm）：当选择这个单位时，灯光的亮度将和灯光的大小无关（100W的亮度大约等于1500LM）。

◇ 亮度（lm/ m? /sr）：当选择这个单位时，灯光的亮度和它的大小有关系。

◇ 辐射率（W）：当选择这个单位时，灯光的亮度和灯光的大小无关。注意，这里的瓦特和物理上的瓦特不一样，例如，这里的100W大约等于物理上的2~3瓦特。

◇ 辐射量（W/m? /sr）：当选择这个单位时，灯光的亮度和它的大小有关系。

❖ 倍增：设置VRay灯光的强度。

❖ 模式：设置VRay灯光的颜色模式，共有"颜色""色温"两种。

❖ 颜色：指定灯光的颜色。

❖ 温度：以温度模式来设置VRay灯光的颜色。

③ "大小"选项组

❖ 1/2长：设置灯光的长度。

❖ 1/2宽：设置灯光的宽度。

❖ W大小：当前这个参数还没有被激活（即不能使用）。另外，这3个参数会随着VRay灯光类型的改变而发生变化。

④ "选项"选项组

❖ 投射阴影：控制是否对物体的光照产生阴影。

❖ 双面：用来控制是否让灯光的双面都产生照明效果（当灯光类型设置为"平面"时有效，其他灯光类型无效），如图12-138和图12-139所示分别是开启与关闭该选项时的灯光效果。

❖ 不可见：这个选项用来控制最终渲染时是否显示VRay灯光的形状，如图12-140和图12-141所示分别是关闭与开启该选项时的灯光效果。

❖ 不衰减：在物理世界中，所有的光线都是有衰减的。如果勾选这个选项，VRay将不计算灯光的衰减效果，如图12-142和图12-143所示分别是关闭与开启该选项时的灯光效果。

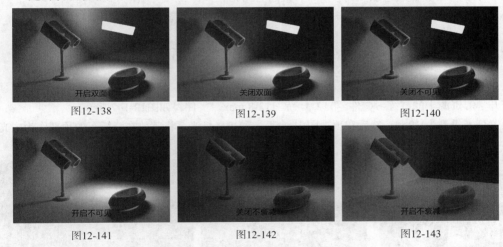

图12-138          图12-139          图12-140

图12-141          图12-142          图12-143

提示

在真实世界中，光线亮度会随着距离的增大而不断变暗，也就是说远离灯光的物体的表面会比靠近灯光的物体表面更暗。

❖ 天光入口：这个选项是把VRay灯光转换为天光，这时的VRay灯光就变成了"间接照明（GI）"，失去了直接照明。当勾选这个选项时，"投射阴影""双面""不可见"等参数将不可用，这些参数将被VRay的天光参数所取代。

❖ 存储发光图：勾选这个选项，同时将"间接照明（GI）"里的"首次反弹"引擎设置为"发光图"时，VRay灯光的光照信息将保存在"发光图"中。在渲染光子的时候将变得更慢，但是在渲染出图时，渲染速度会提高很多。当渲染完光子的时候，可以关闭或删除这个VRay灯光，它对最后的渲染效果没有影响，因为它的光照信息已经保存在了"发光贴图"中。

❖ 影响漫反射：该选项决定灯光是否影响物体材质属性的漫反射。

❖ 影响高光：该选项决定灯光是否影响物体材质属性的高光。

❖ 影响反射：勾选该选项时，灯光将对物体的反射区进行光照，物体可以将灯光进行反射。

⑤ "采样"选项组

❖ 细分：这个参数控制VRay灯光的采样细分。当设置比较低的值时，会增加阴影区域的杂点，但是渲染速度比较快，如图12-144所示；当设置比较高的值时，会减少阴影区域的杂点，但是会减慢渲染速度，如图12-145所示。

图12-144

图12-145

❖ 阴影偏移：这个参数用来控制物体与阴影的偏移距离，较高的值会使阴影向灯光的方向偏移。

❖ 中止：设置采样的最小阈值，小于这个数值采样将结束。

⑥ "纹理"选项组

❖ 使用纹理：控制是否用纹理贴图作为半球灯光。

❖ 无 ▢ 无 ▢ ：选择纹理贴图。

❖ 分辨率：设置纹理贴图的分辨率，最高为2048。

❖ 自适应：设置数值后，系统会自动调节纹理贴图的分辨率。

# 【练习12-8】用VRay灯光制作工业产品灯光

工业产品灯光效果如图12-146所示。

`01` 打开学习资源中的"练习文件>第12章>练习12-8.max"文件，如图12-147所示。

`02` 设置灯光类型为VRay，然后在顶视图中创建一盏VRay灯光，将其放在摩托车的顶部作为主光源，如图12-148所示。

图12-146

图12-147

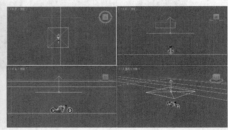
图12-148

`03` 选择上一步创建的VRay灯光，然后进入"修改"面板，接着展开"参数"卷展栏，具体参数设置如图12-149所示。

### 设置步骤

① 在"常规"选项组下设置"类型"为"平面"。

② 在"强度"选项组下设置"倍增"为4，然后设置"颜色"为白色。

③ 在"大小"选项组下设置"1/2长"和"1/2宽"为2000mm。

④ 在"选项"选项组下勾选"不可见"选项。

⑤ 在"采样"选项组下设置"细分"为15。

`04` 在摩托车的左侧创建一盏VRay灯光作为辅助灯光，如图12-150所示。

**05** 选择上一步创建的VRay灯光，然后进入"修改"面板，接着展开"参数"卷展栏，具体参数设置如图12-151所示。

### 设置步骤

① 在"常规"选项组下设置"类型"为"平面"。

② 在"强度"选项组下设置"倍增"为2，然后设置"颜色"为（红:255，绿:242，蓝:221）。

③ 在"大小"选项组下设置"1/2长"为2000mm、"1/2宽"为700mm。

④ 在"选项"选项组下勾选"不可见"选项。

⑤ 在"采样"选项组下设置"细分"为15。

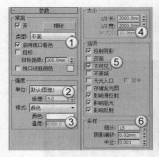
图12-149

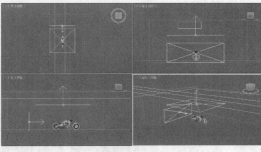
图12-150

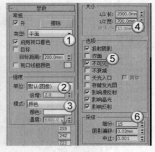
图12-151

**06** 将左侧的VRay灯光复制（选择复制方式为"复制"）一盏到摩托车的右侧作为辅助灯光，如图12-152所示。

**07** 选择上一步复制的VRay灯光，然后在"参数"卷展栏下将"颜色"修改为（红:221，绿:241，蓝:255），如图12-153所示。

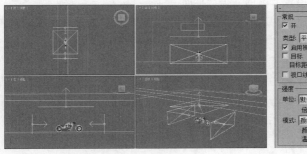
图12-152

图12-153

## 技术专题：三点照明

本例是一个很典型的三点照明实例，顶部一盏灯光作为主光源，左右各一盏灯光作为辅助灯光，这种布光方法很容易表现物体的细节，很适合用在工业产品的布光中，如图12-154所示。

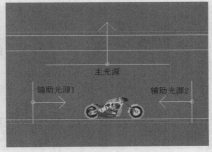
图12-154

**08** 按C键切换到摄影机视图，然后按F9键渲染当前场景，最终效果如图12-155所示。

图12-155

# 【练习12-9】用VRay灯光制作客厅灯光

本练习的客厅灯光效果如图12-156所示。

**01** 打开学习资源中的"练习文件>第12章>练习12-9.max"文件，如图12-157所示。

**02** 设置灯光类型为VRay，然后在窗外创建一盏VRay灯光，其位置如图12-158所示。

　　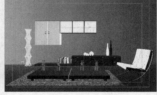　　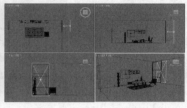

图12-156　　　　　　　图12-157　　　　　　　图12-158

**03** 选择上一步创建的VRay灯光，然后进入"修改"面板，接着展开"参数"卷展栏，具体参数设置如图12-159所示。

**设置步骤**

① 在"常规"选项组下设置"类型"为"平面"。

② 在"强度"选项组下设置"倍增"为6，然后设置"颜色"为（红:133，绿:190，蓝:255）。

③ 在"大小"选项组下设置"1/2长"为885mm、"1/2宽"为1735mm。

④ 在"选项"选项组下勾选"不可见"选项。

⑤ 在"采样"选项组下设置"细分"为16。

**04** 继续在门口外面创建一盏VRay灯光，其位置如图12-160所示。

**05** 选择上一步创建的VRay灯光，然后进入"修改"面板，接着展开"参数"卷展栏，具体参数设置如图12-161所示。

**设置步骤**

① 在"常规"选项组下设置"类型"为"平面"。

② 在"强度"选项组下设置"倍增"为4，然后设置"颜色"为（红:255，绿:247，蓝:226）。

③ 在"大小"选项组下设置"1/2长"为670mm、"1/2宽"为1120mm。

④ 在"选项"选项组下勾选"不可见"选项。

⑤ 在"采样"选项组下设置"细分"为16。

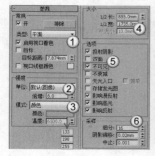　　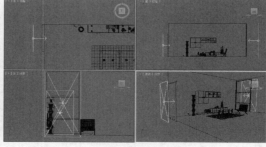　　

图12-159　　　　　　　图12-160　　　　　　　图12-161

06 在落地灯的5个灯罩内创建5盏VRay灯光，其位置如图12-162所示。

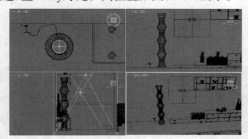

图12-162

---
提示
---

注意，这5盏灯光最好用复制的方法来进行创建。先在一个灯罩内创建一盏VRay灯光，然后复制4盏到另外4个灯罩内，在复制时选择"实例"方式。

07 选择上一步创建的VRay灯光，然后进入"修改"面板，接着展开"参数"卷展栏，具体参数设置如图12-163所示。

### 设置步骤

① 在"常规"选项组下设置"类型"为"球体"。

② 在"强度"选项组下设置"倍增"为4，然后设置"颜色"为（红:255，绿:144，蓝:54）。

③ 在"大小"选项组下设置"半径"为68mm。

④ 在"选项"选项组下勾选"不可见"选项。

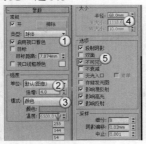

图12-163

---
提示
---

注意，这5盏VRay球体灯光的大小并不是全部相同的，中间的3盏灯光稍大一些，顶部和底部的两盏灯光要稍小一些，如图12-164所示。由于这些灯光是用"实例"复制方式来创建的，因此如果改变其中一盏灯光的"半径"数值，其他的灯光也会跟着改变，所以顶部和底部的两盏灯光要用"选择并均匀缩放"工具 来调整大小。

图12-164

08 在储物柜的装饰物内创建3盏VRay灯光，其位置如图12-165所示。

09 选择上一步创建的VRay灯光，然后进入"修改"面板，接着展开"参数"卷展栏，具体参数设置如图12-166所示。

### 设置步骤

① 在"常规"选项组下设置"类型"为"球体"。

② 在"强度"选项组下设置"倍增"为4，然后设置"颜色"为（红:169，绿:209，蓝:255）。

③ 在"大小"选项组下设置"半径"为68 mm。

④ 在"选项"选项组下勾选"不可见"选项。

**10** 在储物柜的底部创建3盏VRay灯光，其位置如图12-167所示。

 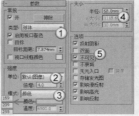 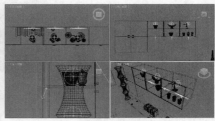

图12-165　　　　　　　　　　　图12-166　　　　　　　　　　　图12-167

**11** 选择上一步创建的VRay灯光，然后进入"修改"面板，接着展开"参数"卷展栏，具体参数设置如图12-168所示。

### 设置步骤

① 在"常规"选项组下设置"类型"为"平面"。

② 在"强度"选项组下设置"倍增"为10，然后设置"颜色"为（红:195，绿:223，蓝:255）。

③ 在"大小"选项组下设置"1/2长"为175mm、"1/2宽"为7.5mm。

④ 在"选项"选项组下勾选"不可见"选项。

**12** 按C键切换到摄影机视图，然后按F9键渲染当前场景，最终效果如图12-169所示。

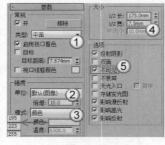

图12-168　　　　　　　　　　　图12-169

## 12.4.2　VRay太阳

### 功能介绍

VRay太阳主要用来模拟真实的室外太阳光。VRay太阳的参数比较简单，只包含一个"VRay太阳参数"卷展栏，如图12-170所示。

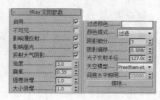

图12-170

### 参数详解

❖　启用：阳光开关。

❖　不可见：开启该选项后，在渲染的图像中将不会出现太阳的形状。

- ❖ 影响漫反射：该选项决定灯光是否影响物体材质属性的漫反射。
- ❖ 影响高光：该选项决定灯光是否影响物体材质属性的高光。
- ❖ 投射大气阴影：开启该选项以后，可以投射大气的阴影，以得到更加真实的阳光效果。
- ❖ 浊度：这个参数控制空气的混浊度，它影响VRay太阳和VRay天空的颜色。比较小的值表示晴朗干净的空气，此时VRay太阳和VRay天空的颜色比较蓝；较大的值表示灰尘含量重的空气（如沙尘暴），此时VRay太阳和VRay天空的颜色呈现为黄色甚至橘黄色，如图12-171~图12-174所示分别是"浊度"值为2、3、5、10时的阳光效果。

图12-171　　　　　　　　图12-172　　　　　　　　图12-173　　　　　　　　图12-174

**提示**

当阳光穿过大气层时，一部分冷光被空气中的浮尘吸收，照射到大地上的光就会变暖。

- ❖ 臭氧：这个参数是指空气中臭氧的含量，较小的值的阳光比较黄，较大的值的阳光比较蓝，如图12-175~图12-177所示分别是"臭氧"值为0、0.5、1时的阳光效果。

图12-175　　　　　　　　图12-176　　　　　　　　图12-177

- ❖ 强度倍增：这个参数是指阳光的亮度，默认值为1。

**提示**

"浊度"和"强度倍增"是相互影响的，因为当空气中的浮尘多的时候，阳光的强度就会降低。"大小倍增"和"阴影细分"也是相互影响的，这主要是因为影子虚边越大，所需的细分就越多，也就是说"大小倍增"值越大，"阴影细分"的值就要适当增大，因为当影子为虚边阴影（面阴影）的时候，就会需要一定的细分值来增加阴影的采样，不然就会有很多杂点。

- ❖ 大小倍增：这个参数是指太阳的大小，它的作用主要表现在阴影的模糊程度上，较大的值可以使阳光阴影比较模糊。
- ❖ 过滤颜色：用于自定义太阳光的颜色。
- ❖ 阴影细分：这个参数是指阴影的细分，较大的值可以使模糊区域的阴影产生比较光滑的效果，并且没有杂点。
- ❖ 阴影偏移：用来控制物体与阴影的偏移距离，较高的值会使阴影向灯光的方向偏移。
- ❖ 光子发射半径：这个参数和"光子贴图"计算引擎有关。
- ❖ 天空模型：选择天空的模型，可以选晴天，也可以选阴天。
- ❖ 间接水平照明：该参数目前不可用。
- ❖ 排除 ▨▨▨▨ 排除... ▨▨▨▨ ：将物体排除于阳光照射范围之外。

## 12.4.3　VRay天空

### 功能介绍

VRay天空是VRay灯光系统中的一个非常重要的照明系统。VRay没有真正的天光引擎，只能用环境光来代替，图12-178是在"环境贴图"通道中加载了一张"VRay天空"环境贴图，这样就可以得到

VRay的天光，再使用鼠标左键将"VRay天空"环境贴图拖曳到一个空白的材质球上，就可以调节VRay天空的相关参数。

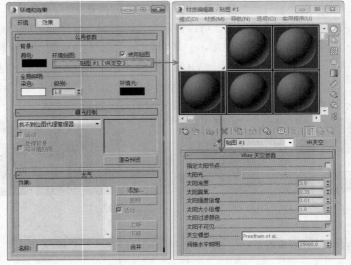

图12-178

### 参数详解

❖ 指定太阳节点：当关闭该选项时，VRay天空的参数将从场景中的VRay太阳的参数里自动匹配；当勾选该选项时，用户就可以从场景中选择不同的灯光，在这种情况下，VRay太阳将不再控制VRay天空的效果，VRay天空将用它自身的参数来改变天光的效果。

❖ 太阳光：单击该选项后面的"无"按钮 ⬚⬚⬚ 无 ⬚⬚⬚ 可以选择太阳灯光，这里除了可以选择VRay太阳之外，还可以选择其他的灯光。

❖ 太阳浊度：与"VRay太阳参数"卷展栏下的"浊度"选项的含义相同。

❖ 太阳臭氧：与"VRay太阳参数"卷展栏下的"臭氧"选项的含义相同。

❖ 太阳强度倍增：与"VRay太阳参数"卷展栏下的"强度倍增"选项的含义相同。

❖ 太阳大小倍增：与"VRay太阳参数"卷展栏下的"大小倍增"选项的含义相同。

❖ 太阳过滤颜色：与"VRay太阳参数"卷展栏下的"过滤颜色"选项的含义相同。

❖ 太阳不可见：与"VRay太阳参数"卷展栏下的"不可见"选项的含义相同。

❖ 天空模型：与"VRay太阳参数"卷展栏下的"天空模型"选项的含义相同。

❖ 间接水平照明：该参数目前不可用。

─── 提示 ───

其实VRay天空是VRay系统中的一个程序贴图，主要用来作为环境贴图或作为天光来照亮场景。在创建VRay太阳时，3ds Max会弹出如图12-179所示的对话框，提示是否将"VRay天空"环境贴图自动加载到环境中。

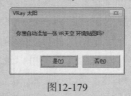

图12-179

## 【练习12-10】用VRay太阳制作室内阳光

室内阳光效果如图12-180所示。

`01` 打开学习资源中的"练习文件>第12章>练习12-10.max"文件，如图12-181所示。

`02` 设置灯光类型为VRay，然后在视图中创建一盏VRay太阳，其位置如图12-182所示。

图12-180

图12-181

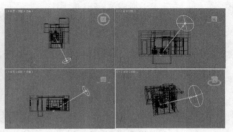
图12-182

在创建"VRay太阳"的时候，3ds Max会提示是否添加"VRay天空"环境贴图，如果要添加，可以单击"是"按钮 [是(Y)]；如果不添加，可以单击"否"按钮 [否(N)]，这里选择添加，如图12-183所示。

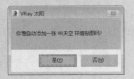
图12-183

**03** 选择上一步创建的VRay太阳，然后在"VRay太阳参数"卷展栏下设置"强度倍增"为0.03、"大小倍增"为3、"阴影细分"为16，如图12-184所示。

**04** 按8键打开"环境和效果"对话框，然后按M键打开"材质编辑器"，接着将"环境贴图"中的"VRay天空"环境贴图拖曳到一个空白的材质球上，如图12-185所示。

图12-184

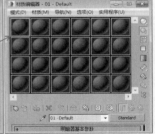
图12-185

在拖曳环境贴图的过程中，3ds Max会弹出"实例（副本）贴图"对话框，一般情况下都是选择以"实例"的方式进行复制，如图12-186所示。

图12-186

**05** 选择材质球，然后单击"太阳光"选项后面的"无"按钮 [　　　无　　　]，接着在视图中拾取前面创建的VRay太阳，最后设置"太阳强度倍增"为0.05，如图12-187所示。

图12-187

06 按C键切换到摄影机视图，然后按F9键渲染场景，效果如图12-188所示。可以发现太阳的光照效果已经出来了，但是室内明显偏暗。

07 在室内创建一盏VRay灯光作为补光，灯光朝向从天花板竖直向下，如图12-189所示。

08 选择上一步创建的VRay灯光，然后展开"参数"卷展栏，具体参数设置如图12-190所示。

### 设置步骤

① 在"常规"选项组下设置"类型"为"平面"。

② 在"强度"选项组下设置"倍增"为2，然后设置"颜色"为淡蓝色（红:237，绿:249，蓝:254）。

③ 在"大小"选项组下设置"1/2长"为1355mm、"1/2宽"为2180mm。

④ 在"选项"选项组下勾选"不可见"选项，然后关闭"影响反射"选项。

⑤ 在"采样"选项组下设置"细分"为16。

图12-188

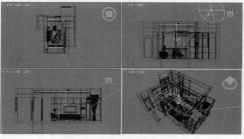
图12-189

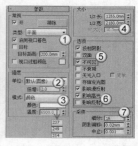
图12-190

09 按F9键渲染当前场景，最终效果如图12-191所示。

图12-191

## 【练习12-11】用VRay太阳制作室外阳光

室外阳光效果如图12-192所示。

01 打开学习资源中的"练习文件>第12章>练习12-11.max"文件，如图12-193所示。

02 设置灯光类型为VRay，然后在前视图中创建一盏VRay太阳，接着在弹出的对话框中单击"是"按钮 是(Y) ，其位置如图12-194所示。

图12-192

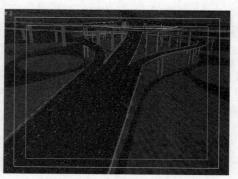
图12-193

**03** 选择上一步创建的VRay太阳，然后在"VRay太阳参数"卷展栏下设置"强度倍增"为0.075、"大小倍增"为10、"阴影细分"为10，具体参数设置如图12-195所示。

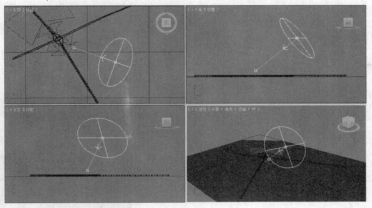

图12-194

**04** 按C键切换到摄影机视图，然后按F9键渲染当前场景，最终效果如图12-196所示。

图12-195

图12-196

## 技术专题：在Photoshop中制作光晕特效

　　由于在3ds Max中制作光晕特效比较麻烦，而且比较耗费渲染时间，因此可以在渲染完成后在Photoshop中来制作光晕。光晕的制作方法如下。

　　第1步：启动Photoshop，然后打开前面渲染好的图像，如图12-197所示。

　　第2步：按Shift+Ctrl+N组合键新建一个"图层1"，然后设置前景色为黑色，接着按Alt+Delete组合键用前景色填充"图层1"，如图12-198所示。

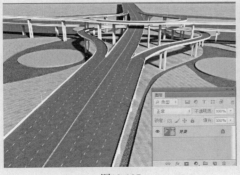

图12-197

图12-198

第3步：执行"滤镜>渲染>镜头光晕"菜单命令，如图12-199所示，然后在弹出的"镜头光晕"对话框中将光晕中心拖曳到左上角，如图12-200所示，效果如图12-201所示。

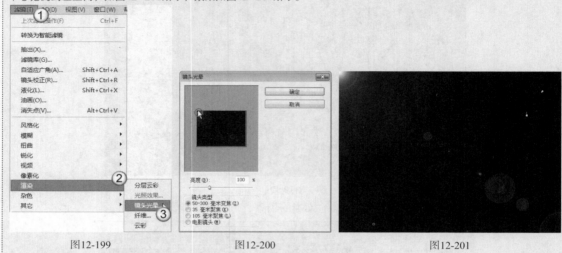

图12-199　　　　　　　　　　　图12-200　　　　　　　　　　　图12-201

第4步：在"图层"面板中将"图层1"的"混合模式"调整为"滤色"模式，如图12-202所示。

第5步：为了增强光晕效果，可以按Ctrl+J组合键复制一些光晕，如图12-203所示，效果如图12-204所示。

图12-202　　　　　　　　　　　图12-203　　　　　　　　　　　图12-204

# 技术分享

## 常见空间的布光思路与方法

相信大家照着本章的实战一步一步进行布光，都能制作出类似的灯光效果。但是，对于初学者而言，如果给出一个全新的空间进行布光，则很有可能无从下手。这是布光的难点，也是布光的精彩所在，也正是因为布光的主观性很强，所以没有明确的公式、数值来概括场景布光。下面给出一些业内布光的经验供大家参考。

第1步：明确主光。对场景进行全方位观察，明确主光所在。对于室外空间和半封闭空间，太阳光和环境光是主光；对于室内空间，主光不是亮度最大的灯光，也不是照射范围最大的灯光，而是实实在在在场景中存在的灯光，且在现实生活中最先打开的灯光，如天花灯、吊灯，如果场景中没有天花灯和吊灯，那么就退而求其次，筒灯即是主光，它们的共同点是真实存在，且当人们进入空间时，都是通过打开它们来实现主要照明。

第2步：照亮场景。确认好主光后，通过相应的灯光创建好主光，然后测试好亮度。对于室内环境而言，因为VRay的渲染系统，我们创建的灯光很难绝对照亮场景，这个时候就需要使用补光来照亮场景。

第3步：修饰灯光。照亮场景后，其实场景布光基本上已经完成了，但有时为了满足艺术需求，还需要用一些修饰灯光来增加灯光的层次。这时可以考虑在场景中的装饰物体上创建相应的灯光，亮度不宜过大，能照亮各自对应的区域即可。另外，对于装饰灯光的颜色，建议均选择与主光色调相反的颜色，如主光是冷色调，那么装饰灯光就应该选择暖色调，反之亦然。

通过以上3步，虽然在初期无法做出特别绚丽而又真实的灯光效果，但是要做到正确布光是没有问题的。布光是一个循序渐进的过程，不能急，要慢慢测试，因为布光是最考验耐心的一个环节。下面列出在实际工作中最常见的3种空间，并介绍其布光的思路和方法。

### 封闭空间

**文件位置：**练习文件>第12章>技术分享>封闭空间>封闭空间.max

所谓封闭空间，并非是指物理意义上的封闭，而是指不受环境光照射或者环境光不起决定性作用的空间，即夜晚场景也可称为封闭空间。对于封闭空间，主要是由室内灯光提供照明。在创建灯光之前，要找出主要照明光源是哪盏灯光。对于室内环境，主要照明光源通常是吊灯、天花灯，甚至筒灯也可以作为主要光。如下面的这个空间，主要照明光源为筒灯，所以筒灯要最先创建，然后根据室内的明暗关系创建对应的点缀灯光，如电视墙灯光、空间补光。这是一个极其简单的封闭空间，以筒灯为主要光源，当筒灯无法满足空间灯光层次感的时候，就应该考虑使用室内点缀光源来增加空间的灯光层次，最后根据空间的亮度，创建一盏室内空间补光来补充亮度。

渲染效果

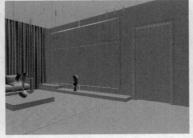

摄影机视图

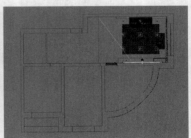

顶视图

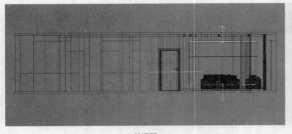
前视图

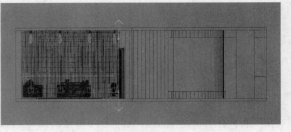
左视图

红色为主光，电视墙上下两盏黄色灯光为电视墙点缀光，最靠右的一盏蓝色灯光为环境补光。

## 半封闭空间

**文件位置：**练习文件>第12章>技术分享>半封闭空间>半封闭空间.max

相对于全封闭空间来说，半封闭空间的布光比较简单。对于半封闭空间，主光源一般都是太阳光（VRay太阳）和天光。半封闭空间的布光顺序和布光原理与封闭空间比较类似。如下面的这个空间，先创建一个VRay太阳作为主光源，通过进光口（一般是门或窗户）照射进空间，然后在室内创建筒灯作为修饰光。需要注意的是，这里并没有使用VRay平面光作为补光，而是直接在"环境和效果"对话框中设置了一个淡蓝色背景作为天光来模拟天空环境。

渲染效果

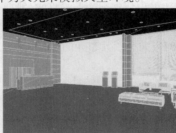
摄影机视图

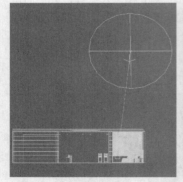
前视图

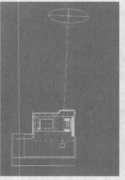
顶视图

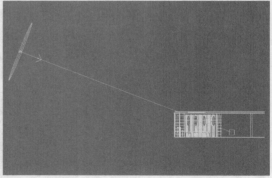
左视图

## 室外建筑

**文件位置：** 练习文件>第12章>技术分享>室外建筑>室外建筑.max

室外建筑的布光可以说是最简单的，因为主要照明光源只有太阳光，所以在布光的时候，使用 VRay 太阳或目标平行光模拟太阳光照明即可。需要特别注意的是，室外建筑的灯光重点不在于布光，而在于天空环境，通常会使用"环境和效果"来模拟天空。如下面的这个建筑，先用目标平行光来模拟太阳光，然后在"环境和效果"对话框中加载贴图来模拟天空效果。

渲染效果

透视图

前视图　　　　　　　　　　　左视图　　　　　　　　　　　顶视图

## 素模场景、材质场景与灯光的关系

对于同一个场景，布置相同的灯光，将场景对象的材质设定为素模（只有自身颜色）以及将材质设定为真实材质以后，渲染出来的灯光氛围往往是不一样的，这是正常现象。因为，素模场景的材质不具有反射、折射、凹凸等属性，灯光效果是最纯、最真的，同时渲染速度也很快；而指定真实材质以后，真实材质存在反射、折射、凹凸甚至半透明等属性，这些属性会影响灯光的整体氛围，因此在布光时还要考虑材质因素。

# 第 13 章

## 材质与贴图

　　物体表面都具有物理属性，如颜色、透明度和表面纹理等。对于 3ds Max而言，仅仅通过建模来维持形态不足以完整地表现出对象的真实面貌，还需要通过材质和贴图来表现其表面属性。本章将对各种材质的制作方法以及3ds Max为用户提供的多种程序贴图进行全面而详细的介绍，为读者深度剖析3ds Max的材质和贴图技术。

※ 材质属性
※ 制作材质的基本流程
※ 材质编辑器
※ 材质管理器
※ 材质/贴图浏览器
※ 标准材质
※ 混合材质
※ Ink'n Paint（墨水油漆）材质
※ 多维/子对象材质
※ 虫漆材质
※ 顶/底材质
※ 壳材质
※ 双面材质

※ 合成材质
※ VRayMtl材质
※ VRay材质包裹器
※ VRay覆盖材质
※ VRay灯光材质
※ VRay2SidedMtl（VRay双面材质）材质
※ VRay混合材质
※ 认识程序贴图
※ 位图
※ 棋盘格
※ 渐变
※ 平铺
※ 细胞

※ 衰减
※ 噪波
※ 斑点
※ 泼溅
※ 混合
※ 颜色校正
※ 法线凹凸
※ VRayHDRI
※ VRay位图过滤器
※ VRay合成贴图
※ VRay污垢
※ VRay边纹理
※ VRay颜色
※ VRay贴图

# 13.1 初识材质

## 13.1.1 材质属性

材质可以看成是材料和质感的结合。在渲染程序中，它是物体表面各种可视属性的结合，这些可视属性是指色彩、纹理、光滑度、透明度、反射率、折射率、发光度等。正是有了这些属性，才能让大家识别三维空间中的物体属性是怎么表现的，也正是有了这些属性，计算机模拟的三维虚拟世界才会和真实世界一样缤纷多彩。

如果要想做出真实的材质，就必须深入了解物体的属性，这需要对真实物理世界中的物体多观察，多分析。

下面来举例分析一下物体的属性。

### 1.物体的颜色

色彩是光的一种特性，人们通常看到的色彩是光作用于眼睛的结果。但光线照射到物体上的时候，物体会吸收一些光色，同时也会漫反射一些光色，这些漫反射出来的光色到达人们的眼睛之后，就决定物体看起来是什么颜色，这种颜色常被称为"固有色"。这些被漫反射出来的光色除了会影响人们的视觉之外，还会影响它周围的物体，这就是"光能传递"。当然，影响的范围不会像人们的视觉范围那么大，它要遵循"光能衰减"的原理。

如图13-1所示，远处的光照亮，而近处的光照暗。这是由于光的反弹与照射角度的关系，当光的照射角度与物体表面成90°垂直照射时，光的反弹最强，而光的吸收最柔；当光的照射角度与物体表面成180°时，光的反弹最柔，而光的吸收最强。

图13-1

--- 提示 ---

物体表面越白，光的反射越强；反之，物体表面越黑，光的吸收越强。

### 2.光滑与反射

一个物体是否有光滑的表面，往往不需要用手去触摸，视觉就会告诉结果。因为光滑的物体，总会出现明显的高光，如玻璃、瓷器、金属等。而没有明显高光的物体，通常都是比较粗糙的，如砖头、瓦片、泥土等。

这种差异在自然界无处不在，但它是怎么产生的呢？依然是光线的反射作用，但和上面"固有色"的漫反射方式不同，光滑物体有一种类似"镜子"的效果，在物体的表面还没有光滑到可以镜像反射出周围物体的时候，它对光源的位置和颜色是非常敏感的。所以，光滑的物体表面只"镜射"出光源，这就是物体表面的高光区，它的颜色是由照射它的光源颜色决定的（金属除外），随着物体表面光滑度的提高，物体对光源的反射会越来越清晰，这就是在材质编辑中，越是光滑的物体高光范围越小，强度越高的原因。

如图13-2所示，从洁具表面可以看到很小的高光，这是因为洁具表面比较光滑。再如图13-3所示，表面粗糙的蛋糕没有一点光泽，光照射到蛋糕表面，发生了漫反射，反射光线弹向四面八方，所以就没有了高光。

图13-2                  图13-3

### 3.透明与折射

自然界的大多数物体通常会遮挡光线，当光线可以自由穿过物体时，这个物体肯定就是透明的。这里所说的"穿过"，不单指光源的光线穿过透明物体，还指透明物体背后的物体反射出来的光线也要再次穿过透明物体，这就使得大家可以看见透明物体背后的东西。

由于透明物体的密度不同，光线射入后会发生偏转现象，也就是折射。如插进水里的筷子，看起来是弯的。不同透明物质的折射率也不一样，即使同一种透明的物质，温度不同也会影响其折射率，如用眼睛穿过火焰上方的热空气观察对面的景象，会发现景象有明显的扭曲现象，这是因为温度改变了空气的密度，不同的密度产生了不同的折射率。正确使用折射率是真实再现透明物体的重要手段。

在自然界中还存在另一种形式的透明，在三维软件的材质编辑中把这种属性称之为"半透明"，如纸张、塑料、植物的叶子、还有蜡烛等。它们原本不是透明的物体，但在强光的照射下，背光部分会出现"透光"现象。

如图13-4所示，半透明的葡萄在逆光的作用下，表现得更彻底。

图13-4

## 13.1.2 制作材质的基本流程

通常，在制作新材质并将其应用于对象时，应该遵循以下步骤。

第1步：指定材质的名称。

第2步：选择材质的类型。

第3步：对于标准或光线追踪材质，应选择着色类型。

第4步：设置漫反射颜色、光泽度和不透明度等各种参数。

第5步：将贴图指定给要设置贴图的材质通道，并调整参数。

第6步：将材质应用于对象。

第7步：如有必要，应调整UV贴图坐标，以便正确定位对象的贴图。

第8步：保存材质。

── 提示 ──

在3ds Max中，创建材质是一件非常简单的事情，任何模型都可以被赋予栩栩如生的材质。如图13-5所示，这是一个白模场景，设置好了灯光以及正常的渲染参数，但是渲染出来的光感和物体质感都非常"平淡"，一点也不真实。而图13-6就是添加了材质后的场景效果，同样的场景、同样的灯光、同样的渲染参数，无论从哪个角度来看，这张图都比白模更具有欣赏性。

图13-5          图13-6

# 13.2 材质编辑器

"材质编辑器"对话框非常重要，因为所有的材质都在这里完成。打开"材质编辑器"对话框的方法主要有以下两种。

第1种：执行"渲染>材质编辑器>精简材质编辑器"菜单命令或"渲染>材质编辑器>Slate材质编辑器"菜单命令，如图13-7所示。

第2种：直接按M键打开"材质编辑器"对话框。这是常用的方法。

"材质编辑器"对话框分为4大部分，最顶端为菜单栏，充满材质球的窗口为示例窗，示例窗左侧和下部的两排按钮为工具栏，其余的是参数控制区，如图13-8所示。

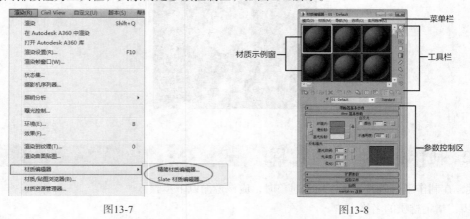

图13-7          图13-8

## 13.2.1 菜单栏

"材质编辑器"对话框中的菜单栏包含5个菜单，分别是"模式"菜单、"材质"菜单、"导航"菜单、"选项"菜单和"实用程序"菜单。

## 1.模式菜单

### 功能介绍

"模式"菜单主要用来切换"精简材质编辑器"和"Slate材质编辑器",如图13-9所示。

图13-9

### 命令详解

❖ 精简材质编辑器:这是一个简化了的材质编辑界面,它使用的
对话框比"Slate材质编辑器"小,也是在3ds Max 2011版本之
前唯一的材质编辑器,如图13-10所示。

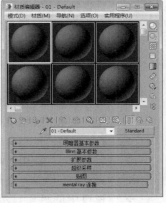

图13-10

— **提示** —

在实际工作中,一般都不会用到"Slate材质编辑器",因此本书都用"精简
材质编辑器"来进行讲解。

❖ Slate材质编辑器:这是一个完整的材质编辑界
面,在设计和编辑材质时使用节点和关联以图形
方式显示材质的结构,如图13-11所示。

— **提示** —

虽然"Slate材质编辑器"在设计材质时功能更强大,但"精
简材质编辑器"在设计材质时更方便快捷。

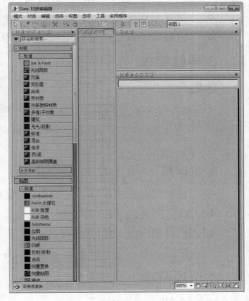

图13-11

## 2.材质菜单

### 功能介绍

"材质"菜单主要用来获取材质、从对象选取材质等,如图13-12所示。

图13-12

### 命令详解

❖ 获取材质：执行该命令可以打开"材质/贴图浏览器"对话框，在该对话框中可以选择材质或贴图。

❖ 从对象选取：执行该命令可以从场景对象中选择材质。

❖ 按材质选择：执行该命令可以基于"材质编辑器"对话框中的活动材质来选择对象。

❖ 在ATS对话框中高亮显示资源：如果材质使用的是已跟踪资源的贴图，那么执行该命令可以打开"资源跟踪"对话框，同时资源会高亮显示。

❖ 指定给当前选择：执行该命令可以将当前材质应用于场景中的选定对象。

❖ 放置到场景：在编辑材质完成后，执行该命令可以更新场景中的材质效果。

❖ 放置到库：执行该命令可以将选定的材质添加到材质库中。

❖ 更改材质/贴图类型：执行该命令可以更改材质或贴图的类型。

❖ 生成材质副本：通过复制自身的材质，生成一个材质副本。

❖ 启动放大窗口：将材质示例窗口放大，并在一个单独的窗口中进行显示（双击材质球也可以放大窗口）。

❖ 另存为.FX文件：将材质另存为.fx文件。

❖ 生成预览：使用动画贴图为场景添加运动，并生成预览。

❖ 查看预览：使用动画贴图为场景添加运动，并查看预览。

❖ 保存预览：使用动画贴图为场景添加运动，并保存预览。

❖ 显示最终结果：查看所在级别的材质。

❖ 视口中的材质显示为：选择在视图中显示材质的方式，共有"没有贴图的明暗处理材质""有贴图的明暗处理材质""没有贴图的真实材质""有贴图的真实材质"4种方式。

❖ 重置示例窗旋转：使活动的示例窗对象恢复到默认方向。

❖ 更新活动材质：更新示例窗中的活动材质。

### 3.导航菜单

#### 功能介绍

"导航"菜单主要用来切换材质或贴图的层级，如图13-13所示。

图13-13

#### 命令详解

❖ 转到父对象（P）向上键：在当前材质中向上移动一个层级。

❖ 前进到同级（F）向右键：移动到当前材质中的相同层级的下一个贴图或材质。

❖ 后退到同级（B）向左键：与"前进到同级（F）向右键"命令类似，只是导航到前一个同级贴图，而不是导航到后一个同级贴图。

### 4.选项菜单

#### 功能介绍

"选项"菜单主要用来更换材质球的显示背景等，如图13-14所示。

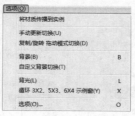

图13-14

**命令详解**

- ❖ 将材质传播到实例：将指定的任何材质传播到场景中对象的所有实例。
- ❖ 手动更新切换：使用手动的方式进行更新切换。
- ❖ 复制/旋转拖动模式切换：切换复制/旋转拖动的模式。
- ❖ 背景：将多颜色的方格背景添加到活动示例窗中。
- ❖ 自定义背景切换：如果已指定了自定义背景，该命令可以用来切换自定义背景的显示效果。
- ❖ 背光：将背光添加到活动示例窗中。
- ❖ 循环3×2、5×3、6×4示例窗：用来切换材质球的显示数量。
- ❖ 选项：打开"材质编辑器选项"对话框，如图13-15所示。在该对话框中可以启用材质动画、加载自定义背景、定义灯光亮度或颜色，以及设置示例窗数目等。

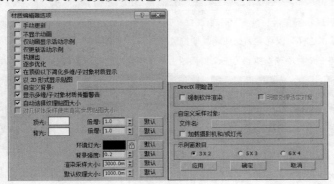

图13-15

### 5.实用程序菜单

**功能介绍**

"实用程序"菜单主要用来清理多维材质、重置"材质编辑器"对话框等，如图13-16所示。

图13-16

**命令详解**

- ❖ 渲染贴图：对贴图进行渲染。
- ❖ 按材质选择对象：可以基于"材质编辑器"对话框中的活动材质来选择对象。
- ❖ 清理多维材质：对"多维/子对象"材质进行分析，然后在场景中显示所有包含未分配任何材质ID的材质。
- ❖ 实例化重复的贴图：在整个场景中查找具有重复位图贴图的材质，并提供将它们实例化的选项。
- ❖ 重置材质编辑器窗口：用默认的材质类型替换"材质编辑器"对话框中的所有材质。
- ❖ 精简材质编辑器窗口：将"材质编辑器"对话框中所有未使用的材质设置为默认类型。
- ❖ 还原材质编辑器窗口：利用缓冲区的内容还原编辑器的状态。

## 13.2.2 材质球示例窗

材质球示例窗主要用来显示材质效果，通过它可以很直观地观察出材质的基本属性，如反光、纹理和凹凸等，如图13-17所示。

双击材质球会弹出一个独立的材质球显示窗口，可以将该窗口进行放大或缩小来观察当前设置的材质效果，如图13-18所示。

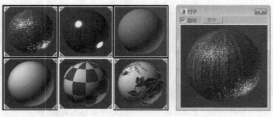

图13-17　　　　　　　　　　图13-18

## 技术专题：材质球示例窗的基本知识

在默认情况下，材质球示例窗中一共有12个材质球，可以拖曳滚动条显示出不在窗口中的材质球，同时也可以使用鼠标中键来旋转材质球，这样可以观看到材质球其他位置的效果，如图13-19所示。

使用鼠标左键可以将一个材质球拖曳到另一个材质球上，这样当前材质就会覆盖掉原有的材质，如图13-20所示。

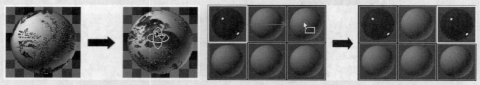

图13-19　　　　　　　　　　　　　图13-20

使用鼠标左键可以将材质球中的材质拖曳到场景中的物体上（即将材质指定给对象），如图13-21所示。将材质指定给物体后，材质球上会显示4个缺角的符号，如图13-22所示。

图13-21　　　　　　　　　　图13-22

## 13.2.3　工具栏

### 功能介绍

下面讲解"材质编辑器"对话框中的两个工具栏，如图13-23所示，工具栏主要提供了一些快捷材质处理工具，以方便用户使用。

图13-23

### 命令详解

❖　获取材质 ：为选定的材质打开"材质/贴图浏览器"对话框。

❖ 将材质放入场景 ：在编辑好材质后，单击该按钮可以更新已应用于对象的材质。

❖ 将材质指定给选定对象 ：将材质指定给选定的对象。

❖ 重置贴图/材质为默认设置 ：删除修改的所有属性，将材质属性恢复到默认值。

❖ 生成材质副本 ：在选定的示例图中创建当前材质的副本。

❖ 使唯一 ：将实例化的材质设置为独立的材质。

❖ 放入库 ：重新命名材质并将其保存到当前打开的库中。

❖ 材质ID通道 ：为应用后期制作效果设置唯一的ID通道。

❖ 在视口中显示明暗处理材质 ：在视口对象上显示2D材质贴图。

❖ 显示最终结果 ：在实例图中显示材质以及应用的所有层次。

❖ 转到父对象 ：将当前材质上移一级。

❖ 转到下一个同级项 ：选定同一层级的下一贴图或材质。

❖ 采样类型 ：控制示例窗显示的对象类型，默认为球体类型，还有圆柱体和立方体类型。

❖ 背光 ：打开或关闭选定示例窗中的背景灯光。

❖ 背景 ：在材质后面显示方格背景图像，这在观察透明材质时非常有用。

❖ 采样UV平铺 ：为示例窗中的贴图设置UV平铺显示。

❖ 视频颜色检查 ：检查当前材质中NTSC和PAL制式的不支持颜色。

❖ 生成预览 ：用于产生、浏览和保存材质预览渲染。

❖ 选项 ：打开"材质编辑器选项"对话框，在该对话框中可以启用材质动画、加载自定义背景、定义灯光亮度或颜色，以及设置示例窗数目等。

❖ 按材质选择 ：选定使用当前材质的所有对象。

❖ 材质/贴图导航器 ：单击该按钮可以打开"材质/贴图导航器"对话框，在该对话框中会显示当前材质的所有层级。

## 技术专题：从对象获取材质

在材质名称的左侧有一个工具叫"从对象获取材质" ，这是一个比较重要的工具。见图13-24，这个场景中有一个指定了材质的球体，但是在材质示例窗中却没有显示出球体的材质。遇到这种情况，需要使用"从对象获取材质"工具 将球体的材质吸取出来。首选选择一个空白材质，然后单击"从对象获取材质"工具 ，接着在视图中单击球体，这样就可以获取球体的材质，并在材质示例窗中显示出来，如图13-25所示。

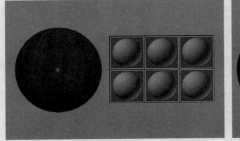

图13-24                图13-25

## 13.2.4 参数控制区

参数控制区用于调节材质的参数，基本上所有的材质参数都在这里调节。注意，不同的材质拥有不同的参数控制区，在下面的内容中将对各种重要材质的参数控制区进行详细讲解。

# 13.3 材质管理器

"材质资源管理器"主要用来浏览和管理场景中的所有材质。执行"渲染>材质资源管理器"菜单命令可以打开"材质管理器"对话框。"材质管理器"对话框分为"场景"面板和"材质"面板两大部分，如图13-26所示。"场景"面板主要用来显示场景对象的材质，而"材质"面板主要用来显示当前材质的属性和纹理。

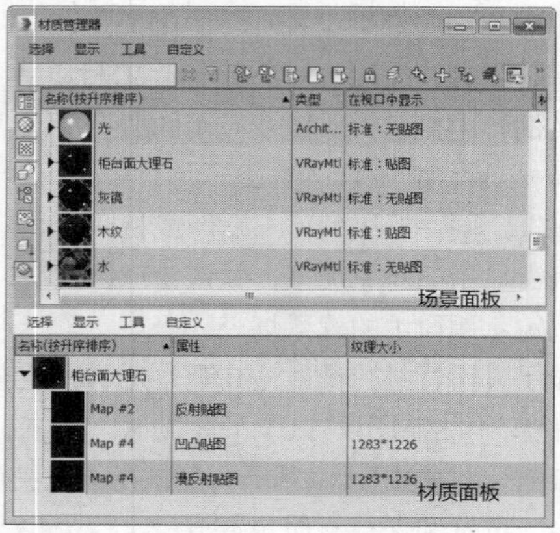

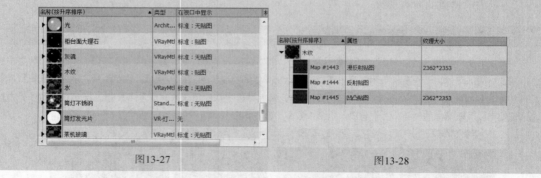

图13-26

---

**提示**

"材质管理器"对话框非常有用，使用它可以直观地观察到场景对象的所有材质，如图13-27所示。在"场景"面板中选择一个材质以后，在下面的"材质"面板中就会显示出与该材质相关的属性以及加载的纹理贴图，如图13-28所示。

图13-27          图13-28

## 13.3.1 场景面板

"场景"面板分为菜单栏、工具栏、显示按钮和列4大部分，如图13-29所示。

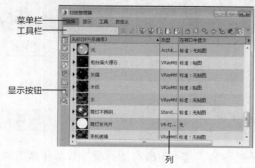

图13-29

## 1.菜单栏

工具栏中包含4组菜单，分别是"选择""显示""工具""自定义"菜单。

<1>选择菜单

展开"选择"菜单，如图13-30所示。

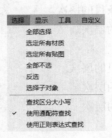

图13-30

**命令详解**

- ❖ 全部选择：选择场景中的所有材质和贴图。
- ❖ 选定所有材质：选择场景中的所有材质。
- ❖ 选定所有贴图：选择场景中的所有贴图。
- ❖ 全部不选：取消选择的所有材质和贴图。
- ❖ 反选：颠倒当前选择，即取消当前选择的所有对象，而选择前面未选择的对象。
- ❖ 选择子对象：该命令只起到切换的作用。
- ❖ 查找区分大小写：通过搜索字符串的大小写来查找对象，如house与House。
- ❖ 使用通配符查找：通过搜索字符串中的字符来查找对象，如*和?等。
- ❖ 使用正则表达式查找：通过搜索正则表达式的方式来查找对象。

<2>显示菜单

展开"显示"菜单，如图13-31所示。

图13-31

**命令详解**

- ❖ 显示缩略图：启用该选项之后，"场景"面板中将显示出每个材质和贴图的缩略图。
- ❖ 显示材质：启用该选项之后，"场景"面板中将显示出每个对象的材质。
- ❖ 显示贴图：启用该选项之后，每个材质的层次下面都包括该材质所使用到的所有贴图。
- ❖ 显示对象：启用该选项之后，每个材质的层次下面都会显示出该材质所应用到的对象。
- ❖ 显示子材质/贴图：启用该选项之后，每个材质的层次下面都会显示用于材质通道的子材质和贴图。

❖ 显示未使用的贴图通道：启用该选项之后，每个材质的层次下面还会显示出未使用的贴图通道。

❖ 按材质排序：启用该选项之后，层次将按材质名称进行排序。

❖ 按对象排序：启用该选项之后，层次将按对象进行排序。

❖ 展开全部：展开层次以显示出所有的条目。

❖ 扩展选定对象：展开包含所选条目的层次。

❖ 展开对象：展开包含所有对象的层次。

❖ 塌陷全部：塌陷整个层次。

❖ 塌陷选定项：塌陷包含所选条目的层次。

❖ 塌陷材质：塌陷包含所有材质的层次。

❖ 塌陷对象：塌陷包含所有对象的层次。

<3>工具菜单

展开"工具"菜单，如图13-32所示。

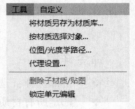

图13-32

**命令详解**

❖ 将材质另存为材质库：将材质另存为材质库（即.mat文件）文件。

❖ 按材质选择对象：根据材质来选择场景中的对象。

❖ 位图/光度学路径：打开"位图/光度学路径编辑器"对话框，在该对话框中可以管理场景对象的位图的路径，如图13-33所示。

❖ 代理设置：打开"全局设置和位图代理的默认"对话框，如图13-34所示。可以使用该对话框来管理3ds Max如何创建和并入到材质中的位图的代理版本。

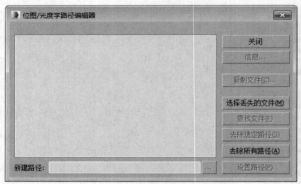

图13-33

图13-34

❖ 删除子材质/贴图：删除所选材质的子材质或贴图。

❖ 锁定单元编辑：启用该选项之后，可以禁止在"材质管理器"对话框中编辑单元。

<4>自定义菜单

展开"自定义"菜单，如图13-35所示。

图13-35

**命令详解**

* ❖ 配置列：打开"配置列"对话框，在该对话框中可以为"场景"面板添加队列。
* ❖ 工具栏：选择要显示的工具栏。
* ❖ 将当前布局保存为默认设置：保存当前"材质管理器"对话框中的布局方式，并将其设置为默认设置。

## 2.工具栏

### 功能介绍

工具栏中主要是一些对材质进行基本操作的工具，如图13-36所示。

图13-36

**命令详解**

* ❖ 查找 查找 ：输入文本来查找对象。
* ❖ 选择所有材质：选择场景中的所有材质。
* ❖ 选择所有贴图：选择场景中的所有贴图。
* ❖ 全部选择：选择场景中的所有材质和贴图。
* ❖ 全部不选：取消选择场景中的所有材质和贴图。
* ❖ 反选：颠倒当前选择。
* ❖ 锁定单元编辑：激活该按钮以后，可以禁止在"材质管理器"对话框中编辑单元。
* ❖ 同步到材质资源管理器：激活该按钮以后，"材质"面板中的所有材质操作将与"场景"面板保持同步。
* ❖ 同步到材质级别：激活该按钮以后，"材质"面板中的所有子材质操作将与"场景"面板保持同步。

## 3.显示按钮

### 功能介绍

显示按钮主要用来控制材质和贴图的显示方式，与"显示"菜单相对应，如图13-37所示。

图13-37

**命令详解**

* ❖ 显示缩略图：激活该按钮后，"场景"面板中将显示出每个材质和贴图的缩略图。
* ❖ 显示材质：激活该按钮后，"场景"面板中将显示出每个对象的材质。
* ❖ 显示贴图：激活该按钮后，每个材质的层次下面都包括该材质所使用到的所有贴图。
* ❖ 显示对象：激活该按钮后，每个材质的层次下面都会显示出该材质所应用到的对象。
* ❖ 显示子材质/贴图：激活该按钮后，每个材质的层次下面都会显示用于材质通道的子材质和贴图。
* ❖ 显示未使用的贴图通道：激活该按钮后，每个材质的层次下面还会显示出未使用的贴图通道。

❖　按对象排序▣/按材质排序▣：让层次以对象或材质的方式来进行排序。

### 4.材质列表

#### 功能介绍

材质列表主要用来显示场景材质的名称、类型、在视口中的显示方式以及材质的ID号，如图13-38
所示。

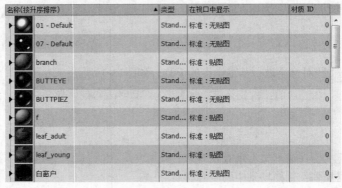

图13-38

#### 参数详解

❖　名称：显示材质、对象、贴图和子材质的名称。

❖　类型：显示材质、贴图或子材质的类型。

❖　在视口中显示：注明材质和贴图在视口中的显示方式。

❖　材质ID：显示材质的 ID号。

## 13.3.2　材质面板

"材质"面板分为菜单栏和列两大部分，如图13-39所示。

图13-39

> **提示**
>
> "材质"面板中的菜单命令与"场景"面板中的菜单命令基本一致，这里就不再重复介绍。

# 13.4　材质/贴图浏览器

材质/贴图浏览器提供全方位的材质和贴图浏览、选择功能，它会根据当前的情况而变化，如果允
许选择材质和贴图，会将两者都显示在列表窗中，否则会仅显示材质或贴图。

在3ds Max 2012中，材质/贴图浏览器进行了重新设计，新的材质/贴图浏览器对原有功能进行了
重新组织，使其变得更加简单易用，执行"渲染>材质/贴图浏览器"菜单命令即可打开材质/贴图浏览
器，如图13-40所示。

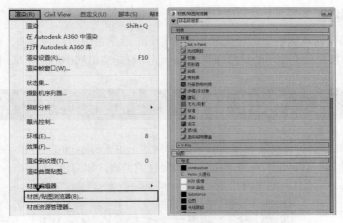

图13-40

默认状态下的材质/贴图浏览器被嵌入到了平板材质编辑器中，成为了编辑器标准界面的一部分（如图13-40所示），通过简单的拖动操作就可以直接调用，省去了通过各种按钮进行切换的麻烦。

## 13.4.1 材质/贴图浏览器的基本功能

材质/贴图浏览器的基本功能如下。

（1）浏览并选择材质或贴图，双击某一种材质可以将其直接调入当前活动的示例窗中，也可以通过拖动复制操作将材质任意拖动到允许复制的地方。

（2）编辑材质库，制作并扩充自己的材质库，用于其他场景。

（3）可以自定义组合材质、贴图或材质库，使它们的操作和调用变得更加方便。

（4）具备多种显示模式，便于查找相应的项目。

## 13.4.2 材质/贴图浏览器的构成

在材质/贴图浏览器中，软件将不同类的材质、贴图和材质库分门别类地组织在一起，默认包括材质、贴图、场景材质和示例窗4个组。此外，还可以自由组织各种材质和贴图，添加自定义的材质库或者自定义组。

每个组用卷展栏的形式组织在一起，组名称前都带有一个打开/关闭（+/-）的图标，在卷展栏名称上进行单击即可展开或卷起该卷展栏。在卷展栏上单击鼠标右键，就会弹出控制该组或材质库的菜单项目。各个组中可能还包括更细的分类项目，它们被称为子组，如默认情况下，材质或贴图组中包含标准、mental ray（或VRay）等子组（前提是将mental ray或VRay设置为当前渲染器）。

### 1."材质"/"贴图"组

这两个组用于当前渲染器所支持的各种材质和贴图，当使用某个材质或贴图时，可以通过双击或拖动的方式调用它们。"标准"组用于显示默认扫描渲染器中提供的标准材质和贴图，其他的组则会根据当前使用的渲染器而灵活变化，如显示VRay组或mental ray组。

### 2."场景材质"组

显示场景中应用的材质或贴图，甚至包括渲染设置面板或灯光中使用的明暗器，它会根据场景中的变化而随时更新。利用该材质组可以整理场景中的材质，为其重新命名或将其复制到材质库中。

### 3."示例窗"组

显示精简材质编辑器示例窗中的材质球效果或者列举示例窗中使用的贴图，这是材质编辑器示例窗的小版本，包括使用和尚未使用的材质球共计24个，与材质编辑器中的材质球同步更新。

# 13.5　3ds Max标准材质

安装好VRay渲染器以后，材质类型大致可分为34种。单击Standard（标准）按钮 Standard ，在弹出的"材质/贴图浏览器"对话框中可以观察到这34种材质类型，如图13-41所示。

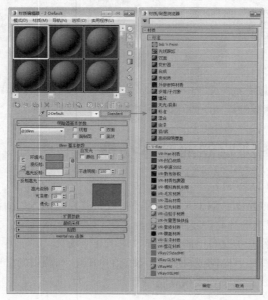

图13-41

请读者注意，由于3ds Max的材质类型很多，本书将挑选一些重要的、常用的材质进行介绍。

## 13.5.1　标准材质

### 功能介绍

"标准"材质是3ds Max的默认材质，也是使用频率非常高的材质，它几乎可以模拟真实世界中的任何材质，其参数设置面板如图13-42所示。

### 参数详解

图13-42

### 1."明暗器基本参数"卷展栏

在"明暗器基本参数"卷展栏下可以选择明暗器的类型，还可以设置"线框""双面""面贴图""面状"等参数，如图13-43所示。

图13-43

❖ 明暗器列表：在该列表中包含了8种明暗器类型，如图13-44所示。

图13-44

◇ 各向异性：这种明暗器通过调节两个垂直于正向上可见高光尺寸之间的差值来提供了一种"重折光"的高光效果，这种渲染属性可以很好地表现毛发、玻璃和被擦拭过的金属等物体。

◇ Blinn：这种明暗器是以光滑的方式来渲染物体表面，是常用的一种明暗器。

◇ 金属：这种明暗器适用于金属表面，它能提供金属所需的强烈反光。

◇ 多层："多层"明暗器与"各向异性"明暗器很相似，但"多层"明暗器可以控制两个高亮区，因此"多层"明暗器拥有对材质更多的控制，第1高光反射层和第2高光反射层具有相同的参数控制，可以对这些参数使用不同的设置。

◇ Oren-Nayar-Blinn：这种明暗器适用于无光表面（如纤维或陶土），与Blinn明暗器几乎相同，通过它附加的"漫反射色级别"和"粗糙度"两个参数可以实现无光效果。

◇ Phong：这种明暗器可以平滑面与面之间的边缘，也可以真实地渲染有光泽和规则曲面的高光，适用于高强度的表面和具有圆形高光的表面。

◇ Strauss：这种明暗器适用于金属和非金属表面，与"金属"明暗器十分相似。

◇ 半透明明暗器：这种明暗器与Blinn明暗器类似，它们之间的最大区别在于该明暗器可以设置半透明效果，使光线能够穿透半透明的物体，并且在穿过物体内部时离散。

❖ 线框：以线框模式渲染材质，用户可以在"扩展参数"卷展栏下设置线框的"大小"参数，如图13-45所示。

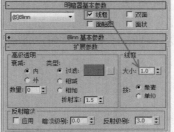

图13-45

❖ 双面：将材质应用到选定面，使材质成为双面。

❖ 面贴图：将材质应用到几何体的各个面。如果材质是贴图材质，则不需要贴图坐标，因为贴图会自动应用到对象的每一个面。

❖ 面状：使对象产生不光滑的明暗效果，把对象的每个面都作为平面来渲染，可以用于制作加工过的钻石、宝石和任何带有硬边的物体表面。

## 2. "Blinn基本参数" / "Phong基本参数"卷展栏

当在图13-44所示的明暗器列表中选择不同的明暗器时，这个卷展栏的名称和参数也会有所不同，例如，选择Blinn明暗器之后，这个卷展栏就叫"Blinn基本参数"；如果选择"各向异性"明暗器，这个卷展栏就叫"各向异性基本参数"。

Blinn和Phong都以光滑的方式进行表现渲染，效果非常相似。Blinn高光点周围的光晕是旋转混合的，Phong是发散混合的；背光处Blinn的反光点形状近似圆形，Phong的则为梭形；如果增大柔化参数，Blinn的反光点仍保持尖锐的形态，而Phong却趋向于均匀柔和的反光；从色调上来看，Blinn趋于冷色，Phong趋于暖色。综上所述，可以近似地认为，Phong易表现暖色柔和的材质，常用于塑性材质，可以精确地反映出凹凸、不透明、反光、高光和反射贴图效果，Blinn易表现冷色坚硬的材质，它们之间的差别并不是很大。

下面就来介绍"Blinn基本参数"和"Phong基本参数"卷展栏的相关参数，如图13-46所示，这两个明暗器的参数完全相同。

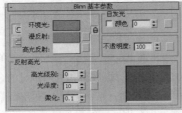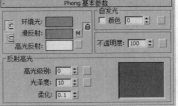

图13-46

- ❖ 环境光：用于模拟间接光，也可以用来模拟光能传递。
- ❖ 漫反射："漫反射"是在光照条件较好的情况下（例如，在太阳光和人工光直射的情况下）物体反射出来的颜色，又被称作物体的"固有色"，也就是物体本身的颜色。
- ❖ 高光反射：物体发光表面高亮显示部分的颜色。
- ❖ 自发光：使用"漫反射"颜色替换曲面上的任何阴影，从而创建出白炽效果。
- ❖ 不透明度：控制材质的不透明度。
- ❖ 高光级别：控制"反射高光"的强度。数值越大，反射强度越强。
- ❖ 光泽度：控制镜面高亮区域的大小，即反光区域的大小。数值越大，反光区域越小。
- ❖ 柔化：设置反光区和无反光区衔接的柔和度。0表示没有柔化效果；1表示应用最大量的柔化效果。

### 3."各向异性基本参数"卷展栏

各向异性就是通过调节两个垂直正交方向上可见高光尺寸之间的差额，从而实现一种"重折光"的高光效果。这种渲染属性可以很好地表现毛发、玻璃和被擦拭过的金属等效果。它的基本参数大体上与Blinn相同，其参数面板如图13-47所示。

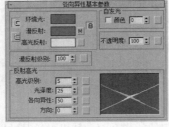

图13-47

- ❖ 漫反射级别：控制漫反射部分的亮度。增减该值可以在不影响高光部分的情况下增减漫反射部分的亮度，调节范围为0～400，默认为100。
- ❖ 各向异性：控制高光部分的各向异性和形状。值为0，高光形状呈弧形；值为100时，高光变形为极窄的条状。高光图的一个轴发生更改以显示该参数中的变化，默认设置为50。
- ❖ 方向：用来改变高光部分的方向，范围为0～9999，默认设置为0。

### 4."金属基本参数"卷展栏

这是一种比较特殊的渲染方式，专用于金属材质的制作，可以提供金属所需要的强烈反光。它取消了"高光反射"色彩的调节，反光点的色彩仅依据于漫反射色彩和灯光的色彩。

由于取消了"高光反射"色彩的调节，所以在高光部分的高光级别和光泽度设置也与Blinn有所不同。高光级别仍控制高光区域的强度，而光泽度部分变化的同时将影响高光区域的强度和大小，其参数面板如图13-48所示。

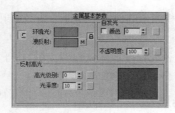

图13-48

### 5. "多层基本参数" 卷展栏

多层渲染属性与各向异性有相似之处，它的高光区域也属于各向异性类型，意味着从不同的角度产生高光。当各向异性为0时，它们基本是相同的，高光是圆形的，和Blinn、Phong相同；当各向异性为100时，这种高光的各向异性达到最大程度的不同，在一个方向上高光非常尖锐，而另一个方向上光泽度可以单独控制。多层最明显的不同在于，它拥有两个高光区域控制。通过高光区域的分层，可以创建很多不错的特效，其参数面板如图13-49所示。

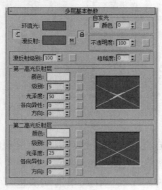

图13-49

❖ 粗糙度：设置由漫反射部分向阴影部分进行调和的快慢。提升该值时，表面的不平滑部分随之增加，材质也显得更暗更平。值为0时，则与Blinn渲染属性没有什么差别，默认为0。

### 6. "Oren–Nayar–Blinn基本参数" 卷展栏

Oren-Nayar-Blinn渲染属性是Blinn的一个特殊变量形式，通过它附加的漫反射级别和粗糙度两个设置，可以实现无光材质的效果，这种渲染属性常用来表现织物、陶制品等粗糙对象的表面，其参数面板如图13-50所示。

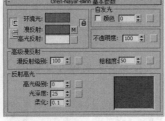

图13-50

### 7. "Strauss基本参数" 卷展栏

Strauss提供了一种金属感的表现效果，比金属渲染属性更简洁，参数更简单，如图13-51所示。

图13-51

❖ 颜色：设置材质的颜色。相当于其他渲染属性中的漫反射颜色选项，而高光和阴影部分的颜色则由系统自动计算。

❖ 金属度：设置材质的金属表现程度，默认设置为0。由于主要依靠高光表现金属程度，所以"金属度"需要配合"光泽度"才能更好地发挥效果。

## 8."半透明基本参数"卷展栏

半透明明暗器与Blinn类似，最大的区别在于能够设置半透明的效果。光线可以穿透这些半透明效果的对象，并且在穿过对象内部时离散。半透明明暗器通常用来模拟薄对象，诸如窗帘、电影银幕、霜或者毛玻璃等效果。

制作类似单面反射的材质时，可以选择单面接受高光，通过勾选或取消"内表面高光反射"复选框来实现这些控制。半透明材质的背面同样可以产生阴影，而半透明效果只能出现在渲染结果中，视图中无法显示，其参数面板如图13-52所示。

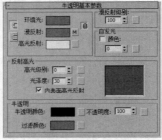

图13-52

❖ 半透明颜色：半透明颜色是离散光线穿过对象时所呈现的颜色。设置的颜色可以不同于过滤颜色，两者互为倍增关系。单击色块选择颜色，右侧的灰色方块用于指定贴图。

❖ 过滤颜色：设置穿透材质的光线颜色，与半透明颜色互为倍增关系。单击色块选择颜色，右侧的灰色方块用于指定贴图。过滤颜色是指透过透明或半透明对象（如玻璃）后的颜色。过滤颜色配合体积光可以模拟诸如彩光穿过毛玻璃后的效果，也可以根据过滤颜色为半透明对象产生的光线跟踪阴影配色。

❖ 不透明度：用百分率表现材质的透明/不透明程度。当对象有一定厚度时，能够产生一些有趣的效果。

## 9."扩展参数"卷展栏

"扩展参数"卷展栏如图13-53所示，参数内容涉及透明度、反射以及线框模式，还有标准透明材质真实程度的折射率设置。

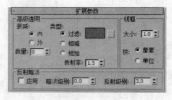

图13-53

❖ "高级透明"参数组：控制透明材质的透明衰减设置。

◇ 衰减：有两种方式供用户选择。内，由边缘向中心增加透明的程度，像玻璃瓶的效果；外，由中心向边缘增加透明的程度，类似云雾、烟雾的效果。

◇ 数量：指定衰减的程度大小。

◇ 类型：确定以哪种方式来产生透明效果。过滤，计算经过透明对象背面颜色倍增的过滤色。单击后面的色块可以改变过滤色，单击灰色方块用于指定贴图；相减，根据背景色做递减色彩处理，用得很少；相加，根据背景色做递增色彩的处理，常用于发光体。

◇ 折射率：设置带有折射贴图的透明材质的折射率，用来控制折射材质被传播光线的程度。当设置为1（空气的折射率）时，透明对象之后看到的对象像在空气中（空气也有折射率，例如，热空气对景象产生的气流变形）一样不发生变化；当设置为1.5（玻璃折射率）时，看到的对象会产生很大的变化；当折射率小于1时，对象会沿着它的边界反射，像在水中的气泡。在真实世界中很少有对象的折射率超过2，默认值为1.5。

---

**提示**

在真实的物理世界中，折射率是因为光线穿过透明材质和眼睛（或者摄影机）时速度不同而产生的，和对象的密度相关，折射率越高，对象的密度也越大，也可以使用一张贴图去控制折射率，这时折射率会按照从1到折射率的设定值之间的插值进行运算。例如，折射率设为2.5，用一个完全黑白的噪波贴图来指定折射贴图，这时折射率在1~2.5，对象表现为比空气密度更大；如果折射率设为0.6，贴图的折射计算将在0.6~1之间，好像使用水下摄像机在拍摄。

---

❖ "线框"参数组：设置线框特性。

◇ 大小：设置线框的粗细大小值，单位有"像素"和"单位"两种选择，如果选择"像素"，对象运动时镜头距离的变化不会影响网格线的尺寸，否则会发生改变。

❖ "反射暗淡"参数组：用于设置对象阴影区中反射贴图的暗淡效果。当一个对象表面有其他对象投影时，这个区域将会变得暗淡，但是一个标准的反射材质却不会考虑这一点，它会在对象表面进行全方位反射计算，失去投影的影响，对象变得通体光亮，场景也变得不真实。这时可以打开反射暗淡设置，它的两个参数分别控制对象被投影区和未被投影区域的反射强度，这样可以将被投影区的反射强度值降低，使投影效果表现出来，同时增加未被投影区域的反射强度，以补偿损失的反射效果。

◇ 应用：勾选此选项，反射暗淡将发生作用，通过右侧的两个值对反射效果产生影响。

◇ 暗淡级别：设置对象被投影区域的反射强度，值为0时，反射贴图在阴影中为全黑；该值为0.5时，反射贴图为半暗淡；该值为1时，反射贴图没有经过暗淡处理，材质看起来好像禁用"应用"一样，默认设置为0。

◇ 反射级别：设置对象未被投影区域的反射强度，它可以使反射强度倍增，远远超过反射贴图强度为100时的效果，一般用它来补偿反射暗淡给对象表面带来的影响。当值为3时（默认），可以近似达到不打开反射暗淡时不被投影区的反射效果。

## 10. "超级采样"卷展栏

超级采样是3ds Max中几种抗锯齿技术之一。在3ds Max中，纹理、阴影、高光以及光线跟踪的反射和折射都具有自身设置抗锯齿的功能，与之相比，超级采样则是一种外部附加的抗锯齿方式，作用于标准材质和光线跟踪材质，其参数面板如图13-54所示。

图13-54

超级采样共有如下4种方式，选择不同的方式，其对应的参数面板会有所差别。

（1）Hammersley：在$x$轴上均匀分隔采样，在$y$轴上则按离散分布的"准随机"方式分隔采样。依据所需品质的不同，采样的数量从4~40。不能与低版本兼容。

（2）Max 2.5星：采样的排布类似于骰子中的"5"的图案，在一个采样点的周围平均环绕着4个采样点。这是3ds Max 2.5中所使用的超级采样方式。

（3）自适应Halton：按离散分布的"准随机"方式方法沿$x$轴与$y$轴分隔采样。依据所需品质不同，采样的数量从4~40自由设置。可以与低版本兼容。

（4）自适应均匀：从最小值4~最大值36，分隔均匀采样。采样图案并不是标准的矩形，而是在垂直与水平轴向上稍微歪斜，以提高精确性。可以与低版本兼容。

---
**提示**

通常分隔均匀采样方式（自适应均匀和Max 2.5星）比非均匀分隔采样方式（自适应Halton和Hammersley）的抗锯齿效果要好。

---

下面来介绍其他的相关参数。

❖ 使用全局设置：勾选此项，对材质使用"默认扫描线渲染器"卷展栏中设置的超级采样选项。

❖ 启用局部超级采样器：勾选此项，可以将超级采样结果指定给材质，默认设置为禁用状态。

❖ 超级采样贴图：勾选此项，可以对应用于材质的贴图进行超级采样。禁用此选项后，超级采样器将以平均像素表示贴图。默认设置为启用，这个选项对于凹凸贴图的品质非常重要，如果是特定的凹凸贴图，打开超级采样可以带来非常优秀的品质。

❖ 质量：自适应Halton、自适应均匀和Hammersley这3种方式可以调节采样的品质。数值从0~1，0为最小，分配在每个像素上的采样约为4个；1为最大，分配在每个像素上的采样在36~40个之间。

❖ 自适应：对于自适应Halton和自适应均匀方式有效，如果勾选，当颜色变化小于阈值的范围时，将自动使用低于"质量"所设定的采样值进行采样。这样可以节省一些运算时间，推荐勾选。

❖ 阈值：自适应Halton和自适应均匀方式还可以调节"阈值"。当颜色变化超过"阈值"设置的范围时，则依照"质量"的设置情况进行全部的采样计算；当颜色变化在"阈值"范围内时，则会适当减少采样计算，从而节省时间。

## 11. "贴图"卷展栏

"贴图"卷展栏如图13-55所示，该参数面板提供了很多贴图通道，如环境光颜色、漫反射颜色、高光颜色、光泽度等通道，通过给这些通道添加不同的程序贴图，可以在对象的不同区域产生不同的贴图效果。

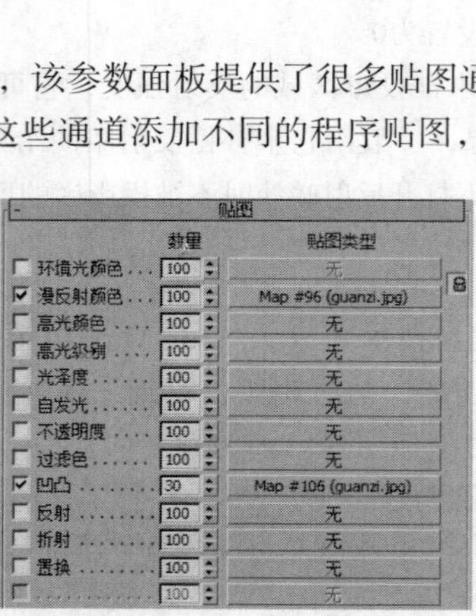

图13-55

在每个通道的右侧有一个很长的按钮，单击它们可以调出材质/贴图浏览器，并可以从中选择不同的贴图。当选择了一个贴图类型后，系统会自动进入其贴图设置层级中，以便进行相应的参数设置。单击 按钮可以返回贴图方式设置层级，这时该按钮上会显示出贴图类型的名称。

"数量"参数用于控制贴图的程度（通过设置不同的数值来控制），例如，对漫反射贴图，值为100时表示完全覆盖，值为50时表示以50%的透明度进行覆盖，一般最大值都为100，表示百分比值。只有凹凸、高光级别和置换等除外，最大可以设为999。

## 【练习13-1】用标准材质制作发光材质

本练习的发光材质效果如图13-56所示。

发光材质的模拟效果如图13-57所示。

`01` 打开学习资源中的"练习文件>第13章>13-1.max"文件，如图13-58所示。

图13-56

图13-57

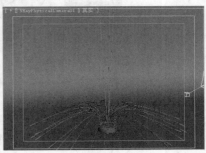
图13-58

`02` 选择一个空白材质球，然后设置材质类型为"标准"材质，接着将其命名为"发光材质"，具体参数设置如图13-59所示，制作好的材质球效果如图13-60所示。

### 设置步骤

① 设置"漫反射"颜色为（红:65，绿:138，蓝:228）。

② 在"自发光"选项组下勾选"颜色"选项，然后设置颜色为（红:183，绿:209，蓝:248）。

③ 在"不透明度"贴图通道中加载一张"衰减"程序贴图。

`03` 在视图中选择发光条模型，然后在"材质编辑器"对话框中单击"将材质指定给选定对象"按钮，如图13-61所示。

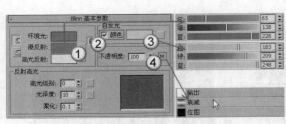
图13-59

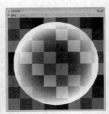
图13-60

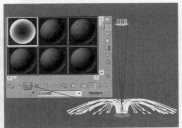
图13-61

--- 提示

由于本例是材质的第1个实例，因此介绍了如何将材质指定给对象。在后面的实例中，这个步骤会省去。

`04` 按F9键渲染当前场景，最终效果如图13-62所示。

图13-62

## 13.5.2 混合材质

### 功能介绍

"混合"材质可以在模型的单个面上将两种材质通过一定的百分比进行混合，其材质参数设置面板如图13-63所示。

图13-63

### 参数详解

❖ 材质1/材质2：可在其后面的材质通道中对两种材质分别进行设置。

❖ 遮罩：可以选择一张贴图作为遮罩。利用贴图的灰度值可以决定"材质1"和"材质2"的混合情况。

❖ 混合量：控制两种材质混合的百分比。如果使用遮罩，则"混合量"选项将不起作用。

❖ 交互式：用来选择哪种材质在视图中以实体着色方式显示在物体的表面。

❖ 混合曲线：对遮罩贴图中的黑白色过渡区进行调节。

◇ 使用曲线：控制是否使用"混合曲线"来调节混合效果。

◇ 上部：用于调节"混合曲线"的上部。

◇ 下部：用于调节"混合曲线"的下部。

## 【练习13-2】用混合材质制作雕花玻璃效果

本练习的雕花玻璃材质效果如图13-64所示。

雕花玻璃材质的模拟效果如图13-65所示。

<code>01</code> 打开学习资源中的"练习文件>第13章>13-2.max"文件，如图13-66所示。

图13-64

图13-65

图13-66

<code>02</code> 选择一个空白材质球，然后设置材质类型为"混合"材质，接着分别在"材质1"和"材质2"通道上单击鼠标右键，并在弹出的菜单中选择"清除"命令，如图13-67所示。

图13-67

— 提示 —

在将"标准"材质切换为"混合材质"时，3ds Max会弹出一个"替换材质"对话框，提示是丢弃旧材质还是将旧材质保存为子材质，用户可根据实际情况进行选择，这里选择"丢弃旧材质"选项（大多数时候都选择该选项），如图13-68所示。

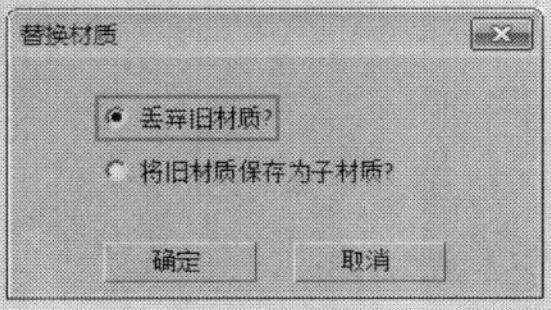

图13-68

**03** 在"材质1"通道中加载一个VRayMtl材质，具体参数设置如图13-69所示。

### 设置步骤

① 设置"漫反射"颜色为（红:56，绿:36，蓝:11）。

② 设置"反射"颜色为（红:52，绿:54，蓝:53），然后设置"细分"为12。

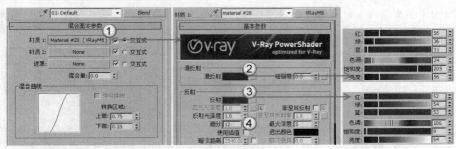

图13-69

**04** 返回到"混合基本参数"卷展栏，然后在"材质2"通道中加载一个VRayMtl材质，具体参数设置如图13-70所示。

### 设置步骤

① 设置"漫反射"颜色为（红:17，绿:17，蓝:17）。

② 设置"反射"颜色为（红:87，绿:87，蓝:87），然后设置"细分"为12。

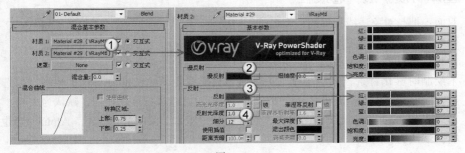

图13-70

— 提示 —

这里可能会有些初学者不明白如何返回"混合基本参数"卷展栏。在"材质编辑器"对话框的工具栏上有一个"转换到父对象"按钮 ，单击该按钮即可返回到父层级，如图13-71所示。

图13-71

**05** 返回到"混合基本参数"卷展栏，然后在"遮罩"贴图通道中加载一张学习资源中的"练习文件>第13章>13-2>花1.jpg"文件，如图13-72所示，制作好的材质球效果如图13-73所示。

**06** 将制作好的材质指定给场景中的玻璃模型，然后按F9键渲染当前场景，最终效果如图13-74所示。

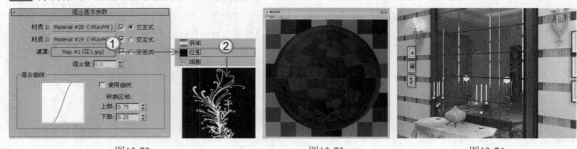

图13-72　　　　　　　　　　　图13-73　　　　　　　　　　　图13-74

## 13.5.3　Ink'n Paint（墨水油漆）材质

### 功能介绍

Ink'n Paint（墨水油漆）材质可以用来制作卡通效果，其参数包含"基本材质扩展"卷展栏、"绘制控制"卷展栏和"墨水控制"卷展栏，如图13-75所示。

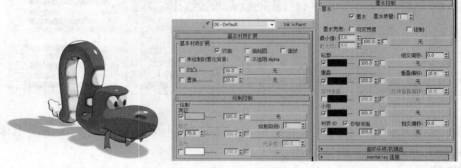

图13-75

### 参数详解

### 1. "基本材质扩展"卷展栏

❖　双面：把与对象法线相反的一面也进行渲染。

❖　面贴图：把材质指定给造型的全部面。

❖　面状：将对象的每个表面均平面化进行渲染。

❖　未绘制时雾化背景：当"绘制"关闭时，材质颜色的填色部分与背景相同，勾选这个选项后，能够在对象和摄影机之间产生雾的效果，对背景进行雾化处理，默认为关闭。

❖　不透明Alpha：勾选此项，即便在"绘制"和"墨水"关闭的情况下，Alpha通道也保持不透明，默认为关闭。

❖　凹凸：为材质添加凹凸贴图。左侧的复选框设置贴图是否有效，右侧的贴图按钮用于指定贴图，中间的调节按钮用于设置凹凸贴图的数量（影响程度）。

❖　置换：为材质添加置换贴图。左侧的复选框设置贴图是否有效，右侧的贴图按钮用于指定贴图，中间的调节按钮用于设置置换贴图的数量（影响程度）。

### 2. "绘制控制"卷展栏

❖　亮区：用来调节材质的固有颜色，可以在后面的贴图通道中加载贴图。

❖　暗区：控制材质的明暗度，可以在后面的贴图通道中加载贴图。

❖ 绘制级别：用来调整颜色的色阶。

❖ 高光：控制材质的高光区域。

### 3. "墨水控制"卷展栏

❖ 墨水：控制是否开启描边效果。

❖ 墨水质量：控制边缘形状和采样值。

❖ 墨水宽度：设置描边的宽度。

❖ 最小值：设置墨水宽度的最小像素值。

❖ 最大值：设置墨水宽度的最大像素值。

❖ 可变宽度：勾选该选项后，可以使描边的宽度在最大值和最小值之间变化。

❖ 钳制：勾选该选项后，可以使描边宽度的变化范围限制在最大值与最小值之间。

❖ 轮廓：勾选该选项后，可以使物体外侧产生轮廓线。

❖ 重叠：当物体与自身的一部分相交迭时使用。

❖ 延伸重叠：与"重叠"类似，但多用在较远的表面上。

❖ 小组：用于勾画物体表面光滑组部分的边缘。

❖ 材质ID：用于勾画不同材质ID之间的边界。

## 【练习13-3】用墨水油漆材质制作卡通效果

本练习的卡通材质效果如图13-76所示。

本例共需要制作3个材质，分别是草绿卡通材质、蓝色卡通材质和红色卡通材质，其模拟效果如图13-77~图13-79所示。

图13-76

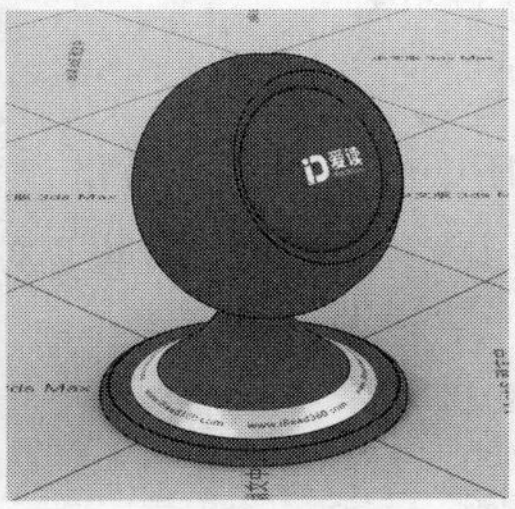

图13-77

图13-78

图13-79

`01` 打开学习资源中的"练习文件>第13章>13-3.max"文件，如图13-80所示。

`02` 选择一个空白材质球，然后设置材质类型为Ink'n Paint（墨水油漆）材质，并将材质命名为"草绿"，接着设置"亮区"颜色为（红:0，绿:110，蓝:13），最后设置"绘制级别"为5，具体参数设置如图13-81所示，制作好的材质球效果如图13-82所示。

图13-80

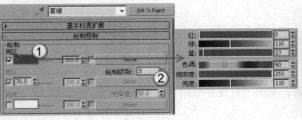

图13-81

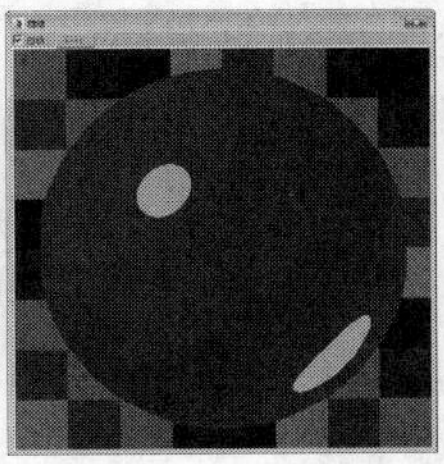

图13-82

蓝色卡通材质与红色卡通材质的制作方法与草绿色卡通材质的制作方法完全相同，只是需要将"亮区"颜色修改为（红:0，绿:0，蓝:255）和（红:255，绿:0，蓝:0）即可，制作好的材质球效果如图13-83和图13-84所示。

图13-83　　　　图13-84

## 13.5.4 多维/子对象材质

### 功能介绍

使用"多维/子对象"材质可以采用几何体的子对象级别分配不同的材质，其参数设置面板如图13-85所示。

图13-85

### 参数详解

❖ 数量：显示包含在"多维/子对象"材质中的子材质的数量。

❖ 设置数量 设置数量 ：单击该按钮可以打开"设置材质数量"对话框，如图13-86所示。在该对话框中可以设置材质的数量。

图13-86

❖ 添加 添加 ：单击该按钮可以添加子材质。

❖ 删除 删除 ：单击该按钮可以删除子材质。

❖ ID ID ：单击该按钮将对列表进行排序，其顺序开始于最低材质ID的子材质，结束于最高材质ID。

❖ 名称 名称 ：单击该按钮可以用名称进行排序。

❖ 子材质 子材质 ：单击该按钮可以通过显示于"子材质"按钮上的子材质名称进行排序。

❖ 启用/禁用：启用或禁用子材质。

❖ 子材质列表：单击子材质后面的"无"按钮 无 ，可以创建或编辑一个子材质。

**技术专题：多维/子对象材质的用法及原理解析**

很多初学者都无法理解"多维/子对象"材质的原理及用法，下面就以图13-87中的一个多边形球体为例来详解介绍该材质的原理及用法。

第1步：设置多边形的材质ID号。每个多边形都具有自己的ID号，进入"多边形"级别，然后选择两个多边形，接着在"多边形:材质ID"卷展栏下将这两个多边形的材质ID设置为1，如图13-88所示。同理，用相同的方法设置其他多边形的材质ID，如图13-89和图13-90所示。

图13-87　　　　　　　图13-88　　　　　　　图13-89　　　　　　　图13-90

第2步：设置"多维/子对象"材质。由于这里只有3个材质ID号，因此将"多维/子对象"材质的数量设置为3，并分别在各个子材质通道中加载一个VRayMtl材质，然后分别设置VRayMtl材质的"漫反射"颜色为蓝、绿、红，如图13-91所示，接着将设置好的"多维/子对象"材质指定给多边形球体，效果如图13-92所示。

图13-91　　　　　　　图13-92

从图13-92中的结果可以得出一个结论："多维/子对象"材质的子材质的ID号对应模型的材质ID号。也就是说，ID 1子材质指定给了材质ID号为1的多边形，ID 2子材质指定给了材质ID号为2的多边形，ID 3子材质指定给了材质ID号为3的多边形。

## 13.5.5　虫漆材质

### 功能介绍

虫漆材质是将一种材质叠加到另一种材质上的混合材质，其中叠加的材质称为"虫漆材质"，被叠加的材质称为"基础材质"。"虫漆材质"的颜色增加到"基础材质"的颜色上，通过参数控制颜色混合的程度，其参数面板如图13-93所示。

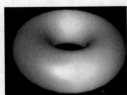

基础材质

虫漆材质

与50%的虫漆颜色混合值组合的材质

图13-93

### 参数详解

❖　基础材质:单击可选择或编辑基础材质。默认情况下,基础材质是带有Blinn明暗处理的标准材质。

❖　虫漆材质:单击可选择或编辑虫漆材质。默认情况下,虫漆材质是带有Blinn明暗处理的标准材质。

❖　虫漆颜色混合:控制颜色混合的量。值为0时，虫漆材质不起作用，随着该参数值的提高，虫漆材质混合到基础材质中的程度越高。该参数没有上限，默认设置为0。

## 13.5.6 顶/底材质

### 功能介绍

该材质可以给对象指定两个不同的材质，一个位于顶部，一个位于底部，中间交界处可以产生浸润效果，它们所占据的比例可以调节，如图13-94所示。

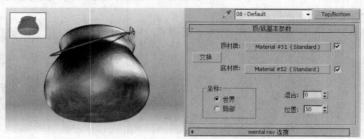

图13-94

> **提示**
>
> 对象的顶面是法线向上的面，底面是法线向下的面。根据场景的世界坐标系或对象自身的坐标系来确定顶与底。

### 参数详解

- ❖ 顶材质：选择一种材质作为顶材质。
- ❖ 底材质：选择一种材质作为底材质。
- ❖ 交换：单击此按钮可以把两种材质的位置进行交换。
- ❖ 坐标：确定上下边界的坐标依据。"世界"是按照场景的世界坐标让各个面朝上或朝下，旋转对象时，顶面和底面之间的边界仍保持不变；"局部"是按照场景的局部坐标让各个面朝上或朝下，旋转对象时，材质随着对象旋转。
- ❖ 混合：混合顶材质和底材质之间的边缘。这是一个范围从 0 到 100 的百分比值。值为 0 时，顶材质和底材质之间存在明显的界线；值为 100 时，顶材质和底材质彼此混合。默认设置为 0。
- ❖ 位置：确定两种材质在对象上划分的位置。这是一个范围从 0 到 100 的百分比值。值为 0 时表示划分位置在对象底部，只显示顶材质；值为 100 时表示划分位置在对象顶部，只显示底材质。默认设置为 50。

## 13.5.7 壳材质

### 功能介绍

壳材质是为3ds Max的"渲染到纹理"功能专门提供的材质类型，"渲染到纹理"就是通常说的"贴图烘焙"，这是一种根据对象在场景中的照明情况，创建相应的烘焙纹理贴图，再将它作为材质指定回对象的特殊渲染方式，而用于放置烘焙纹理贴图的就是壳材质。

壳材质与多维/子对象材质类似，都可以看做是放置不同材质的容器，只不过壳材质只包含两种材质，一种是渲染中使用的普通材质，另一种是被"渲染到纹理"存储到硬盘而得来的位图，用于"烘焙"或结合到场景内的对象上，称为烘焙材质，其参数面板如图13-95所示。

图13-95

**参数详解**

- ❖ 原始材质：显示原始材质的名称。单击按钮可查看该材质，并调整其设置。
- ❖ 烘焙材质：显示烘焙材质的名称。单击按钮可查看该材质，并调整其设置。除了原始材质所使用的颜色和贴图之外，烘焙材质还包含照明阴影和其他信息。此外，烘焙材质具有固定的分辨率。
- ❖ 视口：设置哪种材质出现在实体视图中，上方代表原始材质，下方代表烘焙材质。
- ❖ 渲染：设置渲染时使用哪种材质，上方代表原始材质，下方代表烘焙材质。

## 13.5.8 双面材质

### 功能介绍

使用双面材质可以给对象的前面和后面指定两个不同的材质，并且可以控制它们的透明度，如图13-96所示。

在右侧，双面材质可以为垃圾桶的内部创建一个图案

图13-96

**参数详解**

- ❖ 半透明：设置一个材质在另一个材质上显示出的百分比效果。这是范围从 0 到 100 的百分比，设置为 100% 时，可以在内部面上显示外部材质，并在外部面上显示内部材质；设置为中间的值时，内部材质指定的百分比将下降，并显示在外部面上。默认设置为0.0。
- ❖ 正面材质：设置对象外表面的材质。
- ❖ 背面材质：设置对象内表面的材质。

## 13.5.9 合成材质

### 功能介绍

合成材质最多可以合成 10 种材质。按照在卷展栏中列出的顺序，从上到下叠加材质。使用相加不透明度、相减不透明度来组合材质，或使用数量值来混合材质，其参数面板如图13-97所示。

图13-97

### 参数详解

- ❖ 基础材质：指定基础材质，默认为标准材质。
- ❖ 材质1~材质9：在此选择要进行复合的材质，默认情况下，不指定材质。前面的复选框控制是否使用该材质，默认为勾选。
- ❖ A（增加不透明度）：各个材质的颜色依据其不透明度进行相加，总计作为最终的材质颜色。
- ❖ S（减少不透明度）：各个材质的颜色依据其不透明度进行相减，总计作为最终的材质颜色。
- ❖ M（基于数量混合）：各个材质依据其数量进行混合。
- ❖ [100.0 ↕]（数量）：控制混合的数量，默认设置为100。

对于A和S合成，数量值的范围是0~200。数量为0时，不进行合成，并且下面的材质不可见；如果数量为100，将完成合成；如果数量大于100，则合成将"超载"，材质的透明部分将变得更不透明，直至下面的材质不再可见。

对于M合成，数量范围是0~100。当数量为0时，不进行合成，下面的材质将不可见；当数量为100时，将完成合成，并且只有下面的材质可见。

# 13.6 VRay材质

VRay材质是VRay渲染器的专用材质，只有将VRay渲染器设为当前渲染器后才能使用这种材质，下面对这种材质功能进行详细介绍。

## 13.6.1 VRayMtl材质

### 功能介绍

VRayMtl材质是使用频率非常高的一种材质，也是使用范围非常广的一种材质，常用于制作室内外效果图。VRayMtl材质除了能完成一些反射和折射效果外，还能出色地表现出SSS以及BRDF等效果，其参数设置面板如图13-98所示。

图13-98

### 参数详解

### 1. "基本参数"卷展栏

展开"基本参数"卷展栏，如图13-99所示。

图13-99

528

① "漫反射"选项组

❖ 漫反射：物体的漫反射用来决定物体的表面颜色。通过单击它的色块，可以调整自身的颜色。单击右边的■按钮可以选择不同的贴图类型。

❖ 粗糙度：数值越大，粗糙效果越明显，可以用该选项来模拟绒布的效果。

② "反射"选项组

❖ 反射：这里的反射是靠颜色的灰度来控制，颜色越白反射越亮，越黑反射越弱；而这里选择的颜色则是反射出来的颜色，和反射的强度是分开来计算的。单击旁边的■按钮，可以使用贴图的灰度来控制反射的强弱。

❖ 菲涅耳反射：勾选该选项后，反射强度会与物体的入射角度有关系，入射角度越小，反射越强烈。当垂直入射的时候，反射强度最弱。同时，菲涅耳反射的效果也和下面的菲涅耳折射率有关。当菲涅耳折射率为0或100时，将产生完全反射；而当菲涅耳折射率从1变化到0时，反射越强烈；同样，当菲涅耳折射率从1变化到100时，反射也越强烈。

---

**提示**

"菲涅耳反射"是模拟真实世界中的一种反射现象，反射的强度与摄影机的视点和具有反射功能的物体的角度有关。角度值接近0时，反射最强；当光线垂直于表面时，反射功能最弱，这也是物理世界中的现象。

---

❖ 菲涅耳折射率：在"菲涅耳反射"中，菲涅耳现象的强弱衰减率可以用该选项来调节。

❖ 高光光泽度：控制材质的高光大小，默认情况下和"反射光泽度"一起关联控制，可以通过单击旁边的L按钮■来解除锁定，从而可以单独调整高光的大小。

❖ 反射光泽度：通常也被称为"反射模糊"。物理世界中所有的物体都有反射光泽度，只是或多或少而已。默认值1表示没有模糊效果，而值越小表示模糊效果越强烈。单击右边的■按钮，可以通过贴图的灰度来控制反射模糊的强弱。

❖ 细分：用来控制"反射光泽度"的品质，较高的值可以取得较平滑的效果，而较低的值可以让模糊区域产生颗粒效果。注意，细分值越大，渲染速度越慢。

❖ 使用插值：当勾选该选项时，VRay能够使用类似于"发光图"的缓存方式来加快反射模糊的计算。

❖ 最大深度：是指反射的次数，数值越高，效果越真实，但渲染时间也更长。

---

**提示**

渲染室内的玻璃或金属物体时，反射次数需要设置大一些，渲染地面和墙面时，反射次数可以设置少一些，这样可以提高渲染速度。

---

❖ 退出颜色：当物体的反射次数达到最大次数时就会停止计算反射，这时由于反射次数不够造成的反射区域的颜色就用退出色来代替。

❖ 暗淡距离：勾选该选项后，可以手动设置参与反射计算对象间的距离，与产生反射对象的距离大于设定数值的对象就不会参与反射计算。

❖ 暗淡衰减：通过后方的数值输入框设定对象在反射效果中的衰减强度。

❖ 影响通道：选择反射效果是否影响对应图像的通道，通常保持默认的设置即可。

③ "折射"选项组

❖ 折射：和反射的原理一样，颜色越白，物体越透明，进入物体内部产生折射的光线也就越多；颜色越黑，物体越不透明，产生折射的光线就越少。单击右边的■按钮，可以通过贴图的灰度来控制折射的强弱。

❖ 折射率：设置透明物体的折射率。

❖ 光泽度：用来控制物体的折射模糊程度。值越小，模糊程度越明显；默认值1不产生折射模糊。单击右边的▇按钮，可以通过贴图的灰度来控制折射模糊的强弱。

❖ 最大深度：和反射中的最大深度原理一样，用来控制折射的最大次数。

❖ 细分：用来控制折射模糊的品质，较高的值可以得到比较光滑的效果，但是渲染速度会变慢；而较低的值可以使模糊区域产生杂点，但是渲染速度会变快。

❖ 退出颜色：当物体的折射次数达到最大次数时就会停止计算折射，这时由于折射次数不够造成的折射区域的颜色就用退出色来代替。

❖ 使用插值：当勾选该选项时，VRay能够使用类似于"发光图"的缓存方式来加快"光泽度"的计算。

❖ 影响阴影：这个选项用来控制透明物体产生的阴影。勾选该选项时，透明物体将产生真实的阴影。注意，这个选项仅对"VRay灯光"和"VRay阴影"有效。

❖ 影响通道：设置折射效果是否影响对应图像的通道，通常保持默认的设置即可。

❖ 烟雾颜色：这个选项可以让光线通过透明物体后变少，就好像和物理世界中的半透明物体一样。这个颜色值和物体的尺寸有关，厚的物体颜色需要设置淡一点才有效果。

图13-100

❖ 烟雾倍增：可以理解为烟雾的浓度。值越大，雾越浓，光线穿透物体的能力越差。不推荐使用大于1的值。

❖ 烟雾偏移：控制烟雾的偏移，较低的值会使烟雾向摄影机的方向偏移。

❖ 色散：勾选该选项后，光线在穿过透明物体时会产生色散现象。

❖ 阿贝：用于控制色散的强度，数值越小，色散现象越强烈。

④ "半透明"选项组

❖ 类型：半透明效果（也叫3S效果）的类型有3种，一种是"硬（蜡）模型"，如蜡烛；一种是"软（水）模型"，如海水；还有一种是"混合模型"。

❖ 背面颜色：用来控制半透明效果的颜色。

❖ 厚度：用来控制光线在物体内部被追踪的深度，也可以理解为光线的最大穿透能力。较大的值，会让整个物体都被光线穿透；较小的值，可以让物体比较薄的地方产生半透明现象。

❖ 散布系数：物体内部的散射总量。0表示光线在所有方向被物体内部散射；1表示光线在一个方向被物体内部散射，而不考虑物体内部的曲面。

❖ 正/背面系数：控制光线在物体内部的散射方向。0表示光线沿着灯光发射的方向向前散射；1表示光线沿着灯光发射的方向向后散射；0.5表示这两种情况各占一半。

❖ 灯光倍增：设置光线穿透能力的倍增值。值越大，散射效果越强。

提示

半透明参数所产生的效果通常也叫3S效果。半透明参数产生的效果与雾参数所产生的效果有一些相似，很多用户分不太清楚。其实半透明参数所得到的效果包括了雾参数所产生的效果，更重要的是它还能得到光线的次表面散射效果，也就是说当光线直射到半透明物体时，光线会在半透明物体内部进行分散，然后会从物体的四周发散出来。也可以理解为半透明物体为二次光源，能模拟现实世界中的效果，如图13-101所示。

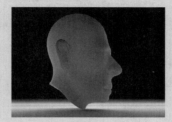

图13-101

⑤ "自发光"选项组

❖ 自发光：通过设置相关颜色将材质设定为一个带有该颜色的"发光体"。

❖ 全局照明：让材质参与全局照明。

❖ 倍增：设置自发光颜色的强度。

## 2."双向反射分布函数"卷展栏

展开"双向反射分布函数"卷展栏，如图13-102所示。

图13-102

❖ 明暗器列表：包含3种明暗器类型，分别是反射、多面和沃德。反射适合硬度很高的物体，高光区很小；多面适合大多数物体，高光区适中；沃德适合表面柔软或粗糙的物体，高光区最大。

❖ 各向异性（-1..1）：控制高光区域的形状，可以用该参数来设置拉丝效果。

❖ 旋转：控制高光区的旋转方向。

❖ UV矢量源：控制高光形状的轴向，也可以通过贴图通道来设置。

◇ 局部轴：有$x$、$y$、$z$这3个轴可供选择。

◇ 贴图通道：可以使用不同的贴图通道与UVW贴图进行关联，从而实现一个物体在多个贴图通道中使用不同的UVW贴图，这样可以得到各自相对应的贴图坐标。

提示

双向反射现象在物理世界随处可见。例如，在图13-103中，我们可以看到不锈钢锅底的高光形状是由两个锥形构成的，这就是双向反射现象。因为不锈钢表面是一个有规律的均匀的凹槽（例如，常见的拉丝不锈钢效果），当光反射到这样的表面上就会产生双向反射现象。

图13-103

### 3."选项"卷展栏

展开"选项"卷展栏，如图13-104所示。

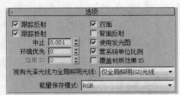

图13-104

❖ 跟踪反射：控制光线是否追踪反射。如果不勾选该选项，VRay将不渲染反射效果。

❖ 跟踪折射：控制光线是否追踪折射。如果不勾选该选项，VRay将不渲染折射效果。

❖ 中止：中止选定材质的反射和折射的最小阈值。

❖ 环境优先：控制"环境优先"的数值。

❖ 效果ID：设置ID号，以覆盖材质本身的ID号。

❖ 覆盖材质效果ID：勾选该选项后，可以用左侧的"效果ID"选项设置的ID号覆盖掉材质本身的ID。

❖ 双面：控制VRay渲染的面是否为双面。

❖ 背面反射：勾选该选项时，将强制VRay计算反射物体的背面产生反射效果。

❖ 使用发光图：控制选定的材质是否使用"发光图"。

❖ 雾系统单位比例：控制是否使用雾系统单位比例，通常保持默认即可。

❖ 视有光泽光线为全局照明光线：该选项在效果图制作中一般都默认设置为"仅全局照明（GI）光线"。

❖ 能量保存模式：该选项在效果图制作中一般都默认设置为RGB模型，因为这样可以得到彩色效果。

### 4."贴图"卷展栏

展开"贴图"卷展栏，如图13-105所示。

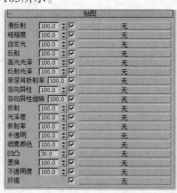

图13-105

❖ 漫反射：同"基本参数"卷展栏下的"漫反射"选项相同。

❖ 粗糙度：同"基本参数"卷展栏下的"粗糙度"选项相同。

❖ 反射：同"基本参数"卷展栏下的"反射"选项相同。

❖ 高光光泽：同"基本参数"卷展栏下的"高光光泽度"选项相同。

❖ 菲涅耳折射率：同"基本参数"卷展栏下的"菲涅耳折射率"选项相同。

❖ 各向异性：同"基本参数"卷展栏下的"各向异性（-1..1）"选项相同。

❖ 各向异性旋转：同"双向反射分布函数"卷展栏下的"旋转"选项相同。
❖ 折射：同"基本参数"卷展栏下的"折射"选项相同。
❖ 光泽度：同"基本参数"卷展栏下的"光泽度"选项相同。
❖ 折射率：同"基本参数"卷展栏下的"折射率"选项相同。
❖ 半透明：同"基本参数"卷展栏下的"半透明"选项相同。

--- 提示 ---

在每个贴图通道后面都有一个数值输入框，该输入框内的数值主要有以下两个功能。

第1个：用于调整参数的强度。例如，在"凹凸"贴图通道中加载了凹凸贴图，那么该参数值越大，所产生的凹凸效果就越强烈。

第2个：用于调整参数颜色通道与贴图通道的混合比例。例如，在"漫反射"通道中既调整了颜色，又加载了贴图，如果此时数值为100，就表示只有贴图产生作用；如果数值调整为50，则两者各作用一半；如果数值为0，则贴图将完全失效，只表现为调整的颜色效果。

❖ 烟雾颜色：主要用于控制物体的烟雾颜色效果，在后面的通道中可以加载一张凹凸贴图。
❖ 凹凸：主要用于制作物体的凹凸效果，在后面的通道中可以加载一张凹凸贴图。
❖ 置换：主要用于制作物体的置换效果，在后面的通道中可以加载一张置换贴图。
❖ 不透明度：主要用于制作透明物体，如窗帘、灯罩等。
❖ 环境：主要是针对上面的一些贴图而设定的，如反射、折射等，只是在其贴图的效果上加入了环境贴图效果。

--- 提示 ---

如果制作场景中的某个物体不存在环境效果，就可以用"环境"贴图通道来完成。例如，在图13-106中，如果在"环境"贴图通道中加载一张位图贴图，那么就需要将"坐标"类型设置为"环境"才能正确使用，如图13-107所示。

图13-106　　　　　　　　图13-107

## 5."反射插值"卷展栏

展开"反射插值"卷展栏，如图13-108所示。该卷展栏下的参数只有在"基本参数"卷展栏中的"反射"选项组下勾选"使用插值"选项时才起作用。

图13-108

❖ 最小速率：在反射对象不丰富（颜色单一）的区域使用该参数所设置的数值进行插补。数值越高，精度就越高，反之精度就越低。
❖ 最大速率：在反射对象比较丰富（图像复杂）的区域使用该参数所设置的数值进行插补。数值越高，精度就越高，反之精度就越低。
❖ 颜色阈值：指的是插值算法的颜色敏感度。值越大，敏感度就越低。
❖ 法线阈值：指的是物体的交接面或细小的表面的敏感度。值越大，敏感度就越低。

❖ 　插值采样：用于设置反射插值时所用的样本数量。值越大，效果越平滑模糊。

— 提示 ————————————————————————————————————————————————————

　　由于"折射插值"卷展栏中的参数与"反射插值"卷展栏中的参数相似，因此这里不再进行讲解。"折射插值"卷展栏中的参数只有在"基本参数"卷展栏中的"折射"选项组下勾选"使用插值"选项时才起作用。

## 【练习13-4】用VRayMtl材质制作陶瓷材质

　　本练习的陶瓷材质效果如图13-109所示。

　　陶瓷材质的模拟效果如图13-110所示。

**01** 打开学习资源中的"练习文件>第13章>13-4.max"文件，如图13-111所示。

**02** 选择一个空白材质球，设置材质类型为VRayMtl材质，具体参数设置如图13-112所示。

### 设置步骤

　　① 设置"漫反射"颜色为白色。

　　② 设置"反射"颜色为（红:131，绿:131，蓝:131），然后勾选"菲涅耳反射"选项，接着设置"细分"为12。

　　③ 设置"折射"颜色为（红:30，绿:30，蓝:30），然后设置"光泽度"为0.95。

　　④ 设置"半透明"的"类型"为"硬（蜡）模型"，然后设置"背面颜色"为（红:255，绿:255，蓝:243），并设置"厚度"为0.05mm。

图13-109

图13-110

图13-111

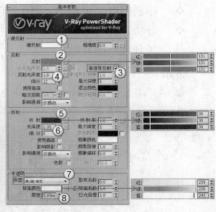
图13-112

## 技术专题：制作白色陶瓷材质

　　本例的陶瓷材质并非全白，如果要制作全白的陶瓷材质，可以将"反射"颜色修改为白色，但同时要将反射的"细分"值增大到15左右，最后注意勾选"菲涅耳反射"选项，如图13-113所示，材质球效果如图13-114所示。

图13-113

图13-114

**03** 展开"双向反射分布函数"卷展栏，然后设置明暗器类型为"多面"，接着展开"贴图"卷展栏，并在"凹凸"贴图通道中加载一张学习资源中的"练习文件>第13章>13-4>陶瓷凹凸.jpg"文件，最后设置凹凸的强度为11，如图13-115所示，制作好的材质球效果如图13-116所示。

**04** 将制作好的材质指定给场景中的模型,然后按F9键渲染当前场景,最终效果如图13-117所示。

图13-115

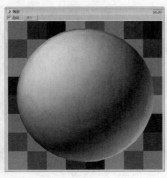
图13-116

图13-117

## 【练习13-5】用VRayMtl材质制作银材质

本练习的银材质效果如图13-118所示。

银材质的模拟效果如图13-119所示。

**01** 打开学习资源中的"练习文件>第13章>13-5.max"文件,如图13-120所示。

图13-118

图13-119

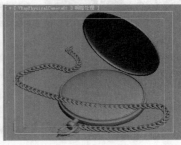
图13-120

**02** 下面制作银材质。选择一个空白材质球,然后设置材质类型为VRayMtl材质,接着将其命名为"银",具体参数设置如图13-121所示,制作好的材质球效果如图13-122所示。

**设置步骤**

① 设置"漫反射"颜色为(红:103,绿:103,蓝:103)。

② 设置"反射"颜色为(红:98,绿:98,蓝:98),然后设置"反射光泽度"为0.8、"细分"为20。

**03** 将制作好的材质指定给场景中的模型,然后按F9键渲染当前场景,最终效果如图13-123所示。

图13-121

图13-122

图13-123

## 【练习13-6】用VRayMtl材质制作镜子材质

镜子材质效果如图13-124所示。

镜子材质的模拟效果如图13-125所示。

**01** 打开学习资源中的"练习文件>第13章>13-6.max"文件，如图13-126所示。

图13-124 　　　　　　　　　　图13-125 　　　　　　　　　　图13-126

**02** 选择一个空白材质球，然后设置材质类型为VRayMtl材质，接着将其命名为"镜子"，具体参数设置如图13-127所示，制作好的材质球效果如图13-128所示。

**设置步骤**

① 设置"漫反射"颜色为（红:24，绿:24，蓝:24）。

② 设置"反射"颜色为（红:239，绿:239，蓝:239）。

**03** 将制作好的材质指定给场景中的模型，然后按F9键渲染当前场景，最终效果如图13-129所示。

图13-127 　　　　　　　　　　图13-128 　　　　　　　　　　图13-129

## 【练习13-7】用VRayMtl材质制作卫生间材质

卫生间材质效果如图13-130所示。

本例共需要制作3个材质，分别是水材质、不锈钢材质和马赛克材质，其模拟效果如图13-131~图13-133所示。

**01** 打开学习资源中的"练习文件>第13章>13-7.max"文件，如图13-134所示。

图13-130 　　　　　图13-131 　　　　　图13-132 　　　　　图13-133 　　　　　图13-134

**02** 下面制作水材质。选择一个空白材质球，然后设置材质类型为VRayMtl材质，接着将其命名为"水"，具体参数设置如图13-135所示，制作好的材质球效果如图13-136所示。

**设置步骤**

① 设置"漫反射"颜色为（红:186，绿:186，蓝:186）。

② 设置"反射"颜色为白色。

③ 设置"折射"颜色为白色，然后设置"折射率"为1.33。

**03** 下面制作不锈钢材质。选择一个空白材质球，然后设置材质类型为VRayMtl材质，接着将其命名为"不锈钢"，具体参数设置如图13-137所示，制作好的材质球效果如图13-138所示。

设置步骤

① 设置"漫反射"颜色为黑色。

② 设置"反射"颜色为（红:192、绿:197、蓝:205），然后设置"高光光泽度"为0.75、"反射光泽度"为0.83、"细分"为30。

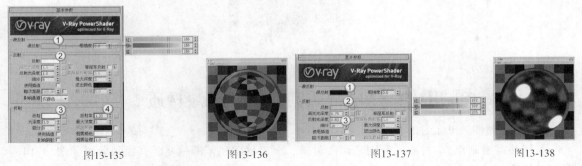

图13-135　　　　图13-136　　　　图13-137　　　　图13-138

04 下面制作墙面（马赛克）材质。选择一个空白材质球，然后设置材质类型为VRayMtl材质，接着将其命名为"马赛克"，具体参数设置如图13-139所示。

设置步骤

① 在"漫反射"贴图通道中加载一张学习资源中的"练习文件>第13章>13-7>马赛克.bmp"文件，然后在"坐标"卷展栏下设置"瓷砖"的u为10、v为2，接着设置"模糊"为0.01。

② 在"反射"贴图通道中加载一张"衰减"程序贴图，然后在"衰减参数"卷展栏下设置"衰减类型"为Fresnel，接着设置"侧"通道的颜色为（红:100、绿:100、蓝:100），最后设置"高光光泽度"为0.7、"反射光泽度"为0.85。

05 展开"贴图"卷展栏，然后将"漫反射"贴图通道中的贴图拖曳到"凹凸"贴图通道上，接着在弹出的对话框中勾选"复制"或"实例"选项，如图13-140所示，制作好的材质球效果如图13-141所示。

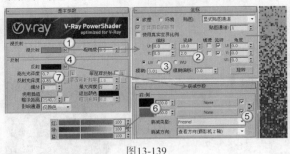

图13-139　　　　　　　　　图13-140　　　　　　　图13-141

图13-142

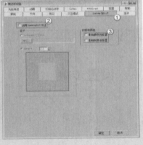

图13-143

06 将制作好的材质分别指定给场景中的模型，然后按F9键渲染当前场景，最终效果如图13-144所示。

图13-144

## 【练习13-8】用VRayMtl材质制作钢琴烤漆材质

钢琴烤漆材质效果如图13-145所示。

本例共需要制作3个材质，分别是烤漆材质、金属材质和琴键材质，其模拟效果如图13-146~图13-148所示。

图13-145

图13-146

图13-147

图13-148

01 打开学习资源中的"练习文件>第13章>13-8.max"文件，如图13-149所示。

02 下面制作烤漆材质。选择一个空白材质球，然后设置材质类型为VRayMtl材质，接着将其命名为"烤漆"，具体参数设置如图13-150所示，制作好的材质球效果如图13-151所示。

**设置步骤**

① 设置"漫反射"颜色为黑色。

② 设置"反射"颜色为（红:233，绿:233，蓝:233），然后勾选"菲涅耳反射"选项，接着设置"反射光泽度"为0.9、"细分"为20。

图13-149

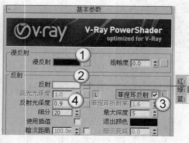
图13-150

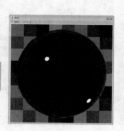
图13-151

03 下面制作金属材质。选择一个空白材质球，然后设置材质类型为VRayMtl材质，接着将其命名为"金属"，具体参数设置如图13-152所示，制作好的材质球效果如图13-153所示。

**设置步骤**

① 设置"漫反射"颜色为（红:121，绿:89，蓝:39）。

② 设置"反射"颜色为（红:121，绿:89，蓝:39），然后设置"反射光泽度"为0.8、"细分"为20。

04 下面制作琴键材质。选择一个空白材质球，然后设置材质类型为VRayMtl材质，接着将其命名为"琴键"，具体参数设置如图13-154所示，制作好的材质球效果如图13-155所示。

### 设置步骤

① 设置"漫反射"颜色为（红:126，绿:126，蓝:126）。

② 设置"反射"颜色为白色，然后勾选"菲涅耳反射"选项。

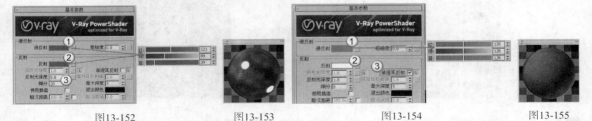

图13-152　　　　　　　图13-153　　　　　　　　图13-154　　　　　　　图13-155

05 将制作好的材质分别赋予场景中的模型，然后按F9键渲染当前场景，最终效果如图13-156所示。

图13-156

## 【练习13-9】用VRayMtl材质制作红酒材质

红酒材质效果如图13-157所示。

本例共需要制作两个材质，分别是酒水材质和酒杯材质，其模拟效果如图13-158和图13-159所示。

01 打开学习资源中的"练习文件>第13章>13-9.max"文件，如图13-160所示。

图13-157　　　　　　图13-158　　　　　　图13-159　　　　　　图13-160

02 下面制作酒水材质。选择一个空白材质球，然后设置材质类型为VRayMtl材质，接着将其命名为"酒水"，具体参数设置如图13-161所示，制作好的材质球效果如图13-162所示。

### 设置步骤

① 设置"漫反射"颜色为（红:146，绿:17，蓝:60）。

② 设置"反射"颜色为（红:57，绿:57，蓝:57），然后勾选"菲涅耳反射"选项，接着设置"细分"为20。

③ 设置"折射"颜色为（红:222，绿:157，蓝:191），然后设置"折射率"为1.33、"细分"为30，接着设置"烟雾颜色"为（红:169，绿:67，蓝:74），再勾选"影响阴影"选项，最后设置"影响通道"为"颜色+Alpha"。

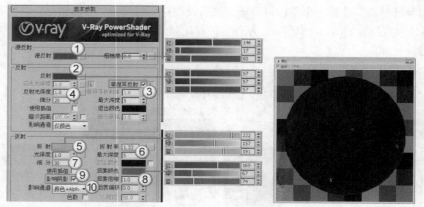

图13-161                                              图13-162

**03** 下面制作酒杯材质。选择一个空白材质球，然后设置材质类型为VRayMtl材质，并将其命名为"酒杯"，具体参数设置如图13-163所示，制作好的材质球效果如图13-164所示。

### 设置步骤

① 设置"漫反射"颜色为黑色。

② 设置"反射"颜色为（红:30，绿:30，蓝:30），然后设置"高光光泽度"为0.85。

③ 设置"折射"颜色为白色，然后设置"折射率"为2.2。

**04** 将制作好的材质分别指定给场景中的模型，然后按F9键渲染当前场景，最终效果如图13-165所示。

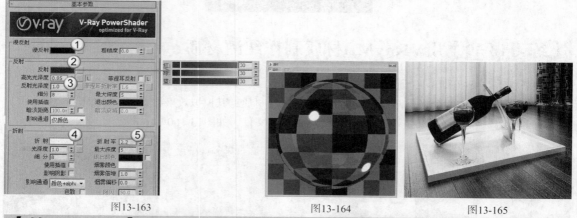

图13-163                              图13-164                              图13-165

## 【练习13-10】用VRayMtl材质制作窗纱材质

窗纱材质效果如图13-166所示。

本例主要制作两个材质，分别是窗纱材质和窗帘布材质，其模拟效果如图13-167和图13-168所示。

**01** 打开学习资源中的"练习文件>第13章>13-10.max"文件，如图13-169所示。

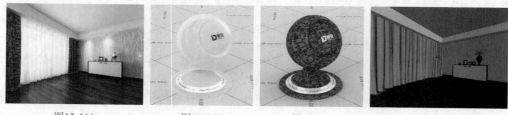

图13-166                图13-167                图13-168                图13-169

**02** 下面制作窗纱材质。选择一个空白材质球，然后设置材质类型为VRayMtl材质，接着将其命名为"窗纱"，具体参数设置如图13-170所示，制作好的材质球效果如图13-171所示。

### 设置步骤

① 设置"漫反射"颜色为（红:232，绿:232，蓝:232）。

② 在"折射"颜色通道中加载一张"衰减"程序贴图，然后设置"前"通道的颜色为（红:120，绿:120，蓝:120）、"侧"通道的颜色为黑色，接着设置"折射率"为1.001，再设置"光泽度"为0.98、"细分"为20，最后勾选"影响阴影"选项。

**03** 下面制作窗帘布材质。选择一个空白材质球，然后设置材质类型为VRayMtl材质，接着将其命名为"窗帘布"，具体参数设置如图13-172所示。

### 设置步骤

① 在"漫反射"贴图通道中加载一张学习资源中的"练习文件>第13章>13-10>窗帘布.jpg"文件。

② 设置"反射"颜色为（红:10，绿:10，蓝:10），然后设置"高光光泽度"为0.5、"反射光泽度"为0.7。

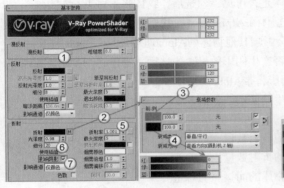

图13-170　　　　　　　　　图13-171　　　　　　　图13-172

**04** 展开"贴图"卷展栏，然后在"凹凸"贴图通道中加载一张学习资源中的"练习文件>第13章>13-10>窗帘凹凸.jpg"文件，然后设置"瓷砖"的u和v都为5，如图13-173所示，制作好的材质球效果如图13-174所示。

**05** 将制作好的材质分别指定给场景中的模型，然后按F9键渲染当前场景，最终效果如图13-175所示。

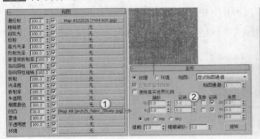

图13-173　　　　　　　　图13-174　　　　　　　图13-175

## 13.6.2　VRay材质包裹器

### 功能介绍

"VRay材质包裹器"主要控制材质的全局光照、焦散和物体的不可见等特殊属性。通过相应的设定，可以控制所有赋有该材质物体的全局光照、焦散和不可见等属性，其参数面板如图13-176所示。

图13-176

**参数详解**

❖ 基本材质：用于设置"VRay材质包裹器"中使用的基本材质参数，此材质必须是VRay渲染器支持的材质类型。

❖ 生成全局照明：控制当前赋予材质包裹器的物体是否计算GI光照的产生，后面的参数控制GI的倍增数量。

❖ 接收全局照明：控制当前赋予材质包裹器的物体是否计算GI光照的接收，后面的参数控制GI的倍增数量。

❖ 生成焦散：控制当前赋予材质包裹器的物体是否产生焦散。

❖ 接收焦散：控制当前赋予材质包裹器的物体是否接收焦散，后面的数值框用于控制当前赋予材质包裹器的物体的焦散倍增值。

❖ 天光曲面：控制当前赋予材质包裹器的物体是否可见，勾选后，物体将不可见。

❖ Alpha基值：控制当前赋予材质包裹器的物体在Alpha通道的状态。1表示物体产生Alpha通道；0表示物体不产生Alpha通道；-1表示会影响其他物体的Alpha通道。

❖ 阴影：控制当前赋予材质包裹器的物体是否产生阴影效果。勾选后，物体将产生阴影。

❖ 影响Alpha：勾选该选项后，渲染出来的阴影将带Alpha通道。

❖ 颜色：用来设置赋予材质包裹器的物体产生的阴影颜色。

❖ 亮度：控制阴影的亮度。

❖ 反射量：控制当前赋予材质包裹器的物体的反射数量。

❖ 折射量：控制当前赋予材质包裹器的物体的折射数量。

❖ 全局照明量：控制当前赋予材质包裹器的物体的间接照明总量。

## 13.6.3　VRay覆盖材质

**功能介绍**

"VRay覆盖材质（也翻译为VRay替代材质）"可以让用户更广泛地去控制场景的色彩融合、反射、折射等，它主要包括5种材质：基本材质、全局照明（GI）材质、反射材质、折射材质和阴影材质，其参数面板如图13-177所示。

图13-177

**参数详解**

❖ 基本材质：这个是物体的基础材质。

❖ 全局照明（GI）材质：这个是物体的全局光材质，当使用这个参数的时候，灯光的反弹将依照这个材质的灰度来控制，而不是基础材质。

❖ 反射材质：物体的反射材质，在反射里看到的物体的材质。

❖ 折射材质：物体的折射材质，在折射里看到的物体的材质。

❖ 阴影材质：基本材质的阴影将用该参数中的材质来控制，而基本材质的阴影将无效。

图13-178所示的效果就是"VRay覆盖材质"的表现，镜框边辐射绿色，是因为用了"全局光材质"；近处的陶瓷瓶在镜子中的反射是红色，是因为用了"反射材质"；而玻璃瓶子折射的是淡黄色，是因为用了"折射材质"。

图13-178

## 13.6.4 VRay灯光材质

### 功能介绍

"VRay灯光材质"可以指定给物体，并把物体当光源使用，效果和3ds Max里的自发光效果类似，用户可以把它作为材质光源，其参数设置面板如图13-179所示。

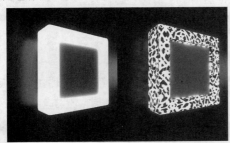

图13-179

### 参数详解

❖ 颜色：设置对象自发光的颜色，后面的输入框用来设置自发光的"强度"。通过后面的贴图通道可以加载贴图来代替自发光的颜色。

❖ 不透明度：用贴图来指定发光体的透明度。

❖ 背面发光：当勾选该选项时，它可以让材质光源双面发光。

❖ 补偿摄影机曝光：勾选该选项后，"VRay灯光材质"产生的照明效果可以用于增强摄影机曝光。

❖ 按不透明度倍增颜色：勾选该选项后，同时通过下方的"置换"贴图通道加载黑白贴图，可以通过位图的灰度强弱来控制发光强度，白色为最强。

❖ 置换：在后面的贴图通道中可以加载贴图来控制发光效果。调整数值输入框中的数值可以控制位图的发光强弱，数值越大，发光效果越强烈。

❖ 直接照明：该选项组用于控制"VRay灯光材质"是否参与直接照明计算。

◇ 开：勾选该选项后，"VRay灯光材质"产生的光线仅参与直接照明计算，即只产生自身亮度及照明范围，不参与间接光照的计算。

◇ 细分：设置"VRay灯光材质"所产生光子参与直接照明计算时的细分效果。

◇ 中止：设置"VRay灯光材质"所产生光子参与直接照明时的最小能量值，能量小于该数值时光子将不参与计算。

## 【练习13-11】用VRay灯光材质制作灯管材质

本练习的灯管材质效果如图13-180所示。

本例共需要制作两个材质，分别是自发光材质（灯管材质）和地板材质，其模拟效果如图13-181和图13-182所示。

01 打开学习资源中的"练习文件>第13章>13-11.max"文件，如图13-183所示。

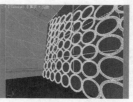

图13-180 　　　　 图13-181 　　　　 图13-182 　　　　 图13-183

02 下面制作灯管材质。选择一个空白材质球，然后设置材质类型为"VRay灯光材质"，接着在"参数"卷展栏下设置发光的"强度"为2.5，如图13-184所示，制作好的材质球效果如图13-185所示。

03 下面制作地板材质。选择一个空白材质球，然后设置材质类型为VRayMtl材质，具体参数设置如图13-186所示，制作好的材质球效果如图13-187所示。

图13-184 　　　　　　 图13-185

### 设置步骤

① 在"漫反射"贴图通道中加载一张学习资源中的"练习文件>第13章>13-11>地板.jpg"文件，然后在"坐标"卷展栏下设置"瓷砖"的u和v为5。

② 设置"反射"颜色为（红:64，绿:64，蓝:64），然后设置"反射光泽度"为0.8。

图13-186 　　　　　　　　　 图13-187

04 将制作好的材质分别指定给相应的模型，然后按F9键渲染当前场景，最终效果如图13-188所示。

图13-188

## 13.6.5　VRay2SidedMtl材质（VRay双面材质）

### 功能介绍

VRay2SidedMtl材质（VRay双面材质）可以使对象的外表面和内表面同时被渲染，并且可以使内外表面拥有不同的纹理贴图，其参数设置面板如图13-189所示。

图13-189

**参数详解**

❖ 正面材质：用来设置物体外表面的材质。

❖ 背面材质：用来设置物体内表面的材质。

❖ 半透明：用来设置"正面材质"和"背面材质"的混合程度，可以直接设置混合值，也可以用贴图来代替。值为0时，"正面材质"在外表面，"背面材质"在内表面；值在0~100之间时，两面材质可以相互混合；值为100时，"背面材质"在外表面，"正面材质"在内表面。

❖ 强制单面子材质：当勾选该选项时，双面互不受影响，不能透明的颜色越深，总体越亮；当关闭该选项时，半透明越黑越不透明，相互渗透越小。

图13-190所示是应用"VRay双面材质"渲染的叶子效果，效果还是非常不错的。

图13-190

## 13.6.6 VRay混合材质

**功能介绍**

"VRay混合材质"可以让多个材质以层的方式混合来模拟物理世界中的复杂材质。"VRay混合材质"和3ds Max里的"混合"材质的效果比较类似，但是其渲染速度比"混合"材质快很多，其参数面板如图13-191所示。

图13-191

**参数详解**

❖ 基本材质：可以理解为最基层的材质。

❖ 镀膜材质：表面材质，可以理解为基本材质上面的材质。

❖ 混合数量：这个混合数量是表示"镀膜材质"混合多少到"基本材质"上面，如果颜色为白色，那么这个"镀膜材质"将全部混合上去，而下面的"基本材质"将不起作用；如果颜色为黑色，那么这个"镀膜材质"自身就没什么效果。混合数量也可以由后面的贴图通道来代替。

❖ 相加（虫漆）模式：选择这个选项，"VRay混合材质"将和3ds Max里的"虫漆"材质效果类似，一般情况下不勾选它。

图13-192所示的场景是用"VRay混合材质"制作的车漆效果。

图13-192

# 【练习13-12】用VRay混合材质制作钻戒材质

本练习的钻戒材质效果如图13-193所示。

本例共需要制作两个材质，分别是钻石材质和金材质，其模拟效果如图13-194和图13-195所示。

01 打开学习资源中的"练习文件>第13章>13-12.max"文件，如图13-196所示。

图13-193

图13-194

图13-195

图13-196

02 下面制作钻石材质。选择一个空白材质球，设置材质类型为"VRay混合材质"，并将其命名为"钻石"，然后在第1个"镀膜材质"通道中加载一个VRayMtl材质，接着将其命名为Diamant R，具体参数设置如图13-197所示。

### 设置步骤

① 在"基本参数"卷展栏下设置"漫反射"颜色为黑色、"反射"颜色为白色，然后勾选"菲涅耳反射"选项，并设置"最大深度"为6，接着设置"折射"颜色为白色，最后设置"折射率"为2.5、"最大深度"为6。

② 在"双向反射分布函数"卷展栏下设置明暗器类型为"多面"。

③ 在"选项"卷展栏下关闭"双面"选项，并勾选"背面反射"选项，然后设置"能量保存模式"为"单色"。

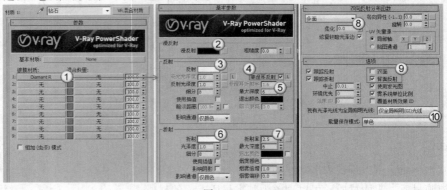

图13-197

---
**提示**

在加载"VRay混合材质"时，3ds Max会弹出"替换材质"对话框，在这里选择第1个选项，如图13-198所示。

图13-198

**03** 返回到"VRay混合材质"参数设置面板，然后使用鼠标左键将Diamant R材质拖曳到第2个"镀膜材质"的通道上，接着在弹出的对话框中设置"方法"为"复制"，最后将其命名为Diamant G，如图13-199所示。

**04** 继续复制一份材质到第3个"镀膜材质"的通道上，并将其命名为Diamant B，然后分别将3种材质的颜色修改为红、绿、蓝，用这3种颜色来进行混合，如图13-200所示，制作好的材质球效果如图13-201所示。

图13-199 　　　　　　　　　　图13-200 　　　　　　　　　　图13-201

**05** 下面制作金材质。选择一个空白材质球，然后设置材质类型为VRayMtl材质，接着将其命名为"金"，具体参数设置如图13-202所示，制作好的材质球效果如图13-203所示。

**设置步骤**

① 设置"漫反射"颜色为黑色。

② 设置"反射"颜色为（红:234，绿:197，蓝:117），然后设置"反射光泽度"为0.9、"细分"为20。

**06** 将制作好的材质分别指定给相应的模型，然后按F9键渲染当前场景，最终效果如图13-204所示。

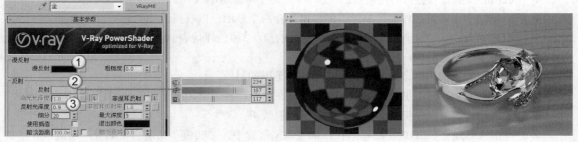

图13-202 　　　　　　　　　　图13-203 　　　　　　　　　　图13-204

# 13.7　3ds Max程序贴图

　　贴图主要用于表现物体材质表面的纹理，利用贴图可以不用增加模型的复杂程度就可以表现对象的细节，并且可以创建反射、折射、凹凸和镂空等多种效果。通过贴图可以增强模型的质感，完善模型的造型，使三维场景更加接近真实的环境，如图13-205和图13-206所示。

图13-205 　　　　　　　　　　　　　　图13-206

## 13.7.1　认识程序贴图

　　展开标准材质的"贴图"卷展栏，在该卷展栏下有很多贴图通道，在这些贴图通道中可以加载程序贴图来表现物体的相应属性，如图13-207所示。

　　随意单击一个通道，在弹出的"材质/贴图浏览器"对话框中可以观察到很多贴图，主要包括"标准"贴图和VRay的贴图，如图13-208所示。

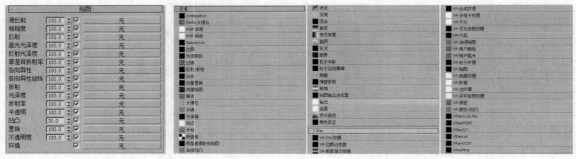

图13-207　　　　　　　　　　　　　　　　　　　　　　　　　　　图13-208

### 1.贴图类型

　　下面来分别介绍3ds Max的各种贴图类型。

❖　combustion：可以同时使用Autodesk Combustion 软件和 3ds Max以交互方式创建贴图。使用Combustion在位图上进行绘制时，材质将在"材质编辑器"对话框和明暗处理视口中自动更新。

❖　Perlin大理石：通过两种颜色混合，产生类似于珍珠岩的纹理，如图13-209所示。

❖　RGB倍增：通常用作凹凸贴图，但是要组合两个贴图，以获得正确的效果。

❖　RGB染色：可以调整图像中3种颜色通道的值。3种色样代表3种通道，更改色样可以调整其相关颜色通道的值。

❖　Substance：使用这个纹理库，可获得各种范围的材质。

❖　位图：通常在这里加载磁盘中的位图贴图，这是一种最常用的贴图，如图13-210所示。

❖　光线跟踪：可以模拟真实的完全反射与折射效果。

❖　凹痕：这是一种3D程序贴图。在扫描线渲染过程中，"凹痕"贴图会根据分形噪波产生随机图案，如图13-211所示。

图13-209　　　　　　　　图13-210　　　　　　　　图13-211

❖　反射/折射：可以产生反射与折射效果。

❖　合成：可以将两个或两个以上的子材质合成在一起。

❖　向量置换：可以在3个维度上置换网格，与法线贴图类似。

❖　向量贴图：通过加载向量贴图文件形成置换网格效果。

❖　噪波：通过两种颜色或贴图的随机混合，产生一种无序的杂点效果，如图13-212所示。

❖　大理石：针对彩色背景生成带有彩色纹理的大理石曲面，如图13-213所示。

❖　平铺：可以用来制作平铺图像，如地砖，如图13-214所示。

- ❖ 平面镜：使共平面的表面产生类似于镜面反射的效果。
- ❖ 斑点：这是一种3D贴图，可以生成斑点状的表面图案，如图13-215所示。
- ❖ 木材：用于制作木材效果，如图13-216所示。

  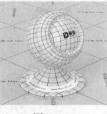  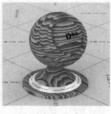

图13-212　　　　　图13-213　　　　　图13-214　　　　　图13-215　　　　　图13-216

- ❖ 棋盘格：可以产生黑白交错的棋盘格图案，如图13-217所示。
- ❖ 每像素摄影机贴图：将渲染后的图像作为物体的纹理贴图，以当前摄影机的方向贴在物体上，可以进行快速渲染。
- ❖ 法线凹凸：可以改变曲面上的细节和外观。
- ❖ 波浪：这是一种可以生成水花或波纹效果的3D贴图，如图13-218所示。
- ❖ 泼溅：产生类似油彩飞溅的效果，如图13-219所示。
- ❖ 混合：将两种贴图混合在一起，通常用来制作一些多个材质渐变融合或覆盖的效果。
- ❖ 渐变：使用3种颜色创建渐变图像，如图13-220所示。
- ❖ 渐变坡度：可以产生多色渐变效果，如图13-221所示。

   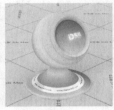 

图13-217　　　　　图13-218　　　　　图13-219　　　　　图13-220　　　　　图13-221

- ❖ 漩涡：可以创建两种颜色的漩涡形效果，如图13-222所示。
- ❖ 灰泥：用于制作腐蚀生锈的金属材质或者破败物体的材质，如图13-223所示。
- ❖ 烟雾：产生丝状、雾状或絮状等无序的纹理效果，如图13-224所示。
- ❖ 粒子年龄：专门用于粒子系统，通常用来制作彩色粒子流动的效果。
- ❖ 粒子运动模糊：根据粒子速度产生模糊效果。
- ❖ 细胞：可以用来模拟细胞图案，如图13-225所示。
- ❖ 薄壁折射：模拟缓进或偏移效果，如果查看通过一块玻璃的图像就会看到这种效果。
- ❖ 衰减：基于几何体曲面上面法线的角度衰减来生成从白到黑的过渡效果，如图13-226所示。

图13-222　　　　　图13-223　　　　　图13-224　　　　　图13-225　　　　　图13-226

- ❖ 贴图输出选择器：该贴图是多输出贴图（如 Substance）和它连接到的材质之间的必需中介。它的主要功能是告诉材质将使用哪个贴图输出。

- ❖ 输出：专门用来弥补某些无输出设置的贴图。
- ❖ 遮罩：使用一张贴图作为遮罩。
- ❖ 顶点颜色：根据材质或原始顶点的颜色来调整RGB或RGBA纹理，如图13-227所示。

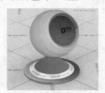
图13-227

- ❖ 颜色修正：用来调节材质的色调、饱和度、亮度和对比度。
- ❖ VRay位图过滤器：是一个非常简单的程序贴图，它可以编辑贴图纹理的$x$、$y$轴向。
- ❖ VRay天空：这是一种环境贴图，用来模拟天空效果。
- ❖ VRay毛发信息纹理：这是一种环境贴图，用来模拟天空效果。
- ❖ VRay污垢：可以用来模拟真实物理世界中的物体上的污垢效果，如墙角上的污垢、铁板上的铁锈等效果。
- ❖ VRay法线贴图：可以用来制作真实的凹凸纹理效果。
- ❖ VRay贴图：因为VRay不支持3ds Max里的光线追踪贴图类型，所以在使用3ds Max的"标准"材质时的反射和折射就用"VRay贴图"来代替。
- ❖ VRay距离纹理：通过该VRay程序贴图，用户可以测量出场景中任意网格对象之间的距离。
- ❖ VRay采样信息纹理：通过该VRay程序贴图，用户可以读取渲染对象的采样数据并用该采样数据进行渲染。
- ❖ VRay颜色2凹凸：当凹凸贴图不能正常渲染时，可以将凹凸贴图放在"VRay颜色2凹凸"节点中来修复。
- ❖ VRayGLSL Tex：根据模型的不同ID号分配相应的贴图。
- ❖ VRayHDRI：VRayHDRI可以翻译为高动态范围贴图，主要用来设置场景的环境贴图，即把HDRI当作光源来使用。
- ❖ VRayPtex：是一个非常简单的程序贴图，它可以编辑贴图纹理的$x$、$y$轴向。

## 技术专题： 用VRayHDRI贴图模拟环境

HDRI拥有比普通RGB格式图像（仅8bit的亮度范围）更大的亮度范围，标准的RGB图像最大亮度值是（255，255，255），如果用这样的图像结合光能传递照明一个场景的话，即使是最亮的白色也不足以提供足够的照明来模拟真实世界中的情况，渲染结果看上去会很平淡，并且缺乏对比，原因是这种图像文件将现实中的大范围的照明信息仅用一个8bit的RGB图像描述。而使用HDRI的话，相当于将太阳光的亮度值（如6000%）加到光能传递计算以及反射的渲染中，得到的渲染结果将会非常真实、漂亮。另外，在本书的学习资源中赠送了用户很多稀有的HDRI贴图，如图13-228~图13-230所示就是其中的几张。

图13-228

图13-229

图13-230

## 技术专题：用VRayHDRI贴图模拟环境（续）

在一些特殊的场景中，为了更好地表现玻璃、金属等强反射材质的反射效果，通常会加载HDRI环境贴图来模拟环境，从而让对象得到逼真的反射效果。要加载HDRI环境贴图，可以先按大键盘上的8键打开"环境和效果"对话框，在"环境贴图"通道中加载一张VRayHDRI环境贴图，然后使用鼠标左键将"环境贴图"通道中的VRayHDRI环境贴图拖曳到一个空白材质球上，在弹出的对话框中勾选"实例"选项，接着在"参数"卷展栏下单击"浏览"按钮 浏览 ，在弹出的对话框中选择HDRI贴图文件，最后设置"贴图类型"为"球形"方式即可，如图13-231所示。

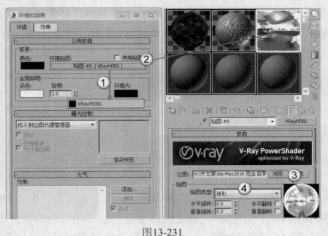

图13-231

❖ **VRay软框**：可以通过两个颜色进行色彩控制，如在发光图内加载该贴图，可以设置基础颜色为白色，再设置色彩颜色为蓝色，则此时拥有该材质的模型将渲染为白色，但其产生的灯光色彩为蓝色。

❖ **VRay合成纹理**：可以通过两个通道里贴图色度、灰度的不同来进行加、减、乘、除等操作。

❖ **VRay多维子纹理**：根据模型的不同ID号分配相应的贴图。

❖ **VRay边纹理**：是一个非常简单的程序贴图，效果和3ds Max中的"线框"类似，常用于渲染线框图，如图13-232所示。

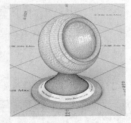

图13-232

❖ **VRay颜色**：可以用来设置任何颜色。

### 2.贴图坐标

对于附有贴图材质的对象，必须依据对象自身的UVW轴向进行贴图坐标指定，即告诉系统怎样将贴图覆盖在对象表面，3ds Max中绝大多数的标准几何体都有"生成贴图坐标"复选项，开启它就可以作用对象默认的贴图坐标。在使用"在视口中显示贴图"或渲染时，拥有"生成贴图坐标"的对象会自动开启这个选项。

对于没有自动指定贴图坐标设置的对象，如"可编辑网络"对象，需要对其使用"UVW贴图"修改器进行贴图坐标的指定，"UVW贴图"修改器也可以用来改变对象默认的贴图坐标。贴图的坐标参数在"坐标"卷展栏中进行调节，根据贴图类型的不同，"坐标"卷展栏的内容也有所不同。

当材质包含多种贴图且使用多个贴图通道时，必须在通道1之外为每个通道分别指定"UVW 贴图"修改器。对于NURBS表面子对象，无须为其指定"UVW 贴图"修改器，因为可以通过表面子对象的"材质属性"参数栏设置贴图通道。如果对象指定了使用贴图通道1以外的贴图（贴图通道1例外是因为给对象指定贴图材质时，通道1贴图坐标会自动开启），却没有通过指定"UVW贴图"修改器为对象指定匹配的贴图通道，渲染时就会出现丢失贴图坐标的情况。

## 13.7.2 位图

### 功能介绍

位图贴图是一种基本的贴图类型，也是常用的贴图类型。位图贴图支持很多种格式，包括FLC、AVI、BMP、GIF、JPEG、PNG、PSD和TIFF等主流图像格式，如图13-233所示。

"位图"贴图的参数面板主要包含5个卷展栏，分别是"坐标"卷展栏、"噪波"卷展栏、"位图参数"卷展栏、"时间"卷展栏和"输出"卷展栏，如图13-234所示。其中"坐标"和"噪波"卷展栏基本上算是"2D贴图"类型的程序贴图的公用参数面板，而"输出"卷展栏也是很多贴图（包括3D贴图）都会有的参数面板，"位图参数"卷展栏则是"位图"贴图所独有的参数面板。

图13-233

图13-234

---

**提示**

在本节的参数介绍中，笔者将详细介绍这几个参数卷展栏中的相关参数，而在后续的贴图类型讲解中，就只针对每个贴图类型的独有参数进行介绍，请读者注意。

---

### 1. "坐标"卷展栏

展开"坐标"卷展栏，其参数如图13-235所示。

图13-235

### 参数详解

❖ 纹理：将位图作为纹理贴图指定到表面，有4种坐标方式供用户使用，可以在右侧的"贴图"下拉菜单中进行选择，具体如下。

◇ 显示贴图通道：使用任何贴图通道，通道从1～99中任选。

◇ 顶点颜色通道：使用指定的顶点颜色作为通道。

◇ 对象XYZ平面：使用源于对象自身坐标系的平面贴图方式，必须打开"在背面显示贴图"选项才能在背面显示贴图。

◇ 世界XYZ平面：使用源于场景世界坐标系的平面贴图方式，必须打开"在背面显示贴图"选项才能在背面显示贴图。

❖ 环境：将位图作为环境贴图使用时就如同将它指定到场景中的某个不可见对象上一样，在右侧的"贴图"下拉菜单中可以选择"球形环境""柱形环境""收缩包裹环境"和"屏幕"。

---

**提示**

前3种环境坐标与"UVW贴图"修改器中的相同，"球形环境"会在两端产生撕裂现象；"收缩包裹环境"只有一端有少许撕裂现象，如果要进行摄影机移动，它是最好的选择；"柱形环境"则像一个巨大的柱体围绕在场景周围；"屏幕"方式可以将图像不变形地直接指向视角，类似于一面悬挂在背景上的巨大幕布，由于"屏幕"方式总是与视角锁定，所以只适用于静帧或没有摄影机移动的渲染。除了"屏幕"方式之外，其他3种方式都应当使用高精度的贴图来制作环境背景。

---

❖ 在背面显示贴图：勾选此项，平面贴图能够在渲染时投射到对象背面，默认为开启。只有 $u$、$v$ 轴都取消勾选"瓷砖"的情况下它才有效。

❖ 使用真实世界比例：勾选此项后，使用真实"宽度"和"高度"值将贴图应用于对象，而不是 $u$、$v$ 值。

❖ 贴图通道：当上面一项选择为"显示贴图通道"时，该输入框可用，允许用户选择从 1～99 的任意通道。

❖ 偏移：用于改变对象的 $u$、$v$ 坐标，以此调节贴图在对象表面的位置。贴图的移动与其自身的大小有关，例如，要将某贴图向左移动其完整宽度的距离，向下移动其一半宽度的距离，则在"U轴偏移"栏内输入-1，在"V轴偏移"栏内输入0.5。

❖ 瓷砖（也翻译为"平铺"）：设置水平和垂直方向上贴图重复的次数，当然右侧的"瓷砖"复选项要打开才起作用，它可以将纹理连续不断地贴在对象表面，经常用于砖墙、地板的制作，值为1时，贴图在表面贴一次；值为2时，贴图会在表面各个方向上重复贴两次，贴图尺寸会相应都缩小一半；值小于1时，贴图会进行放大。

❖ 镜像：将贴图在对象表面进行镜像复制，形成该方向上两个镜像的贴图效果。与"瓷砖"一样，镜像可以在 $u$ 轴、$v$ 轴或两轴向同时进行，轴向上的"瓷砖"参数用于指定显示的贴图数量，每个拷贝都是相对于自身相邻的贴图进行重复的。

❖ UV/VW/WU：改变贴图所使用的贴图坐标系统。默认的 $uv$ 坐标系统将贴图像放映幻灯片一样投射到对象表面；$vw$ 与 $wu$ 坐标系统对贴图进行旋转，使其垂直于表面。

❖ 角度：控制在相应的坐标方向上产生贴图的旋转效果，既可以输入数据，也可以单击"旋转"按钮进行实时调节。

❖ 模糊：影响图像的尖锐程度，影响力较低，主要用于位图的抗锯齿处理。

❖ 模糊偏移：使用图像的偏移产生大幅度的模糊处理，常用于产生柔和散焦效果。它的值很灵敏，一般用于反射贴图的模糊处理。

❖ 旋转：单击激活旋转贴图坐标示意框，可以直接在框中拖动鼠标对贴图进行旋转。

## 2."噪波"卷展栏

展开"噪波"卷展栏，其参数如图13-236所示。通过指定不规则噪波函数使 $uv$ 轴向上的贴图像素产生扭曲，为材质添加噪波效果，产生的噪波图案可以非常复杂，非常适合创建随机图案，还适于模拟不规则的自然地表。噪波参数间的相互影响非常紧密，细微的参数变化就可能带来明显的差别。

图13-236

**参数详解**

❖ 启用：控制噪波效果的开关。

❖ 数量：控制分形计算的强度，值为0时不产生噪波效果，值为100时位图将被完全噪化，默认设置为1。

❖ 级别：设置函数被指定的次数，与"数量"值紧密联系，"数量"值越大，"级别"值的影响也越强烈，它的值由1～10可调，默认设置为1。

❖ 大小：设置噪波函数相对于几何造型的比例。值越大，波形越缓；值越小，波形越碎，值由0.001～100可调，默认设置为1。

❖ 动画：确定是否要进行动画噪波处理，只有打开它才允许产生动画效果。

❖ 相位：控制噪波函数产生动画的速度。将相位值的变化记录为动画，就可以产生动画的噪波材质。

### 3."位图参数"卷展栏

展开"位图参数"卷展栏，其参数如图13-237所示。

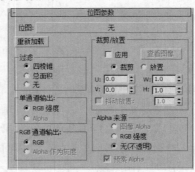

图13-237

**参数详解**

❖ 位图：单击右侧的按钮，可以在文件框中选择一个位图文件。

❖ 重新加载：按照相同的路径和名称重新将上面的位图调入，这主要是因为在其他软件中对该图做了改动，重加载它才能使修改后的效果生效。

❖ "过滤"参数组：这里是确定对位图进行抗锯齿处理的方式。对于一般要求，"四棱锥"过滤方式已经足够了。"总面积"过滤方式提供更加优秀的过滤效果，只是会占用更多的内存，如果对"凹凸"贴图的效果不满意，可以选择这种过滤方式，效果非常优秀，这是提高3ds Max凹凸贴图渲染品质的一个关键参数，不过渲染时间也会大幅增长。如果选择"无"选项，将不对贴图进行过滤。

❖ "单通道输出"参数组：根据贴图方式的不同，确定图像的哪个通道将被使用。对于某些贴图方式（如凹凸），只要求位图的黑白效果来产生影响，这时一张彩色的位图就会以一种方式转换为黑白效果，通常以RGB明暗度方式转换，根据红、绿、蓝的明暗强度转化为灰度图像，就好像在Photoshop中将彩色图像转化为灰度图像一样。如果位图是一个具有Alpha通道的32位图像，也可以将它的Alpha通道图像作为贴图影响，例如，使用它的Alpha通道制作标签贴图时。

◇ RGB强度：使用红、绿、蓝通道的强度作用于贴图。像素点的颜色将被忽略，只使用它的明亮度值，彩色将在0（黑）～255（白）级的灰度值之间进行计算。

◇ Alpha：使用贴图自带的Alpha通道的强度进行作用。

❖ "RGB通道输出"参数组：对于要求彩色贴图的贴图方式，如漫反射、高光、过滤色、反射、折射等，确定位图显示色彩的方式。

◇ RGB：以位图全部彩色进行贴图。

◇　Alpha作为灰度：以Alpha通道图像的灰度级别来显示色调。

❖　"裁剪/放置"参数组：这是贴图参数中非常有力的一种控制方式，它允许在位图上任意剪切一部分图像作为贴图进行使用，或者将原位图比例进行缩小使用，它并不会改变原位图文件，只是在材质编辑器中实施控制。这种方法非常灵活，尤其是在进行反射贴图处理时可以随意调节反射贴图的大小和内容，以便取得最佳的质感。

◇　应用：勾选此选项，全部的剪切和定位设置才能发生作用。

◇　裁剪：允许在位图内剪切局部图像用于贴图，其下的 $u$、$v$ 值控制局部图像的相对位置，$w$、$h$ 值控制局部图像的宽度和高度。

◇　放置：这时的"瓷砖"贴图设置将会失效，贴图以"不重复"的方式贴在物体表面，$u$、$v$ 值控制缩小后的位图在原位图上的位置，这同时影响贴图在物体表面的位置，$w$、$h$ 值控制位图缩小的长宽比例。

◇　抖动放置：针对"放置"方式起作用，这时缩小位图的比例和尺寸由系统提供的随机值来控制。

◇　查看图像：单击此按钮，系统会弹出一个虚拟图像设置框，可以直观地进行剪切和放置操作。拖动位图周围的控制柄，可以剪切和缩小位图；在方框内拖动，可以移动被剪切和缩小的图像；在"放置"方式下，配合Ctrl键可以保持比例进行放缩；在"裁剪"方式下，配合Ctrl键按左、右键，可以对图像显示进行放缩。

❖　"Alpha来源"参数组：确定贴图位图透明信息的来源。

◇　图像Alpha：如果该图像具有Alpha通道，将使用它的Alpha通道。

◇　RGB强度：将彩色图像转化的灰度图像作为透明通道来源。

◇　无（不透明）：不使用透明信息。

❖　预乘Alpha：确定以何种方式来处理位图的Alpha通道，默认为开启状态。如果将它关闭，RGB值将被忽略，只有发现不重复贴图不正确时再将它关闭。

## 4."输出"卷展栏

展开"输出"卷展栏，其参数如图13-238所示，这些参数主要用于调节贴图输出时的最终效果，相当于二维软件中的图片校色工具。

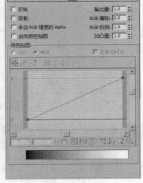

图13-238

**参数详解**

❖　反转：将位图的色调反转，如同照片的负片效果，对于凹凸贴图，将它打开可以使凹凸纹理反转。

❖　钳制：勾选此项，限制颜色值的参数将不会超过1。如果将它打开，增加"RGB级别"值会产生强烈的自发光效果，因为大于1后会变白。

❖　来自RGB强度的Alpha：勾选此项后，将为基于位图RGB通道的明度产生一个Alpha通道，黑色透明而白色不透明，中间色根据其明度显示出不同程度的半透明效果，默认为关闭状态。

❖　启用颜色贴图：勾选此项后，可以使用色彩贴图曲线。

- ❖ 输出量：控制位图融入一个合成材质中的数量（程度），影响贴图的饱和度与通道值，默认设置为1。
- ❖ RGB偏移：设置位图RGB的强度偏移。值为0时不发生强度偏移；大于0时，位图RGB强度增大，趋向于纯白色；小于0时，位图RGB强度减小，趋向于黑色。默认设置为0。
- ❖ RGB级别：设置位图RGB色彩值的倍增量，它影响的是图像饱和度，值的增大使图像趋向于饱和与发光，低的值会使图像饱和度降低而变灰，默认设置为1。
  - ◇ 凹凸量：只针对凹凸贴图起作用，它调节凹凸的强度，默认值为1。
- ❖ "颜色贴图"参数组：颜色图表用于调节图像的色调范围。坐标（1，1）位置控制高亮部分，（0.5，0.5）位置控制中间影调，（0，0）位置控制阴影部分。通过在曲线上添加、移动、放缩点（拐点、贝兹-光滑和贝兹-拐点3种类型）来改变曲线的形状。
  - ◇ RGB/单色：指定贴图曲线单独过滤RGB通道（RGB方式）或联合过滤RGB通道（单色方式）。
  - ◇ 复制曲线点：开启它，在RGB方式（或单色方式）下添加的点，转换方式后还会保留在原位。这些点的变化可以指定动画，但贝兹点把手的变化不能指定。在RGB方式下指定动画后，转换为单色方式动画可以延续下来，但反之不可。
- ❖ 可以向任意方向移动选择的点。
- ❖ 只能在水平方向上移动选择的点。
- ❖ 只能在垂直方向上移动选择的点。
- ❖ 改变控制点的输出量，但维持相关的点。对于贝兹-拐点，它的作用等同于垂直移动的作用；对于贝兹-光滑的点，它可以同时放缩贝兹点和把手。
- ❖ 在曲线上任意添加贝兹拐点。
- ❖ 在曲线上任意添加贝兹光滑点。选择一种添加方式后，可以直接按住Ctrl键在曲线上添加另一种方式的点。
- ❖ 移动选择点。
- ❖ 回复到曲线的默认状态，视图的变化不受影响。
- ❖ 在视图中任意拖曳曲线位置。
- ❖ 显示曲线全部。
- ❖ 显示水平方向上曲线全部。
- ❖ 显示垂直方向上曲线全部。
- ❖ 在水平方向上放缩观察曲线。
- ❖ 在垂直方向上放缩观察曲线。
- ❖ 围绕光标进行放大或缩小。
- ❖ 围绕图上任何区域绘制长方形区域，然后缩放到该视图。

## 技术专题：位图贴图的使用方法

在所有的贴图通道中都可以加载位图贴图。在"漫反射颜色"贴图通道中加载一张木质位图贴图，如图13-239所示，然后将材质指定给一个模型，接着按F9键渲染当前场景，效果如图13-240所示。

图13-239　　　　　　　　　　图13-240

## 技术专题：位图贴图的使用方法（续）

　　加载位图后，3ds Max会自动弹出位图的参数设置面板，如图13-241所示。这里的参数主要用来设置位图的"偏移"值、"瓷砖"（即位图的平铺数量）值和"角度"值，如图13-242所示是"瓷砖"的$u$为3、$v$为1时的渲染效果。

　　勾选"镜像"选项后，贴图就会变成镜像方式，当贴图不是无缝贴图时，建议勾选"镜像"选项，如图13-243所示是勾选该选项时的渲染效果。

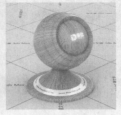
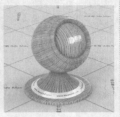

图13-241　　　　　　　　　　图13-242　　　　　　　图13-243

　　当设置"模糊"为0.01时，可以在渲染时得到精细的贴图效果，如图13-244所示；　如果设置为1或更大的值（注意，数值低于1并不表示贴图不模糊，只是模糊效果不是很明显），则可以得到模糊的贴图效果，如图13-245所示。

　　在"位图参数"卷展栏下勾选"应用"选项，然后单击后面的"查看图像"按钮，在弹出的对话框中可以对位图的应用区域进行调整，如图13-246所示。

图13-244　　　　　　　图13-245　　　　　　　图13-246

## 13.7.3 棋盘格

### 功能介绍

　　"棋盘格"贴图可以用来制作双色棋盘效果，也可以用来检测模型的UV是否合理。如果棋盘格有拉伸现象，那么拉伸处的UV也有拉伸现象，其参数面板如图13-247所示。

图13-247

## 技术专题：棋盘格贴图的使用方法

　　在"漫反射"贴图通道中加载一张"棋盘格"贴图，如图13-248所示。

图13-248

加载"棋盘格"贴图后，系统会自动切换到"棋盘格"参数设置面板，如图13-249所示。

在这些参数中，使用频率非常高的是"瓷砖"选项，该选项可以用来改变棋盘格的平铺数量，如图13-250和图13-251所示。

"颜色#1"和"颜色#2"参数主要用来控制棋盘格的两个颜色，如图13-252所示。

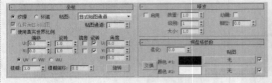
图13-249

图13-250

图13-251

图13-252

# 【练习13-13】用位图贴图制作书本材质

本练习的书本材质效果如图13-253所示。

书本材质的模拟效果如图13-254所示。

**01** 打开学习资源中的"练习文件>第13章>13-13.max"文件，如图13-255所示。

图13-253

图13-254

图13-255

**02** 选择一个空白材质球，然后设置材质类型为VRayMtl材质，接着将其命名为"书页"，具体参数设置如图13-256所示，制作好的材质球效果如图13-257所示。

### 设置步骤

① 在"漫反射"贴图通道中加载一张学习资源中的"练习文件>第13章>13-13>书1.jpg"文件。

② 设置"反射"颜色为（红:80，绿:80，蓝:80），然后设置"细分"为20，接着勾选"菲涅耳反射"选项。

**03** 用相同的方法制作出另外两个书页材质，然后将制作好的材质分别指定给相应的模型，接着按F9键渲染当前场景，最终效果如图13-258所示。

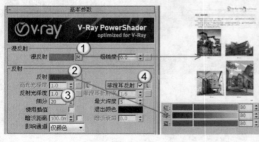
图13-256

图13-257

图13-258

## 13.7.4　渐变

### 功能介绍

使用"渐变"程序贴图可以设置3种颜色的渐变效果，其参数设置面板如图13-259所示。

图13-259

## 提示

渐变颜色可以任意修改，修改后的物体材质颜色也会随之而改变，如图13-260和图13-261所示分别是默认的渐变颜色以及将渐变颜色修改为红、绿、蓝后的渲染效果。

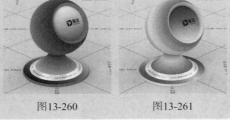

图13-260　　　　　　　图13-261

# 【练习13-14】用渐变贴图制作渐变花瓶材质

本练习的渐变花瓶材质效果如图13-262所示。

本例共需要制作两种花瓶的渐变玻璃材质，其模拟效果如图13-263和图13-264所示。

**01** 打开学习资源中的"练习文件>第13章>13-14.max"文件，如图13-265所示。

图13-262　　　　　　图13-263　　　　　　图13-264　　　　　　图13-265

**02** 下面制作第1个花瓶的材质。选择一个空白材质球，然后设置材质类型为VRayMtl材质，接着将其命名为"花瓶1"，具体参数设置如图13-266所示，制作好的材质球效果如图13-267所示。

### 设置步骤

① 在"漫反射"贴图通道中加载一张"渐变"程序贴图，然后在"渐变参数"卷展栏下设置"颜色#1"为（红:19，绿:156，蓝:0）、"颜色#2"为（红:255，绿:218，蓝:13）、"颜色#3"为（红:192，绿:0，蓝:255）。

② 设置"反射"颜色为（红:161，绿:161，蓝:161），然后设置"高光光泽度"为0.9，接着勾选"菲涅耳反射"选项，并设置"菲涅耳折射率"为2。

③ 设置"折射"颜色为（红:201，绿:201，蓝:201），然后设置"细分"为10，接着勾选"影响阴影"选项，并设置"影响通道"为"颜色+Alpha"，最后设置"烟雾颜色"为（红:240，绿:255，蓝:237），并设置"烟雾倍增"为0.03。

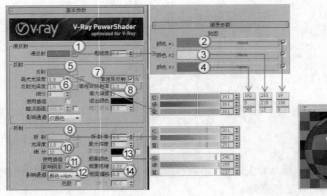

图13-266                                    图13-267

**03** 下面制作第2个花瓶的材质。将"花瓶1"材质球拖曳（复制）到一个空白材质球上，然后将其命名为"花瓶2"，接着将"渐变"程序贴图的"颜色#1"修改为（红:90，绿:0，蓝:255）、"颜色#2"

修改为（红:4，绿:207，蓝:255）、"颜色#3"修改为（红:155，绿:255，蓝:255），如图13-268所示，制作好的材质球效果如图13-269所示。

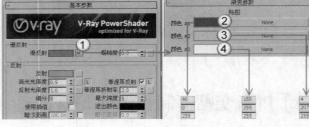

图13-268                                    图13-269

> **提示**
>
> 从步骤03可以看出，在制作同种类型或是参数差异不大的材质时，可以先制作出其中一个材质，然后对材质进行复制，接着对局部参数进行修改即可。但是，一定要对复制出来的材质球进行重命名，否则3ds Max会对相同名称的材质产生混淆。

**04** 将制作好的材质分别指定给场景中相应的模型，然后按F9键渲染当前场景，最终效果如图13-270所示。

图13-270

## 13.7.5  平铺

### 功能介绍

使用"平铺"程序贴图可以创建类似于瓷砖的贴图，通常在制作有很多建筑砖块的图案时使用，其参数设置面板如图13-271所示。

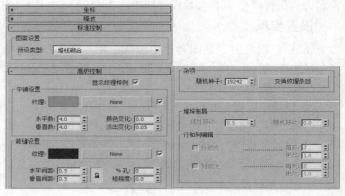

图13-271

**参数详解**

## 1. "标准控制"卷展栏

❖ 预设类型：可以在右侧的下拉列表中选择不同的砖墙图案，其中"自定义平铺"可以调用在"高级控制"中自制的图案。下图中列出了几种不同的砌合方式，如图13-272所示。

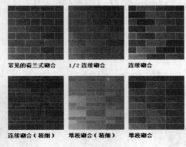

图13-272

## 2. "高级控制"卷展栏

❖ 显示纹理样例：更新显示指定给墙砖或灰泥的贴图。

❖ "平铺设置"参数组

　　◇ 纹理：控制当前砖块贴图的显示。开启它，使用纹理替换色块中的颜色作为砖墙的图案；关闭它，则只显示砖墙颜色。单击色块可以调用颜色选择对话框。右侧的长方形按钮用来指定纹理贴图。

　　◇ 水平数：控制一行上的平铺数。

　　◇ 垂直数：控制一列上的平铺数。

　　◇ 颜色变化：控制砖墙中的颜色变化程度。

　　◇ 淡出变化：控制砖墙中的褪色变化程度。

❖ "砖缝设置"参数组

　　◇ 纹理：控制当前灰泥贴图的显示。开启它，使用纹理替换色块中的颜色作为灰泥的图案；关闭它，则只显示灰泥颜色。单击色块可以调用颜色选择对话框。右侧的长方形按钮用来指定纹理贴图。

　　◇ 水平间距：控制砖块之间水平方向上的灰泥大小。默认情况下与"垂直间距"锁定在一起。单击右侧的"锁"图案可以解除锁定。

　　◇ 垂直间距：控制砖块之间垂直方向上的灰泥大小。

　　◇ %孔：设置砖墙表面因没有墙砖而造成的空洞的百分比程度，通过这些墙洞可以看到"灰泥"的情况。

　　◇ 粗糙度：设置灰泥边缘的粗糙程度。

❖ "杂项"参数组

　　◇ 随机种子：将颜色变化图案随机应用到砖墙上，不需要任何其他设置就可以产生完全不同的图案。

　　◇ 交换纹理条目：交换砖墙与灰泥之间的贴图或颜色设置。

❖ "堆垛布局"参数组：只有在预设类型中选择了"自定义平铺"后，这个选项才能激活。

　　◇ 线性移动：每隔一行移动砖块行单位距离。

　　◇ 随机移动：随意移动全部砖块行单位距离。

❖ "行和列编辑"参数组：只有在预设类型中选择了"自定义平铺"后，这个选项才能激活。

　　◇ 行修改：每隔指定的行数，按"更改"栏中指定的数量变化一行砖块。

　　◇ 每行：指定相隔的行数。

◇ 更改：指定变化砖块的数量。

◇ 列修改：每隔指定的列数，按"更改"栏中指定的数量变化一列砖块。

◇ 每列：指定相隔的列数。

◇ 更改：指定变化砖块的数量。

# 【练习13-15】用平铺贴图制作地砖材质

本练习的地砖材质效果如图13-273所示。

地砖材质的模拟效果如图13-274所示。

**01** 打开学习资源中的"练习文件>第13章>13-15.max"文件，如图13-275所示。

图13-273 图13-274 图13-275

**02** 选择一个空白材质球，然后设置材质类型为VRayMtl材质，接着将其命名为"地砖"，具体参数设置如图13-276所示，制作好的材质球效果如图13-277所示。

### 设置步骤

① 在"漫反射"贴图通道中加载一张"平铺"程序贴图，展开"高级控制"卷展栏，然后在"平铺设置"选项组下的"纹理"贴图通道中加载一张学习资源中的"练习文件>第13章>13-15>地面.jpg"文件，接着设置"水平数"和"垂直数"为20，最后在"砖缝设置"选项组下设置"纹理"的颜色为（红:210，绿:210，蓝:210），并设置"水平间距"和"垂直间距"为0.02。

② 在"反射"贴图通道中加载一张"衰减"程序贴图，然后在"衰减参数"卷展栏下设置"侧"通道的颜色为（红:180，绿:180，蓝:180），接着设置"衰减类型"为Fresnel，最后设置"反射光泽度"为0.85、"细分"为20、"最大深度"为2。

③ 展开"贴图"卷展栏，然后使用鼠标左键将"漫反射"通道中的贴图拖曳到"凹凸"通道上，接着设置凹凸的强度为5。

**03** 将制作好的材质指定给场景中的地板模型，然后按F9键渲染当前场景，最终效果如图13-278所示。

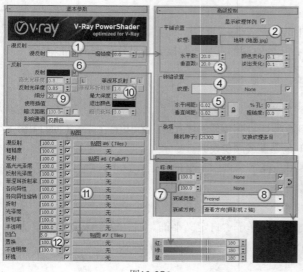  

图13-276 图13-277 图13-278

# 13.7.6 细胞

**功能介绍**

"细胞"程序贴图主要用于制作各种具有视觉效果的细胞图案，如马赛克、瓷砖、鹅卵石和海洋表面等，其参数设置面板如图13-279所示。

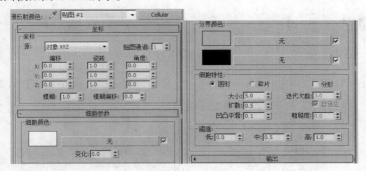

图13-279

**参数详解**

## 1. "坐标"卷展栏

3D贴图的贴图坐标系与2D贴图有所不同，它的参数是相对于物体的体积对贴图进行定位的。

❖ 源：从右侧的下拉列表中选择所使用的坐标系，共有4种方式。

◇ 对象XYZ：使用对象的局部坐标系统。

◇ 世界XYZ：使用场景的世界坐标系统。

◇ 显示贴图通道：激活右侧的"贴图通道"参数，可以选择1~99通道中的任意一个。当设置好某个贴图通道时，它会将贴图锁定在物体的顶点位置上，使贴图能够在物体进行变形动画时紧紧贴附于物体。

◇ 顶点颜色通道：指定顶点颜色作为通道。

❖ 贴图通道：只在"显示贴图通道"方式下有效，范围为1~99。

其他参数与2D贴图坐标系相同，这里就不再重复讲解。

## 2. "细胞参数"卷展栏

❖ 细胞颜色：该选项组中的参数主要用来设置细胞的颜色。

◇ 颜色：为细胞选择一种颜色。

◇ 无 无 ：将贴图指定给细胞，而不使用实心颜色。

◇ 变化：通过随机改变红、绿、蓝颜色值来更改细胞的颜色。"变化"值越大，随机效果越明显。

❖ 分界颜色：设置细胞间的分界颜色。细胞分界是两种颜色或两个贴图之间的斜坡。

❖ 细胞特性：该选项组中的参数主要用来设置细胞的一些特征属性。

◇ 圆形/碎片：用于选择细胞边缘的外观。

◇ 大小：更改贴图的总体尺寸。

◇ 扩散：更改单个细胞的大小。

◇ 凹凸平滑：将细胞贴图用作凹凸贴图时，在细胞边界处可能会出现锯齿效果。如果发生这种情况，可以适当增大该值。

◇ 分形：将细胞图案定义为不规则的碎片图案。

◇ 迭代次数：设置应用分形函数的次数。

◇ 自适应：启用该选项后，分形"迭代次数"将自适应地进行设置。

◇　粗糙度：将"细胞"贴图用作凹凸贴图时，该参数用来控制凹凸的粗糙程度。

❖　阈值：该选项组中的参数用来限制细胞和分解颜色的大小。

◇　低：调整细胞最低大小。

◇　中：相对于第2分界颜色，调整最初分界颜色的大小。

◇　高：调整分界的总体大小。

## 13.7.7　衰减

**功能介绍**

"衰减"程序贴图可以用来控制材质强烈到柔和的过渡效果，使用频率比较高，其参数设置面板如图13-280所示。

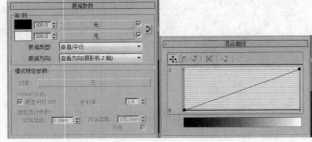

图13-280

**参数详解**

❖　衰减类型：设置衰减的方式，共有以下5种。

◇　垂直/平行：在与衰减方向相垂直的面法线和与衰减方向相平行的法线之间设置角度衰减范围。

◇　朝向/背离：在面向衰减方向的面法线和背离衰减方向的法线之间设置角度衰减范围。

◇　Fresnel：基于IOR（折射率）在面向视图的曲面上产生暗淡反射，而在有角的面上产生较明亮的反射。

◇　阴影/灯光：基于落在对象上的灯光，在两个子纹理之间进行调节。

◇　距离混合：基于"近端距离"值和"远端距离"值，在两个子纹理之间进行调节。

❖　衰减方向：设置衰减的方向。

❖　混合曲线：设置曲线的形状，可以精确地控制由任何衰减类型所产生的渐变。

## 【练习13-16】用衰减贴图制作水墨材质

本练习的水墨材质效果如图13-281所示。

水墨材质的模拟效果如图13-282所示。

`01` 打开学习资源中的"练习文件>第13章>13-16.max"文件，如图13-283所示。

图13-281　　　　　　　　　图13-282　　　　　　　　　图13-283

**02** 选择一个空白材质球，然后设置材质类型为"标准"材质，接着将其命名为"鱼"，具体参数设置如图13-284所示，制作好的材质球效果如图13-285所示。

### 设置步骤

① 在"漫反射"贴图通道中加载一张"衰减"程序贴图，然后在"混合曲线"卷展栏下调节好曲线的形状，接着设置"高光级别"为50、"光泽度"为30。

② 展开"贴图"卷展栏，然后使用鼠标左键将"漫反射颜色"通道中的贴图拖曳到"高光颜色"和"不透明度"通道上，接着进入"不透明度"贴图通道，将"前""侧"通道颜色互换。

**03** 将制作好的材质指定给场景中的鱼模型，然后用3ds Max默认的扫描线渲染器渲染当前场景，效果如图13-286所示。

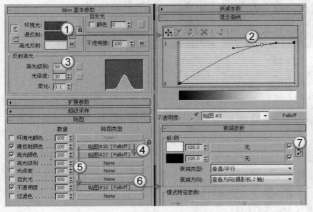

图13-284

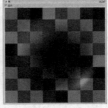

图13-285

图13-286

---

**提示**

在渲染完场景以后，需要将图像保存为png格式，这样可以很方便地在Photoshop中合成背景。

---

**04** 启动Photoshop，然后打开学习资源中的"实例文件>CH13>实战：用衰减贴图制作水墨画材质>背景.jpg"文件，如图13-287所示。

**05** 导入前面渲染好的水墨鱼图像，然后将其放在合适的位置，最终效果如图13-288所示。

图13-287

图13-288

## 13.7.8 噪波

### 功能介绍

使用"噪波"程序贴图可以将噪波效果添加到物体的表面，以突出材质的质感。"噪波"程序贴图通过应用分形噪波函数来扰动像素的UV贴图，从而表现出非常复杂的物体材质，其参数设置面板如图13-289所示。

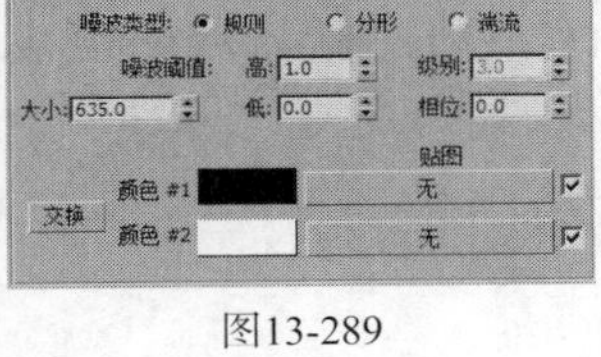

图13-289

**参数详解**

❖ 噪波类型：共有3种类型，分别是"规则""分形""湍流"。
　　❖ 规则：生成普通噪波，如图13-290所示。
　　❖ 分形：使用分形算法生成噪波，如图13-291所示。
　　❖ 湍流：生成应用绝对值函数来制作故障线条的分形噪波，如图13-292所示。

图13-290　　　　　　　　　图13-291　　　　　　　　　图13-292

❖ 大小：以3ds Max为单位设置噪波函数的比例。
❖ 噪波阈值：控制噪波的效果，取值范围是0~1。
❖ 级别：决定有多少分形能量用于分形和湍流噪波函数。
❖ 相位：控制噪波函数的动画速度。
❖ 交换 交换：交换两个颜色或贴图的位置。
❖ 颜色#1/2：可以从两个主要噪波颜色中进行选择，将通过所选的两种颜色来生成中间颜色值。

## 【练习13-17】用噪波贴图制作皮材质

本练习的皮材质效果如图13-293所示。

本例共需要制作两个材质，分别是不锈钢材质和皮材质，其模拟效果如图13-294和图13-295所示。

`01` 打开学习资源中的"练习文件>第13章>13-17.max"文件，如图13-296所示。

图13-293　　　　　　　　图13-294　　　　　　图13-295　　　　　　　　　图13-296

`02` 下面制作不锈钢材质。选择一个空白材质球，然后设置材质类型为VRayMtl材质，接着将其命名为"不锈钢"，具体参数设置如图13-297所示，制作好的材质球效果如图13-298所示。

**设置步骤**

① 设置"漫反射"颜色为（红:205，绿:205，蓝:205）。

② 设置"反射"颜色为（红:228，绿:228，蓝:228），然后设置"高光光泽度"为0.8、"反射光泽度"为0.9、"细分"为16。

`03` 下面制作皮材质。选择一个空白材质球，然后设置材质类型为VRayMtl材质，接着将其命名为"皮"，具体参数设置如图13-299所示。

### 设置步骤

① 设置"漫反射"颜色为（红:5，绿:5，蓝:5）。

② 在"反射"贴图通道中加载一张"衰减"程序贴图，然后在"衰减参数"卷展栏下设置"前"通道的颜色为（红:10，绿:10，蓝:10），接着设置"衰减类型"为Fresnel，最后设置"高光光泽度"为0.6、"反射光泽度"为0.85、"细分"为16。

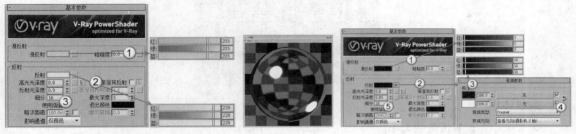

图13-297        图13-298        图13-299

04 展开"贴图"卷展栏，在"凹凸"贴图通道中加载一张"噪波"程序贴图，然后在"噪波参数"卷展栏下设置"噪波类型"为"分形"、"大小"为0.4，接着设置凹凸的强度为60，具体参数设置如图13-300所示，制作好的材质球效果如图13-301所示。

05 将制作好的材质分别指定给场景中相应的模型，然后按F9键渲染当前场景，最终效果如图13-302所示。

图13-300        图13-301        图13-302

## 13.7.9 斑点

### 功能介绍

"斑点"程序贴图常用来制作具有斑点的物体，其参数设置面板如图13-303所示。

图13-303

### 参数详解

❖ 大小：调整斑点的大小。

❖ 交换 交换 ：交换两个颜色或贴图的位置。

❖ 颜色#1：设置斑点的颜色。

❖ 颜色#2：设置背景的颜色。

## 13.7.10 泼溅（3D贴图）

### 功能介绍

"泼溅"程序贴图可以用来制作油彩泼溅的效果，其参数设置面板如图13-304所示。

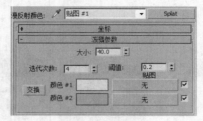

图13-304

### 参数详解

❖ 大小：设置泼溅的大小。

❖ 迭代次数：设置计算分形函数的次数。数值越高，泼溅效果越细腻，但是会增加计算时间。

❖ 阈值：确定"颜色#1"与"颜色#2"的混合量。值为0时，仅显示"颜色#1"；值为1时，仅显示"颜色#2"。

❖ 交换 交换：交换两个颜色或贴图的位置。

❖ 颜色#1：设置背景的颜色。

❖ 颜色#2：设置泼溅的颜色。

## 13.7.11 混合

### 功能介绍

"混合"程序贴图可以用来制作材质之间的混合效果，其参数设置面板如图13-305所示。

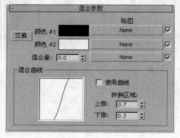

图13-305

### 参数详解

❖ 交换 交换：交换两个颜色或贴图的位置。

❖ 颜色#1/2：设置混合的两种颜色。

❖ 混合量：设置混合的比例。

❖ 混合曲线：用曲线来确定对混合效果的影响。

❖ 转换区域：调整"上部"和"下部"的级别。

## 【练习13-18】用混合贴图制作颓废材质

本练习的颓废材质效果如图13-306所示。

颓废（墙）材质的模拟效果如图13-307所示。

`01` 打开学习资源中的"练习文件>第13章>13-18.max"文件，如图13-308所示。

 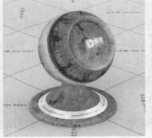 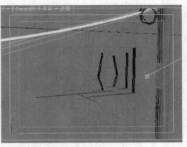

图13-306                图13-307                图13-308

**02** 选择一个空白材质球，设置材质类型为"标准"材质，然后将其命名为"墙"，接着展开"贴图"卷展栏，具体参数设置如图13-309所示，制作好的材质球效果如图13-310所示。

**设置步骤**

① 在"漫反射颜色"贴图通道中加载一张"混合"程序贴图，然后展开"混合参数"卷展栏，接着分别在"颜色#1"贴图通道、"颜色#2"贴图通道和"混合量"贴图通道加载学习资源中的"练习文件>第13章>13-18>墙.jpg、图.jpg、通道0.jpg"文件。

② 使用鼠标左键将"漫反射颜色"通道中的贴图拖曳到"凹凸"贴图通道上。

**03** 将制作好的材质指定给场景中的墙模型，然后按F9键渲染当前场景，最终效果如图13-311所示。

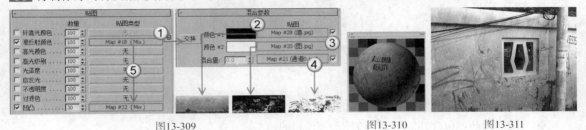

图13-309                        图13-310            图13-311

## 13.7.12 颜色校正

**功能介绍**

"颜色校正"程序贴图可以用来调节贴图的色调、饱和度、亮度和对比度等，其参数设置面板如图13-312所示。

图13-312

**参数详解**

❖ 法线：将未经改变的颜色通道传递到"颜色"卷展栏下的参数中。

❖ 单色：将所有的颜色通道转换为灰度图。

❖ 反转：使用红、绿、蓝颜色通道的反向通道来替换各个通道。

❖ 自定义：使用其他选项将不同的设置应用到每一个通道中。

❖ 色调切换：使用标准色调谱更改颜色。

❖ 饱和度：调整贴图颜色的强度或纯度。

❖ 色调染色：根据色样值来色化所有非白色的贴图像素（对灰度图无效）。

❖ 强度：调整"色调染色"选项对贴图像素的影响程度。

❖ 亮度：控制贴图图像的总体亮度。

❖ 对比度：控制贴图图像深、浅两部分的区别。

## 13.7.13 法线凹凸

### 功能介绍

"法线凹凸"程序贴图多用于表现高精度模型的凹凸效果，其参数设置面板如图13-313所示。

图13-313

### 参数详解

❖ 法线：可以在其后面的通道中加载法线贴图。

❖ 附加凹凸：包含其他用于修改凹凸或位移的贴图。

❖ 翻转红色（X）：翻转红色通道。

❖ 翻转绿色（Y）：翻转绿色通道。

❖ 红色&绿色交换：交换红色和绿色通道，这样可使法线贴图旋转90°。

❖ 切线：从切线方向投射到目标对象的曲面上。

❖ 局部XYZ：使用对象局部坐标进行投影。

❖ 屏幕：使用屏幕坐标进行投影，即在z轴方向上的平面进行投影。

❖ 世界：使用世界坐标进行投影。

# 13.8 VRay程序贴图

VRay程序贴图是VRay渲染器提供的一些贴图方式，功能强大，使用方便，在使用VRay渲染器进行工作时，这些程序贴图都是经常用到的。VRay的程序贴图也比较多，这里选择一些比较常用的类型进行介绍。

## 13.8.1 VRayHDRI

### 功能介绍

VRayHDRI可以翻译为高动态范围贴图，主要用来设置场景的环境贴图，即把HDRI当作光源来使用，其参数设置面板如图13-314所示。

图13-314

### 参数详解

- ❖ 位图：单击后面的"浏览"按钮 浏览 可以指定一张HDRI贴图。
- ❖ 贴图类型：控制HDRI的贴图方式，共有以下5种。
  - ◇ 角度：主要用于使用了对角拉伸坐标方式的HDRI。
  - ◇ 立方：主要用于使用了立方体坐标方式的HDRI。
  - ◇ 球形：主要用于使用了球形坐标方式的HDRI。
  - ◇ 球状镜像：主要用于使用了镜像球体坐标方式的HDRI。
  - ◇ 3ds Max标准：主要用于对单个物体指定环境贴图。
- ❖ 水平旋转：控制HDRI在水平方向上的旋转角度。
- ❖ 水平翻转：让HDRI在水平方向上翻转。
- ❖ 垂直旋转：控制HDRI在垂直方向上的旋转角度。
- ❖ 垂直翻转：让HDRI在垂直方向上翻转。
- ❖ 全局倍增：用来控制HDRI的亮度。
- ❖ 渲染倍增：设置渲染时的光强度倍增。
- ❖ 伽玛值：设置贴图的伽玛值。

## 13.8.2　VRay位图过滤器

### 功能介绍

"VRay位图过滤器"是一个非常简单的贴图类型，它可以对贴图纹理进行*x*、*y*轴向编辑，其参数面板如图13-315所示。

图13-315

### 参数详解

❖ 位图：单击后面的             无            按钮可以加载一张位图。

❖ U偏移：$x$轴向偏移的数量。

❖ V偏移：$y$轴向偏移的数量。

❖ 通道：用来与对象指定的贴图坐标相对应。

# 13.8.3　VRay合成贴图

### 功能介绍

"VRay合成贴图"通过两个通道里贴图色度、灰度的不同，进行减、乘、除等操作，其参数面板如图13-316所示。

图13-316

### 参数详解

❖ 源A：贴图通道A。

❖ 源B：贴图通道B。

❖ 运算符：用于A通道材质和B通道材质的比较运算方式。

    ◇ 相加（A+B）：与Photoshop图层中的叠加相似，两图相比较，亮区相加，暗区不变。

    ◇ 相减（A-B）：A通道贴图的色度、灰度减去B通道贴图的色度、灰度。

    ◇ 差值（|A-B|）：两图相比较，将产生照片负效果。

    ◇ 相乘（A*B）：A通道贴图的色度、灰度乘以B通道贴图的色度、灰度。

    ◇ 相除（A/B）：A通道贴图的色度、灰度除以B通道贴图的色度、灰度。

    ◇ 最小数（Min{A,B}）：取A通道和B通道的贴图色度、灰度的最小值。

    ◇ 最大数（Max{A,B}）：取A通道和B通道的贴图色度、灰度的最大值。

# 13.8.4　VRay污垢

### 功能介绍

"VRay污垢"贴图用来模拟真实物理世界中物体上的污垢效果，如墙角上的污垢、铁板上的铁锈等，其参数面板如图13-317所示。

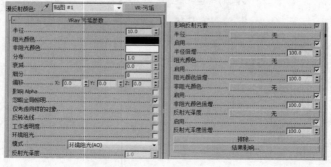

图13-317

**参数详解**

❖ 半径：以场景单位为标准控制污垢区域的半径。同时也可以使用贴图的灰度来控制半径，白色表示将产生污垢效果，黑色表示将不产生污垢效果，灰色就按照它的灰度百分比来显示污垢效果。

❖ 阻光颜色（也有翻译为"污垢区颜色"）：设置污垢区域的颜色。

❖ 非阻光颜色（也有翻译为"非污垢区颜色"）：设置非污垢区域的颜色。

❖ 分布：控制污垢的分布，0表示均匀分布。

❖ 衰减：控制污垢区域到非污垢区域的过渡效果。

❖ 细分：控制污垢区域的细分，小的值会产生杂点，但是渲染速度快；大的值不会有杂点，但是渲染速度慢。

❖ 偏移（X，Y，Z）：污垢在$x$、$y$、$z$轴向上的偏移。

❖ 忽略全局照明：这个选项决定是否让污垢效果参加全局照明计算。

❖ 仅考虑同样的对象：当勾选时，污垢效果只影响它们自身；不勾选时，整个场景的物体都会受到影响。

❖ 反转法线：反转污垢效果的法线。

关于其他参数，在前面已经介绍过，这里不再赘述。图13-318所示是"VRay污垢"程序贴图的渲染效果。

图13-318

# 13.8.5　VRay边纹理

**功能介绍**

"VRay边纹理"是一个非常简单的程序贴图，一般用来制作3D对象的线框效果，操作也非常简单，其参数面板如图13-319所示。

图13-319

**参数详解**

❖ 颜色：设置边线的颜色。

❖ 隐藏边：当勾选它时，物体背面的边线也将渲染出来。

❖ 显示子三角形：渲染时会显示出几何体上的三角形线框结构。

❖ 厚度：决定边线的厚度，主要分为2个单位，具体如下。

◇ 世界单位：厚度单位为场景尺寸单位。

◇ 像素：厚度单位为像素。

图13-320所示是"VRay线框贴图"的渲染效果。

图13-320

# 13.8.6 VRay颜色

### 功能介绍

"VRay颜色"贴图可以用来设定任何颜色,其参数面板如图13-321所示,下面介绍重点参数。

图13-321

### 参数详解

❖ 红:设置红色通道的值。

❖ 绿:设置绿色通道的值。

❖ 蓝:设置蓝色通道的值。

❖ RGB倍增:控制红、绿、蓝色通道的倍增。

❖ alpha:设置alpha通道的值。

# 13.8.7 VRay贴图

### 功能介绍

因为VRay不支持3ds Max里的光线追踪贴图类型,所以在使用3ds Max标准材质时,"反射"和"折射"就用"VRay贴图"来代替,其参数面板如图13-322所示。

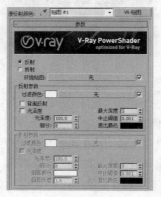

图13-322

**参数详解**

❖ 反射：当"VRay贴图"放在反射通道里时，需要选择这个选项。

❖ 折射：当"VRay贴图"放在折射通道里时，需要选择这个选项。

❖ 环境贴图：为反射和折射材质选择一个环境贴图。

❖ "反射参数"参数组

◇ 过滤颜色：控制反射的程度，白色将完全反射周围的环境，而黑色将不发生反射效果。也可以用后面贴图通道里的贴图的灰度来控制反射程度。

◇ 背面反射：当选择这个选项时，将计算物体背面的反射效果。

◇ 光泽度：控制反射模糊效果的开和关。

◇ 光泽度：后面的数值框用来控制物体的反射模糊程度。0表示最大程度的模糊；100000表示最低程度的模糊（基本上没有模糊的产生）。

◇ 细分：用来控制反射模糊的质量，较小的值将得到很多杂点，但是渲染速度快；较大的值将得到比较光滑的效果，但是渲染速度慢。

◇ 最大深度：计算物体的最大反射次数。

◇ 中止阈值：用来控制反射追踪的最小值，较小的值反射效果好，但是渲染速度慢；较大的值反射效果不理想，但是渲染速度快。

◇ 退出颜色：当反射已经达到最大次数后，未被反射追踪到的区域的颜色。

❖ "折射参数"参数组

◇ 过滤颜色：控制折射的程度，白色将完全折射，而黑色将不发生折射效果。同样也可以用后面贴图通道里的贴图灰度来控制折射程度。

◇ 光泽度：控制模糊效果的开和关。

◇ 光泽度：后面的数值框用来控制物体的折射模糊程度。0表示最大程度的模糊；100000表示最低程度的模糊（基本上没有模糊的产生）。

◇ 细分：用来控制折射模糊的质量，较小的值将得到很多杂点，但是渲染速度快；较大的值将得到比较光滑的效果，但是渲染速度慢。

◇ 烟雾颜色：也可以理解为光线的穿透能力，白色将没有烟雾效果，黑色物体将不透明，颜色越深，光线穿透能力越差，烟雾效果越浓。

◇ 烟雾倍增：用来控制烟雾效果的倍增，值越小，烟雾效果越淡；值越大，烟雾效果越浓。

◇ 最大深度：计算物体的最大折射次数。

◇ 中止阈值：用来控制折射追踪的最小值，较小的值折射效果好，但是渲染速度慢；较大的值折射效果不理想，但是渲染速度快。

◇ 退出颜色：当折射已经达到最大次数后，未被折射追踪到的区域的颜色。

---

**提示**

到此为止，材质部分的参数讲解就告一段落，这部分内容比较枯燥，希望广大读者能多观察和分析真实物理世界中的质感，再通过自己的练习，把参数的内在含义牢牢掌握，这样才能熟练运用到自己的作品中去。

# 技术分享

## 菲涅耳反射现象

所谓"菲涅耳"，是指现实生活中的一种反射现象。例如，大家在观察漆皮木地板的时候，在观看脚旁边的地板时是没有反射（或者反射不强）的，但是在观察远处的地板时，却能看到地板可以反射成像，这就是典型的菲涅耳反射现象。菲涅耳反射现象是生活中绝对存在的，这种现象是由视线与观察点所在平面的角度差异造成的。见图A，对于同一个反射材质对象，分别观察a点和b点，视线与a点形成的夹角明显大于视线与b点形成的夹角。那么从当前位置观察，a点的反射效果就没有b点强，而对于整个物体来讲，从a点到b点之间的反射效果是逐渐变强的。

见图B，这就是典型的菲尼尔现象，中心区域没有反射出环境，而边缘的反射很强。因为此时的观察视线与中心点几乎成90°，这是反射最弱的地方，而边缘所在的平面与视线的夹角很小，所以反射很强，而从中心到边缘，随着视线与观察点所在的平面夹角不断减小，反射效果也越来越强。

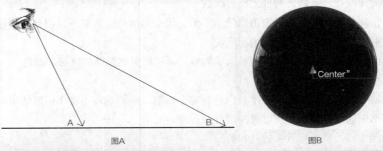

图A                    图B

## 在反射通道加载衰减贴图的作用

**文件位置：**练习文件>第13章>技术分享>在反射通道加载衰减贴图>在反射通道加载衰减贴图.max

在本章的实例中，有不少地面的材质是地板材质，而且反射效果比较强烈，这是因为在"反射"贴图通道中加了"衰减"程序贴图，而不是直接设置的"反射"颜色，这样做的目的就是为了模拟菲涅尔反射效果，以便模拟真实的环境。

见图A，注意观察地砖，近处的地砖没有反射效果，而远处和两侧的地砖却有反射效果，这就是菲涅耳反射。地砖的材质参数中，在"反射"贴图通道中加载了"衰减"程序贴图，设置"衰减类型"为Fresnel，表示模拟菲涅耳反射，对于"前"和"侧"通道的颜色，可以理解为"前"表示视线垂直于观察点所在的平面，"侧"表示视线平行于观察点所在的平面，所以"前"通道的颜色偏黑，表示反射最弱，"侧"通道的颜色亮度高，表示反射最强，从"前"到"侧"的反射强度按菲涅耳反射的方式逐渐增强。

图A 模拟菲涅耳反射

下面直接将"侧"通道的颜色指定给"反射"的颜色，用于模拟全反射效果，即对象的任何位置的反射效果都相同。经过测试发现，由于是全反射，无论如何观察，每一个地方的反射强度都一样，见图B。这种效果在理论上是最完美的，但是却不存在于真实生活中。所以，这种效果是不现实的。

图B 模拟全反射

请大家注意，对于使用"衰减"程序贴图来模拟菲涅尔反射，不是说只要是具有反射的对象都要使用，而是要根据实际场景来选择，在使用前要不断进行测试。在实际工作中，除了金属和镜子（镜面反射物体），几乎都有菲涅耳反射，只是反射的强烈程度不同而已。因此，通常除了金属和镜子，其他的都会用到菲涅耳反射，尤其是木材质、石材质、玻璃材质、水材质和塑料材质等。另外，对于"菲涅耳反射"选项，一般情况下不建议勾选，直接使用"衰减"程序贴图来模拟菲涅尔反射（设置"衰减类型"为Fresnel）就行。

# UVW贴图修改器

**文件位置：** 练习文件>第13章>技术分享>UVW贴图修改器>UVW贴图修改器.max

对于初学者而言，经常会遇到不能正确贴图的情况，这时我们就需要借助"UVW贴图"修改器。该修改器主要用于控制带有位图贴图的材质的指定方式。其中常用的贴图类型为"平面""长方体""球形"；"长度""宽度""高度"用于控制贴图在长、宽、高3个方向上的拉伸量；"U向平铺""V向平铺""W向平铺"用于控制贴图在u、v、w方向上的平铺数量以及贴图是否在相应的方向上翻转。

见图A，这是没有加载"UVW贴图"修改器的贴图效果，可以发现每个模型的贴图要么过大（无平铺），要么就是很絮乱。现在为每个模型都加载"UVW贴图"修改器，指定合适的贴图类型，同时调整好长、宽、高方向上的拉伸量，并设置合理的平铺量，得到的贴图效果就非常自然，见图B。就一般情况而言，平面模型适合用"平面"贴图类型；长方体形状的模型适合用"长方体"贴图类型；球状模型适合用"球形"贴图类型。但是也有特殊情况，如第3个模型，从外观上看似像一个柱形，从理论上来讲应该用"柱形"贴图类型，但实际上用的是"长方体"贴图类型，这是因为大部分贴图都是方形的，用"长方体"贴图类型可以很方便地控制拉伸。关于详细的操作，请观看本例的视频教学。

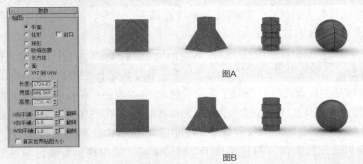

图A

图B

# 给读者学习材质技术的建议

**文件位置：** 练习文件>第13章>技术分享>生活中的金属>生活中的金属.max

对于本章的实例，相信大家照着步骤完全可以做出来，但是如果用一个全新的场景，自己制作材质的话，相信还是有不少读者无从下手。与灯光技术一样，材质的制作也是靠经验的积累，同时还需要读者自己在日常生活中细心观察真实物体的材质属性。下面以生活中常见的金属材质为例来讲解制作材质的重点和要素。

对于金属材质，其表面的物理属性比较直观，它们具有反光效果（部分金属拥有特定的反射颜色）、高光效果、反射效果和双向反射分布效果。根据这些物理属性，制作金属材质时，我们应该主要考虑设置VRayMtl材质的漫反射、反射、反射光泽度、高光光泽度和双向反射分布函数等参数，然后根据不同金属的具体物理属性来进行更细的设置。

下面以效果图中场景的金属为例，来讲解材质制作的重点和要素。对于金属材质来讲，它们的表面物理属性都比较直观：

1.有反光性能。部分金属因为本身原因，有特有的反射颜色。

2.有高光性能。当然，除了金属类别影响，不同的工艺，也会出现不同的高光性。

3.有反射效果。大部分金属都有反射成像的属性，区别在于成像的模糊程度。

4.有双向反射分布（BRDF）。对于部分参数会存在各向异性的效果。

所以根据上述物理属性，在制作金属材质的时候，我们会主要考虑设置VRayMtl材质的"漫反射"、反射"颜色"、"反射光泽度"、"高光光泽度"和"双向反射分布函数"等参数。

以下图为例没从左至右依次是：镜面不锈钢、亚光不锈钢、拉丝不锈钢、银、金、铜。下面，我们分别对它们各自的重要控制参数进行介绍。

**镜面不锈钢：**对于不锈钢材质，其颜色都是反射周围环境，本身颜色都是控制为黑色，所以对于"漫反射"通常都是设置为黑色；镜面不锈钢最终要的参数是反射效果，通常情况下，镜面不锈钢的反射是很强的，所以反射"颜色"是比较亮的；由于镜面的关系，所以这种不锈钢材质的高光和反射效果都比较好，通常"高光光泽度"和"反射光泽度"的值都比较高。另外，制作金属最重要的一步，就是模拟BRDF效果，即通常都设置金属的分布类型为ward（沃德），即反光面积最大。

**哑光不锈钢：**在本质上与镜面不锈钢类似，由于制作工艺的不同，使其在反射和高光上都略逊于镜面不锈钢，所以在制作的时候，考虑降低反射"颜色"的亮度即可，同时必须适当降低"反射光泽度"和"高光光泽度"，前者直接影响亚光效果，后者影响高光性。

**拉丝不锈钢：**同样属于不锈钢类型，在制作上与前面两种相同，拉丝不锈钢的难点在于模拟拉丝效果。在使用VRayMtl模拟拉丝不锈钢材质的时候，通常会使用拉丝纹理贴图来模拟拉丝效果，在"高光光泽度"贴图中加载拉丝纹理贴图来模拟高光性，在"凹凸"贴图中加载"拉丝纹理贴图"来模拟拉丝的凹凸感。

**银：**对于银材质，通常出现在首饰装饰品中，银材质的制作原理同样遵循金属的制作原理。即：银通常为白色，部分银会出现略微偏黄的效果，所以通常设置"漫反射"颜色为白色（根据实际情况考虑是否偏黄）；相对于不锈钢材质，银的反射和高光都逊色一分，所以反射"颜色"、"反射光泽度"和"高光光泽度"的参数不宜过高。

**金：**对于金材质，在颜色上有其特有的金色，另外，金的反射也会夹杂金本身具备的金黄色，同时金的高光和反射都是极强的，"金灿灿"一词就说明金的反射和高光极强。所以，根据上述特性：可以考虑设置金的"漫反射"颜色为金黄色（颜色亮度适中），设置反射"颜色"为金黄色（颜色亮度强一点），将"反射光泽度"和"高光光泽度"都设置得高一点，建议在0.9以上，模拟黄金极强的反光和高光性；另外，为了更好地模拟黄金的效果，可以考虑使用BDRF中"各向异性"来控制高光的形状，建议不要超过0.5，造成形状过分夸张，与强高光不符。

**铜：**铜材质与金材质比较类似，但是相对于金材质来说，无论在自身颜色和反射性能上，铜材质都要弱不少。在制作铜材质的时候，可以将"漫反射"设置为颜色浓度比较强的棕黄色，将反射"颜色"设置为金黄色（亮度低于金材质的反射颜色）；将"反射光泽度"和"高光光泽度"都设置得低一点，维持在0.6~0.8之间即可。另外，对于"各向异性"，铜材质可以设置得比金材质更强一点，因为铜材质的高光光泽度要小一些，高光范围要大一些。

# 第 **14** 章

## 环境和效果

在3ds Max中,通过"环境和效果"功能,可以给渲染场景设置各种环境效果或制作各种特殊效果,这些效果是经过渲染计算产生的,通过它们可制作出真实的火焰、烟雾和光线效果。本章将介绍如何使用"环境和效果"功能在场景中产生雾、火焰等特殊效果及学习如何设置场景的背景贴图。

※ 背景与全局照明
※ 曝光控制
※ 火效果
※ 雾
※ 体积雾
※ 体积光

※ 镜头效果
※ 模糊
※ 亮度和对比度
※ 色彩平衡
※ 胶片颗粒

# 14.1 环境

在现实世界中，所有物体都不是独立存在的，周围都存在相对应的环境。身边常见的环境有闪电、大风、沙尘、雾、光束等，如图14-1~图14-3所示。环境对场景的氛围起着至关重要的作用。在3ds Max中，可以为场景添加云、雾、火、体积雾和体积光等环境效果。

图14-1            图14-2            图14-3

## 14.1.1 背景与全局照明

### 功能介绍

一幅优秀的作品，不仅要有精细的模型、真实的材质和合理的渲染参数，同时还要有符合当前场景的背景和全局照明效果，这样才能烘托出场景的气氛。在3ds Max中，背景与全局照明都在"环境和效果"对话框中进行设置。

打开"环境和效果"对话框的方法主要有以下3种。

第1种：执行"渲染>环境"菜单命令。

第2种：执行"渲染>效果"菜单命令。

第3种：按大键盘上的8键。

打开的"环境和效果"对话框如图14-4所示。

图14-4

### 参数详解

① "背景"选项组

❖ 颜色：设置环境的背景颜色。

❖ 环境贴图：在其贴图通道中加载一张"环境"贴图来作为背景。

❖ 使用贴图：使用一张贴图作为背景。

② "全局照明"选项组

❖ 染色：如果该颜色不是白色，那么场景中的所有灯光（环境光除外）都将被染色。

❖ 级别：增强或减弱场景中所有灯光的亮度。值为1时，所有灯光保持原始设置；增加该值可以加强场景的整体照明；减小该值可以减弱场景的整体照明。

❖ 环境光：设置环境光的颜色。

## 【练习14-1】为效果图添加室外环境贴图

为效果图添加的环境贴图效果如图14-5所示。

**01** 打开学习资源中的"练习文件>第14章>14-1.max"文件，如图14-6所示，然后按F9键测试渲染当前场景，效果如图14-7所示。

图14-5　　　　　　　　　　　　图14-6　　　　　　　　　　　图14-7

**提示**

在默认情况下，背景颜色都是黑色，也就是说渲染出来的背景颜色是黑色。如果更改背景颜色，则渲染出来的背景颜色也会跟着改变。而图14-7的背景是天蓝色的，这是因为加载了"VRay天空"环境贴图的原因。

**02** 按大键盘上的8键打开"环境和效果"对话框，然后在"环境贴图"选项组下单击"无"按钮 无 ，接着在弹出的"材质/贴图浏览器"对话框中单击"位图"选项，最后在弹出的"选择位图图像文件"对话框中选择学习资源中的"练习文件>第14章>14-1>背景.jpg文件"，如图14-8所示。

**03** 按C键切换到摄影机视图，然后按F9键渲染当前场景，最终效果如图14-9所示。

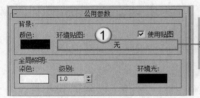
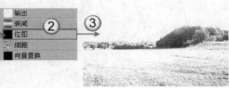

图14-8　　　　　　　　　　　　　　　　图14-9

**提示**

背景图像可以直接渲染出来，当然也可以在Photoshop中进行合成，不过这样比较麻烦，能在3ds Max中完成的尽量在3ds Max中完成。

## 【练习14-2】测试全局照明

测试的全局照明效果如图14-10所示。

图14-10

**01** 打开学习资源中的"练习文件>第14章>14-2.max"文件，如图14-11所示，然后按F9键渲染当前场景，效果如图14-12所示。

图14-11　　　　　　　　　　　　　图14-12

**02** 按大键盘上的8键打开"环境和效果"对话框，然后在"全局照明"选项组下设置"级别"为1.2，如图14-13所示，接着按F9键渲染当前场景，效果如图14-14所示。

**03** 在"全局照明"选项组下设置"染色"为蓝色（红:121，绿:175，蓝:255），然后设置"级别"为1.2，如图14-15所示，接着按F9键渲染当前场景，效果如图14-16所示。

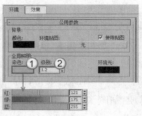

图14-13　　　　　　　　图14-14　　　　　　　　图14-15　　　　　　　　图14-16

---

**提示**

从上面的3种渲染对比效果中可以观察到，当增大"级别"数值时，场景会变亮（减小"级别"数值时，场景会变暗）；当改变"染色"颜色时，场景中的物体会受到"染色"颜色的影响而发生变化。

## 14.1.2　曝光控制

### 功能介绍

"曝光控制"是用于调整渲染的输出级别和颜色范围的插件组件，就像调整胶片曝光一样。展开"曝光控制"卷展栏，可以观察到3ds Max的曝光控制类型共有7种，如图14-17所示。

图14-17

### 参数详解

❖　mr摄影曝光控制：可以提供像摄影机一样的控制，包括快门速度、光圈和胶片速度以及对高光、中间调和阴影的图像控制。

❖　VRay曝光控制：用来控制VRay的曝光效果，可调节曝光值、快门速度、光圈等数值。

❖　对数曝光控制：用于亮度、对比度，以及在有天光照明的室外场景中。"对数曝光控制"类型适用于"动态阈值"非常高的场景。

❖　伪彩色曝光控制：实际上是一个照明分析工具，可以直观地观察和计算场景中的照明级别。

❖　物理摄影机曝光控制：用于"物理"摄影机的一种曝光控件，与"物理"摄影机搭配使用。

❖　线性曝光控制：可以从渲染中进行采样，并且可以使用场景的平均亮度来将物理值映射为RGB值。"线性曝光控制"最适合用在动态范围很低的场景中。

❖ 自动曝光控制：可以从渲染图像中进行采样，并生成一个直方图，以便在渲染的整个动态范围中提供良好的颜色分离。

## 14.1.3 大气

### 功能介绍

3ds Max中的大气环境效果可以用来模拟自然界中的云、雾、火和体积光等环境效果。使用这些特殊环境效果可以逼真地模拟出自然界的各种气候，同时还可以增强场景的景深感，使场景显得更为广阔，有时还能起到烘托场景气氛的作用，其参数设置面板如图14-18所示。

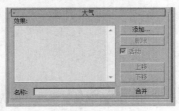

图14-18

### 参数详解

❖ 效果：显示已添加的效果名称。

❖ 名称：为列表中的效果自定义名称。

❖ 添加 添加...：单击该按钮可以打开"添加大气效果"对话框，在该对话框中可以添加大气效果，如图14-19所示。

图14-19

❖ 删除 删除：在"效果"列表中选择效果以后，单击该按钮可以删除选中的大气效果。

❖ 活动：勾选该选项可以启用添加的大气效果。

❖ 上移 上移 /下移 下移：更改大气效果的应用顺序。

❖ 合并 合并：合并其他3ds Max场景文件中的效果。

## 1.火效果

### 功能介绍

使用"火效果"环境可以制作出火焰、烟雾和爆炸等效果，如图14-20和图14-21所示。

图14-20

图14-21

"火效果"不产生任何照明效果，若要模拟产生的灯光效果，可以用灯光来实现，其参数设置面板如图14-22所示。

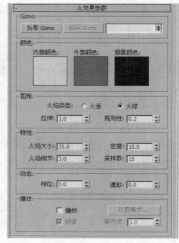

图14-22

**参数详解**

❖ 拾取Gizmo 拾取 Gizmo ：单击该按钮可以拾取场景中要产生火效果的Gizmo对象。

❖ 移除Gizmo 移除 Gizmo ：单击该按钮可以移除列表中所选的Gizmo。移除Gizmo后，Gizmo仍在场景中，但是不再产生火效果。

❖ 内部颜色：设置火焰中最密集部分的颜色。

❖ 外部颜色：设置火焰中最稀薄部分的颜色。

❖ 烟雾颜色：当勾选"爆炸"选项时，该选项才可用，主要用来设置爆炸的烟雾颜色。

❖ 火焰类型：共有"火舌"和"火球"两种类型。"火舌"是沿着中心使用纹理创建带方向的火焰，这种火焰类似于篝火，其方向沿着火焰装置的局部z轴；"火球"是创建圆形的爆炸火焰。

❖ 拉伸：将火焰沿着装置的z轴进行缩放，该选项最适合创建"火舌"火焰。

❖ 规则性：修改火焰填充装置的方式，范围是1~0。

❖ 火焰大小：设置装置中各个火焰的大小。装置越大，需要的火焰也越大，使用15~30范围内的值可以获得最佳的火效果。

❖ 火焰细节：控制每个火焰中显示的颜色更改量和边缘的尖锐度，范围是0~10。

❖ 密度：设置火焰效果的不透明度和亮度。

❖ 采样数：设置火焰效果的采样率。值越高，生成的火焰效果越细腻，但是会增加渲染时间。

❖ 相位：控制火焰效果的速率。

❖ 漂移：设置火焰沿着火焰装置的z轴的渲染方式。

❖ 爆炸：勾选该选项后，火焰将产生爆炸效果。

❖ 设置爆炸 设置爆炸... ：单击该按钮可以打开"设置爆炸相位曲线"对话框，在该对话框中可以调整爆炸的"开始时间"和"结束时间"。

❖ 烟雾：控制爆炸是否产生烟雾。

❖ 剧烈度：改变"相位"参数的涡流效果。

## 【练习14-3】用"火效果"制作壁炉火焰

壁炉火焰效果如图14-23所示。

01 打开学习资源中的"练习文件>第14章>14-3.max"文件，如图14-24所示，然后按F9键测试渲染当前场景，效果如图14-25所示。

图14-23                     图14-24                 图14-25

02 在"创建"面板中单击"辅助对象"按钮 ，设置辅助对象类型为"大气装置"，然后单击"球体Gizmo"按钮 球体 Gizmo ，如图14-26所示，接着在顶视图中创建一个球体Gizmo（放在壁炉的干柴上），最后在"球体Gizmo参数"卷展栏下设置"半径"为150mm，并勾选"半球"选项，如图14-27所示。

03 按R键选择"选择并均匀缩放"工具 ，然后将球体Gizmo调整成如图14-28所示的形状。

图14-26                图14-27                图14-28

04 按大键盘上的8键打开"环境和效果"对话框，然后在"大气"卷展栏下单击"添加"按钮 添加... ，接着在弹出的"添加大气效果"对话框中选择"火效果"选项，如图14-29所示。

05 在"效果"列表框中选择"火效果"选项，然后在"火效果参数"卷展栏下单击"拾取Gizmo"按钮 拾取 Gizmo ，接着在视图中拾取球体Gizmo，最后设置"火舌类型"为"火舌"、"规则性"为0.5、"火焰大小"为25、"火焰细节"为6、"密度"为8、"采样数"为50、"相位"为5、"漂移"为0.5，具体参数设置如图14-30所示。

06 按F9键渲染当前场景，最终效果如图14-31所示。

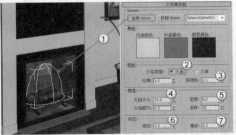

图14-29                       图14-30               图14-31

## 2.雾

### 功能介绍

使用3ds Max的"雾"环境可以创建出雾、烟雾和蒸汽等特殊环境效果，如图14-32和图14-33所示。

图14-32                 图14-33

"雾"效果的类型分为"标准"和"分层"两种，其参数设置面板如图14-34所示。

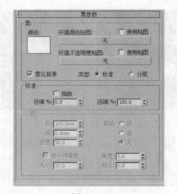

图14-34

**参数详解**

- ❖ 颜色：设置雾的颜色。
- ❖ 环境颜色贴图：从贴图导出雾的颜色。
- ❖ 使用贴图：使用贴图来产生雾效果。
- ❖ 环境不透明度贴图：使用贴图来更改雾的密度。
- ❖ 雾化背景：将雾应用于场景的背景。
- ❖ 标准：使用标准雾。
- ❖ 分层：使用分层雾。
- ❖ 指数：随距离按指数增大密度。
- ❖ 近端%：设置雾在近距范围的密度。
- ❖ 远端%：设置雾在远距范围的密度。
- ❖ 顶：设置雾层的上限（使用世界单位）。
- ❖ 底：设置雾层的下限（使用世界单位）。
- ❖ 密度：设置雾的总体密度。
- ❖ 衰减顶/底/无：添加指数衰减效果。
- ❖ 地平线噪波：启用"地平线噪波"系统。"地平线噪波"系统仅影响雾层的地平线，用来增强雾的真实感。
- ❖ 大小：应用于噪波的缩放系数。
- ❖ 角度：确定受影响的雾与地平线的角度。
- ❖ 相位：用来设置噪波动画。

## 【练习14-4】用"雾效果"制作海底烟雾

本练习的海底烟雾效果如图14-35所示。

**01** 打开学习资源中的"练习文件>第14章>14-4.max"文件，如图14-36所示，然后按F9键测试渲染当前场景，效果如图14-37所示。

图14-35

图14-36

图14-37

**02** 按大键盘上的8键打开"环境和效果"对话框，然后在"大气"卷展栏下单击"添加"按钮 添加... ，接着在弹出的"添加大气效果"对话框中选择"雾"选项，如图14-38所示。

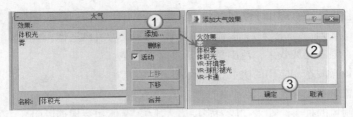

图14-38

---

**提示**

本场景已经加载了一个"雾"效果,其作用是让潜艇产生尾气。而再加载一个"雾"效果,是为了雾化场景。

**03** 选择加载的"雾"效果,然后单击两次"上移"按钮 [上移] ,使其产生的效果处于画面的最前面,如图14-39所示。

**04** 展开"雾参数"卷展栏,然后在"标准"选项组下设置"远端%"为50,如图14-40所示。

**05** 按F9键渲染当前场景,最终效果如图14-41所示。

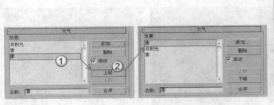

图14-39 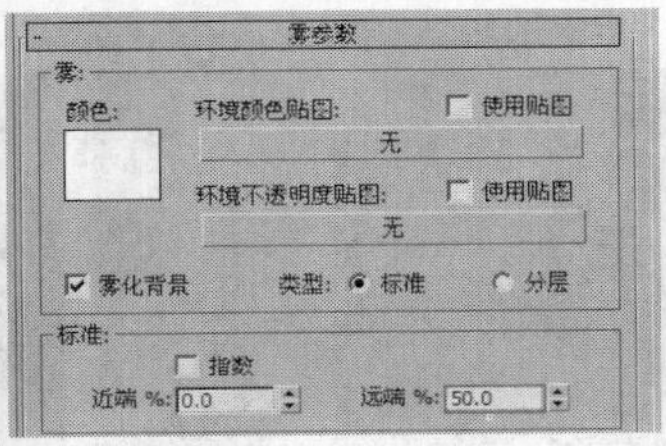　　　　　　　　　　　　图14-40 　　　　　　　　　　图14-41

## 3.体积雾

### 功能介绍

"体积雾"环境可以允许在一个限定的范围内设置和编辑雾效果。"体积雾"和"雾"最大的一个区别在于"体积雾"是三维的雾,是有体积的。"体积雾"多用来模拟烟云等有体积的气体,其参数设置面板如图14-42所示。

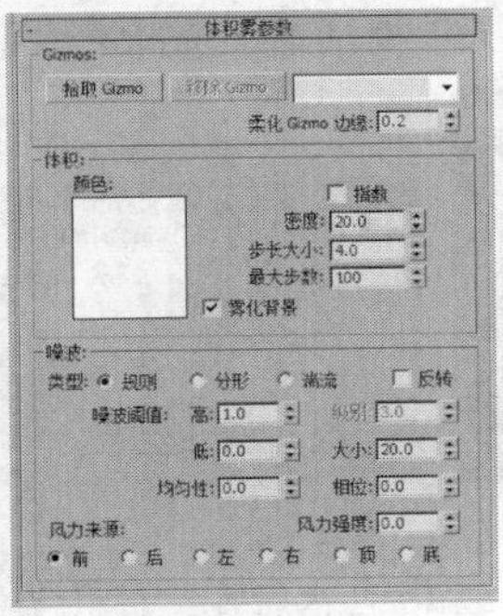

图14-42

### 参数详解

❖ 拾取Gizmo [拾取 Gizmo] :单击该按钮可以拾取场景中要产生体积雾效果的Gizmo对象。

❖ 移除Gizmo [移除 Gizmo] :单击该按钮可以移除列表中所选的Gizmo。移除Gizmo后,Gizmo仍在场景中,但是不再产生体积雾效果。

❖ 柔化Gizmo边缘:羽化体积雾效果的边缘。值越大,边缘越柔滑。

❖ 颜色:设置雾的颜色。

❖ 指数:随距离按指数增大密度。

❖ 密度:控制雾的密度,范围为0~20。

❖ 步长大小:确定雾采样的粒度,即雾的"细度"。

❖ 最大步数:限制采样量,以便雾的计算不会永远执行。该选项适合于雾密度较小的场景。

❖ 雾化背景：将体积雾应用于场景的背景。

❖ 类型：有"规则""分形""湍流""反转"4种类型可供选择。

❖ 噪波阈值：限制噪波效果，范围是0~1。

❖ 级别：设置噪波迭代应用的次数，范围是1~6。

❖ 大小：设置烟卷或雾卷的大小。

❖ 相位：控制风的种子。如果"风力强度"大于0，雾体积会根据风向来产生动画。

❖ 风力强度：控制烟雾远离风向（相对于相位）的速度。

❖ 风力来源：定义风来自于哪个方向。

# 【练习14-5】用"体积雾"制作荒漠沙尘雾

本练习的荒漠沙尘雾效果如图14-43所示。

01 打开学习资源中的"练习文件>第14章>14-5.max"文件，如图14-44所示，然后按F9键测试渲染当前场景，效果如图14-45所示。

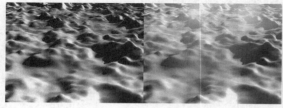  

图14-43　　　　　　　　　　　　　　图14-44　　　　　　　　　图14-45

02 在"创建"面板中单击"辅助对象"按钮 🔲，然后设置辅助对象类型为"大气装置"，接着使用"球体Gizmo"工具 球体Gizmo 在顶视图中创建一个球体Gizmo，最后在"球体Gizmo参数"卷展栏下设置"半径"为125mm，并勾选"半球"选项，其位置如图14-46所示。

03 按大键盘上的8键打开"环境和效果"对话框，然后展开"大气"卷展栏，接着单击"添加"按钮 添加... ，最后在弹出的"添加大气效果"对话框中选择"体积雾"选项，如图14-47所示。

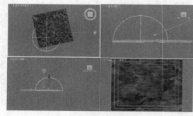

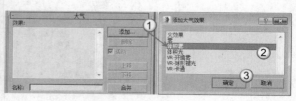

图14-46　　　　　　　　　　　　　　　　　　图14-47

04 在"效果"列表中选择"体积雾"选项，然后在"体积雾参数"卷展栏下单击"拾取Gizmo"按钮 拾取 Gizmo ，接着在视图中拾取球体Gizmo，再勾选"指数"选项，最后设置"最大步数"为150，具体参数设置如图14-48所示。

05 按F9键渲染当前场景，最终效果如图14-49所示。

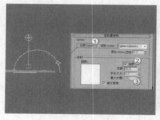 

图14-48　　　　　　　　　　图14-49

### 4.体积光

#### 功能介绍

"体积光"环境可以用来制作带有光束的光线，可以指定给灯光（部分灯光除外，如VRay太阳）。这种体积光可以被物体遮挡，从而形成光芒透过缝隙的效果，常用来模拟树与树之间的缝隙光束，如图14-50所示，其参数设置面板如图14-51所示。

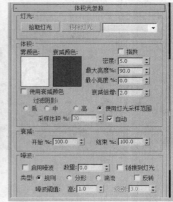

图14-50　　　　　　　　　　　　　　　　图14-51

#### 参数详解

❖　拾取灯光 拾取灯光 ：拾取要产生体积光的光源。

❖　移除灯光 移除灯光 ：将灯光从列表中移除。

❖　雾颜色：设置体积光产生的雾的颜色。

❖　衰减颜色：体积光随距离而衰减。

❖　使用衰减颜色：控制是否开启"衰减颜色"功能。

❖　指数：随距离按指数增大密度。

❖　密度：设置雾的密度。

❖　最大/最小亮度%：设置可以达到的最大和最小的光晕效果。

❖　衰减倍增：设置"衰减颜色"的强度。

❖　过滤阴影：通过提高采样率（以增加渲染时间为代价）来获得更高质量的体积光效果，包括"低""中""高"3个级别。

❖　使用灯光采样范围：根据灯光阴影参数中的"采样范围"值来使体积光中投射的阴影变模糊。

❖　采样体积%：控制体积的采样率。

❖　自动：自动控制"采样体积%"的参数。

❖　开始%/结束%：设置灯光效果开始和结束衰减的百分比。

❖　启用噪波：控制是否启用噪波效果。

❖　数量：应用于雾的噪波的百分比。

❖　链接到灯光：将噪波效果链接到灯光对象。

## 【练习14-6】用"体积光"为场景添加体积光

本练习的场景体积光效果如图14-52所示。

图14-52

**01** 打开学习资源中的"练习文件>第14章>14-6.max"文件，如图14-53所示。

**02** 设置灯光类型为VRay，然后在天空中创建一盏VRay太阳，其位置如图14-54所示。

**03** 选择VRay太阳，然后在"VRay太阳参数"卷展栏下设置"强度倍增"为0.06、"阴影细分"为8、"光子发射半径"为495 mm，具体参数设置如图14-55所示，接着按F9键测试渲染当前场景，效果如图14-56所示。

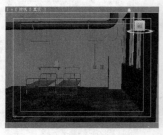 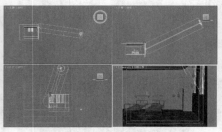 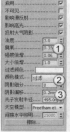 

图14-53　　　　　　　　　图14-54　　　　　　　　图14-55　　　　　　图14-56

### 提示

此时渲染出来的场景非常黑，这是因为窗户外面有个面片将灯光遮挡住了，如图14-57所示。如果不修改这个面片的属性，灯光就不会射进室内。

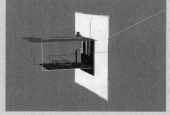

图14-57

**04** 选择窗户外面的面片，然后单击鼠标右键，接着在弹出的菜单中选择"对象属性"命令，最后在弹出的"对象属性"对话框中关闭"投射阴影"选项，如图14-58所示。

**05** 按F9键测试渲染当前场景，效果如图14-59所示。

**06** 在前视图中创建一盏VRay灯光作为辅助光源，其位置如图14-60所示。

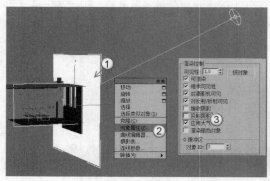  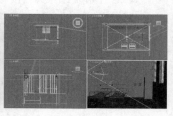

图14-58　　　　　　　　　　图14-59　　　　　　　　图14-60

**07** 选择上一步创建的VRay灯光，然后进入"修改"面板，接着展开"参数"卷展栏，具体参数设置如图14-61所示。

### 设置步骤

① 在"常规"选项组下设置"类型"为"平面"。

② 在"大小"选项组下设置"1/2长"为975mm、"1/2宽"为550mm。

③ 在"选项"选项组下勾选"不可见"选项。

**08** 设置灯光类型为"标准",然后在天空中创建一盏目标平行光,其位置如图14-62所示(与VRay太阳的位置相同)。

 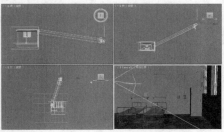

图14-61 图14-62

**09** 选择上一步创建的目标平行光,然后进入"修改"面板,具体参数设置如图14-63所示。

**设置步骤**

① 展开"常规参数"卷展栏,然后设置阴影类型为"VRay阴影"。

② 展开"强度/颜色/衰减"卷展栏,然后设置"倍增"为0.9。

③ 展开"平行光参数"卷展栏,然后设置"聚光区/光束"为150mm、"衰减区/区域"为300mm。

④ 展开"高级效果"卷展栏,然后在"投影贴图"通道中加载一张学习资源中的"实例文件>CH11>实战:用体积光为场景添加体积光>55.jpg"文件。

**10** 按F9键测试渲染当前场景,效果如图14-64所示。

图14-63 图14-64

---

**提示**

虽然在"投影贴图"通道中加载了黑白贴图,但是灯光还没有产生体积光束效果。

---

**11** 按大键盘上的8键打开"环境和效果"对话框,然后展开"大气"卷展栏,接着单击"添加"按钮 添加... ,最后在弹出的"添加大气效果"对话框中选择"体积光"选项,如图14-65所示。

**12** 在"效果"列表中选择"体积光"选项,在"体积光参数"卷展栏下单击"拾取灯光"按钮 拾取灯光 ,然后在场景中拾取目标平行灯光,接着设置"雾颜色"为(红:247,绿:232,蓝:205),再勾选"指数"选项,并设置"密度"为3.8,最后设置"过滤阴影"为"中",具体参数设置如图14-66所示。

**13** 按F9键渲染当前场景,最终效果如图14-67所示。

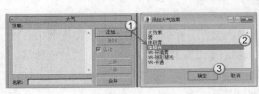 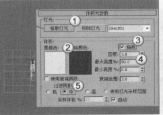 

图14-65 图14-66 图14-67

# 14.2 效果

在"效果"面板中可以为场景添加"毛发和毛皮""镜头效果""模糊""亮度和对比度""色彩平衡""景深""文件输出""胶片颗粒""照明分析图像叠加""运动模糊""VRay镜头效果"效果，如图14-68所示。

图14-68

## 14.2.1 镜头效果

### 功能介绍

使用"镜头效果"可以模拟照相机拍照时镜头所产生的光晕效果，这些效果包括"光晕""光环""射线""自动二级光斑""手动二级光斑""星形""条纹"，如图14-69所示。

图14-69

---

### 提示

在"镜头效果参数"卷展栏下选择镜头效果，单击 > 按钮可以将其加载到右侧的列表中，以应用镜头效果；单击 < 按钮可以移除加载的镜头效果。

"镜头效果"包含一个"镜头效果全局"卷展栏，该卷展栏分为"参数"和"场景"两大面板，如图14-70和图14-71所示。

### 参数详解
图14-70　　　　　　图14-71

① "参数"面板

❖ 加载 加载 ：单击该按钮可以打开"加载镜头效果文件"对话框，在该对话框中可选择要加载的lzv文件。

❖ 保存 保存 ：单击该按钮可以打开"保存镜头效果文件"对话框，在该对话框中可以保存lzv文件。

❖ 大小：设置镜头效果的总体大小。

❖ 强度：设置镜头效果的总体亮度和不透明度。值越大，效果越亮越不透明；值越小，效果越暗越透明。

❖ 种子：为"镜头效果"中的随机数生成器提供不同的起点，并创建略有不同的镜头效果。

❖ 角度：当效果与摄影机的相对位置发生改变时，该选项用来设置镜头效果从默认位置的旋转量。

❖ 挤压：在水平方向或垂直方向挤压镜头效果的总体大小。

❖ 拾取灯光 拾取灯光 ：单击该按钮可以在场景中拾取灯光。

❖ 移除 移除 ：单击该按钮可以移除所选择的灯光。

② "场景"面板

❖ 影响Alpha：如果图像以32位文件格式来渲染，那么该选项用来控制镜头效果是否影响图像的Alpha通道。

❖ 影响Z缓冲区：存储对象与摄影机的距离。z缓冲区用于光学效果。

❖ 距离影响：控制摄影机或视口的距离对光晕效果的大小和强度的影响。

❖ 偏心影响：产生摄影机或视口偏心的效果，影响其大小或强度。

❖ 方向影响：聚光灯相对于摄影机的方向，影响其大小或强度。

❖ 内径：设置效果周围的内径，另一个场景对象必须与内径相交才能完全阻挡效果。

❖ 外半径：设置效果周围的外径，另一个场景对象必须与外径相交才能开始阻挡效果。

❖ 大小：减小所阻挡的效果的大小。

❖ 强度：减小所阻挡的效果的强度。

❖ 受大气影响：控制是否允许大气效果阻挡镜头效果。

## 【练习14-7】用"镜头效果"制作镜头特效

本练习的各种镜头特效如图14-72所示。

**01** 打开学习资源中的"练习文件>第14章>14-7.max"文件，如图14-73所示。

图14-72                                    图14-73

**02** 按大键盘上的8键打开"环境和效果"对话框，然后在"效果"选项卡下单击"添加"按钮 添加... ，接着在弹出的"添加效果"对话框中选择"镜头效果"选项，如图14-74所示。

图14-74

**03** 选择"效果"列表框中的"镜头效果"选项，然后在"镜头效果参数"卷展栏下的左侧列表中选择"光晕"选项，接着单击 > 按钮将其加载到右侧的列表中，如图14-75所示。

**04** 展开"镜头效果全局"卷展栏，然后单击"拾取灯光"按钮 拾取灯光 ，接着在视图中拾取两盏泛光灯，如图14-76所示。

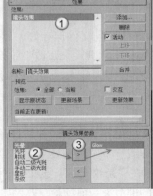

图14-75

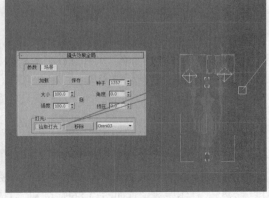

图14-76

**05** 展开"光晕元素"卷展栏，然后在"参数"选项卡下设置"强度"为60，接着在"径向颜色"选项组下设置"边缘颜色"为（红:255，绿:144，蓝:0），具体参数设置如图14-77所示。

**06** 返回到"镜头效果参数"卷展栏，然后将左侧的条纹效果加载到右侧的列表中，接着在"条纹元素"卷展栏下设置"强度"为5，如图14-78所示。

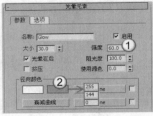
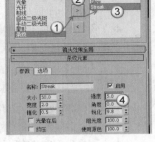

图14-77　　　　　　　　　　图14-78

**07** 返回到"镜头效果参数"卷展栏，然后将左侧的"射线"效果加载到右侧的列表中，接着在"射线元素"卷展栏下设置"强度"为28，如图14-79所示。

**08** 返回到"镜头效果参数"卷展栏，然后将左侧的"手动二级光斑"效果加载到右侧的列表中，接着在"手动二级光斑元素"卷展栏下设置"强度"为35，如图14-80所示，最后按F9键渲染当前场景，效果如图14-81所示。

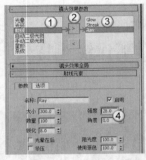
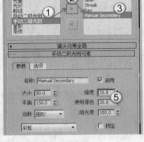

图14-79　　　　　　　图14-80　　　　　　　图14-81

---

**提示**

前面的步骤是制作的各种镜头效果的叠加效果，下面制作单个镜头特效。

---

**09** 将前面制作好的场景文件保存好，然后重新打开学习资源中的"场景文件>CH11>07.max"文件，下面制作射线特效。在"效果"卷展栏下加载一个"镜头效果"，然后在"镜头效果参数"卷展栏下将"射线"效果加载到右侧的列表中，接着在"射线元素"卷展栏下设置"强度"为80，具体参数设置如图14-82所示，最后按F9键渲染当前场景，效果如图14-83所示。

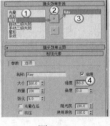

图14-82　　　　　　　图14-83

---

**提示**

注意，这里省略了一个步骤，在加载"镜头效果"以后，同样要拾取两盏泛光灯，否则不会生成射线效果。

---

**10** 下面制作手动二级光斑特效。将上一步制作好的场景文件保存好，然后重新打开学习资源中的"场景文件>CH11>07.max"文件。在"效果"卷展栏下加载一个"镜头效果"，然后在"镜头效果参数"卷展栏下将"手动二级光斑"效果加载到右侧的列表中，接着在"手动二级光斑元素"卷展栏下设置"强度"为400、"边数"为"六"，具体参数设置如图14-84所示，最后按F9键渲染当前场景，效果如图14-85所示。

**11** 下面制作条纹特效。将上一步制作好的场景文件保存好，然后重新打开学习资源中的"练习文件>第14章>14-7.max"文件。在"效果"卷展栏下加载一个"镜头效果"，然后在"镜头效果参数"卷展栏下将"条纹"效果加载到右侧的列表中，接着在"条纹元素"卷展栏下设置"强度"为300、"角度"为45，具体参数设置如图14-86所示，最后按F9键渲染当前场景，效果如图14-87所示。

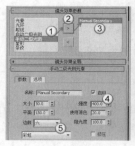

图14-84　　　　　　图14-85　　　　　　图14-86　　　　　　图14-87

**12** 下面制作星形特效。将上一步制作好的场景文件保存好，然后重新打开学习资源中的"练习文件>第14章>14-7.max"文件。在"效果"卷展栏下加载一个"镜头效果"，然后在"镜头效果参数"卷展栏下将"星形"效果加载到右侧的列表中，接着在"星形元素"卷展栏下设置"强度"为250、"宽度"为1，具体参数设置如图14-88所示，最后按F9键渲染当前场景，效果如图14-89所示。

**13** 下面制作自动二级光斑特效。将上一步制作好的场景文件保存好，然后重新打开学习资源中的"练习文件>第14章>14-7.max"文件。在"效果"卷展栏下加载一个"镜头效果"，然后在"镜头效果参数"卷展栏下将"自动二级光斑"效果加载到右侧的列表中，接着在"自动二级光斑元素"卷展栏下设置"最大"为80、"强度"为200、"数量"为4，具体参数设置如图14-90所示，最后按F9键渲染当前场景，效果如图14-91所示。

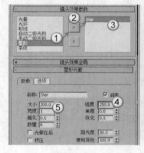

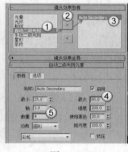

图14-88　　　　　　图14-89　　　　　　图14-90　　　　　　图14-91

## 14.2.2　模糊

### 功能介绍

使用"模糊"效果可以通过3种不同的方法使图像变得模糊，分别是"均匀型""方向型""径向型"。"模糊"效果根据"像素选择"选项卡下所选择的对象来应用各个像素，使整个图像变模糊，其参数包含"模糊类型"和"像素选择"两大部分，如图14-92和图14-93所示。

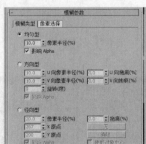
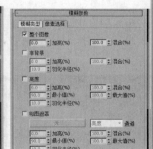
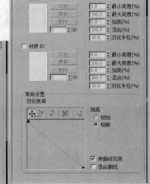

图14-92　　　　　　　　　　　　　　图14-93

### 参数详解

① "模糊类型"面板

❖ 均匀型：将模糊效果均匀应用在整个渲染图像中。

◇ 像素半径：设置模糊效果的半径。

◇ 影响Alpha：启用该选项时，可以将"均匀型"模糊效果应用于Alpha通道。

❖ 方向型：按照"方向型"参数指定的任意方向应用模糊效果。

◇ U/V向像素半径（%）：设置模糊效果的水平/垂直强度。

◇ U/V向拖痕（%）：通过为U/V轴的某一侧分配更大的模糊权重来为模糊效果添加方向。

◇ 旋转（度）：通过"U向像素半径（%）"和"V向像素半径（%）"来应用模糊效果的U向像素和V向像素的轴。

◇ 影响Alpha：启用该选项时，可以将"方向型"模糊效果应用于Alpha通道。

❖ 径向型：以径向的方式应用模糊效果。

◇ 像素半径（%）：设置模糊效果的半径。

◇ 拖痕（%）：通过为模糊效果的中心分配更大或更小的模糊权重来为模糊效果添加方向。

◇ X/Y原点：以"像素"为单位，对渲染输出的尺寸指定模糊的中心。

◇ 无 ▭无▭ ：指定以中心作为模糊效果中心的对象。

◇ 清除按钮 ▭清除▭ ：移除对象名称。

◇ 影响Alpha：启用该选项时，可以将"径向型"模糊效果应用于Alpha通道。

◇ 使用对象中心：启用该选项后，"无"按钮 ▭无▭ 指定的对象将作为模糊效果的中心。

② "像素选择"面板

❖ 整个图像：启用该选项后，模糊效果将影响整个渲染图像。

◇ 加亮（%）：加亮整个图像。

◇ 混合（%）：将模糊效果和"整个图像"参数与原始的渲染图像进行混合。

❖ 非背景：启用该选项后，模糊效果将影响除背景图像或动画以外的所有元素。

◇ 羽化半径（%）：设置应用于场景的非背景元素的羽化模糊效果的百分比。

❖ 亮度：影响亮度值介于"最小值（%）"和"最大值（%）"微调器之间的所有像素。

◇ 最小/大值（%）：设置每个像素要应用模糊效果所需的最小和最大亮度值。

❖ 贴图遮罩：通过在"材质/贴图浏览器"对话框中选择的通道和应用的遮罩来应用模糊效果。

❖ 对象ID：如果对象匹配过滤器设置，会将模糊效果应用于对象或对象中具有特定对象ID的部分（在G缓冲区中）。

❖ 材质ID：如果材质匹配过滤器设置，会将模糊效果应用于该材质或材质中具有特定材质效果通道的部分。

❖ 常规设置羽化衰减：使用曲线来确定基于图形的模糊效果的羽化衰减区域。

## 【练习14-8】用"模糊效果"制作太空飞船特效

本练习的太空飞船特效如图14-94所示。

`01` 打开学习资源中的"练习文件>第14章>14-8.max"文件，如图14-95所示，然后按F9键测试渲染当前场景，效果如图14-96所示。

图14-94            图14-95          图14-96

02 按大键盘上的8键打开"环境和效果"对话框,然后在"效果"卷展栏下加载一个"模糊"效果,如图14-97所示。

03 展开"模糊参数"卷展栏,单击"像素选择"选项卡,然后勾选"材质ID"选项,接着设置ID为8,单击"添加"按钮 添加 (添加材质ID 8),再设置"最小亮度"为60%、"加亮"为100%、"混合"为50%、"羽化半径"为30%,最后在"常规设置羽化衰减"选项组下将曲线调节成"抛物线"形状,如图14-98所示。

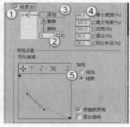

图14-97         图14-98

04 按M键打开"材质编辑器"对话框,然后选择第1个材质,接着在"多维/子对象基本参数"卷展栏下单击ID 2材质通道,再单击"材质ID通道"按钮回,最后设置ID为8,如图14-99所示。

05 选择第2个材质,然后在"多维/子对象基本参数"卷展栏下单击ID 2材质通道,接着单击"材质ID通道"按钮回,最后设置ID为8,如图14-100所示。

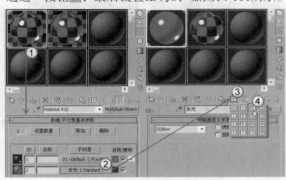
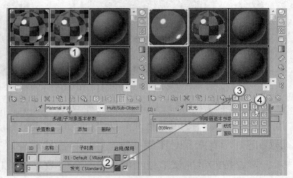

图14-99         图14-100

**提示**

设置物体的"材质ID通道"为8,并设置"模糊"效果的"材质ID"为8,这样对应之后,在渲染时"材质ID"为8的物体将会被渲染出模糊效果。

06 按F9键渲染当前场景,最终效果如图14-101所示。

图14-101

## 14.2.3 亮度和对比度

### 功能介绍

使用"亮度和对比度"效果可以调整场景的亮度和对比度,其参数设置面板如图14-102所示。

图14-102

**参数详解**

❖ 亮度：增加或减少所有色元（红色、绿色和蓝色）的亮度，取值范围是0~1。

❖ 对比度：压缩或扩展最大黑色和最大白色之间的范围，其取值范围是0~1。

❖ 忽略背景：是否将效果应用于除背景以外的所有元素。

## 【练习14-9】用"亮度/对比度效果"调整场景的亮度与对比度

调整场景亮度与对比度后的效果如图14-103所示。

`01` 打开学习资源中的"练习文件>第14章>14-9.max"文件，如图14-104所示。

图14-103　　　　　　　　　　　　　　　　　　图14-104

`02` 按大键盘上的8键打开"环境和效果"对话框，然后在"效果"卷展栏下加载一个"亮度和对比度"效果，接着按F9键测试渲染当前场景，效果如图14-105所示。

`03` 展开"亮度和对比度参数"卷展栏，然后设置"亮度"为0.85、"对比度"为0.65，如图14-106所示，接着按F9键测试渲染当前场景，最终效果如图14-107所示。

图14-105　　　　　　　　　图14-106　　　　　　　　　图14-107

## 技术专题：在Photoshop中调整亮度与对比度

从图14-107中可以发现，当修改"亮度"和"对比度"数值以后，渲染画面的亮度与对比度都很协调了，但是这样会耗费很多的渲染时间，从而大大降低工作效率。下面介绍如何在Photoshop中调整图像的亮度与对比度。

第1步：在Photoshop中打开默认渲染的图像，如图14-108所示。

第2步：执行"图像>调整>亮度/对比度"菜单命令，打开"亮度/对比度"对话框，然后对"亮度"和"对比度"数值进行调整，直到得到最佳的画面为止，如图14-109和图14-110所示。如果不能一次调整到位，还可以继续进行调整。

技术专题：在Photoshop中调整亮度与对比度（续）

图14-108　　　　　　　图14-109　　　　　　　图14-110

## 14.2.4　色彩平衡

**功能介绍**

使用"色彩平衡"效果可以通过调节"青-红""洋红-绿""黄-蓝"3个通道来改变场景的色调，其参数设置面板如图14-111所示。

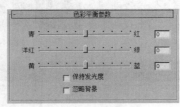

图14-111

**参数详解**

❖　青-红：调整"青-红"通道。

❖　洋红-绿：调整"洋红-绿"通道。

❖　黄-蓝：调整"黄-蓝"通道。

❖　保持发光度：启用该选项后，在修正颜色的同时将保留图像的发光度。

❖　忽略背景：启用该选项后，可以在修正图像时不影响背景。

## 【练习14-10】用"色彩平衡效果"调整场景的色调

调整场景色调后的效果如图14-112所示。

01　打开学习资源中的"练习文件>第14章>14-10.max"文件，如图14-113所示。

图14-112　　　　　　　　　　　　　　　　　　　　　图14-113

02　按大键盘上的8键打开"环境和效果"对话框，然后在"效果"卷展栏下加载一个"色彩平衡"效果，接着按F9键测试渲染当前场景，效果如图14-114所示。

**03** 展开"色彩平衡参数"卷展栏，然后设置"青-红"为15、"洋红-绿"为-15、"黄-蓝"为0，如图14-115所示，接着按F9键测试渲染当前场景，效果如图14-116所示。

图14-114

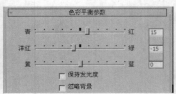
图14-115

图14-116

**04** 在"色彩平衡参数"卷展栏下重新将"青-红"修改为-15、"洋红-绿"修改为0、"黄-蓝"为15，如图14-117所示，然后按F9键测试渲染当前场景，效果如图14-118所示。

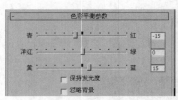
图14-117

图14-118

## 技术专题：在Photoshop中调整色彩平衡

与调整图像的"亮度/对比度"一样，色彩平衡也可以在Photoshop中进行调节，且操作方法也非常简单，具体操作步骤如下。

第1步：在Photoshop中打开默认渲染的图像，如图14-119所示。

第2步：执行"图像>调整>色彩平衡"菜单命令或按Ctrl+B组合键打开"色彩平衡"对话框，如果要向图像中添加偏暖的色调，如向图像中加入洋红色，就可以将"洋红-绿色"滑块向左拖曳，如图14-120和图14-121所示。

图14-119

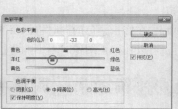
图14-120

图14-121

第3步：同理，如果要向图像中加入偏冷的色调，如向图像中加入青色，就可以将"青色-红色"滑块向左拖曳，如图14-122和图14-123所示。

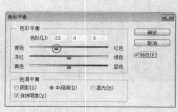
图14-122

图14-123

## 14.2.5 胶片颗粒

### 功能介绍

"胶片颗粒"效果主要用于在渲染场景中重新创建胶片颗粒，同时还可以作为背景的源材质与软件中创建的渲染场景相匹配，其参数设置面板如图14-124所示。

图14-124

### 参数详解

❖ 颗粒：设置添加到图像中的颗粒数，其取值范围是0~1。
❖ 忽略背景：屏蔽背景，使颗粒仅应用于场景中的几何体对象。

## 【练习14-11】用"胶片颗粒效果"制作老电影画面

本练习的老电影画面效果如图14-125所示。

图14-125

01 打开学习资源中的"练习文件>第14章>14-11.max"文件，如图14-126所示，然后按F9键测试渲染当前场景，效果如图14-127所示。

02 按大键盘上的8键打开"环境和效果"对话框，然后在"效果"卷展栏下加载一个"胶片颗粒"效果，接着在"胶片颗粒参数"卷展栏下设置"颗粒"为0.8，如图14-128所示，最后按F9键渲染当前场景，最终效果如图14-129所示。

图14-126　　　　　　图14-127　　　　　　图14-128　　　　　　图14-129

# 技术分享

## 为材质添加环境（产品渲染）

**文件位置：** 练习文件>第14章>技术分享>产品渲染>产品渲染.max

对于产品渲染，其渲染的场景类似于现实生活中的摄影棚，没有真实的现实背景。既然没有实际的背景，那么就很难表现金属、油漆、塑料等带有高光和反射的物体。这不是材质的原因，而是产品渲染没有真实生活中的场景，所以需要我们为材质模拟一个现实的环境。对比下面的图A（无反射）和图B（有反射），很明显图B更符合实际生活中的效果。

图A 材质未反射环境，效果不真实　　　　　　图B 材质反射了环境，效果很真实

要设置材质的环境反射，就要用到"环境"系统。先在"环境贴图"通道中加载一张VRayHDRI环境贴图，然后使用鼠标左键将其拖曳到一个空白的材质球上（以"实例"方式进行复制），同时加载能表现反射材质高光性能的HDRI环境贴图，并设置"贴图类型"为"球形"，接着将环境贴图以"实例"方式拖曳复制到需要表现高光反射的材质的"环境"贴图通道上即可，此时的材质球也会表现出很强的反光效果，见图C。这里要特别注意一点，设置好材质的环境反射贴图以后，一定要将"环境和效果"对话框中的VRayHDRI环境贴图清除掉，因为我们模拟的是材质的环境反射，而不是整个场景的环境反射。

图C 设置材质的环境反射

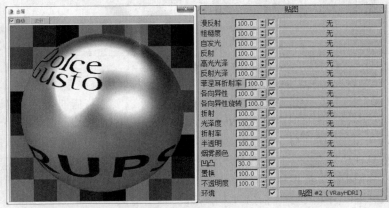

图C 设置材质的环境反射（续）

# 用环境和效果调整场景明暗对比和色调的弊端

**文件位置：**练习文件>第14章>技术分享>调色弊端>调色弊端.max

在本章的实例中已经介绍过用"环境和效果"调整场景亮度和对比度的方法，这里再列举一个调整场景色彩平衡的方法，同时阐述一下用3ds Max调整场景色调和明暗对比的弊端。见图A，这张图花了两个小时渲染出来，但画面中黄色色调的比例不够重，不是想要的效果。现在为场景添加一个"色彩平衡"效果，将"黄-蓝"设置为-40，大量增强场景的黄色比重，设置完成后再次渲染场景，虽然调色效果勉强能接受，但是却再次耗费了两个小时的渲染时间，而且天空的颜色和天花板上的灯带都受到了很大的影响，见图B。在3ds Max中花了整整4个小时才得到了想要的效果（如果是调整明暗对比，同样需要4个小时），并且还有瑕疵。但是如果用Photoshop来调色的话，只需要设置一个黄色的"照片滤镜"就可以完成，所花时间最多两分钟，而且天空的颜色和天花板上的灯带并没有受到太大的影响，见图C。

图A 渲染时间=120分钟

图B 渲染时间=120分钟

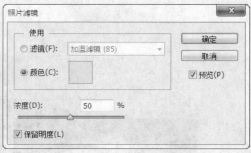

图C 调色时间=2分钟

　　经过对比可以发现，用3ds Max调色是一件非常低效的事情，严重降低了工作效率，而使用Photoshop调色却非常快捷。如果渲染出来的图像不符合要求，要进行后期处理，建议大家尽量使用Photoshop来完成。对于渲染出来的图像，如果要在Photoshop中调整明暗对比，可以用"亮度/对比度"命令、"曲线"命令和"色阶"命令；如果要调整图像的色调，可以用"色相/饱和度"命令、"色彩平衡"命令、"照片滤镜"命令、"通道混合器"命令和"可选颜色"命令等；如果要模糊整个图像或局部，可以用"高斯模糊"滤镜和"镜头模糊"滤镜等。当然，Photoshop的后期功能还有很多，在此不过多例举，大家可以购买一些专门讲解后期处理的图书来学习。

# 第 15 章

# VRay渲染器

　　渲染输出是3ds Max工作流程的最后一步，也是呈现作品最终效果的关键一步。一部3D作品能否正确、直观、清晰地展现其魅力，渲染是必要的途径。3ds Max是一个全面性的三维软件，它的渲染模块能够清晰、完美地帮助制作人员完成作品的最终输出。渲染本身就是一门艺术，如果把这门艺术表现好，就需要我们深入掌握3ds Max的各种渲染设置，以及相应的渲染器的用法。

※ 显示器的校色
※ 渲染输出的作用
※ 渲染器的类型
※ 渲染工具
※ 默认扫描线渲染器
※ "渲染器"选项卡

※ "光线跟踪器"选项卡
※ "高级照明"选项卡
※ VRay渲染器
※ VRay选项卡
※ GI选项卡
※ "设置"选项卡

# 15.1 显示器的校色

一张作品的效果除了本身的质量以外还有一个很重要的因素，那就是显示器的颜色是否准确。显示器的颜色是否准确决定了最终的打印效果，但现在的显示器品牌太多，每一种品牌的色彩效果都不尽相同，不过原理都一样，这里就以CRT显示器为例来介绍如何校正显示器的颜色。

CRT显示器是以RGB颜色模式来显示图像的，其显示效果除了自身的硬件因素以外还有一些外在的因素，例如，近处电磁干扰可以使显示器的屏幕发生抖动现象，而磁铁靠近了也可以改变显示器的颜色。

在解决了外在因素以后，就需要对显示器的颜色进行调整，可以用专业的软件（如Adobe Gamma）来进行调整，也可以用流行的图像处理软件（如Photoshop）来进行调整，调整的方向主要有显示器的对比度、亮度和伽玛值。

下面以Photoshop作为调整软件来学习显示器的校色方法。

## 15.1.1 调节显示器的对比度

在一般情况下，显示器的对比度调到最高为宜，这样就可以表现出效果图中的细微细节，在显示器上有相对应的对比度调整按钮。

## 15.1.2 调节显示器的亮度

首先将显示器中的颜色模式调成sRGB模式，如图15-1所示，然后在Photoshop中执行"编辑>颜色设置"菜单命令，打开"颜色设置"对话框，接着将RGB模式也调成sRGB，如图15-2所示，这样Photoshop就与显示器中的颜色模式相同了，接着将显示器的亮度调节到最低。

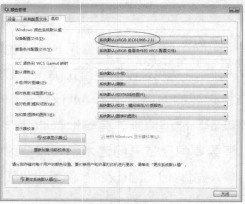

图15-1

图15-2

在Photoshop中新建一个空白文件，并用黑色填充"背景"图层，然后使用"矩形选框工具"选择填充区域的一半，接着按Ctrl+U组合键打开"色相/饱和度"对话框，并设置"明度"为3，如图15-3所示。最后观察选区内和选区外的明暗变化，如果被调区域依然是纯黑色，这时可以调整显示器的亮度，直到两个区域的亮度有细微的区别，这样就调整好了显示器的亮度，如图15-4所示。

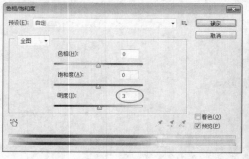

图15-3

图15-4

606

### 15.1.3　调节显示器的伽玛值

伽玛值是曲线的优化调整，是亮度和对比度的辅助功能，强大的伽玛功能可以优化和调整画面细微的明暗层次，同时还可以控制整个画面的对比度。设置合理的伽玛值，可以得到更好的图像层次效果和立体感，大大优化画面的画质、亮度和对比度。校对伽玛值的正确方法如下。

新建一个Photoshop空白文件，然后使用颜色值为（R:188，G:188，B:188）的颜色填充"背景"图层，接着使用选区工具选择一半区域，并对选择区域填充白色，如图15-5所示，最后在白色区域中每隔1像素加入一条宽度为1像素的黑色线条，如图15-6所示为放大后的效果。从远处观察，如果两个区域内的亮度相同，就说明显示器的伽玛是正确的；如果不相同，可以使用显卡驱动程序软件来对伽玛值进行调整，直到正确为止。

图15-5　　　　　　　　　　　　图15-6

## 15.2　渲染常识

使用3ds Max创作作品时，一般都遵循"建模→灯光→材质→渲染"这个最基本的流程，渲染是最后一道工序（后期处理除外）。

### 15.2.1　渲染输出的作用

渲染的英文为Render，翻译为"着色"，也就是对场景进行着色的过程，它是通过复杂的运算，将虚拟的三维场景投射到二维平面上，这个过程需要对渲染器进行复杂的设置，如图15-7所示是一些比较优秀的渲染作品。

图15-7

### 15.2.2　常用渲染器的类型

在CG领域，渲染器的种类非常多，发展也非常快，此起彼伏，令人眼花缭乱。从商业应用的角度来看，近十年来，有的渲染器死掉了（如Lightscape），有的一直不温不火（如Brazil、FinalRender），有的则大红大紫（如VRay、NVIDIA mental ray、Renderman），还有的技术比较前沿但商业价值还未得到认可（如FryRender、Maxwell）。这些渲染器虽然各不相同，但它们都是"全局光渲染器（Lightscape除外）"，也就是说现在是全局光渲染器时代了。

3ds Max是目前应用非常广泛的一个3D开发平台，其软件的通用性和用户数量都是绝对的行业领导者，因此绝大部分渲染器都支持在这个平台上运行，这就给广大的3ds Max用户带来了福音，最起码大家有更多的选择，可以根据自己的习惯、爱好、工作性质等诸多因素去选择最适合自己的渲染器。

3ds Max 2016自带的渲染器有iray渲染器、mental ray渲染器、"Quicksilver硬件渲染器""VUE文件渲染器""默认扫描线渲染器"，在安装好VRay渲染器之后也可以使用VRay渲染器来渲染场景，如图15-8所示。当然也可以安装一些其他的渲染插件，如Renderman、Brazil、FinalRender、Maxwell和Lightscape等。

图15-8

## 15.2.3 渲染工具

### 功能介绍

默认状态下，主要的渲染命令集中在主工具栏的右侧，通过单击相应的工具图标可以快速执行这些命令，如图15-9所示。

图15-9

### 命令详解

❖ 渲染设置：单击该按钮可以打开"渲染设置"对话框，基本上所有的渲染参数都在该对话框中完成。

❖ 渲染帧窗口：单击该按钮可以打开"渲染帧窗口"对话框，在该对话框中可以选择渲染区域、切换通道和储存渲染图像等任务。

❖ 渲染产品：单击该按钮可以使用当前的产品级渲染设置来渲染场景。

❖ 渲染迭代：单击该按钮可以在迭代模式下渲染场景。

❖ ActiveShade（动态着色）：单击该按钮可以在浮动的窗口中执行"动态着色"渲染。

技术专题：详解"渲染帧窗口"对话框

单击"渲染帧窗口"按钮，3ds Max会弹出"渲染帧窗口"对话框，如图15-10所示。下面详细介绍该对话框的用法。

图15-10

# 技术专题：详解"渲染帧窗口"对话框（续）

　　要渲染的区域：该下拉列表中提供了要渲染的区域选项，包括"视图""选定""区域""裁剪""放大"。

　　编辑区域◪：可以调整控制手柄来重新调整渲染图像的大小。

　　自动选定对象区域◨：激活该按钮后，系统会将"区域""裁剪""放大"自动设置为当前选择。

　　视口：显示当前渲染的是哪个视图。若渲染的是透视图，那么在这里就显示为透视图。

　　锁定到视口🔒：激活该按钮后，系统就只渲染视口列表中的视图。

　　渲染预设：可以从下拉列表中选择与预设渲染相关的选项。

　　渲染设置◫：单击该按钮可以打开"渲染设置"对话框。

　　环境和效果对话框（曝光控制）◉：单击该按钮可以打开"环境和效果"对话框，在该对话框中可以调整曝光控制的类型。

　　产品级/迭代："产品级"是使用"渲染帧窗口"对话框、"渲染设置"对话框等所有当前设置进行渲染；"迭代"是忽略网络渲染、多帧渲染、文件输出、导出至MI文件以及电子邮件通知，同时使用扫描线渲染器进行渲染。

　　渲染　渲染　：单击该按钮可以使用当前设置来渲染场景。

　　保存图像💾：单击该按钮可以打开"保存图像"对话框，在该对话框中可以保存多种格式的渲染图像。

　　复制图像🖺：单击该按钮可以将渲染图像复制到剪贴板上。

　　克隆渲染帧窗口▨：单击该按钮可以克隆一个"渲染帧窗口"对话框。

　　打印图像🖨：将渲染图像发送到Windows定义的打印机中。

　　清除✕：清除"渲染帧窗口"对话框中的渲染图像。

　　启用红色/绿色/蓝色通道●●●：显示渲染图像的红/绿/蓝通道，如图15-11~图15-13所示分别是单独开启红色、绿色、蓝色通道的图像效果。

　　　　图15-11　　　　　　　　　图15-12　　　　　　　　　图15-13

　　显示Alpha通道◑：显示图像的Alpha通道。

　　单色◉：单击该按钮可以将渲染图像以8位灰度的模式显示出来，如图15-14所示。

　　切换UI叠加▣：激活该按钮后，如果"区域""裁剪"或"放大"区域中有一个选项处于活动状态，则会显示表示相应区域的帧。

　　切换UI▣：激活该按钮后，"渲染帧窗口"对话框中的所有工具与选项均可使用；关闭该按钮后，不会显示对话框顶部的渲染控件以及对话框下部单独面板上的mental ray控件，如图15-15所示。

　　　　　图15-14　　　　　　　　　　　图15-15

# 15.3 默认扫描线渲染器

### 功能介绍

"默认扫描线渲染器"是一款多功能渲染器，可以将场景渲染为从上到下生成的一系列扫描线，如图15-16所示。"默认扫描线渲染器"的渲染速度特别快，但是渲染功能不强。

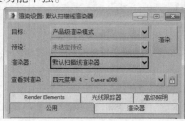

图15-16

---

#### 提示

"默认扫描线渲染器"的参数共有"公用"、"渲染器"、Render Elements（渲染元素）、"光线跟踪器"和"高级照明"5大选项卡。在一般情况下，都不会用到该渲染器，因为其渲染质量不高，并且渲染参数也特别复杂，因此这里不讲解其参数，用户只需要知道有这么一个渲染器就行了。

## 【练习15-1】用默认扫描线渲染器渲染水墨画

本练习的水墨画效果如图15-17所示。

水墨画材质的模拟效果如图15-18所示。

**01** 打开学习资源中的"练习文件>第15章>练习.max"文件，如图15-19所示。

图15-17

图15-18

图15-19

**02** 下面制作水墨画材质。按M键打开"材质编辑器"对话框，选择一个空白材质球，然后将材质命名为"水墨画"，具体参数设置如图15-20所示，制作好的材质球效果如图15-21所示。

#### 设置步骤

① 在"漫反射"贴图通道中加载一张"衰减"程序贴图，然后在"混合曲线"卷展栏下调节好曲线的形状，接着设置"高光级别"为50、"光泽度"为30。

② 展开"贴图"卷展栏，然后使用鼠标左键将"漫反射颜色"通道中的贴图拖曳到"高光颜色"和"不透明度"通道上，接着进入"不透明度"贴图通道，将"前""侧"通道颜色互换。

**03** 下面设置渲染参数。按F10键打开"渲染设置"对话框，然后单击"公用"选项卡，接着在"公用参数"卷展栏下设置"宽度"为1500、"高度"为566，如图15-22所示。

**04** 按F9键渲染当前场景，渲染完成后将图像保存为png格式，效果如图15-23所示。

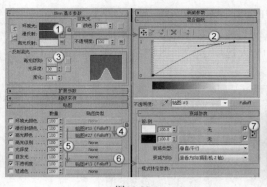

图15-20　　　　　　　　　　图15-21　　　　　　图15-22　　　　　　图15-23

### 提示

png格式的图像非常适合后期处理，因为这种格式的图像的背景是透明的，也就是说除了竹子和鱼之外，其他区域都是透明的，如图15-24所示。

图15-24

05 下面进行后期合成。启动Photoshop，然后打开学习资源中的"练习文件>第15章>练习>水墨背景.jpg"文件，如图15-25所示。

06 将前面渲染好的png格式的水墨图像导入到Photoshop中，然后将其放在背景图像的右侧，最终效果如图15-26所示。

图15-25　　　　　　　　　　　　　图15-26

# 15.4　VRay渲染器

　　VRay渲染器是保加利亚的Chaos Group公司开发的一款高质量渲染引擎，主要以插件的形式应用在3ds Max、Maya、SketchUp等软件中。由于VRay渲染器可以真实地模拟现实光照，并且操作简单，可控性也很强，因此被广泛应用于建筑表现、工业设计和动画制作等领域。

　　VRay的渲染速度与渲染质量比较均衡，也就是说在保证较高渲染质量的前提下也具有较快的渲染速度，所以它是目前效果图制作领域非常流行的渲染器，如图15-27和图15-28所示是一些比较优秀的效果图作品。

图15-27　　　　　　　　　　图15-28

如果要将当前渲染器设置为VRay渲染器，可以按F10键打开"渲染设置"对话框，然后在"渲染器"下拉列表中选择VRay Adv 3.00.08选项，如图15-29所示。VRay渲染器参数主要包括"公用"、VRay、GI、"设置"和Render Elements（渲染元素）5大选项卡，如图15-30所示。下面重点讲解VRay、GI和"设置"这3个选项卡下的参数。

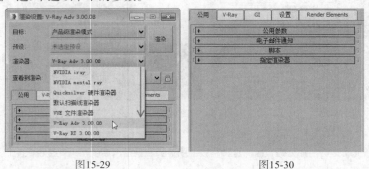

图15-29                              图15-30

## 15.4.1　VRay选项卡

VRay选项卡下包含9个卷展栏，如图15-31所示。下面重点讲解"帧缓冲区""全局开关""图像采样器（抗锯齿）""自适应图像采样器""全局确定性蒙特卡洛""环境""颜色贴图"7个卷展栏下的参数。

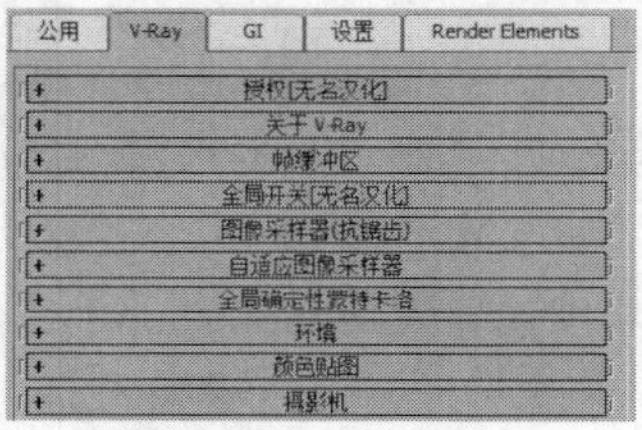

图15-31

### 1．"帧缓冲区"卷展栏

**功能介绍**

"帧缓冲区"卷展栏下的参数可以代替3ds Max自身的帧缓存窗口。在这里可以设置渲染图像的大小以及保存渲染图像等，如图15-32所示。

图15-32

**参数详解**

❖ 启用内置帧缓冲区：当选择这个选项的时候，用户就可以使用VRay自身的渲染窗口。同时需要注意，应该在"公用"卷展栏下关闭3ds Max默认的"渲染帧窗口"选项，这样可以节约一些内存资源，如图15-33所示。

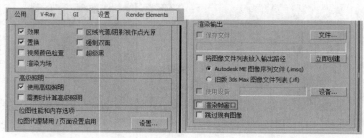

图15-33

## 技术专题：详解"VRay帧缓冲区"对话框

在"帧缓存"卷展栏下勾选"启用内置帧缓存"选项后，按F9键渲染场景，3ds Max会弹出"VRay帧缓冲区"对话框，如图15-34所示。

图15-34

切换颜色显示模式：分别为"切换到RGB通道""查看红色通道""查看绿色通道""查看蓝色通道""切换到Alpha通道""灰度模式"。

保存图像：将渲染好的图像保存到指定的路径中。

保存所有图像通道：在添加了渲染ID元素以后，单击该按钮可以保存通道图像。

载入图像：载入VRay图像文件。

清除图像：清除帧缓存中的图像。

复制到3ds Max的帧缓存：单击该按钮可以将VRay帧缓存中的图像复制到3ds Max中的帧缓存中。

渲染时跟踪鼠标：强制渲染鼠标所指定的区域，这样可以快速观察到指定的渲染区域。

区域渲染：使用该按钮可以在VRay帧缓存中拖出一个渲染区域，再次渲染时就只渲染这个区域内的物体。

最后渲染：重复一次最后进行的渲染。

显示校正控制器：单击该按钮会弹出"颜色校正"对话框，在该对话框中可以校正渲染图像的颜色。

强制颜色钳位：单击该按钮可以对渲染图像中超出显示范围的色彩不进行警告。

显示像素信息：激活该按钮后，使用鼠标右键在图像上单击会弹出一个与像素相关的信息通知对话框。

使用色彩校正：在"颜色校正"对话框中调整明度的阈值后，单击该按钮可以将最后调整的结果显示或不显示在渲染的图像中。

使用颜色曲线校正：在"颜色校正"对话框中调整好曲线的阈值后，单击该按钮可以将最后调整的结果显示或不显示在渲染的图像中。

使用曝光校正：控制是否对曝光进行修正。

显示在sRGB色颜色空间：sRGB是国际通用的一种RGB颜色模式，还有Adobe RGB和ColorMatch RGB模式，这些RGB模式主要的区别就在于Gamma值的不同。

使用LUT校正：在"颜色校正"对话框中加载LUT校正文件后，单击该按钮可以将最后调整的结果显示或不显示在渲染的图像中。

显示VFB历史窗口：单击该按钮后将弹出"渲染历史"对话框，该对话框用于查看之前渲染过的图像文件的相关信息。

使用像素纵横比：当渲染图像比例不当造成像素失真时，可以单击该按钮进行自动校正。注意，此时校正的是图像内单个像素的纵横比，因此对画面整体的影响并不明显。

立体红色/青色：如果需要输出具有立体感的画面，可以通过该按钮分别输出立体红色及立体青色图像，然后经过后期合成制作立体画面效果。

❖ 内存帧缓冲区：当勾选该选项时，可以将图像渲染到内存中，然后再由帧缓冲窗口显示出来，这样可以方便用户观察渲染的过程；当关闭该选项时，不会出现渲染框，而直接保存到指定的硬盘文件夹中，这样的好处是可以节约内存资源。

❖ 从MAX获取分辨率：当勾选该选项时，将从"公用"选项卡的"输出大小"选项组中获取渲染尺寸；当关闭该选项时，将从VRay渲染器的"输出分辨率"选项组中获取渲染尺寸。

❖ 图像纵横比：设置图像的长宽比例，单击后面的L按钮 L 可以锁定图像的长宽比。

❖ 像素纵横比：控制渲染图像的像素长宽比。

❖ 交换 变换 ：交换"宽度"和"高度"的数值。

❖ 宽度：设置像素的宽度。

❖ 高度：设置像素的高度。

❖ 预设：可以在后面的下拉列表中选择需要渲染的尺寸。

❖ VRay Raw图像文件：控制是否将渲染后的文件保存到所指定的路径中。勾选该选项后，渲染的图像将以raw格式进行保存。

❖ 生成预览：勾选该选项后，VRay Raw图像渲染完成后将生成预览效果。

❖ 单独的渲染通道：控制是否单独保存渲染通道。

❖ 保存RGB：控制是否保存RGB色彩。

❖ 保存Alpha：控制是否保存Alpha通道。

❖ 浏览 … ：单击该按钮可以保存RGB和Alpha文件。

### 2. "全局开关"卷展栏

### 功能介绍

"全局开关"展卷栏下的参数主要用来对场景中的灯光、材质、置换等进行全局设置，例如是否使用默认灯光、是否开启阴影、是否开启模糊等，如图15-35所示。

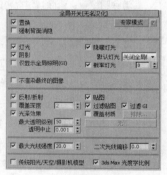

图15-35

---

**提示**

请用户特别注意，VRay渲染器的参数卷展栏分为"基本模式""高级模式""专家模式"3种类型。选择"基本模式"类型时，VRay渲染器只显示最基本的参数设置选项，如图15-36所示；选择"高级模式"类型时，VRay渲染器会显示大部分的参数设置选项，如图15-37所示；选择"专家模式"类型时，VRay渲染器会显示所有的参数设置选项，如图15-38所示。本书在讲解VRay渲染器时，全部是以"专家模式"或"高级模式"（某些卷展栏只有"高级模式"）进行讲解，也就是说会讲解该渲染器的所有参数设置选项。

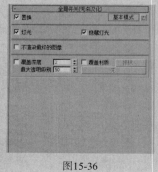

图15-36

图15-37                     图15-38

**参数详解**

❖ 置换：控制是否开启场景中的置换效果。在VRay的置换系统中，一共有两种置换方式，分别是材质置换方式和"VRay置换模式"修改器方式，如图15-39和图15-40所示。当关闭该选项时，场景中的两种置换都不会起作用。

❖ 强制背面消隐：执行3ds Max中的"自定义>首选项"菜单命令，打开"首选项设置"对话框，在"视口"选项卡下有一个"创建对象时背面消隐"选项，如图15-41所示。"背面强制隐藏"与"创建对象时背面消隐"选项相似，但"创建对象时背面消隐"只用于视图，对渲染没有影响，而"强制背面隐藏"是针对渲染而言的，勾选该选项后反法线的物体将不可见。

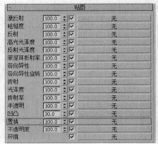

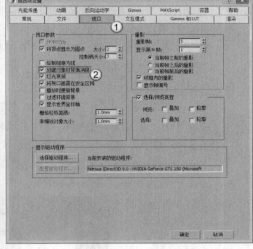

图15-39　　　　　　　　图15-40　　　　　　　　　　图15-41

❖ 灯光：控制是否开启场景中的光照效果。当关闭该选项时，场景中放置的灯光将不起作用。

❖ 阴影：控制场景是否产生阴影。

❖ 仅显示全局照明（GI）：当勾选该选项时，场景渲染结果只显示全局照明的光照效果。虽然如此，渲染过程中也是计算了直接光照的。

❖ 隐藏灯光：控制场景是否让隐藏的灯光产生光照。这个选项对于调节场景中的光照非常方便。

❖ 默认灯光：控制场景是否使用3ds Max系统中的默认光照，一般情况下都不设置它。

❖ 不渲染最终的图像：控制是否渲染最终图像。如果勾选该选项，VRay在计算完光子以后，将不再渲染最终图像，这对跑小光子图非常方便。

❖ 反射/折射：控制是否开启场景中的材质的反射和折射效果。

❖ 覆盖深度：控制整个场景中的反射、折射的最大深度，后面的输入框数值表示反射、折射的次数。

❖ 光泽效果：是否开启反射或折射模糊效果。当关闭该选项时，场景中带模糊的材质将不会渲染出反射或折射模糊效果。

❖ 最大透明级别：控制透明材质被光线追踪的最大深度。值越高，被光线追踪的深度越深，效果越好，但渲染速度会变慢。

❖ 透明中止：控制VRay渲染器对透明材质的追踪终止值。当光线透明度的累计比当前设定的阀值低时，将停止光线透明追踪。

❖ 贴图：控制是否让场景中的物体的程序贴图和纹理贴图渲染出来。如果关闭该选项，那么渲染出来的图像就不会显示贴图，取而代之的是漫反射通道里的颜色。

❖ 过滤贴图：这个选项用来控制VRay渲染时是否使用贴图纹理过滤。如果勾选该选项，VRay将用自身的"图像过滤器"来对贴图纹理进行过滤，如图15-42所示；如果关闭该选项，将以原始图像进行渲染。

图15-42

❖ 过滤GI：控制是否在全局照明中过滤贴图。

❖ 覆盖材质：控制是否给场景赋予一个全局材质。当在下面的"无" <u>    无    </u> 通道中设置了一个材质后，那么场景中所有的物体都将使用该材质进行渲染，这在测试阳光效果及检查模型完整度时非常有用。另外，单击"排除"按钮 <u> 排除... </u> 可以选择不需要覆盖的对象。

❖ 二次光线偏移：这个选项主要用来控制有重面的物体在渲染时不会产生黑斑。如果场景中有重面，在默认值0的情况下将会产生黑斑，一般通过设置一个比较小的值来纠正渲染错误，如0.0001。但是如果这个值设置得比较大，如10，那么场景中的全局照明将变得不正常。如在图15-43中，地板上放了一个长方体，它的位置刚好和地板重合，当"二次光线偏移"数值为0的时候渲染结果不正确，出现黑块；当"二次光线偏移"数值为0.001的时候，渲染结果正常，没有黑斑，如图15-44所示。

图15-43              图15-44

## 3."图像采样器（抗锯齿）"卷展栏

### 功能介绍

抗锯齿在渲染设置中是一个必须调整的参数，其数值的大小决定了图像的渲染精度和渲染时间，但抗锯齿与全局照明精度的高低没有关系，只作用于场景物体的图像和物体的边缘精度，其参数设置面板如图15-45所示。

图15-45

### 参数详解

❖ 类型：用来设置"图像采样器"的类型，包括"固定""自适应""自适应细分""渐进"4种类型。

    ◇ 固定：对每个像素使用一个固定的细分值。该采样方式适合拥有大量的模糊效果（如运动模糊、景深模糊、反射模糊、折射模糊等）或者具有高细节纹理贴图的场景。在这种情况下，使用"固定"方式能够兼顾渲染品质和渲染时间。

◇ 自适应：这是常用的一种采样器，在下面的内容中还要单独介绍，其采样方式可以根据每个像素以及与它相邻像素的明暗差异来使不同像素使用不同的样本数量。在角落部分使用较高的样本数量，在平坦部分使用较低的样本数量。该采样方式适合用于拥有少量的模糊效果或者具有高细节的纹理贴图以及具有大量几何体面的场景。

◇ 自适应细分：这个采样器具有负值采样的高级抗锯齿功能，适用于在没有或者有少量模糊效果的场景中，在这种情况下，它的渲染速度最快，但是在具有大量细节和模糊效果的场景中，它的渲染速度会非常慢，渲染品质也不高，这是因为它需要去优化模糊和大量的细节，这样就需要对模糊和大量细节进行预计算，从而把渲染速度降低。同时该采样方式是4种采样类型中最占内存资源的一种，而"固定"采样器占的内存资源最少。

◇ 渐进：此采样器逐渐采样至整个图像。

❖ 最小着色速率/渲染遮罩/划分着色细分：这3个选项保持默认设置即可。

❖ 图像过滤器：当勾选该选项以后，可以从后面的下拉列表中选择一个图像过滤器来对场景进行抗锯齿处理；如果不勾选选项，那么渲染时将使用纹理图像过滤器。图像过滤器的类型有以下16种。

◇ 区域：用区域大小来计算抗锯齿，如图15-46所示。

◇ 清晰四方形：来自Neslon Max算法的清晰9像素重组过滤器，如图15-47所示。

◇ Catmull-Rom：一种具有边缘增强的过滤器，可以产生较清晰的图像效果，如图15-48所示。

◇ 图版匹配/MAX R2：使用3ds Max R2的方法（无贴图过滤）将摄影机和场景或"无光/投影"元素与未过滤的背景图像相匹配，如图15-49所示。

图15-46    图15-47    图15-48    图15-49

◇ 四方形：与"清晰四方形"相似，能产生一定的模糊效果，如图15-50所示。

◇ 立方体：基于立方体的25像素过滤器，能产生一定的模糊效果，如图15-51所示。

◇ 视频：适合于制作视频动画的一种图像过滤器，如图15-52所示。

◇ 柔化：用于程度模糊效果的一种图像过滤器，如图15-53所示。

图15-50    图15-51    图15-52    图15-53

◇ Cook变量：一种通用过滤器，较小的数值可以得到清晰的图像效果，如图15-54所示。

- ◇ 混合：一种用混合值来确定图像清晰或模糊的图像抗锯齿过滤器，如图15-55所示。
- ◇ Blackman：一种没有边缘增强效果的图像过滤器，如图15-56所示。
- ◇ Mitchell-Netravali：一种常用的过滤器，能产生微量模糊的图像效果，如图15-57所示。
- ◇ VRayLanczosFilter/VRaySincFilter：这两个过滤器可以很好地平衡渲染速度和渲染质量，如图15-58所示。

| 图15-54 | 图15-55 | 图15-56 | 图15-57 | 图15-58 |

- ◇ VRayBoxFilter/VRayTriangleFilter：这两个过滤器以"盒子"和"三角形"的方式进行抗锯齿。
- ❖ 大小：设置过滤器的大小。
- ❖ 圆环化/模糊：当设置"过滤器"为Mitchell-Netravali时，激活该参数，在一般情况下，建议保持默认值即可。

## 4."自适应图像采样器"卷展栏

### 功能介绍

　　"自适应图像采样器"是一种高级抗锯齿图像采样器。展开"图像采样器（抗锯齿）"卷展栏，然后设置图像采样器的"类型"为"自适应"，此时会增加一个"自适应图像采样器"卷展栏，如图15-59所示。

图15-59

### 参数详解

- ❖ 最小细分：定义每个像素使用样本的最小数量。
- ❖ 最大细分：定义每个像素使用样本的最大数量。
- ❖ 使用确定性蒙特卡洛采样器阈值：如果勾选了该选项，"颜色阈值"选项将不起作用。
- ❖ 颜色阈值：色彩的最小判断值，当色彩的判断达到这个值以后，就停止对色彩的判断。具体一点就是分辨哪些是平坦区域，哪些是角落区域。这里的色彩应该理解为色彩的灰度。

## 5."全局确定性蒙特卡洛"卷展栏

### 功能介绍

　　"全局确定性蒙特卡洛"卷展栏下的参数可以用来控制整体的渲染质量和速度，其参数设置面板如图15-60所示。

图15-60

### 参数详解

- ❖ 自适应数量：主要用来控制适应的百分比。
- ❖ 噪波阈值：控制渲染中所有产生噪点的极限值，包括灯光细分、抗锯齿等。数值越小，渲染品质越高，渲染速度就越慢。

❖ 时间独立：控制是否在渲染动画时对每一帧都使用相同的"全局确定性蒙特卡洛"参数设置。

❖ 全局细分倍增：VRay渲染器有很多"细分"选项，该选项是用来控制所有细分的百分比。

❖ 最小采样：设置样本及样本插补中使用的最少样本数量。数值越小，渲染品质越低，速度就越快。

## 6. "环境"卷展栏

**功能介绍**

"环境"卷展栏下的参数主要用于设置天光的亮度、反射、折射和颜色等，如图15-61所示。

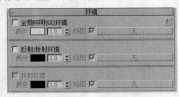

图15-61

**参数详解**

❖ 全局照明（GI）环境：控制是否开启全局照明环境。

  ◇ 颜色：设置天光的颜色，在后面可设置天光亮度的倍增。值越高，天光的亮度越高。

  ◇ 贴图：选择贴图来作为天光的光照。

❖ 反射/折射环境：控制是否开启反射/折射环境。

  ◇ 颜色：设置反射环境的颜色，在后面可设置反射环境亮度的倍增。值越高，反射环境的亮度越高。

  ◇ 贴图：选择贴图来作为反射环境。

❖ 折射环境：控制是否开启折射环境。

  ◇ 颜色：设置折射环境的颜色，在后面可设置反射环境亮度的倍增。值越高，折射环境的亮度越高。

  ◇ 贴图：选择贴图来作为折射环境。

## 7. "颜色贴图"卷展栏

**功能介绍**

"颜色贴图"卷展栏下的参数主要用来控制整个场景的颜色和曝光方式，如图15-62所示。

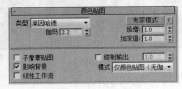

图15-62

**参数详解**

❖ 类型：提供不同的曝光模式，包括"线性倍增""指数""HSV指数""强度指数""伽玛校正""强度伽玛""莱因哈德"7种模式。

  ◇ 线性倍增：这种模式将基于最终色彩亮度来进行线性的倍增，可能会导致靠近光源的点过分明亮，如图15-63所示。"线性倍增"模式包括3个局部参数，"暗度倍增"是对暗部的亮度进行控制，加大该值可以提高暗部的亮度；"明度倍增"是对亮部的亮度进行控制，加大该值可以提高亮部的亮度；"伽玛"主要用来控制图像的伽玛值。

◇ 指数：这种曝光是采用指数模式，它可以降低靠近光源处表面的曝光效果，同时场景颜色的饱和度会降低，如图15-64所示。"指数"模式的局部参数与"线性倍增"一样。

◇ HSV指数：与"指数"曝光比较相似，不同点在于可以保持场景物体的颜色饱和度，但是这种方式会取消高光的计算，如图15-65所示。"HSV指数"模式的局部参数与"线性倍增"一样。

◇ 强度指数：这种方式是对上面两种指数曝光的结合，既抑制了光源附近的曝光效果，又保持了场景物体的颜色饱和度，如图15-66所示。"强度指数"模式的局部参数与"线性倍增"相同。

图15-63 　　　　　　　图15-64 　　　　　　　图15-65 　　　　　　　图15-66

◇ 伽玛校正：采用伽玛来修正场景中的灯光衰减和贴图色彩，其效果和"线性倍增"曝光模式类似，如图15-67所示。"伽玛校正"模式包括"倍增""反向伽玛""伽玛"3个局部参数，"倍增"主要用来控制图像的整体亮度倍增；"反向伽玛"是VRay内部转化的，如输入2.2就与显示器的伽玛2.2相同；"伽玛"主要用来控制图像的伽玛值。

◇ 强度伽玛：这种曝光模式不仅拥有"伽玛校正"的优点，同时还可以修正场景灯光的亮度，如图15-68所示。

◇ 菜因哈德：这种曝光方式可以把"线性倍增"和"指数"曝光混合起来。它包括一个"加深值"局部参数，主要用来控制"线性倍增"和"指数"曝光的混合值，0表示"线性倍增"不参与混合，如图15-69所示；1表示"指数"不参加混合，如图15-70所示；0.5表示"线性倍增"和"指数"曝光效果各占一半，如图15-71所示。

图15-67 　　　　　图15-68 　　　　　　图15-69 　　　　　　图15-70 　　　　　　图15-71

❖ 子像素贴图：在实际渲染时，物体的高光区与非高光区的界限处会有明显的黑边，而开启"子像素贴图"选项后就可以缓解这种现象。

❖ 钳制输出：当勾选这个选项后，在渲染图中有些无法表现出来的色彩会通过限制来自动纠正。但是当使用HDRI（高动态范围贴图）的时候，如果限制了色彩的输出会出现一些问题。

❖ 影响背景：控制是否让曝光模式影响背景。当关闭该选项时，背景不受曝光模式的影响。

❖ 模式：通常不进行设置，仅在使用HDRI（高动态范围贴图）和"VRay灯光材质"时，选择"无（不适用任何东西）"选项。

❖ 线性工作流：当使用线性工作流时，可以勾选该选项。

## 15.4.2 GI选项卡

GI选项卡包含4个卷展栏，如图15-72所示。下面重点讲解"全局照明""发光图""灯光缓存""焦散"卷展栏下的参数。

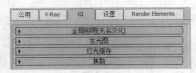

图15-72

---

**提示**

在默认情况下是没有"灯光缓存"卷展栏的，要调出这个卷展栏，需要先在"全局照明"卷展栏下将"二次引擎"设置为"灯光缓存"，如图15-73所示。

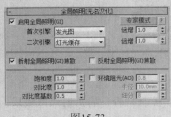

图15-73

---

### 1."全局照明"卷展栏

**功能介绍**

在VRay渲染器中，没有开启全局照明时的效果就是直接照明效果，开启后就可以得到全局照明效果。开启全局照明后，光线会在物体与物体间互相反弹，因此光线计算会更加准确，图像也更加真实，其参数设置面板如图15-74所示。

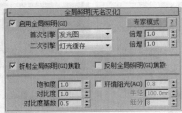

图15-74

**参数详解**

- ❖ 启用全局照明（GI）：勾选该选项可开启全局照明。
- ❖ 首次引擎：设置首次反弹的GI引擎，包括"发光图""光子图""BF算法""灯光缓存"4种。
- ❖ 倍增：控制首次反弹的光的倍增值。值越高，首次反弹的光的能量越强，渲染场景越亮，默认情况下为1。
- ❖ 二次引擎：设置二次反弹的GI引擎，包括"无"（表示不使用引擎）、"光子图"、"BF算法"和"灯光缓存"4种。
- ❖ 倍增：控制二次反弹的光的倍增值。值越高，二次反弹的光的能量越强，渲染场景越亮，最大值为1，默认情况下也为1。

在真实世界中，光线具有反弹效果，而且反弹一次比一次减弱。在VRay渲染器，全局照明有"首次引擎"和"二次引擎"，分别用来设置直接照明的光线反弹引擎和全局照明的反弹引擎，但这并不是说光线只反弹两次。"首次引擎"可以理解为直接照明的反弹，光线照射到A物体后反射到B物体，B物体所接收到的光就是"首次引擎"，B物体再将光线反射到C物体，C物体再将光线反射到D物体……，C物体以后的物体所得到的光的反射就是"二次引擎"，如图15-75所示。

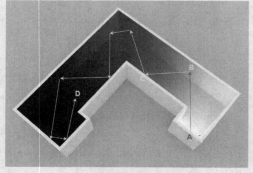

图15-75

- ❖ 折射全局照明（GI）焦散：控制是否开启折射焦散效果。
- ❖ 反射全局照明（GI）焦散：控制是否开启反射焦散效果。

---
**提示**

注意，"折射全局照明（GI）焦散"和"反射全局照明（GI）焦散"只有在"焦散"卷展栏下勾选"焦散"选项后才起作用。

- ❖ 饱和度：可以用来控制色溢，降低该数值可以降低色溢效果，如图15-76和图15-77所示是"饱和度"数值为0和2时的效果对比。

图15-76　　　　　　　　　　图15-77

- ❖ 对比度：控制色彩的对比度。数值越高，色彩对比越强；数值越低，色彩对比越弱。
- ❖ 对比度基数：控制"饱和度"和"对比度"的基数。数值越高，"饱和度"和"对比度"效果越明显。
- ❖ 环境阻光（AO）：控制是否开启环境阻光的计算。
- ❖ 半径：设置环境阻光的半径。
- ❖ 细分：设置环境阻光的细分值。数值越高，阻光越好，反之越差。

## 2."发光图"卷展栏

### 功能介绍

"发光图"中的"发光"描述了三维空间中的任意一点以及全部可能照射到这点的光线，它是一种常用的全局光引擎，只存在于"首次引擎"中，其参数设置面板如图15-78所示。

图15-78

## 参数详解

❖ **当前预设**: 设置发光图的预设类型, 共有以下8种。

◇ **自定义**: 选择该模式时, 可以手动调节参数。

◇ **非常低**: 这是一种非常低的精度模式, 主要用于测试阶段。

◇ **低**: 一种比较低的精度模式, 不适合用于保存光子贴图。

◇ **中**: 是一种中级品质的预设模式。

◇ **中-动画**: 用于渲染动画效果, 可以解决动画闪烁的问题。

◇ **高**: 一种高精度模式, 一般用在光子贴图中。

◇ **高-动画**: 比中等品质效果更好的一种动画渲染预设模式。

◇ **非常高**: 是预设模式中精度最高的一种, 可以用来渲染高品质的效果图。

❖ **最小速率**: 控制场景中平坦区域的采样数量。0表示计算区域的每个点都有样本; -1表示计算区域的1/2是样本; -2表示计算区域的1/4是样本, 如图15-79和图15-80所示是"最小速率"为-2和-5时的对比效果。

❖ **最大速率**: 控制场景中的物体边线、角落、阴影等细节的采样数量。0表示计算区域的每个点都有样本; -1表示计算区域的1/2是样本; -2表示计算区域的1/4是样本, 如图15-81和图15-82所示是"最大速率"为0和-1时的效果对比。

最小速率=-2

图15-79

最小速率=-5

图15-80

最大速率=0

图15-81

最大速率=-1

图15-82

❖ **细分**: 因为VRay采用的是几何光学, 所以它可以模拟光线的条数。这个参数就是用来模拟光线的数量, 值越高, 表现的光线越多, 那么样本精度也就越高, 渲染的品质也越好, 同时渲染时间也会增加, 如图15-83和图15-84所示是"细分"分别为20和100时的效果对比。

❖ **插值采样**: 这个参数是对样本进行模糊处理, 较大的值可以得到比较模糊的效果, 较小的值可以得到比较锐利的效果, 如图15-85和图15-86所示是"插值采样"分别为2和20时的效果对比。

细分=20

图15-83

细分=100

图15-84

插值采样=2

图15-85

插值采样=20

图15-86

❖ 插值帧数：该选项当前不可用。

❖ 使用摄影机路径：该参数主要用于渲染动画，勾选后会改变光子采样自摄影机射出的方式，它会自动调整为从整个摄影机的路径发射光子，因此每一帧发射的光子与动画帧更为匹配，可以解决动画闪烁等问题。

❖ 显示计算相位：勾选这个选项后，用户可以看到渲染帧里的GI预计算过程，同时会占用一定的内存资源。

❖ 显示直接光：在预计算的时候显示直接照明，以方便用户观察直接光照的位置。在后面的下拉菜单中可以选择预览的方式。

❖ 显示采样：显示采样的分布以及分布的密度，帮助用户分析GI的精度够不够。

❖ 颜色阈值：这个值主要是让渲染器分辨哪些是平坦区域，哪些不是平坦区域，它是按照颜色的灰度来区分的。值越小，对灰度的敏感度越高，区分能力越强。

❖ 法线阈值：这个值主要是让渲染器分辨哪些是交叉区域，哪些不是交叉区域，它是按照法线的方向来区分的。值越小，对法线方向的敏感度越高，区分能力越强。

❖ 距离阈值：这个值主要是让渲染器分辨哪些是弯曲表面区域，哪些不是弯曲表面区域，它是按照表面距离和表面弧度的比较来区分的。值越高，表示弯曲表面的样本越多，区分能力越强。

❖ 细节增强：控制是否开启"细节增强"功能。

❖ 比例：细分半径的单位依据，有"屏幕"和"世界"两个单位选项。"屏幕"是指用渲染图的最后尺寸来作为单位；"世界"是用3ds Max中的单位来定义。

❖ 半径：表示细节部分有多大区域使用"细节增强"功能。"半径"值越大，使用"细节增强"功能的区域也就越大，同时渲染时间也越长。

❖ 细分倍增：控制细节的细分，但是这个值和"发光图"中的"细分"有关系，0.3表示是"细分"的30%，1表示与"细分"的值一样。值越低，细部就会产生杂点，渲染速度会比较快；值越高，细部的杂点就越少，但是会增加渲染时间。

❖ 随机采样：控制"发光图"的样本是否随机分配。如果勾选该选项，那么样本将随机分配，如图15-87所示；如果关闭该选项，那么样本将以网格方式来进行排列，如图15-88所示。

❖ 多过程：当勾选该选项时，VRay会根据"最大采样比"和"最小采样比"进行多次计算。如果关闭该选项，那么就强制一次性计算完。一般根据多次计算以后的样本分布会均匀合理一些。

❖ 检查采样可见性：在灯光通过比较薄的物体时，很有可能会产生漏光现象，勾选该选项可以解决这个问题，但是渲染时间就会长一些。通常在比较高的GI情况下，也不会漏光，所以一般情况下不勾选该选项。当出现漏光现象时，可以试着勾选该选项，图15-89所示是右边的薄片出现的漏光现象，图15-90所示是勾选了"检查采样可见性"以后的效果，从图中可以观察到没有了漏光现象。

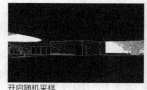
开启随机采样

关闭检查采样可见性

开启检查采样可见性

关闭随机采样

图15-87　　　　　　　　图15-88　　　　　　　　图15-89　　　　　　　　图15-90

❖ 计算采样数：用在计算"发光图"过程中，主要计算已经被查找后的插补样本的使用数量。较低的数值可以加速计算过程，但是会导致信息不足；较高的值计算速度会减慢，但是所利用的样本数量比较多，所以渲染质量也比较好。官方推荐使用10~25之间的数值。

❖ 插值类型：VRay提供了4种样本插补方式，为"发光图"的样本的相似点进行插补。

❖ 权重平均值（好/强）：一种简单的插补方法，可以将插补采样以一种平均值的方法进行计算，能得到较好的光滑效果。

❖ 最小平方拟合（好/平滑）：默认的插补类型，可以对样本进行最适合的插补采样，能得到比"权重平均值（好/强）"更光滑的效果。

❖ Delone三角剖分（好/精确）：最精确的插补算法，可以得到非常精确的效果，但是要有更多的"细分"才不会出现斑驳效果，且渲染时间较长。

❖ 最小平方权重/泰森多边形权重（测试）：结合了"权重平均值（好/强）"和"最小平方拟合（好/平滑）"两种类型的优点，但是渲染时间较长。

❖ 查找采样：它主要控制哪些位置的采样点是适合用来作为基础插补的采样点。VRay内部提供了以下4种样本查找方式。

❖ 平衡嵌块（好）：它将插补点的空间划分为4个区域，然后尽量在它们中寻找相等数量的样本，它的渲染效果比"最近（草稿）"效果好，但是渲染速度比"最近（草稿）"慢。

❖ 最近（草稿）：这种方式是一种草图方式，它简单地使用"发光图"里的最靠近的插补点样本来渲染图形，渲染速度比较快。

❖ 重叠（很好/快速）：这种查找方式需要对"发光图"进行预处理，然后对每个样本半径进行计算。低密度区域样本半径比较大，而高密度区域样本半径比较小。渲染速度比其他3种都快。

❖ 基于密度（最好）：它基于总体密度来进行样本查找，不但物体边缘处理得非常好，而且在物体表面也处理得十分均匀。它的效果比"重叠（很好/快速）"更好，其速度也是4种查找方式中最慢的一种。

❖ 模式：设置发光图的模式，一共有以下8种。

❖ 单帧：一般用来渲染静帧图像。

❖ 多帧增量：这个模式用于渲染仅有摄影机移动的动画。当VRay计算完第1帧的光子以后，在后面的帧里根据第1帧里没有的光子信息进行新计算，这样就节约了渲染时间。

❖ 从文件：当渲染完光子以后，可以将其保存起来，这个选项就是调用保存的光子图进行动画计算（静帧同样也可以这样）。

❖ 添加到当前贴图：当渲染完一个角度的时候，可以把摄影机转一个角度再全新计算新角度的光子，最后把这两次的光子叠加起来，这样的光子信息更丰富、更准确，同时也可以进行多次叠加。

❖ 增量添加到当前贴图：这个模式和"添加到当前贴图"相似，只不过它不是全新计算新角度的光子，而是只对没有计算过的区域进行新的计算。

❖ 块模式：把整个图分成块来计算，渲染完一个块再进行下一个块的计算，但是在低GI的情况下，渲染出来的块会出现错位的情况。它主要用于网络渲染，速度比其他方式快。

❖ 动画（预通过）：适合动画预览，使用这种模式要预先保存好光子贴图。

❖ 动画（渲染）：适合最终动画渲染，这种模式要预先保存好光子贴图。

❖ 保存 ▭保存▭ ：将光子图保存到硬盘。

❖ 重置 ▭重置▭ ：将光子图从内存中清除。

❖ ▭ ：设置光子图所保存的路径。

❖ 不删除：当光子渲染完以后，不把光子从内存中删掉。

❖ 自动保存：当光子渲染完以后，自动保存在硬盘中，单击"浏览"按钮▭就可以选择保存位置。

❖ 切换到保存的贴图：当勾选了"自动保存"选项后，在渲染结束时会自动进入"从文件"模式并调用光子贴图。

### 3. "灯光缓存"卷展栏

**功能介绍**

"灯光缓存"与"发光图"比较相似，都是将最后的光发散到摄影机后得到最终图像，只是"灯光缓存"与"发光图"的光线路径是相反的，"发光图"的光线追踪方向是从光源发射到场景的模型中，最后反弹到摄影机，而"灯光缓存"是从摄影机开始追踪光线到光源，摄影机追踪光线的数量就是"灯光缓存"的最后精度。由于"灯光缓存"是从摄影机方向开始追踪光线的，所以最后的渲染时间与渲染的图像的像素没有关系，只与其中的参数有关，一般适用于"二次引擎"，其参数设置面板如图15-91所示。

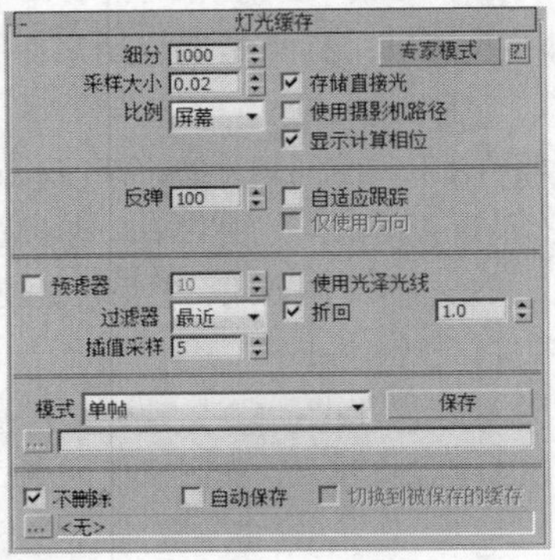

图15-91

**参数详解**

❖ 细分：用来决定"灯光缓存"的样本数量。值越高，样本总量越多，渲染效果越好，渲染时间越慢，如图15-92和图15-93所示是"细分"值为200和800时的渲染效果对比。

❖ 采样大小：用来控制"灯光缓存"的样本大小，比较小的样本可以得到更多的细节，但同时也需要更多的样本，如图15-94和图15-95所示是"采样大小"为0.04和0.01时的渲染效果对比。

细分=200

图15-92

细分=800

图15-93

采样大小=0.04

图15-94

采样大小=0.01

图15-95

❖ 比例：主要用来确定样本的大小依靠什么单位，这里提供了以下两种单位。一般在效果图中使用"屏幕"选项，在动画中使用"世界"选项。

❖ 存储直接光：勾选该选项以后，"灯光缓存"将保存直接光照信息。当场景中有很多灯光时，使用这个选项会提高渲染速度。因为它已经把直接光照信息保存到"灯光缓存"里，在渲染出图的时候，不需要对直接光照再进行采样计算。

❖ 使用摄影机路径：该参数主要用于渲染动画，用于解决动画渲染中的闪烁问题。

❖ 显示计算相位：勾选该选项以后，可以显示"灯光缓存"的计算过程，方便观察。

❖ 自适应跟踪：这个选项的作用在于记录场景中的灯光位置，并在光的位置上采用更多的样本，同时模糊特效也会处理得更快，但是会占用更多的内存资源。

❖ 仅使用方向：当勾选"自适应跟踪"选项以后，该选项才被激活。它的作用在于只记录直接光照的信息，而不考虑全局照明，可以加快渲染速度。

❖ 预滤器：当勾选该选项以后，可以对"灯光缓存"样本进行提前过滤，它主要是查找样本边界，然后对其进行模糊处理。后面的值越高，对样本进行模糊处理的程度越深，如图15-97和图15-98所示是"预滤器"为10和50时的对比渲染效果。

预滤器=10 图15-96　　　　　　　预滤器=50 图15-97

❖ 使用光泽光线：是否使用平滑的灯光缓存，开启该功能后会使渲染效果更加平滑，但会影响到细节效果。

❖ 过滤器：该选项是在渲染最后成图时，对样本进行过滤，其下拉列表中共有以下3个选项。

◇ 无：对样本不进行过滤。

◇ 最近：当使用这个过滤方式时，过滤器会对样本的边界进行查找，然后对色彩进行均化处理，从而得到一个模糊效果。当选择该选项以后，下面会出现一个"插补采样"参数，其值越高，模糊程度越深，如图15-98和图15-99所示是"过滤器"都为"最近"，"插值采样"为10和50时的渲染效果对比。

◇ 固定：这个方式和"最近"方式的不同点在于，它采用距离的判断来对样本进行模糊处理。同时它附带一个"过滤器大小"参数，其值越大，表示模糊的半径越大，图像的模糊程度越深，如图15-100和图15-101所示是"过滤器"方式都为"固定"，"过滤器大小"为0.02和0.06时的渲染效果对比。

插值采样=10　　　　　　插值采样=50　　　　　　过滤器大小=0.02　　　　　　过滤器大小=0.06
图15-98　　　　　　　图15-99　　　　　　　图15-100　　　　　　　图15-101

❖ 折回：勾选该选项以后，会提高对场景中反射和折射模糊效果的渲染速度。

❖ 插值采样：通过后面的参数控制插值精度，数值越高采样越精细，耗时也越长。

❖ 模式：设置光子图的使用模式，共有以下4种。

◇ 单帧：一般用来渲染静帧图像。

◇ 穿行：这个模式用在动画方面，它把第1帧到最后1帧的所有样本都融合在一起。

◇ 从文件：使用这种模式，VRay要导入一个预先渲染好的光子贴图，该功能只渲染光影追踪。

◇ 渐进路径跟踪：这个模式就是常说的PPT，它是一种新的计算方式，和"自适应"一样是一个精确的计算方式。不同的是，它不停地去计算样本，不对任何样本进行优化，直到样本计算完毕为止。

❖ 保存 保存 ：将保存在内存中的光子贴图再次进行保存。

❖ … ：从硬盘中浏览保存好的光子图。

❖ 不删除：当光子渲染完以后，不把光子从内存中删掉。

❖ 自动保存：当光子渲染完以后，自动保存在硬盘中，单击"浏览"按钮 … 可以选择保存位置。

❖ 切换到被保存的缓存：当勾选"自动保存"选项以后，这个选项才被激活。当勾选该选项以后，系统会自动使用最新渲染的光子图来进行大图渲染。

### 4."焦散"卷展栏

**功能介绍**

"焦散"是一种特殊的物理现象，在VRay渲染器中有专门针对调整焦散效果的功能面板，如图15-102所示。

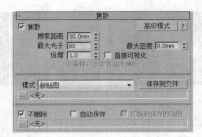

图15-102

### 参数详解

❖ 焦散：勾选该选项后，就可以渲染焦散效果。

❖ 搜索距离：当光子追踪撞击在物体表面的时候，会自动搜寻位于周围区域同一平面的其他光子，实际上这个搜寻区域是一个以撞击光子为中心的圆形区域，其半径就是由这个搜寻距离确定的。较小的值容易产生斑点；较大的值会产生模糊焦散效果，如图15-103和图15-104所示分别是"搜索距离"为0.1mm和2mm时的对比渲染效果。

❖ 最大光子：定义单位区域内的最大光子数量，然后根据单位区域内的光子数量来均分照明。较小的值不容易得到焦散效果；而较大的值会使焦散效果产生模糊现象，如图15-105和图15-106所示分别是"最大光子"为1和200时的对比渲染效果。

 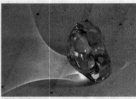  

搜索距离=0.1mm　　搜索距离=2mm　　最大光子=1　　最大光子=200

图15-103　　　　　图15-104　　　　　图15-105　　　　　图15-106

❖ 倍增：焦散的亮度倍增。值越高，焦散效果越亮，如图15-107和图15-108所示分别是"倍增"为4和12时的对比渲染效果。

❖ 最大密度：控制光子的最大密度，默认值0表示使用VRay内部确定的密度，较小的值会让焦散效果比较锐利，如图15-109和图15-110所示分别是"最大密度"为0.01mm和5mm时的对比渲染效果。

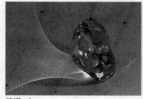 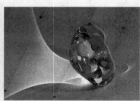 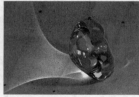 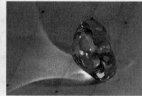

倍增=4　　　　　倍增=12　　　　　最大密度=0.01mm　　最大密度=5mm

图15-107　　　　　图15-108　　　　　图15-109　　　　　图15-110

> **知识链接**
>
> 关于"焦散"卷展栏下的其他参数，请参阅"发光图"卷展栏下的相应参数。

## 15.4.3　设置选项卡

"设置"选项卡下包含"默认置换"和"系统"两个卷展栏，如图15-111所示。

图15-111

## 1.  "默认置换"卷展栏

### 功能介绍

"默认置换"卷展栏下的参数是用灰度贴图来实现物体表面的凹凸效果，它对材质中的置换起作用，而不作用于物体表面，其参数设置面板如图15-112所示。

图15-112

### 参数详解

❖ 覆盖MAX设置：控制是否用"默认置换"卷展栏下的参数来替代3ds Max中的置换参数。

❖ 边长：设置3D置换中产生最小的三角面长度。数值越小，精度越高，渲染速度越慢。

❖ 依赖于视图：控制是否将渲染图像中的像素长度设置为"边长"的单位。若不开启该选项，系统将以3ds Max中的单位为准。

❖ 相对于边界框：控制是否在置换时关联（缝合）边界。若不开启该选项，在物体的转角处可能会产生裂面现象。

❖ 最大细分：设置物体表面置换后可产生的最大细分值。

❖ 数量：设置置换的强度总量。数值越大，置换效果越明显。

❖ 紧密边界：控制是否对置换进行预先计算。

## 2.  "系统"卷展栏

### 功能介绍

"系统"卷展栏下的参数不仅对渲染速度有影响，而且还会影响渲染的显示和提示功能，同时还可以完成联机渲染，其参数设置面板如图15-113所示。

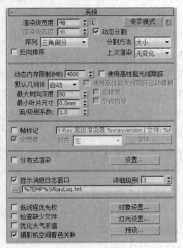

图15-113

### 参数详解

❖ 渲染块宽度：表示水平方向一共有多少个渲染块。

❖ 渲染块高度：表示垂直方向一共有多少个渲染块。

❖ 序列：控制渲染块的渲染顺序，共有以下6种方式。

◇ 上→下：渲染块将按照从上到下的渲染顺序渲染。

◇ 左→右：渲染块将按照从左到右的渲染顺序渲染。

◇ 棋格：渲染块将按照棋格方式的渲染顺序渲染。

◇ 螺旋：渲染块将按照从里到外的渲染顺序渲染。

◇ 三角剖分：这是VRay默认的渲染方式，它将图形分为两个三角形依次进行渲染。

◇ 希耳伯特：渲染块将按照"希耳伯特曲线"方式的渲染顺序渲染。

❖ 反向排序：当勾选该选项以后，渲染顺序将和设定的顺序相反。

❖ 动态分割：该选项一般保持勾选状态即可。

❖ 分割方法：分为"大小"和"计数"两种方式。

❖ 上次渲染：这个参数确定在渲染开始的时候，在3ds Max默认的帧缓存框中以什么样的方式处理先前的渲染图像。这些参数的设置不会影响最终渲染效果，系统提供了以下6种方式。

◇ 无变化：与前一次渲染的图像保持一致。

◇ 交叉：每隔2个像素图像被设置为黑色。

◇ 场：每隔一条线设置为黑色。

◇ 变暗：图像的颜色设置为黑色。

◇ 蓝色：图像的颜色设置为蓝色。

◇ 清除：清除上一次渲染的图像。

❖ 动态内存限制（MB）：控制动态内存的总量。注意，这里的动态内存被分配给每个线程，如果是双线程，那么每个线程各占一半的动态内存。如果这个值较小，那么系统经常在内存中加载并释放一些信息，这样就减慢了渲染速度。用户应该根据自己的内存情况来确定该值。

❖ 默认几何体：控制内存的使用方式，共有以下3种方式。

◇ 自动：VRay会根据内存的使用情况自动调整使用静态或动态的方式。

◇ 静态：在渲染过程中采用静态内存会加快渲染速度，同时在复杂场景中，由于需要的内存资源较多，经常会出现3ds Max跳出的情况。这是因为系统需要更多的内存资源，这时应该选择动态内存。

◇ 动态：使用内存资源交换技术，当渲染完一个块后就会释放占用的内存资源，同时开始下个块的计算。这样就有效地扩展了内存的使用。注意，动态内存的渲染速度比静态内存慢。

❖ 最大树向深度：控制根节点的最大分支数量。较高的值会加快渲染速度，同时会占用较多的内存。

❖ 最小叶片尺寸：控制叶节点的最小尺寸，当达到叶节点尺寸以后，系统停止计算场景。0mm表示考虑计算所有的叶节点，这个参数对速度的影响不大。

❖ 面/级别系数：控制一个节点中的最大三角面数量，当未超过临近点时计算速度较快；当超过临近点以后，渲染速度会减慢。所以，这个值要根据不同的场景来设定，进而提高渲染速度。

❖ 使用高性能光线跟踪：勾选该选项以后，下面的"使用高性能光线跟踪运动模糊"选项、"高精度"选项和"节省内存"选项才可用。如果要得到非常好的光线跟踪运动模糊效果，可以在这里进行设置。

❖ 帧标记：当勾选该选项后，就可以显示水印。

❖ 全宽度：水印的最大宽度。当勾选该选项后，它的宽度和渲染图像的宽度相当。

❖ 对齐：控制水印里的字体排列位置，有"左""中""右"3个选项。

❖ 字体 字体... ：修改水印里的字体属性。

❖ 分布式渲染：当勾选该选项后，可以开启"分布式渲染"功能。

❖ 设置 设置... ：控制网络中的计算机的添加、删除等。

❖ 显示消息日志窗口：勾选该选项后，可以显示VRay日志的窗口。

❖ 详细级别：控制"显示消息日志窗口"的显示内容，一共分为4个级别。1表示仅显示错误信息；2表示显示错误和警告信息；3表示显示错误、警告和情报信息；4表示显示错误、警告、情报和调试信息。

- ❖ ▭：可以选择保存VRay日志文件的位置。
- ❖ 低线程优先权：当勾选该选项时，VRay将使用低线程进行渲染。
- ❖ 检查缺少文件：当勾选该选项时，VRay会自己寻找场景中丢失的文件，并将它们进行列表，然后保存到C:\VRayLog.txt中。
- ❖ 优化大气求值：当场景中拥有大气效果，并且大气比较稀薄的时候，勾选这个选项可以得到比较优秀的大气效果。
- ❖ 摄影机空间着色关联：有些3ds Max插件（如大气等）是采用摄影机空间来进行计算的，因为它们都是针对默认的扫描线渲染器而开发。为了保持与这些插件的兼容性，VRay通过转换来自这些插件的点或向量的数据，模拟在摄影机空间计算。
- ❖ 对象设置 对象设置... ：单击该按钮会弹出"VRay对象属性"对话框，在该对话框中可以设置场景物体的局部参数。
- ❖ 灯光设置 灯光设置... ：单击该按钮会弹出"VRay灯光属性"对话框，在该对话框中可以设置场景灯光的一些参数。
- ❖ 预设 预设... ：单击该按钮会打开"VRay预设"对话框，在该对话框中可以保存当前VRay渲染参数的各种属性，方便以后调用。

---

**提示**

介绍完VRay的重要参数以后，下面以一个家装客厅、一个工装酒吧、一个室外建筑别墅和一个大型的CG综合练习来详细讲解VRay的灯光、材质和渲染参数的设置方法。

# 15.5 综合练习：现代客厅日光表现

本练习是一个很常见的现代风格家装客厅空间（半封闭空间），渲染效果如下图所示。在灯光方面，重点需要表现柔和的日光效果，以及利用筒灯和装饰灯丰富场景的灯光层次；在材质方面，需要重点表现地板材质、皮材质、墙纸材质、玻璃材质和不锈钢材质，这些材质都是制作家装空间很常见的材质类型。另外，本例的操作流程是制作效果图的标准流程，在一般情况下，建议大家都应按照这个流程来操作。

## 15.5.1 材质制作

本例的场景对象材质主要包括地板材质、皮材质、墙纸材质、玻璃材质和不锈钢材质，如图15-114所示。

图15-114

### 1.制作地板材质

`01` 打开学习资源中的"练习文件>第15章>综合练习：现代客厅日光表现.max"文件，如图15-115所示。

`02` 下面先制作浅色地板。选择一个空白材质球，然后设置材质类型为VRayMtl材质，并将其命名为"地板1"，具体参数设置如图15-116所示，制作好的材质球效果如图15-117所示。

### 设置步骤

① 在"漫反射"贴图通道中加载一张学习资源中的"练习文件>第15章>综合练习：现代客厅日光表现>地板1.jpg"文件，然后在"坐标"卷展栏下设置"瓷砖"的u和v均为3。

② 设置"反射"颜色为（红:52，绿:52，蓝:52），然后设置"反射光泽度"为0.78、"细分"为24。

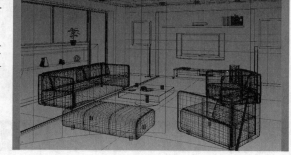

图15-115

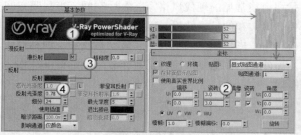

图15-116
图15-117

`03` 下面制作深色地板。因为深色地板和浅色地板只是贴图上有区别，所以可以使用鼠标左键将"地板1"材质球拖曳到一个空白材质球上进行复制，并将其命名为"地板2"，然后将"漫反射"通道中的贴图修改为"练习文件>第15章>综合练习：现代客厅日光表现>地板2.jpg"文件，如图15-118所示，制作好的材质球效果如图15-119所示。

图15-118
图15-119

在将一个材质球复制出来作为新材质时，一定要对其进行重命名操作。因为一旦出现材质重名的情况，3ds Max
将无法对其识别，在指定对象材质时，会发生指定错误的现象。

**04** 为了方便设置同种类型的材质，本场景在建模时已经将地板模型的ID进行了合理的分配，即浅色
地板的材质ID为1，深色地板的材质ID为2。选择一个空白材质球，然后设置材质类型为"多维/子对
象"材质，并将其命名为"地板"，接着设置材质的ID数量为2，再将"地板1"材质球拖曳到ID 1子
材质通道上，同时将"地板2"材质球拖曳到ID 2子材质通道上，如图15-120所示，制作好的材质球效
果如图15-121所示。

图15-120　　　　图15-121

## 技术专题：控制材质的色溢

因为地板具有一定的反射，并且占了整个场景的很大一部分，所以在渲染最终图像的时候，由于地板反射的原
因，会造成整个场景出现偏黄的情况，这就是经常遇到的"色溢"现象。这是因为光线经过地板的反射，反射光线就
变成了地板的黄色调。为了避免这个问题，可以为"地板1"材质和"地板2"材质分别加载一个"VRay材质包裹器"
材质（在地板的材质参数设置面板中单击VRayMtl按钮，然后在弹出的对话框中选择"VRay材质包裹器"材质，接着
在弹出的对话框中选择"将旧材质保存为子材质"选项），并适当降低"生成全局照明"的数值，如图15-122所示。

下面举例来说明色溢现象。仔细观察下面的图15-123，场景中有窗户、墙和地板，其中地板为橘黄色，且带有反射属
性，墙面受到地板的反射，本来偏白的效果却出现了偏黄的色调，这就是"色溢"。现在为地板加载一个"VRay材质包裹
器"材质，然后将"生成全局照明"的值降低到0.6，墙面偏黄的现象得到了很好的控制，如图15-124所示。注意，通过这
种方法控制色溢，会造成场景变暗的情况，因为降低了全局照明，所以在操作时一定要合理控制"生成全局照明"的数值。

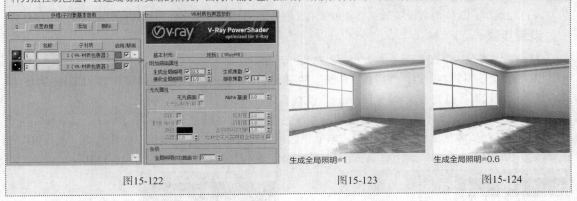

图15-122　　　　　　　　　生成全局照明=1　　　生成全局照明=0.6

图15-123　　　　　　图15-124

### 2.制作皮材质

**01** 下面制作白皮材质。选择一个空白材质球，然后设置材质类型为VRayMtl材质，并将其命名为
"白皮"，具体参数设置如图15-125所示，制作好的材质球效果如图15-126所示。

### 设置步骤

① 设置"漫反射"颜色为（红:243，绿:244，蓝:245）。

② 设置"反射"颜色为（红:15，绿:15，蓝:15），然后设置"高光光泽度"为0.54、"反射光泽度"为0.7、"细分"为24。

**02** 下面制作黑皮材质。选择一个空白材质球，然后设置材质类型为VRayMtl材质，并将其命名为"黑皮"，具体参数设置如图15-127所示，制作好的材质球效果如图15-128所示。

### 设置步骤

① 设置"漫反射"颜色为（红:12，绿:12，蓝:12）。

② 设置"反射"颜色为（红:20，绿:20，蓝:20），然后设置"高光光泽度"为0.54、"反射光泽度"为0.7、"细分"为24。

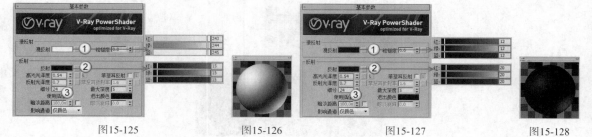

图15-125　　　　　图15-126　　　　　图15-127　　　　　图15-128

---

#### 提示

与地板材质的制作方法相同，沙发皮材质也只需要新建一个"多维/子对象"材质，然后分别将"白皮"和"黑皮"拖曳到ID通道上，如图15-129所示。

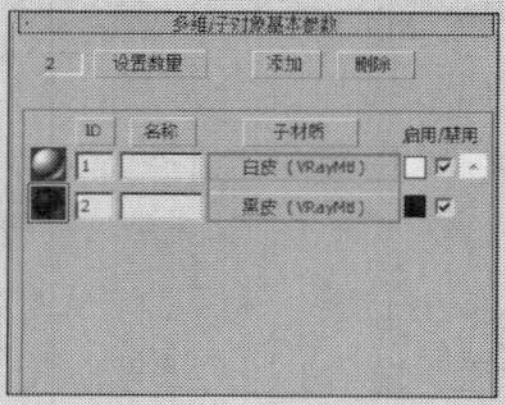

图15-129

### 3.制作墙纸材质

**01** 下面制作浅色墙纸材质。选择一个空白材质球，然后设置材质类型为VRayMtl材质，并将其命名为"浅色墙纸"，具体参数设置如图15-130所示，制作好的材质球效果如图15-131所示。

### 设置步骤

① 设置"漫反射"颜色为（红:249，绿:237，蓝:215）。

② 展开"贴图"卷展栏，然后在"凹凸"贴图通道中加载一张学习资源中的"练习文件>第15章>综合练习：现代客厅日光表现>墙纸凹凸.jpg"文件，接着设置凹凸的强度为65。

**02** 下面制作深色墙纸材质。因为深色墙纸和浅色墙纸只有在颜色上有区别，所以使用鼠标左键将"浅色墙纸"材质球拖曳到一个空白材质球上，然后将其命名为"深色墙纸"，接着将"漫反射"颜色修改为（红:103，绿:54，蓝:30），如图15-132所示，制作好的材质球效果如图15-133所示。

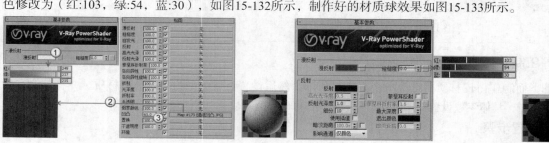

图15-130　　　　　图15-131　　　　　图15-132 　　　　　图15-133

---

**提示**

墙纸材质与前面两种材质相同，也要为其加载"多维/子对象"材质，如图15-134所示。

图15-134

### 4.制作玻璃材质

选择一个空白材质球，然后设置材质类型为VRayMtl材质，并将其命名为"玻璃"，具体参数设置如图15-135所示，制作好的材质球效果如图15-136所示。

**设置步骤**

① 设置"漫反射"颜色为黑色（红:0，绿:0，蓝:0）。

② 在"反射"贴图通道中加载一张"衰减"程序贴图，然后设置"衰减类型"为Fresnel，接着设置"反射光泽度"为0.98。

③ 设置"折射"颜色为（红:250，绿:250，蓝:250），然后设置"折射率"为1.517、"细分"为50，接着勾选"影响阴影"选项，最后设置"烟雾倍增"为0.1。

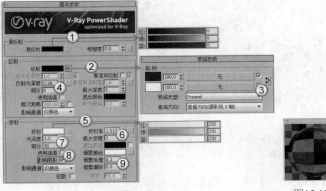

图15-135                图15-136

### 5.制作不锈钢材质

选择一个空白材质球，然后设置材质类型为VRayMtl材质，并将其命名为"不锈钢"，具体参数设置如图15-137所示，制作好的材质球效果如图15-138所示。

**设置步骤**

① 设置"漫反射"颜色为（红:96，绿:96，蓝:96）。

② 设置"反射"颜色为（红:210，绿:210，蓝:210），然后设置"反射光泽度"为0.85、"细分"为16。

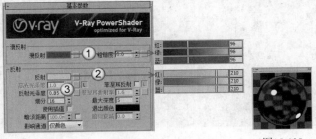

图15-137                图15-138

## 15.5.2  设置测试渲染参数

按F10键打开"渲染设置"对话框，然后设置渲染器为VRay渲染器，接着单击"公用"选项卡，最后在"公用参数"卷展栏下设置渲染尺寸为800×536，并锁定图像的纵横比，如图15-139所示。

**01** 单击VRay选项卡，展开"图像采样器（抗锯齿）"卷展栏，然后设置"类型"为"自适应"，接着设置"过滤器"为"区域"，如图15-140所示。

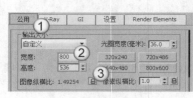

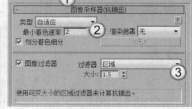

图15-139                          图15-140

**02** 单击GI选项卡，然后在"全局照明"卷展栏下勾选"启用全局照明（GI）"选项，接着设置"首次引擎"为"发光图"、"二次引擎"为"灯光缓存"，如图15-141所示。

**03** 展开"发光图"卷展栏，然后设置"当前预设"为"低"，接着设置"细分"为30，如图15-142所示。

**04** 展开"灯光缓存"卷展栏，然后设置"细分"为300，如图15-143所示。

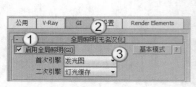

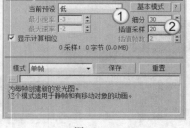

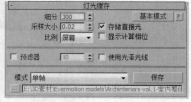

图15-141                    图15-142                    图15-143

## 15.5.3  场景布光

本场景共需要布置4处灯光，分别是太阳光、环境补光、筒灯和室内装饰灯。

### 1.创建太阳光

**01** 设置灯光类型为VRay，然后在场景中创建一盏VRay太阳，其位置如图15-144所示。注意，本场景在创建VRay太阳时需要添加"VRay天空"环境贴图。

**02** 选择上一步创建的VRay太阳，然后在"VRay太阳参数"卷展栏下设置"强度倍增"为0.05、"大小倍增"为3、"过滤颜色"为（红:191，绿:220，蓝:253），具体参数设置如图15-145所示。

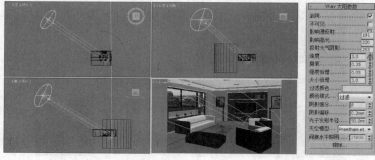

图15-144                          图15-145

**03** 按8键打开"环境和效果"对话框，然后按M键打开"材质编辑器"对话框，接着将"VRay天空"环境贴图以"实例"方式拖曳复制到一个空白材质球上，如图15-146所示。

**04** 选择新生成的VRay天空材质球，然后在"VRay天空参数"卷展栏下勾选"指定太阳节点"选项，接着单击"太阳光"后的"无"按钮 无，并在视图中拾取VRay太阳，最后设置"太阳强度倍增"为0.1，如图15-147所示。

**05** 按F9键测试渲染摄影机视图，可以观察到已经产生了阳光，效果如图15-148所示。

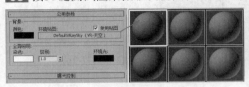
图15-146

图15-147

图15-148

### 2.创建环境补光

**01** 设置灯光类型为VRay，然后在客厅的窗户处创建一盏VRay灯光，让灯光方向朝向室内，灯光的具体位置如图15-149所示。

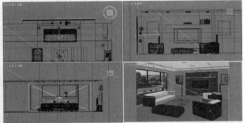
图15-149

**02** 选择上一步创建的VRay灯光，然后展开"参数"卷展栏，具体参数设置如图15-150所示。

#### 设置步骤

① 在"常规"选项组下设置"类型"为"平面"。

② 在"强度"选项组下设置"倍增"为4，然后设置"颜色"为（红:215，绿:230，蓝:252）。

③ 在"大小"选项组下设置"1/2长"为100mm、"1/2宽"为45mm。

④ 在"选项"选项组下勾选"不可见"选项，然后关闭"影响反射"选项。

**03** 按F9键测试渲染摄影机视图，可以发现室内的照明效果得到了进一步的增强，效果如图15-151所示。

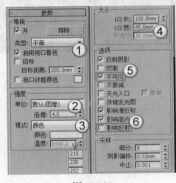

图15-150

图15-151

### 3.创建筒灯

**01** 设置灯光类型为"标准"，然后在天花板的筒灯孔处创建一盏目标灯光，并以"实例"的形式复制9盏筒灯到其他筒灯孔处，灯光的具体位置如图15-152所示。

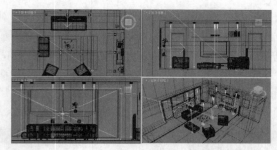

图15-152

**02** 选择上一步创建的目标灯光,然后切换到"修改"面板,具体参数设置如图15-153所示。

**设置步骤**

① 展开"常规参数"卷展栏,然后在"阴影"选项组下勾选"启用"选项,接着设置阴影类型为"VRay阴影",最后设置"灯光分布(类型)"为"光度学Web"。

② 展开"分布(光度学Web)"卷展栏,然后在其通道中加载一个学习资源中的"练习文件>第15章>综合练习:现代客厅日光表现>中间亮.ies"文件。

③ 展开"强度/颜色/衰减"卷展栏,然后设置"过滤颜色"为(红:251,绿:219,蓝:168),接着设置"强度"为100。

④ 展开"VRay阴影参数"卷展栏,然后勾选"区域阴影"和"球体"选项,接着设置"U大小""V大小""W大小"均为2mm。

**03** 按F9键测试摄影机视图,可以观察到筒灯不仅起到了很大的照明作用,而且对空间的灯光层次起到了"立竿见影"的效果,如图15-154所示。

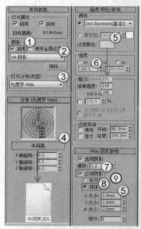

图15-153                                                    图15-154

### 4.创建室内装饰灯

本场景的室内装饰灯有两处,分别是电视墙的两侧和窗前柜两个地方。

**01** 设置灯光类型为VRay,然后在电视墙处创建两盏VRay灯光,其具体位置如图15-155所示。

**02** 选择上一步创建的VRay灯光,然后展开"参数"卷展栏,具体参数设置如图15-156所示。

**设置步骤**

① 在"常规"选项组下设置"类型"为"平面"。

② 在"强度"选项组下设置"倍增"为4,然后设置"颜色"为(红:255,绿:243,蓝:216)。

③ 在"大小"选项组下设置"1/2长"为1.267mm、"1/2宽"为45.06mm。

④ 在"选项"选项组下勾选"不可见"选项。

**03** 在落地窗的柜子中创建一盏VRay灯光，其具体位置如图15-157所示。

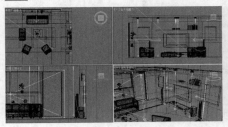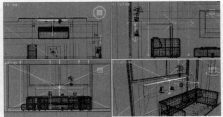

图15-155　　　　　　　　　　图15-156　　　　　　　　　　图15-157

**04** 选择上一步创建的VRay灯光，然后进入"修改"面板，具体参数设置如图15-158所示。

### 设置步骤

① 在"常规"选项组下设置"类型"为"平面"。

② 在"强度"选项组下设置"倍增"为1.5，然后设置"颜色"为（红:255，绿:243，蓝:216）。

③ 在"大小"选项组下设置"1/2长"为43.268mm、"1/2宽"为1.606mm。

④ 在"选项"选项组下勾选"不可见"选项。

**05** 按F9键测试摄影机视图，效果如图15-159所示。

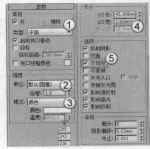

图15-158　　　　　　　　　　　图15-159

> **提示**
>
> 此时的灯光效果或许不是最佳的，但是在已经能够照亮场景的情况下，不建议过分依赖用灯光强度来处理光照效果，在后面会使用"颜色贴图"来对场景进行曝光处理。

## 15.5.4　设置灯光细分

经过上面的步骤已经为场景打好了灯光，但是这些灯光并未进行细分设置，也就是说如果用上面的灯光细分进行渲染的话，画面效果会很粗糙。因此，还需要对重要灯光的细分进行调整。选择VRay太阳，在"VRay太阳参数"卷展栏下将"阴影细分"增大到16；选择环境补光（VRay灯光），在"采样"选项组下将"细分"增大到24；选择筒灯（目标灯光），在"VRay阴影参数"卷展栏下将"细分"增大到24；选择电视墙的装饰灯（VRay灯光），在"采样"选项组下将"细分"增大到24。

## 15.5.5　控制场景曝光

因为前面的灯光明暗度并不理想，所以在渲染最终效果前，还需要对场景进行曝光处理。

**01** 按10键打开"渲染设置"对话框，单击VRay选项卡，展开"颜色贴图"卷展栏，设置"类型"为"莱因哈德"，然后设置"伽玛"为0.9、"倍增"为1.8、"加深值"为0.7，接着勾选"子像素贴图""影响背景""钳制输出"选项，同时设置"钳制输出"的值为0.98，如图15-160所示。

**02** 按F9键测试渲染曝光效果，可以观察到此时的照明效果比较适中，适合日光表现，如图15-161所示。

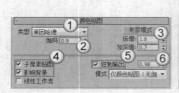

图15-160　　　　　　　　　　　　图15-161

## 15.5.6 设置最终渲染参数

**01** 单击"公用"选项卡，然后在"公用参数"卷展栏下设置渲染尺寸为2500×1676，如图15-162所示。

**02** 单击VRay选项卡，然后在"全局开关"卷展栏下设置"二次光线偏移"为0.001，如图15-163所示。

**03** 展开"图像采样器（抗锯齿）"卷展栏，然后设置"过滤器"为Mitchell-Netravali，接着展开"自适应图像采样器"卷展栏，设置"最大细分"为12，如图15-164所示。

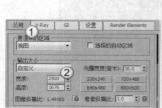
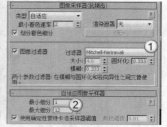

图15-162　　　　　　　　　　图15-163　　　　　　　　　　图15-164

**04** 展开"全局确定性蒙特卡洛"卷展栏，然后设置"自适应数量"为0.72、"噪波阈值"为0.006、"最小采样"为20，如图15-165所示。

**05** 单击GI选项卡，展开"发光图"卷展栏，然后设置"当前预设"为"高"，接着设置"细分"为60、"插值采样"为30，如图15-166所示。

**06** 展开"灯光缓存"卷展栏，然后设置"细分"为1600，接着勾选"显示计算相位"选项，最后勾选"预滤器"选项，并设置其数值为20，如图15-167所示。

图15-165　　　　　　　　　图15-166　　　　　　　　　图15-167

**07** 按F9键渲染当前场景，效果如图15-168所示。渲染完毕以后，用Photoshop对图像进行后期处理，最终效果如图15-169所示。

图15-168　　　　　　　　　　图15-169

# 15.6 综合练习：创意酒吧柔光表现

本例是一个工装创意酒吧场景，渲染效果如下图所示。本例的制作难点在于表现酒吧落地窗口的柔光以及酒吧内部的光效，布光思路先从柔光下手，直接采用天空照明，而室内采用的布光方法比较独特，采用的是实体灯带（光源材质）结合灯光一起来照明，这种布光方式能很好地表现酒吧的光效。在材质方面，本例涉及了两种比较独特的工装空间材质，分别是光源材质和地面漆材质。

## 15.6.1 材质制作

本例的场景对象材质主要包括地面漆材质、木纹材质、灯罩材质、吧台材质、光源材质和椅子布材质，如图15-170所示。

图15-170

### 1.制作地面漆材质

**01** 打开学习资源中的"练习文件>第15章>综合练习：创意酒吧柔光表现.max"文件，如图15-171所示。

**02** 选择一个空白材质球，然后设置材质类型为VRayMtl材质，并将其命名为"地面漆"，具体参数设置如图15-172所示，制作好的材质球效果如图15-173所示。

**设置步骤**

① 设置"漫反射"颜色为（红:250，绿:250，蓝:250）。

② 设置"反射"颜色为（红:60，绿:60，蓝:60），然后设置"高光光泽度"为0.75、"反射光泽度"为0.92、"细分"为15。

③ 展开"贴图"卷展栏，在"凹凸"贴图通道中加载一张"噪波"程序贴图，然后在"坐标"卷展栏下设置"瓷砖"的Y为2，接着在"噪波参数"卷展栏下设置"大小"为12，最后设置凹凸的强度为5。

图15-171

图15-172　　　　　　　　　　　图15-173

### 2.制作木纹材质

选择一个空白材质球，然后设置材质类型为VRayMtl材质，并将其命名为"木纹"，具体参数设置如图15-174所示，制作好的材质球效果如图15-175所示。

**设置步骤**

① 设置"漫反射"颜色为（红:40，绿:17，蓝:12），然后在其通道中加载一张学习资源中的"练习文件>第15章>综合练习：创意酒吧柔光表现>木纹.jpg"文件。

② 设置"反射"颜色为（红:20，绿:20，蓝:20），然后设置"高光光泽度"为0.65、"反射光泽度"为0.85、"细分"为15。

③ 展开"贴图"卷展栏，然后设置"漫反射"的混合值为25，让颜色与贴图进行混合。

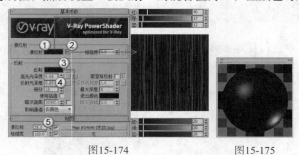

图15-174　　　　　　　图15-175

### 3.制作灯罩材质

选择一个空白材质球，然后设置材质类型为VRayMtl材质，并将其命名为"灯罩"，具体参数设置如图15-176所示，制作好的材质球效果如图15-177所示。

**设置步骤**

① 设置"漫反射"颜色为（红:241，绿:133，蓝:17）。

② 在"反射"贴图通道中加载一张"衰减"程序贴图，然后设置"前"通道的颜色为（红:25，绿:25，蓝:25）、"侧"通道的颜色为（红:245，绿:245，蓝:245），接着设置"衰减类型"为Fresnel。

③ 设置"折射"颜色为（红:100，绿:100，蓝:100），然后勾选"影响阴影"选项，接着设置"影响通道"为"颜色+Alpha"，最后设置"烟雾颜色"为（红:253，绿:238，蓝:221）、"烟雾倍增"为0.3。

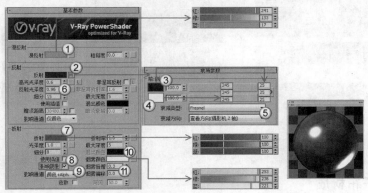

图15-176　　　　　　　　　　　图15-177

### 4.制作吧台材质

本场景的吧台材质是一种亚光金属材质。选择一个空白材质球，然后设置材质类型为VRayMtl材质，并将其命名为"吧台"，具体参数设置如图15-178所示，制作好的材质球效果如图15-179所示。

**设置步骤**

① 设置"漫反射"颜色为（红:110，绿:110，蓝:110）。

② 设置"反射"颜色为（红:150，绿:150，蓝:150），然后设置"高光光泽度"为0.5、"反射光泽度"为0.75、"细分"为16。

③ 展开"双向反射分布函数"卷展栏，然后设置"各向异性（-1..1）"为0.6。

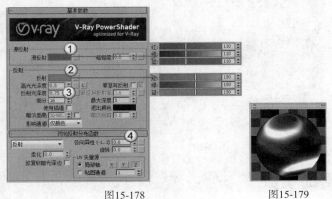

图15-178　　　　　　　　　　　图15-179

### 5.制作光源材质

选择一个空白材质球，然后设置材质类型为"混合"材质，并将其命名为"光源"，具体参数设置如图15-180所示，制作好的材质球效果如图15-181所示。

**设置步骤**

① 在"材质1"通道中加载一个"VRay灯光材质"，然后设置发光强度为0.5。

② 在"材质2"通道中加载一个VRayMtl材质，然后设置"漫反射"颜色为（红:128，绿:128，蓝:128），接着设置"反射"颜色为（红:100，绿:100，蓝:100）、"反射光泽度"为0.9。

643

③ 返回到"混合基本参数"卷展栏，然后设置"混合量"为40，让"材质1"和"材质2"进行混合，使材质成为可以发光的高亮灯管。

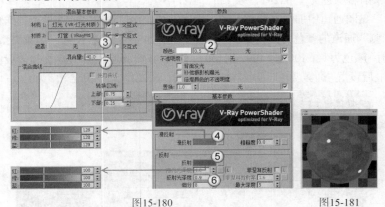

图15-180                                        图15-181

━━ 提示 ━━

因为本场景的灯带其实属于灯管类物体，带有高亮属性，为了简化布光操作，最好采用材质来进行制作。

### 6.制作椅子布材质

选择一个空白材质球，然后设置材质类型为VRayMtl材质，并将其命名为"椅子布"，具体参数设置如图15-182所示，制作好的材质球效果如图15-183所示。

#### 设置步骤

① 展开"贴图"卷展栏，然后在"漫反射"贴图通道中加载一张学习资源中的"练习文件>第15章>综合练习：创意酒吧柔光表现>椅子布.jpg"文件。

② 在"凹凸"贴图通道加载一张学习资源中的"练习文件>第15章>综合练习：创意酒吧柔光表现>椅子布凹凸.jpg"文件，然后设置凹凸的强度为5。

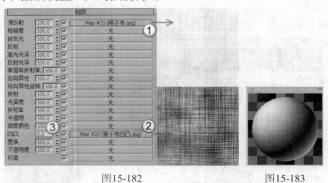

图15-182                                        图15-183

## 15.6.2  设置测试参数

本例使用的构图比例是800×501，如图15-184所示。关于其他测试渲染参数的设置方法，请参阅"综合练习：现代客厅日光表现"。

图15-184

## 15.6.3 场景布光

本例共需要布置3处灯光，分别是环境光、吊灯和灯带上的补光。因为吊灯和灯带是用光源材质制作的，所以在布光的时候可以不考虑吊灯。在布光之前可以按F9键测试渲染没有光源材质的照明效果，如图15-185所示。可以发现场景是亮的，因为光源材质也会对场景起到照明作用。

图15-185

### 1.创建环境光

本场景的环境光会使用"VRay太阳"来生成"VRay天空"，但是不会让"VRay太阳"参与照明，因为本例需要表现酒吧的柔光效果。

**01** 设置灯光类型为VRay，然后在场景中创建一盏VRay太阳，同时需要添加"VRay天空"环境贴图，其位置如图15-186所示。

**02** 选择上一步创建的VRay太阳，然后在"VRay太阳参数"卷展栏下设置"强度倍增"为0.01、"大小倍增"为3，如图15-187所示。

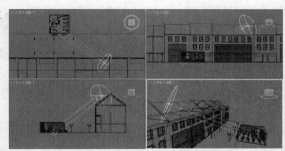

图15-186　　　　　　　　图15-187

**03** 按8键打开"环境和效果"对话框，使用鼠标左键将"VRay天空"环境贴图以"实例"形式拖曳复制到一个空白材质球上，然后在"VRay天空参数"卷展栏下勾选"指定太阳节点"选项，接着单击"太阳光"选项后面的"无"按钮　　　　无　　　　，并在任意视图中拾取VRay太阳，最后设置"太阳浊度"为5、"太阳强度倍增"为0.03，如图15-188所示。

**04** 选择VRay太阳，然后在"VRay太阳参数"卷展栏下关闭"启用"选项，让VRay太阳不参与照明作用，如图15-189所示。

**05** 按F9键测试渲染摄影机视图，效果如图15-190所示。

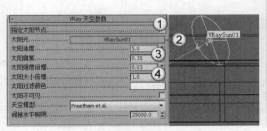

图15-188　　　　　　　　图15-189　　　　　　　　图15-190

### 2.创建灯带

**01** 设置灯光类型为VRay，然后在落地窗的灯带下创建一盏VRay灯光，其位置如图15-191所示。

**02** 选择上一步创建的VRay灯光，然后展开"参数"卷展栏，具体参数设置如图15-192所示。

#### 设置步骤

① 在"常规"选项组下设置"类型"为"平面"。

② 在"强度"选项组下设置"倍增"为2，然后设置"颜色"为白色。

③ 在"大小"选项组下设置"1/2长"为2096mm、"1/2宽"为51839mm。

④ 在"选项"选项组下勾选"不可见"选项，然后关闭"影响高光"和"影响反射"选项。

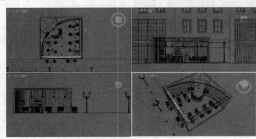 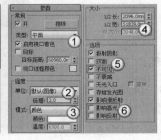

图15-191            图15-192

**03** 继续在左侧靠墙的灯带下创建一盏VRay灯光，其位置如图15-193所示。

**04** 选择上一步创建的VRay灯光，然后展开"参数"卷展栏，具体参数设置如图15-194所示。

#### 设置步骤

① 在"常规"选项组下设置"类型"为"平面"。

② 在"强度"选项组下设置"倍增"为2，然后设置"颜色"为白色。

③ 在"大小"选项组下设置"1/2长"为2096mm、"1/2宽"为50733mm。

④ 在"选项"选项组下勾选"不可见"选项，然后关闭"影响高光"和"影响反射"选项。

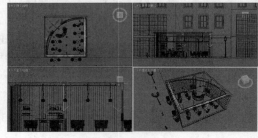 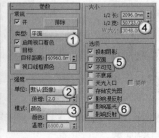

图15-193            图15-194

**05** 继续在洗手间的两侧创建两盏VRay灯光，灯光的具体位置如图15-195所示。

**06** 选择上一步创建的VRay灯光，然后展开"参数"卷展栏，具体参数设置如图15-196所示。

#### 设置步骤

① 在"常规"选项组下设置"类型"为"平面"。

② 在"强度"选项组下设置"倍增"为1，然后设置"颜色"为白色。

③ 在"大小"选项组下设置"1/2长"为3600mm、"1/2宽"为22799mm。

④ 在"选项"选项组下勾选"不可见"选项。

**07** 按F9键测试渲染灯光效果，如图15-197所示。可以发现此时场景的亮度适宜，但是灯带和室外发生了曝光过度的现象，因此还需要对场景进行曝光处理。

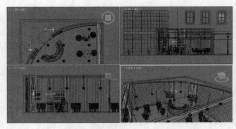
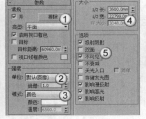

图15-195　　　　　　　　　　图15-196　　　　　　　　　　图15-197

## 15.6.4　设置灯光细分

因为本场景的灯光不多，且有很多高光、反光和透明对象，所以不要将灯光细分设置得过高，建议设置为12即可。

## 15.6.5　控制场景曝光

在灯光测试的时候，已经发现有部分地方曝光过度，所以应该考虑降低亮部区域的曝光强度，同时提高暗部区域的曝光。

`01` 按10键打开"渲染设置"对话框，单击VRay选项卡，然后在"颜色贴图"卷展栏下设置"类型"为"莱因哈德"、"伽玛"为0.9、"倍增"为1.8、"加深值"为0.25，接着勾选"子像素贴图""影响背景""钳制输出"选项，最后设置"钳制输出"的值为0.98，如图15-198所示。

`02` 按F9键测试渲染曝光效果，如图15-199所示。可以观察到此时场景的亮度适中，光照效果也很柔和。

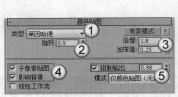

图15-198　　　　　　　　　　　　图15-199

## 15.6.6　设置最终渲染参数

`01` 按F10键打开"渲染设置"对话框，然后单击"公用"选项卡，接着在"公用参数"卷展栏下设置渲染尺寸为2500×1566，如图15-200所示。

`02` 单击VRay选项卡，然后在"全局开关"卷展栏下设置"二次光线偏移"为0.001，如图15-201所示。

`03` 展开"图像采样器（抗锯齿）"卷展栏，然后设置"过滤器"为Mitchell-Netravali，如图15-202所示。

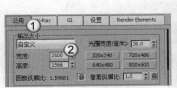

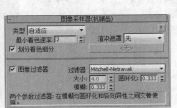

图15-200　　　　　　　图15-201　　　　　　　图15-202

**04** 展开"全局确定性蒙特卡洛"卷展栏，然后设置"自适应数量"为0.72、"噪波阈值"为0.006、"最小采样"为20，如图15-203所示。

**05** 单击GI选项卡，展开"发光图"卷展栏，然后设置"当前预设"为"高"，接着设置"细分"为60、"插值采样"为30，如图15-204所示。

**06** 展开"灯光缓存"卷展栏，然后设置"细分"为1600，接着勾选"显示计算相位"选项，最后勾选"预滤器"选项，如图15-205所示。

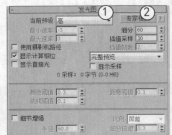
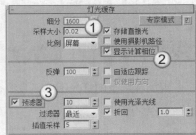

图15-203          图15-204          图15-205

**07** 按F9键渲染当前场景，效果如图15-206所示。渲染完毕以后，用Photoshop对图像进行后期处理（关于后期处理过程，请参阅本例的视频教学），最终效果如图15-207所示。

图15-206          图15-207

## 15.7 综合练习：地中海风格别墅多角度日光表现

本例是一个超大型地中海风格的别墅场景，灯光和材质的设置方法很简单，重点在于掌握大型室外场景的制作流程，即"调整出图角度→检测模型是否存在问题→制作材质→创建灯光→设置最终渲染参数"这个流程，如下图所示是本例3个角度的渲染效果。

## 15.7.1 创建摄影机

本例一共有3个出图角度，因此需要创建3台摄影机来确定这3个角度。

**01** 打开学习资源中的"练习文件>第15章>综合练习：地中海风格别墅多角度日光表现.max"文件，如图15-208所示。

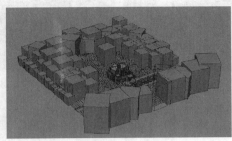

图15-208

**02** 设置摄影机类型为"标准"，然后在顶视图中创建一台目标摄影机，其位置如图15-209所示。

**03** 选择目标摄影机，然后在"参数"卷展栏下设置"镜头"为35mm、"视野"为54.432°，如图15-210所示。

**04** 确定了摄影机的观察范围后，在摄影机上单击鼠标右键，然后在弹出的菜单中选择"应用摄影机校正修改器"命令，对摄影机进行透视校正，使3点透视变成两点透视效果，如图15-211所示。

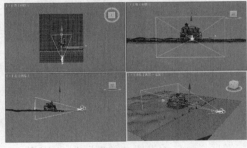

图15-209　　　　　　　　图15-210　　　　　　　　图15-211

**05** 切换到"修改"面板，然后在"2点透视校正"卷展栏下设置"数量"为-1.302，如图15-212所示。

**06** 按C键切换到摄影机视图，然后按Shift+F组合键打开安全框，观察完整的出图画面，如图15-213所示。

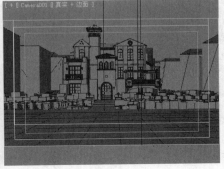

图15-212　　　　　　　图15-213

07 复制两台目标摄影机,然后用相同的方法调整好第2个和第3个出图角度,如图15-214和图15-215所示。

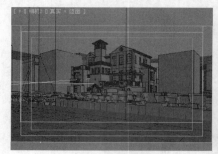

图15-214

图15-215

## 15.7.2 检测模型

摄影机的角度确定好以后,在设置材质与灯光之前需要对模型进行一次检测,以确定场景模型是否存在问题。

01 选择一个空白材质球,然后设置"漫反射"颜色为(红:240,绿:240,蓝:240),以这个颜色作为模型的通用颜色,材质球如图15-216所示。

02 打开"渲染设置"对话框,然后单击VRay选项卡,接着在"全局开关"卷展栏下勾选"覆盖材质"选项,接着将设置好的材质球拖曳到"覆盖材质"选项下面的"无"按钮   无   上,最后在弹出的对话框中设置"方法"为"实例",如图15-217所示。

03 设置灯光类型为VRay,然后在顶视图中创建一盏VRay灯光,其位置如图15-218所示。

图15-216

图15-217

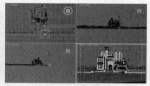

图15-218

04 选择上一步创建的VRay灯光,然后在"参数"卷展栏下设置"类型"为"穹顶",接着设置"倍增"为1,最后勾选"不可见"选项,如图15-219所示。

05 打开"渲染设置"对话框,然后在"公用参数"卷展栏下设置测试渲染尺寸为500×300,如图15-220所示。

06 单击VRay选项卡,然后展开"图像采样器(抗锯齿)"卷展栏,接着设置"类型"为"固定",最后关闭"图像过滤器"选项,如图15-221所示。

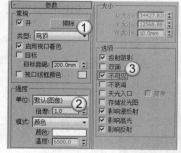

图15-219

图15-220

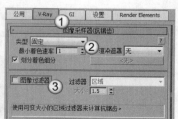

图15-221

07 单击GI选项卡,然后在"全局照明"卷展栏下勾选"启用全局照明(GI)"选项,接着设置"首次引擎"为"发光图"、"二次引擎"为"灯光缓存",如图15-222所示。

08 展开"发光图"卷展栏，然后设置"当前预设"为"非常低"，接着设置"细分"为20、"插值采样"为10，最后勾选"显示计算相位"选项，如图15-223所示。

09 展开"灯光缓存"卷展栏，然后设置"细分"为100，接着勾选"显示计算相位"选项，如图15-224所示。

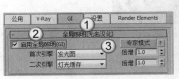

图15-222        图15-223        图15-224

> **提示**
>
> 在检测模型时，可以将渲染参数设置得非常低，这样可以节省很多渲染时间。

10 按大键盘上的8键打开"环境和效果"对话框，然后在"环境"选项卡下设置"颜色"为白色，如图15-225所示。

11 按F9键测试渲染当前场景，效果如图15-226所示。

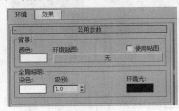

图15-225        图15-226

> **提示**
>
> 从图15-226中可以观察到模型没有任何问题，渲染角度也很合理。下面就可以为场景设置材质和灯光了。

## 15.7.3 材质制作

本例的场景对象材质主要包括外墙材质、瓦片材质、玻璃材质、文化石材质、地面石材质和草地材质，如图15-227所示。

图15-227

### 1.制作外墙材质

选择一个空白材质球，然后设置材质类型为VRayMtl材质，并将其命名为"外墙"，接着设置"漫反射"颜色为（红:255，绿:245，蓝:200），如图15-228所示，制作好的材质球效果如图15-229所示。

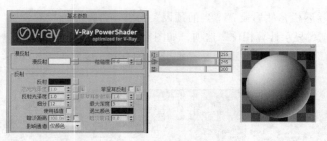

图15-228                                              图15-229

## 2.制作瓦片材质

选择一个空白材质球，然后设置材质类型为VRayMtl材质，并将其命名为"瓦片"，接着在"漫反射"贴图通道中加载一张学习资源中的"练习文件>第15章>综合练习：地中海风格别墅多角度日光表现>good.tif"文件，最后在"坐标"卷展栏下设置"模糊"为0.01，具体参数设置如图15-230所示，制作好的材质球效果如图15-231所示。

图15-230                                              图15-231

## 3.制作玻璃材质

选择一个空白材质球，然后设置材质类型为VRayMtl材质，并将其命名为"玻璃"，具体参数设置如图15-232所示，制作好的材质球效果如图15-233所示。

### 设置步骤

① 设置"漫反射"颜色为黑色。

② 设置"反射"颜色为（红:85，绿:85，蓝:85），然后设置"高光光泽度"为0.85、"细分"为10。

③ 设置"折射"颜色为（红:230，绿:230，蓝:230），然后勾选"影响阴影"选项。

## 4.制作文化石材质

选择一个空白材质球，设置材质类型为VRayMtl材质，并将其命名为"文化石"，然后展开"贴图"卷展栏，接着在"漫反射"和"凹凸"贴图通道中都加载一张学习资源中的"练习文件>第15章>综合练习：地中海风格别墅多角度日光表现>砖饰-001.jpg"文件，如图15-234所示，制作好的材质球效果如图15-235所示。

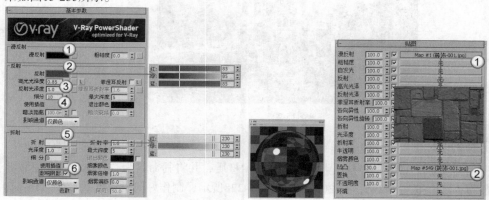

图15-232              图15-233              图15-234              图15-235

### 5.制作地面石材质

选择一个空白材质球，然后设置材质类型为VRayMtl材质，并将其命名为"地面石"，接着在"漫反射"贴图通道中加载一张学习资源中的"练习文件>第15章>综合练习：地中海风格别墅多角度日光表现>21483215.jpg"文件，最后在"坐标"卷展栏下设置"模糊"为0.01，具体参数设置如图15-236所示，制作好的材质球效果如图15-237所示。

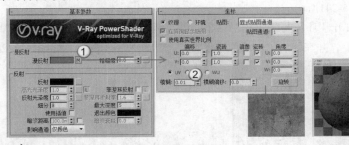

图15-236　　　　　　　　　　　　　　　图15-237

### 6.制作草地材质

**01** 选择一个空白材质球，然后设置材质类型为VRayMtl材质，并将其命名为"草地"，具体参数设置如图15-238所示，制作好的材质球效果如图15-239所示。

**设置步骤**

① 在"漫反射"贴图通道中加载一张学习资源中的"练习文件>第15章>综合练习：地中海风格别墅多角度日光表现>Archexteriors1_001_Grass.jpg"文件，然后在"坐标"卷展栏下设置"模糊"为0.1。

② 设置"反射"颜色为（红:28，绿:43，蓝:25），然后设置"反射光泽度"为0.85。

③ 展开"选项"卷展栏，然后关闭"跟踪反射"选项。

**02** 选择草地模型，然后为其加载一个"VRay置换模式"修改器，接着展开"参数"卷展栏，具体参数设置如图15-240所示。

**设置步骤**

① 在"类型"选项组下勾选"2D贴图（景观）"选项。

② 在"公用参数纹理贴图"通道中加载一张学习资源中的"练习文件>第15章>综合练习：地中海风格别墅多角度日光表现>Archexteriors1_001_Grass.jpg"文件，然后设置"数量"为152.4mm。

③ 在"2D贴图"选项组下设置"分辨率"为2048。

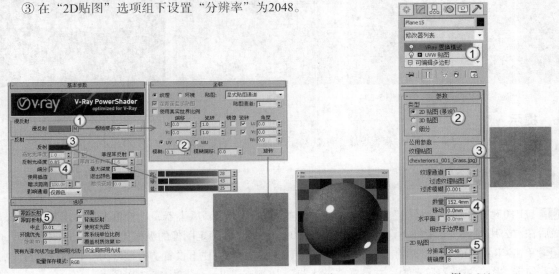

图15-238　　　　　　　　　　图15-239　　　　　　　　　　图15-240

## 15.7.4 灯光设置

由于本例是室外场景，且是制作白天效果，通常在没有特别要求的情况下，只需要为场景布置一盏太阳光就可以了。另外，在前面检测模型时创建的VRay穹顶灯光可以将其删除。

**01** 设置灯光类型为VRay，然后在前视图中创建一盏VRay太阳，接着在弹出的对话框中单击"是"按钮 **是(Y)** ，其位置如图15-241所示。

**02** 按大键盘上的8键打开"环境与效果"对话框，然后将"环境贴图"通道中的"VRay天空"贴图拖曳到一个空白材质球上，并在弹出的对话框中设置"方法"为"实例"，如图15-242所示。

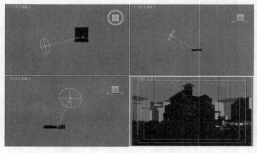

图15-241                    图15-242

**03** 展开"VRay天空参数"卷展栏，勾选"指定太阳节点"选项，然后单击"太阳光"选项后面的"无"按钮 **无** ，接着在场景中拾取VRay太阳，最后设置"太阳强度倍增"为0.04、"太阳大小倍增"为4，具体参数设置如图15-243所示。

**04** 选择VRay太阳，然后在"VRay太阳参数"卷展栏下设置"强度倍增"为0.018、"大小倍增"为4、"阴影细分"为20、"光子发射半径"为150000mm，如图15-244所示。

**05** 按F10键打开"渲染设置"对话框，然后单击VRay选项卡，接着在"全局开关"卷展栏下关闭"覆盖材质"选项，如图15-245所示。

**06** 切换到第1个摄影机视图，然后按F9键测试渲染当前场景，效果如图15-246所示。

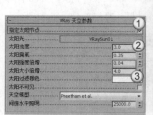

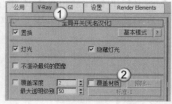

图15-243          图15-244          图15-245          图15-246

--- 提示 ---

观察渲染效果，太阳的光照效果很理想。测试图中出现的锯齿现象是因为渲染参数过低的原因。

## 15.7.5 渲染设置

**01** 按F10键打开"渲染设置"对话框，然后设置渲染器为VRay渲染器，接着单击"公用"选项卡，最后在"公用参数"卷展栏下设置渲染尺寸为1700×1020，并锁定图像的纵横比，如图15-247所示。

**02** 单击VRay选项卡，然后在"图像采样器（抗锯齿）"卷展栏下设置"类型"为"自适应细分"，接着勾选"图像过滤器"选项，并设置"过滤器"为Catmull-Rom，如图15-248所示。

**03** 展开"全局开关"卷展栏，然后设置"二次光线偏移"为0.001，防止重面对象在渲染时产生黑斑，如图15-249所示。

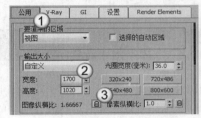

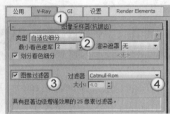

图15-247　　　　　　　　　图15-248　　　　　　　　　图15-249

**04** 展开"全局确定性蒙特卡洛"卷展栏，然后设置"自适应数量"为0.72、"噪波阈值"为0.006、"最小采样"为20，如图15-250所示。

**05** 展开"颜色贴图"卷展栏，然后设置"类型"为"莱因哈德"，接着勾选"子像素贴图"和"钳制输出"选项，如图15-251所示。

**06** 单击GI选项卡，然后在"发光图"卷展栏下设置"当前预设"为"高"，接着设置"细分"为60、"插值采样"为30，最后勾选"显示计算相位"和"显示直接光"选项，如图15-252所示。

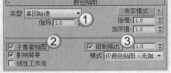

图15-250　　　　　　　　　图15-251　　　　　　　　　图15-252

**07** 展开"灯光缓存"卷展栏，然后设置"细分"为1600，接着勾选"显示计算相位"和"预滤器"选项，如图15-253所示。

**08** 单击"设置"选项卡，展开"系统"卷展栏，然后设置"渲染块宽度"为32、"序列"为"上–>下"，接着设置"最大树向深度"为60、"面/级别系数"为2，最后关闭"显示消息日志窗口"选项，具体参数设置如图15-254所示。

**09** 切换到第1个摄影机视图，然后按F9键渲染当前场景，效果如图15-255所示。

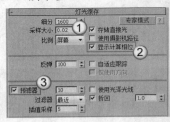

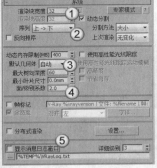

图15-253　　　　　　　　　图15-254　　　　　　　　　图15-255

**10** 切换到第2个和第3个摄影机视图，然后按F9键渲染出这两个角度，效果如图15-256和图15-257所示。

图15-256　　　　　　　　　图15-257

# 15.8 综合练习：童话四季（CG表现）

本例是一个大型的CG场景，展现的是大自然中四季的差异以及不同时间的变化，实例效果如下图所示，上面4张图没有任何特效，中间的4张图有景深效果，下面的4张图有景深和散景特效。四季的变化主要体现在整体的色调上，草绿色代表春季，深绿色代表夏季，黄色代表秋季，白色代表冬季，同时还要在细节上表现出不同时节的特点，例如，每个季节的植物颜色和生长状态都有所不同。要完美地表现出四季效果，首先要突出植物春季发芽、夏季繁茂、秋季泛黄、冬季凋零这4个特点；再者就是四季的光照效果，春季的光照比较柔和，夏季则是热情剧烈的，秋季要回归安逸平和的感觉，冬季伴随着皑皑白雪的到来，场景将会趋于暗淡沉静。

## 15.8.1 春

春季的正常效果如图15-258所示，景深效果如图15-259所示，散景效果如图15-260所示。

图15-258　　　　　　　　图15-259　　　　　　　　图15-260

### 1.材质制作

春季场景的材质类型包括树干材质、树叶材质、蔓藤材质、花朵材质、木屋材质和鸟蛋材质。

<1>制作树干材质

树干材质的模拟效果如图15-261所示。

**01** 打开学习资源中的"练习文件>第15章>综合练习：童话四季（CG表现）-春.max"文件，如图15-262所示。

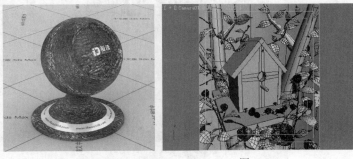

图15-261　　　　　　　　　　图15-262

**02** 选择一个空白材质球，然后设置材质类型为"标准"材质，并将其命名为"树干"，接着展开"贴图"卷展栏，具体参数设置如图15-263所示，制作好的材质球效果如图15-264所示。

**设置步骤**

① 在"漫反射颜色"贴图通道中加载一张学习资源中的"练习文件>第15章>综合练习：童话四季（CG表现）-春>树皮UV春.jpg"文件。

② 将"漫反射颜色"通道中的贴图以"实例"方式复制到"凹凸"贴图通道上，然后设置凹凸的强度为20。

图15-263

图15-264

将制作好的材质指定给树干模型，然后按F9键单独测试渲染树干模型，效果如图15-265所示。

图15-265

---

**提示**

　　单独渲染对象与单独编辑模型的道理是相同的。先选择要渲染的对象，然后按Alt+Q组合键进入孤立选择模式（也可以在右键菜单中选择"孤立当前选择"命令），如图15-266所示，接着按F9键即可对其进行单独测试渲染。对于下面的模型也是同样的道理，将材质指定给对应的模型以后，可以单独测试渲染观察贴图是否正确。

图15-266

---

<2>制作树叶材质

树叶材质的模拟效果如图15-267所示。

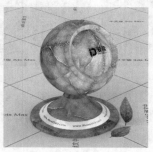

图15-267

　　选择一个空白材质球，然后设置材质类型为"标准"材质，并将其命名为"树叶"，接着展开"贴图"卷展栏，具体参数设置如图15-268所示，制作好的材质球效果如图15-269所示。

**设置步骤**

　　① 在"漫反射颜色"贴图通道中加载一张学习资源中的"练习文件>第15章>综合练习：童话四季（CG表现）-春>树叶.jpg"文件。

　　② 在"不透明度"贴图通道中加载一张学习资源中的"练习文件>第15章>综合练习：童话四季（CG表现）-春>树叶黑白.jpg"文件。

　　③ 在"凹凸"贴图通道中加载一张学习资源中的"练习文件>第15章>综合练习：童话四季（CG表现）-春>树叶.jpg"文件。

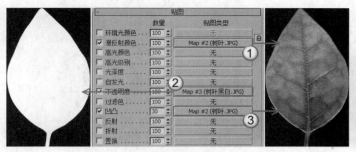

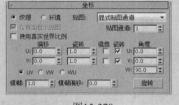

图15-268                                                图15-269

**提示**

在本例中，树叶贴图的角度有一定的旋转。要模拟贴图的旋转效果，可以在"坐标"卷展栏下设置u、v、w的数值，本例只需要将w方向的角度设置为90°就行，如图15-270所示。但是要注意，"漫反射颜色""不透明度""凹凸"贴图通道中的W角度都要进行相同的修改。

图15-270

<3>制作蔓藤材质

蔓藤材质的模拟效果如图15-271所示。

选择一个材质球，然后设置材质类型为"标准"材质，并将其命名为"蔓藤"，接着设置"漫反射"颜色为（红:8，绿:42，蓝:0），最后设置"高光级别"为20、"光泽度"为20、"柔化"为0.5，具体参数设置如图15-272所示，制作好的材质球效果如图15-273所示。

图15-271                图15-272                图15-273

<4>制作花朵材质

花朵材质的模拟效果如图15-274所示。

选择一个空白材质球，然后设置材质类型为"标准"材质，并将其命名为"花朵"，接着展开"贴图"卷展栏，具体参数设置如图15-275所示，制作好的材质球效果如图15-276所示。

**设置步骤**

① 在"漫反射颜色"贴图通道中加载一张学习资源中的"练习文件>第15章>综合练习：童话四季（CG表现）-春>花.jpg"文件。

② 将"漫反射颜色"通道中的贴图复制到"凹凸"贴图通道上。

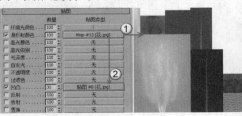

图15-274                图15-275                图15-276

<5>制作木屋材质

木屋的材质包含3个部分，分别是顶侧面（屋顶和侧面）材质、正面材质和底座材质，其模拟效果如图15-277~图15-279所示。

图15-277　　　　　　图15-278　　　　　　图15-279

`01` 下面制作木屋顶侧面的材质。选择一个空白材质球，然后设置材质类型为"标准"材质，并将其命名为"顶侧面"，接着展开"贴图"卷展栏，具体参数设置如图15-280所示，制作好的材质球效果如图15-281所示。

**设置步骤**

① 在"漫反射颜色"贴图通道中加载一张学习资源中的"练习文件>第15章>综合练习：童话四季（CG表现）-春>顶侧面春.jpg"文件。

② 将"漫反射颜色"通道中的贴图复制到"凹凸"贴图通道上，然后设置凹凸的"强度"为100。

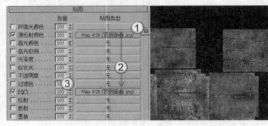

图15-280　　　　　　　　　　　图15-281

`02` 下面制作木屋正面的材质。选择一个空白材质球，然后设置材质类型为"标准"材质，并将其命名为"正面"，接着展开"贴图"卷展栏，具体参数设置如图15-282所示，制作好的材质球效果如图15-283所示。

**设置步骤**

① 在"漫反射颜色"贴图通道中加载一张学习资源中的"练习文件>第15章>综合练习：童话四季（CG表现）-春>正面春.jpg"文件。

② 将"漫反射颜色"通道中的贴图复制到"凹凸"贴图通道上。

图15-282　　　　　　　　　　　图15-283

`03` 下面制作木屋底座的材质。选择一个空白材质球，然后设置材质类型为"标准"材质，并将其命名为"底座"，接着展开"贴图"卷展栏，具体参数设置如图15-284所示，制作好的材质球效果如图15-285所示。

**设置步骤**

① 在"漫反射颜色"贴图通道中加载一张学习资源中的"练习文件>第15章>综合练习：童话四季（CG表现）-春>底春.jpg"文件。

② 将"漫反射颜色"通道中的贴图复制到"凹凸"贴图通道上，然后设置凹凸的强度为35。

③ 将"凹凸"通道中的贴图复制到"置换"贴图通道上，然后设置置换的强度为4。

图15-284                    图15-285

<6>制作鸟蛋材质

鸟蛋材质的模拟效果如图15-286所示。

选择一个空白材质球，然后设置材质类型为"标准"材质，并将其命名为"鸟蛋"，接着展开"贴图"卷展栏，具体参数设置如图15-287所示，制作好的材质球效果如图15-288所示。

**设置步骤**

① 在"漫反射颜色"贴图通道中加载一张学习资源中的"练习文件>第15章>综合练习: 童话四季 (CG表现) -春>鸟蛋UV.jpg"文件。

② 在"凹凸"贴图通道中加载一张"噪波"程序贴图，然后在"噪波参数"卷展栏下设置"大小"为1。

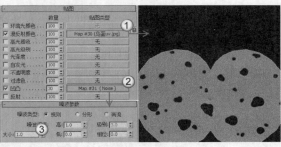

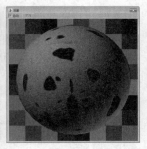

图15-286                    图15-287                    图15-288

## 2.创建阳光

**01** 设置灯光类型为VRay，然后在场景中创建一盏VRay太阳，接着在弹出的对话框中单击"是"按钮 ，为环境添加"VRay天空"环境贴图，VRay太阳的位置如图15-289所示。

**02** 选择上一步创建的VRay太阳，然后在"VRay太阳参数"卷展栏下设置"浊度"为2.5、"臭氧"为0.3、"强度倍增"为0.03，再设置"过滤颜色"为 (红:220，绿:242，蓝:253)，接着设置"阴影细分"为16、"阴影偏移"为0.2mm、"光子发射半径"为111mm，具体参数设置如图15-290所示。

**03** 按大键盘上的8键打开"环境和效果"对话框，将"环境贴图"通道中的"VRay天空"环境贴图以"实例"方式拖曳复制到一个空白材质球上模拟天光效果，然后在"VRay天空参数"卷展栏下勾选"指定太阳节点"选项，接着单击"无"按钮 无 ，并在场景中拾取VRay太阳，最后设置"太阳浊度"为3、"太阳臭氧"为0.35、"太阳强度倍增"为0.009，具体参数设置如图15-291所示。

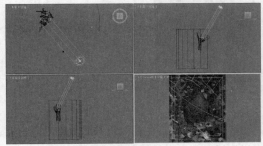

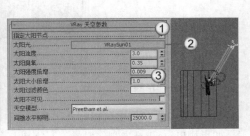

图15-289                    图15-290                    图15-291

### 3.渲染设置

01 按F10键打开"渲染设置"对话框，然后设置渲染器为VRay渲染器，接着单击VRay选项卡，最后在"全局开关"卷展栏下设置"默认灯光"为"关"，如图15-292所示。

02 展开"图像采样器（抗锯齿）"卷展栏，然后设置"类型"为"自适应细分"，接着设置"过滤器"为Catmull-Rom，如图15-293所示。

03 展开"全局确定性蒙特卡洛"卷展栏，然后设置"自适应数量"为0.7、"噪波阈值"为0.005，如图15-294所示。

图15-292　　　　　　　　　　　图15-293　　　　　　　　　　　图15-294

04 单击GI选项卡，然后在"全局照明"卷展栏下勾选"启用全局照明（GI）"选项，接着设置"首次引擎"为"发光图"、"二次引擎"为"灯光缓存"，如图15-295所示。

05 展开"发光图"卷展栏，然后设置"当前预设"为"高"，接着设置"细分"为50、"插值采样"为20，最后勾选"显示计算相位"和"显示直接光"选项，如图15-296所示。

06 展开"灯光缓存"卷展栏，然后设置"细分"为1500、"采样大小"为0.002，接着勾选"存储直接光"和"显示计算相位"选项，如图15-297所示。

07 按F9键测试渲染当前场景，效果如图15-298所示。

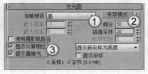

图15-295　　　　　　　　　图15-296　　　　　　　　　图15-297　　　　　　　　图15-298

**提示**

从图15-298中可以观察到整体效果基本达到了要求，但为了让景物更好地融合到场景中，所以还需要添加景深效果。

08 单击VRay选项卡，然后在"摄影机"卷展栏下勾选"景深"选项，接着设置"光圈"为2mm，再勾选"从摄影机获得焦点距离"选项，最后设置"焦点距离"为200mm，如图15-299所示。

09 按F9键渲染当前场景，效果如图15-300所示。

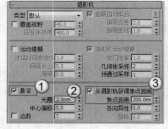

图15-299　　　　　　　　　图15-300

### 4.制作散景

虽然在3ds Max中可以制作散景效果，但是其制作方法相当复杂，而且要耗费很长的渲染时间。但是如果用Photoshop来制作散景，只需要几分钟的时间就可以完成。

01 启动Photoshop CS6，打开渲染好的景深图像，然后创建一个"曲线"调整图层，接着将曲线向上调节，让图像变亮，如图15-301和图15-302所示。

02 按Ctrl+Shift+Alt+E组合键将可见图层盖印到一个新的图层中，执行"滤镜>模糊>光圈模糊"菜单命令，然后在"模糊工具"面板中将"光圈模糊"的"模糊"值调整到17像素左右，如图15-303所示，效果如图15-304所示。

图15-301　　　　　图15-302　　　　　图15-303　　　　　图15-304

03 继续在"模糊工具"面板中将"倾斜模糊"的"模糊"值调整到30像素左右，如图15-305所示，然后将控制上部倾斜模糊的倾斜线拖曳到木屋的顶部，同时将控制下部倾斜模糊的倾斜线拖曳到画面的底部（两条倾斜线紧挨着），如图15-306所示，接着将倾斜线顺时针旋转一定的角度，如图15-307所示。

04 在"模糊效果"面板中将"光源散景"的数量调整到51%左右，然后将"散景颜色"的数量调整到50%左右，如图15-308所示，此时画面中会出现非常漂亮的散景特效，如图15-309所示。调整完成后单击"确定"按钮 确定 完成操作。

图15-305　　　　图15-306　　　　图15-307　　　　图15-308　　　　图15-309

## 15.8.2　夏

春季和夏季的区别不大，除了个别模型不同之外，最大的差别就在于材质贴图的不同以及阳光的强度。相比春季而言，夏季的叶子更大一些，材质颜色也略重一些，同时树干的颜色也有细微的变化。夏季的正常效果如图15-310所示，景深效果如图15-311所示，散景特效如图15-312所示。

图15-310　　　　　图15-311　　　　　图15-312

### 1.材质制作

夏季场景的材质类型包括向日葵材质和小鸟材质。其他材质的制作方法与春季相同，因此下面不进行讲解。

<1>制作向日葵材质

向日葵材质的模拟效果如图15-313所示。

**01** 打开学习资源中的"练习文件>第15章>综合练习：童话四季（CG表现）-夏.max"文件，如图15-314所示。

**02** 选择一个空白材质球，然后设置材质类型为"标准"材质，并将其命名为"向日葵"，接着展开"贴图"卷展栏，具体参数设置如图15-315所示，制作好的材质球效果如图15-316所示。

**设置步骤**

① 在"漫反射颜色"贴图通道中加载一张学习资源中的"练习文件>第15章>综合练习：童话四季（CG表现）-夏>向日葵.jpg"文件。

② 将"漫反射颜色"通道中的贴图复制到"凹凸"贴图通道上，然后设置凹凸的强度为130。

   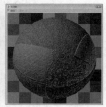

图15-313 　　　　　图15-314 　　　　　　　　　图15-315 　　　　　　　　图15-316

<2>制作小鸟材质

小鸟材质分为两个部分，分别是鸟身材质和鸟腿材质，其模拟效果如图15-317和图15-318所示。

图15-317 　　　　　图15-318

**01** 下面制作鸟身材质。选择一个空白材质球，然后设置材质类型为"标准"材质，并将其命名为"鸟身"，接着展开"贴图"卷展栏，具体参数设置如图15-319所示，制作好的材质球效果如图15-320所示。

**设置步骤**

① 在"漫反射颜色"贴图通道中加载一张学习资源中的"练习文件>第15章>综合练习：童话四季（CG表现）-夏>鸟.jpg"文件。

② 将"漫反射颜色"通道中的贴图复制到"凹凸"贴图通道上，然后设置凹凸的强度为46。

图15-319 　　　　　　　　　　图15-320

**02** 下面制作鸟腿材质。选择一个空白材质球，然后设置材质类型为"标准"材质，并将其命名为"鸟腿"，具体参数设置如图15-321所示，制作好的材质球效果如图15-322所示。

### 设置步骤

① 在"漫反射"贴图通道中加载一张"噪波"程序贴图，然后在"噪波参数"卷展栏下设置"大小"为0.8，接着在"反射高光"选项组下设置"高光级别"为10、"光泽度"为16。

② 展开"贴图"卷展栏，然后在"凹凸"贴图通道中加载一张相同的"噪波"程序贴图，接着设置凹凸的强度为88。

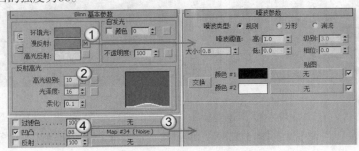

图15-321

图15-322

### 提示

小木屋和树干的材质在这里就不再进行讲解了，可以将春季的贴图在Photoshop中进行相应的调色处理，使其接近于夏季的色调即可，如图15-323所示。

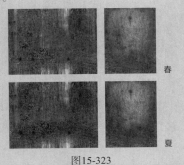

春

夏

图15-323

## 2.创建灯光

**01** 设置灯光类型为VRay，然后在场景中创建一盏VRay太阳（位置与春季相同），接着在弹出的对话框中单击"是"按钮 是(Y)，为环境添加"VRay天空"环境贴图，VRay太阳的位置如图15-324所示。

**02** 选择上一步创建的VRay太阳，然后在"VRay太阳参数"卷展栏下设置"浊度"为2.5、"臭氧"为0.3、"强度倍增"为0.025，再设置"过滤颜色"为（红:201，绿:229，蓝:250），接着设置"阴影偏移"为0.05mm、"光子发射半径"为111mm，如图15-325所示。

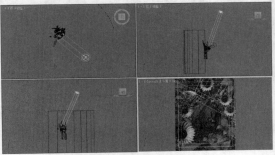

图15-324

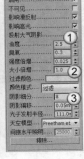

图15-325

**03** 按大键盘上的8键打开"环境和效果"对话框，将"环境贴图"通道中的"VRay天空"环境贴图以"实例"方式拖曳复制到一个空白材质球上模拟天光效果，然后在"VRay天空参数"卷展栏下勾选"指定太阳节点"选项，接着单击"无"按钮 [无]，并在场景中拾取VRay太阳，最后设置"太阳浊度"为4、"太阳臭氧"为0.35、"太阳强度倍增"为0.009，具体参数设置如图15-326所示。

**04** 设置灯光类型为"标准"，然后在场景中创建一盏泛光灯，其位置如图15-327所示。

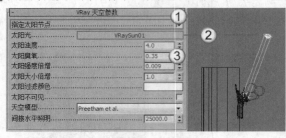

图15-326

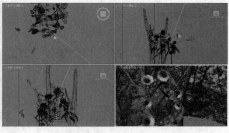

图15-327

**05** 选择上一步创建的泛光灯，然后在"常规参数"卷展栏下单击"排除"按钮 [排除...]，打开"排除/包含"对话框，接着在"场景对象"列表中选择图15-328所示的对象，最后单击 >> 按钮将选定对象加载到右侧的"排除"列表中，如图15-329所示。

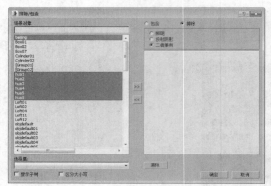

图15-328

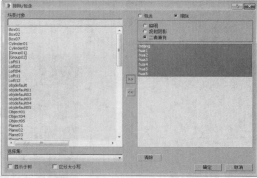

图15-329

## 技术专题：灯光排除技术

灯光排除技术可以将对象排除于灯光照射效果之外。下面以图15-330中的场景为例来详细讲解该技术的用法。在这个场景中，有3把椅子以及4盏VRay面光源。

第1步：按F9键测试渲染当前场景，效果如图15-331所示。从测试图中可以发现，3把椅子都受到了灯光的照射。

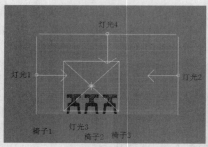

图15-330

图15-331

第2步：下面将"椅子1"和"椅子2"排除于"灯光1"的照射范围以外。选择"灯光1"，然后在"参数"卷展栏下单击"排除"按钮 [排除]，打开"排除/包含"对话框，接着将Group01和Group02加载到"排除"列表中，如图15-332和图15-333所示。

## 技术专题：灯光排除技术（续）

第3步：按F9键测试渲染当前场景，效果如图15-334所示。从测试图中可以发现，"椅子1"和"椅子2"已经不受"灯光1"的影响了。

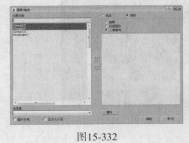

图15-332

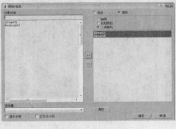

图15-333

图15-334

**06** 继续设置泛光灯的参数。展开"常规参数"卷展栏，然后在"阴影"选项组下勾选"启用"选项，接着设置阴影类型为"阴影贴图"；展开"强度/颜色/衰减"卷展栏，然后设置"倍增"为0.67，接着设置"颜色"为（红:255，绿:247，蓝:210），如图15-335所示。

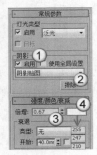

图15-335

### 3.渲染设置

**01** 按F10键打开"渲染设置"对话框，设置渲染器为VRay渲染器，单击VRay选项卡，然后在"摄影机"卷展栏下勾选"景深"选项，接着设置"光圈"为2mm，再勾选"从摄影机获得焦点距离"选项，最后设置"焦点距离"为200mm，如图15-336所示。

**02** 按照春季的渲染参数设置调整好夏季的其他渲染参数，然后按F9键渲染当前场景，效果如图15-337所示，接着用Photoshop制作出夏季的散景特效，完成后的效果如图15-338所示。

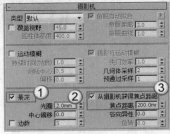

图15-336

图15-337

图15-338

## 15.8.3  秋

秋季和夏季的差别也不是很大，需要修改的仍然是部分模型及贴图的颜色，但是本场景添加了蘑菇、羽毛和一些枯叶来表现秋季的特点。秋季的正常效果如图15-339所示，景深效果如图15-340所示，散景特效如图15-341所示。

图15-339 图15-340 图15-341

### 1.材质制作

秋季场景的材质类型包括枯叶材质和羽毛材质。其他材质的制作方法与春季相同，因此下面不进行讲解。

<1>制作枯叶材质

枯叶材质的模拟效果如图15-342所示。

`01` 打开学习资源中的"练习文件>第15章>综合练习：童话四季（CG表现）-秋.max"文件，如图15-343所示。

`02` 选择一个空白材质球，然后设置材质类型为"标准"材质，并将其命名为"枯叶"，接着展开"贴图"卷展栏，具体参数设置如图15-344所示，制作好的材质球效果如图15-345所示。

**设置步骤**

① 在"漫反射颜色"贴图通道中加载一张学习资源中的"练习文件>第15章>综合练习：童话四季（CG表现）-秋>枯叶1.jpg"文件。

② 在"不透明度"贴图通道中加载一张学习资源中的"练习文件>第15章>综合练习：童话四季（CG表现）-秋>枯叶1黑白.jpg"文件。

③ 将"漫反射颜色"通道中的贴图复制到"凹凸"贴图通道上，然后设置凹凸的强度为72。

   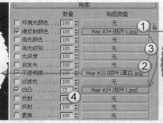  

图15-342 图15-343 图15-344 图15-345

<2>制作羽毛材质

羽毛材质的模拟效果如图15-346所示。

选择一个空白材质球，然后设置材质类型为"标准"材质，并将其命名为"羽毛"，接着展开"贴图"卷展栏，具体参数设置如图15-347所示，制作好的材质球效果如图15-348所示。

**设置步骤**

① 在"漫反射颜色"贴图通道中加载一张学习资源中的"练习文件>第15章>综合练习：童话四季（CG表现）-秋>羽毛.jpg"文件。

② 在"不透明度"贴图通道中加载一张学习资源中的"练习文件>第15章>综合练习：童话四季（CG表现）-秋>羽毛黑白.jpg"文件。

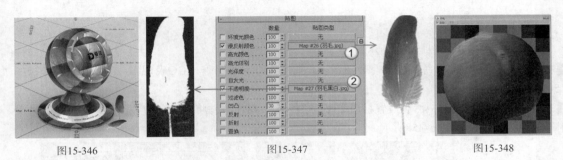

图15-346            图15-347            图15-348

**提示**

关于其他材质的制作方法在这里就不再讲解了，只需要将春季的贴图色调调整成秋季的色调即可，如图15-349所示。

图15-349

### 2.渲染设置

`01` 按F10键打开"渲染设置"对话框，设置渲染器为VRay渲染器，单击VRay选项卡，然后在"摄影机"卷展栏下勾选"景深"选项，接着设置"光圈"为2mm，再勾选"从摄影机获得焦点距离"选项，最后设置"焦点距离"为200mm，如图15-350所示。

`02` 按照春季的渲染参数设置调整好秋季的其他渲染参数，然后按F9键渲染当前场景，效果如图15-351所示，接着用Photoshop制作出秋季的散景特效，完成后的效果如图15-352所示。

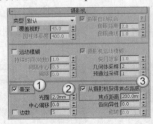

图15-350            图15-351            图15-352

## 15.8.4 冬

冬季给人的第一感觉就是冷，在视野中要体现出白茫茫的一片雪景，并且要配有正在飘落的雪花来衬托场景的氛围。冬季的正常效果如图15-353所示，景深效果如图15-354所示，散景特效如图15-355所示。

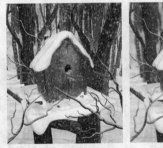

图15-353            图15-354            图15-355

## 1.制作雪材质

雪材质的模拟效果如图15-356所示。

**01** 打开学习资源中的"练习文件>第15章>综合练习：童话四季（CG表现）-冬.max"文件，如图15-357所示。

**02** 选择一个空白材质球，然后设置材质类型为"标准"材质，并将其命名为"雪"，接着设置"漫反射"颜色为白色，如图15-358所示。

图15-356

图15-357

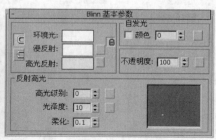
图15-358

**03** 展开"贴图"卷展栏，然后在"光泽度"贴图通道中加载一张"细胞"程序贴图，接着在"细胞参数"卷展栏下设置"细胞特征"为"分形"、"大小"为1，如图15-359所示。

**04** 在"自发光"贴图通道中加载一张"遮罩"程序贴图，具体参数设置如图15-360所示。

### 设置步骤

① 在"贴图"通道中加载一张"渐变坡度"程序贴图，然后在"渐变坡度参数"卷展栏下设置渐变色为5种蓝色的渐变色，接着设置"渐变类型"为"贴图"，最后在"源贴图"通道中加载一张"衰减"程序贴图。

② 展开"衰减参数"卷展栏，然后设置"前"通道的颜色为白色、"侧"通道的颜色为黑色，接着设置"衰减类型"为"阴影/灯光"，最后在"混合曲线"卷展栏下调整好混合曲线的形状。

③ 返回到"渐变坡度参数"卷展栏，然后在"源贴图"后面的"衰减"程序贴图上单击鼠标右键，并在弹出的菜单中选择"复制"命令，接着返回到"遮罩参数"卷展栏，在"遮罩"后面的贴图通道上单击鼠标右键，最后在弹出的菜单中选择"粘贴（复制）"命令。

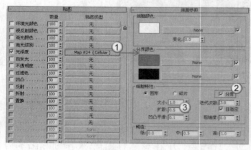
图15-359

图15-360

**05** 在"凹凸"贴图通道中加载一张"细胞"程序贴图，然后在"细胞参数"卷展栏下设置"细胞特征"为"分形"，接着设置"大小"为0.4，具体参数设置如图15-361所示，制作好的材质球效果如图15-362所示。

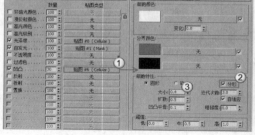
图15-361

图15-362

**06** 按照春季的灯光设置及渲染参数调整好冬季的灯光设置及渲染参数，然后按F9键渲染当前场景，效果如图15-363所示，接着用Photoshop制作好冬季的散景特效，完成后的效果如图15-364所示。

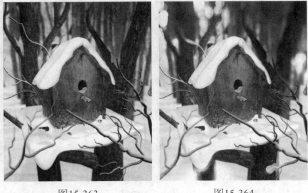

图15-363　　　　　　　　图15-364

### 2.制作飞雪特效

**01** 在Photoshop中打开冬季散景效果图，按Shift+Ctrl+N组合键新建一个"雪花1"图层，并用白色填充该图层，然后执行"滤镜>杂色>添加杂色"菜单命令，最后在弹出的对话框中设置"数量"为400%、"分布"为"高斯分布"，并勾选"单色"选项，具体参数设置如图15-365所示，效果如图15-366所示。

图15-365　　　　　　　　图15-366

**02** 执行"滤镜>其他>自定"菜单命令，然后在弹出的对话框中设置4个角上的数值为100，如图15-367所示，效果如图15-368所示。

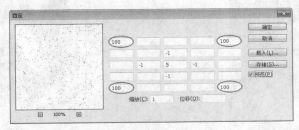

图15-367　　　　　　　　图15-368

**03** 使用"矩形选框工具" 框选一部分图像，如图15-369所示，然后按Shift+Ctrl+I组合键反选选区，接着按Delete键删除选区内的图像，最后按Ctrl+D组合键取消选区，效果如图15-370所示。

**04** 按Ctrl+T组合键进入自由变换状态，然后将"雪花1"图层调整到与画布一样的大小，如图15-371所示，接着按Ctrl+I组合键将图像进行"反相"处理，效果如图15-372所示。

图15-369　　　　　　　图15-370　　　　　　　　图15-371　　　　　　　　图15-372

**05** 使用"魔棒工具" 选择黑色区域，如图15-373所示，然后按Delete键删除黑色部分，接着按Ctrl+D组合键取消选区，效果如图15-374所示。

**06** 按Ctrl+M组合键打开"曲线"对话框，然后将曲线调整成图15-375所示的形状，效果如图15-376所示。

图15-373　　　　　　　图15-374　　　　　　　　图15-375　　　　　　　　图15-376

**07** 按Ctrl+J组合键复制一个"雪花1副本"图层，然后使用"矩形选框工具" 框选一部分图像，如图15-377所示，接着按Shift+Ctrl+I组合键反选选区，最后按Delete键删除选区内的图像。

**08** 按Ctrl+T组合键进入自由变换状态，然后将"雪花1副本"图层调整到与画布一样的大小，效果如图15-378所示。经过这个步骤就制作出了大小不同的雪花效果。

**09** 按Ctrl+E组合键向下合并图层，将两个雪花图层合并为一个图层，然后执行"滤镜>模糊>动感模糊"菜单命令，接着在弹出的对话框中设置"角度"为76°、"距离"为16像素，如图15-379所示，最终效果如图15-380所示。

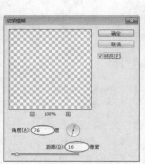

图15-377　　　　　　　图15-378　　　　　　　　图15-379　　　　　　　　图15-380

# 技术分享

## 用光子图快速渲染成品图

**文件位置：** 练习文件>第15章>技术分享>用光子图快速渲染成品图>用光子图快速渲染成品图.max

大家从本章的实例中应该体会到了等待渲染出图这一过程的痛苦，从某种意义上来讲，要想得到更好的作品，就需要设置更细的渲染参数，用更多的渲染时间来换取。但是我们可以用一种方法来兼顾渲染的质量与时间，这就是实际工作中常用的"光子图"。请注意，用光子图渲染成品图的方法，仅限于最终出图这一环节，也就是说如果改变了场景的灯光、材质和渲染参数，这个方法就不一定适用了。

在用光子图渲染成品图之前，先要清楚VRay的渲染方式，见图A，这是直接渲染1200×900大小的成品图的过程示意图。简单来说，VRay渲染可以分为两步：第1步是渲染光子图；第2步是渲染成品图。这个过程是直接渲染，并没有利用光子图在时间方面的优势，也就是说渲染的光子图尺寸是1200×900，渲染所耗费的时间是54分46秒800毫秒，接近1个小时。

渲染光子图　　　　　　渲染成品图　　　　　　得到成品图　渲染耗时0h 54m 46.8s

图A　直接渲染

对于光子图而言，从理论上来讲，渲染10倍于光子图大小的成品图，效果是不会发生变化的，但是在实际工作中，我们一般选择4倍量级。也就是说，我们渲染图A中的成品图时，可以先渲染一个300×225大小的光子图。在渲染光子图之前，必须先设置好最终渲染的参数，如GI、颜色贴图、图像采样器等，因为在渲染好光子图以后，这些参数是无法更改的，我们要做的只是将光子图渲染出来，并进行保存，然后进行调用。下面开始演示这一操作过程。

图B　　　　　　　　　　　　　　图C

（1）设置光子图的渲染比例。因为最大限度为4倍，所以设置光子图的渲染尺寸为300×225，如图B所示。

（2）因为只是渲染光子图，不用渲染最终图像，所以可以在"全局开关"卷展栏下关闭"不渲染最终的图像"选项，如图C所示。

（3）请注意，从这一步开始，是最关键的步骤。在"发光图"卷展栏下设置发光图的保存路径，同时勾选"自动保存"选项，在渲染完毕之后自动保存发光图光子，如图D所示。

图D

（4）展开"灯光缓存"卷展栏，用同样的方法将发光图光子也保存在项目文件夹中，如图E所示。

（5）按F9键渲染摄影机视图，渲染完成后VRay会自动将光子图保存到前面指定的文件夹中，如图F所示。因为光子图的渲染比例太小，显示不出渲染时间，但是可以从"VRay消息"窗口中查看到渲染时间，渲染光子图共耗时144.7s，即2分24秒700毫秒。

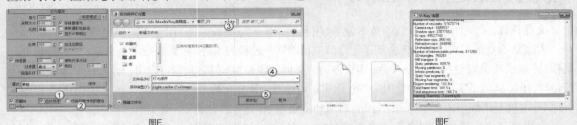

图E             图F

（6）请注意，从这一步开始是用光子图渲染成品图。先将渲染尺寸恢复到要渲染的尺寸1200×900，如图G所示。

（7）因为是渲染最终图像，所以要关闭"不渲染最终的图像"选项，如图H所示。

（8）调用渲染的发光图。在"发光图"卷展栏下设置"模式"为"从文件"，然后选择前面保存好的发光图文件（后缀名为.vrmap），如图I所示。

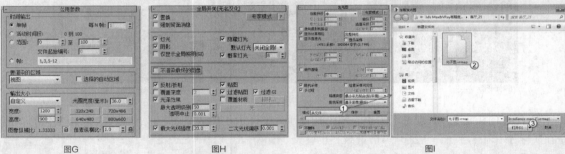

图G        图H        图I

（9）用相同的方法调用渲染的灯光缓存（后缀名为.vrlmap）文件，如图J所示。

（10）按F9键渲染最终效果，经过45分6秒200毫秒的渲染过程，得到了最终的成品图，如图K所示。

图J            图K

现在我们来计算一下用光子图渲染成品图所耗费的时间，渲染光子图用了2分24秒700毫秒，渲染成品图用了45分6秒200毫秒，所以实际耗时47分30秒900毫秒，比直接渲染快了7分多钟，速度上快了15%左右。大家不要小看这7分钟，这只是一个小场景的测试。在实际工作中的大型商业项目，渲染时间通常是10多个小时，甚至数天，而且商业项目的灯光更多、更细腻，光子图的渲染更慢，这种情况下使用光子图渲染成品图的优势就体现出来了。

## 区域渲染的好处

**文件位置：** 练习文件>第15章>技术分享>区域渲染>区域渲染.max

在工作中，无论是3ds Max的自身崩溃故障，还是客户连夜催图，对于设计师来说，都是很无奈的一件事情。以3ds Max崩溃为例，假设我们的成品图已经渲染了60%，3ds Max突然崩溃，我们也仅能保存现有的60%，这个时候，我们无比希望3ds Max能接着渲染。那么，3ds Max有没有这种功能呢？当然是有的，那就是区域渲染。不过区域渲染的前提是能够精确选出需要渲染的区域，如下面的图A，这种图像是无法用区域渲染接着渲染的，因为太不规则了。所以，我们在渲染成品图之前，应该先设置好渲染的序列，一般选择"左->右"或"上->下"方式。

这里详细介绍一下区域渲染的方法。在渲染之前先在"系统"卷展栏下将"序列"设置为"左->右"方式，如图B所示。当渲染到60%的时候，3ds Max突然崩溃，赶紧将渲染好的图像保存起来，如图C所示。重启3ds Max，将"要渲染的区域"设置为"区域"，然后框出未渲染的部分并继续渲染（可以多框一部分，以免少选），如图D所示，渲染完成后将图像保存好，接着在Photoshop中进行拼接即可。

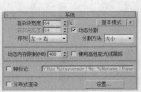

图A 无法使用区域渲染　　　　　图B　　　　　　　图C　　　　　　　图D

## 推荐测试渲染参数

在工作中，测试伴随着整个项目，所谓"项目不完，测试不断"，从建模到最终渲染，每一个阶段，我们都在不断测试，不断对比。所以，一套既能看出优劣，又能节省时间的测试渲染参数是必备的。下面给出一套常用的测试渲染参数，这套参数适用于材质测试、灯光测试、产品渲染、室内效果图测试和室外建筑测试等。

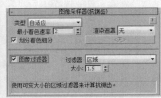

根据构图比例设置一个小尺寸　　　　　　设置图像采样器（抗锯齿）

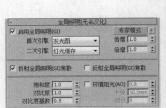
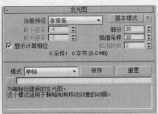
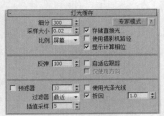

设置全局照明　　　　　　设置发光图　　　　　　设置灯光缓存

# 推荐最终渲染参数

　　相比测试渲染参数，最终渲染参数在原理上没有太大区别，无非是增大渲染尺寸以及提高渲染质量。下面给出的这套最终渲染参数适用于大部分场景。

根据项目要求设置合适的渲染尺寸

设置二次光线偏移

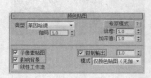

设置颜色贴图

设置图像采样器（抗锯齿）适用于室内及大场景

设置图像采样器（抗锯齿）适用于室外建筑

设置全局确定性蒙特卡洛

设置全局照明

设置发光图

设置灯光缓存

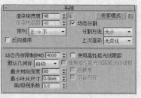

设置渲染序列

# 第16章

## 粒子系统与空间扭曲

　　粒子系统与空间扭曲工具都是动画制作中非常有用的特效工具。粒子系统可以模拟自然界中真实的烟、雾、飞溅的水花、星空等效果。空间扭曲听起来好像是科幻影片中的特殊效果，其实它是不可渲染的对象，仿佛就像是一种无形的力量，可以通过多种奇特的方式来影响场景中的对象，如产生引力、风吹、涟漪等特殊效果。通过本章的学习，读者应该掌握常用的粒子系统和空间扭曲工具的使用方法。

※ PF Source（粒子流源）

※ 喷射

※ 雪

※ 超级喷射

※ 暴风雪

※ 粒子阵列

※ 粒子云

※ 力

※ 导向器

※ 几何/可变形

※ 基于修改器

# 16.1 粒子系统

3ds Max 2016的粒子系统是一种很强大的动画制作工具，可以通过设置粒子系统来控制密集对象群的运动效果。粒子系统通常用于制作云、雨、风、火、烟雾、暴风雪以及爆炸等动画效果，如图16-1~图16-3所示。

图16-1        图16-2        图16-3

粒子系统作为单一的实体来管理特定的成组对象，通过将所有粒子对象组合成单一的可控系统，可以很容易地使用一个参数来修改所有对象，而且拥有良好的"可控性"和"随机性"。在创建粒子时会占用很大的内存资源，而且渲染速度相当慢。

3ds Max 2016包含7种粒子，分别是"粒子流源""喷射""雪""超级喷射""暴风雪""粒子阵列""粒子云"，如图16-4所示。这7种粒子在透视图中的显示效果如图16-5所示。

 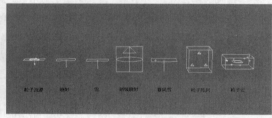

图16-4                          图16-5

## 16.1.1 PF Source（粒子流源）

### 功能介绍

"粒子流源"是每个流的视口图标，同时也可以作为默认的发射器。"粒子流源"作为最常用的粒子发射器，可以模拟多种粒子效果，在默认情况下，它显示为带有中心徽标的矩形，如图16-6所示。进入"修改"面板，可以观察到"粒子流源"的参数包括"设置""发射""选择""系统管理""脚本"5个卷展栏，如图16-7所示。

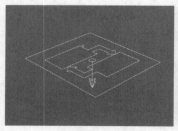 

图16-6                  图16-7

### 参数详解

### 1. "设置"卷展栏

展开"设置"卷展栏，如图16-8所示。

❖ 启用粒子发射：控制是否开启粒子系统。

❖ 粒子视图 [粒子视图] ：单击该按钮可以打开"粒子视图"对话框，如图16-9所示。

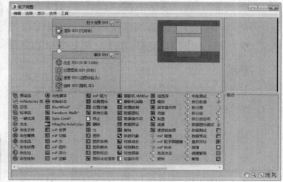

图16-8　　　　　　　　　　图16-9

**提示**

关于"粒子视图"对话框的使用方法，请参阅本章的"技术专题16-1"。

### 2. "发射"卷展栏

展开"发射"卷展栏，如图16-10所示。

图16-10

❖ 徽标大小：主要用来设置粒子流中心徽标的尺寸，其大小对粒子的发射没有任何影响。

❖ 图标类型：主要用来设置图标在视图中的显示方式，有"长方形""长方体""圆形""球体"4种方式，默认为"长方形"。

❖ 长度：当"图标类型"设置为"长方形"或"长方体"时，显示的是"长度"参数；当"图标类型"设置为"圆形"或"球体"时，显示的是"直径"参数。

❖ 宽度：用来设置"长方形"和"长方体"徽标的宽度。

❖ 高度：用来设置"长方体"徽标的高度。

❖ 显示：主要用来控制是否显示标志或徽标。

❖ 视口%：主要用来设置视图中显示的粒子数量，该参数的值不会影响最终渲染的粒子数量，其取值范围是0~10000。

❖ 渲染%：主要用来设置最终渲染的粒子的数量百分比，该参数的大小会直接影响到最终渲染的粒子数量，其取值范围是0~10000。

### 3. "选择"卷展栏

展开"选择"卷展栏，如图16-11所示。

图16-11

❖ 粒子 ：激活该按钮以后，可以选择粒子。

❖ 事件 ■：激活该按钮以后，可以按事件来选择粒子。

❖ ID：使用该选项可以设置要选择的粒子的ID号。注意，每次只能设置一个数字。

── 提示 ──────────────────────────────────────────

每个粒子都有唯一的ID号，从第1个粒子使用1开始，递增计数。使用这些控件可按粒子ID号选择和取消选择粒子，但只能在"粒子"级别使用。

❖ 添加 添加：设置完要选择的粒子的ID号后，单击该按钮可以将其添加到选择中。

❖ 移除 移除：设置完要取消选择的粒子的ID号后，单击该按钮可以将其从选择中移除。

❖ 清除选定内容：启用该选项以后，单击"添加"按钮选择粒子会取消选择所有其他粒子。

❖ 从事件级别获取 从事件级别获取：单击该按钮可以将"事件"级别选择转换为"粒子"级别。

❖ 按事件选择：该列表显示粒子流中的所有事件，并高亮显示选定事件。

### 4. "系统管理"卷展栏

展开"系统管理"卷展栏，如图16-12所示。

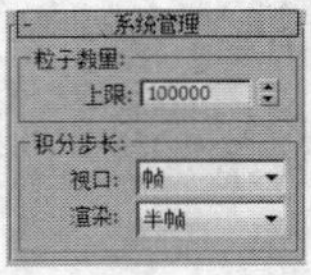

图16-12

❖ 上限：用来限制粒子的最大数量，默认值为100000，其取值范围是0~10000000。

❖ 视口：设置视图中的动画回放的综合步幅。

❖ 渲染：用来设置渲染时的综合步幅。

### 5. "脚本"卷展栏

展开"脚本"卷展栏，如图16-13所示。该卷展栏可以将脚本应用于每个积分步长以及查看的每帧的最后一个积分步长处的粒子系统。

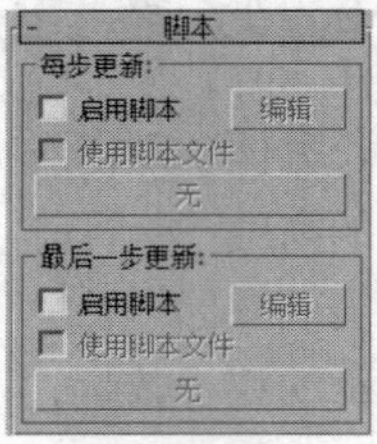

图16-13

❖ 每步更新："每步更新"脚本在每个积分步长的末尾，计算完粒子系统中所有动作和所有粒子后，最终会在各自的事件中进行计算。

◇ 启用脚本：启用该选项后，可以引起按积分步长执行内存中的脚本。

◇ 编辑 编辑：单击该按钮可以打开具有当前脚本的文本编辑器对话框，如图16-14所示。

图16-14

◇ 使用脚本文件：启用该选项以后，可以通过单击下面的"无"按钮 无 来加载脚本文件。

◇ 无 无 ：单击该按钮可以打开"打开"对话框，在该对话框中可以指定要从磁盘加载的脚本文件。

❖ 最后一步更新：当完成所查看（或渲染）的每帧的最后一个积分步长后，系统会执行"最后一步更新"脚本。

◇ 启用脚本：启用该选项以后，可以引起在最后的积分步长后执行内存中的脚本。

◇ 编辑 编辑 ：单击该按钮可以打开含有当前脚本的文本编辑器对话框。

◇ 使用脚本文件：启用该选项以后，可以通过单击下面的"无"按钮 无 来加载脚本文件。

◇ 无 无 ：单击该按钮可以打开"打开"对话框，在该对话框中可以指定要从磁盘加载的脚本文件。

## 【练习16-1】用粒子流源制作影视包装文字动画

本练习的影视包装文字动画效果如图16-15所示。

图16-15

01 打开学习资源中的"练习文件>第16章>练习16-1.max"文件，如图16-16所示。

02 在"创建"面板中单击"几何体"按钮◯，设置几何体类型为"粒子系统"，然后单击PF Source（粒子流源）按钮 PF Source ，接着在前视图中拖曳光标创建一个粒子流源，如图16-17所示。

03 进入"修改"面板，然后在"设置"卷展栏下单击"粒子视图"按钮 粒子视图 ，打开"粒子视图"对话框，接着单击"出生001"操作符，最后在"出生001"卷展栏下设置"发射停止"为50、"数量"为500，如图16-18所示。

图16-16

图16-17

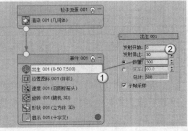

图16-18

## 技术专题：事件/操作符的基本操作

下面讲解在"粒子视图"对话框中对事件/操作符的基本操作方法。

1.新建操作符

如果要新建一个事件，可以在粒子视图中单击鼠标右键，然后在弹出的菜单中选择"新建"菜单下的事件命令，如图16-19所示。

2.附加/插入操作符

如果要附加操作符（附加操作符就是在原有操作符中再添加一个操作符），可以在面板

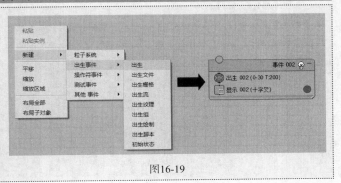

图16-19

上或操作符上单击鼠标右键，然后在弹出的菜单中选择"附加"下的子命令，如图16-20所示。另外，也可以直接在下面的操作符列表中选择操作符，然后使用鼠标左键将其拖曳到要添加的位置，如图16-21所示。

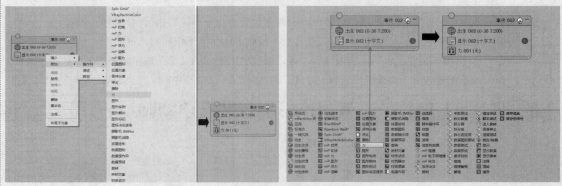

图16-20　　　　　　　　　　　　　　　　　　　　图16-21

插入操作符分为以下两种情况。

第1种：替换操作符。直接在下面的操作符列表中选择操作符，然后使用鼠标左键将其拖曳到要被替换的操作符上，如图16-22所示。

第2种：添加操作符。单击鼠标右键，在弹出的菜单中选择"插入"菜单下的子命令，会将操作符添加到事件面板中，如图16-23所示。

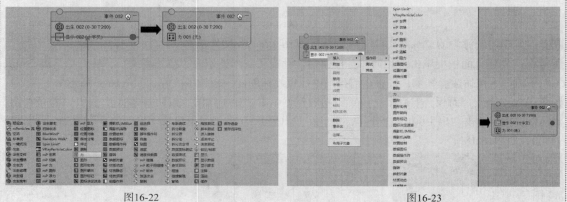

图16-22　　　　　　　　　　　　　　　　　　　　图16-23

3.调整操作符的顺序

如果要调整操作符的顺序，可以使用鼠标左键将操作符拖曳到要放置的位置即可，如图16-24所示。注意，如果将操作符拖曳到其他操作符上，将替换掉操作符，如图16-25所示。

图16-24　　　　　　　　　　　　　　　　　　　　图16-25

4.删除事件/操作符

如果要删除事件，可以在事件面板上单击鼠标右键，然后在弹出的菜单中选择"删除"命令，如图16-26所示；如果要删除操作符，可以在操作符上单击鼠标右键，然后在弹出的菜单中选择"删除"命令，如图16-27所示。

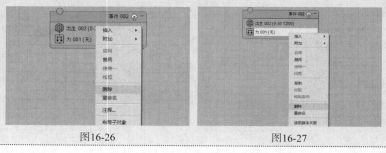

图16-26　　　　　　　　　　　　　　　　　图16-27

## 技术专题：事件/操作符的基本操作（续）

### 5.链接/打断操作符与事件

如果要将操作符链接到事件上，可以使用鼠标左键将事件旁边的图标拖曳到事件面板上的图标上，如图16-28所示；如果要打断链接，可以在链接线上单击鼠标右键，然后在弹出的菜单中选择"删除连线"命令，如图16-29所示。

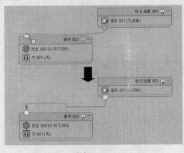 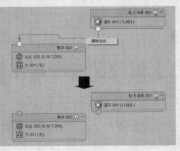

图16-28　　　　　　　　　　　　　　　　图16-29

**04** 单击"速度001"操作符，然后在"速度001"卷展栏下设置"速度"为7620mm，"变化"为0mm，最后设置"方向"为"随机3D"，如图16-30所示。

**05** 单击"形状001"操作符，然后在"形状001"卷展栏下设置3D为"立方体"，接着设置"大小"为254mm，如图16-31所示。

**06** 单击"显示001"操作符，然后在"显示001"卷展栏下设置"类型"为"几何体"，接着设置显示颜色为黄色（红:255，绿:182，蓝:26），如图16-32所示。

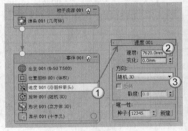  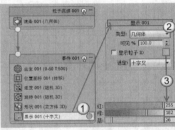

图16-30　　　　　　　　　　图16-31　　　　　　　　　　图16-32

**07** 在下面的操作符列表中选择"位置对象"操作符，然后使用鼠标左键将其拖曳到"显示001"操作符的下面，如图16-33所示。

**08** 单击"位置对象001"操作符，然后在"位置对象001"卷展栏下单击"添加"按钮，接着在视图中拾取文字模型，最后设置"位置"为"曲面"，如图16-34所示。

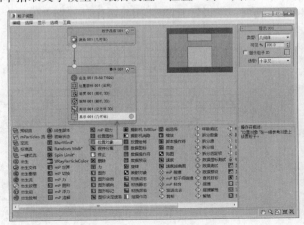 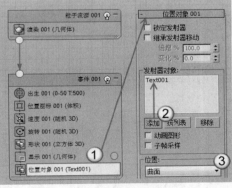

图16-33　　　　　　　　　　　　　　　图16-34

**09** 选择动画效果最明显的一些帧，然后单独渲染出这些单帧动画，最终效果如图16-35所示。

图16-35

# 【练习16-2】用粒子流源制作粒子吹散动画

本练习的粒子吹散动画效果如图16-36所示。

图16-36

**01** 打开学习资源中的"练习文件>第16章>练习16-2.max"文件，如图16-37所示。

**02** 使用"粒子流源"工具 粒子流源 在顶视图中创建一个粒子流源，如图16-38所示。

**03** 进入"修改"面板，在"设置"卷展栏下单击"粒子视图"按钮 粒子视图 ，打开"粒子视图"对话框，然后单击"出生001"操作符，接着在"出生001"卷展栏下设置"发射停止"为0、"数量"为15000，如图16-39所示。

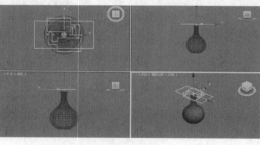

图16-37　　　　　　　　　图16-38　　　　　　　　　图16-39

**04** 按住Ctrl键的同时选择"位置图标001""速度001""旋转001"操作符，然后单击鼠标右键，接着在弹出的菜单中选择"删除"命令，如图16-40所示。

**05** 单击"形状001"操作符，然后在"形状001"卷展栏下设置3D为"20面球体"，接着设置"大小"为120mm，如图16-41所示。

**06** 单击"显示001"操作符，然后在"显示001"卷展栏下设置"类型"为"点"，接着设置显示颜色为（红:0，绿:90，蓝:255），如图16-42所示。

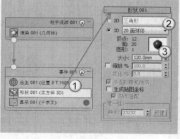
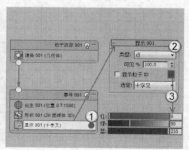

图16-40　　　　　　　　　图16-41　　　　　　　　　图16-42

**07** 在下面的操作符列表中选择"位置对象"操作符，然后使用鼠标左键将其拖曳到"显示001"操作符的下面，如图16-43所示。

**08** 单击"位置对象001"操作符，然后在"位置对象001"卷展栏下单击"添加"按钮 添加，接着在视图中拾取球瓶模型，最后设置"位置"为"曲面"，如图16-44所示。

**09** 在"创建"面板中单击"空间扭曲"按钮 ，并设置空间扭曲的类型为"导向器"，然后单击"导向球"按钮 导向球 ，接着在水杯的上方创建一个导向球，最后在"基本参数"卷展栏下设置"直径"为597mm，如图16-45所示。

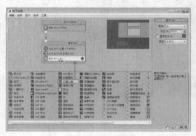
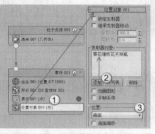
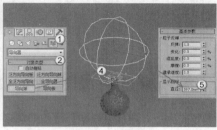

图16-43　　　　　　　　　　　　图16-44　　　　　　　　　　　　图16-45

**10** 返回到"粒子视图"对话框，然后使用鼠标左键将"碰撞"操作符拖曳到"位置对象001"操作符的下方，如图16-46所示。

**11** 单击"碰撞001"操作符，然后在"碰撞001"卷展栏下单击"添加"按钮 添加，接着在视图中拾取导向球，最后设置"速度"为"继续"，如图16-47所示。

**12** 设置空间扭曲类型为"力"，然后使用"风"工具 风 在左视图中创建一个风，接着调整好风向的位置和方向，最后在"参数"卷展栏下设置"图标大小"为1000mm，如图16-48所示。

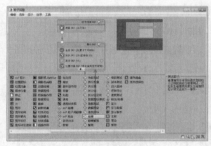
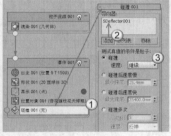
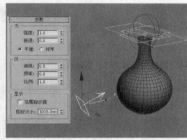

图16-46　　　　　　　　　　　　图16-47　　　　　　　　　　　　图16-48

**13** 返回到"粒子视图"对话框，然后使用鼠标左键将"力"操作符拖曳到粒子视图中，如图16-49所示。

**14** 使用鼠标左键将"事件002"面板链接到"碰撞001"操作符上，如图16-50所示，链接好的效果如图16-51所示。

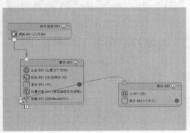
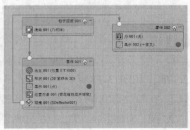

图16-49　　　　　　　　　　　　图16-50　　　　　　　　　　　　图16-51

**15** 单击"力001"操作符，然后在"力001"卷展栏下单击"添加"按钮 添加，接着在视图中拾取风，如图16-52所示。

**16** 选择动画效果最明显的一些帧，然后单独渲染出这些单帧动画，最终效果如图16-53所示。

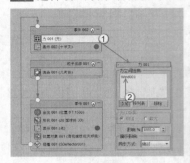

图16-52

图16-53

## 【练习16-3】用粒子流源制作烟花爆炸动画

本练习的烟花爆炸动画效果如图16-54所示。

图16-54

**01** 使用"粒子流源"工具 粒子流源 在透视图中创建一个粒子流源，然后在"发射"卷展栏下设置"徽标大小"为160mm、"长度"为240mm、"宽度"为245mm，如图16-55所示。

**02** 按A键激活"角度捕捉切换"工具 ，然后使用"选择并旋转"工具 在前视图中将粒子流源顺时针旋转180°，使发射器的发射方向朝向上，如图16-56所示。

**03** 使用"球体"工具 球体 在一个粒子流源的上方创建一个球体，然后在"参数"卷展栏下设置"半径"为4mm，如图16-57所示。

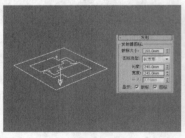

图16-55

图16-56

图16-57

**04** 选择粒子流源，然后在"设置"卷展栏下单击"粒子视图"按钮 粒子视图 ，打开"粒子视图"对话框，接着单击"出生001"操作符，最后在"出生001"卷展栏下设置"发射停止"为0、"数量"为20000，如图16-58所示。

**05** 单击"形状001"操作符，然后在"形状001"卷展栏下设置3D类型为"80面球体"，接着设置"大小"为1.5mm，如图16-59所示。

**06** 单击"显示001"操作符，然后在"显示001"卷展栏下设置"类型"为"点"，接着设置显示颜色为（红:51，绿:147，蓝:255），如图16-60所示。

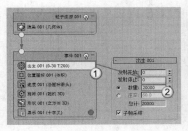
图16-58

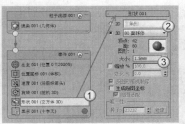
图16-59

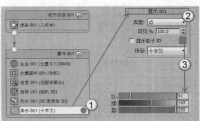
图16-60

**07** 使用鼠标左键将操作符列表中的"位置对象"操作符拖曳到"显示001"操作符的下方,然后单击"位置对象001"操作符,接着在"位置对象001"卷展栏下单击"添加"按钮 添加,最后在视图中拾取球体,将其添加到"发射器对象"列表中,如图16-61所示。

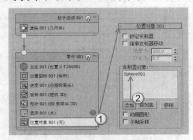
图16-61

---
**提示**

此时拖曳时间线滑块,可以观察到粒子并没有像烟花一样产生爆炸效果,如图16-62所示。因此下面还需要对粒子进行碰撞设置。

图16-62

**08** 使用"平面"工具 平面 在顶视图中创建一个大小与粒子流源大小几乎相同的平面,然后将其拖曳到粒子流源的上方,如图16-63所示。

**09** 在"创建"面板中单击"空间扭曲"按钮,并设置空间扭曲的类型为"导向器",然后使用"导向板"工具 导向板 在顶视图中创建一个导向板(位置和大小与平面相同),如图16-64所示。

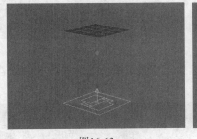
图16-63

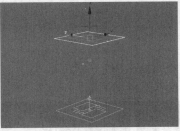
图16-64

---
**提示**

这里创建"导向板"的目的主要是为了让粒子在上升的过程中与其发生碰撞,从而让粒子产生爆炸效果。

**10** 在"主工具栏"中单击"绑定到空间扭曲"按钮 ❖，然后用该工具将导向板拖曳到平面上，如图16-65所示。

图16-65

## 技术专题：绑定到空间扭曲

"绑定到空间扭曲"工具 ❖ 可以将导向器绑定到对象上。先选择需要的导向器，然后在"主工具栏"中单击"绑定到空间扭曲"按钮 ❖，接着将其拖曳到要绑定的对象上即可，如图16-66所示。

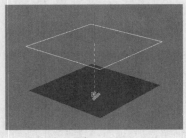

图16-66

**11** 打开"粒子视图"对话框，然后在操作符列表中将"碰撞"操作符拖曳到"位置对象001"操作符的下方，单击"碰撞001"操作符，接着在"碰撞001"卷展栏下单击"添加"按钮 添加，并在视图中拾取导向板，最后设置"速度"为"随机"，如图16-67所示。

**12** 拖曳时间线滑块，可以发现此时的粒子已经发生了爆炸效果，如图16-68所示。

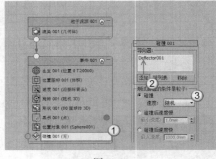

图16-67

图16-68

**13** 采用相同的方法再制作一个粒子流源，然后选择动画效果最明显的一些帧，接着单独渲染出这些单帧动画，最终效果如图16-69所示。

图16-69

# 【练习16-4】用粒子流源制作放箭动画

本练习的放箭动画效果如图16-70所示。

图16-70

**01** 打开学习资源中的"练习文件>第16章>练习16-4.max"文件，如图16-71所示。

**02** 使用"粒子流源"工具 粒子流源 在左视图中创建一个粒子流源，然后在"发射"卷展栏下设置"徽标大小"为96mm、"长度"为132mm、"宽度"为144mm，其位置如图16-72所示。

**03** 在"设置"卷展栏下单击"粒子视图"按钮 粒子视图 ，打开"粒子视图"对话框，然后单击"出生001"操作符，接着在"出生001"卷展栏下设置"发射停止"为500、"数量"为200，如图16-73所示。

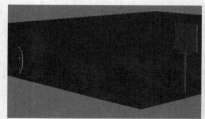

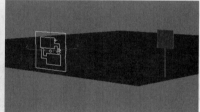

图16-71　　　　　　　　　　　图16-72　　　　　　　　　　　图16-73

**04** 单击"速度001"操作符，然后在"速度001"卷展栏下设置"速度"为10000mm，如图16-74所示。

**05** 单击"旋转001"操作符，然后在"旋转001"卷展栏下设置"方向矩阵"为"速度空间跟随"，接着设置y方向的速度为180，如图16-75所示。

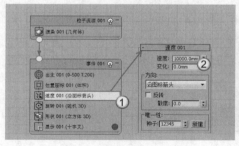

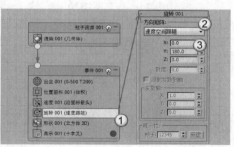

图16-74　　　　　　　　　　　　　　图16-75

---

提示

　　注意，由于这里不再需要"形状001"操作符，因此可以在"形状001"操作符上单击鼠标右键，然后在弹出的菜单中选择"删除"命令，将其删除，如图16-76所示。

图16-76

**06** 单击"显示001"操作符，然后在"显示001"卷展栏下设置"类型"为"几何体"，接着设置显示颜色为（红:228，绿:184，蓝:153），如图16-77所示。

**07** 在操作符列表中将"图形实例"操作符拖曳到"显示001"操作符的下方，然后单击"图形实例001"操作符，接着在"图形实例001"卷展栏下单击"无"按钮 ⬛⬛⬛⬛无 ，最后在视图中拾取箭模型（注意，不是弓模型），如图16-78所示。

**08** 在"创建"面板中单击"空间扭曲"按钮 ≋ ，并设置空间扭曲的类型为"导向器"，然后单击"导向板"按钮 ⬛导向板 ，接着在左视图中创建一个大小与箭靶基本相同的导向板（位置也与其相同），如图16-79所示。

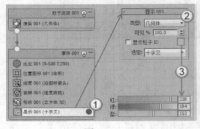

图16-77　　　　　　　　　　　　　　　图16-78　　　　　　　　　　　　　　　图16-79

**09** 返回"粒子视图"对话框，然后将"碰撞"操作符拖曳到"图形实例001"操作符的下方，接着在"碰撞001"卷展栏下单击"添加"按钮 添加 ，并在视图中拾取导向板，最后设置"速度"为"停止"，如图16-80所示。

**10** 拖曳时间线滑块，可以发现此时的某些箭射到了平面上，并且"嵌"在了箭靶上，如图16-81所示。

图16-80　　　　　　　　　　　　　　　图16-81

**11** 选择动画效果最明显的一些帧，然后单独渲染出这些单帧动画，最终效果如图16-82所示。

图16-82

## 【练习16-5】用粒子流源制作手写字动画

本练习的手写字动画效果如图16-83所示。

图16-83

690

**01** 使用"平面"工具 平面 在场景中创建一个平面，然后在"参数"卷展栏下设置"长度"为 2300mm、"宽度"为2400mm，如图16-84所示。

**02** 使用"粒子流源"工具 粒子流源 在顶视图中创建一个粒子流源（放在平面上方的中间），然后在"发射"卷展栏下设置"徽标大小"为66mm、"长度"为77mm、"宽度"为113mm，如图16-85所示。

**03** 在"设置"卷展栏下单击"粒子视图"按钮 粒子视图，打开"粒子视图"对话框，然后单击"出生001"操作符，接着在"出生001"卷展栏下设置"发射停止"为0、"数量"为1000000，如图16-86所示。

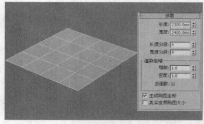
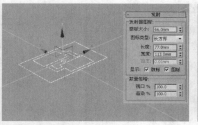
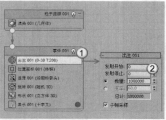

图16-84                    图16-85                    图16-86

**04** 单击"速度001"操作符，然后在"速度001"卷展栏下设置"速度"为0mm，如图16-87所示。

**05** 单击"显示001"操作符，然后在"显示001"卷展栏下设置"类型"为"点"，接着设置显示颜色为白色，如图16-88所示。

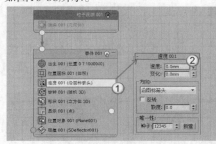
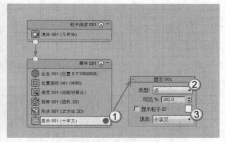

图16-87                              图16-88

**06** 在操作符列表中将"位置对象"操作符拖曳到显示001操作符的下方，然后单击"位置对象001"操作符，接着在"位置对象001"卷展栏下单击"添加"按钮 添加，最后在视图中拾取平面，如图16-89所示。

**07** 将学习资源中的"练习文件>第16章>练习16-5.max"文件合并到场景中，效果如图16-90所示。

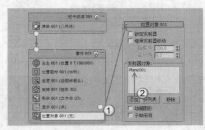
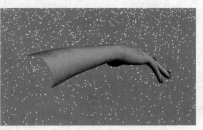

图16-89                              图16-90

**提示**

这个场景文件已经为手设置好了一个划动动画，如图16-91所示。

图16-91

**08** 在"创建"面板中单击"空间扭曲"按钮⚡，并设置空间扭曲的类型为"导向器"，然后使用"导向球"工具 导向球 在顶视图中创建一个导向球（放在手指部位），接着在"基本参数"卷展栏下设置"直径"为30mm，其位置如图16-92所示。

**09** 在"主工具栏"中单击"选择并链接"按钮⚡，然后使用鼠标左键将导向球链接到手模型上（最好在孤立选择模式下进行操作），如图16-93所示。链接成功后，拖曳时间线滑块，可以观察到导向球会跟随手一起运动。

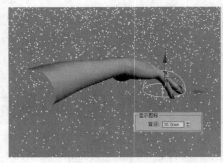 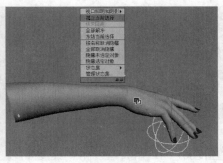

图16-92　　　　　　　　　　　　　　　　图16-93

**10** 返回到"粒子视图"对话框，在操作符列表中将"碰撞"操作符拖曳到"位置对象001"操作符的下方，然后单击"碰撞001"操作符，接着在"碰撞001"卷展栏下单击"添加"按钮 添加 ，最后在视图中拾取导向球，如图16-94所示。

**11** 在操作符列表中将"材质动态"操作符拖曳到"碰撞001"操作符的下方，然后在"材质动态001"卷展栏下单击"无"按钮 无 ，接着在弹出的"材质/贴图浏览器"对话框中加载一个"标准"材质，如图16-95所示。

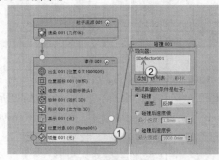 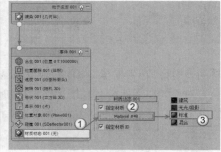

图16-94　　　　　　　　　　　　　　　　图16-95

**12** 选择动画效果最明显的一些帧，然后单独渲染出这些单帧动画，最终效果如图16-96所示。

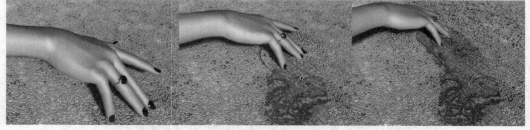

图16-96

## 16.1.2　喷射

### 功能介绍

"喷射"粒子常用来模拟雨和喷泉等效果，其参数设置面板如图16-97所示。

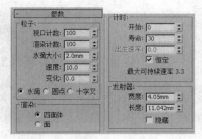

图16-97

### 参数详解

① "粒子"选项组

❖ 视口计数：在指定的帧处，设置视图中显示的最大粒子数量。

❖ 渲染计数：在渲染某一帧时设置可以显示的最大粒子数量（与"计时"选项组下的参数配合使用）。

❖ 水滴大小：设置水滴粒子的大小。

❖ 速度：设置每个粒子离开发射器时的初始速度。

❖ 变化：设置粒子的初始速度和方向。数值越大，喷射越强，范围越广。

❖ 水滴/圆点/十字叉：设置粒子在视图中的显示方式。

② "渲染"选项组

❖ 四面体：将粒子渲染为四面体。

❖ 面：将粒子渲染为正方形面。

③ "计时"选项组

❖ 开始：设置第1个出现的粒子的帧编号。

❖ 寿命：设置每个粒子的寿命。

❖ 出生速率：设置每一帧产生的新粒子数。

❖ 恒定：启用该选项后，"出生速率"选项将不可用，此时的"出生速率"等于最大可持续速率。

④ "发射器"选项组

❖ 宽度/长度：设置发射器的宽度和长度。

❖ 隐藏：启用该选项后，发射器将不会显示在视图中（发射器不会被渲染出来）。

## 【练习16-6】用喷射粒子制作下雨动画

本练习的下雨动画效果如图16-98所示。

图16-98

01 使用"喷射"工具 喷射 在顶视图中创建一个喷射粒子，然后在"参数"卷展栏下设置"视口计数"为1000、"渲染计数"为8000、"水滴大小"为127mm、"速度"为7、"变化"为0.56，接着设置"开始"为-50、"寿命"为60，具体参数设置如图16-99所示，粒子效果如图16-100所示。

图16-99　　　　　　　　　　　　　　　图16-100

**提示**

这里的参数不是固定值，大家可以用相同的方法根据自己的软件界面进行适当设置即可。

**02** 按大键盘上的8键打开"环境和效果"对话框，然后在"环境贴图"通道中加载一张学习资源中的"练习文件>第16章>练习：16-6>背景.jpg"文件，如图16-101所示。

图16-101

**03** 选择动画效果最明显的一些帧，然后单独渲染出这些单帧动画，最终效果如图16-102所示。

图16-102

# 16.1.3　雪

### 功能介绍

"雪"粒子主要用来模拟飘落的雪花或洒落的纸屑等动画效果，其参数设置面板如图16-103所示。

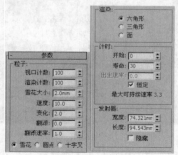

图16-103

### 参数详解

❖　雪花大小：设置粒子的大小。

- ❖ 翻滚：设置雪花粒子的随机旋转量。
- ❖ 翻滚速率：设置雪花的旋转速度。
- ❖ 雪花/圆点/十字叉：设置粒子在视图中的显示方式。
- ❖ 六角形：将粒子渲染为六角形。
- ❖ 三角形：将粒子渲染为三角形。
- ❖ 面：将粒子渲染为正方形面。

---

提示

关于"雪"粒子的其他参数，请参阅"喷射"粒子。

---

# 【练习16-7】用雪粒子制作雪花飘落动画

本练习的雪花飘落动画效果如图16-104所示。

图16-104

01 使用"雪"工具 雪 在顶视图中创建一个雪粒子，然后在"参数"卷展栏下设置"视口计数"为400、"渲染计数"为400、"雪花大小"为13mm、"速度"为10、"变化"为10，接着设置"开始"为-30、"寿命"为30，具体参数设置如图16-105所示，粒子效果如图16-106所示。

02 按大键盘上的8键打开"环境和效果"对话框，然后在"环境贴图"通道中加载一张学习资源中的"练习文件>第16章>练习16-7>背景.jpg"文件，如图16-107所示。

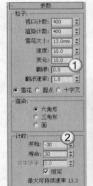

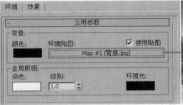

图16-105　　　　　　图16-106　　　　　　图16-107

03 选择动画效果最明显的一些帧，然后单独渲染出这些单帧动画，最终效果如图16-108所示。

图16-108

关于"雪"材质的制作方法，请参考本章末尾的"技术分享"。另外，读者在单独制作雪花效果的时候，渲染出来的会是六角星的效果，并非理想的雪花效果，这是因为没有为材质编加ID号和添加"光晕"效果，具体方法请参考本章末尾的"技术分享 表现真实的自然粒子环境"。

## 16.1.4 超级喷射

### 功能介绍

"超级喷射"粒子可以用来制作暴雨和喷泉等效果，若将其绑定到"路径跟随"空间扭曲上，还可以生成瀑布效果，其参数设置面板如图16-109所示。

图16-109

### 1. "基本参数"卷展栏

展开"基本参数"卷展栏，如图16-110所示。

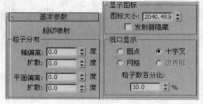

图16-110

### 参数详解

① "粒子分布"选项组

❖ 轴偏离：影响粒子流与z轴的夹角（沿着x轴的平面）。

❖ 扩散：影响粒子远离发射向量的扩散（沿着x轴的平面）。

❖ 平面偏离：影响围绕z轴的发射角度。如果设置为0，则该选项无效。

❖ 扩散：影响粒子围绕"平面偏离"轴的扩散。如果设置为0，则该选项无效。

② "显示图标"选项组

❖ 图标大小：设置"超级喷射"粒子图标的大小。

❖ 发射器隐藏：勾选该选项后，可以在视图中隐藏发射器。

③ "视口显示"选项组

❖ 圆点/十字叉/网格/边界框：设置粒子在视图中的显示方式。

❖ 粒子数百分比：设置粒子在视图中的显示百分比。

### 2. "粒子生成"卷展栏

展开"粒子生成"卷展栏，如图16-111所示。

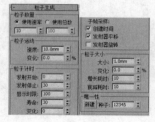

图16-111

**参数详解**

① "粒子数量"选项组

❖ 使用速率：指定每帧发射的固定粒子数。

❖ 使用总数：指定在系统使用寿命内产生的总粒子数。

② "粒子运动"选项组

❖ 速度：设置粒子在出生时沿着法线的速度。

❖ 变化：对每个粒子的发射速度应用一个变化百分比。

③ "粒子计时"选项组

❖ 发射开始/停止：设置粒子开始在场景中出现和停止的帧。

❖ 显示时限：指定所有粒子均将消失的帧（无论其他设置如何）。

❖ 寿命：设置每个粒子的寿命。

❖ 变化：指定每个粒子的寿命可以从标准值变化的帧数。

❖ 子帧采样：启用以下3个选项中的任意一个后，可以通过较高的子帧分辨率对粒子进行采样，有助于避免粒子"膨胀"。

　　◇ 创建时间：允许向防止随时间发生膨胀的运动等式添加时间偏移。

　　◇ 发射器平移：如果基于对象的发射器在空间中移动，在沿着可渲染位置之间的几何体路径的位置上以整数倍数创建粒子。

　　◇ 发射器旋转：如果旋转发射器，启用该选项可以避免膨胀，并产生平滑的螺旋形效果。

④ "粒子大小"选项组

❖ 大小：根据粒子的类型指定系统中所有粒子的目标大小。

❖ 变化：设置每个粒子的大小可以从标准值变化的百分比。

❖ 增长耗时：设置粒子从很小增长到"大小"值经历的帧数。

❖ 衰减耗时：设置粒子在消亡之前缩小到其"大小"值的1/10所经历的帧数。

⑤ "唯一性"选项组

❖ 新建 新建：随机生成新的种子值。

❖ 种子：设置特定的种子值。

### 3. "粒子类型"卷展栏

展开"粒子类型"卷展栏，如图16-112所示。

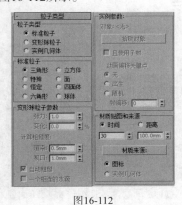

图16-112

**参数详解**

① "粒子类型"选项组

❖ 标准粒子：使用几种标准粒子类型中的一种，如三角形、立方体、四面体等。

❖ 变形球粒子：使用变形球粒子。这些变形球粒子是以水滴或粒子流形式混合在一起的。

❖ 实例几何体：生成粒子，这些粒子可以是对象、对象链接层次或组的实例。

② "标准粒子"选项组

❖ 三角形/立方体/特殊/面/恒定/四面体/六角形/球体：如果在"粒子类型"选项组中选择了"标准粒子"，则可以在此指定一种粒子类型。

③ "变形球粒子参数"选项组

❖ 张力：确定有关粒子与其他粒子混合倾向的紧密度。张力越大，聚集越难，合并也越难。

❖ 变化：指定张力效果的变化的百分比。

❖ 计算粗糙度：指定计算变形球粒子解决方案的精确程度。

　　◇ 渲染：设置渲染场景中的变形球粒子的粗糙度。

　　◇ 视口：设置视口显示的粗糙度。

　　◇ 自动粗糙：如果启用该选项，则将根据粒子大小自动设置渲染的粗糙度。

　　◇ 一个相连的水滴：如果关闭该选项，则将计算所有粒子；如果启用该选项，则仅计算和显示彼此相连或邻近的粒子。

④ "实例参数"选项组

❖ 对象：<无>：显示所拾取对象的名称。

❖ 拾取对象 　拾取对象 　：单击该按钮，在视图中可以选择要作为粒子使用的对象。

❖ 且使用子树：如果要将拾取的对象的链接子对象包括在粒子中，则应该启用该选项。

❖ 动画偏移关键点：如果要为实例对象设置动画，则使用该选项可以指定粒子的动画计时。

　　◇ 无：所有粒子的动画的计时均相同。

　　◇ 出生：第1个出生的粒子是粒子出生时源对象当前动画的实例。

　　◇ 随机：当"帧偏移"设置为 0 时，该选项等同于"无"。否则每个粒子出生时使用的动画都将与源对象出生时使用的动画相同。

❖ 帧偏移：指定从源对象的当前计时的偏移值。

⑤ "材质贴图和来源"选项组

❖ 时间：指定从粒子出生开始完成粒子的一个贴图所需的帧数。

❖ 距离：指定从粒子出生开始完成粒子的一个贴图所需的距离。

❖ 材质来源 　材质来源: 　：使用该按钮可以更新粒子系统携带的材质。

❖ 图标：粒子使用当前为粒子系统图标指定的材质。

❖ 实例几何体：粒子使用为实例几何体指定的材质。

## 4. "旋转和碰撞"卷展栏

展开"旋转和碰撞"卷展栏，如图16-113所示。

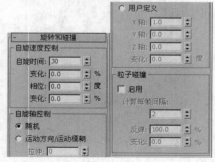

图16-113

**参数详解**

① "自旋速度控制"选项组

❖ 自旋时间：设置粒子一次旋转的帧数。如果设置为0，则粒子不进行旋转。

❖ 变化：设置自旋时间变化的百分比。

698

❖ 相位：设置粒子的初始旋转。

❖ 变化：设置相位变化的百分比。

② "自旋轴控制"选项组

❖ 随机：每个粒子的自旋轴是随机的。

❖ 运动方向/运动模糊：围绕由粒子移动方向形成的向量旋转粒子。

　　◇ 拉伸：如果该值大于0，则粒子会根据其速度沿运动轴拉伸。

❖ 用户定义：使用x、y和z轴中定义的向量。

❖ X/Y/Z轴：分别指定x、y或z轴的自旋向量。

❖ 变化：设置每个粒子的自旋轴从指定的x、y和z轴设置变化的量。

③ "粒子碰撞"选项组

❖ 启用：在计算粒子移动时启用粒子间碰撞。

❖ 计算每帧间隔：设置每个渲染间隔的间隔数，期间会进行粒子碰撞测试。

❖ 反弹：设置在碰撞后速度恢复到正常的程度。

❖ 变化：设置应用于粒子的"反弹"值的随机变化百分比。

## 5. "对象运动继承"卷展栏

展开"对象运动继承"卷展栏，如图16-114所示。

图16-114

**参数详解**

❖ 影响：在粒子产生时，设置继承基于对象的发射器的运动粒子所占的百分比。

❖ 倍增：设置修改发射器运动影响粒子运动的量。

❖ 变化：设置"倍增"值的变化的百分比。

## 6. "气泡运动"卷展栏

展开"气泡运动"卷展栏，如图16-115所示。

图16-115

**参数详解**

❖ 幅度：设置粒子离开通常的速度矢量的距离。

❖ 变化：设置每个粒子所应用的振幅变化的百分比。

❖ 周期：设置粒子通过气泡"波"的一个完整振动的周期（建议设置20~30之间的值）。

❖ 变化：设置每个粒子的周期变化的百分比。

❖ 相位：设置气泡图案沿着矢量的初始置换。

❖ 变化：设置每个粒子的相位变化的百分比。

## 7. "粒子繁殖"卷展栏

展开"粒子繁殖"卷展栏，如图16-116所示。

图16-116

## 参数详解

① "粒子繁殖效果"选项组

❖ 无：不使用任何繁殖方式，粒子按照正常方式活动。

❖ 碰撞后消亡：勾选该选项后，粒子在碰撞到绑定的导向器时会消失。

  ◇ 持续：设置粒子在碰撞后持续的寿命（帧数）。

  ◇ 变化：当"持续"大于0时，每个粒子的"持续"值将各有不同。使用该选项可以羽化粒子的密度。

❖ 碰撞后繁殖：勾选该选项后，在与绑定的导向器碰撞时会产生繁殖效果。

❖ 消亡后繁殖：勾选该选项后，在每个粒子的寿命结束时会产生繁殖效果。

❖ 繁殖拖尾：勾选该选项后，在现有粒子寿命的每个帧会从相应粒子繁殖粒子。

  ◇ 繁殖数目：除原粒子以外的繁殖数。例如，如果此选项设置为1，并在消亡时繁殖，每个粒子超过原寿命后繁殖一次。

  ◇ 影响：设置将繁殖的粒子的百分比。

  ◇ 倍增：设置倍增每个繁殖事件繁殖的粒子数。

  ◇ 变化：逐帧指定"倍增"值将变化的百分比范围。

② "方向混乱"选项组

❖ 混乱度：指定繁殖的粒子的方向可以从父粒子的方向变化的量。

③ "速度混乱"选项组

❖ 因子：设置繁殖的粒子的速度相对于父粒子的速度变化的百分比范围。

❖ 慢：随机应用速度因子，并减慢繁殖的粒子的速度。

❖ 快：根据速度因子随机加快粒子的速度。

❖ 二者：根据速度因子让某些粒子加快速度或让某些粒子减慢速度。

❖ 继承父粒子速度：除了速度因子的影响外，繁殖的粒子还继承母体的速度。

❖ 使用固定值：将"因子"值作为设置值，而不是作为随机应用于每个粒子的范围。

④ "缩放混乱"选项组

❖ 因子：为繁殖的粒子确定相对于父粒子的随机缩放的百分比范围。

❖ 向下：根据"因子"值随机缩小繁殖的粒子，使其小于其父粒子。

❖ 向上：随机放大繁殖的粒子，使其大于其父粒子。

❖ 二者：将繁殖的粒子缩放为大于和小于其父粒子。

❖ 使用固定值：将"因子"的值作为固定值，而不是值范围。

⑤ "寿命值队列"选项组

❖ 添加 添加 ：将"寿命"值加入列表窗口。

❖ 删除 删除 ：删除列表窗口中当前高亮显示的值。

❖ 替换 替换 ：使用"寿命"值替换队列中的值。

❖ 寿命：使用该选项可以设置一个值，然后使用"添加"按钮 添加 将该值添加到列表窗口中。

⑥ "对象变形队列"选项组

❖ 拾取 拾取：单击该按钮后，可以在视口中选择要加入列表的对象。

❖ 删除 删除：删除列表窗口中当前高亮显示的对象。

❖ 替换 替换：使用其他对象替换队列中的对象。

### 8. "加载/保存预设"卷展栏

展开"加载/保存预设"卷展栏，如图16-117所示。

图16-117

**命令详解**

❖ 预设名：定义设置名称的可编辑预设名。

❖ 保存预设：显示所有保存的预设名。

❖ 加载 加载：加载"保存预设"列表中当前高亮显示的预设。

❖ 保存 保存：将"预设名"保存到"保存预设"列表中。

❖ 删除 删除：删除"保存预设"列表中的选定项。

## 【练习16-8】用超级喷射粒子制作烟雾动画

本练习的烟雾动画效果如图16-118所示。

图16-118

01 打开学习资源中的"练习文件>第16章>练习16-8.max"文件，如图16-119所示。

02 使用"超级喷射"工具 超级喷射 在火堆中创建一个超级喷射粒子，如图16-120所示。

03 展开"基本参数"卷展栏，然后在"粒子分布"选项组下设置"轴偏离"为10°、"扩散"为27°、"平面偏离"为139°、"扩散"为180°，接着在"视口显示"选项组下勾选"圆点"选项，并设置"粒子数百分比"为100%，具体参数设置如图16-121所示。

图16-119

图16-120

图16-121

**04** 展开"粒子生成"卷展栏，设置"粒子数量"为15，然后在"粒子运动"选项组下设置"速度"为254mm、"变化"为12%，接着在"粒子计时"选项组下设置"发射开始"为0、"发射停止"为100、"显示时限"为100、"寿命"为30，最后在"粒子大小"选项组下设置"大小"为600mm，具体参数设置如图16-122所示。

**05** 展开"粒子类型"卷展栏，然后设置"粒子类型"为"标准粒子"，接着设置"标准粒子"为"面"，如图16-123所示。

**06** 设置空间扭曲类型为"力"，然后使用"风"工具 <u>风</u> 在视图中创建一个风力，接着在"参数"卷展栏下设置"强度"为0.1，如图16-124所示。

**07** 使用"绑定到空间扭曲"工具 将风力绑定到超级喷射粒子，如图16-125所示。

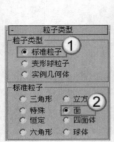
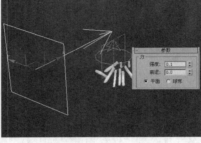
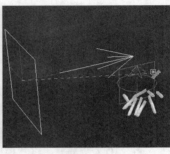

图16-122　　　　图16-123　　　　　　　　图16-124　　　　　　　　　　　　图16-125

**08** 下面制作粒子的材质。按M键打开"材质编辑器"对话框，选择一个空白材质球，然后设置材质类型为"标准"材质，并将其命名为"烟雾"，接着展开"贴图"卷展栏，具体参数设置如图16-126所示，制作好的材质球效果如图16-127所示。

### 设置步骤

① 在"漫反射颜色"贴图通道中加载一张"粒子年龄"程序贴图，然后在"粒子年龄参数"卷展栏下设置"颜色#1"为（红:210，绿:94，蓝:0）、"颜色#2"为（红:149，绿:138，蓝:109）、"颜色#3"为（红:158，绿:158，蓝:158）。

② 将"漫反射颜色"通道中的贴图复制到"自发光"贴图通道上。

③ 在"不透明度"贴图通道中加载一张"衰减"程序贴图，然后在"衰减参数"卷展栏下设置"衰减类型"为Fresnel，接着设置"不透明度"的值为70。

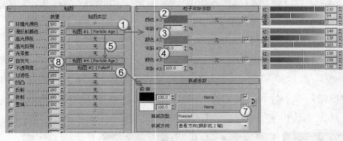

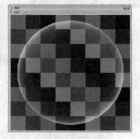

图16-126　　　　　　　　　　　　　　　　图16-127

**09** 选择动画效果最明显的一些帧，然后单独渲染出这些单帧动画，最终效果如图16-128所示。

图16-128

# 【练习16-9】用超级喷射粒子制作喷泉动画

本练习的喷泉动画效果如图16-129所示。

图16-129

**01** 使用"超级喷射"工具 超级喷射 在顶视图中创建一个超级喷射粒子，在透视图中的显示效果如图16-130所示。

**02** 选择超级喷射发射器，展开"基本参数"卷展栏，然后在"粒子分布"选项组下设置"轴偏离"为22°、"扩散"为15°、"平面偏离"为90°、"扩散"为180°，具体参数设置如图16-131所示。

**03** 展开"粒子生成"卷展栏，设置"粒子数量"为600，然后在"粒子运动"选项组下设置"速度"为10mm，接着在"粒子计时"选项组下设置"发射开始"为0、"发射停止"为150、"显示时限"为150、"寿命"为30，最后在"粒子大小"选项组下设置"大小"为1.2mm，具体参数设置如图16-132所示。

**04** 展开"粒子类型"卷展栏，然后设置"粒子类型"为"标准粒子"，接着设置"标准粒子"为"球体"，如图16-133所示。

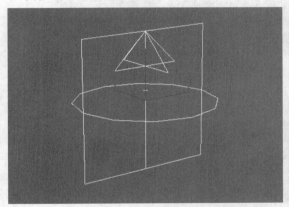

图16-130

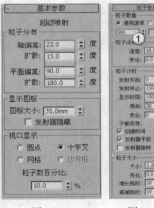

图16-131 图16-132

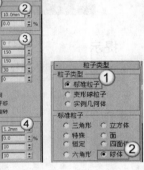

图16-133

**05** 设置空间扭曲类型为"力"，然后使用"重力"工具 重力 在顶视图中创建一个重力，接着在"参数"卷展栏下设置"强度"为0.8、"图标大小"为100mm，具体参数设置及重力在前视图中的效果如图16-134所示。

**06** 使用"绑定到空间扭曲"工具 将重力绑定到超级喷射粒子上，如图16-135所示。

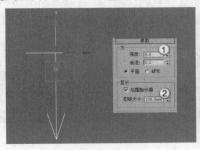

图16-134

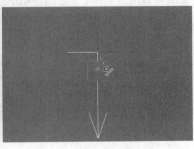

图16-135

提示

将重力绑定到超级喷射粒子上后，粒子就会受到重力的影响，即粒子喷发出来以后会受重力影响而下落，如图16-136所示。

图16-136

**07** 设置空间扭曲类型为"导向器"，然后使用"导向板"工具 导向板 在顶视图中创建一个导向板，在透视图中的效果如图16-137所示。

**08** 使用"绑定到空间扭曲"工具 将导向板绑定到超级喷射粒子上，如图16-138所示。

**09** 选择导向板，然后在"参数"卷展栏下设置"反弹"为0.2，如图16-139所示。

图16-137　　　　　　　　　图16-138　　　　　　　　　图16-139

提示

将导向板与超级喷射粒子绑定在一起后，粒子下落撞到导向板上就会产生反弹现象，如图16-140所示。

图16-140

**10** 选择动画效果最明显的一些帧，然后单独渲染出这些单帧动画，最终效果如图16-141所示。

图16-141

## 16.1.5 暴风雪

### 功能介绍

"暴风雪"粒子是"雪"粒子的升级版，可以用来制作暴风雪等动画效果，其参数设置面板如图16-142所示。

图16-142

**提示**

关于"暴风雪"粒子的参数，请参阅"超级喷射"粒子。

## 16.1.6 粒子阵列

### 功能介绍

"粒子阵列"粒子可以用来创建复制对象的爆炸效果，其参数设置面板如图16-143所示。

图16-143

**提示**

关于"粒子阵列"粒子的参数，请参阅"超级喷射"粒子。

# 【练习16-10】用粒子阵列制作星球爆炸动画

星球爆炸动画效果如图16-144所示。

图16-144

**01** 使用"球体"工具 球体 在透视图中创建一个球体，然后在"参数"卷展栏下设置"半径"为240mm、"分段"为50，如图16-145所示。

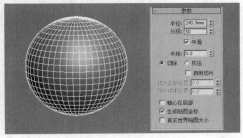

图16-145

---

**02** 使用"粒子阵列"工具 粒子阵列 在视图中创建一个粒子阵列,然后在"基本参数"卷展栏下单击"拾取对象"按钮 拾取对象 ,接着在视图中拾取球体,最后在"视口显示"选项组下勾选"网格"选项,如图16-146所示。

**03** 展开"粒子生成"卷展栏,然后设置"速度"为15mm、"变化"为90%,接着设置"发射开始"为10、"显示时限"和"寿命"为100;展开"粒子类型"卷展栏,然后设置"粒子类型"为"对象碎片",接着在"对象碎片控制"选项组下设置"厚度"为20mm,再勾选"碎片数目"选项,并设置"最小值"为800,最后在"材质贴图和来源"选项组下勾选"拾取的发射器"选项;展开"旋转和碰撞"卷展栏,然后设置"自旋时间"为5、"变化"为60%,如图16-147所示。

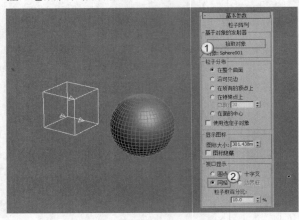

图16-146

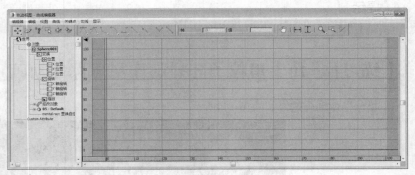

图16-147

**04** 选择球体,然后在"主工具栏"中单击"曲线编辑器(打开)"按钮 ,打开"轨迹视图-曲线编辑器"对话框,接着在左侧的列表中选择球体Sphere001,如图16-148所示。

**05** 在"轨迹视图-曲线编辑器"对话框中执行"编辑>可见性轨迹>添加"命令,如图16-149所示,为球体对象添加一个"可见性"属性,如图16-150所示。

**06** 选择"可见性"属性,然后将时间线拖曳到第9帧的位置,接着单击"添加关键点"按钮 ,最后在第9帧的位置单击鼠标左键,添加一个关键点,如图16-151所示。

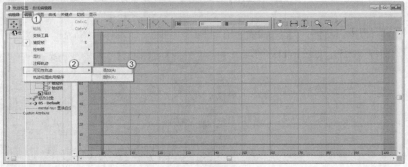

图16-148

图16-149

**07** 将时间线拖曳到第10帧，然后用同样的方法为其添加关键点，并设置"值"为0，表示"可见性"为"否"，如图16-152所示。

**提示**

"曲线编辑器"属于动画部分要讲的内容，用户现在可以不用深究。这里来说明一下用"曲线编辑器"调整球体的目的。首先，在对"粒子阵列"进行设置时，将"发射时间"设置为10，表示在第10帧粒子阵列才产生作用，也就是说前9帧的渲染效果是看不到粒子阵列的，所以在前9帧看到的是球体，这也是为什么在第9帧插入可见性关键帧的原因；到了第10帧时，粒子阵列开始工作，这时就不需要渲染球体了，所以需要让球体不可见。用户可以看一下，在设置第9帧和第10帧的时候，观察"值"的参数，分别为1和0，在计算机二进制运算中，1表示"是"，0表示"否"，所以从0~9帧，这个"值"为1，表示"可见性"为"是"，第10帧以后为0，表示"可见性"为"否"。

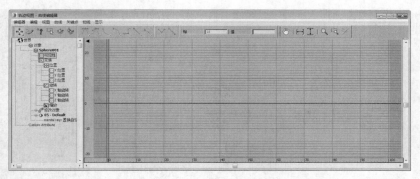

图16-150

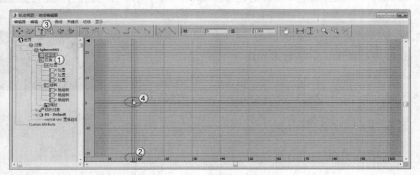

图16-151

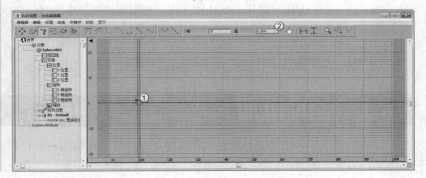

图16-152

**08** 下面设置火焰和烟雾效果。在"创建"面板中单击"辅助对象"按钮，然后设置类型为"大气装置"，接着使用"球体Gizmo"工具 球体Gizmo 创建一个辅助球体Gizmo，最后在"球体Gizmo参数"卷展栏下设置"半径"为500mm，将球体包裹住，如图16-153所示。

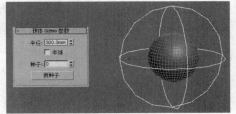

图16-153

**09** 按8键打开"环境和效果"对话框，然后展开"大气"卷展栏，单击"添加"按钮 添加... ，接着在"添加大气效果"对话框中选择"火效果"，最后单击"确定"按钮 确定 ，如图16-154所示。

**10** 将时间线滑块拖曳到第0帧，展开"火效果参数"卷展栏，单击"拾取Gizmo"按钮 拾取 Gizmo ，在视图中拾取球体Gizmo，然后设置"火焰类型"为"火球"，接着设置"规则性"为0.4、"火焰大小"为20、"火焰细节"为5、"密度"为12、"相位"为75、"漂浮"为10，再勾选"爆炸"和"烟雾"选项，单击"设置爆炸"按钮 设置爆炸... ，在弹出的"设置爆炸相位曲线"对话框中设置"开始时间"为-5、"结束时间"为105，最后设置"剧烈度"为0.9，如图16-155所示。

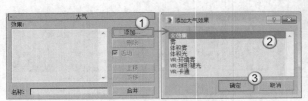

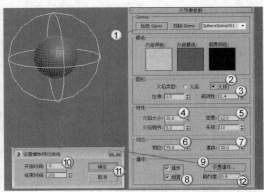

图16-154

图16-155

**11** 选择动画效果最明显的一些帧，然后单独渲染出这些单帧动画，最终效果如图16-156所示。

图16-156

## 16.1.7 粒子云

### 功能介绍

"粒子云"粒子可以用来创建类似体积雾效果的粒子群。使用"粒子云"能够将粒子限定在一个长方体、球体、圆柱体之内，或限定在场景中拾取的对象的外形范围之内（二维对象不能使用"粒子云"），其参数设置面板如图16-157所示。

图16-157

---
**提示**

关于"粒子云"粒子的参数，请参阅"超级喷射"粒子。

# 16.2 空间扭曲

"空间扭曲"从字面意思来看比较难懂，可以将其比喻为一种控制场景对象运动的无形力量，如重力、风力和推力等。使用空间扭曲可以模拟真实世界中存在的"力"效果，当然空间扭曲需要与粒子系统一起配合使用才能制作出动画效果。

空间扭曲包括5种类型，分别是"力""导向器""几何/可变形""基于修改器""粒子和动力学"，如图16-158所示。

图16-158

## 16.2.1 力

### 功能介绍

"力"可以为粒子系统提供外力影响，共有9种类型，分别是"推力""马达""漩涡""阻力""粒子爆炸""路径跟随""重力""风""置换"，如图16-159所示，这些力在视图中的显示图标如图16-160所示。

图16-159

图16-160

#### 命令详解

* 推力 推力 ：可以为粒子系统提供正向或负向的均匀单向力。
* 马达 马达 ：对受影响的粒子或对象应用传统的马达驱动力（不是定向力）。
* 漩涡 漩涡 ：可以将力应用于粒子，使粒子在急转的漩涡中进行旋转，然后让它们向下移动成一个长而窄的喷流或漩涡井，常用来创建黑洞、涡流和龙卷风。
* 阻力 阻力 ：这是一种在指定范围内按照指定量来降低粒子速率的粒子运动阻尼器。应用阻尼的方式可以是"线性""球形"或"圆柱形"。
* 粒子爆炸 粒子爆炸 ：可以创建一种使粒子系统发生爆炸的冲击波。
* 路径跟随 路径跟随 ：可以强制粒子沿指定的路径进行运动。路径通常为单一的样条线，也可以是具有多条样条线的图形，但粒子只会沿其中一条样条线运动。
* 重力 重力 ：用来模拟粒子受到的自然重力。重力具有方向性，沿重力箭头方向的粒子为加速运动，沿重力箭头逆向的粒子为减速运动。
* 风 风 ：用来模拟风吹动粒子所产生的飘动效果。
* 置换 置换 ：以力场的形式推动和重塑对象的几何外形，对几何体和粒子系统都会产生影响。

> **提示**
>
> 下面以4个实例来讲解常用的推力、漩涡力、路径跟随和风力的用法。

## 【练习16-11】用"推力"制作冒泡泡动画

本练习的冒泡泡动画效果如图16-161所示。

图16-161

`01` 使用"平面"工具 平面 在前视图中创建一个平面，然后在"参数"卷展栏下设置"长度"为570mm、"宽度"为750mm，如图16-162所示。

`02` 使用"超级喷射"工具 超级喷射 在平面底部创建一个超级喷射粒子，如图16-163所示。

`03` 选择超级喷射发射器，展开"基本参数"卷展栏，然后在"粒子分布"选项组下设置"轴偏离"为5°、"扩散"为5°、"平面偏离"为5°、"扩散"为42°，接着在"显示图标"选项组下设置"图标大小"为20mm，最后在"视口显示"选项组下勾选"网格"选项，并设置"粒子数百分比"为100%，具体参数设置如图16-164所示。

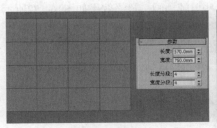

图16-162

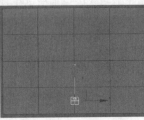

图16-163

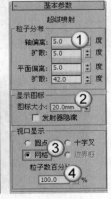

图16-164

**04** 展开"粒子生成"卷展栏，设置"粒子数量"为20，然后在"粒子运动"选项组下设置"速度"为10mm，接着在"粒子计时"选项组下设置"发射停止"为100，最后在"粒子大小"选项组下设置"大小"为3mm，具体参数设置如图16-165所示。

**05** 展开"粒子类型"卷展栏，然后设置"粒子类型"为"标准粒子"，接着设置"标准粒子"为"球体"，如图16-166所示。

图16-165

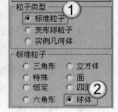

图16-166

---

**提示**

拖曳时间线滑块，可以观察到发射器已经喷射出了很多球体状的粒子，如图16-167所示。

图16-167

---

**06** 使用"推力"工具 推力 在左视图中创建一个推力，在前视图中的效果如图16-168所示，然后在"参数"卷展栏下设置"结束时间"为100、"基本力"为30，如图16-169所示。

**07** 使用"绑定到空间扭曲"工具██将推力绑定到超级喷射发射器上，然后拖曳时间线滑块，可以发现粒子发生了一定的偏移效果，如图16-170所示。

**08** 复制一个推力，然后调整好其位置和角度，接着将其绑定到超级喷射发射器，效果如图16-171所示。

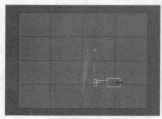

图16-168　　　　　　图16-169　　　　　　图16-170　　　　　　图16-171

**09** 选择动画效果最明显的一些帧，然后单独渲染出这些单帧动画，最终效果如图16-172所示。

图16-172

# 【练习16-12】用"漩涡力"制作蝴蝶飞舞动画

本练习的蝴蝶飞舞动画效果如图16-173所示。

图16-173

**01** 使用"超级喷射"工具 超级喷射 在顶视图中创建一个超级喷射粒子，在前视图中的显示效果如图16-174所示。

**02** 选择超级喷射发射器，展开"基本参数"卷展栏，然后在"粒子分布"选项组下设置"轴偏离"为30°、"扩散"为10°、"平面偏离"为10°、"扩散"为10°，接着在"显示图标"选项组下设置"图标大小"为33mm，最后在"视口显示"选项组下设置"粒子数百分比"为100%，具体参数设置如图16-175所示。

**03** 展开"粒子生成"卷展栏，设置"粒子数量"为30，然后在"粒子运动"选项组下设置"速度"为10mm、"变化"为5%，接着在"粒子计时"选项组下设置"发射开始"为0、"发射停止"为100、"显示时限"为100、"寿命"为100、"变化"为20，最后在"粒子大小"选项组下设置"大小"为3mm，具体参数设置如图16-176所示。

**04** 展开"粒子类型"卷展栏，然后设置"粒子类型"为"标准粒子"，接着设置"标准粒子"为"球体"，如图16-177所示。

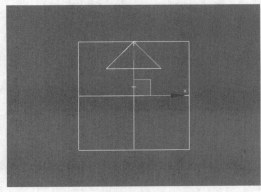

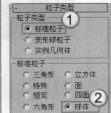

图16-174　　　　　　　　图16-175　　　　　图16-176　　　　　图16-177

**05** 使用"漩涡"工具 漩涡 在顶视图中创建一个漩涡力，如图16-178所示，接着使用"选择并旋转"工具在前视图中将其旋转90°，使力的方向向上，如图16-179所示。

图16-178

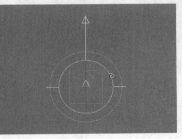

图16-179

**06** 选择漩涡力，展开"参数"卷展栏，然后在"捕获和运动"选项组下设置"轴向下拉"为0.01、"阻尼"为3%，接着设置"径向拉力"为1、"阻尼"为5%，具体参数设置如图16-180所示。

**07** 使用"绑定到空间扭曲"工具 将漩涡力绑定到超级喷射发射器上，如图16-181所示。

图16-180

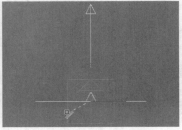
图16-181

---

**提示**

将漩涡力与超级喷射发射器绑定在一起后，粒子的发射路径就会变成漩涡状，如图16-182所示。

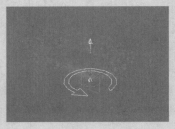
图16-182

**08** 选择动画效果最明显的一些帧，然后单独渲染出这些单帧动画，最终效果如图16-183所示。

图16-183

## 【练习16-13】用"路径跟随"制作树叶飞舞动画

本练习的树叶飞舞动画效果如图16-184所示。

图16-184

**01** 使用"螺旋线"工具 螺旋线 在顶视图中创建一条螺旋线，然后在"参数"卷展栏下设置"半径1"为85mm、"半径2"为1000mm、"高度"为3000mm、"圈数"为6，在前视图中的效果如图16-185所示。

**02** 使用"球体"工具 球体 在螺旋线的底部创建一个球体，然后在"参数"卷展栏下设置"半径"为35mm，如图16-186所示，接着使用"超级喷射"工具 超级喷射 在螺旋线底部创建一个超级喷射发射器，如图16-187所示。

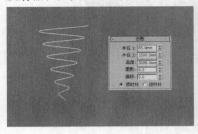
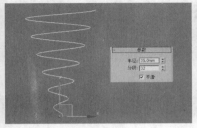

图16-185　　　　　　　　　　图16-186　　　　　　　　　　图16-187

**03** 选择超级喷射发射器，展开"基本参数"卷展栏，然后在"粒子分布"选项组下设置"轴偏离"为6°、"扩散"为26°、"平面偏离"为15°、"扩散"为96°，接着在"显示图标"选项组下设置"图标大小"为268mm，最后在"视口显示"选项组下勾选"网格"选项，并设置"粒子数百分比"为100%，具体参数设置如图16-188所示。

**04** 展开"粒子生成"卷展栏，设置"粒子数量"为8，然后在"粒子运动"选项组下设置"速度"为254mm、"变化"为20%，接着在"粒子计时"选项组下设置"发射停止"为100、"变化"为20，最后在"粒子大小"选项组下设置"大小"为2.5mm，具体参数设置如图16-189所示。

**05** 展开"粒子类型"卷展栏，然后设置"粒子类型"为"实例几何体"，接着单击"拾取对象"按钮 拾取对象 ，最后在视图中拾取球体，如图16-190所示。

**06** 使用"路径跟随"工具 路径跟随 在视图中创建一个路径跟随，如图16-191所示。

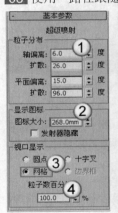
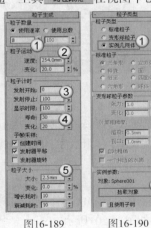

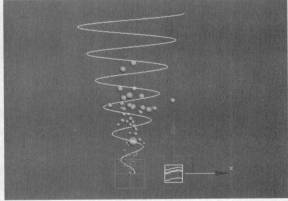

图16-188　　　　　图16-189　　　　　图16-190　　　　　　　　图16-191

**07** 选择路径跟随，然后在"基本参数"卷展栏下单击"拾取图形对象"按钮 拾取图形对象 ，接着在视图中拾取螺旋线，如图16-192所示。

**08** 使用"绑定到空间扭曲"工具 ▨ 将路径跟随绑定到超级喷射发射器上，然后拖曳时间线滑块观察动画，效果如图16-193所示。

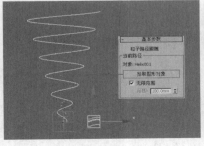
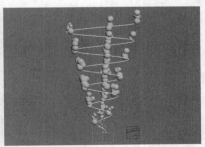

图16-192　　　　　　　　　　　　　图16-193

09 选择动画效果最明显的一些帧，然后单独渲染出这些单帧动画，最终效果如图16-194所示。

图16-194

# 【练习16-14】用"风力"制作海面波动动画

本练习的海面波动动画效果如图16-195所示。

图16-195

01 使用"平面"工具 平面 在场景中创建一个平面，然后在"参数"卷展栏下设置"长度"和"宽度"为16000mm，接着设置"长度分段"和"宽度分段"为60，如图16-196所示。

02 为平面加载一个"波浪"修改器，然后在"参数"卷展栏下设置"振幅1"为450mm、"振幅2"为100mm、"波长"为88mm、"相位"为1，具体参数设置如图16-197所示。

图16-196

图16-197

03 为平面加载一个"噪波"修改器，然后在"参数"卷展栏下设置"比例"为120，接着勾选"分形"选项，并设置"粗糙度"为0.2、"迭代次数"为6，再设置"强度"的x和y为500mm、z为600mm，最后勾选"动画噪波"选项，并设置"频率"为0.25、"相位"为-70，具体参数设置如图16-198所示，模型效果如图16-199所示。

04 继续为平面加载一个"体积选择"修改器，然后在"参数"卷展栏下设置"堆栈选择层级"为"面"，如图16-200所示，接着选择"体积选择"修改器的Gizmo次物体层级，最后使用"选择并移动"工具 将其向上拖曳一段距离，如图16-201所示。

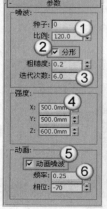

图16-198

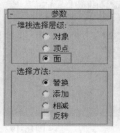

图16-199

图16-200

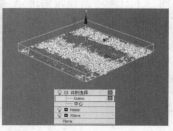

图16-201

---

**提示**

调整Gizmo时，在视图中可以观察到模型的一部分会变成红色，这个红色区域就是一个约束区域，意思就是说只有这个区域才会产生粒子。

---

**05** 使用"粒子阵列"工具 粒子阵列 在视图中的任意位置创建一个粒子阵列，然后在"基本参数"卷展栏下单击"拾取对象"按钮 拾取对象 ，接着在视图中拾取平面，最后在"视口显示"选项组下勾选"网格"选项，如图16-202所示。

**06** 展开"粒子生成"卷展栏，设置"粒子数量"为500，然后在"粒子运动"选项组下设置"速度"为1mm、"变化"为30%、"散度"为50°，接着在"粒子计时"选项组下设置"发射停止"为200、"显示时限"为1000、"寿命"为15、"变化"为20，最后在"粒子大小"选项组下设置"大小"为60mm，具体参数设置如图16-203所示。

**07** 展开"粒子类型"卷展栏，然后设置"粒子类型"为"标准粒子"，接着设置"标准粒子"为"球体"，如图16-204所示。

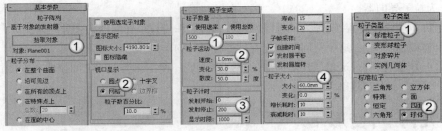

图16-202　　　　　　　图16-203　　　　　　　图16-204

**08** 使用"风"工具 风 在视图中创建一个风力，然后在"参数"卷展栏下设置"强度"为0.2，如图16-205所示。

**09** 使用"绑定到空间扭曲"工具 将风力绑定到粒子阵列发射器，效果如图16-206所示。

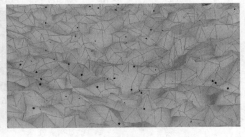

图16-205　　　　　　　　　　　　　　　　图16-206

**10** 选择动画效果最明显的一些帧，然后单独渲染出这些单帧动画，最终效果如图16-207所示。

图16-207

## 16.2.2　导向器

### 功能介绍

"导向器"可以为粒子系统提供导向功能，共有6种类型，分别是"泛方向导向板""泛方向导向球""全泛方向导向""全导向器""导向球""导向板"，如图16-208所示。

图16-208

### 命令详解

❖ **泛方向导向板** 泛方向导向板：这是空间扭曲的一种平面泛方向导向器。它能提供比原始导向器空间扭曲更强大的功能，包括折射和繁殖能力。

❖ **泛方向导向球** 泛方向导向球：这是空间扭曲的一种球形泛方向导向器。它提供的选项比原始的导向球更多。

❖ **全泛方向导向** 全泛方向导向：这个导向器比原始的"全导向器"更强大，可以使用任意几何对象作为粒子导向器。

❖ **全导向器** 全导向器：这是一种可以使用任意对象作为粒子导向器的全导向器。

❖ **导向球** 导向球：这个空间扭曲起着球形粒子导向器的作用。

❖ **导向板** 导向板：这是一种平面装的导向器，是一种特殊类型的空间扭曲，它能让粒子影响动力学状态下的对象。

## 16.2.3 几何/可变形

### 功能介绍

"几何/可变形"空间扭曲主要用于变形对象的几何形状，包括7种类型，分别是"FFD（长方体）""FFD（圆柱体）""波浪""涟漪""置换""一致""爆炸"，如图16-209所示。

图16-209

### 命令详解

❖ **FFD（长方体）** FFD(长方体)：这是一种类似于原始FFD修改器的长方体形状的晶格FFD对象，它既可以作为一种对象修改器，也可以作为一种空间扭曲。

❖ **FFD（圆柱体）** FFD(圆柱体)：该空间扭曲在其晶格中使用柱形控制点阵列，它既可以作为一种对象修改器，也可以作为一种空间扭曲。

❖ **波浪** 波浪：该空间扭曲可以在整个世界空间中创建线性波浪。

❖ **涟漪** 涟漪：该空间扭曲可以在整个世界空间中创建同心波纹。

❖ **置换** 置换：该空间扭曲的工作方式和"置换"修改器类似。

❖ **一致** 一致：该空间扭曲修改绑定对象的方法是按照空间扭曲图标所指示的方向推动其顶点，直至这些顶点碰到指定目标对象，或从原始位置移动到指定距离。

❖ **爆炸** 爆炸：该空间扭曲可以把对象炸成许多单独的面。

## 【练习16-15】用爆炸变形制作汽车爆炸动画

本练习的汽车爆炸动画效果如图16-210所示。

图16-210

**01** 打开学习资源中的"练习文件>第16章>练习16-15.max"文件，如图16-211所示。

**02** 使用"爆炸"工具 ▊爆炸▊在地面上创建一个爆炸，如图16-212所示。

**03** 选择爆炸，然后在"爆炸参数"卷展栏下设置"强度"为1.5、"自旋"为0.5，接着勾选"启用衰减"选项，并设置"衰退"为2540mm，最后设置"重力"为1、"起爆时间"为5，具体参数设置如图16-213所示。

图16-211　　　　　　　　图16-212　　　　　　　　图16-213

**04** 使用"绑定到空间扭曲"工具▧将爆炸绑定到汽车上，如图16-214所示。

**05** 使用"爆炸"工具 ▊爆炸▊继续在地面上创建一个爆炸，如图16-215所示。

**06** 选择上一步创建的爆炸，然后在"爆炸参数"卷展栏下设置"强度"为0.7、"自旋"为0.1，接着勾选"启用衰减"选项，并设置"衰退"为2540mm，最后设置"重力"为1、"起爆时间"为5，具体参数设置如图16-216所示。

**07** 使用"绑定到空间扭曲"工具▧将爆炸绑定到汽车上，然后拖曳时间线滑块预览动画，效果如图16-217所示。

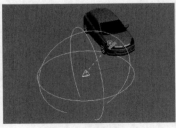

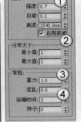
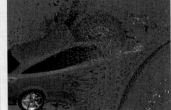

图16-214　　　　　　图16-215　　　　　　图16-216　　　　　　图16-217

--- 提示 ---

注意，本例对计算机的配置要求比较高，在预览动画时3ds Max很可能发生崩溃现象。

**08** 选择动画效果最明显的一些帧，然后单独渲染出这些单帧动画，最终效果如图16-218所示。

图16-218

# 16.2.4 基于修改器

### 功能介绍

"基于修改器"空间扭曲可以应用于许多对象，它与修改器的应用效果基本相同，包含6种类型，分别是"弯曲""扭曲""锥化""倾斜""噪波""拉伸"，如图16-219所示。

图16-219

### 命令详解

❖ 弯曲 `弯曲`：该修改器允许将当前选中对象围绕单独轴弯曲360°，并在对象几何体中产生均匀弯曲。

❖ 扭曲 `扭曲`：该修改器可以在对象几何体中产生一个旋转效果（就像拧湿抹布）。

❖ 锥化 `锥化`：该修改器可以通过缩放几何体的两端产生锥化轮廓。

❖ 倾斜 `倾斜`：该修改器可以在对象几何体中产生均匀的偏移。

❖ 噪波 `噪波`：该修改器可以沿着3个轴的任意组合调整对象顶点的位置。

❖ 拉伸 `拉伸`：该修改器可以模拟挤压和拉伸的传统动画效果。

# 技术分享

## 自然环境中的常见粒子材质

通过本章的学习，相信大家已经学会使用粒子系统模拟自然环境中的简单粒子效果。粒子的创建从根本上来讲，可以将其当成是建模的过程，要真实地模拟自然环境，就必须要有真实的材质来模拟，例如，本章实战中所涉及的雨和雪，这是我们最为常见的粒子材质。下面就分别来介绍这两种材质的制作方法。

### 雨水材质

雨水，其实就是水，但是在制作材质的时候，建议大家不要直接使用水的材质参数。因为生活中的水可以看成是纯净水，并且是装在容器中的，所以它的反射和折射都比较理想。但是对于自然环境中的雨水，从高空下落，要考虑空气尘埃夹杂在雨水中，加上雨滴高速下落，会造成雨滴的形态发生变化。这一系列的客观因素，都会影响雨水的反射和折射，甚至影响雨水的自身颜色。下面我们来看看纯净水材质与雨水材质的参数对比与属性对比，如图A和图B所示。

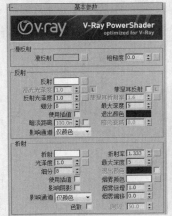

图A 纯净水材质 反射、折射强，颜色泛灰

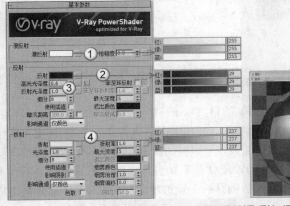

图B 雨水材质 反射、折射弱，颜色泛白

### 雪花材质

　　相比雨水材质，雪花材质不用考虑那么多的自然客观因素。雪材质的制作方法在第15章的"15.8 综合练习：童话四季（CG表现）"中已经讲解过，但这个材质是模拟的"积雪"材质。在模拟雪花材质时，我们通常不会像制作积雪材质一样表现那么多的细节，因为要表现的雪花应该是万里雪飘、大雪纷飞的宏伟景象，就算再精细的材质，也很难看出明显的效果。所以，对于雪花材质，建议采用下图中的制作方法，简单而又出效果。

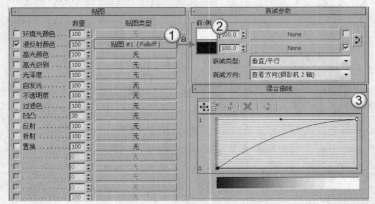
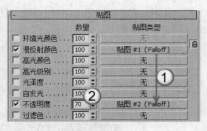

雪花材质

积雪材质

## 表现真实的自然粒子环境

　　**文件位置：** 练习文件>第16章>技术分享>表现真实的自然粒子环境>表现真实的自然粒子环境.max

　　先来看两张下雪的渲染效果对比，如图A和图B所示。相信大部分读者都会认为图B更真实一些，这是什么原因呢？道理很简单，因为图B的环境更能表现下雪时的氛围。对于初学者而言，在使用粒子系统制作粒子效果的时候，总会觉得自己制作的效果就是不真实。这里所谓的效果"不真实"，并不是说粒子的运动不真实，也不是说材质不真实，而是一个理想环境与真实环境的差异所造成的。例如，下雪的天气，环境会带有一种"雾蒙蒙"的感觉，所以大家在模拟下雪的环境时，可以考虑在"环境和效果"中添加一个"雾"效果，如图C所示，这样不仅表现出了下雨的真实环境，甚至让整个环境看起来更具有立体感。

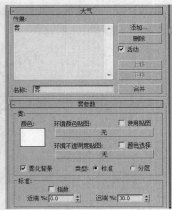

图A 环境不真实　　　　　　　　　　图B 环境符合下雪氛围　　　　　　　　　　图C

　　既然在模拟下雪的环境时，要表现出"雾蒙蒙"的氛围，那么换成其他常见的自然粒子，也是同样的道理。例如，要表现下雨的环境，就需要表现一种"烟雨朦胧"的氛围；还有在特效制作中常见的爆炸特效，由于爆炸时的高速运动，人的视觉反应不过来，所以在视觉上会造成运动模糊的效果。这些都是我们真实生活中最常见的一些自然环境，由此可见，要制作出真实的环境效果，不仅要拥有扎实的软件技术，还要多观察我们身边的自然环境。

　　另外，这里特别要注意一点，为了表现真实的雨水和雪花等一些粒子，我们通常会为粒子添加一个"光晕"效果，这个光晕效果不是使用灯光来制作，而是直接关联粒子材质，具体设置方法请看下面的步骤或本例的视频教学。

　　第1步：首先在"效果"面板中添加一个"镜头效果"，同时在"镜头效果参数"卷展栏下将"光晕"加载到右侧的列表中，如图D所示。

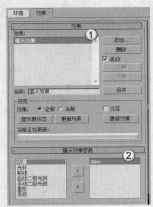

图D

　　第2步：展开"光晕元素"卷展栏，然后根据场景中的雪花实际大小来设置光晕的"大小"参数值，如图E所示。

图E

第3步：在"材质编辑器"对话框中设置"雪花"材质的ID为1，如图F所示。注意，这个ID数大家要根据场景的实际情况来设置。

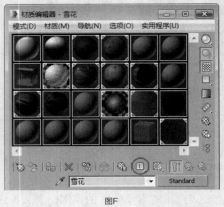

图F

第4步：在"光晕元素"卷展栏下单击"选项"选项卡，然后将光晕和雪花关联在一起，也就是说将"图像源"的"材质ID"也设置为1，如图G所示。

图G

# 第 17 章

# 动力学

在3ds Max中，要做出真实的运动和碰撞，用手工调整是不可能的。因此，3ds Max给用户提供了计算真实运动的方法，那就是动力学系统，这是一个功能强大的动力学模块，它支持刚体和软体动力学，能够使用OpenGL特性实时进行刚体、软体的碰撞计算，还可以模拟绳索、布料和液体等动画效果。对于动画师来讲，动力学是一个不可多得的动画利器，它不仅可以模拟出准确的动力学效果，而且速度很快。当然，动力学系统也是3ds Max技术中的一块硬骨头，需要花时间和精力来啃才行。

※ MassFX工具
※ 模拟工具
※ 刚体创建工具

※ 约束工具
※ Cloth（布料）修改器

# 17.1 动力学MassFX概述

3ds Max 2016中的动力学系统非常强大，远远超越了之前的任何一个版本，它可以快速地制作出物体与物体之间真实的物理作用效果，是制作动画必不可少的一部分。动力学可以用于定义物理属性和外力，当对象遵循物理定律进行相互作用时，可以让场景自动生成最终的动画关键帧。

在3ds Max 2016之前的版本中，动画设计师一直使用Reactor来制作动力学效果，但是Reactor动力学存在很多漏洞，如卡机、容易出错等。而在3ds Max 2016版本中，在尘封了多年的动力学Reactor之后，终于加入了新的刚体动力学——MassFX。这套刚体动力学系统，可以配合多线程的Nvidia显示引擎来进行MAX视图里的实时运算，并能得到更为真实的动力学效果。MassFX的主要优势在于操作简单，可以实时运算，并解决了由于模型面数多而无法运算的问题，因此Autodesk公司将3ds Max 2016进行了"减法计划"，将没有多大用处的功能直接去掉，换上更好的工具。但是对于习惯Reactor的老用户也不必担心，因为MassFX与Reactor在参数、操作等方面还是比较相近的。

动力学支持刚体和软体动力学、布料模拟和流体模拟，并且它拥有物理属性，如质量、摩擦力和弹力等，可用来模拟真实的碰撞、绳索、布料、马达和汽车运动等效果，图17-1~图17-3所示的是一些很优秀的动力学作品。

图17-1 　　　　　　　图17-2 　　　　　　　图17-3

在"主工具栏"的空白处单击鼠标右键，然后在弹出的菜单中选择"MassFX工具栏"命令，可以调出"MassFX工具栏"，如图17-4所示，调出的"MassFX工具栏"如图17-5所示。

图17-4 　　　　　　　图17-5

---

## 提示

为了方便操作，可以将"MassFX工具栏"拖曳到操作界面的左侧，使其停靠于此，如图17-6所示。另外，在"MassFX工具栏"上单击鼠标右键，在弹出的菜单中选择"停靠"菜单中的子命令可以选择停靠在其他的地方，如图17-7所示。

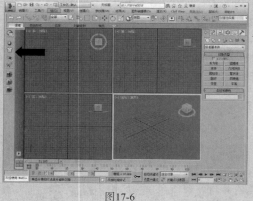

图17-6 　　　　　　　图17-7

# 17.2 创建动力学MassFX

本节将针对"MassFX工具栏"中的"MassFX工具"、刚体创建工具以及模拟工具进行讲解。刚体是物理模拟中的对象,其形状和大小不会更改,它可能会反弹、滚动和四处滑动,但无论施加了多大的力,它都不会弯曲或折断。

## 17.2.1 MassFX工具

在"MassFX工具栏"中单击"世界参数"按钮,打开"MassFX工具"对话框,该对话框从左到右分为"世界参数""模拟工具""多对象编辑器""显示选项"4个面板,如图17-8所示。下面对这4个面板分别进行讲解。

图17-8

### 1. "世界参数"选项卡

**功能介绍**

"世界参数"面板包含3个卷展栏,分别是"场景设置""高级设置""引擎"卷展栏,如图17-9所示。

图17-9

<1> "场景设置"卷展栏

展开"场景设置"卷展栏,如图17-10所示。

图17-10

725

**参数详解**

① "环境"选项组

❖ 使用地面碰撞：启用该选项后，MassFX将使用地面高度级别的（不可见）无限、平面、静态刚体，即与主栅格平行或共面。

❖ 地面高度：当启用"使用地面碰撞"时，该选项用于设置地面刚体的高度。

❖ 重力方向：启用该选项后，可以通过下面的 $x$、$y$、$z$ 设置 MassFX中的内置重力方向。

❖ 无加速：设置重力。使用 $z$ 轴时，正值使重力将对象向上拉，负值将对象向下拉（标准效果）。

❖ 强制对象的重力：勾选该选项，然后单击下方的"拾取重力"按钮 ，可以拾取创建的重力以产生作用，此时默认的重力将失效。

❖ 拾取重力 ：当启用"强制对象重力"选项后，使用该按钮可以拾取场景中的重力。

❖ 没有重力：启用该选项后，场景中不会影响到模拟重力。

② "刚体"选项组

❖ 子步数：用于设置每个图形更新之间执行的模拟步数。

❖ 解算器迭代数：全局设置约束解算器强制执行碰撞和约束的次数。

❖ 使用高速碰撞：启用该选项后，可以切换连续的碰撞检测。

❖ 使用自适应力：启用该选项后，MassFX会根据需要收缩组合防穿透力来减少堆叠和紧密聚合刚体中的抖动。

❖ 按照元素生成图形：启用该选项并将MassFX Rigid Body（MassFX刚体）修改器应用于对象后，MassFX会为对象中的每个元素创建一个单独的物理图形。

<2> "高级设置"卷展栏

展开"高级设置"卷展栏，如图17-11所示。

图17-11

**参数详解**

① "睡眠设置"选项组

❖ 自动：启用该选项后，MassFX将自动计算合理的线速度和角速度睡眠阈值，高于该阈值即应用睡眠。

❖ 手动：如果需要覆盖速度和自旋的启发式值，可以勾选该选项，然后根据需要调整下方的"睡眠能量"参数值进行控制。

❖ 睡眠能量：启用"手动"模式后，MassFX将测量对象的移动量（组合平移和旋转），并在其运动低于"睡眠能量"数值时将对象置于睡眠模式。

② "高速碰撞"选项组

❖ 自动：MassFX使用试探式算法来计算合理的速度阈值，高于该值即应用高速碰撞方法。

❖ 手动：勾选该选项后，可以覆盖速度的自动值。

❖ 最低速度：模拟中移动速度高于该速度的刚体将自动进入高速碰撞模式。

③ "反弹设置"选项组

❖ 自动：MassFX使用试探式算法来计算合理的最低速度阈值，高于该值即应用反弹。

❖ 手动：勾选该选项后，可以覆盖速度的试探式值。

❖ 最低速度：模拟中移动速度高于该速度的刚体将相互反弹。

④ "接触壳"选项组

❖ 接触距离：该选项后设定的数值为允许移动刚体重叠的距离。如果该值过高，将会导致对象明显地互相穿透；如果该值过低，将导致抖动，因为对象互相穿透一帧之后，在下一帧将强制分离。

❖ 支撑台深度：该选项后设定的数值为允许支撑体重叠的距离。

<3> "引擎"卷展栏

展开"引擎"卷展栏，如图17-12所示。

**参数详解**

① "选项"选项组

图17-12

❖ 使用多线程：启用该选项时，如果CPU具有多个内核，CPU可以执行多线程，以加快模拟的计算速度。

❖ 硬件加速：启用该选项时，如果系统配备了NVIDIA GPU，即可使用硬件加速来执行某些计算。

② "版本"选项组

❖ 关于MassFX <kbd>关于 MassFX...</kbd>：单击该按钮可以打开"关于MassFX"对话框，该对话框中显示的是MassFX的基本信息，如图17-13所示。

## 2. "模拟工具"选项卡

**功能介绍**

图17-13

"模拟工具"面板包含"模拟""模拟设置""实用程序"3个卷展栏，如图17-14所示。

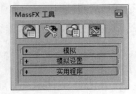

<1> "模拟"卷展栏

图17-14

展开"模拟"卷展栏，如图17-15所示。

图17-15

**命令详解**

① "播放" 选项组

❖ 重置模拟 ■：单击该按钮可以停止模拟，并将时间线滑块移动到第1帧，同时将任意动力学刚体设置为其初始变换。

❖ 开始模拟 ■：从当前帧运行模拟，时间线滑块为每个模拟步长前进一帧，从而让运动学刚体作为模拟的一部分进行移动。

❖ 开始没有动画的模拟 ■：当模拟运行时，时间线滑块不会前进，这样可以使动力学刚体移动到固定点。

❖ 逐帧模拟 ■：运行一个帧的模拟，并使时间线滑块前进相同的量。

② "模拟烘焙" 选项组

❖ 烘焙所有 ▭烘焙所有▭：将所有动力学刚体的变换存储为动画关键帧时重置模拟。

❖ 烘焙选定项 ▭烘焙选定项▭：与"烘焙所有"类似，只不过烘焙仅应用于选定的动力学刚体。

❖ 取消烘焙所有 ▭取消烘焙所有▭：删除烘焙时设置为运动学的所有刚体的关键帧，从而将这些刚体恢复为动力学刚体。

❖ 取消烘焙选定项 ▭取消烘焙选定项▭：与"取消烘焙所有"类似，只不过取消烘焙仅应用于选定的适用刚体。

③ "捕获变换" 选项组

❖ 捕获变换 ▭捕获变换▭：将每个选定的动力学刚体的初始变换设置为变换。

<2> "模拟设置" 卷展栏

展开"模拟设置"卷展栏，如图17-16所示。

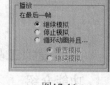

图17-16

**命令详解**

❖ 在最后一帧：选择当动画进行到最后一帧时进行模拟的方式。

　❖ 继续模拟：即使时间线滑块达到最后一帧也继续运行模拟。

　❖ 停止模拟：当时间线滑块达到最后一帧时停止模拟。

　❖ 循环动画并且：在时间线滑块达到最后一帧时重复播放动画。

　❖ 重置模拟：当时间线滑块达到最后一帧时，重置模拟且动画循环播放到第1帧。

　❖ 继续模拟：当时间线滑块达到最后一帧时，模拟继续运行，但动画循环播放到第1帧。

<3> "实用程序" 卷展栏

展开"实用程序"卷展栏，如图17-17所示。

图17-17

**命令详解**

❖ 浏览场景 ▭浏览场景▭：单击该按钮将打开"场景资源管理器-MassFX 资源管理器"对话框，如图17-18所示。

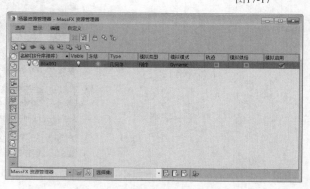

　　　　　　　　　　　图17-18

❖ 验证场景 验证场景 ：单击该按钮可以打开"验证PhysX场景"对话框，在该对话框中可以验证各种场景元素是否违反模拟要求，如图17-19所示。

❖ 导出场景 导出场景 ：单击该按钮可以打开Select File to Export（选择文件导出）对话框，在该对话框中可以导出MassFX，以使模拟用于其他程序，如图17-20所示。

图17-19

图17-20

### 3. "多对象编辑器"选项卡

**功能介绍**

"多对象编辑器"面板包含7个卷展栏，分别是"刚体属性""物理材质""物理材质属性""物理网格""物理网格参数""力""高级"卷展栏，如图17-21所示。

图17-21

<1> "刚体属性"卷展栏

展开"刚体属性"卷展栏，如图17-22所示。

图17-22

**命令详解**

❖ 刚体类型：设置刚体的模拟类型，包含"动力学""运动学""静态"3种类型。

❖ 直到帧：设置"刚体类型"为"运动学"时，该选项才可用。启用该选项时，MassFX会在指定帧处将选定的运动学刚体转换为动态刚体。

❖ 烘焙 烘焙 ：将未烘焙的选定刚体的模拟运动转换为标准动画关键帧。

❖ 使用高速碰撞：如果启用该选项，同时又在"世界参数"面板中启用了"使用高速碰撞"选项，那么"高速碰撞"设置将应用于选定刚体。

❖ 在睡眠模式中启动：如果启用该选项，选定刚体将使用全局睡眠设置，同时以睡眠模式开始模拟。

❖ 与刚体碰撞：如果启用该选项，选定的刚体将与场景中的其他刚体发生碰撞。

<2> "物理材质"卷展栏

展开"物理材质"卷展栏，如图17-23所示。

图17-23

**参数详解**

❖ 预设：选择预设的材质类型。使用后面的吸管 可以吸取场景中的材质。

❖ 创建预设 创建预设 ：基于当前值创建新的物理材质预设。

❖ 删除预设 删除预设 ：从列表中移除当前预设。

<3> "物理材质属性"卷展栏

展开"物理材质属性"卷展栏，如图17-24所示。

图17-24

**参数详解**

❖ 密度：设置刚体的密度。

❖ 质量：设置刚体的重量。

❖ 静摩擦力：设置两个刚体开始互相滑动的难度系数。

❖ 动摩擦力：设置两个刚体保持互相滑动的难度系数。

❖ 反弹力：设置对象撞击到其他刚体时反弹的轻松程度和高度。

<4> "物理网格"卷展栏

展开"物理网格"卷展栏，如图17-25所示。

图17-25

**参数详解**

❖ 网格类型：选择刚体物理网格的类型，包含"球体""长方体""胶囊""凸面""凹面""自定义"6种。

<5> "物理网格参数"卷展栏

展开"物理网格参数"卷展栏（注意，"物理网格"卷展栏中设置不同的网格类型将影响"物理网格参数"卷展栏下的参数，这里选用"凸面"网格类型进行讲解），如图17-26所示。

图17-26

**参数详解**

❖ 图形中有X个顶点：显示生成的凸面物理图形中的实际顶点数（$x$为一个变量）。

❖ 膨胀：用于设置将凸面图形从图形网格的顶点云向外扩展（正值）或向图形网格内部收缩（负值）的量。

❖ 生成处：选择创建凸面外壳的方法，共有以下两种。

　◇ 曲面：创建凸面物理图形，且该图形完全包裹图形网格的外部。

　◇ 顶点：重用图形网格中现有顶点的子集，用这种方法创建的图形更清晰，但只能保证顶点位于图形网格的外部。

❖ 顶点：用于调整凸面外壳的顶点数，介于4~256。使用的顶点越多，就更接近原始图形，但模拟速度会稍稍降低。

❖ 从原始重生成 从原始重新生成：单击该按钮可以使物理图形自适应修改对象。

<6> "力" 卷展栏

展开 "力" 卷展栏，如图17-27所示。

图17-27

**参数详解**

❖ 使用世界重力：默认情况下该选项为启用，此时将使用世界面板中设置的全局重力。禁用后，选定的刚体将仅使用在此处添加的场景力，并忽略全局重力设置。再次启用后，刚体将使用全局重力设置。

❖ 应用的场景力：列出场景中影响模拟中选定刚体的力空间扭曲。

❖ 添加 添加：单击该按钮可以将场景中的力空间扭曲应用到模拟中选定的刚体。

❖ 移除 移除：选择添加的空间扭曲，然后单击该按钮可以将其移除。

<7> "高级" 卷展栏

展开 "高级" 卷展栏，如图17-28所示。

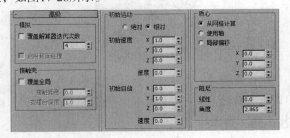

图17-28

**高级卷展栏参数介绍**

① "模拟" 选项组

❖ 覆盖解算器迭代次数：如果启用该选项，将为选定刚体使用在此处指定的解算器迭代次数设置，而不使用全局设置。

❖ 启用背面碰撞：该选项仅用于静态刚体，作用是为凹面静态刚体指定原始图形类型时，可以确保模拟中的动力学对象与其背面碰撞。

② "接触壳" 选项组

❖ 覆盖全局：启用该选项后，MassFX将为选定刚体使用在此处指定的碰撞重叠设置，而不是使用全局设置。

❖ 接触距离：该选项后设置的数值为允许移动刚体重叠的距离。如果该值过高，将会导致对象明显地互相穿透；如果该值过低，将导致抖动，因为对象互相穿透一帧之后，在下一帧将强制分离。

❖ 支撑台深度：该选项设定的数值为允许支撑体重叠的距离。

③ "初始运动"选项组

❖ 绝对/相对：这两个选项只适用于开始时为运动学类型（通常已设置动画）的对象。设定为"绝对"时，将使用"初始速度"和"初始自旋"的值替换基于动画的值；设置为"相对"时，指定值将添加到根据动画计算得出的值。

❖ 初始速度：设置刚体在变为动态类型时的起始方向和速度。

❖ 初始自旋：设置刚体在变为动态类型时旋转的起始轴和速度。

④ "质心"选项组

❖ 从网格计算：根据刚体的几何体自动为该刚体确定适当的质（重）心。

❖ 使用轴：将对象的轴用作其质（重）心。

❖ 局部偏移：设定$x$、$y$、$z$轴距对象的轴的距离，以用作质（重）心。

⑤ "阻尼"选项组

❖ 线性：为减慢移动对象的速度所施加的力大小。

❖ 角度：为减慢旋转对象的旋转速度所施加的力大小。

## 4. "显示选项"选项卡

**功能介绍**

"显示选项"面板包含两个卷展栏，分别是"刚体"和"MassFX可视化工具"卷展栏，如图17-29所示。

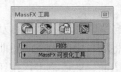

图17-29

<1> "刚体"卷展栏

展开"刚体"卷展栏，如图17-30所示。

图17-30

**参数详解**

❖ 显示物理网格：启用该选项时，物理网格会显示在视口中。

❖ 仅选定对象：启用该选项时，仅选定对象的物理网格会显示在视口中。

<2> "MassFX可视化工具"卷展栏

展开"MassFX可视化工具"卷展栏，如图17-31所示。

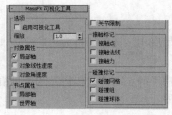

图17-31

参数详解

- ❖ 启用可视化工具：启用该选项时，"MassFX可视化工具"卷展栏中的其余设置才起作用。
- ❖ 缩放：设置基于视口的指示器的相对大小。

# 17.2.2 模拟工具

功能介绍

MassFX工具中的模拟工具分为4种，分别是"将模拟实体重置为其原始状态"工具█、"开始模拟"工具█、"开始没有动画的模拟"工具█和"将模拟前进一帧"工具█，如图17-32所示。

图17-32

命令详解

- ❖ 将模拟实体重置为其原始状态█：单击该按钮可以停止模拟，并将时间线滑块移动到第1帧，同时将任意动力学刚体设置为其初始变换。
- ❖ 开始模拟█：从当前帧运行模拟，时间线滑块为每个模拟步长前进一帧，从而让运动学刚体作为模拟的一部分进行移动。
- ❖ 开始没有动画的模拟█：当模拟运行时，时间线滑块不会前进，这样可以使动力学刚体移动到固定点。
- ❖ 将模拟前进一帧█：运行一个帧的模拟，并使时间线滑块前进相同的量。

# 17.2.3 刚体创建工具

MassFX工具中的刚体创建工具分为3种，分别是"将选定项设置为动力学刚体"工具█、"将选定项设置为运动学刚体"工具█和"将选定项设置为静态刚体"工具█，如图17-33所示。

图17-33

> **提示**
>
> 下面重点讲解"将选定项设置为动力学刚体"工具█和"将选定项设置为运动学刚体"工具█。由于"将选定项设置为静态刚体"工具█经常用于辅助前两个工具且参数通常保持默认，因此不对其进行讲解。

## 1.将选定项设置为动力学刚体

功能介绍

使用"将选定项设置为动力学刚体"工具█可以将未实例化的MassFX Rigid Body（MassFX刚体）修改器应用到每个选定对象，并将刚体类型设置为"动力学"，然后为每个对象创建一个"凸面"物理网格，如图17-34所示。如果选定对象已经具有MassFX Rigid Body（MassFX刚体）修改器，则现有修改器将更改为动力学，而不重新应用。MassFX Rigid Body（MassFX刚体）修改器的参数分为6个卷展栏，分别是"刚体属性""物理材质""物理图形""物理网格参数""力""高级"卷展栏，如图17-35所示。

图17-34　　　　　　　　　　图17-35

<1>刚体属性卷展栏

展开"刚体属性"卷展栏，如图17-36所示。

图17-36

**参数详解**

❖ 刚体类型：设置选定刚体的模拟类型，包含"动力学""运动学""静态"3种类型。

## 技术专题：刚体模拟类型的区别

刚体的模拟类型包含"动态""运动学""静态"3种类型，其区别如下。

动态：动力学刚体与真实世界中的对象非常像，它们因重力而降落、凹凸为其他对象，且可以被这些对象推动。

运动学：运动学刚体是由一系列动画进行移动的对象，它们不会因重力而降落。它们可以推动所遇到的任意动力学对象，但不能被其他对象推动。

静态：静态刚体与运动学刚体类似，不同之处在于不能对其设置动画。

❖ 直到帧：如果启用该选项，MassFX会在指定帧处将选定的运动学刚体转换为动态刚体。该选项只有在将"刚体类型"设置为"运动学"时才可用。

❖ 烘焙 ████ 烘焙 ：将选定刚体的模拟运动转换为标准动画关键帧，以便进行渲染（仅应用于动态刚体）。

❖ 使用高速碰撞：如果启用该选项以及"世界"面板中的"使用高速碰撞"选项，则这里的"使用高速碰撞"设置将应用于选定刚体。

❖ 在睡眠模式下启动：如果启用该选项，刚体将使用全局睡眠设置以睡眠模式开始模拟。

❖ 与刚体碰撞：启用该选项后，刚体将与场景中的其他刚体发生碰撞。

<2>物理材质卷展栏

展开"物理材质"卷展栏，如图17-37所示。

图17-37

**参数详解**

❖ 网格：选择要更改其材质参数的刚体的物理网格。

❖ 预设值：从列表中选择一个预设值，以指定所有的物理材质属性。

—— 提示 ——

使用吸管 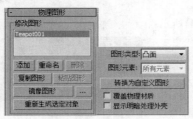在场景中单击其他的刚体，可以将当前刚体的参数设置更改为被单击刚体的设置。

❖ 密度：设置刚体的密度，度量单位为g/cm$^3$（克每立方厘米）。

❖ 质量：设置刚体的重量，度量单位为kg（千克）。

❖ 静摩擦力：设置两个刚体开始互相滑动的难度系数。

❖ 动摩擦力：设置两个刚体保持互相滑动的难度系数。

❖ 反弹力：设置对象撞击到其他刚体时反弹的轻松程度和高度。

<3>物理图形卷展栏

展开"物理图形"卷展栏，如图17-38所示。

图17-38

**参数详解**

❖ 修改图形：该列表用于显示添加到刚体的每个物理图形。

   ◇ 添加 添加 ：将新的物理图形添加到刚体。

   ◇ 重命名 重命名 ：更改物理图形的名称。

   ◇ 删除 删除 ：删除选定的物理图形。

   ◇ 复制图形 复制图形 ：将物理图形复制到剪贴板以便随后粘贴。

   ◇ 粘贴图形 粘贴图形 ：将之前复制的物理图形粘贴到当前刚体中。

   ◇ 镜像图形 镜像图形 ：围绕指定轴翻转图形几何体，单击 ... 按钮可以打开"镜像物理网格设置"对话框，如图17-39所示。该对话框用于设置沿哪个轴对图形进行镜像，以及是使用局部轴还是世界轴。

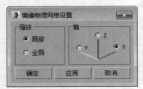

图17-39

   ◇ 重新生成选定对象 重新生成选定对象 ：使列表中高亮显示的图形自适应图形化网格的当前状态。

❖ 图形类型：为图形列表中高亮显示的图形选定应用的物理图形类型，包含6种类型，分别是"球体""长方体""胶囊""凹面""凸面""自定义"。

❖ 转换为自定义图形 转换为自定义图形 ：单击该按钮时，将基于高亮显示的物理图形在场景中创建一个新的可编辑图形对象，并将物理"图形类型"设置为"自定义"。

❖ 覆盖物理材质：在默认情况下，刚体中的每个物理图形都使用"物理材质"卷展栏中的材质设置，但是可能使用的是由多个物理图形组成的复杂刚体，因此需要为某些物理图形使用不同的设置。

❖ 　显示明暗处理外壳：启用该选项时，物理图形将作为明暗处理视口中的明暗处理实体对象（而不是线框）进行渲染。

<4>物理网格参数卷展栏

"物理网格参数"卷展栏下的参数决定于网格的类型，图17-40所示的是将"网格类型"设置为"凸面"时的"物理网格参数"卷展栏。

图17-40

提示
关于"物理网格参数"卷展栏下的参数，请参阅"多对象编辑器"面板下的"物理网格参数"卷展栏。

<5>力卷展栏

展开"力"卷展栏，如图17-41所示。

图17-41

提示
关于"力"卷展栏下的参数，请参阅"多对象编辑器"面板下的"力"卷展栏。

<6>高级卷展栏

展开"高级"卷展栏，如图17-42所示。

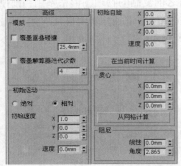

图17-42

提示
关于"高级"卷展栏下的参数，请参阅"多对象编辑器"面板下的"高级"卷展栏。

# 【练习17-1】制作足球动力学刚体动画

本练习的足球动画效果如图17-43所示。

图17-43

**01** 打开学习资源中的"练习文件>第17章>练习17-1.max"文件，这是两个高度不同的足球，如图17-44所示。

**02** 在"主工具栏"的空白处单击鼠标右键，然后在弹出的菜单中选择"MassFX工具栏"命令调出"MassFX工具栏"，如图17-45所示。

**03** 选择场景中的两个足球，然后在"MassFX工具栏"中单击"将选定项设置为动力学刚体"按钮，如图17-46所示。

图17-44　　　　　　　　　　　　图17-45　　　　　　　　　　　　图17-46

**04** 切换到前视图，选择位置较低的足球，然后在"物理材质"卷展栏下设置"反弹力"为1，如图17-47所示，接着选择位置较高的足球，设置"反弹力"为0.5，如图17-48所示。

**05** 选择场景中的地面模型，然后在"MassFX工具栏"中单击"将选定项设置为静态刚体"按钮，如图17-49所示。

图17-47　　　　　　　　　　　　图17-48　　　　　　　　　　　　图17-49

**06** 在"MassFX工具栏"中单击"开始模拟"按钮模拟动画，待模拟完成后再次单击"开始模拟"按钮结束模拟，然后分别单独选择足球对象，接着在"刚体属性"卷展栏下单击"烘焙"按钮，以生成关键帧动画，如图17-50所示。

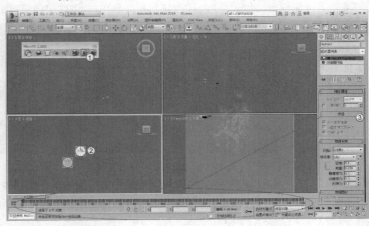

图17-50

**07** 拖曳时间线滑块，观察足球动画，效果如图17-51所示。

图17-51

**08** 选择动画效果最明显的一些帧，然后单独渲染出这些单帧动画，最终效果如图17-52所示。通过观察可以发现，位置较低的足球的反弹高度要高于位置较高的足球，这是因为前者的"反弹力"要大于后者。

图17-52

# 【练习17-2】制作硬币散落动力学刚体动画

硬币散落动画效果如图17-53所示。

图17-53

**01** 打开学习资源中的"练习文件>第17章>练习17-2.max"文件，如图17-54所示。

**02** 选择场景中的所有硬币模型，然后在"MassFX工具栏"中单击"将选定项设置为动力学刚体"按钮，如图17-55所示。

**03** 选择地面模型，然后在"MassFX工具栏"中单击"将选定项设置为静态刚体"按钮，如图17-56所示。

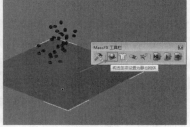

图17-54　　　　　　　　　　图17-55　　　　　　　　　　图17-56

**04** 在"MassFX工具栏"中单击"开始模拟"按钮模拟动画，待模拟完成后再次单击"开始模拟"按钮结束模拟，然后选择所有硬币，接着打开"MassFX工具"对话框，再切换到"模拟工具"面板，最后在"模拟"卷展栏下单击"烘焙所有"按钮 烘焙所有，以生成关键帧动画，如图17-57所示。

**05** 选择动画效果最明显的一些帧，然后单独渲染出这些单帧动画，最终效果如图17-58所示。

图17-57　　　　　　　　　　　　　　　　　图17-58

## 【练习17-3】制作多米诺骨牌动力学刚体动画

本练习的多米诺骨牌动画效果如图17-59所示。

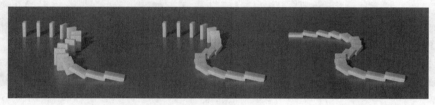

图17-59

**01** 打开学习资源中的"练习文件>第17章>练习17-3.max"文件，如图17-60所示。

**02** 选择图17-61所示的骨牌，然后在"MassFX工具栏"中单击"将选定项设置为动力学刚体"按钮，如图17-62所示。

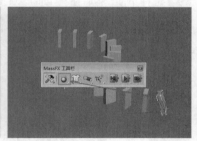

图17-60　　　　　　　　　图17-61　　　　　　　　　图17-62

---
**提示**

由于本场景中的骨牌是通过"实例"复制方式制作的，因此只需要将其中一个骨牌设置为动力学刚体，其他的骨牌就会自动变成动力学刚体。

**03** 在"MassFX工具栏"中单击"开始模拟"按钮，效果如图17-63所示。

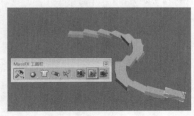

图17-63

**04** 再次单击"开始模拟"按钮▶结束模拟，然后在"刚体属性"卷展栏下单击"烘焙"按钮 烘焙 ，以生成关键帧动画，最后渲染出效果最明显的单帧动画，最终效果如图17-64所示。

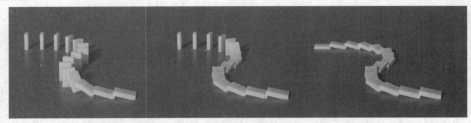

图17-64

# 【练习17-4】制作苹果下落动力学刚体动画

本练习的苹果下落动画效果如图17-65所示。

图17-65

**01** 打开学习资源中的"练习文件>第17章>练习17-4.max"文件，如图17-66所示。

**02** 选择最下面的苹果，然后在"MassFX工具栏"中单击"将选定项设置为动力学刚体"按钮◎，如图17-67所示。

**03** 选择桌面，然后在"MassFX工具栏"中单击"将选定项设置为静态刚体"按钮◎，如图17-68所示。

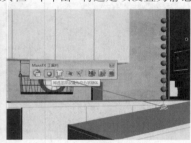

图17-66　　　　　　　　　　　图17-67　　　　　　　　　　　图17-68

**04** 在"MassFX工具栏"中单击"世界参数"按钮◎，打开"MassFX工具"对话框，然后在"世界参数"面板下展开"场景设置"卷展栏，接着关闭"使用地面碰撞"选项，如图17-69所示。

**05** 切换到"模拟工具"选项卡，然后展开"模拟"卷展栏，接着单击"烘焙所有"按钮 烘焙所有 ，如图17-70所示。

图17-69　　　　图17-70

06 选择摄影机视图，渲染出效果最明显的单帧动画，最终效果如图17-71所示。

图17-71

## 2.将选定项设置为运动学刚体

### 功能介绍

使用"将选定项设置为运动学刚体"工具 可以将未实例化的MassFX Rigid Body（MassFX刚体）修改器应用到每个选定对象，并将刚体类型设置为"运动学"，然后为每个对象创建一个"凸面"物理网格，如图17-72所示。如果选定对象已经具有MassFX Rigid Body（MassFX刚体）修改器，则现有修改器将更改为运动学，而不重新应用。

图17-72

---
提示
---

关于"将选定项设置为运动学刚体"工具 的相关参数，请参阅"将选定项设置为动力学刚体"工具 。

# 【练习17-5】制作球体撞墙运动学刚体动画

本练习的球体撞墙动画效果如图17-73所示。

图17-73

01 打开学习资源中的"练习文件>第17章>练习17-5.max"文件，如图17-74所示。

02 选择墙体模型，然后在"MassFX工具栏"中单击"将选定项设置为动力学刚体"按钮 ，如图17-75所示，接着在"刚体属性"卷展栏下勾选"在睡眠模式下启动"选项，如图17-76所示。

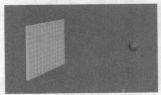

图17-74          图17-75          图17-76

**03** 选择球体，然后在"MassFX工具栏"中单击"将选定项设置为运动学刚体"按钮 💿，如图17-77所示，接着在"刚体属性"卷展栏下勾选"直到帧"选项，并设置其数值为7，如图17-78所示。

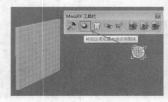

图17-77　　　　　　　　　　图17-78

**04** 选择球体，然后单击"自动关键点"按钮 自动关键点，接着将时间线滑块拖曳到第10帧位置，最后使用"选择并移动"工具 ✛ 在前视图中将球体拖曳到墙体的另一侧，如图17-79所示。

**05** 在"MassFX工具栏"中单击"开始模拟"按钮 ▶，效果如图17-80所示。

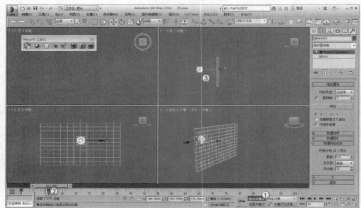

图17-79　　　　　　　　　　　　　　　图17-80

**06** 再次单击"开始模拟"按钮 ▶ 结束模拟，然后选择球体，接着在"刚体属性"卷展栏下单击"烘焙"按钮 烘焙，以生成关键帧动画，最后渲染出效果最明显的单帧动画，最终效果如图17-81所示。

图17-81

# 【练习17-6】制作汽车碰撞运动学刚体动画

本练习的汽车碰撞动画效果如图17-82所示。

图17-82

**01** 打开学习资源中的"练习文件>第17章>练习17-6.max"文件，如图17-83所示。

**02** 选择汽车模型，然后在"MassFX工具栏"中单击"将选定项设置为运动学刚体"按钮 💿，如图17-84所示。

图17-83                     图17-84

**03** 分别选择纸箱模型，然后在"MassFX工具栏"中单击"将选定项设置为动力学刚体"按钮 🔘，如图17-85所示，接着在"刚体属性"卷展栏下勾选"在睡眠模式下启动"选项，如图17-86所示。

**04** 选择地面模型，然后在"MassFX工具栏"中单击"将选定项设置为静态刚体"按钮 🔘，如图17-87所示。

图17-85              图17-86              图17-87

**05** 选择汽车模型，然后单击"自动关键点"按钮 [自动关键点]，接着将时间线滑块拖曳到第15帧位置，最后在前视图中使用"选择并移动"工具 ✛ 将汽车向前稍微拖曳一段距离，如图17-88所示。

**06** 将时间线滑块拖曳到第100帧位置，然后使用"选择并移动"工具 ✛ 将汽车拖曳到纸箱的后面，如图17-89所示。

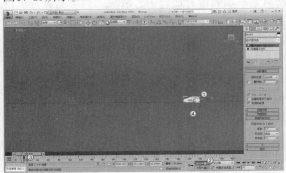

图17-88                     图17-89

**07** 在"MassFX工具栏"中单击"开始模拟"按钮 ▶，效果如图17-90所示。

**08** 再次单击"开始模拟"按钮 ▶ 结束模拟，然后单独选择各个纸箱，接着在"刚体属性"卷展栏下单击"烘焙"按钮 [  烘焙  ]，以生成关键帧动画，最后渲染出效果最明显的单帧动画，最终效果如图17-91所示。

图17-90                     图17-91

# 17.3 约束工具

3ds Max中的MassFX约束可以限制刚体在模拟中的移动。所有的预设约束可以创建具有相同设置的同一类型的辅助对象。约束辅助对象可以将两个刚体链接在一起，也可以将单个刚体锚定到全局空间的固定位置。约束组成了一个层次关系，子对象必须是动力学刚体，而父对象可以是动力学刚体、运动学刚体或为空（锚定到全局空间）。在默认情况下，约束"不可断开"，无论对它应用了多强的作用力或使它违反其限制的程度多严重，它将保持效果并尝试将其刚体移回所需的范围。但是可以将约束设置为可使用独立作用力和扭矩限制来将其断开，超过该限制时约束将会禁用且不再应用于模拟。

3ds Max中的约束分为"刚体"约束、"滑块"约束、"转枢"约束、"扭曲"约束、"通用"约束和"球和套管"约束6种，如图17-92所示。下面简单介绍这些约束的作用。

图17-92

**命令详解**

❖ 创建刚体约束■：将新的MassFX约束辅助对象添加到带有适合于"刚体"约束的设置项目中。"刚体"约束可以锁定平移、摆动和扭曲，并尝试在开始模拟时保持两个刚体在相同的相对变换中。

❖ 创建滑块约束■：将新的MassFX约束辅助对象添加到带有适合于"滑块"约束的设置项目中。"滑块"约束类似于"刚体"约束，但是会启用受限的$y$变换。

❖ 创建转枢约束■：将新的MassFX约束辅助对象添加到带有适合于"转枢"约束的设置项目中。"转枢"约束类似于"刚体"约束，但是"摆动$z$"限制为100°。

❖ 创建扭曲约束■：将新的MassFX约束辅助对象添加到带有适合于"扭曲"约束的设置项目中。"扭曲"约束类似于"刚体"约束，但是"扭曲"设置为"自由"。

❖ 创建通用约束■：将新的MassFX约束辅助对象添加到带有适合于"通用"约束的设置项目中。"通用"约束类似于"刚体"约束，但"摆动$y$"和"摆动$z$"限制为45°。

❖ 建立球和套管约束■：将新的MassFX约束辅助对象添加到带有适合于"球和套管"约束的设置项目中。"球和套管"约束类似于"刚体"约束，但"摆动$y$"和"摆动$z$"限制为80°，且"扭曲"设置为"无限制"。

由于每种约束的参数都相同，因此这里选择"刚体"约束来进行讲解。"刚体"约束的参数分为5个卷展栏，如图17-93所示。

图17-93

## 17.3.1 "常规"卷展栏

展开"常规"卷展栏，如图17-94所示。

图17-94

**参数详解**

① "连接"选项组

❖ 父对象：将刚体作为约束的父对象使用，单击其下方的"取消选择父对象刚体"按钮×可以删除父对象。

❖ 将约束放置在父刚体的轴上：设置在父对象的轴的约束位置。

❖ 切换父/子对象：用于反转父/子关系，之前的父对象变成子对象，反之亦然。

❖ 子对象：将刚体作为约束的子对象使用，单击其下方的"取消选择子刚体"按钮×可以删除子对象。

❖ 将约束放置在子刚体的轴上：调整约束的位置，以将其定位在子对象的轴上。

② "行为"选项组

❖ 约束行为：选择约束使用受约束实体的加速度还是力来确定行为。

◇ 使用加速度：受约束刚体的质量不会成为影响行为的因素。

◇ 使用力：选择该选项时，弹簧和阻尼行为的所有等式都包括质量，导致产生力而非加速度。

❖ 约束限制：在选择子实体达到限制时，控制约束如何根据"平移限制"及"摆动和扭曲限制"卷展栏下的设置来定义采取行为。

❖ 硬限制：当子刚体遇到运动范围的边界时，将根据定义的"反弹"值反弹回来。

❖ 软限制：当子刚体遇到运动范围的边界（限制）时，将激活弹簧和阻尼行为来减慢子对象或应用力以使其返回限制范围内。

③ "图标大小"选项组

❖ 图标大小：设置约束辅助对象在视图中的大小。

## 17.3.2 "平移限制"卷展栏

展开"平移限制"卷展栏，如图17-95所示。

图17-95

**参数详解**

❖ X/Y/Z：为每个轴选择沿轴约束运动的方式。

- ❖ 锁定：防止刚体沿该局部轴移动。
- ❖ 受限：允许对象按"限制半径"的大小沿该局部轴移动。
- ❖ 自由：刚体沿着各自轴的运动不受限制。
- ❖ 限制半径：设置父对象和子对象可以从其初始偏移的沿受限轴的距离。
- ❖ 反弹：对于任何受限轴，设置碰撞时对象偏离限制而反弹的数量。
- ❖ 弹簧：对于任何受限轴，设置在超限情况下将对象拉回限制点的弹簧强度。
- ❖ 阻尼：对于任何受限轴，设置在平移超出限制时它们所受的移动阻力数量。

### 17.3.3　"摆动和扭曲限制"卷展栏

展开"摆动和扭曲限制"卷展栏，如图17-96所示。

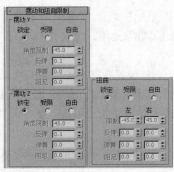

图17-96

**参数详解**

- ❖ 摆动Y/摆动Z：分别表示围绕约束的局部y轴和z轴的旋转。
  - ◇ 锁定：防止父对象和子对象围绕约束的各自轴旋转。
  - ◇ 受限：允许父对象和子对象围绕轴的中心旋转固定数量的度数。
  - ◇ 自由：允许父对象和子对象围绕约束的局部轴无限制旋转。
- ❖ 角度限制：当"摆动y"或"摆动z"设置为"受限"时，设置离开中心允许旋转的度数。
- ❖ 反弹：当"摆动y"或"摆动z"设置为"受限"时，设置碰撞时对象偏离限制而反弹的数量。
- ❖ 弹簧：当"摆动y"或"摆动z"设置为"受限"时，设置将对象拉回到限制（如果超出限制）的弹簧强度。
- ❖ 阻尼：当"摆动y"或"摆动z"设置为"受限"且超出限制时，设置对象所受的旋转阻力数量。
- ❖ 扭曲：围绕约束的局部x轴旋转。
- ❖ 锁定：防止父对象和子对象围绕约束的局部x轴旋转。
- ❖ 受限：允许父对象和子对象围绕局部x轴在固定角度范围内旋转。
- ❖ 自由：允许父对象和子对象围绕约束的局部x轴无限制旋转。
  - ◇ 限制：当"扭曲"设置为"受限"时，"左"和"右"值是每侧限制的绝对度数。
  - ◇ 反弹：当"扭曲"设置为"受限"时，设置碰撞时对象偏离限制而反弹的数量。
  - ◇ 弹簧：当"扭曲"设置为"受限"时，设置将对象拉回到限制（如果超出限制）的弹簧强度。
  - ◇ 阻尼：当"扭曲"设置为"受限"且超出限制时，设置对象所受的旋转阻力数量。

### 17.3.4　"弹力"卷展栏

展开"弹力"卷展栏，如图17-97所示。

图17-97

**参数详解**

❖ 弹性：设置始终将父对象和子对象的平移拉回到其初始偏移位置的力量。

❖ 阻尼：设置"弹性"不为0时用于限制弹簧力的阻力。

## 17.3.5 高级卷展栏

展开"高级"卷展栏，如图17-98所示。

图17-98

**参数详解**

❖ 父/子碰撞：如果关闭该选项，由某个约束所连接的父刚体和子刚体将无法相互碰撞；如果勾选该选项，可以使两个刚体彼此响应，并对其他刚体做出反应。

① "可断开约束"选项组

❖ 可断开：如果勾选该选项，在模拟阶段可能会破坏该约束。

❖ 最大力：当启用"可断开"选项时，如果线性力的大小超过"最大力"的数值，将断开约束。

❖ 最大扭矩：当启用"可断开"选项时，如果扭曲力的数量超过"最大扭矩"的数值，将断开约束。

② "投影"选项组

❖ 投影类型：当父对象和子对象违反约束的限制时，投影通过将它们强制到限制来解决这个问题。该问题的解决方法有以下3种。

◇ 无投影：不执行投影。

◇ 仅线性（较快）：仅投影线性距离，此时需设置下方的"距离"参数值。

◇ 线性和角度：线性和角度同时执行线性投影和角度投影，此时需要设置下方的"距离"和"角度"值。

❖ 投影设置：用于设置线性距离和角度投影。

◇ 距离：用于设置为了投影生效要超过的约束冲突的最小距离。

◇ 角度：用于设置必须超过约束冲突的最小角度。

# 17.4 Cloth（布料）修改器

"Cloth（布料）"修改器专门用于为角色和动物创建逼真的织物和衣服，属于一种高级修改器，如图17-99和图17-100所示是用该修改器制作的一些优秀布料作品。在以前的版本中，可以使用Reactor中的"布料"集合来模拟布料效果，但是功能不是特别强大。

Cloth（布料）修改器可以应用于布料模拟组成部分的所有对象。该修改器用于定义布料对象和冲突对象、指定属性和执行模拟。Cloth（布料）修改器可以直接在"修改器列表"中进行加载，如图17-101所示。

图17-99　　　　　　　　　图17-100　　　　　　　　图17-101

## 17.4.1 Cloth（布料）修改器默认参数

"Cloth（布料）"修改器的默认参数包含3个卷展栏，分别是"对象""选定对象""模拟参数"卷展栏，如图17-102所示。

图17-102

### 1."对象"卷展栏

**功能介绍**

"对象"卷展栏是Cloth（布料）修改器的核心部分，包含了模拟布料和调整布料属性的大部分控件，如图17-103所示。

图17-103

**参数详解**

❖ 对象属性 ：用于打开"对象属性"对话框。

### 技术专题：详解对象属性对话框

使用"对象属性"对话框可以定义要包含在模拟中的对象，确定这些对象是布料还是冲突对象，以及与其关联的参数，如图17-104所示。

## 技术专题：详解对象属性对话框（续）

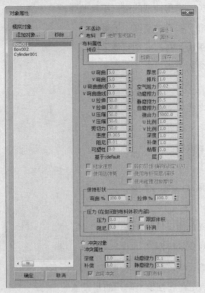

图17-104

① "模拟对象"选项组

添加对象 添加对象... ：单击该按钮可以打开"添加对象到布料模拟"对话框，如图17-105所示。从该对话框中可以选择要添加到布料模拟的场景对象，添加对象之后，该对象的名称会出现在下面的列表中。

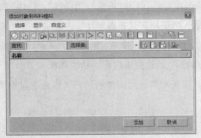

图17-105

移除 移除 ：移除选定的模拟对象。

② "选择对象的角色"选项组

不活动：使对象在模拟中处于不活动状态。

布料：让选择对象充当布料对象。

冲突对象：让选定对象充当冲突对象。注意，"冲突对象"选项位于对话框的下方。

使用面板属性：启用该选项后，可以让布料对象使用在面板子对象层级指定的布料属性。

属性1/属性2：这两个单选选项用来为布料对象指定两组不同的布料属性。

③ "布料属性"选项组

预设：该复选项组用于保存当前布料属性或是加载外部的布料属性文件。

U/V弯曲：用于设置弯曲的阻力。数值越高，织物能弯曲的程序就越小。

U/V弯曲曲线：设置织物折叠时的弯曲阻力。

U/V拉伸：设置拉伸的阻力。

U/V压缩：设置压缩的阻力。

剪切力：设置剪切的阻力。值越高，布料就越硬。

密度：设置每单位面积的布料重量（以gm/cm²表示）。值越高，布料就越重。

阻尼：值越大，织物反应就越迟钝。采用较低的值，织物的弹性将更高。

可塑性：设置布料保持其当前变形（即弯曲角度）的倾向。

厚度：定义织物的虚拟厚度，便于检测布料对布料的冲突。

排斥：用于设置排斥其他布料对象的力值。

空气阻力：设置受到的空气阻力。

动摩擦力：设置布料和实体对象之间的动摩擦力。

静摩擦力：设置布料和实体对象之间的静摩擦力。

自摩擦力：设置布料自身之间的摩擦力。

接合力：该选项在目前还不能使用。

U/V比例：控制布料沿U、V方向延展或收缩的多少。

深度：设置布料对象的冲突深度。

补偿：设置在布料对象和冲突对象之间保持的距离。

粘着：设置布料对象粘附到冲突对象的范围。

层：指示可能会相互接触的布片的正确"顺序"，范围是−100~100。

基于:X：该文本字段用于显示初始布料属性值所基于的预设值的名称。

继承速度：启用该选项后，布料会继承网格在模拟开始时的速度。

使用边弹簧：用于计算拉伸的备用方法。启用该选项后，拉伸力将以沿三角形边的弹簧为基础。

各向异性（解除锁定U,V）：启用该选项后，可以为"弯曲""b曲线""拉伸"参数设置不同的U值和V值。

使用布料深度/偏移：启用该选项后，将使用在"布料属性"选项组中设置的深度和补偿值。

使用碰撞对象摩擦：启用该选项时，可以使用碰撞对象的摩擦力来确定摩擦力。

保持形状：根据"弯曲%"和"拉伸%"的设置来保留网格的形状。

压力（在封闭的布料体积内部）：由于布料的封闭体积的行为就像在其中填充了气体一样，因此它具有"压力"和"阻尼"等属性。

④ "冲突属性"选项组

深度：设置冲突对象的冲突深度。

补偿：设置在布料对象和冲突对象之间保持的距离。

动摩擦力：设置布料和该特殊实体对象之间的动摩擦力。

静摩擦力：设置布料和实体对象之间的静摩擦力。

启用冲突：启用或关闭对象的冲突，同时仍然允许对其进行模拟。

切割布料：启用该选项后，如果在模拟过程中与布料相交，"冲突对象"可以切割布料。

❖ 布料力 布料力 ：单击该按钮可以打开"力"对话框，如图17-106所示。在该对话框中可以向模拟添加类似风之类的力（即场景中的空间扭曲）。

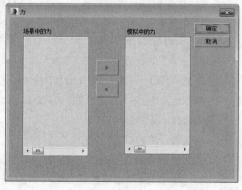

图17-106

❖ 模拟局部 模拟局部 ：不创建动画，直接开始模拟进程。

❖ 模拟局部（阻尼） 模拟局部（阻尼） ：与"模拟局部"相同，但是要为布料添加大量的阻尼。

❖ 模拟 模拟 ：在激活的时间段上创建模拟。与"模拟局部"不同，这种模拟会在每帧处以模拟缓存的形式创建模拟数据。

❖ 进程：开启该选项后，将在模拟期间打开一个显示布料模拟进程的对话框。

❖ 模拟帧：显示当前模拟的帧数。

❖ 消除模拟 消除模拟 ：删除当前的模拟。

❖ 截断模拟 截断模拟 ：删除模拟在当前帧之后创建的动画。

❖ 设置初始状态 设置初始状态 ：将所选布料对象高速缓存的第1帧更新到当前位置。

❖ 重设状态 重设状态 ：将所选布料对象的状态重设为应用Cloth（布料）修改器时的状态。

❖ 删除对象高速缓存 删除对象高速缓存 ：删除所选的非布料对象的高速缓存。

❖ 抓取状态 抓取状态 ：从修改器堆栈顶部获取当前状态并更新当前帧的缓存。

❖ 抓取目标状态 抓取目标状态 ：用于指定保持形状的目标形状。

❖ 重置目标状态 重置目标状态 ：将默认弯曲角度重设为堆栈中的布料下面的网格。

❖ 使用目标状态：启用该选项后，将保留由抓取目标状态存储的网格形状。

❖ 创建关键点 创建关键点 ：为所选布料对象创建关键点。

❖ 添加对象 添加对象 ：用于直接向模拟添加对象，而无需打开"对象属性"对话框。

❖ 显示当前状态：显示布料在上一模拟时间步阶结束时的当前状态。

❖ 显示目标状态：显示布料的当前目标状态。

❖ 显示启用的实体碰撞：启用该选项时，将高亮显示所有启用实体收集的顶点组。

❖ 显示启用的自身碰撞：启用该选项时，将高亮显示所有启用自收集的顶点组。

## 2."选定对象"卷展栏

### 功能介绍

"选定对象"卷展栏用于控制模拟缓存、使用纹理贴图或插补来控制并模拟布料的属性，如图17-107所示。

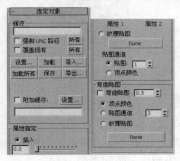

图17-107

### 参数详解

① "缓存"选项组

❖ 文本框 ：用于显示缓存文件的当前路径和文件名。

❖ 强制UNC路径：如果文本字段路径是指向映射的驱动器，则将该路径转换为UNC格式。

❖ 覆盖现有：启用该选项后，布料可以覆盖现有的缓存文件。

❖ 设置 设置… ：用于指定所选对象缓存文件的路径和文件名。

❖ 加载 加载 ：将指定的文件加载到所选对象的缓存中。

❖ 导入 导入… ：打开"导入缓存"对话框，以加载一个缓存文件，而不是指定的文件。

❖ 加载所有 加载所有 ：加载模拟中每个布料对象的指定缓存文件。

- ❖ 保存 保存 ：使用指定的文件名和路径保存当前缓存。
- ❖ 导出 导出... ：打开"导出缓存"对话框，以将缓存保存到一个文件，而不是指定的文件。
- ❖ 附加缓存：如果要以PointCache2格式创建第2个缓存，则应该启用该选项，然后单击后面的"设置"按钮 设置... 以指定路径和文件名。
- ② "属性指定"选项组
- ❖ 插入：在"对象属性"对话框中的两个不同设置（由右上角的"属性1"和"属性2"单选选项确定）之间插入。
- ❖ 纹理贴图：设置纹理贴图，以对布料对象应用"属性1"和"属性2"设置。
- ❖ 贴图通道：用于指定纹理贴图所要使用的贴图通道，或选择要用于取而代之的顶点颜色。
- ③ "弯曲贴图"选项组
- ❖ 弯曲贴图：控制是否开启"弯曲贴图"选项。
- ❖ 顶点颜色：使用顶点颜色通道来进行调整。
- ❖ 贴图通道：使用贴图通道，而不是顶点颜色来进行调整。
- ❖ 纹理贴图：使用纹理贴图来进行调整。

## 3. "模拟参数"卷展栏

### 功能介绍

　　"模拟参数"卷展栏用于指定重力、起始帧和缝合弹簧选项等常规模拟属性，如图17-108所示。

图17-108

### 参数详解

- ❖ 厘米/单位：确定每3ds Max单位表示多少厘米。
- ❖ 地球 地球 ：单击该按钮可以设置地球的重力值。
- ❖ 重力 重力 ：启用该按钮之后，"重力"值将影响到模拟中的布料对象。
- ❖ 步阶：设置模拟器可以采用的最大时间步阶大小。
- ❖ 子例：设置3ds Max对固体对象位置每帧的采样次数。
- ❖ 起始帧：设置模拟开始处的帧。
- ❖ 结束帧：开启该选项后，可以确定模拟终止处的帧。
- ❖ 自相冲突：开启该选项后，可以检测布料对布料之间的冲突。
- ❖ 检查相交：该选项是一个过时功能，无论勾选与否都无效。
- ❖ 实体冲突：开启该选项后，模拟器将考虑布料对实体对象的冲突。
- ❖ 使用缝合弹簧：开启该选项后，可以使用随Garment Maker创建的缝合弹簧将织物接合在一起。
- ❖ 显示缝合弹簧：用于切换缝合弹簧在视口中的可见性。
- ❖ 随渲染模拟：开启该选项后，将在渲染时触发模拟。

❖ 高级收缩：开启该选项后，布料将对同一冲突对象两个部分之间收缩的布料进行测试。

❖ 张力：利用顶点颜色显现织物中的压缩/张力。

❖ 焊接：控制在完成撕裂布料之前如何在设置的撕裂上平滑布料。

## 17.4.2 Cloth（布料）修改器的子对象参数

Cloth（布料）修改器有4个次物体层级，如图17-109所示，每个层级都有不同的工具和参数，下面分别进行讲解。

图17-109

### 1.组层级

**功能介绍**

"组"层级主要用于选择成组顶点，并将其约束到曲面、冲突对象或其他布料对象，其参数面板如图17-110所示。

图17-110

**命令详解**

❖ 设定组 设定组 ：利用选中的顶点来创建组。

❖ 删除组 删除组 ：删除选定的组。

❖ 解除 解除 ：解除指定给组的约束，让其恢复到未指定状态。

❖ 初始化 初始化 ：将顶点连接到另一对象的约束，并包含有关组顶点的位置相对于其他对象的信息。

❖ 更改组 更改组 ：用于修改组中选定的顶点。

❖ 重命名 重命名 ：用于重命名组。

❖ 节点 节点 ：将组约束到场景中的对象或节点的变换。

❖ 曲面 曲面 ：将所选定的组附加到场景中的冲突对象的曲面上。

❖ 布料 布料 ：将布料顶点的选定组附加到另一个布料对象。

❖ 保留 保留 ：选定的组类型在修改器堆栈中的Cloth（布料）修改器下保留运动。

❖ 绘制 绘制 ：选定的组类型将顶点锁定就位或向选定组添加阻尼力。

❖ 模拟节点 模拟节点 ：除了该节点必须是布料模拟的组成部分之外, 该选项和节点选项的功用相同。

- ❖ 组 组 ：将一个组附加到另一个组。
- ❖ 无冲突 无冲突 ：忽略在当前选择的组和另一组之间的冲突。
- ❖ 力场 力场 ：用于将组链接到空间扭曲，并让空间扭曲影响顶点。
- ❖ 粘滞曲面 粘滞曲面 ：只有在组与某个曲面冲突之后，才会将其粘贴到该曲面上。
- ❖ 粘滞布料 粘滞布料 ：只有在组与某个布料对象冲突之后，才会将其粘贴到该布料对象上。
- ❖ 焊接 焊接 ：单击该按钮可以使现有组转入"焊接"约束。
- ❖ 制造撕裂 制造撕裂 ：单击该按钮可以使所选顶点转入带"焊接"约束的撕裂。
- ❖ 清除撕裂 清除撕裂 ：单击该按钮可以从Cloth（布料）修改器移除所有撕裂。

## 2.面板层级

### 功能介绍

在"面板"层级下，可以随时选择一个布料，并更改其属性，其参数面板如图17-111所示。

图17-111

---

**提示**

关于"面板"卷展栏下的参数，请参阅前面的"技术专题：对象属性"对话框。

---

## 3.接缝层级

在"接缝"层级下可以定义接合口属性，其参数面板如图17-112所示。

图17-112

### 参数详解

- ❖ 启用：控制是否开启接合口。
- ❖ 折缝角度：在接合口上创建折缝。角度值将确定介于两个面板之间的折缝角度。
- ❖ 折缝强度：增减接合口的强度。该值将影响接合口相对于布料对象其余部分的抗弯强度。
- ❖ 缝合刚度：在模拟时接缝面板拉合在一起的力的大小。
- ❖ 可撕裂的：勾选该选项后，可以将所选接合口设置为可撕裂状态。
- ❖ 撕裂阈值：参数后的数值用于控制产生撕裂效果，间距大于该数值面将产生撕裂效果。
- ❖ 启用全部 启用全部 ：将所选布料上的所有接合口设置为激活。
- ❖ 禁用全部 禁用全部 ：将所选布料上的所有接合口设置为关闭。

#### 4.面层级

**功能介绍**

在"面"层级下，可以对布料对象进行交互拖放，就像这些对象在本地模拟一样，其参数面板如图17-113所示。

图17-113

**参数详解**

❖ 模拟局部 模拟局部 ：对布料进行局部模拟。为了和布料能够实时交互反馈，必须启用该按钮。

❖ 动态拖动！ 动态拖动！ ：激活该按钮后，可以在进行本地模拟时拖动选定的面。

❖ 动态旋转！ 动态旋转！ ：激活该按钮后，可以在进行本地模拟时旋转选定的面。

❖ 随鼠标下移模拟：只在鼠标左键单击时运行本地模拟。

❖ 忽略背面：启用该选项后，可以只选择面对的那些面。

## 【练习17-7】用Cloth（布料）修改器制作毛巾动画

本练习的毛巾动画效果如图17-114所示。

图17-114

01 打开学习资源中的"练习文件>第17章>练习17-7.max"文件，如图17-115所示。

02 选择如图17-116所示的平面，为其加载一个Cloth（布料）修改器，然后在"对象"卷展栏下单击"对象属性"按钮 对象属性 ，接着在弹出的"对象属性"对话框中选择模拟对象Plane001，最后勾选"布料"选项，如图17-117所示。

图17-115

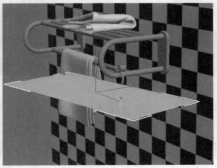

图17-116

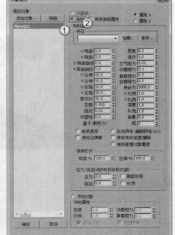

图17-117

03 进入Cloth（布料）修改器的"组"层级，然后选择图17-118所示的顶点，接着在"组"卷展栏下单击"设定组"按钮 设定组 ，最后在弹出的"设定组"对话框中单击"确定"按钮 确定 ，如图17-119所示。

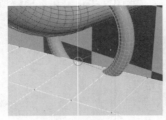

图17-118　　　　　　　　　　　　图17-119

04 在"组"卷展栏下单击"绘制"按钮 绘制 ，然后返回顶层级结束编辑，接着在"对象"卷展栏下单击"模拟"按钮 模拟 ，此时会弹出生成动画的进程对话框，如图17-120所示。

05 拖曳时间线滑块观察动画，效果如图17-121所示。

图17-120　　　　　　　　　　　　图17-121

06 选择动画效果最明显的一些帧，然后单独渲染出这些单帧动画，最终效果如图17-122所示。

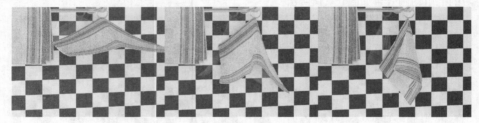

图17-122

## 【练习17-8】用Cloth（布料）修改器制作床单下落动画

本练习的床单下落动画效果如图17-123所示。

图17-123

01 打开学习资源中的"练习文件>第17章>练习17-8.max"文件，如图17-124所示。

02 选择顶部的平面，为其加载一个Cloth（布料）修改器，然后在"对象"卷展栏下单击"对象属性"按钮 对象属性 ，接着在弹出的"对象属性"对话框中选择模拟对象Plane007，最后勾选"布料"选项，如图17-125所示。

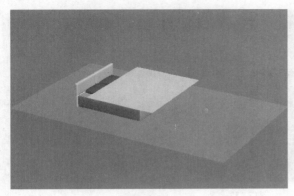
图17-124

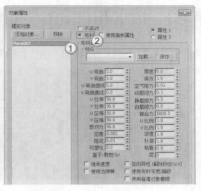
图17-125

**03** 单击"添加对象"按钮 添加对象... ，然后在弹出的"添加对象到布料模拟"对话框中选择ChamferBox001（床垫）、Plane006（地板）、Box02和Box24（这两个长方体是床侧板），如图17-126所示。

**04** 选择ChamferBox001、Plane006、Box02和Box24，然后勾选"冲突对象"选项，如图17-127所示。

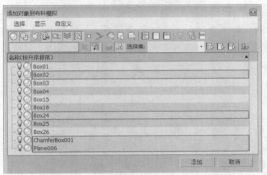
图17-126

图17-127

**05** 在"对象"卷展栏下单击"模拟"按钮 模拟 自动生成动画，如图17-128所示，模拟完成后的效果如图17-129所示。

**06** 为床盖模型加载一个"壳"修改器，然后在"参数"卷展栏下设置"内部量"为10mm、"外部量"为1mm，具体参数设置及模型效果如图17-130所示。

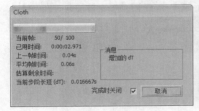
图17-128

图17-129

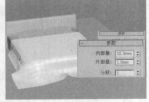
图17-130

**07** 继续为床盖模型加载一个"网格平滑"修改器（采用默认设置），效果如图17-131所示。

**08** 选择动画效果最明显的一些帧，然后单独渲染出这些单帧动画，最终效果如图17-132所示。

图17-131

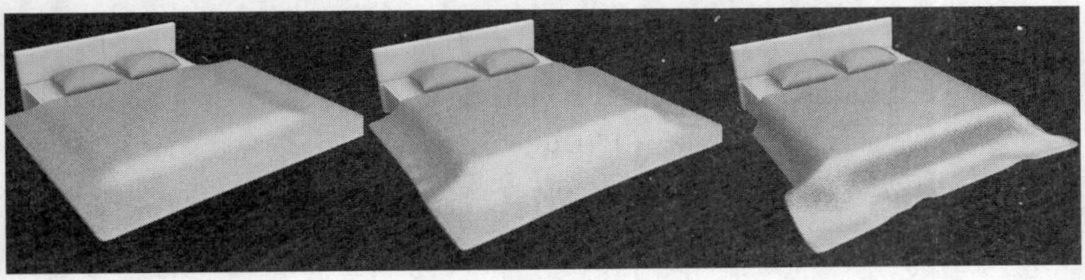

图17-132

# 【练习17-9】用Cloth（布料）修改器制作布料下落动画

本练习的布料下落动画效果如图17-133所示。

图17-133

**01** 打开学习资源中的"练习文件>第17章>练习17-9.max"文件，如图17-134所示。

**02** 选择平面，为其加载一个Cloth（布料）修改器，然后在"对象"卷展栏下单击"对象属性"按钮 对象属性 ，接着在弹出的"对象属性"对话框中选择模拟对象Plane001，最后勾选"布料"选项，如图17-135所示。

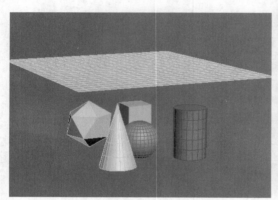

图17-134

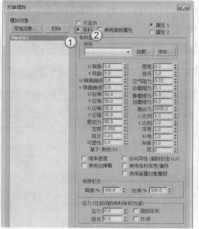

图17-135

**03** 单击"添加对象"按钮 添加对象... ，然后在弹出的"添加对象到布料模拟"对话框中选择所有的几何体，如图17-136所示。

**04** 选择上一步添加的对象，然后勾选"冲突对象"选项，如图17-137所示。

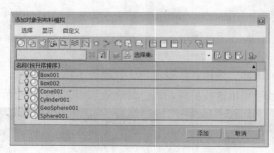

图17-136

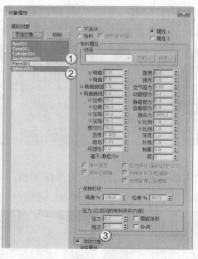

图17-137

**05** 在"对象"卷展栏下单击"模拟"按钮 模拟 自动生成动画，如图17-138所示，模拟完成后的效果如图17-139所示。

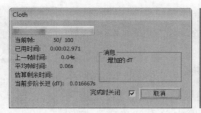

图17-138 图17-139

**06** 选择动画效果最明显的一些帧，然后单独渲染出这些单帧动画，最终效果如图17-140所示。

图17-140

## 【练习17-10】用Cloth（布料）修改器制作旗帜飘扬动画

本练习的旗帜飘扬动画效果如图17-141所示。

图17-141

**01** 打开学习资源中的"练习文件>第17章>练习17-10.max"文件，如图17-142所示。

**02** 设置空间扭曲类型为"力"，然后使用"风"工具 风 在视图中创建一个风力，其位置如图17-143所示，接着在"参数"卷展栏下设置"强度"为30、"湍流"为5，具体参数设置如图17-144所示。

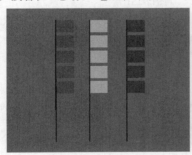

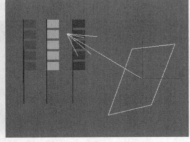

图17-142 图17-143 图17-144

**03** 任意选择一面旗帜，为其加载一个Cloth（布料）修改器，然后在"对象"卷展栏下单击"对象属性"按钮 对象属性 ，接着在弹出的"对象属性"对话框中选择这面旗帜，最后勾选"布料"选项，如图17-145所示。

由于本场景中的旗帜是通过"实例"复制方式制作的，因此只需要对其中一面旗帜进行设置。

图17-145

**04** 选择Cloth（布料）修改器的"组"层级，然后选择图17-146所示的顶点（连接旗杆的顶点），接着在"组"卷展栏下单击"设定组"按钮 设定组 ，最后在弹出的"设定组"对话框中单击"确定"按钮 确定 ，如图17-147所示。

**05** 在"组"卷展栏下单击"绘制"按钮 绘制 ，然后返回顶层级结束编辑，在"对象"卷展栏下单击"布料力"按钮 布料力 ，接着在弹出的"力"对话框中选择场景中的风力Wind001，最后单击 > 按钮将其加载到右侧的列表中，如图17-148和图17-149所示。

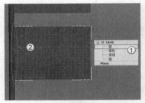

图17-146

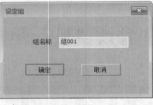

图17-147

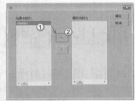

图17-148

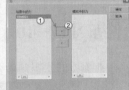

图17-149

**06** 在"对象"卷展栏下单击"模拟"按钮 模拟 自动生成动画，如图17-150所示，模拟完成后的效果如图17-151所示。

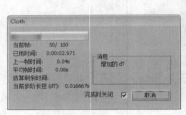

图17-150

图17-151

**07** 选择动画效果最明显的一些帧，然后单独渲染出这些单帧动画，最终效果如图17-152所示。

图17-152

# 技术分享

## 用动力学制作逼真的布料

**文件位置：** 练习文件>第17章>技术分享>用动力学制作逼真的布料>用动力学制作逼真的布料.max

　　在效果图场景建模中，布料是比较难建的对象，尤其是床单，因为这种对象拥有很"滑"的褶皱感。不过3ds Max为我们提供了专门制作布料的工具，其中比较常用的就是Cloth（布料）修改器，只是这个修改器操作起来要繁琐一些。如果要想操作更简单一些，可以直接使用动力学MassFX工具来进行制作（具体制作方法请看下面的步骤介绍或视频教学），不仅操作简单，而且容易出效果。我们先来看3张图，图A是真实的丝被照片，图B是用MassFX工具制作的丝被效果图，图C是丝被的线框图。图B的整体逼真度没有图A高，这是因为我们没有将模型放在一个丰富的场景中进行渲染，如果单从丝被的角度来看，效果图中的丝被能达到图B中的效果，是完全可以接受的，而从建模的角度来看，丝被模型是由四边面构成的，很符合多边形建模的要求。

图A 真实的丝被照片

图B 丝被效果图

图C 丝被线框图

　　（1）在床的上方创建一个大小合适的平面，同时必须将分段数设置得足够高，否则无法表现布料的柔韧度与褶皱感，如图D所示。

　　（2）选择床垫模型，将它设置为静态刚体，如图E所示。将床垫设置为静态刚体后，当平面模拟布料下落与床垫接触时，3ds Max会将床垫识别为障碍物，让平面不会穿过床垫模型。另外要特别注意一点，除了床垫模型，凡是有可能与床单发生接触的对象，都应该设置为静态刚体。

　　（3）选择平面，将其设置为mCloth对象，这样可以用平面来模拟布料，如图F所示。

图D

图E

图F

　　（4）所有准备工作就绪以后，单击"开始模拟"按钮，得到图G所示的效果。但是这个效果并不理想，因为床单的凹凸细节没有表现出来，同时床单的褶皱感也比较硬。

图G

（5）选择床单，在"纺织品物理特性"卷展栏下设置"弯曲度"为0.2，增强床单的柔韧性；选择床垫模型，在"物理图形"卷展栏下将"图形类型"修改为"原始的"，用于模拟床单的凹凸感，因为床垫是凹凸不平的，当床单落在床垫上时，也会根据床垫的凹凸产生对应的凹凸感，同理，其他静态刚体也应该进行相应的修改。设置完成后，我们再次进行模拟，可以发现此时的床单细节更加明显，很好地体现出了布料的柔韧性，如图H所示。

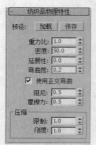

图H

（6）模拟完成后，对mCloth对象进行烘焙，然后选择效果最佳的一帧，将模型单独复制一份，接着将床单转换为可编辑多边形，如果有必要，还可以为其加载一个"壳"修改器和"涡轮平滑"修改器，用于表现床单的厚度和平滑效果，如图I所示。

图I

# 给读者学习动力学的建议

初学者在学习动力学时，或多或少都会存在无从下手的情况，这不是因为对动力学的工具功能不熟练，而是因为MassFX仅仅是用来模拟物体运动的一个工具。因此，对于这部分内容，大家不仅要掌握软件技术，还要对物理运动学和动力学有一定的了解。下面给出一些学习动力学的建议供初学者参考。

第1点：必须明确3种刚体之间的根本区别。动力学刚体模拟的是物体受力（尤其是重力）影响下的运动；运动学刚体模拟的时候，物体不考虑重力的影响；静态刚体模拟的是物体的静止状态，可以理解为障碍物。

第2点：在制作碰撞动画时，要弄清楚运动的逻辑关系。即被碰撞的物体只有在两个刚体接触的时候才会运动，而MassFX工具在这方面是比较智能的，所以在设置被碰撞物体刚体属性的时候，都必须勾选"在睡眠模式下启动"选项，表明只有在两个刚体接触的时候，被碰撞刚体才会产生运动。

第3点：在使用Cloth（布料）修改器和mCloth对象制作布料时，应该对场景中的对象进行命名，以便于识别。同时，在烘焙好布料以后，建议将模型复制一份作为备份，然后选择效果最佳的帧，将其转换为可编辑多边形对象，同时加载"壳"修改器和"涡轮平滑"修改器，因为我们要的是布料模型，而非动画。

第4点：在学习初期，如果制作出来的效果有瑕疵，属于是正常现象，因为经验是需要积累的，就像在前面的内容中介绍如何布置场景灯光一样，需要在恰当的地方布置合理的灯光，同时还要不断测试和推敲，动力学也是如此，希望大家一定要明白这个道理。

# 第18章

## 毛发系统

毛发系统工具主要用来创建真实的毛发效果，还可以用于创建树叶、花朵、草丛等植物对象。3ds Max自带的毛发工具是Hair和Fur，如果安装了VRay渲染器，还可以使用VRay毛发功能。这些毛发工具都非常智能化，操作简便，不仅能够在选定的对象上生成毛发效果，还可以进一步调整形态、创建动力学动画等。毛发系统的应用非常广泛，不管是角色创作，还是产品设计，或是建筑效果图制作，都会大量使用到该工具，所以读者必须要熟练掌握和运用毛发工具。

※ Hair和Fur（WSM）修改器
※ VRay毛发

# 18.1 毛发系统概述

毛发在静帧和角色动画制作中非常重要，同时毛发也是动画制作中最难模拟的，如图18-1~图18-3所示是一些比较优秀的毛发作品。

图18-1　　　　　　　　　　　图18-2　　　　　　　　　　　图18-3

在3ds Max中，制作毛发的方法主要有以下3种。

第1种：使用Hair和Fur（WSM）（毛发和毛皮（WSM））修改器来进行制作。

第2种：使用"VRay毛皮"工具 VR-毛皮 来进行制作。

第3种：使用不透明度贴图来进行制作。

# 18.2 Hair和Fur（WSM）修改器

Hair和Fur（WSM）（毛发和毛皮（WSM））修改器是毛发系统的核心，该修改器可以应用在要生长毛发的任何对象上（包括网格对象和样条线对象）。如果是网格对象，毛发将从整个曲面上生长出来；如果是样条线对象，毛发将在样条线之间生长出来。

创建一个物体，然后为其加载一个Hair和Fur（WSM）（毛发和毛皮（WSM））修改器，可以观察到加载修改器之后，物体表面就生长出了毛发，如图18-4所示。

Hair和Fur（WSM）（毛发和毛皮（WSM））修改器的参数非常多，一共有14个卷展栏，如图18-5所示。下面依次对各卷展栏下的参数进行介绍。

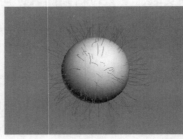 

图18-4　　　　　　　　　　　图18-5

## 18.2.1 选择卷展栏

### 功能介绍

展开"选择"卷展栏，如图18-6所示。

图18-6

命令详解

❖ 导向 ⌘：这是一个子对象层级，单击该按钮后，"设计"卷展栏中的"设计发型"工具 设计发型 将自动启用。

❖ 面 ◀：这是一个子对象层级，可以选择三角形面。

❖ 多边形 ▦：这是一个子对象层级，可以选择多边形。

❖ 元素 ▨：这是一个子对象层级，可以通过单击一次鼠标左键来选择对象中的所有连续多边形。

❖ 按顶点：该选项只在"面""多边形""元素"级别中使用。启用该选项后，只需要选择子对象的顶点就可以选中子对象。

❖ 忽略背面：该选项只在"面""多边形""元素"级别中使用。启用该选项后，选择子对象时只影响面对着用户的面。

❖ 复制 复制：将命名选择集放置到复制缓冲区。

❖ 粘贴 粘贴：从复制缓冲区中粘贴命名的选择集。

❖ 更新选择 更新选择：根据当前子对象来选择重新要计算毛发生长的区域，然后更新显示。

## 18.2.2 工具卷展栏

功能介绍

展开"工具"卷展栏，如图18-7所示。

图18-7

命令详解

❖ 从样条线重梳 从样条线重梳：创建样条线以后，使用该工具在视图中拾取样条线，可以从样条线重梳毛发，如图18-8所示。

❖ 样条线变形：可以用样条线来控制发型与动态效果。

❖ 重置其余 重置其余：在曲面上重新分布头发的数量，以得到较为均匀的结果。

❖ 重生头发 重生头发：忽略全部样式信息，将头发复位到默认状态。

❖ 加载 加载：单击该按钮可以打开"Hair和Fur预设值"对话框，在该对话框中可以加载预设的毛发样式，如图18-9所示。

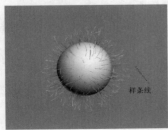

图18-8

图18-9

- ❖ 保存 保存 ：调整好毛发以后，单击该按钮可以将当前的毛发保存为预设的毛发样式。
- ❖ 复制 复制 ：将所有毛发设置和样式信息复制到粘贴缓冲区。
- ❖ 粘贴 粘贴 ：将所有毛发设置和样式信息粘贴到当前的毛发修改对象中。
- ❖ 无 无 ：如果要指定毛发对象，可以单击该按钮，然后拾取要应用毛发的对象。
- ❖ X X ：如果要停止使用实例节点，可以单击该按钮。
- ❖ 混合材质：启用该选项后，应用于生长对象的材质以及应用于毛发对象的材质将合并为单一的多子对象材质，并应用于生长对象。
- ❖ 导向–>样条线 导向->样条线 ：将所有导向复制为新的单一样条线对象。
- ❖ 毛发–>样条线 毛发->样条线 ：将所有毛发复制为新的单一样条线对象。
- ❖ 毛发–>网格 毛发->网格 ：将所有毛发复制为新的单一网格对象。
- ❖ 渲染设置 渲染设置... ：单击该按钮可以打开"环境和效果"对话框，在该对话框中可以对毛发的渲染效果进行更多的设置。

## 18.2.3 设计卷展栏

### 功能介绍

展开"设计"卷展栏，如图18-10所示。

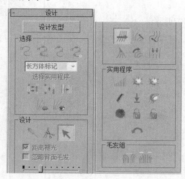

图18-10

### 命令详解

① "设计发型"选项组

- ❖ 设计发型 设计发型 ：单击该按钮可以设计毛发的发型，此时该按钮会变成凹陷的"完成设计"按钮 完成设计 ，单击"完成设计"按钮 完成设计 可以返回到"设计发型"状态。

② "选择"选项组

- ❖ 由头梢选择头发 ：可以只选择每根导向头发末端的顶点。
- ❖ 选择全部顶点 ：选择导向头发中的任意顶点时，会选择该导向头发中的所有顶点。
- ❖ 选择导向顶点 ：可以选择导向头发上的任意顶点。
- ❖ 由根选择导向 ：可以只选择每根导向头发根处的顶点，这样会选择相应导向头发上的所有顶点。
- ❖ 顶点显示下拉列表 长方体标记 ▼ ：选择顶点在视图中的显示方式。
- ❖ 反选 ：反转顶点的选择，快捷键为Ctrl+I。
- ❖ 轮流选 ：旋转空间中的选择。
- ❖ 扩展选定对象 ：通过递增的方式增大选择区域。
- ❖ 隐藏选定对象 ：隐藏选定的导向头发。

❖ 显示隐藏对象 ：显示任何隐藏的导向头发。

③ "设计"选项组

❖ 发梳 ：在该模式下，可以通过拖曳光标来梳理毛发。

❖ 剪头发 ：在该模式下可以修剪导向头发。

❖ 选择 ：单击该按钮可以进入选择模式。

❖ 距离褪光：启用该选项时，刷动效果将朝着画刷的边缘产生褪光现象，从而产生柔和的边缘效果（只适用于"发梳"模式）。

❖ 忽略背面头发：启用该选项时，背面的头发将不受画刷的影响（适用于"发梳"和"剪头发"模式）。

❖ 画刷大小滑块 ：通过拖曳滑块来调整画刷的大小。另外，按住Shift+Ctrl组合键在视图中拖曳光标也可以更改画刷的大小。

❖ 平移 ：按照光标的移动方向来移动选定的顶点。

❖ 站立 ：在曲面的垂直方向制作站立效果。

❖ 蓬松发根 ：在曲面的垂直方向制作蓬松效果。

❖ 丛 ：强制选定的导向之间相互更加靠近（向左拖曳光标）或更加分散（向右拖曳光标）。

❖ 旋转 ：以光标位置为中心（位于发梳中心）来旋转导向毛发的顶点。

❖ 比例 ：放大（向右拖动鼠标）或缩小（向左拖动鼠标）选定的导向。

④ "实用程序"选项组

❖ 衰减 ：根据底层多边形的曲面面积来缩放选定的导向。这一工具比较实用，例如，将毛发应用到动物模型上时，毛发较短的区域多边形通常也较小。

❖ 选定弹出 ：沿曲面的法线方向弹出选定的头发。

❖ 弹出大小为零 ：与"选定弹出"类似，但只能对长度为0的头发进行编辑。

❖ 重疏 ：使用引导线对毛发进行梳理。

❖ 重置剩余 ：在曲面上重新分布毛发的数量，以得到较为均匀的结果。

❖ 切换碰撞 ：如果激活该按钮，设计发型时将考虑头发的碰撞。

❖ 切换Hair ：切换头发在视图中的显示方式，但是不会影响头发导向的显示。

❖ 锁定 ：将选定的顶点相对于最近曲面的方向和距离锁定。锁定的顶点可以选择但不能移动。

❖ 解除锁定 ：解除对所有导向头发的锁定。

❖ 撤销 ：撤销最近的操作。

⑤ "毛发组"选项组

❖ 拆分选定头发组 ：将选定的导向拆分为一个组。

❖ 合并选定头发组 ：重新合并选定的导向。

## 18.2.4 常规参数卷展栏

### 功能介绍

展开"常规参数"卷展栏，如图18-11所示。

图18-11

### 参数详解

❖ 毛发数量：设置生成的毛发总数，如图18-12所示是"毛发数量"为1000和9000时的效果对比。

❖ 毛发段：设置每根毛发的段数。段数越多，毛发越自然，但是生成的网格对象就越大（对于非常直的直发，可将"毛发段"设置为1），图18-13所示的是"毛发段"为5和60时的效果对比。

❖ 毛发过程数：设置毛发的透明度，取值范围为1~20，图18-14所示的是"毛发过程数"为1和4时的效果对比。

图18-12　　　　　　　　　　图18-13　　　　　　　　　　图18-14

❖ 密度：设置头发的整体密度。

❖ 比例：设置头发的整体缩放比例。

❖ 剪切长度：设置将整体的头发长度进行缩放的比例。

❖ 随机比例：设置在渲染头发时的随机比例。

❖ 根厚度：设置发根的厚度。

❖ 梢厚度：设置发梢的厚度。

❖ 置换：设置头发从根到生长对象曲面的置换量。

❖ 插值：开启该选项后，头发生长将插入到导向头发之间。

## 18.2.5　材质参数卷展栏

### 功能介绍

展开"材质参数"卷展栏，如图18-15所示。

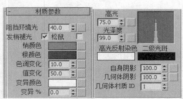

图18-15

### 参数详解

❖ 阻挡环境光：在照明模型时，控制环境光或漫反射对模型影响的偏差，如图18-16和图18-17所示分别是"阻挡环境光"为0和100时的毛发效果。

图18-16　　　　　　　　图18-17

❖ 发梢褪光：开启该选项后，毛发将朝向梢部而产生淡出到透明的效果。该选项只适用于
  mental ray渲染器。
❖ 松鼠：开启该选项后，根颜色与梢颜色之间的渐变更加锐化，并且更多的梢颜色可见。
❖ 梢/根颜色：设置距离生长对象曲面最远或最近的毛发梢部/根部的颜色，图18-18所示的是
  "梢颜色"为红色、"根颜色"为蓝色时的毛发效果。
❖ 色调/值变化：设置头发颜色或亮度的变化量，图18-19所示的是不同"色调变化"和"值变
  化"的毛发效果。

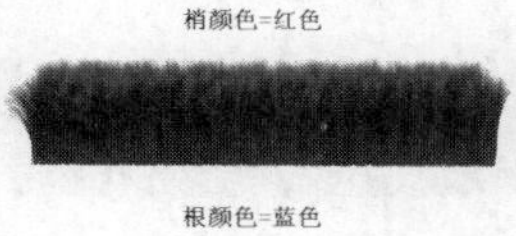

梢颜色=红色

根颜色=蓝色　　　　色调变化=值变化=0　　　　值变化=100　　　　色调变化=100

图18-18 　　　　　　　　　　　　　　　　图18-19

❖ 变异颜色：设置变异毛发的颜色。
❖ 变异%：设置接受"变异颜色"的毛发的百分比，图18-20所示的是"变异%"为30和0时的效
  果对比。
❖ 高光：设置在毛发上高亮显示的亮度。
❖ 光泽度：设置在毛发上高亮显示的相对大小。
❖ 高光反射染色：设置反射高光的颜色。
❖ 自身阴影：设置毛发自身阴影的大小，图18-21所示的是"自身阴影"为0、50和100时的效果对比。

变异%=30　　变异%=0　　　　自身阴影=0　　　　自身阴影=50　　　　自身阴影=100

图18-20　　　　　　　　　　　　　　　　图18-21

❖ 几何体阴影：设置头发从场景中的几何体接收到的阴影的量。
❖ 几何体材质ID：在渲染几何体时设置头发的材质ID。

## 18.2.6　mr参数卷展栏

### 功能介绍

展开"mr参数"卷展栏，如图18-22所示。

图18-22

### 参数详解

❖ 应用mr明暗器：开启该选项后，可以应用mental ray的明暗器来生成头发。
❖ 无　　　无　　：单击该按钮，可以在弹出的"材质/贴图浏览器"对话框中指定明暗器。

## 18.2.7　海市蜃楼参数卷展栏

### 功能介绍

展开"海市蜃楼参数"卷展栏，如图18-23所示。

图18-23

**参数详解**

❖ 百分比：设置要应用"强度"和"Mess强度"值的毛发百分比，范围是0~100。

❖ 强度：指定海市蜃楼毛发伸出的长度，范围是0~1。

❖ Mess强度：设置将卷毛应用于海市蜃楼毛发的比例，范围是0~1。

# 18.2.8 成束参数卷展栏

## 功能介绍

展开"成束参数"卷展栏，如图18-24所示。

图18-24

**参数详解**

❖ 束：用于设置相对于总体毛发数量生成毛发束的数量。

❖ 强度：该参数值越大，毛发束中各个梢彼此之间的吸引越强，范围是0~1。

❖ 不整洁：该参数值越大，毛发束的整体形状越凌乱。

❖ 旋转：该参数用于控制扭曲每个毛发束的强度，范围是0~1。

❖ 旋转偏移：该参数值用于控制根部偏移毛发束的梢，范围是0~1。

❖ 颜色：如果该参数的值不取为0，则可以改变毛发束中的颜色，范围是0~1。

❖ 随机：用于控制所有成束参数随机变化的强度，范围是0~1。

❖ 平坦度：用于控制在垂直于梳理方向的方向上挤压每个束。

# 18.2.9 卷发参数卷展栏

## 功能介绍

展开"卷发参数"卷展栏，如图18-25所示。

图18-25

**参数详解**

❖ 卷发根：设置头发在其根部的置换量。

❖ 卷发梢：设置头发在其梢部的置换量。

❖ 卷发X/Y/Z频率：控制在3个轴中的卷发频率。

❖ 卷发动画：设置波浪运动的幅度。

❖ 动画速度：设置动画噪波场通过空间时的速度。

❖ 卷发动画方向：设置卷发动画的方向向量。

# 18.2.10　纽结参数卷展栏

## 功能介绍

展开"纽结参数"卷展栏，如图18-26所示。

图18-26

**参数详解**

❖ 纽结根/梢：设置毛发在其根部/梢部的扭结置换量。

❖ 纽结X/Y/Z频率：设置在3个轴中的扭结频率。

# 18.2.11　多股参数卷展栏

## 功能介绍

展开"多股参数"卷展栏，如图18-27所示。

图18-27

**参数详解**

❖ 数量：用于设置每个聚集块的头发数量。

❖ 根展开：用于设置为根部聚集块中的每根毛发提供的随机补偿量。

❖ 梢展开：用于设置为梢部聚集块中的每根毛发提供的随机补偿量。

❖ 随机：用于设置随机处理聚集块中的每根毛发的长度。

❖ 扭曲：用于使用每束的中心作为轴扭曲束。

❖ 偏移：用于使束偏移其中心。离尖端越近，偏移越大。

❖ 纵横比：控制在垂直于梳理方向的方向上挤压每个束。

❖ 随机化：随机处理聚集块中的每根毛发的长度。

## 18.2.12 动力学卷展栏

### 功能介绍

展开"动力学"卷展栏，如图18-28所示。

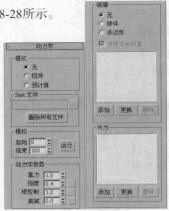

图18-28

### 参数详解

❖ 模式：选择毛发用于生成动力学效果的方法，有"无""现场""预计算"3个选项可供选择。

❖ 模拟：该选项组的参数用于计算并模拟毛发效果。

　　◇ 起始：设置在计算模拟时要考虑的第1帧。

　　◇ 结束：设置在计算模拟时要考虑的最后1帧。

　　◇ 运行 运行：单击该按钮可以进入模拟状态，并在"起始"和"结束"指定的帧范围内生成起始文件。

❖ 动力学参数：该选项组用于设置动力学的重力、衰减等属性。

　　◇ 重力：设置在全局空间中垂直移动毛发的力。

　　◇ 刚度：设置动力学效果的强弱。

　　◇ 根控制：在动力学演算时，该参数只影响头发的根部。

　　◇ 衰减：设置动态头发承载前进到下一帧的速度。

❖ 碰撞：选择毛发在动态模拟期间碰撞的对象和计算碰撞的方式，共有"无""球体""多边形"3种方式可供选择。

　　◇ 使用生长对象：开启该选项后，头发和生长对象将发生碰撞。

　　◇ 添加 添加/更换 更换/删除 删除：在列表中添加/更换/删除对象。

## 18.2.13 显示卷展栏

### 功能介绍

展开"显示"卷展栏，如图18-29所示。

图18-29

参数详解

- ❖ 显示导向：开启该选项后，头发在视图中会使用颜色样本中的颜色来显示导向。
  - ◇ 导向颜色：设置导向所采用的颜色。
- ❖ 显示毛发：开启该选项后，生长毛发的物体在视图中会显示出毛发。
  - ◇ 覆盖：关闭该选项后，3ds Max会使用与渲染颜色相近的颜色来显示毛发。
  - ◇ 百分比：设置在视图中显示的全部毛发的百分比。
  - ◇ 最大毛发数：设置在视图中显示的最大毛发数量。
  - ◇ 作为几何体：开启该选项后，毛发在视图中将显示为要渲染的实际几何体，而不是默认的线条。

## 18.2.14 随机化参数卷展栏

### 功能介绍

展开"随机化参数"卷展栏，如图18-30所示。

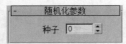

### 参数详解

图18-30

- ❖ 种子：设置随机毛发效果的种子值。数值越大，随机毛发出现的频率越高。

# 【练习18-1】用Hair和Fur（WSN）修改器制作海葵

本练习的海葵效果如图18-31所示。

图18-31

**01** 使用"平面"工具 平面 在场景中创建一个平面，然后在"参数"卷展栏下设置"长度"为160mm、"宽度"为120mm，如图18-32所示。

**02** 将平面转换为可编辑多边形，然后在"顶点"级别下将其调整成如图18-33所示的形状（这个平面将作为毛发的生长平面）。

**03** 使用"圆柱体"工具 圆柱体 在场景中创建一个圆柱体，然后在"参数"卷展栏下设置"半径"为6mm、"高度"为60mm、"高度分段"为8，如图18-34所示。

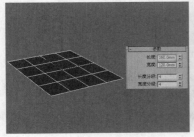

图18-32

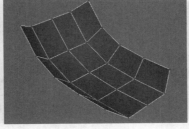

图18-33

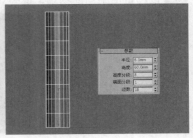

图18-34

**04** 将圆柱体转换为可编辑多边形，然后在"顶点"级别下将其调整成如图18-35所示的形状（这个模型作为海葵）。

**05** 选择生长平面，然后为其加载一个Hair和Fur（WSM）（毛发和毛皮（WSM））修改器，此时平面上会生长出很多凌乱的毛发，如图18-36所示。

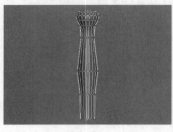

图18-35　　　　　　　　　　　图18-36

**06** 展开"工具"卷展栏，然后在"实例节点"选项组下单击"无"按钮 ▭无 ，接着在视图中拾取海葵模型，如图18-37所示，效果如图18-38所示。

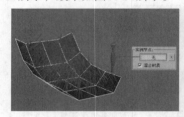

图18-37　　　　　　　　　　　图18-38

---
**提示**

在生长平面上制作出海葵的实例节点以后，可以将原始的海葵模型隐藏起来或直接将其删除。

---

**07** 展开"常规参数"卷展栏，然后设置"毛发数量"为2000、"毛发段"为10、"毛发过程数"为2、"随机比例"为20、"根厚度"和"梢厚度"为6，具体参数设置如图18-39所示，毛发效果如图18-40所示。

图18-39　　　　　　　　图18-40

**08** 展开"卷发参数"卷展栏，然后设置"卷发根"为20、"卷发梢"为0、"卷发y频率"为8，具体参数设置如图18-41所示，效果如图18-42所示。

**09** 按F9键渲染当前场景，最终效果如图18-43所示。

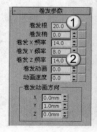

图18-41　　　　　　图18-42　　　　　　　　　图18-43

## 技术专题：制作海葵材质

由于海葵材质的制作难度比较大，因此这里用一个技术专题来讲解其制作方法。

第1步：选择一个空白材质球，然后设置材质类型为"标准"材质，接着在"明暗器基本参数"卷展栏下设置明暗器类型为Oren-Nayar-Blinn，如图18-44所示。

图18-44

第2步：展开"贴图"卷展栏，然后在"漫反射颜色"贴图通道中加载一张"衰减"程序贴图，接着在"衰减参数"卷展栏下设置"前"通道的颜色为（红:255，绿:102，蓝:0）、"侧"通道的颜色为（红:248，绿:158，蓝:42），如图18-45所示。

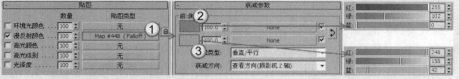

图18-45

第3步：在"自发光"贴图通道中加载一张"遮罩"程序贴图，然后在"贴图"通道中加载一张"衰减"程序贴图，并设置其"衰减类型"为Fresnel，接着在"遮罩"贴图通道中加载一张"衰减"程序贴图，并设置其"衰减类型"为"阴影/灯光"，如图18-46所示。

图18-46

第4步：在"凹凸"贴图通道中加载一张"噪波"程序贴图，然后在"噪波参数"卷展栏下设置"大小"为1.5，如图18-47所示，制作好的材质球效果如图18-48所示。

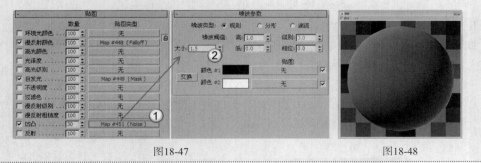

图18-47　　　　　　　　　　　　　　图18-48

## 【练习18-2】用Hair和Fur（WSN）修改器制作仙人球

本练习的仙人球效果如图18-49所示。

图18-49

**01** 打开学习资源中的"练习文件>第18章>18-2.max"文件，如图18-50所示。

**02** 选择仙人球的花骨朵模型，如图18-51所示，然后为其加载一个Hair和Fur（WSM）（毛发和毛皮（WSM））修改器，效果如图18-52所示。

图18-50       图18-51       图18-52

**03** 展开"常规参数"卷展栏，然后设置"毛发数量"为1000、"剪切长度"为10、"随机比例"为3、"根厚度"为2、"梢厚度"为0，具体参数设置如图18-53所示。

**04** 展开"材质参数"卷展栏，然后设置"梢颜色"和"根颜色"为白色，接着设置"高光"为40、"光泽度"为50，具体参数设置如图18-54所示。

**05** 展开"卷发参数"卷展栏，然后设置"卷发根"和"卷发梢"为0，如图18-55所示。

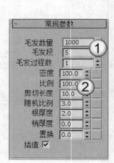

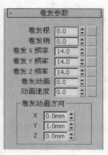

图18-53       图18-54       图18-55

**06** 展开"多股参数"卷展栏，然后设置"数量"为1、"根展开"为0.02、"梢展开"为0.2，具体参数设置如图18-56所示，毛发效果如图18-57所示。

**07** 按大键盘上的8键打开"环境和效果"对话框，然后单击"效果"选项卡，展开"效果"卷展栏，接着在"效果"列表下选择"毛发和毛皮"效果，最后在"毛发和毛皮"卷展栏下设置"毛发"为"几何体"，如图18-58所示。

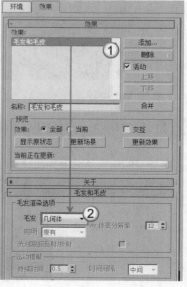

图18-56       图18-57       图18-58

技术专题：毛发和毛皮的作用

　　要渲染场景中的毛发，该场景必须包含"毛发和毛皮"效果。当为对象加载Hair和Fur（WSM）（毛发和毛皮（WSM））修改器时，3ds Max会自动在渲染效果（"效果"列表）中加载一个"毛发和毛皮"效果。如果没有"毛发和毛皮"效果，则无法渲染出毛发，图18-59和图18-60所示的是关闭与开启"毛发和毛皮"效果时的测试渲染效果。

　　如果要关闭"毛发和毛皮"效果，可以在"效果"卷展栏下选择该效果，然后关闭"活动"选项，如图18-61所示。

图18-59

图18-60

图18-61

08 将仙人球放到一个实际场景中进行渲染，最终效果如图18-62所示。

图18-62

# 【练习18-3】用Hair和Fur（WSN）修改器制作油画笔

　　本练习的油画笔效果如图18-63所示。

图18-63

01 打开学习资源中的"练习文件>第18章>18-3.max"文件，如图18-64所示。

02 选择如图18-65所示的模型，然后为其加载一个Hair和Fur（WSM）（毛发和毛皮（WSM））修改器，效果如图18-66所示。

图18-64

图18-65

图18-66

**03** 选择Hair和Fur（WSM）（毛发和毛皮（WSM））修改器的"多边形"次物体层级，然后选择如图18-67所示的多边形，接着返回到顶层级，效果如图18-68所示。

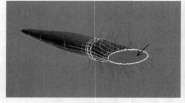 

图18-67　　　　　　　　　　　图18-68

— 提示 —

选择好多边形后，毛发就只在这个多边形上生长出来。

**04** 展开"常规参数"卷展栏，然后设置"毛发数量"为1500、"毛发过程数"为2、"随机比例"为0、"根厚度"为12、"梢厚度"为10，具体参数设置如图18-69所示。

**05** 展开"卷发参数"卷展栏，然后设置"卷发根"和"卷发梢"为0，如图18-70所示。

**06** 展开"多股参数"卷展栏，然后设置"数量"为0、"根展开"和"梢展开"为0.2，具体参数设置如图18-71所示，毛发效果如图18-72所示。

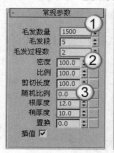   

图18-69　　　　　　图18-70　　　　　　图18-71　　　　　　　　图18-72

**07** 将油画笔放到一个实际场景中进行渲染，最终效果如图18-73所示。

图18-73

# 【练习18-4】用Hair和Fur（WSM）修改器制作牙刷

本练习的牙刷效果如图18-74所示。

图18-74

**01** 打开学习资源中的"练习文件>第18章>18-4.max"文件，如图18-75所示。

**02** 选择黄色的牙刷柄模型，然后为其加载一个Hair和Fur（WSM）（毛发和毛皮（WSM））修改器，效果如图18-76所示。

**03** 选择Hair和Fur（WSM）（毛发和毛皮（WSM））修改器的"多边形"次物体层级，然后选择如图18-77所示的两个多边形，接着返回顶层级，效果如图18-78所示。

图18-75

图18-76

图18-77

图18-78

**04** 展开"常规参数"卷展栏，然后设置"毛发数量"为100、"随机比例"为0、"根厚度"为5、"梢厚度"为3，具体参数设置如图18-79所示。

**05** 展开"材质参数"卷展栏，然后设置"梢颜色"和"根颜色"为白色，接着设置"高光"为58、"光泽度"为75，具体参数设置如图18-80所示。

**06** 展开"卷发参数"卷展栏，然后设置"卷发根"为0、"卷发梢"为4，如图18-81所示。

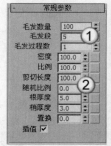

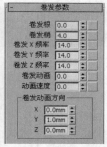

图18-79　　　　　　图18-80　　　　　　图18-81

**07** 展开"多股参数"卷展栏，然后设置"数量"为18、"根展开"为0.05、"梢展开"为0.24，具体参数设置如图18-82所示，毛发效果如图18-83所示。

**08** 采用相同的方法为另一把牙刷柄创建出毛发，完成后的效果如图18-84所示。

图18-82　　　　　　图18-83　　　　　　图18-84

---

**提示**

在默认情况下，视图中的毛发显示数量为总体毛发的2%，如图18-85所示。如果要将毛发以100%显示出来，可以在"显示"卷展栏下将"百分比"设置为100，如图18-86所示，毛发效果如图18-87所示。

图18-85　　　　　图18-86　　　　　图18-87

**09** 将牙刷放到一个实际场景中进行渲染，最终效果如图18-88所示。

图18-88

# 【练习18-5】用Hair和Fur（WSN）修改器制作蒲公英

本练习的蒲公英效果如图18-89所示。

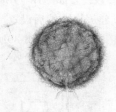

图18-89

**01** 打开学习资源中的"练习文件>第18章>18-5.max"文件，如图18-90所示。

**02** 选择"刺"模型，如图18-91所示，然后为其加载一个Hair和Fur（WSM）（毛发和毛皮（WSM））修改器，效果如图18-92所示。

图18-90　　　　　　　　图18-91　　　　　　　　图18-92

**03** 展开"常规参数"卷展栏，然后设置"毛发数量"为1500、"比例"为18、"剪切长度"为73、"随机比例"为42、"根厚度"和"稍厚度"为1，具体参数设置如图18-93所示。

**04** 展开"卷发参数"卷展栏，然后设置"卷发根"为20、"卷发稍"为130，具体参数设置如图18-94所示。

**05** 展开"多股参数"卷展栏，然后设置"数量"为50、"稍展开"为1.5，具体参数设置如图18-95所示，毛发效果如图18-96所示。

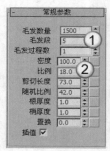

图18-93　　　　　图18-94　　　　　图18-95　　　　　　图18-96

06 按大键盘上的8键打开"环境和效果"对话框，然后单击"效果"选项卡，展开"效果"卷展栏，接着在"效果"列表下选择"毛发和毛皮"效果，最后在"毛发和毛皮"卷展栏下设置"毛发"为"几何体"，如图18-97所示。

07 按F9键渲染当前场景，最终效果如图18-98所示。

图18-97        图18-98

---

**提示**

注意，在渲染具有大量毛发的场景时，计算机要承担很大的载荷。因此，在不影响渲染效果的情况下，可以适当降低毛发的数量。

# 18.3 VRay毛皮

VRay毛皮是VRay渲染器自带的一种毛发制作工具，经常用来制作地毯、草地和毛制品等，如图18-99和图18-100所示。

加载VRay渲染器后，随意创建一个物体，然后设置几何体类型为VRay，接着单击"VRay毛皮"按钮 VR-毛皮，就可以为选中的对象创建VRay毛皮，如图18-101所示。

VRay毛皮的参数只有3个卷展栏，分别是"参数""贴图""视口显示"卷展栏，如图18-102所示。

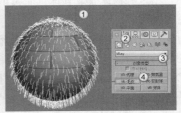

图18-99      图18-100      图18-101      图18-102

## 18.3.1 参数卷展栏

### 功能介绍

展开"参数"卷展栏，如图18-103所示。

图18-103

**参数详解**

① "源对象"选项组

❖ 源对象：指定需要添加毛发的物体。

❖ 长度：设置毛发的长度。

❖ 厚度：设置毛发的厚度。

❖ 重力：控制毛发在z轴方向被下拉的力度，也就是通常所说的"重量"。

❖ 弯曲：设置毛发的弯曲程度。

❖ 锥度：用来控制毛发锥化的程度。

② "几何体细节"选项组

❖ 边数：目前这个参数还不可用，在以后的版本中将开发多边形的毛发。

❖ 结数：用来控制毛发弯曲时的光滑程度。值越大，表示段数越多，弯曲的毛发越光滑。

❖ 平面法线：这个选项用来控制毛发的呈现方式。当勾选该选项时，毛发将以平面方式呈现；当关闭该选项时，毛发将以圆柱体方式呈现。

③ "变化"选项组

❖ 方向参量：控制毛发在方向上的随机变化。值越大，表示变化越强烈；0表示不变化。

❖ 长度参量：控制毛发长度的随机变化。1表示变化越强烈；0表示不变化。

❖ 厚度参量：控制毛发粗细的随机变化。1表示变化越强烈；0表示不变化。

❖ 重力参量：控制毛发受重力影响的随机变化。1表示变化越强烈；0表示不变化。

④ "分布"选项组

❖ 每个面：用来控制每个面产生的毛发数量，因为物体的每个面不都是均匀的，所以渲染出来的毛发也不均匀。

❖ 每区域：用来控制每单位面积中的毛发数量，这种方式下渲染出来的毛发比较均匀。

❖ 参考帧：指定源物体获取到计算面大小的帧，获取的数据将贯穿整个动画过程。

⑤ "放置"选项组

❖ 整个对象：启用该选项后，全部的面都将产生毛发。

❖ 选定的面：启用该选项后，只有被选择的面才能产生毛发。

❖ 材质ID：启用该选项后，只有指定了材质ID的面才能产生毛发。

⑥ "贴图"选项组

❖ 生成世界坐标：所有的UVW贴图坐标都是从基础物体中获取，但该选项的W坐标可以修改毛发的偏移量。

❖ 通道：指定在W坐标上将被修改的通道。

## 18.3.2 贴图卷展栏

### 功能介绍

展开"贴图"卷展栏，如图18-104所示。

图18-104

**参数详解**

* ❖ 基本贴图通道：选择贴图的通道。
* ❖ 弯曲方向贴图（RGB）：用彩色贴图来控制毛发的弯曲方向。
* ❖ 初始方向贴图（RGB）：用彩色贴图来控制毛发根部的生长方向。
* ❖ 长度贴图（单色）：用灰度贴图来控制毛发的长度。
* ❖ 厚度贴图（单色）：用灰度贴图来控制毛发的粗细。
* ❖ 重力贴图（单色）：用灰度贴图来控制毛发受重力的影响。
* ❖ 弯曲贴图（单色）：用灰度贴图来控制毛发的弯曲程度。
* ❖ 密度贴图（单色）：用灰度贴图来控制毛发的生长密度。

## 18.3.3 视口显示卷展栏

### 功能介绍

展开"视口显示"卷展栏，如图18-105所示。

图18-105

### 参数详解

* ❖ 视口预览：当勾选该选项时，可以在视图中预览毛发的生长情况。
* ❖ 最大毛发：数值越大，就可以更加清楚地观察毛发的生长情况。
* ❖ 图标文本：勾选该选项后，可以在视图中显示VRay毛皮的图标和文字，如图18-106所示。

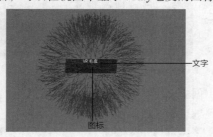

图18-106

* ❖ 自动更新：勾选该选项后，当改变毛发参数时，3ds Max会在视图中自动更新毛发的显示情况。
* ❖ 手动更新 手动更新：单击该按钮可以手动更新毛发在视图中的显示情况。

# 【练习18-6】用"VRay毛皮"制作毛巾

本练习的毛巾效果如图18-107所示。

图18-107

**01** 打开学习资源中的"练习文件>第18章>18-6.max"文件，如图18-108所示。

**02** 选择一块毛巾，然后设置几何体类型为VRay，接着单击"VRay毛皮"按钮 VR-毛皮 ，此时毛巾上会长出毛发，如图18-109所示。

图18-108　　　　　　　　　　　　　图18-109

**03** 展开"参数"卷展栏，然后在"源对象"选项组下设置"长度"为3mm、"厚度"为1mm、"重力"为0.382mm、"弯曲"为3.408，接着在"变化"选项组下设置"方向参量"为2，具体参数设置如图18-110所示，毛发效果如图18-111所示。

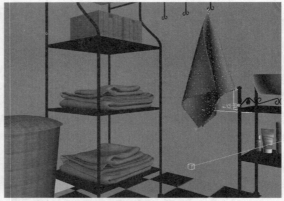

图18-110　　　　　　　　　　　图18-111

**04** 采用相同的方法为其他毛巾创建出毛发，完成后的效果如图18-112所示。

**05** 按F9键渲染当前场景，最终效果如图18-113所示。

图18-112　　　　　　　　　　　图18-113

---

**提示**

为了便于观察，此处将毛发效果做得比较夸张，用户在练习的时候可以进行适当调整。

## 【练习18-7】用"VRay毛皮"制作草地

本练习的草地效果如图18-114所示。

图18-114

01 打开学习资源中的"练习文件>第18章>18-7.max"文件，如图18-115所示。

02 选择地面模型，然后设置几何体类型为VRay，接着单击"VRay毛皮"按钮 VR-毛皮 ，此时地面上会生长出毛发，如图18-116所示。

03 为地面模型加载一个"细化"修改器，然后在"参数"卷展栏下设置"操作于"为"多边形" ，接着设置"迭代次数"为4，如图18-117所示。

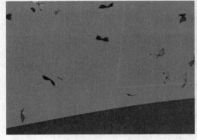

图18-115           图18-116           图18-117

---

提示

    这里为地面模型加载"细化"修改器是为了细化多边形，这样就可以生长出更多的毛发，如图18-118所示。

图18-118

04 选择VRay毛皮，展开"参数"卷展栏，然后在"源对象"选项组下设置"长度"为20mm、"厚度"为0.2mm、"重力"为-1mm，接着在"几何体细节"选项组下设置"结数"为6，并在"变化"选项组下设置"长度参量"为1，最后在"分配"选项组下设置"每区域"为0.4，具体参数设置如图18-119所示，毛发效果如图18-120所示。

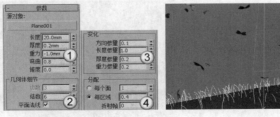

图18-119           图18-120

---

提示

    注意，这里的参数并不是固定的，用户可以根据实际情况来进行调节。

05 按F9键渲染当前场景，最终效果如图18-121所示。

图18-121

# 【练习18-8】用"VRay毛皮"制作地毯

本练习的地毯效果如图18-122所示。

图18-122

01 打开学习资源中的"练习文件>第18章>18-8.max"文件，如图18-123所示。

02 选择场景中的地毯模型，然后设置几何体类型为VRay，接着单击"VRay毛皮"按钮 VR-毛皮 ，此时平面上会生长出毛发，如图18-124所示。

图18-123

图18-124

03 选择VRay毛皮，展开"参数"卷展栏，然后在"源对象"选项组下设置"长度"为30mm、"厚度"为0.5mm、"重力"为1.5mm、"弯曲"为1，接着在"变化"选项组下设置"方向参量"为3.5、"长度参量"为0.1、"重力参量"为0.1，具体参数设置如图18-125所示，毛发效果如图18-126所示。

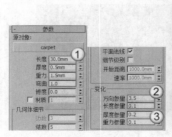

图18-125

图18-126

04 按F9键渲染当前场景，最终效果如图18-127所示。

图18-127

# 【练习18-9】用"VRay毛皮"制作毛毛兔

本练习的毛毛兔效果如图18-128所示。

图18-128

**01** 打开学习资源中的"练习文件>第18章>18-9.max"文件，如图18-129所示。

图18-129

**02** 选择场景中的兔子模型，然后设置几何体类型为VRay，接着单击"VRay毛皮"按钮 VR毛皮 ，为兔子模型创建绒毛，如图18-130所示。

图18-130

03 选择场景中的VRay毛皮，展开"参数"卷展栏，在"源对象"选项组下设置"长度"为3mm、"厚度"为5mm、"重力"为-2.21mm、"弯曲"为0.24，然后在"几何体细节"选项组下设置"结数"为4，接着在"变化"选项组下设置"长度参量"为0，最后在"分布"选项组下设置"每区域"为2，具体参数设置如图18-131所示，绒毛效果如图18-132所示。

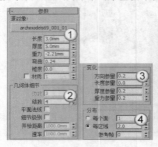

图18-131

图18-132

04 按F9键渲染当前场景，最终效果如图18-133所示。

图18-133

---

**提示**

相比前面的毛皮实例，本例的毛皮又细又多，因此渲染的速度很慢，同时很可能会遇到渲染错误的问题。如果用户在渲染本例时遇到渲染错误，请参阅本章最后的技术分享"如何解决VRay毛皮渲染错误的问题"，在其中可以找到解决方法。

# 技术分享

## 如何解决VRay毛皮渲染错误的问题

大家在渲染VRay毛皮的时候，VRay渲染器可能会提示Unloading geometry错误，表示无法加载几何体对象，也就是说几何体有问题，如图A所示。由于目前的建模技术已经很成熟，模型出错的概率很低，所以唯一可能出错的就是VRay毛皮。如果这个问题不解决，就无法渲染成品图。

图A

在解决这个问题之前，我们要先来了解一下VRay渲染器的"动态内存限制"参数（在"系统"卷展栏下）。在VRay渲染器中有4种光线投射引擎，分别用于非运动模糊的几何体对象、运动模糊的几何体对象、静态几何体对象和动态几何体对象，VRay毛皮、置换等属于动态几何体对象。而"动态内存限制"就是控制渲染动态几何体对象的内存极限，默认情况下这个值为400MB（大约0.4GB）。现在的计算机使用的都是多线程，假设我们的计算机是4线程，那么每个线程的动态光线发射器的内存极限就只有100MB，如果动态几何体对象（如VRay毛皮）比较复杂，那么动态几何体就会不停地导入和导出，从而导致渲染速度过慢，甚至出现无法加载几何体对象的情况。所以，解决这个问题的办法就是增加"动态内存限制"的值，如图B所示。

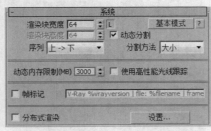

图B

在设置"动态内存限制"数值时，不能随意设置。这个数值不能超过当前计算机的物理内存，物理内存的大小可以通过计算机属性来获取，如图C所示。假设计算机的物理内存为6G，那么"动态内存限制"的值一定不能超过6000MB。另外，在行业中有这么一个说法，那就是"动态内存限制"的值尽量不要超过物理内存的一半，例如，计算机的配置内存为6G，那么"动态内存限制"建议不要超过3000MB。因为"动态物理内存限制"终究只对动态几何体对象有用，在整个渲染过程中还有许多其他的对象需要使用到内存空间。因此，如果设置得太高，反而会降低VRay的渲染性能。

图C

# VRay置换模式与VRay毛发的区别

**文件位置：** 练习文件>第18章>技术分享>VRay置换模式与VRay毛发>VRay置换模式与VRay毛发.max

　　本章讲解了很多毛皮对象的制作方法，如毛巾、地毯、草地等一系列常见的毛皮。在前面的内容中我们介绍过毛皮对象的其他制作方法，那就是使用"VRay置换模式"修改器配合VRayMtl材质的"置换"和"凹凸"贴图通道来完成。那么这二者之间有何区别呢？我们在制作毛皮对象的时候又该选择何种方法来制作呢？下面我们就以一个地毯为例来做一个实验。

　　先来看看用"VRay置换模式"修改器制作的地毯，如图A所示。这是用贴图来进行模拟的，通过"VRay置换模式"修改器可以完美地将贴图中的对象（如草地、毛巾、地毯）模拟到对象上，从效果上来看，我们可以直观地分辨出这是客厅地毯。

图A

　　下面来看看用"VRay毛皮"制作的地毯，如图B所示。这个地毯的毛绒感特别强，细节也非常细腻，无论从远近观察，都能看出地毯的质感，相比于通过"VRay置换模式"修改器制作的地毯，这个地毯可以说是非常完美了。

图B

　　通过上述实验，我们可以明确VRay毛皮在表现毛皮对象上的优势，但是这并不意味着"VRay置换模式"修改器就一无是处。下面给出两点建议，让大家在制作毛皮对象时对使用"VRay置换模式"修改器还是"VRay毛皮"有一个比较明确的选择。

　　第1点：对于大型场景，或者说是大型毛皮对象，我们先要明确表现的重点，如足球场草地、大厅地毯，表现的重点是整个场景的宏观效果，由于拍摄范围很大，所以不用刻意表现某个特定对象，这种情况建议使用"VRay置换模式"修改器模拟毛发。

　　第2点：对于特写毛发对象、近景毛发对象和角色毛发对象等需要特别表现的毛发对象，建议使用"VRay毛皮"来进行制作，因为这些对象的重点是表现细节，而不是宏观效果。

# 第 **19** 章

## 基础动画

　　动画是基于人的视觉原理创建运动图像，在一定时间内连续快速观看一系列相关联的静止画面时，会感觉成连续动作，每个单幅画面被称为帧。在3ds Max中创建动画，只需要创建记录每个动画序列的起始、结束和关键帧，这些关键帧被称为Keys（关键点），关键帧之间的插值由软件自动计算完成。3ds Max可以将场景中的任意参数进行动画记录，当对象的参数被确定之后，就可以通过软件进行渲染输出，生成高质量动画。在本书中，笔者将动画功能分两个章节来讲解，本章讲解3ds Max的基础动画知识。

※ 关键帧设置 　　　　　　※ 位置约束
※ 播放控制器 　　　　　　※ 链接约束
※ 时间配置 　　　　　　　※ 注视约束
※ 曲线编辑器 　　　　　　※ 方向约束
※ 附着约束 　　　　　　　※ "变形器"修改器
※ 曲面约束 　　　　　　　※ "路径变形（WSM）"修改器
※ 路径约束

# 19.1　动画概述

动画是一门综合艺术，是工业社会人类寻求精神解脱的产物，它是集合了绘画、漫画、电影、数字媒体、摄影、音乐、文学等众多艺术门类于一身的艺术表现形式，将多张连续的单帧画面连在一起就形成了动画，如图19-1所示。

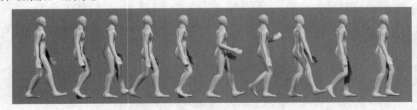

图19-1

3ds Max作为世界上优秀的三维软件，为用户提供了一套非常强大的动画系统，包括基本动画系统和骨骼动画系统。无论采用哪种方法制作动画，都需要动画师对角色或物体的运动有着细致的观察和深刻的体会，抓住了运动的"灵魂"才能制作出生动逼真的动画作品，图19-2~图19-4所示的是一些非常优秀的动画作品。

图19-2

图19-3

图19-4

# 19.2　动画制作工具

本节主要介绍制作动画的一些基本工具，例如，关键帧设置工具、播放控制器和"时间配置"对话框。掌握好了这些基本工具的用法，可以制作一些简单动画。

## 19.2.1　关键帧设置

### 功能介绍

3ds Max界面的右下角是一些设置动画关键帧的相关工具，如图19-5所示。

图19-5

### 参数详解

❖　设置关键点 ：如果对当前的效果比较满意，可以单击该按钮（快捷键为K键）设置关键点。

❖　自动关键点 自动关键点：单击该按钮或按N键可以自动记录关键帧。在该状态下，物体的模型、材质、灯光和渲染都将被记录为不同属性的动画。启用"自动关键点"功能后，时间尺会变成红色，拖曳时间线滑块可以控制动画的播放范围和关键帧等，如图19-6所示。

图19-6

❖ 设置关键点 设置关键点：在"设置关键点"动画模式中，可以使用"设置关键点"工具 设置关键点 和"关键点过滤器"的组合为选定对象的各个轨迹创建关键点。与"自动关键点"模式不同，利用"设置关键点"模式可以控制设置关键点的对象以及时间。它可以设置角色的姿势（或变换任何对象），如果满意的话，可以使用该姿势创建关键点。如果移动到另一个时间点而没有设置关键点，那么该姿势将被放弃。

## 技术专题：自动/手动设置关键点

设置关键点的常用方法主要有以下两种。

第1种：自动设置关键点。当开启"自动关键点"功能后，就可以通过定位当前帧的位置来记录下动画。例如，在图19-7中有一个球体和一个长方体，并且当前时间线滑块处于第0帧位置，下面为球体制作一个位移动画。将时间线滑块拖曳到第11帧位置，然后移动球体的位置，这时系统会在第0帧和第11帧自动记录下动画信息，如图19-8所示。单击"播放动画"按钮 ▶，或拖曳时间线滑块就可以观察到球体的位移动画。

第2种：手动设置关键点（同样以图19-7中的球体和长方体为例来讲解如何设置球体的位移动画）。单击"设置关键点"按钮 设置关键点，开启"设置关键点"功能，然后单击"设置关键点"按钮 ～ 或按K键在第0帧设置一个关键点，如图19-9所示，接着将时间线滑块拖曳到第11帧，再移动球体的位置，最后按K键在第11帧设置一个关键点，如图19-10所示。单击"播放动画"按钮 ▶，或拖曳时间线滑块同样可以观察到球体产生了位移动画。

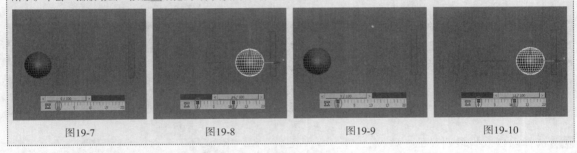

图19-7　　　　　　　图19-8　　　　　　　图19-9　　　　　　　图19-10

❖ 新建关键点的默认入/出切线 ♪：为新的动画关键点提供快速设置默认切线类型的方法，这些新的关键点是用"设置关键点"模式或"自动关键点"模式创建的。

❖ 选定对象 选定对象 ▼：使用"设置关键点"动画模式时，在这里可以快速访问命名选择集和轨迹集。

❖ 关键点过滤器 关键点过滤器：单击该按钮可以打开"设置关键点过滤器"对话框，在该对话框中可以选择要设置关键点的轨迹，如图19-11所示。

图19-11

## 【练习19-1】用"自动关键点"制作风车旋转动画

本练习的风车旋转动画效果如图19-12所示。

图19-12

01 打开学习资源中的"练习文件>第19章>19-1.max"文件，如图19-13所示。

02 选择一个风叶模型，然后单击"自动关键点"按钮 自动关键点 ，接着将时间线滑块拖曳到第100帧，最后使用"选择并旋转"工具 ⟳ 沿z轴将风叶旋转-2000°，如图19-14所示。

图19-13

图19-14

03 采样相同的方法将另外3个风叶也设置一个旋转动画，然后单击"播放动画"按钮 ▶ ，效果如图19-15所示。

图19-15

04 选择动画效果最明显的一些帧，然后按F9键渲染出这些单帧动画，最终效果如图19-16所示。

图19-16

# 【练习19-2】用"自动关键点"制作池水波纹动画

本练习的池水波纹动画效果如图19-17所示。

图19-17

01 打开学习资源中的"练习文件>第19章>19-2.max"文件，如图19-18所示。

02 选择池水模型，然后单击"自动关键点"按钮 自动关键点，如图19-19所示。

03 将时间线滑块拖曳到第100帧位置，然后为池水模型加载一个"噪波"修改器，接着在"参数"卷展栏下设置"种子"为500，如图19-20所示。

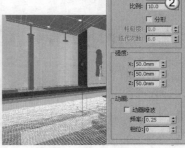

图19-18　　　　　　　　　　　图19-19　　　　　　　　　　　图19-20

04 单击"播放动画"按钮▶播放动画，效果如图19-21所示。

图19-21

05 选择动画效果最明显的一些帧，然后按F9键渲染出这些单帧动画，最终效果如图19-22所示。

图19-22

# 19.2.2　播放控制器

## 功能介绍

在关键帧设置工具的旁边是一些控制动画播放的相关工具，如图19-23所示。

图19-23

## 参数详解

❖　转至开头 ◄◄：如果当前时间线滑块没有处于第0帧位置，那么单击该按钮可以跳转到第0帧。

❖　上一帧 ◄ⅼ：将当前时间线滑块向前移动一帧。

❖　播放动画▶/播放选定对象 ▣：单击"播放动画"按钮▶可以播放整个场景中的所有动画；单击"播放选定对象"按钮 ▣ 可以播放选定对象的动画，而未选定的对象将静止不动。

❖　下一帧 ⅼ►：将当前时间线滑块向后移动一帧。

❖　转至结尾 ►►：如果当前时间线滑块没有处于结束帧位置，那么单击该按钮可以跳转到最后一帧。

❖　关键点模式切换 ◄►：单击该按钮可以切换到关键点设置模式。

❖ 时间跳转输入框 ■■■■：在这里可以输入数字来跳转时间线滑块，如输入60，按Enter键就可以将时间线滑块跳转到第60帧。

❖ 时间配置 ■：单击该按钮可以打开"时间配置"对话框。该对话框中的参数将在下面的内容中进行讲解。

## 19.2.3 时间配置

### 功能介绍

在"时间配置"对话框中可以设置动画时间的长短及时间显示格式等。单击"时间配置"按钮 ■，打开"时间配置"对话框，如图19-24所示。

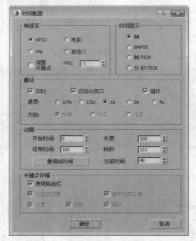

图19-24

### 参数详解

① "帧速率"选项组

❖ 帧速率：共有NTSC（30帧/秒）、PAL（25帧/秒）、电影（24帧/秒）和"自定义"4种方式可供选择，但一般情况都采用PAL（25帧/秒）方式。

❖ FPS（每秒帧数）：采用每秒帧数来设置动画的帧速率。视频使用30FPS的帧速率，电影使用24 FPS的帧速率，而Web和媒体动画则使用更低的帧速率。

② "时间显示"选项组

❖ 帧/SMPTE/帧:TICK/分:秒:TICK：指定在时间线滑块及整个3ds Max中显示时间的方法。

③ "播放"选项组

❖ 实时：使视图中播放的动画与当前"帧速率"的设置保持一致。

❖ 仅活动视口：使播放操作只在活动视口中进行。

❖ 循环：控制动画只播放一次或者循环播放。

❖ 速度：选择动画的播放速度。

❖ 方向：选择动画的播放方向。

④ "动画"选项组

❖ 开始时间/结束时间：设置在时间线滑块中显示的活动时间段。

❖ 长度：设置显示活动时间段的帧数。

❖ 帧数：设置要渲染的帧数。

❖ 重缩放时间 ■■■■■：拉伸或收缩活动时间段内的动画，以匹配指定的新时间段。

❖ 当前时间：指定时间线滑块的当前帧。

⑤ "关键点步幅"选项组

❖ 使用轨迹栏：启用该选项后，可以使关键点模式遵循轨迹栏中的所有关键点。

- ❖ 仅选定对象：在使用"关键点步幅"模式时，该选项仅考虑选定对象的变换。
- ❖ 使用当前变换：禁用"位置""旋转""缩放"选项时，该选项可以在关键点模式中使用当前变换。
- ❖ 位置/旋转/缩放：指定关键点模式所使用的变换模式。

# 19.3 曲线编辑器

"曲线编辑器"是制作动画时经常使用到的一个编辑器。使用"曲线编辑器"可以快速地调节曲线来控制物体的运动状态。单击"主工具栏"中的"曲线编辑器（打开）"按钮 ，可以打开"轨迹视图-曲线编辑器"对话框，如图19-25所示。

为物体设置动画属性以后，在"轨迹视图-曲线编辑器"对话框中就会有与之相对应的曲线，如图19-26所示。

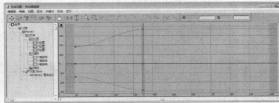

图19-25 　　　　　　　　　　　　　　　　　　图19-26

## 技术专题：不同动画曲线所代表的含义

在"轨迹视图-曲线编辑器"对话框中，x轴默认使用红色曲线来表示，y轴默认使用绿色曲线来表示，z轴默认使用紫色曲线来表示，这3条曲线与坐标轴的3条轴线的颜色相同，图19-27所示的x轴曲线是上升的曲线，且曲线斜率的绝对值先增大后减小，这代表物体在x轴正方向上发生了移动，且速度是先增大，然后减小。

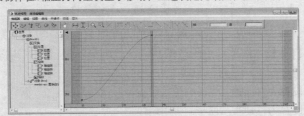

图19-27

图19-28中的y轴曲线表示物体在y轴的负方向上正处于先加速后减速的运动状态。

图19-29中的z轴曲线为水平直线，表示物体在z轴方向未发生位置移动。

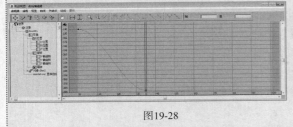

图19-28 　　　　　　　　　　　　　　　　　　图19-29

## 19.3.1 "关键点控制:轨迹视图"工具栏

### 功能介绍

Key Controls:Track View（关键点控制:轨迹视图）工具栏中的工具主要用来调整曲线的基本形状，同时也可以插入关键点，如图19-30所示。

图19-30

### 命令详解

- ❖ 移动关键点 ✛/↔/⬍：在函数曲线图上任意、水平或垂直移动关键点。
- ❖ 绘制曲线 ⬜：使用该工具可以绘制新曲线，当然也可以直接在函数曲线图上绘制草图来修改已有曲线。
- ❖ 添加关键点 ⬜：在现有曲线上创建关键点。
- ❖ 区域关键点工具 ⬜：使用该工具可以在矩形区域中移动和缩放关键点。
- ❖ 重定时工具 ⬜：使用该工具可以在一个或多个帧范围内的任意数量的轨迹上更改动画速率，并以此来扭曲时间。
- ❖ 对全部对象重定时工具 ⬜：该工具是重定时工具的全局版本。它允许您通过在一个或多个帧范围内更改场景中的所有现有动画的速率来扭曲整个动画场景的时间。

## 19.3.2 "关键点切线:轨迹视图"工具栏

### 功能介绍

Key Tangents:Track View（关键点切线:轨迹视图）工具栏中的工具可以为关键点指定切线（切线控制着关键点附近的运动的平滑度和速度），如图19-31所示。

图19-31

### 命令详解

- ❖ 将切线设置为自动 ⬜：按关键点附近的功能曲线的形状进行计算，将选择的关键点设置为自动切线。
  - ◇ 将内切线设置为自动 ⬜：仅影响传入切线。
  - ◇ 将外切线设置为自动 ⬜：仅影响传出切线。
- ❖ 将切线设置为样条线 ⬜：将选择的关键点设置为样条线切线。样条线具有关键点控制柄，可以在"曲线"视图中拖动进行编辑。
  - ◇ 将内切线设置为样条线 ⬜：仅影响传入切线。
  - ◇ 将外切线设置为样条线 ⬜：仅影响传出切线。
- ❖ 将切线设置为快速 ⬜：将关键点切线设置为快速。
  - ◇ 将内切线设置为快速 ⬜：仅影响传入切线。
  - ◇ 将外切线设置为快速 ⬜：仅影响传出切线。
- ❖ 将切线设置为慢速 ⬜：将关键点切线设置为慢速。
  - ◇ 将内切线设置为慢速 ⬜：仅影响传入切线。
  - ◇ 将外切线设置为慢速 ⬜：仅影响传出切线。
- ❖ 将切线设置为阶梯式 ⬜：将关键点切线设置为步长，并使用阶跃来冻结从一个关键点到另一个关键点的移动。
  - ◇ 将内切线设置为阶梯式 ⬜：仅影响传入切线。
  - ◇ 将外切线设置为阶梯式 ⬜：仅影响传出切线。
- ❖ 将切线设置为线性 ⬜：将关键点切线设置为线性。

◇ 将内切线设置为线性▨：仅影响传入切线。

◇ 将外切线设置为线性▨：仅影响传出切线。

❖ 将切线设置为平滑▨：将关键点切线设置为平滑。

◇ 将内切线设置为平滑▨：仅影响传入切线。

◇ 将外切线设置为平滑▨：仅影响传出切线。

## 19.3.3 "切线动作：轨迹视图"工具栏

### 功能介绍

Tangents Actions:Track View（切线动作:轨迹视图）工具栏中的工具可以用于统一和断开动画关键点切线，如图19-32所示。

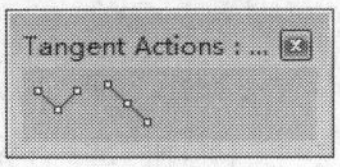

图19-32

### 命令详解

❖ 断开切线▨：允许将两条切线（控制柄）连接到一个关键点，使其能够独立移动，以便不同的运动能够进出关键点。

❖ 统一切线▨：如果切线是统一的，按任意方向移动控制柄，可以让控制柄之间保持最小角度。

## 19.3.4 "关键点输入:轨迹视图"工具栏

### 功能介绍

在Key Entry:Track View（关键点输入:轨迹视图）工具栏中可以从键盘编辑单个关键点的数值，如图19-33所示。

图19-33

### 参数详解

❖ 帧▨▨▨▨：显示选定关键点的帧编号（在时间中的位置）。可以输入新的帧数或输入一个表达式，以将关键点移至其他帧。

❖ 值▨▨▨▨：显示选定关键点的值（在空间中的位置）。可以输入新的数值或表达式来更改关键点的值。

## 19.3.5 "导航:轨迹视图"工具栏

### 功能介绍

Navigation:Track View（导航:轨迹视图）工具栏中的工具主要用于导航关键点或曲线的控件,如图19-34所示。

图19-34

### 命令详解

❖ 平移▨：使用该工具可以平移轨迹视图。

❖ 框显水平范围▨：单击该按钮可以在水平方向上最大化显示轨迹视图。

◇ 框显水平范围关键点▨：单击该按钮可以在水平方向上最大化显示选定的关键点。

❖ 框显值范围▨：单击该按钮可以最大化显示关键点的值。

◇ 框显值范围的范围▨：单击该按钮可以最大化显示关键点的值范围。

❖ 缩放▨：使用该工具可以在水平和垂直方向上缩放时间的视图。

◇ 缩放时间⬚：使用该工具可以在水平方向上缩放轨迹视图。

◇ 缩放值⬚：使用该工具可以在垂直方向上缩放值视图。

❖ 缩放区域⬚：使用该工具可以框选出一个矩形缩放区域，松开鼠标左键后这个区域将充满窗口。

❖ 隔离曲线⬚：隔离当前选择的动画曲线，使其单一显示。

## 【练习19-3】用"曲线编辑器"制作蝴蝶飞舞动画

本练习的蝴蝶飞舞动画效果如图19-35所示。

图19-35

**01** 打开学习资源中的"练习文件>第19章>19-3.max"文件，如图19-36所示。

**02** 选择蝴蝶模型，然后单击"自动关键点"按钮 自动关键点 ，接着使用"选择并移动"工具⬚和"选择并旋转"工具⬚分别在第0帧（第0帧位置不动）、25帧、46帧、74帧和100帧调整蝴蝶的飞行位置和翅膀扇动的角度，如图19-37所示。

图19-36

图19-37

**03** 选择蝴蝶模型，然后在"主工具栏"中单击"曲线编辑器（打开）"按钮⬚，打开"轨迹视图-曲线编辑器"对话框，接着在属性列表中选择"x位置"曲线，最后将曲线调节成如图19-38所示的形状。

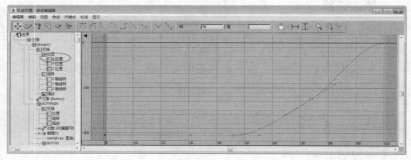

图19-38

**04** 在属性列表中选择"y位置"曲线，然后将曲线调节成如图19-39所示的形状。

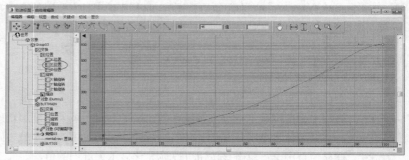

图19-39

05 在属性列表中选择"z
位置"曲线，然后将曲线调
节成如图19-40所示的形状。

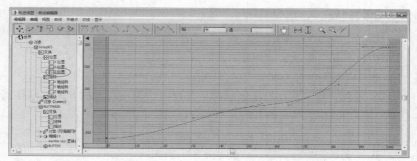

图19-40

06 选择动画效果最明显的一些帧，然后按F9键渲染出这些单帧动画，最终效果如图19-41所示。

图19-41

> **提示**
>
> 在本例中可以只渲染出蝴蝶，然后在Photoshop中合成背景，也可以直接在3ds Max中按大键盘上的8键，打开"环境和效果"对话框，接着在"环境贴图"通道上加载一张背景贴图进行渲染。

# 19.4 约束

所谓"约束"，就是将事物的变化限制在一个特定的范围内。将两个或多个对象绑定在一起后，使用约束可以控制对象的位置、旋转或缩放。

在"动画>约束"菜单下包含7个约束命令，分别是"附着约束""曲面约束""路径约束""位置约束""链接约束""注视约束""方向约束"，如图19-42所示。

图19-42

## 19.4.1 附着约束

### 功能介绍

"附着约束"是一种位置约束，它可以将一个对象的位置附着到另一个对象的面上（目标对象不用必须是网格，但必须能够转换为网格），其参数设置面板如图19-43所示。

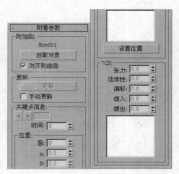

图19-43

**参数详解**

① "附加到"选项组

❖ 对象名称：显示所要附着的目标对象。

❖ 拾取对象 拾取对象：在视图中拾取目标对象。

❖ 对齐到曲面：勾选该选项后，可以将附着对象的方向固定在其所指定的面上；关闭该选项后，附着对象的方向将不受目标对象上的面的方向影响。

② "更新"选项组

❖ 更新 更新：更新显示附着效果。

❖ 手动更新：勾选该选项后，可以使用"更新"按钮 更新。

③ "关键点信息"选项组

❖ 当前关键点 < > 1：显示当前关键点编号并可以移动到其他关键点。

❖ 时间：显示当前帧，并可以将当前关键点移动到不同的帧中。

④ "位置"选项组

❖ 面：提供对象所附着到的面的索引。

❖ A/B：设置面上附着对象的位置的重心坐标。

❖ 显示窗口：在附着面内部显示源对象的位置。

❖ 设置位置 设置位置：在目标对象上调整源对象的放置。

⑤ TCB选项组

❖ 张力：设置TCB控制器的张力，范围是0~50。

❖ 连续性：设置TCB控制器的连续性，范围是0~50。

❖ 偏移：设置TCB控制器的偏移量，范围是0~50。

❖ 缓入：设置TCB控制器的缓入位置，范围是0~50。

❖ 缓出：设置TCB控制器的缓出位置，范围是0~50。

## 19.4.2 曲面约束

**功能介绍**

使用"曲面约束"可以将对象限制在另一个对象的表面上，其参数设置面板如图19-44所示。

图19-44

**参数详解**

① "当前曲面对象"选项组

❖ 对象名称：显示选定对象的名称。

❖ 拾取曲面 拾取曲面：选择需要用作曲面的对象。

② "曲面选项"选项组

❖ U向位置：调整控制对象在曲面对象*u*坐标轴上的位置。

❖ V向位置：调整控制对象在曲面对象v坐标轴上的位置。

❖ 不对齐：启用该选项后，不管控制对象在曲面对象上的什么位置，它都不会重定向。

❖ 对齐到U：将控制对象的局部z轴对齐到曲面对象的曲面法线，同时将x轴对齐到曲面对象的u轴。

❖ 对齐到V：将控制对象的局部z轴对齐到曲面对象的曲面法线，同时将x轴对齐到曲面对象的v轴。

❖ 翻转：翻转控制对象局部z轴的对齐方式。

## 19.4.3 路径约束

### 功能介绍

使用"路径约束"（这是约束里面最重要的一种）可以将一个对象沿着样条线或在多个样条线间的平均距离间的移动进行限制，其参数设置面板如图19-45所示。

图19-45

### 参数详解

❖ 添加路径 <u>添加路径</u>：添加一个新的样条线路径，使之对约束对象产生影响。

❖ 删除路径 <u>删除路径</u>：从目标列表中移除一个路径。

❖ 目标/权重：该列表用于显示样条线路径及其权重值。

❖ 权重：为每个目标指定并设置动画。

❖ %沿路径：设置对象沿路径的位置百分比。

---
**提示**

注意，"%沿路径"的值基于样条线路径的U值。一个NURBS曲线可能没有均匀的空间U值，因此如果"%沿路径"的值为50，可能不会直观地转换为NURBS曲线长度的50%。

---

❖ 跟随：在对象跟随轮廓运动同时将对象指定给轨迹。

❖ 倾斜：当对象通过样条线的曲线时允许对象倾斜（滚动）。

❖ 倾斜量：调整这个量使倾斜从一边或另一边开始。

❖ 平滑度：当对象在经过路径中转弯时，控制翻转角度改变的快慢程度。

❖ 允许翻转：启用该选项后，可以避免在对象沿着垂直方向的路径行进时有翻转的情况。

❖ 恒定速度：启用该选项后，可以沿着路径提供一个恒定的速度。

❖ 循环：在一般情况下，当约束对象到达路径末端时，它不会越过末端点。而"循环"选项可以改变这一行为，当约束对象到达路径末端时会循环回起始点。

❖ 相对：启用该选项后，可以保持约束对象的原始位置。

❖ 轴：定义对象的轴与路径轨迹对齐。

## 【练习19-4】用"路径约束"制作热气球漂浮动画

本练习的热气球漂浮动画效果如图19-46所示。

图19-46

01 打开学习资源中的"练习文件>第19章>19-4.max"文件，如图19-47所示。

02 使用"线"工具 线 在顶视图中绘制一条如图19-48所示的样条线。

图19-47

图19-48

03 切换到左视图，选择上一步创建的样条线，然后调整好顶点的位置，如图19-49所示，调整完成后的效果如图19-50所示。

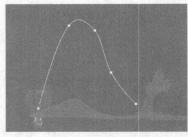
图19-49

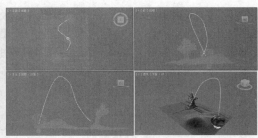
图19-50

**提示**

在这里不需要绘制得一模一样，其形状可以根据用户自己的需要来定。

04 选择气球对象，然后执行"动画>约束>路径约束"菜单命令，如图19-51所示，接着在视图中拾取样条线作为路径，如图19-52所示。

图19-51

图19-52

05 拖曳时间线滑块，可以发现气球会沿着样条线路径进行运动。选择动画效果最明显的一些帧，然后按F9键渲染出这些单帧动画，最终效果如图19-53所示。

图19-53

# 【练习19-5】用"路径约束"制作写字动画

本练习的写字动画效果如图19-54所示。

图19-54

01 打开学习资源中的"练习文件>第19章>19-5.max"文件，如图19-55所示。

02 选择钢笔模型，然后执行"动画>约束>路径约束"菜单命令，接着将钢笔的约束虚线拖曳到文本样条线上，如图19-56所示，约束后的效果如图19-57所示。

图19-55　　　　　　　　　　　　　图19-56　　　　　　　　　　　　　图19-57

03 选择钢笔模型，然后使用"选择并旋转"工具 ⊙ 将其调整到理想的执笔角度，如图19-58所示。

04 使用"圆柱体"工具 圆柱体 在场景中创建一个圆柱体，然后在"参数"卷展栏下设置"半径"为3mm、"高度"为1850mm、"高度分段"为200、"端面分段"为1、"边数"为6，具体参数设置及圆柱体效果如图19-59所示。

图19-58　　　　　　　　　　图19-59

05 为圆柱体加载一个"路径变形绑定（WSM）"修改器（注意，该修改器在修改器列表中显示为"路径变形（WSM）"），然后在"参数"卷展栏下单击"拾取路径"按钮 拾取路径 ，接着在视图中拾取样条线，如图19-60所示，效果如图19-61所示。

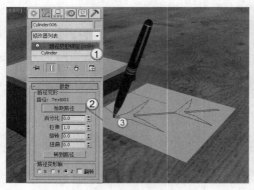
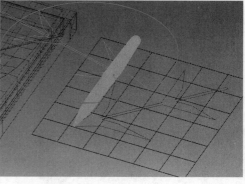

图19-60                                    图19-61

提示

　　"路径变形绑定（WSM）"修改器属于世界空间修改器，它在"修改器列表"中的名称是"路径变形（WSM）"。

**06** 在"参数"卷展栏下单击"转到路径"按钮 <u>转到路径</u>，效果如图19-62所示。

**07** 单击"自动关键点"按钮 自动关键点，然后将时间线滑块拖曳到第1帧，接着在"参数"卷展栏下设置"拉伸"为0，如图19-63所示。

**08** 将时间线滑块拖曳到第10帧，然后在"参数"卷展栏下设置"拉伸"为0.455，如图19-64所示。

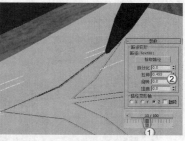

图19-62                    图19-63                    图19-64

**09** 继续在第20帧设置"拉伸"为0.902，在第30帧设置"拉伸"为1.377，在第40帧设置"拉伸"为1.855，在第50帧设置"拉伸"为2.339，在第60帧设置"拉伸"为2.812，在第70帧设置"拉伸"为3.29，在第80帧设置"拉伸"为3.75，在第90帧设置"拉伸"为4.239，在第100帧设置"拉伸"为4.881，完成之后隐藏文字路径，效果如图19-65所示。

**10** 选择动画效果最明显的一些帧，然后按F9键渲染出这些单帧动画，最终效果如图19-66所示。

图19-65                              图19-66

# 【练习19-6】用"路径约束"制作摄影机动画

　　本练习的摄影机动画效果如图19-67所示。

图19-67

01 打开学习资源中的"练习文件>第19章>19-6.max"文件，如图19-68所示。

02 使用"线"工具 线 在视图中绘制一条如图19-69所示的样条线。

图19-68

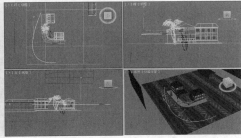

图19-69

03 选择摄影机，然后执行"动画>约束>路径约束"菜单命令，接着将摄影机的约束虚线拖曳到样条线上，如图19-70所示，接着在"路径参数"卷展栏下勾选"跟随"选项，最后设置"轴"为x轴，如图19-71所示。

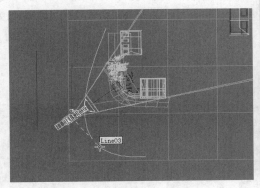

图19-70

图19-71

---

**提示**

如果不勾选"跟随"选项，摄影机的拍摄角度会与路径方向相同，使拍摄对象错误，勾选"跟随"选项，并调整"轴"后，摄影机的拍摄方向才会一直对准建筑对象。

04 单击"播放动画"按钮▶播放动画，如图19-72所示。

图19-72

**05** 选择动画效果最明显的一些帧，然后按F9键渲染出这些单帧动画，最终效果如图19-73所示。

图19-73

## 【练习19-7】用"路径约束"制作星形发光圈

本练习的发光圈效果如图19-74所示。

图19-74

**01** 设置几何体类型为"粒子系统"，然后使用"超级喷射"工具 超级喷射 在场景中创建一个超级喷射发射器，如图19-75所示。

**02** 选择超级喷射发射器，展开"粒子生成"卷展栏，然后在"粒子运动"参数组下设置"速度"为40mm，接着在"粒子计时"参数组下设置"发射停止"和"寿命"为100，具体参数设置如图19-76所示。

**03** 展开"粒子类型"卷展栏，然后设置"粒子类型"为"标准粒子"，接着设置"标准粒子"为"四面体"，如图19-77所示。

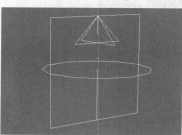

图19-75

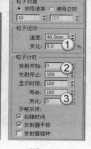

图19-76

图19-77

**04** 使用"线"工具 线 在前视图中绘制一个心形，如图19-78所示。

**05** 选择超级喷射发射器，然后执行"动画>约束>路径约束"菜单命令，接着将超级喷射发射器的约束虚线拖曳到星形样条线上，如图19-79所示。

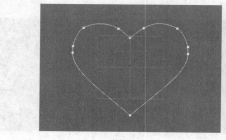

图19-78

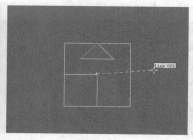

图19-79

06 选择动画效果最明显的一些帧，然后按F9键渲染出这些单帧动画，最终效果如图19-80所示。

图19-80

## 19.4.4　位置约束

### 功能介绍

使用"位置约束"可以引起对象跟随一个对象的位置或者几个对象的权重平均位置，其参数设置面板如图19-81所示。

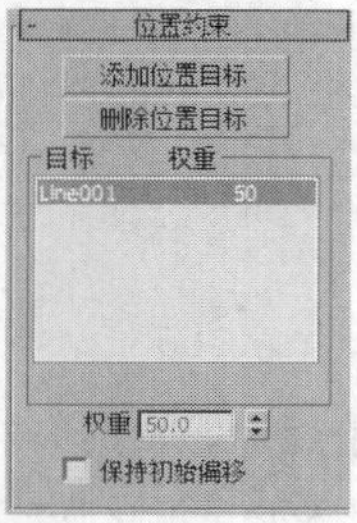

图19-81

### 参数详解

❖　添加位置目标 添加位置目标 ：添加影响受约束对象位置的新目标对象。

❖　删除位置目标 删除位置目标 ：移除位置目标对象。一旦将目标对象移除，它将不再影响受约束的对象。

❖　目标/权重：该列表用于显示目标对象及其权重值。

❖　权重：为每个目标指定并设置动画。

❖　保持初始偏移：启用该选项后，可以保存受约束对象与目标对象的原始距离。

## 19.4.5　链接约束

### 功能介绍

使用"链接约束"可以创建对象与目标对象之间彼此链接的动画，其参数面板如图19-82所示。

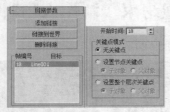

图19-82

### 参数详解

❖　添加链接 添加链接 ：添加一个新的链接目标。

❖　链接到世界 链接到世界 ：将对象链接到世界（整个场景）。

- ❖ 删除链接 <u>删除链接</u>：移除高亮显示的链接目标。
- ❖ 开始时间：指定或编辑目标的帧值。
- ❖ 无关键点：启用该选项后，在约束对象或目标中不会写入关键点。
- ❖ 设置节点关键点：启用该选项后，可以将关键帧写入指定的选项，包含"子对象"和"父对象"两种。
- ❖ 设置整个层次关键点：用指定选项在层次上部设置关键帧，包含"子对象"和"父对象"两种。

## 19.4.6 注视约束

### 功能介绍

使用"注视约束"可以控制对象的方向，并使它一直注视另一个对象，其参数设置面板如图19-83所示。

图19-83

### 参数详解

- ❖ 添加注视目标 <u>添加注视目标</u>：用于添加影响约束对象的新目标。
- ❖ 删除注视目标 <u>删除注视目标</u>：用于移除影响约束对象的目标对象。
- ❖ 权重：用于为每个目标指定权重值并设置动画。
- ❖ 保持初始偏移：将约束对象的原始方向保持为相对于约束方向上的一个偏移。
- ❖ 视线长度：定义从约束对象轴到目标对象轴所绘制的视线长度。
- ❖ 绝对视线长度：启用该选项后，3ds Max仅使用"视线长度"设置主视线的长度。
- ❖ 设置方向 <u>设置方向</u>：允许对约束对象的偏移方向进行手动定义。
- ❖ 重置方向 <u>重置方向</u>：将约束对象的方向设置回默认值。
- ❖ 选择注视轴：用于定义注视目标的轴。
- ❖ 选择上方向节点：选择注视的上部节点，默认设置为"世界"。
- ❖ 上方向节点控制：允许在注视的上部节点控制器和轴对齐之间快速翻转。
- ❖ 源轴：选择与上部节点轴对齐的约束对象的轴。
- ❖ 对齐到上方向节点轴：选择与选中的源轴对齐的上部节点轴。

## 【练习19-8】用"注视约束"制作人物眼神动画

本练习的人物眼神动画效果如图19-84所示。

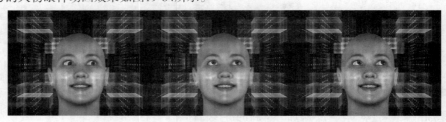

图19-84

01 打开学习资源中的"练习文件>第19章>19-8.max"文件，如图19-85所示。

02 在"创建"面板中单击"辅助对象"按钮，然后使用"点"工具 在两只眼睛的正前方创建一个点Point001，如图19-86所示。

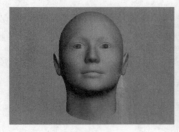 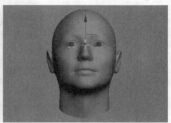

图19-85　　　　　　　　　　　　　　图19-86

03 选择点辅助对象，展开"参数"卷展栏，然后在"显示"选项组下勾选"长方体"选项，接着设置"大小"为1000mm，如图19-87所示。

04 选择两只眼球，然后执行"动画>约束>注视约束"菜单命令，接着将眼球的约束虚线拖曳到点Point001上，如图19-88所示。

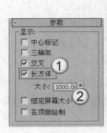 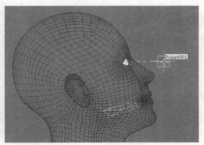

图19-87　　　　　　　　　　　　　　图19-88

05 为点Point001设置一个简单的位移动画，如图19-89所示。

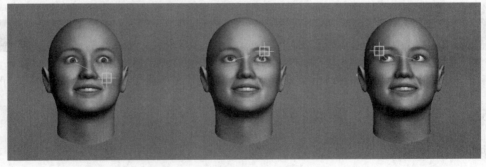

图19-89

06 选择动画效果最明显的一些帧，然后按F9键渲染出这些单帧动画，最终效果如图19-90所示。

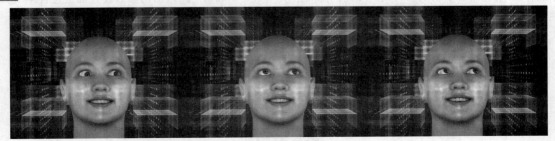

图19-90

### 19.4.7　方向约束

#### 功能介绍

使用"方向约束"可以使某个对象的方向沿着另一个对象的方向或若干对象的平均方向，其参数设置面板如图19-91所示。

图19-91

#### 参数详解

* ❖ 添加方向目标　添加方向目标：添加影响受约束对象的新目标对象。
* ❖ 将世界作为目标添加　将世界作为目标添加：将受约束对象与世界坐标轴对齐。
* ❖ 删除方向目标　删除方向目标：移除目标对象。移除目标对象后，将不再影响受约束对象。
* ❖ 权重：为每个目标指定并设置动画。
* ❖ 保持初始偏移：启用该选项后，可以保留受约束对象的初始方向。
* ❖ 变换规则：将"方向约束"应用于层次中的某个对象后，即确定了是将局部节点变换还是将父变换用于"方向约束"。
    * ◇ 局部→局部：选择该选项后，局部节点变换将用于"方向约束"。
    * ◇ 世界→世界：选择该选项后，将应用父变换或世界变换，而不是应用局部节点变换。

## 19.5　变形器

本节将介绍制作变形动画的两个重要变形器，即"变形器"修改器与"路径变形（WSM）"修改器。

### 19.5.1　"变形器"修改器

#### 功能介绍

使用"变形器"修改器可以改变网格、面片和NURBS模型的形状，同时还支持材质变形，一般用于制作3D角色的口型动画和与其同步的面部表情动画。"变形器"修改器的参数设置面板包含5个卷展栏，如图19-92所示。

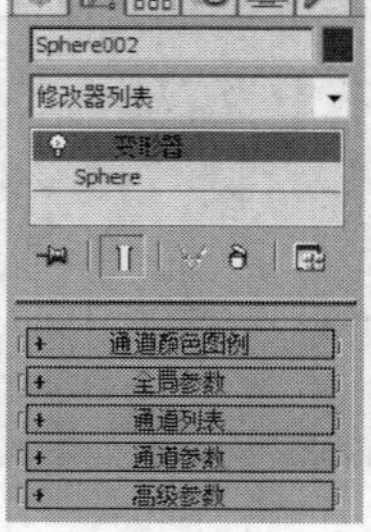

图19-92

## 1."通道颜色图例"卷展栏

展开"通道颜色图例"卷展栏，如图19-93所示。

图19-93

### 参数详解

❖ 灰色■：表示通道为空且尚未编辑。

❖ 橙色■：表示通道已在某些方面更改，但不包含变形数据。

❖ 绿色□：表示通道处于活动状态。通道包含变形数据，且目标对象仍然存在于场景中。

❖ 蓝色■：表示通道包含变形数据，但尚未从场景中删除目标。

❖ 深灰色■：表示通道已被禁用。

## 2."全局参数"卷展栏

展开"全局参数"卷展栏，如图19-94所示。

图19-94

### 参数详解

① "全局设置"选项组

❖ 使用限制：为所有通道使用最小和最大限制。

❖ 最小值：设置最小限制。

❖ 最大值：设置最大限制。

❖ 使用顶点选择 使用顶点选择 ：启用该按钮后，可以限制选定顶点的变形。

② "通道激活"选项组

❖ 全部设置 全部设置 ：单击该按钮可以激活所有通道。

❖ 不设置 不设置 ：单击该按钮可以取消激活所有通道。

③ "变形材质"选项组

❖ 指定新材质 指定新材质 ：单击该按钮可以将"变形器"材质指定给基础对象。

## 3."通道列表"卷展栏

展开"通道列表"卷展栏，如图19-95所示。

图19-95

### 参数详解

❖ 标记下拉列表 [_____ ▼]：在该列表中可以选择以前保存的标记。

❖ 保存标记 [保存标记]：在"标记下拉列表"中输入标记名称后，单击该按钮可以保存标记。

❖ 删除标记 [删除标记]：从下拉列表中选择要删除的标记名，然后单击该按钮可以将其删除。

❖ 通道列表："变形器"修改器最多可以提供100个变形通道，每个通道具有一个百分比值。为通道指定变形目标后，该目标的名称将显示在通道列表中。

❖ 列出范围：显示通道列表中的可见通道范围。

❖ 加载多个目标 [加载多个目标...]：单击该按钮可以打开"加载多个目标"对话框，如图19-96所示。在该对话框中可以选择对象，并将多个变形目标加载到空通道中。

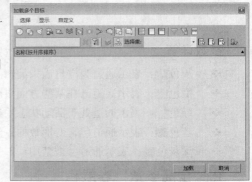

图19-96

❖ 重新加载所有变形目标 [重新加载所有变形目标]：单击该按钮可以重新加载所有变形目标。

❖ 活动通道值清零 [活动通道值清零]：如果已启用"自动关键点"功能，那么单击该按钮可以为所有活动变形通道创建值为0的关键点。

❖ 自动重新加载目标：启用该选项后，可以允许"变形器"修改器自动更新动画目标。

### 4. "通道参数"卷展栏

展开"通道参数"卷展栏，如图19-97所示。

图19-97

### 参数详解

❖ 通道编号 [1]：单击通道图标会弹出一个菜单。使用该菜单中的命令可以分组和组织通道，还可以查找通道。

❖ 通道名 [空- ____]：显示当前目标的名称。

❖ 通道处于活动状态：切换通道的启用和禁用状态。

❖ 从场景中拾取对象 [从场景中拾取对象]：使用该按钮在视图中单击一个对象，可以将变形目标指定给当前通道。

❖ 捕获当前状态 [捕获当前状态]：单击该按钮可以创建使用当前通道值的目标。

❖ 删除 [删除]：删除当前通道的目标。

❖ 提取 [提取]：选择蓝色通道并单击该按钮，可以使用变形数据创建对象。

❖ 使用限制：如果在"全局参数"卷展栏下关闭了"使用限制"选项，那么启用该选项可以在当前通道上使用限制。

❖ 最小值：设置最低限制。

❖ 最大值：设置最高限制。

❖ 使用顶点选择 使用顶点选择：仅变形当前通道上的选定顶点。

❖ 目标列表：列出与当前通道关联的所有中间变形目标。

❖ 上移↑：在列表中向上移动选定的中间变形目标。

❖ 下移↓：在列表中向下移动选定的中间变形目标。

❖ 目标%：指定选定中间变形目标在整个变形解决方案中所占的百分比。

❖ 张力：指定中间变形目标之间的顶点变换的整体线性。

❖ 删除目标 删除目标：从目标列表中删除选定的中间变形目标。

❖ 没有要重新加载的目标 没有要重新加载的目标：将数据从当前目标重新加载到通道中。

## 5. "高级参数"卷展栏

展开"高级参数"卷展栏，如图19-98所示。

图19-98

**参数详解**

❖ 微调器增量：指定微调器增量的大小。5为大增量，0.1为小增量，默认值为1。

❖ 精简通道列表 精简通道列表：通过填充指定通道之间的所有空通道来精简通道列表。

❖ 近似内存使用情况：显示当前的近似内存的使用情况。

# 【练习19-9】用"变形器"修改器制作露珠变形动画

本练习的露珠变形动画效果如图19-99所示。

图19-99

**01** 打开学习资源中的"练习文件>第19章>19-9.max"文件，如图19-100所示。

**02** 选择树叶上的球体，然后按Alt+Q组合键进入孤立选择模式，接着复制（选择"复制"方式）一个球体，如图19-101所示。

图19-100

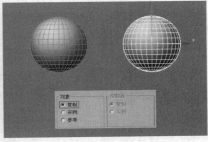

图19-101

03 为复制出来的球体加载一个FFD（长方体）修改器，然后设置点数为5×5×5，接着在"控制点"次物体层级下将球体调整成如图19-102所示的形状。

04 为正常的球体加载一个"变形器"修改器，然后在"通道列表"卷展栏下的第1个"空"按钮 -空- 上单击鼠标右键，并在弹出的菜单中选择"从场景中拾取"命令，接着在场景中拾取调整好形状的球体模型，如图19-103所示。

05 单击"自动关键点"按钮 自动关键点，然后将时间线滑块拖曳到第100帧，接着在"通道列表"卷展栏下设置变形值为100，如图19-104所示。

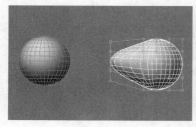
图19-102

图19-103

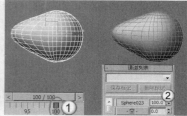
图19-104

06 选择动画效果最明显的一些帧，然后按F9键渲染出这些单帧动画，最终效果如图19-105所示。

图19-105

## 【练习19-10】用"变形器"修改器制作人物面部表情动画

本练习的人物面部表情动画效果如图19-106所示。

图19-106

01 打开学习资源中的"练习文件>第19章>19-10.max"文件，如图19-107所示。

02 选择整个人头模型，然后复制（选择"复制"方式）一个人头模型，如图19-108所示。

03 将复制出来的人头模型转换为可编辑网格，然后进入"顶点"级别，接着在"选择"卷展栏下勾选"忽略背面"选项，最后选择人物左眼附近的顶点，如图19-109所示。

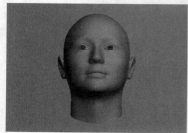

图19-107

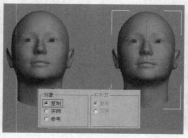
图19-108

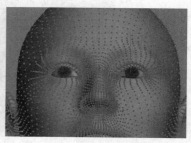
图19-109

**04** 为选定的顶点加载一个FFD（长方体）修改器，然后设置点数为6×6×6，接着在"控制点"次物体层级下将上眼皮调整成闭上的效果，如图19-110所示。

**05** 为正常的人头模型加载一个"变形器"修改器，然后在"通道列表"卷展栏下的第1个"空"按钮 -空- 上单击鼠标右键，并在弹出的菜单中选择"从场景中拾取"命令，接着在场景中拾取闭上左眼的人头模型，如图19-111所示。操作完成后在"通道参数"卷展栏下将第1个通道命名为"眨眼睛"。

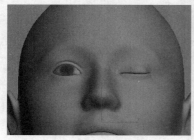
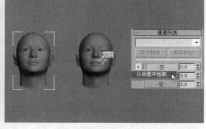

图19-110　　　　　　　图19-111

图19-112

**06** 单击"自动关键点"按钮 自动关键点，然后将时间线滑块拖曳到第100帧，接着在"通道列表"卷展栏下设置变形值为100，如图19-113所示。

**07** 采用相同的方法制作出"害怕"和"微笑"的表情动画，完成后的效果如图19-114所示。

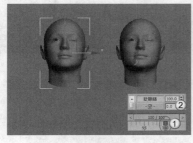
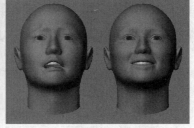

图19-113　　　　　　　图19-114

**08** 渲染出各个表情动画，最终效果如图19-115所示。

图19-115

## 19.5.2 "路径变形（WSM）"修改器

### 功能介绍

使用"路径变形（WSM）"修改器可以根据图形、样条线或NURBS曲线路径来变形对象，其参数设置面板如图19-116所示。

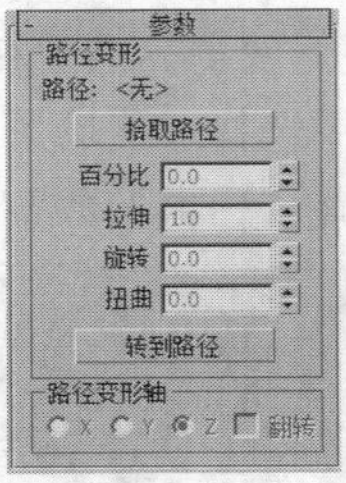

图19-116

### 参数详解

① "路径变形"选项组

❖ 路径：显示选定路径对象的名称。

❖ 拾取路径 拾取路径 ：使用该按钮可以在视图中选择一条样条线或NURBS曲线作为路径使用。

❖ 百分比：根据路径长度的百分比沿着Gizmo路径移动对象。

❖ 拉伸：使用对象的轴点作为缩放的中心沿着Gizmo路径缩放对象。

❖ 旋转：沿着Gizmo路径旋转对象。

❖ 扭曲：沿着Gizmo路径扭曲对象。

❖ 转到路径 转到路径 ：将对象从其初始位置转到路径的起点。

② "路径变形轴"选项组

❖ X/Y/Z：选择一条轴以旋转Gizmo路径，使其与对象的指定局部轴相对齐。

## 【练习19-11】用"路径变形（WSM）"修改器制作植物生长动画

本练习的植物生长动画效果如图19-117所示。

图19-117

01 使用"圆柱体"工具 圆柱体 在场景中创建一个圆柱体，然后在"参数"卷展栏下设置"半径"为12mm、"高度"为180mm，如图19-118所示。

02 将圆柱体转换为可编辑多边形，然后在"顶点"级别下将其调整成如图19-119所示的形状。

图19-118

图19-119

03 使用"线"工具 线 在前视图中绘制出如图19-120所示的样条线，然后选择底部的顶点，接着单击鼠标右键，最后在弹出的菜单中选择"设为首顶点"命令，如图19-121所示。

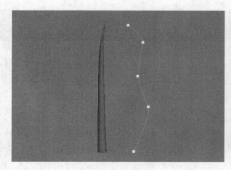
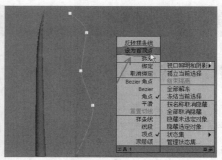

图19-120 图19-121

04 为树枝模型加载一个"路径变形（WSM）"修改器，然后在"参数"卷展栏下单击"拾取路径"按钮 拾取路径 ，接着在视图中拾取样条线，如图19-122所示，效果如图19-123所示。

05 在"参数"卷展栏下单击"转到路径"按钮 转到路径 ，效果如图19-124所示。

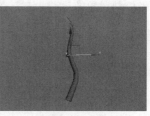

图19-122 图19-123 图19-124

06 单击"自动关键点"按钮 自动关键点 ，然后在第0帧设置"拉伸"为0，如图19-125所示，接着在第100帧设置"拉伸"为1.1，如图19-126所示。

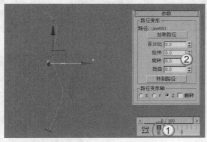

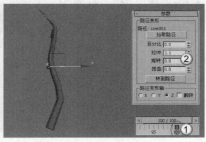

图19-125 图19-126

07 单击"播放动画"按钮 ▶ 播放动画，效果如图19-127所示。

08 采用相同的方法制作出其他植物的生长动画，完成后的效果如图19-128所示。

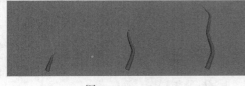

图19-127 图19-128

09 选择动画效果最明显的一些帧，然后按F9键渲染出这些单帧动画，最终效果如图19-129所示。

图19-129

# 技术分享

## 如何制作多种运动状态的动画

**文件位置：** 实例文件>CH19>技术分享>制作多种运动状态的动画>制作多种运动状态的动画.max

通过本章的学习，相信大家可以通过各种动画工具来制作简单的关键帧动画。但是，真实的动画一般都不是单一存在的。以汽车行驶的路径动画为例，大部分读者都可以通过使用"路径约束"来制作汽车的位移动画，不过这里有一个问题，那就是汽车在发生位移时，自身的车轮也是运动的，所以此时的汽车其实有两种运动状态，即车轮自旋动画和汽车整体的路径动画。这两个动画，如果使用"路径约束"和关键帧来制作，将是一件非常不容易的事情，因为在处理这种运动变化属性时，需要通过两种或两种以上的形式来控制对象的运动状态。在此，针对动作运动状态的动画，需要引入一个工具，那就是"虚拟对象" 虚拟对象 ，如图A所示。

图A

需要注意的是，"虚拟对象"是渲染不出来的，所以可以先制作车轮的自旋动画，然后用"虚拟对象"制作位移动画，最后将车身和车轮链接到虚拟对象上，就可以实现汽车的行驶动画，如图B所示。下面详细介绍这种动画的具体制作方法。

图B

（1）选择汽车的一个轮子，按N键激活自动关键帧，然后将时间线滑块拖曳到第5帧，接着将选中的车轮旋转-360°，如图C所示。

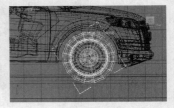

图C

（2）下面要做的是让车轮自旋动画无限制地运动下去。打开"轨迹视图-曲线编辑器"对话框，在该对话框中执行"编辑>控制器>超出范围类型"命令，打开"参数曲线超出范围类型"对话框，激活"循环"的两个按钮（和），如图D所示。

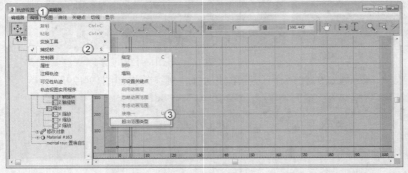

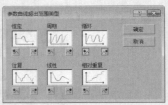

图D

（3）按N键退出自动关键帧模式，然后拖曳时间线滑块，可以看到车轮一直处于自旋状态。如果没有问题，采用相同的方法处理好其他的车轮，处理完成后，将整个汽车对象打组，如图E所示。

图E

（4）使用"线"工具 线 绘制出汽车的运动路径，如图F所示。

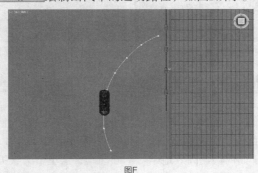

图F

（5）使用"虚拟对象"工具 虚拟对象 在场景中创建一个虚拟体，如图G所示。

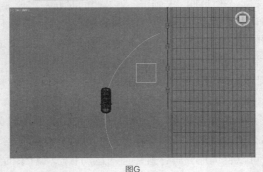

图G

（6）使用"路径约束"将虚拟体约束到样条线路径上，并设置相关参数，如图H所示。

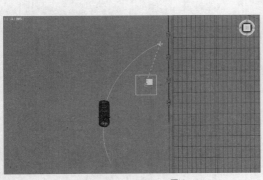

图H

（7）拖曳时间线滑块，可以发现车轮在自旋，同时虚拟体在路径上发生位移。如果没有问题，使用"选择并链接"工具🔗将汽车绑定到虚拟体上，如图I所示。

（8）将汽车移动到虚拟体的位置，然后调整好汽车的运动方向，如图J所示，接着拖曳时间线滑块，可以发现汽车在行驶时车轮也会自动旋转。

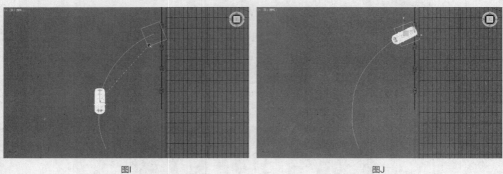

图I　　　　　　　　　　　　　　　　　　　图J

# 给读者学习基础动画的建议

虽然本章是基础动画，但是从粒子系统开始，我们就已经在开始接触动画了。动画虽然是一个新领域，但是脱离不了建模、材质、灯光和渲染。所以，要制作好动画，前面的内容是必须掌握的，它们都是做好动画的前提。关于如何快速高效地学习基础动画，这里给大家提5点建议。

第1点：必须掌握关键帧的概念。时间线上的关键帧是动画的根本，没有关键帧不会产生动画，这是前提。对于插入关键帧，有一个俗语叫"K帧"，在K帧的时候一定要注意确认两点，即时间帧是否确定和对象运动状态是否发生变化，这两点是产生动画的根本条件，缺一不可。

第2点：必须掌握路径约束。路径约束是一个非常重要的约束，无论是CG动画还是效果图中的摄影机漫游动画，没有路径约束是做不了这些动画的。

第3点：掌握"曲线编辑器"的用法。"曲线编辑器"不仅可以控制对象的位置和时间的关系，还可以控制对象的运动状态、对象的显隐状态和运动的衔接过程。

第4点：理清逻辑。做动画不同于建模、灯光和材质，这3者的逻辑关系没有明确的界定，如果它们讲究的是殊途同归，那么动画则是牵一发而动全身。在做动画的时候，一定要明确对象的运动状态，对于复杂的运动，大家可以合理地分解，避免遗漏运动状态，对象的运动通常会夹杂着多种运动状态，不可遗漏也不可盲目地增加。另外，在做动画时，切忌急躁，要慢慢理清运动的各种关系，做一步测试一步，待完全确认后，再开始下一步。

第5点：本章虽然是基础动画的内容，但是它们都是动画技术的根本，必须完全掌握本章所列出来的重点知识，这些内容在整个动画技术中的重要程度，就相当于基本几何体在多边形建模中的重要程度。

第**20**章

# 高级动画

本章主要介绍3ds Max的骨骼、蒙皮、CAT等动画技术，这些都是3ds Max的高级动画制作技术，功能强大，也相对比较复杂。为了能够快速理解和掌握这些技术，建议大家在学习的时候尽量做到对每一个参数都进行实际操作和验证，这样不仅能够加深记忆，同时也使学习过程不再那么枯燥。同时，为了让读者能够熟练掌握这些技术，本章还安排了很多对应的小练习，通过这些案例操作可以很直观地理解和感受3ds Max的高级动画功能。

※ 骨骼
※ IK解算器
※ Biped
※ 蒙皮
※ 群组对象

※ CAT肌肉
※ 肌肉股
※ CAT父对象
※ 人群流动画

# 20.1 骨骼与蒙皮

动物的身体是由骨骼、肌肉和皮肤组成的。从功能上看，骨骼主要用来支撑动物的躯体，它本身不产生运动。动物的运动实际上是由肌肉来控制的，在肌肉的带动下，筋腱拉动骨骼沿着各个关节来产生转动或在某个局部发生移动，从而表现出整个形体上的运动效果，图20-1所示的是一个人体的骨骼与一只小狗的骨骼。

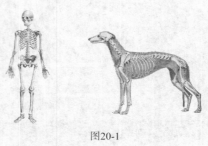

图20-1

## 20.1.1 骨骼

3ds Max提供了一套非常优秀的动画控制系统——骨骼，创建骨骼需要使用到"骨骼"工具 骨骼 。在"创建"面板中单击"系统"按钮 ，然后设置系统类型为"标准"，接着单击"骨骼"按钮 骨骼 即可使用"骨骼"工具 骨骼 ，如图20-2所示。

图20-2

### 1. 创建骨骼

**功能介绍**

使用"骨骼"工具 骨骼 在视图中拖曳光标即可创建一个骨骼，如图20-3所示，再次拖曳光标可以创建另外一个骨骼，如图20-4所示。

骨骼的参数包含两个卷展栏，分别是"IK链指定"卷展栏（注意，该卷展栏只有在创建骨骼时才会出现）和"骨骼参数"卷展栏，如图20-5所示。

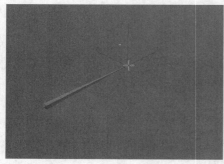

图20-3

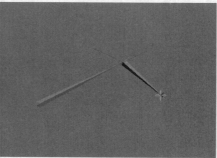

图20-4

图20-5

<1>"IK链指定"卷展栏

展开"IK链指定"卷展栏，如图20-6所示。

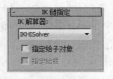

图20-6

**参数详解**

❖ IK解算器：在下面的下拉列表中可以选择IK解算器的类型。注意，只有在启用了"指定给子对象"选项后，则指定的IK解算器才有用。

❖ 指定给子对象：如果启用该选项，则在IK解算器列表中指定的IK解算器将指定给最新创建的所有骨骼（除第1个（根）骨骼之外）；如果关闭该选项，则为骨骼指定标准的"PRS变换"控制器。

❖ 指定给根：如果启用该选项，则为最新创建的所有骨骼（包括第1个（根）骨骼）指定IK解算器。

<2>"骨骼参数"卷展栏

展开"骨骼参数"卷展栏，如图20-7所示。

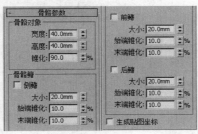

图20-7

**参数详解**

① "骨骼对象"选项组

❖ 宽度/高度：设置骨骼的宽度和高度。

❖ 锥化：调整骨骼形状的锥化程度。如果设置为0，则生成的骨骼形状为长方体形状。

② "骨骼鳍"选项组

❖ 侧鳍：在所创建的骨骼的侧面添加一组鳍。

　　◇ 大小：设置鳍的大小。

　　◇ 始端/末端锥化：设置鳍的始端和末端的锥化程度。

❖ 前鳍：在所创建的骨骼的前端添加一组鳍。

　　◇ 大小：设置鳍的大小。

　　◇ 始端/末端锥化：设置鳍的始端和末端的锥化程度。

❖ 后鳍：在所创建的骨骼的后端添加一组鳍。

　　◇ 大小：设置鳍的大小。

　　◇ 始端/末端锥化：设置鳍的始端和末端的锥化程度。

③ "生成贴图坐标"选项组

❖ 生成贴图坐标：由于骨骼是可渲染的，启用该选项后可以对其使用贴图坐标。

## 2. 修改骨骼

**功能介绍**

如果需要修改骨骼，可以执行"动画>骨骼工具"菜单命令，然后在弹出的"骨骼工具"对话框中进行调整。"骨骼工具"对话框包含3个卷展栏，分别是"骨骼编辑工具"卷展栏、"鳍调整工具"卷展栏和"对象属性"卷展栏，如图20-8所示。

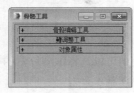

图20-8

<1> "骨骼编辑工具"卷展栏

展开"骨骼编辑工具"卷展栏，如图20-9所示。

图20-9

**命令详解**

① "骨骼轴位置"选项组

❖ 骨骼编辑模式 骨骼编辑模式 ：使用该工具可以更改骨骼的长度以及骨骼之间的相对位置。启用该按钮后，可以通过移动其子骨骼来更改骨骼的长度。注意，启用"骨骼编辑模式"后，不能设置动画，而且当启用"自动关键点"工具 自动关键点 或"设置关键点"工具 设置关键点 时，"骨骼编辑模式"也不可用。

② "骨骼工具"选项组

❖ 创建骨骼 创建骨骼 ：该工具与"骨骼"工具 骨骼 的作用完全相同。

❖ 创建末端 创建末端 ：在当前选中骨骼的末端创建一个骨节。如果选中的骨骼不是链的末端，那么骨节将在当前选中的骨骼与链中下一骨骼按顺序链接。

❖ 移除骨骼 移除骨骼 ：移除当前选中的骨骼。

❖ 连接骨骼 连接骨骼 ：在当前选中的骨骼和另一骨骼间创建连接骨骼。

❖ 删除骨骼 删除骨骼 ：删除当前选中的骨骼，并移除其所有父/子关联。

❖ 重指定根 重指定根 ：让当前选中的骨骼成为骨骼结构的根（父）对象。如果当前骨骼已经是根，那么单击该按钮将不起作用；如果当前骨骼是链的末端，那么链将完全反转；如果选中的骨骼在链的中间，那么链将成为一个分支结构。

❖ 细化 细化 ：使用该按钮在想要分割的地方单击鼠标左键，可以将骨骼一分为二。

❖ 镜像 镜像 ：单击该按钮可以打开"骨骼镜像"对话框，如图20-10所示。

图20-10

③ "骨骼着色"选项组

❖ 选定骨骼颜色：为选中的骨骼设置颜色。

❖ 渐变颜色：该选项组用于为两个或两个以上的骨骼设置渐变色。

　　◇ 应用渐变 应用渐变 ：根据"起点颜色"和"终点颜色"将渐变的颜色应用到多个骨骼上。只有在选中两个或两个以上的骨骼时，该按钮才可用。

　　◇ 起点颜色：设置渐变的起点颜色。起点颜色应用于选中链中最高级的父骨骼。

　　◇ 终点颜色：设置渐变的终点颜色。终点颜色应用于选中链上的最后一个子对象。

<2> "鳍调整工具"卷展栏

展开"鳍调整工具"卷展栏，如图20-11所示。

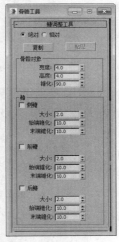

图20-11

**参数详解**

❖ 绝对：将鳍参数设置为绝对值。使用该选项可以为所有选定骨骼设置相同的鳍值。

❖ 相对：相对于当前值设置鳍参数。使用该选项可以保持鳍大小不同的骨骼之间的大小关系。

❖ 复制 复制 ：复制当前选定骨骼的骨骼和鳍设置，以便粘贴到另一个骨骼上。

❖ 粘贴 粘贴 ：将复制的骨骼和鳍设置粘贴到当前选定的骨骼。

<3> "对象属性"卷展栏

展开"对象属性"卷展栏，如图20-12所示。

图20-12

❖ 骨骼属性：该选项组用于设置骨骼的属性。

　◇ 启用骨骼：启用该选项后，选定的骨骼或对象将作为骨骼进行操作。

---

**提示**

注意，勾选"启用骨骼"选项并不会使对象立即对齐或拉伸。

　◇ 冻结长度：启用该选项后，骨骼将保持其长度。

　◇ 自动对齐：如果关闭该选项，骨骼的轴点将不能与其子对象对齐。

　◇ 校正负拉伸：启用该选项后，会造成负缩放因子的骨骼拉伸将更正为正数。

　◇ 重新对齐 `重新对齐` ：使骨骼的x轴对齐，并指向子骨骼（或多个子骨骼的平均轴）。

　◇ 重置拉伸 `重置拉伸` ：如果子骨骼移离骨骼，则将拉伸该骨骼，以到达其子骨骼对象。

　◇ 重置缩放 `重置缩放` ：在每个轴上，将内部计算缩放的拉伸骨骼重置为100%。

　◇ 拉伸：决定在变换子骨骼并关闭"冻结长度"时发生的拉伸种类。"无"表示不发生拉伸；
"缩放"表示缩放骨骼；"挤压"表示挤压骨骼。

　◇ 轴：决定用于拉伸的轴。

　◇ 翻转：沿着选定轴翻转拉伸。

## 3. 父子骨骼

### 功能介绍

创建好骨骼后，在"主工具栏"中单击"图解视图（打开）"按钮 ，在弹出的"图解视图"对话框中可以观察到骨骼节点之间的父子关系，其关系是Bone001>Bone002>Bone003>Bone004>Bone005>Bone006>Bone007>Bone008，如图20-13所示。

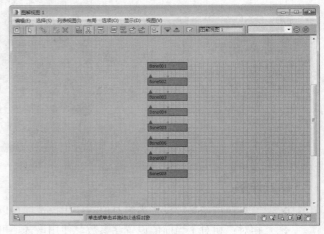

图20-13

---

**技术专题：父子骨骼之间的关系**

见图20-14，图中有3个骨骼，其父子关系是Bone001>Bone002>Bone003。下面用"选择并旋转"工具 来验证这个关系。使用"选择并旋转"工具 旋转Bone001，可以发现Bone002和Bone003都会跟着Bone001一起旋转，这说明Bone001是Bone002和Bone003的父关节，如图20-15所示。

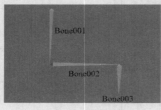

图20-14

图20-15

## 技术专题：父子骨骼之间的关系（续）

　　使用"选择并旋转"工具⟳旋转Bone002，可以发现Bone003会跟着Bone002一起旋转，但Bone001不会跟着Bone002一起旋转，这说明Bone001是Bone002的父关节，而Bone002是Bone003的父关节，如图20-16所示。

　　使用"选择并旋转"工具⟳旋转Bone003，可以发现只有Bone003出现了旋转现象，而Bone001和Bone002没有跟着一起旋转，这说明Bone003是Bone001和Bone002的子关节，如图20-17所示。

 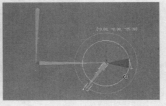

图20-16　　　　　　　　　　　　图20-17

### 4. 添加关节

**功能介绍**

　　在使用"骨骼"工具 骨骼 创建完骨骼后，还可以继续向骨骼添加关节。见图20-18，图中有一个骨骼，将光标放在骨骼上的任何位置，当光标变成十字形╋时单击并拖曳光标即可在骨骼的末端继续添加关节，如图20-19所示。

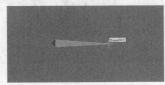 

图20-18　　　　　　　　　　　　图20-19

## 【练习20-1】为变形金刚创建骨骼

　　为变形金刚创建骨骼后的效果如图20-20所示。

图20-20

`01` 打开学习资源中的"练习文件>第20章>20-1.max"文件，如图20-21所示。

`02` 使用"骨骼"工具 骨骼 在左视图中创建4个骨骼，如图20-22所示。

 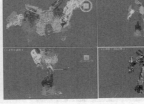

图20-21　　　　　　　　　　　　图20-22

**03** 使用"选择并移动"工具❖在前视图中调整好骨骼的位置，使其与腿模型相吻合，如图20-23所示。

图20-23

**04** 选择末端的关节，然后执行"动画>IK解算器>IK肢体解算器"菜单命令，接着将光标放在始端关节上并单击鼠标左键，将其链接起来，如图20-24所示，链接好的效果如图20-25所示。

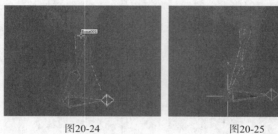

图20-24                    图20-25

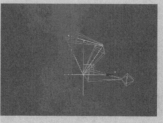

图20-26

**05** 选择左腿模型，如图20-27所示，切换到"修改"面板，然后展开"蒙皮"修改器的"参数"卷展栏，接着单击"添加"按钮 添加 ，最后在弹出的"选择骨骼"对话框中选择创建的骨骼，如图20-28所示。

图20-27

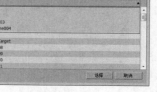

图20-28

---

**提示**

关于"蒙皮"修改器的具体作用，请参阅"20.1.4 蒙皮"中的相关内容。

**06** 使用"选择并移动"工具➕移动IK控制器，可以发现腿部模型也会跟着一起移动，且移动效果很自然，如图20-29所示。

**07** 采用相同的方法处理好另外一只腿模型，创建好骨骼，完成后的效果如图20-30所示。

图20-29                 图20-30

**08** 为腿部模型摆好一些造型，然后渲染出这些造型，最终效果如图20-31所示。

图20-31

## 20.1.2 IK解算器

用"IK解算器"可以创建反向运动学的解决方案，用于旋转和定位链中的链接。它可以应用IK控制器，用来管理链接中子对象的变换。要创建IK解算器，可以执行"动画>IK解算器"菜单下的命令，如图20-32所示。

图20-32

### 1. HI解算器

**功能介绍**

对角色动画和序列较长的任何IK动画而言，"HI解算器"是首选的方法。使用"HI解算器"可以在层次中设置多个链，如图20-33所示。例如，角色的腿部可能存在一个从臀部到脚踝的链，还存在另外一个从脚跟到脚趾的链。因为该解算器的算法属于历史独立型，所以无论涉及的动画帧有多少，都可以加快使用速度，它在第2000帧的速度与在第10帧的速度相同。"HI解算器"在视图中稳定且无抖动，可以创建目标和末端效应器。"HI解算器"使用旋转角度调整解算器平面，以便定位肘部或膝盖。

"HI解算器"的参数设置面板如图20-34所示。创建"HI解算器"以后，"HI解算器"的参数在"运动"面板下，即"IK解算器"卷展栏。其他解算器的参数也在该面板下。

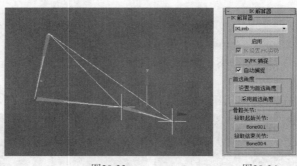

图20-33 图20-34

**参数详解**

① "IK解算器"选项组

❖ IK解算器下拉列表：用于选择IK解算器的类型。

❖ 启用 启用 ：启用或关闭链的IK控件。"IK控制器"有一个FK子控制器。激活"启用"按钮 启用
后，FK子控制器的值会被IK控制器所覆盖；关闭"启用"按钮 启用 后，就会使用FK值。

❖ IK设置FK姿势：可以在FK操纵中间启用IK。

❖ IK/FK捕捉 IK/FK捕捉 ：在FK模式中执行IK捕捉，而在IK模式中执行FK捕捉。

❖ 自动捕捉：启用该选项后，在启用或关闭"启用"按钮 启用 之前，3ds Max将会自动应
用IK/FK捕捉。如果关闭"自动捕捉"选项，则必须在切换"启用"按钮 启用 之前单击
"IK/FK捕捉"按钮 IK/FK捕捉 ，否则该链就会跳动。

② "首选角度"选项组

❖ 设置为首选角度 设置为首选角度 ：为 HI IK链中的每个骨骼设置首选角度。

❖ 采用首选角度 采用首选角度 ：复制每个骨骼的$x$、$y$和$z$首选角度通道并将它们放置到它的FK旋转
子控制器中。

③ "骨骼关节"选项组

❖ 拾取起始关节：定义IK链的一端。

❖ 拾取结束关节：定义 IK 链的另一端。

## 2. HD解算器

**功能介绍**

　　"HD解算器"是一种最适用于动画制作的解算器，尤其适用于那些包含需要IK动画的滑动部分的
计算机，因为该解算器的算法属于历史依赖型。使用该解算器可以设置关节的限制和优先级，它具有
与长序列有关的性能问题，因此最好在短动画序列中使用。该解算器可以将末端效应器绑定到后续对
象，并使用优先级和阻尼系统定义关节参数。另外，该解算器还允许将滑动关节限制与IK动画组合起
来。与"HI解算器"不同的是，"HD解算器"允许在使用FK移动时限制滑动关节，如图20-35所示。

　　要调整链中所有骨骼或层次链接对象的参数，可以选择单个的骨骼或对象，然后在"运动"面板
的"IK控制器参数"卷展栏下进行调节，如图20-36所示。

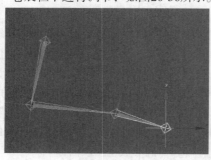

图20-35 图20-36

**参数详解**

① "阈值"选项组

❖ 位置：使用单位来指定末端效应器与其关联对象之间的"溢出"因子。

❖ 旋转：指定末端效应器和它相关联的对象之间旋转错误的可允许度数。

② "求解"选项组

❖ 迭代次数：指定用于解算IK解决方案允许的最大迭代次数。

❖ 起始/结束时间：指定解算IK的帧范围。

③ "初始状态"选项组

❖ 显示初始状态：关闭实时IK解决方案。在IK计算引起任何改变之前，将所有链中的对象移到它们的初始位置和方向。

❖ 锁定初始状态：锁定链中的所有骨骼或对象，以防止对它们进行直接变换。

④ "更新"选项组

❖ 精确：为起始时间和当前时间之间的所有帧解算整个链。

❖ 快速：在鼠标移动时仅为当前帧对链进行解算。

❖ 手动：勾选该选项后，可以使用下面的"更新"按钮 更新 解算IK问题。

❖ 更新 更新 ：启用"手动"选项时，单击该按钮可以解算IK解决方案。

⑤ "显示关节"选项组

❖ 始终：始终显示链中所有关节的轴杆和关节限制。

❖ 选定时：仅显示选定关节上的轴杆和关节限制。

---

**提示**

当骨骼链接到网格对象时，将难以看到关节图标。在设置基于骨骼的层次的动画时，可以隐藏所有的对象，只显示骨骼并只设置骨骼的动画，这样就可以看到关节图标。

---

⑥ "末端效应器"选项组

❖ 位置：创建或删除"位置"末端效应器。如果该节点已经有了一个末端效应器，只有"删除"按钮可用。

  ◇ 创建 创建 ：为选定节点创建"位置"末端效应器。

  ◇ 删除 删除 ：从选定节点移除"位置"末端效应器。

❖ 旋转：用与"位置"末端效应器相似的方式进行工作，不同之处在于创建的是"旋转"末端效应器而不是"位置"末端效应器。

  ◇ 创建 创建 ：为选定节点创建"旋转"末端效应器。

  ◇ 删除 删除 ：从选定节点移除"旋转"末端效应器。

---

**提示**

注意，除了根对象，不可以将末端效应器链接到层次中的对象，因为这样将会产生无限循环。

---

❖ 末端效应器父对象：显示选定父对象的名称。

❖ 链接 链接 ：使选定对象成为当前选定链接的父对象。

❖ 取消链接 取消链接 ：取消当前选定末端效应器到从父对象的链接。

⑦ "移除IK"选项组

❖ 删除关节 删除关节 ：删除对骨骼或层次对象的所有选择。

❖ 移除IK链 移除IK链 ：从层次中删除IK解算器。

❖ 位置 位置 ：显示"位置"末端效应器特定的"关键点信息"卷展栏。如果没有指定任何"位置"末端效应器，则该按钮不可用。

❖ 旋转 旋转 ：为指定的"旋转"末端效应器显示参数。

### 3. IK肢体解算器

#### 功能介绍

"IK肢体解算器"只能对链中的两块骨骼进行操作，如图20-37所示。"IK肢体解算器"是一种在视图中快速使用的分析型解算器，因此可以设置角色手臂和腿部的动画。使用"IK肢体解算器"可以导出到游戏引擎，因为该解算器的算法属于历史独立型，所以无论涉及的动画帧有多少，都可以加快使用速度。"IK肢体解算器"使用旋转角度调整该解算器平面，以便定位肘部或膝盖。

"IK肢体解算器"的参数设置面板如图20-38所示。

图20-37                图20-38

---

**提示**

关于"IK肢体解算器"的参数，请参阅"HI解算器"。

---

### 4. 样条线IK解算器

#### 功能介绍

"样条线IK解算器"可以使用样条线确定一组骨骼或其他链接对象的曲率，如图20-39所示。IK样条线中的顶点称作节点（样条线节点数可能少于骨骼数），与普通顶点一样，可以移动节点，或对其设置动画，从而更改该样条线的曲率。"样条线IK解算器"提供的动画系统比其他IK解算器的灵活性更高，节点可以在3D空间中随意移动，因此链接的结构可以进行复杂的变形。

"样条线IK解算器"的参数设置面板如图20-40所示。

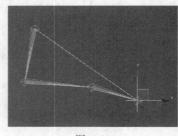

图20-39                图20-40

#### 参数详解

① "样条线IK解算器"选项组

❖ 样条线IK解算器下拉列表：显示解算器的名称。唯一可用的解算器是"样条线IK解算器"。

❖ 启用　　启用　：启用或禁用解算器的控件。

❖ 拾取图形：拾取一条样条线作为IK样条线。

② "骨骼关节"选项组

❖ 拾取起始关节：拾取"样条线IK解算器"的起始关节并显示对象名称。

❖ 拾取结束关节：拾取"样条线IK解算器"的结束关节并显示对象名称。

## 【练习20-2】用"样条线IK解算器"制作爬行动画

本练习的爬行动画效果如图20-41所示。

图20-41

01 打开学习资源中的"练习文件>第20章>20-2.max"文件，如图20-42所示。

02 切换到顶视图，选择末端的关节，然后执行"动画>IK解算器>样条线IK解算器"菜单命令，接着将末端关节链接到始端关节上，最后单击样条线完成操作，如图20-43所示，链接起来后的效果如图20-44所示。

图20-42          图20-43          图20-44

### 提示

图上的小方块是点辅助对象，主要用来让爬行路径更加精确。

03 在"命令"面板中单击"运动"按钮 ◎，然后在"路径参数"卷展栏下设置"%沿路径"为0，如图20-45所示。

04 单击"自动关键点"按钮 自动关键点 ，然后将时间线滑块拖曳到第100帧，接着在"路径参数"卷展栏下设置"%沿路径"为100，如图20-46所示。

05 单击"播放动画"按钮 ▶ 预览动画，效果如图20-47所示。

图20-45          图20-46                    图20-47

06 选择动画效果最明显的一些帧，然后单独渲染出这些单帧动画，最终效果如图20-48所示。

图20-48

## 20.1.3 Biped

**功能介绍**

3ds Max还为用户提供了一套非常方便且非常重要的人体骨骼系统——Biped骨骼。使用Biped工具 Biped 创建出的骨骼与真实的人体骨骼基本一致，因此使用该工具可以快速地制作出人物动画，同时还可以通过修改Biped的参数来制作出其他生物。

在"创建"面板中单击"系统"按钮 ，然后设置系统类型为"标准"，接着使用Biped工具 Biped 在视图中拖曳光标即可创建一个Biped，如图20-49所示。

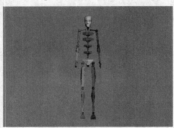

图20-49

在默认情况下，Biped的参数分为两种，一种是在创建Biped时的创建参数，一种是创建完成后的运动参数。

### 1."创建Biped"卷展栏

Biped的创建参数包含一个"创建Biped"卷展栏，如图20-50所示。

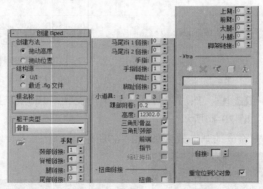

图20-50

**参数详解**

① "创建方法"选项组

❖ 拖动高度：以拖曳光标的方式创建Biped。

❖ 拖动位置：如果选择这种方式，那么不需要在视图中拖曳光标，直接单击鼠标左键即可创建Biped。

② "结构源"选项组

❖ U/I：以3ds Max默认的源创建结构。

❖ 最近.flg文件：以最近用过的.flg文件创建结构。

③ "躯干类型"选项组

❖ 躯干类型下拉列表：选择躯干的类型，包含以下4种。

　　◇ 骨骼：这是一种自然适应角色网格的真实躯干骨骼，如图20-51所示。

　　◇ 男性：这是一种基于基本男性比例的轮廓模型，如图20-52所示。

　　◇ 女性：这是一种基于基本女性比例的轮廓模型，如图20-53所示。

　　◇ 标准：这是一种原始版本的Biped对象，如图20-54所示。

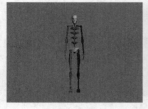  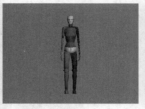 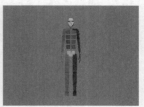

图20-51　　　　　　　　　图20-52　　　　　　　　　图20-53　　　　　　　　　图20-54

❖　手臂：控制是否将手臂和肩部包含在Biped中，图20-55所示的是关闭该选项时的Biped效果。

❖　颈部链接：设置Biped颈部的链接数，其取值范围是1~25，默认值为1，如图20-56和图20-57所示是设置"颈部链接"为2和4时的Biped效果。

❖　脊椎链接：设置Biped脊椎上的链接数，其取值范围是1~10，默认值为4，如图20-58和图20-59所示是设置"脊椎链接"为2和6时的Biped效果。

   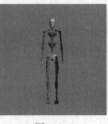 

图20-55　　　　　　图20-56　　　　　　图20-57　　　　　　图20-58　　　　　　图20-59

❖　腿链接：设置Biped腿部的链接数，其取值范围是3~4，默认设置为3。

❖　尾部链接：设置Biped尾部的链接数，值为0表明没有尾部，其取值范围是0~25，如图20-60和图20-61所示是设置"尾部链接"为3和8时的Biped效果。

❖　马尾辫1/2链接：设置马尾辫链接的数目，其取值范围是0~25，默认值为0，如图20-62和图20-63所示是设置"马尾辫2链接"为6和16时的Biped效果。

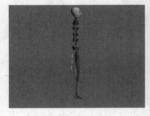  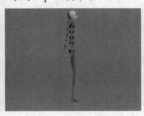 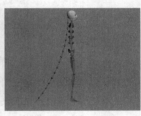

图20-60　　　　　　　　　图20-61　　　　　　　　　图20-62　　　　　　　　　图20-63

━━ 提示 ━━

马尾辫可以链接到角色头部，并且可以用来制作其他附件动画。在体形模式中，可以重新定位并使用马尾辫来实现角色下颌、耳朵、鼻子随着头部一起移动的动画。

❖　手指：设置Biped手指的数目，其取值范围是0~5，默认值为1。

❖　手指链接：设置每个手指链接的数目，其取值范围是1~4，默认值为1。

❖　脚趾：设置Biped脚趾的数目，其取值范围是1~5，默认值为1。

━━ 提示 ━━

如果制作的动画中角色穿有鞋子，那么只需要含有一个脚趾就行了。

❖　脚趾链接：设置每个脚趾链接的数目，其取值范围是1~3，默认值为3。

❖　小道具1/2/3：这些道具可以用来表示附加到Biped上的工具或武器，最后可以开启3个小道具。在默认情况下，道具1出现在右手的旁边，道具2出现在左手的旁边，道具3出现在躯干前面的中心，如图20-64所示。

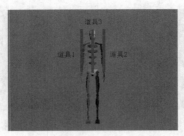

图20-64

❖ 踝部附着：设置踝部沿着相应足部块的附着点。

❖ 高度：设置当前Biped的高度。

❖ 三角形骨盆：启用该选项后，可以创建从大腿到Biped最下面一个脊椎对象的链接。

❖ 三角形颈部：启用该选项后，可以将锁骨链接到顶部脊椎，而不是链接到颈部。

❖ 前端：启用该选项后，可以将Biped的手和手指作为脚和脚趾。

❖ 指节：启用该选项后，将使用符合解剖学特征的手部结构，每个手指均有指骨。

❖ 缩短拇指：启用该选项后，拇指将比其他手指（具有4个指骨）少一个指骨。

④ "扭曲链接"选项组

❖ 扭曲：对Biped的肢体启用扭曲链接。启用之后，扭曲链接将可见，但是仍然处于冻结状态。

❖ 上臂：设置上臂中扭曲链接的数量。

❖ 前臂：设置前臂中扭曲链接的数量。

❖ 大腿：设置大腿中扭曲链接的数量。

❖ 小腿：设置小腿中扭曲链接的数量。

❖ 脚架链接：设置脚架链接中扭曲链接的数量。

—— 提示 ——

由于该选项组下的参数不是很常用，因此处于隐藏状态。如果要显示该选项组下的参数，可以单击该选项组的名称或单击前面的+图标。

⑤ Xtra选项组

❖ 创建Xtra▦：单击该按钮可以创建新的Xtra尾部。

❖ 删除Xtra▨：单击该按钮可以删除在列表中选定的Xtra尾部。

❖ 创建相反的Xtra▨：单击该按钮可以在Biped的反面创建另一个Xtra尾部。

❖ 同步选择▨：激活该按钮后，在列表中选定的任何Xtra尾部将同时在视图中选定，反之亦然。

❖ 选择对称▨：激活该按钮后，选择一个尾部的同时也将选定反面的尾部。

❖ Xtra名称：显示新的Xtra尾巴的名称。

❖ Xtra列表：按名称列出Biped的Xtra尾巴。

❖ 链接：设置尾巴的链接数。

❖ 重定位到父对象：启用该选项后，附加尾巴将移动到新的父对象，而且定向到新的父对象，同时指定新的父对象不会移动尾巴。

## 2.Biped的运动参数

切换到"运动"面板，可以观察到Biped的运动参数包含13个卷展栏，如图20-65所示。

图20-65

<1>"指定控制器"卷展栏

展开"指定控制器"卷展栏，如图20-66所示。

图20-66

**命令详解**

指定控制器▣：为选定的轨迹显示一个可供选择的控制器列表。

<2>"Biped应用程序"卷展栏

展开"Biped应用程序"卷展栏，如图20-67所示。

图20-67

**命令详解**

混合器 混合器：打开"运动混合器"对话框，在该对话框中可以设置动画文件的层，以便定制Biped的运动，如图20-68所示。

工作台 工作台：打开"动画工作台"对话框，在该对话框中可以分析并调整Biped的运动曲线，如图20-69所示。

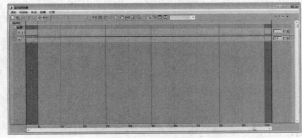

图20-68                                    图20-69

<3>Biped卷展栏

展开Biped卷展栏，如图20-70所示。

图20-70

**命令详解**

❖ 体形模式 ：用于更改两足动物的骨骼结构，并使两足动物与网格对齐。

❖ 足迹模式 ：用于创建和编辑足迹动画。在该模式下，Biped卷展栏下的卷展栏将变成"足迹模式"的相关卷展栏。

❖ 运动流模式 ：用于将运动文件集成到较长的动画脚本中。在该模式下，Biped卷展栏下的卷展栏将变成"运动流模式"的相关卷展栏。

❖ 混合器模式 ：用于查看、保存和加载使用运动混合器创建的动画。在该模式下，Biped卷展栏下的卷展栏将变成"混合器模式"的相关卷展栏。

❖ Biped播放■：仅在"显示首选项"对话框中删除了所有的两足动物后，才能使用该工具播放它们的动画。

❖ 加载文件■：加载.bip、.fig或.stp文件。

❖ 保存文件■：保存Biped文件（.bip）、体形文件（.fig）以及步长文件（.stp）。

❖ 转换■：将足迹动画转换成自由形式的动画。

❖ 移动所有模式■：一起移动和旋转两足动物及其相关动画。

❖ 模式：该选项组用于编辑Biped的缓冲区模式、橡皮圈模式、缩放步幅模式和原地模式。

　　◇ 缓冲区模式■：用于编辑缓冲区模式中的动画分段。

　　◇ 橡皮圈模式■：使用该模式可以重新定位Biped的肘部和膝盖，而无需在"体形模式"下移动Biped的手或脚。

　　◇ 缩放步幅模式■：使用该模式可以调整足迹步幅的长度和宽度，使其与Biped体形的步幅长度和宽度相匹配。

　　◇ 原地模式■/原地X模式■/原地Y模式■：使用"原地模式"可以在播放动画时确保Biped显示在视口中；使用"原地x模式"可以锁定x轴运动的质心；使用"原地y模式"可以锁定y轴运动的质心。

❖ 显示：该选项组用于设置Biped在视图中的显示模式。

　　◇ 对象■/骨骼■/骨骼与对象■：将Biped设置为"对象"■显示模式（正常显示模式）时，将显示Biped的形体对象；将Biped设置为"骨骼"■显示模式时，Biped将显示为骨骼，如图20-71所示；将Biped设置为"骨骼与对象"■显示模式时，Biped将同时显示骨骼和对象，如图20-72所示。

　　◇ 显示足迹■/显示足迹和编号■/隐藏足迹■：创建足迹以后，如果将足迹模式设置为"显示足迹"■模式，则在视图中会显示足迹，如图20-73所示；如果将足迹模式设置为"显示足迹和编号"■模式，则在视图中会显示足迹与其对应的编号，如图20-74所示；如果将足迹模式设置为"隐藏足迹"■模式，则在视图中会隐藏足迹。

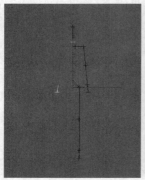
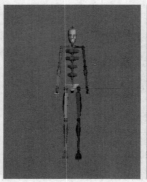

图20-71　　　　　　　图20-72　　　　　　　图20-73　　　　　　　图20-74

　　◇ 扭曲链接■：切换Biped中使用的扭曲链接的显示。

　　◇ 腿部状态■：启用该按钮后，视图会在相应帧的每个脚上显示移动、滑动和踩踏。

　　◇ 轨迹■：显示选定的Biped肢体的轨迹。

　　◇ 首选项■：单击该按钮可以打开"显示首选项"对话框，如图20-75所示。在该对话框中可以更改足迹的颜色和轨迹参数。

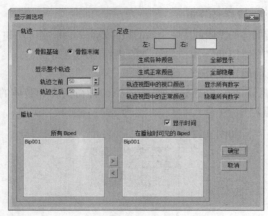

图20-75

<4> "轨迹选择" 卷展栏

展开 "轨迹选择" 卷展栏, 如图20-76所示。

**命令详解** 图20-76

❖ 躯干水平↔: 选择质心可编辑Biped的水平运动。

❖ 躯干垂直↕: 选择质心可编辑Biped的垂直运动。

❖ 躯干旋转↻: 选择质心可编辑Biped的旋转运动。

❖ 锁定COM关键点▣: 激活该按钮后, 可以同时选择多个COM轨迹。一旦锁定COM关键点后, 轨迹将存储在内存中, 并且每次选择COM时都将记住这些轨迹。

❖ 对称★: 选择Biped另一侧的匹配对象。

❖ 相反★: 选择Biped另一侧的匹配对象, 并取消选择当前对象。

<5> "四元数/Euler" 卷展栏

展开 "四元数/Euler" 卷展栏, 如图20-77所示。

**命令详解** 图20-77

❖ 四元数: 将选择的Biped动画转化为四元数旋转。

❖ Euler: 将选择的Biped动画转换为Euler旋转。

  ◇ 轴顺序: 勾选Euler选项后, 允许选择Euler旋转曲线计算的顺序。

<6> "扭曲姿势" 卷展栏

展开 "扭曲姿势" 卷展栏, 如图20-78所示。

图20-78

**命令详解**

❖ 上/下一个关键点←/→: 滚动扭曲姿势列表并从中进行选择。

❖ 扭曲姿势列表: 可以选择一个预设或保存姿态, 并将其应用到Biped选定的肢体中。

❖ 扭曲: 将所应用的扭曲旋转的数量 (以度计算) 设置给链接到选定肢体的扭曲链接。

- ❖ 偏移：沿扭曲链接设置旋转分布。
- ❖ 添加 添加：根据选定肢体的方向创建一个新的扭曲姿态，并将"扭曲"和"偏移"数值重设为默认值。
- ❖ 设置 设置：用当前的"扭曲"和"偏移"值更新活动扭曲姿态。
- ❖ 删除 删除：移除当前的扭曲姿态。
- ❖ 默认 默认：用5个默认的预设姿态替换所有具有3种自由度的肢体的所有扭曲姿态。

<7>"弯曲链接"卷展栏

展开"弯曲链接"卷展栏，如图20-79所示。

图20-79

**命令详解**

- ❖ 弯曲链接模式 ⟩：该模式可以用于旋转链的多个链接，而无需先选择所有链接。
- ❖ 扭曲链接模式 ⟩：该模式与"弯曲链接模式"很相似，可以沿局部*x*轴的旋转应用于选定的链接，并在其余整个链中均等地递增它，从而保持其他两个轴中链接的关系。
- ❖ 扭曲个别模式 ⟩：该模式与"弯曲链接模式"很相似，允许沿局部*x*轴旋转选定的链接，而不会影响其父链接或子链接。
- ❖ 平滑扭曲模式 ⟩：该模式可以考虑沿链的第一个和最后一个链接的局部*x*轴的方向进行旋转，以便分布其他链接的旋转。
- ❖ 零扭曲 ⟩：根据链的父链接的当前方向沿局部*x*轴将每个链接的旋转重置为0。
- ❖ 所有归零 ⟩：根据链的父链接的当前方向沿所有轴将每个链接的旋转重置为0。
- ❖ 平滑偏移：根据0~1的值设置旋转分布。

<8>"关键点信息"卷展栏

展开"关键点信息"卷展栏，如图20-80所示。

图20-80

**命令详解**

- ❖ 上/下一个关键点 ←/→：查找选定Biped部位的上一个或下一个关键帧。
- ❖ 关键点编号：显示关键点的编号。
- ❖ 时间：输入值来指定关键点产生的时间。
- ❖ 设置关键点 ●：移动Biped对象时在当前帧创建关键点。
- ❖ 删除关键点 ✕：删除选定对象在当前帧的关键点。
- ❖ 设置踩踏关键点 ▲：设置一个Biped关键点，使其IK混合值为1。
- ❖ 设置滑动关键点 ▲：设置一个滑动关键点，使其IK混合值为1。
- ❖ 设置自由关键点 ▲：设置一个Biped关键点，使其IK混合值为0。
- ❖ 轨迹 ∿：显示和隐藏选定Biped对象的轨迹。
- ❖ TCB：该选项组可以使用TCB控件来调整已存在的关键点中的缓和曲线与轨迹。
- ❖ IK：该选项组用于设置IK关键点，并调整IK关键点的参数。
- ❖ 头部：该选项组用于为要注视的目标定义目标对象。

❖ 躯干：该选项组下的参数可以应用到Biped的质心上，并由Character Studio进行计算。

❖ 属性：该选项组用来引用当前帧中用于定位和旋转的世界坐标空间、形体坐标空间和右手或左手坐标空间。

<9> "关键帧工具"卷展栏

展开"关键帧工具"卷展栏，如图20-81所示。

图20-81

## 命令详解

❖ 启用子动画 ：启用Biped子动画。

❖ 操纵子动画 ：修改Biped子动画。

❖ 清除选定轨迹 ：从选定对象和轨迹中移除所有关键点和约束。

❖ 清除所有动画 ：从Biped中移除所有关键点和约束。

❖ 镜像 /适当位置的镜像 ：这两个按钮用于局部镜像动画，以便Biped的右侧可以执行左侧的动作，反之亦然。

❖ 设置多个关键点 ：使用过滤器选择关键点或将转动增量应用于选定的关键点。

❖ 锚定右臂 /左臂 /右腿 /左腿 ：临时修正手和腿的位置和方向。

❖ 单独FK轨迹：该选项组用于将手指、手、前臂和上臂的关键点存储在锁骨轨迹中。

　◇ 手臂：勾选该选项后，可以为手指、手、前臂和上臂创建单独的变换轨迹。

　◇ 颈部：勾选该选项后，可以为颈部链接创建单独的变换轨迹。

　◇ 腿：勾选该选项后，可以创建单独的脚趾、脚和小腿变换轨迹。

　◇ 尾部：勾选该选项后，可以为每个尾部链接创建单独的变换轨迹。

　◇ 手指：勾选该选项后，可以为手指创建单独的变换轨迹。

　◇ 脊椎：勾选该选项后，可以创建单独的脊椎变换轨迹。

　◇ 脚趾：勾选该选项后，可以为脚趾创建单独的变换轨迹。

　◇ 马尾辫1：勾选该选项后，可以创建单独的马尾辫1变换轨迹。

　◇ 马尾辫2：勾选该选项后，可以创建单独的马尾辫2变换轨迹。

　◇ Xtra：启用该选项后，可以为附加尾部创建单独的轨迹。

❖ 弯曲水平：设置Biped子动画轨迹的弯曲程度。

<10> "复制/粘贴"卷展栏

展开"复制/粘贴"卷展栏，如图20-82所示。

图20-82

**命令详解**

❖ 创建集合 ▣：清除当前集合名称以及与之关联的姿势、姿态和轨迹。

❖ 加载集合 ▣：加载CPY文件，并在"复制收集"下拉列表的顶部显示其集合名称。

❖ 保存集合 ▣：保存存储在CPA文件的当前活动集合中的所有姿态、姿势和轨迹。

❖ 删除集合 ▣：从场景中删除当前集合。

❖ 删除所有集合 ▣：从场景中删除所有集合。

❖ Max加载首选项 ▣：单击该按钮可以打开"加载Max文件"对话框，其中包含打开场景文件时可采取操作的选项，如图20-83所示。

图20-83

❖ 姿态 姿态 ：激活该按钮后，可以对姿态进行复制和粘贴。
　◇ 复制姿态 ▣：复制选定Biped对象的姿势并将其保存在一个新的姿势缓冲区中。
　◇ 粘贴姿态 ▣：将活动缓冲区中的姿势粘贴到Biped。
　◇ 向对面粘贴姿态 ▣：将活动缓冲区中的姿势粘贴到Biped相反的一侧中。
　◇ 将姿态粘贴到所选的 ▣：将活动缓冲区中的姿势粘贴到选定的Biped中。
　◇ 删除选定姿态 ▣：删除选定的姿态缓冲区。
　◇ 删除所有姿态副本 ▣：删除所有的姿态缓冲区。

❖ 姿势 姿势 ：激活该按钮后，可以对姿势进行复制和粘贴。
　◇ 复制姿势 ▣：复制整个Biped的当前姿势并将其保存在新的姿势缓冲区中。
　◇ 粘贴姿势 ▣：将活动缓冲区中的姿势粘贴到Biped中。
　◇ 向对面粘贴姿势 ▣：将活动缓冲区中的相反姿势粘贴到Biped中。
　◇ 将姿势粘贴到所选的Xtra ▣：将活动缓冲区中的姿势粘贴到选定的Xtra中。
　◇ 删除选定姿势 ▣：删除选定的姿势缓冲区。
　◇ 删除所有姿势副本 ▣：删除所有的姿势缓冲区。

❖ 轨迹 轨迹 ：激活该按钮后，可以对轨迹进行复制和粘贴。
　◇ 复制轨迹 ▣：复制选定Biped对象的轨迹并创建一个新的轨迹缓冲区。
　◇ 粘贴轨迹 ▣：将活动缓冲区中的一个或多个轨迹粘贴到Biped中。
　◇ 向对面粘贴轨迹 ▣：将活动缓冲区中的一个或多个轨迹粘贴到Biped相反的一侧中。
　◇ 将轨迹粘贴到所选的Xtra ▣：将活动缓冲区中的轨迹粘贴到选定的Xtra中。
　◇ 删除选定轨迹 ▣：删除选定的轨迹缓冲区。
　◇ 删除所有轨迹副本 ▣：删除所有的轨迹缓冲区。

❖ 复制的姿势/姿态/轨迹：对于每一种模式，下面的列表会列出所复制的缓冲区。
　◇ 缩略图缓冲区视图：对于"姿态"模式，该视图会显示一个整体Biped的图解视图；对于"姿势"和"轨迹"模式，该视图会显示在活动复制缓冲区中Biped部位的图解视图。
　◇ 从视口中捕捉快照 ▣：创建整个Biped活动2D或3D视口的快照。
　◇ 自动捕捉快照 ▣：创建独立身体部位的前视图快照。
　◇ 无快照 ▣：使用灰色画布替换快照。
　◇ 隐藏 ▣/显示快照 ▣：切换快照视图的显示。

❖ 粘贴选项：在选中COM的情况下复制姿态、姿势或轨迹时，会复制所有3个COM轨迹。该选项组用于选择粘贴哪种COM轨迹。

◇ 粘贴水平▣/垂直▣/旋转▣：启用这3个按钮的其中1个、2个或3个时，相应的COM数据将在执行粘贴操作时应用。

◇ 由速度：启用该选项后，将基于通过场景的上一个COM轨迹决定活动COM轨迹的值。

◇ 自动关键点TCB/IK值：该选项用于配合"自动关键点"模式一起使用。

◇ 默认值：将TCB的缓入和缓出设为0，将张力、连续性和偏移设为25。

◇ 复制：将TCB/IK值设置为与复制的数据值相匹配。

◇ 插补：将TCB值设置为进行粘贴的动画的插值。

<11>"层"卷展栏

展开"层"卷展栏，如图20-84所示。

图20-84

### 命令详解

❖ 加载层▣/保存层▣：加载单独的Biped层或将Biped层保存为BIP文件。

❖ 上▣/下一层▣：利用这两个箭头可以对上下层进行选择。

❖ 级别：显示当前的层级。

❖ 活动：开启或关闭显示的层。

❖ 层名称：设置层的名称，以方便识别层。

❖ 创建层▣：创建层以及级别字段增量。

❖ 删除层▣：删除当前层。

❖ 塌陷▣：将所有层塌陷为"层0"。

❖ 捕捉和设置关键点▣：将选定的Biped部位捕捉到其在"层0"中的原始位置，然后创建关键点。

❖ 只激活我▣：在选定的层中查看动画。

❖ 全部激活▣：激活所有层。

❖ 之前可视：设置要显示为线型轮廓图的前面的层编号。

❖ 之后可视：设置要显示为线型轮廓图的后面的层编号。

❖ 高亮显示关键点：通过突出显示线型轮廓图来显示关键点。

❖ 正在重定位：该组中的选项和工具可以在层间设置两足动物的动画,同时保持基础层的IK约束。

◇ Biped的基础层：将所选Biped的原始层上的IK约束作为重新定位参考。

◇ 参考Biped：将显示在"选择参考Biped"按钮▣旁边的Biped的名称作为重新定位参考。

◇ 选择参考Biped▣：选择Biped作为所选Biped的重新定位参考。

◇ 重定位左臂▣：激活该按钮后，可以使Biped的左臂遵循基础层的IK约束。

◇ 重定位右臂▣：激活该按钮后，可以使Biped的右臂遵循基础层的IK约束。

<ul>
<li>◇ 重定位左腿⬛: 激活该按钮后, 可以使Biped的左腿遵循基础层的IK约束。</li>
<li>◇ 重定位右腿⬛: 激活该按钮后, 可以使Biped的右腿遵循基础层的IK约束。</li>
<li>◇ 更新 <u>更新</u>: 根据重新定位的方法(基础层或参考Biped)、重新定位的身体活动部位和"仅限IK"选项为每个已设置的关键点计算选定Biped的手部和腿部位置。</li>
<li>◇ 仅IK: 启用该选项之后, 仅在那些受IK控制的帧间才重新定位Biped受约束的手部和足部。</li>
</ul>

&lt;12&gt; "运动捕捉"卷展栏

展开"运动捕捉"卷展栏, 如图20-85所示。

图20-85

## 命令详解

<ul>
<li>❖ 加载运动捕捉文件⬛: 加载BIP、CSM或BVH文件。</li>
<li>❖ 从缓冲区转化⬛: 过滤最近加载的运动捕捉数据。</li>
<li>❖ 从缓冲区粘贴⬛: 将一帧原始运动捕捉数据粘贴到Biped的选中部位。</li>
<li>❖ 显示缓冲区⬛: 将原始运动捕捉数据显示为红色线条图。</li>
<li>❖ 显示缓冲区轨迹⬛: 将为Biped的选定躯干部位缓冲的原始运动捕捉数据显示为黄色区域。</li>
<li>❖ 批处理文件转化⬛: 将一个或多个CSM或BVH运动捕获文件转换为过滤的BIP格式。</li>
<li>❖ 特征体形模式⬛: 加载原始标记文件后, 启用"特征体形模式"来相对于标记缩放Biped。</li>
<li>❖ 保存特征体形结构⬛: 在"特征体形"模式中更改Biped的比例后, 可以将更改存储为FIG文件。</li>
<li>❖ 调整特征姿势⬛: 加载标记文件后, 可以使用"调整特征姿势"按钮⬛来相对于标记修正Biped的位置。</li>
<li>❖ 保存特征姿势调整⬛: 将特征姿势调整保存为CAL文件。</li>
<li>❖ 加载标记名称文件⬛: 加载标记名称(MNM)文件, 并将运动捕捉文件(BVH或CSM)中的传入标记名称映射到Character Studio标记命名约定中。</li>
<li>❖ 显示标记⬛: 单击该按钮可以打开"标记显示"对话框, 其中提供了用于指定标记显示方式的设置。</li>
</ul>

&lt;13&gt; "运动学和调整"卷展栏

展开"运动学和调整"卷展栏, 如图20-86所示。

图20-86

## 参数详解

<ul>
<li>❖ 重力加速度: 设置用来计算Biped运动的重力加速度。</li>
<li>❖ Biped动力学: 使用"Biped动力学"创建新的重心关键点。</li>
<li>❖ 样条线动力学: 使用完全样条线插值来创建新的重心关键点。</li>
<li>❖ 足迹自适应锁定: 当更改足迹的位置和计时后, Biped将自动自适应现有关键帧, 以匹配新的足迹。使用"足迹自适应锁定"选项组下的设置可以针对选定轨迹保留现有关键点的位置和计时。</li>
<li>◇ 躯干水平关键点: 防止在空间中编辑足迹时躯干水平关键点发生自适应调整。</li>
</ul>

◆ 躯干垂直关键点：防止在空间中编辑足迹时躯干垂直关键点发生自适应调整。

◆ 躯干翻转关键点：防止在空间中编辑足迹时躯干旋转关键点发生自适应调整。

◆ 右腿移动关键点：防止在空间中编辑足迹时右腿移动关键点发生自适应调整。

◆ 左腿移动关键点：防止在空间中编辑足迹时左腿移动关键点发生自适应调整。

◆ 自由形式关键点：防止在足迹动画中自由形式周期发生自适应调整。

◆ 时间：防止当轨迹视图中的足迹持续时间发生变化时上半身关键点发生自适应调整。

### 3.Biped模式的参数

当在Biped卷展栏下激活"足迹模式" ██ 、"运动流模式" ██ 或"混合器模式" ██ 时，在Biped卷展栏下会出现相应的模式卷展栏。下面分别进行讲解。

<1>"足迹模式"参数

在Biped卷展栏下激活"足迹模式" ██ ，Biped卷展栏下会出现"足迹创建"和"足迹操作"两个卷展栏，如图20-87所示。

展开"足迹创建"卷展栏，如图20-88所示。

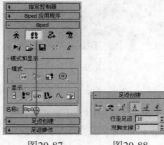

**参数详解**

图20-87　　　　图20-88

❖ 创建足迹（附加） ██ ：用"创建足迹（在当前帧上）"按钮██和"创建多个足迹"按钮██创建足迹以后，用"创建足迹（附加）"按钮██可以在创建的足迹上继续创建足迹。

❖ 创建足迹（在当前帧上） ██ ：在当前帧上创建足迹。

❖ 创建多个足迹██：自动创建行走、跑动或跳跃的足迹。

❖ 行走██：将Biped的步态设置为行走。"行走"模式包含以下两个参数。

◆ 行走足迹：指定在行走期间新足迹着地的帧数。

◆ 双脚支撑：指定在行走期间双脚都着地的帧数。

❖ 跑动██：将Biped的步态设为跑动。

◆ 跑动足迹：指定在跑动期间新足迹着地的帧数。

◆ 悬空：指定跑动或跳跃期间形体在空中时的帧数。

❖ 跳跃██：将Biped的步态设为跳跃。

◆ 两脚着地：指定在跳跃期间当两个对边的连续足迹落在地面时的帧数。

◆ 悬空：指定跑动或跳跃期间形体在空中时的帧数。

展开"足迹操作"卷展栏，如图20-89所示。

图20-89

**参数详解**

❖ 为非活动足迹创建关键点██：激活所有非活动足迹。

- ❖ 取消激活足迹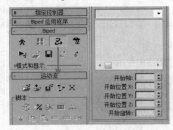：删除指定给选定足迹的躯干关键点，使这些足迹成为非活动足迹。
- ❖ 删除足迹：删除选定的足迹。
- ❖ 复制足迹：将选定的足迹和Biped关键点复制到足迹缓冲区。
- ❖ 粘贴足迹：将足迹从足迹缓冲区粘贴到场景中。
- ❖ 弯曲：弯曲所选择足迹的路径。
- ❖ 缩放：更改所选择足迹的宽度或长度。
- ❖ 长度：勾选该选项时，"缩放"参数将更改所选中足迹的步幅长度。
- ❖ 宽度：勾选该选项时，"缩放"参数将更改所选中足迹的步幅宽度。

<2> "运动流模式"参数

在Biped卷展栏下激活"运动流模式" ，Biped卷展栏下会出现一个"运动流"卷展栏，如图20-90所示。

图20-90

**命令详解**

- ❖ 加载文件：加载运动流编辑器文件（MFE）。
- ❖ 附加文件：将运动流编辑器（MFE）文件附加到已经加载的MFE中。
- ❖ 保存文件：保存运动流编辑器（MFE）文件。
- ❖ 显示图形：打开运动流图。
- ❖ 共享运动流：单击该按钮可以打开"共享运动流"对话框。在该对话框中可以创建、删除和修改共享运动流。
- ❖ 脚本：该选项组可以用脚本来运行运动流。

<3> "混合器模式"参数

在Biped卷展栏下激活"混合器模式" ，Biped卷展栏下会出现一个"混合器"卷展栏，如图20-91所示。

图20-91

**命令详解**

- ❖ 加载文件：加载运动混合器文件（.mix）。
- ❖ 保存文件：将当前在运动混合器中选定的Biped混合保存到MIX文件。

## 【练习20-3】用Biped制作人体行走动画

本练习的人体行走动画如图20-92所示。

图20-92

`01` 打开学习资源中的"练习文件>第20章>20-3.max"文件，如图20-93所示。

`02` 选择人物的骨骼，进入"运动"面板，然后在Biped卷展栏下单击"足迹模式"按钮，接着在"足迹创建"卷展栏下单击"创建足迹（在当前帧上）"按钮，最后在人物的前方创建出行走足迹（在顶视图中进行创建），如图20-94所示。

`03` 切换到左视图，然后使用"选择并移动"工具将足迹向上拖曳到地面上，如图20-95所示，接着在透视图中调整好足迹之间的间距，如图20-96所示。

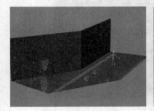
图20-93

图20-94

图20-95

图20-96

`04` 在"足迹操作"卷展栏下单击"为非活动足迹创建关键点"按钮，然后单击"播放动画"按钮，效果如图20-97所示。

图20-97

`05` 单击"自动关键点"按钮，然后将时间线滑块拖曳到第15帧，接着使用"选择并移动"工具调整好Biped手臂关节的动作，如图20-98所示。

图20-98

`06` 继续在第30帧、45帧、60帧和75帧调整好Biped小臂、手腕和大臂等骨骼的动作，如图20-99~图20-102所示。

图20-99

图20-100

图20-101

图20-102

**07** 单击"时间配置"按钮■，然后在弹出的对话框中设置"开始时间"为10、"结束时间"为183，如图20-103所示。

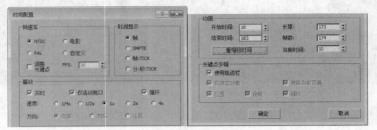

图20-103

**08** 选择动画效果最明显的一些帧，然后单独渲染出这些单帧动画，最终效果如图20-104所示。

图20-104

## 【练习20-4】用Biped制作搬箱子动画

本练习的搬箱子动画效果如图20-105所示。

图20-105

**01** 打开学习资源中的"练习文件>第20章>20-4-1.max"文件，如图20-106所示。

**02** 使用Biped工具 Biped 在前视图中创建一个Biped骨骼，如图20-107所示，接着在透视图中调整好其位置，如图20-108所示。

图20-106                   图20-107                   图20-108

**03** 选择人体模型，然后为其加载一个"蒙皮"修改器，接着在"参数"卷展栏下单击"添加"按钮 添加 ，最后在弹出的"选择骨骼"对话框中选择所有的关节，如图20-109所示。

**04** 进入"运动"面板，然后在Biped卷展栏下单击"足迹模式"按钮 ，接着单击"加载文件"按钮 ，并在弹出的对话框中选择学习资源中的"练习文件>第20章>20-4-2.bip"文件，效果如图20-110所示。

**05** 使用"长方体"工具 长方体 在两手之间创建一个箱子，如图20-111所示。

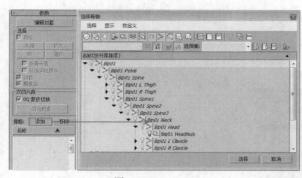

图20-109

图20-110

图20-111

拖动时间线滑块，可以发现箱子并没有跟随Biped一起移动，如图20-112所示。

图20-112

06 将时间线滑块拖曳到第0帧位置，然后使用"选择并链接"工具 将箱子链接到手上，如图20-113所示。

07 单击"播放动画"按钮 ，效果如图20-114所示。

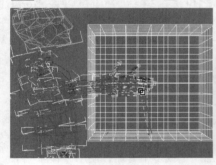

图20-113

图20-114

08 选择动画效果最明显的一些帧，然后单独渲染出这些单帧动画，最终效果如图20-115所示。

图20-115

## 20.1.4 蒙皮

### 功能介绍

为角色创建好骨骼后，就需要将角色模型和骨骼绑定在一起，让骨骼带动角色的形体发生变化，这个过程就称为"蒙皮"。3ds Max提供了两个蒙皮修改器，分别是"蒙皮"修改器和Physique修改器，这里重点讲解"蒙皮"修改器的使用方法。

创建好角色的模型和骨骼后，选择角色模型，然后为其加载一个"蒙皮"修改器。"蒙皮"修改器包含5个卷展栏，如图20-116所示。

图20-116

### 1. "参数"卷展栏

展开"参数"卷展栏，如图20-117所示。

**参数详解**

① "编辑封套"选项组

❖ 编辑封套 ▨▨▨▨▨ ：激活该按钮可以进入子对象层级，进入子对象层级后可以编辑封套和顶点的权重。

② "选择"选项组

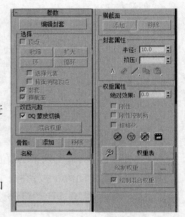

图20-117

❖ 顶点：启用该选项后可以选择顶点，并且可以使用"收缩"工具 ▨收缩▨ 、"扩大"工具 ▨扩大▨ 、"环"工具 ▨环▨ 和"循环"工具 ▨循环▨ 来选择顶点。

❖ 选择元素：启用该选项后，只要至少选择所选元素的一个顶点，就会选择它的所有顶点。

❖ 背面消隐顶点：启用该选项后，不能选择指向远离当前视图的顶点(位于几何体的另一侧)。

❖ 封套：启用该选项后，可以选择封套。

❖ 横截面：启用该选项后，可以选择横截面。

③ "骨骼"选项组

❖ 添加 ▨添加▨ /移除 ▨移除▨ ：使用"添加"工具 ▨添加▨ 可以添加一个或多个骨骼；使用"移除"工具 ▨移除▨ 可以移除选中的骨骼。

❖ 名称 ▨名称▨ ▲ ：单击该按钮，下方列表中添加的骨骼将反向排列。

④ "横截面"选项组

❖ 添加 ▨添加▨ /移除 ▨移除▨ ：使用"添加"工具 ▨添加▨ 可以添加一个或多个横截面；使用"移除"工具 ▨移除▨ 可以移除选中的横截面。

⑤ "封套属性"选项组

❖ 半径：设置封套横截面的半径大小。

❖ 挤压：设置所拉伸骨骼的挤压倍增量。

❖ 绝对 Ⓐ /相对 Ⓡ ：用来切换计算内外封套之间的顶点权重的方式。

❖ 封套可见性 ▨/▨ ：用来控制未选定的封套是否可见。

❖ 衰减 ▨▨▨▨ ：为选定的封套选择衰减曲线。

❖ 复制 ▨/粘贴 ▨ ：使用"复制"工具 ▨ 可以复制选定封套的大小和图形；使用"粘贴"工具 ▨

可以将复制的对象粘贴到所选定的封套上。

⑥ "权重属性"选项组

❖ 绝对效果：设置选定骨骼相对于选定顶点的绝对权重。

❖ 刚性：启用该选项后，可以使选定顶点仅受一个最具影响力的骨骼的影响。

❖ 刚性控制柄：启用该选项后，可以使选定面片顶点的控制柄仅受一个最具影响力的骨骼的影响。

❖ 规格化：启用该选项后，可以强制每个选定顶点的总权重合计为1。

❖ 排除选定的顶点 📷/包含选定的顶点 📷：将当前选定的顶点排除/添加到当前骨骼的排除列表中。

❖ 选定排除的顶点 📷：选择所有从当前骨骼排除的顶点。

❖ 烘焙选定顶点 📷：单击该按钮可以烘焙当前的顶点权重。

❖ 权重工具 🖉：单击该按钮可以打开"权重工具"对话框，如图20-118所示。

图20-118

❖ 权重表 ▭▭▭ ：单击该按钮可以打开"蒙皮权重表"对话框，在该对话框中可以查看和更改骨骼结构中所有骨骼的权重，如图20-119所示。

❖ 绘制权重 ▭▭▭ ：使用该工具可以绘制选定骨骼的权重。

❖ 绘制选项 ▭ ：单击该按钮可以打开"绘制选项"对话框，在该对话框中可以设置绘制权重的参数，如图20-120所示。

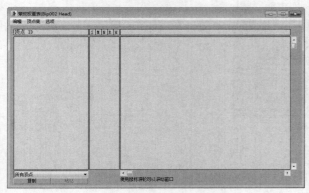

图20-119　　　　　　　　　　　　　　　　　　图20-120

❖ 绘制混合权重：启用该选项后，通过均分相邻顶点的权重，可以基于笔刷强度来应用平均权重，这样可以缓和绘制的值。

## 2. "镜像参数"卷展栏

展开"镜像参数"卷展栏，如图20-121所示。

图20-121

**参数详解**

❖ 镜像模式 <u>镜像模式</u>：启用该模式后，可以将封套和顶点指定从网格的一个侧面镜像到另一个侧面。

❖ 镜像粘贴▦：将选定封套和顶点粘贴到物体的另一侧。

❖ 将绿色粘贴到蓝色骨骼▣：将封套设置从绿色骨骼粘贴到蓝色骨骼。

❖ 将蓝色粘贴到绿色骨骼▣：将封套设置从蓝色骨骼粘贴到绿色骨骼。

❖ 将绿色粘贴到蓝色顶点▣：将各个顶点指定从所有绿色顶点粘贴到对应的蓝色顶点。

❖ 将蓝色粘贴到绿色顶点▣：将各个顶点指定从所有蓝色顶点粘贴到对应的绿色顶点。

❖ 镜像平面：确定将用于左侧和右侧的平面。

❖ 镜像偏移：沿"镜像平面"轴移动镜像平面。

❖ 镜像阈值：设置在将顶点设置为左侧或右侧顶点时，镜像工具看到的相对距离。

❖ 显示投影：当"显示投影"设置为"默认显示"时，选择镜像平面一侧上的顶点会自动将选择投影到相对面。

❖ 手动更新：如果启用该选项，则可以手动更新显示内容。

❖ 更新 <u>更新</u>：在启用"手动更新"选项时，使用该按钮可以更新显示内容。

## 3."显示"卷展栏

展开"显示"卷展栏，如图20-122所示。

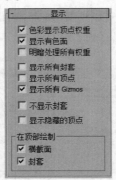

图20-122

**参数详解**

❖ 色彩显示顶点权重：根据顶点权重设置视口中的顶点颜色。

❖ 显示有色面：根据面权重设置视口中的面颜色。

❖ 明暗处理所有权重：向封套中的每个骨骼指定一个颜色。

❖ 显示所有封套：同时显示所有封套。

❖ 显示所有顶点：在每个顶点绘制小十字叉。

❖ 显示所有Gizmos：显示除当前选定Gizmo以外的所有Gizmo。

❖ 不显示封套：即使已选择封套，也不显示封套。

❖ 显示隐藏的顶点：启用该选项后，将显示隐藏的顶点。

❖ 在顶部绘制：该选项组下的选项用来确定在视口中，将在所有其他对象的顶部绘制哪些元素。

◇ 横截面：强制在顶部绘制横截面。

◇ 封套：强制在顶部绘制封套。

## 4."高级参数"卷展栏

展开"高级参数"卷展栏，如图20-123所示。

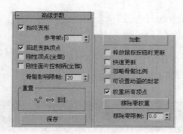

图20-123

**参数详解**

❖ 始终变形：用于编辑骨骼和所控制点之间的变形关系的切换。

❖ 参考帧：设置骨骼和网格位于参考位置的帧。

❖ 回退变换顶点：用于将网格链接到骨骼结构。

❖ 刚性顶点（全部）：如果启用该选项，则可以有效地将每个顶点指定给其封套影响最大的骨骼，即使为该骨骼指定的权重为100%也是如此。

❖ 刚性面片控制柄（全部）：在面片模型上，强制面片控制柄权重等于结权重。

❖ 骨骼影响限制：限制可影响一个顶点的骨骼数。

❖ 重置：该选项组用来重置顶点和骨骼。

◇ 重置选定的顶点 ：将选定顶点的权重重置为封套默认值。

◇ 重置选定的骨骼 ：将关联顶点的权重重新设置为选定骨骼的封套计算的原始权重。

◇ 重置所有骨骼 ：将所有顶点的权重重新设置为所有骨骼的封套计算的原始权重。

❖ 保存 /加载 ：用于保存和加载封套位置及形状以及顶点权重。

❖ 释放鼠标按钮时更新：启用该选项后，如果按下鼠标左键，则不进行更新。

❖ 快速更新：在不渲染时，禁用权重变形和Gizmo的视口显示，并使用刚性变形。

❖ 忽略骨骼比例：启用该选项后，可以使蒙皮的网格不受缩放骨骼的影响。

❖ 可设置动画的封套：启用"自动关键点"模式时，该选项用来切换在所有可设置动画的封套参数上创建关键点的可能性。

❖ 权重所有顶点：启用该选项后，将强制不受封套控制的所有顶点加权到与其最近的骨骼。

❖ 移除零权重 ：如果顶点低于"移除零限制"值，则从其权重中将其去除。

❖ 移除零限制：设置权重阈值。该阈值确定在单击"移除零权重"按钮 后是否从权重中去除顶点。

## 5.Gizmos卷展栏

展开Gizmos卷展栏，如图20-124所示。

图20-124

**参数详解**

❖ Gizmos列表：列出当前的"角度"变形器。

❖ 变形器列表：列出可用变形器。

- ❖ 添加Gizmos⊕：将当前Gizmos添加到选定顶点。
- ❖ 移除Gizmos⊗：从列表中移除选定Gizmos。
- ❖ 复制Gizmos▣：将高亮显示的Gizmos复制到缓冲区以便粘贴。
- ❖ 粘贴Gizmos▣：从复制缓冲区粘贴Gizmos。

# 20.2 群组对象

"群组"对象属于辅助对象。辅助对象可以起支持的作用，就像阶段手或构造助手一样。而群组辅助对象在角色动画中充当了控制群组模拟的命令中心。在大多数情况下，每个场景需要的群组对象不会多于一个。

在"创建"面板中单击"辅助对象"按钮▣，然后使用"群组"工具在场景中拖曳光标可以创建一个群组对象，如图20-125所示。

群组对象包含7个卷展栏，如图20-126所示。

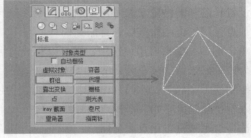

图20-125　　　　　　　　　　　　　　图20-126

## 20.2.1 "设置"卷展栏

### 功能介绍

展开"设置"卷展栏，如图20-127所示。

图20-127

### 命令详解

- ❖ 散布▣：单击该按钮可以打开"散布对象"对话框，如图20-128所示。在该对话框中可以克隆、旋转和缩放散布对象。
- ❖ 对象/代理关联～：单击该按钮可以打开"对象/代理关联"对话框，如图20-129所示。在该对话框中可以链接任意数量的代理对象。
- ❖ Biped/代理关联▣：单击该按钮可以打开"将Biped与代理相关联"对话框，如图20-130所示。在该对话框中可以将许多代理与相等数量的Biped相关联。

图20-128　　　　　　　　　图20-129　　　　　　　　　图20-130

❖ 多个代理编辑 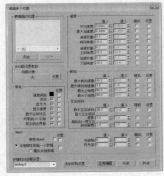：单击该按钮可以打开"编辑多个代理"对话框，如图20-131所示。在该对话框中可以定义代理组并为之设置参数。

❖ 行为指定 ：单击该按钮可以打开"行为指定和组合"对话框，如图20-132所示。在该对话框中可以将代理分组归类到组合，并为单个代理和组合指定行为和认知控制器。

❖ 认知控制器 ：单击该按钮可以打开"认知控制器编辑器"对话框，如图20-133所示。在该对话框中可以将行为合并到状态中。

❖ 行为：该选项组用于为一个或多个代理新建行为。

◇ 新建 新建 ：单击该按钮可以打开"选择行为类型"对话框，如图20-134所示。在该对话框中可以选择要新建的行为类型。

图20-131

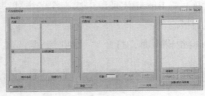

图20-132

图20-133

图20-134

◇ 删除 删除 ：删除当前行为。

◇ 行为列表：列出当前场景中的所有行为。

## 20.2.2 "解算"卷展栏

### 功能介绍

展开"解算"卷展栏，如图20-135所示。

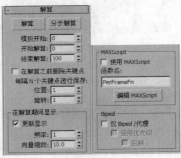

图20-135

### 参数详解

❖ 解算 解算 ：应用所有指定行为到指定的代理中来连续运行群组模拟。

❖ 分步解算 分步解算 ：以时间线滑块位置指定帧作为开始帧，来一次一帧地运行群组模拟。

❖ 模拟开始：设置模拟的第1帧。

❖ 开始解算：设置开始进行解算的帧。

❖ 结束解算：设置解算的最后一帧。

❖ 在解算之前删除关键点：删除在解算发生范围之内的活动代理的关键点。

- ❖ 每隔N个关键点进行保存：在解算之后，可以使用该选项来指定要保存的位置和旋转关键点的数目。
  - ◇ 位置/旋转：设置保存代理的位置和旋转关键点的频率。
- ❖ 在解算期间显示：该选项组用于设置解算期间的显示情况。
  - ◇ 更新显示：勾选该选项后，在群组模拟过程中产生的运动将显示在视口中。
  - ◇ 频率：在解算过程中，设置多长时间进行一次更新显示。
  - ◇ 向量缩放：在模拟过程中，设置显示全局缩放的所有力和速度向量。
- ❖ MAXScript：该选项组用于设置解算的脚本。
  - ◇ 使用MAXScript：勾选该选项后，在解算过程中，用户指定的脚本会在每一帧上执行。
  - ◇ 函数名：显示将被执行的函数名。
  - ◇ 编辑MAXScript 编辑 MAXScript：单击该按钮可以打开"MAXScript编辑器"对话框，在该对话框中可以修改脚本。
- ❖ Biped：该选项组用于设置Biped/代理的优先和回溯情况。
  - ◇ 仅Biped/代理：勾选该选项后，在计算中仅包含Biped/代理。
  - ◇ 使用优先级：勾选该选项后，Biped/代理以一次一个的方式进行计算，并根据它们的优先级值进行排序，从最低值到最高值。
  - ◇ 回溯：当求解使用Biped群组模拟时，打开"回溯"功能。

## 20.2.3 "优先级"卷展栏

### 功能介绍

展开"优先级"卷展栏，如图20-136所示。

图20-136

### 参数详解

- ❖ 起始优先级：设置"起始优先级"的值。
- ❖ 通过拾取指定：使用"拾取/指定"按钮 拾取/指定 可以在视图中依次选择每个代理，然后将连续的较高优先级值指定给任何数目的代理。
- ❖ 通过计算指定：该选项组用于指定代理优先级的5种不同方法。
  - ◇ 要指定优先级的代理 要指定优先级的代理：指定使用其他控件来影响代理。
  - ◇ 对象的接近度：允许根据代理与特定对象之间的距离来指定优先级。
  - ◇ 栅格的接近度：允许根据代理与特定栅格对象指定的无限平面之间的距离来指定优先级。
  - ◇ 指定随机优先级 指定随机优先级：为选定的代理指定随机优先级。
  - ◇ 使优先级唯一 使优先级唯一：确保所有的代理具有唯一的优先级值。
  - ◇ 增量优先级 增量优先级：按照"增量"值递增所有选定代理的优先级。
  - ◇ 增量：按照"增量优先级"按钮 增量优先级 调整代理优先级来设置"增量"值。
- ❖ 设置开始帧 设置开始帧...：单击该按钮可以打开"设置开始帧"对话框，如图20-137所示。在该对话框中可以根据指定的优先级设置开始帧。

图20-137

❖ 显示优先级：勾选该选项后，将显示作为附加到代理的黑色数字指定的优先级值。

❖ 显示开始帧：勾选该选项后，将显示作为附加到代理的黑色数字指定的开始帧值。

## 20.2.4 "平滑"卷展栏

### 功能介绍

展开"平滑"卷展栏，如图20-138所示。

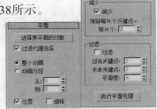

图20-138

### 参数详解

❖ 选择要平滑的对象 选择要平滑的对象 ：单击该按钮可以打开"选择"对话框，在该对话框中可以指定要平滑的对象位置和旋转。

❖ 过滤代理选择：勾选该选项后，由"选择要平滑的对象"按钮 选择要平滑的对象 打开的"选择"对话框仅显示代理。

❖ 整个动画：平滑所有动画帧。

❖ 动画分段：仅平滑"从"和"到"中指定范围内的帧。

❖ 从：当勾选了"动画分段"选项后，该选项用于指定要平滑动画的第1帧。

❖ 到：当勾选了"动画分段"选项后，该选项用于指定要平滑动画的最后一帧。

❖ 位置：勾选该选项时，在模拟结束后，通过模拟产生的选定对象的动画路径便已经进行了平滑。

❖ 旋转：勾选该选项时，在模拟结束后，通过模拟产生的选定对象的旋转便已经进行了平滑。

❖ 减少：该选项组用于设置每隔多少个关键点进行保留来减少关键点的数目。

  ◇ 减少：通过在每一帧中每隔n个关键点进行保留来减少关键点的数目。

  ◇ 每N个：通过每隔2个关键点进行保留或每隔3个关键点进行保留等来限制平滑处理量。

❖ 过滤：该选项组可以通过平均代理的当前位置或方向来平滑这些向前和向后的关键帧。

  ◇ 过滤：勾选该选项时，可以使用其他设置来执行平滑操作。

  ◇ 过去关键点：使用当前帧之前的关键点数目来平均位置或旋转。

  ◇ 未来关键点：使用当前帧之后的关键点数目来平均位置或旋转。

  ◇ 平滑度：设置要执行的平滑程度。

  ◇ 执行平滑处理 执行平滑处理 ：单击该按钮可以执行平滑操作。

## 20.2.5 "碰撞"卷展栏

### 功能介绍

展开"碰撞"卷展栏，如图20-139所示。

图20-139

**参数详解**

❖ 高亮显示碰撞代理：勾选该选项后，发生碰撞的代理将用碰撞颜色突出显示。

❖ 仅在碰撞期间：碰撞代理仅在实际发生碰撞的帧中突出显示。

❖ 始终：碰撞代理在碰撞帧和后续帧中均突出显示。

❖ 碰撞颜色：用于设置显示碰撞代理所使用的颜色。

❖ 清除碰撞 <u>清除碰撞</u>：从所有代理中清除碰撞信息。

## 20.2.6 "几何体"卷展栏

**功能介绍**

展开"几何体"卷展栏，如图20-140所示。

图20-140

**参数详解**

❖ 图标大小：设置群组辅助对象图标的大小。

## 20.2.7 "全局剪辑控制器"卷展栏

**功能介绍**

展开"全局剪辑控制器"卷展栏，如图20-141所示。

图20-141

**命令详解**

❖ 列表：该列表用于显示全局对象。

❖ 新建 <u>新建</u>：指定全局对象并将其添加到列表中。

❖ 编辑 <u>编辑</u>：单击该按钮可以修改全局对象的属性。

❖ 加载 <u>加载</u>：从磁盘中加载前面已保存过的全局运动剪辑（.ant）文件。

❖ 保存 <u>保存</u>：以.ant文件格式将当前全局运动剪辑设置存储到磁盘中。

## 【练习20-5】用群组和代理辅助对象制作群集动画

本练习的群集动画效果如图20-142所示。

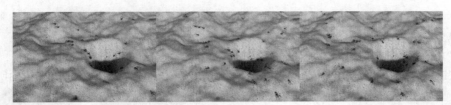

图20-142

**01** 打开学习资源中的"练习文件>第20章>20-5.max"文件，如图20-143所示。

**02** 在"创建"面板中单击"辅助对象"按钮 ，然后使用"群组"工具 群组 在场景中创建一个群组辅助对象，如图20-144所示。

**03** 使用"代理"工具 代理 在场景中创建一个代理辅助对象，如图20-145所示。

图20-143

图20-144

图20-145

**04** 选择群组对象，然后在"设置"卷展栏下单击"新建"按钮 新建 ，接着在弹出的"选择行为类型"对话框中选择"搜索行为"选项，如图20-146所示。

**05** 展开"搜索行为"卷展栏，然后单击"多个选择"按钮 ，接着在弹出的"选择"对话框中选择Sphere001，如图20-147所示。

**06** 在"设置"卷展栏下单击"新建"按钮 新建 ，然后在弹出的"选择行为类型"对话框中选择"曲面跟随行为"选项，如图20-148所示。

图20-146

图20-147

图20-148

**07** 展开"曲面跟随行为"卷展栏，然后单击"多个选择"按钮 ，接着在弹出的"选择"对话框中选择Plane001，如图20-149所示。

**08** 在"设置"卷展栏下单击"散布"按钮 打开"散布对象"对话框，然后在"克隆"选项卡下单击"无"按钮 无 ，接着在弹出的"选择"对话框中选择代理对象Delegate001，最后设置"数量"为60，如图20-150所示。

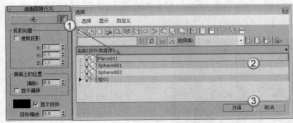

图20-149

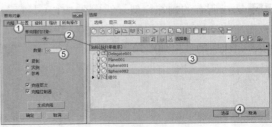
图20-150

09 单击"位置"选项卡，然后设置"放置相对于对象"为"在曲面上"，接着单击"无"按钮 ，最后在弹出的"选择"对话框中选择Plane001，如图20-151所示。

10 单击"所有操作"选项卡，然后在"操作"选项组下勾选"克隆"和"位置"选项，接着单击"散布"按钮 ，最后再单击 确定 完成操作，如图20-152所示，散布效果如图20-153所示。

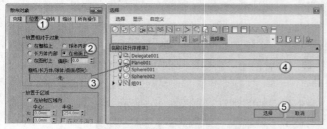
图20-151

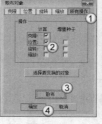
图20-152

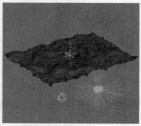
图20-153

11 选择蜘蛛模型，然后使用"选择并移动"工具移动复制（选择"实例"复制方式）60个蜘蛛模型，如图20-154所示。

12 选择群组对象，然后在"设置"卷展栏下单击"对象/代理关联"按钮打开"对象/代理关联"对话框，接着在"对象"列表下单击"添加"按钮 添加 ，最后在弹出的"选择"对话框中选择所有的蜘蛛模型，如图20-155所示。

图20-154

图20-155

13 在"代理"列表下单击"添加"按钮 添加 ，然后在弹出的"选择"对话框中选择所有的代理对象，如图20-156所示。

14 继续在"对象/代理关联"对话框中单击"将对象与代理对齐"按钮 将对象与代理对齐 和"将对象链接到代理"按钮 将对象链接到代理 ，如图20-157所示，效果如图20-158所示。

图20-156

图20-157

图20-158

15 选择所有的蜘蛛模型，然后在"主工具栏"中设置"参考坐标系"为"局部"，接着设置轴点中心为"使用轴点中心" ，如图20-159所示，最后使用"选择并均匀缩放"工具等比例缩放蜘蛛模型，完成后的效果如图20-160所示。

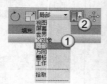
图20-159

图20-160

**16** 选择群组对象，在"设置"卷展栏下单击"散布"按钮图打开"散布对象"对话框，然后在"旋转"选项卡下设置"注视来自"为"选定对象"，接着单击"无"按钮 无 ，在弹出的"选择"对话框中选择Sphere002球体，最后单击"生成方向"按钮 生成方向 ，如图20-161所示，效果如图20-162所示。

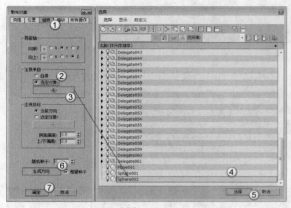

图20-161

图20-162

**17** 选择群组对象，在"设置"卷展栏下单击"多个代理编辑"按钮图打开"编辑多个代理"对话框，然后单击"添加"按钮 添加 ，并在弹出的"选择"对话框中选择所有的代理对象，接着在"常规"选项组下关闭"约束到xy平面"选项前面的复选框，并勾选后面的复选框，最后单击"应用编辑"按钮 应用编辑 ，如图20-163所示。

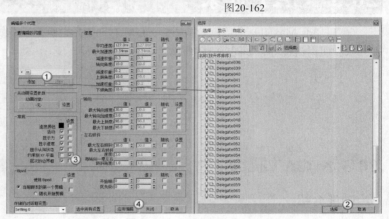

图20-163

**18** 选择群组对象，在"设置"卷展栏下单击"行为指定"按钮打开"行为指定和组"对话框，然后在"组"面板中单击"新建组"按钮 新建组 ，接着在弹出的"选择代理"对话框中选择所有的代理对象，如图20-164所示。

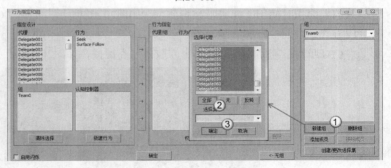

图20-164

**19** 在"组"列表下选择Team0，然后在"行为"列表下选择Seek和Surface Follow，接着单击箭头→按钮，将其加载到"行为指定"列表下，如图20-165所示。

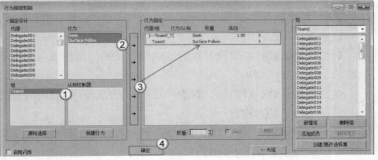

图20-165

**20** 在"解算"卷展栏下单击"解算"按钮 解算 ，这样场景中的对象会自动生成动画，解算完成后的动画效果如图20-166所示。

图20-166

**21** 选择动画效果最明显的一些帧，然后单独渲染出这些单帧动画，最终效果如图20-167所示。

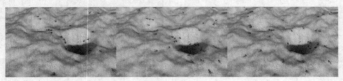

图20-167

# 20.3 CAT对象

CAT是3ds Max的一个角色动画插件。CAT有助于角色绑定、非线性动画制作、动画分层、运动捕捉导入和肌肉模拟等，如图20-168所示。

图20-168

## 20.3.1 CAT肌肉

### 功能介绍

"CAT肌肉"辅助对象属于非渲染、多段式的肌肉辅助对象，最适合在拉伸和变形时需要保持相对一致的大面积时使用（如肩膀和胸部），如图20-169所示。创建"CAT肌肉"辅助对象后，可以修改其分段方式、碰撞检测属性等。

"CAT肌肉"辅助对象包含一个"肢体"卷展栏，如图20-170所示。

### 参数详解

图20-169          图20-170

① "类型"选项组

❖ 网格：将CAT肌肉设置为"网格"类型。这种肌肉相当于单块碎片，上面有许多始终完全相互连接的面板。

❖ 骨骼：将CAT肌肉设置为"骨骼"类型。这种肌肉的每块面板都相当于一个单独的骨骼，具有自己的名称。

❖ 移除倾斜：将CAT肌肉类型设置为"骨骼"类型时，如果通过移动控制柄使肌肉变形，则面板角会形成非直角的角。

② "属性"选项组
❖ 名称：设置肌肉的名称。
❖ 颜色：设置肌肉及其控制柄的颜色。
❖ U/V分段：设置肌肉在水平和垂直维度上细分的段数。
❖ L/M/R：表示左、中、右，即肌肉所在的绑定侧面。
❖ 镜像轴：设置肌肉沿其分布的轴。
③ "控制柄"选项组
❖ 可见：切换肌肉控制柄的显示。
❖ 中央控制柄：切换与各个角点控制柄相连的Bezier型额外控制柄的显示。
❖ 控制柄大小：设置每个控制柄的大小。
④ "冲突检测"选项组
❖ 添加 添加 ：使用该按钮可以拾取碰撞对象，并将其添加到列表中。
❖ 移除高亮显示的冲突对象 ✖ ：移除选定的冲突对象。
❖ 硬度：设置肌肉的变形程度。
❖ 扭曲：设置碰撞对象引起变形的粗糙度。
❖ 顶点法线：将沿受影响肌肉区域的曲面法线的方向（即垂直于该曲面）产生变形。
❖ 对象X：沿碰撞对象的局部x轴的反方向产生变形。
❖ 平滑：勾选该选项时，将恢复碰撞对象引起的变形。
❖ 反转：反转碰撞对象引起的变形的方向。

## 20.3.2 肌肉股

### 功能介绍

"肌肉股"是一种用于角色蒙皮的非渲染辅助对象，其作用类似于两个点之间的Bezier曲线，如图20-171所示。股的精度高于CAT肌肉，而且在必须扭曲蒙皮的情况下才可提供更好的结果。CAT肌肉最适用于肩部和胸部的蒙皮，但对于手臂和腿的蒙皮，"肌肉股"更加合适。

"肌肉股"辅助对象包含一个"肌肉股"卷展栏，如图20-172所示。

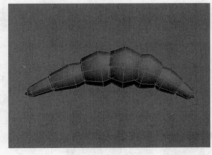
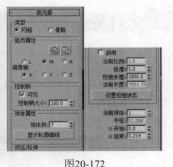

图20-171              图20-172

### 参数详解

① "类型"选项组
❖ 网格：将"肌肉股"设置为单个碎片。
❖ 骨骼：将"肌肉股"的每个球体设置为一块单独的骨骼。
② "肌肉属性"选项组
❖ L/M/R：表示左、中、右，即肌肉所在的绑定侧面。
❖ 镜像轴：设置肌肉沿其分布的轴。
③ "控制柄"选项组
❖ 可见：切换肌肉控制柄的显示。

❖ 控制柄大小：设置每个控制柄的大小。

④ "球体属性"选项组

❖ 球体数：设置构成"肌肉股"的球体的数量。

❖ 显示轮廓曲线 <u>显示轮廓曲线</u>：单击该按钮可以打开"肌肉轮廓曲线"对话框，如图20-173所示。在该对话框中可以调整曲线来控制"肌肉股"的剖面或轮廓。

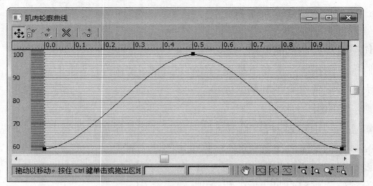

图20-173

⑤ "挤压/拉伸"选项组

❖ 启用：勾选该选项时，可以通过更改肌肉长度来影响剖面。

❖ 当前比例：显示肌肉的缩放量。

❖ 倍增：设置挤压和拉伸的量。

❖ 松弛长度：设置肌肉处于松弛状态时的长度。

❖ 当前长度：显示肌肉的当前长度。

❖ 设置松弛状态 <u>设置松弛状态</u>：单击该按钮可以设置松弛状态，即将"松弛长度"设置为当前长度，并将"当前比例"设置为1。

⑥ "球体"选项组

❖ 当前球体：设置要调整的球体。

❖ 半径：显示当前球体的半径。

❖ U开始/结束：设置相对于球体全长测量的当前球体的范围。

## 20.3.3 CAT父对象

### 功能介绍

每个CATRig都有一个CAT父对象。"CAT父对象"是在创建绑定时在每个绑定下显示带有箭头的三角形符号，可以将这个符号视为绑定的角色节点，如图20-174所示。"CAT父对象"包含两个卷展栏，分别是"CATRig参数"卷展栏和"CATRig加载保存"卷展栏，如图20-175所示。

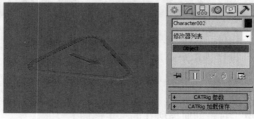

图20-174                     图20-175

### 1. "CATRig参数"卷展栏

展开"CATRig参数"卷展栏，如图20-176所示。

图20-176

**参数详解**

❖ 名称：显示CAT用作CATRig中所有骨骼的前缀名称。

❖ CAT单位比：设置CATRig的缩放比。

❖ 轨迹显示：选择CAT在轨迹视图中显示CATRig上的层和关键帧所采用的方法。

❖ 骨骼长度轴：选择CATRig用作长度轴的轴。

❖ 运动提取节点 运动提取节点 ：切换运动并提取节点。

## 2. "CATRig加载保存" 卷展栏

展开 "CATRig加载保存" 卷展栏，如图20-177所示。

**参数详解** 图20-177

❖ CATRig预设列表：列出所有可用CATRig预设。在列表中双击预设即可在场景中创建相应的CATRig，如图20-178所示。

图20-178

❖ 打开预设装备 ：将CATRig预设（仅限RG3格式）加载到选定CAT父对象的文件对话框。

❖ 保存预设绑定 ：将选定CATRig另存为预设文件。

❖ 创建骨盆 创建骨盆 /重新加载 重新加载 ：如果绑定中不存在任何骨盆，按钮显示为 "创建骨盆" 按钮 创建骨盆 ，使用该按钮可以创建一个用作自定义绑定的基础的骨盆；如果绑定包含骨盆，并且该骨盆是从RG3预设加载而来或已另存为RG3预设，则按钮显示为 "重新加载" 按钮 重新加载 ，使用该按钮可以加载当前预设文件。

❖ 添加装备 添加装备 ：用于在CAT父对象级别向绑定添加场景中的对象。

❖ 从预设更新装备：如果启用该选项，当加载场景时，场景文件将保留原始角色，但CAT会自动使用更新后的数据（保存在预设中）替换该角色。

# 【练习20-6】用"CAT父对象"制作动物行走动画

本练习的动物行走动画效果如图20-179所示。

图20-179

01 使用"CAT父对象"工具 CAT父对象 在场景中创建一个CAT父对象辅助对象，如图20-180所示。

02 展开"CATRig加载保存"卷展栏，然后在CATRig预设列表下双击Lizard预设在场景中创建一个Lizard对象，如图20-181所示。

03 展开"CATRig参数"卷展栏，然后设置"CAT单位比"为0.593，如图20-182所示。

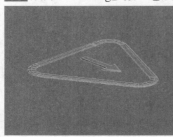
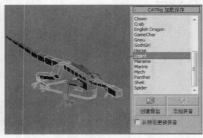

图20-180　　　　　　　　　　　图20-181　　　　　　　　　　　图20-182

04 切换到"运动"面板，然后在"层管理器"卷展栏下单击"添加层"按钮 创建一个CATMotion层，如图20-183所示，接着单击"设置/动画模式切换"按钮 （激活后的按钮会变成 状）生成一段动画。

05 在"层管理器"卷展栏下单击"CATMotion编辑器"按钮 ，然后在列表中选择Globals（全局）选项，接着在"行走模式"选项组下勾选"直线行走"选项，如图20-184所示。

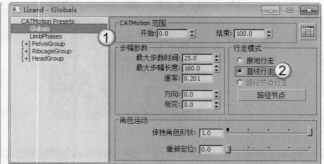

图20-183　　　　　　　　　　　图20-184

06 单击"播放动画"按钮 ，效果如图20-185所示。

图20-185

07 采用相同的方法创建出其他的CAT动画，完成后的效果如图20-186所示。

08 选择动画效果最明显的一些帧，然后单独渲染出这些单帧动画，最终效果如图20-187所示。

图20-186                                    图20-187

## 【练习20-7】用"CAT父对象"制作恐龙动画

本练习的恐龙动画效果如图20-188所示。

图20-188

01 使用"CAT父对象"工具 CAT父对象 在场景中创建一个CAT父对象辅助对象，然后在"CATRig参数"卷展栏下设置"CAT单位比"为0.5，如图20-189所示。

02 在"CATRig加载保存"卷展栏下单击"创建骨盆"按钮 创建骨盆 ，创建好的骨盆效果如图20-190所示。

03 选择骨盆，然后在"连接部设置"卷展栏下设置"长度"为30、"宽度"为30、"高度"为15，接着单击"添加腿"按钮 添加腿 ，效果如图20-191所示。

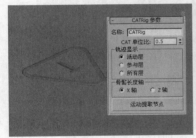  

图20-189                    图20-190                    图20-191

04 选择腿，然后在"肢体设置"卷展栏下勾选"锁骨"选项，如图20-192所示。

05 选择脚掌骨骼，然后在前视图中将其沿x轴正方向拖曳一段距离，如图20-193所示。

06 选择骨盆，然后在"连接部设置"卷展栏下单击"添加腿"按钮 添加腿 ，效果如图20-194所示。

  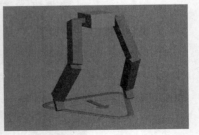

图20-192                    图20-193                    图20-194

07 选择骨盆，然后在"连接部设置"卷展栏下单击"添加脊椎"按钮 添加脊椎 ，效果如图20-195所示，接着使用"选择并旋转"工具 和"选择并移动"工具 将脊椎骨骼调节成如图20-196所示的效果。

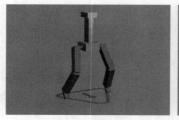

图20-195                图20-196

**08** 选择脊椎骨骼，然后在"连接部设置"卷展栏下单击"添加腿"按钮 添加腿，效果如图20-197所示，接着将腿骨骼调节成如图20-198所示的效果。

图20-197                图20-198

**09** 选择连接前腿的骨盆，然后在"连接部设置"卷展栏下继续单击"添加腿"按钮 添加腿，效果如图20-199所示。

**10** 选择连接前腿的骨盆，然后在"连接部设置"卷展栏下单击"添加脊椎"按钮 添加脊椎，效果如图20-200所示，接着将恐龙骨骼调整成如图20-201所示的效果。

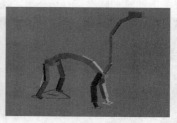

图20-199                图20-200                图20-201

**11** 选择连接后腿的骨盆，然后在"连接部设置"卷展栏下单击"添加尾部"按钮 添加尾部，效果如图20-202所示，接着将骨骼调整成如图20-203所示的效果。

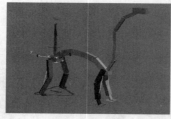

图20-202                图20-203

**12** 为恐龙骨骼创建一个行走动画，完成后的效果如图20-204所示。

图20-204

---

**提示**

关于行走动画的制作方法，请参阅"【练习20-6】用CAT父对象制作动物行走动画"。

---

**13** 选择CAT父对象辅助对象，然后在"CATRig加载保存"卷展栏下单击"保存预设装备"按钮 ，接着在弹出的"另存为"对话框中将其保存为预设文件，如图20-205所示。

图20-205

---

**提示**

保存预设文件以后，在CATRig预设列表中就会显示出这个预设文件，并且可以直接使用这个预设文件创建一个相同的恐龙骨骼，如图20-206所示。

图20-206

---

**14** 在CATRig预设列表下双击保存好的预设，创建一个相同的恐龙动画，如图20-207所示。

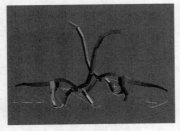

图20-207

**15** 选择动画效果最明显的一些帧，然后单独渲染出这些单帧动画，最终效果如图20-208所示。

图20-208

# 20.4 人群流动画

在前面所讲的内容与实例中，基本上都是通过一些简单的设置就可以完成最终的动画效果。但是要制作人群行走或人物交谈等动画效果，使用前面的方法就会非常吃力。基于此，3ds Max提供了一个十分理想的人群动画制作工具——填充，使用该工具可以快速制作出人群的各种自然动画。

## 20.4.1 填充选项卡

"填充"工具位于Ribbon工具栏的最右侧，它以选项卡的形式呈现在Ribbon工具栏中，分为"定义流""定义空闲区域""模拟""显示""编辑选定对象"5大部分，如图20-209所示。

图20-209

### 1. "定义流"面板

**功能介绍**

"定义流"面板可以用于创建与编辑流，如图20-210所示。

图20-210

**命令详解**

❖ 创建流 ：使用该工具可以在场景中创建人群行进路径。单击鼠标左键确定好开始点，然后移动鼠标确定路径的长度与方向，接着单击确定第1段路流，重复相同操作可以创建若干段流，若要完成创建，则需要单击鼠标右键。注意，如果新流段与上一流段之间的角度太小，则该流中的所有流段都将为空，并且在该流上会显示橙色轮廓。

❖ 宽度：设置路径的宽度。

❖ 编辑流 ：流创建完成后，单击该按钮可以调整流的点和线段。

❖ 添加到流 ：流创建完成后，单击该按钮可以添加新的流点与线段。

❖ 创建坡度 ：流创建完成后，单击该按钮可以支持在流段内创建上倾和下倾区域。注意，仅当"编辑流"按钮 处于活动状态并且选中了一个或多个流段时，"创建坡度"按钮 才可用。

---

**提示**

如果要创建坡度，可以选择一个或多个流段，然后单击"创建坡度"按钮 （这个操作会为该流段添加两条新边，从而将该流段细分为3个子流段。中间的子流段是坡度，由两端的箭头指示，而相邻的两个子流段是梯台），接着选择一个或多个子流段边，将其向上或向下移动一小段距离。注意，如果移动得太远，行人车道就会消失，流的渲染也无效。

---

### 2. "定义空闲区域"面板

**功能介绍**

空闲区域是填充模拟中人群聚集的区域，该区域中的人物会表现出典型的"闲逛"行为，如聊天、打手势、讲电话等，其参数设置面板如图20-211所示。

图20-211

### 参数详解

❖ **创建空闲区域**：该选项组用于创建和修改空闲区域。

  ◇ 创建座位：单击该按钮后，在视图中拖曳光标可以创建座位。

  ◇ 创建自由空闲区域：单击该按钮后，可以在视图中徒手绘制并创建任意形状的空闲区域。

  ◇ 创建矩形空闲区域：单击该按钮后，可以在视图中拖出尺寸并创建矩形空闲区域。

  ◇ 创建圆形空闲区域：单击该按钮后，可以在视图中徒手绘制并创建圆形或椭圆形空闲区域。

  ◇ 添加到空闲区域：单击该按钮后，可以增加现有空闲区域的大小。

  ◇ 从空闲区域减去：单击该按钮后，可以减小现有空闲区域的大小。

  ◇ 修改空闲区域：可以通过使用笔刷类型的界面移动单个空闲区域的顶点来更改该区域的形状。

  ◇ 笔刷大小：设置"修改空闲区域"笔刷的大小，可以按住 Ctrl+Shift 组合键在视图中拖曳光标以交互的方式更改笔刷大小。

❖ **座位**：该选项组用于调整有座位的角色的性别比例。

  ◇ 女性：为有座位的角色设置性别比值。值为0时，坐着的人都是男性；值为1时，坐着的人都是女性；值介于0~1之间时，则进行随机性别分配。

  ◇ 设置选定对象：通过该选项可以更改选定座位的性别分布（根据"女性"进行设置）。

❖ **圆形**：该选项组用于控制创建圆形空闲区域的边数与确定是否创建统一图形。

  ◇ 圆边：用于控制圆形空闲区域创建时的边数。较小的边数可以生成对应的多边形区域，较大的边数可以生成十分平滑的圆形区域。

  ◇ 创建统一图形：勾选该选项后，在使用"创建矩形空闲区域"工具与"创建圆形空闲区域"工具时可以生成正方形或正圆形的区域。

## 3."模拟"面板

### 功能介绍

"模拟"面板用于调整人群动画的时间长度，同时可以重新生成人群，如图20-212所示。

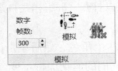

图20-212

### 参数详解

❖ 帧数：调整流动画的长度，最大值为10000。

❖ 模拟：流创建完成后，单击该按钮将随机生成人群。

❖ 删除人：从模拟中移除所有人，同时保留流和空闲区域及其属性。

### 4."显示"面板

**功能介绍**

"显示"面板用于控制人群的外观效果以及人群的显示、隐藏以及删除，另外还可以控制流的显示与隐藏，如图20-213所示。

图20-213

**参数详解**

❖ 群组蒙皮：用于选择人物的外观显示方式，共有以下3种。

    ◇ 线条图：将群组成员显示为简单的骨骼框架。这种显示方式占用资源最小，主要用于前期观察。

    ◇ 自定义蒙皮：为每个角色应用空白灰色材质。

    ◇ 带纹理的蒙皮：这是默认的显示方式，为每个角色应用低分辨率的纹理材质。

❖ 显示人：单击该按钮将隐藏人，再次单击将还原显示。注意，该按钮不会对流和空闲区域产生影响。

❖ 显示环境对象：单击该按钮将隐藏流和空闲区域，再次单击将还原显示。注意，该按钮不会对人的显示产生影响。

❖ 显示标记：切换环境对象（座椅、流、空闲区域）上所有标记的可见性。默认设置为启用。

❖ 保存纹理贴图：启用时，保存场景时将包括"填充"角色的纹理数据。默认设置为禁用。

### 5."编辑选定对象"面板

**功能介绍**

"编辑选定对象"面板主要用于调整人物的外观，如图20-214所示。

图20-214

**命令详解**

❖ 重新生成：要在模拟后随机改变一人或多人的外观，可以先选中此人或多人，然后单击该按钮。注意，使用该工具将会更改所选群组成员的身体网格和布料材质，这对于在渲染之前处理彼此之间太过相似或是以其他方式凸显出来的人很有帮助。

    ◇ 外观UI：单击该按钮可以打开"群组样式自定义"对话框，通过该对话框可自定义群组中人的外观。

❖ 交换外观：选择同一性别的两个角色，然后单击该按钮可以交换角色的外观和分辨率。交换外观不会影响角色的动画，它们的运动保持不变。

❖ 切换分辨率：当"带纹理的蒙皮"处于激活状态时，可以通过该按钮切换选定角色的网格和纹理细节。

❖ 重新模拟：单击该按钮，可以重新模拟选定项。

❖ 删除：单击可从场景中擦除选定人物。

❖ 烘焙：将选定人物转换为标准网格对象。注意，该操作不可恢复。

## 20.4.2 修改人群流

### 功能介绍

流创建完成后，选择该流并进入"修改"面板，可以在"流"卷展栏下调整道路与人群的细节，如图20-215所示。

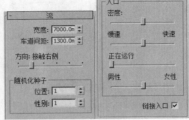

图20-215

### 参数详解

❖ 宽度：设置总流的宽度。

❖ 车道间距：设置相邻人行道之间的距离。

❖ 方向：确定行人在流上的整体运动和道路的方向，可以设置为"向前""接触右侧""向右摆""向左摆""接触左侧"或"向后"。

❖ 随机化种子：为行人的位置和性别设置随机种子。

　　◇ 位置：为行人的位置设置随机种子。

　　◇ 性别：为行人的性别设置随机种子。

❖ 入口：在该选项组中可以设置行人的细节。

　　◇ 密度：设置行人的相对数量。

　　◇ 慢速/快速：调整行走速度慢与行走速度快的行人的百分比。

　　◇ 正在运行：调整跑步与行走的人员的百分比。

　　◇ 男性/女性：设置男性行人与女性行人的比例。

❖ 链接入口：每一个流都有"入口 1"和"入口 2"两个入口。启用该选项时，流的两个入口将链接起来，并共享相同的设置。关闭该选项时，两个入口将分离，并可能会有不同的设置。

### 提示

当关闭"链接入口"选项后，将激活"入口 2"卷展栏，该入口与"入口 1"选项组中的选项相同，如图20-216所示。注意，只有当流是双向时，关闭"链接入口"选项时才会起作用。

图20-216

## 20.4.3 修改空闲区域

### 功能介绍

空闲区域创建完成后，选择该空闲区域并进入"修改"面板，可以在"空闲区域"卷展栏下调整休闲区域内的人群细节，如图20-217所示。

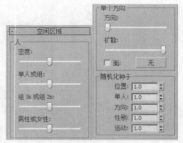

图20-217

**参数详解**

❖ **人**：该选项组用于控制空闲区域中人的相对数量以及单人、人群组以及男女的比率。

◇ 密度：控制空闲区域中人的相对数量。向左拖曳滑块表示行人较少；向右拖曳滑块表示行人较多。

◇ 单人或组：控制空闲区域中单人与两人组或3人组的比率。

◇ 组3s或组2s：控制3人组与两人组的比例。

◇ 男性或女性：控制男性与女性的比率。

❖ **单个方向**：用于设置单人的朝向。如果是分组的人，则始终围成一个圆，并且是面朝圆的内侧。

◇ 方向：控制空闲区域中单人的方向。注意，该选项会受到"扩散"选项的影响。

◇ 扩散：控制单人朝向的变化。向左拖曳滑块时，所有单人朝向同一方向；向右拖曳滑块会导致朝向发生较大（随机）变化。

◇ 面：启用该选项时，单人注视将使用"无"按钮 无 指定的对象。注意，在使用该选项时，需要将"方向"滑块和"扩散"滑块设为一直向左滑动。

◇ 无 无 ：使用该按钮可以指定单人在"面"处于启用状态时注视的对象。方向取决于指定对象时对象的位置。

❖ **随机化种子**：该选项组用于为空闲区域相关的各种因素提供随机种子。

◇ 位置：随机化空闲区域中各个角色的位置。

◇ 单人：随机化空闲区域中单个角色的位置和朝向。

◇ 方向：随机化空闲区域中单个角色的朝向。

◇ 性别：随机化空闲区域中单个角色的性别。

◇ 运动：随机化空闲区域中的各个角色的动画。

## 【练习20-8】用"填充"制作人群动画

人群动画效果如图20-218所示。

图20-218

01 打开学习资源中的"练习文件>第20章>20-8.max"文件，如图20-219所示。

02 切换到顶视图，然后使用"矩形"工具 矩形 测量道路的宽度，可以观察到约为2400mm，如图20-220所示。

03 在"填充"选项卡下设置"宽度"为2400mm，然后单击"创建流"按钮 ，接着结合捕捉功能在道路上创建好流的起点，最后向后方拖曳光标确定好流的方向，如图20-221所示。

图20-219

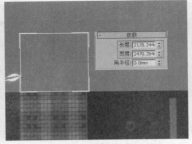
图20-220

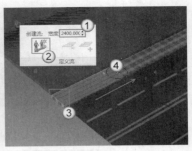
图20-221

**04** 在道路末端单击鼠标右键完成流的创建，如图20-222所示。

**05** 在"模拟"面板中单击"模拟"按钮生成默认的人物模型，如图20-223所示，可以观察到当前人群的密度比较小，因此按H键打开"从场景选择"对话框，然后选择到Flow001对象，如图20-224所示。

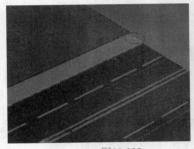
图20-222

图20-223

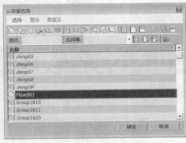
图20-224

**06** 切换到"修改"面板，然后在"流"卷展栏下将"密度"滑块拖曳到靠中间的位置，如图20-225所示，人群效果如图20-226所示。

**07** 在"模拟"面板中单击"模拟"按钮，以生成调整好的人群模型，如图20-227所示。

**08** 选择场景中的摄影机，然后调整出一个合适的观察角度，如图20-228所示。

图20-225

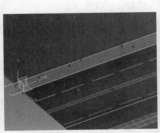
图20-226

图20-227

图20-228

**09** 下面创建空闲区域。切换到顶视图，然后在"定义空闲区域"面板中单击"创建自由空闲区域"按钮，接着创建出如图20-229所示的空闲区域。

**10** 切换到摄影机视图，然后在"模拟"面板中单击"模拟"按钮生成人物动画，效果如图20-230所示。

图20-229

图20-230

**11** 拖曳时间线滑块观察动画效果，可以观察到场景已经产生了比较理想的人群动画，如图20-231所示。

图20-231

**12** 选择动画效果最明显的一些帧，然后单独渲染出这些单帧动画，最终效果如图20-232所示。

图20-232

# 20.5 综合实例1：制作人物打斗动画

人物打斗动画效果如下图所示。

## 20.5.1 创建骨骼与蒙皮

**01** 打开学习资源中的"练习文件>第20章>综合练习1-1.max"文件，如图20-233所示。

**02** 使用Biped工具 Biped 在前视图中创建一个Biped骨骼，如图20-234所示。

**03** 为人物模型加载一个"蒙皮"修改器，然后在"参数"卷展栏下单击"添加"按钮 添加 ，接着在弹出的"选择骨骼"对话框中选择所有的关节，如图20-235所示。

图20-233

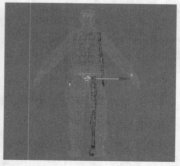

图20-234

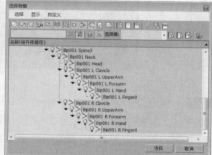

图20-235

## 20.5.2 制作打斗动画

**01** 选择Biped骨骼，然后切换到"运动"面板，接着在Biped卷展栏下单击"加载文件"按钮 ，最后在弹出的"打开"对话框中选择学习资源中的"练习文件>第20章>综合练习1-2.bip"文件，如图20-236所示。

图20-236

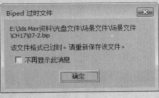
**02** 单击"播放动画"按钮▶，观察打斗动画，效果如图20-238所示。

图20-238

**03** 选择动画效果最明显的一些帧，然后单独渲染出这些单帧动画，最终效果如图20-239所示。

图20-239

# 20.6 综合实例2：制作飞龙爬树动画

飞龙爬树动画效果如下图所示。

## 20.6.1 创建骨骼与蒙皮

01 打开学习资源中的"练习文件>第20章>综合练习2.max"文件，如图20-240所示。

02 使用"CAT父对象"工具 CAT父对象 在场景中创建一个CAT父对象辅助对象，如图20-241所示。

图20-240 图20-241

03 展开"CATRig加载保存"卷展栏，然后在CATRig列表中双击English Dragon预设选项，创建一个English Dragon骨骼，如图20-242所示。

04 仔细调整English Dragon骨骼的大小和形状，使其与飞龙的大小和形状相吻合，如图20-243所示。

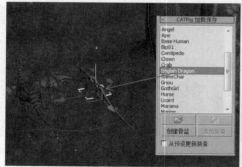

图20-242 图20-243

### 技术专题：透明显示对象

在调整骨骼时，由于飞龙模型总是挡住视线，因此很难调整骨骼的形状和大小。这里介绍一下如何将飞龙模型以透明的方式显示在视图中。

第1步：选择飞龙模式，然后单击鼠标右键，接着在弹出的菜单中选择"对象属性"命令，如图20-244所示。

第2步：执行"对象属性"命令后会弹出"对象属性"对话框，在"显示属性"选项组下单击"按对象"按钮 按对象 ，然后勾选"透明"选项，如图20-245所示，这样飞龙模型就会在视图中显示为透明效果，如图20-246所示。另外，为了在调整骨骼时不会选择到飞龙模型，可以将其冻结起来，待调整完骨骼以后再对其解冻。

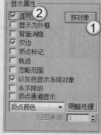

图20-244 图20-245 图20-246

05 为飞龙模型加载一个"蒙皮"命令修改器，然后在"参数"卷展栏下单击"添加"按钮 添加 ，接着在弹出的"选择骨骼"对话框中选择所有的关节，如图20-247所示。

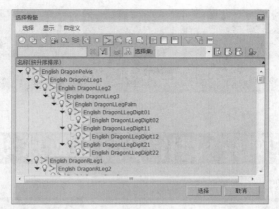

图20-247

## 20.6.2 制作爬树动画

**01** 选择CAT父对象辅助对象，切换到"运动"面板，然后在"层管理器"卷展栏下单击"添加层"按钮，接着激活"设置/动画模式切换"按钮，动画效果如图20-248所示。

图20-248

**02** 设置辅助对象类型为"标准"，然后使用"点"工具 在场景中创建一个点辅助对象，接着在"参数"卷展栏下设置"显示"方式为"长方体"，如图20-249所示。

**03** 选择点辅助对象，然后执行"动画>约束>路径约束"菜单命令，接着将点辅助对象链接到样条线路径上，如图20-250所示。

**04** 选择CAT父对象辅助对象，切换到"运动"面板，然后在"层管理器"卷展栏下单击"CATMotion编辑器"按钮，接着在列表中选择Globals（全局）选项，最后在"行走模式"选项组下单击"路径节点"按钮 路径节点 ，并在视图中拾取点辅助对象，如图20-251所示。

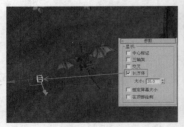

图20-249

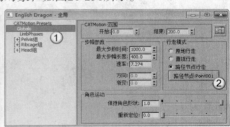

图20-250

图20-251

**05** 在"层管理器"卷展栏下激活"设置/动画模式切换"按钮，然后为点辅助对象设置一个简单的自动关键点位移动画，如图20-252所示。

图20-252

**06** 选择动画效果最明显的一些帧，然后单独渲染出这些单帧动画，最终效果如图20-253所示。

图20-253

# 20.7 综合实例3: 制作守门员救球动画

守门员救球动画效果如下图所示。

## 20.7.1 创建骨骼系统

`01` 打开学习资源中的"练习文件>第20章>综合练习3-1.max"文件, 如图20-254所示。

`02` 使用Biped工具 在前视图中创建一个与人物等高的Biped骨骼, 如图20-255所示。

`03` 选择Biped骨骼, 然后在Biped卷展栏下单击"体形模式"按钮 , 接着在"结构"卷展栏下设置"手指"为5、"手指链接"为3、"脚趾"为1、"脚趾链接"为3, 具体参数设置如图20-256所示, 最后使用"选择并移动"工具 将骨骼调整成与人体形状一致, 如图20-257所示。

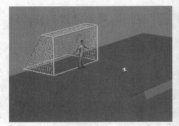   

图20-254　　　　　　　图20-255　　　　　　　图20-256　　　　　　　图20-257

## 20.7.2 为人物蒙皮

`01` 为人物模型加载一个"蒙皮"修改器, 然后在"参数"卷展栏下单击"添加"按钮 , 接着在弹出的"选择骨骼"对话框中选择所有的关节, 如图20-258所示。

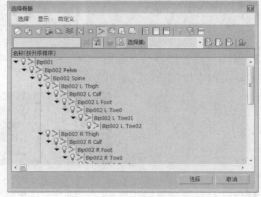

图20-258

**02** 选择小腿部分的骨骼，然后使用"选择并移动"工具 ✛ 向上拖曳骨骼，此时可以观察到小腿和脚都抬起来了，但是小腿与脚的连接部分有很大的弯曲，这是不正确的，如图20-259所示。

**03** 选择人物模型，然后进入"修改"面板，接着在"参数"卷展栏下单击"编辑封套"按钮 编辑封套 ，最后扩大小腿部分的封套范围，如图20-260所示。

**04** 采用相同的方法调整脚部的封套范围，如图20-261所示。调整完成后退出"编辑封套"模式。

图20-259

图20-260

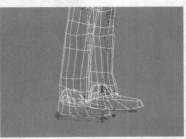
图20-261

## 20.7.3 制作救球动画

**01** 选择Biped骨骼，进入"运动"面板，然后在Biped卷展栏下单击"加载文件"按钮 ⬚ ，接着在弹出的对话框中选择学习资源中的"练习文件>第20章>综合练习3-2.bip"文件，动画效果如图20-262所示。

**02** 选择足球，然后为其加载一个"优化"修改器，接着在"参数"卷展栏下设置"面阈值"为50，如图20-263所示。

图20-262

图20-263

---

**提示**

这里优化足球是为了减少足球的面数，这样在动力学演算时才会流畅。在最终渲染时，可以将"优化"修改器删除掉。

**03** 在"主工具栏"中的空白处单击鼠标右键，然后在弹出的菜单中选择"MassFX工具栏"命令，调出"MassFX工具栏"，如图20-264所示。

**04** 选择足球，然后在"MassFX工具栏"中单击"将选定项设置为动力学刚体"按钮 ⬤ ，如图20-265所示，接着在"物理材质"卷展栏下设置"质量"为1.533、"反弹力"为1，如图20-266所示。

图20-264

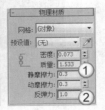
图20-265

图20-266

**05** 选择挡板模型，然后在"MassFX工具栏"中单击"将选定项设置为静态刚体"按钮⬛，如图20-267所示。

**06** 使用"选择并移动"工具⬛将足球放到挡板的上方，如图20-268所示。

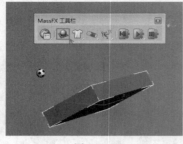

图20-267　　　　　　　　　　　　　图20-268

**07** 在"MassFX工具栏"中单击"开始模拟"按钮▶模拟动画，待模拟完成后再次单击"开始模拟"按钮▶结束模拟，然后选择足球，接着在"刚体属性"卷展栏下单击"烘焙"按钮 ⬛⬛⬛烘焙⬛⬛⬛，以生成关键帧动画，效果如图20-269所示。

**08** 选择挡板模型，然后单击鼠标右键，接着在弹出的菜单中选择"隐藏选定对象"命令，如图20-270所示。

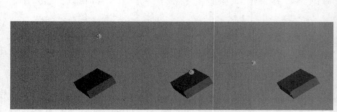

图20-269

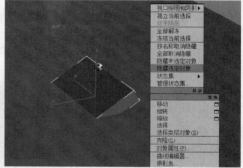

图20-270

**09** 单击"播放动画"按钮▶，观察扑球动画，效果如图20-271所示。

图20-271

**10** 选择动画效果最明显的一些帧，然后单独渲染出这些单帧动画，最终效果如图20-272所示。

图20-272

# 技术分享

## Biped与骨骼的区别

**文件位置**：练习文件>第20章>技术分享>Biped与骨骼的区别>Biped与骨骼的区别.max

在前面我们学习了骨骼与Biped的用法，无论是变形金刚动画还是人体行走动画，都可以证明骨骼和Biped能控制模型的运动。Biped是一种特殊的骨骼，与普通的骨骼相比，Biped有完善的运动系统，可以完美地模拟人体的肢体结构和肢体运动，所以Biped的主要用处就是制作人体的骨骼系统。而如果用骨骼创建人体骨骼，还需要用"IK解算器"处理骨骼，因此Biped比骨骼更高效。下面我们来看看使用Biped和骨骼创建人体骨骼系统的流程，同时简介各个环节的注意事项，如下图所示是本例的完成效果。

第1步：首先要创建好人物模型，如图A所示。无论是新建的角色模型，还是导入的角色模型，在使用Biped创建骨骼之前，一定要处理好角色模型的摆放姿势，即头部正对前方、双手平展、双脚自然张开、身形笔直、手肘/肩膀/膝盖和脚踝等关节部位尽量不要有弯曲等形变，这是绑定骨骼（Biped）的最佳形态，也是最快的形态。

第2步：使用Biped在模型中创建人体骨骼（根据不同的性别，可以选择对应的男女Biped）前，最好先将人体模型以半透明的方式进行显示（按Alt+X组合键），这样可以方便确认骨骼的位置。另外，在进行骨骼和模型匹配的时候，要尽量将骨骼完全包裹在模型的内部，如图B所示。

第3步：因为Biped模拟的是人体骨骼，所以对于角色运动，单靠Biped是不能做到尽善尽美的，如本例的裙摆、女性的胸部和头发等对象，它们不属于Biped的绑定范畴。所以，如果想让这些部位也产生运动，就必须单独为它们创建骨骼，这时"骨骼"工具 骨骼 就派上用场了。使用"骨骼"工具 骨骼 分别为裙摆、胸部和头发创建相应的骨骼，如图C所示。

图A 绑定骨骼的最佳姿势　　　　　　　图B 创建Biped骨骼　　　　　　　图C 为裙摆、胸部和头发创建骨骼

第4步：当骨骼的位置确定好以后，剩下的工作就是蒙皮了，大家可以使用"蒙皮"修改器或"蒙皮包裹"修改器来进行处理。待蒙皮完成后，骨骼的创建基本上就完成了。这时，大家会发现一个问题：因为骨骼被模型包裹住，不方便选择并控制骨骼来让模型产生运动，针对这个问题，我们可以使用"过滤器"进行选择，但是最佳的方法是将骨骼显示为外框，这样就可以很方便地选到骨骼，如图D所示。

第5步：将骨骼显示为外框以后，可以选择模型，按Alt+X组合键关闭半透明显示模式，通过控制骨骼外框就可以控制角色模型的肢体运动，如图E所示。

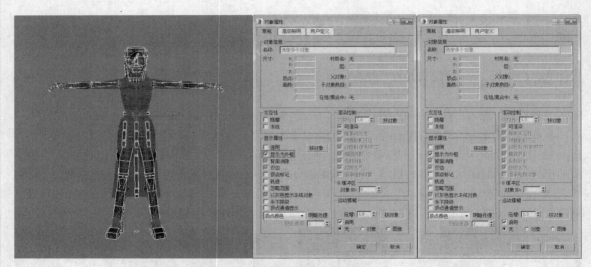

图D 将骨骼显示为外框

图E 通过骨骼控制模型的运动

　　从上面的操作中可以看出，Biped是专门用于模拟人体肢体运动的骨骼系统（仅限于人体对象），它是一个完整的整体，可以直接使用；而用"骨骼"工具 　骨骼 　创建的骨骼则是一个单独的骨骼对象，我们可以通过"骨骼"工具 　骨骼 　来设计各种对象的骨骼系统。所以，"骨骼"工具 　骨骼 的使用范围更广，但是创建难度比较大，因为要从无到有地去考虑骨骼之间的运动规则。

## 给读者学习高级动画的建议

　　相对于基础动画，高级动画无论从逻辑理论还是技术层面来说，难度都要大很多，相信不少读者即便是学完了本章的内容，也仅仅是掌握了高级动画的工具功能，但是要独立完成高级角色的绑定动画，难度会比较大，这不是本书介绍得不够详细，也不是大家的理解能力不行，这是高级动画自身造成的，下面就高级动画的学习给出几点建议。

　　第1点：明确模型、骨骼和蒙皮之间的逻辑关系。模型是表现效果的根本，它是呈现的最终效果，所以效果的好坏与模型造型的好坏有直接关系；骨骼是角色肢体动作的根本，要想让角色模型做出各种动作，骨骼是必需的；蒙皮是连接骨骼和模型的"桥梁"，它能将骨骼的运动状态直观地体现在角色上。

　　第2点：明确Biped的本质。Biped的本质就是骨骼，只是它是一套完整的人体骨骼运动系统。使用Biped可以模拟人体的各种肢体动作，但仅限于人体部分，对于衣服和头发等对象，还需要用"骨骼"工具 　骨骼 　来完成。

　　第3点：3ds Max中的角色骨骼类似于真实世界中的生物骨骼，但又有很多不同。这一点，在前面的"Biped与骨骼的区别"中已经体现出来了，如胸部和头发等部位，在现实中它们是不具备骨骼的，但是在3ds Max中，为了模拟它们的运动状态，所以也会用骨骼来进行模拟。

　　第4点：高级动画相对于前面所学的任何内容，在难度上都要高很多，对于这部分内容的学习，大家一定要端正态度，用一个面对全新领域的态度去学习，切不可急躁！

# 附录A 常用快捷键一览表

### 1.主界面快捷键

| 操作 | 快捷键 |
| --- | --- |
| 显示降级适配（开关） | O |
| 适应透视图格点 | Shift+Ctrl+A |
| 排列 | Alt+A |
| 角度捕捉（开关） | A |
| 动画模式（开关） | N |
| 改变到后视图 | K |
| 背景锁定（开关） | Alt+Ctrl+B |
| 前一时间单位 | . |
| 下一时间单位 | , |
| 改变到顶视图 | T |
| 改变到底视图 | B |
| 改变到摄影机视图 | C |
| 改变到前视图 | F |
| 改变到等用户视图 | U |
| 改变到右视图 | R |
| 改变到透视图 | P |
| 循环改变选择方式 | Ctrl+F |
| 默认灯光（开关） | Ctrl+L |
| 删除物体 | Delete |
| 当前视图暂时失效 | D |
| 是否显示几何体内框（开关） | Ctrl+E |
| 显示第一个工具条 | Alt+1 |
| 专家模式，全屏（开关） | Ctrl+X |
| 暂存场景 | Alt+Ctrl+H |
| 取回场景 | Alt+Ctrl+F |
| 冻结所选物体 | 6 |
| 跳到最后一帧 | End |
| 跳到第一帧 | Home |
| 显示/隐藏摄影机 | Shift+C |
| 显示/隐藏几何体 | Shift+O |
| 显示/隐藏网格 | G |
| 显示/隐藏帮助物体 | Shift+H |
| 显示/隐藏光源 | Shift+L |
| 显示/隐藏粒子系统 | Shift+P |
| 显示/隐藏空间扭曲物体 | Shift+W |
| 锁定用户界面（开关） | Alt+0 |
| 匹配到摄影机视图 | Ctrl+C |
| 材质编辑器 | M |
| 最大化当前视图（开关） | W |
| 脚本编辑器 | F11 |
| 新建场景 | Ctrl+N |
| 法线对齐 | Alt+N |
| 向下轻推网格 | 小键盘- |
| 向上轻推网格 | 小键盘+ |
| NURBS表面显示方式 | Alt+L或Ctrl+4 |
| NURBS调整方格1 | Ctrl+1 |
| NURBS调整方格2 | Ctrl+2 |
| NURBS调整方格3 | Ctrl+3 |
| 偏移捕捉 | Alt+Ctrl+Space（Space键即空格键） |
| 打开一个max文件 | Ctrl+O |
| 平移视图 | Ctrl+P |
| 交互式平移视图 | I |
| 放置高光 | Ctrl+H |
| 播放/停止动画 | / |
| 快速渲染 | Shift+Q |
| 回到上一场景操作 | Ctrl+A |
| 回到上一视图操作 | Shift+A |
| 撤销场景操作 | Ctrl+Z |
| 撤销视图操作 | Shift+Z |
| 刷新所有视图 | I |
| 用前一次的参数进行渲染 | Shift+E或F9 |
| 渲染配置 | Shift+R或F10 |

| 操作 | 快捷键 |
|---|---|
| 在XY/YZ/ZX锁定中循环改变 | F8 |
| 约束到x轴 | F5 |
| 约束到y轴 | F6 |
| 约束到z轴 | F7 |
| 旋转视图模式 | Ctrl+R或V |
| 保存文件 | Ctrl+S |
| 透明显示所选物体（开关） | Alt+X |
| 选择父物体 | PageUp |
| 选择子物体 | PageDown |
| 根据名称选择物体 | H |
| 选择锁定（开关） | Space（Space键即空格键） |
| 减淡所选物体的面（开关） | F2 |
| 显示所有视图网格（开关） | Shift+G |
| 显示/隐藏命令面板 | 3 |
| 显示/隐藏浮动工具条 | 4 |
| 显示最后一次渲染的图像 | Ctrl+I |
| 显示/隐藏主要工具栏 | Alt+6 |
| 显示/隐藏安全框 | Shift+F |
| 显示/隐藏所选物体的支架 | J |
| 百分比捕捉（开关） | Shift+Ctrl+P |
| 打开/关闭捕捉 | S |
| 循环通过捕捉点 | Alt+Space（Space键即空格键） |
| 间隔放置物体 | Shift+I |
| 改变到光线视图 | Shift+4 |
| 循环改变子物体层级 | Ins |
| 子物体选择（开关） | Ctrl+B |
| 贴图材质修正 | Ctrl+T |
| 加大动态坐标 | + |
| 减小动态坐标 | - |
| 激活动态坐标（开关） | X |
| 精确输入转变量 | F12 |
| 全部解冻 | 7 |
| 根据名字显示隐藏的物体 | 5 |
| 刷新背景图像 | Alt+Shift+Ctrl+B |
| 显示几何体外框（开关） | F4 |
| 视图背景 | Alt+B |
| 用方框快显几何体（开关） | Shift+B |
| 打开虚拟现实 | 数字键盘1 |
| 虚拟视图向下移动 | 数字键盘2 |
| 虚拟视图向左移动 | 数字键盘4 |
| 虚拟视图向右移动 | 数字键盘6 |
| 虚拟视图向中移动 | 数字键盘8 |
| 虚拟视图放大 | 数字键盘7 |
| 虚拟视图缩小 | 数字键盘9 |
| 实色显示场景中的几何体（开关） | F3 |
| 全部视图显示所有物体 | Shift+Ctrl+Z |
| 视窗缩放到选择物体范围 | E |
| 缩放范围 | Alt+Ctrl+Z |
| 视窗放大两倍 | Shift++（数字键盘） |
| 放大镜工具 | Z |
| 视窗缩小两倍 | Shift+-（数字键盘） |
| 根据框选进行放大 | Ctrl+W |
| 视窗交互式放大 | [ |
| 视窗交互式缩小 | ] |

## 2.轨迹视图快捷键

| 操作 | 快捷键 |
|---|---|
| 加入关键帧 | A |
| 前一时间单位 | < |
| 下一时间单位 | > |
| 编辑关键帧模式 | E |
| 编辑区域模式 | F3 |
| 编辑时间模式 | F2 |
| 展开对象切换 | O |
| 展开轨迹切换 | T |
| 函数曲线模式 | F5或F |
| 锁定所选物体 | Space（Space键即空格键） |
| 向上移动高亮显示 | ↓ |
| 向下移动高亮显示 | ↑ |
| 向左轻移关键帧 | ← |

（续表）

| 操作 | 快捷键 |
|---|---|
| 向右轻移关键帧 | → |
| 位置区域模式 | F4 |
| 回到上一场景操作 | Ctrl+A |
| 向下收拢 | Ctrl+↓ |
| 向上收拢 | Ctrl+↑ |

### 3.渲染器设置快捷键

| 操作 | 快捷键 |
|---|---|
| 用前一次的配置进行渲染 | F9 |
| 渲染配置 | F10 |

### 4.示意视图快捷键

| 操作 | 快捷键 |
|---|---|
| 下一时间单位 | > |
| 前一时间单位 | < |
| 回到上一场景操作 | Ctrl+A |

### 5.Active Shade快捷键

| 操作 | 快捷键 |
|---|---|
| 绘制区域 | D |
| 渲染 | R |
| 锁定工具栏 | Space（Space键即空格键） |

### 6.视频编辑快捷键

| 操作 | 快捷键 |
|---|---|
| 加入过滤器项目 | Ctrl+F |
| 加入输入项目 | Ctrl+I |
| 加入图层项目 | Ctrl+L |
| 加入输出项目 | Ctrl+O |
| 加入新的项目 | Ctrl+A |
| 加入场景事件 | Ctrl+S |
| 编辑当前事件 | Ctrl+E |
| 执行序列 | Ctrl+R |
| 新建序列 | Ctrl+N |

### 7.NURBS编辑快捷键

| 操作 | 快捷键 |
|---|---|
| CV约束法线移动 | Alt+N |
| CV约束到U向移动 | Alt+U |
| CV约束到V向移动 | Alt+V |
| 显示曲线 | Shift+Ctrl+C |
| 显示控制点 | Ctrl+D |
| 显示格子 | Ctrl+L |
| NURBS面显示方式切换 | Alt+L |
| 显示表面 | Shift+Ctrl+S |
| 显示工具箱 | Ctrl+T |
| 显示表面整齐 | Shift+Ctrl+T |
| 根据名字选择本物体的子层级 | Ctrl+H |
| 锁定2D所选物体 | Space（Space键即空格键） |
| 选择U向的下一点 | Ctrl+→ |
| 选择V向的下一点 | Ctrl+↑ |
| 选择U向的前一点 | Ctrl+← |
| 选择V向的前一点 | Ctrl+↓ |
| 根据名字选择子物体 | H |
| 柔软所选物体 | Ctrl+S |
| 转换到CV曲线层级 | Alt+Shift+Z |
| 转换到曲线层级 | Alt+Shift+C |
| 转换到点层级 | Alt+Shift+P |

| 操作 | 快捷键 |
|---|---|
| 转换到CV曲面层级 | Alt+Shift+V |
| 转换到曲面层级 | Alt+Shift+S |
| 转换到上一层级 | Alt+Shift+T |
| 转换降级 | Ctrl+X |

### 8.FFD快捷键

| 操作 | 快捷键 |
|---|---|
| 转换到控制点层级 | Alt+Shift+C |

# 附录B 材质物理属性表

## 一、常见物体折射率

### 1.材质折射率

| 物体 | 折射率 | 物体 | 折射率 | 物体 | 折射率 |
|---|---|---|---|---|---|
| 空气 | 1.0003 | 液体二氧化碳 | 1.200 | 冰 | 1.309 |
| 水（20°℃） | 1.333 | 丙酮 | 1.360 | 30%的糖溶液 | 1.380 |
| 普通酒精 | 1.360 | 酒精 | 1.329 | 面粉 | 1.434 |
| 溶化的石英 | 1.460 | Calspar2 | 1.486 | 80%的糖溶液 | 1.490 |
| 玻璃 | 1.500 | 氯化钠 | 1.530 | 聚苯乙烯 | 1.550 |
| 翡翠 | 1.570 | 天青石 | 1.610 | 黄晶 | 1.610 |
| 二硫化碳 | 1.630 | 石英 | 1.540 | 二碘甲烷 | 1.740 |
| 红宝石 | 1.770 | 蓝宝石 | 1.770 | 水晶 | 2.000 |
| 钻石 | 2.417 | 氧化铬 | 2.705 | 氧化铜 | 2.705 |
| 非晶硒 | 2.920 | 碘晶体 | 3.340 | | |

### 2.液体折射率

| 物体 | 分子式 | 密度/（g/cm³） | 温度/（℃） | 折射率 |
|---|---|---|---|---|
| 甲醇 | $CH_3OH$ | 0.794 | 20 | 1.3290 |
| 乙醇 | $C_2H_5OH$ | 0.800 | 20 | 1.3618 |
| 丙酮 | $CH_3COCH_3$ | 0.791 | 20 | 1.3593 |
| 苯 | $C_6H_6$ | 1.880 | 20 | 1.5012 |
| 二硫化碳 | $CS_2$ | 1.263 | 20 | 1.6276 |
| 四氯化碳 | $CCl_4$ | 1.591 | 20 | 1.4607 |
| 三氯甲烷 | $CHCl_3$ | 1.489 | 20 | 1.4467 |
| 乙醚 | $C_2H_5 O C_2H_5$ | 0.715 | 20 | 1.3538 |
| 甘油 | $C_3H_8O_3$ | 1.260 | 20 | 1.4730 |
| 松节油 | | 0.87 | 20.7 | 1.4721 |
| 橄榄油 | | 0.92 | 0 | 1.4763 |
| 水 | $H_2O$ | 1.00 | 20 | 1.3330 |

### 3.晶体折射率

| 物体 | 分子式 | 最小折射率 | 最大折射率 |
|---|---|---|---|
| 冰 | $H_2O$ | 1.309 | 1.313 |
| 氟化镁 | $MgF_2$ | 1.378 | 1.390 |
| 石英 | $SiO_2$ | 1.544 | 1.553 |
| 氢氧化镁 | $Mg(OH)_2$ | 1.559 | 1.580 |
| 锆石 | $ZrSiO_4$ | 1.923 | 1.968 |
| 硫化锌 | $ZnS$ | 2.356 | 2.378 |
| 方解石 | $CaCO_3$ | 1.486 | 1.740 |
| 钙黄长石 | $2CaO Al_2O_3 SiO_2$ | 1.658 | 1.669 |
| 碳酸锌（菱锌矿） | $ZnCO_3$ | 1.618 | 1.818 |
| 氧化铝（金刚砂） | $Al_2O_3$ | 1.760 | 1.768 |
| 淡红银矿 | $Ag_3AsS_3$ | 2.711 | 2.979 |

## 二、常用家具尺寸

单位：mm

| 家具 | 长度 | 宽度 | 高度 | 深度 | 直径 |
|------|------|------|------|------|------|
| 衣橱 | | 700（推拉门） | 400~650（衣橱门） | 600~650 | |
| 推拉门 | | 750~1500 | 1900~2400 | | |
| 矮柜 | | 300~600（柜门） | | 350~450 | |
| 电视柜 | | | 600~700 | 450~600 | |
| 单人床 | 1800、1806、2000、2100 | 900、1050、1200 | | | |
| 双人床 | 1800、1806、2000、2100 | 1350、1500、1800 | | | |
| 圆床 | | | | | >1800 |
| 室内门 | | 800~950、1200（医院） | 1900、2000、2100、2200、2400 | | |
| 卫生间、厨房门 | | 800、900 | 1900、2000、2100 | | |
| 窗帘盒 | | | 120~180 | 120（单层布）、160~180（双层布） | |
| 单人式沙发 | 800~950 | | 350~420（坐垫）、700~900（背高） | 850~900 | |
| 双人式沙发 | 1260~1500 | | | 800~900 | |
| 三人式沙发 | 1750~1960 | | | 800~900 | |
| 四人式沙发 | 2320~2520 | | | 800~900 | |
| 小型长方形茶几 | 600~750 | 450~600 | 380~500（380最佳） | | |
| 中型长方形茶几 | 1200~1350 | 380~500或600~750 | | | |
| 正方形茶几 | 750~900 | 430~500 | | | |
| 大型长方形茶几 | 1500~1800 | 600~800 | 330~420（330最佳） | | |
| 圆形茶几 | | | 330~420 | | 750、900、1050、1200 |
| 方形茶几 | | 900、1050、1200、1350、1500 | 330~420 | | |
| 固定式书桌 | | | 750 | 450~700（600最佳） | |
| 活动式书桌 | | | 750~780 | 650~800 | |
| 餐桌 | | 1200、900、750（方桌） | 750~780（中式）、680~720（西式） | | |
| 长方桌 | 1500、1650、1800、2100、2400 | 800、900，1050、1200 | | | |
| 圆桌 | | | | | 900、1200、1350、1500、1800 |
| 书架 | 600~1200 | 800~900 | | 250~400（每格） | |

## 三、室内物体常用尺寸

### 1.墙面尺寸

单位：mm

| 物体 | 高度 |
|------|------|
| 踢脚板 | 60~200 |
| 墙裙 | 800~1500 |
| 挂镜线 | 1600~1800 |
| 飘窗台 | 400~450 |

### 2.餐厅

单位：mm

| 物体 | 高度 | 宽度 | 直径 | 间距 |
|------|------|------|------|------|
| 餐桌 | 750~790 | | | >500（其中座椅占500） |
| 餐椅 | 450~500 | | | |
| 二人圆桌 | | | 500或800 | |
| 四人圆桌 | | | 900 | |
| 五人圆桌 | | | 1100 | |
| 六人圆桌 | | | 1100~1250 | |
| 八人圆桌 | | | 1300 | |
| 十人圆桌 | | | 1500 | |
| 十二人圆桌 | | | 1800 | |
| 二人方餐桌 | | 700×850 | | |
| 四人方餐桌 | | 1350×850 | | |

| 物体 | 高度 | 宽度 | 直径 | 间距 |
|---|---|---|---|---|
| 八人方餐桌 | | 2250×850 | | |
| 餐桌转盘 | | | 700~800 | |
| 主通道 | | 1200~1300 | | |
| 内部工作道宽 | | 600~900 | | |
| 酒吧台 | 900~1050 | 500 | | |
| 酒吧凳 | 600~750 | | | |

### 3.商场营业厅

单位：mm

| 物体 | 长度 | 宽度 | 高度 | 厚度 | 直径 |
|---|---|---|---|---|---|
| 单边双人走道 | | 1600 | | | |
| 双边双人走道 | | 2000 | | | |
| 双边三人走道 | | 2300 | | | |
| 双边四人走道 | | 3000 | | | |
| 营业员柜台走道 | | 800 | | | |
| 营业员货柜台 | | | 800~1000 | 600 | |
| 单靠背立货架 | | | 1800~2300 | 300~500 | |
| 双靠背立货架 | | | 1800~2300 | 600~800 | |
| 小商品橱窗 | | | 400~1200 | 500~800 | |
| 陈列地台 | | | 400~800 | | |
| 敞开式货架 | | | 400~600 | | |
| 放射式售货架 | | | | | 2000 |
| 收款台 | 1600 | 600 | | | |

### 4.饭店客房

| 物体 | 长度/mm | 宽度/mm | 高度/mm | 面积/m² | 深度/mm |
|---|---|---|---|---|---|
| 标准间 | | | | 25（大）、16~18（中）、16（小） | |
| 床 | | | 400~450、850~950（床靠） | | |
| 床头柜 | | 500~800 | 500~700 | | |
| 写字台 | 1100~1500 | 450~600 | 700~750 | | |
| 行李台 | 910~1070 | 500 | 400 | | |
| 衣柜 | | 800~1200 | 1600~2000 | | 500 |
| 沙发 | | 600~800 | 350~400、1000（靠背） | | |
| 衣架 | | | 1700~1900 | | |

### 5.卫生间

| 物体 | 长度/mm | 宽度/mm | 高度/mm | 面积/m² |
|---|---|---|---|---|
| 卫生间 | | | | 3~5 |
| 浴缸 | 1220、1520、1680 | 720 | 450 | |
| 坐便器 | 750 | 350 | | |
| 冲洗器 | 690 | 350 | | |
| 盥洗盆 | 550 | 410 | | |
| 淋浴器 | | 2100 | | |
| 化妆台 | 1350 | 450 | | |

### 6.交通空间

单位：mm

| 物体 | 宽度 | 高度 |
|---|---|---|
| 楼梯间休息平台 | ≥2100 | |
| 楼梯跑道 | ≥2300 | |
| 客房走廊 | | ≥2400 |
| 两侧设座的综合式走廊 | ≥2500 | |
| 楼梯扶手 | | 850~1100 |
| 门 | 850~1000 | ≥1900 |
| 窗 | 400~1800 | |
| 窗台 | | 800~1200 |

### 7.灯具

单位：mm

| 物体 | 高度 | 直径 |
|---|---|---|
| 大吊灯 | ≥2400 | |
| 壁灯 | 1500~1800 | |
| 反光灯槽 | | ≥2倍灯管直径 |
| 壁式床头灯 | 1200~1400 | |
| 照明开关 | 1000 | |

### 8.办公用具

单位：mm

| 物体 | 长度 | 宽度 | 高度 | 深度 |
|---|---|---|---|---|
| 办公桌 | 1200~1600 | 500~650 | 700~800 | |
| 办公椅 | 450 | 450 | 400~450 | |
| 沙发 | | 600~800 | 350~450 | |
| 前置型茶几 | 900 | 400 | 400 | |
| 中心型茶几 | 900 | 900 | 400 | |
| 左右型茶几 | 600 | 400 | 400 | |
| 书柜 | | 1200~1500 | 1800 | 450~500 |
| 书架 | | 1000~1300 | 1800 | 350~450 |

# 附录C 常见材质参数设置表

## 一、玻璃材质

| 材质名称 | 示例图 | 贴图 | 参数设置 | | 用途 |
|---|---|---|---|---|---|
| 普通玻璃材质 | | | 漫反射 | 漫反射颜色=红:129，绿:187，蓝:188 | 家具装饰 |
| | | | 反射 | 反射颜色=红:20，绿:20，蓝:20<br>高光光泽度=0.9<br>反射光泽度=0.95<br>细分=10<br>菲涅耳反射=勾选 | |
| | | | 折射 | 折射颜色=红:240，绿:240，蓝:240<br>细分=20<br>影响阴影=勾选<br>烟雾颜色=红:242，绿:255，蓝:253<br>烟雾倍增=0.2 | |
| | | | 其他 | | |
| 窗玻璃材质 | | | 漫反射 | 漫反射颜色=红:193，绿:193，蓝:193 | 窗户装饰 |
| | | | 反射 | 反射通道=衰减贴图、侧=红:134，绿:134，蓝:134、衰减类型=Fresnel<br>反射光泽度=0.99<br>细分=20 | |
| | | | 折射 | 折射颜色=白色<br>光泽度=0.99<br>细分=20<br>影响阴影=勾选<br>烟雾颜色=红:242，绿:243，蓝:247<br>烟雾倍增=0.001 | |
| | | | 其他 | | |
| 彩色玻璃材质 | | | 漫反射 | 漫反射颜色=黑色 | 家具装饰 |
| | | | 反射 | 反射颜色=白色<br>细分=15<br>菲涅耳反射=勾选 | |
| | | | 折射 | 折射颜色=白色<br>细分=15<br>影响阴影=勾选<br>烟雾颜色=自定义<br>烟雾倍增=0.04 | |
| | | | 其他 | | |
| 磨砂玻璃材质 | | | 漫反射 | 漫反射颜色=红:180，绿:189，蓝:214 | 家具装饰 |
| | | | 反射 | 反射颜色=红:57，绿:57，蓝:57<br>菲涅耳反射=勾选<br>反射光泽度=0.95 | |
| | | | 折射 | 折射颜色=红:180，绿:180，蓝:180<br>光泽度=0.95<br>影响阴影=勾选<br>折射率=1.2<br>退出颜色=勾选、退出颜色=红:3，绿:30，蓝:55 | |
| | | | 其他 | | |
| 龟裂缝玻璃材质 | | | 漫反射 | 漫反射颜色=红:213，绿:234，蓝:222 | 家具装饰 |
| | | | 反射 | 反射颜色=红:119，绿:119，蓝:119<br>高光光泽度=0.8<br>反射光泽度=0.9<br>细分=15 | |
| | | | 折射 | 折射颜色=红:217，绿:217，蓝:217<br>细分=15<br>影响阴影=勾选<br>烟雾颜色=红:247，绿:255，蓝:255<br>烟雾倍增=0.3 | |
| | | | 其他 | 凹凸通道=贴图、凹凸强度=-20 | |
| 镜子材质 | | | 漫反射 | 漫反射颜色=红:24，绿:24，蓝:24 | 家具装饰 |
| | | | 反射 | 反射颜色=红:239，绿:239，蓝:239 | |
| | | | 折射 | | |
| | | | 其他 | | |

| 材质名称 | 示例图 | 贴图 | 参数设置 | | 用途 |
|---|---|---|---|---|---|
| 水晶材质 | | | 漫反射 | 漫反射颜色=红:248，绿:248，蓝:248 | 家具装饰 |
| | | | 反射 | 反射颜色=红:250，绿:250，蓝:250<br>菲涅耳反射=勾选 | |
| | | | 折射 | 折射颜色=红:130，绿:130，蓝:130<br>折射率=2<br>影响阴影=勾选 | |
| | | | 其他 | | |

## 二、金属材质

| 材质名称 | 示例图 | 贴图 | 参数设置 | | 用途 |
|---|---|---|---|---|---|
| 亮面不锈钢材质 | | | 漫反射 | 漫反射颜色=红:49，绿:49，蓝:49 | 家具及陈设品装饰 |
| | | | 反射 | 反射颜色=红:210，绿:210，蓝:210<br>高光光泽度=0.8<br>细分=16 | |
| | | | 折射 | | |
| | | | 其他 | 双向反射=沃德 | |
| 亚光不锈钢材质 | | | 漫反射 | 漫反射颜色=红:40，绿:40，蓝:40 | 家具及陈设品装饰 |
| | | | 反射 | 反射颜色=红:180，绿:180，蓝:180<br>高光光泽度=0.8<br>反射光泽度=0.8<br>细分=20 | |
| | | | 折射 | | |
| | | | 其他 | 双向反射=沃德 | |
| 拉丝不锈钢材质 | | | 漫反射 | 漫反射颜色=红:58，绿:58，蓝:58 | 家具及陈设品装饰 |
| | | | 反射 | 反射颜色=红:152，绿:152，蓝:152、反射通道=贴图<br>高光光泽度=0.9、高光光泽度通道=贴图、反射光泽度=0.9<br>细分=20 | |
| | | | 折射 | | |
| | | | 其他 | 双向反射=沃德、各向异性（-1..1）=0.6、旋转=-15<br>反射与贴图的混合量=14、高光光泽与贴图的混合量=3<br>凹凸通道=贴图、凹凸强度=3 | |
| 银材质 | | | 漫反射 | 漫反射颜色=红:186，绿:186，蓝:186 | 家具及陈设品装饰 |
| | | | 反射 | 反射颜色=红:98，绿:98，蓝:98<br>反射光泽度=0.8<br>细分=为20 | |
| | | | 折射 | | |
| | | | 其他 | 双向反射=沃德 | |
| 黄金材质 | | | 漫反射 | 漫反射颜色=红:139，绿:39，蓝:0 | 家具及陈设品装饰 |
| | | | 反射 | 反射颜色=红:240，绿:194，蓝:54<br>反射光泽度=0.9<br>细分=为15 | |
| | | | 折射 | | |
| | | | 其他 | 双向反射=沃德 | |
| 亮铜材质 | | | 漫反射 | 漫反射颜色=红:40，绿:40，蓝:40 | 家具及陈设品装饰 |
| | | | 反射 | 反射颜色=红:240，绿:190，蓝:126<br>高光光泽度=0.65<br>反射光泽度=0.9<br>细分=为20 | |
| | | | 折射 | | |
| | | | 其他 | | |

# 三、布料材质

| 材质名称 | 示例图 | 贴图 | 参数设置 | | 用途 |
|---|---|---|---|---|---|
| 绒布材质（注意，材质类型为标准材质） | | | 明暗器 | （O）Oren-Nayar-Blin | 家具装饰 |
| | | | 漫反射 | 漫反射通道=贴图 | |
| | | | 自发光 | 自发光=勾选、自发光通道=遮罩贴图、贴图通道=衰减贴图（衰减类型=Fresnel）、遮罩通道=衰减贴图（衰减类型=阴影/灯光） | |
| | | | 反射高光 | 高光级别=10 | |
| | | | 其他 | 凹凸强度=10、凹凸通道=噪波贴图、噪波大小=2（注意，这组参数需要根据实际情况进行设置） | |
| 单色花纹绒布材质（注意，材质类型为标准材质） | | | 明暗器 | （O）Oren-Nayar-Blin | 家具装饰 |
| | | | 自发光 | 自发光=勾选、自发光通道=遮罩贴图、贴图通道=衰减贴图（衰减类型=Fresnel）、遮罩通道=衰减贴图（衰减类型=阴影/灯光） | |
| | | | 反射高光 | 高光级别=10 | |
| | | | 其他 | 漫反射颜色+凹凸通道=贴图、凹凸强度=-180（注意，这组参数需要根据实际情况进行设置） | |
| 麻布材质 | | | 漫反射 | 通道=贴图 | |
| | | | 反射 | | |
| | | | 折射 | | |
| | | | 其他 | 凹凸通道=贴图、凹凸强度=20 | |
| 抱枕材质 | | | 漫反射 | 漫反射通道=抱枕贴图、模糊=0.05 | 家具装饰 |
| | | | 反射 | 反射颜色=红:34，绿:34，蓝:34 反射光泽度=0.7 细分=20 | |
| | | | 折射 | | |
| | | | 其他 | 凹凸通道=凹凸贴图 | |
| 毛巾材质 | | | 漫反射 | 漫反射颜色=红:252，绿:247，蓝:227 | 家具装饰 |
| | | | 反射 | | |
| | | | 折射 | | |
| | | | 其他 | 置换通道=贴图、置换强度=8 | |
| 半透明窗纱材质 | | | 漫反射 | 漫反射颜色=红:240，绿:250，蓝:255 | 家具装饰 |
| | | | 反射 | | |
| | | | 折射 | 折射通道=衰减贴图、前=红:180，绿:180，蓝:180、侧=黑色 光泽度=0.88 折射率=1.001 影响阴影=勾选 | |
| | | | 其他 | | |
| 花纹窗纱材质（注意，材质类型为混合材质） | | | 材质1 | 材质1通道=VRayMtl材质 漫反射颜色=红:98，绿:64，蓝:42 | 家具装饰 |
| | | | 材质2 | 材质2通道=VRayMtl材质 漫反射颜色=红:164，绿:102，蓝:35 反射颜色=红:162，绿:170，蓝:75 高光光泽度=0.82 反射光泽度=0.82 细分=15 | |
| | | | 遮罩 | 遮罩通道=贴图 | |
| | | | 其他 | | |
| 软包材质 | | | 漫反射 | 漫反射通道=衰减贴图 前通道=软包贴图、模糊=0.1 侧=红:248，绿:220，蓝:233 | 家具装饰 |
| | | | 反射 | | |
| | | | 折射 | | |
| | | | 其他 | 凹凸通道=软包凹凸贴图、凹凸强度=45 | |

(续表)

| 材质名称 | 示例图 | 贴图 | 参数设置 | | 用途 |
|---|---|---|---|---|---|
| 普通地毯 | | | 漫反射 | 漫反射通道=衰减贴图<br>前通道=地毯贴图、衰减类型=Fresnel | 家具装饰 |
| | | | 反射 | | |
| | | | 折射 | | |
| | | | 其他 | 凹凸通道=地毯凹凸贴图、凹凸强度=60<br>置换通道=地毯凹凸贴图、置换强度=8 | |
| 普通花纹地毯 | | | 漫反射 | 漫反射通道=贴图 | 家具装饰 |
| | | | 反射 | | |
| | | | 折射 | | |
| | | | 其他 | | |

## 四、木纹材质

| 材质名称 | 示例图 | 贴图 | 参数设置 | | 用途 |
|---|---|---|---|---|---|
| 亮光木纹材质 | | | 漫反射 | 漫反射通道=贴图 | 家具及地面装饰 |
| | | | 反射 | 反射颜色=红:40，绿:40，蓝:40<br>高光光泽度=0.75<br>反射光泽度=0.7<br>细分=15 | |
| | | | 折射 | | |
| | | | 其他 | 凹凸通道=贴图、环境通道=输出贴图 | |
| 亚光木纹材质 | | | 漫反射 | 漫反射通道=贴图、模糊=0.2 | 家具及地面装饰 |
| | | | 反射 | 反射颜色=红:213，绿:213，蓝:213<br>反射光泽度=0.6<br>菲涅耳反射=勾选 | |
| | | | 折射 | | |
| | | | 其他 | 凹凸通道=贴图、凹凸强度=60 | |
| 木地板材质 | | | 漫反射 | 漫反射通道=贴图、瓷砖（平铺）U/V=6 | 地面装饰 |
| | | | 反射 | 反射颜色=红:55，绿:55，蓝:55<br>反射光泽度=0.8<br>细分=15 | |
| | | | 折射 | | |
| | | | 其他 | | |

## 五、石材材质

| 材质名称 | 示例图 | 贴图 | 参数设置 | | 用途 |
|---|---|---|---|---|---|
| 大理石地面材质 | | | 漫反射 | 漫反射通道=贴图 | 地面装饰 |
| | | | 反射 | 反射颜色=红:228，绿:228，蓝:228<br>细分=15<br>菲涅耳反射=勾选 | |
| | | | 折射 | | |
| | | | 其他 | | |
| 人造石台面材质 | | | 漫反射 | 漫反射通道=贴图 | 台面装饰 |
| | | | 反射 | 反射通道=衰减贴图、衰减类型=Fresnel<br>高光光泽度=0.65<br>反射光泽度=0.9<br>细分=20 | |
| | | | 折射 | | |
| | | | 其他 | | |

| 材质名称 | 示例图 | 贴图 | 参数设置 | | 用途 |
|---|---|---|---|---|---|
| 拼花石材材质 | | | 漫反射 | 漫反射通道=贴图 | 地面装饰 |
| | | | 反射 | 反射颜色=红:228，绿:228，蓝:228<br>细分=15<br>菲涅耳反射=勾选 | |
| | | | 折射 | | |
| | | | 其他 | | |
| 仿旧石材材质 | | | 漫反射 | 漫反射通道=混合贴图<br>颜色#1通道=旧墙贴图<br>颜色#2通道=破旧纹理贴图<br>混合量=50 | 墙面装饰 |
| | | | 反射 | | |
| | | | 折射 | | |
| | | | 其他 | 凹凸通道=破旧纹理贴图、凹凸强度=10<br>置换通道=破旧纹理贴图、置换强度=10 | |
| 文化石材质 | | | 漫反射 | 漫反射通道=贴图 | 墙面装饰 |
| | | | 反射 | 反射颜色=红:30，绿:30，蓝:30<br>高光光泽度=0.5 | |
| | | | 折射 | | |
| | | | 其他 | 凹凸通道=贴图、凹凸强度=50 | |
| 砖墙材质 | | | 漫反射 | 漫反射通道=贴图 | 墙面装饰 |
| | | | 反射 | 反射通道=衰减贴图，侧=红:18，绿:18，蓝:18，衰减类型=Fresnel<br>高光光泽度=0.5<br>反射光泽度=0.8 | |
| | | | 折射 | | |
| | | | 其他 | 凹凸通道=灰度贴图、凹凸强度=120 | |
| 玉石材质 | | | 漫反射 | 漫反射颜色=红:88，绿:146，蓝:70 | 陈设品装饰 |
| | | | 反射 | 反射颜色=红:111，绿:111，蓝:111<br>菲涅耳反射=勾选 | |
| | | | 折射 | 折射颜色=白色<br>光泽度=0.32<br>细分=20<br>烟雾颜色=红:88，绿:146，蓝:70<br>烟雾倍增=0.2 | |
| | | | 其他 | 半透明类型=硬（蜡）模型、背面颜色=红:182，绿:207，蓝:174、散布系数=0.4、正/背面系数=0.44 | |

## 六、陶瓷材质

| 材质名称 | 示例图 | 贴图 | 参数设置 | | 用途 |
|---|---|---|---|---|---|
| 白陶瓷材质 | | | 漫反射 | 漫反射颜色=白色 | 陈设品装饰 |
| | | | 反射 | 反射颜色=红:131，绿:131，蓝:131<br>细分=15<br>菲涅耳反射=勾选 | |
| | | | 折射 | 折射颜色=红:30，绿:30，蓝:30<br>光泽度=0.95 | |
| | | | 其他 | 半透明类型=硬（蜡）模型、厚度=0.05mm（该参数要根据实际情况而定） | |
| 青花瓷材质 | | | 漫反射 | 漫反射通道=贴图、模糊=0.01 | 陈设品装饰 |
| | | | 反射 | 反射颜色=白色<br>菲涅耳反射=勾选 | |
| | | | 折射 | | |
| | | | 其他 | | |
| 马赛克材质 | | | 漫反射 | 漫反射通道=马赛克贴图 | 墙面装饰 |
| | | | 反射 | 反射颜色=红:10，绿:10，蓝:10<br>反射光泽度=0.95 | |
| | | | 折射 | | |
| | | | 其他 | 凹凸通道=灰度贴图 | |

## 七、漆类材质

| 材质名称 | 示例图 | 贴图 | 参数设置 | | 用途 |
|---|---|---|---|---|---|
| 白色乳胶漆材质 | | | 漫反射 | 漫反射颜色=红:250，绿:250，蓝:250 | 墙面装饰 |
| | | | 反射 | 反射通道=衰减贴图、衰减类型=Fresnel<br>高光光泽度=0.8<br>反射光泽度=0.85<br>细分=20 | |
| | | | 折射 | | |
| | | | 其他 | 环境通道=输出贴图、输出量=1.2<br>跟踪反射=关闭 | |
| 彩色乳胶漆材质 | | | 漫反射 | 漫反射颜色=自定义 | 墙面装饰 |
| | | | 反射 | 反射颜色=红:18，绿:18，蓝:18<br>高光光泽度=0.25<br>细分=15 | |
| | | | 其他 | 跟踪反射=关闭 | |
| 烤漆材质 | | | 漫反射 | 漫反射颜色=黑色 | 电器及乐器装饰 |
| | | | 反射 | 反射颜色=红:233，绿:233，蓝:233<br>反射光泽度=0.9<br>细分=20<br>菲涅耳反射=勾选 | |
| | | | 折射 | | |
| | | | 其他 | | |

## 八、皮革材质

| 材质名称 | 示例图 | 贴图 | 参数设置 | | 用途 |
|---|---|---|---|---|---|
| 亮光皮革材质 | | | 漫反射 | 漫反射颜色=贴图 | 家具装饰 |
| | | | 反射 | 反射颜色=红:79，绿:79，蓝:79<br>高光光泽度=0.65<br>反射光泽度=0.7<br>细分=20 | |
| | | | 折射 | | |
| | | | 其他 | 凹凸通道=凹凸贴图 | |
| 亚光皮革材质 | | | 漫反射 | 漫反射颜色=红:250，绿:246，蓝:232 | 家具装饰 |
| | | | 反射 | 反射颜色=红:45，绿:45，蓝:45<br>高光光泽度=0.65<br>反射光泽度=0.7<br>细分=20<br>菲涅耳反射=勾选、菲涅耳反射率=2.6 | |
| | | | 折射 | | |
| | | | 其他 | 凹凸通道=贴图 | |

## 九、壁纸材质

| 材质名称 | 示例图 | 贴图 | 参数设置 | | 用途 |
|---|---|---|---|---|---|
| 壁纸材质 | | | 漫反射 | 通道=贴图 | 墙面装饰 |
| | | | 反射 | | |
| | | | 折射 | | |
| | | | 其他 | | |

# 十、塑料材质

| 材质名称 | 示例图 | 贴图 | 参数设置 | | 用途 |
|---|---|---|---|---|---|
| 普通塑料材质 | | | 漫反射 | 漫反射颜色=自定义 | 陈设品装饰 |
| | | | 反射 | 反射通道=衰减贴图、前=红:22，绿:22，蓝:22，侧=红:200，绿:200，蓝:200，衰减类型=Fresnel<br>高光光泽度=0.8<br>反射光泽度=0.7<br>细分=15 | |
| | | | 折射 | | |
| | | | 其他 | | |
| 半透明塑料材质 | | | 漫反射 | 漫反射颜色=自定义 | 陈设品装饰 |
| | | | 反射 | 反射颜色=红:51，绿:51，蓝:51<br>高光光泽度=0.4<br>反射光泽度=0.6<br>细分=10<br>菲涅耳反射=勾选 | |
| | | | 折射 | 折射颜色=红:221，绿:221，蓝:221<br>光泽度=0.9<br>细分=10<br>折射率=1.01<br>影响阴影=勾选<br>烟雾颜色=漫反射颜色<br>烟雾倍增=0.05 | |
| | | | 其他 | | |
| 塑钢材质 | | | 漫反射 | 漫反射颜色=白色 | 家具装饰 |
| | | | 反射 | 反射颜色=红:233，绿:233，蓝:233<br>反射光泽度=0.9<br>细分=20<br>菲涅耳反射=勾选 | |
| | | | 折射 | | |
| | | | 其他 | | |

# 十一、液体材质

| 材质名称 | 示例图 | 贴图 | 参数设置 | | 用途 |
|---|---|---|---|---|---|
| 清水材质 | | | 漫反射 | 漫反射颜色=红:123，绿:123，蓝:123 | 室内装饰 |
| | | | 反射 | 反射颜色=白色<br>菲涅耳反射=勾选<br>细分=15 | |
| | | | 折射 | 折射颜色=红:241，绿:241，蓝:241<br>细分=20<br>折射率=1.333<br>影响阴影=勾选 | |
| | | | 其他 | 凹凸通道=噪波贴图、噪波大小=0.3（该参数要根据实际情况而定） | |
| 游泳池水材质 | | | 漫反射 | 漫反射颜色=红:15，绿:162，蓝:169 | 公用设施装饰 |
| | | | 反射 | 反射颜色=红:132，绿:132，蓝:132<br>反射光泽度=0.97<br>菲涅耳反射=勾选 | |
| | | | 折射 | 折射颜色=红:241，绿:241，蓝:241<br>折射率=1.333<br>影响阴影=勾选<br>烟雾颜色=漫反射颜色<br>烟雾倍增=0.01 | |
| | | | 其他 | 凹凸通道=噪波贴图、噪波大小=1.5该参数要根据实际情况而定 | |

(续表)

| 材质名称 | 示例图 | 贴图 | 参数设置 | | 用途 |
|---|---|---|---|---|---|
| 红酒材质 | | | 漫反射 | 漫反射颜色=红:146，绿:17，蓝:60 | 陈设品装饰 |
| | | | 反射 | 反射颜色=红:57，绿:57，蓝:57<br>细分=20<br>菲涅耳反射=勾选 | |
| | | | 折射 | 折射颜色=红:222，绿:157，蓝:191<br>细分=30<br>折射率=1.333<br>影响阴影=勾选<br>烟雾颜色=红:169，绿:67，蓝:74 | |
| | | | 其他 | | |

## 十二、自发光材质

| 材质名称 | 示例图 | 贴图 | 参数设置 | | 用途 |
|---|---|---|---|---|---|
| 灯管材质（注意，材质类型为VRay灯光材质） | | | 颜色 | 颜色=白色、强度=25（该参数要根据实际情况而定） | 电器装饰 |
| 电脑屏幕材质（注意，材质类型为VRay灯光材质） | | | 颜色 | 颜色=白色、强度=25（该参数要根据实际情况而定）、通道=贴图 | 电器装饰 |
| 灯带材质（注意，材质类型为VRay灯光材质） | | | 颜色 | 颜色=自定义、强度=25（该参数要根据实际情况而定） | 陈设品装饰 |
| 环境材质（注意，材质类型为VRay灯光材质） | | | 颜色 | 颜色=白色、强度=25（该参数要根据实际情况而定）、通道=贴图 | 室外环境装饰 |

## 十三、其他材质

| 材质名称 | 示例图 | 贴图 | 参数设置 | | 用途 |
|---|---|---|---|---|---|
| 叶片材质（注意，材质类型为标准材质） | | | 漫反射 | 漫反射通道=叶片贴图 | 室内/外装饰 |
| | | | 不透明度 | 不透明度通道=黑白遮罩贴图 | |
| | | | 反射高光 | 高光级别=40<br>光泽度=50 | |
| | | | 其他 | | |
| 水果材质 | | | 漫反射 | 漫反射通道=贴图、模糊=15（根据实际情况来定） | 室内/外装饰 |
| | | | 反射 | 反射颜色=红:15，绿:15，蓝:15<br>高光光泽度=0.7<br>反射光泽度=0.65<br>细分=16 | |
| | | | 折射 | | |
| | | | 其他 | 半透明类型=硬（蜡）模型、背面颜色=红:251，绿:48，蓝:21<br>凹凸通道=贴图、凹凸强度=15 | |

| 材质名称 | 示例图 | 贴图 | 参数设置 | | 用途 |
|---|---|---|---|---|---|
| 草地材质 | | | 漫反射 | 漫反射通道=草地贴图 | 室外装饰 |
| | | | 反射 | 反射颜色=红:28，绿:43，蓝:25<br>反射光泽度=0.85 | |
| | | | 折射 | | |
| | | | 其他 | 跟踪反射=关闭<br>草地模型=加载VRay置换模式修改器、类型=2D贴图（景观）、纹理贴图=草地贴图、数量=15mm（该参数要根据实际情况而定） | |
| 镂空藤条材质（注意，材质类型为标准材质） | | | 漫反射 | 漫反射通道=藤条贴图 | 家具装饰 |
| | | | 不透明度 | 不透明度通道=黑白遮罩贴图 | |
| | | | 反射高光 | 高光级别=60 | |
| | | | 其他 | | |
| 沙盘楼体材质 | | | 漫反射 | 漫反射颜色=红:237，绿:237，蓝:237 | 陈设品装饰 |
| | | | 反射 | | |
| | | | 折射 | | |
| | | | 其他 | 不透明度通道=VRay边纹理贴图、颜色=白色、像素=0.3 | |
| 书本材质 | | | 漫反射 | 漫反射通道=贴图 | 陈设品装饰 |
| | | | 反射 | 反射颜色=红:80，绿:80，蓝:80<br>细分=20<br>菲涅耳反射=勾选 | |
| | | | 折射 | | |
| | | | 其他 | | |
| 画材质 | | | 漫反射 | 漫反射通道=贴图 | 陈设品装饰 |
| | | | 反射 | | |
| | | | 折射 | | |
| | | | 其他 | | |
| 毛发地毯材质（注意，该材质用VRay毛皮工具进行制作） | | | 根据实际情况，对VRay毛皮的参数进行设定，如长度、厚度、重力、弯曲、结数、方向变量和长度变化。另外，毛发颜色可以直接在"修改"面板中进行选择。 | | 地面装饰 |

# 附录D 3ds Max 2016优化与常见问题解答

## 一、软件的安装环境

3ds Max 2016必须在Windows 7或以上的64位系统中才能正确安装。所以，要正确使用3ds Max 2016，首先要将计算机的系统换成Windows 7或更高版本的64位系统，如下图所示。

## 二、软件的流畅性优化

3ds Max 2016对计算机的配置要求比较高，如果用户的计算机配置比较低，运行起来可能会比较困难，但是可以通过一些优化来提高软件的流畅性。

**更改显示驱动程序：** 3ds Max 2016默认的显示驱动程序是Nitrous Direct3D 9，该驱动程序对显卡的要求比较高，我们可以将其换成对显卡要求比较低的驱动程序。执行"自定义>首选项"菜单命令，打开"首选项设置"对话框，然后单击"视口"选项卡，接着在"显示驱动程序"选项组下单击"选择驱动程序"按钮 选择驱动程序... ，在弹出的对话框中选择"旧版OpenGL"驱动程序，如下图所示。旧版OpenGL驱动程序不仅对显卡的要求比较低，同时也不会影响用户的正常操作。

**优化软件界面：** 3ds Max 2016默认的软件界面中有很多的工具栏，其中最常用的是"主工具栏"和"命令"面板，其他工具栏可以将其隐藏起来，在需要用到的时候再将其调出来，整个界面只需要保留"主工具栏"和"命令"面板即可。隐藏掉暂时用不到的工具栏不仅可以提高软件的运行速度，还可以让操作界面更加整洁，如下图所示。

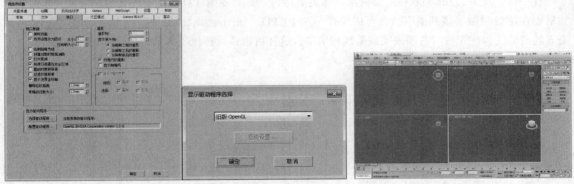

**注意：** 如果用户修改了显示驱动程序并优化了软件界面，3ds Max 2016的运行速度依然很慢的话，建议重新购买一台配置较高的计算机，且以后在做实际项目时，也需要拥有一台配置好的计算机，这样才能提高工作效率。

## 三、打开文件时的问题

在打开场景文件时，如果提示文件的单位不匹配，请选择"采用文件单位比例"选项（如果选择另外一个选项，则场景的缩放比例会出现问题），如图A所示；如果打开场景文件时提示缺少DLL文件，一般情况下是没有影响的，如图B所示；但是如果提示缺少VRay的相关文件，则是没有安装VRay渲染器的原因，这种情况就必须安装VRay渲染器，本书所使用的VRay渲染器是VRay 3.0版本，如图C所示。

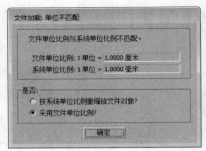

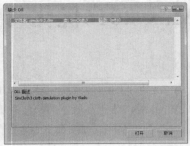

| | | |
|---|---|---|
| 图A | 图B | 图C |

## 四、自动备份文件

在很多时候，由于我们的一些失误操作，很可能导致3ds Max崩溃，但不要紧，3ds Max会自动将当前文件保存到C:\Users\Administrator\Documents\3dsmax\autoback路径下，待重启3ds Max后，在该路径下可以找到自动保存的备份文件，但是自动备份文件会出现贴图缺失的情况，就算打开了也需要重新链接贴图文件，因此我们还要养成及时保存文件的良好习惯。

## 五、贴图重新链接的问题

在打开场景文件时，经常会出现贴图缺失的情况，这就需要我们手动链接缺失的贴图。本书所有的场景文件都将贴图整理归类在一个文件夹中，如果在打开场景文件时，提示缺失贴图，大家可以参考本书第250页的"技术专题：重新链接场景缺失资源"，重新链接缺失的贴图以及其他场景资源。

## 六、在渲染时让软件不满负荷运行

在一般情况下，3ds Max在渲染时都是满负荷运行，此时要用计算机做一些其他事情则会非常卡。如果要在渲染时做一些其他事情，可以关掉一两个CPU，如图A所示；另外，也可以通过勾选VRay渲染器的"低线程优先权"选项来实现低线程渲染，这样可以让计算机不满负荷运行，如图B所示。

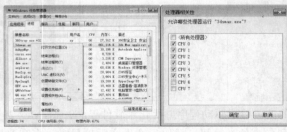

| | |
|---|---|
| 图A | 图B |

## 七、无法使用填充的问题

如果用户在学习"20.4 人群流动画"时无法使用"填充"功能，则可能当前安装的3ds Max是测试版或精简版，将软件换成官方简体中文版便可正确使用该功能。